ANNALES CÉLESTES

DU DIX-SEPTIÈME SIÈCLE.

26122   PARIS. — IMPRIMERIE GAUTHIER-VILLARS,
55, quai des Grands-Augustins.

A.-G. PINGRÉ.

ANNALES CÉLESTES

DU DIX-SEPTIÈME SIÈCLE.

OUVRAGE PUBLIÉ

SOUS LES AUSPICES DE L'ACADÉMIE DES SCIENCES,

PAR M. G. BIGOURDAN,

ASTRONOME TITULAIRE A L'OBSERVATOIRE DE PARIS.

PARIS,

GAUTHIER-VILLARS, IMPRIMEUR-LIBRAIRE

DU BUREAU DES LONGITUDES, DE L'ÉCOLE POLYTECHNIQUE,

Quai des Grands-Augustins, 55.

1901

INTRODUCTION.

Dès les premières années de son retour définitif à Paris, Pingré ([1]) annonça le projet de former un recueil des meilleures observations astronomiques ([2]). Mais, obligé de se borner, il se limita au xviie siècle. Voici, du reste, comment il s'exprime lui-même :

PROJET D'UNE HISTOIRE D'ASTRONOMIE DU XVIIe SIÈCLE.

L'Astronomie est aussi ancienne que le Monde. A peine l'Univers sort de son berceau, nous voyons cette science en honneur chez les Égyptiens, les Chaldéens, les Chinois peut-être, et sans doute chez plusieurs autres peuples, dont les connoissances astronomiques ont été ensevelies dans les ténèbres de l'oubli. Cultivée depuis par les nations les plus éclairées, enrichie sur-tout depuis deux siècles de mille découvertes également curieuses et intéressantes, ne sembleroit-il pas qu'elle devroit avoir atteint le comble de la perfec-

---

([1]) Alexandre-Guy Pingré naquit à Paris le 11 septembre 1711. Il fit ses études chez les Génovéfains de Senlis, et il entra dans leur congrégation à l'âge de 16 ans.

Longtemps il se livra surtout à l'étude de la théologie ; mêlé aux querelles du jansénisme, il fut relégué d'abord dans d'obscurs collèges de province, et il se trouvait à Rouen quand le chirurgien Lecat fonda l'Académie de cette ville. Comme il n'y avait point d'astronome, Pingré, alors âgé de 38 ans, accepta d'en remplir la place : son coup d'essai fut le calcul de l'éclipse de Lune du 23 décembre 1749, calcul dans lequel il releva une erreur de 4 minutes commise par Lacaille. En 1753, l'Académie des Sciences le nomma Correspondant de Le Monnier, et, peu après, sa congrégation l'appela à Paris, où il devint bibliothécaire de Sainte-Geneviève et chancelier de l'Université : son titre de *Correspondant* de l'Académie fut changé peu après en celui d'*Associé libre*, le seul que pussent obtenir ceux qui tenaient à une congrégation religieuse. (Nommé *Associé libre surnuméraire* le 3o mars 1756, il devint *Associé libre* lors de la réorganisation de l'Académie du 23 avril 1785.)

L'éloge de Pingré, par Prony, se trouve dans le Tome I des *Mémoires de l'Institut* (Sciences mathématiques et physiques); Lalande dans son *Histoire de l'Astronomie* pour 1796 (p. 773-778), Ventenat dans le *Magasin Encyclopédique* (2e année, t. I, p. 342-356), Delambre dans son *Histoire de l'Astronomie au XVIIIe siècle* (p. 664-687) lui ont consacré des notices étendues. Récemment M. V. Advielle a publié quelques notes sur sa famille (*Curiosité universelle*, du 20 novembre 1893 et des 8 janvier et 23 avril 1894). Un buste de Pingré, par Caffieri, se trouve au musée de Versailles; on en trouve des reproductions à la Bibliothèque Sainte-Geneviève et à l'Observatoire. Son portrait se trouve dans les *Allgemeine Geographische Ephemeriden* du baron de Zach, t. IV, p. 537.

Lié avec Le Monnier, il adopta ses idées, et même peut-être certaines préventions : au dire de Lalande, ce fut Le Monnier qui lui inspira le projet des *Annales célestes*.

([2]) Déjà depuis assez longtemps, J.-N. Delisle avait formé le projet d'un « *Traité complet d'Astronomie, exposée historiquement et démontrée par les observations* »; ce projet, trop vaste, n'a jamais été publié, ni même achevé; mais les manuscrits de Delisle furent à la disposition de Pingré.

tion? Il est vrai que la multitude des connoissances nouvellement acquises nous offre un sujet légitime d'admiration : Mais j'ose ajouter que le nombre de celles qui nous restent à acquérir doit encore plus nous étonner.

Placés dans le vaste abîme de l'étendue, pour habiter un point que j'appellerois volontiers un infiniment petit; nous connoissons à peine les mouvemens de ce point. Ils sont sujets à des variations, dont on n'entrevoit que depuis fort peu de temps la véritable cause.

Nous supposons que le Soleil est fixe, et que le lieu qu'il occupe est un foyer commun à toutes les ellipses que les planètes décrivent autour de lui. Mais ces planètes mêmes, auxquelles il communique le mouvement, la chaleur et la lumière, ne lui communiquent-elles pas quelque partie de leur mobilité? ou du moins, en altérant le mouvement de la Terre, n'occasionnent-elles pas quelque dérangement apparent dans la stabilité du Soleil?

La Lune, cet astre le plus petit de ceux que nous observons, mais qui surpasse souvent le Soleil même en grandeur apparente; régulier sans doute dans ses irrégularités, mais dont les irrégularités sont telles, que les loix qui les produisent semblent se refuser à nos recherches; la Lune, dis-je, par la rapidité de son mouvement apparent, nous offre les secours les plus naturels et les plus certains pour la perfection de la Géographie et de la Navigation. Elle est assez voisine de la Terre, pour qu'on puisse se flatter de mesurer avec quelque précision sa distance, sa grandeur, la hauteur de ses montagnes, la profondeur, l'étendue de ses vallées. La Théorie de ses mouvemens est cependant encore imparfaite. Les meilleures Tables ne nous garantissent son véritable lieu qu'à 4 ou 5 minutes près. La Période Plinienne peut, il est vrai, nous aider à rectifier les erreurs. Mais souvent on chercheroit en vain des observations correspondantes. Elles n'existent point; ou, si elles existent, ce n'est que dans des ouvrages manuscrits, dans des collections inconnues, dans des livres que nous ne pouvons pas facilement nous procurer.

Je ne parle point des Planètes. Leur Théorie n'est pas plus parfaitement déterminée. Les Tables de Halley, à la dernière Opposition de Saturne au Soleil, donnoient le lieu de Saturne vingt minutes et deux tiers moins avancé qu'il ne l'étoit réellement. La connoissance exacte des mouvemens de toutes les Comètes sera probablement l'ouvrage de plusieurs siècles.

Le vrai système de la Nature étoit inconnu aux Anciens. Nous en devons la connoissance à la profondeur du génie de l'immortel Képler, à l'assiduité des recherches du grand Newton. Cet avantage que nous avons sur les Anciens est sans doute bien considérable. Ils imaginoient des hypothèses : nous posons des principes certains. Pour expliquer les nouveaux Phénomènes, ils étoient contraints de hazarder de nouvelles suppositions, qui détruisoient souvent les premières : par rapport à nous, ces Phénomènes ne sont que des conséquences naturelles des principes avoués. En un mot, ils devinoient; et nous connoissons. Mais ce système, quelque grand, quelque certain qu'il soit, se suffit-il à lui-même, pour nous conduire en Astronomie à une précision satisfaisante? Non. Les Observations doivent venir à son appui, et le perfectionner même, s'il est possible. Ce n'est qu'en comparant un grand nombre d'Observations les plus exactes, qu'on peut se flatter de connoître les exceptions que la Nature a posées aux principes généraux.

Je dis *Exceptions* : Mais ce terme est impropre. Ce qui nous paroît exception, ne l'est sans doute pas. Le système est si vaste, que nous ne pouvons d'un coup d'œil en appercevoir tous les rapports. Le Phénomène qui nous arrête, sans contredire le corps du système, semble cependant ne se pas facilement concilier avec ce que nous en connoissons : mais étendons, perfectionnons le système ; et nous découvrirons avec admiration le rapport, qui nous étoit auparavant voilé. La comparaison fréquente et réitérée des Observations les plus estimées ne peut être que d'un très-puissant secours pour arriver à ce but.

Telles sont les réflexions qui m'ont fait naître depuis plus de deux ans l'idée de l'Ouvrage que j'annonce, et auquel je compte m'appliquer incessamment. Je connois les sources où je dois puiser : c'est, je pense, une avance considérable pour un ouvrage de cette espèce.

Je ne crains pas d'assurer qu'une telle entreprise est d'une extrême importance. L'utilité d'un recueil complet des meilleures Observations Astronomiques ne sera certainement point révoquée en doute. Mais ces Observations sont éparses dans des volumes immenses, dont plusieurs ne sont encore que manuscrits : d'autres confinés dans les recoins obscurs de quelques Bibliothèques, échappent souvent au zèle des Astronomes les plus attentifs.

Chargé du soin d'une des plus nombreuses Bibliothèques de Paris, j'ai cru que mon premier soin devoit être d'écarter la fausse idée qu'il sembloit que le Public avoit conçue, que nos trésors étoient inaccessibles. Notre Bibliothèque est maintenant ouverte aux sçavans. Outre les utilités qu'elle peut directement me fournir, et que je partagerai volontiers avec mes Confrères en Astronomie, je me flatte que, par un juste retour, ils daigneront me fournir les secours nécessaires à la perfection de mon ouvrage. Outre les imprimés, j'ai déjà quelques manuscrits. Le zèle de M. DE THURY pour l'Astronomie ne me permet pas de douter qu'il ne daigne me communiquer les Observations d'un ayeul immortel, dont il perpétue la mémoire, la science et les vertus. On sçait avec quelle attention M. DE LISLE s'est fait une loi de rassembler toutes les Observations qui sont parvenues à sa connoissance. J'ai lieu de croire qu'il me sera permis de puiser dans cet immense trésor. D'autres amis m'ont fait espérer des secours assez puissans, pour que j'ose me flatter de fournir avec honneur la carrière que je me propose d'ouvrir.

Je suivrai dans cet Ouvrage l'ordre le plus naturel. Il sera divisé en cinq Chapitres, ou Parties principales. Dans la première, je rapporterai les Observations faites sur le Soleil, c'est-à-dire toutes celles qui peuvent être de quelque utilité pour constater le vrai mouvement de la Terre et l'inclinaison de son axe sur le plan de l'Ecliptique. La seconde contiendra les Observations de la Lune. On trouvera dans les trois dernières celles qui peuvent servir à perfectionner la Théorie des autres Planètes, des Satellites et des Comètes.

Il ne suffit pas d'observer. On peut tirer de chaque observation des conséquences immédiates qui faciliteroient la recherche des Théories générales. Le plus grand nombre des Observateurs du dix-septième siècle ont négligé ces conséquences, ou les ont déduites de principes assez équivoques. Je veux dire, qu'ils nous ont appris que la Lune, par exemple, avoit éclipsé telle Etoile à un tel instant : mais ils n'ont point conclu quelle étoit pour lors l'Ascension droite et la Déclinaison, ou encore mieux la Longitude et la Latitude de la Lune. Je compte remédier à ce défaut. Je calculerai les Observations dont je rendrai compte, mais seulement lorsqu'elles seront de nature à donner quelque résultat certain sur le lieu ou sur le mouvement de la Planète observée.

Je n'entreprens d'écrire l'Histoire planétaire que du dix-septième siècle. Il faudroit un trop grand nombre d'années pour en donner une qui renfermât la durée de tous les siècles.

Je choisis cette époque comme la plus intéressante de l'Astronomie. C'est vers le commencement de ce siècle que Galilée substitua à l'usage imparfait des pinnules celui des lunettes nouvellement inventées. Quels progrès l'Astronomie n'a-t-elle pas faits depuis? De nouveaux astres ont été connus dans les Cieux: Ceux qui ne l'étoient qu'imparfaitement se sont offerts avec un nouvel éclat: On a estimé, mesuré même des distances inaccessibles à l'œil. Tout a semblé se renouveller.

Je suis cependant fort éloigné de prétendre que le recueil des Observations précédentes soit moins important que celui que j'annonce. Les Observations de Tycho-Brahé sont marquées au coin d'une exactitude assez scrupuleuse. Plusieurs autres Astronomes du seizième siècle n'ont pas employé moins d'intelligence que de zèle dans les opérations Astronomiques qu'ils nous ont transmises. En remontant plus haut, nous trouvons les Almamoun, les Olugbeg, et mille autres, qui font refleurir en Orient une science qu'il semble que l'Occident se fasse alors une gloire d'ignorer. Enfin sans parler des Ptolomée, des Hypparque, je ne puis m'empêcher de regretter la perte des Observations des Babyloniens, s'il est vrai qu'elles remontassent jusqu'à l'année 1903 avant la prise de Babylone par Alexandre. Ces Observations anciennes, quelqu'imparfaites qu'on les suppose, peuvent donner des résultats certains par la comparaison qui en seroit faite avec celles des siècles postérieurs. Leur erreur est sensible, grossière même, si l'on veut. Mais elle disparoît presque, si on la distribue dans le grand nombre des révolutions d'une même Planète écoulées entre les deux termes de comparaison. L'Histoire universelle de l'Astronomie seroit donc d'une extrême utilité. Mais elle est telle, qu'on peut, et par conséquent qu'on doit la traiter par parties, la vie d'un seul homme ne pouvant peut-être suffire à la traiter en entier. J'ai choisi la partie dans laquelle j'ai cru pouvoir plus facilement réussir. Si l'Académie juge à propos d'approuver mon Projet, je ferai mes efforts pour l'exécuter avec choix, précision et promptitude. Animé par une telle Approbation, je ne pourrai manquer de réussir.

Ce *Projet* de Pingré, que nous venons de reproduire en entier, fut soumis à l'Académie et approuvé en ces termes:

Extrait des Registres de l'Académie Royale des Sciences,
Du 14 Février 1756.

Messieurs de Thury et Le Monnier, qui avoient été nommés pour examiner *le Projet d'une Histoire Astronomique du dix-septième siècle,* proposé par M. Pingré, Chanoine Régulier de la Congrégation de France, Bibliothécaire de l'Abbaye Royale de Sainte Geneviève, et ci-devant Correspondant de l'Académie, en ayant fait leur rapport, l'Académie a jugé qu'un Ouvrage aussi important par lui-même que l'est l'Histoire Astronomique proposée, devenoit encore plus intéressant dans un siècle où l'Astronomie a été portée aussi loin qu'elle l'est à présent, et qu'on ne pouvoit trop exhorter l'Auteur à en accélérer la publication. En foi de quoi, j'ai signé le présent Certificat. A Paris, ce 15 Février 1756.

Grand-Jean de Fouchy.

Interrompu par d'autres travaux, Pingré ne mit ce projet à exécution qu'à partir de 1786; mais sans doute il ne le perdit jamais de vue et il dut mettre à profit cet intervalle de 3o ans pour réunir les documents les plus rares. Ce qui est certain, d'après Lalande (¹), c'est qu'il eut « beaucoup de pièces détachées, que personne peut-être n'eût été en état de réunir ».

Quand l'Ouvrage fut terminé, Pingré le soumit à l'Académie où il fut l'objet du Rapport suivant :

« **Nous** avons examiné par ordre de l'Académie, M. Le Monnier et moi, un manuscrit de Monsieur Pingré intitulé *Annales célestes* du 17ᵉ siècle. Cet ouvrage, que M. Pingré avoit annoncé dès 1756 par un prospectus imprimé, approuvé avec éloge de l'Académie, étoit attendu avec impatience par les astronomes. Il contient le recueil de toutes les observations importantes faites dans le dernier siècle par Tycho-Brahé (²), Képler, Lansberge, Hortensius, Hévélius, Horoccius, Cassini, Picard, La Hire, Halley, Flamsteed, Auzout, Riccioli, Bouillau, Gassendi, Longomontan, Schickard, Hodierna, Agarrat, Féroncé, Vendelin, Mut, Kirch, Sedileau, Wurzelbau, Margraff, Eimmart, Zimmermann, Malvasia, Elie de Lewen, etc.

Ces observations sont extraites d'un grand nombre d'ouvrages, de brochures, de journaux, de feuilles volantes qu'il seroit impossible de rassembler, et de divers manuscrits précieux, tels que celui de Bouillau, que possède M. Le Monnier, ceux de l'Observatoire royal que M. Cassini a communiqués à M. Pingré, les manuscrits de La Hire, Kirch, Sedileau, Margraff, de plusieurs autres que Joseph de l'Isle a rassemblés et qui sont au Dépôt de la marine. On y trouve des calculs exacts et des résultats pour les principales observations, des corrections importantes pour les livres où elles sont imprimées, par exemple pour Tycho; dans une introduction M. Pingré rapporte les observations omises dans *Historia cœlestis Tychonica* et donne les corrections les plus essentielles des fautes sans nombre qui déparent ce recueil des observations de Tycho-Brahé (³).

L'histoire de l'Astronomie se retrouve dans cet ouvrage par le moyen de celle des phénomènes qu'on y rapporte, des ouvrages d'où ils sont tirés et des auteurs de ces ouvrages; et cette histoire a un genre de mérite et d'intérêt qui la rendra précieuse, même après celles de Weidler et de M. Bailly.

On jugera de l'étendue de ce travail par celle du manuscrit qui contient près de 5oo grandes pages in-folio; on jugera de son importance par les progrès de l'Astronomie dans le dernier siècle qui vit éclore des instruments nouveaux, des découvertes nouvelles, des lois inconnues jusqu'alors, qui vit construire des observatoires partout, établir des académies et donner une nouvelle face à l'Astronomie. L'ouvrage de M. Pingré rassemble toutes les données dont les astronomes ont besoin pour leurs recherches, pour leurs tables, pour leurs calculs des révolutions planétaires. Ce sera un dépôt auquel ils devront sans cesse avoir recours et ils s'étonneront du courage de M. Pingré dans un si long et si pé-

---

(¹) *Histoire abrégée de l'Astronomie*, depuis 1781 jusqu'à 1802. A la suite de la *Bibliographie astronomique*, p. 777.

(²) **Nous** donnons ce rapport d'après la minute de Lalande avec des rectifications de la main de Pingré; il y a des surcharges qui ont entraîné des déplacements de noms, de sorte que l'ordre de ces noms n'est pas toujours clairement indiqué.

(³) **Ces** observations de Tycho, qui devaient former l'introduction, ne sont pas reproduites dans la présente publication.

nible travail. Mais pour l'exécuter bien il falloit toute la sagacité, l'étonnante facilité de calcul et l'érudition de M. Pingré. Aussi nous pensons que cet ouvrage très-important est très-digne d'être approuvé par l'Académie et imprimé sous son privilège. Fait à Paris dans l'assemblée de l'Académie royale des Sciences le 9 février 1791.

LALANDE.

A la suite de ce Rapport, l'Assemblée nationale accorda 3000 livres pour la publication de l'Ouvrage (24 février 1791). L'impression, confiée à Barrois, avança fort lentement ([1]); puis la mort de Pingré (1er mai 1796) la fit suspendre alors qu'elle n'était pas avancée jusqu'aux deux tiers.

A partir de cette époque on perd de vue non seulement le manuscrit, mais aussi les feuilles déjà tirées, et qui ne furent pas publiées ([2]).

Après avoir cherché longtemps cet ouvrage partout où pouvaient se trouver des papiers venant de Pingré, deux circonstances heureuses m'ont fait retrouver successivement un exemplaire complet des 364 pages tirées, puis la partie qui était restée manuscrite.

La partie imprimée appartient à un savant bibliophile parisien, M. Victor Advielle, qui l'a acquise autrefois comme vieux papier dans une petite ville du midi de la France. Elle vient de Lalande lui-même, comme l'indiquent les notes autographes qui l'accompagnent, et parmi lesquelles se trouve le rapport donné ci-dessus de Lalande et Le Monnier. D'ailleurs, on lit au verso du cartonnage, et de l'écriture de Lalande : « Lalande 1796.... Barois m'a donné ces feuilles en novembre 1796. Il attend la paix pour finir. »

La partie restée manuscrite se trouvait à l'Observatoire de Paris, mais sous l'indication fausse suivante : « Manuscrit Erasme Bartholin. Copie des observations de Tycho-Brahé.... » C'est sur la foi de ces indications que l'on croyait posséder le manuscrit sur lequel devait se faire, par les ordres de Colbert (voir p. 359 de ce volume) l'impression des observations de Tycho, et qui a été rendu au Danemark depuis plus de 180 ans. Mais c'était en réalité la partie des observations de Tycho mentionnée dans le rapport de Lalande et Le Monnier, accompagnée de la fin du manuscrit de l'*Histoire céleste du* XVIIᵉ *siècle*, le tout écrit de la main déjà tremblante de Pingré.

L'ouvrage étant ainsi reconstitué en entier, mais à l'état d'exemplaire unique, et appartenant en partie à un particulier, on examina s'il n'y aurait pas lieu de l'imprimer ([3]). Sans doute beaucoup des observations qui y sont consignées ont perdu considérablement de leur utilité, de sorte qu'on eût pu se borner à extraire les parties encore importantes. Mais d'un autre côté une publication partielle a

---

([1]) « 14 juillet 1794, il y a 240 pages d'imprimées. »   *Note aut. de Lalande.*

([2]) « 364 pages étoient tirées; la dépréciation des assignats a fait suspendre l'impression, qui n'a jamais été reprise. » DELAMBRE, Art. *Pingré*, dans *Biographie universelle*, t. XXXIV, p. 476; 1823.

([3]) G. BIGOURDAN, Sur l'*Histoire céleste du* XVIIᵉ *siècle* de Pingré (*Comptes rendus*, t. CXXVI, p. 712-714; 1898 mars 7).

toujours un caractère en quelque sorte arbitraire et provisoire. Après examen, la section d'Astronomie de l'Académie des Sciences fut unanime à proposer une publication *in extenso* (¹) dont l'Académie a assuré la réalisation par une souscription importante : telle est l'origine de la publication actuelle qui reproduit exactement et presque page pour page la partie qui avait déjà été imprimée (²).

Pour l'autre partie il a existé deux manuscrits, savoir : la véritable rédaction de Pingré et une copie préparée pour l'impression. Sur le manuscrit que nous avons, Lalande dit, dans une note autographe fixée à l'endroit où finissait la partie imprimée par Barrois : « Imprimé jusqu'ici, mais sur une autre copie où l'auteur ajoutait. » Ainsi nous avons la rédaction proprement dite de Pingré; d'ailleurs le manuscrit qui est entre nos mains remonte jusqu'à 1677, c'est-à-dire sur 26 pages de l'imprimé de Barrois, et leur comparaison ne montre aucune différence essentielle, sauf des transpositions nécessitées par la manière même dont Pingré augmentait graduellement son manuscrit.

Nous avons dû de même, à partir de 1682, surtout pour les observations des satellites de Jupiter, rétablir l'ordre chronologique qui est fondamental dans l'ouvrage. Faute de place, Pingré n'écrivait pas toujours ses additions successives d'une manière bien claire; d'autres fois, il n'ajoutait pas des indications qui, inutiles pour lui, sont indispensables pour nous. De là quelques doutes, indiqués parfois par un point d'interrogation (?) et d'autres fois en note dans le bas des pages. Souvent aussi nous avons augmenté la clarté en adoptant la forme de tableau, tandis que le texte de Pingré est suivi et continu. En somme nous n'avons apporté que quelques modifications de forme, en respectant scrupuleusement le fond.

(¹) *Comptes rendus*, t. CXXVI, p. 941-942.

(²) Les 364 pages imprimées par Barrois répondent aux premières 367 pages de la publication actuelle.

G. BIGOURDAN.

ANNALES CÉLESTES

DU DIX-SEPTIÈME SIÈCLE.

1601.

ÉCLIPSE DE SOLEIL LE 24 DÉCEMBRE.

Képler l'observa à Prague avec les instruments de Tycho. L'horloge marquoit les minutes et les secondes, et les temps qu'elle marquoit ont été corrigés sur les médiations du Soleil et des étoiles, observées la veille et la nuit précédente. Ces temps corrigés occupent la première colonne de la Table suivante. Képler recevoit dans une chambre noire l'image du Soleil transmise par une ouverture circulaire, dont le diamètre étoit de 16 parties et demie, le diamètre de l'image comprenant 110 de ces mêmes parties. Ainsi le demi diamètre amplifié du Soleil contenoit 55 parties, et chaque doigt étoit de $9\frac{1}{6}$ parties. Ce sont les doigts de l'image ainsi conclus, qui sont marqués dans la seconde colonne.

La 3e comprend les angles formés par le vertical et la ligne qui joignoit les centres du Soleil et de la Lune : ces angles sont donc les complémens des inclinaisons de la ligne des cornes de l'éclipse sur ce même vertical. A $2^h 23' 30''$ l'angle étoit de 90^d, les cornes étoient verticales : l'angle jusque-là avoit été compté depuis le nadir ; passé cette heure il est compté depuis le zénith. A $3^h 0' 0''$ l'angle est presque nul ; l'inclinaison est encore occidentale, comme elle l'avoit été jusqu'alors ; les cornes sont presque horizontales : passé ce terme, l'angle s'ouvre du côté de l'orient.

A ces colonnes Képler en fait succéder d'autres qui lui sont nécessaires pour tirer de ses observations des conséquences utiles. Elles renferment, pour chaque moment des observations, le point culminant de l'écliptique, le nonagésime, sa distance au zénith, la distance du Soleil au nonagésime, l'angle du vertical avec l'écliptique, et enfin l'angle entre l'écliptique et le cercle qui passe par les centres des deux astres. Ce dernier angle est la somme ou la différence de l'angle précédent, et de celui qui a été observé entre le vertical et la ligne ou le cercle qui joint les centres.

Les doigts marqués dans la seconde colonne ne sont pas ceux du Soleil, mais ceux de l'image ; or le diamètre de l'image excède celui du Soleil de la grandeur de l'ouverture. Le diamètre de l'image s'est trouvé de 110 parties ; ôtez en $16\frac{1}{2}$ parties, diamètre de l'ouverture, il restera $93\frac{1}{2}$ parties pour diamètre du Soleil. Ces $93\frac{1}{2}$ parties reviennent à 31' ; car Képler ne donnoit pas plus d'étendue au diamètre du Soleil périgée. D'un autre côté Képler avoit découpé une image de la Lune, à laquelle il avoit donné 37 parties de rayon ; cette image ne couvroit pas tout-à-fait la partie éclipsée du Soleil vers le milieu de l'éclipse; Képler suppose donc qu'il auroit fallu donner à cette image $37\frac{1}{2}$ parties de rayon ou 75 parties de diamètre; ajoutez $16\frac{1}{2}$, diamètre de l'ouverture, on aura $91\frac{1}{2}$ parties, ou $30'\frac{1}{2}$ pour le vrai diamètre de la Lune, celui du Soleil supposé de $31'$. Maintenant ajoutez 110 parties, diamètre de l'image du Soleil, et 75 parties, diamètre de celle de la Lune, la moitié de la somme sera $92\frac{1}{2}$. De cette moitié ôtez le nombre de doigts éclipsés, marqués dans la seconde colonne, après avoir cependant réduit ces doigts en parties de l'image, en raison de $9\frac{1}{6}$ parties pour chaque doigt. Dites ensuite : Comme $93\frac{1}{2}$ parties, diamètre vrai du Soleil en parties de l'image, sont à $31'$, même diamètre en parties de degré; ainsi le reste que nous venons de trouver, et qui n'est autre chose que la distance des centres en parties de l'image, est à la même distance en parties de degré. Les distances des centres ainsi calculées par Képler occupent la 4e colonne.

L'angle que la ligne qui joint les centres forme avec l'écliptique étant connu, ainsi que la distance des centres, il est facile d'en conclure les différences apparentes de longitude et de latitude entre les centres; la 5e et la 6e colonne contiennent ces différences. Dans la 5e, le signe + dénote que le centre de la Lune est plus boréal, et le signe — qu'il est plus austral que celui du Soleil. Ce même centre de la Lune précède ou est plus occidental que celui du Soleil, si dans la 6e colonne la différence est affectée du signe —; il le suit, ou est plus oriental, si la différence est précédée du signe +. Dans les autres colonnes, ces signes ont leur signification ordinaire de plus ou de moins ([1]); le signe : signifiera ici *environ*.

Lorsque dans une même colonne deux nombres différens répondent à une même heure, le supérieur est celui que l'observation donne directement, l'inférieur celui que Képler croit qu'il faudroit substituer : mais quand ces deux nombres sont liés par un crochet, Képler croit que le véritable et légitime nombre est intermédiaire entre les deux nombres ainsi liés.

Temps vrais.	Doigts éclipsés.	Inclinaison.	Distance des centres.	Différence des latitudes.	Différence des longitudes.
h m s		°			
1 17 30	Commencement	72	30′ 40″	−3′ 17″—	—30′ 30″+
				—2 14	—30 35
1 24 30	I	72	27 38	—1 26	—27 36
1 35 30	II	72	24 33	—0 32	—24 32
1 44 30	III	76	21 33	+1 30	—21 30
2 20 30	VI ⅓	86	11 25	+3 46	—10 47
2 30 0	VII ⅓	84	8 25	+4 16	— 7 15
2 43 30	VII ⅔	79	7 24	+4 30	— 5 53
2 53 30	VIII	19	6 22	+6 19	+ 0 56
3 0 0	VIII —	{ Pas encore } { 0 }	6 22+	{ +6 18+ { +5 6+	{ + 1 2+ { + 3 1+
	VII ⅔		7 24	{ +7 19 { +6 31	{ + 1 12 { + 3 38
3 9 30	VI ⅔	14	10 28	+7 35	+ 7 26
3 15 0	VI :		12 26 :	{ +8 36 { +7 7	{ + 8 37 { +10 12
3 21 0	V ½	25 :	13 58	+7 50	+11 33

([1]) Ils la conservent même dans les 5e et 6e colonnes, lorsqu'ils sont placés après les nombres de ces deux colonnes.

A la dernière observation le bord supérieur du Soleil étoit caché derrière un nuage, et l'inférieur derrière une montagne.

Képler conclut que la conjonction apparente a eu lieu à $2^h 51'$, que la plus grande phase de l'éclipse a précédé de peu la conjonction, que cette plus grande phase avoit excédé 8 doigts de l'image du Soleil, et que par conséquent elle avoit été dans la réalité de plus de 9 doigts et demi. *Képler. Optic. pag.* 430 et *seq.*

Je suis entré dans quelque détail sur cette observation, tant pour faire connoître la marche de Képler, que parce que son observation est peut-être la meilleure de toutes celles que nous donnerons d'ici à quelques années : il s'en faut cependant de beaucoup qu'elle soit parfaite. Képler a supposé le diamètre du Soleil de 31′, il étoit de 32′38″. Les nombres de la 4ᵉ colonne ne sont exacts qu'à quelques secondes près : j'en ai calculé plusieurs, et j'ai trouvé à la 2ᵉ observation 27′32″ pour 27′38″, à la 3ᵉ, 24′31″ pour 24′33″, à la 6ᵉ, 6′29″ pour 6′22″, à la 11ᵉ, 12′30″ pour 12′26″, etc. On voit aussi que les doigts observés ne suivent pas tout-à-fait la progression que celle des temps sembleroit exiger. Mais il faut observer que Képler n'avoit ni pour l'observation, ni pour le calcul, les secours que nous avons maintenant.

— Christian Severini, connu sous le nom de Longomontan, nom dérivé de celui d'un village de Danemarck où il étoit né, observa, ou plutôt vit cette éclipse à l'horizon, 18 milles au-delà de Drontheim en Norvège, par 64 degrés $\frac{1}{2}$ de latitude, à une heure après midi. Il rapporte que des pêcheurs près de Bergen en Norvège, par la latitude de $60\frac{1}{2}$ degrés, virent l'éclipse centrale, le bord du Soleil dépassant de toutes parts celui de la Lune d'environ un doigt et demi. Longomontan attribue la largeur de cet anneau à la densité de l'atmosphère à Bergen. *Astron. Danica, pag.* 291 (¹). On pourroit en donner une raison plus naturelle : tout objet éclatant paroît à la vue simple plus étendu qu'il ne l'est réellement.

— A Goës en Zélande, Philippe Lansberg observa la plus grande phase à $1^h 51'$; les bords septentrionaux coïncidoient (peut-être à $\frac{3}{4}$ de minute près); et le bord méridional du Soleil excédoit de $6\frac{3}{4}$ minutes à très-peu près celui de la Lune. Lansberg conclut que le diamètre du Soleil périgée est de 36′, ou au moins de 35′58″, celui de la Lune étant alors, selon lui, de 30′. *Observationum Thesaurus, pag.* 88. — *Uranometr. pag.* 30, 42 (²). On ne peut, dit Martin Hortensius, aussi grand admirateur de Lansberg qu'adversaire fanatique de Tycho, on ne peut révoquer en doute l'exactitude de cette observation; elle fut faite, lorsque des nuages légers permettoient de fixer le Soleil; et l'instrument dont se servoit Lansberg étoit un rayon astronomique, qui ne pouvoit être suspect, vu la petitesse de l'arc, et l'extrême exactitude de l'observateur. *Respons. ad Kepleri additiunculam etc. pag.* 45, et *Præfat. in comment. Lansberg. fol.* A 2. *iter.* Cette observation a paru embarrasser quelques astronomes, Bartholin entre autres, *Apolog. Tychonis*, fol. L. Horrokses, dit plus communément Horroxe, tranche la difficulté; il récuse l'observation, *Opera posth. pag.* 85; il fait voir, *page* 147 et *suiv.* les contradictions et réfute les parallogismes de Lansberg et d'Hortensius. Le Soleil, il est vrai,

---

(¹) C'est toujours l'édition d'Amsterdam de 1640, in-fol., que nous citons.
(²) *Lansbergii opera omnia*. Middelburgi, 1663, in-fol.

étoit alors périgée et la Lune très-voisine de son apogée : mais Gassendi, *tom.* I, *pag.* 692 ('), après avoir rapporté l'observation de Lansberg, remarque que le disque du Soleil ne peut jamais excéder celui de la Lune que de 4'½ (ou plutôt 3'⅓). Lansberg ne se sera pas assez défié de l'irradiation des rayons du Soleil vu à l'œil nu ; et Képler aura donné dans l'excès contraire, en se persuadant que le diamètre de la Lune étoit à celui du Soleil comme 30½ à 31.

— Corneille Ghiradello, Bolonnois, dans des *Considérations sur l'éclipse qui devoit arriver le* 31 *mai* 1621, dit que celle du 24 décembre 1601 eut (²).

— Enfin le P. Scheiner, *Ros. Ursin. pag.* 415, dit qu'à Villa-real en Espagne (n'est-ce pas plutôt en Portugal?), on vit quelques étoiles.

Autres observations du Soleil.

On trouve dans *Histor. cœl. Tychon. pag.* 890 *et seq.* beaucoup de hauteurs méridiennes du Soleil, observées à Prague par Tycho, depuis le 4 mars jusqu'au 11 octobre. Dans *Astronom. reform.* de Riccioli, *t.* I, *p.* 21, on en trouve quelques autres, observées soit à Prague, soit à Benatky, château situé 5 milles germaniques au nord-est de Prague. De ces hauteurs Tycho concluoit la déclinaison du Soleil, et de cette déclinaison sa longitude. Ces conclusions ne pouvoient être bien exactes, Tycho n'ayant pas des notions assez nettes sur la réfraction et la parallaxe des astres. La réfraction du Soleil ne s'étendoit, suivant lui, que jusqu'à 45^d, et sa parallaxe horizontale étoit de 3'. Le 19 mars, il trouva à Prague :

Hauteur méridienne apparente du Soleil..........	39^d 30' 0"
Pour corriger l'effet de la parallaxe..............	+2 20
Pour corriger celui de la réfraction	— 10
Hauteur méridienne vraie......................	39 32 10
Hauteur de l'équateur........................	39 55 30
Déclinaison du Soleil.........................	0 23 20 A.
Donc lieu du Soleil..........................	)(29 1 30

Mais si nous n'ajoutons que 8" pour la parallaxe, et si nous retranchons 1'9" pour la réfraction,

La déclinaison sera...........................	0^d 26' 31"
Et le lieu du Soleil..........................	)(28 53 31.

Suivant les Tables de Mayer, le 19 mars 1601, à midi vrai, méridien de **Prague**, le Soleil étoit en)(28^d 56' 3"½.

PREMIÈRE ÉCLIPSE DE LUNE LE 15 JUIN.

On en observa le commencement à Pékin à 13^{h}14'12"; la fin à 14^{h}42'36"; grandeur 4 doigts. *Souciet, Observations chinoises, tom.* III, *p.* 370.

(¹) *Gassendi opera omnia*, Lugduni, 1685, 6 vol. in-fol.
(²) La phrase est ainsi inachevée dans l'imprimé original (G. B.).

SECONDE ÉCLIPSE DE LUNE LE 9 DÉCEMBRE.

Elle fut observée à Prague par Képler : les heures marquées par l'horloge de Tycho furent corrigées sur des hauteurs d'étoiles.

Temps apparent.	Phases.
$5^h 23^m$......	commencement à 15^d environ du nadir vers l'est.
5.25......	l'éclipse est certainement commencée.
6 8.......	la ligne des cornes est horizontale; plus de la moitié de la Lune est éclipsée.
6 53½......	l'éclipse est environ à son milieu.
7 54¼.....	la ligne des cornes est verticale.
8 34¼.....	fin à 70^d du zénith de la Lune vers l'ouest.

La durée a donc été de $3^h 12'$, et le milieu de l'éclipse à $6^h 59'$. *Kepl. Opt. pag.* 371, 372. Personne, dit Képler, ne put déterminer avec assurance la grandeur de cette éclipse; Ambrosius Rhodius, à Wirtemberg, l'estima de 10 doigts. *Ibid. p.* 349.

De l'observation de Képler, Phocylides Holwarda conclut que le diamètre de l'ombre étoit de $46'30''$. *Manuduct. in Astron. pag.* 148.

— A Franekère en Frise, Adrien Métius observa

Le commencement à $4^h 42'$.

La fin à $8^h 18'$.

Le milieu, conclu avec la plus grande précision possible de plusieurs observations intermédiaires, à $6^h 30'$. *Met. de usu globi terrestris, p.* 9 (¹); et *Prim. Mobile, l.* 5, *cap.* 4, *p.* 244 (²).

— Lansberg, à Goës, observa à $6^h 12'$ la plus grande phase de l'éclipse de plus de 10 doigts, dans la partie australe de la Lune.

A $12^h 2'$, hauteur méridienne de la Lune, prise avec un quart-de-cercle de cuivre, et d'un grand rayon, $61^d 25'$. *Lansb. Uranom. p.* 4; et *Thesaur., pag.* 72, 86.

— Godefroi Wendelin observa à Digne

Le commencement à $4^h 40'$.

La fin à $7^h 42'$ ou bien certainement avant $7^h 45'$.

Donc milieu à $6^h 11'$ ou $12'$. *Ricciol. Almag. nov. t.* 1, *seu parte* I, *p.* 375; et *Geogr. reform. l.* 8, *cap.* 17, d'après *Wendel. in Eclips. lunar. pag.* 60 (³).

— A Pékin, l'éclipse ne fut estimée que de 8 doigts. *Souciet, t.* III, *p.* 370.

Ces observations d'éclipses, faites à la vue simple, ne peuvent être d'une grande précision, vu la difficulté de distinguer la pénombre de la véritable ombre, estime que chacun faisoit proportionnellement à la portée de sa vue. Mais quand un même

---

(¹) Édition d'Amsterdam, 8°; 1626.
(²) Édition d'Amsterdam, 4°; 1631.
(³) Je n'ai pu trouver cet Ouvrage de Wendelin; je ne le citerai que d'après Riccioli.

astronome observoit le commencement et la fin d'une éclipse, on pouvoit présumer que, comme il déterminoit avec les mêmes yeux les deux phases, le milieu de l'éclipse étoit passablement déterminé : cette exactitude n'alloit cependant pour l'ordinaire qu'à quelques minutes près.

Observations des planètes.

Les observations de Tycho sont détaillées dans *Hist. cœl. Tychon. pag.* 894 *et suiv.* Nous ne rapporterons ici que les conséquences que Tycho en tire pour déterminer le lieu des planètes.

Le 6 avril, longitude de Saturne au méridien...	$8^d 35' \frac{5}{6}$	♏
latitude......................	$2\ 42 \frac{1}{2}$	B.
Le 19 avril, longitude conclue de Saturne.......	$7^d 39' 12''$	♏
latitude......................	2 43	B.

Tel étoit le lieu de Saturne vers $11^h 55'$.

Le 20 avril, apparemment vers la même heure,

longitude de Saturne.............	$7^d 35' 43''$	♏
latitude......................	2 43 45	B.

La déclinaison, conclue de la hauteur méridienne, est marquée $11^d 30' 22''$; il faut lire $11^d 31' 22''$, comme dans le manuscrit.

Le 26 avril, vers 12^h, longitude de Saturne......	$7^d 5' 36''$	♏
latitude...............	2 42 10	B.
Le 28 avril, à 12^h, longitude de Saturne......	6 58 54	♏
latitude...............	2 42 15	B.

A la même heure, le lieu moyen du Soleil étoit...	$6^d 52' 1''$	♉ (¹)
Distance de Saturne à l'opposite du Soleil,......	6 53	
Mouvement diurne de Saturne...............	4 50	
Mouvement diurne moyen du Soleil...........	59 8	
Mouvement diurne de Saturne au Soleil moyen...	1 3 58	

$$1^d 3' 58'' : 6' 53'' :: 24^h : 2^h 34'.$$

Donc opposition de Saturne au lieu moyen du Soleil, le 28 avril à $14^h 34'$, temps apparent, ou à $14^h 24' \frac{1}{2}$ temps vrai, en $7^s 6^d 58' 21''$.

Le 1er mai, peu avant 12^h, longitude de Saturne..	$6^d 45' 37''$	♏
latitude............	2 42 0	B.
Le 16 juillet, vers $9^h 40'$, longitude de Saturne..	3 50 45	♏
latitude............	2 20 15	B.

(¹) 6 degrés 51 minutes 29 secondes, suivant les Tables de Mayer. Dans l'imprimé, on met le Soleil dans la Vierge, au lieu du Taureau.

Tycho a déterminé les lieux suivans de Jupiter :

Mois et jours.	Heures.	Longitude.	Latit. bor.
	h m	s d ′ ″	d ′ ″
Janvier 5............	16 3o	5 22 12 4o	1 8 45
Février 28............	12 env.	5 18 12 3o	1 33 3o
Mars 3............	11 3o	5 17 47 3o	1 31 4
4............	11 3o	5 17 38 5o	1 3o 5o
20............	8 env.	5 15 39 o	1 33 o
Avril 4............	9 18	5 13 56 38	1 19 34
Mai 28............	9 19	5 12 49 3o	1 19 3o
Juillet 13............	9 o	5 18 5 31	1 19 15
22............	9 o	5 18 54 41	1 22 45

De l'observation du 4 mars, Tycho conclut que Jupiter a été en opposition avec le lieu moyen du Soleil le 28 mars à $22^h 51'$ en $5^s 17^d 3' 10''$.

Lieux de Vénus déterminés par Tycho.

Mois et jours.	Heures.	Longitude.	Latitude.	Étoiles au méridien.
	h m	s d ′ ″	d ′ ″	
Mars 13.........	7 36	1 1 17 4o	o 34 45 B.	Sirius
» 20.........	7 20	1 9 11 45	o 57 8 B.	Procyon
Mai 14.........	9 o	3 4 19 18	2 29 B.	

Outre ces observations du lieu de Vénus, extraites des manuscrits de Tycho, cet astronome a pris en d'autres jours des distances de cette planète aux étoiles fixes. Il en a pris sur-tout un grand nombre le 29 mai, Vénus étant alors dans sa plus grande digression orientale. Ces distances sont rapportées dans *Hist. cœl.* Tycho n'a point calculé le résultat de ces observations; d'autres l'ont fait.

Boulliau conclut qu'à $8^h 17'$ méridien de Prague, ou à $8^h 3o'$ méridien d'Uranibourg, le lieu apparent de Vénus étoit en $3^s 4^d 29' 4o''$, et sa latitude apparente $3^d 9' 19'' B$. Boulliau, pour corriger l'effet de la parallaxe, et obtenir le vrai lieu de Vénus, ajoute $2'$ à la longitude et $1'$ à la latitude : c'est beaucoup trop. *Astron. Philol. libr.* 9, *cap.* 1. — Riccioli, *Almag. nov. part* I, *p.* 359, d'après Boulliau, dit-il, met le lieu de Vénus en $3^s 4^d 28'$; mais ce lieu, donné en effet par Boulliau, est celui de Vénus dans son orbite, et corrigé de la prétendue parallaxe de $2'$.

Des observations de Tycho, Wing, *Astron. Britann. Tab. pag.* 3o4, conclut qu'à $7^h 25'$ temps app. méridien de Londres, Vénus étoit en $3^s 4^d 23'$, latit. $3^d 1o' B$. Il adopte apparemment les parallaxes de Boulliau.

Enfin, suivant Streete, *Astron. Carol. p.* 116 (¹), à $7^h 24'$, mérid. de Londres, Vénus étoit, d'après les observations de Tycho en $2^s 6^d 43'\frac{1}{2}$, comptés, suivant la coutume assez ordinaire de Streete, depuis γ du Bélier; ce qui revient, dans ses principes, à $3^s 4^d 19' 47''$.

Des observations de Mercure, faites par Tycho, le 29 avril, cet astronome conclut que Mercure étoit alors en $29^d 5o' 8'' ♉$.

Streete, en retranchant l'effet de la réfraction, détermine la longitude de Mer-

---

(¹) La première édition des Tables Carolines à Londres, 1661, in-4°, est celle que je cite toujours.

cure à $7^h24'$ en $1^s2^d8'$ depuis γ du Bélier; ce qui, dans ses principes, revient à
$29^d44'16''$ ♉; latitude $2^d37'$ B. *Astron. Car. p.* 117.

Étoiles fixes.

On a continué d'observer cette année une nouvelle étoile qu'on avoit découverte
l'année précédente dans la poitrine et près de γ du Cygne. On en attribue la première découverte à Guillaume Janson Blaeu. Elle étoit de la 3ᵉ grandeur, égalant
presque γ. Bayer la désigne par la lettre P, et la marque de 3ᵉ grandeur. Képler
l'observa de la même grandeur durant 21 ans; ce fut même lui qui la découvrit le
premier, suivant Hévélius, *Ann. Climact.* p. 90 : il en détermina au moins le lieu,
le 20 août 1602, en ♒ $16^d18'$, latitude $55^d32'$ B. *Kepl. de novâ Stellâ*, pag. 164.
Mais il accorde à Blaeu l'honneur de la première découverte. On la vit jusqu'en
1621, ou même jusqu'en 1624, suivant Jean-Camille Gloriosus. *Ricciol. Almag.
nov. part II, p.* 166. Argoli, *Pandos. cap.* 62, la fait subsister jusqu'en 1629. On
l'a revue souvent depuis; Cassini l'observa en 1655, Hévélius en 1665 : elle est
dans tous les catalogues, mais seulement de la 6ᵉ grandeur. Mestlin, *Epist. ad
Kepl.* 17 (^{1}), soutient que cette étoile n'étoit pas nouvelle : il a sans doute raison;
mais il n'allègue, en preuve de son assertion, aucune apparition de cette étoile
antérieure à l'année 1600.

Faits relatifs à l'astronomie.

Cette année fut la dernière de Tycho-Brahé. Ce célèbre astronome étoit né à
Knudstorp en Scanie, le 13 décembre 1546, à 22 heures 47 minutes, d'une famille
noble, originaire de Suède, et qui subsiste encore dans ce royaume. Il fut envoyé
en 1559 à Copenhague, pour y suivre un cours de rhétorique et de philosophie.
Le 21 août 1560, une éclipse de Soleil le conquit à l'astronomie; il vit avec admiration que l'éclipse étoit arrivée à l'heure même à laquelle elle avoit été prédite;
l'astronomie lui parut une science divine; il brûla du désir de faire de semblables
prédictions. Un oncle paternel, qui l'avoit comme adopté, et qui prenoit soin de
son éducation, l'envoya en 1562 à Leipsick, pour y étudier la jurisprudence sous
les yeux et la direction d'un pédagogue auquel cet oncle l'avoit confié : mais la
science du droit flattoit moins le jeune Tycho que celle des astres. Presque tout
l'argent qu'on lui donnoit pour ses menus plaisirs étoit employé en achat de livres
d'astronomie; il passoit à les étudier tout le temps qu'il n'étoit pas surveillé par
son argus. Il apprit ainsi, seul et sans maître, l'arithmétique, la géométrie, la mécanique, l'astronomie et même l'astrologie, aux inepties de laquelle il ajouta trop
de foi; ce fut comme l'ombre à son tableau. Il s'appliqua aussi à la chimie, quelquefois même au préjudice de l'astronomie; il cultivoit enfin les muses avec
quelque succès. En 1565, la mort de son oncle le rappela dans sa patrie : mais se
croyant offensé du mépris que les nobles, que ses proches mêmes montroient pour
les sciences auxquelles il s'appliquoit, il retourna l'année suivante en Allemagne.

(^{1}) Les Lettres de Képler ou à Képler, que nous citons, sont numérotées sur l'édition in-folio qui en a
été publiée en 1718, à Leipsick.

Il y fit des observations à Wittemberg, à Rostock, à Ausbourg. Il n'avoit pas encore ces excellens instrumens qu'il se procura depuis. Un rayon astronomique et une règle pour prendre des alignemens composèrent d'abord son observatoire. A Ausbourg, son ami Paul Hainzel lui fit construire un quart-de-cercle de bois, de 14 coudées de rayon. Tycho se procura aussi un sextant de bois, dont le rayon avoit près de 4 coudées, et un globe céleste de six pieds de diamètre. Il lui arriva un malheur à Rostock; il perdit dans un duel la plus grande partie de son nez. Tycho retourna à Knudstorp en 1571, laissant ses instrumens à Ausbourg. Un autre oncle, frère de sa mère, concevant tout le bien qu'on pouvoit attendre d'un tel neveu, favorisa son inclination pour l'astronomie, et lui permit de construire un observatoire et un laboratoire à Herritzwadt, terre qui lui appartenoit près de Knudstorp. Tycho y fit placer un sextant de bois de noyer, dont le limbe étoit de cuivre, dont le rayon étoit au moins de six pieds, et dont chaque degré étoit divisé en ses 60 minutes. Ce fut avec cet instrument qu'il observa en 1572 la nouvelle étoile qui parut dans Cassiopée, phénomène qui le ramena tout entier à l'astronomie.

Tycho, brouillé avec sa famille, à cause d'un mariage inégal qu'il avoit contracté en 1573, quitta encore le Danemarck en 1575, voyagea à Cassel, à Bâle, à Ausbourg, et retourna vers la fin de la même année à Knudstorp, dans le dessein de mettre ordre à ses affaires, et de fixer son séjour à Bâle. Mais Frédéric II, roi de Danemarck, connoissoit son mérite, et il sut apprécier la perte dont il étoit menacé. Pour retenir Tycho, il lui céda en toute propriété l'isle d'Hwen, à l'entrée de la Baltique, dans le Sund; il lui fit de fortes pensions; il lui permit de construire un logement et un observatoire, tels qu'il jugeroit convenables, et de se procurer tous les instrumens qu'il croiroit pouvoir lui être utiles, sans s'inquiéter de la dépense, de laquelle lui, roi, se chargeoit. Avec un tel secours, Tycho fit construire une espèce de citadelle, à laquelle il donna le nom d'Uranibourg (ville du ciel); la première pierre en fut posée le 8 août 1576, par l'ambassadeur du roi de France. Tycho fit de plus travailler sous ses yeux et sa direction 22 instrumens astronomiques, les plus parfaits qu'on eût employés jusqu'alors, et dont il a donné la description dans *Astronomiæ instauratæ mechanica*, imprimée à Wandesbourg en 1598, *fol.* et réimprimée à Nuremberg en 1602. Il y joint aussi la description de sa citadelle ou château d'Uranibourg. Tycho, tranquille dans son isle, y suivit le cours des astres jusqu'en 1597. Le roi Frédéric étoit mort depuis 9 ans; les ennemis que le démon de l'envie avoit suscités à Tycho, persuadent au jeune roi Christian IV, que le trésor est épuisé par les folles dépenses de cet astronome : on supprime ses pensions. Tycho se retire à Copenhague; il y reçoit une défense d'observer le ciel : il prend donc le parti de dire un adieu éternel à son ingrate patrie.

Tycho se retira en Allemagne, d'abord à Rostock, ensuite à Wandesbourg dans le Holstein, enfin en Bohême, où l'empereur Rodolphe II l'avoit invité à se rendre, où il lui assura une pension honnète, où il lui procura tout ce qu'il pouvoit désirer pour continuer ses observations célestes avec aisance et facilité. Il ne les continua que jusqu'au 11 octobre 1601. Le 13, ayant bu copieusement à un diner auquel il avoit été invité, il n'osa sortir pour satisfaire à un besoin de la nature. Cette honte puérile occasionna une rétention d'urine qui l'enleva à l'astronomie le 21 du même mois.

Les obligations que l'astronomie a à Tycho sont trop connues pour que nous nous arrêtions à les détailler. Les envieux (les grands hommes en ont toujours) lui ont fait quelques reproches. Il ajoutoit foi aux rêveries de l'astrologie; nous passons condamnation sur ce seul fait, en remarquant cependant que cette erreur étoit celle de son siècle, et non la sienne propre : ce n'étoit point d'après ses prédictions, d'après ses observations, c'étoit sur la foi publique qu'il accordoit quelque réalité à cette science imaginaire. Enfin, suivant lui, les astres n'agissoient que sur les élémens; il étoit ridicule d'étendre leur pouvoir jusque sur les actions humaines. Il faisoit la parallaxe horizontale du Soleil de 3 minutes : cela est vrai; mais il n'appuyoit cette détermination sur aucune observation; il n'a jamais prétendu déterminer cet élément, il l'a supposé déterminé par Ptolémée, Albategnius, Alfragan, Copernic, etc. Il a déterminé lui-même les réfractions des astres, et les a mal déterminées; et l'on remarque en conséquence bien des erreurs dans les lieux qu'il a assignés aux étoiles, soit fixes, soit errantes : cela est encore vrai; mais outre que ces erreurs sont pour la plupart assez légères, plus légères même que celles du catalogue d'Hévélius, Tycho n'avoit pas les secours que nous avons maintenant; il n'avoit ni télescopes ou lunettes astronomiques, ni micromètre, ni horloge à pendule, ni tables de logarithmes. Sans ces secours il a surpassé tous les astronomes qui l'avoient précédé, et plusieurs même de ceux qui l'ont suivi; avec ces secours il auroit certainement égalé ceux qui ont le plus illustré le 17ᵉ et le 18ᵉ siècles.

Nous ne parlons pas du système céleste de Tycho : il explique très-bien les mouvemens des planètes, mais il est peu conforme aux lois de la physique; Tycho n'en disconvenoit pas; aussi ne tenoit-il pas beaucoup à ce système. Il ne révoquoit pas en doute la supériorité de celui de Copernic sur le sien; mais il craignoit de donner atteinte aux oracles divins, en admettant le mouvement de la terre. Dans l'hypothèse de l'immobilité de la terre, le système de Tycho est ce que l'on pouvoit imaginer de plus raisonnable.

Le détail dans lequel nous venons d'entrer au sujet de Tycho, est un peu étendu : nous avons cru devoir payer ce tribut à ce restaurateur de la bonne astronomie. Nous serons plus concis sur l'article des autres astronomes dont nous aurons lieu de parler durant le cours de ce siècle.

1602.

SOLEIL.

Képler observa cette année que le diamètre du Soleil apogée est de $\frac{2}{5}$ de doigt plus petit que celui du Soleil périgée. Cette observation est juste; mais la conclusion qu'en tire Hortensius, *Respons. ad additiunc. Kepleri*, est très-fausse; il s'ensuit selon lui que les deux diamètres sont comme 34 à 36, ou presque comme 125 à 133.

PREMIÈRE ÉCLIPSE DE LUNE LE 4 JUIN.

La fin de cette éclipse pouvoit seule être observée en Europe, et elle le fut réellement par Képler à Prague. L'horloge de Tycho fut réglée sur une hauteur du Soleil, prise une forte demi-heure avant le coucher de cet astre.

La Lune se leva dans des nuages.

> A 8ʰ 54′... un sixième de la circonférence étoit encore éclipsé.
> A 9 0... l'éclipse n'étoit pas encore finie.
> A 9 2... on voyoit toute la circonférence, mais pâle, de sorte que la fin de l'éclipse peut être déterminée à 9ʰ 3′. *Kepl. Optic. pag.* 369.

— A Pékin, commencement à 12ʰ 14′ 12″ (ou à 12ʰ 16′ 48″, suivant les corrections postérieures du P. Gaubil, manuscrites dans l'exemplaire du P. Souciet, qui est au dépôt des plans, etc. de la marine).

Immersion totale à 13ʰ 14′ 12″ (13ʰ 16′ 48″, suivant les mêmes corrections). *Souciet, tom. III, pag.* 370.

SECONDE ÉCLIPSE DE LUNE LE 28 NOVEMBRE.

Cette éclipse n'étoit point annoncée dans les calendriers; d'ailleurs, son commencement seul étoit visible dans les contrées occidentales de l'Europe. Godefroi Wendelin étant en route pour Aix vit ce commencement à 19ʰ 11′; il conclut qu'à Aix elle avoit commencé à 19ʰ 10′. *Wendel. Eclips. p.* 70. — *Ricc. Astron. reform. p.* 100.

— A Pékin la Lune se leva le 29 novembre, éclipsée de plus de 10 doigts (donc encore totale dans le style chinois).

Fin à 7ʰ 14′ 12″. *Souciet, t. III, p.* 370. Cette observation peut difficilement subsister avec celle de Wendelin : celui-ci aura probablement été séduit par quelque brouillard voisin de l'horizon.

Autre observation de la Lune.

Le 6 octobre, à Goës, Lansberg observa avec un grand quart-de-cercle de cuivre, à 16ʰ 59′, la hauteur méridienne de la Lune (périgée et en quadrature); il la trouva de 59ᵈ 39′. Lansberg donne cette observation comme très-certaine. *Thesaur. p.* 91. Nous ne récusons pas l'observation; mais nous n'admettons point la conclusion qu'en tire Lansberg, qu'à cette hauteur la parallaxe étoit de 33′ 30″. Il s'ensuivroit que la parallaxe horizontale, au voisinage d'une quadrature, auroit été de près de 67′; elle ne pouvoit pas même atteindre à 59′ $\frac{1}{2}$.

PLANÈTES.

Le 25 février, David Fabricius fit, à 17ʰ, dans l'Oostfrise (probablement à Ostell), les observations suivantes : les conclusions sont de Képler.

Distance de Mars à γ de la Vierge ([1]).............	20ᵈ 18′		
Donc longitude de Mars.......................	14 19 0″	♍	
Distance de Mars à la queue du Lion.............	8 17′		
Donc Mars en.............................	14 23 36	♍	
En prenant un milieu en......................	14 21 18	♍	
Latitude de Mars sans égard à la parallaxe.........	4 12		B.

Kepler, Comment. de Stella Martis, cap. 15.

([1]) Dans le texte, *la claire de l'aile australe.* Ce ne peut être une autre étoile que γ.

Pour conclure le lieu d'une planète de sa distance à une seule étoile, Képler supposoit sa latitude connue par les tables. Cette méthode, que plusieurs astronomes postérieurs ont suivie, n'approche de l'exactitude, suivant Képler lui-même, que lorsque les deux astres s'écartent peu de l'écliptique, et que leur différence en latitude est très-petite en comparaison de leur différence en longitude. Que Képler ait employé cette méthode pour conclure la longitude de Mars de celle de γ de la Vierge, cela pouvoit réussir; mais il n'en devoit pas espérer légitimement un pareil succès par rapport à β du Lion. J'ai donc calculé rigoureusement l'observation de Fabricius. Les deux distances observées par cet astronome, le lieu des étoiles pris dans Mayer et Bradley, et corrigé seulement de la précession, donnent

$$\begin{array}{ll}\text{Longitude de Mars.} & 14^d\,19'58''\ \text{♍} \\ \text{Latitude.} & 4\ 18\ \ 6\end{array}$$

En comparant Mars seulement avec γ de la Vierge, suivant la méthode exposée ci-dessus, on trouveroit son lieu en $14^d\,19'57''$; la différence n'est que d'une seconde.

Le 28 février, à $10^h\,30'$, Képler, à Prague, observa les distances suivantes :

	Distances	
	observées.	corrigées.
De Mars à ζ de la Grande Ourse	$52^d\,22'$	$52^d\,19'30''$
De Mars au cœur du Lion	19 23	19 20 30
De Mars à γ de la Vierge	21 20	21 17 30

Le fondement des corrections est que le sextant de Tycho, avec lequel on a pris ces distances, a donné entre Régulus et Procyon, $37^d\,22'20''$, au lieu de $37^d\,19'50''$. Les distances de Mars à ces trois étoiles s'accordent on ne peut mieux, *miro consensu*, dit Képler, à donner le résultat suivant :

$$\text{Longitude de Mars.} \qquad 13^d\,19'6''\ \text{♍}$$

A $12^h\,40'$, passage de Mars au méridien, avec $50^d\,19'$ de hauteur méridienne, ou, plus précisément, $6^d\,26'$ moins que la queue du Lion; d'où Képler conclut :

$$\begin{array}{ll}\text{Longitude de Mars.} & 13^d\,19'30''\ \text{♍} \\ \text{Sa latitude.} & 4\ \ 7.55\ \ \text{B.} \\ \text{Ou, négligeant l'effet de la parallaxe.} & 4\ \ 7\tfrac{1}{3}\end{array}$$

Donc Mars a dû être en opposition le 2 mars à $14^h\,13'$.

$$\begin{array}{ll}\text{Lieu de l'opposition de Mars.} & 12^d\,27'35''\ \text{♍} \\ \text{Latitude, l'effet de la parallaxe défalqué.} & 4\ 10\ \ 0\ \ \text{B.}\end{array}$$

Képler suppose ici $5'$ de parallaxe (apparemment horizontale), $2'36''$ de parallaxe en longitude, et $2'41''$ en latitude. *Ibid.*

— L'opposition de Mars fut aussi observée à Copenhague par Longomontan, le 2 mars, à $14^h\,15'$, en $12^d\,26'$ de la Vierge. *Astr. Dan. p.* 342.

— D. Fabricius observa aussi cette opposition à $14^h 13'$, en ♍ $12^d 27'$. *Ricc. Al-mag. part. I, pag.* 551.

Le 5 mars à 12^h, Fabricius prit les distances suivantes :

De Mars à la queue du Lion	$9^d 24'$
De Mars à Régulus	17 26
De Mars au cou du Lion (γ)	17 51
De Mars à l'épi de la Vierge	37 28
De Mars à Arcturus	44 15

Prenant un milieu entre ces distances, qui pèchent toutes par excès, on a :

Longitude de Mars	$11^d 19' 20''$ ♍
Sa latitude	4 7 40 B.

Kepl. Comm. de Mart. c. 15.

ÉTOILES.

Le 21 décembre au soir, la Lune étant dans les étoiles des Poissons, Képler vit très-distinctement près d'elle une petite étoile; mais on ne connoissoit dans cette partie du ciel aucune étoile, assez grande sur-tout pour ne pas être offusquée par le voisinage de la Lune. N'étoit-ce pas une nouvelle étoile, dit-il? *Optic. p.* 237; et si c'en étoit une, seroit-ce la même que Philippe Plumérétus vit à Rome en 1603, demande Riccioli, *Almag. part. II, page* 132. — François Altabellus vit aussi une nouvelle étoile en 1602, le 9 octobre, à Véronne. *Kepler. Epist.* 152. Ces nouvelles étoiles pourroient ne pas différer de la variable de la Baleine, découverte le 13 août 1596, par Fabricius, et qui a dû être remarquée en 1602, puisque Bayer en 1603 la classa parmi les étoiles de la 4e grandeur, sans parler même de ses variations.

FAITS.

Képler fit imprimer cette année, à Prague, in-4°, une petite dissertation *De fundamentis astrologiæ certioribus.* Il y établit que les planètes, outre la lumière principale qu'elles reçoivent du Soleil, brillent aussi d'une lumière qui leur est propre. Les différentes couleurs des planètes, leur scintillation et sur-tout l'identité constante de leurs phases, avaient jeté Képler dans cette erreur, à laquelle il renonça depuis l'invention des télescopes.

1603.

ÉCLIPSE DE SOLEIL LE 10 MAI.

A Pékin, commencement à	$19^h 28' 24''$	($19^h 31' 12''$).
Milieu à	20 42 36	(20 45 36).
Fin à	21 42 36	(21 45 36).

Souciet, tom. III, p. 366.

Les nombres enfermés en parenthèses ont été envoyés par le P. Gaubil, comme résultats d'un calcul plus exact.

PREMIÈRE ÉCLIPSE DE LUNE LE 24 MAI.

Képler l'observa à Prague; les temps sont corrigés sur des médiations d'étoiles.

$10^h 49'$...	Képler croit apercevoir une vibration dans la Lune.
10 59...	il juge que l'éclipse commence à 46^d du nadir.
11 4...	les assistans jugeoient le disque entamé.
12 1...	centre de la Lune au méridien.
13 52...	l'éclipse n'est pas finie.
13 56...	quelques-uns la jugent finie à 30^d ou 32^d du nadir.
13 58...	fin suivant Képler.
14 8...	Képler voit la même vibration qu'il avoit remarquée à $10^h 49'$.

Voyez un beaucoup plus long détail, *Optic.* p. 373, 374.

— Horroxe, *Oper. posth.* p. 158, conclut des observations de Képler, que l'éclipse a été de 9 doigts au moins.

— A Goës, Lansberg détermina le milieu à $11^h 56'$; grandeur, 7 doigts et demi dans la partie australe de la Lune. *Thesaur.* p. 73.

— A Valensole, Wendelin observa le commencement à $10^h 14'$, la fin à $13^h 2'$; grandeur, 8 doigts. *Wend. Ecl.*, p. 72. — *Ricc. Almag. parte I*, p. 376.

Ces deux observations de Lansberg et de Wendelin ne s'accordent guère; en conséquence, chacun d'eux veut tirer Képler de son côté. Lansberg prétend que le milieu de l'éclipse à Prague est arrivé à $12^h 44'$; Wendelin au contraire l'anticipe à $12^h 18'$. Riccioli remarque quelque part qu'il se rencontre presque toujours quelque différence notable entre les observations de Lansberg et celles des autres astronomes, soit que, comme le pense Wendelin, Lansberg ne distinguât pas assez l'ombre de la pénombre, soit parce qu'il altéroit ses observations pour les faire cadrer avec ses tables, ce qu'Horroxe et d'autres lui ont reproché.

SECONDE ÉCLIPSE DE LUNE LE 18 NOVEMBRE.

Commencement à Prague, à $6^h 21'$, à environ 65^d du zénith, à gauche. Il y avoit une demi-heure qu'on voyoit une pâleur ternir, en cette partie ou peu plus bas, le disque de la Lune.

Fin à $8^h 17'$, un peu à gauche du zénith, qui en conséquence n'a pas été éclipsé.

Grandeur, moins de 3 doigts suivant Képler, plus de 3 doigts selon d'autres : plus d'un quart mais moins d'un tiers de la circonférence étoit dans l'ombre.

Képler conclut qu'à $8^h 17'$ la latitude boréale de la Lune étoit de $55' 48''$. *Optic.* p. 417, 418.

— Milieu de l'éclipse à Goës, à $6^h \frac{1}{2}$; grandeur, 3 doigts. *Lansb. Thes.* p. 74.

— A Digne, Wendelin vit le commencement à $5^h 52'$ environ.

La fin à $7^h 42'$ précisément.

Grandeur, 3 doigts. *Wend. Eclips.* p. 73. — *Ricc. Astron. ref.* p. 100.

Autres observations de la Lune.

Le 26 janvier, Képler observa que le diamètre de la Lune périgée tenoit le milieu entre 32′ et 34′18″, ou qu'il étoit de 33′9″. *Optic.* pag. 344. La Lune étoit pleine, son diamètre devoit donc être un peu plus grand ; mais c'étoit beaucoup pour ce temps-là de ne se tromper que de quelques secondes.

Le 14 mars, à 6ʰ du soir, la distance apparente du centre de la Lune à celui du Soleil étant de 20ᵈ10′, et tout le disque de la Lune étant parfaitement éclairé par la terre, Képler observa que le croissant, éclairé par le Soleil, étoit sensiblement moindre que la demi-circonférence du disque. Il en conclut, contre le sentiment de la plupart des astronomes de son temps, que le diamètre apparent de la Lune est quelquefois plus grand que celui du Soleil. *Optic.* p. 258, 344. Nous admettons la conclusion, mais non pas l'observation ; les pointes du croissant, extrêmement déliées, auront échappé aux yeux myopes de Képler.

FAITS.

Jean Bayer publia cette année son Uranométrie. C'est une suite de planches gravées, sur lesquelles chaque constellation est représentée avec toutes ses étoiles, placées suivant la disposition qui leur est assignée dans les catalogues. On a reproché à Bayer d'avoir renversé la plupart des figures humaines, de manière que des étoiles que les catalogues disent appartenir au bras droit, par exemple, se trouvent, chez Bayer, placées sur le bras gauche. On a répondu qu'un lecteur instruit et attentif n'y éprouveroit aucun embarras. Bayer a d'ailleurs imaginé un autre signe distinctif des étoiles, qui écarte maintenant toute difficulté ; il a appliqué aux étoiles d'une même constellation les lettres de l'alphabet grec, recourant à l'alphabet latin lorsque le grec étoit épuisé. Cette idée ingénieuse n'a pas été d'abord adoptée ; on ne commença guère à suivre la nomenclature de Bayer, qu'après le milieu du siècle. Quelques-uns même, Hévelius entre autres, persistèrent à ne vouloir pas l'admettre. Jean-Gabriel Doppelmayer, faisant graver en 1742 le Catalogue d'Hévelius, essaya de substituer des lettres latines aux lettres grecques de Bayer, mais avec bien peu de succès. La nomenclature de Bayer est aujourd'hui généralement adoptée.

1604.

PLANÈTES.

Le 17 septembre, au soir, Képler vit à Prague un spectacle qui lui parut curieux. Saturne, Jupiter, Mars, et la Lune en croissant, étoient très-voisins ; Saturne, Jupiter et la Lune étoient en ligne droite ; Mars, Jupiter et Saturne formoient un triangle scalène ; les deux planètes les plus voisines étoient Mars et Saturne, ensuite Saturne et la Lune, puis Saturne et Mars, ensuite Jupiter et Saturne, enfin Jupiter et la Lune. Mars se coucha le premier, ensuite par ordre la Lune, Saturne et Jupiter. A l'œil on jugeoit la conjonction de Mars et de Saturne déjà passée. Képler prit les distances suivantes :

De Mars à σ du Sagittaire.	26^d 1′
De Mars à α de l'Aigle.	53 8
De Saturne à σ du Sagittaire.	27 17
De Saturne à α d'Ophiuchus.	34 55
De Jupiter à α d'Ophiuchus.	35 34
De Jupiter à σ du Sagittaire.	19 40

Il faut, dit Képler, augmenter ces distances de 4′, et leur résultat sera :

Longitude de Saturne.	10^d 1′ ♐
Sa latitude.	1 34 B.
Longitude de Jupiter.	17 $10\frac{1}{2}$ ♐
Sa latitude.	0 17 B.
Longitude de Mars.	10 $53\frac{1}{2}$ ♐
Sa latitude.	1 29 A.

Donc, ajoute Képler, conjonction de Saturne et de Mars le 26 septembre, en 10^d du Sagittaire; et conjonction de Jupiter et de Mars le 8 octobre, à 23^h, en $19^d 12'$ du même signe. *Képler. de Nova Stella*, cap. 11.

Képler, au même chapitre, marque la conjonction de Jupiter et de Saturne le 17 décembre, celle de Saturne et de Mercure le 22 décembre à 7^h, et celle de Jupiter et de Mercure le 23 décembre à $6^h\frac{1}{2}$. (Mais ces conjonctions doivent manifestement être rapportées à l'année précédente 1603.)

Le 27 février, le Corbeau étant au méridien, Képler observa la distance de Mars à l'épi de la Vierge.

l'épi de la Vierge.	$9^d 44'$
De Mars à la balance boréale (β).	17 41
De Mars à Arcturus.	29 13

Mais l'instrument donnoit $32^d 57'$ de distance entre Arcturus et l'épi, au lieu de $33^d 1' 45'$; il faut donc ajouter $4' 45''$ aux distances observées.

De plus, la hauteur méridienne de Mars fut de	32^d 4′
Et celle de l'épi de la Vierge.	30 50

Cette dernière hauteur, par $50^d 4'$ de hauteur de pôle, devoit être de $30^d 52'$; celle de Mars étoit donc, suivant Képler, de $32^d 6'$. Képler doute si l'alidade de fer, dégagée des vis qui la retenoient, n'aura point, par sa chute trop violente, dérangé les pinnules. Quoi qu'il en soit, il conclut de son observation :

Ascension droite de Mars.	206^d 0′26″
Sa déclinaison.	7 48 0 A.
Sa longitude.	26 56 0 ♎
Sa latitude.	2 41 31 B.

Kepl. de Marte, cap. 11, p. 67, 68.

Le 10 mars, 30′ avant le passage de l'Hydre (α de l'Hydre sans doute) au méridien, distance de Mars à l'épi...................... 9ᵈ26′

Moins certainement que 9 27

Hauteur méridienne de Mars................. 30ᵈ19′½
Sa distance au même instant de β de la Balance... 18 25

Il faut retrancher 5′ de la hauteur.

Donc longitude de Mars...................... 26ᵈ18′48″ ♎
Sa latitude................................ 2 47 20   B. *Ibid.*

Le 8 avril au soir, de Mars à Arcturus............... 29ᵈ41′
De Mars à Régulus............... 54 6

Ces distances sont corrigées.

Donc Mars étoit en......................... 18ᵈ25′ ♎
Sa latitude............................... 2 21½ B.

Le dos du Lion (δ apparemment) culminoit alors; il étoit donc 9ʰ43′.

Parallaxe de hauteur, environ 5′½; de longitude, 3′32″; de latitude, 3′28″. D'après ces prétendues parallaxes, Képler corrige la longitude et la latitude de Mars déterminées ci-dessus, et conclut que Mars a été en opposition avec le Soleil, le 7 avril, à 16ʰ23′, en 6ˢ18ᵈ37′50″, ou 18ᵈ37′10″ dans l'orbite de Mars, avec une latitude boréale excédant peu 2ᵈ25′, ou seulement de 2ᵈ22′, si l'on veut négliger la parallaxe. *Kepl. de Marte, c.* 15.

— Longomontan à Copenhague, observa cette même opposition de Mars le même jour, 7 avril à 16ʰ20′, en 6ˢ18ᵈ36′10″. *Astron. Dan. p.* 342.

— Fabricius, suivant Riccioli, observa la même opposition, à 16ʰ23′, méridien d'Uranibourg, en 6ˢ18ᵈ37′10″, latitude 2ᵈ26′ B. *Almag. part. I, p.* 551.

— Le 2 décembre, vers 18ʰ et demie, Jean-George Brenggerus, à Kauffbeuren, en Souabe, observa la distance de Vénus à l'épi.............. 7ᵈ50′
Celle de Vénus à Arcturus........................ 29 14

Epist. ad Keplerum, 151, p. 228.

ÉTOILES.

On découvrit cette année au mois d'octobre une nouvelle étoile près du pied précédent d'Ophiuchus. Elle étoit, dit-on, dès sa première apparition, plus belle que Jupiter, moins grande cependant que Vénus : elle décrut ensuite graduellement. Je crois qu'elle avoit pareillement cru par degrés, de manière cependant que la marche de son accroissement avoit été beaucoup plus prompte que celle de son affoiblissement. Comme on ne l'attendoit pas, on fit d'autant moins d'attention à sa première apparition, qu'elle étoit très-voisine de l'horizon des principaux astronomes qui observoient alors le ciel : aussi les uns la découvrirent plus tôt, les autres plus tard. On dit que George Spate, prêtre de Poméranie, la vit dès le 27 septembre. Arnérius date sa première apparition des premiers jours d'octobre : d'autres ne la virent pour la première fois que le 8, le 9 ou le 10 octobre, ou les jours suivans jusqu'au 16. Arnérius et Antoine-Laurentin Politien, dans un écrit qu'il composa en italien sur cette étoile, et que j'ai sous les yeux, disent expressément qu'elle parut d'abord petite, et ne tarda pas à devenir très-grande. Elie Molerius, astronome suisse, dans son traité *de Sidere novo*, pag. 5 et 6, la vit, dit-il, le 15 octobre à 6^h du soir, entre Jupiter et Saturne, en 18^d du Sagittaire ; il la prit pour Mercure ; mais il fut bientôt détrompé. Elle paroissoit de 3e grandeur ; mais elle croissoit tous les jours, de manière que, dans l'espace de près d'un mois, elle devint plus brillante que Sirius, et que Vénus même dans son plus grand éclat, ou du moins elle ne lui étoit pas inférieure, et elle surpassoit Jupiter. Pour accorder Molerius avec les autres auteurs contemporains, il suffiroit de substituer le mois de septembre à celui d'octobre. Au reste, qu'on ait vu ou non cette étoile en septembre, cela est assez indifférent : mais ce qui l'est moins, c'est que, suivant trois témoins oculaires, l'étoile n'a pas paru d'abord dans son plus grand éclat. Képler a cependant soutenu vivement le contraire. Cette étoile se plongea avant la fin de novembre dans les rayons du Soleil ; elle reparut le 3 janvier 1605, mais avec beaucoup moins d'éclat, plus grande que l'épi de la Vierge, moindre qu'Arcturus. Le 13 janvier, n'étant plus offusquée par l'éclat du crépuscule, elle fut jugée supérieure à Arcturus et à Saturne. Le 20 mars, elle surpassoit à peine ζ et η d'Ophiuchus. Le 21 avril, elle égaloit ζ. Le 12 août, elle étoit égale à ρ de la même constellation, étincelant cependant davantage. Le 13 septembre, elle étoit moindre que ρ. En janvier 1606, elle avoit disparu. Elle étoit suivant Képler en 8^s 17^d 40′, avec une latitude boréale de 1^d 56′ ou 57′. On ne lui a remarqué aucun mouvement propre ; ce qui détruit l'opinion de ceux qui l'ont prise pour une comète. Voyez *Blancanus de Sphœrâ*, lib. 18, cap. 4. — *Ricciol. Amalg.* lib. 6, cap. 4 et lib. 7, sect. 2, cap. 14 ; et sur-tout Képler dans son traité *De Nova Stella in pede Serpentarii*, etc. imprimé à Prague en 1606, in-4°.

FAITS.

L'Optique de Képler fut publiée cette année à Prague, in-4°, sous le titre *Paralipomena ad Vitellionem quibus Astronomiæ pars Optica traditur.* Dans les cinq premiers chapitres, Képler explique la mécanique de l'œil et de la vision, et tout ce qui regarde la réflexion et la réfraction des rayons de la lumière. Dans les chapitres suivans il applique ses principes aux mouvemens des corps célestes, et surtout à la méthode que l'on employoit de son temps pour mesurer les diamètres du Soleil et de la Lune, et la grandeur de leurs éclipses. Lansberg auroit dû étudier ce traité. Képler y enseigne deux vérités inconnues à Tycho : 1° que la réfraction s'étend jusqu'au zénith, non pas cependant dans la proportion qu'il établit ; 2° que la réfraction est la même pour le Soleil, la Lune et les étoiles. Il y enseigne de plus, d'après Mestlin, que la lumière légère qui nous rend visible le disque entier de la Lune nouvelle, ou éclipsant totalement le Soleil, est réfléchie de la Terre, et que la rougeur qu'on lui remarque dans ses propres éclipses est occasionnée par les rayons du Soleil, rompus dans notre atmosphère. Il paroit enfin être le premier qui dans les éclipses de Lune ait bien distingué la pénombre de l'ombre véritable.

Képler fit aussi imprimer cette année à Prague, in-4°, un avertissement aux astronomes sur l'éclipse de Soleil du 12 octobre de l'année suivante, éclipse qui devoit être totale sur les côtes boréales de la Méditerranée, dans les provinces méridionales d'Espagne, en Sicile, etc.

1605.

PREMIÈRE ÉCLIPSE DE SOLEIL.

On trouve dans le Voyage de Pyrard, qu'en 1605, à Malé, capitale des Maldives, on vit en plein midi une éclipse de Soleil qui dura 3 heures. (Cette éclipse n'a pu arriver que le 18 avril). *Voyages de Prévost,* in-4°, t. VIII, pag. 215.

SECONDE ÉCLIPSE DE SOLEIL LE 12 OCTOBRE.

A Prague, Képler marqua le commencement à $1^h6'$, mais trop tard, dit-il, vu l'affluence des courtisans qui détournoient son attention, et, ajoute-t-il, la négligence du jardinier qui n'avoit pas soin d'éloigner les importuns de ses instrumens. *Epist.* 381.

Fin à $3^h28'$. *Epist.* 219.

— Michel Mestlin observa le commencement à Tubingen, le Soleil ayant $33^d20'$ de hauteur, ou à $0^h40'$.

Fin, la hauteur du Soleil étant de $20^d45'$, ou à $3^h6'$.

Grandeur, 10 doigts $\frac{1}{3}$ ou $\frac{2}{3}$. *Paralipom. Hist. cœl.* à la suite de *Histor. cœlest. Tychonica.*

Vers le milieu de l'éclipse, le jour, qui devoit être un jour de plein midi, s'est changé en soir, de manière que des vendangeurs ont rapporté que dans les vignes ils ne pouvoient distinguer les raisins. Mestlin assuroit même avoir vu Vénus (ce qui est moins étonnant). *Epist.* 217 *ad Kepl.*

— A Mayence les nuages nuisirent à l'observation; ce qui en est rapporté, *Epist.* 204 et 205 *ad Kepl.* n'est d'aucune conséquence.

— A Ostel en Oostfrise, fin, le Soleil étant haut de $18^d10'$ ou à $3^h0'$; cette observation est de Fabricius. *Epist.* 220.

— A Middelbourg, Jean Rotarius détermina la plus grande phase, à $1^h\frac{1}{4}$, de plus de 10 doigts, mais de moins de 11; fin vers $2^h\frac{2}{3}$. Les nuages ne permirent pas d'observer le commencement. *Lansb. Uranom.* pag. 46. — *Thesaur.* pag. 105.

— A Londres on observa la fin à $2^h21'$. *Kepl. Ep.* 219.

— Suivant Wendelin, à Forcalquier, commencement aussitôt après midi, fin à $2^h40'$. Tout le Soleil fut caché, excepté qu'au Nord on voyoit un filet très-délié de lumière, causé sans doute, dit Wendelin, par l'atmosphère ou de la Terre, ou de la Lune. A Marseille et sur la mer voisine, l'éclipse fut totale. *Wendel. Eclips.* p. 77. — *Ricc. Almag. part. I,* p. 376, et *Astr. ref.* p. 145.

— L'éclipse fut totale dans la mer de Toscane au-dessous de Rome, à Naples, dans la Calabre, sur les frontières de France et d'Espagne, aux monts Pyrénées, etc. *Kepl. epist.* 221.

— Ghiradello dit que cette éclipse eut lieu (à Bologne sans doute) à 20^h (depuis le coucher du Soleil), qu'elle fut de 11 doigts 31′, et qu'elle dura 2^h et demie.

PREMIÈRE ÉCLIPSE DE LUNE LE 3 AVRIL.

Képler à Prague détermina le commencement 14′ avant que l'épi de la Vierge eût atteint 8^{d}33′ de hauteur, ou à 7^{h}38′.

Fin 58′ après que cette même étoile eut été observée à 24^{d}1′ de hauteur, ou à 10^{h}56′. *Kepl. epist.* 119, 120.

— Mestlin à Tubingen. Commencement à 62^d du nadir vers l'est, Arcturus ayant 18$^d\frac{1}{3}$ de hauteur vers l'est; donc à 7^{h}20′$\frac{1}{2}$.

Fin, à 28^d du zénith vers l'ouest, la hauteur d'Arcturus étant de 5o$^d\frac{1}{3}$, ou à 10^{h}4o′$\frac{1}{2}$. L'éclipse fut presque totale.

On conclut que la Lune étoit, au commencement de l'éclipse, en 6^{s}13^{d}10′; au milieu, en 6^{s}14^{d}12′; à la fin, en 6^{s}15^{d}14′, et son nœud ascendant en 6^{s}19^{d}59′. Latitude au milieu de l'éclipse, o^{d}31′$\frac{3}{4}$ austr.

La partie éclipsée du disque ressembloit, dit-on, à un fer ardent, sur-tout au voisinage de la partie qui n'étoit pas encore entrée dans l'ombre : mais à l'opposite, au-delà du centre ou vers le nord, on voyoit une grosse tache noirâtre, plus obscure que le reste du disque; on l'auroit prise pour un nuage gros de pluie et de feux orageux. Ces circonstances sont extraites d'un Mémoire sur cette éclipse, que Mestlin fit imprimer à Tubingen en 1606. Voyez aussi *Paral. Hist. cœl.* p. 917, 918. Képler, *Dissert. cum Nuncio sider.* Phocylides, *Manuduct.* p. 268.

— A Ostel en Frise, sous le méridien d'Embden, et par 53^{d}38′ de latitude, commencement, Sirius étant haut de 17^d, ou à 7^{h}14′.

Fin, Arcturus haut de 46^{d}25′, ou à 10^{h}30′. Ces deux observations (faites sans doute par Fabricius) sont exactes. *Kepl. epist.* 219, 220.

— Lansberg à Goës. Commencement à 6^{h}55′.

Fin à 10^{h}15′; grandeur, 11 doigts et demi de la partie boréale de la Lune. *Lansb. Thes. p.* 75.

— Wendelin à Forcalquier fut traversé par les nuages : il observa cependant le commencement à 6^{h}37′ ou 38′. A 8^{h}12′, dans un éclairci, il jugea que l'éclipse n'étoit pas moindre que de 11 doigts 4o′. Il reproche à Lansberg de n'avoir pas assez distingué l'ombre de la pénombre, et d'avoir retardé la fin et par conséquent le milieu de l'éclipse. *Wend. Eclips.* p. 75. — *Ricc. Almag. part. I, p.* 376; et *Astron. reform. p.* 100. Cependant la durée de l'éclipse, suivant Lansberg, s'accorde assez bien avec celles qui ont été observées à Prague, à Tubingen et à Ostel; et d'ailleurs les heures qu'il a déterminées pour le commencement et la fin de l'éclipse, diffèrent à peine d'une minute, l'une en moins, l'autre en plus, des temps assignés par Képler aux mêmes phases; de sorte qu'en comparant les temps du milieu observés à Goës et à Prague, je n'ai pas été peu surpris de trouver bien précisément la différence des méridiens de ces deux villes.

SECONDE ÉCLIPSE DE LUNE LE 26 SEPTEMBRE.

Mestlin, à Tubingen, prit, entre les nuages et comme à la volée, la hauteur de Sirius 13ᵈ vers l'est, lorsque l'éclipse commençoit; donc commencement vers 15ʰ34′. A la simple vue il a conjecturé que l'éclipse avoit excédé les trois quarts du diamètre de la Lune. Cet astre se coucha avant la fin de l'éclipse. *Paral. Hist. cœl.*

— Le milieu fut à Goës, suivant Lansberg, à 16ʰ et demie; l'éclipse fut d'environ 8 doigts et demi dans la partie australe de la Lune. *Thes. p.* 76.

— A Forcalquier, Wendelin. Commencement à 14ʰ42′.
Fin à 17ʰ40′. L'éclipse excéda peu 8 doigts.

Wendelin inculpe encore ici Lansberg, dont l'observation en effet s'accorde peu avec la sienne. Lansberg, dit-il, n'a pu voir le coucher de la Lune. (Si cela est, Wendelin aura pu encore moins le voir, Forcalquier étant plus oriental que Goës de 7 minutes de temps et plus. D'ailleurs on peut déterminer le milieu d'une éclipse autrement que par le commencement et la fin.) *Ricc. Almag. part. I, p.* 376. — *Astr. ref. p.* 100.

1606.

PREMIÈRE ÉCLIPSE DE LUNE LE 24 MARS.

A Pékin, la Lune se leva éclipsée de plus de 10 doigts. (Donc totalement, les Chinois ne divisant les diamètres du Soleil et de la Lune qu'en 10 doigts.)
Fin à 7ʰ14′12″. *Souciet, t. III, p.* 371.

SECONDE ÉCLIPSE DE LUNE LE 16 SEPTEMBRE.

Elle fut totale et invisible en Europe comme la précédente. Je n'en trouve autre chose sinon qu'on la vit à Bantam, dans l'île de Java, qu'elle (c'est-à-dire sans doute l'obscurité totale) commença vers 8ʰ, et qu'elle dura 2ʰ, pendant lesquelles les insulaires et les Chinois ne cessèrent de battre sur des chaudrons et autres ustensiles, criant que la Lune étoit morte. *Purchas's Travels, t. I, l.* 4, *c.* 2.

1607.

ÉCLIPSE DE SOLEIL LE 25 FÉVRIER.

Elle fut vue à Bologne, suivant Ghiradello, à 14ʰ (vers 19ʰ et demie), et dura 2ʰ. (Cette éclipse étoit visible dans toute l'Europe; je ne trouve pas cependant qu'elle ait été observée ailleurs.)

ÉCLIPSE DE LUNE LE 5 SEPTEMBRE.

Wendelin dit qu'à Valence sur le Rhône, Scipion Arnaud (son disciple) et plusieurs autres observèrent le commencement à environ 13ʰ45', et la fin à 15ʰ45'. *Ricc. Astr. reform. p.* 100.

Autre observation de la Lune.

Le 4 mars, Fabricius (sans doute à Ostel) vit l'étoile Aldébaran sur le disque de la Lune, qui n'avoit pas encore atteint sa première quadrature, et cependant la distance de l'étoile à la partie éclairée de la Lune étoit moindre que la largeur de cette partie éclairée. *Paral. Hist. cœl. p.* 920. Képler qui rapporte ce fait, *Introd. in Ephemer.*, l'attribue à l'atmosphère de la Lune; et effectivement, si l'on admet la vérité du fait, on ne peut lui assigner une cause plus raisonnable : mais le fait suppose que Fabricius a vu Aldébaran avancé sur le disque lunaire, non pas de quelques secondes, comme on l'a vu depuis avec des télescopes, mais de quelques minutes, et c'est ce qu'il ne sera pas facile de se persuader.

PLANÈTES.

Le 27 septembre, opposition de Jupiter observée par Longomontan à Copenhague, à 11ʰ 10', en 0ˢ4ᵈ 10'. *Astron. Dan. p.* 334.

Le 25 avril, à 8ʰ ½, à Copenhague, Longomontan vit Vénus haute d'environ 2ᵈ, et Mercure au-dessus d'elle, presque dans une ligne droite qui auroit été tirée de Vénus à la Chèvre, de manière cependant que Mercure déclinoit assez sensiblement de cette ligne vers le nord. La distance des deux planètes fut trouvée, avec le rayon astronomique, de 2ᵈ ⅖. Vénus avoit quelque latitude australe, comme de 10' au plus. La latitude boréale de Mercure étoit de 1ᵈ ⅔, comme Longomontan s'en assura par les observations des jours suivans. *Astron. Dan. p.* 443, 444.

Le 25 avril à 9ʰ, Mercure étoit en 1ˢ21ᵈ 5'; latitude 1ᵈ40' bor. suivant l'observation de Longomontan. *Ibid. p.* 422.

FAITS.

Le 28 mai, Képler s'imagina voir Mercure sur le disque du Soleil : cette planète n'étoit pas bien loin, il est vrai, de sa conjonction inférieure; mais dans l'état actuel des choses, elle ne peut être vue le 28 mai sur le disque solaire. Malgré les remontrances de Mestlin, Képler persista à soutenir sa prétendue observation. Ce qu'il y a de plus singulier, c'est que la tache qu'il avoit prise pour Mercure n'étoit pas ronde, mais qu'elle avoit la figure d'une puce petite et maigrelette; il lui donne aussi la figure d'une mouche. *Epist.* 162. Voyez aussi *Epist.* 158. Képler fit imprimer en 1609, à Leipsick, in-4°, son *Phenomenon singulare, seu Mercurius in Sole*, etc. Il y défend fortement son opinion sur la réalité du passage de Mercure; mais des réflexions postérieures le ramenèrent depuis à un avis plus raisonnable.

On découvrit au mois de décembre 1607 une belle comète; c'étoit un retour de celle de Halley. Voyez le détail des observations qui en furent faites, dans *Kepleri de cometis libelli tres, p. 25 et seq. — Astron. Danicæ Append. cap.* 9, *p.* 25 *et seq. Ricc. Almag. part II, p.* 15.

1608.

ÉCLIPSE DE SOLEIL LE 10 AOUT.

A Copenhague, quoique le ciel fût absolument serein, l'éclipse trompa l'attente de Longomontan et de cinq autres observateurs attentifs et partagés d'une vue très-perçante. Le disque du Soleil leur parut toujours bien entier. *Astron. Dan. p.* 291. Lansberg prétend, d'après ses calculs, que l'éclipse à Copenhague a dù être d'un doigt 18'. *Thes. p.* 108. Longomontan pense que s'il n'a pas vu l'éclipse, ce fut à cause de l'épaisseur de l'air. Mais le ciel étoit très-serein. Horroxe, *Oper. posth. p.* 86, a calculé que l'éclipse à Copenhague ne devoit être que de 1′11″ de degré. Une si petite éclipse pouvoit difficilement être aperçue à la vue simple. Képler, *Optic. p.* 218, témoigne que le commencement d'une éclipse de Soleil est long-temps invisible, et qu'enfin on aperçoit tout-à-coup qu'une partie assez sensible du Soleil est éclipsée. Cette cause paroit plus naturelle que celle qui est alléguée par Longomontan.

— A Wirtemberg, Melchior Joestel jugea l'éclipse de près de 2 doigts. *Astron. Dan. p.* 291.

— Lansberg, à Goës, observa à $4^h \frac{1}{8}$ que l'éclipse étoit de 2 doigts et demi dans la partie australe du Soleil. *Uranom. p.* 47. — *Thes. p.* 106.

— Suivant Ghiradello (à Bologne sans doute) à 21^h (à 4^h) l'éclipse fut de 3 doigts 14′ au midi; elle dura une heure et demié.

Observation de la Lune.

La conjonction de la Lune avec Aldébaran, arrivée le 22 février, occasionne de vives disputes.

Lansberg, à Goës, observa à $7^h \frac{1}{3}$ l'occultation de l'étoile derrière la partie obscure du disque lunaire; elle étoit plus boréale que le centre d'environ les trois quarts du demi-diamètre de la Lune. *Thes. p.* 129.

— Ismaël Boulliau, père du célèbre astronome de ce nom, avoit pareillement observé cette occultation à Loudun. Immersion à 7^h, émersion à 8^h. *Astron. Philol., p,* 158. Cela est un peu trop général; il ne seroit guère possible d'en tirer une conclusion bien précise.

— L'occultation n'eut pas lieu au nord de l'Europe; mais Longomontan à Copenhague observa la conjonction de l'étoile et de la corne supérieure de la Lune à $8^h 43'$, ou ajoutant 7′40″ pour l'équation du temps (¹) à $8^h 50' \frac{1}{2}$ temps moyen, mé-

---

(¹) Longomontan n'admettoit, pour équation du temps que la partie de cette équation qui dépend de l'obliquité de l'écliptique.

ridien de Copenhague. Cette même conjonction fut observée à Wittemberg par Melchior Joestel, à $8^h 46'$. Ces deux observations s'accordent, la différence des heures étant égale, suivant Longomontan, à celle des méridiens. *Astron. Dan. p.* 254.

L'observation de Longomontan peinoit Lansberg; elle ne s'accordoit pas apparemment avec ses Tables. En conséquence, il prétend prouver que l'observation n'a pas été faite à $8^h 43'$, quoique Longomontan le répète souvent et le suppose constamment dans ses calculs, mais à $8^h 36'$. *Thes. p.* 130, 131. Les calculs de Lansberg peuvent être justes; nous en avons vérifié une partie, et nous n'y avons pas trouvé d'erreur sensible. Mais ces calculs supposent l'exactitude des Tables de Lansberg, et c'est précisément ce qui est en litige. Un résultat de son calcul est qu'au moment de l'observation, l'ascension droite du méridien étoit de $104^d 35'$, et Longomontan, qui calculoit sans doute aussi bien que Lansberg, trouvoit cette ascension droite de $106^d 24'$. *Astron. Dan. p.* 278.

La hauteur apparente de la Lune étoit d'environ 39^d, et la hauteur vraie $39^d 45'$, dit Longomontan, *pag.* 255, 278, 283. Boulliau suppose que la hauteur apparente était $39^d 45'$, et la hauteur vraie $40^d 33'$; ce qui, dit-il, donne $8^h 36'$ temps apparent, et $8^h 47'$ temps moyen à Copenhague.

Boulliau conclut que le lieu vrai de la Lune étoit alors en $4^d 50'\ 0''$ ♓
Latitude australe vraie. 5 12 43
Latitude apparente. 5 44 4

Astron. Philol. pag. 158.

Streete, *Astron. Carol. p.* 32, 36, établit (peut-être d'après les calculs de Lansberg, car il ne donne pas les siens,) que l'observation de Longomontan a été faite à $8^h 36'$ temps apparent, méridien de Copenhague, ou à $7^h 48'$ temps moyen, méridien de Londres.

Or, lieu de l'étoile et de la Lune. . . . . $4^d 17' 12''$ ♓
Latitude de l'étoile. 5 30
Lieu vrai de la Lune. . . . .   4 45 21   ♓
Latitude apparente de la Lune, australe. . . . .   5 47 environ
Latitude vraie 5 12 15

Streete suppose avec raison que l'étoile, paroissant à la vue simple toucher la corne australe, devoit réellement en être distante d'une minute au moins. Voici à notre avis le meilleur parti qu'on pourroit tirer de cette observation :

Lieu de l'étoile suivant Bradley ([1]). . . . . $4^d 18' 45''$ ♓
Sa latitude australe. 5 29 0
Parallaxe de longitude suivant Streete. 28 9
Parallaxe de latitude suivant le même. 34 40

([1]) Dans les lieux des étoiles que nous établissons d'après les lieux déterminés par Bradley, Lacaille, Mayer, nous négligeons l'effet de l'aberration et les légers mouvements propres des étoiles, si nous n'avertissons du contraire.

Longitude apparente de la Lune, la même que de l'étoile.

Longitude vraie..........................	$4^d 46' 54''$ ♁
Latitude apparente australe....................	5 46 3o env.
Latitude vraie, à très-peu près................	5 11 5o

PLANÈTES.

Le 19 juillet à 3^h, opposition de Saturne en $9^s 26^d 53'$, observée par Longomontan, à Copenhague. *Astr. Dan. p.* 323.

Le 3 août à 2^h, opposition de Mars en $10^s 11^d 10'$, observée par le même. *Ibid. p.* 342.

1609.

PREMIÈRE ÉCLIPSE DE LUNE LE 19 JANVIER.

Adrien Métius l'observa avec tout le soin possible, dit-il, à Franeker en Frise. Il ne voulut pas observer les moindres phases, parce que ce ne fut qu'à celle de deux doigts qu'il commença à bien distinguer la grandeur de l'éclipse. Il observa donc les phases de 3, de 4, de 6 et de 10 doigts, tant dans l'accroissement que dans le décours de l'éclipse. La phase de 3 doigts donne le milieu à $14^h 42'$, les trois autres à $14^h 40'$, et Métius s'en tient à cette dernière détermination. Grandeur, 11 doigts. *De usu globi terr. p.* 10. — *Primum mobile, l.* 5, *c.* 4, *p.* 245.

— Lansberg à Goës. Commencement à $13^h 5'$. Fin à $15^h \frac{1}{4}$. (Il faut lire $16 \frac{1}{4}$, cette erreur, qui est manifestement une faute d'impression, a attiré d'injustes reproches à Lansberg.) Grandeur, 9 doigts et demi au nord de la Lune. *Thes. p.* 77.

— Wendelin, avec Arnaud son disciple, observa à Forcalquier

Le commencement à............................	$13^h 10'$
La fin à.................................	16 16

Wend. p. 77. *Ricc.* — *Almag. p.* 376.

SECONDE ÉCLIPSE DE LUNE LE 16 JUILLET.

Longomontan ne nous donne pas le détail de son observation, mais son seul résultat : il est que la vraie opposition de la Lune est arrivée à $12^h 10'$, temps apparent, méridien d'Uranibourg. — *Astr. Dan. p.* 192. Boulliau conclut qu'à $12^h 16'$, temps moyen, méridien d'Uranibourg, la Lune étoit en $9^s 24^d 11' 40''$. *Astr. Phil. Tab. ad. libri* 3, *cap.* 7, *p.* 149. Et suivant Streete, à $11^h 31'$, temps moyen, méridien de Londres, la Lune étoit en $9^s 24^d 11' 17''$ de son orbite, ou en $9^s 24^d 10' 41''$, réduction faite à l'écliptique ([1]).

([1]) Les déterminations des lieux de la Lune, d'après les éclipses de cet astre, sont toujours rapportées par Streete au moment de la conjonction écliptique.

— Wendelin à Forcalquier. Commencement.............. $9^h 53'$
                           Immersion................. 10 58

Puis nuages, tonnerre, etc. *Wend. p. 78. — Astron. ref. p. 100.*

PLANÈTES.

Le 31 juillet, à 13ʰ, à Copenhague, opposition de Saturne en $10^s 8^d 31'$. *Astr. Dan. p. 323.*

FAITS.

Deux époques rendent cette année célèbre dans les fastes de l'Astronomie.

Képler fit imprimer à Prague, *in-fol.* son Ouvrage intitulé : *Astronomia nova* αἰτιολόγητος, *seu Physica cœlestis tradita commentariis de motibus stellæ Martis.* Képler, persuadé que tout dans l'univers doit être soumis à des lois simples, ne pouvoit goûter les excentriques et les épicycles des astronomes qui l'avoient précédé ; tenant cependant encore à l'ancien préjugé, que les orbites des corps célestes ne pouvoient être que circulaires, il cherchoit quelle devoit être la position du point autour duquel les mouvemens apparens des planètes devoient être égaux en temps égaux. Les observations de Mars étoient les plus propres à la résolution de ce problème. Une immensité de calculs conduisit Képler à la précieuse découverte, que l'orbite de Mars n'étoit point un cercle, mais une ellipse dont le Soleil occupoit un foyer. Il ne lui fut pas ensuite difficile de s'assurer qu'il en étoit de même des autres orbites planétaires.

De nouveaux calculs multipliés conduisirent Képler à établir les deux célèbres lois qui portent son nom. La première est que le rayon vecteur de chaque planète, c'est-à-dire, le rayon tiré du foyer où est le Soleil au centre de la planète, parcourt des aires ou des espaces proportionnels aux temps ; en temps égaux il parcourt des espaces égaux ; dans un temps double, il parcourra un espace double, etc. La seconde loi, que Képler ne découvrit qu'en 1618, est que les quarrés des temps de la révolution de plusieurs planètes autour d'un même foyer, sont entre eux comme les cubes des distances moyennes de ces planètes à ce foyer commun. Non seulement nos planètes, y compris même celle d'Herschel, observent ces lois dans leurs mouvemens autour du Soleil, mais ce dont Képler ne se doutoit point, les comètes y sont pareillement soumises ; mais on a depuis découvert quatre planètes secondaires autour de Jupiter, et sept autour de Saturne, et les mouvemens de ces planètes secondaires ou satellites se sont trouvés conformes aux lois de Képler. Quant à la cause de ce mouvement des planètes, que Képler croit être la rotation du Soleil autour de son axe, nous ne croyons pas qu'il ait aussi heureusement rencontré.

— C'est à cette année 1609, qu'on a coutume de rapporter l'invention du télescope, à laquelle nous sommes redevables de tant de belles découvertes dans la science céleste, et du haut degré de perfection où est aujourd'hui l'astronomie. On attribue cette précieuse invention au hasard, et l'on convient assez que c'est aux Pays-Bas Hollandois qu'on en a la première obligation. Dès qu'on sut qu'en disposant d'une certaine manière deux verres, l'un convexe, l'autre concave, on grossissoit, on éclaircissoit, on approchoit même en quelque sorte les objets, plusieurs tentèrent nécessairement l'expérience et durent y réussir. Il n'est donc pas surprenant que plusieurs se soient attribué la gloire de cette invention. On nomme trois Hollandois, Zacharie Johnsen de Middelbourg en Zélande, Jean Lipperhey ou Lippersein, aussi de Middelbourg, et Jacques Métius.

Antoine-Marie-Schyrley de Rheita, dans son *Oculus Enoch et Eliæ, l.* 4, *p.* 337, Fromond, *Meteor. l.* 3, *c.* 2, *art.* 3, et quelques autres, nous donnent Lipperhey pour l'inventeur. Lipperhey étoit lunetier. Un jour, dit le P. Fournier, *Hydr. l.* 10, *c.* 19, un inconnu achetoit chez lui des verres, les uns convexes, les autres concaves, et les essayoit deux à deux, approchant l'un de ses yeux, éloignant l'autre. Après son départ, Lipperhey fit des essais semblables, vit l'effet, et pénétra le secret.

Pierre Borelli, dans son Traité *de vero Telescopi inventore*, imprimé à la Haie en 1685, in-4°, défend avec chaleur la cause de Johnsen ou Jonsius. Celui-ci, dit Borelli, avoit inventé le télescope dès l'an 1590, et il cite, pour le prouver, des actes authentiques de l'hôtel-de-ville de Middelbourg. Lipperhey, ajoute-t-il, découvrit le secret de Jonsius, soit par les réponses qu'il reçut aux interrogations qu'il lui fit, soit en imitant un télescope qu'il avoit reçu de Jonsius. Si tout cela est vrai, nous ne devons aucune reconnoissance à Jonsius, qui durant 19 années imitant, s'il est permis de le dire, le chien du jardinier, n'a retiré lui-même aucune utilité de sa découverte, et nous a privés des fruits qu'elle auroit produits, si elle fut parvenue à la connaissance des Tycho, des Mestlin, des Képler, etc.

Enfin, la gloire d'avoir découvert le télescope doit être attribuée à Jacques Métius, suivant Adrien Métius son frère, *de usu utriusque globi, p.* 2; Descartes, *Dioptric. p.* 2; Gérard-Jean Vossius, *de Natura Scient. et Art. l.* 3, *cap.* 16 *et* 37, etc. Descartes dit que « les sciences et les arts étoient absolument étrangers » à Jacques Métius, quoique son père et son frère cultivassent avec succès les » mathématiques. Ce fut par hasard qu'il découvrit un secret aussi précieux. Il se » plaisoit à faire des verres et des miroirs ardens; il en faisoit même en hiver avec » de la glace. Ayant donc sous la main beaucoup de verres de cette espèce, » les uns convexes, les autres concaves, il arriva, par le hasard le plus heureux, » qu'il adapta aux extrémités d'un tube deux verres tellement proportionnés, que » le premier télescope se trouva construit. »

« Nous sommes certains, dit Galilée dans *Il Saggiatore, p.* 48 (¹), que le Hol- » landois, premier inventeur du télescope, était simple faiseur de lunettes ordi- » naires, et que maniant au hasard différentes sortes de verres, il s'avisa de » regarder en même temps au travers de deux, l'un concave, l'autre convexe, si » heureusement disposés, qu'il vit et observa l'effet qui en résultoit. » Quoique le but de Galilée fût de se mettre fort au-dessus de ce premier inventeur du télescope, il auroit pu, sans déroger à sa gloire, nous indiquer le nom de celui qui l'avoit précédé dans cette découverte.

D'autres font remonter bien plus haut l'invention du télescope. En effet, Jean-Baptiste Porta, dans son Traité *de Magia naturali*, imprimé à Naples en 1560, *libr.* 17, *c.* 10, dit qu'on voit les objets éloignés avec des verres concaves, ceux

---

(¹) Édition de Bologne, in-4°; 1655. (La première édition est de 1613.) Toutes nos citations de Galilée sont d'après la même édition de Bologne.

qui sont près de nous avec des verres convexes; que les verres concaves diminuent les objets, mais les éclaircissent; que les convexes les grossissent, mais les
confondent; que combinant, comme il convient les uns et les autres, les objets,
soit éloignés, soit voisins, sont grossis et éclaircis. Le titre du chapitre 11 est,
d'étendre la vue plus loin qu'on ne le croiroit possible, *De modo visionem ultra
quàm possibile judicetur extendendi.* Cela paroît clair; mais la construction du télescope n'en a pas été le fruit. Képler même pensoit que Porta, dans ces deux chapitres, avoit à dessein confondu ses idées, de peur de révéler trop ouvertement
son secret. Ce même Képler, dans son Optique, imprimée en 1604, semble donner
une idée fort claire du télescope, formé par la combinaison d'un verre concave et
d'un verre convexe, disposés comme ils l'ont été depuis. Cependant, dans sa dissertation *cum nuncio sidereo,* imprimée à Francfort en 1611, il avoue que l'empereur Rodolphe lui ayant demandé son avis sur ce que nous avons rapporté ci-dessus
de Porta, il avoit répondu que probablement Porta n'avoit eu en vue que de leurrer
ses lecteurs; que le titre seul de son chapitre 11 étoit absurde. Les paroles de
Porta que nous avons citées, nous paroissent cependant très-claires; Képler les
rapporte, et il conclut enfin, p. 18 et 19, que ce sont ces mêmes paroles de
Porta, ou la figure qu'il a lui-même donnée du télescope, dans son Optique
(p. 202), ou enfin le seul hasard, qui ont pu conduire l'inventeur du télescope à
cette précieuse découverte. Il ajoute que par tous ces raisonnemens, il ne prétend diminuer en rien la gloire de l'inventeur, sachant combien grande est la
différence entre de simples conjectures et une heureuse exécution.

On a aussi prétendu que le télescope n'avoit pas été inconnu à Roger Bacon,
mort vers la fin du 13e siècle. On peut, dit-il dans son Traité *de nullitate magiæ,*
construire des lunettes avec lesquelles des objets très-éloignés paroîtront très-
voisins, et au contraire des objets voisins paroîtront extrêmement distans,
de manière que d'une distance incroyable nous lirions les caractères les plus
petits, et nous compterions facilement des objets d'une petitesse extrême. On cite
d'un ouvrage manuscrit de Bacon, intitulé *de perspectivis,* et conservé à la bibliothèque d'Oxford, que Jules César, méditant son expédition d'Angleterre, avoit,
de dessus le rivage de la Gaule, étudié à l'aide d'un tube l'état des villes et des
ports de la Grande-Bretagne. *Wood, Histor. univers. Oxon. l.* 1, *p.* 122. Ce fait,
pour être cru, auroit besoin d'être étayé d'une autorité plus ancienne. Wood
ajoute que ce fut le tube optique, avec lequel Bacon distinguoit ce qui se passoit
au loin, qui contribua à le faire accuser de magie.

Dès l'automne de 1608, Jean-Philippe Fuchs de Bimbach, conseiller intime du
marquis de Brandebourg, avoit vu, à la foire de Francfort, un télescope entre les
mains d'un Hollandois : incrédule d'abord, il avoit été convaincu par le fait du
grossissement prodigieux des objets, opéré par ce télescope. Il voulut en avoir un
semblable, mais le premier inventeur demanda pour le faire un prix exorbitant.
Fuchs communiqua le tout à Simon Mayer ou Marius : celui-ci réussit bien à faire
un télescope, mais il grossissoit peu. Durant l'été de l'année suivante 1609,
Fuchs reçut des Pays-Bas un meilleur télescope; Marius s'en servit pour étudier le
ciel. Vers la fin de novembre, il découvrit les satellites de Jupiter; il les prit
d'abord pour de petites étoiles fixes, mais leur mouvement le détrompa bientôt.
Convaincu que c'étoient des petites planètes qui tournoient autour de Jupiter,

comme la Lune tourne autour de la Terre, il commença le 29 décembre 1609 (vieux style) à marquer chaque jour leur situation respective à l'égard de leur planète principale. Tout ceci est extrait de la préface du *Mundus jovialis* de Marius.

Cependant Galilée avoit appris à Venise, vers le mois d'avril 1609, qu'un Hollandois avoit présenté au comte Maurice une lunette, à l'aide de laquelle des objets très-éloignés étoient vus aussi distinctement que s'ils eussent été placés près de de l'observateur. Le fait lui ayant été peu de jours après confirmé par une lettre que Jacques Badouere, gentilhomme françois, lui avoit adressée de Paris; aidé d'ailleurs par ses connoissances des effets de la réfraction des rayons de lumière, il résolut de s'appliquer à pénétrer le secret, et dès la première nuit il se crut assuré du succès. Le lendemain il mit la main à l'œuvre, et construisit un télescope, mais qui n'amplifioit que trois fois le diamètre des objets et neuf fois leur surface. Ses essais postérieurs portèrent le grossissement des surfaces à 60 fois. Il réussit enfin à faire des télescopes grossissans près de mille fois. Les deux verres qu'il employoit étoient plans d'un côté; de l'autre, l'un étoit concave, l'autre convexe. Voyez son *Nuncius sidereus, p.* 8, et son *Saggiatore, p.* 47. Plusieurs, en conséquence, l'ont regardé comme l'inventeur du télescope; et l'on peut dire, d'après lui-même, et avec vérité, qu'il l'a réellement inventé, mais non pas le premier : il convient en plusieurs endroits, que la première invention en est due à un Hollandois. Quant à Marius, il n'a rien inventé, il n'a fait qu'imiter. Suivant Vossius, cité plus haut, c'est à Galilée que l'astronomie est redevable du télescope, Métius, premier inventeur de cet instrument, ne l'ayant employé que sur des objets terrestres, et Galilée ayant été le premier qui en ait fait usage sur les corps célestes. Galilée en effet découvrit avec cet instrument un nombre infini d'étoiles et de nuages dans le ciel, les aspérités et les montagnes de la Lune, plus hautes que celles de la Terre, les satellites de Jupiter, les phases de Vénus, les anses de Saturne, qu'il regarda comme deux satellites de cette planète, les taches et la révolution du Soleil.

1610.

ÉCLIPSE DE SOLEIL LE 15 DÉCEMBRE.

Commencement à Pékin, à $2^h42'36''$ (ou plus exactement, suivant le P. Gaubil, à $2^h45'36''$). Milieu à 4^h. Le Soleil se coucha éclipsé. *Souciet, t. III, p.* 366.

PREMIÈRE ÉCLIPSE DE LUNE LE 5 JUILLET.

Wendelin en observa le commencement à Forcalquier, à $14^h55'$: la Lune se coucha éclipsée. *Ricc. Almag. p.* 377. — *Astr. ref. p.* 100.

— A Rome, Remus Quietanus observa le commencement avec un télescope romain. La Lyre étoit haute de 49^d, ce qui donne $15^h1'30''$. Une minute après, la Chèvre avoit $22^d0'$ de hauteur; il étoit donc $15^h3'45''$. On ajoute, ou plutôt on conclut qu'à $15^h2'8''$ la distance de la Lune à l'opposite du Soleil étoit, sur l'écliptique, de $46'30''$. *Paral. Hist. cœl. p.* 921; et une brochure intitulée, *Observatio eclipsis Lun. anni* 1616, 26 *aug. Romæ,* 1616, in-4°.

SECONDE ÉCLIPSE DE LUNE LE 29 DÉCEMBRE.

Simon Marius l'observa très-exactement (probablement à Anspach). Les nuages ne permirent d'observer ni le commencement ni le milieu; la fin fut observée lorsque la précédente de l'aile du Corbeau (γ) eut dépassé d'un degré le méridien; donc à $17^h23'$. La Lune, vue avec le nouvel instrument de Galilée, parut alors dégagée de la véritable ombre : à l'œil nu elle paroissoit encore éclipsée. *Odontius, Epist.* 183 *ad Kepl.*, d'après une lettre de Marius.

— A Forcalquier Wendelin fut contrequarré par les nuages.

Commencement avant $14^h40'$.

Fin à $16^h50'$. *Wend. p.* 79. — *Ricciol. ubi suprà.*

PLANÈTES.

Opposition de Saturne à Copenhague, le 12 août à $22^h30'$, en $10^s20^d10'$, observée par Longomontan. *Astron. Dan. p.* 323.

Le même observa au même lieu l'opposition de Mars le 18 octobre à $16^h50'$, en $0^s25^d30'$. *Ibid. p.* 342.

Le 22 décembre à $2^h20'$, le Soleil étant haut d'environ 4^d sur l'horizon de Copenhague, et Vénus haute de 17^d par observation, sa distance au Soleil étoit de $47^d2'$.

Le 23, à même hauteur, distance $47^d1'$.

Le 25, distance $46^d59'$.

Le 26, toujours à même hauteur, distance $46^d55'$.

Le 22, à $4^h40'$, la hauteur de Vénus étant de $15^d\frac{1}{2}$.

Distance de cette planète à la claire du Vautour (α de l'Aigle)..	37^d $8'30''$
Sa distance à Marchab (α de Pégase).............	36 13 15

Donc, d'après les lieux vérifiés des étoiles,

Vénus en.......................................	$17^d56'30''$ ♒
Latitude boréale...............................	1 29

Donc, retranchant $6'$ pour le mouvement de Vénus en $2^h20'$,

Vénus à $2^h20'$ étoit en	$17^d50'$ ♒
Et le Soleil en................................	0 48 ♑
Ou retranchant $5'$ pour l'effet de la réfraction	0 43 ♑

Tout ce calcul est extrait d'*Astron. Dan. p.* 185, 186. Mais dans le même Ouvrage, pag. 407 et 412, le lieu de Vénus à $4^h40'$ est marqué en $10^s17^d58'$, et cette dernière détermination est adoptée par Wing, *Astr. Britann. p.* 304. Quant à Riccioli, au chapitre 8 de la troisième section du livre 7 de son Almageste, il met pareillement Vénus en $10^s17^d58'$; mais au chapitre 9, il la place en $10^s17^d59'$; et il ajoute que Vénus étoit alors, dans sa plus grande élongation, $47^d14'$: cependant Longomontan n'avoit observé que $47^d 2'$, et l'effet de la réfraction ne pouvoit s'étendre jusqu'à 12 minutes.

Le 15 décembre à 19^h, encore à Copenhague, lieu de Mercure, observé par Longomontan, $8^s 2^d 42'$. *Astr. Dan. p. 422. Astr. Brit. p. 309.* — *Ricc. ubi suprà, cap.* 8. Mais celui-ci, au chap. 9, marque $8^s 2^d 44'$; et il ajoute que la plus grande élongation de Mercure fut alors de $21^d 30'$. Ces variantes de Riccioli ne sont dues peut-être qu'à des fautes d'impression; mais ces fautes sont un peu trop fréquentes dans les Ouvrages de cet auteur.

FAITS.

C'est de cette année que sont datées les premières observations des satellites de Jupiter. Galilée, glorieux des découvertes qu'il avoit faites dans le ciel, en instruisit toute l'Europe par un écrit intitulé, *Nuncius sidereus magna longeque admirabilia spectacula pandens philosophis et astronomis*, etc. *Florentiæ*, 1610, in-8°. L'Épitre dédicatoire, adressée au grand-duc Cosme II, est datée du 12 mars, et l'approbation du 1er mars. Galilée y rend compte des découvertes qu'il avoit faites jusque-là. Il avoit reconnu la nature des taches de la Lune; ce sont des montagnes, des vallées, des terres; il y soupçonne aussi des mers. La lumière secondaire de la Lune, qui nous fait distinguer, même à la vue simple, le disque entier de cet astre, quoiqu'il n'y en ait qu'une petite partie directement éclairée par le Soleil, n'a d'autre cause que la lumière réfléchie par la Terre sur la Lune encore nouvelle ('); ce qu'il promet d'éclaircir plus au long dans un Traité sur le Système du monde, où il prouvera que la Terre est une planète, et non pas la sentine et le cloaque de l'Univers. Galilée avoit pareillement découvert un nombre prodigieux d'étoiles; il en avoit compté 500 dans l'étendue d'un ou deux degrés d'Orion, plus de 40 dans les Pléiades, outre les six anciennement connues : il regardoit la voie lactée et les étoiles qu'on nomme communément *nébuleuses*, comme des amas d'un nombre prodigieux de petites étoiles. Mais la découverte sur laquelle il insiste le plus, est celle des satellites de Jupiter. La première des observations qu'il en rapporte est datée du 7 janvier à une heure de nuit; deux étoient à l'orient, un troisième à l'occident.

Le 8, il en paroissoit 3 à l'occident : Galilée, qui les prenoit encore pour des fixes, fut tenté de soupçonner que Jupiter, qui étoit alors rétrograde, avoit commencé à reprendre le mouvement direct.

Le 9, nuages.

Le 10, il ne paroit que deux satellites, tous deux à l'orient de Jupiter, tous deux brillans de même éclat. Galilée croit que le troisième est caché sous Jupiter. Le mouvement de ces petits astres n'est plus une énigme pour lui; il reconnoît que ce sont des petites planètes qui tournent autour de Jupiter.

Le 11, il voit encore deux satellites à l'orient; le plus voisin de Jupiter est trois fois plus éloigné de cette planète que de l'autre satellite; et celui-ci a deux fois plus d'éclat.

Le 12, à une heure de nuit, Galilée ne voit que deux satellites, éloignés l'un et

---

(') Mestlin et Képler l'avoient dit avant Galilée.

l'autre de 2′ de Jupiter, l'un à l'orient, l'autre à l'occident. Un troisième satellite se montre deux heures après, touchant presque au corps de Jupiter.

Le 13, Galilée découvre enfin les quatre satellites à-la-fois. On peut voir dans le *Nuncius sidereus*, p. 28 et suiv., la suite de ses observations jusqu'au 2 mars. Il conclut, page 40, que ces petits astres tournent autour de Jupiter comme la Lune autour de la Terre, et que la durée de la révolution du plus éloigné est d'environ un demi-mois. Galilée donna à ces petites planètes le nom de Médicées, en l'honneur de Cosme II de Médicis, grand-duc de Toscane.

Cette découverte fit du bruit. Les sectateurs de Ptolémée, car il en existoit encore, ne pouvoient digérer ces petites planètes, qui, traversant ainsi la prétendue solidité des cieux, sappoient un des principaux fondemens de leur système. Un certain Martin Horky de Lochovie, Bohémien, fit imprimer à Modène un Traité dans lequel il s'efforce de prouver que les Médicées n'existent pas. Il avoit reçu de Galilée un télescope ; mais ayant apparemment la vue trop foible, il n'avoit pu les découvrir. Il écrit de plus à Képler (*Epist.* 303), que Galilée avoit apporté son télescope à Bologne, qu'il avoit passé le 24 et le 25 avril sans dormir, essayant de mille et mille manières, *millies mille modis*, son télescope, tant sur les objets célestes que sur les terrestres ; que sur ceux-ci l'instrument faisoit des merveilles, *facit mirabilia ;* mais que sur les célestes, il étoit trompeur, *fallit ;* que la nuit suivante, en présence de Galilée et d'un bon nombre de témoins respectables, il avoit observé l'étoile qui est au-dessus de la seconde étoile de la queue de la Grande Ourse (*g* de la Grande Ourse, Alcor), et qu'il avoit vu en son voisinage quatre étoiles très-petites, semblables à celles qu'on voit autour de Jupiter ; que Galilée avoit été réduit au silence, *obmutuisse ;* que tous les assistans étoient tombés d'accord de la fausseté de l'instrument, et que Galilée étoit parti fort triste dès le 26. Sans doute Galilée devoit être triste, honteux même, d'avoir affaire à d'aussi pitoyables juges. Mais que ne peut le préjugé !

Un autre auteur, plus poli, mais aussi peu judicieux, François Sitius ou Sitio, Florentin, fit imprimer en 1611 à Venise sa Διάνοια, *Astronomica, Optica, Physica,* in-4°. Dans la Préface, il blâme fort Horky sur le style satirique, mordant et *calomnieux* avec lequel il a réfuté Galilée. Il se trouvoit lui-même alors à Florence, et il a vu les nouveaux phénomènes, ainsi que tous ceux qui ont mis l'œil à la lunette de Galilée. Mais ces phénomènes sont-ils des planètes ? Non, parce qu'il ne peut y avoir que sept planètes ; autrement on verroit s'écrouler les principes les plus solides de l'astrologie et de la philosophie (péripatéticienne). Que sont-ils donc ? Des météores analogues aux parhélies et aux parasélènes.

Simon Marius suivoit la marche des satellites en Allemagne, dans le même temps que Galilée les observoit en Italie. Il découvrit pareillement, ainsi que Galilée, les phases de Vénus, les taches du Soleil, beaucoup d'étoiles, etc. Il n'étoit point étonnant que les deux astronomes fissent en même temps des découvertes pour lesquelles il ne falloit que de bons yeux et une bonne lunette. Cette rivalité déplut à Galilée ; il craignit que Marius ne voulut lui disputer l'honneur d'avoir observé le premier les satellites et les autres phénomènes. Marius datoit sa première observation du 29 décembre 1609 ; mais Marius suivoit l'ancien style : son observation doit donc être rapportée au 8 janvier 1610. Or la première observation de Galilée est du 7 janvier ; elle est donc antérieure à la première de

Marius. Cette raison étoit décisive, et il étoit inutile de l'appuyer par des reproches d'hérésie et des accusations non fondées d'imposture et de plagiat. Il est
pareillement certain que Galilée a connu dès le 13 janvier le nombre des satellites,
et que Marius n'en fut assuré que vers le commencement de mars; enfin, tandis
que Marius multiplioit les observations pour se mettre en état de dresser des
Tables des mouvemens de ces nouvelles planètes, ce que Galilée ne négligeoit pas
de son côté, celui-ci publioit son *Messager céleste*, et étoit par conséquent le premier à instruire le public de l'existence et des mouvemens de ces astres nouvellement découverts.

Galilée travailloit à ses Tables des satellites, dans le dessein de les faire servir
à la détermination des longitudes terrestres : il ne paroit pas que ce fût par les
éclipses de ces petites planètes, mais par leurs distances respectives, soit entre
elles, soit à Jupiter, qu'il espéroit obtenir cet effet. Les États de Hollande lui firent
espérer de grandes récompenses, s'il réussissoit; ils envoyèrent même à Florence
Martin Hortensius et Guillaume Janson Blaeu, pour l'aider dans les observations,
et sur-tout dans les calculs. Galilée s'occupa pendant 27 ans de ce travail; privé
enfin de la vue, il fut obligé de le laisser imparfait.

Marius, en l'honneur de ses souverains, nomma les satellites de Jupiter, *Astres
de Brandebourg*. Pour les distinguer, il donna le nom de *Mercure* à celui qui étoit le
plus voisin de Jupiter; le nom de *Vénus* au suivant; ceux de *Jupiter* et de *Saturne*
aux deux les plus éloignés. Il croyoit qu'on pouvoit aussi leur donner les noms
des favorites et des favoris de Jupiter, Io, Europe, Ganimède et Callisto, ce qui
auroit mieux valu. Mais le nom de *Médicées* que Galilée leur avoit donné, prévalut
pour lors.

Galilée envoya cette année deux énigmes en Allemagne, la première sur
Saturne; la seconde, datée du 11 décembre, regardoit Vénus; elle étoit ainsi
conçue : *Hæc immatura a me jam frustrà leguntur oy.*

Pour résoudre cette énigme, il falloit, par la seule transposition des lettres,
sans en ajouter, sans en retrancher une seule, former une phrase relative à
quelque nouvelle découverte dans le ciel. Dans une lettre datée du 1er janvier 1611, Galilée explique son énigme par cette phrase qui en est l'anagramme
exacte : *Cynthiæ figuras æmulatur mater Amorum;* la mère des Amours (Vénus)
imite les phases de la Lune. Galilée avoit en effet suivi Vénus durant trois mois,
et l'avoit vue pleine, en quadrature et en croissant. Il conclut : 1° qu'elle et Mercure reçoivent leur lumière du Soleil; 2° qu'ils tournent autour de cet astre.
Kepl. in præfat. Dioptr.

L'anagramme de la première énigme, expliquée dans une lettre datée du 13 novembre 1610, est *Altissimum planetam tergeminum observavi;* j'ai observé que la
plus haute planète étoit triple. Car Galilée croyoit que Saturne étoit composé de
trois corps qui se touchoient presque.

Galilée, dans une lettre au P. Benoît Castelli, datée du 30 décembre 1610, dit
qu'il croit voir le disque de Mars un peu altéré dans sa partie orientale, que cela
s'éclaircira au mois de février, Mars devant être alors en quadrature.

Képler, *Dissert. cum nunt. sider. pag.* 44, 45, pense que la découverte des satellites de Jupiter n'apporte aucun préjudice à l'astrologie. Le P. Scheiner, *Epist.* 5
ad Velser. est d'un avis contraire.

1611.

PLANÈTES.

L'opposition de Saturne fut observée par Longomontan à Copenhague, le 25 août, à 16ʰ, en 11ˢ2ᵈ12′. *Astron. Dan. p.* 323.

Celle de Jupiter fut observée par le même, en 3ˢ19ᵈ36′, le 9 janvier à 14ʰ40′. *Ibid. p.* 334.

— Gassendi dans la vie de Peiresc, *pag.* 148 (¹), dit que cet astrophile observa cette année la conjonction de Jupiter et de Vénus, près du cœur du Lion.

— D'après les Tables de Magin, les sectateurs de Ptolémée attendoient le 11 décembre de cette année, à 11ʰ40′3″, la conjonction écliptique de Vénus et du Soleil. Vénus devoit entrer sur le disque le 10 à 11ʰ28′52″, et ne devoit le quitter que le 12 à 14ʰ47′2″. *Schein. Epist.* 2 et 4 *ad Wels.* Le calcul qui a conduit le P. Scheiner à ce résultat est trop prolixe, mais il est juste sans doute. Vénus ne parut pas; le P. Scheiner en conclut qu'elle tourne autour du Soleil. Galilée dans sa 3ᵉ lettre, *Delle Macchie Solari,* pag. 69 et suiv., observe que ce calcul du P. Scheiner ne prouveroit rien contre ceux qui diroient, ou que les Tables de Magin ne sont pas exactes; ou que Vénus, vu sa petitesse, n'est pas visible sous le disque du Soleil; ou que sa lumière lui est propre, et qu'elle ne la reçoit pas du Soleil; ou enfin que l'orbite de Vénus est supérieure à celle du Soleil. Galilée étoit un Aristarque un peu trop difficultueux sur les découvertes et observations de ses contemporains. Les phases de Vénus prouvoient, et qu'elle recevoit sa lumière du Soleil, et qu'elle n'est pas toujours au-delà du Soleil. Quant à ce que dit Galilée sur la petitesse de Vénus, dont le diamètre, dit-il p. 72, dans sa conjonction inférieure, n'est pas la 200ᵉ partie de celui du Soleil, il n'avoit pas bien observé l'étendue de ces diamètres, qui sont entre eux dans la raison d'un à trente ou trente-deux. Galilée dans sa première lettre, pag. 5 et 6, avoit employé lui-même le raisonnement de Scheiner.

FAITS.

Képler publie cette année sa *Dioptrique* à Prague, in-8º. Il y propose la méthode de perfectionner les lunettes astronomiques, en y employant deux verres convexes. On trouve, au commencement, des lettres de Galilée, contenant les nouvelles découvertes qu'il avoit faites dans le ciel depuis l'édition de son *Messager céleste.*

— Christophe Scheiner, jésuite, professeur de mathématiques à Ingolstadt, accompagné de son confrère Jean-Baptiste Cysat, observant en mars le Soleil, terni par de légers nuages, avec une lunette grossissant six cents fois et même huit cents fois les surfaces, vit des taches sur son disque. Il les revit une seconde fois le 21 du même mois. Il se servit ensuite d'un verre bleu qu'il adapta à sa lunette. Il imagina enfin de recevoir l'image du Soleil sur un plan, à travers une légère

---

(¹) Édition des *OEuvres de Gassendi,* à Lyon, en 6 vol. in-fol., tome V.

ouverture, dans une chambre obscure, ce que Képler avoit fait avant lui. Les taches paroissoient toujours. Scheiner les fit voir à ses confrères. *Schein. Epist.* 5.

Une telle nouveauté surprit. Le P. Théodore Busée, alors provincial, défendit au P. Scheiner de publier cette découverte sous son nom. Scheiner en conséquence, sous le nom d'*Apelles caché derrière le tableau,* adressa plusieurs lettres à Marc Welser, duumvir d'Ausbourg. La première est datée du 12 novembre 1611. Scheiner y détaille ses observations faites en octobre, et les précautions qu'il a prises pour s'assurer que ces taches ne provenoient d'aucun défaut, soit dans les verres, soit dans l'œil de l'observateur, mais qu'elles étoient non pas tout-à-fait adhérentes au Soleil, mais du moins très-voisines de sa surface ; (Scheiner, après avoir multiplié les observations, changea d'avis ; il démontre dans sa *Rosa Ursina, l.* 4, *part.* 1, *c.* 24 *et seq.* que les taches sont adhérentes au Soleil.)

Welser fit passer à Galilée les lettres de Scheiner, et les fit imprimer à Ausbourg en 1612. Galilée adressa pareillement plusieurs lettres à Welser. Dans la première, datée du 4 mai 1612, il dit, p. 3, avoir observé il y a 18 mois les taches du Soleil (ce qui remontoit au mois de novembre 1610), et les avoir fait voir à Rome à plusieurs amis. Il ajoute qu'en 1611 il les a fait observer à Rome à plusieurs prélats et autres seigneurs de distinction. Il ne cite cependant aucune observation qu'il ait faite avant le 5 avril, et l'on n'en a jamais cité, ni alors, ni depuis, aucune qui fut antérieure à cette date. Cette lettre contient de plus diverses réflexions sur les révolutions des satellites de Jupiter, dont Galilée dit avoir découvert la durée, sur la figure de Saturne, etc. ; elle est d'ailleurs fort sage ; Galilée y parle honorablement d'Apelles.

La 2e lettre, datée du 14 août 1612, roule sur l'adhérence des taches au corps du Soleil ; d'où il conclut que le Soleil tourne sur son axe dans l'espace d'environ un mois lunaire. Il continue d'éclaircir cette matière dans sa 3e lettre, datée du 1er décembre 1612. Dans celle-ci il parle, p. 90, des facules ou taches lumineuses qu'on observe quelquefois sur le disque du Soleil, et dont Scheiner n'avoit pas parlé. Galilée nous dit, p. 102, qu'il a dressé des tables des mouvemens des satellites de Jupiter ; et en effet, p. 108, il donne une table de leur position depuis le 1er mars jusqu'au 8 mai 1613.

A la suite de ces lettres, *p.* 151 *et suiv.* sont des extraits de lettres à Galilée. Quelques-uns peuvent prouver que Galilée avoit vu, mais non pas observé les taches du Soleil vers le milieu de 1611, ou peu avant. Il en est deux, dans lesquels Jean Pieroni, ingénieur et mathématicien de l'empereur, assure Galilée que le P. Paul Guldini, jésuite, lui a répété souvent, qu'autant que l'homme peut se fier à sa mémoire, il se ressouvenoit qu'il avoit été le premier qui eût instruit le P. Scheiner de la découverte des taches du Soleil par Galilée. Mais 1° ces témoignages de Pieroni sont un peu tardifs ; ils sont datés de 1635 et de 1637. 2° Il resteroit à savoir si, quand le P. Guldini instruisit, probablement par lettres, le P. Scheiner de la découverte de Galilée, le P. Scheiner n'avoit pas lui-même reconnu et observé les taches solaires.

Galilée, dans son *Saggiatore, p.* 2, parle, mais sans nommer personne, de ceux qui ont prétendu s'approprier, à son préjudice, la première découverte des taches du Soleil. Outre Scheiner, il peut bien avoir eu en vue Jean Fabricius, fils de David. Un certain Fabricius, dit Képler, *Epist.* 344, découvrit ces taches à Wittemberg, et publia à ce sujet une brochure, au mois de juin 1611 : il fut suivi par un anonyme d'Ausbourg, qui prit le faux nom d'Appelles. Képler répète la même chose, *Præfat. Ephemer. p.* 17. L'écrit de Fabricius existe, nous l'avons sous les yeux; son titre est *Joannis Fabricii, Phrisii, de maculis in Sole observatis.* Il est imprimé à Wittemberg, in-4°, et daté du mois de juin 1611. Fabricius avoit apporté des Pays-Bas à Wittemberg une excellente lunette : il la dirigea vers le Soleil; il y aperçut une tache; peu après il en découvrit deux autres; il observa qu'elles tournoient autour du Soleil, et ce mouvement fut confirmé par plusieurs autres observations. Il paroit donc très-probable que Fabricius est le premier qui ait remarqué les taches du Soleil; et il est certain qu'il les a observées le premier, qu'il a le premier étudié leur mouvement, et qu'il a été le premier qui ait instruit le public de leur existence. Il dit *fol. D., recto,* qu'il étudie leur mouvement depuis le commencement de l'année; et je le crois facilement, vu les détails dans lesquels il entre. Il croit les taches adhérentes au Soleil; et si quelqu'un, au lieu de faire tourner les taches sur la surface du Soleil, aime mieux penser que c'est le Soleil qui tourne, je suis prêt à me joindre à lui, dit Fabricius.

Si Scheiner n'a pas découvert le premier les taches du Soleil, il paroit du moins être le premier qui ait remarqué que le Soleil, au voisinage de l'horizon, prenoit une forme elliptique. Il explique très-bien la cause de ce phénomène, dans son *Sol ellipticus,* imprimé à Ausbourg en 1615, in-4°.

1612.

ÉCLIPSE DE SOLEIL LE 29 MAI.

Longomontan en observa le commencement, le Soleil ayant 51^d de hauteur, ou même un peu plus. (Donc, suivant notre calcul, à $22^h 15' 10''$, ou un peu plus tard.)

Vers 23 heures et demie, plus grande phase de 7 doigts deux tiers, ou 8 doigts au plus vers le Nord. *Astron. Dan.* p. 312.

— Lansberg, *Uranom.* p. 63, dit que la fin fut observée après $0^h 22' 30''$.

— A Tubingen, Mestlin. Commencement à $21^h 45' 30''$.

Fin le 30, à $0^h 15'$. Grandeur, à peine 7 doigts.

La marche de l'horloge fut vérifiée sur plusieurs hauteurs du Soleil. Au commencement de l'éclipse, sa hauteur étoit de $52^d \frac{1}{3}$. *Hist. cœl. Paral.* p. 922.

— A Lintz, Képler observa la fin à $0^h 52'$, le 30; et il ajoute que l'éclipse avoit duré $2^h 28'$: donc commencement le 29, à $22^h 24'$.

Quant à la grandeur, il dit qu'il y eut un peu moins de la moitié du Soleil éclipsé. Il ajoute plus bas, qu'en supposant le diamètre du Soleil divisé en 30 parties, il y en eut 16 cachées par la Lune. *Epist.* 328.

Képler ajoute qu'à Cologne, l'éclipse n'excéda guère 10 doigts, que cependant on vit les étoiles (peut-être Vénus et Jupiter), et que les prêtres, chantant à l'église, ne se reconnoissoient pas. *Ibid.*

— Le P. Scheiner à Munich observa, dit-il, le commencement vers 22^h, la fin à $0^h \frac{3}{4}$. (Il lui manquoit sans doute une bonne horloge, et les moyens de la régler.) Grandeur, 7 doigts, ou un peu moins. *Epist. 5 ad Wels.* p. 48. Vers le milieu de l'éclipse, il vit (ou crut voir) la partie de la Lune qui couvroit le Soleil, environnée d'un liséré d'or, qui débordoit d'environ un doigt des deux côtés du Soleil, etc. etc. *Ibid.*

— A Ingolstadt, dit Rémus, *Epist.* 327 *ad Kepler.* l'éclipse dura 2ʰ45′.

— Peiresc observa cette éclipse à Aix. *Gassend. in Vitâ Peiresc. tom. V, p.* 148. Mais je ne trouve aucun détail de son observation.

— Rémus Quiétanus vit à Rome le commencement vers 22ʰ.

Fin le 30, à 0ʰ24′, selon plusieurs cadrans solaires du collège romain.

Grandeur, près de 5 doigts. Supposons-la, dit Rémus, de 4 doigts $\frac{3}{4}$, *Epist.* 327 *ad Kepl.* mais, *Epist.* 329, il dit que n'ayant pas une bonne lunette, il jugea la grandeur de l'éclipse de 4 doigts $\frac{3}{4}$, les autres la trouvant à peine de 4 doigts.

— L'éclipse, dit Ghiradello, fut (à Bologne) de 7 doigts 4′, à 15ʰ19′ de l'horloge (marquant 0 au coucher du Soleil), et précisément dans le milieu du ciel. (Est-ce que le Soleil s'étoit couché à Bologne à 8ʰ41′?)

PREMIÈRE ÉCLIPSE DE LUNE LE 14 MAI.

A Copenhague, Longomontan. Commencement à 9ʰ14′, Régulus ayant 35ᵈ52′ de hauteur à l'ouest.

Plus grande phase, 6 doigts $\frac{1}{2}$ vers 10ʰ36′.

Les nuages ne permirent pas d'observer la fin. *Astron. Dan. p.* 309.

— A Munich, le P. Scheiner détermine le commencement un demi-quart d'heure avant 9 heures.

Fin à 12 heures.

Grandeur, 8 doigts au moins. *Epist.* 5 *ad Wels. pag.* 47.

Le P. Scheiner trouve l'éclipse plus grande et sa durée plus longue qu'aucun autre observateur : c'est probablement qu'il aura confondu la pénombre avec l'ombre véritable. Dans *Anc. Mém.* (¹), *t. I, p.* 437, on marque 10ʰ26′ pour l'heure du milieu de l'éclipse à Munich.

— A Liége, Wendelin. Commencement à 8ʰ37′ environ.

Fin à 11ʰ15′, bien exactement.

Grandeur 6 doigts 30 min. *Wend. p.* 79. — *Ricc. Almag. part. I, p.* 377. — *Astr. ref. p.* 100.

— A Rome, avec un quart-de-cercle de laiton, la Lyre se trouva haute de 28ᵈ12′ ou 15′; il étoit donc 9ʰ19′$\frac{1}{3}$: un *ave Maria* après, commencement de l'éclipse, observé avec une excellente lunette.

Lorsque la Lyre fut haute de 29ᵈ, Rémus jugea l'éclipse d'un demi-doigt.

Plus grande phase, 6 doigts et un peu plus, mais moins de 6$\frac{1}{4}$.

Fin vers minuit. *Remus observ. eclipsis Lunæ, anni* 1616, 26 *Aug.*

— Milieu à Goa (apparemment par le P. Uremanni) 2 minutes plus tard qu'elle n'étoit annoncée dans les Éphémérides d'Origan, ce qui, suivant d'autres déterminations d'Uremanni, donneroit 14ʰ45′ pour l'heure du milieu. *Anc. Mém. t. I, p.* 437. Il paroit par le P. Fournier, *Hydrogr. l.* 12, *c.* 14, qu'Uremanni n'avoit observé que la fin de l'éclipse, à 15ʰ57′.

(¹) *Anc. Mém.* Cette abréviation désignera toujours le recueil en 11 vol. in-4° des anciens Mém. lus à l'Académie des Sciences, ou approuvés par elle avant 1699, édit. de Paris.

SECONDE ÉCLIPSE DE LUNE LE 8 NOVEMBRE.

Scheiner est le seul qui en ait observé une partie en Europe. A Ingolstadt, vers $4^h53'$, le disque entier de la Lune se voyoit, il est vrai; cependant sa partie supérieure étoit encore dans l'ombre. A 5^h il n'y avoit plus d'ombre; mais la pénombre dura encore environ 40 minutes. *Ricc. Almag. part. I, p.* 377.

— A Nangasachi, le P. Charles Spinola observa le commencement à $9^h 30'$. *Ricc. ibid. — Anc. Mém. t. VII, p.* 706.

— A Macao, le P. Jules de Alenis et le P. Jean Uremanni observèrent le commencement à $8^h30'$, la fin à $11^h45'$. Ces heures, ajoute-t-on, sont conclues des hauteurs et des azimuts de la Lune.

Wendelin, *pag.* 80, supposant que la fin de l'éclipse a été observée par Scheiner à 5^h précises, en conclut la différence des méridiens d'Ingolstadt et de Macao, de $6^h45'$ (elle est de $6^h 50'39''$). *Ricc. ibid.*

SATURNE.

Vers le solstice d'été, Saturne étant en 18^d des Poissons, et par conséquent voisin de son équinoxe, ses anses étoient devenues fort petites; Galilée les prend pour deux satellites. Vers la fin de novembre, Saturne ayant rétrogradé jusqu'en $11^d 10'$ des Poissons, Galilée ne voit plus ces prétendus satellites, Saturne est absolument rond; ce qui cause une extrême surprise à Galilée, qui depuis plus de deux ans avoit vu cette planète accompagnée de deux petits corps lumineux. *Galil. Epist. 3 ad Wels. p.* 102, 103. — *J. B. Duham. Epist. ad P. Petit, ad calcem Astron. Phys.* Galilée prédit que ces corps reparoîtront; on pourrait en conclure qu'il avoit au moins soupçonné la cause de leur disparition. Dans son *Saggiatore, p.* 166, l'anneau de Saturne est assez bien représenté. Il y a cependant lieu de penser qu'il n'a jamais connu la nature ni même la forme de cet anneau.

ÉTOILES.

Marius découvre le 25 décembre la nébuleuse de la ceinture d'Andromède, et Juste Byrgius découvre une autre étoile nouvelle dans Antinoüs, *Fromond. Meteor. l. 3, c. 3, art.* 7. — *Marius in præfat. Mundi jovialis.* La découverte de la nébuleuse d'Andromède est aussi attribuée à Marius par Pierre Petit, *des Comètes, p.* 205; par Hévélius *Descr. Cometæ anni* 1665, *p.* 42; par Mairan, *Aurore bor. p.* 246, etc. Et en effet, Marius en fait une description si exacte, qu'il est impossible de la méconnoitre. Hévélius regardoit cette étoile comme variable; il croyoit qu'elle avoit disparu en 1657, 58 et 59. Boulliau, dans une lettre à Hévélius, convient qu'elle est variable, mais seulement dans le sens qu'elle a tantôt plus et tantôt moins d'éclat. Il ajoute qu'il lui seroit facile de prouver qu'elle étoit connue depuis plus de 150 ans. On la trouve dans un catalogue dressé au 10e siècle, *Mém. de l'Acad. des sciences,* 1759, *p.* 459. Marius, au reste, n'avoit osé assurer que cette étoile fût nouvelle.

Scheiner voit, depuis le 19 mars jusqu'au 8 avril, une étoile au midi de la ligne qui joignoit les satellites de Jupiter. Cette étoile diminua de jour en jour de clarté, et disparut absolument le 4 avril. *Epist. 5 ad Wels. p. 28 et seq.* Cette étoile seroit-elle de la nature de celles qui ont paru en 1572 dans Cassiopée, et en 1604 dans Ophiuchus? Je le croirois plutôt que de penser avec Scheiner que c'étoit un cinquième satellite de Jupiter, et que ces satellites sont peut-être de la nature des taches du Soleil, qui naissent et périssent successivement. Je croirois plus volontiers encore que le prétendu nouvel astre étoit une étoile télescopique qui s'approchoit de Jupiter, et que l'éclat de cette planète fit enfin disparaître.

FAIT.

Christophe Clavius mourut cette année à Rome; il étoit né à Bamberg en 1537. On sait la part que ce célèbre jésuite avoit eue dans la réformation du calendrier, sous le pontificat de Grégoire XIII.

1613.

OBSERVATIONS DU SOLEIL.

Le 21 juin, Adrien Métius, avec un grand instrument, prit la hauteur méridienne du Soleil, et la trouva de. . . . . 60^d 19′ 0″

    Ajoutez, dit-il, pour la parallaxe. 1 30

    Hauteur vraie. 60 20 30

    Otez la hauteur de l'équateur. 36 49 0

    Il reste l'obliquité de l'écliptique 23 31 30

Metius de usu utr. globi, pag. 121.

Métius suppose la parallaxe horizontale du Soleil de 3′; il suivoit en cela Hipparque, Ptolémée, Albategnius, Tycho, etc. Cette détermination ne paroit appuyée sur aucune observation. Képler, combinant toutes les observations de Mars par Tycho, conclut que cette planète acronique, ou dans son périgée, n'avoit presque point de parallaxe sensible. Or celle du Soleil doit être moindre que celle de Mars acronique. Cependant Képler, apparemment pour ne pas trop s'écarter de la doctrine de son maitre, a laissé au Soleil 1′ de parallaxe. Longomontan, Lansberg, Gassendi, Boulliau, ont circonscrit la parallaxe du Soleil entre 3′ et 2′28″. Horroxe, combinant ses observations avec celles des astronomes qui l'avoient précédé, décide que cette parallaxe ne peut excéder 15″; en conséquence, négligeant la parallaxe et la réfraction à la hauteur de 60^d 19′, il conclut de cette observation de Métius, que l'obliquité de l'écliptique est 23^d 30′. *Horrox. p.* 77; et cette obliquité peut se confirmer par les meilleures observations de Tycho. Si la hauteur observée par Métius étoit bien exacte, nous lui ajouterions 4″ pour la parallaxe, et nous en retrancherions 33″ pour la réfraction, et nous trouverions 23^d 29′31″ pour obliquité de l'écliptique; et cette obliquité seroit probablement encore un peu trop forte.

Métius a aussi voulu déterminer l'équinoxe du printemps de cette année. Le

20 mars, il prit avec un grand instrument la hauteur méridienne du Soleil : il la trouva de . . . . 36^d 49′ 0″

     Otez pour corriger l'effet de la réfraction. 0 30

     Et pour détruire celui de la parallaxe, ajoutez. 2 30

     La hauteur vraie sera. 36 51 0

     Otez-en la hauteur de l'équateur. 36 49 0

     Il restera la déclinaison boréale du Soleil . . . .   ☉ 2 0

Ce qui, en supposant avec Métius l'obliquité de l'écliptique de⋆23^{d}3′30″, mettroit le Soleil en 0^{s}5′1″, et l'équinoxe seroit arrivé deux heures et plus avant midi ; au lieu qu'en ajoutant seulement 7″ pour la parallaxe, et retranchant 1′20″ pour la réfraction, la hauteur vraie sera. . . . . 36^{d}47′47″

     Otez-la de la hauteur de l'équateur 36 49 0

     Déclinaison australe du Soleil. 0 1 13

     Donc lieu du Soleil . . . .   29 57 12 ♓

     Donc équinoxe le 20 mars à . . . .   1^h 7 53

J'ai supposé l'obliquité de l'écliptique de 23^{d}29′30″ ; mais deux ou trois minutes de plus ou de moins dans cet élément ne peuvent ici produire une différence sensible dans le résultat.

ÉCLIPSE DE LUNE LE 28 OCTOBRE.

Longomontan en observa la fin à Copenhague, et il conclut de son observation que l'opposition vraie de la Lune étoit arrivée à 3^{h}57′, méridien d'Uranibourg. *Astr. Dan. p.* 192. Suivant Boulliau, opposition à 3^{h}44′, temps moyen, méridien d'Uranibourg, en 1^{s}5^{d}13′57″. *Astr. Philol. page* 149.

— Des Anglois, à Firando au Japon, virent le commencement de l'éclipse vers 9^h ; elle fut totale. C'est tout ce qu'en dit Purchass, *t. I, l.* 4, *chap.* 3, § 3.

PLANÈTES.

Opposition de Jupiter, observée à Copenhague par Longomontan, le 11 mars, à 22^h en 5^{s}21^{d}45′. *Astr. Dan. p.* 334. Boulliau, *Astr. Philol. p.* 468, et J. Cassini, *Élém. d'Astr. p.* 416, admettent cette détermination. Mais Streete, *Astr. Carol. pag.* 111, rapporte cette observation au même jour à 11^{h}5′, temps moyen, méridien de Londres, prétendant que dans *Astron. Dan.* il faut lire 12^h au lieu de 22^h ; autrement, dit-il, le Soleil, suivant le calcul de Longomontan, seroit trop éloigné du point du Ciel opposé à Jupiter. J'ai calculé le lieu du Soleil sur les **Tables de Mayer**, et négligeant les petites équations, je l'ai trouvé pour 12^h en 11^{s}21^{d}30′½, et pour 22^h, 11^{s}21^{d}55′. Ainsi l'heure marquée par Longomotan n'est pas exacte ; celle de Streete l'est encore moins ; celle que M. Jeaurat détermine dans ses **Tables de Jupiter**, 16^{h}48′, temps moyen, méridien de Paris, approche beaucoup plus du résultat de nos calculs.

Le 3 avril à 8^h, méridien de Copenhague, Mars précédoit de 10′ de degré l'étoile du genou supérieur et boréal des Gémeaux (ε).

Le 4 à pareille heure, Mars suivoit l'étoile de 20′.

Donc conjonction le 3 à 16ʰ, en 3ˢ4ᵈ31′20″. *Astr. Dan. pag.* 349.

1614.

ÉCLIPSE DE SOLEIL LE 3 OCTOBRE.

A Lintz, Képler observa la fin à 1ʰ47′. *Epist.* 38.

— A Tubingen, Mestlin manqua le commencement, parce que les tables l'annonçoient beaucoup plus tard qu'il n'est arrivé.

Vers le milieu de l'éclipse, on trouva que le demi-diamètre du Soleil étoit à celui de la Lune, comme 16½ à 15¾.

La fin fut observée très-exactement à 1ʰ26′, ou plus précisément à 1ʰ25′46″, le Soleil étant élevé de 34ᵈ⅔. L'angle du vertical avec la ligne des cornes étoit alors de 48ᵈ½. De là et de la somme connue des demi-diamètres, Mestlin tire les résultats suivans :

Lieu du Soleil supposé, à la fin de l'éclipse	6ˢ 9ᵈ45′ 0″	
Lieu de la Lune, conclu de l'observation.	6 10 11 10	
Latitude australe.	0 18 35	
Moindre distance des centres	0 9 24	
Partie de l'orbite parcourue par la Lune pendant toute la durée de l'éclipse	1 1 32	
Mouvement horaire de la Lune au Soleil, calculé. .	0 24 0	
Durée de l'éclipse.	2ʰ34′	
Commencement le 2 à.	22 52	
Partie de l'écliptique parcourue par le Soleil.	0ᵈ 5′ 8″	
Donc le Soleil, au commencement de l'éclipse, en. .	6ˢ 9ᵈ39′52′	
Et la Lune en	6 9 7 48	
Latitude boréale	0 0 44	

Parall. Hist. cœl. p. 922. Il est inutile que j'avertisse que les élémens supposés dans ce calcul ne sont pas d'une extrême précision.

— A Munich, le P. Scheiner détermina avec la plus grande exactitude, dit-il, le commencement à 23ʰ15′, le 2, et la fin le 3, à 1ʰ45′. *Ibid.* et *Kepl. Epist.* 381. Elle commença, dit Képler, à droite vers le midi, et finit dans le bas. *Epitom. Astron. Cop. p.* 895.

— A Venise, l'éclipse qui, suivant Tycho, devoit arriver à 1ʰ16′19″, anticipa d'une demi-heure, et fut beaucoup plus grande que les tables ne le promettoient. *Blanchus Ep.* 380 *ad Kepl.* De cette anticipation Képler concluoit, *Ephem. p.* 12, la nécessité d'une troisième équation du temps, qu'il appeloit *équation physique*, et qui s'étendoit jusqu'à 21′41″.

— A Constantinople, on observa le commencement à midi, la fin lorsque la hauteur du Soleil ne fut plus que de 28ᵈ. *Paral. Hist. cœl. p.* 924.

6

ÉCLIPSE DE LUNE LE 23 AVRIL.

Les nuages ne permirent pas à Mestlin de l'observer. *Mœstl. Ep.* 21 *ad Kepl.*
Les autres astronomes ne furent pas apparemment plus heureux. Je ne trouve rien
autre chose de cette éclipse, sinon qu'à Louvain et à Malines, des espèces de sen-
tinelles, veillant pour répéter les heures, en virent le commencement lorsque leurs
horloges respectives sonnèrent 3 heures (c'est-à-dire, 15^h). Cet accord n'est pas à
mépriser, dit Wendelin, *Eclips. p.* 81. — *Ricc. Amalg. part. I, p.* 377. — *Astron.*
ref. p. 100.

FAITS.

Cette année doit occuper un rang distingué dans les fastes de l'Astronomie. Les
calculs que cette science exige étoient longs et pénibles; il ne falloit compter que
médiocrement sur leur exactitude. Leur excessive longueur fatiguoit l'attention,
et l'on n'étoit que rarement tenté de les répéter, pour s'assurer de leur justesse.
Nicolas Raymer Ursus Dithmarsus, en son *Fundamentum Astronomiæ*, imprimé en
1588, et Christophe Clavius, au livre I de son *Traité de l'Astrolabe, lemme* 53,
avoient proposé des moyens ingénieux pour abréger quelques-uns de ces calculs,
mais non pas tous. Jean Néper ou Napier, baron de Marchiston en Écosse, en publia
cette année un qui réduisoit toutes les multiplications en simples additions, les
divisions en soustractions, les formations des quarrés et des cubes, et les extractions
des racines quarrées et cubiques en multiplications et divisions par les nombres
simples 2 et 3.

Cet usage du calcul logarithmique, avec une table des logarithmes correspon-
dans à toutes les minutes du quart-de-cercle, fut publié cette année, sous le titre :
Mirifici logarithmorum canonis descriptio.

Quelques-uns ont voulu attribuer à Longomontan la gloire de cette invention;
mais Longomontan a survécu 34 ans à la publication de l'ouvrage de Néper, et n'a
jamais réclamé une telle priorité. Képler, dans ses Tables Rudolfines, assure que
Juste Byrge, astronome du landgrave de Hesse, avoit imaginé les logarithmes avant
Néper, mais que sa complaisance pour cette belle invention l'avoit engagé à la
tenir secrète. Que cela soit, il faudra toujours convenir que c'est à Néper que les
géomètres et les astronomes sont redevables de la publication d'un moyen d'exécuter en moins d'une demi-heure, des calculs qui exigeoient auparavant plusieurs
heures d'un travail fatiguant.

Dans la Table de Néper, le logarithme du rayon est o, et les logarithmes des
autres arcs croissent à mesure que les arcs diminuent. Ceux des tangentes
au-dessus de 45^d sont négatifs, ainsi que tous ceux des sécantes, ce qui occasionne
quelque embarras dans l'usage. De plus, l'on a souvent besoin d'opérer sur des
nombres entiers, et ces nombres ne se trouvent dans la Table, qu'autant qu'ils coïn-
cident avec quelque sinus; cette coïncidence même n'est presque jamais bien précise, et les parties proportionnelles convenables aux logarithmes des nombres qui
ne sont pas dans la Table, ne sont pas faciles à prendre. Jean Speidell et Képler
avoient remédié à une partie de ces inconvéniens : mais celui qui les fit disparoître
entièrement fut Henri Briggs, qui dès l'année 1615 s'appliqua à donner aux loga-

rithmes la forme la plus simple et la plus naturelle dont ils étoient susceptibles. Il communiqua ses idées à Néper, qui les approuva et l'aida de ses conseils. Le premier fruit des veilles de Briggs parut en 1618; il ne contenoit que les logarithmes des 1000 premiers nombres. En 1624 Briggs donna au public son *Arithmetica logarithmica;* elle contient les logarithmes de tous les nombres depuis 1 jusqu'à 20 000, et depuis 90 000 jusqu'à 100 000, à 14 décimales. Les logarithmes de Briggs sont devenus d'un usage général. Aux logarithmes des nombres entiers, Briggs avoit joint ceux des sinus et tangentes de tous les degrés et centièmes de degré, à pareil nombre de décimales. Briggs mourut le 26 janvier (V. St.) 1631, âgé d'environ 74 ans. Néper étoit mort le 3 avril 1618 (V. St.), à l'âge de 67 ans.

— Cette même année 1614, Marius publia à Nuremberg, in-4°, son *Mundus jovialis.* Il y rend compte de ses observations des satellites de Jupiter, et prétend donner la théorie de leurs mouvemens. Cette théorie paroit très-imparfaite. Il ne faut cependant pas en conclure avec Galilée, *Saggiat. p.* 3, que Marius n'avoit jamais vu les satellites de Jupiter. Marius entre dans des détails, qui probablement ne se seroient jamais présentés à l'esprit de quelqu'un qui n'auroit jamais fait les observations rapportées dans le *Mundus jovialis.* Marius, dans sa préface, parle avec honneur de Galilée; il se montre aussi modéré, que Galilée l'étoit peu; il ne prétend à aucune autre gloire, qu'à celle d'avoir découvert le premier en Allemagne ce que Galilée avoit découvert le premier en Italie. Simon Marius est mort en 1624, à Anspach.

1615.

ÉCLIPSE DE SOLEIL LE 29 MARS.

Martin Pring, navigateur anglais, reconnut, le 26 mars, Cochin à 3 lieues est $\frac{1}{2}$ nord. Le dimanche 29 à midi, il observa une éclipse de Soleil, qui finit, suivant son observation, dit-il, à $1^h 45'$, la distance du Soleil au zénith étant alors précisément de $27^d 30'$. Le lundi nous étions, dit-il, tant par l'observation de la croix du sud, que par celle de la grande Ourse, par 6^d de latitude nord. Le mardi à 5 heures du matin, nous découvrimes Ceylan à 5 lieues. Le vendredi, Punta-de-Galia nous restoit au nord-est $\frac{1}{2}$ nord à 8 lieues. *Purchas. t. I, l. 5, c. 6.*

FAIT.

Messo Bassobrutti de Lanciano fit imprimer cette année une considération sur l'occultation insolite et inouie de Mars, arrivée l'an 1615, et observée par Barthelemi Pantalonio. Cette planète, dit-il, devoit être en conjonction avec Vénus le 20 août, et avec la Lune le 27; on ne devoit cesser de la voir qu'au 4 octobre. Cependant personne ne la vit ni à la fin d'août, ni en septembre, quoiqu'elle fût à 12^d du Soleil. Je ne parle de cette prétendue observation, que parce que Gassendi a bien voulu en admettre la réalité. Il ne faut pas, dit-il, tome IV, p. 519, se méfier des observations de Bassobrutti et de Pantalonio; mais il ne faut pas conclure avec eux ou que Mars s'étoit évanoui, ou qu'il étoit alors au-delà du Soleil. Il étoit dans les signes descendans, beaucoup plus petit en apparence que Vénus, et terni de plus par les vapeurs de l'horizon. La réunion de ces circonstances suffisoit pour le dérober à la vue de Pantalonio.

1616.

PREMIÈRE ÉCLIPSE DE LUNE LE 3 MARS.

On en observa la fin, à Goa, à $7^h 53'$. *Ricc. Almag. parte I, p.* 377, et *Astr. ref. p.* 101; et à Pékin vers 11 heures. *Souciet, t. III, p.* 372.

SECONDE ÉCLIPSE DE LUNE LE 26 AOUT.

Quelques observateurs jugèrent cette éclipse partiale, d'autres l'ont crue totale. *Kepl. Tab. Rudolf. p.* 103. — *Horrox. p.* 158.

— Képler à Lintz. Commencement, la Lune ayant $31^d 20'$ d'azimuth du sud à l'ouest, ou à $13^h 48'$. Fin, au coucher même de la Lune, le Soleil ayant déjà $1^d 20'$ de hauteur, ou à $17^h 16'$. Donc durée $3^h 28'$. Mais Képler, eu égard à la foiblesse de sa vue (il étoit myope), veut qu'on abrège cette durée, et il détermine le milieu à $15^h 30'$. *Kepl. Ephem. p.* 11. Riccioli, *Astr. ref. p.* 101, met ce milieu à $15^h 30'$, ou, suivant Wendelin, à $15^h 34'$.

— A Tubingen, Mestlin.

Commencement, α d'Orion ayant 9^d de hauteur; donc à $13^h 33'$. L'attouchement s'est fait à 21^d du zénith du côté du méridien.

L'éclipse ne fut pas totale, il resta vers le sud une petite partie éclairée du disque de la Lune.

Fin, à 50^d du nadir du disque, Sirius étant haut de $11^d 20'$ à l'orient, donc à $16^h 43'$.

Mestlin conclut que la somme des demi-diamètres de la Lune et de l'ombre fut . . . . $62' 21''$

    Latitude de la Lune au milieu de l'éclipse . . . . $26\ 37$ A.

    Distance des centres . . . . $26\ 43$

Grandeur de l'éclipse, 11 doigts 53'. *Mœstl. Ep.* 22 *ad Kepl.* Voyez aussi *Paral. Hist. cœl. p.* 924 et *seq.*

— A Ingolstadt, le P. Joseph Viva.

Commencement à $13^h \frac{9}{16}$.

Immers. à $15^h \frac{1}{4}$. La Lune toute rouge; on distingue fort bien les taches.

Émersion à $15^h \frac{1}{4}$.

Fin à $17^h \frac{1}{8}$. *Paral. Hist. cœl. p.* 927. — *Ricc. Alm. part. I, p.* 377.

— Wendelin à Liége.

Commencement à . . . .   13ʰ 23′
Immersion à 14 42
Émersion à. 15 13
Fin à. 16 31

Wend. Eclips. p. 83. — Ricc. ibid.

— Je trouve trois observations faites à Rome; la première au mont Quirinal : Rémus étoit le principal observateur; il fit imprimer l'année même à Rome, in-4°, le détail de cette observation. En voici les principales circonstances :

13ʰ45′24″. . .   commencement.
15 11 0 . . .   on doute si l'éclipse est totale; elle paroit telle au télescope.
15 17 30 . . .   la lumière de la Lune étoit absolument éteinte, *prorsus mortua;* on soupçonna le milieu. D'autres prétendirent que la Lune commençoit à recouvrer sa lumière; d'autres nioient qu'elle eût été totalement éclipsée.
15 25 45 . . .   la Lune étoit sortie de l'ombre.
16 51 30 . . .   l'éclipse n'étoit pas tout-à-fait finie; on juge qu'elle n'a dû finir qu'à 16ʰ57′30″.

Voyez, si vous avez du temps à perdre, un bien plus ample détail, soit dans l'écrit de Rémus, soit dans *Paral. Hist. cœl. p.* 926, 927. Rémus pouvoit être un bon observateur; mais il avoit de mauvais coopérateurs. Des hauteurs d'étoiles, prises avec un quart-de-cercle de bois, régloient le temps. On prenoit souvent plusieurs hauteurs de différentes étoiles. Les heures, conclues d'observations simultanées, diffèrent presque toujours de plusieurs minutes, quelquefois même de 10′ et 12′.

— La seconde observation est faite à Rome, au Collège romain, par le P. Gruemberger et d'autres jésuites. Rémus, dans son écrit, l'a jointe à la sienne.

13ʰ43′30″ . . . .   commencement.
15 11 24 . . . .   immersion.
15 38 24 . . . .   émersion.
16 56 24 . . . .   fin.

Képl. Ephem. p. 11. — *Paral. Hist. cœl.*

— Enfin d'autres observateurs à Rome ont déterminé l'immersion à 15ʰ6′30″, et l'émersion à 15ʰ33′45″. *Kepl. ibid.* — *Ricc. Almag. parte I, p.* 377. On remarque que cette dernière observation s'accorde parfaitement bien avec celle du commencement et de la fin de l'éclipse, faite au Collège romain, pour donner le milieu de l'éclipse à 15ʰ20′.

Quant aux instans de l'immersion et de l'émersion, il est difficile de les déterminer exactement, lorsque la Lune se plonge peu avant dans l'ombre de la Terre, ainsi qu'il est arrivé dans cette éclipse. Dans celles même qui sont centrales, lorsque la Lune va entrer totalement dans l'ombre, le bord qui n'est pas encore éclipsé est du moins terni par une pénombre fort épaisse. Lorsque ce bord vient d'entrer dans l'ombre, on le voit encore éclairé par une fausse lumière, occasionnée par les rayons du Soleil réfractés dans l'atmosphère de la Terre. Le passage de cette pénombre épaisse à cette fausse lumière est assez prompt dans les éclipses centrales ou presque centrales. Mais lorsque la Lune se plonge peu dans l'ombre, ce passage se fait par des degrés presque insensibles, et la totalité de l'éclipse peut être long-temps méconnue. Nous en avons eu un exemple le 18 juin 1769. Une éclipse de Lune, de 12 doigts 51', étoit annoncée. J'étois alors à bord de l'Isis dans le parage des iles Turques, débouquement de Saint-Domingue. J'observai l'éclipse le mieux qu'il me fut possible, par un temps presque calme et une très-belle mer. L'éclipse me parut constamment totale, et je jugeai la demeure dans l'ombre de 33′44″. M. le chevalier de Fleurieu, bon observateur, commandant l'Isis, la détermina de 23′ seulement, et l'abbé Chappe, qui observa cette même éclipse à Saint-Joseph dans la Californie, jugea que cette éclipse n'avoit pas été totale.

PLANÈTES.

Le 19 mars à 16ʰ, Longomontan fit à Copenhague l'observation suivante :

De Jupiter au cœur du Scorpion	23°46′ 0″	
De Jupiter à α de l'Aigle	39 44 40	
Hauteur de Jupiter, environ.	10 0 0	
Donc, parallaxe et réfraction corrigées, Jupiter en .	27 41 0 ♐	
Latitude	0 24	B.

Astron. Dan. p. 336.

La même nuit, à 17ʰ, Vénus en . . . .   15 24   ♒

Ibid. p. 407 et 412.

1617.

PREMIÈRE ÉCLIPSE DE LUNE LE 20 FÉVRIER.

Fin à Canton à 10ʰ13′. *Souciet, t. III, p.* 371. Il paroit que les observateurs étoient des missionnaires jésuites.

SECONDE ÉCLIPSE DE LUNE LE 16 AOUT.

Képler à Lintz.

6ʰ30′	commencement.
7 30 ou plutôt avant.	immersion.
8 54	émersion.
9 56	fin. *Paral. Hist. cœl. p.* 928.

Toute cette observation me paroit fort incertaine. Les temps sont déterminés sur l'horloge de la ville combinée avec des hauteurs et des azimuts de la Lune, le tout étayé de calculs dans lesquels Képler fait entrer sa monstrueuse équation physique du temps, laquelle se trouve être de 19′45″. Wendelin fixe le milieu, à Lintz, à 8ʰ 10′, *pag.* 85. — *Ricc. Almag. part I, p.* 377.

— A Munich, émersion à 8ʰ52′30″. *Paral. Hist. cœl. p.* 929.

— A Ingolstadt on ne put voir le commencement.

8ʰ14′ . . . . .   (lisez 7ʰ 14′) immersion.
8 28 . . . . .   émersion.
9 45 . . . . .   l'éclipse n'est pas finie ; nuages.
9 58 . . . . .   elle est finie. *Ibid.* Je ne garantis pas l'exactitude de cette
                      observation.

— Wendelin à Herck, sa patrie, petite ville du pays de Liége sur les confins du Brabant. Émersion à 8ʰ15′ ; fin à 9ʰ17′. — *Eclips. p.* 85. *Ricc. Almag. part. I, p.* 377. — *Astron. ref. p.* 101.

— A Rome, j'ignore l'observateur.

6ʰ19′ 0″ . . . .   commencement.
7 18 11 . . . .   immersion.
7 59 16 environ . . . .   milieu 16 doigts ⅙ environ.
8 34 54 . . . .   émersion.
9 33 21 . . . .   fin. *Paral. Hist. cœl. p.* 928.

— On trouve dans *Purchas, t. I, l.* 5, *c.* 7, § 1, une observation de cette éclipse par des navigateurs anglais, dont on ne nous apprend ni la longitude ni la latitude. Tout ce qu'on peut tirer de leur observation, c'est que le temps de la demeure dans l'ombre fut d'une heure et demie.

Autres observations.

Le 8 mars, entre Zwelt et Helmesetk, la Lune se coucha ayant à sa gauche Mercure un peu plus élevé que son bord inférieur ; une ligne tirée par Mercure parallèlement à la ligne des cornes traversoit la partie obscure du disque et laissoit du côté de l'est environ un quart du diamètre lunaire. La distance de la planète au bord le plus voisin, étoit moindre que le diamètre de la Lune. *Paral. Hist. cœl. p.* 929. Marie Cunitz, dans son *Urania propitia, p.* 99, marque la conjonction de la Lune et de Mercure à 7ʰ26′, méridien de Lintz.

— Les jésuites d'Ingolstadt prirent en mars et avril plusieurs distances dè la Lune à des étoiles fixes. Voyez-en le détail dans *Paralip. etc. p.* 930.

— Le 3 juin [Remus veut qu'on lise, *le 6 juin* (¹)], 50′ environ après le coucher du Soleil, tout le peuple de Lisbonne ne put voir sans admiration Vénus à cheval, pour ainsi dire, sur la Lune. On regarda ce phénomène avec un télescope de 9 palmes,

---

(¹) La Lune en effet avoit été nouvelle le 3, et n'avoit pu atteindre Vénus que le 6.

et l'on vit entre Vénus et la Lune une distance telle que toute la planète de Vénus et la corne boréale de la Lune étoient facilement comprises dans le champ de la lunette. Les deux astres étoient en croissant, leurs cornes semblablement placées; Vénus étoit cependant plus pleine que la Lune. Un cercle vertical passant par les cornes de Vénus, rasoit la corne boréale de la Lune. Tout ceci est l'extrait d'une lettre de P. Terrentius à Rémus, envoyé par Rémus à Képler, *Epist.* 322. Rémus ajoute qu'il étoit 8ʰ 13′, et qu'il avoit observé la même conjonction à Rome, mais non avec une précision suffisante. Dans la lettre suivante, Képler félicite Terrentius sur cette observation.

— Riccioli, *Astron. ref.*, *p.* 323, rapporte beaucoup de distances de Mars aux étoiles, observées à Ingolstadt par ses confrères, en mai, juin, juillet et août.

FAITS.

Willebrord Snellius fit paroitre cette année son *Eratosthenes Batavus de Terræ ambitûs verâ quantitate.* Leyde, in-4°. Il y établit que le degré de latitude est de 55 021 toises. Ce n'étoit pas assez; mais Snellius approchoit beaucoup plus de la vérité que tous ceux qui l'avoient précédé.

— Mort de Jean-Antoine Magin, qui s'étoit fait une assez haute réputation par des Tables astronomiques et des Éphémérides, calculées suivant les principes de Copernic pour 50 années, depuis 1581 jusqu'en 1630. Il étoit né à Padoue en 1556.

1618.

OBSERVATIONS.

Le 27 décembre à $5^{\mathrm{h}}\frac{1}{2}$, Pierre Gassendi à Aix trouva 11ᵈ38′ de distance entre Jupiter et Vénus : mais l'instrument dont il s'étoit servi, lui rapporta 23ᵈ19′ de distance entre α de la grande Ourse et l'étoile polaire, et cette distance, selon Tycho, n'est que de 23ᵈ13′. *Gass., t. IV, p.* 79. Nous rapportons cette observation, parce qu'elle est la première de Gassendi.

— Vincent Pantaléon, allant aux Indes orientales, vit une étoile égale à Vénus. Resta, *Tract. I, Meteor. l.* 1, *c.* 7, Claramontius, *de novis Stellis, l.* 3, *c.* 6, Riccioli, *Almag. part. II, p.* 132, ont parlé de ce phénomène; mais on ne nous dit point où il a paru, combien il a duré, etc. Ce pouvait n'être qu'un simple météore.

COMÈTES.

Il parut cette année quatre comètes, voyez ce que nous en avons dit dans la Cométographie, *t. II, p.* 8 *et suiv.* Les nombreuses observations de la dernière, par le P. Cysat, se trouvent dans Riccioli, *Almag. nov. libr. VIII, sect.* 1, *cap.* 3. Il paroît que ce Père est le premier qui ait employé la lunette dans l'observation des comètes, et qui ait bien distingué le noyau de l'atmosphère ou chevelure qui l'environne.

FAIT.

Képler fait imprimer à Lintz les trois premiers livres de son *Epitome astronomiæ Copernicanæ*. Il s'efforce de prouver, *l.* 1, *pag.* 123 *et seq.* que la Terre est animée. Il avait déjà avancé ce paradoxe en 1606, dans son traité *de novâ Stellâ*. Il y revient encore en 1619, dans son *Harmonice mundi,* I. 4, c. 7. Peut s'en faut qu'il ne regarde le flux et le reflux de la mer comme un effet de la respiration de la Terre. Il avertit cependant, pag. 126 de l'Epitome, qu'il ne prétend attribuer à la Terre ni végétation, ni sensation, ni raisonnement, mais un simple mouvement. Il admettoit une pareille âme motrice dans le Soleil et les autres planètes. Cette âme motrice avoisinoit peut-être de bien près la belle loi newtonienne de la gravitation.

1619.

PREMIÈRE ÉCLIPSE DE LUNE LE 25 JUIN.

Les Ephémérides promettoient une éclipse de 3 doigts. Wendelin, peu après 12 heures, vit à Herck la Lune éclipsée seulement d'un doigt ou environ. *Ricc. Astr. ref. p.* 101. La partie boréale du disque de la Lune parut s'obscurcir faiblement, dit-il lui-même, et l'éclipse de 3 doigts, annoncée par les Ephémérides, n'eut pas lieu. *Wend. p.* 85. — *Ricc. Almag. part. I, p.* 377. (Cette éclipse devoit être d'environ 1 doigt, suivant les Tables d'Halley.) Képler la vit au travers des nuages; mais il ne put en estimer la grandeur. *Epist.* 326. Mestlin ne fut pas plus favorisé; tout ce qu'il put en assurer, c'est que l'éclipse avoit duré une heure trois quarts. *Epist.* 23 *ad Kepl.*

SECONDE ÉCLIPSE DE LUNE LE 19 DÉCEMBRE.

Képler à Lintz observa cette éclipse avec Gringallet. On trouve le détail de son observation dans *Paral. Hist. cœl. p.* 930, 931, et dans *Mœstl. Epist.* 23 *ad Kepl.* Mais ces deux éditions diffèrent beaucoup entre elles. Voici les principales phases suivant l'édition de Mestlin.

Commencement vers 14^{h}18′, Aldéraban ayant 32^d de hauteur. Cette hauteur, dit Mestlin, ne donne que 14^{h}16′; mais Képler n'avoit observé le commencement qu'une minute environ après avoir pris cette hauteur.

La hauteur d'Aldéraban étant de 21$^d\frac{1}{3}$, ou à 15^{h}20′ à-peu-près, l'ombre couvroit les trois quarts suivant Képler, ou suivant Gringallet les quatre cinquièmes du diamètre de la Lune.

À 17^{h}14′ fin de l'éclipse.

— A Tubingen, Mestlin, aidé de son fils, observa très-exactement cette éclipse.

Commencement, Arcturus élevé à l'orient de 14$^d\frac{1}{2}$, Sirius à l'occident de 22$^d\frac{3}{4}$ à peu-près, le pied gauche d'Orion (β) de 21^{d}15′ ou 12′ à l'occident, par conséquent à 13^{h}55′15″.

Fin, Acturus à l'orient ayant $44^d\frac{1}{2}$ de hauteur, ou à $16^h58'45''$.

A peine, au milieu de l'éclipse, restoit-il un quart de doigt hors de l'ombre.

— A Inspruck, le P. Scheiner.

Commencement, Arcturus haut de $14^d50'$, ou à $13^h58'45''$.

Fin, Arcturus haut de $44^d20'$, ou à $16^h55'$. *Kepl. Epist.* 326.

— A Ingolstadt, probablement le P. Cysat et autres jésuites.

Commencement à $14^h15'$.

Plus grande phase, 11 doigts et demi vers $15^h54'$.

Fin à $17^h15'$. *Paral. Hist. cœl. p.* 931. Voyez-y, *si vacas*, un très-long détail de cette observation et de nombre d'autres, faites la même nuit, et concluez, avec nous, que ces observateurs avoient plus de bonne volonté que d'expérience et de secours pour bien observer. J. Cassini, dans ses calculs d'éclipses, cite cette observation; mais il marque le commencement à $14^h17'30''$, et la fin à $17^h9'$. *Cass. ms.*

— A Malines, Wendelin.

Commencement à $13^h27'$, Sirius suivant de moins d'un degré le méridien.

Fin à $16^h28'$ au plus.

Grandeur, 11 doigts environ. *Wend. p.* 86. — *Ricc. Almag. part. I, p.* 377.

— A Herck, les frères de Wendelin.

Commencement à $13^h30'$, Sirius ayant dépassé d'un degré $\frac{1}{2}$ le méridien.

Fin à $16^h30'$.

Grandeur, 11 doigts. *Ibid.*

— Gassendi ne put observer cette éclipse, à cause des nuages; mais il rapporte une observation à lui envoyée par le P. Fournier et faite à Caen, (probablement par Massé, professeur royal de mathématiques).

Commencement à $13^h9'20''$.

Des nuages ont empêché d'observer la fin, qu'on suppose cependant être arrivée à $16^h16'$. *Gass., t. IV, p.* 82.

— A Lisbonne, le P. Chrysostome Gall.

Commencement, Sirius haut de $35^d20'$.

Plus grande phase, 11 doigts et plus, Sirius haut de 29^d.

Fin, Sirius n'ayant plus que $18^d40'$ de hauteur. *Paral. Hist. cœl. et Ricc. ubi suprà.*

L'heure donnée par la dernière hauteur de Sirius est $15^h46'56''$: mais on ne peut rien conclure de la hauteur observée au commencement de l'éclipse; elle excède de plusieurs minutes la hauteur méridienne de Sirius.

PLANÈTES.

On trouve dans Gassendi, t. IV, *pag.* 79 *et seq.* un grand nombre d'observations de distances de la Lune et des planètes aux étoiles fixes, faites à Aix. **La plus** utile est la suivante de Mars presque dans son opposition.

Le 25 mars à $10^h48'$, de Mars à Arcturus............	$31^d12'$
A $10^h56'$ de Mars à la queue du Lion................	19 35
Donc lieu de Mars....................................	3 $57\frac{1}{2}$ ♎
Sa latitude boréale..................................	3 13

— On trouve aussi dans *Paral. Hist. cœl.* et dans Riccioli, *Astr. reform. pag.* 335, 349, beaucoup de hauteurs et de distances des planètes aux étoiles, prises par les jésuites d'Ingolstadt ; elles sont observées sans doute avec beaucoup de zèle, mais, je pense, avec de bien mauvais instrumens.

— Gassendi observa aussi à Aix, durant tout le mois de novembre et durant les premiers jours de décembre, la situation des satellites de Jupiter à l'égard de cette planète. Les temps ne sont marqués qu'en nombres ronds, et les distances estimées à la vue en diamètres de Jupiter ; et de plus, Gassendi avertit que sa lunette n'étoit rien moins qu'excellente, et qu'en conséquence cette estime des diamètres ne peut être fort précise. *Gass. t. IV, p.* 81, 82.

FAITS.

Képler publie à Lintz, *in-fol.* ses 5 livres *De Harmonice mundi.* Suivant Pythagore, Platon, Euclides, Dieu n'avoit pu créer le monde que sur le modèle des cinq corps réguliers. Cette idée ne pouvoit être qu'avidement saisie par Képler. Il entreprend donc de développer les proportions harmoniques qui sont entre les corps célestes. Qu'un cube soit inscrit à l'orbe de Saturne, il sera circonscrit à celui de Jupiter : un tétraèdre inscrit à celui-ci, sera circonscrit à celui de Mars : il en sera de même du dodécaèdre entre Mars et la Terre, de l'icosaèdre entre la Terre et Vénus, de l'octaèdre enfin entre Vénus et Mercure : chaque corps, touchant l'orbe supérieur par ses angles, touchera presque l'orbe inférieur par ses faces. Ces attouchemens ne sont cependant pas toujours bien précis, parce qu'il étoit nécessaire que les distances formassent entre elles des proportions harmoniques. Képler détermine ensuite les masses et les densités des planètes, et il conclut enfin que les quarrés des temps de la révolution périodique des planètes sont entre eux, comme les cubes de leurs distances moyennes au Soleil. Telle est la proportion harmonique qui règne entre les distances des planètes, et c'est la seconde des deux célèbres lois de Képler. Il l'avoit soupçonnée dès le 8 mars 1618, mais trompé alors par un faux calcul, il y avoit renoncé. Il y étoit revenu le 15 mai, et un calcul plus exact l'avoit convaincu de la vérité de cette loi.

— Képler fit imprimer la même année à Augsbourg, in-4°, ses *de Cometis libelli tres,* l'un astronomique, le deuxième physique, le troisième astrologique.

Nous avons donné un précis de cet ouvrage, *Cométogr. t. I, p.* 91 *et suiv.*

— Henri Savill fonde deux chaires dans l'université d'Oxford, l'une de géométrie, l'autre d'astronomie.

1620.

PREMIÈRE ÉCLIPSE DE LUNE LE 14 JUIN.

Képler à Lintz fit, dans les intervalles des nuages, les observations suivantes :

$11^h51'$...................... commencement.
13 0...................... immersion.
14 32...................... émersion.
15 42...................... fin. *Paral. Hist. cœl., p.* 934.

— Mestlin à Tubingen.

$11^h 35'$	commenc^t hauteur d'Arcturus	$43^d 20'$
12 45	immersion	32 0
14 $16\frac{1}{3}$	émersion	17 0
15 25	fin supposée, derrière des nuages. *Ibid.*	

— On trouve *ibid.* une observation faite par les jésuites à Ingolstadt ; une clepsydre leur servoit d'horloge. Leurs observations ne s'accordent point du tout avec celles des autres astronomes.

— Wendelin à Herck.

$11^h 12'$	commencement conjecturé à travers les nuages.
12 17	immmersion.
14 0	émersion commencée. *Ricc. Alm., part. I, p.* 378.

Tout a été saisi entre les nuages.

— Rémus Quietanus à Sultz, petite ville d'Alsace à 2 lieues sud-ouest de Ruffac.

$11^h 23'$	commencement.
12 25	immersion.
13 54	émersion. Ensuite nuages. *Epist.* 333 *ad Kepl.*

— Aix, Gassendi et Joseph Gaultier, prieur de la Vallète.

$11^h 11'$ commencement, l'épi de la Vierge haut de $16^d 58'$. Mais Gassendi a, dit-il, marqué ce commencement, lorsque la pénombre a paru sensible. Il croit qu'on peut fixer le commencement vers $11^h 20'$.

$12^h 22'$ immersion, Arcturus haut de $35^d 34'$ à l'ouest.

L'émersion ne put être observée avec précision, à cause des nuages ; on estime qu'elle a eu lieu à 14^h, la Couronne (α) étant haute de $37^d 15'$ à l'ouest.

Fin sous les nuages. *Gass. t. IV, p.* 84.

Gassendi prenoit les hauteurs des étoiles avec un carré géométrique de trois pieds et demi de côté : chaque côté ou tangente étoit divisé en 1000 parties, et l'on pouvoit facilement à l'œil estimer les dixièmes de chaque partie.

On trouve dans une lettre de Gassendi, *t. VI, p.* 8, le commencement marqué à $11^h 16'$, et l'immersion à $12^h 26'\frac{1}{2}$; et *tom. I, pag.* 694, on dit que ces phases ont été observées à $11^h 15'$ et $12^h 26'\frac{1}{2}$. Gassendi, au *tom. I*, rend raison de ses variantes.

De l'observation de Gassendi, Streete conclut qu'à $12^h 47'$ temps moyen, méridien de Londres, la Lune étoit en $8^s 24^d 4' 22''$ de son orbite, et en $8^s 24^d 3' 59''$ de l'écliptique. *Astr. Carol. p.* 100 ; et Boulliau, qu'à $13^h 44'$ temps moyen, méridien d'Uranibourg, elle étoit en $8^s 24^d 5' 8''$ sur l'écliptique. *Astron. Philol. p.* 149. Mais il seroit à souhaiter que l'observation de Gassendi s'accordât mieux avec celles de Mestlin et de Képler.

— Képler, Rémus, les observateurs d'Ingolstadt et d'autres, témoignent uniformément qu'au milieu de l'éclipse la Lune fut absolument invisible.

SECONDE ÉCLIPSE DE LUNE LE 9 DÉCEMBRE.

Le P. Cysat et autres jésuites à Ingolstadt.

$5^h 33'$ ou très peu avant, immersion, α du Bélier haut de $44^d 31' 20''$.

$8^h 12'$ fin, l'œil du Taureau à $41^d 35'$ de hauteur. *Cysat. Ep.* 481 *ad Kepl.* C'est tout ce que je puis tirer de plus clair sur cette observation. Voyez aussi *Paral. Hist. cœl. pag.* 935. J. Cassini marque l'immersion peu avant $5^h 33'$, l'émersion à $7^h 5'$, la fin à $8^h 9'$. *Cass. ms.*

— Wendelin à Beets en Brabant, à une lieue de Herck, et presque sous le même méridien, 15'' seulement plus à l'ouest.

$3^h 52'$ environ.	commencement.
4 51........	immersion, le $329^d 45'$ de l'équateur étant au méridien.
6 29........	émersion, le $354^d 30'$ de l'équateur au méridien.
7 28........	fin. *Wend. p.* 88. — *Ricc. Almag. part. I, pag.* 378.

— Michel Florent de Langren (Langrenus) à Bruxelles.

$6^h 25' \frac{1}{2}$.......	émersion, α du Bélier haut de $51^d 15'$.
7 24........	fin, α du Bélier haut de $57^d 34'$. *Ibid*

— Rémus, par $48^d 40'$ de latitude (p. e. à Strasbourg ou aux environs).

$4^h 53' 32''$.....	première observation, 8 doigts, Jupiter haut de $24^d 12'$.
5 16 16	immers. hauteur de Jupiter, 28^d; d'Aldébaran $13^d 25'$.
6 51 12	émersion, hauteur de Jupiter, $42^d \frac{1}{2}$.
6 58 32	émersion, suivant un autre observateur, Jupiter haut de $43^d \frac{1}{2}$.
6 56 56	émersion, suivant un 3e, Aldébaran haut de 30^d.
7 53 44	fin à l'œil nu, Aldébaran haut de 39^d.
7 59 0	fin à la lunette, Aldébaran haut de $39^d 50'$.

Paral. Hist. cœl. p. 936.

La fin de la pénombre est aussi marquée à $7^h 59'$. Il y a donc ici quelque faute d'impression.

— Massé à Caen observa la fin à $7^h 14'$. *Gass. t. IV, p.* 86.

— On trouve dans Gassendi, *p.* 83 *et suiv.*, quelques hauteurs méridiennes et quelques distances de la Lune aux fixes.

PLANÈTES.

De distances de Jupiter à des fixes, observées à Aix, Gassendi conclut les positions suivantes de Jupiter.

	Longitude.	Latitude.
Le 21 octobre aussitôt après 16^h	1^{s}18^d 7′	1^{d}13′ A.
Le 22 peu après 15 heures	1 17 59	1 18
Le 4 novembre aussitôt après 8^h	1 16 25	1 18
Le 5 vers 8^h	1 16 16	1 17 ou 16½

Gass. tom. IV, p. 85.

Voyez *ibid.* quelques distances des autres planètes aux étoiles.

Opposition de Jupiter au Soleil le 7 novembre à 9^{h}44′, t. moyen, méridien de Paris, en 1^{s}15^{d}58′. Cette détermination de M. Jeaurat, *Tabl. de Jupiter,* paroit fondée sur les observations de Gassendi.

— Les Jésuites d'Ingolstadt ont continué de faire un très-grand nombre d'observations, sur-tout de Vénus. Voyez *Paral. Hist. cœl. p.* 937, et *Ricc. Astr. ref. p.* 335, 336.

FAITS.

Le quatrième livre d'*Epitome astronomiœ Copernicanœ* est publié cette année à Lintz. Les exemplaires des Commentaires de Képler sur la planète de Mars avoient été tirés en petit nombre, dit Képler dans la Préface, et d'ailleurs les savans peu aisés en pouvoient les acquérir qu'à un prix qui excédoit leurs facultés. La complaisance de Képler le porta donc à réduire en un court abrégé toute la doctrine de cet ouvrage, et c'est ce qu'il a fait dans ce quatrième livre. Weidler en rapporte la publication à l'an 1622, et le frontispice porte en effet cette date; mais c'est manifestement une faute d'impression. 1° Képler commence sa Préface par dire que la onzième année court depuis la publication de ses Commentaires sur Mars; or ces Commentaires ont été publiés en 1609. 2° Dans l'Épitre dédicatoire du 5e livre, imprimé en 1621, il dit qu'il a publié depuis un an le 4e livre. 3° Enfin, les chiffres des pages, qui se suivent du troisième au quatrième livre, et du quatrième au cinquième, ne permettent pas de douter que l'impression du quatrième n'ait précédé celle du cinquième.

1621.

ÉCLIPSE DE SOLEIL LE 20 MAI.

Pierre Cruger à Dantzick.

20^{h}28′.............................. commencement.
23 o exactement..................... fin.

Grandeur 10 doigts ⅓. *Crug. Ep.* 290, 291 *ad Kepl.*

— A Tubingen, Hizler entrevit le commencement entre les nuages.

Lorsque le Soleil fut parvenu à 16^d de hauteur, l'éclipse étoit d'un doigt. *Kepl. Epist.* 295.

— A Putzbach, au landgraviat de Hesse.

21^{h}56′. Fin et aussitôt après, on détermina l'heure d'après la hauteur du Soleil, 51^{d}4′, prise avec un quart-de-cercle de cuivre de 6 coudées de rayon. *Ibid.*

— A Stutgard en Souabe, où Képler étoit alors,
L'éclipse fut de 10 doigts. *Epist.* 290.

— Tous les observateurs allemands furent contrariés par les nuages.

— A Middelbourg, Lansberg.

19ʰ 0′ ou environ...................... commencement.
21 36............................... fin.

Grandeur 11 doigts 12′ au nord. *Thesaur. p.* 108.

— Hortensius à Dortdrecht.

20ʰ16′. Milieu. Grandeur 10 doigts 7′. *Ricc. Almag. part. I, p.* 378.

— A Luffenham, latitude 52ᵈ40′, longitude 2′24″ d'heure à l'ouest de Londres.
Vincent Wing, père de l'auteur d'*Astronomica Britannica*, observa le milieu peu
avant 20ʰ; l'éclipse fut presque totale, les étoiles parurent.

— A Aix, Gassendi.

19ʰ 5′28″......... commencement, le Soleil haut de 25ᵈ30′.
20 18 20 .... milieu, plus grande phase 9 doigts 23′.
21 31 12 .... fin, le Soleil haut de 51ᵈ17′.

Comme au milieu de l'éclipse 77ᵈ30′ de la circonférence du Soleil étoient de
part et d'autre dans l'ombre, Gassendi conclut que les deux diamètres étoient égaux.
(Cette apparence a pu être l'effet de quelque irradiation : car je pense que le diamètre de la Lune devoit être un peu plus petit que celui du Soleil.) La Lune étoit
plus boréale que le Soleil. *Gass. t. IV, p.* 90, 91. — *Epist. ad. Galil. t.* VI, *p.* 5.

— Dans une lettre à Wendelin, *tom. VI,* p. 16, Gassendi dit qu'il ne croit pas
qu'aucune éclipse de Soleil ait jamais été observée plus exactement que celle-ci.
Dans la même lettre il donne 9 doigts 25′ pour grandeur de l'éclipse. Ce peut être
une faute d'impression comme c'en est certainement une, quand, dans une lettre à
Snellius, *t. VI, p.* 8, il dit que l'éclipse a commencé à 19ʰ51′8″.

— Dans *Paral. Hist. cœl. pag.* 938, il est dit que l'éclipse finit à Andrinople à
22 heures. C'est encore une faute; l'éclipse a dù finir à Andrinople à 23ʰ, ou même
plus tard.

— A Pékin, elle a commencé le 21 à 5ʰ14′12″ (ou à 5ʰ16′48″, suivant les corrections postérieures du P. Gaubil, manuscrites dans l'exemplaire du dépôt). *Souciet,*
tom. III, p. 366.

ÉCLIPSE DE LUNE LE 28 NOVEMBRE.

A Lintz, Képler traversé par les nuages.

14ʰ33′......................... commencement.
16 34......................... fin, grandeur, 4 doigts.

Ricc. Alm. part. I, p. 378, et *Astr. ref. pag.* 101.

— Wendelin à Beets.

$14^h\ 2'$ ....   commencement.
$15\ 57$ ....   fin. Grandeur, 3 doigts $1'$.

Les temps sont réglés sur un cadran solaire. *Ibid.*

— Gassendi à Aix, gêné par les nuages.

$13^h 54'$ ..... commencement presque au nadir de la Lune, Aldé-
      baran haut de $52^d 10'$ à l'ouest.
$15\ 52$ ..... fin un peu au-dessus de Mare Crisium, α d'Orion
      haut de $39^d 50'$, et Aldébaran haut de $32^d 30'$, l'un
      et l'autre à l'ouest.

Grandeur, à laquelle, dit Gassendi, il ne faut pas trop se fier, 3 doigts $38'$. *Gass.,
t. IV, p.* 90, 91.

— Boulliau, *Astron. Philol. p.* 149, conclut qu'à $15^h 13'$, temps moyen, méridien
d'Uranibourg, la Lune étoit en $2^s 7^d 6' 56''$. Le temps marqué, dit-il p. 186, n'est
point celui du milieu de l'éclipse, mais celui de l'opposition vraie qui suivoit de
$4' 21''$ le milieu de l'éclipse. (Or, si cela est, disons-nous, pour parcourir ces $4' 21''$,
la Lune a dù employer $8' 48''$ de temps, son mouvement horaire au Soleil étant alors
de $29' 38''$. Le milieu de l'éclipse a été observé à Aix à $14^h 53'$; ajoutez $8' 48''$, l'opposition aura eu lieu à $15^h 1' 48''$, temps apparent, ou à $14^h 50' 48''$, temps moyen,
méridien d'Aix, ou enfin à $14^h 38' 22''$, temps moyen, méridien de Paris. Mais suivant les Tables de Mayër, le Soleil étoit alors en $8^s 7^d 9' 24''$; donc la Lune étoit en
$2^s 7^d 9' 24''$.)

PLANÈTES.

Le 4 mai à $8^h 40'$, à Aix, de deux distances de Mars, à α et à β de la Balance, Gassendi conclut que cette planète étoit en $7^s 14' 51''$ avec une latitude boréale de $0^d 23'$
à $25'$. Donc opposition de Mars le 3, à 10^h. *Gass. t. IV, p.* 88, 96, et *Epist. ad
Cassin., t. IV, p.* 323.

— On trouve, dans ce même *tom. IV, p.* 88, 89, beaucoup d'autres distances de
Mars aux étoiles; et dans *Ricc. Astr. ref. p.* 336, une observation faite à Ingolstadt,
de la distance de Vénus à Arcturus et de l'épi de la Vierge.

— Le 12 septembre, Gassendi observa une très-belle aurore boréale, dont il donne
une description détaillée, *tom. IV, p.* 89. Ce phénomène fut aussi observé à Loudun, par Ismaël Boulliau, père de l'astronome; son observation est pareillement
détaillée dans les manuscrits de son fils.

FAITS.

Képler publia cette année à Francfort les 5e, 6e et 7e livres de son *Epitome astronomiæ Copernicanæ* : ces trois livres renferment la théorie de l'astronomie, dans
les principes de Copernic.

Il fit pareillement imprimer *in-fol.* dans la même ville, son *Mysterium cosmogra-*

phicum. Il l'avoit déjà publié à Tubingen, in-4°, en 1596 : mais cette nouvelle édition est, dit Képler, revue, corrigée, augmentée et fortifiée : elle est terminée par une apologie de son *Harmonice,* contre Robert Fludd. C'est dans cet ouvrage que Képler a manifesté pour la première fois ses idées sur les rapports des orbes planétaires avec les cinq corps réguliers.

1622.

PLANÈTES.

Gassendi observa à Aix, entre le 26 janvier et le 6 février, plusieurs distances de Mars à Vénus et de ces deux planètes à diverses étoiles. La plus courte distance observée des deux planètes fut de $0^d 28'$ le 31 janvier, à $8^h \frac{1}{2}$. *Tom. IV, p.* 91.

Il y eut la même année une 2e conjonction de Mars et de Vénus ; mais Gassendi étoit en route de Digne à Aix ; il ne put faire que des estimes à la simple vue. Voyez *ibid.* p. 92.

FAIT.

La première édition de l'*Astronomia Danica* de Longomontan fut imprimée cette année à Copenhague, in-4°. Il en a donné depuis une édition plus ample en 1640, in-fol. C'est toujours cette dernière que nous citons. Quelque zélé que fut Longomontan pour les opinions de Tycho, il l'abandonne cependant, mais sur le seul article de la rotation diurne de la Terre, qu'il admet.

1623.

PREMIÈRE ÉCLIPSE DE LUNE LE 14 AVRIL.

A Lintz, le ciel fut nébuleux ; Képler détermina cependant le milieu à $16^h 55'$. *Ricc. Astr. ref. p.* 101.

— Gassendi, à Digne, observa le commencement de l'éclipse, β du Lion, étant à la hauteur de $20^d 6'$ vers l'ouest, ou à $15^h 9'$. Il est certain que l'Aigle étant haute de 38^d vers l'est, ou à $15^h 8'$, l'éclipse ne paroissoit pas commencée. Ce qui rendit l'observation du commencement difficile, dit Gassendi, c'est que la pénombre tomboit sur cette partie du disque qui, située à la gauche et à la partie inférieure, est couverte de taches obscures, qui rendoient cette partie de la circonférence difficile à distinguer.

La Lune se coucha avant la fin de l'éclipse.

Gassendi ne put s'assurer avec le rayon, de la grandeur de l'éclipse : un essai lui donna $0^d 5'$ pour la partie du diamètre qui restoit hors de l'ombre, ce qui, en supposant le diamètre de $35'$, donneroit à-peu-près 11 doigts (ou plutôt 10 doigts 17′)

pour la grandeur de l'éclipse. Il ajoute que la partie du diamètre qui restoit éclairée paroissoit égaler le diamètre de Jupiter. *Tom. IV, p.* 92, 93. Si cela est, l'éclipse a excédé 11 doigts; aussi *Gassendi, tom. I, p.* 688, la fait-il de onze doigts et demi.

— Riccioli, *Almag. part. I, p.* 378, dit qu'Hortensius observa à Leyde le commencement à 9ʰ 22′, la fin à 12ʰ 23′. On a altéré ces nombres en les transcrivant, dit Riccioli, *Astr. ref. p.* 101. (Ce ne sont pas les nombres qui sont altérés, c'est la date; Riccioli a mal-à-propos rapporté cette éclipse au 14 avril 1623; Hortensius l'a observée le 19 novembre 1630.)

SECONDE ÉCLIPSE DE LUNE LE 8 OCTOBRE.

La fin seule de celle-ci fut observée par les missionnaires de la Chine, à 8ʰ 40′ à Pékin, à 8ʰ 52′ à Hang-Tcheou, capitale de Tche-Kiang, et à 9ʰ 15′ à Chang-hay. *Souciet, t. III, p.* 371.

Autre observation de la Lune.

Le 5 juillet, Boulliau vit à Paris l'immersion de l'épi de la Vierge derrière le disque de la Lune. Le centre de la Lune étoit haut de 17ᵈ 20′, et paroissoit de 13′ plus boréal que l'étoile. De la hauteur de l'étoile Boulliau conclut qu'il étoit 9ʰ 30′. Le lieu vrai de la Lune en son orbite étoit 6ˢ 18ᵈ 33′ 3″, et réduit à l'écliptique, 6ˢ 18ᵈ 35′ 10″; sa latitude apparente, 1ᵈ 46′, et sa latitude vraie, 0ᵈ 46′ 10″ A. *Astron. Philol. p.* 159, Boulliau a supposé l'épi de la Vierge en 6ˢ 18ᵈ 35′, ce qui est assez exact, cette étoile étant alors, selon Bradley, en 6ˢ 18ᵈ 35′ 10″. Mais la latitude de l'étoile que Boulliau suppose, d'après Tycho, de 1ᵈ 59′ A, est de 2ᵈ 2′ 11″, suivant Bradley, et selon Mayer, de 2ᵈ 2′ 6″; ce seroit donc 3′ à ajouter à la latitude de la Lune.

— A Digne l'occultation n'eut pas lieu. A 10ʰ 27′, l'épi haut de 10ᵈ 46′ étoit dans la ligne des cornes de la Lune, qui avait à peine excédé sa première quadrature. Sa distance à la corne australe égaloit le diamètre apparent d'Arcturus. *Gass. t. IV, p.* 93.

PLANÈTES.

Le 12 octobre à 17ʰ, Boulliau observe à Loudun que Jupiter étoit de 3′ plus oriental et de 8′ plus boréal que Régulus. Cette étoile étoit alors en 4ˢ 24ᵈ 37′, latitude, 0ᵈ 26′ 30″ B. (Elle étoit en 4ˢ 24ᵈ 35′ 22, latitude de 0ᵈ 27′ 27″ B, suivant Bradley et Mayer.) Boulliau conclut que Jupiter étoit en 4ˢ 24ᵈ 40′, latitude 0ᵈ 35′ B (ou mieux, en 4ˢ 24ᵈ 38′ 22″, latitude 0ᵈ 35′ 27″). *Astr. Phil. pag.* 268. — *Bull. ms.* (¹).

— Depuis le 26 juin jusqu'au 10 août, Gassendi observa aussi souvent que la sérénité du ciel le permit, la distance de Mars à plusieurs étoiles. Son but étoit de déterminer l'opposition et la seconde station de cette planète.

Sur les distances de Mars à λ et à σ du Sagittaire, il calcula pour chaque jour la longitude et la latitude de la planète, et conclut qu'elle avait été opposée au Soleil,

---

(¹) Cet abrégé, qui reviendra souvent, est celui de *Bullialdi manuscriptus codex*, ou manuscrit autographe de Boulliau, que M. Le Monnier a bien voulu me communiquer.

le 3 juillet à 15^h, en $9^s 11^d 32'$, avec une latitude de $6^d 17'$ A, et stationnaire le 5 août vers 12^h, en $9^s 5^d 34'$, la latitude n'étant plus que de $5^d 41'$ A. Les distances étoient prises avec un rayon de six pieds de longueur. Gassendi nous assure de la fidélité avec laquelle il rapporte tout ce qu'il a observé, fidélité dont on auroit grand tort de douter. Il détaille enfin les précautions qu'il prend pour éviter toute erreur, et surtout celle qui pourroit naitre de la parallaxe de l'œil. Voyez sur le tout *Gass. t. IV, p.* 93 *et seq.*

Sur la demande de Cassini, Gassendi envoya en janvier 1654, outre plusieurs autres observations, celles de Mars faites en juin et en juillet 1623, mais sans en tirer aucunes conclusions. Il est fâché d'avoir publié les résultats de ses calculs sur les observations de 1623; ces résultats ne sont pas justes. Il a supposé 1° d'après Tycho, que la latitude australe de σ du Sagittaire étoit de $3^d 31'$, et elle n'est que de $3^d 18'$ (de $3^d 24' 55''$, suivant Bradley); 2° que la distance de σ à λ étoit de $6^d 15'$ quoique de très-bonnes observations prouvent que cette distance est trop forte de $3'$. Or cette distance supposée de $6^d 15'$ a servi à Gassendi de module pour rectifier son instrument; d'où il suit qu'il a dû se tromper d'autant sur la détermination des autres distances, si même, ajoute t-il, l'erreur n'a pas été plus considérable. *Tom. VI, p.* 327.

J'ai calculé plusieurs des observations de Gassendi; les distances marquées dans la Table suivante sont celles que cet astronome avoit déterminées. Pour en conclure le lieu de mars, j'ai diminué ces distances de $3'$. J'ai supposé λ du Sagittaire, le 26 juin, en $9^s 1^d 3' 49''$, sa latitude $2^d 5' 31''$ A; la différence de longitude entre λ et σ de $6^d 3' 46''$; la latitude de σ $3^d 24' 55''$. Ces déterminations sont extraites du Catalogue de Bradley, et elles donnent $6^d 11' 54''$ de distance entre λ et σ. Les Catalogues de la Caille et de Mayer ne diffèrent que d'un petit nombre de secondes de celui de Bradley.

Mois et jours.	Heures.	Distances à σ.	Distances à λ.	Long. de Mars.	Lat. austr. de Mars.
Juin 26......	13	$6^d 53'$	$13^d 3'$	$9^s 13^d 33' 19''$	$5^d 44' 35''$
» 28......	13	6 25	12 34	9 13 2 58	5 47 56
Juillet 1......	$12\frac{1}{2}$	5 40	11 47	9 12 12 53	5 49 46
» 5......	$12\frac{1}{2}$	4 42	10 47	9 11 12 43	5 39 37
» 6......	14	4 26	10 31	9 10 57 58	5 33 7
Août 4......	$9\frac{1}{2}$	2 44	5 47	9 5 35 40	5 37 15
» 5......	10	2 43	5 46	9 5 55 28	5 35 53
» 6......	10	2 50	5 45	9 5 36 28	5 32 55

D'après les observations des 1 et 5 juillet, Mars auroit été en opposition le 3 juillet à $17^h 38'$ en $9^s 11^d 39' 44''$, avec une latitude de $5^d 45'$. La comparaison des observations du 1 et du 6 juillet donneroit à très peu près le même résultat pour l'heure et le lieu de l'opposition. Mais, comme Gassendi a l'ingénuité de le remarquer, les étoiles étoient mal choisies; on rencontroit dans le calcul des angles trop aigus ou trop obtus; les résultats ne pouvoient guère être exacts.

Gassendi avoit pris le 1 et le 5 juillet la distance de Mars à β du Capricorne; elle étoit le 1 de $19^d 17'$, et le 5 de $20^d 18'$ sauf l'erreur de $3'$ de l'instrument. Cette étoile et σ du Sagittaire étoient plus favorablement placées que λ et σ. J'ai supposé, toujours d'après Bradley, β du Capricorne en $9^s 28^d 47' 15''$, et sa latitude $4^d 36' 46''$ B. Le résultat de mon calcul a été

Distance de β du Capricorne à σ du Sagittaire, $23^d 4' 58''$.

Le 1 juillet, longitude de Mars $9^s 12^d 22' 37''$; latitude $5^d 27' 6''$ A.

Le 5 juillet, longitude $9^s 11^d 15' 39''$; latitude $5^d 34' 16''$.

Donc opposition le 3 à $19^h 34'$ en $9^s 11^d 44' 12''$; latitude $5^d 31' 12''$.

Les observations des 4, 5 et 6 août, convenablement interpolées, donnent la station de Mars le 4 août à 16^h en $9^s 5^d 35' 26''$; latitude $5^d 30' 20''$. Les deux étoiles étoient alors plus favorablement placées qu'au mois de juillet.

— Le 20 août, à $10^h 20'$, Boulliau vit à Loudun, à l'œil nu, Mars presque joint à τ du Sagittaire. *Bull. ms.*

1624.

PREMIÈRE ÉCLIPSE DE LUNE LE 3 AVRIL.

Frédéric Ritélius observa à Stutgard l'émersion à $6^h 58'$, et la fin à $7^h 58'$. Ces heures sont celles de l'horloge; mais à la phase de 3 doigts hors de l'ombre, la hauteur d'Arcturus étoit $22^d 45'$, et de $24^d 18'$ à la phase de 6 doigts. La première hauteur donne $7^h 48'$, et la seconde $7^h 57'$. De cette dernière détermination, on conclut que l'émersion a eu lieu à $7^h 27'$, et la fin à $8^h 27$. *Wend. eclips. p.* 91. — *Ricc. Almag. parte I, p.* 378.

Cette observation ne cadroit apparemment pas avec les tables atlantiques de Wendelin, qui d'ailleurs avoit cru voir à Beets l'éclipse absolument finie à 8^h, d'où il conclut qu'elle avoit dû finir à Stutgard bien avant 8^h et un quart. Donc, conclut-il, il y a erreur dans l'observation de Ritélius. Stutgard, suivant Cassini de Thury, est $27' 4''$ de temps plus orientale que Paris. Suivant un calcul fait sur les tables de Mayer, l'émersion a dû y arriver à $7^h 25'$, la phase de 6 doigts à $7^h 55' \frac{1}{2}$, la fin à $8^h 26'$.

SECONDE ÉCLIPSE DE LUNE LE 26 SEPTEMBRE.

Képler à Lintz.

7^h 6'.....	commencement.
8 3.....	immersion.
9 47.....	émersion.
10 44.....	fin. *Ricc. Alm. part. I, p.* 378. — *Astr. ref. p.* 101. — Fin à $10^h 45'$. *Cass. ms.*

—Wendelin à Beets.

$6^h 25'$....................	soupçon du commencement.
6 28....................	l'éclipse est commencée.
7 23 environ...............	immersion.
9 7....................	émersion.
10 4....................	fin.

Depuis 7ʰ23′ jusqu'à 7ʰ29′, une lumière secondaire paroissoit comme fixée sur le limbe qui venoit d'entrer dans l'ombre. *Ricc. ibid.*

— Langren à Bruxelles.

6ʰ48′ 0″.....	6 doigts, le point culminant étant.	285ᵈ30′
7 18 20	immersion...................	293 27
9 2 0	émersion....................	319 12
9 59 40	fin........................	333 40
	Ricc. ibid.	

Streete conclut de cette observation de Langren, qu'à 8ʰ1′ temps moyen, méridien de Londres, la Lune étoit en 0ˢ3ᵈ59′49″ de son orbite, et en 0ˢ4ᵈ0′4″ de l'écliptique. *Astron. Car. p.* 100.

— A Pékin, les missionnaires observèrent le commencement à 13ʰ36′; l'éclipse fut de 6 doigts 13′ : le Tribunal l'avoit annoncée de 13 doigts 65′ (c'est-à-dire de 13 doigts $\frac{65}{100}$, ou selon notre manière de compter, de 16 doigts 23′, donc totale). *Souciet. t. III, p.* 371. Le Tribunal avoit raison; si les missionnaires n'ont pas observé l'éclipse totale, il faut supposer que les nuages auront interrompu leur observation.

Autre observation de la Lune.

A Bruxelles, le 3 septembre, le 31ᵈ10′ de l'équateur culminant, Langren vit à Bruxelles Aldébaran sortir de derrière la partie obscure du disque de la Lune. *Ricc. Astr. ref. p.* 157, d'après une lettre à lui adressée par Langren. Riccioli conclut qu'à 12ʰ54′56″, temps moyen, méridien de Bologne, la Lune étoit en 2ˢ4ᵈ5′18″. *Ibid. p.* 167. Apparemment que Langren avoit bien désigné dans sa lettre à Riccioli, la partie du limbe d'où s'étoit faite l'émersion.

PLANÈTES.

On n'a de Gassendi pour cette année que quelques distances des trois planètes supérieures à des fixes, observées les cinq derniers jours de mars à Vizille, à deux lieues de Grenoble, vers le sud. Voyez *tom. IV, p.* 97.

— Le 21 novembre à 19ʰ, à Loudun, la distance de Mercure à l'épi de la Vierge étoit de 24ᵈ39′, et le 5 décembre à 18ʰ57′, de 35ᵈ42′. *Bull. ms.*

FAIT.

Adrien Métius fait imprimer cette année à Franeker son traité *de usu utriusque globi*, in-4°. Le premier livre traite de la sphère et de ses cercles; le second, des usages de la sphère; le troisième, de l'usage de l'astrolabe, du rayon et d'un autre instrument imaginé par Métius pour observer les distances, les hauteurs et les azimuts des astres; le quatrième livre est un traité de gnomonique. La seconde partie de l'ouvrage roule sur le globe terrestre et sur l'art de la navigation. Weidler ne parle pas de cet ouvrage, qui n'est pas sans mérite, sur-tout pour le temps auquel il fut composé.

1625.

SOLEIL.

On remarqua cette année sur le Soleil des taches extraordinairement grandes. « J'ai vu le 15 mai, à l'œil nu, une tache sur le disque du Soleil, ce que vous assurez vous être aussi arrivé, ainsi qu'à Galilée », dit Hortensius, adressant la parole à Gassendi ; cette tache avoit 1′ de diamètre. *Hort. de Mercur. in Sole viso, n.* 65, 66. Scheiner vit aussi cette tache le même jour.

Dans *Rosa ursina, p.* 205, est gravée une planche représentant les taches vues par Scheiner le 30 avril ; il en est qui ont 4′ de diamètre. Mais cela n'est rien, en comparaison d'une tache dont parle Scheiner, *p.* 590, et qu'il avoit observée le 19 avril : il avoit trouvé à celle-ci un diamètre de 500″ ou de 8′20″.

— Gassendi, avec un gnomon dont la hauteur excédoit 6 toises ; après avoir pris toutes les précautions que l'intelligence pouvoit suggérer, observa à Grenoble, le 21 juin, à l'heure même du solstice, la hauteur méridienne du Soleil. La hauteur du gnomon, depuis son pied jusqu'à la partie inférieure de son ouverture, avoit été très exactement divisée en 64,690 parties égales ; l'ombre du gnomon, à midi, fut trouvée de 25,410 parties. Donc hauteur méridienne du bord du Soleil, $68^d 33′10″$. Gassendi ôte 15′10″ pour le demi-diamètre du Soleil ; il ajoute une minute pour la parallaxe, et retranche $23^d 31′30″$ pour la déclinaison du Soleil ; il lui reste $44^d 47′40″$ pour la hauteur de l'équateur, et $45^d 12′20″$ pour la hauteur du pôle à Grenoble. *Gass. t. IV, p.* 98.

Il y a dans ce calcul, des suppositions qui ne sont pas justes. Les erreurs, il est vrai, se détruisent en partie, mais non pas entièrement. La longueur de l'ombre donne exactement $68^d 33′19″$ pour hauteur du bord supérieur du Soleil. Otez 15′47″ pour le demi-diamètre, et 22″ pour la réfraction ; ajoutez seulement 3″ pour la parallaxe ; retranchez la déclinaison du Soleil, égale à l'inclinaison apparente de l'écliptique, qui étoit alors, suivant les déterminations de Mayer, de $23^d 29′2″$; il restera pour la hauteur de l'équateur $44^d 48′11″$ et pour celle du pôle $45^d 11′49″$. Dans diverses *Connaissances des Temps,* celle-ci est marquée $45^d 11′53″$, 11′49″, 11′42″. Toutes ces déterminations peuvent être vraies pour différens quartiers de la ville.

ÉCLIPSE DE LUNE LE 23 MARS.

Wendelin à Beets attendoit une éclipse de 3 doigts, dont la durée seroit de 2 heures ; il observa le commencement à $13^h 17′$, la fin à $14^h 0′$, et la grandeur lui parut de 2 doigts. *Ricc. Almag. part. I, p.* 378. Dans *Astr. ref. p.* 101, le même Riccioli marque le commencement à $13^h 3′$.

— A Paris, Gassendi et Claude Mydorge réglèrent les temps sur des hauteurs d'étoiles prises avec un quart-de-cercle d'acier, de moins d'un pied de rayon, mais très exactement divisé.

$12^h 54′$. . . . .   commencement, Régulus étant haut de $36^d 20′$ à l'ouest.
13 37 . . . . .   fin, β de la Balance haute de $31^d 30′$.

La grandeur au sud de la Lune fut peu considérable, ce qui rendit le commencement et la fin difficiles à déterminer. A peine y eut-il un doigt éclipsé. Il s'en est certainement fallu que l'éclipse ait atteint deux doigts. *Gass. t. IV, p.* 99.

— Suivant Boulliau, le lieu de l'opposition étoit de 4'36" plus avancé que celui du milieu de l'éclipse. *Astron. Phil. p.* 187. Au moment de l'opposition, on a 14ʰ6', temps moyen, méridien d'Uranibourg, le Soleil étoit en 0ˢ3ᵈ42'1", donc la Lune en 6ˢ3ᵈ42'1". *Ibid. p.* 149.   •

Streete conclut de la même observation qu'à 12ʰ57', temps moyen, méridien de Londres, la Lune étoit dans son orbite en 6ˢ3ᵈ34'37", et sur l'écliptique en 6ˢ3ᵈ36'53". *Astron. Car. p.* 100.

— Le milieu de l'éclipse a été observé à Paris à 13ʰ15'30", temps apparent, ou à 13ʰ22'8", temps moyen. Or, suivant Boulliau, la Lune précédoit alors de 4'36" le lieu de son opposition : son mouvement horaire au Soleil étoit de 28'34"; elle n'a donc atteint son opposition qu'à 13ʰ31'48". Le Soleil étoit alors, suivant les tables de Mayer, en 0ˢ3ᵈ34'32". Donc, à 13ʰ31'48", temps moyen, méridien de Paris, ou à 14ʰ13'19", méridien d'Uranibourg, la Lune étoit en 6ˢ3ᵈ34'32.

Conjonction de la Lune et de Vénus, le 9 février.

On vit cette conjonction à Erbach, à Ulm, à Tubingen, et presque dans toute la Souabe; on ne détermina rien autre chose, sinon que la conjonction centrale apparente de Vénus et de la Lune avoit eu lieu entre le coucher du Soleil et celui de Vénus. *Kepl. Tab. Rudolf. p.* 93, 94.

— A Leyde, Hortensius observa cette conjonction à 7 heures avec une lunette; la distance de Vénus à la corne australe de la Lune étoit au moins d'une minute. *Lansb. Thes. p.* 171.

— A Paris, Gassendi, qui ne s'attendoit apparemment pas à cette occultation, se promenoit sur le Pont-Neuf. A 5ʰ40' à très peu près, il observa que Vénus touchoit et rasoit la corne australe de la Lune. Pour l'heure, il fut obligé de s'en rapporter à l'horloge de la Samaritaine; mais il s'assura peu après, par une hauteur de Sirius, que cette horloge n'étoit pas mal réglée. A 6ʰ4', Sirius étant haut de 18ᵈ45' à l'est, Vénus et la Lune étoient dans un même azimuth, et la distance du centre de Vénus à la corne inférieure de la Lune étoit égale à celle d'Alcyone à Electra des Pléïades, ou à celle de θ à ι d'Orion. *Gass. tom. IV, p.* 97, 98.

PLANÈTES.

Gassendi prit en septembre quelques distances de Mars presque acronique à des étoiles fixes. Voyez *ibid. p.* 98.

Boulliau, à Loudun, observa Mercure le 10 février en 11ˢ20ᵈ12';

le 12,   en 11 12 28;
le 13,   en 11 13 32;
le 15,   en 11 15 25;
le 16,   en 11 16 15.   *Bull. ms.*

L'heure de ces observations n'est pas marquée; mais la régularité de leur marche dénote assez qu'elles doivent avoir été faites, à très peu près, à la même heure. Or, le 13 février à $6^h 12'$, Mercure étoit; suivant l'observation de Boulliau, en $11^s 13^d 27'$, l'effet de la réfraction défalqué; et des observations faites les jours précédens et les jours suivans, Boulliau conclut que Mercure étoit alors dans sa plus grande élongation, et que cette élongation fut de $17^d 59' 23''$, le Soleil étant alors, selon lui, en $10^s 25^d 27' 37''$. *Astr. Phil. p.* 358, 359.

— Selon Wing, à $6^h 15'$, méridien de Londres, Mercure étoit en $11^s 13^d 25'$; il attribue d'ailleurs l'observation à Gassendi (qui n'en dit pas un mot dans le recueil de ses observations). *Astron. Brit. p.* 310.

— Riccioli, *Almag. part. I, p.* 593, rapporte cette observation comme faite par Boulliau, à $6^h 20'$, méridien d'Uranibourg. Mais, *p.* 595, il l'attribue à Gassendi, probablement par une faute d'inattention; et corrigeant les déterminations de Boulliau sur ses propres tables et sur ses principes, il établit qu'à $6^h 20'$, méridien d'Uranibourg et de Bologne, Mercure étoit en $11^s 13^d 30'$, et que son élongation étoit de $17^d 52'$, le Soleil étant en $10^s 25^d 38'$.

— Le 30 mai, à Loudun, à $8^h 42'$, Mercure précédoit de $54^d 10'$ le cœur du Lion. *Bull. ms.* Mercure auroit donc été, suivant Mayer et Bradley, en $3^s 0^d 26' 45''$.

Le 9 novembre, à $18^h 12'$, distance de Mercure à l'épi de la Vierge, $10^d 34'$.

Le 18, à $18^h 22'$, même distance $20^d 18'$; les deux observations sont faites à Loudun. *Bull. ms.*

FAIT.

Scipion Claramontius (ou Chiaramonte) avoit publié en 1621, contre Tycho, un mauvais ouvrage qu'il avoit intitulé *Anti-Tycho*. Képler le réfuta pleinement dans son *Hyperaspistes Tychonis*, qu'il fit imprimer cette année à Francfort, in-4°. Tycho avoit prouvé, par le défaut de parallaxe sensible des comètes, qu'elles étoient bien plus élevées que la Lune; c'est principalement cette vérité que Claramontius avoit attaquée, et que Képler confirme, éclaircit et démontre.

1626.

Observations de la Lune.

On attendoit cette année une petite éclipse de Lune le 7 août. Képler suivit la Lune depuis le coucher du Soleil jusqu'à $8^h \frac{1}{2}$, et ne vit aucun vestige d'ombre. *Ricc. Astron. ref.* p. 101. Képler étoit myope; d'ailleurs le crépuscule a pu nuire à l'observation; il dut y avoir à Lintz, entre 7^h et 8^h, non pas une éclipse, mais une pénombre sensible.

— Le 4 août, le $43^d 12'$ de l'équateur étant au méridien de Bruxelles, Langren vit l'étoile γ du Taureau entrer sous le bord obscur de la Lune. *Ricc., Astr. ref., p.* 157.

— Le 22 décembre, à $6^h 31'$, à Leyde, Vénus ayant même longitude que la Lune, étoit distante de sa corne australe d'environ les trois quarts du diamètre de la Lune, suivant l'observation d'Hortensius. *Ibid.* p. 335. *Lanbs. Thes.* p. 173.

— Langren commença cette année à observer la libration de la Lune. *Ricc. Almag. part. I, p.* 208. Ce mouvement de libration n'avoit pas échappé à Galilée.

PLANÉTES.

Le 18 décembre, à Vizille en Dauphiné, Ozias Féroncé, aidé du Prince Louis de Valois, dont il étoit jardinier, observa la distance de Saturne à Régulus de 33ᵈ39′, et à l'épi de la Vierge de 20ᵈ50′. Il étoit 18ʰ, temps moyen mérid. d'Uranibourg. Il en conclut que Saturne étoit en 5ˢ28ᵈ16′44″. *Bull. Astron. Philol.*, p. 398. Les distances sont prises avec un bon quart-de-cercle divisé en minutes. Féroncé étoit un bon observateur.

— Le 28 janvier, à 5ʰ37′, Boulliau observa, mais avec quelque doute, Mercure en 10ˢ20ᵈ23′. *Bull. ms.*

Le 21 octobre, à 17ʰ54′, il observa que Mercure suivoit Régulus de 47ᵈ13′. *Ibid.* Ces deux observations sont faites à Loudun.

— Le 22 mai, à 9ʰ33′, Hortensius vit à Leyde Mercure haut d'environ 6ᵈ, en ligne droite avec β et θ du Cocher. *Lans. Thes. p.* 178.

1627.

On trouve, dans *Paral. Hist. cœl.* un assez grand nombre de hauteurs méridiennes du Soleil prises cette année et les 8 années suivantes, par Guillaume Schikard, et quelques-unes observées à Buzbach, par un Prince de Hesse; toutes, et celles de Schikard sur-tout, paroissent faites avec des instrumens fort imparfaits.

ÉCLIPSE DE LUNE LE 27 JUILLET.

Cette éclipse n'étoit visible, sur notre continent, que dans sa partie occidentale; elle fut observée à Madrid par les Jésuites.

16ʰ 0′ 0″	faible pénombre.
16 12 45	ombre noire.
16 24 45	7′ dans l'ombre ou un peu plus de 3 doigts.
16 33 9	6 doigts.
16 43 21	la Lune touche l'horizon, éclipsée de près de 9 doigts; la partie éclipsée est invisible.
16 45 45	la Lune est totalement couchée. Peu après le Soleil se lève, l'horloge marquant 16ʰ37′3″; il devoit se lever, abstraction faite de la réfraction, à 16ʰ52′. En conséquence, on a ajouté 15′ aux temps marqués par l'horloge. *Paral. Hist. cœl. p.* 939. Mais pourquoi faire abstraction de la réfraction? Le centre du Soleil devoit se lever à Madrid à 16ʰ48′¼; mais l'horizon des observateurs n'étoit-il borné par aucune hauteur? C'est peut-être pour compenser l'effet de ces hauteurs, qu'ils ont négligé celui de la réfraction. Quoi qu'il en soit, une horloge réglée sur le lever ou le coucher du Soleil ne donne pas des temps équivoques.

— Riccioli, *Almag. parte I, p.* 379, marque le commencement de l'éclipse à
16ʰ12′, et la même détermination se trouve dans *Cass. ms.*

Autres observations de la Lune.

Le 22 février, à Bruxelles, Langren observa l'émersion d'Aldébaran de dessous
le disque de la Lune. Après 10′20″, comptées sur les oscillations d'un pendule,
Sirius média; donc l'ascension droite du méridien étoit 97ᵈ21′20″. Riccioli en
conclut qu'à 8ʰ33′0″, temps moyen, méridien de Bologne, le vrai lieu de la Lune
étoit en 2ˢ5ᵈ13′17″. L'émersion s'étoit faite un peu plus haut que le milieu de la
mer Caspienne (*Mare Crisium*). *Ricc. Astron. ref. p.* 157, 167.

— Le 28 février, à Leyde, à 5ʰ36′, Hortensius observa, avec la lunette, Régulus
distant du limbe de la Lune d'environ deux doigts lunaires ou de 5′⅓; de 4 doigts,
ou de 10′¾ plus occidental que le centre de la Lune, et de 6 doigts et un peu plus
ou de 16′ plus boréal que ce centre. *Lansb. Thes. p.* 134. La réduction des doigts
en minutes est de Riccioli. *Astron. ref. p.* 157.

— Le 17 juin, à Digne, occultation de Régulus par la Lune, observée par Gassendi.
β du Lion étant à 15ᵈ13′ de hauteur à l'ouest, ou à 10ʰ30′ précises, immersion sous
la partie obscure du disque. L'observation a été faite avec la lunette. Lorsque la
Lune approchoit de l'étoile, on crut que le point de l'immersion seroit très-peu
au-dessous du milieu du limbe obscur; lorsque l'étoile fut plus près, on jugea que
l'immersion se feroit au tiers du limbe, en comptant depuis la corne inférieure : il
arriva enfin que l'immersion eut lieu bien peu au-dessus du quart de ce limbe.
Gass. tom. IV, p. 100.

— Boulliau observa cette immersion à Loudun, à 9ʰ33′, heure conclue de 16ᵈ27′,
hauteur de la Lune et de Régulus; l'immersion, un peu au-dessous du milieu de
la partie obscure du limbe. Cette observation est faite à l'œil nu; aussi Boulliau
veut qu'on lui préfère celle de Gassendi. Il conclut de celle-ci qu'à 10ʰ30′, méridien de Digne, la longitude apparente de la Lune étoit en 4ˢ24ᵈ29′, le lieu vrai
dans l'orbite en 4ˢ24ᵈ58′2″, et réduit à l'écliptique ou longitude vraie en 4ˢ24ᵈ55′0″,
la latitude apparente boréale 0ᵈ37′15″, la vraie 1ᵈ27′5″. (Mais cette latitude, qui
cadre assez bien avec l'observation, paroit conclue des Tables.) *Bull. Astr. Phil.
p.* 162, 163. Boulliau supposoit Régulus en 4ˢ24ᵈ40′, latitude 0ᵈ26′B. Il étoit,
suivant Mayer et Bradley, en 4ˢ24ᵈ38′28″, latitude 0ᵈ27′27″ boréale. Il n'est pas
vrai que Boulliau ait pris à gauche l'observation de Gassendi, comme Riccioli l'en
accuse. *Astr. ref. p.* 157.

— De la même observation de Gassendi, Streete conclut qu'à 10ʰ1′, temps moyen,
méridien de Londres (ce seroit plutôt à 10ʰ8′), la Lune étoit en 4ˢ24ᵈ52′, latitude
1ᵈ26′20″B. *Astr. Carol. p.* 103, 104.

La Lune étoit alors un peu plus voisine de son périgée que de son apogée; ainsi
l'on peut supposer avec Boulliau son demi-diamètre de 16′. Suivant l'observation
de Gassendi, la partie du limbe de la Lune, comprise entre la corne inférieure et
le lieu de l'immersion, excédoit peu 45ᵈ. Donc le centre de la Lune précédoit Régulus d'environ 11′½, et étoit plus boréal de 10′½.

Donc lieu apparent de la Lune. . . . . $4^s 24^d 27'$
Sa latitude apparente. . . . .   o 38   B.

Et, admettant les parallaxes de Boulliau,

Lieu vrai. 4 24 53
Latitude vraie . . . .   27 5o″

— Le 18 septembre, β de la Baleine étant haute de $21^d 54'$, ou à $11^h 1' 3o''$, à Digne, la Lune étoit sur le point de couvrir l'étoile qui est à la joue, ou la plus occidentale des trois qui sont sur le cou du Sagittaire (je ne doute pas que ne soit ξ), le point de l'attouchement étoit au tiers ou aux deux cinquièmes du limbe obscur, en partant de la corne australe. Un nuage survint; Gassendi dit qu'il jureroit que l'heure marquée est celle de l'immersion, ou n'en diffère que d'un intervalle insensible; tout ce qu'il peut permettre, c'est d'ajouter une ou deux minutes au plus à l'heure marquée. β de la Baleine étant parvenue à $22^d 3o'$ de hauteur, l'étoile étoit éclipsée. *Gass. Ep. ad Schik. t. VI, p.* 34, et *t. IV, p.* 100, 101.

PLANÈTES.

Le 14 décembre au matin, Saturne paroissoit avoir couvert la pénultième étoile de l'aile gauche de la Vierge; mais en employant la lunette, l'étoile parut à la gauche et plus haute que Saturne dont elle étoit distante d'environ $\frac{1}{6}$ de la capacité du champ de la lunette, ou de 2 à 3 minutes, (le champ de la lunette étant de 14′, comme il est dit plus bas); l'étoile étoit en $6^s 9^d 51' 23''$, avec une latitude boréale de $2^d 23'\frac{1}{2}$. (Cette étoile est *k* de la Vierge, qui avoit réellement alors, suivant Tycho, la position que Marie Cunitz lui assigne, mais qui, selon Flamsteed et Mayer, étoit en $6^s 10^d o' 5o''$; latitude, suivant Mayer, $2^d 22' 2o''$ B.). Saturne avoit la même longitude, ou étoit d'une minute plus avancé. *Urania propit. p.* 86. L'observation est faite en Silésie par Elie de Lewen.

— Vers la fin de janvier Gassendi étoit certainement en Provence, mais il ne se souvient pas en quelle ville de cette province; mais qu'il ait fait les observations suivantes à Digne ou à Aix, cela est fort indifférent.

Le 27 janvier, à 18^h, la distance de Jupiter à β du Scorpion étoit égale à celle qui sépare les deux ω; Jupiter étoit plus occidental et plus bas que β. Une ligne droite, tirée par les 2 ω, rasoit le bord oriental de Jupiter.

Le 28, à 18^h, la distance de Jupiter à β du Scorpion étoit si petite, qu'on auroit à peine pu faire tenir entre deux l'étoile δ de la même constellation; β, Jupiter, et δ formoient une ligne exactement droite.

Le 29, à 18^h, Jupiter avoit dépassé β; son diamètre paroissoit égal à sa distance à l'étoile : une ligne tirée d'α à β passoit par le centre de Jupiter, ou le laissoit très-peu à l'occident. Voyez d'autres alignemens dans *Gass. t. IV, p.* 100.

Le 23 avril, 3 mai au matin, à $3^h 23'$ (donc le 2 mai N. St. à $15^h 23'$), la distance de Jupiter à la plus haute étoile du front du Scorpion étoit de 18′ du côté de l'orient, *in consequentia*. Jupiter paroissoit à peine plus bas que l'étoile, et sembloit devoir la couvrir. Il y eut ensuite deux jours et demi de pluie; mais le 6 au matin, une heure à peine après minuit (donc le 5 mai N. St. à 13^h), Jupiter étoit à la droite de l'étoile, un peu plus bas qu'elle; la distance égaloit le quart de la capacité du tube, dont le champ comprenoit 14′; elle étoit donc de $3'\frac{3}{4}$ (il faut lire $3'\frac{1}{2}$). L'étoile étoit alors, suivant Lewen, en $7^s27^d58'30''$, latitude $1^d5'$ B. *Uran. propit. p.* 90. L'observation est faite en Silésie, par Elie de Lewen, qui se faisoit appeler en latin *Elias de Leonibus*, et qui épousa depuis Marie Cunitz, auteur de *l'Urania propitia*.

— Wing, père de l'auteur d'*Astronomia Britannica*, vit le 5 mai, à Luffenham, Jupiter couvrir l'étoile β du Scorpion, qui étoit alors en $7^s27^d57'50''$, latitude $1^d5'$ B. *Astron. Brit. p.* 288; l'heure n'est pas marquée; au commencement de la nuit, Jupiter devoit être fort près de l'étoile, mais non pas la couvrir.

— Le 25 avril V. St. (donc le 5 mai N. St.), à 11^h, la distance de Jupiter à la même étoile étoit d'environ 5′ à l'ouest; ainsi l'a observé à Leyde Martin Hortensius : la longitude de l'étoile étoit de $7^s28^d6'$; sa latitude $1^d4'$ B. *Lansb. Thesaur. p.* 158.

— Streete préfère avec raison l'observation de Lewen à celle d'Hortensius, et suppose, d'après Tycho, l'étoile en $6^s29^d59'$, comptés depuis γ du Bélier (ce qui, suivant la Table de la précession de l'équinoxe, donnée par Streete, revient à $7^s27^d56'3''$); latitude $1^d5'$ B. Jupiter auroit donc été, selon lui, en $7^s27^d52'\frac{1}{2}$ à 12^h, méridien de Londres. *Astr. Carol. p.* 74.

— La relation des observations de Lewen, que nous avons ci-dessus fidèlement traduite, ne nous paroit pas équivoque; je ne conçois pas comment Riccioli a pu s'y méprendre aussi fortement qu'il l'a fait. Dans *Astron. ref. p.* 309, il rapporte l'observation du 6 mai au matin, et 1° il dit que Jupiter étoit plus oriental que l'étoile; 2° que l'observation a été faite le 16 mai nouv. style. N'est-il pas clair, par toute la suite de la narration de Marie Cunitz, 1° que Jupiter étoit à la droite ou à l'occident de l'étoile; 2° que la date du 6 mai est suivant le nouveau style? Et d'ailleurs, peut-on douter que l'observation de Lewen ne soit la même que celle d'Hortensius?

A la page 314, Riccioli rapporte l'observation d'Hortensius du 25 avril, **V. St.** Il en conclut que Jupiter étoit en $7^s27^d50'$, vu que, selon lui, l'étoile étoit en $7^s27^d54'55''$. Il joint à l'observation d'Hortensius celle de Lewen du 22 avril (23 avril matin, V. St.); la distance de Jupiter à l'étoile étoit alors de 18′, *in consequentia*, ou vers l'orient. Il falloit donc ajouter 18′ à la longitude de l'étoile, pour avoir celle de Jupiter; au contraire Riccioli les retranché, et décide que Jupiter étoit en $7^s27^d37'$. Suivant ce calcul, le mouvement de Jupiter étoit direct, quoique cette planète dut être 10 ou 12 jours après en opposition avec le Soleil. Mais ce qu'il y a de plus singulier, c'est que ces résultats, suivant Riccioli, s'accordent à 3′ ou 4′ près, avec ceux de ses Tables, tant il est vrai que *quandoque bonus dormitat Homerus*.

L'étoile β du Scorpion étoit alors en $7^s27^d59'6''$, suivant Bradley et Mayer, avec une latitude boréale de $1^d2'18''$, suivant Bradley; de $1^d2'26''$ suivant Mayer. Donc Jupiter étoit en $7^s27^d55'\frac{1}{2}$; sa latitude à-peu-près la même que celle de l'étoile.

— Le 8 janvier, Boulliau à Loudun observa, à $4^h50'$, la distance de Vénus à Mercure; elle étoit de $24^d 43'$ ou $44'$. Vénus fut assez exactement observée en $11^s 1^d 28'$. *Bull. ms.*

Le 8 octobre, à $17^h 36'$, la distance de Mercure à Régulus étoit de $33^d 5'$, observée à Loudun par Boulliau. *Ibid.*

FAITS.

Les Tables Rudolphines de Képler paroissent cette année à Ulm, *in-fol.* Képler les avoit annoncées dès le commencement du siècle; il y donna tous les soins possibles; il y consacra ses veilles durant 26 années consécutives : toutes les observations de Tycho furent calculées, furent comparées, furent combinées. Képler attribue à Tycho la première idée et le commencement de ce travail; mais il falloit un Képler pour le continuer avec courage, pour l'exécuter avec succès. Quoique les Tables Rudolphines soient principalement appuyées sur les observations de Tycho, Képler n'a pas négligé les observations anciennes; il a même eu recours à quelques nouvelles et aux siennes propres, lorsque celles de Tycho lui manquoient. Ce qui distingue principalement ces Tables de toutes celles qui avoient été publiées jusqu'alors, c'est que, faisant main basse sur tous les épicycles, excentriques, et autres fruits d'une aveugle imagination, il ne reconnoit, pour régler sa marche, que ce qui peut être avoué par une physique sage et éclairée. Ses Tables se sont trouvées non seulement plus parfaites que toutes celles qu'on avoit précédemment publiées; elles se soutinrent même contre celles qui furent publiées depuis par Lansberg, Wing, Boulliau, Riccioli, etc. Celles-ci pouvoient représenter plus exactement les observations faites dans le temps qu'on les construisoit; mais elles ne tardoient pas à s'écarter du ciel beaucoup plus que les Rudolphines. Dans les préceptes de ces Tables, Képler, page 113, soutient, contre le sentiment alors presque général, que les éclipses de Soleil sont bien plus propres que celles de Lune à déterminer les longitudes terrestres. Riccioli le réfute fort mal. *Almag. part. II, p.* 609. Aux éclipses de Soleil Képler auroit pu joindre les occultations des étoiles par la Lune.

— Un certain Christian-Jules-Schiller fit imprimer la même année à Augsbourg, *grand in-fol.* son *Cœlum Stellatum Christianum,* pour la plus grande gloire, disoit-il, de l'église tant triomphante que militante. Il proscrivoit toutes ces anciennes constellations païennes, et leur en substituoit de chrétiennes. Les douze apôtres étoient les douze signes du Zodiaque; les personnages les plus célèbres de l'ancien Testament occupoient l'hémisphère austral; ceux du nouveau remplissoient le boréal. Outre les constellations anciennes, copiées d'après l'Uranométrie de Bayer, l'auteur y avoit fait graver ses constellations chrétiennes; et le tout étoit, dit-on, très bien exécuté. L'innovation cependant ne fut point agréée. S'il y eût eu quelque changement à faire, on auroit préféré sans doute celui que Schickard propose, *Astrocop. p.* 2 *et seq.* Celui-ci laissoit aux constellations leurs anciennes configurations; mais, suivant lui, le Bélier étoit celui qu'Abraham immola; les Gémeaux, Esaü et Jacob; Persée avec la tête de Méduse, David avec celle de Goliath; Hercule avec sa massue, Samson avec sa mâchoire d'âne; l'Ourse, celle qui dévora 45 enfans, etc. La nécessité d'entendre les anciens astronomes n'a pas permis de changer l'ancienne nomenclature.

1628.

ÉCLIPSE DE SOLEIL LE 25 DÉCEMBRE.

Le P. Cysat observa à Barcelone qu'à $4^h 1'$ l'éclipse étoit de 8 doigts $45'$; le Soleil avoit alors $4^d 3o'$ de hauteur. *Ricc. Almag. part. I, p.* 379. — *Astr. ref. p.* 145.

— Riccioli ajoute que Képler observa cette même éclipse en Autriche, et qu'il remarqua que la Lune étoit environnée d'un anneau lucide et vaporeux, *Annulo lucido et vaproso. Ibid.* Si cette éclipse a été visible en Autriche, ce n'a pu être que pour bien peu d'instans avant le coucher du Soleil.

Riccioli, tant dans son Almageste que dans son Astronomie réformée, date cette éclipse du 26 décembre; c'est certainement une erreur.

ÉCLIPSE DE LUNE LE 20 JANVIER.

Képler l'observa à Prague, en compagnie de plusieurs savans, *cum viris doctis.* Les temps des phases furent marqués sur une horloge sonnante, *ex horisonio;* et de quelques hauteurs d'étoiles, prises la même nuit, Wendelin conclut que cette horloge avançoit de 11 minutes; elles sont retranchées aux heures suivantes :

Temps app.

$8^h 19'$....	commencement.
9 19....	immersion.
10 59....	émersion.
11 59....	fin. *Ricc. Almag. part. I, p.* 379. — *Astr. ref. p.* 102.

— Le vieux Mestlin, probablement à Ulm.

$9^h 15'$....................................	immersion.
10 45....................................	émersion.

Les temps sont ceux de l'horloge de la ville. *Hist. cœl. Paral. p.* 941.

— Schikard à Tubingen, fut traversé par des nuages et de la neige. Voyez son observation, très-défectueuse. *Ibid.* p. 940, 941.

— A Buzbach, le Landgrave de Hesse.

$7^h 54'$.........................	commencement douteux.
11 34	fin.
Hauteur méridienne du bord supérieur...	$59^d 23'$
» du bord inférieur...	58 $50\frac{3}{4}$ *Ibid. p.* 941.

— Wendelin à Bruxelles.

$11^h 15'$ ou $16'$ au plus tard, fin; c'est tout ce que les nuages lui permirent d'observer. *Epist. ad Gass. Gass. tom. VI, p.* 454. Riccioli dit, *Almag. part. I, pag.* 379, d'après Wendelin, *Eclips. p.* 94, qu'à 11^{h}0′ il n'y avoit plus que 3 doigts d'éclipses, et qu'à 11^{h}15′, il ne restoit plus que la pénombre.

— A Beets, les frères de Wendelin.

7^{h}40′	peu après, commencement.
8 40	immersion.
10 20	émersion.
11 19	fin.

Les temps sont déterminés sur un cadran solaire, *ex sciaterico. Gass. t. IV, p.* 454. Mais comment s'y sont-ils pris pour déterminer les ombres sur un tel cadran? L'ombre de la Lune ne marquoit l'heure vraie qu'au moment de l'opposition. Riccioli, *Geogr. ref. l. VIII, c.* 17, rapporte l'observation de Beets comme il suit.

8^{h}40′ 5″	immersion.
10 20 20	émersion.
11 19	fin.

— Jean Bainbridge à Oxford.

7^{h}31′ ...	commencement, le bord supérieur de la Lune haut de 29^{d}55′.
8 23 ...	immersion, ce même bord élevé de 37^{d}27′.
10 0 30″...	émersion, Régulus haut de 32^{d}29.
10 57 30 ...	fin, Régulus haut de 40^{d}16′. *Bull. Astr. Philol. pag.* 467.

— Gassendi, *t. IV, p.* 102, marque le commencement à 7^{h}31′30″.

— Mydorge à Paris.

7^{h}27′	commencement à l'œil nu.
7 35	commencement à la lunette, Procyon haut de 28^{d}3′20″.
8 34	immersion, Procyon haut de 36^{d}20′.
	nuages à l'émersion.
11 7	Arcturus étant haut de 9^{d}30′, l'éclipse étoit finie.

Gass. t. IV, p. 101 et *t. VI, p.* 11. Boulliau, *Astr. Phil. p.* 149, conclut de cette observation qu'à 10^{h}39′, t. m. méridien d'Uranibourg, le vrai lieu de la Lune étoit en 4^{s}0^{d}30′17″.

A Aix, Gassendi.

7^{h}49′	Sirius étant haut de 21^{d}9′ à l'est, commencement.
8 48	α de l'Hydre haut de 14^{d}10′ à l'est; immersion.
10 25	la même étoile haute de 28^{d}33′, émersion.
11 24	Rigel haut de 26^{d}37′ à l'ouest, fin.

Gass. t. IV, p. 101.

Gassendi, en envoyant cette observation à Wendelin, dit qu'il oseroit presque jurer qu'il seroit difficile de trouver une observation d'éclipse aussi précise que celle-ci. *t. VI, p.* 16.

Streete, *Astron. Carol. p.* 100, conclut de cette observation qu'à 9ʰ21′ t. m. méridien de Londres, la Lune étoit en 4ˢ0ᵈ27′19″ de son orbite, ou en 4ˢ0ᵈ27′42″, réduction faite à l'écliptique.

    — 10ʰ10′ . . . . .   à Rome, mil. de l'éclipse. *Argoli de motu primi mobilis, p.* 27.

    —   9 57 . . . . .   à Madrid, 11 doigts environ, la Lune haute de 56ᵈ0′.

      10 18 . . . . .   six doigts, Sirius haut de 33ᵈ30′.

      10 53 . . . . .   l'on a jugé la fin, la lune haute de 64ᵈ15′.

Les nuages ont d'ailleurs beaucoup nui à l'observation. *Hist. cœl. Paral. p.* 941.

— On trouve, *ibid.* qu'à Constantinople, l'éclipse commença 4ʰ40′ de la nuit étant écoulées, et la Lune ayant 51ᵈ de hauteur.

      15ʰ 1′ . . . . .   commencement à Pékin.

      18 51 . . . . .   fin. *Souciet, tom. III, p.* 372.

    — 14 33 . . . . .   commencement à Siganfou.

      18 17 . . . . .   fin, *ibid.*

Le P. Souciet remarque avec raison, que les Jésuites de Pékin ont trop prolongé la durée de cette éclipse, et que la durée observée par le missionnaire de Siganfou est aussi un peu trop longue.

— Le P. Fournier, *Hydrogr. l.* 12, *c.* 13, rapporte au 14 juin de cette année, une éclipse observée par Gassendi le 14 juin 1620.

PLANÈTES, ÉTOILES, ETC.

Le 8 mai, à 9ʰ½, Bouillau à Loudun observa à la vue simple, que Saturne touchoit presque γ de la Vierge. Le lendemain, il en étoit encore plus près. *Bull. ms.*

— Le 3 juillet, vers 12ʰ, Hortensius observa à Gand Saturne en même longitude que γ de la Vierge, et de 25′ plus austral que l'étoile. L'étoile étoit, dit-on, alors en 6ˢ5ᵈ4′12″, avec 2ᵈ50′ de latitude boréale. Donc Saturne, avec la même longitude, auroit eu 2ᵈ25′ de latitude B. *Lansb. Thes. p.* 155.

— Riccioli, *Astron. ref. p.* 297, d'après une détermination plus exacte du lieu de l'étoile, met Saturne en 6ˢ4ᵈ57′3″.

Wing *Astron. Brit. p.* 284, lui donne 6ˢ4ᵈ58′19″ de longitude, et de latitude 2ᵈ25′, bor.

Enfin, d'après le lieu de l'étoile déterminé par Mayer, Saturne auroit été en 6ˢ4ᵈ59′17″, avec 2ᵈ24′ de latitude bor. Suivant Bradley, il auroit été de 7″, et suivant Lacaille, de 5″ plus occidental.

   —Le 10 juin à 11ʰ, à Loudun, distance de Jupiter à δ du Scorpion.   31ᵈ44′

      Le 22 à 10ʰ30, même distance. 30 12

      Le 26 août à 10ʰ, distance à β du Capricorne. 35 40

Bull. ms.

On trouve dans *Paral. Hist. cœl.* 60 hauteurs méridiennes d'étoiles, et 31 du Soleil, observées à Butzbach par le Landgrave de Hesse. Le but du prince étoit de déterminer la latitude de Butzbach; il la fixe à $50^d 30' 29''$; par des observations postérieures, Mayer l'a réduite à $50^d 27'$.

— Képler avoit trouvé que le diamètre du Soleil apogée est à celui du Soleil périgée comme 30 à 31, ou comme 125 à 129, ce qui ne s'éloigne pas beaucoup de la vérité. D'un grand nombre d'observations faites cette année et les deux suivantes, Hortensius conclut que la raison des deux diamètres est à-peu-près celle de 125 à 133 (ce qui est beaucoup plus inexact). *Hort. præf. in commént. Lanbs. de motu Terræ*, Middelburgi, 1630, *in*-4°.

FAITS.

C'est vers ce temps que Guillaume-Janson Blaeu, dit aussi Cæsius (¹) d'Amsterdam, entreprit de mesurer la grandeur de la Terre. Pour y réussir il mesura géodésiquement les côtes de Hollande, depuis le Texel jusqu'à l'embouchure de la Meuse : la distance est d'environ un degré de grand cercle. Blaeu prit ensuite, avec la plus grande précision, la hauteur du pôle aux deux extrémités de cette côte. Il avoit pour cet effet fait construire, ou peut-être construit lui-même un secteur de 12 degrés de limbe, et de 28 pieds du Rhin de diamètre (ou peut-être de rayon). Guillaume Blaeu étant mort le 21 octobre 1638, à l'âge de 67 ans, son fils Jean Blaeu ayant mis en ordre tout ce qu'il avoit trouvé de relatif à ce travail dans les papiers de son père, se disposoit à les publier. *Vossius de Mathesi, cap.* 45, § 40. Ce travail n'a pas paru que je sache, mais l'abbé Picard passant en 1671 par Amsterdam, pour aller à Uranibourg, vit M. (Jean) Blaeu, qui lui communiqua son travail (ou plutôt celui de son père) sur la mesure de la Terre.

« Je puis dire, dit Picard, que nous eûmes une joie extraordinaire, ce bon vieil-
» lard et moi, de voir que nous étions presque d'accord touchant la grandeur du
» degré d'un grand cercle de la Terre, et que le différend n'alloit qu'à 5 perches
» ou à 60 pieds du Rhin. Je suis certain que Snellius n'avoit rien fait de si
» grand (²). ». *Anc. Mém. t. VII, p.* 195. Voyez sur l'an 1617, ce que nous avons dit de la mesure de Snellius.

On connoît le magnifique Atlas de Blaeu; Guillaume l'avoit commencé; Jean le conduisit à son entière perfection. Mais Guillaume n'étoit pas seulement géographe, il étoit astronome et mécanicien. Disciple et ami de Tycho, il avoit eu part aux observations de ce grand homme. Il construisit des globes plus vastes que ceux qu'on avoit précédemment construits; (il en faut sans doute excepter le grand globe de Tycho). Il fut le premier qui exécuta deux magnifiques sphères, suivant le système de Copernic. La première étoit générale; elle représentoit le Soleil au centre, les planètes faisant leurs révolutions autour du Soleil, et la Lune exécutant la sienne autour de la Terre. La seconde sphère étoit particulière à la Terre, dont

---

(¹) *Cæsius* est la traduction latine du nom de l'auteur *Blaeu; Janson* signifie probablement *fils de Jean*.

(²) Picard semble attribuer la mesure de la Terre au même Blaeu qu'il avoit vu à Amsterdam, et avec lequel il n'avoit eu probablement qu'une seule conversation, dans laquelle il s'étoit beaucoup plus agi de la mesure même de la Terre, que de l'auteur de ce beau travail. Vossius, Hollandois, devoit avoir sur cet article beaucoup plus de lumières que Picard, qui ne faisoit que traverser la Hollande.

elle représentoit le mouvement de rotation ou diurne, combiné avec son mouvement annuel de translation. Depuis Archimède, dit Vossius, le monde n'avoit rien vu de semblable; il le vit, et admira Blaeu. Blaeu a de plus exécuté un grand quart-de-cercle qui subsiste peut-être encore dans l'observatoire de Leyde. Il avoit composé une Institution astronomique sur l'usage des globes et des sphères, traduite en latin par Hortensius, et publiée à Amsterdam en 1655, in-8°. *Voss. de Math. cap.* 37, § 47, *et cap.* 45, § 40. — *Weidl. Hist. Astron.*

1629.

PREMIÈRE ÉCLIPSE DE SOLEIL LE 21 JUIN.

Cette éclipse, invisible en Europe, ne fut observée que par le P. Rhodes, jésuite à Rum, ville du Tonkin, distante de 240 milles italiques de la capitale de ce royaume, sise, suivant le P. Rhodes, par 18 degrés de latitude nord, et par 133 degrés (ou mieux par 122 ou 123 degrés) de longitude, à compter des iles Canaries.

Commencement de l'éclipse, deux heures environ avant midi.

Plus grande phase, de près de 6 doigts, une demi-heure environ avant midi.

Fin, une heure environ après midi. *Ricc. Alm. part. I, p.* 742. — *Astr. ref. p.* 145.

On s'aperçoit facilement que cette observation n'est rien moins que précise.

SECONDE ÉCLIPSE DE SOLEIL LE 14 DÉCEMBRE.

Celle-ci fut observée (vue) dans l'Amérique méridionale, occidentale, dans la province de Macha, par une hauteur de pôle de 20 degrés sud.

Commencement, une heure quarante-cinq minutes avant midi.

Fin, une heure quarante-cinq minutes après midi. *Ricc. ibid.*

Obliquité de l'écliptique.

Hortensius entreprit à Middelbourg, de déterminer au solstice d'été l'obliquité de l'écliptique. L'amplitude de son quart-de-cercle lui faisoit espérer un succès favorable. Il trouva la hauteur méridienne et solsticiale du Soleil, le 21 juin, de $61^d 58' 15''$. Ajoutez, dit-il, $1' 4''$ pour corriger l'effet de la parallaxe, la hauteur vraie sera de $61^d 59' 19''$. Otez-en la hauteur de l'équateur $38^d 29'$, il reste $23^d 30' 19''$ pour obliquité de l'écliptique. *Hort. Præf. in Comment. Lansb.* Le but d'Hortensius étoit ici de prouver que l'obliquité admise par Tycho, $23^d 31' \frac{1}{2}$, étoit trop forte; il auroit atteint plus efficacement ce but par un calcul plus exact, tel qu'il suit :

Hauteur observée du Soleil......................	$61^d 58' 15''$
Otez pour la réfraction........................	— 30
Ajoutez pour la parallaxe......................	+ 4
Hauteur vraie du Soleil........................	61 57 49
Otez la hauteur de l'équateur, ou suivant Hortensius.	38 29 0
Il reste la déclinaison du Soleil................	23 28 49

Et cette déclinaison est égale à l'obliquité apparente, et même à l'obliquité moyenne de l'écliptique, le nœud ascendant de la Lune étant alors vers le point équinoxial du Bélier. Nous ne concluons pas cependant que l'observation d'Hortensius ait été bien parfaite : cet astronome n'observoit pas sans doute directement la hauteur du centre du Soleil, mais celle d'un de ses bords, et nous ignorons lequel il choisissoit. A la hauteur observée du bord, il ajoutoit ou il en retranchoit le demi-diamètre du Soleil; et ce demi-diamètre étoit alors, selon lui, de 16′47″, quoiqu'en réalité il ne fût que de 15′47″. Ce seroit donc une minute dont il faudroit augmenter ou diminuer l'obliquité trouvée. Si Hortensius a observé le bord supérieur, il aura jugé la hauteur du centre d'une minute moindre qu'elle n'étoit réellement. D'un autre côté, la hauteur de l'équateur à Middelbourg est, suivant la *Connoissance des Temps*, de 38ᵈ 29′54″. On aura donc,

Hauteur observée du centre du Soleil.............	61ᵈ 59′ 15″
Réfraction moins parallaxe.....................	— 26
Hauteur vraie du Soleil.......................	61 58 49
Hauteur de l'équateur........................	38 29 54
Obliquité de l'écliptique......................	23 28 55

PLANÈTES.

Les observations suivantes de Saturne ont été faites par Boulliau, à Loudun.

1 avril...	9ʰ 20′...	distance de Saturne à γ de la Vierge....	15ᵈ 47′
		à l'épi de la Vierge.	5 16
11 avril...	9 40...	distance à α de la Balance...........	19 58
27 avril...	10 0...	distance à Arcturus................	28 4
		à l'épi de la Vierge..........	5 0

Saturne, à cette dernière observation, étoit dans l'alignement des deux étoiles. *Bull. ms.*

— Le 15 août, à Loudun, à 10 heures, Jupiter étoit dans une ligne droite avec les deux cornes du Capricorne, au sud d'elles; et sa distance à la corne australe étoit de 4ᵈ 57′. *Ibid.*

— Le 28 octobre, une heure après le coucher du Soleil, ou à 5ʰ 56′, Elie de Lewen (probablement à Pitschen en Silésie), observa que Jupiter, plus occidental que γ du Capricorne, étoit à 17ᵈ 17′, ou, corrigeant l'effet de la réfraction, à 17ᵈ 18′ de distance de cette étoile, et qu'il étoit très-précisément dans l'alignement des deux étoiles de la corne précédente (α et β). *Uran. propit.* p. 91. Marie Cunitz conclut que Jupiter étoit en 9ˢ 29ᵈ 25′ 30″. L'observation pourroit avoir été faite par Marie Cunitz elle-même.

— Le 30 octobre, Hortensius à Middelbourg, observa, vers 6 heures du soir, Jupiter dans la direction des deux étoiles de la corne précédente du Capricorne.

Lansberg supposant que la première de ces deux étoiles est en 9ˢ 29ᵈ 36′ du Capricorne, avec une latitude de 6ᵈ 58′ B, et la deuxième en 9ˢ 29ᵈ 49′, avec une latitude de 4ᵈ 38′ B, supposant de plus, d'après ses Tables, la latitude de Jupiter de

$0^d 44'$ A; il conclut que cette planète étoit en $10^s 0^d 18'$, ce qui suivant lui s'accorde fort bien avec ses Tables, selon lesquelles Jupiter étoit en $10^s 0^d 17'$. *Thesaur.*, p. 158, 159.

Mais cela s'accorde fort mal avec l'observation précédente de Lewen, Jupiter en deux jours n'ayant pu parcourir $52'30''$ en longitude. De plus, Lansberg détermine fort mal le lieu des étoiles. Suivant Bradley, la première, α, étoit en $9^s 28^d 41'14''$; latitude $6^d 57'16''$ B, et la deuxième, β, en $9^s 28^d 52'32''$, latitude $4^d 36'46''$ B.

Sur ces positions, Lacaille et Mayer ne diffèrent de Bradley que d'un petit nombre de secondes. Nous dirons enfin que Jupiter, qui parcouroit alors 6 à 7 minutes de degré par jour, n'a pu être, et le 28 et le 30, dans le même alignement avec α et β du Capricorne.

FAITS.

Képler fit imprimer cette année à Leipsick, in-4°, un avertissement aux astronomes, par lequel il les prévenoit des admirables phénomènes que le ciel devoit leur offrir en 1631, Mercure sur le Soleil, le 7 novembre, Vénus pareillement sur le Soleil le 6 décembre. Il y annonce aussi le passage de Vénus, le 6 juin 1761.

— David Tost, dit Origan, mourut cette année : ses Éphémérides, depuis l'année 1595 jusqu'en 1654, lui ont fait dans le temps quelque réputation.

1630.

ÉCLIPSE DE SOLEIL LE 10 JUIN.

Hévélius, allant par mer de Dantzick en Hollande, et n'étant pas encore fort éloigné de Dantzick, vit, vers 7 heures, l'éclipse commencée. *Mach. cœl. t. II* ([1]). Nous ne citons ceci, que parce que Hévélius datoit de cette éclipse la longue suite de ses observations astronomiques.

— L'éclipse fut observée par Schikard à Tubingen : voyez le détail de son observation dans *Paral. Hist. cœl. Tych.* p. 946. Nous n'en extrairons que ce qu'en a extrait Gassendi dans sa lettre à Golius, *t. VI, p.* 39. Les autres observations ont été traversées par les nuages.

Le Soleil étant encore élevé de $8^d 35'$, ou à $6^h 56'$, l'éclipse étoit d'un doigt $\frac{3}{4}$; la ligne qui joignoit les centres du Soleil et de la Lune étoit de 40^d inclinée à la verticale.

Au plus fort de l'éclipse, la partie du Soleil non éclipsée n'avoit pas tout-à-fait un demi-doigt de largeur, et ses pointes étoient en-deçà du diamètre du Soleil, ce qui prouve que le diamètre apparent du Soleil étoit moindre que celui de la Lune.

— Le vent incommode un peu le Landgrave de Hesse à Butzbach.

([1]) Lorsque nous citons la *Machine céleste* d'Hévélius il faut toujours supposer qu'il ne s'agit que du 2ᵉ volume. Comme les observations y sont rapportées dans un ordre chronologique, il nous a paru inutile de citer les pages.

Temps de l'horloge.	Hauteur du ⊙.	Azimut du ⊙.	Inclinaison.	Phases.
h m	d m	d m	d	doigts
6.42	11.18	67.1	37 *env.*	0 $\frac{1}{3}$ *env.*
6.45			*la même*	1
6.56			32 *env.*	3
7.11	7.2	62.1 $\frac{1}{3}$	25 *env.*	6
7.20	5.46 $\frac{1}{3}$	60.29	13 à 14	8
7.30 *env.*	3.56	58.0		10 $\frac{1}{2}$

Il paroit que les heures étoient conformes à celles d'un quadrant solaire. On donne les hauteurs du Soleil pour corrigées, et celle de $7^h 11'$ l'est, dit-on, doublement. Les azimuts sont comptés du nord à l'ouest. L'inclinaison est celle de la ligne qui joignoit les centres avec le vertical du Soleil. L'abréviation *env.* signifie *environ*. La phase de 10 doigts $\frac{1}{2}$, a paru sensiblement se soutenir, jusqu'à ce que le Soleil s'est caché derrière les montagnes. *Paral. Hist. cœl. p.* 497 *et suiv.*

— A Ebersperg en Bavière, deux Jésuites trouvèrent la grandeur de l'éclipse de 10 doigts 24', et la durée seulement de $1^h 31'$; le milieu à $7^h 48'$, et la fin à $8^h 33'$ (comme si en Bavière, il étoit un seul lieu où le Soleil fût sur l'horizon à $8^h 33'$). Voyez *ibid. p.* 949, 950.

— A Ingolstadt, les PP. André Arzet et J.-B. Cysat observèrent le commencement à $6^h 40'$, et à $7^h 54' 30''$ la plus grande phase de 11 doigts 57', la hauteur du Soleil étant de $5^d 18'$. Les diamètres étoient sensiblement assez égaux. *Ricc. Alm. part. I, p.* 379. Il y a ici quelque faute d'impression : elle ne roule probablement pas sur l'heure, $7^h 54' 30''$, cette même heure se trouvant répétée dans *Astr. ref.* p. 145. Mais le 10 juin, à $7^h 54' 30''$, à Ingolstadt, la hauteur du Soleil n'étoit pas de $5^d 18'$, mais seulement de $1^d 18'$.

— Hortensius, à Dordrecht, détermina dans une chambre noire, à $7^h 16'$, la plus grande phase de l'éclipse de 10 doigts $\frac{5}{8}$, ou un peu plus, mais moins de 10 doigts $\frac{6}{8}$. Fin, le Soleil n'ayant plus que $0^d 30'$ de hauteur, ou vers $8^h \frac{1}{4}$. Les nuages n'ont pas permis de voir le commencement. Le diamètre du Soleil étoit à celui de la Lune, comme 126 à 123 $\frac{1}{2}$. *Hortens. Respons. ad. Addit. Kepleri, p.* 28.

— Lansberg, à Middelbourg, observa la plus grande phase de l'éclipse de 10 doigts $\frac{2}{3}$, dans la partie australe du Soleil, à $7^h \frac{1}{6}$. *Thes. p.* 110. — *Uranom. p.* 51.

— Bainbridge, à Oxford.
Commencement, le Soleil haut de $18^d 20'$, ou à $5^h 58'$.
Fin, le Soleil à $3^d 7'$ de hauteur, ou à $7^h 48'$. *Gass. t. IV, p.* 103.
Grandeur, 11 doigts $\frac{2}{3}$. *Astron. Brit. p.* 343. Je doute qu'à Oxford l'éclipse ait été aussi grande.

— Gassendi, à Paris.
Commencement à 35^d du zénith de Soleil à droite, cet astre ayant $14^d 40'$ de hauteur, ou à $6^h 16' \frac{1}{2}$.
Lorsque le Soleil ne fut plus élevé que de $6^d 20'$, ou à $7^h 12'$, la plus grande phase fut observée de 11 doigts 32'; il s'en falloit de 10^d que la partie non éclipsée du limbe solaire atteignit 180^d. Le Soleil se coucha éclipsé de 1 doigt $\frac{3}{4}$. Au plus fort de l'éclipse, on ne vit point d'étoiles (Vénus étoit couchée.) Cependant le jour étoit converti en un crépuscule, même un peu avancé. *Gass. Ep. ad Golium, t. VI, p.* 37,

et *t. IV, p.* 507. Gassendi ajoute qu'il est absolument certain de l'heure du commencement, et de la grandeur de l'éclipse, mais qu'il ne peut répondre avec autant d'assurance de la précision des autres circonstances. Au *t. I, p.* 687, 694, Gassendi rapporte cette même observation, avec quelques variantes de peu de conséquence.

— A Caen, Massé, professeur de mathématiques.

Commencement à 6ʰ 0′.

Plus grande phase : 11 doigts.

Fin à 7ʰ 53′. *Gass. t. IV, p.* 103.

— La peste, qui dévastoit la Lombardie, força Riccioli de se réfugier dans un lieu qu'il nomme *Forum Nævii*, à 14 milles de Parme. Je ne trouve ce nom dans aucun dictionnaire, sur aucune carte. Je pense que ce pourroit être Fornove, plus communément nommée *Forum novum*. Riccioli y étoit dépourvu d'instrumens. Il observa le commencement lorsque le cadran marquoit environ 6ʰ 45′; il estima la plus grande phase de près de 11 doigts ½. *Almag. part. I, p.* 379. — *Astr. ref. p.* 145.

ÉCLIPSE DE LUNE LE 19 NOVEMBRE.

Schikard l'observa à Tubingen; voyez le détail de son observation dans *Paral. Hist. cœl. p.* 950, 951; elle me paroît assez mal faite, vu le tumulte, sans doute, occasionné par l'affluence des curieux. On jugea que l'éclipse commençoit quand Jupiter avoit 18ᵈ 58′ de hauteur.

— A Ulm, Mestlin.

Commencement à 9ʰ 28′, Rigel étant haut de 14ᵈ, et β des Gémeaux de 22ᵈ.

Fin, Régulus ayant 17ᵈ de hauteur.

— A Butzbach, commencement, l'angle horaire d'Aldébaran étant de 44ᵈ 1′ du sud à l'est, ou à 9ʰ 38′.

Fin, le même angle étant de 2ᵈ 5′ (sans doute à l'ouest), ou à 12ʰ 42′, *Ibid. p.* 951.

— A Ingolstadt, le P. Arzet.

Commencement à 9ʰ 50′.

Fin à 12ʰ 58′.

Grandeur 9 doigts 27′. *Ricc. Almag. part. I, p.* 379. — *Astr. ref. p.* 102. Mais dans ce dernier ouvrage, la fin est marquée à 12ʰ 56′, ainsi que dans *Cass. ms.*

— Langren, à Bruxelles, détermine le milieu à 10ʰ 57′; grandeur 9 doigts 30′. *Ibid.* Dans l'Almageste, le milieu est marqué à 10ʰ 17′; c'est une faute d'impression. Streete conclut de l'observation de Langren, qu'à 10ʰ 39′, t. m. mérid. de Londres, le lieu de la Lune en son orbite étoit 1ˢ 27ᵈ 40′, ou 1ˢ 27ᵈ 38′ 33″, réduit à l'écliptique. *Astr. Carol. p.* 100.

— Hortensius, à Leide.

Commencement à 9ʰ 21′.

Fin à 12ʰ 23′. L'éclipse surpassa peu 8 doigts. *Resp. ad. addit. Kepl. p.* 48. Wendelin, *p.* 97, veut qu'en effet l'éclipse n'ait été que de 8 doigts. Les 9 doigts ½ observés par Langren, ne sont, dit-il, que des doigts optiques, qu'il faut réduire à 8 doigts véritables. *Ricc. Alm. p.* 379. C'est ce que je n'entends pas. Hévélius, qui étoit pour lors à Leyde, mais sans instrumens, dit qu'à l'œil nu, l'éclipse lui parut presque totale. *Mach. cœl. l.* 2. J. Cassini marque le commencement à 9ʰ 22′, et dit que l'éclipse fut de 9 doigts 3o′. *Cass. ms.*

— Nous passons sous silence des alignemens de la Lune avec les étoiles, pris par Schikard. Ces alignemens, d'une foible utilité pour lors, n'en auroient maintenant absolument aucune. Schikard a aussi observé plusieurs hauteurs méridiennes ; on peut consulter à ce sujet. *Paral. Hist. cœl.*

Occultation de Saturne par la Lune, le 19 juin.

Hévélius vit l'immersion près de l'ile d'Hwen ou d'Uranibourg ; il étoit près de 11ʰ : les nuages ne permirent pas de voir l'émersion. *Mach. cœl. l.* 2.

— Lorsque Langren observa l'immersion à Bruxelles, l'ascension droite du méridien étoit de 241ᵈ 5′ 52″ ; et au moment de l'émersion, elle étoit de 253ᵈ 42′. A cet instant de l'émersion, Langren observa l'immersion sous la partie obscure et boréale du limbe de l'étoile du pied de la Vierge, que Tycho place (à la fin de 1607 apparemment) en 6ˢ 28ᵈ 57′, avec une latitude boréale de 2ᵈ 57′ ½, et qui est la vingt-deuxième de son catalogue. *Ricc. Astr. ref. p.* 284. Cette étoile est ᴋ de la Vierge, qui étoit alors, suivant Bradley et Lacaille, en 6ˢ 29ᵈ 20′, avec 2ᵈ 55′ 31″ de latitude boréale. J'ai calculé sur les Tables de Mayer les ascensions droites du méridien désignées par Langren ; j'ai trouvé que l'immersion de Saturne est arrivée à 10ʰ 29′ 6″, et son émersion à 11ʰ 19′ 52″.

— Gassendi, à Paris. Immersion à 10ʰ 10′ à très peu près, à une sixième partie du disque obscur de la Lune, comptée depuis la corne inférieure.

Émersion à 11ʰ 3′ ou 4′, à plus d'un quart mais moins d'un tiers de la demi-circonférence éclairée, à compter pareillement de la pointe inférieure.

Gassendi, n'ayant d'autre instrument qu'une lunette, n'a pu prendre aucune hauteur d'étoile ; il a été obligé de se régler sur l'horloge de la ville qu'il avoit observé s'accorder le mieux avec le ciel. *Gass. t. IV, p.* 5o7.

PLANÈTES, ÉTOILES, ETC.

Le 5 janvier à 9ʰ 3o′, Boulliau à Loudun, observe que Mars est distant de Régulus de 45ᵈ 4′, et d'Aldébaran de 36ᵈ o′.

Le 9 avril, à 8ʰ, il voit Mars en conjonction avec ᴋ des Gémeaux.

Le 18 juin, à 9ʰ, Mars plus boréal que Régulus, est en conjonction avec cette étoile.

— Le 9 avril, à 8ʰ 3o′, il observe que Vénus précède ζ du Taureau de 29ᵈ 38′.

Le 6 octobre, à 18ʰ, Vénus suit Régulus et en est distante de 16ᵈ 15′. *Bull. ms.*

— Le 11 décembre, à 18ʰ 5o′, méridien de Loudun, ou à 19ʰ 5o′, t. m. méridien d'Uranibourg, Mercure suivoit l'épi de la Vierge, dont il étoit distant de 4oᵈ 4o′. L'étoile étoit alors en 6ˢ 18ᵈ 4o′, avec une latitude de 1ᵈ 59′ A. (ou 6ˢ 18ᵈ 41′ 24″, latitude 2ᵈ 2′ 11″ A, suivant Bradley). La latitude de Mercure étoit (suivant les Tables de Boulliau) de 2ᵈ 4′ B. Donc sa longitude étoit de 7ˢ 29ᵈ 8′, ou, défalquant l'effet de la réfraction, en 7ˢ 29ᵈ 13′, Mercure n'ayant alors que 7 à 8 degrés de hauteur. *Astr. Phil. p.* 413.

Riccioli admet cette observation, mais il conclut que Mercure étoit en $7^s 29^d 14'$. *Almag. part. I, p.* 595.

Le lendemain à la même heure, $18^h 50'$, la distance de Mercure à l'étoile étoit de $41^d 52'$. *Astron. Philol. ibid.*

— Le P. Nicolas Zucchi observa, le 17 mai de cette année, les bandes de Jupiter. *Ricc. Amalg. part. I, p.* 487; et le P. Jean-Baptiste Zupus est le premier, dit Riccioli, *p.* 486, que je sache les avoir observées. Mais est-il croyable que depuis 1610 jusqu'en 1630 personne n'ait découvert ces taches? Riccioli d'ailleurs ne cite aucune observation du P. Zupus qui ait précédé celle du P. Zucchi.

— François Fontana s'imagina voir cette année et les suivantes plus de quatre satellites autour de Jupiter. *Ricc. ibid. p.* 489.

FAITS.

L'observation de l'éclipse de Lune du 19 novembre de cette année, est la dernière que je trouve attribuée à Michel Mestlin, qui probablement survécut peu à cette observation, puisqu'il étoit déjà vieux en 1620, et que Schikard, *in Parte responsi, p.* 6, dit qu'il avoit survécu 40 ans à l'année 1591. Mestlin étoit né à Goepping, au duché de Wirtemberg. Un écrit qu'il composa sur la comète de 1577, qu'il avoit observée lui-même, déceloit en lui une connoissance non commune des sciences mathématiques. La manière ingénieuse dont il expliquoit les mouvemens apparens de la comète, fit dire à Tycho, que Mestlin purgeroit l'astronomie des erreurs qui la déshonoroient encore, si la grandeur et la bonté de ses instrumens lui permettoient d'observer avec précision les mouvemens célestes. C'est par le défaut de tels instrumens que Mestlin est resté si fort au-dessous de Tycho. On peut dire cependant qu'il fut le premier astronome de la fin du 16e siècle, mais après Tycho, auquel il étoit

Proximus, huic longo sec proximus intervallo.

Mestlin, étant encore jeune, avoit fait un voyage en Italie. Galilée y étoit encore attaché à la doctrine de Ptolémée et des Péripatéticiens, qu'il avoit sucée avec le lait. Mestlin, dans un acte public, exposa celle de Copernic avec tant de force et de netteté, que Galilée céda à la clarté de cette lumière, et abjura le Péripatétisme.

— Mestlin fut le premier qui reconnut que cette faible lumière qui nous rend visible le disque entier de la Lune, quelques jours avant et quelques jours après sa conjonction avec le Soleil, n'est autre que la lumière même du Soleil réfléchie de dessus la Terre. Mestlin a publié un fort bon abrégé d'Astronomie théorique et pratique, des Éphémérides, des dissertations contre le Calendrier Grégorien, etc. Weidler le fait mourir en 1595, c'est une erreur : dans le recueil des Lettres de Képler, les premières sont adressées à Mestlin, et presque toutes portent des dates postérieures à l'année 1595. Képler avoit été disciple de Mestlin; Képler dans ses lettres lui parle non-seulement avec le respect dû à un Maître, mais encore avec les plus sincères témoignages de l'estime et de la confiance qu'il avoit en ses lumières.

Nous ne nions cependant pas que le disciple n'ait excellé de beaucoup au-dessus

du maître. Aussi regardons-nous comme une bien plus grande perte pour l'astronomie, celle qu'elle fit cette même année, du célèbre Jean Képler. Il étoit né le 27 décembre 1571, à Wiel au duché de Wirtemberg. Mestlin fut son premier maître, comme nous l'avons dit; il fut ensuite le compagnon et l'ami de Tycho. Il respecta toujours ce grand homme, et se montra, en toutes les occasions, plus jaloux de sa gloire que de la sienne propre. Peu favorisé des biens de la fortune, il n'eut pas les mêmes ressources que Tycho; il ne put se procurer des instrumens aussi multipliés, aussi parfaits; ses observations sont moins nombreuses et même moins précises que celles de Tycho. Képler en convient lui-même, et rejette l'imperfection de ses observations sur la foiblesse de sa vue; il l'avoit très-courte. Mais son génie sut s'approprier, en quelque sorte, les observations de Tycho, en les combinant avec sagacité, en tirant de leur ensemble des utilités que Tycho lui-même n'avoit peut-être pas entrevues. On peut avancer que dans les productions du génie, il n'eut de son temps aucun supérieur. Les deux célèbres règles qu'il découvrit dans l'économie des mouvemens célestes, rendront à jamais sa mémoire précieuse aux amateurs éclairés de l'astronomie. Nous ne dirons cependant pas de lui ce que dit Gassendi, au sujet de l'éclipse de Lune qui suivit sa mort de quelques jours. « La Lune, dit-il, ayant perdu son Soleil auquel elle étoit si ten-
» drement attachée, en témoigna son deuil en retirant pareillement sa lumière;
» voulant essayer si, à l'exemple de Castor et Pollux, elle ne pourroit point, par
» une mort alternative, rappeler Képler à la vie, et partager avec lui le droit
» d'éclairer l'univers. » *Ep. ad Schik. datâ* 13 *januar.* 1631, *t. VI, p.* 44. Cette boutade, dont nous ne rapportons qu'une partie, et qui n'est pas familière à Gassendi, prouve la haute estime que Gassendi avoit su concevoir pour le génie de Képler. Képler, après avoir mené une vie presque toujours agitée, souvent même misérable, par le refus ou le délai des appointemens ou des pensions qui lui étoient assignés, mourut à Ratisbonne le 15 novembre 1630. Weidler diffère sa mort jusqu'à pareil jour de l'année suivante; mais le passage de Gassendi, rapporté ci-dessus, est décisif pour l'an 1630.

1631.

PREMIÈRE ÉCLIPSE DE LUNE LE 23 MAI.

A Ingolstadt, la Lune se leva totalement éclipsée.

Le P. Arzet observa l'émersion, la Lyre étant haute de $27^d 30'$ vers l'est, ou à $9^h 15'$.

Fin, la Lyre étant haute de $36^d 35'$. *Ricc. Alm. part. I, p.* 379. — *Astr. ref. p.* 102. Je ne sais comment le P. Arzet a dressé son calcul; mais il me semble que la hauteur apparente, $27^d 30'$ de la Lyre, ne donne que $8^h 50'\frac{1}{2}$ pour l'heure de l'émersion; et de la hauteur $36^d 35'$, nous concluons la fin à $9^h 50'\frac{5}{8}$.

— Riccioli, *ibid.* dit qu'à Lyon, où le Roi étoit pour lors, son confrère, le P. Auxon observa l'émersion peu avant 8^h, et la fin un demi-quart d'heure avant 9^h. Cela ne s'accorde pas avec l'observation d'Ingolstadt, qui me parait en tout sens préférable à celle-ci.

— A Pékin, les jésuites observèrent le commencement à 13ʰ5′, et à Tching-tou-fou, capitale du Se-tchouen, à 12ʰ14′38″. *Souciet, t. III, p.* 373.

SECONDE ÉCLIPSE DE LUNE LE 8 NOVEMBRE.

On trouve dans *Paral. Hist. cœl.* l'observation de cette éclipse, faite à Tubingen par Schikard. Mais Schikard lui-même en a donné une autre édition, *In parte Responsi ad Gassendum de Mercurio, etc.* Tubingæ, 1632, in-4°, *pag.* 32 *et seq.* Les nuages n'ont pas permis d'observer le commencement.

10ʰ33′...............	l'éclipse est d'environ 9 doigts.
10 48...............	on voit à travers les nuages, sur le corps de la Lune, une lumière foible, large à peine d'un doigt.
12 33...............	la Lune n'a pas encore recouvré de lumière; on ne lui voit qu'une lueur prématurée.
12 35...............	vraie lumière.
12 44⅔...............	Sirius n'étant pas encore tout-à-fait à la hauteur de 15ᵈ, plus d'un quart de la circonférence de la Lune est hors de l'ombre; la partie éclairée est de deux doigts, et l'inclinaison de 45ᵈ.
12 57...............	Sirius haut de 16ᵈ20′, 3 doigts ¼ environ hors de l'ombre.
13 2 ou 3′............	la demi-circonférence est éclairée.
13 10 à très peu près.....	6 doigts.
13 17...............	Procyon élevé de 31ᵈ43′, plus de 7 doigts, peut-être 7½ hors de l'ombre : un tiers du limbe, ou même plus, est encore éclipsé.
13 22...............	huit doigts éclairés.
13 25 ou un peu plus tard.	un quart du limbe dans l'ombre; donc plus de 9 doigts dehors.
13 33...............	un cinquième du limbe dans l'ombre; donc environ 10 doigts éclairés.
13 36...............	un sixième du limbe dans l'ombre; donc pas tout-à-fait 11 doigts dehors.
13 40...............	il reste encore de l'obscurité, ou fin douteuse.
13 42...............	il n'y a plus que de la pénombre.

Schikard conclut delà

  Milieu de l'éclipse à 11ʰ43′.
  Fin à 13ʰ41′.
  Durée 3ʰ56′.

Riccioli dit que Schikard a observé

> Le commencement à $9^h 46'$.
> L'immersion à $10^h 55$ ou $52'$.
> L'émersion à $12^h 35'$.
> La fin à $13^h 42'$. *Alm. part. I, p.* 379. — *Geogr. ref. l.* 8, *c.* 17.

De l'observation de Schikard, Streete conclut qu'à $11^h 1'$ temps moyen, mérid. de Londres, le lieu de la Lune en son orbite étoit $1^s 16^d 17' 31''$, et réduit à l'écliptique, $1^s 16^d 17' 45''$. *Astr. Carol. p.* 100.

Phocylides Holwarda conclut de la même observation, que le demi-diamètre de l'ombre étoit de $39' 45''$. *Manuduct. p.* 14.

— Wendelin à Beets.

$9^h 33'$..............	commencement.
12 23..............	au cadran, émersion.
13 28..............	fin distinctement observée. *Ricc. Almag. part. I, p.* 379.

— Hortensius à Leyde.

$9^h 30'$..............	le centre de la Lune étant haut de $43^d 9'$ commencement.
10 $3\frac{1}{2}$..............	Aldébaran haut $36^d 40'$ à l'est, 6 doigts.
10 36 environ.......	Aldébaran haut de $40^d 48'$, immersion.
	nuages, pluie; tout cela dissipé :
$12^h 17'$ à très peu près.	α d'Orion haut de $36^d 30'$ à l'est, émersion très-certaine.
12 50 environ.......	α d'Orion haut de $39^d 42'$, 6 doigts.
13 23 à peu près.....	le centre de la Lune haut de $51^d 5'$, fin.

Les hauteurs d'après lesquelles les heures sont déterminées, ont été prises avec un cercle de cuivre, de sept pieds (du Rhin) de rayon. *Hort. de Mercurio in Sole, etc. p.* 70 *et seq. et Resp. ad. Addit. Kepl.* etc.

— Bainbridge à Oxford.

$9^h 4'$..............	Aldébaran haut de $28^d 50'$, commencement.
11 $58\frac{1}{2}$..............	α d'Orion haut de $34^d 30'$, émersion.
13 4..............	α d'Orion haut de $41^d 20'$, fin. *Gass. tom. IV, p.* 104.

— Henri Gellibrand à Londres, au collège de Gresham.

$13^h 7' \frac{14}{30}$..............................	Fin. *Astr. Brit. p.* 325.

— A Paris, Gassendi fut extrêmement contrarié par les nuages. Voyez *tom. IV, p.* 504, ce qu'il dit de son observation.

— A Caen, Massé :

$8^h 53'$	commencement.
10 0	immersion.
11 43	émersion.
12 53	fin. *Gass. t. IV, p.* 104.
11 40	milieu observé à Rome. *Argoli de motu secundor.*
	mobilium, p. 27.

— Langren, à Madrid :

$8^h 59'\frac{1}{2}$	commencement. *Ricc. Geogr. ref. l.* 8, *c.* 17.
10 $4\frac{2}{3}$	immersion, l'ascension droite du méridien étant
	14^{d}58'; observation très-difficile, même avec le
	télescope.
11 50	émersion.
12 $54\frac{2}{3}$	fin. *Ricc. ibid. Alm. part. I, p.* 379. — *Astr. ref.*
	p. 102.

— Thomas James, dans une ile au nord de l'Amérique, qu'il nomme Charlton, et dont la hauteur du pôle est de 52^{d}3', observa la fin, le bord supérieur de la Lune étant haut de 29^{d}11'; d'où Gellibrand, partant des hypothèses de Lansberg, conclut qu'il était $7^h 49'\frac{1}{2}$, et que la différence des méridiens entre Londres et Charlton est de $5^h 18'$. *Horrox Oper. posth. p.* 52.

Passage de Mercure sur le disque du Soleil, le 6 novembre.

Ce passage est le premier qui ait été observé. Képler l'avait annoncé en 1629 : les astronomes prévenus devoient être attentifs ; je ne sais s'ils le furent. Gassendi eut presque seul tout l'honneur de cette observation.

Nous trouvons cependant qu'à Ingolstadt on vit à 22 heures Mercure sur le Soleil. Si le demi-diamètre du Soleil, nous dit-on, étoit de 16' (il étoit de $16'12''\frac{1}{2}$), le diamètre de mercure étoit de 25'' (c'est beaucoup trop). Depuis $21^h 56' 15''$, jusqu'à $22^h 33' 45''$, Mercure parcourut 4'12'' sur le disque. On suppose la corde entière parcourue, pendant la durée du passage, de 30'35'', et l'on conclut la moindre distance des centres de 4'10'' ; la latitude de Mercure au moment de la conjonction, 6'0'' ; la sortie à $23^h 3'$; enfin le milieu du passage à $20^h 49'$. *Paral. Hist. cœl., p.* 955.

— Remus Quietanus vit Mercure sur le Soleil à $21^h 42' 30''$; le diamètre de Mercure ne lui parut pas excéder 18'', et c'est tout ce qu'il observa. Il ajoute cependant qu'à 23^h Mercure étoit déjà sorti depuis un quart-d'heure. Il suppose donc la sortie à $22^h 45'$, et conclut l'entrée à $17^h 35' 45''$, la conjonction à $20^h 10'$, la latitude nulle au moment de l'entrée. Remus observoit à Ruffac en Alsace. *Ibid. et Remus de Planetar. diam.* Dans cet Ouvrage, Remus prétend que tous les diamètres des planètes, vus du Soleil, sont égaux, ou de 30''.

— Gassendi à Paris vit Mercure dès 21^h ; mais il douta long-temps si c'étoit réellement lui qu'il apercevoit. Il s'attendoit à voir une planète de 3' de diamètre, et il ne voyoit qu'une petite tache de 20'' au plus. Le mouvement de cette tache le convainquit enfin que c'étoit Mercure; il le suivit jusqu'au moment de sa sortie; et à l'instant de la sortie de son centre, la hauteur du Soleil fut trouvée de $21^d 44'$. Otez, dit Gassendi, $5'$ pour corriger l'effet de la réfraction, et ajoutez $3'$ pour corriger celui de la parallaxe, il restera $21^d 42'$ pour hauteur vraie du centre du Soleil. [La parallaxe, supposée par Gassendi, est trop forte de $2' 52''$; mais la réfraction qu'il emploie est pareillement trop forte de $2' 38''$ (¹), ainsi une erreur compense à très peu près l'autre.] Le Soleil étoit alors en $14^d 42' \frac{3}{7}$ du Scorpion, et sa déclinaison australe étoit de $16^d 19'$; la latitude du lieu de l'observation étoit de $48^d 52'$. Donc sortie de Mercure à $22^h 28'$. Le point de la sortie parut être entre 32^d et 33^d du zénith solaire; et comme l'angle de l'écliptique avec le vertical devoit être alors de $56^d 47'$, l'arc du limbe solaire entre l'écliptique et Mercure étoit de $24^d 17'$. Donc, supposant le demi-diamètre du Soleil de $15' 25''$ (c'est $47'' \frac{1}{2}$ trop peu), Mercure étoit en $7^s 14^d 28' \frac{2}{3}$, avec une latitude de $6' 20'' B$.

Si l'on suppose maintenant le mouvement diurne du Soleil de $1^d 0' 29''$, celui de Mercure, rétrograde de $1^d 20'$, et son mouvement en latitude de $20'$, on trouvera le nœud ascendant de Mercure (apparent) en $7^s 14^d 52'$ et Mercure l'aura traversé à $14^h 31'$, le Soleil étant alors en $7^s 14^d 21' \frac{1}{2}$, et Mercure distant, dans son orbite, du bord le plus voisin du Soleil de $17' \frac{1}{4}$. Donc entrée du centre de Mercure à $17^h 28'$, avec $2' 30''$ de latitude boréale, et conjonction vraie, peu après le milieu du passage, à $19^h 58'$, en $7^s 14^d 36'$, la latitude de Mercure étant de $4' 30''$. *Gass. t. I, p.* 695; *t. III; p.* 441, et sur-tout *t. IV, p.* 501. — *Bull. Astr. Phil. p.* 376, *etc.*

Telle est donc l'observation de Gassendi, et telle est la marche qu'il a suivie pour en tirer des conséquences utiles. Sa marche est exacte, mais ses suppositions ne sont pas toutes admissibles. Il rapporte toutes les mesures au demi-diamètre du Soleil, et il suppose ce demi-diamètre plus petit qu'il n'étoit réellement; d'ailleurs il n'est pas bien assuré du point de la circonférence du Soleil par lequel Mercure est sorti. Il se souvient que ce point n'étoit pas éloigné du 35ᵉ degré du disque, en comptant du zénith vers l'ouest. Mais ce point étoit-il au-dessus ou au-dessous de ce degré? il est fâché de n'en avoir pas fait note, il croit cependant qu'il étoit au-dessus, et détermine en conséquence la sortie de Mercure à 32^d ou 33^d du zénith solaire. On désireroit quelque chose de plus précis.

Gassendi, suivant Schikard, pourroit avoir cru trop légèrement que le diamètre de Mercure étoit aussi petit qu'il lui avoit paru; une fausse apparence optique l'auroit, dit-il, induit en erreur. D'ailleurs Schikard tire de l'observation presque les mêmes conséquences que Gassendi. Il met, au moment de la sortie, le Soleil en $7^s 14^d 43'$, Mercure en $7^s 14^d 29'$, son nœud apparent en $7^s 14^d 55'$, le nœud vrai (ou héliocentrique) en $1^s 12^d 51'$, conjonction à $20^h 4'$, méridien de Paris, en $7^s 14^d 37'$, la latitude de Mercure étant alors de $4' 30'' B$. *Pars responsi ad Ep. Gass.* *p.* 12, 13, 28 *et seq.*

Gassendi avoit supposé le demi-diamètre du Soleil trop petit. Hortensius, disciple fidèle et scrupuleux de Lansberg, le fait au contraire de beaucoup trop grand; il le suppose de $17' 44''$. D'après cette supposition, on conçoit qu'il doit donner une

---

(¹) **Schikard**, *in Parte responsi, p.* 16, dit aussi que la parallaxe et la réfraction employées par Gassendi, sont trop fortes, ce qu'il s'engage à prouver en temps et lieu; et *pag.* 28, il prouvera, dit-il, que Mars, à une distance un peu plus grande de la Terre, n'avoit aucune parallaxe sensible.

étendue trop considérable à toutes les parties de l'orbite, ainsi qu'aux latitudes de Mercure résultantes de l'observation. Voyez le *de Mercurio in Sole viso, etc.* p. 12 *et seq.*

— Streete conclut d'un autre passage de Mercure, observé depuis, qu'en 1631 Mercure a dû sortir à environ $37^{d}\frac{1}{2}$ du zénith du limbe solaire. Or le Soleil étoit alors, suivant Streete, en $6^{s}16^{d}44'25''$ (à compter depuis γ du Bélier, donc en $7^{s}14^{d}45'5''$, la précession de l'équinoxe étant alors, selon Streete, de $28^{d}0'40''$); et son demi-diamètre étoit de $16'6''$. Donc longitude géocentrique de Mercure $6^{s}16^{d}29'7''$ ($7^{s}14^{d}29'47''$); sa lat. $5'21''$ B., son lieu héliocentrique $0^{s}17^{d}17'28''$ ($1^{s}15^{d}18'8''$): ou réduit à son orbite $0^{s}17^{d}18'10''$ ($1^{s}15^{d}18'50''$); enfin son inclinaison (sa latitude héliocentrique), $11'33''$B. *Astron. Car.* p. 50, 51.

Suivant Cassini, la conjonction de Mercure et du Soleil est arrivée à $19^{h}51'0''$, en $7^{s}14^{d}42'0''$. *Mém. de l'Acad.* 1710, p. 365.

Enfin Jacques Cassini, comparant le passage observé par Gassendi avec celui que Gallet observa en 1677, conclut que la corde parcourue par Mercure, en ces deux passages, a été sensiblement la même; qu'en conséquence, la demi-durée du passage a été en 1631 comme en 1677, de $2^{h}43'44''$; que le milieu du passage, en 1631, est arrivé à $19^{h}44'16''$, et la conjonction à $19^{h}50'$, en $7^{s}14^{d}41'15''$; et qu'enfin le lieu héliocentrique du nœud ascendant étoit $1^{s}13^{d}24'43''$. *Élém. d'Astron.* p. 592.

Autres observations des planètes.

Le 18 septembre, à Loudun, Boulliau trouva la distance de Jupiter à δ du Capricorne de $57^{d}57'$ à l'orient; l'étoile étoit suivant Tycho en $10^{s}18^{d}27'$; donc Jupiter vers $0^{s}16^{d}$. *Bull. ms.*

— Le 9 septembre à 19^{h}, Hortensius observa à Leyde la distance de Mars à Régulus, de $2^{d}24'$, et celle à γ du Lion de $5^{d}59'$. Mars n'étoit pas tout-à-fait dans la ligne droite qui joint ces deux étoiles; il en étoit distant de $2'$ ou $3'$ vers l'occident; le lendemain il étoit de $13'$ à l'orient de cette ligne. *Hort. de Mercurio, etc.* p. 81.

ÉTOILES.

Schikard découvre, le 21 janvier, une nouvelle étoile entre le Lièvre et l'Éridan. *Paral. Hist. cœl.* p. 953.

Le 14 octobre la changeante de la Baleine égaloit α de la même constellation. *Ibid.*, p. 954.

FAIT.

Vernier, châtelain de Dormans en Franche-Comté, perfectionne vers cette année le Nonius, ou plutôt il imagine un curseur, à l'aide duquel on apprécie les minutes et secondes des degrés d'un quart-de-cercle bien plus simplement et même plus exactement qu'avec les cercles concentriques de Nonius. Ce Nonius, ou Pierre Nuñez, florissoit à Coïmbre en Portugal vers le milieu du seizième siècle. L'usage du curseur de Vernier n'est pas borné au quart-de-cercle; il s'étend à beaucoup d'autres instrumens. On lui a souvent donné, mais abusivement, le nom de *Nonius.*

1632.

SOLEIL.

Outre quelques hauteurs méridiennes du Soleil, prises à Tubingen par Schikard, on en trouve, dans *Paral. Hist. cœl.* plusieurs autres, observées à Inspruck en Tyrol, par des Jésuites. Ceux-ci ne manquoient pas de zèle; Schikard avoit de l'intelligence et du génie : mais tous manquoient probablement de bons instrumens.

Cette année au mois de décembre, et durant tout le cours de l'année suivante, Gassendi prit à Digne un très-grand nombre de hauteurs méridiennes du Soleil. *Tome IV, p.* 107, 108, 109. Son but étoit de déterminer l'effet de la réfraction à tous les degrés de hauteur. L'intention étoit bonne; le succès ne fut pas heureux : les réfractions, déterminées par Gassendi sont trop fortes de 3 à 4 minutes au moins dans les petites hauteurs. La principale cause de cette erreur est que Gassendi, sur l'autorité de Tycho, supposoit la parallaxe horizontale du Soleil de 3 minutes, et elle n'est que de $8\frac{4}{5}$ secondes.

ÉCLIPSE DE LUNE LE 27 OCTOBRE.

Elle fut observée à Tubingen par Schikard. A 11^h17′, l'ombre couvroit un tiers de la circonférence de la Lune. Fin à 13^h4′. Voyez un plus ample détail dans *Paral. Hist. cœl. p.* 958, 959. On trouve dans ce même recueil nombre d'alignemens et de configurations de la Lune avec les étoiles observés par Schikard, tant le jour même de l'éclipse, que beaucoup d'autres jours de cette même année. Ces observations ne pourroient guère conduire qu'à déterminer les lieux de la Lune à 10 ou 12 minutes près.

— A Ulm, commencement de l'éclipse à 10^h41′, Aldébaran haut de 37^d14′. Fin à 13^d18′, Procyon étant haut de 25^d38′. *Ibid. p.* 259.

— A Inspruck, le P. Arzet.
Commencement, Aldébaran haut de 38^d20′, ou à 10^h43′.
Fin, Aldébaran haut de 56^d17′, ou à 13^h3. *Ibid.*

Riccioli, avec les mêmes hauteurs d'Aldébaran, met

Le commencement à 10^h37′,
Fin à 12^h59′.
Grandeur 5 doigts 22′, *Almag. part. I, p.* 379. — *Astr. ref. p.* 102.

— A Liége, un savant mathématicien nommé Otgérus.
Commencement à 10^h18′.
Fin à 12^h42′. *Ricc. Astr. ref. p.* 102.

— A Leyde Hortensius.
Commencement, Jupiter haut à l'orient de 41^d36′, ou à 10^h20′.
Milieu, autant qu'il a été possible de l'estimer, Jupiter étant haut de 50^d2′ ou à 11^h32′; l'éclipse excède à peine 4 doigts $\frac{2}{3}$.

Fin, Aldébaran élevé vers l'Orient de $50^d 13'$, ou à $12^h 44$. *Hort. Mercur. etc.* p. 93, 94.

— Bainbridge à Oxford.

Commencement, le bord supérieur de la Lune étant haut de $44^d 50'$, ou à $9^h 31'\frac{1}{2}$. *Fournier, Hydrogr. l.* 12, *c.* 6. — *Hort. Epist. ad Gass. t. VI, p.* 425.

— A Strasbourg, peut-être Rémus.

Commencement à $10^h 28'$.

A 13^h, à peine restoit-il quelque partie éclipsée. *Paral. Hist. cœl. p.* 959.

— Gassendi, à Lyon, où il étoit arrivé le jour même, au coucher du Soleil, ne put se procurer qu'un quart-de-cercle dont le rayon excédoit à peine 8 pouces, et dont le limbe n'étoit pas bien parfaitement divisé, etc. Il prit au reste toutes les précautions possibles pour tirer parti de cet instrument. Il avoit d'ailleurs apporté avec lui une bonne lunette.

Jupiter, seul astre qui parut avec la Lune, étant haut vers l'Orient de $41^d 30'$, ou à $10^h 3'$, commencement.

Rigel haut de $27^d 40'$ à l'orient, ou à $12^h 30'$, fin.

A l'œil nu l'éclipse a paru, à très peu près, de 6 doigts. *Gass. t. IV, p.* 106.

Dans le calcul des temps, conclus des hauteurs, Gassendi a supposé la latitude de Lyon de $45^d 36'$ et elle est de $45^d 46'$. Cette erreur n'influe pas sensiblement sur l'heure du commencement, mais il faut ajouter une minute à l'heure de la fin.

— A Grenoble, Eléazar Féroncé, jardinier du prince Louis de Valois.

Fin, la Chèvre haute de $71^d 4'$, ou à $12^h 50$. *Ibid.*

— A Aix, Joseph Gaultier, prieur de la Vallète.

Commencement, Rigel étant élevé de $13^d 0'$, ou à $10^h 35'\frac{1}{2}$.

Fin, la même étoile haute de $31^d 30'$, ou à $12^h 46'\frac{1}{2}$, ou, suivant le calcul du prince Louis, à $12^h 50'$. *Ibid.*

J'ai calculé les deux hauteurs d'après les données de Gassendi, et le résultat a été :

Commencement à $10^h 36' 4''$.

Fin à $12^h 50' 24''$.

Occultation de Mars par la Lune, le 5 février.

A Leyde, l'occultation n'eut pas lieu. Hortensius, avec un bon quart-de-cercle de cuivre, trouva le centre de la Lune haut de $38^d 51'$ à l'occident; il étoit donc $15^h 30'$: il observa en même temps que Mars acronique avoit, à très-peu près, la même longitude que le centre de la Lune. Il étoit de moins d'un doigt lunaire plus boréal que le bord supérieur. *Hort. de Mercurio, etc. p.* 85. — *Lansb. Thes. p.* 165.

— Gassendi, à Paris, observa l'immersion de Mars, lorsque le bord supérieur de la Lune avoit $44^d 17'$ de hauteur à l'ouest; et au même moment la hauteur d'Arcturus vers l'est étoit de $56^d 10'$. De cette dernière hauteur Gassendi conclut que l'immersion est arrivée à $15^h 3'$.

Le bord supérieur de la Lune étant haut de $39^d57'$, et la Lyre haute de $31^d54'$ à l'est, émersion. Cette dernière hauteur donne $15^h33'$.

Gassendi remarque qu'il a observé l'immersion totale et l'émersion pareillement totale de Mars. Il suppose que son demi-diamètre a employé une demi-minute à entrer (ce n'est pas assez); et il conclut que la conjonction (c'est-à-dire le milieu du passage du centre) a eu lieu à $15^h17'\frac{1}{2}$. Autant qu'on l'a pu juger, l'arc dont Mars a parcouru la corde étoit la septième partie de la circonférence de la Lune; d'où il suivroit que Mars n'auroit pénétré que d'une minute et demie en dedans du disque de la Lune, dans sa partie boréale.

Vers 12^h, Gassendi avoit trouvé la hauteur méridienne du bord supérieur de la Lune de $62^d12'$, celle de Mars de $61^d30'$, et celle de Régulus de $54^d56'$. *Gass. t. IV, p. 508 et seq.*

— Suivant Langren, observant à Madrid, au moment de l'immersion, le $178^d38'$ de l'équateur culminoit, et le $193^d35'$ au moment de l'émersion; ainsi l'occultation a duré $57'\frac{1}{3}$. Mars est entré entre les taches *Balthasar* et le lac de *Possidonius*; il est sorti à la tache que Langren nomme *Leototi*. *Ricc. Almag. part. I, pag. 748. Astr. ref. p. 322.* Le lac de *Possidonius* est *Grimaldus*. Je ne connois pas les autres taches, n'ayant pu me procurer la nomenclature sélénographique de Langren. Quant à la durée de l'occultation, elle n'est pas exactement rendue : pour que $14^d57'$ de l'équateur passent au méridien, il doit s'écouler plus de $57'\frac{1}{3}$; peut-être a-t-on imprimé $57'\frac{1}{3}$ pour $59'\frac{1}{3}$. J'ai calculé les deux culminations, et voici les résultats.

A $14^h36'59''$. . . . .   entrée de Mars.

A $15\ 36\ 37$ . . . .   émersion.

— Enfin, Thomas James, à Charlton, au nord de l'Amérique, observa que le bord oriental de la Lune touchoit Mars, lorsque Régulus étoit haut de $21^d45'$ à l'orient. Mais, dit Horroxe, cette observation n'est pas aussi exacte que les autres observations de James. *Horrox. p. 52.*

Autre observation de la Lune.

Le 23 Juin, V. St. (Horroxe croit qu'il faudroit plutòt lire, le 23 Janvier) le même James observa la Lune au méridien, lorsque la claire de la Couronne avoit $33^d27'$ de hauteur. Gellibrand en conclut que l'ile Charlton est de $5^h14'$ plus occidentale que Londres. Mais, comme le remarque Horroxe, Gellibrand a calculé le lieu de la Lune sur les tables de Lansberg, sur lesquelles on ne peut compter. *Ibid.*

PLANÈTES.

Le 18 janvier, Hortensius observa (sans doute à Leyde) Mars entre α et η du Lion; il s'écartoit d'un de ses diamètres ou un peu plus, vers l'ouest, de la ligne qui auroit été tirée par ces deux étoiles. Sa distance à η étoit de deux tiers de degré, égale à celle des deux étoiles du cou de Procyon (β et γ), ou à celle des deux moyennes du losange supérieur de la tête de l'Hydre (ε, ρ). Hortensius conclut que si Régulus étoit en 4ˢ24ᵈ42′, avec une latitude de 0ᵈ26′3o″B, et η du Lion en 4ᵈ22ᵈ45′, avec 4ᵈ52′ de latitude boréale, Mars étoit en 4ˢ23ᵈ3′, avec une latitude de 4ᵈ13′B. *Hort. de Merc. p.* 87. (α du Lion étoit alors, suivant Mayer, en 4ˢ24ᵈ42′19″, latitude 0ᵈ27′27″, et η en 4ˢ22ᵈ45′46″, latitude 4ᵈ51′5″).

Hortensius, dans le même ouvrage, *p.* 53 *et suiv.* détaille les soins qu'il s'est donnés cette année pour déterminer le diamètre apparent des planètes, tant dans leur apogée que dans leur périgée. Ses déterminations, qu'on peut voir dans l'ouvrage, ne sont pas d'une extrême exactitude, il s'en faut : mais elles approchent beaucoup plus de la vérité que tout ce qu'on avoit déterminé jusqu'alors sur cet objet.

Le 3o juillet, vers 16ʰ, l'aurore, déjà claire, ayant fait disparoître toutes les fixes, quatre heures sonnées aux horloges, Vénus sortit des vapeurs de l'horizon de Paris. Elle tendoit à sa conjonction supérieure; sa hauteur étoit d'environ 7 degrés. Mercure étoit près d'elle, à gauche, et un peu plus élevé, de manière que, eu égard à la situation actuelle de l'écliptique, Gassendi jugeoit que les deux planètes avoient alors, ou avoient eu bien peu de temps auparavant, la même longitude. A la vue simple, il paroissoit que l'intervalle entre les bords voisins pouvoit être rempli par un seul diamètre de Vénus; au télescope, la distance sembloit être de cinq fois ce diamètre. Gassendi pense que la conjonction a pu arriver à 15ʰ1o. *Gass. t. I, p.* 5o8; *t. IV, p.* 1o5; *t. VI, p.* 52.

— Hortensius observa cette même conjonction à Leyde, à 15ʰ½. A 16ʰ⅓, ou peu après, il observa, avec un télescope, que la distance des planètes étoit d'environ 7′, sensiblement plus grande que celle des deux α du Capricorne (cette distance est de 6′ suivant Flamsteed et Mayer), ou sensiblement égale à un cinquième du diamètre de la Lune. Vénus précédoit Mercure de la moitié de cette distance, ou de 3′½, et elle étoit plus australe d'un quart de distance (cela ne s'accorde pas trop bien). *Hort. de Merc. etc. p.* 9o, 91.

— Schikard prit cette année beaucoup d'alignemens et de configurations des planètes avec les étoiles. Voyez-les dans *Paral. Hist. cœl.*

FAITS.

Les Tables de Philippe Lansberg paroissent cette année; elles étoient le fruit de 44 ans de travail. Elles furent d'abord favorablement accueillies; plusieurs ne jurèrent que par elles. On ne tarda pas cependant à les trouver en défaut; mais il y eut des astronomes qui aimèrent mieux renoncer à leurs propres observations, et croire qu'ils avoient mal observé, que de soupçonner d'erreur les Tables du divin Lansberg. On ouvrit cependant enfin les yeux, et ces Tables, que Lansberg avoient décorées de l'épithète de *perpétuelles*, furent, après une vie de très-courte durée, ensevelies dans un perpétuel oubli.

Un des plus grands admirateurs et des plus zélés prôneurs de Lansberg, fut Martin Hortensius. Celui-ci, sous prétexte de faire une préface au Commentaire de Lansberg sur le mouvement de la Terre, avoit publié une réfutation de presque tous les principes de Tycho : il fut fortement relevé, cette année même, par Pierre Bartholin, savant Danois, dans un écrit intitulé, *Apologia pro observationibus et hypothesibus astronomicis nobilissimi viri Tychonis Brahe, contra vanas cujusdam Martini Hortensii criminationes etc. Hafniæ,* 1632, in-4°.

Lansberg a beaucoup écrit; le recueil de ses ouvrages a été imprimé à Middelbourg, en 1663, in-folio. Son Uranométrie et son Trésor d'observations seraient sans doute utiles, vu le grand nombre d'observations tant anciennes que modernes qui y sont rassemblées. Mais Lansberg a été accusé par Schikard, par Horroxe, par Phocylides Holwarda, par Boulliau, etc. d'avoir falsifié plusieurs de ces observations pour les faire cadrer avec ses Tables. Voyez *Bull. Astron. Phil.* p. 151. Voyez aussi dans *Horrox. Op. p.* 22 *et seq.* une pleine et entière réfutation des hypothèses de Lansberg.

Lansberg, né à Gand en 1560, fut ministre de la religion Pr. Réf. à Goës en Zélande, et mourut à Amsterdam en cette même année 1632.

— Le 7 juillet de la même année, furent posés les fondemens de la tour astronomique de Copenhague, par ordre et aux frais du roi Christian IV. Cet édifice ne fut achevé qu'en 1656. Les instrumens dont il étoit abondamment fourni, et entre autres le beau globe céleste de cuivre, de 6 pieds de diamètre (4 pieds 7 pouces 1 ligne de Paris), ouvrage de l'immortel Tycho, ont péri dans le funeste incendie qui consuma, le 20 octobre 1728, la plus grande partie de Copenhague. Cette perte a été depuis en grande partie réparée; en 1772, nous avons trouvé cet observatoire meublé d'instrumens suffisans pour faire de très-bonnes observations, et l'on se proposoit de l'enrichir de ceux qu'on pouvoit encore y désirer.

1633.

ÉCLIPSE DE SOLEIL LE 8 AVRIL.

• Schikard l'observa à Tubingen. Quelque détaillée que soit son observation, je n'en puis extraire rien de précis. Voyez *Paral. Hist. cœl. p.* 961 *et seq.*

— Les nuages et la pluie ne permirent au Landgrave de Hesse, à Butzbach, d'observer ni le commencement ni la fin. La plus forte éclipse fut d'environ 7 doigts. *Ibid. p.* 967, 968.

— A Ratisbonne, le P. Arzet trouva l'éclipse de 5 doigts 44′; à 5ʰ le diamètre du Soleil étoit à celui de la Lune comme 100 à 97. *Ibid. p.* 968. — *Ricc. Astron. ref. p.* 146.

— Bainbridge à Oxford.
Commencement, le Soleil haut de 31ᵈ 10′, ou à 3ʰ6′.
Peu avant la fin, le Soleil haut de 14ᵈ 15′, donc 5ʰ58′½. *Gass. t. IV, p.* 124.

— Gassendi, *ibid. p.* 121 *et seq.* détaille fort au long son observation de cette éclipse, faite à Digne, ou plutôt près de Digne, à gauche de la chapelle de Saint-Lazare, éloignée de la ville d'un demi-quart de lieue au nord-ouest. Les nuages cachèrent d'abord le Soleil; mais, laissant entre eux des interstices, ils permirent à Gassendi de faire un assez bon nombre d'observations, dont le détail se peut voir *tom. IV, p.* 122. De ces observations, Gassendi tire les conclusions suivantes :

Commencement à 3^h4o′.

Milieu à 4^h42′$\frac{1}{2}$.

Plus grande phase, observée, 8 doigts 18′; l'inclinaison des diamètres (c'est-à-dire sans doute, de la ligne qui joignoit les centres) à la verticale, à très peu près de 67^d (à compter, je pense, du nadir). 146^d du limbe étoient alors éclipsés, et la proportion du diamètre de la Lune à celui du Soleil étoit comme de 915 à 920.

Fin exactement observée, à 5^h45′, à 15o^d du nadir du Soleil. La hauteur du Soleil étoit alors de 8^d5′. Pour corriger l'effet de la réfraction et de la parallaxe, Gassendi a retranché 12′ de cette hauteur : c'étoit beaucoup trop; il ne falloit retrancher que 6′$\frac{1}{3}$, et alors la fin de l'éclipse auroit été déterminée à 5^h44′$\frac{1}{2}$. La différence est, comme on voit, assez légère.

— A Aix, Nicolas-Fabrice de Peiresc et Gauthier.

Commencement, à 3^h29′, la hauteur du Soleil étant, à très peu près, de 32^d.

Fin, à 5^h41′, le Soleil étant haut de 8^d4o′.

Grandeur, 8 doigts 48′. *Gass. t. IV, p.* 123.

— A Fréjus, Don Antelme, Chartreux.

Fin, le Soleil ayant précisément 7^d de hauteur. Du reste pluie et vent. *Ibid. p.* 124.

— A Paris, (Gassendi croit que l'observateur étoit Beaugrand).

Commencement, le Soleil haut de 31^d27′, ou à 3^h18′8″.

Fin, bien exactement observée, le Soleil haut de 12^d6′$\frac{1}{2}$, ou à 5^h23′12″.

L'éclipse a excédé 6 doigts; mais de combien, c'est ce que les nuages n'ont pas permis de déterminer. *Ib d.*

Les heures ne sont exactes qu'à 15 ou 20″ près, qu'on pourroit ajouter à l'heure du commencement et retrancher à l'heure de la fin, vu l'inexactitude des réfractions et des parallaxes employées pour corriger les hauteurs.

— A Avignon, Pierre-François Tondut de Saint-Léger.

Commencement, le Soleil haut de 31^d$\frac{3}{4}$, ou à 3^h29′. *Gass. t. VI, p.* 66, 419.

— Riccioli, à Bologne, jugea l'éclipse de 5 doigts, lorsqu'un cadran solaire marquoit 5^h15′. *Almag. part.* 1, *p.* 379.

Autres observations de la Lune et des Planètes.

Outre les alignemens de Schikard, qu'on peut voir dans *Paral. Hist. cœl.* on trouve une infinité de distances de la Lune et des planètes, tant entre elles qu'aux étoiles fixes observées par Gassendi à Digne, à Aix, à Tanaron (¹). Gassendi prenoit ces distances avec un rayon astronomique; et pour s'assurer de la précision de l'instrument, il observoit la distance entre deux fixes, et comparoit la distance observée avec celle qui avoit été déterminée par Tycho. Mais les distances déterminées par Tycho n'étoient pas toutes de la plus grande précision. D'ailleurs, l'observateur étoit certainement très-intelligent; mais l'instrument étoit-il également-

---

(¹) Tanaron, village ou bourg à deux lieues au nord de Digne.

ment bon? On prenoit des distances qui s'accordoient avec celles de Tycho; le même jour, ou le lendemain, les mêmes distances, prises avec le même instrument, auquel on n'avoit pas touché dans l'intervalle, différoient de 3, 4 et 5′ de celles qui avoient été précédemment prises. Voyez *Gass. t. IV*, depuis la page 110 jusqu'à la page 166.

— Le 14 février, à Digne, la Chèvre ayant $42^d 37'$ de hauteur à l'occident, ou à $14^h 11' 30''$, immersion de δ du Bélier, sous la partie obscure du disque de la Lune, à 20 ou 25^d de la corne australe, la hauteur de l'étoile étoit de $6^d 36'$. Le verre objectif de la lunette étant cassé, l'observation n'a pu être faite qu'à l'œil nu; mais elle a été faite, dit Gassendi, par un ami qui jouit véritablement d'une vue de lynx. *Gass. t. IV, p.* 115.

— Le 27 mai, au soir, à Aix,

Distance de Saturne à β du Scorpion	$8^d 54' \frac{4}{5}$
Distance à δ	$10\ 11\ \frac{1}{3}$
Distance à α	$6\ 50$
Distance à β	$8\ 55$
Distance à δ	$10\ 13$; il étoit $8^h \frac{1}{2}$
Distance à α	$6\ 48$
Distance à d'α à β	$8\ 32 \frac{3}{4}$

elle devoit être de $8^d 37'$ (suivant Tycho, de $8^d 36' 57''$ suivant Mayer).

Distance de β à δ. . . . . $7^d 33' \frac{2}{3}$ ($7^d 37' 56''$, suivant Mayer).

Le 30 au soir après 9 heures.

De Saturne à β du Scorpion	$8^d 39' \frac{1}{2}$
Une seconde fois	$8\ 39$
De Saturne à δ	$9\ 59 \frac{1}{3}$
La même distance	$9\ 59 \frac{1}{3}$
De Saturne à α	$6\ 43 \frac{1}{5}$
Une autre fois	$6\ 43 \frac{1}{5}$
Distance d'α à β	$8\ 33 \frac{4}{5}$
Une seconde fois	$8\ 34$, au lieu de $8^d 37'$.

Ibid. p. 139, 140.

J'ai rapporté ces observations de Gassendi, parce qu'elles peuvent servir à déterminer à très peu près l'opposition de Saturne. Il ne faut pas conclure des observations de la distance des étoiles entre elles, que l'instrument donnât les distances trop petites de 4′ et plus le 27, et de 3′ le 30. La différence des réfractions devoit faire paroitre ces distances moindres qu'elles ne l'étoient réellement. Je pense que l'erreur de l'instrument n'excédoit pas, ou excédoit peu 2′ le 27, et que le 30 elle n'étoit que d'environ 1′.

— Le 26 mai, à $8^h 45'$, Boulliau, à Paris, observa Vénus près de x des Gémeaux; la distance étoit de 18′ ou tout au plus 19′; Vénus étoit de 15′ moins élevée, et son azimut étoit de 8′ ou 9′ plus occidental que celui de l'étoile (1). Celle-ci étoit en

---

(1) Il me semble que Boulliau mesure toujours la différence d'azimut de deux astres par un arc de grand cercle tiré perpendiculairement sur l'azimut ou le vertical de l'autre astre.

3ˢ 18ᵈ 33′ 26″, latitude 3ᵈ 3′ B. Donc Vénus étoit en 3ˢ 18ᵈ 17′ ou 18′; latitude 2ᵈ 48′ B. Cette observation est extraite du manuscrit de Boulliau. Cet astronome, dans une lettre à Gassendi, *t. VI, p.* 412, avoit établi le lieu de Vénus en 3ˢ 18ᵈ 2′, mais c'étoit en supposant l'étoile en 3ˢ 18ᵈ 17′⅓ : il s'aperçut, sans doute depuis, que cette supposition n'étoit pas exacte. L'étoile étoit, selon Bradley, en 3ˢ 18ᵈ 32′ 47″, sa latitude 3ᵈ 3′ 20″ B.

Riccioli, après avoir établi que l'étoile étoit en 3ˢ 18ᵈ 33′, conclut que Vénus étoit en 3ˢ 18ᵈ 14′ 30″. (Dans cette supposition, toute la distance seroit en longitude, ce qui ne paroit pas devoir être). *Astr. ref. p.* 341.

Le 27 mai, à 8ʰ 45′, la distance entre Vénus et la même étoile étoit de 34′ ou 35′; la hauteur de l'une et de l'autre étoit la même. Vénus étoit à l'orient de l'étoile. *Bull. ms.*

— Le 16 mai, à Aix, après le coucher du Soleil, Gassendi trouva que Mercure étoit à 20ᵈ 58′ 40″ de la Chèvre, et à 20ᵈ 45′ de β du Cocher. Que d'après Tycho, dit Boulliau, on suppose la Chèvre en 2ˢ 16ᵈ 44′ 24″, latitude 22ᵈ 50′ B, (en 2ˢ 16ᵈ 44′ 0″, latitude 22ᵈ 51′ 44″, suivant la Caille), et β du Cocher en 2ˢ 24ᵈ 56′ 24″, latitude 21ᵈ 27′ 30″ B. (en 2ˢ 24ᵈ 47′ 30″, latitude 21ᵈ 28′ 28″ selon la Caille), on conclura que Mercure étoit en 2ˢ 18ᵈ 17′ 44″, latitude 1ᵈ 44′ 40″ B. *Ep. ad. Gass. t. VI, p.* 412. Ces étoiles n'étoient pas trop bien choisies pour déterminer la longitude de Mercure.

— Gassendi, au mois de décembre de cette année et en plusieurs mois des deux années suivantes, s'est appliqué à observer les distances de Jupiter à ses satellites. Ces distances sont exprimées en diamètres apparens de Jupiter, et déterminées sur une simple estime. De telles observations pouvoient être alors de quelque utilité.

FAIT.

Cette année, les inquisiteurs Romains forcèrent Galilée à abjurer le système de Copernic. Galilée avoit d'abord combattu ce système, comme contraire aux saintes écritures. Entraîné ensuite par sa simplicité lumineuse, et par la force des raisonnements de Mestlin; convaincu d'ailleurs que l'Esprit-Saint n'avoit point inspiré les écrivains sacrés pour nous révéler des vérités physiques, il l'avoit embrassé, il l'avoit enseigné, il l'avoit défendu, peut-être avec trop de chaleur, traitant d'ignorans et d'imbéciles ceux qui étoient d'un sentiment contraire. Le P. Frisi m'a dit avoir vu des actes originaux relatifs au procès de Galilée, desquels il résultoit que la condamnation portée contre lui, lui étoit exclusivement personnelle. Voyez d'ailleurs *l'Astronomie* de M. de la Lande, troisième édition, 1791, n° 1106.

1634.

ÉCLIPSE DE LUNE LE 14 MARS.

Schikard l'observa parfaitement bien à Tubingen, de manière, dit-il, que je suis assuré de la plus parfaite précision. *Abs me observata est egregie; ut de minutissimo sim securus. Ep. ad Gass. t. VI, p.* 420. On peut voir le détail de cette observation dans *Paral. Hist. cœl. p.* 971 *et seq.* Schikard n'observa ni le commencement ni la fin. A $7^h 40'$, l'éclipse étoit commencée; à $10^h 56'\frac{1}{2}$, elle n'étoit pas encore finie. De plusieurs phases correspondantes, Schikard conclut le milieu à $9^h 17' 45''$. La durée, ajoute-t-il, a peu excédé $3^h 18'$. Gassendi, *t. VI, p.* 179, remarque, avec raison, que cette observation de Schikard est insoutenable, vu que si on la compare avec celle de Digne, il s'ensuivra que Digne est de $3'\frac{3}{4}$ de temps plus orientale que Tubingen, tandis qu'il est certain qu'elle est de 10' (ou même de 11') au moins plus occidentale. Gassendi avoit fait part à Schikard de cette difficulté; Schikard ne l'a pas résolue; la mort apparemment ne le lui a pas permis.

— Le Prince de Hesse, à Butzbach, observa le commencement à $7^h 34'$, Procyon étant $1^d 36'$ à l'est du méridien. *Par. Hist. cœl. p.* 973. Cette observation est encore un peu trop précoce, relativement à celle de Digne.

— A Digne, Gassendi.

Commencement, au nadir de la Lune, ou très-peu vers la gauche, un nuage n'a pas permis de marquer le temps précis; Gassendi le conclut à $7^d 41'$.

A $7^h 46'$, Aldébaran étant haut de $40^d 52'$ vers l'ouest, un demi-doigt.

A $9^h 21'\frac{1}{2}$, milieu conclu du plus grand nombre des phases et surtout de celles qui méritent le plus de confiance.

Grandeur de l'éclipse, 11 doigts très précis.

A $11^h 2'$, Procyon haut vers l'ouest de $31^d 55'$; fin, un peu au-dessus du milieu du limbe occidental.

Voyez un très ample détail dans *Gass. t. IV, p.* 177, 178.

De cette observation, Streete, *Astron. Carol. p.* 100, conclut qu'à $8^h 39'$, temps moyen, méridien de Londres, le lieu de la Lune en son orbite étoit en $5^s 24^d 21' 52''$ et réduit à l'écliptique $5^s 24^d 20' 36''$.

Suivant Boulliau, à $9^h 34'$, méridien de Paris, la Lune étoit $5^s 24^d 25' 15''$; son demi-diamètre $15' 43''$; le demi-diamètre corrigé de l'ombre $41' 51''$; la latitude vraie de la Lune $28' 45''$ B.; sa distance au nœud descendant $5^d 30' 48''$; ce nœud en $5^s 29^d 55' 30''$. *Astron. Philol. p.* 149, 153.

— L'éclipse fut observée à Aix, par Peiresc. Les observations furent faites à la vue simple; elles ne s'accordent pas avec celles de Gassendi. Les hauteurs prises pour déterminer le temps des phases, jusqu'au milieu de l'éclipse, n'ont été prises qu'avec un petit astrolabe; elles sont si défectueuses, que les hauteurs de deux étoiles, prises en même temps, donnent des heures qui diffèrent entre elles de 15 et 20 minutes. Voyez le détail de cette observation dans *Gass. t. IV, p.* 178.

— Gassendi, *pag.* 179, fait mention de quelques autres observations qui ne valent guère mieux.

— Tondut de Saint-Léger, à Avignon, jugea que la Lune commençoit à recouvrer sa lumière, lorsqu'elle eut atteint $33^d 20'$ de hauteur, ou à $9^h 5'$, et lorsque la queue du Lion fut élevée de $45^d 40'$, ou à $9^h 4'$. (Quelques taches pouvoient alors sortir de l'ombre, mais l'éclipse croissoit encore.) Fin, moins soigneusement, et cependant assez exactement observée, à $10^h 57'$, la Lune étant haute de $45^d 37'$. *Tond. Ep. ad Gass. t. VI, p.* 422. Saint-Léger ajoute que dans le premier envoi de son observation à Gassendi (telle qu'on la trouve dans le recueil de Gassendi, *t. IV, p.* 179), il lui étoit échappé une erreur de 5ᵈ sur l'ascension droite du Soleil.

— Un autre observateur, à Avignon, vit la Lune sortir d'un nuage déjà éclipsée; elle étoit haute de 19ᵈ50′; il étoit 7ʰ 39′. *Tond. Ibid.*

— Je ne sais où Fournier, *Hydrog. l.* 12, *c.* 7, et Riccioli, *Geogr. ref. l.* 8. *c.* 17, ont trouvé que S. Léger avoit observé le commencement à 7ʰ 7′½. Dans une lettre à Peiresc, dont une copie se trouve parmi les immenses recueils de Delisle, S. Léger dit expressément que les nuages ne lui ont pas permis d'observer le commencement.

— Quelqu'un, à Carpentras, vit la Lune haute de près de 15ᵈ sortir des nuages déjà éclipsée. Que la hauteur ait été de 14ᵈ55′, il n'étoit que 7ʰ 10′, ce qui ne s'accorde guère avec votre calcul, dit S. Léger à Gassendi. Le même observa la fin à 45ᵈ de hauteur de la Lune. *Ep. ad Gass. t. VI, p.* 422. Cet observateur étoit le rabbin Salomon Azobi; il ne fit point parvenir à Gassendi sa première observation, qui est manifestement erronée. Voyez *Gass. t. IV, p.* 179. Quant à l'observation de la fin, il ne manque à la hauteur de la Lune qu'environ un degré, pour que l'observation s'accorde avec celle de Gassendi; et d'ailleurs S. Léger dit que l'observateur doutoit si l'éclipse étoit réellement finie.

— Langren observa cette éclipse à Madrid; et, suivant sa coutume, pour déterminer les temps, il observa les points de l'équateur qui culminoient à l'instant de chaque phase. Comme il étoit étranger à Madrid, on peut supposer qu'il n'y avoit pas les secours qui lui auroient été nécessaires pour déterminer avec précision ces points culminans; ou plutôt, peut-être, il faut dire que ces points sont mal rendus dans l'Almageste de Riccioli.

A 8ʰ 13′½, l'éclipse étoit de 9 doigts 33′. (La même phase a été observée à Digne à 8ʰ 53′; ici les deux observations s'accordent, la différence des méridiens étant de 39′ à 39′½.)

La plus grande obscurité a été de 10 doigts 15′, d'où Wendelin conclut que le milieu est arrivé à 8ʰ 42′. (Gassendi a observé 11 doigts très-précis. D'ailleurs le milieu, comparé à celui que Gassendi a déterminé, donne encore 39′½ pour différence des méridiens.)

Fin, le 152ᵈ 29′ de l'équateur étant au méridien, ou à 10ʰ 19′ au plus. (La différence des méridiens seroit donc de 42′½. Mais il y a plus; j'ai calculé sur les Tables de Mayer l'ascension droite du Soleil, que j'ai trouvée de 354ᵈ 59′; retranchez-la du point culminant 152ᵈ 29′, il restera pour angle horaire 157ᵈ 30′ : donc fin à 10ʰ 30′; donc la différence des méridiens ne seroit que de 32′ au lieu de 39′).

Voyez quelques observations des immersions et émersions des taches de la Lune, faites par Langren, dans *Ricc. Almag. part. I, p.* 380.

Autres observations de la Lune.

Le 5 février, Gassendi fut attentif au passage de la Lune par les Pléiades; mais, traversé par les nuages, il ne put faire aucune observation précise et véritablement utile. Voyez *tom. IV, p.* 173.

Le 6 Mars, α du Taureau étant haut de 46ᵈ46′ vers l'ouest, Gassendi observa à

Digne que le centre de la lune avoit même longitude que β du Taureau ; la distance
de l'étoile à la corne boréale étoit égale, à-peu-près, à un tiers du diamètre de la
Lune, peut-être un peu moindre que ce tiers, mais bien certainement plus grande
que le quart. *Ibid. p.* 174.

— Le 13 avril matin, ou le 12 vers 15 heures, à Aix.

L'épi de la Vierge, haut de 15ᵈ20′ ; sa distance au bord voisin de la Lune est de
⅘ du diamètre de la Lune.

L'étoile haute de 14ᵈ0′, la distance est de ¾ du diamètre.

Hauteur 12ᵈ30′, distance ⅔.

Hauteur 11ᵈ10′, distance 7/12, et l'étoile, plus haute que la Lune, est dans le
même vertical que son centre.

Hauteurs 9ᵈ45′, 8ᵈ10′, 7ᵈ30′, la distance au bord voisin reste à-peu-près la
même, ou 7/12 du diamètre.

A la hauteur de 5ᵈ30′, la distance redevient égale aux ⅔ du diamètre de la Lune ;
et l'étoile étoit dans le même vertical que le bord occidental de la Lune. L'observateur étoit Gassendi. *Tom. IV, p.* 183.

— Le 9 juin, à Aix, le bord supérieur de la Lune étant haut de 13ᵈ55′, l'étoile π
du Scorpion étoit sortie de dessous le bord occidental de la Lune ; sa distance à ce
bord égaloit à-peu-près un neuvième du diamètre lunaire : elle étoit un peu plus
basse que le milieu de ce bord occidental, ou elle étoit au-dessous du diamètre
horizontal de la Lune. Gassendi conjecture que le point de l'émersion étoit encore
un peu plus bas, et qu'il tenoit environ le milieu entre la tache Caspienne (*mare
crisium*) au-dessus de lui, et au-dessous une autre tache que Gassendi appelle
umbilicum radiatum, et que je pense être le *Tycho* de Riccioli.

Le bord supérieur étant haut de 18ᵈ, la distance de l'étoile au bord voisin étoit
à-peu-près égale au demi-diamètre de la Lune ; elle égala à-peu-près le diamètre,
lorsque le bord supérieur fut haut de 20ᵈ30′. *Ibid. p.* 191.

Boulliau, *Astron. Phil. p.* 165, calcule la première observation, et son résultat
est qu'à 8ʰ5′, méridien d'Aix, le vrai lieu de la Lune étoit 7ˢ27ᵈ33′40″, et réduit
à son orbite, 7ˢ27ᵈ39′19″. Boulliau suppose l'étoile en 7ˢ27ᵈ53′28″, et le lieu apparent de la Lune 20′ plus oriental que celui de l'étoile. (Celle-ci, suivant Mayer,
n'étoit qu'en 7ˢ27ᵈ50′2″½, avec une latitude de 5ᵈ26′30″½A.)

Streete, *Astr. Car. p.* 103, conclut de la même observation, qu'à 7ʰ33′ t. m.
méridien de Londres, le vrai lieu de la Lune étoit 7ˢ27ᵈ22′.

— Le 7 juillet, à Aix, le bord supérieur de la Lune étant haut de 21ᵈ, et l'épi
de la Vierge de 26ᵈ, Gassendi jugea que l'étoile τ du Scorpion étoit dans la ligne
des cornes de la Lune. Ces cornes étoient obtuses ; la ligne, que Gassendi concevoit
passer par elles et par l'étoile, laissoit un peu à gauche l'ombilic radieux que nous
croyons être *Tycho*. La distance de l'étoile à la corne australe étoit d'environ
un sixième du diamètre de la Lune ; car elle excédoit un peu la distance du susdit
ombilic au bord de la Lune. *Gass. t. IV, p.* 194.

— Le 5 août, à Aix, le bord inférieur de la Lune haut de 9ᵈ⅔ et η de la grande
Ourse de 26ᵈ½, Gassendi jugea le centre de la Lune en conjonction avec δ du
Sagittaire. La distance de l'étoile au bord austral de la Lune n'égaloit pas tout-
à-fait un quart du diamètre ; elle pouvoit en être les 2/9. *Ibid. p.* 196.

— Le 11 septembre, à Aix, après 17 heures, Gassendi observa l'appulse de la Lune à Electra des Pléiades ; les nuages et l'aurore ne permirent pas de prendre des hauteurs de fixes.

Le bord supérieur de la Lune haut de $69^d 0'$, la distance de l'étoile au bord voisin est égale à celle d'Alcyone à Atlas, ou un peu moindre.

Jupiter peu après sort d'un nuage ; il est haut de 36^d ; la distance de l'étoile au limbe égale le tiers du diamètre lunaire.

Jupiter parvenu à $37^d \frac{1}{2}$ de hauteur, la distance est réduite à un quart ou un peu moins.

Jupiter haut de 39^d, distance $\frac{1}{5}$ du diamètre, ou un peu plus.

Enfin le bord supérieur de la Lune étant haut de 64^d, la distance de l'étoile au bord voisin fut d'environ $\frac{1}{7}$ du diamètre de la Lune. L'étoile paroissoit devoir raser la corne australe. *Ibid*. p. 208.

— Le 30 décembre, à Loudun, Aldébaran étant élevé de $32^d 42'$, ou à $5^h 41' 47''$, immersion d'Alcyone des Pléiades sous la partie obscure du disque lunaire. L'étoile étoit de $4'$ plus haute que le bord inférieur.

α d'Orion étant haut de $20^d 32'$, ou à $6^h 26' 6''$, l'étoile étoit sortie de la partie claire, peut-être depuis $2' \frac{1}{2}$, vis-à-vis de la mer de Langren (*mare fecunditatis*).

La Lune passa ensuite au-dessus de l'étoile qui suit Alcyone (Atlas sans doute) ; son bord inférieur étoit de $10'$ plus haut que l'étoile.

Lorsque la Lune et Atlas furent dans un même azimut, la distance d'Alcyone au bord de la Lune fut de $8'$. *Bull. ms.*

Boulliau conclut qu'au moment de l'immersion d'Alcyone, le vrai lieu de la Lune étoit en $1^s 24^d 17' 53''$, ou, dans son orbite, $1^s 24^d 22' 19''$. *Astr. Phil.* p. 164 ; et Strecte, *Astr. Corol.* p. 103, conclut pareillement qu'à $5^h 47'$ t. m. méridien de Londres, la Lune étoit en $1^s 24^d 17'$.

PLANÈTES.

Riccioli, *Astron. ref.* p. 284, rapporte quelques observations de Saturne, faites à Aix par Gassendi, desquelles Gassendi a conclu, suivant Riccioli, que l'opposition de Saturne est arrivée le 9 juin. Cela n'est pas tout-à-fait juste. Gassendi, dans sa lettre à Cassini, citée par Riccioli, et qu'on trouve *tom. VI, pag.* 327, 328, ne dit rien autre chose, sinon que, suivant les éphémérides, cette conjonction a dû arriver le 9. Pour satisfaire à la demande de Cassini, il joint le détail de ses observations de Saturne depuis le 6 jusqu'au 10 juin, et laisse à Cassini le soin d'en conclure le jour et l'heure de cette opposition. Il en est de même de plusieurs autres oppositions des Planètes supérieures. Il est cependant vrai que des observations de Gassendi, nous avons conclu que l'opposition de Saturne avoit eu lieu le 9 juin au matin, ou à très peu près, le 8 juin, à $22^h 57'$ t. m. mérid. de Paris.

— Le 15 février, à Digne, vers 6^h.

Distance de Jupiter à Aldébaran.................... $17^d 17'$
  à γ d'Orion...................... $16 \ 10$
  à α d'Orion. .... $17 \ 32$

— Le 16 à la même heure, les distances étoient les mêmes. Gassendi conclut que Jupiter avoit été stationnaire en $2^s 21^d 7'$ avec une latitude de $0^d 8'$ A. *Tom. VI, p.* 518.

— Le 12 avril, à $8^h\frac{1}{2}$, Boulliau observa à Paris Jupiter près de Propus, 9′ à 10′ au nord de cette étoile. Son azimut étoit insensiblement plus occidental que celui de l'étoile. On jugea que Jupiter avoit dépassé l'étoile en longitude. L'étoile étoit en $2^s25^d50′$, lat. $0^d13′$ A. (en $2^s25^d50′17″$, lat. $0^d11′45″$, suivant Bradley; et en $2^s25^d50′20″$, lat. $0^d11′47″$, suivant Mayer). Donc Jupiter étoit, suivant Boulliau, en $2^s25^d53′$, latitude $0^d4′$ A. *Astr. Phil. p.* 268.

— Le 9, à $8^h\frac{1}{2}$, Boulliau avait trouvé Jupiter de 27′ à 28′, et le 10, à 8^h, de 18′ à 19′ plus occidental que la même étoile. *Bull. ms.* Ces différences paroissent être de simples distances; celle du 10 étoit égale à $\frac{7}{12}$ du diamètre de la Lune.

— Wing, *Astron. Brit. p.* 288, et Streete, *Astr. Car. p.* 112 souscrivent à la détermination de Boulliau sur le lieu de l'étoile. Maraldi, *Mém. de l'Acad.* 1718, *p.* 316, conclut que Jupiter et Propus ont été en conjonction le 11 à 22^h, en $2^s25^d52′$. Mais ce lieu de l'étoile n'est-il pas un peu trop avancé? Je croirois plus volontiers que la conjonction a eu lieu le 12, peu après midi, en $2^s25^d50′$.

— Gassendi a aussi observé cette appulse à Aix; mais il s'est contenté d'estimer les distances en diamètres apparens de Jupiter. Voyez ses observations, *tom. IV, p.* 180 *et seq.* Ce que j'y trouve de plus digne de remarque, c'est que la distance des deux astres a paru le 11 moindre que le 12. Le 11 à 8^h, elle fut jugée de 8 ou 9 diamètres de Jupiter, et le 12, à la même heure, on l'estima à-peu-près, *proximè,* de 10 diamètres. Le 10 la distance étoit de 13 diamètres, peut-être un peu moindre; le 13, de 14 diamètres et demi. Il suit de ces observations que la plus grande proximité des centres auroit eu lieu le 11 vers 16 heures; mais cette plus grande proximité des centres a dû précéder la conjonction écliptique.

— Le 4 décembre, à Loudun, Boulliau observa, avec le télescope, qu'à 10^h, Jupiter étoit distant de 17′ à 18′ vers le pôle boréal de l'écliptique, de δ de l'Écrevisse. Jupiter étoit un peu plus haut, et son azimut plus oriental que celui de l'étoile. La longitude des deux astres étoit donc la même, $4^s3^d36′$ ($4^s3^d37′2″$ suivant Bradley). La latitude de Jupiter étoit de 14′ bor. *Bull. ms.* et *Astr. Phil. p.* 269. Boulliau suppose, d'après Tycho, la latitude de l'étoile de 4′ australe, et elle est boréale de 4′ 12″ ou 13″, suivant Bradley et Mayer; ainsi celle de Jupiter, d'après l'observation, seroit de 21′ à 22′ boréale.

— Le 12 décembre, la distance de Jupiter à la même étoile étoit de 29′. *Bull. ms.* Le 22, Jupiter avoit atteint la longitude de Præsepe, ou de la nébuleuse de l'Écrevisse; sa distance aux extrèmes étoit, *distabat ab extremis,* de 33′, d'où l'on concluoit qu'il étoit en $4^s2^d14′$, latitude 16′ ou 17′ boréale. *Bull. ms.*

— Le 26 février, à Paris, à 13^h, Boulliau observa Mars en ligne droite entre β et ε de la Vierge, et en même-temps dans une autre ligne droite entre η de la Vierge et δ du Lion. *Ibid.*

— Les Éphémérides annonçoient l'opposition de Mars, les unes le 12, les autres le 13 mars. Gassendi, à Digne, fut attentif à cette opposition. Le 9 et les jours suivans, un ciel nébuleux mit obstacle aux observations.

— Le 14, Gassendi prit des distances de Mars aux fixes; il en conclut :

Longitude de Mars à $7^h34′$	$5^s18^d51′$
Latitude	3 52 B.

Le 15, il prit de nouvelles distances qui lui donnèrent :

Longitude de Mars . . . .   5ˢ 18ᵈ 27′

Latitude . . . . , ...   3 47 B.

Régulus étoit haut de 44ᵈ 8′. *Gass. t. IV, p.* 176 *et seq.*

Cette hauteur de Régulus nous donne 7ʰ 24′ 3″ pour l'heure de l'observation ; et par un calcul très-approché, nous trouvons que l'opposition a dû avoir lieu le 10, à 7ʰ 31′ t. m. méridien de Digne, en 5ˢ 20ᵈ 24′.

— Le 8 juin au soir, Gassendi observa à Aix une appulse de Mars à β de la Vierge. L'épi de la Vierge étant presque au méridien, l'étoile β étoit plus orientale et un peu plus haute que Mars. Avec une assez longue lunette, la distance des deux astres paroissoit égale à sept diamètres de Mars, ou à la moitié de la distance de ζ et *g* de la grande Ourse. Mars étant haut de 22ᵈ environ, ou à 11ʰ 19′, l'étoile étoit directement au-dessus de Mars, dans un même vertical ; la distance étoit à peine de 4 diamètres de Mars. La planète étant ensuite haute de 12ᵈ, Mars, β de la Vierge et la boréale du visage (ο je pense), étoient en ligne droite, et la distance de β à Mars n'étoit plus que de trois diamètres. Enfin, Mars étant élevé d'environ 9ᵈ, ou à 12ʰ 36′, la longitude de Mars et de l'étoile étoit la même, et la distance de l'étoile au bord de Mars le plus voisin, étoit égale à deux diamètres et demi de Mars, ou à la sixième partie de la distance de ζ à *g* de la grande Ourse. *Gass. t. IV, p.* 189, 190.

De cette observation Streete conclut, *Astr. Car. p.* 75, qu'à 12ʰ 7′ t. m. méridien de Londres, Mars étoit en 4ˢ 23ᵈ 55′ (c'est-à-dire, suivant le compte de Streete, en 5ˢ 21ᵈ 57′ 44″ depuis l'équinoxe).

Suivant Boulliau, *Astron. Phil. p.* 394, l'étoile étoit 5ˢ 22ᵈ 0′ : donc à 8ʰ 24′ t. m. méridien d'Uranibourg, Mars étoit en 5ˢ 21ᵈ 59′ 30″.

Enfin Riccioli. *Astr. ref. p.* 327, détermine à 12ʰ 36′ mérid. de Digne, le lieu de Mars et de l'étoile, en 5ˢ 21ᵈ 59′ 38″.

Suivant Bradley, l'étoile étoit en 5ˢ 22ᵈ 0′ 17″, latitude 0ᵈ 41′ 35″ B. Donc Mars, avec la même longitude, avoit environ 0ᵈ 39′ de latitude boréale.

— Le 27 novembre, Vénus, haute de 3ᵈ 30′, étoit de 38ᵈ 45′ distante de Phomalhaut, suivant l'observation de Boulliau, à Paris. *Bull. ms.*

— Le 25 octobre à 6ʰ 40′, Boulliau observa à Loudun une appulse de Saturne, Mars, Vénus, et la Lune à une étoile de 4ᵉ grandeur, qui lui étoit inconnue, et qui ne se trouve point dans le catalogue de Tycho. Mars avoit déjà dépassé Saturne, et sa distance à l'étoile étoit de 26′ à 27′ à l'orient ; sa hauteur et celle de l'étoile étoient presque égales. Saturne au-dessus, et Vénus au-dessous de l'étoile formoient avec elle une ligne droite. La Lune, plus australe encore que Vénus, les avoit tous dépassés d'environ deux de ses diamètres. *Bull. ms.* L'étoile est certainement B, ou la 44ᵉ d'Ophiucus dans le catalogue britannique ; elle étoit alors selon **Bradley**, en 8ˢ 17ᵈ 14′ 0″, latitude 0ᵈ 52′ 49″ A.

— Entre une infinité de distances des planètes aux étoiles fixes, observées cette année par Gassendi, et rapportées *tom. IV, p.* 166-243, on en trouve plusieurs de Mercure observées à Digne les premiers jours de janvier, et à Aix vers le commencement d'octobre.

— Des observations faites en janvier, Boulliau tire les conclusions suivantes :
les temps sont moyens, et rapportés au méridien d'Uranibourg.

Le 2 à 6^{h}3o′, longitude de Mercure...........	10^s 1^{d}31′
Sa latitude..............................	o 57 A.
Le 4, longitude de Mercure................	10 3 31
Latitude...............................	o 3o A.
Le 6, sa longitude.......................	10 5 1
Sa latitude.............................	1 52 B.
Donc plus grande élongation, le 3 à 6^{h}3o′......	18 59
Le Soleil étant en.......................	9 13 33 43″
Et Mercure en...........................	10 2 32 43

Les observations faites en octobre donnent le 2, à 18^h,

Lieu de Mercure.........................	5^{s}22^d 8′20″
Sa latitude.............................	1 25 B.
Le 3, même heure, longitude...............	5 22 59 26
Latitude...............................	1 29 18 B.
Le 4, même heure, longitude...............	5 23 59 47
Latitude...............................	1 19 16 B.
Donc plus grande élongation, le 3, à 18^h.......	17 49 54
Le Soleil étant en.......................	6 10 49 20.

Boulliau avertit qu'avant de déterminer les lieux de Mercure, d'après les distances observées par Gassendi, il a purgé ces distances de l'effet de la réfraction. Mais Boulliau admettoit la Table des réfractions déterminée par Tycho, et cette table n'étoit rien moins que juste. *Astron. Philol. p.* 356.

Wing, *Astron. Brit. p.* 3io, souscrit aux déterminations de Boulliau; mais Streete, *Astron. Carol. p.* 45, conclut des observations d'octobre, que la plus grande élongation eut lieu le 3, à 17^{h}15′, t. m. méridien de Londres, qu'elle a été 17^{d}55′3o″. Le Soleil étoit alors, suivant Streete, en 5^s, 12^{d}49′13″, et Mercure en 4^{s}24^{d}53′43″, à compter depuis γ du Bélier (ou en 5^{s}22^{d}56′42″, en partant du point de l'équinoxe).

. — Le 21 avril, à 7^{h}40′, le prince Louis de Valois, à Vizille, trouva la distance de Mercure à la Chèvre, de 31^{d}38′3o″, et à Aldébaran, de 15^{d}15′; d'où l'on conclut le lieu de Mercure en 1^{s}21^{d}44′; latitude 2^{d}35′B.

— Le 24, le même prince, à 7^{h}54′, observa la distance à Aldébaran, 12^{d}37′; à la Chèvre, 29^{d}4′ : donc Mercure en 1^{s}25^{d}9′; latitude 2^{d}45′ B. *Gass. t. IV, p.* 185, 186.

— Vers ce même temps, Gassendi a pris aussi un grand nombre de distances de Mercure à différentes étoiles. Voyez *ibid.*

— Le 12 octobre à 17^{h}23′, méridien de Londres, ou à 18^{h}15′, t. m. méridien d'Uranibourg, la distance de Mercure à Régulus fut observée par Gassendi de 4o^{d}13′. Effet de la réfraction, 1o′ sur la distance, 9′ sur la différence de longitude. Régulus étoit en 4^{s}24^{d}44′; donc Mercure en 6^{s}5^{d}6′. *Astron. Phil. p.* 363. — *Astron.*

Brit. p. 310. Régulus étoit alors en $4^s24^d44'36''$, suivant Bradley; il étoit, nous dit-on, haut de 41^d et Mercure de 5^d; la différence entre ces hauteurs n'en pouvoit pas produire une de 10' entre la distance apparente et la distance vraie.

FAITS.

Gassendi commence cette année à étudier les phénomènes de la libration de la Lune. Claude Mellan, célèbre dessinateur et graveur, revenoit de Rome en 1636; Gassendi le retint auprès de lui, et l'employa à dessiner, le plus souvent qu'il fut possible, l'image de la Lune, transmise sur une surface blanche, au travers d'une excellente lunette : en 1634, il s'étoit servi d'un autre peintre, qu'il ne nomme pas. *Epist. ad Galil. t. VI, p.* 92.

On avoit proposé des prix considérables pour quiconque trouveroit une méthode sûre de déterminer sur mer la longitude du vaisseau. Jean-Baptiste Morin, médecin et professeur royal de mathématiques, crut avoir résolu le problème. Il présenta requête au cardinal de Richelieu, qui nomma des commissaires pour examiner la méthode, ou plutôt les méthodes proposées par Morin. Le rapport des commissaires ne fut pas favorable : Morin cria à l'injustice; il en appela au public. Le jugement des commissaires fut à mon avis trop sévère : quelques-uns d'entre eux donnèrent dans leurs ouvrages des procédés qui ne valoient pas ceux de Morin. Ceux-ci étoient tous fondés sur le mouvement de la Lune : Morin enseignoit, entre autres, la manière de conclure la longitude du vaisseau, de l'observation de la distance de la Lune à une étoile, et de la hauteur des deux astres; méthode dont on a fait depuis un si précieux usage. Oronce Finé et d'autres avoient parlé des secours qu'on pouvoit tirer de la Lune, pour déterminer les longitudes; mais aucun ne s'étoit exprimé avec autant de détail, autant de justesse, autant de clarté que Morin. Tout ce qu'on pouvoit lui objecter avec quelque fondement, c'étoit que la théorie de la Lune et les instrumens usités sur mer, étoient trop imparfaits, pour qu'on pût employer avec succès les méthodes proposées. Mais, répondoit Morin, vous avez demandé une méthode de déterminer les longitudes sur mer; j'en ai proposé une, de la bonté de laquelle vous êtes forcés de convenir; ma tâche est remplie; c'est à vous maintenant, astronomes, à perfectionner la théorie de la Lune; et pour cela même, ma méthode vous sera d'un très grand secours, puisqu'elle vous met à portée de perfectionner et de multiplier les observations. Dans ses méthodes de calcul, Morin avoit égard à l'effet de la parallaxe et de la réfraction. Morin renferma toute sa doctrine dans un ouvrage qu'il intitula, *Longitudinum scientia, etc.*, qu'il fit imprimer à Paris, in-4°. L'ouvrage est divisé en neuf parties : les cinq premières parurent en 1634, la sixième en 1636, la septième en 1638, les deux dernières en 1639. Cette première édition a été inconnue à Weidler, qui ne parle que d'une seconde édition, publiée à Paris en 1640, sous le titre peu modeste de *Astronomia jam à fundamentis integre et exacte restituta, etc.* Cet ouvrage et un abrégé assez bien conçu des Tables Rudolphines, que Morin publia en 1650, in-4°, lui font plus d'honneur que tout ce qu'il a écrit contre le système de Copernic, et que son *Astrologia Gallica*, ouvrage à la composition duquel il avoit perdu 30 ans, et qui ne fut imprimé qu'en 1661, cinq ans après sa mort, à la Haye, in-fol. — Morin, né le 23 février 1583, à Villefranche-en-Beaujolois, mourut à Paris en 1656. Morin est le premier qui ait appliqué des lunettes aux instrumens au lieu de pinnules. Il est aussi le premier qui ait vu des étoiles en plein jour. Voyez *Mém. de l'Acad.* 1787, *p.* 385 *et suiv.* Mais tout cela fut alors négligé. Il paroit qu'on ne vouloit avoir aucune obligation à Morin.

1635.

PREMIÈRE ÉCLIPSE DE LUNE LE 3 MARS.

Pierre Cruger, à Dantzick.

$7^h 39'$.....................	commencement de l'éclipse.
8 47.....................	immersion.
10 30.....................	émersion.
11 39.....................	fin.

Mais Cruger avertit qu'il se défie de l'exactitude de son horloge, aux momens de l'émersion et de la fin. *Gass. t. IV, p.* 264.

— Albert Linnemann, à Königsberg en Prusse.

$8^h 19'$...	Jupiter étant haut de $56^d 50$ à l'ouest, six doigts environ.
8 54...	Procyon haut de 41^d à l'ouest, immersion.
10 34...	Jupiter haut de $51^d 40'$, onze doigts et demi.
11 35...	Jupiter haut de $44^d 40'$, fin.

Les nuages n'ont permis ni d'observer le commencement, ni de prendre d'autres hauteurs de fixes que celles de Procyon. *Linn. Ep. ad Gass. t. VI, p.* 474. Linnemann ne donne ici que les hauteurs des astres à chaque phase; les heures correspondantes sont de Riccioli, *Alm. part. I, p.* 243, mais d'après le *Memoria secularis* de Linnemann, que je n'ai pu me procurer.

— Eichstadius, à Stetin.

$8^h 27'$, Régulus haut de $41^d 13'$, immersion, *Ricc. ibid.*

— Schikard, à Tubingen.

$8^h 53'$ environ, milieu de l'éclipse.

Durée, $3^h 48'$ environ : demeure dans l'ombre $1^h 40'$; conclusions que Schikard tire de ses différentes observations, détaillées dans *Paral. Hist. cœl. p.* 974 *et seq.*

— Hortensius, à Amsterdam.

$6^h 43'$...	Régulus haut de...	$27^d 52'$	commencement.
7 51...	Régulus haut de...	37 24	immersion.
9 30...	β du Lion haut de..	39 32	émersion.
10 $34\frac{1}{2}$..	Arcturus haut de ..	30 46	fin.

Hort. Ep. ad Gass. t. VI, p. 431.

— Adrien Métius, à Franeker.

8ʰ41′. Milieu assez précisément déterminé et conclu de plusieurs phases très-exactement observées, tant avant qu'après le milieu. *Phocylid. Manuduct. p.* 108. — *Ricc. Geogr. ref. l.* 8, *c.* 17.

— Golius, à Leyde.

9ʰ39′. Régulus haut de 41ᵈ3′, émersion. *Ricc. Alm. part. I, p.* 380.

— Wendelin, à Herck.

6ʰ52′ ½....................	commencement.	(6ʰ53′).
7 57 ½....................	immersion.	(7 59).
9 38 ½....................	émersion.	(9 40).
10 43 ½....................	fin.	(10 45 ½).

Gass. tom. IV, p. 265, d'après une lettre de Wendelin. *Fournier, Hydrogr. l.* 12, *c.* 8. Les temps marqués après les phases sont de Riccioli, *Alm. part. I, p.* 380, et *Astron. ref. p.* 102. Riccioli ajoute que les temps ont été réglés sur un *sciatérique* (sans doute sur un cadran solaire).

— Langren, à Bruxelles.

6ʰ49′...............................	commencement.
10 39 ½...............................	fin. *Ricc. ibid.*

— Gellibrand, à Londres.

6ʰ20′...............................	commencement.
7 37...............................	immersion.
9 9...............................	émersion.
10 21...............................	fin. *Gass. tom. IV, p.* 264.

Gassendi croit qu'il faudroit écrire pour la fin 10ʰ11′. Je penserois plus volontiers que Gellibrand, confondant la pénombre avec l'ombre véritable, a marqué le commencement 6′ ou 7′ trop tôt, et la fin 4′ à 5′ trop tard.

— A Paris, le père de Langren.

9ʰ23′½, émersion. *Ricc. ubi suprà.* Apparemment que Langren ne se borna pas à cette seule phase, puisqu'on dit que, suivant son observation, le milieu avoit eu lieu à 8ʰ29′¼. *Astron. ref. p.* 107.

— Boulliau, aussi à Paris.

7ʰ38′⅔, μ et γ du Lion étant dans un même azimut, immersion.

9ʰ9′ 3/20, β du Lion et γ de la Vierge au même azimut, émersion. *Bull. ms.* Ceci donneroit le milieu à 8ʰ24′. Mais dans le manuscrit, Boulliau veut que l'immersion soit arrivée 2′ plus tôt qu'il ne l'a marqué; et dans *Astron. Phil. p.* 137, après avoir fixé le milieu à 8ʰ23′, il veut qu'on l'anticipe encore de 2′, pour faire cadrer, dit-il, son observation avec celle d'Hortensius. Mais pour obtenir cet accord, il faudroit au contraire différer le milieu jusque vers 8ʰ30′. D'ailleurs la méthode de déterminer l'heure par l'observation des étoiles dans un même azimut est fort équivoque dans la pratique, surtout lorsque les étoiles sont aussi voisines que celles que Boulliau a choisies, comme le remarque judicieusement Gassendi.

Boulliau conclut de son observation et de celle d'Hortensius, que le 3 mars, à 9ʰ18′ t. m. méridien d'Uranibourg, la Lune étoit en 5ˢ13ᵈ11′56″. *Astron. Phil. p.* 149.

— Gassendi, à Aix

6ʰ47′..............................	commencement.
7 55½..............................	immersion.
9 32½..............................	émersion.
10 38	fin.

Voyez un bien plus ample détail dans *Gass. tom. IV, p.* 260 et *seq.* D'un grand nombre de combinaisons de phases correspondantes, Gassendi conclut le milieu à 8ʰ43′.

Streete, *Astron. Carol. p.* 100, conclut de l'observation de Gassendi qu'à 8ʰ20′ t. m. méridien de Londres, la Lune étoit en 5ˢ13ᵈ7′11″ de son orbite ou en 5ˢ13ᵈ7′38″, lieu réduit à l'écliptique.

— Bollon, chanoine de Digne, et Lautaret, médecin, à Digne.

6ʰ56′.........	Régulus haut de 31ᵈ48′ à l'est, un doigt.
8 2.........	ε d'Orion haut de 39ᵈ à l'ouest, immersion.
9 45.........	α d'Orion haut de 35ᵈ, onze doigts.
9 51½.........	α d'Orion haut de 34ᵈ1′, neuf doigts.
10 40½.........	Procyon haut de 41ᵈ21′, fin. *Gass. tom. IV, p.* 263.

— Louis de Valois, à Grenoble, nuages.
10ʰ47′⅓, Procyon haut de 40ᵈ ou de 39ᵈ¾, fin. *Ibid.*

— Féroncé, à Vizille, nuages.
10ʰ49′½, β des Gémeaux haut de 57ᵈ12′, fin. *Ibid.*

SECONDE ÉCLIPSE DE LUNE LE 27 AOUST.

Albert Linnemann, à Konisberg, en Prusse.

14ʰ33′...	hauteur d'Aldébaran :	35ᵈ40′	commencement.
15 2...	»	39 20	six doigts.
15 30...	»	42 30	immersion.

La Lune vers le milieu de l'éclipse devint absolument invisible, même au télescope, ce à quoi le crépuscule a pu contribuer. Voyez plus de détails dans *Gass. tom. VI, p.* 474, et dans *Ricc. Alm. part. I, p.* 743.

— Hortensius, à Amsterdam.

14ʰ23′..............................	immersion.
15 58..............................	émersion.
15 10½..............................	milieu. *Bull. ms.*

— Golius, à Leyde.

14ʰ25′, immersion. *Ricc. Almag. part. I, p.* 380. — *Astron. ref. p.* 102.

— Wendelin, à Herck.

13ʰ29′.....................	commencement.
14 28	immersion.
16 1	émersion. *Ricc. Almag. ibid.*

— Horroxe, à Toxteth, près Liverpool, latitude 53ᵈ25′ à 26′; longitude 58′ de temps à l'ouest d'Uranibourg.

14ʰ0′, immersion. *Horr. p.* 249.

— Boulliau, à Paris.

		Hauteurs observées.	Hauteurs corrigées.	Phases.
13ʰ37′ 6″.....	α de la Lyre.....	31ᵈ23′	»	7 doigts.
13 48 40	α de la Lyre.....	29 40	»	9 doigts.
14 4 40	α de l'Aigle	16 30	16ᵈ28′	immersion.
15 40 4	α de la Lyre.....	14 32	14 29	émersion.
16 12 20	α de la Lyre.....	10 50	10 45	6 doigts.

Le bord supérieur de la Lune haut de 7ᵈ24′, l'éclipse n'étoit plus que de 3 doigts.

Au-dessus de la Lune, totalement éclipsée, on voyoit deux petites étoiles. La Lyre haute de 23ᵈ0′ ou à 14ʰ34′47″, le bord supérieur de la Lune étoit distant de 20′ au sud d'une de ces deux étoiles, et son centre paroissoit plus occidental que l'étoile.

La Lyre haute de 17ᵈ18′, ou, correction faite de la réfraction, de 17ᵈ16′ ou à 15ʰ17′31″, la Lune couvre l'étoile; et vu la route que tenoit la Lune, le point de l'immersion paroissoit être de 8′ plus boréal que le centre. *Bull. ms.*

De son observation, Boulliau conclut, qu'à 15ʰ40′ t. m. méridien d'Uranibourg, la Lune étoit en 11ˢ4ᵈ19′27″. *Astron. Phil. p.* 149; et Streete, *Astron. Carol. p.* 100, d'après cette même observation, met la Lune en 11ˢ4ᵈ20′24″ de son orbite, ou en 11ˢ4ᵈ20′59″, relativement à l'écliptique, à 14ʰ56′ t. m. méridien de Londres.

— Gassendi, près de Digne, est contrarié par les nuages, la pluie, le tonnerre. Voici ses principales observations.

13ʰ54′.....	l'Aigle haute de 18ᵈ47′, cinq doigts.
14 7	la Lyre haute de 24ᵈ31′ à l'ouest, sept doigts ½. *Gass. t. IV, p.* 276; *tom. VI, p.* 86, 87.
13 29	commencement.
14 28	immersion. Ces deux phases n'ont pas été observées; mais Wendelin les a conclues des observations de Gassendi. *Ricc. ubi suprà.*

— Peiresc, à Aix, secondé par le P. Théophile Minutius, minime.

13ʰ21′...	Aldébaran haut de...	27ᵈ 5′	commencement à l'œil nu.
13 30...	la Chèvre haute de...	39 20	commencement à la lunette.
14 32 ½..	l'Aigle haute de.....	12 5	immersion.

D'après une hauteur d'α d'Orion, les observateurs pensent que l'immersion est arrivée un peu plus tôt, peut-être à 14^{h}28′.

16^{h}3′...	la Lyre haute de 7^{d}50′, émersion, douteuse à cause d'un nuage.
17 1...	le bord supérieur haut de 4^{d}20′, fin au télescope.
17 5...	fin à l'œil nu, le même bord haut de 3^{d}45′. *Gass. ubi suprà.* Voyez-y un plus ample détail.

Boulliau marque dans son *ms.* que toutes les phases de cette éclipse ont été remarquées trop tard.

— A Rome, les PP. Athanase Kircher et Melchior Inchofer.

13^{h}53′...	la Lune haute de...	29^{d}30′	commencement.
14 45...	la Lune haute de...	24 24	immersion.
16 33...	la Lune haute de...	8 54	fin. *Bull. ms.* — *Gass. ibid.*

Boulliau ne donne pas cette observation pour fort exacte. Gassendi met le commencement à 13^{h}56′.

— On trouve et dans Boulliau et dans Gassendi, *locis citatis,* une autre observation faite à Rome par Gaspard Berti, et deux faites à Naples, l'une par Jean Ladron de Guevarra et Jean-Baptiste de Benedictis; l'autre, beaucoup meilleure suivant Gassendi, par Camille Glorioso et Bernard de Magistris. Glorioso marque l'immersion à 15^{h}21′, et donne l'observation pour fort exacte. Or Boulliau a observé cette phase à Paris, à 14^{h}4′40″ (ou, suivant notre calcul, à 14^{h}3′35″) : donc la différence des méridiens de Paris et de Naples seroit de 1^{h}17′ à-peu-près, et elle n'est que de 48′.

— Au Grand-Caire, le P. Agathange, capucin, aidé de Jean Molini, dragoman ou interprète Vénitien, et armé d'un excellent astrolabe, observa le commencement, la Lune étant haute de 27^d à l'ouest. Supposant donc la latitude du lieu de 29^{d}50′ (elle est de 30^{d}3′), le commencement sera arrivé à 15^{h}14′30″; de l'astrolabe on concluoit 15^{h}11′.

Immersion, la Lune ayant 15^d de hauteur, ou à 16^{h}16′$\frac{1}{2}$. Boulliau croit cette observation assez exacte, et pense qu'elle n'est point à négliger. *Bull. ms.* et *Astr. Phil. p.* 97. — *Gass. locis citatis.*

— A Alep, Pierre Golius, frère du célèbre Jacques Golius, carme déchaussé, dit en religion Célestin de Ste Lidwine, aidé du P. Michel-Ange, capucin.

15^{h}28′.....	commencement.
16 27.....	émersion. Voyez *Gass. t. IV, p.* 279; et *t. VI, p.* 88, la marche que suit Gassendi pour conclure ces deux phases des observations fort imparfaites des P. P. Célestin et Michel-Ange.

Boulliau remarque qu'aucune éclipse n'avoit eu autant d'observateurs que celle-ci : on pourroit peut-être ajouter qu'aucune n'avoit été plus mal observée, du moins si l'on compare les observations à celles de Paris. Les observations de

Konisberg, de Leyde, d'Herck et d'Aix, s'accordent assez bien, et celle d'Amsterdam ne s'en éloigne pas beaucoup : toutes sembleroient exiger qu'on ajoutât 8 ou 10′ au moins aux temps des observations parisiennes.

— Le P. Fournier emploie tout le chapitre 26 du 12ᵉ livre de son Hydrographie à prouver, et par cette éclipse, et par plusieurs autres, que les observations des éclipses de Lune ne sont d'aucun usage pour la détermination des longitudes terrestres. Gassendi n'étoit pas de cet avis; mais il vouloit 1° que les observations fussent choisies, 2° qu'elles fussent multipliées, c'est-à-dire, qu'on eut observé plusieurs fois les mêmes phases avant et après le milieu de l'éclipse. Les combinaisons de chaque paire de phases correspondantes donneroient chacune un milieu; et en comparant avec intelligence tous les résultats, on pourroit se flatter d'avoir, à très peu près, le milieu de l'éclipse. L'heure du milieu de l'éclipse étant ainsi déterminée en différens lieux, la différence des heures donneroit assez précisément, selon Gassendi, celle des méridiens.

— Fournier dit, chap. 16, que les longitudes terrestres sont bien plus certainement déterminées que les occultations d'étoiles par la Lune, que par les éclipses de Lune. Nous souscrivons volontiers à ce jugement; mais il faut que les heures de l'occultation soient déterminées avec la plus grande précision, ce qui n'étoit pas alors fort ordinaire.

Autres observations de la Lune.

Le 26 Janvier, Langren observa à Bruxelles la Lune dans les Pléiades.

L'ascension droite du méridien étant de 132ᵈ 55′ 40″, immersion de Taygeta.

La même ascension étant de 138ᵈ 11′ 50″, immersion d'Astérope. Ricc. *Astr. ref.* p. 157.

Riccioli conclut qu'à 12ʰ 52′ 0″, t. m. méridien de Bologne, le vrai lieu de la Lune étoit en 1ˢ 24ᵈ 38′ 26″. *Ibid. p.* 167.

— Le 30 mai, à Digne, Gassendi s'aperçut que la Lune devoit être très-voisine du π du Scorpion. Il recourt à sa plus forte lunette et voit l'étoile au-dessus de la Lune, presque dans le même vertical que le centre; et sa distance au bord supérieur égaloit la largeur de la Caspienne (*mare Crisium*), ou $\frac{1}{12}$ du diamètre lunaire.

Le cœur du Scorpion ayant 14ᵈ 18′ de hauteur, et le bord supérieur de la Lune 17ᵈ 13′, l'étoile s'étoit éloignée vers l'occident, et sa distance tant au vertical de la Lune qu'à son bord le plus voisin, étoit égale à la longueur de la Caspienne, c'est-à-dire qu'elle excédoit un peu $\frac{1}{8}$ du diamètre de la Lune. L'étoile étoit vis-à-vis l'angle boréal de la joue du petit homme, *respectabat angulum boreum genæ homuncionis*. (Je n'ai pu trouver nulle part ce que c'est que cet *Homuncio*, dont Gassendi parle souvent; je m'imagine que c'est le *Lacus somniorum* de Riccioli.

Le bord supérieur de la Lune étant haut de 18ᵈ 4′, et le cœur du Scorpion de 16ᵈ 26′, l'étoile étoit vis-à-vis le milieu du visage de l'*Homuncio*, et sa distance au bord voisin étoit à-peu-près la même que celle de ce bord au milieu dudit visage, c'est-à-dire, un quart du diamètre lunaire ou un peu moins.

Enfin le bord supérieur étant élevé de 19ᵈ 17′, et le cœur du Scorpion de 17ᵈ 13′, la verticale de l'étoile π mordoit extrêmement peu sur le limbe occidental de la Lune; l'étoile étoit vis-à-vis un point élevé qui est derrière l'angle austral de l'*Homuncio*, à une distance du bord égale à celle du bord à ce point élevé, ou, suivant l'estime de Gassendi, à $\frac{2}{7}$ du diamètre. *Gass. tom. IV, p.* 271.

— Le 17 juin, vers 9^h, à Toxteth, Jupiter étoit dans la ligne des cornes ; il étoit plus austral que la Lune, et sa distance à la corne boréale étoit de 11^{d}8′. *Horrox. p.* 365.

— Le 26 août, à Digne, immersion de γ du Capricorne, sous la partie obscure du disque de la Lune presque pleine, vis-à-vis la partie supérieure d'une tache grandiuscule, et à-peu-près ronde, plus basse d'environ $\frac{1}{12}$ de la circonférence lunaire que le milieu du bord oriental de la Lune. α du Bélier étoit élevé à l'est de 18^{d}31′, ce qui donne 9^{h}47′ ; le bord supérieur de la Lune étant haut de 26^{d}17′, la hauteur de γ du Capricorne devoit être à-très-peu près, de 25^{d}57′, d'où l'on conclut 9^{h}50$\frac{1}{2}$; enfin 43^{d}14′ hauteur d'α d'Andromède indiquoit 9^{h}50′. Gassendi s'en tient à 9^{h}49′.

Gassendi observa ensuite, entre les nuages, la marche de la Lune vers δ du Capricorne. L'étoile passa au-dessous de la Lune, à la distance d'environ les $\frac{3}{4}$ du diamètre lunaire. A 14^{h}37′$\frac{1}{2}$, elle n'avoit pas encore atteint la partie du limbe que Gassendi jugeoit la plus australe ; à 14^{h}47′$\frac{1}{2}$, elle l'avoit dépassée, mais de bien peu. Gassendi croit que la conjonction apparente a eu lieu à 14^{h}45′, *tom. IV, p.* 275.

— Le 8 septembre, à Inspruck, les Jésuites virent entre 16 et 17^h, l'immersion de Jupiter sous le disque de la Lune. Au moment de l'émersion, Aldébaran étoit haut de 31^d, et Jupiter de 15^{d}5′. *Ricc. Astron. ref. p.* 309.

— Le 15 décembre, à Toxteth, γ de la grande Ourse étant au méridien sous le pôle, la distance de λ du Verseau au bord voisin et inférieur de la Lune égaloit, à l'œil nu, à-peu-près les $\frac{2}{3}$ du diamètre lunaire. *Horr. p.* 248, 341.

— Le 17 octobre, Schikard observa à Tubingen la conjonction de la Lune avec la claire de l'épaule du Sagittaire (apparemment σ) ; la distance de l'étoile à la corne boréale étoit de 1^{d}18′. *Paral. Hist. cœl. Tychon. p. ultima.* Ce fut la dernière observation de Schikard.

PLANÈTES.

Les 19, 22 et 23 juin, Gassendi prit à Digne des distances de Saturne à diverses étoiles fixes. J'ai combiné les distances prises les 19 et 22, prenant le lieu des étoiles dans les catalogues de Bradley et de Lacaille, et celui du Soleil dans les Tables de Mayer, et corrigeant les distances d'après des distances d'étoiles fixes prises par Gassendi les mêmes jours. Les résultats de ce calcul, un peu long, ne sont pas accordés autant que je l'aurois désiré. Je crois cependant pouvoir en conclure que Saturne a été opposé au Soleil le 20 juin, vers 21 heures, méridien de Digne, en 8^{s}29^{d}30′, avec une latitude boréale de 1^{d}4′ ou 5′. Voyez les observations de Gassendi, *t. IV, p.* 271. L'heure de ces observations n'est pas marquée ; mais peu auparavant, γ du Lion étoit, le 19, haut de 26^{d}4′, ce qui donne 9^{h}4′41″ ; et le 22, β du Lion avoit 25^d de hauteur, d'où l'on conclut 10^{h}11′10″. Nous avons supposé les distances prises le 19, vers 9^h$\frac{1}{2}$, et le 22, vers 10^h$\frac{1}{4}$.

— Le 23 août, Schikard à Tubingen observa Saturne à 5^{d}49′ de la première étoile du Sagittaire (λ), et à 2^{d}31′ de la seconde (μ). *Paral. Hist. cœl.* (Saturne précédoit sans doute les deux étoiles).

— Le 5 octobre à 8^h, Gassendi à Digne trouva Saturne à $23^d 4'$ de α du Scorpion, à $10^d 55'\frac{3}{4}$ de σ du Sagittaire, et à $25^d 14'48''$ de ζ d'Ophiuchus. *Gass. tom. IV, p.* 287. Des deux premières distances, Boulliau conclut que Saturne étoit en $8^s 27^d 3'$, avec une latitude de $7'42''$B. Mais, dit-il, cette latitude est manifestement trop foible. Il suppose donc la latitude de 48′, et conclut de la distance à Antarès, que Saturne étoit en $8^s 27^d 11'23''$; et de la distance à ζ d'Opiuchus, que cette planète étoit en $8^s 27^d 10'42''$. Boulliau s'en tient à cette dernière détermination. *Astron. Phil. p.* 398.

Nous supposons, d'après le catalogue de Bradley, α du Scorpion en $8^s 4^d 40'34''$, latitude $4^d 32'17''$A. ζ d'Ophiucus n'est ni dans le catalogue de Bradley, ni dans celui de Mayer; il étoit, d'après celui de Lacaille en $8^s 4^d 8'24''$, latitude $11^d 25'18''$B. Les distances à ces deux étoiles détermineroient le lieu de Saturne en $8^s 27^d 9'40''$, latitude $0^d 41'54''$B. Si l'on corrigeoit les distances de l'effet de la réfraction, on trouveroit une longitude un peu plus occidentale, et une latitude un peu moindre.

— Le 16 janvier et jours suivans, Gassendi observa à Aix plusieurs distances de Jupiter acronique à plusieurs étoiles. Voyez *Gass. tom. IV, p. et seq.*

— Le 27 février, vers 6 heures, Crabtrée observa à Broughtown, près Manchester, dans le Lancashire, Jupiter dans le même vertical que α des Gémeaux. Horroxe en conclut qu'en supposant la latitude de Jupiter de $0^d 41'$B., telle que la donnent les Tables Rudolphines, Jupiter étoit en $3^s 25^d 2'$. *Horr. p.* 418. Mais cette méthode azimutale n'est pas la plus certaine de toutes. D'ailleurs il faudroit être assuré de l'heure précise de l'observation.

— Le 7 mars, à 6 heures $\frac{1}{2}$, Jupiter, observé par Crabtrée, étoit de 20′ à 30′ plus oriental qu'une ligne tirée par α et β des Gémeaux, et il étoit bien précisément dans celle qui joint α du Taureau et η du Lion. Le point d'intersection de ces deux lignes tomboit sur $3^s 23^d 9'$, et sur $0^d 56'$ de latitude boréale. Jupiter étoit plus oriental. *Horr. ibid.*

— Le 9 mars, de semblables alignemens observés par Crabtrée, Horroxe conclut qu'à 7^h Jupiter étoit en $3^s 24^d 8'$; latitude $0^d 49'$B. *Ibid.*

— Le 11 décembre, à 9 heures, Crabtrée observa Jupiter à $10^d 22'15''$ d'α du Lion, et à $13^d 6'40''$ de γ. En supposant, d'après les Tables Rudolphines, la latitude de Jupiter de $1^d 15'40''$B., Jupiter étoit, suivant la première distance, en $5^s 7^d 36'$; et, suivant la seconde, en $5^s 7^d 34'$. *Ibid.*

— Le 27 décembre, à 12 heures, Jupiter étoit à $13^d 6'36''$ d'α, et à $10^d 25'40''$ de γ du Lion; sa latitude étoit, suivant les Rudolphines, de $1^d 8'40''$B. Donc il étoit, suivant la première distance, en $5^s 5^d 10'58''$, et, suivant la seconde, en $5^s 5^d 10'40''$. *Ibid.*

Cette méthode, de supposer la latitude des Tables, n'est bonne, comme nous croyons l'avoir déjà dit, que lorsque la planète et l'étoile voisines de l'écliptique, ne diffèrent en latitude que d'une quantité très-petite en comparaison de leur distance; parce qu'alors, quelques minutes d'erreur sur la latitude de la planète influent très-peu sur la différence de longitude entre la planète et l'étoile. Ayant ainsi déterminé la longitude de la planète par une distance, on pourroit partir de cette longitude connue pour déterminer la latitude par une distance à une autre étoile, dont la latitude différeroit davantage de celle de la planète.

— On trouve encore dans Riccioli, *Astron. ref. p.* 309, plusieurs distances de Jupiter aux étoiles fixes, observées à Inspruck par les Jésuites.

— Gassendi observa Mercure en plusieurs mois de cette année : voici quelques résultats que Boulliau a tirés de ces observations. *Gass. tom. IV, p.* 246 *et seq.* — *Bull. Astron. Phil. p.* 356, 412, 413, 425, *etc.*

Mois et jours.	Heures.	Longitude de ☿.	Latitude de ☿.
Janvier 16......	18 $\frac{1}{2}$	9ˢ 4ᵈ 18′ 48″	2ᵈ 1′ 19″ B.
22......	18 $\frac{1}{2}$	9 8 21 50	1 39 0
24......	18 $\frac{1}{2}$	9 10 4 55	1 14 8
25......	18 $\frac{1}{2}$	9 11 6 36	0 59 48
Septembre 16......	17	5 6 8	
17......	17	5 7 4	
18......	17	5 8 7	
Décembre 1......	5 $\frac{1}{2}$	9 0 34 49	1 31 A.
Et réfraction défalquée		9 0 26	1 39

Les quatre premières observations sont faites à Aix, les autres à Digne.

— Le 16 janvier, Boulliau défalquant pareillement l'effet de la réfraction trouve que Mercure, à 18ʰ, étoit en 9ˢ4ᵈ24′. *Astron. Phil. p.* 363. — Streete, *Astron. Carol. p.* 118, place alors Mercure en 8ˢ6ᵈ21′ de la première étoile du Bélier (donc en 9ˢ4ᵈ24′12″, à compter du point équinoxial). — Wing, *Astron. Brit. p.* 310, donne à cette planète 9ˢ4ᵈ25′ de longitude. Elle étoit enfin en 9ˢ4ᵈ24′34″, suivant M. de la Lande. *Astr. t. II, p.* 165.

— Des observations faites en janvier, Boulliau conclut la plus grande élongation de Mercure de 25ᵈ9′20″, le 24 à 18ʰ$\frac{1}{2}$. *Astron. Phil. p.* 357. Mercure étoit alors, suivant Streete, à 8ˢ11ᵈ59′ de γ du Bélier (ou en 9ˢ10ᵈ2′14″). *Astron. Carol. p.* 118.

— Mercure fut encore dans sa plus grande digression occidentale le 17 septembre, à 17ʰ. *Astron. Phil. p.* 412, 413.

— Le lieu de Mercure, le 1ᵉʳ décembre, étoit de 8ˢ2ᵈ19′ distant de γ du Bélier. *Astron. Carol. p.* 118. Mercure n'auroit donc été qu'en 9ˢ0ᵈ22′55″.

FAITS.

Norvood, en Angleterre, entreprend de mesurer un degré du méridien, et entre Londres et York, il le trouva de 367196 pieds anglais (ce qui, en supposant le pied anglais au pied français, comme 1000 à 1068, revient à 57303 de nos toises). *Phil. Trans.*, 1676, n° 126, *p.* 636. — *Newton, Princ. l.* 3, *prop.* 19.

— Guillaume Schikard mourut de la peste le 2 novembre de cette année, après avoir eu le chagrin de perdre successivement 9 enfans, qui faisoient son espérance et sa consolation. Il avoit du zèle et de l'intelligence. Il travaillait à perfectionner la théorie du mouvement des planètes et surtout de la Lune et de Mercure. Le peu qui nous reste de lui, nous fait présumer qu'il n'y auroit pas travaillé sans succès, si une mort prématurée ne l'eût point arrêté au milieu de sa carrière. Ses observations peuvent passer tout-au-plus pour médiocrement bonnes, faute d'instrumens, sans doute, suffisans pour en faire de meilleures. Nous ne parlons pas des ouvrages qu'il a publiés sur la littérature orientale. Il étoit professeur de langue hébraïque et de mathématique à Tubingen.

— Cette année fut aussi la dernière d'Adrien Métius; nous avons parlé plus haut de cet astronome, professeur de mathématique à Franeker-en-Frise. Il mourut le 16 septembre.

1636.

Observations solaires.

Par le conseil de Wendelin, Peiresc fait élever à Marseille un gnomon de 51 pieds 8 pouces 4 lignes 0 point de hauteur verticale, divisé en 89 328 parties. Gassendi se transporte à Marseille pour comparer la longueur de l'ombre solstitiale avec celle que Pytheas avoit observée 2000 ans environ auparavant. On avoit tracé une méridienne par le moyen de la boussole. Le gnomon étoit placé au collège des PP. de l'Oratoire. Le 19 juin, l'ombre fut de 31 766 parties, ou de 18 pieds 4 pouces 7 lignes 2 points : Gassendi conclut la latitude de Marseille, de $43^d 20' 34''$. Mais il suppose la déclinaison du Soleil (en $2^s 28^d 28'$) de $23^d 30' 57''$, ce qui est trop, et le demi-diamètre du Soleil de $15' 10''$, ce qui n'est pas assez. La longueur de l'ombre avait donné $70^d 25' 33''$ pour hauteur du bord supérieur du Soleil. En supposant la déclinaison du Soleil de $23^d 28' 28''$, et son demi-diamètre de $15' 47''$, on auroit trouvé $43^d 18' 42''$ pour latitude de Marseille.

Le 20 juin, la longueur de l'ombre fut de 31 753 parties, la hauteur méridienne du Soleil de $70^d 25' 53''$; donc, supposant sa déclinaison de $23^d 31' 24''$, la latitude de Marseille sera de $43^d 20' 41''$. Mais si l'on n'admet que $23^d 28' 55''$ pour déclinaison du Soleil, et $15' 47''$ pour son demi-diamètre, la latitude de Marseille sera restreinte à $43^d 18' 49''$.

Le 21 juin, longueur de l'ombre, 31 751 parties; hauteur du bord supérieur, $70^d 25' 57''$; demi-diamètre observé à Aix, $15' 4''$, à Marseille, $15' 2''$: on le suppose de $15' 4''$, et la déclinaison de $23^d 31' 28''$, d'où l'on conclut la latitude de $43^d 20' 35''$. Mais la déclinaison n'étoit, suivant nous, que de $23^d 28' 58''$, et nous trouvons pour latitude $43^d 18' 48''$.

Enfin, le 22, l'ombre était de 31 759 parties; donc hauteur du bord supérieur, $70^d 25' 43''$. (L'imprimé porte $70^d 2' 54''$; c'est manifestement une faute d'impression; la longueur de l'ombre donne $70^d 25' 43''$, et Gassendi l'a supposé de même). Déclinaison, $23^d 31' 6''$; demi-diamètre, $15' 4''$; donc, latitude de Marseille, $43^d 20' 29''$. Mais, selon nous, déclinaison, $23^d 28' 36''$; demi-diamètre, $15' 47''$; latitude, $43^d 18' 40''$.

Gassendi veut qu'on retranche $6''$ de la latitude qu'il a déterminée le 19 et le 20 juin, parce qu'en ces deux jours on a supposé le demi-diamètre du Soleil de $6''$ plus grand, suivant lui, qu'il n'étoit réellement. Voyez *Gass., t. IV, p.* 321 *et seq.*

Les observations de Gassendi s'accordent à donner à Marseille $43^d 18' 45''$ de latitude (15 à $16''$ de plus, si l'on veut avoir égard à la réfraction et à la parallaxe). Des observations postérieures et la Table des triangles de la France mettent Marseille par $43^d 17' 45''$; mais c'est probablement la latitude du port, et le collège de l'Oratoire étoit beaucoup plus boréal.

Halley conclut de l'observation de Gassendi, que le solstice est arrivé à Marseille le 20, à $17^h 20'$. *Phil. Trans.* 1695, *n°* 215, *p.* 12. Il a eu lieu $1^h 51'$ plus tôt, suivant les tables de Mayer. La différence est assez légère, relativement à une méthode aussi délicate.

On peut donc regarder ces observations de Gassendi comme passablement exactes. Mais à quoi devoient-elles conduire dans l'intention de Wendelin? Pythéas avoit trouvé que la hauteur de son gnomon étoit à l'ombre solstitiale, comme 120 à $41 \frac{4}{5}$. Or, des observations de Gassendi, il suivoit que la hauteur du gnomon étoit à l'ombre, comme $89,328$ à $31,750$ ou à-peu-près, comme 120 à $42 \frac{3}{5}$, ou plus précisément comme 120 à $42,652$. Il s'ensuivoit, ou que le pôle, en 1636, étoit plus élevé que du temps de Pythéas, ou que l'obliquité de l'écliptique avoit varié. Le déplacement des pôles n'étoit pas admissible : on conclut donc que, du temps de Pythéas, l'obliquité de l'écliptique étoit de $23^d 53' 14''$. Mais, 1° on suppose en 1636, l'obliquité de l'écliptique de $23^d 31' 30''$; c'est trop : nous ne l'avons supposée que de $23^d 29' 0''$. 2° Notre calcul nous donne même encore une latitude de Marseille, d'une minute plus forte que celle qui a été déterminée depuis. Ce seroit donc $2' 30''$ à retrancher de l'obliquité qu'on conclut de l'observation de Pythéas. 3° Quelle étoit la hauteur réelle du gnomon de cet astronome? Comment l'avoit-il mesurée? Comment avoit-il tracé sa méridienne? Comment s'étoit-il assuré du parfait niveau du terrain sur lequel il opéroit? Gassendi lui-même, après avoir détaillé ses observations et les conséquences qu'on pouvoit en tirer, finit par dire que ces sortes d'opérations peuvent occasionner des erreurs dépendantes des gnomons mêmes, s'ils sont trop courts, s'ils ne sont pas parfaitement verticaux, etc. Ce n'est pas cependant qu'il faille proscrire tout usage des gnomons. Construits sur le modèle de celui de Saint-Sulpice, ils n'induiront point en erreur. Mais c'est que, outre les soins que M. le Monnier a pris pour donner à ce gnomon toute la perfection possible, une lentille placée au haut du gnomon procure une image du Soleil bien mieux terminée qu'elle ne pouvoit être donnée par les gnomons de Pythéas et de Gassendi.

— Lansberg et Hortensius avoient toujours jugé le diamètre du Soleil plus grand qu'il n'est réellement, sans doute parce qu'ils ne se précautionnoient pas assez contre l'irradiation des rayons de cet astre. Je conçois moins comment cette année, Horroxe à Toxteth, Crabtrée à Broughtown, Agarrat à Aix, Gassendi à Marseille, s'accordent à donner à ce diamètre trop peu d'étendue. Suivant eux, il seroit à peine de $30' 15''$ à la fin de juin, de $31' 15''$ à la fin de décembre. *Horr. p.* 83, 141, 143. — *Gass. tom. IV, ad ann.* 1636 *passim.*

ÉCLIPSE DE LUNE LE 20 FÉVRIER.

Albert Linnemann à Konigsberg.

Commencement, bien précisément observé, la hauteur d'Arcturus étant de $26^d 0'$, ou à $10^h 45'$.

La même étoile étant haute de $30^d 20'$, ou à $11^h 15'$, la phase a paru excéder 2 doigts et demi, mais ne point atteindre à 3 doigts, et Linnemann conjecture que cette phase étoit la plus grande.

A l'instant de la fin, toutes les étoiles étoient cachées sous les nuages ; Jupiter seul paroissoit et avoit environ $48^d 20'$ de hauteur. *Linn. Ep. ad Gass. tom. VI, p.* 474. — *Ricc. Almag. part. I, p.* 743. Le même Riccioli, *Astron. ref. p.* 103, marque le milieu à $11^h 45'$.

— Hortensius, à Amsterdam, ne put voir le commencement à cause des nuages. La plus grande phase, suivant lui, n'excéda pas 3 doigts et demi.

Fin à $11^h 32'$, Arcturus étant haut de $33^d 7'$. *Bull. ms.* — *Gass. tom. IV, p.* 302.

— Langren, à Bruxelles, ne put, au contraire, observer que le commencement, à $9^h 38'$. *Ricc. Astron. ref. p.* 103.

— A Paris et à Rome, le ciel fut constamment couvert.

— Gassendi, à Digne, eut un ciel plus favorable.

$9^h 26'\ 0''$	légère pénombre.
9 44 30	commencement.
10 27 30 ⎫	
10 43 30 ⎭	3 doigts, plus grande phase.
11 34 45	ou mieux, à $11^h 36' 30''$, fin.
11 51 0	à peine quelque pénombre.

Voyez un bien plus ample détail dans *Gass. tom. IV, p.* 300, 301. Les points du commencement et de la fin de l'éclipse étoient distans d'environ un cinquième de la circonférence de la Lune.

— A Aix, Peiresc, Agarrat et Gérard observèrent de concert. Agarrat crut que l'éclipse commençoit, Arcturus étant à la hauteur de $14^d 55'$, ou à $9^h 46'$; mais il aima mieux s'en rapporter au témoignage des deux autres, et ne marqua le commencement que lorsque la même étoile fut élevée de $15^d 30'$, ou à $9^h 49' \frac{1}{2}$. Il eut tort : son observation, comparée à celle de Gassendi, étoit meilleure, ou plutôt moins mauvaise que celle des deux autres.

La fin fut mieux observée, l'épi de la Vierge étant haut de $21^d 0'$ à l'orient, ou à $11^h 33' \frac{1}{2}$.

L'éclipse, en son milieu, ne parut que de 2 doigts et demi. Voyez plus de détail dans *Gass. tom. IV, p.* 302.

— Pierre Petit, à Trahone, dans la Valteline.

$10^h\ 8'$	Aldébaran haut de $31^d 0'$, commencement.
11 1	3 ou 4 doigts.
11 54	Sirius haut de $36^d 15'$, fin.

Latitude du lieu $46^d 10'$, conclue de la hauteur méridienne solstitiale du Soleil. *Ibid.*

— De l'observation de Gassendi, Boulliau conclut qu'à $11^h 14'$, t. m. méridien d'Uranibourg, la Lune étoit en $5^s 2^d 0' 24''$. *Astron. Phil. p.* 149 ; et Streete *Astron.*

Carol. p. 100, conclut qu'à 10ʰ16′, t. m. méridien de Londres, son lieu, dans son orbite, étoit 5ˢ1ᵈ53′59″, et réduit à l'écliptique, 5ˢ1ᵈ56′7″.

Autres observations de la Lune.

On trouve dans les recueils de Gassendi et d'Horroxe, beaucoup d'observations de distances de la Lune aux étoiles.

— Le 15 novembre à Bruxelles, le 345ᵈ8′ de l'équateur étant au méridien (donc à 7ʰ22′13″, t. m. méridien de Bruxelles), Langren observa l'émersion du genou droit des Gémeaux (ε, je pense) de derrière le disque de la Lune. Le point de l'émersion étoit en ligne droite avec *Mons Guthiscovii* (*Adriadœus*), et *Mons Moreti* (*Proclus*), aussi distant de *Mons Moreti*, que ce *Mons* l'est d'*Eugenia* (*Vitrivius*). *Ricc. Astron. ref. p.* 157.

— Gassendi continue d'observer la libration de la Lune. On trouve aussi dans le manuscrit de Boulliau beaucoup d'observations relatives à cet objet, faites depuis le 22 septembre 1636 jusqu'au 22 octobre 1665.

PLANETES.

On trouve un très-grand nombre de distances des planètes aux fixes, observées, 1° à Aix et à Digne par Gassendi, voyez *Gass. tom. IV;* 2° à Inspruck par le P. Arzet et ses confrères, voyez *Ricc. Astron. ref. l.* 5, 6, 7, 8, 9; 3° enfin par Horroxe à Toxteth, et par Crabtrée à Broughtown, voyez *Horrox.*

— Riccioli, *Almag. part. I, p.* 486, dit, mais d'après François Fontana, que ce Fontana découvrit cette année une tache sur Mars. Fontana ne fit part au public de cette prétendue découverte qu'en 1646. Voyez ci-après, 1639.

— Le 26 juin, Gassendi, à Aix, observa Mercure à 31ᵈ41′ de γ du Lion, et à 31ᵈ23′40″ d'α du Lion. Boulliau, *Astron. Phil. p.* 367, conclut que le lieu apparent de Mercure étoit en 3ˢ23ᵈ25′17″, avec une latitude de 1ᵈ49′25″ B. Mais comme la hauteur de Mercure n'étoit que de 3ᵈ30′, la réfraction l'élevoit à très peu près de 15′, dont il faut répartir 12′30″ sur la latitude et 7′30″ sur la longitude. Donc lieu vrai 3ˢ23ᵈ17′47″; latitude 1ᵈ36′55″ B. (A la hauteur de 3ᵈ30′, la réfraction n'étoit que de 13′6″; d'ailleurs les étoiles n'étoient pas exemptes de réfraction. On pourroit établir le lieu vrai de Mercure en 3ˢ23ᵈ19′, latitude 1ᵈ39′ B). Streete conclut de l'observation de Gassendi, qu'à 8ʰ10′, t. m. méridien de Londres, Mercure étoit à 2ˢ25ᵈ12′½ de γ du Bélier (donc en 3ˢ23ᵈ19′). *Astron. Carol. p.* 118.

— Le 27 juin, à Aix, distance de Mercure à α du Lion, 29ᵈ45′; à γ, 29ᵈ58′. Donc suivant Boulliau, *ibid.*, lieu apparent de Mercure, 3ˢ25ᵈ4′14″, latitude 2ᵈ15′25″ B. Lieu vrai, 3ˢ24ᵈ56′44″, latitude 2ᵈ0′ B. (A la première distance, Mercure étoit haut de 5ᵈ, et Régulus d'environ 19ᵈ; à la seconde, la hauteur de Mercure n'étoit plus que de 3ᵈ½. *Gass. tom. IV, p.* 328).

— Le 14 juillet au soir, à Aix, de Mercure à γ du Lion, 10ᵈ13′; à α, 5ᵈ22′; donc Mercure en 4ˢ19ᵈ38′16″, latitude 47′54″ A. Boulliau, *ibid.* Mais la hauteur de Mercure n'étoit que de 1ᵈ30′, donc réfraction 18′30″, dont 7 en longitude et 16 en latitude; donc lieu vrai, 4ˢ19ᵈ31′16″, latitude 1ᵈ4′ A. *Ibid.* (La réfraction devoit être de 21′15″; mais on peut regarder 18′30″, comme l'effet moyen de la réfraction de Mercure aux deux étoiles.)

— Le 15, distance à γ, 9ᵈ58′; à β du Lion, 28ᵈ48′. Donc lieu apparent de Mercure, 4ˢ20ᵈ39′15″; latitude 21′4″ A. Hauteur de Mercure, 3ᵈ; réfraction en hauteur, 13′ (pour 14′36″), en longitude 6′, en latitude 12′; donc vrai lieu de Mercure, 4ˢ20ᵈ33′15″, latitude 0ᵈ33′ A. Boulliau, *ibid.*

— Le 16, distance de Mercure à γ du Lion, 9ᵈ50′; à β, 27ᵈ56′; donc Mercure en 4ˢ21ᵈ52′39″. Mais la hauteur de Mercure n'étoit que de 2ᵈ45′; donc la réfraction étoit à peu près la même que la veille, ou de 13′ (ou plutôt de 15′27″). Donc lieu vrai de Mercure 4ˢ21ᵈ46′; latitude 0ᵈ41′ A. Mais Boulliau juge, avec raison, ce lieu de Mercure trop oriental (ce qui nous paroit venir de quelque erreur qui lui sera échappée dans le calcul). Il combine en conséquence des distances de Mercure à Jupiter et à Vénus, prises par Gassendi, les 14, 15 et 16 juillet, et supposant, d'après les Rudolphines, que Vénus étoit le 16 en 5ˢ10ᵈ1′, il conclut que Mercure étoit en 4ˢ21ᵈ26′, et, déduction faite de la réfraction de Mercure à Vénus, en 4ˢ21ᵈ25′. Donc plus grande digression orientale de Mercure, 27ᵈ4′13″, le 16 juillet, à 9ʰ t. m. méridien d'Uranibourg, le Soleil étant en 3ˢ24ᵈ28′47″, et Mercure en 4ˢ21ᵈ33′. *Ibid. p.* 367, 368, 374.

— Riccioli, *Almag. part. I, p.* 593, donne, d'après Boulliau, les mêmes résultats sur la plus grande élongation de Mercure; mais *p.* 595, d'après ses corrections du lieu du Soleil et des fixes, il établit la plus grande élongation de 27ᵈ3′, Mercure étant en 4ˢ21ᵈ35′ et le Soleil en 3ˢ24ᵈ32′.

— Wing à 8ʰ8′, méridien de Londres, place Mercure en 4ˢ21ᵈ25′, et le Soleil en 3ˢ24ᵈ29′7″. *Astron. Brit. p.* 310. L'élongation seroit de 26ᵈ56′.

— Streete fait pareillement la plus grande élongation de 26ᵈ56′, à 8ʰ10′ t. m. méridien de Londres, le Soleil étant alors en 2ˢ26ᵈ25′5″ et Mercure à 3ˢ23ᵈ21′5″ de γ du Bélier. *Astron. Carol. p.* 45 et 118. Mercure étoit donc, suivant Streete, en 4ˢ21ᵈ27′30″.

— Enfin j'ai calculé les observations de Gassendi, du 16 juillet. J'ai supposé β du Lion en 5ˢ16ᵈ33′42″, latitude 12ᵈ17′20″B. et γ en 4ˢ24ᵈ30′33″, latitude 8ᵈ48′15″, et j'ai conclu le lieu apparent de Mercure en 4ˢ21ᵈ35′40″, avec une latitude de 35′7″A.; et corrigeant l'effet de la réfraction proportionnellement aux données de Boulliau, le lieu vrai étoit à très-peu-près en 4ˢ21ᵈ28′, latitude 0ᵈ48′A., à 8ʰ10′ t. m. méridien de Londres; et si, conformément aux Tables de Mayer, le Soleil étoit en 3ˢ24ᵈ31′9″, l'élongation étoit de 26ᵈ57′.

— Le 3 septembre à 17ʰ, à Digne, Gassendi vit au télescope Mercure très-voisin de Régulus. « L'étoile étoit plus basse, et à la droite de Mercure. Mercure n'étoit » pas perpendiculairement au-dessus de Régulus; il n'étoit pas non plus précisé- » ment à sa gauche; son lieu étoit comme mitoyen entre ces deux positions, de » manière cependant que la différence en hauteur étoit plus grande que la diffé- » rence en azimut. » La distance des deux astres a été trouvée une fois de 23′20″, une seconde et une troisième fois de 22′48″. *Gass. tom. IV, p.* 353. Ces paroles, que Boulliau cite fidèlement, *Astron. Phil., p.* 372, paroissent signifier que Mercure étoit plus oriental que Régulus. Boulliau, *p.* 373, le croit au contraire plus occidental; et, combinant la position des étoiles avec celle de l'écliptique, supposant d'ailleurs Régulus en $4^s 24^d 47' 19^s$, il conclut que Mercure étoit en $4^s 24^d 37'$ ou $38'$.

— Streete place pareillement Régulus à la suite de Mercure. Régulus étoit, suivant lui, en $4^s 24^d 44' 31''$ avec $27' 20''$ de latitude boréale, et Mercure en $4^s 24^d 33' 0''$, avec une latitude de 20 ou 21' plus boréale que celle de Régulus. *Astron. Carol. p.* 77, 78.

Régulus étoit alors, suivant Bradley et Lacaille, en $4^s 24^d 46' 9''$, latitude $27' 30'' B$. Mercure en étoit distant de 23'; Boulliau suppose qu'il précédoit l'étoile de 10'. Suivant Streete, la différence de longitude étoit de $11' 30''$. Prenons un milieu, et établissons-la d'environ 11', et la différence en latitude sera alors de $20' 12''$. Mercure étoit donc à peu près en $4^s 24^d 35' 9''$, avec $47' 42''$ de latitude boréale.

Nous supposons, comme Streete et Boulliau, que Mercure étoit plus occidental que Régulus, 1° parce que le texte de Gassendi, quelque clair qu'il paroisse, tel qu'il est rapporté par Boulliau, n'est pas sans quelque ambiguïté, tel qu'on le trouve dans le recueil de Gassendi; 2° parce que Mercure parut avant Régulus au-dessus d'une montagne qui cachoit l'horizon du côté de l'orient, quoique, absolument parlant, la montagne pouvoit être tellement configurée, que Mercure, quoique plus oriental, auroit pu paroître le premier; 3° et principalement parce que toutes les Tables s'accordent à faire précéder Régulus par Mercure. Dans cette supposition, Boulliau ne trouve qu'une minute de différence entre le lieu de Mercure observé, et ce même lieu calculé sur ses Tables philolaïques. Les Tables carolines de Streete rendent exactement le lieu observé. J'ai calculé le lieu de Mercure sur les Tables de Berlin, employant cependant l'époque, l'équation du centre, et le logarithme de la distance, tels qu'on les trouve dans la *Connoissance des temps* de 1789, calculés par M. de Lambre, sur les Éléments de M. de la Lande. Le résultat a été que Mercure n'étoit qu'à $3^d 20'$ de son périhélie, que sa longitude géocentrique étoit $4^s 24^d 34' 53''$, différant seulement de $16''$ de celle que nous avions conclue de l'observation. La différence sur la latitude, que le calcul nous a donnée de $0^d 52' 13'' B$., est un peu plus forte; mais il est évident que l'observation est de nature à ne donner qu'un à-peu-près; et c'est cette considération qui nous a fait négliger dans le calcul l'effet de l'aberration.

1637.

ÉCLIPSE DE LUNE, LE 30 DÉCEMBRE.

Le P. Chastelain, au pays des Hurons, en Canada, estima le milieu de cette éclipse à $18^h 15'$. *Fournier, Hydrogr. l.* 12, *chap.* 14. — *Ricc. Astron. ref. p.* 103, *etc.*

La Lune dans les Pléiades, le 29 mars.

Langren, à Bruxelles, marque l'immersion de Maia, le $140^d 29' 40''$ étant au méridien (à $8^h 47' 10''$).

Le $152^d 9' 18''$ au méridien ($9^h 33' 40''$) immersion d'Astérope.

Le 161^{d}56′18″ au méridien (10^{h}12′40″), immersion d'Électra.

C'est ainsi que l'observation de Langren est rapportée par Riccioli, *Astron. ref.* p. 157, d'après une lettre de Langren à lui adressée. Riccioli ajoute que les intervalles de temps ont été déterminés par les oscillations d'un pendule; mais il ne détermine aucun temps : ceux que nous avons marqués ont été calculés par nous-même. De plus, il est impossible qu'Électra, que Riccioli lui-même nomme *occidentalissimam Pleiadum*, ait été éclipsée après Maïa et Astérope. Cette observation, bonne peut-être en elle-même, a été mal rédigée. On pourroit, au lieu de Maïa, lire Électra; Mérope, au lieu d'Astérope; et Alcyone au lieu d'Electra.

— Horroxe observa ce passage à Toxteth.

A 7^{h}55′ de l'horloge, t. app. à 8^h, α du Bélier haut de 10^{d}30′, immersion d'Électra; l'étoile étoit 2 ou 3′ plus australe que le centre de la Lune.

Mars étant haut de 2^{d}15′, l'australe des Pléiades (Mérope) avoit la même longitude que le bord oriental et obscur de la Lune.

Le centre de la Lune haut de 19^{d}30′, et α du Bélier de 5^{d}30′, la Lune commence à éclipser la plus australe (ou Mérope). L'horloge marquoit 8^{h}24′.

Alcyone, haute de 18^{d}48′, et la plus boréale des Pléiades (probablement Taygeta) formoient une ligne droite avec le bord boréal de la Lune. L'étoile voisine de la plus boréale (Maïa, je pense) touchoit presque le bord boréal; elle en étoit distante de 1′ ou 2′. Il étoit à l'horloge 8^{h}36′.

A 8^{h}48′, suivant l'horloge, ou à 8^{h}58′$\frac{1}{2}$ t. app. Aldébaran haut de 18^{d}50′, la Lune commence à couvrir Alcyone; l'étoile est de 2′ ou 3′ plus australe que le centre; la voisine (Maïa) de la plus boréale, touche la corne boréale. Electra étoit sortie de dessous le disque depuis 5 ou 6′; sa distance ou limbe étoit d'environ 2 ou 3′; le centre de la Lune paroissoit être directement entre Alcyone et Electre.

A 9^{h}3′ de l'horloge, Aldébaran haut de 16^{h}10′, le centre de la Lune étoit au milieu entre Electre et l'orientale des Pléiades (Atlas sans doute).

A 9^{h}12′ de l'horloge, Rigel haut de 2^{d}0′, l'orientale des Pléiades étoit de 1′ ou 2′ plus boréale que la corne australe.

Au coucher de Rigel, cette même étoile (Atlas) avoit même longitude que le bord oriental de la Lune. L'horloge marquoit 9^{h}15′.

A 9^{h}20′ de l'horloge, 9^{h}42′ t. app. Aldébaran ayant 12^{d}40′ de hauteur, immersion d'Atlas.

A 9^{h}42′ de l'horloge, Aldébaran haut de 9^{d}10′, Alcyone étoit un peu plus boréale que le centre de la Lune, et sa distance au bord le plus voisin égaloit la largeur de la partie éclairée de la Lune, ou étoit, à peu près, de 5′. *Horrox. p.* 150, 352, 353, 373, 374.

— Crabtrée, à Manchester, observa l'immersion d'Electre à 8^{h}1′30″, celle d'Alcyone à 9^{h}2′. A 9^{h}56′45″, Alcyone étoit sortie; sa distance au limbe étoit de 1′ et un peu plus. A 9^{h}58′45″, cette distance étoit doublée; donc l'émersion a dû arriver à 9^{h}54′45″. L'étoile, à son immersion, paroissoit de 3′ plus australe, et à son émersion, elle fut jugée au contraire de 3′ plus boréale que le centre de la Lune. Electre, à son immersion, étoit pareillement de 3′ plus australe que ce même centre. *Ibid. p.* 151.

— A Paris, Boulliau observa l'immersion d'Electre, lorsque ζ d'Orion et γ des

Gémeaux étoient bien précisément dans un même azimut; donc à 8ʰ19′0″. Le point de l'immersion étoit dans la route même de la Lune, à égale distance des deux cornes, de manière que la latitude du centre de la Lune étoit la même que celle de l'étoile. Le point de l'immersion étoit de 7′ moins élevé que le bord supérieur de la Lune. Maia étoit placée verticalement au-dessus du centre, distante d'environ 8′ du bord supérieur.

Electre étoit alors, suivant Tycho, en 1ˢ24ᵈ22′28″ (1ˢ24ᵈ20′46″ suivant Bradley), avec 4ᵈ11′ (4ᵈ9′50″) de latitude boréale. La distance de la Lune au zénith étoit de 68ᵈ12′; la parallaxe en hauteur 58′44″, en longitude 50′54″, en latitude 29′22″; le demi-diamètre 17′. Donc lieu apparent de la Lune 1ˢ24ᵈ5′28″ (1ˢ24ᵈ3′46″); lieu vrai 1ˢ24ᵈ56′22″ (1ˢ24ᵈ54′40″, latitude vraie 4ᵈ39′12″B.). *Bull. Astr. Phil.* p. 166.

Au moment de l'immersion de Mérope, la distance de Maia au bord de la Lune étoit encore de 3′; Alcyone étoit au milieu de la route de la Lune, à 8′ du bord oriental; α et δ d'Orion étoient presque dans un même vertical. Mais, comme le remarque Boulliau lui-même, cette position ne peut donner exactement l'heure de l'observation. *Bull. ms.*

— La plus complète des observations de ce passage est celle de Gassendi, à Aix.

Immersion de l'angle occidental du quadrilatère (Electre), Aldébaran ayant 20ᵈ55′ de hauteur, ou à 8ʰ44′ (8ʰ44′24″). Le point de l'immersion étoit distant de la corne australe de $\frac{2}{5}$ du limbe de la Lune non éclairé. Si cette distance n'est pas absolument précise, il faut plutôt l'augmenter que la diminuer.

Immersion de l'angle boréal (Maia, je pense), Aldébaran ayant 14ᵈ50′ de hauteur, ou à 9ᵈ19′ (9ʰ18′7″). Le bord supérieur de la Lune, immédiatement après, étoit haut de 10ᵈ50′, et la claire des Pléiades de 11ᵈ0′. Le point de l'immersion étoit distant de la corne boréale d'à-peu-près $\frac{1}{3}$, ou certainement de beaucoup plus qu'un quart du limbe obscur.

La petite étoile qui précède l'angle boréal (apparemment Taygeta) ne fut point éclipsée; elle parut couler le long du bord boréal. Sa moindre distance au bord boréal parut égaler la largeur de la Caspienne (*Mare crisium*) ou à-peu-près $\frac{1}{12}$ du diamètre de la Lune. On jugea qu'elle étoit dans cette moindre distance au moment de l'immersion de l'angle austral.

Aldébaran haut de 13ᵈ10′, ou à 9ʰ26′ (9ʰ27′27″), et β du Taureau haut de 29ᵈ30′ (donc à 9ʰ28′25″), immersion de l'angle austral (Mérope). Distance à la corne australe, environ $\frac{1}{7}$ du limbe obscur. Aussitôt après, hauteur de la Lune, 9ᵈ25′.

L'attention de Gassendi à l'immersion prochaine d'Alcyone lui fit manquer l'instant précis de l'émersion d'Electre; il ne vit cette étoile que lorsqu'elle étoit éloignée du bord d'à peine une cinquantième partie du diamètre de la Lune (ou de 40″ au plus), β du Taureau étoit alors haut de 27ᵈ20′; il étoit donc 9ʰ40′ (9ʰ40′41″), et Aldébaran avoit 10ᵈ55′ de hauteur, ce qui donne 9ʰ39′$\frac{1}{2}$ (9ʰ40′8″). L'étoile étoit sortie du milieu du disque éclairé, ou un peu plus au nord que ce milieu; mais cette plus grande proximité du nord étoit insensible.

Immersion de l'angle oriental, ou d'Alcyone, β du Taureau étant haut de 26ᵈ35′, ou à 9ʰ45′ (9ʰ44′56″); et aussitôt Aldébaran fut haut de 10ᵈ10′ (ce qui donne 9ʰ44′21″); et ensuite la Lune fut trouvée haute de 6ᵈ50′. Le point de l'immersion fut à-peu-près le même que celui de l'immersion d'Électre, $\frac{2}{5}$, ou plutôt peut-être $\frac{3}{7}$ du limbe éclairé, mesuroient sa distance à la corne australe. Electre étoit alors distante d'environ 3′ du bord oriental.

β du Taureau haut de $25^d o'$, ou à $9^h 54'$ ($9^h 53' 5o''$), et aussitôt Aldébaran haut de $8^d 35'$ (ou à $9^h 53' 23''$), l'angle boréal (ou Maia) étoit sorti, sa distance au bord éclairé étant d'environ une minute. La hauteur de la Lune fut aussitôt après trouvée de $5^d 15'$. Maia, au moment de l'observation, étoit à égale distance de la corne boréale et de la Caspienne (*Mare crisium*); mais le point de l'émersion avoit dù être plus voisin de la corne. *Gass. tom. IV, p.* 381.

On a pu remarquer que les heures données par Gassendi, et celles que nous avons calculées, ne diffèrent nulle part d'une minute entière, excepté à l'immersion de Mérope. Il y a tant de fautes d'impression dans le recueil des œuvres de Gassendi, qu'il pourroit s'en être ici glissé une, et qu'il faudròit lire $9^h 28'$, au lieu de $9^h 26'$.

On trouve dans Gassendi et dans Horroxe un grand nombre de distances de la Lune et des planètes aux étoiles fixes.

PLANÈTES.

Boulliau observa à Paris l'opposition de Jupiter, en le comparant plusieurs jours de suite à η de la Vierge, dont il étoit alors très-voisin. Il suppose, d'après Tycho, l'étoile en $5^s 29^d 47' 4o''$, latitude $1^d 25'$B. (Elle étoit, suivant Bradley et Lacaille, en $5^s 29^d 46' 2''$, latitude $1^d 22' 39''$B.).

Le 20 mars, à 9^h, distance de Jupiter à l'étoile, $28'$; Jupiter devoit bientôt devenir plus boréal que l'étoile.

Le 21, à 8^h, la distance étoit de $21'$, égale à celle de Mérope à Alcyone.

Le 23, à 10^h, elle étoit de $10'$ à $12'$; Jupiter suivoit l'étoile.

Le 24, à $11^{h\frac{1}{2}}$, Jupiter a la même longitude que l'étoile; il est plus boréal qu'elle de $14'$ au plus. Il est donc en $5^s 29^d 47' 4o''$ ($5^s 29^d 46' 2''$); latitude $1^d 39'$B. ($1^d 37'$B.)

Sur ces observations, Boulliau construit, en rétrogradant, l'éphéméride suivante, pour le midi vrai de chaque jour. Nous y joignons deux colonnes, l'une du vrai lieu de Jupiter, déterminé sur le vrai lieu de l'étoile, tel que nous l'avons posé ci-dessus, d'après Bradley et Lacaille; l'autre du vrai lieu du Soleil, calculé sur les Tables de Berlin ou de Mayer.

Jours en Mars.	Lieu de Jupiter.	Lieu du Soleil selon Tycho.	Lieu de Jupiter corrigé.	Lieu du Soleil selon Mayer.
	s d $'$ $''$	s d $'$ $''$	s d $'$ $''$	s d $'$ $''$
24......	5 29 51 25	0 4 15 0	5 29 49 47	0 4 6 31
23......	5 29 59 10	0 3 15 45	5 29 57 32	0 3 7 15
22......	6 0 6 55	0 2 16 29	6 0 5 17	0 2 7 57
21......	6 0 14 40	0 1 17 10	6 0 13 2	0 1 8 37
20......	6 0 22 25	0 0 17 49	6 0 20 47	0 0 9 14
19......	6 0 30 10	11 29 18 26	6 0 28 32	11 29 9 49

L'opposition de Jupiter seroit arrivée le 20, à $1^h 36'$ (et, d'après mes corrections, le même jour, à $4^h 8'$, en $6^s o^d 19' 27''$). *Bull. ms.*

— Le 15 juillet, autre appulse de Jupiter à la même étoile, observée également à Paris par Boulliau. A 9^h, la distance de Jupiter à l'étoile étoit de 19′; son azimut étoit de 18′ plus occidental que celui de l'étoile, et sa hauteur moindre de 8′ à 9′.

Le 16, à 9^h, distance 12′; Jupiter de 8′ ou 9′ plus bas que l'étoile, et de 7′ plus occidental en azimut. Boulliau conclut que sa longitude étoit de 10′ moindre que celle de l'étoile, et par conséquent que l'étoile étant en $5^s29^d47'56''$ ($5^s29^d46'18''$), latitude comme ci-dessus, Jupiter étoit en $5^s29^d38'$ ($5^s29^d36'$) latitude $1^d18'$ ($1^d16'$)B. Longitude héliocentrique $6^s9^d13'25''$. *Bull. ms.* et *Astron. Phil. p.* 269, 272.

— Le 22 décembre, à 6^h, Vénus fut observée à Paris, par Boulliau; elle étoit distante de 11′ à 12′ d'une étoile de 5e grandeur, de 3′ plus haute que l'étoile, et de 10′ plus occidentale en azimut. Si cette étoile est celle dont le lieu étoit alors en $10^s12^d38'$, latitude $1^d16'$A., Vénus auroit été pour lors en $10^s12^d28'$; latitude $1^d11'$A. (Cette étoile est ι du Capricorne, qui étoit, suivant Bradley, en $10^s12^d37'25''$, latitude $1^d20'53''$). Une difficulté cependant arrête Boulliau, c'est que les Éphémérides d'Eichstadius et d'Argoli donnent à Vénus une longitude d'environ un degré plus occidentale, et une latitude de près d'un degré plus australe que Boulliau ne les conclut de son observation. *Bull. ms.* L'étoile ne seroit-elle pas la 30e du Catalogue Britannique, que Boulliau, avec son télescope, a pu juger de 5e grandeur, quoiqu'elle ne soit que de la 6e? Cette étoile étoit alors, suivant Mayer, en $10^s11^d17'55''$, latitude $2^d7'45''$A. Alors Vénus auroit été en $10^s11^d8'$, latitude $2^d3'$A.

FAITS.

Gassendi continuoit d'observer la libration de la Lune. Galilée, dans une lettre à Alphonse Antonini di Udina, datée de sa prison d'Arcetri, le 20 février 1637, traite de la titubation de la Lune, qu'il a, dit-il, nouvellement découverte. Car Galilée avoit le foible de vouloir s'approprier toutes les nouvelles découvertes qui se faisoient de son temps dans le ciel. Suivant lui, du centre de la Terre, on verroit toujours la même face de la Lune : de dessus la terre, on découvre des parties différentes, selon que la Lune est à l'orient ou à l'occident, en-deçà ou au-delà de l'écliptique. Il se seroit facilement convaincu de l'insuffisance de cette explication, s'il eût pu continuer ses observations, comme il se proposoit de le faire. Mais il y avoit six mois qu'une fluxion sur les yeux lui avoit interdit l'usage du télescope, et depuis deux mois, cette fluxion avoit dégénéré en cécité absolue. Arcetri est une bourgade de Toscane, près Florence.

L'astronomie perdit cette année, non pas tout à fait un grand astronome, mais un amateur auquel l'astronomie, la physique, etc. avoient les plus grandes obligations. Animé du zèle le plus ardent et le plus actif, Nicolas-Claude Fabri de Peiresc, conseiller au parlement d'Aix, n'épargna ni soin, ni fatigues, ni dépenses en tout ce qui pouvoit contribuer au progrès de ces sciences. Sa bibliothèque, son cabinet de physique, son observatoire, un cabinet même d'antiquités étoient ouverts à tous les savans, à ceux même qui tendoient à le devenir. Il étoit connu, aimé, estimé de tous les savans de l'Europe. Il avoit commencé à dresser des Tables du mouvement des Satellites de Jupiter; mais apprenant que Galilée s'oc-

16

cupoit du même objet, il discontinua, peut-être un peu trop modestement, son travail. Il étoit né en 1580. Gassendi a écrit sa vie. Sa mémoire a été célébrée en toutes les langues connues, et le recueil de tous ces éloges a été imprimé sous le titre de *Panglossia*.

Galilée en effet s'étoit sérieusement occupé à la construction de Tables des Satellites de Jupiter. Il avoit suivi leurs mouvemens durant 17 ans. Il étoit persuadé qu'une connoissance parfaite de leurs positions respectives seroit d'un grand secours pour la détermination des longitudes géographiques. La république de Hollande avoit non-seulement promis de couronner ses succès d'une ample récompense; elle avoit même envoyé Hortensius et Blaeu à Florence, pour l'aider dans ses observations et ses calculs. Mais, comme nous l'avons dit, Galilée perdit la vue vers cette année, et fut obligé de renoncer à son projet.

1638.

ÉCLIPSE DE SOLEIL LE 15 JANVIER.

« Le 15 janvier, nous étions à peine sortis de Kom (ville de Perse, dans l'Irac-Agémi), que nous observâmes le Soleil éclipsé après son lever. Il n'avoit pas encore 3^d de hauteur, quand la Lune nous en ôta presque toute la vue et le couvrit, suivant ce que j'en pus juger, des trois quarts, en sa plus grande obscurité. » *Voyage d'Adam Oléarius, t. II, p.* 5 ([1]).

PREMIÈRE ÉCLIPSE DE LUNE LE 25 JUIN.

Dans un lieu de la nouvelle Angleterre, nommé *Aquedniek* ou *Aquednuick*, par $40^d 50'$ de latitude; il s'écoula $1^h 5'$ entre l'émersion et le lever du Soleil. L'émersion auroit donc eu lieu à $15^h 23'$. *Horrox, p.* 53. Suivant les Tables de Lansberg, il devoit être alors, à Goës, $8^h 53'$; la différence des méridiens seroit donc de $5^h 30'$. Mais quel fond peut-on faire, et sur une telle observation, et sur un calcul fondé sur les Tables de Lansberg?

SECONDE ÉCLIPSE DE LUNE LE 20 DÉCEMBRE.

Jean Phocyllides Holwarda, à Franekère.

$12^h 33' 30''$	Régulus, haut de $34^d 31'$, commencement.
13 5	η de la grande Ourse haute de $34^d 58'$, 6 doigts.
13 37	La même, haute de $38^d 43'$, immersion.
15 12	β du Lion, haute de $44^d 9'$, émersion.
15 44	Procyon, haut de $34^d 55'$, 6 doigts.

Puis, nuages. *Phocyl. Manuduct., p.* 3 et 6 ([2]).

([1]) De la traduction de Vicquefort, édition de 1659, in-4°.

([2]) Le titre est Πανσέλενος ἐκλειπτικὴ διαυγαζοῦσα, dissertatio astronomica, quâ occasione ultimi lunaris deliquii fit manuductio ad cognoscendum statum Astronomiæ, etc. Franekeræ, 1640; in-12.

— Hortensius, à Amsterdam.

13ʰ32′30″...   Aldébaran haut de 37ᵈ6′, immersion.
15 9 30 ...   le même haut de 22ᵈ48′, émersion. *Ricc. Almag. part. I,*
                      p. 380. — *Gass. tom. IV, p.* 424. Gassendi pense que
                      pour l'heure de l'émersion il faudroit lire 15ʰ7′30″.

— A Leyde, Golius.

13ʰ31′ . . . . .   Aldébaran, haut de 37ᵈ22′, immersion.
15 4 40″...   émersion.
15 34 40 ...   six doigts. *Ricc. ibid.* — *Fourn. Hydrogr. l.* 12, *c.* 11.

— Langren, à Bruxelles.

12ʰ29′ 8″...   le 96ᵈ33′ de l'équateur au méridien, commencement.
13 26 49 ...   le 111ᵈ1′ au méridien, immersion.
15 5   ...   le 135ᵈ38′ au méridien, émersion.

Fin, sous les nuages. *Ricc. ibid.*

Strecte conclut qu'à 14ʰ1′, t. m. méridien de Londres, le lieu de la Lune, en
son orbite, étoit 2ˢ29ᵈ22′36″, et, réduit à l'écliptique, 2ˢ29ᵈ23′0″. *Astron. Carol.*
p. 100.

— Wendelin, à Herck.

12ʰ34′ . . . . .   commencement.
13 32 . . . . ,   immersion.
15 10 . . . . .   émersion.
16 8 . . . . .   fin. *Ricc. ibid. et Astron. ref. p.* 103.

— A Newhouse, près Coventry, dans Yorkshire, Samuel Foster, en présence et
avec le secours de Jean Palmer et de Jean Twysden.

12ʰ45′ . . . . .   Rigel haut de 24ᵈ58′½, la demi-circonférence est éclipsée,
                      donc l'éclipse est de 7 doigts 15′.
12 50 . . . . .   Rigel haut de 24ᵈ37′, 8 doigts.
15 45 . . . . .   Arcturus haut de 31ᵈ56′½ à l'est, un doigt ou un peu
                      moins. *Foster, Miscellanea* (¹), *p.* 1, 2.

— Wing ajoute :

13ʰ 7′ . . . . .   immersion.
13 58 . . . . .   milieu.
14 42 . . . . .   émersion. *Astron. Brit. p.* 325.

— Palmer, *Catholique Planispher* (²), *p.* 209, met l'émersion à 14ʰ41′, et borne
la demeure dans l'ombre à 1ʰ34′. Durant la plus grande partie de ce temps, la

---

(¹) Imprimé en latin et en anglais, à Londres, 1659, in-fol.
(²) Imprimé à Londres, 1658, in-4°.

Lune fut absolument invisible, quoique le ciel fût très-serein. De la position de la Lune entre μ et η des Gémeaux, Palmer conclut qu'à l'instant de l'émersion, le lieu apparent de la Lune étoit en $2^s 29^d 36'$, latitude apparente $0^d 44'$A. La latitude de Newhouse est de $52^d 8'$, sa longitude de $1^d 29'$ ouest de Londres. *Palmer, ibid.*

— A Midleton, près Leeds dans Yorkshire, latitude $53^d 41'$, Guillaume Gascoigne, armé d'un télescope et d'un micromètre de son invention.

$13^h 29'$	Hauteur de la Lune, $56^d 6'$. Donc l'horloge avançoit de $11'$, qu'il faut retrancher des heures suivantes pour avoir les heures vraies. Le vent, dit-on, n'a pas permis de mieux faire pour corriger l'horloge.
$13^h 13' 30''$ . . .	immersion.
$14\ 50\ 30$ . . .	émersion. Peu après, la lune paroissoit décliner, d'un quart de son diamètre, au sud d'une ligne tirée par η et μ des Gémeaux.
$15^h 51'$	Fin. *Hist. cœl. Brit. tom. I.*

Avec un bon micromètre, Gascoigne auroit pu tirer un meilleur parti de l'appulse de η des Gémeaux.

— A Toxteth, Horroxe traversé par les nuages.

$12^h 30' 30''$ . . .	Aldébaran haut de 42^d.
$15\ \ 2\ 30$ . . .	hauteur de la Lune, $42^d 30'$.
$12\ \ \ 0\ \ $ . . .	entre les nuages on juge la Lune éclipsée, mais très peu.
$12\ 49\ 30$ . . .	l'éclipse n'est pas encore totale.
$12\ 57\ 30$ . . .	immersion.
$14\ 25\ 30$ . . .	émersion.
$14\ 27\ \ \ $ . . .	la Lune a recouvré bien peu de lumière. *Horr.* p. 383.

— Crabtrée, à Broughtown près Manchester.

$11^h 58'$ . . .	pénombre sensible, puis nuages.
$13\ \ 3\ 30''$ . . .	on juge l'éclipse totale.
$13\ \ 6\ \ 0$ . . .	elle est certainement totale.
$14\ 40\ 30$ . . .	la Lune a recouvré de la lumière, mais bien peu.
$15\ 39\ \ 0$ . . .	on juge que l'éclipse finit.

Voyez un plus ample détail dans *Hist. cœl. Brit. tom. I.* Les observations simultanées de Gascoigne et de Crabtrée auroient dû différer de $3'$, et cela n'est pas. Crabtrée conclut que ou Gascoigne, ou lui-même s'est trompé dans la correction de l'horloge. Il paroit persuadé que l'erreur n'est pas de son côté, quoique, par modestie, il n'ose l'assurer.

— Boulliau à Paris, ne vit ni le commencement ni la fin; les nuages y mirent obstacle.

12ʰ53′.... hauteur du bord inférieur, 61ᵈ32′, 6 doigts.

13 4.... même hauteur, 60ᵈ36′, 8 doigts.

13 23 .... Procyon au méridien, immersion.

13 40.... hauteur d'α de l'Hydre, 30ᵈ37′, le centre de la Lune
et η des Gémeaux dans le même azimut, l'étoile
de 8′ plus basse que le bord inférieur.

14 59 26″. la Lune, paraissant entre les nuages, a recouvré une
très-petite partie de la lumière; son bord supérieur étoit haut de 45ᵈ58′. On peut fixer l'émersion à 14ʰ58′. La Lune totalement éclipsée étoit
rougeâtre.

Les heures sont corrigées d'après les hauteurs. *Bull .ms.* Le milieu de l'éclipse a donc eu lieu à Paris, à 14ʰ10′30″. Donc, dit Boulliau, à 14ʰ48′, t. m. mérid. d'Uranibourg, la Lune étoit en 2ˢ29ᵈ23′54″. *Astron. Phil. p.* 149, 186. Et de l'appulse de η des Gémeaux, il conclut qu'à 13ʰ40′ t. app. mérid. de Paris, le vrai lieu de la Lune étoit vers 2ˢ28ᵈ57′, latitude 0°8′A. *Ibid. p.* 193.

— Gassendi, à Digne.

12ʰ36′30″. Aldébaran haut de 49ᵈ18′, et } commencement.
12 37   . la Chèvre haute de 7ᵈ29′ à l'ouest }

13 38   . Aldébaran haut de 39ᵈ21′, et } immersion.
13 39   . Rigel haut de 26ʰ6′ à l'ouest }

15 13 30 }
ou 14 0 . } α d'Orion haut de 30ᵈ32′, émersion.

16 14   . α d'Orion haut de 20ʰ3′, fin.

16 37   . α d'Orion haut de 15ᵈ54′, immersion de η des Gémeaux, vers le milieu du limbe oriental. Les
heures sont conclues des hauteurs.

L'éclipse a commencé vis-à-vis la partie supérieure d'une petite tache ovale (apparemment *Grimaldus*). Elle a fini vers le milieu de la tache Caspienne, ou un peu plus bas.

Voyez un bien plus ample détail dans *Gass. tom. IV, p.* 419, 420; et *tom. VI, p.* 183.

— Agarrat, à Aix.

12ʰ39′   . β du Lion haut de 23ᵈ0′, commencement.

13 36   . α du Bélier haut de 17ᵈ10′, immersion.

15 11   . Arcturus haut de 26ᵈ40′, émersion.

16 9 30″. α d'Orion haut de 21ᵈ0′, fin. Voyez plus de détails
dans *Gass. tom. IV, p.* 422, 423.

— Margraff, dans la nouvelle ville de Maurice, île d'Antoine Waas au Brésil, par $8^d 8'$ de latitude australe, observa le commencement, Procyon ayant $33^d 3o'$ de hauteur à l'orient.

> Immersion, l'étoile étant haute de $5o^d 1o'$.
> Émersion, le cœur du Lion haut de $33^d 3o'$.
> Fin, la même étoile haute de $48^d o'$. *Margr. ms* (¹).

Ces hauteurs d'étoiles sont prises avec un quart-de-cercle d'un pied seulement de rayon. L'observatoire de Margraff n'étoit encore ni construit ni monté comme il le fut au mois de septembre de l'année suivante.

PASSAGE DE LA LUNE DANS LES PLÉIADES, LE 24 JANVIER.

Je ne trouve sur ce passage que l'observation de Gassendi, faite certainement à Aix, quoique le P. Fournier, Riccioli, Streete, Wing, Boulliau, l'aient supposée faite à Digne.

A $7^h 23'$, β des Gémeaux haut de $45^d o'$, la Lune passe près d'Électre; la distance de la corne boréale à l'étoile est d'environ $\frac{1}{10}$ du diamètre de la Lune.

A $7^h 31'$, la même étoile haute de $46^d 3o'$, immersion de Mérope; distance de l'étoile à la corne boréale, $\frac{4}{9}$ environ du diamètre.

La claire de la gueule du Lion, *Lucida in ore Leonis*, étant haute de $32^d 15'$, ou à $8^h 1'$, immersion d'Alcyone; distance du point de l'immersion à la corne boréale, $\frac{1}{5}$ environ du diamètre de la Lune. De cette observation, Boulliau *Astron. Phil.*, *p.* 164, conclut qu'à $8^h 1'$, t. app. mérid. de Digne (ou plutôt d'Aix), à $8^h 24'$, t. app. ou $8^h 35'$, t. m. mérid. d'Uranibourg, le centre de la Lune précédoit l'étoile de $5'$; que son lieu apparent était $1^s 24^d 51' 18''$, sa latitude apparente $3^d 44' 48''$ B., la parallaxe de hauteur $25' 41''$, de longitude $13' 8''$, de latitude $21' 7''$: donc, lieu vrai, $1^s 25^d 4' 26''$, latitude vraie, $4^d 5' 55''$ B.

Streete, partant de la même observation, détermine, *Astron. Carol. p.* 103, 104, qu'à $8^h 1'$, t. app. mérid. de Digne (d'Aix), ou à $7^h 1o'$ t. m. mérid. de Londres, la Lune étoit en $1^s 25^d 1'$ de son orbite, avec $4^d 6' 5o''$ de latitude.

A $8^h 21'$, la même étoile, *Lucida in ore Leonis*, haute de $37^d 3o'$, Mérope étoit sortie; elle étoit vis-à-vis la partie supérieure de la Caspienne (*Mare Crisium*); sa distance au limbe éclairé étoit $\frac{1}{12}$ du diamètre lunaire, et elle étoit distante de la corne boréale d'environ $\frac{3}{7}$ de la demi-circonférence éclairée. Elle devoit, dit Gassendi, être plus haute au moment de son émersion.

[Les heures de ces deux dernières observations, de l'immersion d'Alcyone et de l'émersion de Mérope, au premier coup-d'œil, m'ont paru un peu incohérentes. 1° Durant 20' de temps écoulées, on augmente la hauteur de l'étoile de $5^d 1o'$, ce qui n'est point du tout possible. 2° L'éclipse de Mérope ne dure pas $5o'$, et celle d'Alcyone dure au moins $1^h 15'$, quoiqu'il paroisse, par le détail dans lequel entre Gassendi, que Mérope a passé plus près du centre qu'Alcyone, ou du moins n'en a pas passé plus loin.

(¹) Une copie du manuscrit de Margraff est au dépôt des Plans, Cartes et Journaux de la marine : il en existe une partie dans le manuscrit autographe de Boulliau. (Aujourd'hui ces manuscrits sont l'un et l'autre à l'Observatoire de Paris. — G. B.)

Avant de résoudre ces difficultés, il est essentiel de déterminer quelle est l'étoile qui étoit haute de $32^d 15'$ au moment de l'immersion d'Alcyone, et de $37^d 30'$ peu après l'émersion de Mérope. Trois étoiles sont représentées près la gueule du Lion, ε, χ, λ; ε, la plus brillante des trois, est placée sur la tête, près du fond de la gueule; χ est sur le nez, et λ dans l'ouverture même de la gueule, *in rictu, in hiatu oris.*

J'ai cru d'abord qu'il s'agissoit ici de ε, à cause de l'épithète *Lucida*, que Gassendi donne à l'étoile : alors l'immersion d'Alcyone seroit arrivée à $8^h 20' 43''$, et à $8^h 49' 40''$, Mérope auroit été dehors.

Gassendi, *tom. I, p.* 697, rapporte cette même observation d'une manière absolument conforme à ce qu'il en dit au *tome IV*, excepté qu'il omet les hauteurs des étoiles, et qu'il date l'immersion d'Alcyone de $7^h 52'$. Quant à l'émersion de Mérope, les deux volumes portent uniformément $8^h 21'$; et ces deux heures, $7^h 52'$ et $8^h 21'$ sont exactes, si l'étoile étoit χ. Mais alors Alcyone sera restée éclipsée environ $1^h 24'$, ce qui ne me paroit pas possible.

Enfin, si, comme je le crois, on a pris les hauteurs de l'étoile λ, l'immersion d'Alcyone aura eu lieu à $8^h 9' 29''$, et l'émersion de Mérope, $4'$ à $5'$ avant $8^h 38' 25''$].

— Reprenons la suite de l'observation.

Durant le temps que Gassendi étoit occupé à examiner Mérope, la Lune couvrit Atlas; Gassendi jugea l'étoile entrée vis à vis la partie inférieure de la Caspienne. La distance de Mérope au limbe égaloit alors au moins le quart, mais non pas le tiers du diamètre lunaire.

A $9^h 19'$, γ du Lion haut de $33^d 30'$, Alcyone étoit sortie à environ $\frac{1}{3}$ du limbe éclairé, ou à 60^d de la corne boréale; elle étoit distante du limbe d'environ $\frac{1}{24}$ du diamètre lunaire.

A $9^h 38'$, γ du Lion haut de $35^d 30'$, la distance d'Alcyone au limbe égaloit le champ du télescope ou $\frac{1}{3}$ du diamètre de la Lune.

A $10^h 20'$, la même étoile haute de $44^d 30'$, Atlas étoit sorti; sa distance au disque étoit de $\frac{1}{10}$ ou $\frac{1}{15}$ du diamètre. (Cette observation supposeroit qu'Atlas seroit restée bien long-temps sous la Lune).

PLANÈTES.

Le 16 février à $14^h 40'$, Mars haut de 8^d vers l'orient, avoit dépassé de $3'$, ou au plus de $4'$, β du Scorpion. Sa distance à l'étoile estimée au télescope, n'étoit que de 5 ou 6 de ses diamètres : à la vue, les deux astres se touchoient. La latitude de l'étoile et celle de Mars étoient égales. L'observation est d'Horroxe à Toxteth. *Horr. p.* 379, 380. (Cinq ou six diamètres de Mars, alors en quadrature, n'égalent pas, à beaucoup près, $3'$ ou $4'$; c'est même beaucoup, si, eu égard à l'irradiation que la lunette ne détruisoit pas sans doute totalement, nous admettons que la distance étoit à-peu-près de $2'$. L'étoile étoit alors en $7^s 28^d 8' 9''$; latitude $1^d 2' 20'' B$. Donc Mars, avec la même latitude, étoit vers $7^s 28^d 10'$).

Le 26 septembre à 7^h, Mars formoit une ligne droite avec σ et π du Sagittaire; sa distance à σ étoit de $0^d 37'$. *Horrox. p.* 381. Mars étoit entre les deux étoiles.

Le 24 août, Mars étant à environ 108^d d'élongation du Soleil, François Fontana découvrit, à ce qu'il dit, le premier, que son disque n'étoit pas entièrement éclairé, qu'il y manquoit quelque chose dans la partie opposée au Soleil. *Font. observ. p.* 106. — *Ricc. Almag. part. I, p.* 486.

ÉTOILES.

Le 11 décembre et jours suivans, Phocylides vit la variable de la Baleine plus éclatante que γ et δ de la même constellation, et que α des Poissons, mais moins belle que α de la Baleine et que α du Bélier. A son coucher héliaque (en Mars), elle étoit encore de la 4e grandeur. Phocylides ignorait qu'on eût déjà observé cette étoile *Phocyl. Manud. p.* 197. — *Hevel. de Mercurio in Sole, etc. p.* 147, 152.

FAIT.

Plusieurs savants commencèrent cette année à tenir des assemblées régulières, où l'on s'entretenoit de questions de mathématique et de physique.

On s'assembla d'abord chez le P. Marin Mersenne, minime, ensuite chez Henri-Louis de Monmaur, enfin chez Melchisedech Thévenot. Ces assemblées étoient particulièrement fréquentées par Gassendi, Descartes, Fermat, Desargues, Hobles, Roberval, Boulliau, Frénicle, Petit, Pecquet, Auzout, Blondel, le président Pascal, etc. On pourroit regarder ces assemblées comme le berceau de l'Académie des Sciences. *Weid. Hist. Astr. p.* 518.

1639.

ÉCLIPSE DE SOLEIL LE 1er JUIN.

Hévélius observa cette éclipse dans un jardin très-voisin de Dantzick. Une ouverture circulaire introduisoit l'image du Soleil dans une chambre noire, et sur cette image on déterminoit les phases de l'éclipse. Tel étoit alors, dit Hévélius, l'usage de la plupart des astronomes. On peut voir dans *Mach. cœlest.* d'Hévélius, *t. II, l.* 2, *p.* 2, le détail des 48 phases qu'Hévélius observa. Les temps ont été déterminés avec la plus grande précision sur un cadran solaire.

$$5^h 20' 42'' \tfrac{1}{3} \ldots\ldots\ldots\ldots\ldots\ldots\ldots\ldots \quad \text{commencement.}$$
$$5 \ \ 58 \ \ \ 7\tfrac{1}{2} \ldots\ldots\ldots\ldots\ldots\ldots\ldots\ldots \quad \text{six doigts.}$$
$$6 \ \ 44 \ \ 50\tfrac{1}{3} \ldots\ldots\ldots\ldots\ldots\ldots\ldots\ldots \quad \text{six doigts.}$$
$$7 \ \ 14 \ \ 55 \ \ldots\ldots\ldots\ldots\ldots\ldots\ldots\ldots \quad \text{fin.}$$

Donc conjonction apparente à $6^h 21' 31'' \tfrac{2}{5}$.

Grandeur de l'éclipse, 10 doigts 48'. Mais les cornes de l'éclipse étoient obtuses; Hévélius en conclut (après Képler) que cette méthode d'observer les phases par une simple ouverture, sans verre, fait paroître l'éclipse moindre qu'elle n'est réellement. Il croit en conséquence que l'éclipse a été de 11 doigts et demi.

— Eichstadius, à Stetin.

$4^h 58'$ . . . .   commencement.

7 7 . . . .   fin. *Ricc. Almag. t. I, p.* 744.

— Linnemann, à Konigsberg en Prusse, recevoit pareillement dans une chambre noire l'image du Soleil, transmise par une ouverture; mais à cette ouverture étoit adapté un verre convexe. Les heures sont celles d'une horloge exacte, augmentées cependant de $4'30''$, un bon nombre de hauteurs du Soleil ayant fait connoitre que l'horloge retardoit d'autant. Voici ses principales observations : les autres se trouvent dans une lettre de Linnemann à Gassendi. *Gass. t. VI, p.* 473.

$5^h 25' 30''$ . . . .   commencement.

5 56 30 . . . .   six doigts.

6 24 30 . . . .   plus grande phase, 11 doigts et demi.

6 51 30 . . . .   six doigts.

7 20 30 . . . .   fin.

Au milieu de l'éclipse, on a vu très-clairement Vénus (qui étoit alors fort au-delà du Soleil.) Lorsque l'éclipse n'a plus été que de 10 doigts $\frac{1}{2}$, cette planète n'a pas tardé à disparoitre.

— A Ebesperg, par la latitude de $48^d 20'$.

$5^h 36'$ . . .   le Soleil haut de . . . $20^d 16'$ six doigts.

6 3 . . .   »   . . .   15 52   conjonction apparente, 9 doigts 56'.

6 32 . . .   »   . . .   11 13   six doigts.

Le diamètre de la Lune a paru plus petit que celui du Soleil, d'une quarantième partie. *Bull. ms.*

— A Leyde, Kechel.

$4^h 33'$ . . .   le Soleil haut de . . . $30^d 30'$ commencement.

6 27 . . .   »   . . .   13 21   fin.

Grandeur 10 doigts 20'. *Ricc. Alm. part. I, p.* 744.

Boulliau, *Astr. Phil. p.* 466, dit qu'à Leyde, la fin fut observée le Soleil étant haut de $6^d 27' 19''$, ou à $6^h 28'$. C'est peut-être une faute d'impression. A Leyde, le 1 juin, à $6^h 28^m$, le Soleil a bien plus de $6^d 27'$ de hauteur.

— A Londres, Foster et Twisden; horloge corrigée sur des hauteurs du Soleil : l'observation est faite dans la rue du Vieux-Sergent, *of old Bayly*.

4^h 1' 46'' . . .   commencement.

4   7 44 . . .   un doigt.

Plus grande phase : 9 doigts 24'.

6   5 40 . . .   un doigt.

6 10 27 . . .   fin. *Foster, observ. p.* 9 ([1]). Les observations sont plus nombreuses; mais celles-ci sont seules cor-respondantes. Voyez d'ailleurs *Gass. t. IV, p.* 436.

([1]) **Les observations de Foster sont en tête de ses** *Miscellanea*, imprimés en 1659, in-fol. à Londres, en latin et en anglois.

— Wing, à Luffenham.

$4^h 59' 0''$ .... milieu de l'éclipse.
6   5   .... fin. *Astron. Brit. p.* 344.

— A Middleton, Gascoigne.

$3^h 51' 12''$.	le Soleil haut de..	$35^d 35'$	commencement.
4 59 39 .	»	.. 26 30	plus grande phase observée, $\frac{161}{200}$ du dia-mètre du Soleil (donc 9 doigts 40').
6 12 16 .	»	.. 17 20	fin. *Hist. cœl. Brit.* Voyez-y plus de détail.

Ainsi la durée de l'éclipse auroit été beaucoup plus longue à Middleton que partout ailleurs. J'ai calculé toutes les hauteurs du Soleil, prises par Gascoigne, et j'ai trouvé qu'il y avoit erreur, soit d'impression, soit de calcul, aux heures du commencement et de la fin. La hauteur, $35^d 35'$, donne $3^h 58' 12''$ pour l'heure du commencement, et la hauteur, $17^d 20'$, donne $6^h 2' 58''$ pour l'heure de la fin.

— Horroxe, à Toxteth. Les heures sont celles de l'horloge, qui retardoit sur le temps apparent de $20''$ à $30''$ seulement, suivant un très-grand nombre de hauteurs du Soleil, prises avant, durant, et après l'éclipse. Ciel très-pur. Voici ses principales observations.

$3^h 45' 30''$ .... commencement.
4 17 30 .... 110^d du limbe éclipsés.
4 22 30* .... 6 doigts.
4 42 45° .... 150^d du limbe.
4 52 30 .... 9 doigts 30'.
4 56 30 .... 150^d du limbe.
5 23 45° .... 6 doigts.
5 28 30 .... 110^d du limbe.
5 56 45 .... fin.

La plus grande obscurité fut de 9 doigts 30' ou tout au plus 36'. Horroxe jugea les diamètres égaux (ils ne l'étoient pas). *Horr. p.* 327, 328, 388, 389.

— Pierre Petit, au Hàvre-de-Grace.

$4^h 11'$..	le Soleil haut de...	$34^d 13'$	commencement.
6 20..	»	... 13 35	fin. *Gass. t. IV, p.* 436.

— Boulliau à Paris; les heures sont calculées sur les hauteurs.

	Hauteurs observées.	Hauteurs corrigées.	Phases.
$4^h 21' 4''$	$32^d 35'$	$32^d 35' 59''$	commencement.
4 43 12	28 57	28 57 25	4 doigts.
4 55 31	26 56	26 56 7	6 doigts.
5 26 47	21 51	21 49 37	8 doigts $\frac{3}{4}$, plus grande phase.
5 50 3	18 8	18 4 35	6 doigts.
6 3 37	16 2	15 57 17	4 doigts.
6 24 49	12 41	12 34 49	fin. *Bull. ms.*

Nous n'avons marqué que les principales phases. Boulliau croit que la fin a été marquée 1′ trop tard. Il recevoit l'image du Soleil transmise sur un papier blanc, au travers d'un télescope. A la phase de 6 doigts, la partie éclipsée du limbe étoit de 120^d; d'où Boulliau conclut que les deux diamètres étoient égaux.

Pour purger les hauteurs observées des effets de la parallaxe et de la réfraction, Boulliau s'en tenoit aux principes et aux Tables de Tycho; ces réductions en conséquence étoient rarement exactes; mais les erreurs sur les heures conclues n'étoient ordinairement que de quelques secondes. Si l'on veut avoir avec plus de précision les heures des observations de Boulliau, il faut ajouter 15″ à l'heure du commencement, 12″ à celle de la première phase de 6 doigts, 6″ à celle de la phase de 8 doigts $\frac{3}{4}$: il faut, au contraire, retrancher 4″ de l'heure de la seconde phase de 6 doigts, et 13″ à l'heure de la fin.

— Roberval, Midorge et le P. Pétau, à Paris, au couvent des Carmes déchaussés.

4^{h}19′37″....	hauteur du Soleil...	32^{d}50′	commencement.
6 18 3....	» ...	13 43	fin. Latitude supposée, 48^{d}52′.

Fournier, Hydr. l. 12, *chap.* 17. Cette latitude est trop forte, mais d'une minute seulement.

— Beaugrand, le président Pascal et Hardi, conseiller au Châtelet, observèrent en un autre lieu du même couvent; les heures sont celles d'une horloge très-exacte, marquant les secondes, et mise à midi sur le Soleil.

4^{h}25′ ...	commencement.
5 23 30″...	milieu, 9 doigts 27′, plus grande phase.
6 34 ...	fin. Durée totale, 2^{h}9′. *Fourn. ibid.*

Ces deux dernières observations faites chez les Carmes déchaussés, et que nous ne trouvons garanties que sur la seule autorité du P. Fournier, pourroient passer pour n'être pas trop authentiques. Gassendi ne cite, de Paris, que la seule observation de Boulliau.

— A Blois, de Beaune, l'un des bons esprits et des meilleurs mathématiciens de l'Europe, dit le P. Fournier.

4^{h}17′......	commencement.
6 17......	fin. Grandeur, 8 doigts $\frac{1}{2}$, bien précisément. *Fourn. ibid.*

— A la Flèche, les PP. Fournier, Vatier, Dariennes, observant chacun séparément.

4^h 6′ ...	le Soleil haut de 34^{d}30′, commencement.
5 18 40″...	» 23^{d}0′, milieu.
6 20 ...	» 13^{d}0′, fin; ou si de la hauteur observée l'on retranche 6′ pour corriger l'effet de la réfraction, moins la parallaxe, on aura la fin à 6^{h}20′41″$\frac{2}{3}$. *Fourn. ibid.* (Il ne falloit retrancher que 4 minutes).

— Gassendi à Aix. Voici ses principales observations; les heures sont calculées sur les hauteurs du Soleil.

4h 44′	...	Hauteur du Soleil...		28d 3o′	commencement, à droite, à 6od du zénith.
5 1 3o″...		»	...	25 24	3 doigts.
5 21 ...		»	...	22 0	6 doigts, cornes horizontales.
5 47 ...		»	...	17 16	8 doigts 10′ ou 16′ au plus, plus grande phase.
6 9 3o ...		»	...	13 25	6 doigts, cornes verticales.
6 28 3o ...		»	...	10 10	3 doigts.

Puis nuages. La première hauteur, dit Gassendi, donneroit 4h 44′ 3o″; mais le domestique n'a nommé la hauteur que peu après l'observation. Le diamètre du Soleil étoit à celui de la Lune comme 100 à 98. *Gass. t. IV, p.* 432; *t. VI, p.* 183.

Gassendi pense que le milieu a eu lieu à 5h 45′ : quelques grands, *Magnates*, qui sont survenus alors, ont empêché de déterminer bien précisément la grandeur de l'éclipse : on peut la supposer de 8 doigts 13′. *Ibid.*

— Agarrat à Règues (*Regussæ*) au pied des Alpes, un degré environ à l'orient d'Aix, par 43d 43′ de latitude, observée avec un quart-de-cercle de 18 pouces de rayon.

4h 49′ 3o″...	Hauteur du Soleil...		27d 35′	commencement à 6od du zénith.
5 5 ...	»	...	24 5o	3 doigts.
5 24 ...	»	...	21 25	6 doigts.
5 49 ...	»	...	17 0	8 doigts 3o′, plus grande phase.

Puis nuages. Voyez un plus long détail dans *Gass. t. IV, p.* 434. Agarrat étoit seul : après chaque observation il couroit au quart-de-cercle pour prendre la hauteur du Soleil; il s'écouloit quelque temps entre les deux opérations. Gassendi croit en conséquence qu'il faut diminuer d'une demi-minute les heures des observations.

— Suivant Bertus ou Berti, l'éclipse commença à Rome, à 23d de hauteur du Soleil, ou à 5h 15′, peut-être 1 ou 2′ plus tôt; le ciel nébuleux.

Le Soleil n'ayant plus que 12d de hauteur, ou à 6h 16′, la plus grande phase fut de 8 doigts et demi.

Fin sous les nuages. Le diamètre du Soleil étoit de $\frac{1}{31}$ plus grand que celui de la Lune. *Gass. t. IV, p.* 435. — *Fourn. l.* 12, *c.* 17.

— Gassendi, Fournier, Riccioli, rapportent une autre observation faite à Rome par le P. Kircher; les heures ne cadrent point avec les hauteurs, et les unes et les autres sont manifestement fautives; Riccioli lui-même en convient.

— Le P. Agathange, capucin, vouloit observer cette éclipse au Grand-Caire; il n'en vit aucun vestige, malgré son attention soutenue et la sérénité constante du ciel, ce dont il fut fort étonné. *Gass. ibid.* Il n'y avoit là rien de surprenant; l'éclipse au Grand-Caire ne devoit commencer qu'après le coucher du Soleil.

— A la résidence de la Conception, en Canada, le P. Pierre Chastelain observa à 10ʰ15′ du matin l'éclipse, de 4 doigts. *Fourn. Ibid. — Ricc. Astr. ref. p.* 146.

Observations de la Lune.

Le 13 février, Gassendi observa à Digne, qu'Aldébaran étant à la hauteur de 33ᵈ45′, donc à 10ʰ17′, η des Gémeaux, haut de 54ᵈ54′, étoit dans la ligne des cornes de la Lune, à 2′ de distance de la corne australe. Cette distance diminua insensiblement jusqu'à 10ʰ31′½, qu'elle n'étoit plus que de 1′½, ou 1′⅓. A 10ʰ40′½, la distance s'étoit reportée à 2′ à très peu près. *Gass. t. IV, p.* 427.

Le lieu de l'étoile, dit Boulliau, étoit en 2ˢ28ᵈ25′, latitude 0ᵈ58′A. (en 2ˢ28ᵈ23′52″, latit. 0ᵈ55′4″A. suivant Bradley). La parallaxe étoit en longitude de 23′48″, en latitude de 23′40″; donc vrai lieu de la Lune 2ˢ28ᵈ48′48″. *Bull. Astr. Phil. p.* 165. — *Ricc. Astr. ref. p.* 157. Boulliau et Riccioli supposent l'observation faite à Aix, et elle est certainement faite à Digne. Ce déplacement pourroit occasionner quelque erreur dans les parallaxes déterminées par Boulliau. Cependant, comme la hauteur de la Lune reste la même, puisqu'elle est donnée directement par celle de l'étoile, l'erreur, s'il y en a, ne peut être que d'un très-petit nombre de secondes. Admettant donc les parallaxes de Boulliau, et supposant le demi-diamètre de la Lune de 16′, quantité dont il ne devoit pas être alors éloigné, le vrai lieu de la Lune, à 10ʰ17′, t. app. mérid. de Digne, étoit en 2ˢ28ᵈ47′40″, latit. 0ᵈ13′24″A.

Le 7 avril, Boulliau observa à Paris l'immersion de τ du Taureau derrière le limbe obscur de la Lune, à ⅓ de ce limbe, en partant de la corne supérieure. Procyon, haut de 33ᵈ52′, indiquoit 9ʰ8′. La corne supérieure étoit tout au plus d'une minute plus élevée sur l'horizon que l'étoile. Celle-ci étoit alors, suivant Tycho, en 2ˢ7ᵈ7′34″; latitude 0ᵈ40′. Le centre de la Lune précédoit l'étoile de 14′ et étoit plus austral de 5′. Donc lieu apparent de la Lune, 2ˢ6ᵈ53′34″; latitude apparente, 0ᵈ35′B. Parallaxe en hauteur, 56′40″; en longitude, 45′26″; en latitude 33′29″. Donc lieu vrai, 2ˢ7ᵈ39′0″, latitude vraie 1ᵈ8′29″. *Astr. Phil. p.* 166, et *Bull. ms.*

Mais, 1° si le point de l'immersion étoit, sur la circonférence de la Lune, d'un tiers du limbe obscur (ou de 60ᵈ) distant de la corne supérieure, comme le dit Boulliau dans l'Astronomie philolaïque, et plus clairement encore dans le manuscrit, le centre de la Lune devoit précéder l'étoile de 13′25″, et être plus austral de 7′45″, le demi-diamètre devant être alors à très-peu près de 15′30″. 2° Le lieu de l'étoile étoit, suivant Bradley, en 2ˢ7ᵈ6′57″; latitude 0ᵈ41′6″B. Donc lieu apparent de la Lune, 2ˢ6ᵈ53′32″; latitude, 0ᵈ33′21″B. et admettant les parallaxes de Boulliau, lieu vrai, 2ˢ7ᵈ38′58″; lat. 1ᵈ6′50″B.

Passage de Vénus sur le disque du Soleil, le 4 décembre.

Nous n'avons d'observation de ce passage que celle d'Horroxe, et cet Astronome est probablement, avec son ami Crabtrée, le premier des mortels qui ait joui de ce rare et intéressant spectacle. Il l'avoit seul prévu, et il en avoit prévenu

Crabtrée par une lettre de Hool, le 26 octobre v. st. précédent. Hool, où Horroxe observa ce passage, est située 16 milles anglais au nord de Liverpool, 5 milles en deçà de Preston, par $53^d 35$ de latitude. La conjonction de Vénus et du Soleil devoit avoir lieu le 2 décembre, à $21^h 20'$, suivant les Tables de Lansberg; le 3 à $4^h 9'$, selon les éphémérides d'Origan; le 3, à $13^h 42'$, suivant les Tables de Longomontan; le 3, à $20^h 5'$, suivant les Rudolphines, le tout rapporté au méridien de Liverpool. La latitude australe de Vénus devoit être, d'après Origan, de $24'$; de $14' 10''$ selon les Rudolphines. Horroxe, d'après ses observations et ses méditations, s'étoit persuadé que la conjonction n'arriveroit que le 4 à $5^h 54'$, et que la latitude de Vénus ne seroit alors que de $10'$. Il prioit Crabtrée d'être attentif à ce phénomène, et surtout d'observer avec le plus grand soin le diamètre de Vénus, qui devoit être de $11'$ selon Lansberg, de $7'$ suivant Képler, et qui, suivant lui, devoit à peine excéder $1'$. Nous n'avons pas l'observation de Crabtrée. Voici celle d'Horroxe, elle fut faite dans une chambre noire.

Le diamètre du Soleil supposé de $30'$, celui de Vénus n'excéda certainement pas $1' 10''$.

Vénus entra sur le disque par la partie du Sud-est, à $62^d 30'$ du nadir, ou bien certainement entre 60 et 65^d; et cette même inclinaison (sans doute du vertical du Soleil avec la ligne qui joignait les centres des deux astres) fut constante jusqu'au coucher du Soleil.

$3^h 15'$...   entrée totale de Vénus, distance des centres, $14' 25''$.

3 35...   distance des centres, $13' 30''$.

3 45...   la même distance, $13' 0''$.

3 50...   coucher apparent du Soleil.

Dans la mesure des distances, le diamètre du Soleil est supposé de $30'$.

Telle est l'observation d'Horroxe, rapportée dans ses OEuvres posthumes, *p.* 393. Horroxe avoit de plus travaillé une dissertation plus étendue sur ce passage. Il n'y avoit pas encore mis la dernière main le $\frac{3}{13}$ octobre 1640. Le $\frac{12}{22}$ décembre de la même année, 22 jours avant sa mort, il écrit à Crabtrée qu'il a fait des changemens à sa dissertation, mais qu'il n'a pas encore le temps de la transcrire, p. 337. Les guerres civiles, qui ne tardèrent pas à éclater après la mort d'Horroxe et de Crabtrée, furent funestes à l'Astronomie : tous les papiers de Crabtrée furent anéantis; ceux d'Horroxe furent dispersés. Un exemplaire de sa dissertation sur le passage de Vénus tomba heureusement entre les mains d'Hévélius, qui la publia en 1662, à la suite de son *Mercurius in Sole visus*, et l'accompagna de notes intéressantes. Horroxe y établit une théorie de Vénus, plus parfaite que toutes celles qui avoient paru jusqu'alors.

Dans cette dissertation, la proportion des diamètres est établie de $30'$ à $1' 12''$; tout le reste de l'observation est conforme à ce que nous en avons rapporté ci-dessus. Crabtrée avoit trouvé les diamètres comme 200 et 7 (ou comme $30'$ et $1' 3''$) *Hevel. Mercur. p.* 111 *et seq.*

Horroxe ne bornoit pas à $30'$ le diamètre du Soleil presque périgée; ce diamètre étoit, selon lui, de $31' 30''$, et dans cette hypothèse, le diamètre de Vénus étoit de $1' 16''$, et les distances apparentes des centres comme il suit.

A 3ʰ 15′, distance............................   15′ 7″
A 3 35 , distance............................   14 10
A 3 45 , distance............................   13 39

Et combinant ces distances avec l'angle d'inclinaison, 62ᵈ30′, on a :

Différences de longitude, 10′24″, 9′22″ et 8′51″.
Latitudes australes de Vénus, 10′58″, 10′38″, 10′24″. *Ibid. p.* 122.

Mais toutes ces quantités n'étoient qu'apparentes; il falloit les convertir en grandeurs vraies. Pour cet effet, Horroxe suppose la parallaxe du Soleil de 14″, et celle de Vénus de 52″; il conclut qu'il faut augmenter la première différence de longitude de 13″, et les deux autres de 14″; et qu'il faut diminuer de 36″ la première latitude, et de 35″ la seconde et la troisième.

Hévélius prétend que les calculs d'Horroxe ne sont pas exacts; que, dans ses hypothèses, Horroxe auroit dû trouver 26″, 25″ et 24″ à ajouter respectivement aux trois différences apparentes de longitude; et 27″, 28″ et 28″½ à retrancher des latitudes apparentes. Hévélius suppose le diamètre du Soleil de 32′30″; il a raison; il auroit dû même lui ajouter encore 5″. Il établit ensuite la parallaxe du Soleil de 41″; il a tort, et cette fausse supposition le conduit à des résultats plus fautifs que ceux d'Horroxe, *p.* 124.

Hévélius se plaint aussi de ce qu'Horroxe n'a eu aucun égard à la réfraction. *Ibid.* En effet, le Soleil étoit si voisin de l'horizon, que la réfraction pouvoit altérer, mais de bien peu, la distance de Vénus au bord voisin du Soleil, auquel Horroxe rapportoit sans doute la planète.

Si nous supposons la parallaxe du Soleil, le 4 décembre, de 9″, celle de Vénus au Soleil de 25″, et le diamètre du Soleil 32′35″, nous trouverons à-peu-près les résultats suivans

A 3ʰ 15′, différence vraie de longitude, 11′ 4″; latitude de Vénus, 10′45″ A.
A 3 35 ,   »   10 0 ;   »   10 24 .
A 3 45 ,   »   9 28 ;   »   10 9 .

Horroxe tire de son observation les conclusions suivantes.

A 5ʰ55′ ou 55′½, conjonction inférieure de Vénus, en 2ˢ12ᵈ29′35″, sa latitude géocentrique étant alors de 8′31″ A.

Nœud ascendant, vu du Soleil, en 2ˢ13ᵈ22′45″, l'inclinaison de l'orbite étant supposée de 3ᵈ22′.

Moindre distance des centres, 8′24″.

Milieu du passage à 6ʰ14′30″.

Attouchement extérieur des bords à l'entrée, à 2ʰ49′30″.

Entrée totale, à 3ʰ11′30″.

Premier attouchement des bords à la sortie, à 9ʰ17′30″.

Sortie totale à 9ʰ39′30″. *Ibid. p.* 126, 127.

On conçoit que tout cela, portant sur une trop forte parallaxe, ne peut passer que pour une approximation.

Jacques Cassini, *Élém. d'Astron. p.* 553 *et suiv.*, démontre, contre Hévélius, la justesse des calculs d'Horroxe; la marche de celui-ci est exacte; ses suppositions peuvent être réformées. Cassini suppose Liverpool de $0^h 22' 24''$ plus occidental que Paris. (La différence des méridiens n'est que de $21' 2''$; ce sera une minute $22''$ qu'il faudra retrancher des temps rapportés au méridien de Paris). Cassini tire ensuite de l'observation d'Horroxe et de ses propres suppositions les résultats suivans.

Première observation à $3^h 37' 24''$ ($3^h 36' 2''$) méridien de Paris, le Soleil étant en $8^s 12^d 24' 52''$; son diamètre $32' 40''$, celui de Vénus $1' 16''$.

Distance des centres du Soleil et de Vénus $15' 42''$, en longitude $10' 47'' \frac{1}{2}$, en latitude $11' 24''$.

Parallaxe horizontale du Soleil, $10''$; celle de Vénus, $37''$. Donc différence de longitude vraie, $10' 56'' \frac{1}{2}$; vraie latitude de Vénus, $10' 58'' \frac{3}{4}$ A.

A $3^h 57'$ ($3^h 56'$) différence de longitude vraie, $9' 53''$; latitude, $10' 36'' \frac{1}{2}$.

A $4^h 7'$ ($4^h 6'$) différence de longitude $9' 20'' \frac{5}{6}$; latitude, $10' 21'' \frac{2}{3}$.

Conjonction à $7^h 4'$ ($7^h 3'$), Vénus étant en $2^s 12^d 33' 36''$.

Par une détermination plus exacte, en rapportant tout au Soleil, à $3^h 37'$ ($3^h 36'$) Vénus étoit en $2^s 12^d 20' 50''$; latitude $4' 3''$; donc distance au nœud $1^d 8' 37''$; donc nœud ascendant en $2^s 13^d 29' 27''$.

A $3^h 35'$ (méridien de Liverpool, $3^h 56'$ méridien de Paris) Vénus étoit en $2^s 12^d 22' 5''$; latitude $3' 54'' \frac{1}{2}$; donc distance au nœud $1^d 6' 13''$; donc nœud en $2^s 13^d 28' 18''$.

A $3^h 45'$ ($4^h 6$), Vénus étoit en $2^s 12^d 22' 40''$; latitude $3' 49''$; donc distance au nœud $1^d 4' 39''$; donc nœud en $2^s 13^d 27' 19''$.

Prenant un milieu entre ces trois résultats, on aura le lieu du nœud ascendant en $2^s 13^d 28' 21''$.

Enfin on conclura la conjonction le 4 décembre, à $6^h 20'$, t. app. mérid. de Paris, ou à $5^h 58'$ ($5^h 59'$) méridien de Liverpool, en $2^s 12^d 31' 44''$; latit. héliocentrique, $3' 22''$; géocentrique, $9' 8''$ B.

Pour parvenir à ces résultats, Cassini a supposé qu'on connoissoit d'ailleurs l'inclinaison de l'orbite de Vénus, $4^d 23'$ (il faut sans doute lire $3^d 23'$), le rapport des distances de la Terre à Vénus et au Soleil, et le mouvement héliocentrique vrai de Vénus.

Il est facile de s'apercevoir que les élémens, déterminés par Horroxe, ne diffèrent pas beaucoup de ceux de Cassini.

De l'observation d'Horroxe, la Hire concluoit (comme Horroxe) que le nœud de Vénus étoit en $2^s 13^d 22' 45''$; et Streete, qu'il étoit en $2^s 13^d 23' \frac{1}{3}$ ou $25' \frac{1}{4}$. *Instit. Astron. de M. le Monnier. p.* 575.

Autres observations des Planètes.

Le 6 septembre, à 8^h, Boulliau à Paris observa Saturne, au télescope, et le compara à ξ du Capricorne. Saturne étoit plus oriental que l'étoile; il en étoit distant de $27'$; il étoit plus haut de $13'$, et son azimut étoit de $24'$ plus oriental que celui de l'étoile.

— Le 16 à 8ʰ, Saturne près du nonagésime, étoit de 8′ environ plus haut que l'étoile, et en longitude il la précédoit de 2′ au plus. Le 29 à 7ʰ30′, il en étoit distant de 32′ environ vers l'ouest.

L'étoile étoit, suivant Tycho, en 10ˢ12ᵈ39′45″, avec une latitude de 1ᵈ16′A. Donc, dit Boulliau, le 16, à 8ʰ, Saturne étoit en 10ˢ12ᵈ37′; lat. 1ᵈ8′A. *Bull. ms.*

Streete conclut de cette même observation qu'à 8ʰ, t. m. méridien de Londres, Saturne étoit à 9ˢ14ᵈ27′7″ de γ du Bélier. *Astr. Carol. p.* 111. Or, selon les Tables de Streete, cette étoile étoit alors à 28ᵈ6′57″ de l'équinoxe. Donc Saturne n'auroit été qu'à 10ˢ12ᵈ34′4″ de l'équinoxe.

Dans la réalité, ι du Capricorne étoit en 10ˢ12ᵈ38′53″ avec une latitude australe de 1ᵈ20′53″ selon Bradley (de 1ᵈ20′45″ suivant Mayer; de 1ᵈ14′51″ seulement, suivant Hévélius). L'observation donneroit donc le lieu de Saturne en 10ˢ12ᵈ37′, latitude 1ᵈ13′A.

— Le 13 novembre à 7ʰ, Saturne étoit distant de la même étoile, de 9′ ou 10′ vers l'occident; il la précédoit d'environ 6′; et le 14, à 7ʰ, il avoit presque atteint sa longitude. Boulliau détermine sa longitude en 10ˢ12ᵈ38′, et sa latitude 1ᵈ6′A. *Bull. ms.*

Wing admet cette détermination de longitude. *Astr. Brit. p.* 283. Nous l'admettons aussi volontiers. Mais Streete, *Astr. Carol. p.* 111, la borne à 9ˢ14ᵈ27′58″ de γ du Bélier, ou à 10ˢ12ᵈ35′3″ du point de l'équinoxe.

— Le 1 juin, Boulliau, à Paris, jugea Jupiter de 35′ ou 36′ plus austral que β du Scorpion.

Le 9, à 11ʰ, sa distance à l'étoile étoit de 26′ à 27′ vers l'est; et sa distance à 1 ω étoit de 39′ à 40′ vers le nord.

Le 10, à 11ʰ, distance de β, 20′ environ; à 1 ω, 40′ à 41′.

Le 11, à 10ʰ30′, distance à β, 17′ à 18′.

Le 12, à 11ʰ15′, la distance est égale au demi-diamètre de la Lune, ou de 16′.

Le 13, à 11ʰ, même distance, 13′ à-peu-près; Jupiter suit l'étoile d'environ 3′; il est plus austral de 11′ à 12′.

Le 15, à 10ʰ, Jupiter est à 13′ ou 14′ de l'étoile; il est dans un vertical de 6′ plus occidental, et l'étoile est plus haute que lui de 10′. Boulliau conclut que Jupiter est de 8′ environ plus occidental que l'étoile, qu'il est en conséquence en 7ˢ28ᵈ0′; latitude 0ᵈ55′B.; et que la conjonction de Jupiter avec l'étoile a eu lieu le 14 vers midi. *Bull. ms.* (L'étoile étoit alors, suivant Bradley, en 7ˢ28ᵈ9′15″; lat. 1ᵈ2′28″B.)

— Le 13 du même mois au soir, Eichstadius, à Stettin, vit la même étoile, β du Scorpion, éclipsée par Jupiter; mais, au télescope, on s'assura que la conjonction n'étoit pas centrale. *Astron. Brit. p.* 289. Wing tire de ses Tables que la différence de longitude entre Jupiter et l'étoile étoit de 8′13″, et celle en latitude de 8′59″, et il conclut que ce résultat s'accorde parfaitement avec l'observation d'Eichstadius. Cette observation ne contredit donc pas celle de Boulliau.

Le 31 août, à 8ʰ, Jupiter étoit revenu à cette étoile; la distance étoit de 24′; l'azimut de Jupiter étoit plus oriental de 6′, l'étoile plus basse que la planète. Donc Jupiter avoit à peine dépassé de 1′ ou 2′ la longitude de l'étoile (qui étoit alors, selon Bradley, en 7ˢ28ᵈ9′25″). Au même instant, Jupiter étoit à 30′ environ de 1 ω du Scorpion, et un peu plus haut que l'étoile. *Bull. ms.* Boulliau conclut que le lieu géocentrique de Jupiter étoit en 7ˢ28ᵈ8′, et sa latitude 0ᵈ42′B. *Astron. Philol. p.* 270.

Wing conclut de la même observation, qu'à 7ʰ52′, t. m. méridien de Londres, Jupiter étoit en 7ˢ28ᵈ10′; latitude 0ᵈ41′ B. *Astron. Brit. p.* 288.

En supposant le lieu de l'étoile tel qu'il est donné par Bradley, on auroit Jupiter en 7ˢ28ᵈ11′; latitude 0ᵈ38′ à 39′ B.

Ces différentes déterminations du lieu des planètes, comparé à celui des étoiles, ont leur principale ou même leur unique source dans la diversité des lieux qu'on assignoit aux étoiles.

Boulliau suivoit le catalogue de Tycho, qui n'était pas de la plus parfaite exactitude, du moins quant aux étoiles qui s'élevoient peu sur l'horizon d'Uranibourg.

— Le 20 mai, à 8ʰ30′, à Paris, Mars, Vénus et Mercure formoient un triangle rectangle, dont l'angle droit étoit à Vénus. Mars étoit distant de Vénus de 25 à 26ᵈ vers l'est. Vénus et Mercure avoient presque la même longitude. Vénus étoit plus boréale; et sa distance à Mercure étoit de 53′ ou plus, autant qu'il fut possible de l'estimer, le champ de la lunette ne comprenant pas les deux astres.

Le 22, Vénus avoit dépassé Mars de plus d'un diamètre de la Lune; Mercure étoit toujours près de Vénus, plus occidental qu'elle en longitude, et plus oriental que Mars. La distance à Vénus fut estimée de 64′ vers le nord-ouest; il étoit de 40′ environ plus haut que Mars et de 5 à 6′ plus haut que Vénus. *Bull. ms.*

— Le 12 octobre, à 7ʰ, sur l'île d'Antoine Vaaz, au Brésil, Margraff observa Vénus distante d'environ 18′ à l'ouest d'α du Scorpion. Le 13, à la même heure, elle en étoit distante de 30′ à l'est, et elle étoit en ligne droite avec α et β de cette constellation, α divergeant cependant, mais extrêmement peu, de cette ligne, vers le sud. Les Orientaux, dit Margraff, auront vu Vénus passer peu au nord d'α; la conjonction aura eu lieu le 12 à 16ʰ. *Margr. ms.*

Georges Margraff fit entre le 16 septembre 1639 et le 10 mars 1643, un très-grand nombre d'observations de hauteurs méridiennes du Soleil, des étoiles et des planètes supérieures. Il paroit s'être attaché surtout à suivre Mercure, de la vue duquel il jouissoit plus souvent et plus longtemps que nous ne pouvons en jouir dans nos hautes latitudes boréales. Il observoit sur l'île d'Antoine Vaaz, au Brésil. Claude-Nicolas de l'Isle dit dans ses manuscrits que cette île est située par 8ᵈ8′ de latitude australe, et par 2ʰ25′½ de longitude, sans doute à l'occident de Paris. En effet, des hauteurs méridiennes du Soleil, prises les jours mêmes des deux solstices, borneroient la latitude de cette île à 8ᵈ8′, et la placeroient par conséquent au nord d'Olinde, dont la latitude a été déterminée de 8ᵈ13′. Cependant, après des recherches infructueuses, j'ai trouvé, dans la 13ᵉ partie de ce qu'on appelle *les grands voyages*, une carte géographique, sur laquelle l'île était représentée 13′ au sud-est d'Olinde. Mais ce qui en est dit dans le texte de cette même partie, dans Laët, *Descriptio Indiæ occident. l.* 15, *c.* 25, 26, et dans le tome XIV du *Recueil de Voyages de l'abbé Prévost, in-*4°, en me confirmant d'une part que l'île d'Antoine Vaaz étoit plus avancée qu'Olinde vers le sud, me persuadoient de l'autre que la distance n'étoit pas, à beaucoup près, aussi grande que la faisoit la carte susdite. J'ai pris le parti de calculer plus de 150 hauteurs méridiennes observées par Margraff. Les résultats ne se sont point accordés. Mais j'ai remarqué qu'on pouvoit distinguer ces observations en trois ères différentes.

La première, commençant au 16 septembre 1639, finit en mars 1640. Le 19 de ce mois, au matin, la maison que Margraff habitoit s'écroula, et Margraff fut obligé d'interrompre ses observations durant quelques mois. Un assez grand nombre de celles qu'il avoit faites jusqu'alors donne $8^d 15'$ ou $16'$ pour latitude de l'ile Vaaz; quelques-unes donnent plus; d'autres donnent moins.

Margraff reprit ses observations vers la fin de juin 1640, et les continua jusque vers la fin de janvier de l'année suivante. Des hauteurs méridiennes prises alors, il ne résulteroit que $8^d 8'$ au plus de latitude, et même le plus grand nombre des observations ne donneroit que $8^d 5'$ ou $6'$. Le reste de l'année, et partie de l'année 1642, fut consacré par Margraff à des opérations de géographie, de chorographie, d'histoire naturelle, en différentes parties du continent.

Il reprit enfin ses observations astronomiques le 20 novembre 1642, et le très-grand nombre de celles qu'il fit jusqu'au 10 mars suivant s'accorde à donner $8^d 15'$ ou $16'$ de latitude australe à l'ile d'Antoine Vaaz.

Dans la *Géographie Blavienne, tome XI, p.* 261, on trouve une carte de la partie septentrionale du Brésil, très-détaillée, et faite avec beaucoup de soin. Sur cette carte, le fort des Hollandois, sur lequel ou près duquel il paroît certain que Margraff observoit, est situé au nord de l'ile, et au sud, déclinant extrêmement peu à l'ouest de la ville d'Olinde. La distance du fort au centre de la ville n'est pas tout-à-fait de $3'$ de degré. Donc, si Olinde est par $8^d 13'$ de latitude, le fort doit être, à très-peu-près, par $8^d 15'\frac{1}{2}$, comme on le conclut des premières et des dernières observations. Si les moyennes ne donnent pas le même résultat, on peut supposer que l'instrument placé dans le plan du méridien avoit été dérangé par la chute de la maison, le 18 mars 1641, et qu'en le remettant en place au mois de juin, on l'aura mal orienté; ou ce qui, tout bien examiné, me paroit plus probable, qu'on l'aura tellement replacé, qu'il aura donné les hauteurs d'environ $10'$ moindres qu'elles n'étoient réellement.

Une copie manuscrite des observations de Margraff existe au dépôt des plans, cartes et journaux de la marine. Boulliau en a aussi copié un assez grand nombre qu'il a joint à son manuscrit.

Margraff observoit d'abord la hauteur, et souvent l'azimut d'une fixe; puis il observoit le passage de la planète au méridien, et sa hauteur méridienne; ou, s'il s'agissoit de Mercure, sa hauteur et son azimut. Il marquoit d'abord le nombre de minutes écoulées entre l'observation de la fixe et celle de la planète : comment déterminoit-il ce nombre? Je l'ignore; c'étoit probablement ou sur une montre, ou par estime. Il eut ensuite recours aux oscillations d'un pendule simple. Un cylindre de métal, pesant 2 livres 9 onces $\frac{3}{4}$, ou 41 onces $\frac{3}{4}$, étoit soutenu par une corde longue de 29 pouces du Rhin. Margraff comptoit ou faisoit compter les oscillations de ce pendule entre les hauteurs de l'étoile et l'observation de la planète; et souvent on continuoit de les compter entre l'observation de la planète et une hauteur subséquente de la même étoile. On avoit donc ainsi le nombre d'oscillations frappées entre deux hauteurs consécutives de la même étoile : il étoit facile de déterminer le nombre de secondes de temps correspondant à ce nombre d'oscillations. Margraff ne l'a pas fait, nous avons essayé d'y suppléer.

En 1639, nous ne trouvons que 4 combinaisons à faire; elles s'accordent peu entre elles, plus mal encore avec celles des années suivantes. Ou ceux qui comptoient les oscillations n'étoient pas encore assez aguerris à cet exercice; ou Margraff, voulant faire battre les secondes par son pendule, aura graduellement accourci la verge de son pendule, et l'aura enfin laissé tel qu'il étoit à la fin de septembre 1639.

Le 23 septembre, le pendule a battu 145 fois, la hauteur d'Arcturus variant de 42 minutes de degré, ou en 185″ de temps; ce seroit sur le pied de 129″ de temps par 100 oscillations.

Le même jour on trouve 151 battements sur 39′ de variation dans la hauteur d'Arcturus, ou sur 173″ de temps écoulé, ce qui donne 114″,7 pour 100 battemens.

Nous donnons les observations du 24 telles qu'elles sont dans le manuscrit; mais il est manifeste que le copiste a ici tout brouillé. Les hauteurs de Mercure diminuant, son azimut de l'ouest au sud devroit augmenter, et il diminue. Le pendule battant 178 fois, la hauteur d'Arcturus ne varie pas.

Le 25 septembre, 150 oscillations répondent à 229″ de temps; donc 100 oscillations répondroient à $152″\frac{2}{3}$, ce qui ne paroit pas vraisemblable. Je soupçonnerois que le copiste aura lu 44, au lieu de 94 oscillations, comptées entre la première observation de Mercure et la hauteur suivante d'Arcturus; alors, les 200 oscillations comptées donnant 229″, 100 oscillations donneroient $114″\frac{1}{2}$.

Enfin, le 28 septembre, 216 oscillations comptées entre deux hauteurs d'α de la couronne boréale, répondent à 238″,8, ce qui est, à raison de 110″,2 pour 100 oscillations. De cette manière, les trois dernières déterminations s'accorderoient passablement. Après ces observations, Margraff aura sans doute accourci la corde de son pendule, et l'aura fixée à 29 pouces du Rhin. Cette longueur ne devoit donner que 87″ pour 100 vibrations, et nous allons voir qu'elle en donnoit davantage; mais le cylindre, qui tenoit lieu de lentille, avoit quelque longueur puisqu'il pesoit plus de deux livres et demie. Quelle étoit cette longueur? C'est ce dont nos manuscrits ne nous ont point instruits.

En 1640, un milieu pris entre 40 combinaisons du nombre des oscillations avec la variation correspondante de la hauteur d'une même étoile, donne 94″,59 pour 100 oscillations; mais si l'on exclut 4 combinaisons qui s'écartent trop de ce résultat moyen, les 36 combinaisons restantes ne donneront que 94″,02 pour 100 oscillations.

En 1642, 15 combinaisons donnent pour milieu 92″,46 pour 100 oscillations; mais, excluant 3 combinaisons qui s'accordent peu avec les autres, 100 oscillations répondront à 94″,44.

Joignant enfin les 40 combinaisons de 1640, avec les 15 de 1642, les 55 combinaisons donneront, par un milieu, pour 100 oscillations, 94″,01, ou 94″,12, si l'on exclut les 7 combinaisons disparates.

Je pense donc que pour 1640 et 1642, on peut établir que le nombre des oscillations est à celui des secondes écoulées, comme 100 à 94.

Voici les observations de Mercure en 1639; elles sont toutes faites entre 6 heures et demie et sept heures. La dernière colonne contient le nombre d'oscillations comptées entre l'observation précédente de Mercure et la hauteur suivante de l'étoile. Les azimuts de Mercure sont tous comptés de l'ouest vers le sud.

Dates.	Étoiles.	Hauteurs des étoiles.	Minutes écoulées.	Oscillations.	Hauteurs de Mercure.	Azimuts de Mercure.	Oscil- lations.
Sept. 15...	Arcturus	18^d 59$'$	2	...	10^d 49$'\frac{1}{2}$	7^d 30$'$	
		17 19$\frac{1}{2}$	...	...	8 49	8 9	
	α de $\mathbb{np}$	7 22$\frac{1}{2}$	1	...	6 29$\frac{3}{4}$	8 20 ([1])	
16...	Arcturus	19 46	1$\frac{1}{2}$	...	12 44$\frac{1}{2}$	8 20	
17...		16 20$\frac{1}{2}$	2	...	10 59	9 36	
22...		16 54$\frac{1}{2}$	...	123	15 16$\frac{1}{2}$	10 58	
		15 32	...	144	13 46	11 20	
	α de l'Aigle médie.		0	...	12 13	11 47	
23...		15 29$\frac{1}{2}$	...	75	14 43	11 14	70
		14 47$\frac{1}{2}$	...	...	.....	.....	
		13 18	...	91	12 25$\frac{1}{2}$	11 24	60
		12 39	$\frac{1}{2}$ env.	...	8 11 ([2])	12 30	221
	Cour. bor.	23 41	...	...	.....	.....	
24...	Arcturus	15 30	...	104	15 21$\frac{1}{2}$	13 15	
		13 15	...	84	13 43	12 16	94
		13 15	...	...	.....	.....	
		12 7	...	97 ([3])	11 40	12 5	
25...		14 47	...	106 ([4])	15 12	12 29	44
		13 55$\frac{1}{2}$	...	...	.....	.....	
		12 47	Aussitôt 10		13 11$\frac{1}{2}$	12 48	

Le 28, un quart d'heure environ après 6 heures, dès que le crépuscule permit de voir Mercure, il parut fort près et au-dessus de la Lune, alors en croissant; il dérivoit un peu vers le sud, parce que l'écliptique elle-mème déclinoit en haut de ce même côté. Aussitôt après, Mercure fut éclipsé par le bord supérieur oriental et obscur de la Lune. 1046 oscillations du pendule étant écoulées depuis l'immersion, α de la couronne boréale fut trouvée haute de 24^{d}24$'$0$''$. Pour s'assurer de l'heure de l'immersion, Margraff prit une seconde et une troisième hauteur de la même étoile; il trouva ces deux hauteurs de 23^{d}48$'$ et de 23^{d}0$'$; dans l'intervalle (qui étoit, suivant les hauteurs de 1$'$50$''$,2), on avoit compté 216 oscillations. Lorsque l'étoile fut descendue à 21^{d}52$'$, l'émersion n'avoit pas encore eu lieu. Il survint ensuite des nuages. La latitude australe de Mercure étoit un peu moindre que la latitude apparente de la Lune.

([1]) Cet azimut étoit le même que celui de l'étoile.

([2]) Boulliau croit qu'il faudroit lire 11 deg. 8 min. au lieu de 8 deg. 11 min.; mais je pense qu'alors il faudroit aussi réformer l'azimut de Mercure, et le borner peut-être à 11 deg. 30 min.

([3]) Dans *Bull. ms.*, il y a 79.

([4]) Dans *Bull. ms.*, il y a 116.

ÉTOILES.

Phocylides avoit cherché durant tout l'été l'étoile variable de la Baleine, mais inutilement. Enfin le $\frac{7}{17}$ novembre, après plusieurs jours ou plutôt plusieurs semaines de pluie, il la retrouva, et l'observa les jours suivans, tantôt de la 2e, tantôt de la 3e grandeur. *Phoc. Manud. p.* 287. Palmer avoit aussi observé cette étoile le $\frac{14}{24}$ novembre; elle croissoit, dit-il, en éclat, et atteignit la 3e grandeur, en décembre. *Cathol. Planisph. p.* 100. Boulliau, *Monita duo ad Astron.* dit que Phocylides l'observa le 25 décembre, qu'elle décroissoit alors, et que cependant elle surpassoit encore les étoiles de la 3e grandeur, mais qu'elle étoit moindre que celles de la 2e.

FAITS.

Képler avoit proposé de construire des télescopes dont le verre oculaire fût convexe. La proposition fut alors rejetée; on y revint vers 1638, mais il y a contestation sur la priorité de l'invention.

François Fontana, Napolitain, fit imprimer en 1646, qu'il avoit imaginé ce télescope en 1608 : c'étoit s'y prendre un peu tard pour réclamer une telle antériorité. Il n'y a point ici de faute d'impression, la même date étant répétée trois fois, *p.* 7, 20, 51. Le titre de l'ouvrage est : *Novæ cœlestium terrestriumque rerum observationes à Francisco Fontana specillis à se inventis editæ, in-4°. Neapoli.* Fontana observa avec son télescope de 50 palmes, les taches de la Lune, les phases de Mercure et de Vénus, les bandes de Jupiter, une tache sur Vénus, une autre sur Mars : celle-ci fut vue par Fontana en 1636, et revue en 1638. Mais si Fontana a anticipé sa découverte, n'est-il pas permis de soupçonner qu'il aura aussi anticipé ses observations? Le P. Zupus se servit en 1639 du télescope de Fontana, pour observer les phases de Mercure, dit le P. Riccioli, son confrère, *Almag. part. I, p.* 484.

Wendelin, dans une lettre à Gassendi, datée du 11 juillet 1643, *Gass. t. VI, p.* 454, parle d'un nouveau et surprenant télescope du P. Antoine-Marie Schirlei de Rheita, capucin, qui renverse les objets. Ce père, dit Wendelin, m'a donné des verres qui produisent cet effet, et je lui ai promis sur mon honneur de ne point révéler son secret, avant qu'il le publie lui-même. En effet, le P. Schirlei, dans son *Oculus Enoch et Eliæ,* imprimé à Anvers en 1645, in-fol. s'attribue sans façon l'honneur de cette invention.

Mais Wendelin, avant les paroles que nous venons de citer, convient que Schirlei et lui avoient vu des dessins de ce télescope, qui portoit le nom de Campanella. On nous a écrit, dit Hévélius, lettre à Gassendi, du 23 juin 1644, *Gass., t. VI, p.* 471, que Thomas Campanella, vers le temps de la naissance du dauphin en France (5 septembre 1638), a imaginé un instrument fort supérieur au tube de Galilée. Il fait voir la Lune deux fois plus grande que ce qu'on appelle à Paris *la place Royale.* Campanella, célèbre dominicain Calabrois, mort à Paris en 1639, n'étoit point en état, en 1645 et 1646, de revendiquer contre Schirlei et Fontana l'invention des télescopes à oculaire convexe.

1640.

ÉCLIPSE DE SOLEIL LES 12 ET 13 NOVEMBRE.

Margraff l'observa sur l'île d'Antoine Vaaz.

Commencement le 12, vers $22^h\frac{1}{2}$, la hauteur du Soleil étant de $67^d 12'$.

Milieu : vers midi; grandeur, 10 doigts; on étoit tenté de croire que le crépuscule du soir alloit commencer.

Hauteur méridienne du Soleil observée, $79^d 51'$ au sud.

Cornes de l'éclipse verticales, le Soleil étant haut de $79^d 14'$.

Le Soleil haut de $77^d 38'$, six doigts.

Fin le 13, vers $1^h\frac{1}{2}$, la hauteur du Soleil étant de $67^d 26'$.

Les nuages n'ont permis de faire aucune autre observation.

A l'Histoire naturelle de Pison, édition des Elzévirs, 1658, in-fol., est joint un traité topographique et météorologique du Brésil par Margraff. Dans le premier chapitre de ce traité, on lit une exposition de cette même éclipse de Soleil, fort différente en tous ses points de celle que nous avons extraite du manuscrit. Mais il est clair que l'éclipse est détaillée dans le manuscrit, telle qu'elle a été observée, et dans l'imprimé, telle qu'elle a été calculée, ou du moins, qu'on a tâché de rapprocher le résultat de l'observation de celui du calcul.

Margraff ajoute, dans le manuscrit, qu'un maître de navire étant par $20^d 5'$ de latitude australe, à 23 milles de distance des côtes du Brésil, avoit vu le commencement à 23 heures, la fin à $1^h 15'$; grandeur de l'éclipse 8 doigts.

Autres observations du Soleil.

La parallaxe horizontale moyenne du Soleil avoit été portée par presque tous les anciens à environ $3'$. Képler, en analysant les observations de Mars acronique, faites par Tycho et par lui-même, trouva que sa parallaxe, qui devoit être alors presque le triple de celle du Soleil, étoit absolument insensible. Cependant, par un reste de respect pour l'opinion des anciens, et surtout pour celle de Tycho, et par la considération que les observations pouvoient être en erreur de 2 ou $3'$, Képler, dans ses Rudolphines, donne au Soleil une minute de parallaxe moyenne. Horroxe, *p.* 160 *et sequ.* démontre très-bien la caducité des fondemens sur lesquels on appuyoit ces énormes parallaxes; et d'après des observations du Soleil, de Mars et de Vénus, il conclut que la parallaxe horizontale moyenne du Soleil n'est que de $14''$, ou tout au plus de $15''$. Elle n'est dans la réalité que de $8''\frac{4}{5}$. Mais Horroxe, pour son siècle, approchoit fort de la vérité; et il en eût certainement approché davantage, s'il eût eu à la main des observations plus parfaites.

Wendelin, dans une lettre adressée en 1647 à Riccioli, borne aussi la parallaxe du Soleil à $15''$. *Ricc. Astr. ref. p.* 41. Dominique Cassini s'en tenoit aussi d'abord à cette même parallaxe. Riccioli, *ibid. p.* 56, la croit de $29''$; il permet cependant de la diminuer, pourvu qu'on ne la fasse pas absolument insensible. Au reste toutes ces déterminations sont postérieures à celles d'Horroxe.

— Vers le même temps auquel Horroxe travailloit sur la parallaxe du Soleil, un autre Anglais, Gascoigne, tentoit de déterminer, par divers procédés, le demi-diamètre du Soleil. Le 4 novembre de cette année, il le trouva de 16′10″ à 11″; le 10 de 16′11″, le 12 décembre de 16′24″. *Hist. cœl. Brit. t. I, p.* 3 : c'étoit approcher beaucoup de la vérité, alors presque généralement méconnue. Horroxe lui-même ne faisoit le demi-diamètre du Soleil périgée que de 15′30″; il est de 16′19″,3.

Autres observations de la Lune.

Le 8 octobre, à 4ʰ45′, à Toxteth, Horroxe observa la Lune de 2ᵈ35′ plus avancée en longitude que δ des Gémeaux, d'où il conclut son lieu apparent en 3ˢ16ᵈ15′. *Horr. p.* 401 (ou, prenant le lieu de l'étoile dans Bradley, en 3ˢ16ᵈ5′17″). Il pourroit y avoir dans Horroxe une erreur d'impression de 10′.

— Le 21 octobre, à 8ʰ30′ à Toxteth, la Lune en son premier quartier précédoit β du Capricorne d'environ 30′. Donc lieu apparent de la Lune, 9ˢ28ᵈ30′ (ou, d'après Bradley, 9ˢ28ᵈ31′45″.) *Ibid. p.* 402.

PLANÈTES.

Le 12 octobre à 8ʰ32′, Boulliau observa Saturne au méridien; sa distance à ι du Verseau étoit de 26′, ou égale à celle de Mérope et de Maïa; Saturne et l'étoile étoient dans le même vertical, Saturne plus au nord. Or l'étoile étoit en 10ˢ23ᵈ47′, latitude 2ᵈ0′A. (en 10ˢ23ᵈ42′6″, latitude 2ᵈ3′47″A. suivant Bradley). Donc Saturne étoit en 10ˢ23ᵈ56′39″, latitude 1ᵈ36′A. environ. *Bull. ms. — Astron. Phil. p.* 468.— *Astr. Brit. p.* 283, 284. — *Astr. Carol. p.* 111.

Le 25 octobre, l'azimut de Saturne étant d'environ 7ᵈ du sud à l'ouest, Saturne plus haut de 2′ ou 3′ que ι du Verseau, et plus occidental en azimut, étoit à 25′9″ de distance de cette étoile.

Le 26, la distance étoit de 25′36″. Ces observations sont de Gascoigne à Middletown. *Hist. cœl. Brit. t. I, p.* 3.

Le 31 octobre à 7ʰ30′, distance de Saturne à la même étoile, observée à Paris par Boulliau, 23′ au plus; l'azimut de Saturne de 10′ plus occidental que celui de l'étoile. Saturne étoit peu au-delà du méridien. Ainsi en rétrogradant, il avoit dépassé de 5′ la longitude de l'étoile. Il étoit en 10ˢ23ᵈ42′. *Bull. ms.*

— Le 27 juillet, à 12ʰ, Mars étoit dans la ligne droite qui joint x et δ du Verseau. x du Verseau étoit alors en 11ˢ4ᵈ24′37″, latitude 4ᵈ9′B., et δ en 11ˢ3ᵈ54′37″, latitude 8ᵈ10′A. La distance de Saturne à δ étoit égale à celle de γ à δ du Capricorne, et même un peu plus grande, ou de 2ᵈ vers le nord, autant qu'il fut possible de l'estimer à la vue simple : il étoit donc en 11ˢ3ᵈ59′, *Bull. ms.* — x du Verseau étoit alors, suivant Bradley, en 11ˢ4ᵈ24′23″, latitude 4ᵈ7′26″B. et δ en 11ˢ3ᵈ51′13″, latitude 8ᵈ8′36″A.; mais on ne peut faire grand fond sur une telle observation.

Le 30 juillet à 11ʰ40′, Mars, dans le nonagésime, étoit de 8′ à 9′ plus oriental que l'azimut de 2x du Verseau; sa distance à l'étoile étoit de plus de 40′ vers le sud. L'étoile étoit en 11ˢ3ᵈ37′37″, latitude 5ᵈ37′A. (en 11ˢ3ᵈ34′31″, lat. 5ᵈ39′15″, suivant Bradley). Donc Mars étoit en 11ˢ3ᵈ46′, lat. 6ᵈ17′ et plus, A. *Bull. ms.*

Le 4 août, Mars, au nonagésime, étoit de 21′ à l'ouest distant de l'azimut de la même étoile; il étoit plus austral que le 30 juillet. Il étoit en 11^{s}3^{d}16′. *Ibid.*

Observations de Margraff.

La Table suivante contient les observations que Margraff a faites du passage des planètes supérieures au méridien. On y apercevra facilement quelques inexactitudes; la plupart pourroient n'être que des fautes de copiste.

Les lettres O.S., N.O., E.N., etc., jointes à l'azimut des étoiles, dénotent que ces azimuts sont comptés de l'ouest au sud, du nord à l'ouest, de l'est au nord, etc.

Dates.	Étoiles.	Hauteurs des étoiles.	Azimuts des étoiles.	Oscillations.	Planètes au méridien.	Hauteurs mérid. des planètes.	Oscillations.
Août 24	Arcturus	25^d 37′	62^d 25′ N.O.	118	Jupiter	74^d 32$\frac{1}{2}$ A.	353
		24 1	62 51				
	ζ de l'Aigle	39 6$\frac{1}{2}$	65 51 N.O.	180	Saturne	83 48 A.	897
					Mars	79 49 A.	385
		33 53	68 6				
25	Arcturus	26 36$\frac{1}{2}$	61 58	163	Jupiter	74 32	377
		24 39.	62 21				
26		26 51	61 28	218	Jupiter	74 32	270
		25 7$\frac{1}{2}$	62 22				
	ζ de l'Aigle	41 2	64 42	637	Saturne	83 47$\frac{1}{2}$	825
					Mars	79 41$\frac{1}{2}$	943
		32 30	68 43				
28	Arcturus	27 28	61 32	349	Jupiter	74 32	299
		25 13	62 22				
30		28 6	61 7	536	Jupiter	74 31	281
		25 20	62 20				
Sept. 1	Arcturus	26 36	61 55 N.O.	171	Jupiter	74 31 A.	382
		24 48	62 38$\frac{1}{2}$				
7	α de ♍	18 33$\frac{1}{2}$	7 12$\frac{1}{2}$ O.S.	0	Jupiter	74 30	
17	ζ de l'Aigle	41 41	64 18 N.O.	399	Saturne	83 20 A.	48
					Mars	79 43 A.	528
		38 1	66 23				
18		41 30	64 30	383	Saturne	83 18$\frac{1}{2}$	56
					Mars	79 47$\frac{1}{2}$	572
		32 50 (¹)	66 31	…	….	……	103
		37 28$\frac{1}{2}$	66 40				
19		42 11	64 12	542	Saturne	83 17$\frac{1}{2}$	46
					Mars	79 54	724
		37 34	66 24 N.O.	…	….	……	127
		37 8	66 48				

(¹) Il faut certainement lire 37 degrés 50 minutes.

Dates.	Étoiles.	Hauteurs des étoiles.	Azimuts des étoiles.	Oscillations.	Planètes au méridien.	Hauteurs mérid. des planètes.	Oscillations.
Sept. 20	ζ de l'Aigle	40ᵈ 26′	65ᵈ 21′ N. O.	105	Saturne	83ᵈ 15½′	36
					Mars	79 58½	589
		37 36½	66 42	…	….	…….	63
		37 20	66 50				
23		41 10	64 50	216	Saturne	83 10	149
					Mars	80 11½	547
		37 52	66 28	…	….	…….	250
		36 59	67 8				
25		40 53½	64 43	158	Saturne	83 9	171
					Mars	80 24½	516
		37 59	66 38				
26		41 51	64 15	397	Saturne	83 9	157
					Mars	80 30	596
		37 44½	66 32				
Oct. 2		41 58½	64 11	346	Saturne	83 5	485
					Mars	81 14	566
	La Lyre	20 59	43 31½ N. O.	…	….	…..	237
	ζ de l'Aigle	36 9	67 8	…	….	…..	119
		35 41½	67 31				
9		44 22	62 42	…	….	…..	383
		43 4	63 22	543	Saturne	83 0	730
					Mars	82 9½	566
		35 49	67 14	…	….	…….	105
		35 30	67 29				
10	La Lyre	24 9	…..	106	Saturne	82 59½	796
					Mars	82 18	384
	ζ de l'Aigle	36 22	67 6	…	….	…..	128
	La Lyre	20 19	43 59	…	….	…..	133
	ζ de l'Aigle	35 30½	67 21				
14		42 39	63 40	423	Saturne	82 58	429
	La Lyre	22 50	41 57	715	Mars	82 56½	500
	ζ de l'Aigle	35 11½	67 24	…	….	…….	170
		34 36	67 53	…	….	…….	159
	La Lyre	18 49	45 38				

Les observations suivantes de Mercure sont toutes faites le soir, peu après le coucher du Soleil.

Dates.	Étoiles.	Hauteurs des étoiles.	Azimuts des étoiles.	Oscillations.	Hauteurs de Mercure.	Azimuts de Mercure.	Oscillations.
Août 7	Arcturus	51ᵈ 20′	41ᵈ 17′ N. O.	330	6ᵈ 7′	77ᵈ 42′ N. O.	245
		.. ..	………….	…	4 59½	78 0	343
		48 59	44 28				

Dates.	Étoiles.	Hauteurs des étoiles.	Azimuts des étoiles.	Oscillations.	Hauteurs de Mercure.	Azimuts de Mercure.	Oscillations.
		d '	d '		d '	d '	
Août 10	Cour. bor.	.....	....	...	8 21	79 38	215
		52 26	16 10 N. O.	117	7 6	79 40	225
		52 7	16 30				
24	α de la ny	38 2	6 0 O. S.	138	17 29	88 0	140
		36 58	5 55	135	16 25½	88 12	141
		35 54	6 7	128	15 20	88 36	128
		34 51	6 6	234	14 2	88 43	137
		33 25½	6 20				
25		37 28	5 38	118	18 9	88 31	123
		36 33	5 38	142	17 10	88 37	121
		35 30	6 1	189	16 0	88 48	104
		34 21	6 2½				
26		36 22½	5 55	126	18 10½	89 13	283
		......	....	...	17 4½	89 23	378
		33 20	6 9				
28		.....	....	...	17 24	0 38 O. S.	158
		32 24	6 15	128	16 21	0 46	97
		31 32	6 18	86	15 38½	0 58	554
		29 0½	6 35	113	13 0	1 21½	130
		28 8½	6 42	108	12 6½	1 34	113
		27 19	6 45				
30		.....	....	...	17 50	1 47	117
		31 1	6 28	74	17 0	2 2	92
		30 14½	6 37	119	16 10	2 10	105
		29 21	6 41	88	15 27	2 14½	113
		28 36½	6 42	88	14 45	2 21½	120
		27 47½	6 43	80	13 51½	2 24	106
		27 3½	6 45	116	13 5	2 27	89
		26 18	6 47	105	12 20½	2 36	105
	Arcturus	31 5	59 43 N. O.	122	11 27½	2 45	216
		30 0	60 24½	...	......	....	
Sept. 1	α de la ny	27 34	6 47 O. S.	138	15 19	3 25	135
		26 30½	6 49	124	14 20	3 31½	123
		25 32	6 52	130	13 20	3 38	119
		24 34½	6 57 O. S.				
2		27 28½	6 35	112	16 10	3 33½ O. S.	112
		26 35	6 39	119	15 18½	3 41½	117
		25 42	6 43	138	14 19½	3 47	121
	Arcturus	30 26	60 2 N. O.	116	13 19½	3 51	109
		29 42½	60 20½	119	12 30	4 7	96
		28 57	60 41				
6		29 46	60 12	163	15 25	5 13	109
		28 51	61 0	148	14 31	5 22	113
	α de la ny	21 51	7 8 O. S.	110	13 39	5 38	137

Dates.	Étoiles.	Hauteurs des étoiles.	Azimuts des étoiles.	Oscillations.	Hauteurs de Mercure.	Azimuts de Mercure.	Oscillations.
		^{d} $'$	^{d} $'$		^{d} $'$	^{d} $'$	
Sept. 6	α de la ♍	21 0	7 $22\frac{1}{2}$	105	$12 \;\; 47\frac{1}{2}$	$5 \;\; 47\frac{1}{2}$	149
	Arcturus	26 17	61 50 N. O.	...	......	.....	146
	α de la ♍	19 36	7 14 O. S.				
7	α de la ♍	20 10	6 $42\frac{1}{2}$ O. S.	110	12 31	5 57	125
		19 10	7 4	86	11 39	6 13	75
		18 $33\frac{1}{2}$	7 $12\frac{1}{2}$				
14		......	.....	..	9 22	8 33	103
		13 36	8 10	123	....	....	...
	Arcturus	20 5	64 36 N. O.	136	7 51	8 52	120
	α de la ♍	12 $7\frac{1}{2}$	8 37 O. S.	...	....	....	104
	Arcturus	18 50	64 55 N. O.	105	6 $36\frac{1}{2}$	9 1	123
	α de la ♍	10 51	8 32 O. S.	...	.....	....	153
	Arcturus	17 31	65 18 O. N.				

1641.

ÉCLIPSE DE LUNE LE 18 OCTOBRE.

Hévélius à Dantzick; horloge réglée sur le Soleil.

7^h 1′ 15″.....   commencement.
8 26 15 .....   plus grande obscurité, de 7 doigts.
8 27 10 .....   distance de la Lune à Saturne 5o^d 20′.
9 51   .....   fin. *Mach. cœl, libr. II.*

Streete conclut de cette observation qu'à 7^h 10′, t. m. méridien de Londres, le lieu de la Lune en son orbite étoit o^s 25^d 40′ 39″; et réduit à l'écliptique, o^s 25^d 38′ 59″. *Astr. Carol. p.* 100.

— Linnemann, à Konigsberg en Prusse.

7^h 6′ 0″.....   commencement, l'Aigle étant haute de 41^d 20′, ou seulement peut-être de 4o^d 5o′, la pénombre se distinguant difficilement de l'ombre.
8 37 0 .....   la plus grande obscurité de 6 doigts $\frac{1}{4}$, l'Aigle haute de 33^d 36′.
9 56 32 .....   fin exacte, l'Aigle haute de 23^d 45′. *Riccioli Geogr. ref. l. VIII, c.* 17, *et Almag. part. I, p.* 744. — *Gass. t. VI, p.* 474, 475.

— Phocylides à Franekère.

9^h 3′... fin, α du Bélier haut de 42^d 23′ à l'est, et aussitôt la Chèvre haute bien

précisément de 33ᵈ31′, ou à 9ʰ4′. D'ailleurs, nuages presque continus. *Phocyl.*
Epitom. Astron. p. 62 *et seq.*

— A Herck, Wendelin.

6ʰ 8′.....	commencement.
7 29.....	la plus grande phase de 6 doigts 45′.
8 5o.....	fin. *Wend. p.* 1o6. — *Ricc. Astr. ref. p.* 1o3.

— A Bruxelles, Langren.

7ʰ24′.....	milieu, 6 doigts 47 minutes. *Ibid.*

— A Louvain, Eric du Puy.

5ʰ5g′.....	commencement.
8 53.....	fin. *Ibid.*

— A Londres, Foster, près de la tour voisine de la descente de Sainte-Marie,
manqua le commencement à cause des nuages.

6ʰ g′.....	un quart du limbe éclipsé.
6 4o.....	$\frac{2}{3}$ du limbe. L'éclipse n'a pas excédé 6 doigts $\frac{1}{2}$.
7 49$\frac{2}{3}$....	la Chèvre haute de 23ᵈ35′ à l'est, $\frac{1}{3}$ du limbe et $\frac{1}{3}$ du diamètre encore dans l'ombre.
8 34.....	fin précise. *Fost. Observ. p.* 2 *et seq.*

— A Easton, dans le Northamptonshire, latitude 52ᵈ13′; longitude oᵈ43′ ouest
de Londres, Palmer.

8ʰ38′8″...	fin, la Lyre haute de 48ᵈ48′. *Palm. Cathol. Plan.* p. 2og.

— A Paris, à l'abbaye de Saint-Germain, Gassendi et Boulliau. Nuages au commencement.
L'éclipse parut d'environ 7 doigts.

7ʰ33′.....	le bord supérieur de la Lune haut de 22ᵈ18′; donc le centre haut de 22ᵈ3′, ou l'effet de la parallaxe corrigé de 22ᵈ53′, 6 doigts assez précisément.
8.5o.....	fin clairement observée, le centre de la Lune étant, correction faite, haut de 34ᵈ53′. *Gass. t. IV,* p. 437, 438. — *Bull. ms.*

— Pierre Petit, au Havre.
Fin, la Lyre haute de 48ᵈ15′, à l'ouest, et la Chèvre de 29ᵈo′ à l'est. *Gass. Ibid.*

— A Rome, le P. Niceron (le minime).

7ʰ13′.....	commencement, la Lyre haute de 67ᵈ38′ à l'ouest. *Ibid.*

Riccioli remarque avec raison que cette observation est contredite par toutes les autres.

Autres observations de la Lune.

Le 21 janvier, à $7^h 51' \frac{1}{2}$, Gascoigne à Middleton observa la Lune au-dessus d'ε du Taureau; son bord inférieur étoit de $15' 19''$ plus haut, et son centre de $2'$ plus occidental que l'étoile.

A $8^h 3'$, Sirius étant à la hauteur de $14^h 50'$, le centre de la Lune étoit de $7'$ plus oriental que l'étoile *Hist. cœl. Brit. t. I, p.* 3. Je doute que la Lune, alors apogée, ait pu parcourir $9'$ de son orbite en $11' \frac{1}{2}$ de temps.

Le 19 février, Sirius haut de $18^h 10'$, le bord nord-ouest de la Lune étoit à $15' 2''$ de χ d'Orion, suivant l'observation de Gascoigne.

α du Lion étant à la hauteur de $36^d 40'$, donc à $8^h 36' 12''$, le même bord et l'étoile étoient dans le même azimut, et la distance étoit de $16' 40''$.

Régulus haut de $39^d 24'$, ou à $8^h 57'$, distance $19' 2''$.

Régulus haut de $44^d 0'$, ou à $9^h 40'$, distance $40' 0''$. *Ibid.* Gascoigne mesuroit sans doute ces distances avec son micromètre. Mais avec ce même micromètre, il trouva le diamètre de la Lune de $30' 54''$. Or je doute que deux ou trois jours après l'apogée de la Lune, son diamètre puisse être de cette grandeur.

Le 20 mars, Gascoigne prit plusieurs distances de la Lune à λ des Gémeaux; on peut en voir le détail *ibid*. L'observation la plus essentielle est celle-ci. A $9^h 5'$ t. app., l'étoile étoit dans la ligne des cornes, à $18' 20''$ de distance de la corne voisine, le demi-diamètre de la Lune fut trouvé de $18' 3''$. Cependant, dans une liste de 56 observations du demi-diamètre de la Lune, faites cette année par Gascoigne, en 56 jours différens, ce demi-diamètre n'est porté, le 20 mars à 9^h, qu'à $17' 29''$, et c'est encore beaucoup trop, d'autant plus que la Lune étoit alors plus près de son apogée que de son périgée.

— Le 13 avril, à Paris, α d'Orion étant haut de $24^d 0'$ à l'ouest, donc à $8^h 8''$, Boulliau observa l'immersion d'ε du Taureau derrière le disque obscur de la Lune, à 72^d ou un peu plus de la corne australe. L'étoile étoit en $2^s 3^d 27'$, latitude $2^d 37'$ A. (ou mieux, en $2^s 3^d 26' 51''$, latitude $2^d 35' 37''$A. suivant Bradley). Donc lieu apparent de la Lune $2^s 3^d 12' 44''$; latitude $2^d 32' 11''$. Parallaxe en longitude $42' 24''$, en latitude $32'$; donc lieu vrai, $2^s 3^d 55' 8''$; lat. vraie $2^d 0' 11''$A. — *Bull. ms.* — *Astr. Phil. p.* 167.

Je ne sais pourquoi Wing, *Astr. Brit. p.* 178, dit que le point de l'immersion étoit distant de la corne inférieure de $\frac{2}{5}$, *ou plutôt*, ajoute-t-il, *de $\frac{1}{5}$* du demi-limbe obscur. Boulliau dit expressément *duabus quintis*, et son calcul le suppose. Il est cependant vrai qu'en faisant la latitude australe apparente de la Lune moindre que celle de l'étoile, il a supposé que cette distance de $\frac{2}{5}$ étoit prise de la corne boréale, quoiqu'il dise, et dans son manuscrit, et dans son Astronomie, qu'elle étoit prise *ab inferiore cornu*.

Streete admet les $\frac{2}{5}$, *From inferior horn,* et paroit cependant les compter de la corne boréale. Il conclut de l'observation de Boulliau, qu'à $7^h 43'$, t. m. mérid. de Londres, le vrai lieu de la Lune étoit en $2^s 3^d 51'$; lat. vraie $2^d 0' 20''$. *Astr. Carol. p.* 103, 104.

— Langren, à Bruxelles, observa la même immersion, le $149^d 26'$ de l'équateur étant au méridien. *Ricc. Astron. ref. p.* 158. (donc immersion à $8^h 28' 29''$).

— Le 20 juin, Boulliau observa à Paris la Lune dans le méridien avec β du Scorpion, à $9^h 50'$. L'étoile, vue au télescope, étoit de 12' au plus, plus boréale que le bord supérieur. Le centre de la Lune avoit dépassé de 8' au plus le vertical de l'étoile. Donc lieu vrai de la Lune dans son orbite, $7^s 28^d 15' 17''$, et réduit à l'écliptique, $7^s 28^d 10' 58''$; lat. vraie $1^d 35' 30'' $B. Le bord supérieur étant haut de 20$^d 6'$, le bord occidental et l'étoile étoient dans le même azimut. Boulliau suppose l'étoile en $7^s 28^d 10'$, lat. $1^d 5'$B. d'où il conclut la longitude apparente de la Lune en $7^s 28^d 24' 3''$, lat. app. $38' 38''$B. *Bull. ms. — Astr. Phil. p.* 167. L'étoile étoit en effet, suivant Bradley, en $7^s 28^d 10'.6''$; mais sa latitude n'étoit que de $1^d 2' 18''$. Streete conclut de l'observation de Boulliau, qu'à $9^h 39'$, t. m. mérid. de Londres, la Lune étoit en $7^s 28^d 10'$. *Astron. Carol. p.* 103.

Le 24 juin, à Paris, Arcturus étant haut de $41^d 37'$ à l'ouest, donc à $11^h 5' 20''$, Boulliau, au télescope, observa que le centre de la Lune étoit dans un vertical de 30' plus oriental que celui de β du Capricorne, et que son bord supérieur étoit de 25' moins haut que l'étoile. La distance absolue de celle-ci au bord le plus voisin, étoit de 32'. L'étoile étoit en $9^s 29^d 5'$, avec une latitude de $4^d 41'$B. ($9^s 29^d 2' 11''$, lat. $4^d 36' 46''$, suivant Bradley). Donc lieu apparent de la Lune, $9^s 29^d 40' 54''$, parallaxe $9' 13''$, lieu vrai $9^s 29^d 31' 41''$; latitude apparente $4^d 5' 8''$, parallaxe $59' 17''$, latitude vraie $5^d 4' 25''$B. *Bull. ms. — Astron. Phil. p.* 168. Streete conclut qu'à $10^h 56'$ t. m. mérid. de Londres, le vrai lieu de la Lune étoit en $9^s 29^d 28'$. *Astr. Car. p.* 103.

PLANÈTES ET ÉTOILES.

Le 18 janvier, à $6^h \frac{1}{2}$, île d'Antoine Vaaz, Vénus étoit à l'occident de Saturne, et paroissoit devoir le friser, ou du moins en passer fort près; sa distance à Saturne égaloit les deux tiers du champ du télescope. Le lendemain, à 7^h, Vénus avoit dépassé Saturne; la distance des deux planètes étoit égale à celle de β et γ du Bélier ($1^d 31' 11''$ suivant Flamsteed). *Marg. ms.*

— Le 8 juillet, à Paris, à 14^h, Saturne étoit presque dans le même vertical que χ du Verseau, plus haut de 18', à très-peu-près, que l'étoile. Celle-ci étoit en $11^s 12^d 8'$; lat. $2^d 49'$A. ($11^s 12^d 2' 28''$, lat. $2^d 50' 14''$, suivant Bradley). *Bull. ms.*

Le 26 août, à 12^h, Saturne étoit de 16' plus bas que $1h$ du Verseau, et son azimut de 18' plus oriental que celui de l'étoile; la distance totale étoit d'environ 26'. L'étoile étoit en $11^s 9^d 34' 40''$; lat. $1^d 24'$A. (en $11^s 9^d 23' 34''$, lat. $1^d 40' 37''$ suivant Bradley, $11^s 9^d 33' 32''$; lat. $1^d 40' 32'' \frac{1}{2}$, suivant Mayer).

Le 28 à 11^h, distance 20' environ, Saturne 19' plus bas, et de 4' au plus, plus oriental en azimut.

Le 29, à 10^h, Saturne et l'étoile dans le même azimut, même distance que la veille.

Le 30, à-peu-près à la même heure, Saturne est dans un azimut un peu plus occidental. On vit une autre petite étoile (apparemment $3h$), de 2' plus boréale que Saturne. Le 29, la lumière de Saturne offusquoit cette étoile; on la voyoit à peine; elle étoit un peu plus orientale que la planète. *Bull. ms.*

De cette observation, faite à Paris, Boulliau conclut que le 29 août, à 11ʰ, méridien d'Uranibourg, Saturne étoit en 11ˢ9ᵈ34′40″ (ou plutôt en 11ˢ9ᵈ33′32″ suivant Mayer). *Astr. Phil. p.* 468. Suivant Streete cette planète étoit à 10ˢ11ᵈ23′8″ de γ du Bélier. *Astron. Carol. p.* 111; donc, suivant la Table de précession de Streete, à 11ˢ9ᵈ31′34″ du point équinoxial.

— Le 14 octobre, α de Pégase passe au méridien de Bologne; 8′45″ après, Saturne y passe à la hauteur de 31ᵈ6′. *Ricc. Astr. ref. p.* 287.

Le 29 octobre, à Bologne, Saturne médie 4′0″ après Fomalhaut; hauteur méridienne 34ᵈ5o′. *Ibid.* (Il sembleroit que Saturne étant alors rétrograde, sa hauteur méridienne devoit diminuer. Je soupçonnerois qu'au 14 octobre, la hauteur méridienne étoit de 35ᵈ6′).

— Le 8 juillet, à 14ʰ, Jupiter, observé à Paris, est plus oriental qu'une étoile de 5ᵉ grandeur que Boulliau a prise d'abord pour celle que Bayer désigne par θ dans le Capricorne; mais il s'est aperçu ensuite de son erreur : cette étoile n'est dans aucun catalogue. Jupiter étoit de 7′ plus haut que l'étoile, et sa distance à l'étoile étoit de 26′.

Le 10 à 12ʰ, la distance étoit de 16′, Jupiter à l'est.

Le 11 à 10ʰ, elle étoit tout au plus de 9′. Mais alors Jupiter étoit de 3o′ vers l'est distant du véritable θ du Capricorne.

Le 15 à 10ʰ, Jupiter et θ étoient presque dans le même vertical; Jupiter plus bas de 13′ que l'étoile.

Le 16 à 11ʰ3o′, distance de θ : 14′; l'azimut de Jupiter est de 4′ plus occidental que celui de l'étoile. Celle-ci est en 10ˢ8ᵈ55′; lat. 0ᵈ29′A. (10ˢ8ᵈ49′49″, lat. 0ᵈ33′37″ Bradley). Donc Jupiter étoit en 10ˢ8ᵈ51′, lat. 0ᵈ43′A. (ou peut-être mieux, Jupiter en 10ˢ8ᵈ46′; lat. 0ᵈ46′ ou 47′A). *Bull. ms.*

Le 3 décembre, Jupiter, revenu à la même étoile, en étoit distant d'environ 20′. De la situation de la planète et de celle du zodiaque à l'égard de l'étoile, Boulliau conclut que la longitude des deux astres étoit la même; qu'en conséquence Jupiter étoit en 10ˢ8ᵈ55′, lat. 0ᵈ49′A. (ou mieux, en 10ˢ8ᵈ5o′; lat. 0ᵈ53, à 54′A.) *Ibid.*

— La variable de la Baleine ne parut pas cette année avant le 23 septembre. *Hevel. de Mercurio*, etc.

FAITS.

L'Angleterre, ou plutôt l'astronomie, fit dès le commencement de cette année une véritable perte dans la personne de Jérémie Horrokes ou Horroxe. Son goût pour l'astronomie s'étoit manifesté dès ses plus tendres années; mais ses moyens ne lui permettoient guère de le satisfaire. Il se trouva cependant en état d'acquérir les Tables de Lansberg, et il crut posséder un trésor. Il calcula sur ces Tables des éphémérides; il fit quelques observations dont les résultats ne s'accordoient pas avec ceux de ses calculs; il aima mieux croire qu'il avoit mal observé, que de soupçonner d'erreur les Tables du *divin* Lansberg. Cependant son ami Guillaume Crabtrée l'avertissoit de se défier de ces Tables; d'un autre côté, les contrariétés entre elles et les observations se multiplioient et devenoient énormes. Horroxe abjura Lansberg, et se procura les ouvrages de Képler. Il trouva les hypothèses de Képler plus raisonnables que celles de Lansberg, et les Tables Rudolphines du premier plus exactes que les Tables perpétuelles du second. Ces Tables Rudolphines n'étoient cependant pas parfaites : Horroxe avoit entrepris de les perfectionner, et ce qui nous reste de ses ouvrages prouve qu'il étoit en état d'y réussir; tous portent l'empreinte non équivoque d'un véritable génie. Mais *ostenderunt terris hunc tantum fata.* Il mourut à Toxteth, le $\frac{3}{13}$ janvier 1641, âgé de 22 ans seulement; ou s'il étoit entré dans sa 23e année, il est au moins certain qu'il ne l'avoit pas terminée. On a recueilli et imprimé en 1673, à Londres, in-4°, ce qu'on a pu recueillir des ouvrages d'Horroxe; ce ne sont, outre ses lettres et ses observations, que des morceaux détachés, destinés à faire partie d'ouvrages plus étendus, qui ont été ou perdus ou non achevés. Crabtrée, son digne ami, ne lui survécut que de quelques jours, suivant une note insérée à la page 338 des OEuvres d'Horroxe. On lui attribue cependant, dans *Hist. cœl. Brit. t. I, p.* 4, une observation de l'éclipse du 14 avril 1642.

1642.

SOLEIL.

Hévélius a joint à sa Sélénographie une appendice, au commencement de laquelle on trouve des observations, très-nombreuses et très-suivies, que cet Astronome a faites des taches du Soleil, pendant les années 1642, 1643, 1644.

PREMIÈRE ÉCLIPSE DE LUNE, LE 14 AVRIL.

Hévélius à Dantzick.

13[h] 13′ 42″	commencement.
14 22	immersion.
15 4 36	milieu; la Lune est absolument invisible.
15 53 20	émersion.
16 55 30	fin, autant qu'il fut possible d'en juger à travers les vapeurs de l'horizon. *Selenogr. p.* 117. — *Mach. cœl. lib. II, etc.*

— Eichstadius à Stettin.

12[h] 58′	commencement, β du Lion haut de 39[d] 12′ à l'ouest.
13 56	immersion, l'épi de la Vierge haut de 20[d] 18′ à l'ouest.
15 40	émersion, Arcturus haut de 41[d] 9′ à l'ouest.
16 38	fin, conclue des phases précédentes. *Hevel. Ep. ad. Gass. t. VI, p.* 471. — *Bull. Astr. Phil. p.* 465.

— A Prague, les PP. Théodore Moret et Wolfgang, et le docteur Marc.

	commencement, l'épi de la Vierge haut de 28[d] 23′.
14[h] 9′ 54″	immersion, la même étoile haute de 22[d] 20′.
15 28 27	émersion, l'étoile haute de 12[d] 15′. Les hauteurs ont été prises avec le grand quart-de-cercle de Tycho. La Lune totalement éclipsée fut parfaitement invisible. *Ricc. Almag. part I, p.* 383. — *Astr. ref. p.* 103. — *Geogr. ref. l.* 8, *c.* 17.

— A Glatz, en Silésie, le P. Baltazar Conrad.

14^{h}26′........ immersion, Arcturus haut de 52^{d}52′30″, avec quelque doute cependant, provenant d'une fausse lueur, adhérente au limbe.

15^{h}48′........ émersion certaine, η de la grande Ourse haute de 55^{d}7′38″. *Ricc. ibid.*

— A Aichstat, en Franconie, le P. Arzet.

12^{h}44′ ..... commencement.

13 53 ..... immersion.

15 23 20″..... émersion.

16 32 ..... fin. *Ibid.* Dans *Geogr. ref.*, l'émersion est marquée à 15^{h}33′.

— A Wurtzbourg, le P. Henri Marcel.

12^{h}32′54″..... commencement.

13 37 54 ..... immersion.

15 17 36 ..... émersion.

16 31 44 .... fin. *Ricc. Geogr. ref. ibid.* Dans *Almag.* et *Astr. ref.*, l'immersion est mal-à-propos marquée à 13^{h}58′.

— A Paderborn, les PP. Mardesow et Lansitch.

12^{h}15′........ commencement, de la pénombre apparemment, l'épi haut de 28^{d}18′.

13 41 .... immersion, la même étoile haute de 23^{d}5′.

15 21 .... émersion, l'étoile haute de 12^d.

16 12 .... fin, Arcturus haut de 36^{d}58′, *ibid.*

— A Ingolstadt, le P. Jacques Viva.

12^{h}46′........ commencement, Régulus haut de 25^{d}15′.

13 50 .... immersion, Régulus haut de 13^{d}40′.

15 28 .... émersion, α de l'Aigle haut de 44^{d}44′.

16 30 .... fin, α de l'Aigle à la même hauteur. *Ibid.*

— A Cologne, les PP. Lubert Middendorp et Henri Sturn.

12^{h}26′30″..... commencement.

13 41 30 ..... immersion. *Ibid.*

— A Leyde, Golius.

12^h 0′12″..... commencement, Régulus haut de 31^{d}22′50″.

12 37 34 ..... 6 doigts, β du Lion haut de 42^{d}55′40″.

13 14 36 ..... immersion. Nuages à l'émersion.

15 25 18 ..... six doigts.

16 2 30 ..... fin. La Lune totalement éclipsée fut absolument invisible. *Ibid.* et *Wendel. Ep. ad Gass. t. VI, p.* 500.

— A Louvain, Gérard Gutiscovius.

12ʰ 0′...   commencement.
12 15...   trois doigts.
13 16...   immersion. *Ricc. ibid.* — *Wendel. ibid.* p. 459. Mut, *Observ.* p. 2, met le commencement à 12ʰ4′.

— Wendelin, à Herck.

12ʰ 3′...   commencement, d'un aveu unanime de tous les spectateurs; observation faite à l'œil nu, comme toutes celles de Wen-delin.
13 5...   onze doigts et demi.
13 47...   la Lune a totalement disparu.
14 43...   elle sortoit de l'ombre.
15 41...   fin. *Wendel. ibid.*

Voyez-y un plus ample détail. Mut, *Obs. p.* 3 prouve très-bien que cette observation ne peut être exacte. Boulliau l'avoit déjà remarqué. Wendelin, dans *Gass., ibid. p.* 458, 459 et 500, défend son observation. Il a d'excellens cadrans, des méridiens très-amples, entre autres les deux tours de son église. (Il étoit curé d'Herck.) Il conjure Gassendi de renoncer à la méthode de déterminer le temps par la hauteur des astres, etc. L'observation de Wendelin ne contrarie pas seulement celle de Gassendi, mais encore celles d'Hévélius, de Mut et de Riccioli. Il est vrai qu'elle s'accorde à-peu-près avec les observations de Leyde, de Louvain, d'Avignon, etc. mais la présomption ne sera pas pour celles-ci.

Dans *Hist. cœl. Brit.* on rapporte quelques observations très-équivoques de Crabtrée: les nuages, qui ne laissoient entre eux que des éclaircies fort rares, ne permirent pas de faire mieux.

— A Paris, hôtel de Thou, Gassendi, Boulliau et le P. Fournier observèrent de concert. On trouve le détail de leurs observations dans *Fournier, Hydrogr. l.* 12, c. 15. — *Gass. t. IV, p.* 439, 440. — *Bull. ms.* Voici les principales.

12ʰ10′ commencement, Régulus ayant 30ᵈ53′ de hauteur. Le point du commencement étoit plus haut que la tache Grimaldus, d'une fois et demie la longueur de cette tache. Boulliau croit qu'on pourroit anticiper de 2′ l'heure du commencement; alors l'observation s'accorderoit mieux avec le résultat de ses Tables.

13ʰ11, Régulus haut de 20ᵈ53′, immersion, plus bas que *Mare Crisium* d'un quart de la longueur de cette tache.

14ʰ47′ Arcturus haut de 50ᵈ22′, émersion, plus haut que le point du commencement d'environ deux longueurs de la tache Grimaldus. Le point de l'émersion étoit, sur le limbe, distant de celui de l'immersion, de 149ᵈ.

15ʰ48′, fin. La distance entre les points du commencement et de la fin a été sur le limbe de 182ᵈ, en comptant de l'est à l'ouest par le sud.

Le P. Fournier et Boulliau s'accordent à dire qu'au milieu de l'éclipse la Lune avoit totalement disparu; cependant Gassendi, *t. VI, p.* 254, convient qu'il avoit cessé de voir la Lune; mais, dit-il, c'étoit à cause de la foiblesse de ma vue; d'autres plus clairvoyans ne l'avoient pas perdue de vue.

— A Avignon, Antoine-François Payen.

$11^h 59'$, Arcturus haut de $66^d 32'$ à l'est, azimut $6^d 50'$, commencement.

$13^d 1'$, α de la Vierge haut de $33^d 15'$, azimut $21^d 58'$ ouest, immersion. *Ricc. Almag. p.* 382. Cette observation n'est pas la meilleure de toutes.

— A Trente, le P. Staudacter.

$13^h 32'$ immersion. *Ibid. p.* 381.

— A Bologne, les PP. Riccioli et Grimaldi.

$12^h 49'\ 6''$...........................	} commencement.
12 48	
13 51 10...........................	} immersion.
13 52	
15 37 22...........................	} émersion.
15 36 20...........................	
16 39 30...........................	} fin.
16 40 30...........................	

Riccioli nous a donné trois éditions de son observation, la première, très-bien raisonnée, dans son *Almag. p.* 381. Les premières heures marquées pour chaque phase sont de cette édition. Les autres heures sont extraites de son *Astron. ref. p.* 103. Enfin, dans sa *Geogr. ref. l.* 8, *c.* 17, il nous donne une 3ᵉ édition qui ne diffère que de quelques secondes de celles d'*Astron. ref.* Son procédé pour obtenir les heures de l'Almageste est tel : on observa le passage d'Arcturus au méridien; on trouva par le calcul, qu'il étoit alors $12^h 26' 56''$. De cet instant l'on compta par les oscillations d'un pendule simple, et avec la plus grande exactitude, $22' 10''$ jusqu'au commencement de l'éclipse; de ce commencement à l'immersion, $62' 4''$; de l'immersion à l'émersion, $106' 12''$; de l'émersion à la fin, $62' 8''$. La hauteur occidentale d'α de la Vierge, $33^d 44' 15''$, auroit donné $12^h 47' 27''$ pour l'heure du commencement. La hauteur $26^d 25' 20''$ de la même étoile donneroit l'immersion à $13^h 54' 30''$. Enfin d'après $50^d 0' 50''$, hauteur orientale observée de l'Aigle, la fin seroit arrivée à $16^h 38'$. Mais Riccioli croit devoir s'en rapporter plutôt aux oscillations comptées depuis le passage d'Arcturus. Il a raison sans doute, s'il est bien assuré d'avoir véritablement observé le passage de l'étoile au vrai méridien, si la valeur des oscillations de son pendule est bien constatée, si enfin il est bien certain qu'on ne s'est pas trompé dans le compte de ces oscillations.

Riccioli ajoute que la Lune a passé au méridien $28' 16''$ avant Arcturus, avec $35^d 31'$ de hauteur méridienne. *Astr. ref. p.* 160.

Durant la totalité de l'éclipse, la Lune disparut totalement.

— Streete, *Astr. Carol. p.* 25, regarde l'observation de Riccioli comme très-exacte. Il établit que la différence des méridiens de Londres et de Bologne est de 13^d bien précis (elle est de $11^d 25' 45''$). Il conclut donc qu'à $14^h 44'$ temps appar. mér. de Bologne, ou à $13^h 37'$ t. m. de Londres, la Lune étoit en $6^s 25^d 6' 54''$. Il répète la même chose *p.* 100. Il y a ici quelque erreur. Je n'incidente point sur ce que Streete confond le milieu de l'éclipse avec l'opposition; la différence étoit ici presque insensible. Mais la différence des méridiens étant, suivant Streete, de 52′ de temps, et l'équation du temps étant alors de 4 à 5″ au plus, c'est-à-dire presque nulle, 14ʰ44′ t. app. à Bologne, donnoient 13ʰ52′, non 13ʰ37′ de temps moyen à Londres.

— Boulliau, *Astr. Phil. p.* 149, déduit de l'observation de Paris que, à 14ʰ42′, t. m. méridien d'Uranibourg, la Lune étoit en 6ˢ25ᵈ13′47″. Cela est plus exact.

— A Venise, Jules Justiniani.

12ʰ56′ 9″...	commencement
15 38 41 ...	émersion. La Lune, totalement éclipsée, parut, ainsi qu'à Vienne, d'une couleur rougeâtre, telle que celle de Mars. *Ricc. Geogr. ref. l.* 8, *c.* 17. Dans l'Almageste, le commencement est marqué à 12ʰ46′9″, *p.* 381; dans *Astr. ref. p.* 103, à 12ʰ46′⅙.

— A Pise, Vincent Reinieri; télescope excellent, mais quart-de-cercle médiocre.

12ʰ33′ 6″...	α de la Vierge haut de 35ᵈ6′ à l'ouest, commencement.
13 49 18 ...	α d'Ophiuchus haut de 50ᵈ24′ à l'est, immersion.
15 21 23 ...	l'Aigle haute de 40ᵈ12′ à l'est, émersion. On chercha en vain dans le ciel, très-serein d'ailleurs, le lieu de la Lune totalement éclipsée. *Ricc. Almag. p.* 381. Voyez-y un plus ample détail.

— A Mantoue, les PP. Weilhamer et Vincent-Marie Grimaldi.

12ʰ38′27″...	commencement.
13 45 7 ...	immersion.
15 15 ...	émersion.
16 25 ...	fin. *Ibid.* et *Astron. ref. p.* 103.

— A Majorque, Vincent Mut.

12ʰ10′......	commencement, β du Lion haut de 49ᵈ56′ à l'ouest.
13 17......	immersion, la même étoile haute de 41ᵈ4′.
14 57......	émersion, l'étoile haute de 22ᵈ41′.

Mut observoit les éclipses de Lune avec un excellent télescope de 8 palmes, ayant éprouvé que, pour de telles observations, un semblable télescope valoit mieux que de plus longs instrumens. Il a toujours trouvé la hauteur du pôle de 39ᵈ35′. *Mut, Observationes motuum cœlest. p.* 1.

— A Québec, le P. Joseph Bressan.

7ʰ36′......	commencement.
8 45......	immersion.
10 20......	émersion. *Ricc. Geogr. ref. t.* 8, *c.* 17.

A l'habitation de Sainte-Marie, au pays des Hurons.
10^{h}8′ ou 9′ fin. *Bull. ms.*

. — Au fort Ceulen, au Brésil, à l'embouchure du fleuve Potiji ou Rio-grande,
Margraff observa le commencement, Procyon étant haut de 31^{d}31′ à l'ouest.

> Immersion, Antarès haut de 32^{d}24′ à l'est.
> Nuages à l'émersion.
> Fin, σ du Sagittaire haut de 35^{d}18′ à l'est. *Margr. ms.*

— Le capitaine Jacob Abrahamsen, à l'embouchure du fleuve Panama, dans la
capitainerie de Ciara, par 4^{d}50′ de latitude australe.

> 9^{h}30′...   commencement.
> 13 15...   fin. *Margr. ms.*

Riccioli, *Geogr. ref. l. 8, c.* 17, remarque qu'aucune éclipse n'avoit eu tant
d'observateurs, mais que d'un autre côté, les observations d'une même éclipse
n'avoient jamais été plus discordantes.

SECONDE ÉCLIPSE DE LUNE LE 7 OCTOBRE.

A Bresnitz, en Bohême, le P. Théodore Moret.
14^{h}57′, la Lune ayant 29^{d}51′20″ de hauteur et 57^{d}46′ d'azimut du sud à l'ouest,
commencement. Puis nuages. *Ricc. Almag. part. I, p.* 383. — *Astr. ref. p.* 103.

— A Aubrey en Sommersetschire, par 51^{d}10′ de latitude, et 13′ de temps à l'ouest
de Londres, Foster.

> 13^{h}49′...   commencement.
> 13 54...   un doigt.
> 14 48...   immersion. *Foster, Observ. Astr. Brit. p.* 326.

— A Avignon, Tondut de Saint-Léger.

> 14^{h}18′...   Rigel haut de 32^{h}17′, commencement. La hauteur simultanée
>   et corrigée de la Lune, 40^{d}47′, donneroit 14^{h}18′30″.
> 15 18...   Rigel haut de 36^{d}28′, immersion.
> 17 4...   Rigel haut de 35^{d}40′, émersion. Au même instant la hauteur
>   de la Lune, 15^{d}15′, donneroit 17^{h}3′, et la hauteur orientale
>   de Sirius, prise peu après, et trouvée de 29^{d}35′, a donné
>   17^{h}7′. *Bull. ms.*

— A Rome, le P. François Niceron.

> 15^{h}1′   commencement, conclu d'une hauteur de Rigel prise un
>   quart-d'heure après.
> 16 5 28″.   Rigel haut de 39^{d}25′ à l'est, et Sirius de 27^{d}37′, immersion.
>   *Ricc. ubi suprà.*

— A Bologne, Riccioli et Grimaldi.

$14^h 55' 50''$.........   commencement.
$15\ 57\ 10$.........   immersion.
$17\ 46\ 40$.........   émersion.

Les temps sont réglés sur le passage d'Aldébaran au méridien, et comptés comme à l'éclipse précédente. *Almag. p.* 103. Riccioli ajoute que la demeure dans l'ombre a été de $1^h 49' 30''$. Malgré cela, dans *Astron. ref. p.* 103 et dans *Geogr. ref. l.* 8, *c.* 17, l'émersion est marquée à $17^h 36' 40''$; Streete l'a supposé de même et je pense que c'est la vraie leçon.

Streete, *Astr. Carol. p.* 25, détermine donc le milieu de l'éclipse à $16^h 46'$ t. app. mérid. de Bologne, ou à $15^h 57'$ t. m. mérid. de Londres, et conclut que la Lune étoit alors en $0^s 14^d 50' 9''$, ou, *p.* 100, à $0^s 14^d 50' 0''$ de son orbite.

— A Carlstat (*Catacü seu Catanzarici*) François Zuppus.
$16^h 16' 32''$ immersion, Régulus étant haut de $24^d 8'$ à l'est. *Ricc. Astr. ref. p.* 103.

— A Milan, Curzolanus.

$14^h 44' 0''$.........   commencement, Procyon haut de $28^d 10'$.
$15\ 47$.........   immersion, Procyon haut de $39^d 0'$. *Ibid.*

— A Lérida, ou plutôt au camp, à une lieu est de Lérida, Agarrat.
Par le détail que Gassendi, *t. IV, p.* 443, 444, donne de cette observation, il est clair qu'elle ne vaut absolument rien, faute sans doute d'instrumens suffisans.

— Majorque, Mut.

$14^h 16'$.........   commencement, Procyon haut de $24^d 54'$.
$15\ 21$.........   immersion, la même étoile haute de $36^d 43'$.
$17\ \ 2$.........   émersion, Rigel haut de $40^d 10'$.
$17\ 59$.........   fin, Rigel haut de $34^d 42'$.
$16\ 11$.........   milieu. Durée $3^h 43'$. Demeure dans l'ombre
$1^h 41'$. *Mut. Observ. p.* 4.

Riccioli, *Almag. p.* 383, rapporte l'observation de Mut; il cite fidèlement les hauteurs d'étoiles observées par cet Astronome ([1]), mais il en conclut des heures différentes. Suivant lui, le commencement est arrivé à $14^h 21' 8''$, l'immersion à $15^h 24' 16''$, l'émersion à $17^h 2' 20''$, la fin à $17^h 59' 8''$, et il répète ces mêmes heures et dans son *Astron. ref.* et dans sa *Geogr. ref.* Je ne pouvois pas facilement me persuader que Mut, un des plus habiles et des plus savans astronomes de son siècle, se fût trompé de 5 min. de temps sur le calcul de la première heure. J'ai pris la peine de calculer toutes ces hauteurs, et j'ai trouvé les résultats suivans.

Commencement à............................. $14^h 15' 43''$
Immersion à................................. $15\ 20\ 55$
Émersion à.................................. $16\ 56\ 28$
Fin... $17\ 59\ 8$

A la fin de l'éclipse, Riccioli marque pour hauteur 35 degrés 42 minutes, au lieu de 34 degrés 42 minutes; c'est une faute d'impression.

Ces heures s'accordent avec celles de Mut, qui a négligé les secondes; l'heure seule de l'émersion diffère de celle déterminée par Mut, je n'en puis pas deviner la raison : *Quandoque bonus dormitat Homerus.*

— A Madrid, don André Bisuela, assisté de quelques Jésuites marqua le commencement, Sirius étant à la hauteur de $12^d36'$, à $13^h49'$, ou, comme il l'écrivit à Mut, à $13^h52'$. *Mut. p.* 4.

— Margraff, à l'île d'Antoine Vaaz, observa le commencement. 151 oscillations de son pendule écoulées, Mars avoit $48^d43'40''$ de hauteur vers l'orient. Mars étoit, suivant Margraff, en $1^s6^d8'$, lat. $1^d56'$A., ascension droite $34^d20'$, déclinaison $11^d45'$B. Les nuages ne permettoient pas le choix libre d'une étoile.

Hauteur méridienne du centre de la Lune, $76^d14'30''$ au nord; 214 oscillations après son passage, hauteur d'Aldébaran vers l'est, $35^d39'$, son ascension droite $63^d53'$, sa déclinaison $15^d44'$B.

L'immersion et l'émersion sous les nuages.

Fin observée, et 2′ après, hauteur de γ des Poissons, $16^d50'$ à l'ouest. L'ascension droite de l'étoile étoit $344^d4'$, sa déclinaison $1^d21'$B. *Margr. ms.*

Autres observations de la Lune.

Le 7 juillet, Riccioli, à Bologne, trouva la hauteur méridienne du bord supérieur de la Lune de $30^d28'$; la Lune avoit passé $44'5''$ avant δ du Scorpion.

Le 8, hauteur méridienne du même bord, $27^d58'$; passage $11'40''$ avant Antarès. Donc à $8^h50'$ t. m. la Lune étoit en $8^s0^d46'0''$.

Le 15, hauteur méridienne du bord inférieur $47^d34'$; le bord oriental passe $42'20''$ après Fomalhaut.

Le 17, hauteur méridienne du centre $51^d59'$, et $2'0''$ après, le centre du Soleil est haut de $7^d3'30''$. Donc à $17^h20'10''$, t. m. la Lune est en $0^s17^d55'48''$.

Le 6 août, hauteur méridienne du centre $25^d55'$, il a passé $14'8''$ après α d'Ophiuchus. Donc à $8^h34'$, t. m. vrai lieu de la Lune, $8^s23^d36'$. *Ricc. Astr. ref. p.* 167.

— Le 15 août, Hévélius, à Dantzick, à $11^h10'$, peu après le lever de la Lune, vit Mars adhérant presque au limbe; des nuages survinrent. Autant qu'Hévélius peut le conjecturer, Mars aura été caché par le bord austral. *Mach. cœl. l.* 2.

— L'occultation eut lieu à Stettin; Eichstadius y observa l'immersion à $11^h3'$, l'émersion à $11^h36'$. *Ibid.*

— A Bruxelles, Langren observa l'immersion, le $300^d33'$ de l'équateur étant au méridien (donc suivant notre calcul, à $10^h25'5''$ t. m.). Émersion, le $308^d54'11''$ au méridien (donc à $10^h58'19''$ t. m.) *Ricc. Astr. ref. p.* 323, d'après une lettre de Langren.

Le 12 septembre, conjonction de Mars et de la Lune, observée par Hévélius à $13^h51'$; distance de Mars au bord supérieur, $20'$ presque. *Mach. cœl. l.* 2.

Le 30 octobre, à Bologne, α de l'Aigle étant haut de $51^d21'$ à l'ouest, ou à $7^h56'16''$, hauteur de la Lune dans le méridien $30^d49'$.

Le 2 novembre, le centre de la Lune, haut de $43^d14'$, médie; et $5'37''$ après,

Aldébaran est à la hauteur de 24^{d}9', vers l'est. Donc à 9^{h}45'50", t. m. mérid. de Bologne, la Lune étoit en 11^{s}22^{d}18'0".

Le 5 décembre, hauteur méridienne du centre 62^{d}41'. Rigel passe 23'45" après la Lune, avec 39^{d}49'50" de hauteur méridienne. *Ricc. Astr. ref. p.* 160, 167.

On trouve de plus dans *Mach. cœl.* d'Hévélius, et sur-tout dans Riccioli, *Astron. ref. l.* 2, *c.* 10, *et l.* 3 *c.* 7, d'autres observations de hauteurs non méridiennes, de distances aux étoiles, etc., depuis 1642 jusqu'en 1657.

PLANÈTES.

Le 16 juillet, Saturne passe au méridien de Bologne 6'40" après Fomalhaut; hauteur méridienne 41^{d}57'. *Ricc. Astr. ref. p.* 287.

Le 5 septembre, jour de l'opposition de Jupiter, dit Riccioli, sa hauteur méridienne, à Bologne, fut de 37^{d}28'30", et celle de Saturne de 40^{d}10'. β de la Baleine passa au méridien 7'10" après Jupiter et 50'8" après Saturne. *Ibid. p.* 310.

Le 13 septembre, Saturne, haut de 39^{d}59', passe au méridien de Bologne 52'20" avant β de la Baleine; donc à 12^h il étoit en 11^{s}21^{d}36'. *Ibid. p.* 287, 298.

— Le 12 septembre, conjonction de Jupiter et de φ du Verseau, à 8^{h}29' méridien de Dantzick, Jupiter est d'environ 20' plus boréal que l'étoile. *Mach. cœl. l.* 2. L'étoile étoit alors, suivant Bradley en 11^{s}12^{d}9'4", lat. 1^{d}2'7"A.

— Le 24 août, à Bologne, Mars, haut de 57^{d}58', médie 48'0" après α du Bélier. *Ricc. Astron. ref. p.* 324.

Le 27 août, il médie 51'10" après α du Bélier; hauteur méridienne 58^{d}18'. *Ibid.*

Le 31 octobre, approchant de son opposition, il médie 40'12" après la même étoile, à la hauteur de 59^{d}16'. *Ibid.*

— Voici les observations de Mercure par Margraff.

Dates.	Étoiles.	Hauteurs des étoiles.	Azimuts des étoiles.	Oscil-lations.	Hauteurs de Mercure.	Azimuts de Mercure.	Oscil-lations.
Nov. 2.....	Antarès	14° 32' 30"	25° 52' O.S.	264	15° 10'	21° 53$\frac{1}{2}$' O.S.	152
		13 13	25 55				
7.....		9 34	25 50	166	7 32 30	23 50	93
		8 35 30	26 23	130	6 37 30	23 52	129
		7 44 30	26 12	127	5 49	23 52	157
		6 50	26 26	117	4 53 30	23 56	129
		5 58 30	26 34				
8.....		....	.....	...	10 41 30	23 52	198
	α de la Lyre	25 10	41 22 N.O.	230	9 10	23 54	397
		23 42 30	42 33				
9.....		....	.....	...	11 35	23 52	134
		24 59	41 35	120	10 37	23 53	158
		23 15 30	42 9	202	9 19	23 58	179
					8 48	24 3	188
	Antarès	6 54 30	26 22	149	7 40 30	24 13	215
	La Lyre	21 53	443 0				

Dates.	Étoiles.	Hauteurs des étoiles.	Azimuts des étoiles.	Oscillations.	Hauteurs de Mercure.	Azimuts de Mercure.	Oscillations.
Nov. 20.....	Fomalhaut	66° 40′ ″	0° ′ O.S.	189	12° 3′ 30	25° 33′	272
	α du Cygne	29 43	27 20 N.O.	166	88 38 (♃)	0 0	235
					9 40 (☿)	25 45	153
		28 43	28 40	139	8 40	25 51	170
		28 8	29 27				
21.....	Fomalhaut	66 40	0 0	150	13 1 30	25 50	157
	α de l'Aigle	40 23	73 18 N.O.	122	12 2	25 51	131
		39 24	73 55	122	11 9	25 53	128
		38 33 30	74 2				
22.....	Fomalhaut	66 39 30	0 0	171	13 37	25 39	210
	α de l'Aigle	36 51	73 20 N.O.	182	12 19	25 42	180
		38 24	74 10	138	11 15	25 50	131
		37 30	74 12	157	10 8 30	25 56	154
		36 21	74 56				

Margr. ms.

ÉTOILES ET SATELLITES.

On vit derechef ○ de la Baleine le 23 septembre. *Hevel. Merc. in Sole*, p. 152.

— Gassendi à Paris observa souvent les positions respectives des satellites de Jupiter, les cinq derniers mois de cette année, et quelquefois aussi les années suivantes. Voyez *t. IV, passim.*

FAITS.

Gassendi à Paris, et Hévélius à Dantzick, avoient observé les satellites de Jupiter le 29 décembre, et n'en avoient vu que quatre. Mais le P. de Rheita, qui employoit un télescope à oculaire convexe, dont il se disoit l'inventeur, prétendit que le même jour 29 décembre, et le 4 janvier suivant, il avoit découvert autour de Jupiter cinq nouveaux satellites, plus gros que les quatre déjà connus. Cette prétendue découverte fit du bruit, Gassendi soutint que ces prétendus satellites étoient des étoiles télescopiques, ou même des étoiles déjà connues de l'effusion de l'eau du Verseau. Gassendi fut critiqué. Jean Caramuel de Lobkowitz soutint la réalité de la découverte du P. de Rheita. Cette découverte ne devoit pas être rejetée légèrement, disoit le P. Kircher. Gassendi écrivit le 11 juin 1644 à Lobkowitz, *t. VI, p.* 190. « Ces cinq nouveaux satellites, dit-il, accompagnent-ils encore » Jupiter? S'il est certain qu'on ne les voit plus autour de cette planète, j'ai eu » raison de les regarder comme des étoiles fixes dont Jupiter s'est séparé. » Voyez *Gass. t. IV, p.* 511 *et seq.; — t. VI, Ep. ad Heereb, p.* 187, *et Ep. ad Hevel. p.* 182, etc.

La censure de Gassendi ne déplut pas au P. de Rheita; *illam gratam habuit,* dit Gassendi, *Ep. ad Wendel. t. VI, p.* 166. Ce Père, cependant, dans son *Oculus Enoch et Eliæ,* publié en 1645, soutient l'existence de ses satellites; il assure même qu'avec son télescope il en a découvert d'autres autour de Saturne et de Mars. François Fontana croyoit aussi avoir observé plusieurs nouveaux satellites autour de Jupiter, *Fontan. Observ. p.* 110 *et seq.* Le P. Zupus en comptoit jusqu'à douze, y compris les quatre anciens. *Ricc. Almag. p.* 489. Le P. Malebranche donne un satellite à Mars et six à Jupiter. *Recherche de la Vér.*, *l.* 6, *ch.* 4.

— Galilée mourut cette année à Arcetri, lieu de son exil. Il étoit né en 1564 à Florence, suivant Marius, *Mund. jov. p.* 9, et Weidler; à Pise, selon M. Bailly, *Astr. mod. p.* 79. On ne peut disconvenir qu'il n'ait rendu des services importants à l'Astronomie, et sur-tout à la physique. Il est certainement le premier qui nous ait procuré la connoissance de l'isochronisme des vibrations du pendule, de la chute parabolique des corps descendant obliquement à l'horizon, de l'accélération de la chute des corps, de la direction constante du mouvement rectiligne, etc. On pourroit peut-être lui reprocher d'avoir été un peu trop alerte à s'approprier toutes les découvertes faites de son temps, et de n'avoir pas soutenu ses prétentions avec assez de modération.

1643.

On trouve dans l'Astronomie réformée de Riccioli, *p.* 26, un grand nombre de hauteurs méridiennes du Soleil observées à Bologne par le P. Grimaldi.

PREMIÈRE ÉCLIPSE DE LUNE LE 3 AVRIL.

Margraff, à l'isle d'Antoine Vaaz, contrarié par les nuages, ne put observer autre chose, sinon que la Lune n'ayant plus que quatre degrés de hauteur, l'éclipse, à la vue simple, paroissoit être de trois doigts.

SECONDE ÉCLIPSE DE LUNE LE 27 SEPTEMBRE.

A Dantzick, Hévélius se régla sur une horloge à secondes, que des hauteurs d'étoiles prises pendant la durée de l'éclipse, ont prouvé ne s'écarter du temps vrai que de quelques secondes au plus.

$6^h 36' 3o''$...   commencement.

8 59 20 ...   fin. Grandeur, six doigts et demi.

7 14   ...   conjonction apparente des centres de Saturne et de la Lune, Saturne plus austral de 45′ ou environ. Voyez un plus ample détail dans *Mach. cœl. l.* 2; *Gass. t. IV, p.* 448 et *t. VI, p.* 464.

— A Bresnitz, en Bohême, latitude $5o^d 15'$, le P. Moret.

$8^h 34'$.... fin, la Lune haute de $25^d 32'$, et l'Aigle de $45^d 16'$. Grandeur, à peine 6 doigts. *Ricc. Almag. p.* 384, etc.

— A Anvers, Wendelin, Gutiscovius et Gevart.

$6^h 52'$ ...   milieu de l'éclipse et opposition.

8 5 3o″ ...   fin. *Ricc. ibid. p.* 383. Voyez aussi *Gass. t. VI, p.* 459, 460. On y trouve quelques variantes, mais la version de Riccioli est sans doute celle à laquelle Wendelin s'en est finalement tenu.

— A Louvain.

$8^h 8'$ . . . .   fin. *Mut. observ. p.* 5.

— A Londres, Foster.

$7^h 23'$ . . . .   trois doigts.
$7\ 45$ . . . .   fin. *Observ. Fost. p.* 6.

— A Paris, Boulliau.

$7^h 11' 52''$ . . . . .   5 doigts, Arcturus haut de $20^d 53'$.
$7\ 19\ 12$ . . . . .   Arcturus haut de $19^d 42'$, distance de Saturne au bord
                 le plus voisin de la Lune, 45'; le bord inférieur de la
                 Lune de 16' plus haut que Saturne.
$7^h 59' 36''$ . . . . .   fin de l'éclipse, α de la Couronne haut de $30^d 54'$. *Bull.*
                 ms. Voyez un plus long détail dans *Gass. t. IV, p.* 448.
                 La phase de 5 doigts y est marquée à $7^h 11' 22''$; c'est
                 une faute d'impression.

— Gassendi, à Sussi, à 4 lieues ou à 10 mille italiques environ de Paris, vers
l'orient d'hiver.

$8^h 1' 30''$.... fin, β d'Andromède, haut de $38^d 25'$ donnant $8^h 1'$, et α du Bélier haut
de $21^d 5'$, ainsi que γ du Pégase haut de $33' 5''$, donnant $8^h 2'$. *Gass. ibid. p.* 447.

— A Raray (2 lieues au nord-est de Senlis), Agarrat; latitude $49^d 18'$.

$8^h 2'$.... fin, α du Bélier haut de $21^d 10'$. *Gass. ibid. p.* 448. γ d'Andromède étoit à
la même heure haut de $34^d 55'$. *Bull. ms.*

— Maurier ou Maurerius, près du Mans; latitude $48^d \frac{1}{2}$ à-peu-près.

$7^h 53'$.... fin, α d'Andromède étant haute de $42^d 34'$. *Bull. ms.* Boulliau croit qu'il
s'agit ici de la fin de la pénombre; autrement, dit-il, cette observation rapproche-
roit trop le Mans de Paris. La Géographie, même celle de la France, n'étoit pas
alors bien parfaite. La latitude du Mans est de $48^d 0' 30''$. Rétablissant ainsi cet
élément, la fin aura eu lieu 2' environ plus tôt que suivant la détermination de
Boulliau, ou vers $7^h 51'$; Boulliau l'a observée à $7^h 59' 36''$; la différence est de
$8' 36''$; et telle est, à une seconde près, la différence des méridiens de Paris et du
Mans.

— A Venise, Justiniani.
$8^h 44'$.... fin. *Ricc. Almag. p.* 383.

— A Pise Reinieri.
$8^h 33' 44''$.... fin, l'Aigle haute de $50^d 40'$. *Ibid.* L'heure est extraite de *Geogr. re-*
form. l. 8, *c.* 17. Mais il y a certainement une faute d'impression; il faut lire
$8^h 37' 44''$. Mut. *p.* 5, négligeant à son ordinaire les secondes, marque la fin à $8^h 38'$.

— A Bologne, Riccioli.

$6^h 18' 15''$ . . . . .   commencement.
$8\ 43\ 30$ . . . . .   fin. Grandeur, 6 doigts bien précis ou 6 doigts $\frac{1}{4}$, dans la
                 partie boréale de la Lune, de l'aveu unanime de tous
                 les observateurs. *Ricc. Almag. parte I, p.* 218, 383.

Le demi-diamètre de l'ombre étoit de 48'.

Au milieu de l'éclipse, ou à $7^h 30' 52''$, le Soleil étoit en $0^s 4^d 29' 34''$, donc la Lune en $6^s 4^d 29' 34''$; le nœud étoit en $5^s 25^d 16' 28''$; donc, conclut Riccioli, l'inclinaison de l'orbite de la Lune sur l'écliptique étoit de $5^d 0' 3''$. *Ibid. p.* 218. Dans ce calcul, Riccioli suppose l'éclipse de 6 doigts seulement.

— Streete conclut qu'à $7^h 31'$, méridien de Bologne, ou à $6^h 46'$ t. m. mérid. de Londres, le Soleil étoit en $6^s 4^d 20' 20''$, donc la Lune en $0^s 4^d 20' 20''$. *Astr. Carol. p.* 25; et *p.* 100, que la Lune à la même heure, étoit en $0^s 4^d 18' 20''$ de son orbite.

Suivant Boulliau, à $6^h 52'$ (il faut $7^h 52'$), t. m. mérid. d'Uranibourg, la Lune étoit en $0^s 4^d 17' 16''$. *Astr. Phil. p.* 149.

— A Naples, le P. Zuppus (ou Zuppi).

$9^h 5' 40''$.... fin, suivant Riccioli, *Almag. p.* 383; — *Astr. p.* 103. Mais dans *Geogr. ref. l.* 8, *c.* 17, la fin est marquée à $8^h 59' 40''$, ce qui s'accorde mieux avec les autres observations d'Italie.

— Mut, à Majorque. Nuages au commencement. Dans un intervalle des nuages, Mut trouva que 16' du diamètre étoient hors de l'ombre; il en conclut que l'éclipse étoit de 6 doigts et demi (c'est trop).

$8^h 4'$.... fin, l'Aigle étant haute de $56^d 36'$. *Mut, p.* 5. De la même hauteur, Riccioli, conclut la fin à $8^h 5' 14''$. *Ricc. loc. citat.*

Autres observations de la Lune.

Le 5 janvier, à Bologne, le centre de la Lune médie $27' 45''$ après Procyon, avec $61^d 12'$ de hauteur méridienne. *Ricc. Astr. ref. p.* 160.

Le 3 février, à 12^h bien précises, hauteur méridienne du centre de la Lune, $57^d 20' 30''$, il médie 2', à très-peu-près, avant α de l'Hydre. *Ibid.*

Le 5 mars, à $12^h 21' 34''$, hauteur méridienne du centre, $42^d 2' 40''$. *Ibid.*

Le 6 août, le Soleil haut de $12^d 32'$ à l'est, le centre de la Lune est au méridien haut de $58^d 56'$. Riccioli conclut qu'à $18^h 14' 34''$, t. m. méridien de Bologne, le vrai lieu de la Lune étoit en $1^s 20^d 10'$. *Ibid. p.* 161, 167.

On trouve de plus, *ibid. p.* 160, 161, beaucoup d'autres observations faites à Bologne par les PP. Riccioli et Grimaldi, en 1642, 1643 et 1644.

— Le 3 octobre, α de Pégase haut de $26^d 42'$, Boulliau observa à Paris γ des Gémeaux en conjonction avec le centre de la Lune, vu qu'il étoit dans la ligne des cornes. La corne australe étoit plus boréale que l'étoile d'une lune et plus. De la hauteur de l'étoile de Pégase, Boulliau conclut qu'il étoit alors $14^h 26'$ t. app. à Paris, ou $15^h 6' 35''$, t. m. mérid. d'Uranibourg. Le lieu apparent de la Lune étoit, ainsi que celui de l'étoile, en $3^s 4^d 6' 40''$; parallaxe de longitude, $32' 51''$; donc lieu vrai $3^s 3^d 33' 49''$. *Bull. ms.* — *Astron. Philol. p.* 450 *et p.* 121. *Tabular.*

Streete conclut qu'à $14^h 20'$ t. m. mérid. de Londres, le lieu de la Lune en son orbite étoit $3^s 3^d 37'$. *Astr. Carol. p.* 103.

L'étoile étoit alors, suivant Bradley, en $3^s 4^d 7' 38''$; tel étoit donc aussi le lieu apparent de la Lune; et si la parallaxe de longitude étoit de $32' 51''$, le lieu vrai de la Lune réduit à l'écliptique étoit $3^s 3^d 34' 47''$.

— Cette année et les suivantes, Boulliau à Paris, Hévélius à Dantzick, observent avec assiduité la libration des taches de la Lune. Voyez Hévélius, *Epist. ad Ricciol.*, et Riccioli, *Astron. ref. l.* 3, *c.* 12, *et seq.* On trouve aussi dans ce dernier ouvrage des observations faites à Bologne par le P. Grimaldi; mais celles-ci ne commencent qu'en 1649.

PLANÈTES.

Le 27 juin à Bologne, Riccioli prit la distance de Saturne à γ d'Andromède, et la trouva de 42^{d}54′; et 4′ après, la distance de cette planète à α du Bélier étoit de 28^{d}1′30″ bien exactement. 11′ avant la première observation, l'Aigle étoit haute de 46^{d}2′ à l'ouest. *Astr. ref. p.* 287. De là, Riccioli conclut qu'à 17^h, Saturne étoit en 0^{s}7^{d}30″. *Ibid. p.* 298.

Le 29 juillet, Riccioli trouve α du Bélier haut de 58^{d}27′ à l'est; 4′ après, distance de Saturne à cette étoile, 27^{d}50′; 10′ après, sa distance à Aldébaran est de 57^{d}2′. Donc à 17^h, Saturne est en 0^{s}7^{d}40′. *Ibid.*

Le 30 août, par un semblable procédé, Riccioli trouve que Saturne, à 16^h, est en 0^{s}6^{d}22′, mais à-peu-près seulement. *Ibid.*

Le 23 septembre à Majorque, hauteur méridienne de Saturne 53^{d}38′; cette planète étoit en ligne droite avec β de Persée et β du Bélier. *Mut, p.* 39. — *Ricc. Astr. ref. p.* 285.

— Le 14 août, (ou le 15 au matin) Jupiter, dans le méridien de Bologne, étoit haut de 53^{d}50′50″; 16′ après, sa distance à α du Bélier étoit de 13^{d}43′ etc. *Ricc. ibid. p.* 310.

Le 12 octobre, vers 12^h, Aldébaran étant haut de 42^{d}6′ à l'est, Jupiter passa au méridien, à la hauteur de 51^{d}55′. *Ibid.*

— Le 5 janvier, Mars passa au méridien de Bologne, 34′36″ après α du Bélier, avec 60^{d}58′30″ de hauteur méridienne. *Ibid. p.* 324.

Le 24 janvier, la distance de Mars à ε du Bélier égaloit celle de Mérope à Maïa. A 11^{h}30′, plus bas que l'étoile, il avoit le même azimut qu'elle.

Le 26 à 11^h, Mars avoit dépassé l'étoile; il en étoit distant de 28′ ou au moins de 27′; son azimut étoit de 17′ plus oriental que l'étoile. L'observation est faite à Paris. *Bull. ms.*

— Le 12 mars à 6^{h}30′, méridien de Bologne, Mercure étoit en 0^{s}9^{d}52′, et dans sa plus grande élongation. *Ricc. Almag. p.* 595; conséquence tirée, sans doute, de ce que la hauteur occidentale d'Aldébaran étant de 52^{d}21′, Mercure, haut lui-même de 9^{d}32′, avoit été observé à 27^{d}51′30″ de distance de β d'Andromède; et lorsque la hauteur d'Aldébaran ne fut plus que de 51^{d}34′, la distance de Mercure à γ d'Andromède fut trouvée de 37^{d}33′. *Astron. ref. p.* 349.

— On peut voir encore dans Riccioli, pour cette année et les suivantes, un assez grand nombre de distances des planètes aux étoiles, et quelques-unes dans Gassendi.

— Dans la Sélénographie d'Hévélius, *p.* 526 *et seq.* on trouve beaucoup d'observations des situations respectives des satellites de Jupiter, faites en 1642, 1643, 1644.

1644.

Observations de la Lune.

Le 13 mars, Boulliau observa à Paris une appulse de la Lune à Aldébaran. La corne boréale de la Lune étant haute de $9^d 53'$, et l'étoile de $9^d 57'$, l'une et l'autre étoient dans le même azimut. La différence des hauteurs étoit égale à la largeur de la Caspienne (*Mare crisium*) ou de 3'. La corne boréale étant haute de $9^d 0'$, et l'étoile de $9^d 1'$, l'étoile étoit dans la ligne des cornes, ou cette ligne avoit de très-peu, comme qui diroit de 30', dépassé l'étoile. Le limbe de la Lune étoit de $1'30''$ au plus, distant de l'étoile. En faisant usage d'une plus foible lunette, l'étoile paroissoit presque toucher la Lune; en employant une plus forte, la distance paroissoit égaler la moitié de la largeur de la Caspienne. *Bull. ms.*

— Le 12 juin, à Bologne, le Soleil ayant $11^d 26'$ de hauteur, le centre de la Lune médie, sa hauteur s'étant trouvée de $47^d 11'$ avec un quart-de-cercle, et de $47^d 12'$ avec un autre. Donc à $6^h 24' 20''$, temps moyen, lieu vrai de la Lune $5^s 27^d 30'$.. *Ricc. Astr. ref. p.* 161, 167.

Le 27 juin, le Soleil haut de $23^d 14'$, la Lune médie, à la hauteur de $49^d 15'$. Donc à $18^h 44' 26''$ t. m., lieu vrai de la Lune $0^s 18^d 53'$. *Ibid.*

Le 14 novembre, Hévélius observa à Dantzick l'occultation d'Aldébaran.

A $15^h 5'$, l'immersion vers le 96e degré du limbe oriental, le 75e degré étant alors vertical.

A $16^h 5' 30''$, émersion vers le 317e degré du limbe occidental, le 78e degré étant pour lors vertical, *Hevel. Selenogr., p.* 472. — *Mach. cœl. l.* 2. Je ne sais sur quel fondement le P. Melchior Briga, *Scient. Eclips. part. IV, p.* 187, marque l'émersion à $16^h 10'$.

PLANÈTES.

Des distances de Saturne à des étoiles fixes, observées à Bologne, donnent à Riccioli les résultats suivans.

Le 5 juin à 15^h, lieu de Saturne..................	$0^s 18^d 16'$
Le 8 juin à 16^h, son lieu étoit....................	$0\ 18\ 36$
Le 8 octobre à $8^h 30$, il étoit....................	$0\ 17\ 45$

Astron. ref. l. 5, *c.* 11.

On trouve ces distances et beaucoup d'autres, tant de Saturne que des autres planètes aux étoiles, dans les chapitres 8 des liv. 5, 6, 7, 8, et au chap. 6 du liv. 9 de ce même ouvrage.

Il paroît que c'est d'après l'observation de Riccioli, du 8 octobre, que J. Cassini, *Elém. d'Astron. p.* 356, détermine l'opposition de Saturne le 9 octobre, à $19^h 12'$, en $0^s 17^d 38' 0''$.

Le 30 septembre, Mut, à Majorque, observa que Saturne, en longitude, étoit de

5′ plus occidental que μ des Poissons, et qu'il étoit de 3o′ plus boréal que cette étoile. *Mut, Observ. p.* 39. L'étoile étoit alors, suivant Bradley, en $0^s18^d9'24''$, avec une latitude de $3^d4'4''$A. Donc Saturne étoit en $0^s18^d4'\frac{1}{2}$, avec une latitude de $2^d34'$A. environ.

Le 17 novembre à Bologne, vers 12^h, Jupiter médie $37'8''$ avant Aldébaran; hauteur mérid. de Jupiter, $63^d52'$; d'Aldébaran, $61^d15'\frac{1}{2}$. *Ricc. Astr. ref. p.* 311.

— Le 5 août, à 13^h, à Paris, distance de Jupiter à Mars, égale à celle de Mérope à Alcyone, ou environ 2o′; Jupiter plus haut que Mars de 7′; son azimut plus oriental que celui de Mars; différence de longitude, environ 16″. *Bull. ms.*

Le 6 août, à Luffenham, Wing observa à 14^h la conjonction de Jupiter et de Mars; Jupiter étoit plus boréal que Mars d'environ 3 doigts, ou $7'39''$. *Astron. Brit. p.* 298. Cette observation ne s'accorde pas bien parfaitement avec les deux suivantes.

Suivant Streete, qui observa aussi cette conjonction à South-Wales, à 14^h Mars précédoit Jupiter de 5′, et étoit plus austral de 10′. *Astron. Car. p.* 114.

A Majorque, à 15^h, Mut jugea pareillement Mars de 5′ plus occidental, mais il le trouva de 15′ plus austral que Jupiter. *Observ. p.* 39.

— Le 19 septembre, à Paris, Boulliau, à 11^h, vit Jupiter précédant de 6 de ses diamètres, ou de 3 à 4′ une étoile que Boulliau crut être la suivante des deux qui sont dans le cou du Taureau (2ω); mais l'observation suivante, dit-il, le détrompa. *Bull. ms.*

Le 24 septembre, à 12^h, Boulliau compara Jupiter à une autre étoile, qu'il crut être véritablement 2ω du Taureau. Jupiter étoit de 2o′ plus bas que l'étoile; et vu la position du Zodiaque, Boulliau jugea Jupiter de 7′ plus oriental que l'étoile, et plus austral de 18′. Donc, dit-il, l'étoile étant, suivant Tycho, en $2^s1^d8'$, latitude $0^d46'$A., Jupiter aura été observé en $2^s1^d15'$, latitude $1^d4'$A. *Bull. ms.* L'étoile, suivant Flamsteed et Mayer étoit en $2^s1^d6'$, et sa latitude, suivant Mayer, étoit de $0^d46'36''$A. Jupiter auroit donc été en $2^s1^d13'$, latitude $1^d4'\frac{1}{2}$A.

— Le 25 septembre à 11^h, à Paris, la distance de Mars à Propus étoit d'environ 26′; Mars étoit de 12′ environ plus haut que l'étoile, au-dessus de laquelle il paroissoit devoir passer. Propus étoit en $2^s26^d1'3o''$; lat. $0^d13'$A.; Mars en $2^s25^d36'$. (Propus étoit, suivant Bradley, en $2^s25^d59'4''$, latitude $0^d11'45''$A.)

Le 26 à 12^h, Mars avoit dépassé Propus; la hauteur des deux astres étoit la même, leur distance 6′; Mars étoit plus boréal de $4'24''$, et en longitude plus oriental de $4'6''$. Donc Mars étoit en $2^s26^d5'36''$; lat. $0^d8'36''$A. *Bull. ms.* Suivant la position de Propus, d'après Bradley, le lieu de Mars seroit en $2^s26^d3'10''$, lat. $7'21''$A. Boulliau, dans *Astron. Philol. p.* 437, place Propus en $2^s25^d59'9''$, et Mars en $2^s26^d3'$; cela étoit plus exact. Je ne sais pourquoi Boulliau a substitué dans son manuscrit d'autres nombres à ceux-ci. Dans la réalité, le lieu de Propus étoit alors, suivant Tycho, tel qu'il est marqué dans l'Astronomie Philolaïque.

— Le 20 novembre, à 18^h, à Luffenham, Wing observa Mars moins boréal d'environ 4 doigts que ε des Gémeaux, et plus occidental d'un doigt. *Astr. Brit. p.* 298. Ces doigts sont sans doute des douzièmes du diamètre de la Lune; cependant Streete transforme les 4 doigts de différence en latitude, en 4 diamètres de Mars, et le doigt de différence en longitude, en 2 diamètres de Mars. Il établit le lieu de l'étoile en 2ˢ6ᵈ45′; lat. 2ᵈ12′ ½, la longitude comptée depuis γ du Bélier. *Astron. Carol. p.* 115.

— Mut avoit observé cette appulse à Majorque, à 8ʰ30′; Mars étoit de 3′ plus austral et de 2′ plus oriental; il étoit donc en 3ˢ5ᵈ1′; lat. 2ᵈ8′B. *Mut, p.* 39. L'étoile étoit alors, suivant Bradley, en 3ˢ4ᵈ58′45″; lat. 2ᵈ2′28″. Donc la longitude de Mars étoit, à 15″ près, telle qu'elle a été déterminée par Mut; mais sa latitude n'étoit que de 1ᵈ59′ ½ B.

Le 6 décembre à 19ʰ, Wing observa Mars presque au plein nord de μ des Gémeaux; sa distance à cette étoile étoit de 3ᵈ36′; il la précédoit de 3 de ses diamètres. *Astr. Carol. p.* 115.

— Le 16 mai, à 9ʰ, à Majorque, Vénus avoit à-peu-près la même latitude que μ des Gémeaux; elle étoit d'environ un demi-diamètre de la Lune plus orientale que cette étoile. *Mut, p.* 39.

Le 28 mai, à 9ʰ45′ à Paris, Vénus étoit en ligne droite avec β et ϰ des Gémeaux; sa distance à ϰ étoit de 5o′ vers le Sud. *Bull. ms.*

Le 1 juillet à 9ʰ10′, à Paris, Vénus avoit dépassé Régulus en longitude, sa distance à l'étoile étoit de 57′, c'est-à-dire égale à celle de β à 2ω du Scorpion. L'azimut de Vénus étoit de 9′ plus oriental que celui de Régulus; d'où Boulliau conclut qu'elle étoit en longitude de 32′ plus orientale, et en latitude de 48′ environ plus boréale que l'étoile. Régulus étoit en 4ˢ24ᵈ54′; lat. 26′3o″B. Donc Vénus, en 4ˢ25ᵈ26′; lat. 1ᵈ14′B. *Bull. ms.* — *Astr. Phil. p.* 439. Régulus étoit alors, suivant Bradley, en 4ˢ24ᵈ52′45″; lat. 0ᵈ27′27″B. — Boulliau, dans le manuscrit, dit l'observation faite à 9ʰ3o′.

A Bologne, Riccioli a déterminé, le 23 juin à 9ʰ0′ l'élongation de Vénus au Soleil de 43ᵈ56′, Vénus étant en 4ˢ16ᵈ37′.

Le 10 juillet à 8ʰ24′, la plus grande élongation 45ᵈ11′; Vénus en 5ˢ24ᵈ15′.

Le 28 novembre à 18ʰ, plus grande élongation, 46ᵈ45′; Vénus en 6ˢ20ᵈ5o′. *Ricc. Almag. p.* 595.

— Le 29 novembre à 18ʰ20′, à Bologne, Riccioli détermina la plus grande élongation de Mercure de 20ᵈ5o′, cette planète étant en 7ˢ17ᵈ47′. *Ibid.*

ÉTOILES.

Dans une lettre de Bernard Fullenius à Christian Hotterus, publiée par Hévélius, *de Mercur. in Sole, p.* 148, il est dit que la changeante de la Baleine, en 1642 et 1643, n'avoit pas paru avant le 23 septembre, et qu'à la date de la lettre, 10 septembre 1644, elle ne paroissoit pas encore; que le plus souvent elle atteignait la 3ᵉ grandeur, etc.

FAITS.

L'année précédente, Godefroi Wendelin avoit fait imprimer à Anvers son *Arcana rerum cœlestium lampas.* Celle-ci, il publia un recueil d'éclipses de Lune, observées, soit par lui, soit par d'autres, depuis l'an 1573, jusqu'en 1643. Sur ces éclipses il avoit construit des Tables, qu'il promettoit de publier sous le nom de *Tables Atlantiques,* parce que le méridien sur lequel ces tables étoient construites, traversoit toute la mer Atlantique jusqu'à l'Islande. Il donne même une idée de ces tables, mais il ne paroit pas qu'il les ait publiées. Entre autres paradoxes, comme on l'a dit dans le temps, ou plutôt entre autres erreurs qu'il avance, tant dans son *Arcana lampas* que dans ses *Eclipses lunares*, il soutient que tous les jours naturels sont égaux, et bannit en conséquence toute équation du temps. Une telle erreur ne donneroit pas sans doute une haute idée de ses connoissances. Il n'étoit cependant pas sans mérite; Gassendi, Boulliau, Riccioli, Hévélius en ont toujours parlé avec éloge. Il passe pour avoir le premier appliqué la seconde loi de Képler aux satellites de Jupiter. Par des observations assez délicates pour le temps auquel il vivoit, il avoit réduit à 28″ la parallaxe du Soleil, etc. Sorbières, dans la vie de Gassendi, Valère-André Dessellius dans sa Bibliothèque Belgique, imprimée en 1643, et un grand nombre d'autres écrivains, font à Wendelin l'honneur de lui donner Gassendi pour disciple, au moins quant aux premières humanités. Mais Gassendi, écrivant à Wendelin en date du 21 mai 1629, lui dit expressément qu'il lui est inconnu de nom et de visage : *Hæc ego scribo, nomine tibi ignotus et vultu. Tom. VI, p.* 15.

Wendelin étoit né le 3 juin 1580, dans les Pays-Bas; après avoir enseigné les Belles-lettres à Digne, avoir passé quelque temps à Forcalquier, avoir fait son droit à Paris et y avoir été reçu avocat, il devint curé à Herck, petite ville du pays de Liège, qu'il appelle souvent sa patrie; il étoit en même temps chanoine de Condé. Enfin l'évêque de Tournay se l'attacha, l'attira près de lui, et lui procura un canonicat de sa cathédrale. Il mourut en cette ville en 1650.

1645.

ÉCLIPSE DE SOLEIL, LES 20 ET 21 AOUST.

A Dantzick, Hévélius régla son horloge sur une excellente méridienne; et d'ailleurs les résultats de plusieurs hauteurs du Soleil, prises au commencement, vers la fin, et après la fin de l'éclipse, s'accordèrent, à quelques secondes près, avec les temps marqués par l'horloge.

$23^h 23' 45''$ . . .   le 20, commencement.
  0 11 30 . . .   le 21, 6 doigts.
  0 41 20 . . .   7 doigts $\frac{3}{4}$, plus grande phase.
  1   6   0 . . .   6 doigts.
  1 53   0 . . .   fin. Voyez un plus ample détail dans *Mach. cœl. l.* 2;
                      — *Selenogr. p.* 107, 108 et *Gass. t. VI, p.* 492.

— A Stetin, Eichstadius.

$23^h 8'$ . . . . . .   le 20, commencement.
 23 55 . . . . . .   6 doigts.
  0 16 . . . . . .   7 doigts $\frac{1}{2}$, plus grande obscurité.
  0 35 . . . . . .   6 doigts.
  1 24 . . . . . .   fin. Voyez *Gass. t. VI, p.* 491.

— A Konigsberg, Linnemann. Les heures furent marquées sur une horloge qui, suivant un très-grand nombre de hauteurs du Soleil, avançoit d'une minute sur le temps apparent. J'ai retranché cette minute des temps marqués par Linnemann.

$23^h 47'$ ...   un doigt et demi.
  o 23 3o″...   six doigts.
  o 46   ...   8 doigts, plus grande phase.
  1 54 20 ... $\frac{1}{8}$ de doigt.

Les nuages ont empêché d'observer la fin. *Ibid. p.* 492; on y trouve un très-ample détail de cette observation.

— A Alderspach sur le Danube, 4 lieues à l'ouest de Passau, Caramuel Lobkowitz.

23^h o′ 9″. ..   commencement.
  1 20 18 ...   fin. *Gass. t. IV, p.* 455; *t. VI, p.* 496.

Cette observation peut être fort bonne; mais ce que Caramuel ajoute sur la grandeur de l'éclipse n'est pas trop bien pensé. L'éclipse, occasionnée, suivant lui, par le feu lunaire, fut de 5 doigts 45′; occasionnée par l'air lunaire, de 5 doigts 2o′; occasionnée par la terre lunaire, de 5 doigts 5′, dans la partie boréale du Soleil. En effet, selon lui, il faut distinguer, dans toute éclipse de Soleil, trois ombres différentes; l'une, très-noire, est causée par la terre ou le corps solide de la Lune; la seconde, de couleur de sang, est produite par l'air qui environne la Lune; enfin, la troisième, de couleur de safran, a pour cause le feu qui environne cet air.

Le commencement de l'éclipse ne put être observé dans aucun lieu des Pays-Bas, les nuages y mirent obstacle.

— Wendelin, à Herck.

$o^h 37' 3o''$ ....   fin. *Gass. ibid.*

— Gutiscovius, à Anvers.

$o^h 33' 2''$ .....   fin. *Ibid.*

— A Londres, Twisden et Foster.

$21^h 53'$......   commencement, à 25^d du zénit, en descendant vers l'ouest.
  22 49......   5 doigts. L'éclipse fut ensuite de 5 doigts $\frac{2}{5}$. *Astr. Brit.*
                      p. 349; *Astr. Carol. p.* 101.

— Palmer, à Ecton, à $52^d 15'$ de latitude, 3′ de temps à l'ouest de Londres.

$o^h 2' 3o''$ .....   fin l'azimut du Soleil étant de $o^d 55'$ du sud à l'ouest.

Palmer. Cathol. Planisph. p. 209.

— A Paris, Gassendi.

$22^h 4'$ commencement à $3o^d$ du zénit, lorsque Jean Picard, Angevin très-studieux et très-instruit, nommoit $46^d o'$ pour hauteur du Soleil. C'est ici la première mention que je trouve du célèbre abbé Picard, qui depuis a si bien confirmé le jugement qu'en avoit porté Gassendi.

Vers le milieu de l'éclipse, le Soleil parut entre les nuages, éclipsé de 4 doigts $\frac{2}{3}$; la Lune couvroit 105^d de son limbe. *Gass. t. IV, p.* 454.

— Agarrat, à Raray.

22^h 19′......   deux doigts environ.
22 54 ......   4 doigts $\frac{5}{6}$, nuages. *Gass. ibid. p.* 455.

— A Reims, le P. Jacques de Billy.

22^h 7′......   commencement, observation exacte.
23 2 ......   Milieu estimé. *Ricc. Almag. p.* 745.

— A Digne, des amis de Gassendi.

22^h 35′......   commencement, le Soleil haut de 53^d 8′. Plus grande
                        phase, 3 doigts.
0 40 ......   fin, le Soleil haut de 56^d 34′ $\frac{1}{2}$. *Gass. t. VI, p.* 244.

— A Avignon, Tondut de St-Léger.

22^h 27′......   commencement, le Soleil ayant 52^d 25′ de hauteur.
0 37 ......   fin, le Soleil haut de 57^d 10′. *Bull. ms.*

Gassendi, t. IV, p. 454, rapporte cette même observation, comme lui ayant été envoyée par le prince Louis de Valois : il ne nomme pas l'observateur, et couche ainsi l'observation.

22^h 25′   ....   commencement, le Soleil haut de....   52^d 25′
0 34 30″....)
0 41   ....) fin, le Soleil haut de............. { 57 25
                                                         { 56 50

— A Rome, l'éclipse fut observée, et dans le palais du cardinal Spada, et dans le couvent des Minimes françois sur le mont Pincio. Les temps ont été réglés sur sur deux bons cadrans solaires. Les observateurs de part et d'autre se sont accordés sur les phases suivantes.

23^h 16′ 30″....   commencement, le Soleil étant d'ailleurs haut de 58^d 30′
                        et dans le 69e vertical (sans doute de l'est au sud).
1 25   ....   fin, le Soleil haut de 55^d 30′, et dans le 53e vertical (de
                        l'ouest au sud).

Grandeur $\frac{7}{24}$ du diamètre du Soleil, ou 3 doigts $\frac{1}{2}$. *Gass. ibid.*

— A Bologne, Riccioli.

11^h 15′ 10″....   commencement.
1 47 10 ....   fin. Les temps sont réglés sur le passage du Soleil par le
                        méridien, et sur les oscillations d'un pendule simple.

Tous les observateurs se sont accordés sur le moment de la fin, mais moins unanimement sur celui du commencement. *Ricc. Almag. part. I, p.* 384.

Malgré le concert unanime des observateurs sur l'instant de la fin, nous croyons qu'elle est marquée beaucoup trop tard; on se sera sans doute trompé dans la numération des oscillations du pendule, continuée pendant un si long espace de temps.

— Reinieri, à Lucques, jugea l'éclipse de 3 doigts $\frac{2}{3}$, le Soleil étant haut de $57^d 3o'$; de 4 doigts, à la hauteur de 58^d; d'un doigt $3o'$ à celle de $55^d 4o'$. Fin, le Soleil haut de $54^d 3o'$. *Ricc. ibid.*

En supposant la hauteur du pôle à Lucques de $43^d 5o'$, on aura $1^h 13' 5''$ fin de l'éclipse.

— Mut, à Majorque.

$22^h 43'$ . . . . . . 　　commencement, le Soleil haut de $57^d 38'$ vers l'est.
o 12 . . . . . . 　　fin, le Soleil haut de $62^d 2o'$ vers l'ouest.

Mut convient de l'incertitude de cette dernière heure, vu la trop grande proximité du Soleil au méridien. *Mut., p.* 22.

J'ai calculé les hauteurs observées par Mut, supposant la latitude de Majorque de $39^d 35'$; et prenant la déclinaison du Soleil dans les Tables de Mayer, et j'ai trouvé les résultats suivans.

$22^h 47' 45''$ . . . 　　commencement.
o 1 26 . . . 　　fin.

On conçoit combien cette heure de la fin, conclue d'une hauteur du Soleil presque dans le méridien, doit être incertaine.

— Jean-Baptiste Hodierna, à Palme, ville de Sicile, à 12 milles d'Alicata et à 14 de Gergenti, par $37^d 7'$ de latitude.

$23^h 25'$ . . . . . . 　　commencement.
1 38 . . . . . . 　　fin.

Grandeur, trois doigts $\frac{1}{2}$ presque. *Hodiern. Ephem. Medic. part. III, pag.* 53.

— Le P. Léonard Duliris, récollet, au cap de Gaspé, près l'embouchure du fleuve Saint-Laurent, vit le Soleil sortir de derrière les montagnes, haut de 9^d, et encore éclipsé de trois doigts.

Lorsque le Soleil fut parvenu à la hauteur de $14^d 46'$, fin de l'éclipse. *Gass. t. IV, p.* 455.

Le P. Duliris prenoit les hauteurs avec un instrument dont le rayon n'étoit que d'un pied, et dont le limbe ne comprenoit que 30 degrés. Il avoit déterminé la latitude du cap Gaspé de $48^d 4o$ ou $45'$; elle est de $48^d 47' \frac{1}{2}$. La dernière hauteur donne $18^h 34' 49''$ pour l'heure de la fin de l'éclipse.

ÉCLIPSE DE LUNE, LE 10 FÉVRIER.

A Prague, β des Gémeaux haut de $47^d41'$, commencement, douteux à cause des nuages.

Régulus, haut de $27^d55'$, fin. *Bull. ms.* — *De l'Isle, ms.*

— A Francfort-sur-le-Mein, Caramüel.

$6^h0'0''$. Au coup de 6^h, commencement, α et η de la grande Ourse étant dans le même vertical. (Mut, p. 7, met ce commencement à $6^h1'$.)

Du commencement à la fin, on a compté par les oscillations d'un pendule; $3^h3'13''$. Donc :

$9^h3'13''$ fin.

Grandeur de l'éclipse : dix doigts $15'$. *Gass. t. IV, p.* 454. — *Ricc. Almag. p.* 384.

— Wendelin, dans une lettre à Gassendi, *t. VI, p.* 493 *et seq.* tourne et retourne cette observation, et conclut, sans preuves suffisantes, qu'il faut retrancher $3'$ des temps marqués par Caramuel. Il est vrai que, moyennant ce retranchement, l'observation de Caramuel cadrera mieux avec celle de Wendelin; mais elle s'écartera davantage de celle de Gassendi.

— A Anvers, Gutiscovius.

$8^h45'$.....   au plus tard, fin. Cependant,
8 49.....   fin, selon d'autres observateurs. *Gass. ibid,* et *t. VI, p.* 494.

Ces derniers observateurs diffèrent moins de Gassendi, mais s'écartent davantage de Wendelin.

— A Liége, Linus.

$5^h48'$ ou peut-être, dit Wendelin, à $5^h49'$, commencement. *Ibid.*

— A Herck, Wendelin, qui n'avoit, dit-il, observé aucune éclipse avec autant de soin que celle-ci. Voici ses principales phases; voyez un bien plus ample détail, *ibid.*

$5^h47'$.....   commencement.
6 29.....   six doigts.
7 18.....   9 doigts $\frac{1}{2}$; cornes parallèles à la route de la Lune; donc milieu de l'éclipse.
8 8.....   un peu moins de 6 doigts.
8 49.....   fin. Sirius médie une minute après.

Les temps sont déterminés d'après une horloge parfaitement réglée, d'après un cadran d'un pied et demi, d'après trois clepsydres, etc.

— A Londres, Foster.

$7^h58'30''$...   3 doigts.
8 25 48 ...   fin. *Fost. Observ. p.* 7.

— A Paris, le P. Bressan.

5ʰ34′........   commencement.
8 40 ....   fin. *Ricc. Geogr. ref. l.* 8, *c.* 17.

A Paris, le P. Bourdin.

5ʰ34′........   commencement.
8 37 ....   fin. *Ibid.*

— A Paris, Gassendi, *in œdibus Campinii* (dans la maison de M. de Champigny, apparemment). Son observation est détaillée *t. IV, p.* 450 *et seq.* Voici les principales phases. Gassendi étoit aidé d'Agarrat.

5ʰ34′ ....   commencement, Procyon haut de 22ᵈ53′.
6 11 30″.....   6 doigts, Procyon haut de 28ᵈ39′, et β des Gémeaux
                    de 45ᵈ12′.
7 11 30 .....   plus grande phase, 9 doigts et demi, Procyon haut de
                    36ᵈ57′, donnant 7ʰ12′, et γ du Lion, haut de 23ᵈ55′,
                    donnant 7ʰ11′.
7 57 30 .....   six doigts, γ du Lion, haut de 31ᵈ46′, donnant 7ʰ57′,
                    et Régulus, haut de 28ᵈ3′, 7ᵈ58′.
8 40 .....   fin, γ du Lion haut de 28ᵈ32′, et Régulus de 34ᵈ35′.

L'éclipse commença en bas à gauche, ou remontant par l'est vers le nord, plus près du diamètre horizontal que du vertical. Elle finit vers le haut du disque, déclinant insensiblement vers le sud, et très-peu au nord de la Caspienne (*Mare Crisium*). Une ligne tirée du point du commencement à celui de la fin, soutendoit un arc de 125ᵈ dans la partie boréale du disque de la Lune.

Streete conclut qu'à 7ʰ0′, t. m. méridien de Londres, le lieu de la Lune en son orbite étoit 4ˢ22ᵈ33′59″. *Astron. Carol. p.* 100.

— Boulliau à Paris.

5ʰ32′........   (Boulliau ajoute, je ne sais trop pourquoi, ou plutôt à
                    5ʰ30′) commencement, le bord supérieur de la Lune
                    haut de 5ᵈ56′.
5 46........   2 doigts, le même bord haut de 8ᵈ10′.
                    Plus grande obscurité de dix doigts; cette phase fut
                    d'assez longue durée.
                    6 doigts, γ du Lion ayant 32ᵈ43′ de hauteur vers l'est.
8 40........   fin, Régulus haut 34ᵈ41′, à l'est.

L'ombre entra au milieu de la tache qui forme l'œil oriental de la Lune (est-ce *Grimaldus?*) Le point de la fin étoit presque verticalement placé au-dessus du centre de la Lune, et un peu au-dessus de la Caspienne. *Bull. ms.*

— A La Flèche, le P. Deovivea.

5ʰ20′.......   commencement.
8 35 ....   fin. *Bull. ms. — Ricc. Geogr. ref. l.* 8, *c.* 17.

— A Aix, Mathurim de Neuré, dans la maison de Peiresc.

$5^h 5o'$...   commencement à la lunette, Sirius haut de $17^d 25'$: à l'œil nu, l'éclipse avoit paru commencer 8' plus tôt.

$6\ 32$...   6 doigts exactement, Sirius haut de $22^d 28'$.

$7\ 15$...   10 doigts, la même étoile haute de $26^d 3o'$. Voyez le **reste de** l'observation dans *Gass. t. VI, p.* 488.

— A Lyon, Bellus.

$8^h 52'$...   fin. *Bull. ms.*

— Reinierus, à Pise.

$6^h\ 3'$...   commencement, Procyon haut de $29^d 3o'$ à l'est.

$9\ 15$...   fin, Aldébaran haut de $46^d 1o'$ à l'ouest. *Ricc. Alm. p.* 384. — *Geogr. ref. l.* 8, *c.* 17.

— A Naples, le P. Zupus.

$9^h 42'$....   fin (de la pénombre apparemment), Sirius haut de $31^d 2o'$. *Ibid.*

— Mut, à Majorque.

$7^h 12'$ les nuages dissipés, Procyon haut de $42^d 29'$, grandeur de l'éclipse près de 9 doigts et demi. Mut juge, d'après les phases précédentes et suivantes, que l'éclipse étoit alors en son milieu.

$8^h 43'$, Procyon étant alors haut de $53^d 45'$, fin de l'éclipse. *Mut, p.* 6, 7. Riccioli, retenant la même hauteur, $53^d 45'$, marque la fin de l'éclipse, à Majorque à $8^h 38' 4o''$. *Ricc. ubi suprà.*

Autres observations de la Lune.

Le 8 janvier, à $9^h 1o'$, immersion d'Aldébaran sous la partie boréale de la Lune, observée par Wing à Luffenham. Il étoit à Londres $9^h 18' 22''$ t. m. *Astr. Brit. p.* 279.

— Le 4 février, à Majorque, la Lune approchoit de θ du Taureau, ayant environ 13^d de hauteur. Sa hauteur n'étant plus que de 9^d ou à $12^h 5o'$, la distance de l'étoile au limbe obscur étoit de 2 minutes. La plus boréale des deux θ paroissoit devoir entrer sous la partie australe, au tiers environ du limbe obscur, en comptant de la corne australe; mais, avant l'immersion, la Lune disparut derrière une montagne. *Mut, p.* 4o.

— Le 2 avril, à Bologne, le centre de la Lune, au méridien, est bien exactement $25^d 35' 3o''$ du zénit, le Soleil étant à $9^d 28'$ de hauteur. Donc à $5^h 28' 5o''$ t. m. mérid. de Bologne, le vrai lieu de la Lune, réduit à l'écliptique, est $3^s 4^d 24'$. *Ricc. Astr. ref. p.* 161, 167.

— Le 6 mai, à Majorque, γ de la Vierge ayant $31^d 34'$ de hauteur, ou à $12^h 25'$, le bord oriental et éclairé de la Lune avoit la même longitude que l'étoile, vu que la tangente à ce bord, tirée de l'étoile, étoit parallèle à la ligne des cornes. La distance de l'étoile au bord supérieur de la Lune étoit de 9' ou 10'. Ainsi la longitude apparente du bord ou du terme de la lumière à l'orient étoit, ainsi que celle de l'étoile, de 6ˢ5ᵈ12′. Ce bord ou terme de lumière étoit de 8′10″ plus oriental que le centre; donc longitude apparente du centre, 6ˢ5ᵈ3′5o″. La latitude de l'étoile étoit de 2ᵈ5o′; donc celle de la Lune 2ᵈ31′B. environ. Parallaxe horizontale 56′, en longitude 13′10″, en latitude 44′10″ (^{1}). Donc lieu vrai de la Lune, 6ˢ5ᵈ17′0″; latitude vraie 3ᵈ15′B. *Mut, p.* 41. L'étoile étoit alors, suivant Bradley, en 6ˢ5ᵈ13′19″; latitude 2ᵈ48′57″B.

— Le 10 mai, à Bologne, à 11ʰ53′52″, t. app. le centre de la Lune apogée étant presque dans le méridien, sa distance au zénit, purgée de réfraction, fut trouvée de 58ᵈ53′4o″. Riccioli fait usage de cette observation, pour déterminer la distance de la Lune apogée à la Terre. Il conclut de ses Tables que la distance vraie de la Lune au zénit devoit être de 58ᵈ7′25″; l'apparente étoit de 58ᵈ53′4o″; donc parallaxe 46′15″; donc distance de la Lune apogée à la Terre, 63$\frac{39}{60}$ demi-diamètres terrestres. *Astron. ref. p.* 15o. Il resteroit à décider si la distance de la Lune au zénit, conclue des tables de ce temps-là, étoit bien exacte.

Streete fait un autre usage de l'observation de Riccioli, et, prenant dans ses Tables le lieu de la Lune et sa parallaxe, il conclut la plus grande latitude de la Lune en opposition 4ᵈ59′53″. *Astr. Carol. p.* 35. On pourroit pareillement demander si les élémens tirés des Tables de Streete sont d'une précision suffisante.

— Le 8 octobre, à Dantzick, Jupiter haut de 36ᵈ25′ (les étoiles fixes étant cachées sous les nuages), ou à 13ʰ27′, distance d'Aldébaran au bord éclairé de la Lune 15′.

Immersion sous ce même bord, Jupiter haut de 38ᵈ48′, ou à 13ʰ42′, vers le 118ᵈ du limbe, vis-à-vis le mont *Audus* (*Galilæus*).

Émersion, vers le 292ᵉ degré, α d'Orion, haut de 38ᵈ45′ à l'est ou à 14ʰ57′.

L'occultation fut presque centrale, l'étoile n'ayant passé qu'à 1′ au sud du centre de la Lune. *Sélénogr. p.* 473. — *Mach. cœl. l.* 2. Dans Hévélius, cette occultation est datée du 8 au matin; c'est une faute d'inattention.

— Agarrat observa aussi cette occultation à Raray, le 9 octobre au matin. Immersion, le bord inférieur de la Lune étant haut de 4oᵈ15′, et α d'Orion de 21ᵈ43′.

Émersion, le même bord ayant 49ᵈ2o′, α d'Orion 32ᵈ15′, et Procyon 15ᵈ3o′ de hauteur. *Gass. t. IV, p.* 455.

Je ne sais encore pourquoi le P. Briga rapporte l'émersion, observée par Hévélius, à 14ʰ48′. *Scient. Eclips. part. IV, p.* 187. On pourroit penser qu'il a voulu réduire ici le temps apparent en temps moyen; mais c'est ce qui ne peut se dire par rapport à l'émersion d'Aldébaran du 14 novembre de l'année précédente.

— Le 2 décembre, à Majorque, immersion d'Aldébaran, haut de 45ᵈ3o′; donc à 8ʰ45′, sous le limbe austral de la Lune.

Émersion vers le milieu du limbe occidental, à la hauteur de 49ᵈ28′; donc à 9ʰ7′. *Mut, p.* 43.

(^{1}) Ces deux parallaxes de longitude et de latitude ne supposent que 46′ de parallaxe absolue, et telle étoit en effet la parallaxe de hauteur.

PLANÈTES.

Le 7 avril, à 8^h, à Majorque, Jupiter est à 12′ de distance de 2ω du Taureau, et de 5′ plus occidental que l'étoile. Il étoit donc en 2^{s}1^{d}0′; lat. 0^{d}35′A. *Mut, p.* 41. Il paroit par cette conclusion, que Jupiter étoit au nord de l'étoile, qui étoit alors, suivant Mayer, en 2^{s}1^{d}6′21″; latitude 0^{d}46′36″A.

— Le 13 février, à 8^h, à Majorque, Mars étoit de 3′ plus occidental, et d'environ 33′ plus boréal que la seconde étoile précédente entre les informes du Cocher (la 125e du Taureau dans le Catalogue britannique). *Mut, p.* 40. L'étoile étoit alors, selon Mayer, en 2^{s}20^{d}28′58″; lat. 2^{d}30′32″B.

Le 28, une heure après le coucher du Soleil, Mars différoit d'une minute en longitude de l'étoile qui est au-dessous et à l'orient des informes du Cocher (la 139e du Taureau), et il étoit à-peu-près de 20′ plus boréal que l'étoile. *Ibid. p.* 41. Cette étoile étoit alors, suivant Mayer, en 2^{s}24^{d}35′31″; latit. 2^{d}29′3″.

— Le 26 mars, à 8^h, la distance de Mars à ε des Gémeaux égaloit celle d'Alcyone à Mérope; la différence des azimuts égaloit, surpassoit même les trois quarts de cette distance; celui de Mars étoit le plus occidental, et la différence de hauteur égaloit le tiers de la distance, Mars étant plus haut que l'étoile. L'observation est faite à Paris par Boulliau. *Bull. ms.*

Gassendi observa la même appulse pareillement à Paris. A 9^h, Mars étoit au nord de l'étoile, à une distance qui excédoit celle de *g* à ζ de la grande Ourse; mais l'excès n'alloit pas à un cinquième de cette distance. Mars étoit sensiblement plus oriental qu'une ligne droite tirée de Procyon à la Chèvre, et passant presque par ε des Gémeaux. Une autre ligne droite, menée d'ε des Gémeaux à β du Cocher, laissoit, mais presque insensiblement, Mars à l'orient. Gassendi conclut que Mars n'avoit pas encore atteint la longitude de l'étoile. *Gass. t. IV, p.* 454.

— Le 4 mai, Mut à Majorque, observa à 8^h, Mars en même longitude, à très-peu-près, que 2μ de l'Écrevisse, et plus boréal d'environ 24′. *Ricc. Astr. ref. p.* 323. L'étoile étoit, suivant Mayer, en 3^{s}24^{d}31′18″; lat. 1^{d}19′48″B.

Le 15 mai, à 8^h, à Majorque, Mars étoit distant de 2′ en longitude, et de 5′ plus boréal que η de l'Écrevisse : son lieu apparent étoit donc en 4^{s}0^{d}24′, latit. 1^{d}37′B. *Mut, p.* 31. Cette détermination du lieu de Mars suppose que Mars précédoit l'étoile, qui étoit alors, selon Tycho, au moins en 4^{s}0^{d}26′; mais, suivant Mayer, en 4^{s}0^{d}27′22″; lat. 1^{d}33′4″B.

Le 27 juin, 1^{h}30′ après le coucher du Soleil, à Plaisance, dans le palais du duc de Parme, Boulliau observa que Mars étoit plus élevé que Régulus d'environ un diamètre et un tiers de la Lune, et que son azimut étoit un peu plus occidental que celui de l'étoile, dont il avoit déjà dépassé la longitude. *Bull. ms.*

FAITS.

Boulliau voyant que toutes les hypothèses des astronomes qui l'avoient précédé, que toutes les Tables de la Lune et des planètes, sans en excepter même les Rudol-phines, étoient contredites par les observations, crut devoir se frayer une nouvelle route. Il combina plusieurs observations; il imagina de nouvelles hypothèses, auxquelles ces observations lui paroissoient s'allier facilement; il construisit de nouvelles tables d'après ces hypothèses. Enfin il publia cette année le résultat de son travail, sous le titre d'*Astronomia philolaïca* etc. *Parisiis*, 1645, *in-fol.* Les principes y sont clairement posés, et les conséquences méthodiquement démontrées. Le tout cependant n'étoit fondé que sur des hypothèses, ingénieuses il est vrai, mais arbitraires, et non sur des lois invariables d'une saine physique. Aussi Boulliau, suivant Riccioli, *Almag. Præfat., p.* 16, eut-il dès cette année même, le déplaisir de voir que les observations de l'éclipse du Soleil du 21 août ne s'accordoient point avec le résultat du calcul de ses tables.

— Hévélius grava cette année les deux planches qui représentent les taches de la Lune en son plein, et qu'il inséra aux pages 222 et 262 de sa *Sélénographie*. Le P. Chérubin d'Orléans copia ces deux planches, et les inséra aux pages 296 et 298 de sa *Dioptrique oculaire*, comme construites par lui-même sur ses propres observations. Hévélius dénonce ce plagiat, p. 181 de son *Annus climactericus*.

1646.

Riccioli, par plus de 40 observations, avoit déterminé la hauteur du pôle à son observatoire de Bologne, de 44^{d}29′30″. Le 20 juin de cette année, avec un très-grand quart-de-cercle, la hauteur du Soleil fut trouvée de 68^{d}59′45″; le 21, de 69^{d}0′ précisément; le 22, de 68^{d}59′45″. La hauteur solsticiale est donc 69^{d}0′; d'où Riccioli, supposant la réfraction nulle, et la parallaxe de 30″, conclut que l'inclinaison de l'éclipse étoit alors de 23^{d}30′. *Almag. p.* 132. Mais les suppositions de Riccioli ne sont pas exactes; il ne falloit ajouter à la hauteur observée que 3″ de parallaxe, et en retrancher 22″ pour la réfraction, et l'inclinaison de l'écliptique auroit été réduite à 23^{d}29′11″.

PREMIÈRE ÉCLIPSE DE LUNE, LE 30 JANVIER.

Hévélius, à Dantzick.

17^{h}21′ 4″	commencement vers le 118e degré du limbe, ou vers le mont *Audus* (*Galilæus*). Les nuages font douter si cette phase n'est pas marquée une minute trop tard.
17 33 36	quatre doigts.
18 12 52	onze doigts. Puis nuages. Voyez un plus ample détail dans *Mach. cœl. l.* 2, et dans *Gass. t. VI. p.* 503, 504.

— À Copenhague.

17^h 3′51″	commencement, le bord supérieur de la Lune étant haut de 22^{d}11′, d'où Boulliau a conclu qu'il étoit 17^{h}3′51″.

L'épi de la Vierge étant haut de $23^d 40'$, cinq doigts environ.

La même étoile haute de $23^d 30'$, six doigts environ.

Régulus haut de $23^d 10'$, environ sept doigts.

Régulus haut de $15^d 0'$, immersion. Cette observation se trouve dans le manuscrit de Boulliau, mais écrite d'une main étrangère; et Boulliau ajoute de la sienne, qu'à l'immersion la hauteur de Régulus devoit être, non de 15^d, mais de 19^d, ou tout au moins de 18^d et qu'en la supposant de 19^d, l'immersion sera arrivée à $17^h 58'$. La même main qui a écrit cette observation y en a ajouté plusieurs autres, faites à Leyde les années suivantes.

— A Paris, Gassendi, aidé de Picard et de Claude Luillier, observa sur une des tours de Notre-Dame.

$16^h 15' 30''$	commencement, β des Gémeaux haut de $23^d 10'$.
$16\ 43$	six doigts, Régulus haut de $31^d 25'$.
$17\ 11\ 45$ ou $17^h 12'$...	Régulus haut de $26^d 50'$, immersion, peu au-dessous de la Caspienne (*Mare crisium*). Une ligne tirée du point du commencement à celui de l'immersion soutendoit au nord 150 et au sud 210 degrés du limbe de la Lune.
$18\ 55$	le bord supérieur de la Lune étant haut d'environ 4^d, elle paroît entre les nuages avoir recouvré un demi-doigt de lumière.

Voyez un très-ample détail de cette observation, dans *Gass. t. IV, p.* 456 *et seq.* Gassendi y commence sa relation par dire, qu'à un été très sec avoit succédé un hiver extrêmement froid, de manière que la Seine fut prise d'une glace très-épaisse depuis le jour de Noël jusqu'au 27 janvier.

— Le P. Bourdin, à Paris.

$16^h 15' 30''$	commencement.
$17\ 12\ 45$	immersion. *Ricc. Geog. ref. l.* 8, *c.* 17.

— A Pise, Reinieri vit le commencement, le centre de la Lune ayant 24^d de hauteur. Les nuages ne permirent l'observation d'aucune autre phase. *Ricc. Astr. ref. p.* 103.

— Le P. Bressan, à Sainte-Marie, au pays des Hurons, par $44^d 20'$ de latitude, et par estime, 10^d à l'ouest de Kébec.

$10^h 45'$	commencement.
$11\ 12$	environ 6 doigts.
$11\ 44$	immersion, puis nuages. *Gass., tom. IV, p.* 458.

Riccioli, *Almag. p.* 384 et *Astr. ref. p.* 103, marque le commencement à $10^h 44'$, et l'immersion à $11^h 41'$; mais dans *Geog. ref. l.* 8, *c.* 17, il rapporte le commencement à $10^h 45'$ et l'immersion à $11^h 45'$.

SECONDE ÉCLIPSE DE LUNE, LE 27 JUILLET.

A Smyrne, Jean Faber ou le Fèvre, de Marseille.

$8^h 3o'$ . . . . fin. *Bull. ms. — Ricc. Almag. p.* 384.

Telle est l'unique observation que nous ayons de cette éclipse, invisible dans presque toute l'Europe. Wendelin essaya d'en observer la fin, mais inutilement; il crut voir seulement un reste de pénombre jusqu'à $7^h 55$. *Almag. p.* 745. Cette vision supposeroit que la pénombre auroit duré plus d'une heure.

Autres observations de la Lune.

Le 23 mars, à Boulogne, le centre de la Lune médie à $5^h 3o' 36''$; sa distance au zénith est de $24^d 56' 3o''$. *Ricc. Alm. p.* 225.

Le 27 mars, Régulus étant précisément au méridien, donc à $9^h 23'$, le bord inférieur de la Lune étoit plus boréal que l'étoile de $18'$ au moins, de $19'$ au plus, et une ligne tirée de γ à α coupoit le bord occidental de la Lune. Parallaxe de latitude $25' 4o''$; latitude de Régulus $0^d 26'$ B. ($0^d 27' 27''$, suivant Mayer et Bradley); demi-diamètre de la Lune $16' 29''$; donc latitude vraie de la Lune $1^d 26' 9''$ B. (ou, au moins, $1^d 27' 36''$). L'observation est faite à Majorque. *Mut, p.* 45.

Le 8 mai, au matin, le centre de la Lune médie, à Bologne, à $61^d 2o'$ de distance du zénit $6' 1o''$ après, distance du centre du Soleil au zénith, $71^d 32' 3o''$; donc le 7 mai, à $18^s 22' 3o''$, t. m. mérid. de Bologne, lieu vrai de la Lune, $10^s 20^d 15' 3o''$. *Ricc. Astr. ref. p.* 162, 167.

Le 19 juin, à Bologne, la Lune médie à $38^d 29' 3o''$ de distance du zénith; $5' 41''$ après, hauteur du centre du Soleil, $17^d 28'$; donc à $5^h 45' 52''$ t. m. lieu vrai de la Lune, $5^s 22^d 26' o''$. *Ibid.*

Le 27 juin, à $11^h 53' 47''$, t. app. ou à $11^h 55' 35''$ t. m. le centre de la Lune médie; sa distance au zénit est $66^d 24'$, et, purgée de l'effet de la réfraction, $66^d 26' 4o''$. $7' 22''$ après, la hauteur d'α de l'aigle étoit de $39^d 2o' 3o''$ à l'est. *Ibid. p.* 150, 162. Le même jour, la hauteur méridienne de la Lune, à Majorque, fut de $28^d 27'$. *Mut, p.* 11.

Le 16 octobre, toujours à Bologne, à $6^h 15' 48''$, le centre de la Lune est au méridien : hauteur méridienne $23^d 34'$. *Almag. p.* 225.

— Le 24 décembre, à Dantzick, les nuages ne permirent pas à Hévélius d'observer l'immersion de Jupiter sous le disque de la Lune. Commencement de l'émersion à $8^h 39' 3o''$ près de *Petra-Sogdiana* (*Wendelinus*). Voyez un plus grand détail *Selenogr. p.* 477, 478, et *Mach. cœl. l.* 2.

— A Konigsberg, Linnemann observa l'immersion à $7^h 53' 3''$. Hévélius, combinant cette observation avec la sienne, croit que la conjonction a été presque centrale, et que Jupiter a passé $4o''$ au sud du centre. *Mach. cœl. l.* 2.

— A Varsovie, immersion, Jupiter et le bord inférieur de la Lune étant haut de $11^d 43'$, et β des Gémeaux de $3o^d 1'$, ou à $8^h o' 4o''$.

Émersion, Jupiter haut de $19^d 52'$, et β des Gémeaux de $39^d 38'$, ou à $9^h 4'$. *Gass. tom. IV, p.* 462.

PLANÈTES.

Le 12 février, à Majorque, Mut observa Jupiter à l'orient de Propus, et le 13 à son occident. Le 19, absolument stationnaire, il étoit de 5′ plus occidental, et de 9 ou 10′ plus boréal que l'étoile. Le 25, il avoit repassé l'étoile, et étoit d'une minute à-peu-près plus avancé qu'elle en longitude. Mut conclut que le 19 à 7^h, Jupiter étoit en 2^{s}25^{d}56′; latitude 0^{d}3′A. *Mut, p.* 44, 45. Propus étoit alors, suivant Bradley, en 2^{s}26^{d}0′14″; lat. 0^{d}11′45″A. Donc l'observation de Mut mettroit Jupiter par 2^{s}25^{d}55′¼; latitude, 0^{d}2′A.

— Le 7 juillet, à 15^{h}20′, Vénus étoit, suivant Riccioli, en 2^{s}0^{d}18′, et dans sa plus grande élongation, qui étoit de 44^{d}32′. *Almag. p.* 595.

Le 9 juillet, à 15^{h}40′, à Majorque, distance de Vénus à ε du Taureau, 32′ à-peu-près; elle est presque tout entière en latitude. *Mut. p.* 45.

Le 20, à 16^h, Vénus étoit plus méridionale que la plus australe de la corne australe du Taureau. *Ibid. p.* 45, 46.

— Le 10 mai, à Leyde, l'épi de la Vierge étant au méridien, la distance de Mercure à Procyon étoit de 42^{d}50′; à la Chèvre, de 20^{d}33′; à α des Gémeaux, de 34^{d}10′; à β des Gémeaux de 36^{d}50′; à Jupiter de 23^{d}18′.

Le 11, le Corbeau étant au méridien, distance de Mercure à Procyon, 41^{d}52′; à la Chèvre 20^{d}33′. Pour vérifier l'instrument, on a pris la distance de la Chèvre à Procyon; on l'a trouvée de 50^{d}57′. *Anonyme in Bull. ms.* C'est celui qui a observé à Copenhague l'éclipse du 30 janvier.

1647.

ÉCLIPSE DE LUNE, LE 20 JANVIER.

Hévélius observa cette éclipse à Dantzick dans le plus grand détail; voici ses principales phases.

9^{h}19′12″...	commencement, vers le 170^d du limbe, à 5^d du nadir, Jupiter étant haut de 42^{d}40′ vers l'est.
10 29 5 ...	plus grande phase, 5 doigts; Jupiter haut de 50^{d}14′.
11 27 44 ...	fin à 45^d du nadir à droite, Régulus haut de 42^{d}5′ à l'est. *Mach. cœl. l.* 2.

Streete conclut qu'à 9^{h}19′ t. m. mérid. de Londres, le vrai lieu de la Lune en son orbite étoit 4^{s}0^{d}49′4″. *Astron. Carol. p.* 100.

— J'omets une observation de Varsovie, que Boulliau et Gassendi regardent avec raison comme insoutenable. Voyez *Gass. tom. IV, p.* 462.

— A Londres, au collège de Gresham, Foster.

8ʰ 0′ . . . . .   commencement. Plus grande phase, 4 doigts ½.
10 20 . . . . .   fin. *Fost. Obs. p.* 8. — *Astr. Brit. p.* 326. Il faudroit peut-
          être lire 10ʰ10′ au lieu de 10ʰ20′.

— A Paris, Gassendi, Picard et Agarrat.

8ʰ 8′ . . . . .   commencement au nadir même de la Lune, ou bien peu
          vers la droite, Procyon étant haut de 32ᵈ45′. Une ligne,
          tirée par le point de l'entrée et par le centre de la
          Lune, passoit très peu au-dessous de *Grimaldus*.

La plus grande phase fut jugée, entre les nuages, de 4 doigts et demi ou de
5 doigts au plus.

10ʰ16′30″. . .   fin, Régulus haut de 35ᵈ50′ à l'est, donnant 10ʰ16′, et
          γ du Lyon haut de 40ᵈ25′, donnant 10ʰ17′.

Du point du commencement à celui de la fin, 78ᵈ du limbe de la Lune, à très-
peu-près. *Gass. tom. IV, p.* 460, 461.

— A Palma, en Sicile, Hodierna.
Commencement lorsque Bellatrix (γ d'Orion) étoit au méridien, avec le 76ᵈ43′
de l'équateur; observation très exacte.
Fin, lorsqu'un degré de l'équateur eut traversé le méridien après le passage de
Procyon. *Hodierna, Ephem. Medic. part. III, p.* 54.
D'après notre calcul, le commencement de l'éclipse auroit eu lieu à 8ʰ54′52″, et
la fin à 11ʰ12′45″. Cette dernière phase paroit observée un peu trop tard; c'étoit
peut-être la fin de la pénombre.

— Mut, à Majorque.

8ʰ16′ . . . . .   commencement, Procyon haut à l'est de 39ᵈ10′.
10 31 . . . . . .   fin, la Chèvre haute à l'ouest de 68ᵈ28′.

Au milieu, 20′ à très-peu-près du diamètre de la Lune étoient dans l'ombre;
donc grandeur de l'éclipse, 5 doigts. (Est-ce que le diamètre de la Lune étoit de
48ᵈ? Il y a ici quelque faute d'impression.) *Mut. p.* 13.

— A Smyrne, Boulliau et Faber.

9ʰ54′40″. . .   commencement, la hauteur apparente de Régulus étant
          de 35ᵈ10′. Grandeur de l'éclipse, 5 doigts et plus.
12 7 20 . . .   fin, Régulus étant haut de 58ᵈ40′. *Bull. ms.*

Ces hauteurs sont sans doute bien observées, mais on n'est pas d'accord sur les
heures qu'il faut en conclure. Celles que l'on vient de donner sont calculées sur le
fondement que la hauteur du pôle à Smyrne étoit de 37ᵈ45′; Boulliau avoit cru la
trouver telle, le 21 juin de cette année. Mais un assez grand nombre d'observations de Faber ayant porté cette latitude à 38ᵈ22′, Boulliau crut, je ne sais trop sur

quel fondement, qu'il falloit corriger les hauteurs observées, et les heures qu'il en avoit déduites. Il les corrigea ainsi :

$9^h 53'$ ...   commencement, la hauteur corrigée de Régulus étant de $34^d 53'$.

12 7 0"...   fin, la même hauteur étant de $58^d 11'$. *Ibid.*

Gassendi, *tom. IV, p.* 462, et *tom. VI, p.* 277, part d'après les hauteurs observées $35^d 10'$ et $58^d 40'$, et donne le résultat suivant.

$9^h 55'$..............................   commencement.

12 7' ou 9'..........................   fin.

Riccioli, par inattention sans doute, donne *Astr. ref. p.* 104, pour les heures du commencement et de la fin, des nombres insoutenables.

Supposant la latitude de Smyrne de $38^d 28' 27''$, telle qu'elle est dans la *Connoissance des Temps*, et calculant soigneusement le résultat des deux hauteurs apparentes, $35^d 10'$ et $58^d 40'$, observées par Boulliau, prenant le lieu du Soleil dans les Tables de Mayer, et celui de Régulus dans le catalogue de Bradley, nous avons trouvé le résultat suivant.

$9^h 54' 36''$.............................   commencement.

12 10 23.............................   fin.

Boulliau et Faber ont observé de plus un grand nombre de phases pendant toute la durée de l'éclipse. Nous ne croyons pas qu'il soit nécessaire de les détailler.

Autres observations de la Lune.

Le 20 janvier, après l'éclipse de Lune, il y eut une occultation de Jupiter par la Lune. Hévélius n'eut pas la satisfaction de jouir de ce spectacle. Après avoir pris plusieurs distances de la Lune à Jupiter, cette distance n'étant plus que de $7'$, et même moindre, les deux astres furent couverts par les nuages. Voyez *Selenog, p.* 479, et *Mach. cœl. l.* 2.

— A Paris, le bord austral de Jupiter atteignit le bord boréal de la Lune, Arcturus étant à $40^d 10'$ de hauteur, ou à $14^h 17'$. Il fut totalement caché, Arcturus étant haut de $40^d 17'$, ou à $14^h 17'\frac{1}{2}$.

A l'émersion, on vit une légère tumeur sur le limbe de la Lune, Arcturus étant haut de $46^d 55'$, à $15^h 0'\frac{1}{2}$. L'arc du limbe de la Lune, entre les points de l'immersion et de l'émersion, fut de 72 degrés. *Gass. tom. I, p.* 696 et *tom. IV, p.* 461.

— A Majorque, immersion vers le tiers de la partie boréale de la Lune, Procyon ayant $33^d 56'$ de hauteur vers l'ouest, ou à $14^h 29'$.

Émersion, Régulus haut vers l'ouest de $53^d 43'$, ou à $15^h 32'$. *Mut, p.* 46.

— A Smyrne, la hauteur de Procyon, $9^d 45'$ à l'ouest, donna à Bouillau $16^h 37'$ pour l'instant auquel Jupiter atteignit le bord supérieur de la Lune; cette planète et le centre de la Lune étoient dans un même azimut.

La Chèvre haute de $5^d 5o'$, ou à $17^h 1o'$, Jupiter sortit. *Bull. ms.*

Mut, p. 46, met l'immersion, à Smyrne, à $16^h 47'$, et, en conséquence, le milieu du passage à $16^h 58'$; d'où il conclut la différence des méridiens entre Smyrne et Majorque, de $1^h 38'$, détermination qui paroît exacte, à quelques secondes près.

— Le 8 avril, à Majorque, le talon droit du Cocher (γ du Cocher ou β du Taureau) étant à la hauteur de $35^d 14'$ à l'ouest, donc à $8^h 19'$ immersion de 1δ du Taureau vers la partie troisième et septentrionale du limbe obscur (apparemment à 60^d de la corne boréale). L'étoile, dit Mut, étoit en $2^s 1^d 55'$, avec une latitude de $4^d 2'$A. (en $2^s 1^d 56' 17''$, lat. $3^d 59' 46''$A. suivant Bradley). Parallaxe horizontale de la Lune, $62' 45''$; parallaxe de longitude, $54' 6''$; de latitude, $26' 10''$. Donc, conclut Mut, lieu vrai de la Lune, $2^s 2^d 34'$; latitude vraie, $3^d 25'$A. Mut finit par dire que cette estime peut n'être juste qu'à deux minutes près. *Mut, p.* 47.

Riccioli, *Astr. ref. p.* 158, rapporte cette observation d'après une lettre de Mut à lui adressée; il en conclut, *p.* 167, que le vrai lieu de la Lune étoit alors en $2^s 4^d 20' 54''$. Mais c'est parce qu'il a supposé que l'étoile éclipsée étoit ε du Taureau; et en effet les expressions de Mut paroissoient désigner cette étoile; mais la longitude et la latitude que Mut attribuoit à l'étoile, ne pouvoit convenir qu'à 1δ. ε étoit alors, suivant Bradley, en $2^s 3^d 31' 52''$, lat. $2^d 35' 37''$A.

— Le 12 avril, il y eut une seconde occultation de Jupiter par la Lune; elle n'eut pas lieu à Dantzick, il n'y eut qu'une appulse. Voyez dans Hévélius, *Selenogr. p.* 546, — *Mach. cœl. l.* 2, les distances de Jupiter à la Lune, et ses alignemens avec les taches, observés par cet astronome. La conjonction apparente de la planète avec le centre de la Lune eut lieu à $11^h 14' 5o''$, Arcturus ayant $53^d 1o'$ de hauteur. La distance à la corne boréale étoit de $6'$; le demi-diamètre supposé, de $16' 21''$.

— A Paris, il y eut contact; Jupiter fut éclipsé à moitié : c'étoit, dit Gassendi, un spectacle fort amusant, de voir Jupiter comme à cheval sur la Lune, et voyageant sur son limbe supérieur. Il joignit le limbe à $10^h 4'$, Arcturus ayant $49^d o'$ de hauteur. Émersion totale, Arcturus haut de $49^d 5o'$, ou à $10^h 9' 3o''$. *Gass. tom. I, p.* 697, *et tom. IV, p.* 463.

— Agarrat, aussi à Paris, détermina le premier attouchement, Procyon haut de $23^d o'$, ou $10^h 3'\frac{1}{2}$, et la sortie totale, Procyon haut de $22^d 1o'$, ou à $10^h 9'$. *Ibid.*

— Petit fit aussi la même observation à Paris. Vers $9^h 55'$, Jupiter lui parut commencer à entrer sous le limbe obscur. Il fut entièrement éclipsé pendant 3 ou 4 minutes. Sortie totale vers $10^h 1o'$. *De l'Isle, mss.*

— A Majorque, immersion sous la partie boréale de la Lune, Régulus étant haut de $57^d 17'$, ou à $9^h 56'$; émersion, Régulus haut de $49^d 12'$, ou à $10^h 48'$. Mut ajoute que la parallaxe de la Lune en longitude étoit alors à Paris, de $41' 35''$; à Majorque de $48' 40''$; et celle en latitude de $41' 45''$ à Paris, de $34' 17''$ à Majorque. *Mut, p.* 47.

— Le 25 mai, à Bologne, le centre de la Lune médie à $60^d 12'$ du zénit; $3' 20''$ après, hauteur du Soleil, $16^d 1'$. Donc à $17^h 58' 1o''$ t. m. mérid. de Bologne, lieu de la Lune, $11^s o^d 8' o''$. *Ricc. Astr. ref. p.* 162, 167.

— Le 6 juin, à Dantzick, Jupiter est dans la ligne des cornes, la Lyre haute de

53ᵈ36′, ou à 10ʰ10′30″. Distance à la corne australe 8′. *Hev. Mach. cœl. l. 2.* — *Selenogr. Tab. RRR.*

PLANÈTES ET ÉTOILES.

Le 2 février, à 3ʰ¼, suivant le comput italique (3ʰ¼ après le coucher du Soleil), à Bologne, distance de Saturne à α du Bélier, 15ᵈ0′ très-précisément; 7′ après, distance à Aldébaran, 23ᵈ27′30″. Donc à 8ʰ, lieu de Saturne 1ˢ11ᵈ30′. *Ricc. Astr. ref. p.* 288, 298.

Le 20 novembre, vers la 4ᵉ heure italique, distance de Saturne à la Chèvre, 31ᵈ7′; à β du Taureau, 20ᵈ50′ : à la fin de l'observation, Saturne étoit haut de 40ᵈ45′, et Aldébaran de 34ᵈ45′. Donc à 9ʰ30′, lieu de Saturne 1ˢ28ᵈ24′. *Ibid.*

De cette dernière observation faite à Bologne, Jacques Cassini conclut que l'opposition de Saturne a eu lieu le 20 novembre à 6ʰ50′, en 1ˢ28ᵈ24′25″. *Élém. d'Astr. p.* 356.

— Le 9 mai, à 9ʰ, Boulliau vit, à Abydos sur l'Hellespont (château d'Asie des Dardanelles), Jupiter près de la crèche du Cancer; sa distance à ε étoit égale au demi-diamètre de la Lune; il fut estimé de 4 à 5′ plus austral que l'étoile. *Bull. ms.*

— Le 17 mai, à Smyrne, Jupiter étoit distant de 20′ des étoiles les plus occidentales de la Crèche; il étoit voisin de l'Ane austral.

Le 22 mai, à 9ʰ, il étoit plus occidental qu'une ligne droite tirée par les deux Anes; sa distance à cette ligne étoit tout au plus de trois de ses diamètres, et sa distance à l'Ane austral étoit d'un diamètre de la Lune.

Le 24, il avoit dépassé d'environ 6′ la longitude de l'Ane austral. *Ibid.*

Le 6 septembre au matin, dans le port de Malte, Jupiter étoit à 26′ de distance au nord de Régulus; il n'avoit pas encore atteint la longitude de cette étoile; la distance n'étoit donc pas toute en latitude. *Ibid.*

— Le 16 décembre, à Majorque, Mut observa Jupiter, à 19′ au moins, ou à près de 20′ de distance de χ du Lion.

Le 22, à 11ʰ, Jupiter étoit de 5′ plus occidental, et de 9′ à 10′ plus austral que l'étoile.

Le 24, à 14ʰ, son mouvement étoit encore direct.

Le 25, à 14ʰ, il rétrogradoit, mais presque insensiblement; il étoit de 3′ plus occidental que l'étoile. Il étoit donc en 5ˢ9ᵈ33′, lat. 1ᵈ11′B. *Mut. p.* 49. χ du Lion étoit suivant Bradley, en 5ˢ9ᵈ36′46″; lat. 1ᵈ20′53″B.

— Le 25 août, une heure après le coucher du Soleil, dans le port de Malte, l'épi de la Vierge, Vénus et Mars étoient dans un même alignement; Vénus étoit à-peu-près à égale distance de Mars et de l'étoile. *Bull. ms.*

Le 21 juillet, à 8ʰ30′, à Smyrne, Mars étoit, à très-peu-près, de 21′ plus oriental que β de la Vierge; la veille il étoit de la même quantité plus occidental que l'étoile. *Ibid.*

Le 3 août, à 8ʰ, à Smyrne, distance de Vénus à β de la Vierge, 10′ : son azimut étoit de 4 à 5′ plus occidental que celui de l'étoile. *Ibid.*

Le 27 août, une heure après le coucher du Soleil, et toujours à Smyrne, Vénus paroissoit avoir la même longitude que l'épi de la Vierge; elle étoit plus boréale que l'épi, et sa distance à cette étoile étoit égale à celle de o et π du Sagittaire. *Ibid.* La distance des deux étoiles est de $1^d 23'\frac{1}{2}$ environ.

— Joachim Jungius vit, le 28 février et les deux jours suivans, la variable de la Baleine de 3ᵉ grandeur. *Hevel. Mercur. in Sole, p.* 149, 152.

FAITS.

Cette année fut la dernière de Christian Séverini, dit Longomontan, du nom d'un village de Danemark où il étoit né en 1562. Son père étoit un pauvre laboureur, hors d'état de lui procurer une éducation honnête. Son zèle lui fit surmonter les obstacles que l'indigence opposoit à ses progrès dans l'étude des lettres, et surtout dans celle des sciences mathématiques, pour lesquelles la nature lui avoit inspiré un goût irrésistible. Recommandé à Tycho, il aida ce grand homme dans ses observations ; il fut même directeur de son observatoire durant 8 ans. Muni des plus flatteuses attestations de Tycho, il retourna dans sa patrie, et fut nommé, en 1605, professeur de mathématiques à Copenhague. Il remplit cette place avec honneur jusqu'à l'année de sa mort. Dès l'année 1622, il avoit publié son *Astronomia Danica,* à Amsterdam, in-4°. Il en donna en 1640, pareillement à Amsterdam, in-fol. une 2ᵉ édition fort augmentée. Il y admet le mouvement diurne de la terre ; mais sur tout le reste il suit Tycho. Il joignit à sa théorie des Tables des mouvements célestes, qui s'accordèrent quelque temps avec le ciel, et qui furent d'abord estimées, mais qui furent bientôt effacées par les Tables Rudolphines. La théorie de Longomontan étoit trop compliquée pour représenter fidèlement l'ouvrage de la nature.

— Hévélius publia cette année sa Sélénographie. Il y traite principalement des phases de la Lune, des taches qu'on y observe, des diverses apparences de ces taches dans les diverses phases de la Lune, de sa libration, etc. Il donne une nomenclature des taches de la Lune. Langren avoit publié en 1644, un ouvrage dans lequel il prétendoit qu'on pouvoit déterminer les longitudes sur terre et sur mer par les taches de la Lune. Sa méthode n'étoit ni d'un usage facile, ni même à l'abri de toute erreur. Pour en faciliter la pratique, Langren avoit gravé lui-même, et avoit publié en 1645, sous le titre de *Selenographia Langreniana seu Lumina Austriaca Philippica,* des Planches qui représentoient les taches de la Lune dans ses différentes phases ; et il avoit donné à ces taches des noms de princes, de savans, de quelques-uns de ses amis : il avoit même déjà fait imprimer quelques feuilles relatives à ces planches ; mais, dit Riccioli, n'ayant point de Mécène, et chargé du soin d'une nombreuse famille, il ne se pressoit point, de sorte qu'il se laissa prévenir par Hévélius. Celui-ci ne jugea pas à-propos de donner aux hommes des possessions dans la Lune ; il aima mieux y transporter la terre entière, en donnant aux taches de la Lune les noms des montagnes, des îles, des lacs, etc. de la terre. Quatre ans après, Riccioli publia son Almageste. Comme il n'y avoit aucune analogie entre les montagnes et lacs terrestres et les parties de la Lune auxquelles Hévélius avoit donné les mêmes noms, Riccioli revint à l'idée de Langren, et distingua les taches de la Lune par des noms d'hommes. Il ne crut cependant pas que les princes et les amis de Langren dussent figurer dans cette nomenclature céleste ; il n'y admit que des astronomes et des philosophes cosmographes, ou du moins dont les écrits avoient pu être de quelque utilité à l'Astronomie ou à la

Cosmographie. La nomenclature d'Hévélius fut d'abord admise en Allemagne, en Angleterre, en France, etc. ; Jean-Dominique Cassini nous apporta en 1671 l'usage de celle de Riccioli. Cet usage s'est insensiblement répandu en Allemagne, en Russie, en Angleterre, de manière qu'on peut dire que la nomenclature de Riccioli est maintenant généralement admise. Il faut convenir d'ailleurs qu'elle aide plus à la mémoire que celle d'Hévélius ; on retient plus facilement les noms de *Snellius, Cusatus, Fabricius,* etc., que ceux de *Mons Paropamisus, Mons Techisanda, Mons Coïbœcaranus,* etc.

1648.

ÉCLIPSE DE LUNE LE 29 NOVEMBRE.

A Châlons-sur-Marne, le P. Jacques de Billy vit le commencement de cette éclipse à 17^{h}45′ ; le ciel se couvrit ensuite. *Fournier, Hydr. l.* 12, *c.* 10. Il y a probablement ici une faute d'impression ; il faut lire 17^{h}15′ pour 17^{h}45′.

— Gassendi étoit alors à Tarascon, en Provence ; il n'avoit à la main qu'un quart-de-cercle d'un pied de rayon : il fit ce qu'il put, dit-il, et non ce qu'il auroit fallu faire pour obtenir une bonne observation. Il observa dans la tour du Collège des PP. de la Doctrine chrétienne.

Aldébaran haut de 15^{d}30′, ou à 17^{h}19′, l'éclipse venoit de commencer. (Il y a ici dans l'imprimé au moins une ligne d'omise.) Il est clair, par ce qui suit, que Gassendi avoit pris au commencement les hauteurs de deux étoiles, d'Aldébaran et d'une épaule d'Orion, probablement d'α. Une de ces deux hauteurs, et c'étoit sans doute α d'Orion, donnoit 17^{h}19′ ; l'autre donnoit une heure plus avancée. J'ai calculé en effet, la hauteur d'Aldébaran, 15^{d}30′ ; elle donne 17^{h}21′54″. Gassendi rejette sur le vice de l'instrument ce défaut d'accord entre les résultats des deux hauteurs. A la phase de 6 doigts, 16^{d}0′ hauteur de l'épaule d'Orion, et 30^{d}30′ hauteur de Procyon, s'accordèrent à donner 18^{h}6′. La plus grande phase fut de 9 doigts. *Gass. t. IV, p.* 463.

— A Aix, Honoré Gautier et Gabriel Roverius observèrent le commencement, avec de très-bons instrumens, Sirius étant à 15^{d}10′ de hauteur à l'ouest, ou à 17^{h}19′. Cette observation donne à Gassendi un nouveau sujet de douter de l'exactitude de la sienne, vu qu'au commencement de l'éclipse, on auroit dû compter à Tarascon 3 à 4′ moins qu'à Aix. *Ibid.*

Autres observations de la Lune.

Le 8 mars, à Bologne, à 11^{h}48′34″ t. app. ou à 11^{h}56′ t. m., le centre de la Lune étoit au méridien, à 33^{d}55′30″ de distance du zénit. *Ricc. Astr. ref. p.* 149. — *Almag. p.* 225.

Le 12 juin, à Bologne, à 18^{h}16′8″, t. app., le centre de la Lune médie, à 52^{d}50′ de distance apparente du zénit. *Ricc. Alm. Ibid.*

On peut voir dans Riccioli les conséquences très-équivoques qu'il tire de ces deux observations, pour déterminer la parallaxe horizontale de la Lune et sa distance à la Terre.

PLANÈTES ET ÉTOILES.

Le 26 février, à Bologne, vers l'heure italique $2\frac{1}{2}$, Saturne étoit à $9^d 39'$ d'Aldébaran, et à $32^d 56'$ de Rigel. *Ricc. Astr. ref. p.* 289. Riccioli conclut, *Ibid. p.* 298, qu'à 8^h, Saturne étoit en $1^s 26^d 10'$.

Le 5 janvier, à 9^h, Hévélius jugea la variable de la Baleine de la 2e grandeur, plus grande que γ de la même constellation, moindre cependant qu'α. *Hevel de Mercur. etc. p.* 149, 152.

1649.

PREMIÈRE ÉCLIPSE DE SOLEIL LE 9 JUIN.

Cette éclipse n'étoit visible que dans les parties les plus au nord-ouest de l'Europe, et au nord de l'Amérique. Je n'en trouve d'autre observation que celle qui fut faite à Cambridge en Angleterre, au collège de St-Jean, par Robert Billingslei, qui à 18^h observa que le Soleil étoit éclipsé de deux tiers de doigt dans sa partie boréale. *Astron. Brit. p.* 350.

SECONDE ÉCLIPSE DE SOLEIL LE 4 NOVEMBRE.

Hévélius, à Dantzick, ne put observer le commencement.

$2^h 28'$ ou environ.	commencement conjecturé; il a dû arriver vers l'ouest, à 60^d environ du zénit.
3 14 30″.......	cinq doigts $\frac{3}{4}$, plus grande phase.
4 1 0	fin à 55^d du zénit. *Mach. cœl. l. 2. — Ep. ad Eichstad. una è IV Epist.*

— A Kosteletz, en Bohême, sous le parallèle de Prague, et à 15 milles à l'est de cette ville, le P. Moret.

$5^h 15'$..........	fin. *Ricc. Astr. ref. p.* 146. (A $5^h 15'$, le Soleil étoit couché à Kosteletz.)

— A Londres, au collège de Gresham, Foster.

$0^h 41' 30''$.......	commencement exact.
0 53 40	un doigt.
	Plus grande phase : 4 doigts et demi.
2 29 30	un doigt.
2 36 30	fin précise. *Fost. Observ. — Astr. Brit. p.* 350.

— Wiberd, à Londres.

$2^h 36' 49''$.......	fin. *Astr. Brit. p.* 351.

Palmer, à Ecton.

$0^h 41' 56''$.......	un huitième de doigt.
0 48 49	un doigt.
1 33 32	quatre doigts 20′.
2 22 40	un doigt.
2 31 4	fin. *Ibid.* et *Palm. Cathol. Plan. p.* 210.

— A Leyde, un anonyme.

> Le Soleil haut de 20^d 17′, 1 doigt.
> Le Soleil haut de 19 13 , 3 doigts.
> Le Soleil haut de 18 33 , 4 doigts.

Les nuages ne permirent pas d'autre observation. *Bull. ms.*

— A Meslay-le-Vidame en Beauce, Boulliau ne put observer que la fin, le Soleil ayant 16^d 3o′ de hauteur, donc à 2^h 42′ (ou plutôt à 2^h 45′). La plus grande phase fut de 3 doigts. *Bull. ms.* — *Gass. tom. IV, p.* 466.

— A Aix, Gautier et Roverius manquèrent le commencement, à cause des nuages.

1^h 38′..........	deux doigts, le soleil haut de 26^d 46′.
2 10..........	3 doigts $\frac{3}{1}$, le Soleil haut de 23^d 5o′, plus grande phase.
2 55..........	2 doigts, le Soleil haut de 19^d 10′.
3 12..........	fin, le Soleil haut de 16^d 2o′. *Gass. ibid.* Voyez-y plus de détail.

— Mut, à Majorque, supposa le diamètre du Soleil divisé en 4,000 parties, et marqua combien il y avoit de ces 4,000 parties éclipsées. Nous avons réduit ces parties en doigts.

	Hauteurs du Soleil.	
^{h} $^′$	^{d} $^′$	
1 23........	31 22	commencement.
1 41........	29 56	parties éclipsées.... 83o, ou 2 doigts 29′.
2 3........	27 47	plus grande phase. 1,163, ou 3 doigts 29 .
2 4o........	23 23	parties éclipsées.... 83o, ou 2 doigts 29 .
3 2........	20 21	fin. *Mut. p.* 17.

On trouve cette observation de Mut, dans *Ricc. Astr. ref. p.* 146, avec quelques variantes. Nous avons cru devoir nous en tenir à ce que Mut lui-même en a publié.

PREMIÈRE ÉCLIPSE DE LUNE LE 25 MAI.

A Leyde, un anonyme, dont l'observation manuscrite se trouve parmi les manuscrits de Boulliau. Les heures sont celles d'une horloge marquant les secondes.

13^h 11′........	la Lune entre dans un nuage, l'éclipse non encore commencée.
13 22..........	Arcturus haut de 38^d 16′, la Lune sort du nuage un peu entamée.
	Arcturus haut de 37^d 4′, deux doigts.
13 47.........	Arcturus haut de 34^d 5′, 6 doigts.
14 15.........	la tête d'Hercule haute de 56^d 6′, immersion.

Il y a ici nécessairement quelque faute de copiste; la tête d'Hercule ne peut monter à 56^d 6′ sur l'horizon de Leyde. J'ai tenté, mais inutilement de découvrir où pouvoit être l'erreur. J'ai calculé la première hauteur d'Arcturus, $38^d 16'$; elle m'a donné $13^h 24' 17''$: l'horloge ne marquoit que $13^h 22'$; elle retardoit donc de $2' 17''$. Si ce retard s'est soutenu, l'immersion sera arrivée vers $14^h 17' \frac{1}{4}$. La deuxième hauteur d'Arcturus donne $13^h 32' 21''$ pour la phase de 2 doigts.

— Foster, à Londres.

$13^h 15'$......	deux doigts.
13 33......	six doigts.
14 2......	immersion. *Fost. Observ. p.* 7.

— Palmer, à Ecton.

$13^h 8'$ ...	commencement l'azimut d'η d'Ophiuchus étant de $7^d 42'$ du sud à l'ouest.
$13^h 55' 44''$...	immersion, l'azimut de l'étoile étant de $20^d 0'$. *Palm. Cath. Plan. p.* 210. — *Astr. Brit. p.* 326.

— A Majorque, Mut.

$13^h 8'$......	pénombre très-épaisse, à l'œil nu.
13 16......	Arcturus haut de $42^d 10'$, commencement. *Mut. p.* 16.

— A Smyrne, Faber.

$14^h 50' 37''$...	commencement, Arcturus haut de $23^d 50'$.
15 26 14...	moitié de la Lune éclipsée, Arcturus haut de $17^d 0'$.
15 48 47...	immersion, Arcturus haut de $12^d 45'$. *Bull. ms.* — *Gass. tom. IV, p.* 466.

Faber, en envoyant cette observation à Boulliau, y avoit joint les heures résultantes, suivant son calcul, des hauteurs observées d'Arcturus. Mais il avoit supposé une fausse latitude de Smyrne. Boulliau avoit soumis la première hauteur à un nouveau calcul; mais il n'avoit supposé la latitude de Smyrne que de $38^d 22'$, et elle est de $38^d 28'$. Les heures des observations, telles que nous les avons marquées, sont les résultats du calcul que nous avons fait des trois hauteurs. L'heure que Faber joint à la seconde hauteur me paroit supposer que cette hauteur étoit $17^d 50'$, et non $17^d 0'$; l'heure correspondante seroit $15^h 22'$.

— Aux Trois-Rivières en Canada, le P. Bressan.

$7^h 48'$......	commencement.
10 45......	fin. *Ricc. Astr. p.* 104. Cette durée est trop courte pour une éclipse totale.

SECONDE ÉCLIPSE DE LUNE LE 18 NOVEMBRE.

L'anonyme de Leyde trouva que l'éclipse étoit commencée lorsque la hauteur occidentale de Procyon étoit de $40^d 13'$.

Immersion, l'étoile rougeâtre d'Orion (apparemment α) ayant $20^d 47'$ de hauteur à l'ouest.

— A Paris, Jean et François Bochart de Saron, et de Neuré, sur les tours de Notre-Dame.

17^h 3′30″...	Aldébaran haut de 27^d0′, commencement.
18 9 15 ...	Sirius haut de 11^d20′
18 10 30 ...	Aldébaran haut de 16^d0′ } immersion.

Gass. tom. IV, p. 466.

— Au couvent de Saint-Vincent, près Digne, Gassendi.

17^h18′ ...	Aldébaran haut de 24^d51′ } commencement.
17 18 30″...	β du Taureau haut de 41^d22′
17 50 30 ...	Aldébaran haut de 19^d5′ } 6 doigts.
17 50 ...	β du Taureau, haut 35^d43′
18 22 ...	Aldébaran haut de 13^d26′, et β de 29^d54′, immersion.

Gass. ibid. p. 465.

— A Aix, Gautier et Rovérius.

17^h17′ ...	commencement, Jupiter haut de 6^d3o′.
17 48 ...	6 doigts, Sirius haut de 17^d45′ à l'ouest.
18 20 3o″...	immersion, Jupiter haut de 16^d4o′. *Ibid.*

Ces trois observations, de Paris, de Digne et d'Aix, sont bien plus amplement détaillées dans *Gass. tom. IV.*

— A Bologne, Riccioli.

18^h45′5o″...	Procyon étant à 55^d35′ du zénit, immersion. *Ricc. Alm. p.* 746.

— A Majorque, Mut.

17^h10′......	la Chèvre haute de 46^d53′ à l'ouest, commencement, puis nuages. *Mut, p.* 18.

— Le P. Bressan, à Kébec.

12^h12′......	commencement.
13 3o......	immersion. (C'est bien tard ; n'auroit-on pas écrit 13 3o pour 13 20?)
16 25......	fin (c'est encore bien tard). *Anc. Mém. tom. VII, p.* 710.

— A Panama, en Amérique, le P. François Ruggi, habile mathématicien, nous dit-on.

11^h 0′......	commencement ; l'éclipse dura 4 heures. *Ibid.*

Autres observations de la Lune.

Le 21 avril, Procyon étant élevé de 47^d35′ sur l'horizon de Majorque, donc à 7^h17′, η du Lion, étoit au-dessus de la tache Caspienne (*Mare Crisium*); il en étoit distant de 6′ ; le vertical de l'étoile laissoit à l'ouest le quart du disque de la Lune. *Mut, p.* 5o.

PLANÈTES.

Le 8 avril, à 8ʰ3o′, Saturne avoit dépassé la longitude de l'étoile boréale qui est dans la corne australe du Taureau, et qui étoit pour lors en 2ˢ11ᵈ45′, avec 1ᵈ49′½ de latitude australe ; il en étoit distant de 22′, et il étoit de 11′ plus haut que l'étoile. *Bull. ms.* Je ne doute pas que cette étoile ne soit ι du Taureau, sur la position de laquelle il sera échappé à Tycho une erreur de calcul, qui aura été suivie par Képler, Boulliau, Riccioli, et corrigée par Hévélius, Flamsteed, Bradley, Lacaille et Mayer. L'étoile étoit alors, suivant ce dernier, en 2ˢ11ᵈ53′6″ ; lat. 1ᵈ13′39″A.

— Le 26 juillet, à 15ʰ, à Bologne, Saturne, haut de 23ᵈ, étoit à 25ᵈ24′3o″ de distance de la Chèvre, et à 2oᵈ56′3o″ d'Aldébaran ; d'où Riccioli conclut qu'il étoit en 2ˢ25ᵈ38′. *Astr. ref. p.* 288, 298.

— Le 11 octobre, à 11ʰ, à Paris, Saturne est à 14′ de μ des Gémeaux, plus bas que l'étoile de 1o′, et dans un azimut plus occidental de 1o′. L'étoile est en 3ˢoᵈ25′24″ ; lat. oᵈ53′A. De la distance et de la situation respective des deux astres, il suit que Saturne étoit d'une minute plus occidental que l'étoile, et de 14′ plus austral ; donc Saturne étoit en 3ˢoᵈ24′54″ ; lat. 1ᵈ7′A. à très-peu près. *Bull. ms.* L'étoile étoit alors, selon Bradley, en 3ˢoᵈ24′24″ ; lat. oᵈ5o′34″A. ; donc Saturne en 3ˢoᵈ23′24″ ; lat. 1ᵈ4′½A.

— Le 11 mai, à 1oʰ55′, probablement à Pitschen en Silésie, Marie Cunitz, ou son mari Elie de Loewen, observa que Jupiter, voisin du nonagésime, étoit de 1′ plus occidental que η de la Vierge, et de 8′ plus boréal. L'étoile étoit alors, suivant Tycho, en 5ˢ29ᵈ57′. *Uran. prop. p.* 92. — *Ricc. Astron. p.* 3o9. — *Streete, Astr. Carol. p.* 113.

— Le même jour, Mut, à Majorque, jugea Jupiter de 2′ ou de 1′3o″ plus oriental que la même étoile. Sa distance à l'étoile étoit un peu moindre que celle des deux contigües de la 2ᵉ des Hyades (probablement des deux δ, et cette distance est d'environ 8′½). *Ricc. ibid.* L'étoile étoit alors, suivant Bradley, en 5ˢ29ᵈ56′13″ ; lat. 1ᵈ22′24″B.

Le 1 juin, à 9ʰ, à Majorque, Jupiter rétrograde est à 16′ de la même étoile, laquelle étoit, suivant Tycho, en 5ˢ29ᵈ56′ ; lat. 1ᵈ25′B. Donc Jupiter étoit en 6ˢoᵈ12′ ; lat. 1ᵈ25′B. (ou mieux en 6ˢoᵈ12′16″, lat. 1ᵈ22′24″B.)

Le 2, distance, 13′.

Le 5, distance, 6′.

Le 9, à 1oʰ, Jupiter étoit d'un de ses diamètres, très-précisément, *exactissime*, plus occidendal que l'étoile, et l'étoile étoit distante de la ligne des satellites, de très-peu plus que le demi-diamètre de la planète. Jupiter étoit donc en 5ˢ29ᵈ56′, lat. 1ᵈ26′B.

Le 10, à 1oʰ, Jupiter étoit déjà direct et plus oriental ; la distance de son bord à l'étoile excédoit de bien peu son diamètre. Il avoit donc, en 24ʰ, parcouru 3 fois son diamètre, qui étoit alors de 48″.

Le 11, à 1oʰ, distance, environ 2 minutes.

Le 15, distance 9′ ; le 16, 11′. Il étoit donc, le 16, en 6ˢoᵈ7′. *Mut. p.* 5o, 51.

— Le 9 juin, en Silésie, vers 11ʰ, Jupiter n'avoit pas encore atteint la longitude de η; la distance des centres étoit moindre que 2′; elle excédoit 1′½. Jupiter étoit plus boréal que l'étoile.

Le 10, vers la même heure, Jupiter avoit dépassé l'étoile; la distance des centres étoit de 1′. Donc Jupiter, vers midi, avoit touché l'étoile de son bord austral, sa latitude étant alors d'une demi-minute plus boréale que celle de l'étoile. *Uran. propit. p.* 92.

— Riccioli et Grimaldi observèrent cette même appulse à Bologne. Le 9 juin, une heure après le coucher du Soleil, l'étoile étoit plus orientale et plus australe que Jupiter; sa distance au bord le plus voisin étoit de 3 demi-diamètres et demi de Jupiter.

Le 10, à la même heure, l'étoile étoit plus occidentale et plus australe que la planète; sa distance au bord le plus voisin étoit précisément de 3 demi-diamètres. Riccioli conclut, avec raison, que la conjonction a eu lieu le 9 à 21ʰ, Jupiter étant seulement de 49″ plus boréal que l'étoile, laquelle étoit, selon Riccioli, d'après Tycho, en 5ˢ29ᵈ56′25″; latitude, 1ᵈ25′B. (et suivant nous, d'après Bradley, en 5ˢ29ᵈ56′17″; lat. 1ᵈ22′24″B.) *Ricc. Almag. p.* 710, 711. — *Astron.* 314, 356. Riccioli conclut de plus que le diamètre de Jupiter étoit de 49″.

— Enfin cette appulse n'a point échappé à Boulliau. Voici la suite de ses observations, extraite de son *ms.* Il observoit à Paris.

Le 7 mai, à 9ʰ45′, Jupiter est distant de l'étoile de 18′, et plus haut qu'elle de 12′.

Le 12, Jupiter au méridien étoit au-dessus de l'étoile, presque dans le même azimut, plus oriental qu'elle en azimut de 2′ au plus; la distance étoit d'environ 10′.

Le 14, l'azimut de Jupiter étoit plus occidental, et la distance à l'étoile étoit plus grande de 2 ou 3′ que le 12′; la distance étoit donc de 12′ à 13′.

Le 15, Jupiter avoit encore rétrogradé vers l'occident.

Le 31 mai, Jupiter étoit de 14′ ou 15′ plus occidental que l'étoile.

Le 6 juin à 10ʰ, la hauteur des deux astres est la même; leur distance égale à la moitié de celle des deux ω du Scorpion, donc de 7′30″.

Le 8 à 11ʰ, les hauteurs sont égales; l'azimut de Jupiter est plus occidental que celui de l'étoile de 5 diamètres de la planète. Le 9 à 10ʰ30′, la distance de l'étoile au bord de Jupiter est égale au diamètre de cette planète. Le centre de Jupiter est pareillement d'un diamètre plus haut que l'étoile. L'azimut de Jupiter est d'un diamètre un tiers plus occidental que celui de l'étoile. Ainsi peu s'en faut que les deux astres ne soient en conjonction.

Le 11 à 11ʰ, Jupiter est de 6 diamètres, ou très-peu plus, plus oriental que l'étoile; sa hauteur excède de 2 diamètres, ou un peu plus, celle de l'étoile.

Le 16, à 11ʰ, distance 16′, hauteurs égales.

Le 20, à 8ʰ40′, distance 33′ au moins.

— Le 23 juin, à Majorque, à 9ʰ, la distance de Mars à β de la Vierge étoit de 14′. Mars étoit plus austral, et d'environ 13′ plus occidental que l'étoile. Il étoit donc en 5ˢ21ᵈ59′; lat. 0ᵈ37′B.

Le 24, à 9ʰ, Mars étoit plus oriental que l'étoile de 18′. *Mut, p.* 50.

— Faber observa cette appulse à Smyrne. Le 23, à 9ʰ, Mars étoit au sud-ouest, et le 24 à pareille heure, au sud-est de l'étoile, autant oriental le 24, à l'égard de l'étoile, qu'il avoit été occidental le 23. Sa distance à l'étoile étoit, l'un et l'autre jours, à-peu-près égale au demi-diamètre de la Lune. *Bull. ms.* Vu la différence des méridiens, cette observation s'accorde assez précisément avec celle de Mut. β de la Vierge étoit alors, suivant Bradley, en 5ˢ22ᵈ12′54″; lat. 0ᵈ41′35″.

— Le 23 mars, à 7ʰ, à Majorque, Vénus étoit de 3′ à-peu-près plus occidentale que δ du Bélier, et de 9′ plus australe. Elle étoit donc en 1ˢ15ᵈ57′; lat. 1ᵈ36′B. *Mut, p.* 5o. L'étoile étoit, suivant Bradley, en 1ˢ15ᵈ56′38″; lat. 1ᵈ48′7″B.

A Bologne, le 29 juillet, à 16ʰ10′, Riccioli observa Vénus en 3ˢ7ᵈ15′. *Almag. p.* 5g5.

FAIT.

Galilée, après avoir découvert l'isochronisme du pendule simple, avoit eu l'idée d'appliquer ce pendule aux horloges; mais il ne l'exécuta pas. Son fils, Vincent Galilée, fut le premier qui mit cette belle découverte à exécution; il en fit l'essai cette année à Venise. Mais il étoit réservé au célèbre Huygens de réaliser avec un plein succès les espérances qu'on avoit fondées sur la découverte de Galilée.

1650.

PREMIÈRE ÉCLIPSE DE LUNE LE 15 MAI.

L'anonyme de Leyde observa la fin, l'Épi de la Vierge étant au méridien, et la Lyre étant haute de 35ᵈ45′. *Bull. ms.*

— Wing, à Luffenham, 2′24″ de temps à l'ouest de Londres.
9ʰ18′.... fin de l'éclipse. *Astr. Brit. p.* 327.

— Robert Billingslei, à Morcott, près Luffenham.
9ʰ19′.... fin. *Ibid.*

— Mut, à Majorque.
9ʰ32′24″, Régulus étant haut de 40ᵈ29′, fin.
Au plus fort de l'éclipse, 10′ du diamètre de la Lune restèrent éclairés. *Mut, p.* 19. — *Ricc. Almag. p.* 746. — *Anc. Mém. de l'Ac. t. I, p.* 437. L'éclipse fut donc d'environ 8 doigts ⅓.
14ʰ22′...., fin, à Goa. *Anc. Mém. t. I, p.* 436.

SECONDE ÉCLIPSE DE LUNE LE 7 NOVEMBRE.

A Panama, le P. Nicolas Mascardus en observa le commencement à 12ʰ15′. *Ricc. Astr. ref. p.* 104.

Autres observations de la Lune.

Le 14 avril, Boulliau observa à Paris une occultation de γ de la Vierge.

β des Gémeaux ayant 22^{d}35′ de hauteur à l'ouest, donc à 11^{h}42′20″, immersion de l'étoile vis-à-vis le milieu de *Palus Marœotis (Grimaldus)*, sous le 133e degré Hévélien du limbe de la Lune. Le point de l'immersion étoit de 14′ plus haut que le bord inférieur.

Régulus étant à la hauteur de 23^{d}32′, ou à 12^{h}55′20″, l'étoile étoit sortie un peu au-dessus de la moitié du *Palus Mœotis (Mare Crisium)*, de dessous le 310e degré, un peu au-dessus de *Lacus minor*. La distance de l'étoile au limbe étoit alors de 2′. Le demi-diamètre de la Lune étoit de 16′37″.

L'étoile γ de la Vierge étoit alors en 6^{s}5^{d}17′23″; lat. 2^{d}50′ B. (suivant Bradley, en 6^{s}5^{d}17′28″; lat. 2^{d}48′57″ B.). Donc au moment de l'immersion, lieu apparent de la Lune 6^{s}5^{d}0′46″, lieu vrai 6^{s}4^{d}50′25″. Lat. apparente 2^{d}51′, lat. vraie 3^{d}33′38″B.

A l'instant où l'on a pris la hauteur de Régulus après l'émersion, l'observation donne pour lieu apparent de la Lune 6^{s}5^{d}34′37″, pour lieu vrai 6^{s}5^{d}33′37″; lat. un peu moindre qu'à l'entrée. Parallaxe en lat., 47′55″. *Bull. ms.*

Le 7 juillet, à 10^{h}45′, à Majorque, la Lune étoit plus australe que Jupiter; la distance étoit à-peu-près de 30′; la ligne des cornes tendoit à Jupiter. *Mut, p.* 52.

Le 28 septembre, à 5^{h}55′, à Majorque, Vénus et le bord occidental de la Lune étoient précisément dans le même vertical. Vénus plus haute, et à 9′ de distance de ce bord. *Ibid.*

PLANÈTES.

Les observations suivantes sont de Mut, à Majorque; elles sont toutes faites vers 9^h. La première distance est marquée, dans Riccioli, 1^{d}13′; c'est une faute d'impression. Dans la Table suivante, η, μ et H sont des étoiles appartenantes à la constellation des Gémeaux. Mut a supposé η en 2^{s}28^{d}35′, avec une latitude de 0^{d}58′. (Cette étoile étoit, suivant Bradley, au commencement de 1650, en 2^{s}28^{d}33′10″; et le 12 mai, elle étoit plus avancée de 18″; lat. 55′4″A. μ étoit le 2 mai en 3^{s}0^{d}24′52″; lat. 50′34″A.; et Propus ou H étoit le 18 avril en 2^{s}26^{d}3′39″; lat. 11′45″A).

Dates.	Étoiles.	Distances de Saturne aux étoiles.	Longitude de Saturne.	Latitude australe de Saturne.
		^{d} ′	^{s} ^{d} ′	° ′
Janvier 6........	η	3 13	2 25 19	1 11
28........		4 38	2 23 57	
Février 12........		5 3	2 23 32	
24........		5 12	2 23 23	
Mars 8........		5 0	2 23 35	
14........		4 48	2 23 47	
20........		4 31	2 24 4	
Avril 3........		3 42	2 24 53	
18........		2 30 }	2 26 5	0 49
	H	0 36 }		
Mai 2........	μ	3 2	2 27 24	
12........	η	0 7	2 28 30	0 46

Ces observations sont rapportées par Riccioli, *Astron. ref. p.* 285, d'après des lettres de Mut. Mut lui-même, dans le recueil de ses observations, *p.* 52, ne détaille que celle du 12 mai. A 8ʰ30′, dit-il, Saturne étoit, en longitude, de 5′ plus occidental que η, et en lat., plus boréal de 12′; la distance absolue étoit de 13′, ou presque de 14′. Donc Saturne étoit en 2ˢ28ᵈ30′; lat. 0ᵈ46′A. Cette observation, dit Mut, est confirmée par celles qui furent faites les jours précédens et les jours suivans.

— Le 13 avril, à 10ʰ, à Paris, Saturne, au-dessous de Propus, en étoit distant de 33′ ou 34′; son azimut étoit de 8′ plus oriental que celui de l'étoile. Propus étoit alors en 2ˢ26ᵈ3′; lat. 0ᵈ13′A. : donc Saturne étoit en 2ˢ26ᵈ3′; lat. 0ᵈ46′A. environ. Boulliau ajoute que, d'après ceci, il faut corriger les nombres qu'il a envoyés à Hévélius.

Le 14, à 11ʰ, la distance de Saturne à Propus étoit d'environ 36′, et son azimut étoit plus oriental que celui de l'étoile. *Bull. ms.*

— Le 30 novembre, à 8ʰ45′, à Majorque, distance de Saturne à δ des Gémeaux, 19′. *Mut, p.* 53.

Le 18 avril, à 10ʰ, à Majorque, Mut avec un instrument particulier et très-grand, *peculiari et prægrandi instrumento*, trouva la distance de Jupiter à λ de la Vierge de 3ᵈ26′. De cette distance, et de la latitude de Jupiter observée, il conclut que cette planète était en 7ˢ5ᵈ2′.

Le 21, de la latitude de Jupiter, et de sa distance, 5ᵈ18′, à α de la Balance, Mut conclut le lieu de Jupiter en 7ˢ5ᵈ0′40″.

Le 2 mai, distance de Jupiter à α de la Balance, 6ᵈ41′; à κ de la Vierge, 4ᵈ20′; donc Jupiter en 7ˢ3ᵈ37′.

Le 16, la longitude de Jupiter étoit à très-peu-près la même que celle de λ de la Vierge, et sa distance à l'étoile est de 53′; donc latitude de Jupiter, 1ᵈ24′B. (Cet article n'est pas dans Mut. L'étoile étoit alors, suivant Bradley, en 7ˢ2ᵈ4′14″; lat. 0ᵈ30′39″B. La latitude de Jupiter auroit donc été de 1ᵈ23′39″B., ce qui s'accorde assez avec la détermination de Mut.)

Le 24, à 8ʰ½, une ligne tirée de λ à κ de la Vierge rasoit le bord précédent de Jupiter : ensuite la distance de Jupiter à κ fut trouvée de 2ᵈ15′. Donc Jupiter en 7ˢ1ᵈ12′; lat. 1ᵈ33′30″B. *Ricc. Astr. p.* 309. — *Mut, p.* 52.

Le 5 août, distance de Jupiter à λ de la Vierge, 35′ à-peu-près.

Le 25 septembre, à 7ʰ, distance de Jupiter à α de la Balance, 32′ à-peu-près. *Mut, ibid.*

— Le 17 décembre, à 6ʰ30′, Vénus, plus austral que ι du Capricorne, étoit à 21′ de distance de cette étoile, et cette distance étoit presque toute en latitude. *Mut, p.* 53. La latitude de l'étoile étoit, suivant Bradley, de 1ᵈ20′53″A.

FAITS.

Cette année et les suivantes, Riccioli et Grimaldi s'appliquèrent à déterminer les lieux des étoiles. Ils les rapportent tous à α du Bélier, qui, suivant eux, étoit à la fin de 1660, en 1ˢ2ᵈ54′42″, avec 9ᵈ56′30″ de latitude boréale. Que leurs opérations aient été dans toute la précision possible, ils auront placé les étoiles 43″ trop à l'occident, et 1′ trop au sud, au moins, si l'on s'en rapporte à Bradley, suivant lequel α du Bélier étoit alors en 1ˢ2ᵈ55′25″; latitude 9ᵈ57′30″.

— Marie Cunitz, femme d'Elie de Loewen, publia à Oelss en Silésie, son *Urania propitia, in-fol.* Ce sont des Tables astronomiques, d'un usage plus facile que toutes celles qui avoient paru jusqu'alors, mais qui malheureusement ne se sont point accordées avec le ciel. L'Astronomie faisoit les délices de cette femme célèbre; mais elle ne s'étoit pas bornée à cette science. Elle parloit sept langues; elle étoit versée dans l'histoire; la musique et la peinture étoient ses délassemens : fille d'un médecin, elle avoit acquis des connaissances dans la médecine. Elle mourut veuve, en 1664, à Pitschen, en Silésie, où probablement elle étoit née.

1651.

PASSAGE DE MERCURE SUR LE DISQUE DU SOLEIL, LE 2 NOVEMBRE.

Ce passage devant être invisible en Europe, Jérémie Shakeley se transporta à Surate pour l'observer. A 18ʰ40′, il vit Mercure sur le disque, entre l'orient et le sud, à 10′ de distance du centre du Soleil. On a conclu de l'observation que Mercure avoit été en conjonction le 2, à 13ʰ18′8″, méridien de Londres. *Astron. Brit.* p. 312. Ceux qui ont tiré cette conclusion avoient sans doute un plus ample détail de cette observation.

Autres observations des Planètes.

Le premier janvier, à 9ʰ, à Majorque, Saturne acronique étoit à 2ᵈ36′ de δ des Gémeaux. *Mut, p.* 53. L'observation est faite avec le rayon.

Le 5 juin, à 8ʰ, Mut jugea que Saturne avoit la même latitude que δ des Gémeaux, et qu'il étoit de 7′ plus oriental que l'étoile. Celle-ci étoit, suivant Tycho, en 3ˢ13ᵈ46′; lat. 0ᵈ11′A. (Suivant Bradley, en 3ˢ13ᵈ38′24″; lat. 0ᵈ12′19″A.) La conjonction des deux astres avoit donc eu lieu le 4. *Mut, ibid.*

— Le 10 février, à Bologne, Riccioli observa Vénus à la hauteur de 4ᵈ30′ dans un azimut *m*. — 7′40″ après, la hauteur de Sirius fut trouvée de 14ᵈ49′. Lorsque α du Bélier fut observé bien précisément dans l'azimut *m*, sa hauteur fut de 42ᵈ5′. Donc l'azimut *m* étoit de 79ᵈ17′20″ du sud à l'ouest; donc longitude de Vénus, à 5ʰ34′, 10ˢ28ᵈ4′; lat. 8ᵈ4′B. *Ricc. Astr. p.* 339.

FAIT.

Riccioli publie cette année, à Bologne, le premier tome ou la première partie de son *Nouvel Almageste,* en 2 gros volumes *in-fol.* Il avoit annoncé trois tomes, il n'a donné que le premier; mais les questions les plus essentielles, qu'il promettoit d'éclaircir dans les deux autres tomes, se trouvent amplement traitées dans son Astronomie et sa Géographie réformée. Gassendi, dans la vie de Copernic, t. V, p. 515, loue l'Almageste de Riccioli, comme un trésor et un arsenal d'Astronomie.

1652.

ÉCLIPSE DE SOLEIL, LES 7 ET 8 AVRIL.

A Upsal.

    23^h 7'44".....   commencement.
    0 13 36 .....   9 doigts 52', plus grande phase.
    1 19 28 .....   fin. *Bull. ms.*

— Hévélius, à Dantzick.

    23^h 3'21".....   commencement, à 77^d du nadir.
    0 10 35 .....   9 doigts $\frac{3}{8}$, ou 9 doigts 23', plus grande phase.
    1 19 2 .....   fin, à environ 25^d du zénith.

Le diamètre du Soleil étoit à celui de la Lune, comme 1.000 à 1.033. *Mach. cœl. l. 2. — Epist. ad Gass. et Bull. una è IV Epistolis.*

— Eichstadius, aussi à Dantzick.

    23^h 3'........   commencement.
    0 11 ....   10 doigts presque, plus grande phase.
    1 19 ....   fin. *Hevel. Ep. ad Gass. et Bull.*

— Jean Hecker, cousin d'Hévélius, encore à Dantzick.
23^{h}4'.... commencement. *Ibid.* Ces trois observations sont plus détaillées dans Hévélius; elles sont faites toutes les trois dans la ville même de Dantzick, mais dans des quartiers séparés. *Ibid.*

— A Varsovie, Desnoyers, secrétaire de la reine de Pologne.
23^{h}10'16", le Soleil étant haut de 44^{d}9', ou, corrigeant l'effet de la parallaxe et de la réfraction, 44^{d}11', commencement.
Plus grande obscurité, 8 doigts $\frac{1}{2}$ environ.
1^{h}29'48", le Soleil haut de 41^{d}41'30", ou, correction faite, de 41^{d}43'38", fin. *Bull. ms.*

— Linnemann, à Konigsberg.

    22^{h}59'54".....   commencement.
    1 21 38 .....   fin. *Bull. ms.*

— A Leyde, un anonyme, dont l'observation, détaillée et gravée, se trouve jointe au *Bull. ms.*
21^{h}47'20", le Soleil haut de 37^{d}50', commencement.
Plus grande phase, 11 doigts $\frac{1}{6}$. On vit Vénus, Mercure, et quelques-unes des principales étoiles.
0^{h}6'0", heure déterminée par une clepsydre d'une minute, fin.

Le diamètre du Soleil étoit à celui de la Lune comme 103 à 107. La partie australe du Soleil resta toujours brillante.

— Wendelin, à Tournay.

21ʰ34′	commencement.
23 59	fin. *Ricc. Astr. ref. p.* 146.

— A Bruxelles, Langren.

21ʰ46′, le Soleil ayant 44ᵈ30′ d'azimut vers l'orient, étant par conséquent à 33ᵈ30′ de distance du méridien, commencement à 91ᵈ ou 92ᵈ du zénith.

22ʰ56′, azimut du Soleil 21ᵈ50′; donc distance au méridien 15ᵈ26′, les cornes sont horizontales. (La distance 15ᵈ26′ au méridien donneroit 22ʰ58′ et non 22ʰ56′; c'est peut-être une faute de copiste). L'éclipse étoit alors de 10 doigts 5′, décroissante.

23ʰ53′, azimut du Soleil, 2ᵈ38′ à l'est; donc distance au méridien 1ᵈ45′, fin à 36ᵈ du zénith. Ma fille, qui observoit aussi, dit Langren, trouvoit 38ᵈ½, avec quelques demoiselles.

La plus grande phase a été de 10 doigts 10′. *Lettre de Van Langren, dans Bull. ms.*

— A Londres, Foster, nuages au commencement.

21ʰ46′	quatre doigts ⅓.
22 38	onze doigts juste, plus grande obscurité.
23 46	fin précise.

Le diamètre du Soleil est à celui de la Lune comme 1.200 à 1.224. *Fost. Obs. p.* 12. — *Astr. Brit. p.* 353.

— Guillaume Leybourn, aussi à Londres.

23ʰ43′.... fin. Grandeur, environ onze doigts. *Astr. Brit. ibid.*

— Palmer, à Ecton, 4 milles à l'est de Northampton.

21ʰ21′12″	trois minutes de doigt.
23 32 4	11 doigts 22′½, plus grande phase.
23 42 30	fin. *Palm. Cath. Plan. p.* 210

— Jean Twysden, à Eston, non loin d'Ecton.

21ʰ19′	commencement.
22 31	plus grande obscurité, 11 doigts 15′.
23 42 24″	fin. *Fort. Obs. p.* 12.

— Toutes ces observations angloises sont détaillées dans *Astron. Brit. p.* 353, 354 : on y en joint une autre, *p.* 355, qu'on vante comme extrêmement curieuse. Elle est d'un médecin nommé Jean Wiberd, faite à Knockfergus en Irlande. Un cadran, tracé quelques jours auparavant sur une pierre molle, donnoit les heures; et une main, ou même toutes les deux mains, pliées en forme de tube, tenoient lieu de lunette. Avec ce bel appareil, le docteur observa le commencement ⅛ d'heure avant 21ʰ.

L'éclipse fut centrale, mais non totale $\frac{1}{30}$, d'heure avant 22^h; une couronne, large d'un demi ou d'un tiers de doigt, débordoit de tous les côtés; les étoiles paroissoient, les oiseaux cherchoient leurs nids, etc. Mais ce qu'il y eut de plus plaisant, c'est le docteur qui parle, c'est que la Lune rouloit sur le Soleil, comme une meule roule sur une autre meule.

L'éclipse finit à 23^h précises.

De ces visions de Wiberd je pense qu'on peut tirer une conclusion utile; c'est que l'éclipse a été totale ou presque totale à Knockfergus. Tous les bons observateurs ont jugé le diamètre apparent de la Lune plus grand que celui du Soleil, et le calcul confirme l'exactitude de l'observation. L'éclipse n'a donc été nulle part annulaire. Mais Wiberd, ébloui par le spectacle du Soleil à l'œil nu, a cru voir autour de la Lune une couronne de feu qui n'existoit pas, et en dedans de cette couronne un mouvement qui n'existoit que dans ses yeux, éblouis par la vive lumière qu'il avoit trop long-temps fixée. Quant à l'apparition des étoiles, aux oiseaux cherchant leurs nids, etc., Wiberd ne dit pas qu'il ait vu tout cela lui-même; il ne le rapporte probablement que d'après le témoignage de ceux qui étoient présents, et qui avoient les yeux moins mal affectés que les siens; et ces circonstances semblent prouver que l'éclipse fut totale, ou du moins presque totale à Knockfergus.

— Je trouve sept observations faites à Paris.

— 1° Celle de Boulliau, imprimée sur une feuille volante *in-fol.* conjointement avec celle de l'éclipse de Lune du 24 mars, et le calcul des deux éclipses, sur les Tables Philolaïques.

21^{h}32′, le Soleil haut de 38^{d}20′, l'éclipse étoit commencée. On peut fixer le commencement à 21^{h}30′. Elle a commencé à 88^d du zénith. L'angle de l'azimut du Soleil et de l'écliptique étoit de 81^{d}46′. Donc le point du commencement étoit, sur la circonférence du Soleil, 6^{d}14′ au-dessous de l'écliptique; donc latitude de ce point, 1′40″; et celle du centre de la Lune 3′20″A. Parallaxe de longitude, 6′19″; de lat., 45′21″. Lieu vrai de la Lune à 21^{h}30′, 0^{s}18^{d}34′40″; lat. vraie, 42′1″B.

23^{h}48′, le Soleil haut de 48^{d}40′, fin, à 44^d à-peu-près du zénith. Le Soleil étoit trop près du méridien, pour que l'on puisse se fier à l'heure conclue de sa hauteur : d'autres phases, observées par Boulliau, conduiroient à différer la fin jusqu'à 23^{h}50′. La latitude du point où l'éclipse a fini étoit de 8′8″B., et celle du centre de la Lune de 16′28″B. Parallaxe de longitude, 13′15″; de latitude, 34′8″.

Plus grande phase : 10 doigts 25′; le diamètre de la Lune a constamment été plus grand que celui du Soleil. Petit nous apprend que Boulliau observa cette éclipse dans l'hôtel du président de Thou.

— Les quatre observations suivantes sont extraites d'un ouvrage de Pierre Petit, intitulé *Observationes aliquot eclipsium,* imprimé à la fin de l'Astronomie physique de Duhamel.

— 2° Pierre Petit, intendant des fortifications, Jacques-Alexandre le Tenneur, Adrien Auzout et Jacques Buot, en présence du cardinal de Retz et d'une foule de curieux, dans l'hôtel de Petit.

21^{h}29′32″...   commencement, presque par le diamètre horizontal.
23 50 39 ...   fin, 40^d à 45^d au-dessus de ce diamètre.

Grandeur, dix doigts 20′ ou 25′. Un miroir parabolique de 15 pouces, qui, avant l'éclipse, mettoit promptement une balle de plomb en fusion, pouvoit à peine, au milieu de l'éclipse, tirer un peu de fumée d'un bois sec et léger.

Le diamètre du Soleil étoit à celui de la Lune comme 100 à 102.

— 3° Gilles Personne de Roberval et Claude Milon, dans le jardin de l'abbé Bruslart.

    21^{h}29′......   commencement.
    23 51......   fin. Grandeur, 10 doigts $\frac{1}{4}$ environ.

Le diamètre de la Lune plus grand que celui du Soleil.

— 4° Jean Béchet, Picard et d'autres, au collège de Navarre.

    21^{h}29′30″...   commencement.
                       Plus grande phase, 10 doigts 28′.

— 5° Au collège de Clermont, le P. Bourdin et François Gaynot, amateur, en présence du roi d'Angleterre, du duc d'Yorck, de l'archevêque de Rheims, etc.

    21^{h}29′42″...   commencement.
    23 51 22...   fin.

— 6° D'autres Jésuites, à Paris.

    21^{h}29′.....   commencement.
                       plus grande phase, 10 doigts 20′.
    23 51.....   fin. *Ricc. Astr. ref. p.* 146.

— 7° Enfin, J.-B. Morin, plus versé dans la géométrie élémentaire et dans les rêveries astrologiques que dans les observations astronomiques, et Agarrat, bon observateur d'ailleurs (¹), mais qui se trouvoit alors comme sous la férule de Morin, firent imprimer leur observation, faite au Palais d'Orléans, par le commandement, disent-ils, de son altesse royale.

    21^{h}30′.....   commencement.
    22 38.....   plus grande phase, 10 doigts 18′.
    24 0.....   fin, le Soleil ayant 48^{d}44′ de hauteur, donc à midi.

Petit n'a pas voulu rapporter cette observation, parce que, dit-il, les observateurs n'avoient pas de bons instruments. En effet, leur dernière hauteur, 48^{d}44′, est de 3′ plus forte que ne devoit être la hauteur méridienne. Les autres hauteurs n'ont aucune proportion avec l'accroissement et le décroissement des phases de l'éclipse.

— La critique de Petit n'étoit pas insultante. Morin cependant se fâcha; il fit imprimer au mois de juin suivant, en très bon latin, trois grandes pages *in-fol.* d'invectives contre Petit, qu'il traite de menteur, d'imposteur, d'ignorant, d'im-

---

(¹) Il est le premier qui ait appliqué les lunettes à un instrument.

pudent, d'avoir osé s'attaquer à un professeur royal émérite, et restaurateur de la véritable Astronomie, etc. Il ne ménage pas plus Gassendi et Boulliau.

— A Digne, Gassendi. Voici ses principales observations.

$21^h43'$ . . . . .   le Soleil haut de $42^d46'$, commencement à 75^d du zénith.

22 51 . . . . .   plus grande phase, 9 doigts 24'.

23 3 . . . . .   hauteur du Soleil, $51^d22'$, 8 doigts $\frac{1}{2}$, cornes horizontales.

23 58 . . . . .   le Soleil haut de $53^d27'$, fin à 43^d du zénith.

Gassendi avertit que, suivant le cadran solaire, l'éclipse auroit commencé 2' plus tôt, et auroit fini 2' ou 3' plus tard. Quant à l'heure du commencement, il ne balance pas à préférer le résultat de la hauteur du Soleil à l'autorité du cadran. Pour l'heure de la fin, il est un peu plus indécis, de manière cependant qu'il paroit s'en tenir encore au résultat de la hauteur. En admettant ce résultat, l'intervalle de temps entre le commencement et la phase de 6 doigts de l'éclipse croissante est égal à l'intervalle entre la même phase de l'éclipse décroissante et la fin ; il est de part et d'autre de 35'.

Le diamètre du Soleil étoit à celui de la Lune, comme 1000 à 1028. *Gass. IV, p.* 469 *et seq.*

Au commencement de l'éclipse, observée à Digne, le Soleil étoit en $0^s 19^d 12' 51''$; la Lune précédoit le Soleil de 33' ; donc lieu apparent de la Lune, $0^s 18^d 39' 51''$; parallaxe en longitude $8' 31''$; donc lieu vrai, $0^s 18^d 31' 20''$. *Bull. ms.*

— A Avignon, Saint-Léger.

$21^h 33'$ . . . . . .   commencement, le Soleil haut de $41^d 37'$.

23 53 . . . . . .   fin. *Gass. t. IV, p.* 471. — *Bull. ms.*

— Gautier, à Aix.

$21^h 42' 26''$ . . .   le Soleil haut de $43^d 9'$, commencement.

22 41 58 . . .   plus grande phase, 9 doigts et un peu plus.

0 18 . . .   Hauteur du Soleil à l'ouest, $53^d 50'$, fin. (C'est beaucoup trop tard.) *Bull. ms.*

— A Rome (Antoine-François Payen, je pense).

$22^h 17'$	le Soleil haut de. . .	$48^d 42'$	commencement.
22 41	»	51 20	2 doigts $\frac{1}{2}$.
22 55	»	52 40	4 doigts.
			Plus grande obscurité, 7 doigts $\frac{1}{4}$.
0 31	»	$54^d 50'$	fin. *Bull. ms.* — *de l'Isle mss.*

— Richard d'Albert, Anglois, à Rome.

$22^h 18'$ . . . . . .   commencement.

0 32 . . . .   fin. *Ricc. Astr. ref. p.* 146.

— Riccioli et Grimaldi, à Bologne.

$22^h 9'$ . . . . . .   commencement.

0 29 . . . . . .   fin.

Grandeur, 8 doigts 48'. *Ibid.*

— Mut, à Madrid.

$20^h 50'$......   hauteur du Soleil, $36^d 27'$, commencement.
$23\ 12$......   le Soleil haut de $54^d 54'$, fin.

Grandeur : 9 doigts 10'. *Mut, p.* 23.

Riccioli, *Astr. ref. p.* 146, rapporte cette observation de Mut, et la dit faite à Majorque ; il marque de plus 9 doigts 47' pour la grandeur de l'éclipse, qui a dû être beaucoup moins grande à Majorque. Les hauteurs, $36^d 32'$, suivant Riccioli, et $54^d 54'$, détermineroient le commencement, à Majorque, à $20^h 48' 17''$, et la fin à $22^h 56' 16''$, ce qui est beaucoup trop tôt.

PREMIÈRE ÉCLIPSE DE LUNE, LE 24 MARS.

A Eston, Twisden et Palmer.
$14^h 30'$, la claire de l'Aigle étant à $79^d 44'$ du méridien vers l'est (en azimut, je pense), un doigt.
$15^h 6'$, l'Épi de la Vierge à $36^d 42'$ du méridien vers l'ouest, près de 6 doigts.
L'éclipse s'accrut jusqu'à 10 doigts. Les nuages ne permirent aucune autre observation. *Fort. obs. p.* 8. — *Palm. Cath. Planisph. p.* 210. — *Astr. Brit. p.* 327.

— Boulliau, à Paris.

Heures.	Hauteur du bord sup. de la Lune.	Réfraction soustract.	Parallaxe additive.	Hauteur vraie du centre.	Doigts.
$14^h 39' 40''$	$28^d 12'$	$2'\ 20''$	$49'\ 54''$	$28^d 43' 53''$	$0\frac{1}{3}$.
$15\ 9\ 20$	$24\ 57$	$3\ 28$	$51\ 0$	$25\ 28\ 51$	IV.
$15\ 50\ 44$	$19\ 56$	$5\ 50$	$52\ 50$	$20\ 27\ 19$	IX.
$16\ 14$	$15\ 21$	$8\ 0$	$54\ 13$	$15\ 51\ 32$	X plus grande phase.
$16\ 44$	$10\ 50$	$10\ 27$	$55\ 10$	$11\ 19\ 2$	IX.
$17\ 28$	$4\ 0$	$15\ 45$	$56\ 1$	$4\ 24\ 35$	IV.
$17\ 32$	$3\ 16$	$17\ 0$	$56\ 3$	$3\ 39\ 3$	III, un peu plus.

La Lune se cache ensuite derrière des toits de maison.
Gassendi, *tom. IV, p.* 468, rapporte quelques autres phases, exactement conformes à l'imprimé de Boulliau ; dans plusieurs de celles que nous avons rapportées, il s'est glissé des fautes d'impression.
De la première phase observée, Boulliau conclut le commencement à $14^h 37'$, vers le 160e degré sélénographique d'Hévélius.
De la combinaison des phases de 9 doigts, il conclut le milieu à $16^h 17' 22''$, et la fin à $17^h 57' 44''$.
Il est facile de s'apercevoir que les réfractions admises par Boulliau sont un peu trop fortes. L'erreur qui en résulte sur les heures calculées n'est que d'un petit nombre de secondes pour les deux premières observations ; elle est d'environ une demi-minute pour les autres.

— A Digne (et probablement ailleurs), ciel couvert.

SECONDE ÉCLIPSE DE LUNE, LE 17 SEPTEMBRE.

Hévélius à Dantzick.

$7^h 34' 36''$...   plus grande phase; elle excède peu 10 doigts.

9 9 15...   fin, vers le 321^d du limbe, près de *Mons Alaunus*. (*Plutarchus et Seneca*.) *Mach. cœl. l.* 2. — *Ep. ad Ricciol. unà è* 4 *Epistolis, p.* 22, 23.

— Desnoyers, à Varsovie.

$9^h 19' 54''$...   la hauteur d'α du Bélier étant de $28^d 30'$ à l'est, fin. *Bull. ms.*

— A Leyde.

$6^h 42' 40''$...   Jupiter haut de $14^d 2' 20''$, un peu plus de 10 doigts.

6 47 24...   Jupiter haut de $14^d 1'$, cornes presque parallèles à l'horizon.

8 11 36...   Markab de Pégase haut de $38^d 3'$ à l'est, fin, un peu au-dessous de *Mons Alaunus*. — *Bull. ms.*

— Wendelin, à Tournai.

$8^h 12'$......   fin. *Ricc. Astr. p.* 104.

— Langren, à Bruxelles.

$8^h 12'$......   l'Aigle ayant $7^d 24'$ d'azimut à l'occident, fin. *Bull. ms.*

— Wing, à Luffenham,
La Lune à son lever est éclipsée de plus de 10 doigts, dans sa partie boréale.

$7^h 59'$......   fin précise. *Astr. Brit. p.* 327.

— Palmer, à Ecton.
La Lune à son lever est éclipsée d'environ 10 doigts.

$7^h 51' 52''$...   α du Capricorne ayant $6^d 30'$ d'azimut du sud à l'est, fin. *Palmer, Cathol. Plan. p.* 211.

— L'observation de Boulliau, à Paris se trouve dans *Gass. tom. IV, p.* 473, exactement conforme à l'édition que Boulliau en donna dans une brochure in-4° qu'il publia au commencement de 1653; elle est jointe à son manuscrit.

$7^h 7' 8''$....   La Lune sort de derrière les toits, éclipsée de 9 doigts, son centre étant haut de $8^d 5' 59''$. Pour réduire cette hauteur apparente à la hauteur vraie, Boulliau a supposé $12' 9''$ de réfraction; c'étoit trop: il s'en fût tenu à $6' 25''$, l'heure résultante eût été $7^h 7' 45''$.

8 3 16....   fin, Arcturus étant haut de $17^d 57'$ à l'ouest.

Voyez un plus ample détail dans Gassendi.

— Petit et Auzout, à Paris.

$8^h 2' 56''$...   Arcturus étant à $18^d 0'$ de hauteur

7 59 42...   et α d'Andromède à $38^d 12$ fin. *Bull. ms.*

— Gassendi, à la Chapelle de St Vincent, près Digne.

> 6^{h}53′. . . . . .   dix doigts, α d'Andromède haut de 26^{d}20.
>
> 8 19. . . . . .   la même étoile haute de 41^{d}36′, fin. *Gass. tom. IV, p.* 472.

— A Avignon, Saint-Léger.

> 8^{h}14′. . . . . .   fin. *Bull. ms.*

— A Bologne, Riccioli et Grimaldi.

> 8^{h}42′36″. . .   fin. *Ricc. Astr. ref. p.* 104.

— Jean-Dominique Cassini à Pansano, près Modène.

> 8^{h}39′36″. . .   ou 3′ plus tôt que Riccioli, fin. *Cass. ms.* — *Ricc. Geogr.*
>   *ref. l.* 8, *c.* 17.

— Mut, à Madrid.

> 7^{h}46′. . . . . .   la Lune étant haute de 18^{d}15′, fin. *Mut, p.* 24.

Autres observations de la Lune.

Le 14 juillet, à Bologne, l'Épi de la Vierge étant haut de 24^{d}42′, et le centre de la Lune de 24^{d}38′, la distance de ce centre à l'étoile est trouvée de 14^{d}34′. Ensuite ε de la Vierge étant haut de 34^{d}45′, et le centre de la Lune de 23^{d}34′, leur distance est observée de 34^{d}13′. Grimaldi conclut qu'à 8^{h}19′30″, t. m. mérid. de Bologne, la Lune étoit en 7^{s}3^{d}30′35″; latitude, 2^{d}40′33″A. *Ricc. Astr. p.* 162, 167.

PLANÈTES.

Le 6 juillet, Vénus, haute de 14^{d}40′, est à 48^{d}24′ de l'Épi de la Vierge; et peu après, haute de 13^{d}24′, elle est à 19^{d}42′ de la queue du Lion. L'observation est faite à Bologne par Riccioli, qui conclut que, vers 8^h, Vénus étoit en 5^{s}0^{d}30′30″; lat., 0^{d}43′B. *Astr. ref. p.* 339.

SATELLITES.

Les premières observations des éclipses des satellites de Jupiter, qui soient parvenues à ma connoissance, furent faites cette année par Jean-Baptiste Hodierna, à Palme, en Sicile.

Le 27 juin, à 12^{h}6′, immersion du 1er satellite de Jupiter (36 heures environ avant l'opposition de Jupiter).

Le 24 septembre, à 9^{h}13′, émersion du 2e.

Le 4 octobre, le 4e resta caché depuis 6^{h}15′ jusqu'à 9^{h}15′.

Le 25 octobre, à 6^{h}15′, émersion du 3e. *Ephem. Medic. part. III, p.* 14.

— Jean-Dominique Cassini commença cette année à observer soigneusement les mouvemens des Satellites de Jupiter, dans le dessein d'en donner des Tables exactes, ce qu'il exécuta en 1668.

COMÈTE.

On vit dans les derniers jours de décembre et dans les premiers jours de janvier de l'année suivante, une très-grosse comète, observée à Digne par Gassendi, à Paris, par Boulliau, à Dantzick sur-tout par Hévélius, et ailleurs. Voyez *Hevel. Mach. cœl. l.* 2. — *Gassendi tom. IV, p.* 481 *et seq.* et notre *Cométographie, p.* 9 et 100.

1653.

ÉCLIPSE DE LUNE, LE 13 MARS.

Guillaume Langius, à Copenhague.
Commencement, la Chèvre étant haute de 15^{d}10′ à l'ouest.

15^{h}52′24″...	l'Aigle ayant 22^{d}30′ de hauteur, immersion à l'œil nu.
15 56 48 ...	l'Aigle haute de 23^{d}5′, immersion à la lunette.
17 39 16 ...	Arcturus haut de 40^{d}4′, émersion à la lunette.
17 42 44 ...	Arcturus haut de 39^{d}37′, véritable émersion à la vue simple. Extrait d'une lettre de Langius à Boulliau, insérée dans *de l'Isle mss.*

— Boulliau, à Paris.

14^h 8′39″...	β des Gémeaux à la hauteur de 17^{d}50′ vers l'ouest, commencement vers *Stagnum Myris et Mons Thermæ* (*Hévélius et Cavallerius*).
15 13 2 ...	Régulus haut de 19^{d}49′, immersion près *Montes Hippoci*, vers le 290^d d'Hévélius.
16 57 32 ...	le bord inférieur de la Lune haut de 10^{d}56′, la Lune avoit recouvré un demi-doigt de lumière : l'émersion s'étoit faite vers le 150e degré.
17 28 0 ...	le même bord haut de 6^{d}5′, 6 doigts, ou très-peu moins.

Les nuages n'ont pas permis d'observer la fin. *Bull. ms.*

— Agarrat, aussi à Paris.

14^{h}10′......	commencement, Régulus haut de 30^{d}0′.
15 13	Régulus haut de 19^{d}22′, immersion.

Émersion, l'Épi de la Vierge étant haut de 17^{d}0′. *Bull. ms.*

— Le P. Bourdin, encore à Paris, au collège de Clermont. Son observation se trouve imprimée et détaillée dans *Bull. ms.*

14^h 6′34″...	commencement à *Hévélius.*
15 15 15 ...	immersion.

Les nuages ne permettent pas d'observer l'émersion.

— Riccioli, à Bologne.

14ʰ40′27″...   commencement.
15 46 30 ...   immersion. *Ricc. Astr. p.* 104. — *Geogr. ref. l.* 8. *c.* 17.

— Nicolas Mascardus, dans la vallée de Buccala, 1ᵈ à l'ouest de Saint-Jacques, au Chili.

9ʰ15′......   commencement.
10 30......   immersion.
12 0......   émersion.
13 15......   fin. *Ricc. Ibid.* Il est clair que l'observateur manquoit
                     d'instrumens propres à déterminer les heures avec
                     quelque précision.

Autres observations de la Lune.

Le 4 mars, Boulliau observa à Paris un passage de la Lune dans les Pléiades.

Régulus ayant 38ᵈ40′ de hauteur, ou à 7ʰ43′ t. app., 7ʰ51′38″ t. m., immersion d'Electra dans la partie obscure de la Lune ; sa distance à la corne inférieure étoit le tiers de la demi-circonférence obscure. La distance du point de l'immersion à l'azimut du centre étoit égale au demi-diamètre de la Lune, ou de 17′25″. (La Lune ayant passé d'environ 4 jours son périhélie, le demi-diamètre que Boulliau lui donne est au moins d'une minute et un quart trop grand). De ces 17′25″, il en faut distribuer 15′4″ sur la longitude, et 8′51″ sur la latitude. Le lieu de l'étoile étoit en 1ˢ24ᵈ34′17″ ; latitude 4ᵈ11′B. (1ˢ24ᵈ34′8″ ; lat. 4ᵈ9′50″, suivant Bradley). Donc lieu apparent de la Lune, 1ˢ24ᵈ19′13″ ; lat. apparente, 4ᵈ19′51″B. Hauteur apparente de la Lune, 42ᵈ31′. Parallaxe en longitude, 39′16″ ; en lat. 22′32″.

— Régulus haut de 41ᵈ10′, ou à 8ʰ0′48″, immersion de Taygeta, au quart du limbe obscur, en comptant de la corne supérieure. Donc différence entre l'étoile et le centre, en longitude, sur l'orbite de la Lune, 12′18″ ; en latitude, pareillement 12′18″. L'étoile étoit, suivant Képler, en 1ˢ24ᵈ44′17″ ; lat. 4ᵈ25′B. (en 1ˢ24ᵈ43′17″ ; lat. 4ᵈ29′40″. — Bradley). Donc lieu apparent de la Lune, 1ˢ24ᵈ33′59″ ; lat. 4ᵈ12′B. (Les données paroissent exiger 1ˢ24ᵈ31′59″ ; lat. 4ᵈ13′B.).

— Régulus haut de 42ᵈ30′, ou à 8ʰ10′28″, immersion de Maïa au-dessus du milieu du limbe obscur ; la distance du point de l'immersion à ce milieu est égale à la moitié de la longueur du *Palus Mœotides* (*Mare Crisium*). Donc, distance de l'étoile au centre de la Lune, en longitude, 17′18″ ; en latitude, 1′50″. Suivant Képler, l'étoile étoit en 1ˢ24ᵈ49′17″ ; lat. 4ᵈ21′B : donc lieu apparent de la Lune, 1ˢ24ᵈ31′59″ ; latitude 4ᵈ19′10″B. (Cette étoile n'est point dans le catalogue de Bradley ; suivant Mayer, elle étoit en 1ˢ24ᵈ50′11″ ; lat. 4ᵈ21′57″B.).

— β du Lion haut de 33ᵈ46′, à 8ʰ38′ t. app., 8ʰ46′38″ t. m., Mérope est dans la ligne des cornes, distante de l'inférieure d'un peu plus que la longueur du *Palus Mœotis*, ou de 2′15″. Donc sa distance au centre étoit de 19′40″ en latitude (ou mieux de 18′15″, en restreignant le demi-diamètre à 16′0″). La latitude boréale de l'étoile étoit de 4ᵈ2′ (3ᵈ55′52″, Bradley ;) donc celle de la Lune, 4ᵈ21′40″ (4ᵈ14′7″B.). La longitude de l'étoile, et par conséquent celle de la Lune, étoit

1^{s}24^{d}47′17″ (1^{s}24^{d}51′27″. suivant Bradley). Hauteur de la Lune, 34^{d}2′55″; hauteur corrigée 34^{d}54′17″; parallaxe en longitude, 45′37″; en latitude, 24′12″. Au même instant, émersion d'Electra.

β du Lion haut de 38^{d}56′, à 9^{h}11′24″ t. app. ou 9^{h}20′2″ t. m., Alcyone est dans la ligne des cornes, distante à peine de 20″ de la corne inférieure. L'étoile, et par conséquent le centre de la Lune, étoit en 1^{s}25^{d}8′17″ (1^{s}25^{d}8′56″, Bradley). Latitude de l'étoile, 4^{d}0′ (4^{d}1′36″); donc latitude de la Lune, 4^{d}17′45″B. (4^{d}17′56″B.). Hauteur apparente de la Lune, 28^{d}51′12″; hauteur corrigée, 29^{d}45′30″; parallaxe en longitude 48^{d}8′, en latitude 26^{d}12′. *Bull. ms.*

— Le 23 décembre, à Bologne, le centre de la Lune étoit précisément en 25^d d'azimut occidental, et à 67^{d}1′10″ de distance du zénith; 35′10″ de temps écoulées, la hauteur d'α de l'Aigle fut trouvée de 28^{d}18′30″. Donc à 4^{h}44′15″ t. m. la Lune étoit en 10^{s}16^{d}40′. *Ricc. Astr. ref. p.* 162, 167.

— Le 30 décembre, Procyon haut de 17^{d}0′ à l'est, le limbe austral de la Lune est en même azimut qu'Electra, et à 6′ ou 7′ de distance de cette étoile.

Procyon haut de 29^{d}31′, le même limbe est de 21′ ou 22′ plus boréal qu'Alcyone.

Procyon haut de 30^{d}55′, conjonction en longitude du centre de la Lune et d'Alcyone, l'étoile de 18′ plus australe que le bord inférieur. Ces observations sont faites à Paris par Boulliau. *Bull. ms.*

PLANÈTES.

Le 30 janvier, à Bologne, Procyon haut de 30^d, Saturne fut observé à 47^{d}34′ d'α d'Orion, à 24^{d}23′15″ de Procyon; l'une et l'autre étoile plus occidentale que Saturne. Riccioli suppose Procyon en 3^{s}20^{d}59′45″; latitude, 15^{d}57′10″A.; latitude d'α d'Orion, 16^{d}6′15″A.; la distance des deux étoiles 26^{d}2′50″, et il conclut que Saturne étoit en 4^{s}9^{d}6′55″; lat. 0^{d}58′20″B. *Astr. ref. p.* 293. Les suppositions de Riccioli ne sont point exactes. Suivant Bradley, α d'Orion étoit en 2^{s}23^{d}54′30″; latitude, 16^{d}3′31″A.; et Procyon en 3^{s}20^{d}58′55″; latitude 15^{d}58′8″A. Donc la distance des deux étoiles est de 26^{d}0′18″. Donc Saturne étoit en 4^{s}9^{d}1′46″; latitude 0^{d}40′53″B. J'ai revisé tout mon calcul, je le crois exact. Saturne avoit été en opposition 2 jours auparavant.

— A Luffenham, le 31 août, à 10^{h}40′, méridien de Londres, Wing observa Jupiter précédant de 3 doigts ou de 7′48″ θ du Capricorne, et plus austral que l'étoile d'à peine un diamètre de la Lune, ou de 31′15″. L'étoile étoit en 10^{s}9^{d}4′59″; latitude, 0^{d}29′A. Donc, conclut Wing, Jupiter étoit en 10^{s}8^{d}57′; lat., 0^{d}59′A. L'étoile étoit en 10^{s}9^{d}0′0″; lat. 0^{d}33′37″A. — Bradley). C'est apparemment d'après quelque observation semblable que Wing établit que le 2 novembre, Jupiter étoit, à 8^{h}50′, en 10^{s}8′55″; lat. 0^{d}57′A. *Astr. Brit. p.* 288, 289.

— Le 3 novembre, à 8^h, à Majorque, Jupiter avoit dépassé de peu θ du Capricorne; sa distance à l'étoile étoit de 19′; et, eu égard à l'angle de l'écliptique avec le vertical de Jupiter, cette planète étoit en 10^{s}9^{d}8′; lat. 0^{d}48′A. *Mut, Observ. p.* 53.

27

— Le 4 décembre, à 6ʰ, Boulliau observa Jupiter 35′ plus élevé que ι du Capricorne, et presque dans le même azimut que cette étoile. *Bull. ms.*

— Le 28 novembre, à 8ʰ, à Majorque, Mars suivoit ι du Capricorne, dont il étoit distant de 13′. Je n'entends guère ce qu'ajoute Mut : *Et evidenter animadvertebam transiisse solis 3′ australiorem.* Le sens est apparemment que Mars avoit manifestement dépassé l'étoile de toute cette quantité, puisqu'il n'étoit que de 3′ plus austral. Mut conclut que Mars étoit en 10ˢ13ᵈ6′, lat. 1ᵈ19′A.; *Mut p.* 53; et en effet, la latitude de l'étoile étoit, suivant Tycho, de 1ᵈ16′½. Suivant Bradley, l'étoile étoit en 10ˢ12ᵈ50′47″; latitude 1ᵈ20′53″A. Donc Mars en 10ˢ13ᵈ4′; lat. 1ᵈ24′A.

— Le 21 décembre, à 5ʰ40′, à Paris, la distance de Mars à σ du Verseau est égale à celle d'Alcyone à Maïa, ou de 20′ à 21′ (de 27′ environ). Mars est de 3′ plus haut que l'étoile; la différence d'azimut est presque égale à la distance; Mars est le plus occidental.

Le 22, à 6ʰ20′, la conjonction est passée. La distance de Mars à l'étoile est égale à celle d'Alcyone à Electra, ou de 35′. L'azimut de Mars est de 9′ plus oriental que celui de l'étoile; la différence de hauteur est un peu moindre que la distance; Mars plus haut que l'étoile. *Bull. ms.*

Le 26 décembre, à 6ʰ14′, à Paris, Vénus est au nord de γ du Capricorne; la distance étoit précisément égale au diamètre de la Lune, donc de 35′30″, la Lune n'étant alors qu'à 39ᵈ de son périgée. (Mais elle étoit en même temps en quadrature; son diamètre étoit tout au plus de 32′½.) L'azimut de Vénus étoit de 15′ environ plus occidental que celui de l'étoile. Combinant le tout, Vénus devoit avoir, à très-peu près, la même longitude que l'étoile, qui étoit alors en 10ˢ16ᵈ59′; lat. 2ᵈ26′A. (10ˢ16ᵈ56′47″; lat. 2ᵈ32′6″A. — Bradley). Donc latitude de Vénus 1ᵈ51′A. (ou mieux 2ᵈ0′A.) *Bull. ms.*

Cette année et les suivantes, Hévélius prend des hauteurs méridiennes d'étoiles avec un grand quart-de-cercle azimutal. Voyez *Mach. cœl. l.* 2.

SATELLITES.

Les observations suivantes sont d'Hodierna, à Palme en Sicile.

Le 29 avril, à 15ʰ56′, émersion du 3ᵉ satellite de Jupiter.

Le 6 mai, à 15ʰ38′, immersion du 3ᵉ.

Le 12 juin, à 14ʰ28′, immersion du 4ᵉ; distance à Jupiter : 2½ diamètres de cette planète.

Le 18 juin, à 15ʰ27′, immersion du 3ᵉ.

Le 29 juin, à 13ʰ24′, émersion du 4ᵉ à 2½ diamètres de distance de Jupiter. (Cette distance est trop forte; il s'est ici glissé quelque erreur, peut-être d'impression; peut-être faut-il lire *immersion* au lieu d'*émersion*.)

Le 16 juillet, à 13ʰ8′, émersion du 4ᵉ, à un demi-diamètre de Jupiter à l'est (il faut, à l'ouest).

Le 4 septembre, à 14ʰ11′, émersion du 4ᵉ, à 1½ diamètre à l'est. *Hod. Eph. Med. part. III, p.* 14 et 15.

1654.

ÉCLIPSE DE SOLEIL, LE 11 AOUT.

Hévélius, à Dantzick.

$21^h 25' 15''$...	commencement.
$22\ \ 5\ 40$...	six doigts et demi et plus.
	Les nuages ne permirent aucune observation ultérieure.
$22\ 40$ ...	ténèbres épaisses; on ne pouvoit plus lire, les oiseaux se cachoient, etc.

Si le demi-diamètre du Soleil étoit $15'41''\frac{1}{3}$, celui de la Lune étoit de $15'53''\frac{1}{3}$. *Mach. cœl. l.* 2. — *Epist. ad Nucer.* 4ª. *è* 4 *Epistolis.*

— Desnoyers, à Varsovie.

$21^h 37'$......	le Soleil haut de $43^d 10'$, commencement.
$22\ 49$......	plus grande phase, le point qui partageoit en deux parties égales la section non éclipsée du Soleil ayant $50^d 14'$ de hauteur.
$24\ 12$......	fin, le Soleil étant haut de $52^d 38' 30''$ (il étoit bien près du méridien) *Bull. ms.*

Cette observation supposeroit que l'éclipse n'a pas été totale à Varsovie. Cependant Gassendi, *tom. I, p.* 690, dit, d'après une lettre de Desnoyers, que l'éclipse à Varsovie excéda douze doigts, *duodecim digitos excessisse,* et *duodecim* est en toutes lettres, non en chiffres. Il ajoute qu'on vit, entre autres étoiles, Saturne, Mars, Vénus et le grand Chien.

— Jean Placentinus, à Francfort-sur-Oder.

$21^h 10'\ \ 0''$...	le centre du Soleil haut de $39^d 46'$, un doigt.
$21\ 43\ 44$...	hauteur du Soleil $43^d 53'$, 6 doigts.
$22\ 17\ \ 0$...	hauteur du Soleil $47^d 25'$, 11 doigts, plus grande phase.
$22\ 53\ 36$...	hauteur, $50^d 21'$, 6 doigts.
$23\ 33\ 40$...	hauteur $52^d 17'$, fin.

Un excellent cadran marquoit $23^h 34'$. Cette observation, imprimée avec plus de détail à Francfort en 1662, et accompagnée de quelques autres observations du même Placentinus, se trouve parmi les manuscrits de Boulliau.

— A Londres, Leybourn. Nuages jusqu'à

$21^h\ \ 2' 42''$...	9 doigts 50'.
$21\ \ 4\ 30$...	plus grande phase, 10 doigts 20'.
$22\ 16\ 12$...	fin. *Astr. Brit. p.* 360. Voyez-y un ample détail de cette observation et de la suivante.

— Palmer, à Ecton; horloge à minutes, suffisamment rectifiée sur les azimuts du Soleil.

$19^h 47'$	commencement.
20 54	plus grande phase, 10 doigts 15'.
22 9	fin. *Ibid.* et *Cathol. plan. p.* 211.

De l'observation de Londres, Streete conclut qu'à $21^h 19' 30''$. t. m. mérid. de Londres, le vrai lieu de la Lune étoit $4^s 18^d 58' 12''$; latitude vraie $32' 10'' $B. *Astr. Carol. p.* 34.

— Jean Wallis, à Oxford.

$19^h 45'$	commencement manqué, mais conclu des autres phases, à 22^d du zénith.
	Grandeur, conclue de même, un peu moins de 10 doigts.
22 14	fin, à 43^d du nadir. A la fin, et avant la fin, l'horloge, d'après des hauteurs du Soleil, avançoit de 3' au moins; donc fin à $22^h 11'$. *Wallis. Opera Math. tom. I, p.* 481.
22 11	au plus tard, fin.

— Boulliau, à Paris.

20^h 4' 15''	hauteur du Soleil, $31^d 33'$ commencement.
20 41 5	hauteur du Soleil, $37^d 21'$, 6 doigts.
21 15	vers cette heure, la plus grande phase est de 9 doigts $\frac{1}{4}$.
21 46 32	hauteur du Soleil, $46^d 32'$, 6 doigts.
22 28 40	hauteur, $51^d 20'$, fin. Cette observation est plus détaillée dans *Bull. ms.*

— Petit, à Paris.

20^h 4' 20''	hauteur du Soleil, $31^d 34'$, commencement à 10^d du zénith.
21 17 30	la plus grande phase, 9 doigts 17'.
22 30 40	le Soleil haut de $51^d 29'$, à 50^d du nadir, fin.

Les deux diamètres parurent sensiblement égaux. *Petit ad calcem Astr. Physicæ de Duhamel.*

Petit, pour calculer les heures données par les hauteurs du Soleil, suppose, 1° la parallaxe horizontale du Soleil de 3'; 2° la latitude de Paris de $48^d 53'$; 3° en d'autres calculs, l'obliquité de l'écliptique de $23^d 31'$.

— Les Jésuites, en leur collège de Paris.

20^h 4' 48''	commencement.
21 18 38	plus grande obscurité, 9 doigts $\frac{1}{3}$.
22 32 7	fin. *Ricc. Astr. p.* 147.

— Gassendi, dans le château de M. de Montmort, au Mesnil-Saint-Denis, à six ou sept (ou plutôt neuf) lieues de Paris, vers le couchant d'hiver.

20^h $0'40''$ . . . . .   commencement, à 11^d du zénith.
22 26 16 . . . . .   fin, à 48^d du nadir.

Grandeur, 9 doigts précis dans la partie boréale du Soleil.

Le diamètre du Soleil étoit à celui de la Lune, comme $30'30''$ à $31'16''$. *Gass. tom. I, p.* 690; *tom. IV, p.* 475, 476. Voyez-y un très-ample détail.

— Agarrat a publié l'observation qu'il avoit faite à Blois, chez le duc d'Orléans ; en voici les principales phases.

19^h $39'$ $0''$ . . . . .   commencement, au zénith du Soleil; hauteur de son centre, $30^d54'$.
20 36 . . . . .   le Soleil haut de $36^d50'$, 6 doigts.
21 12 . . . . .   hauteur, $42^d19'$, plus grande phase, 8 doigts $\frac{2}{3}$.
21 40 . . . . .   hauteur, $46^d23'$, 6 doigts.
22 24 . . . . .   hauteur, $51^d40'$, fin, à 49^d du nadir.

— A Lyon, le P. Guevare.

20^h $14'$ . . . .   commencement.
21 19 . . . .   plus grande obscurité, 8 doigts $21'$.
22 36 . . . .   fin. *Ricc. Astr. ref. p.* 147.

— A Avignon, Payen.

20^h $16'$ . . . .   commencement.
22 37 . . . .   fin.

Grandeur, 9 doigts $40'$. (C'est beaucoup.) *Ibid.*

— Le P. de Billy, à Grenoble, ou plutôt à Erbeys (Erbœsii), à une lieue de distance de Grenoble, même latitude que cette ville.

20^h $20'$ . . . .   commencement.
21 23 . . . .   plus grande phase, 9 doigts $20'$.
22 30 . . . .   fin. *Ibid.* et *de Billy, Opus Astr. p.* 302.

— Gautier, à Aix. Son observation est détaillée dans *Gass. tom. IV, pag.* 476, 477.

20^h $20'48''$ . . . . .   commencement, le Soleil haut de $35^d30'$.
21 36 . . . . .   plus grande phase, 8 doigts, le Soleil étant haut de $48^d10'$.
22 45 . . . . .   fin, le Soleil étant à la hauteur de $57^d20'$.

— *Ebreduni,* par 43^{d}5o′ de latitude et 27^{d}o′ de longitude, le P. Léotaud. (Je ne doute pas qu'il ne s'agisse ici d'Embrun, *Ebrodunum* ou *Ebredunum* en latin.)

> 20^{h}3o′........   commencement.
> 23   6........   fin. *De l'Isle, mss.*

— A Rome, le P. Bernardin Boghille.

> 21^{h}15′........   commencement.
> 23 3o ....   fin.

Grandeur, 7 doigts 10′. *Ricc. Astron. p.* 147.

— A Bologne, Riccioli et Grimaldi.

> 20^{h}54′ 15″.....   commencement.
> 23 21 15 .....   fin

Grandeur, 8 doigts 22′. *Ibid.*

— A Majorque, Mut.

> 20^{h}17′........   commencement, le Soleil haut de 35^{d}43′; puis nuages.
> 22 27 ....   le Soleil haut de 58^{d}4′, fin, observée à 3 lieues au nord de Majorque, par Michel Fuster, très habile, suivant Mut, dans ces sortes d'observations.

Grandeur de l'éclipse, observée par Fuster, environ 6 doigts. *Mut, pag.* 25.

— Riccioli ajoute, d'après le rapport d'un de ses confrères, qu'à Aspan, en Perse, *Aspani in Perside,* (est-ce Ispahan?) l'éclipse avoit commencé à 21^{h}45′. (Il n'y a pas de lieu en Perse où l'éclipse n'ait commencé beaucoup plus tard.)

PREMIÈRE ÉCLIPSE DE LUNE, LE 2 MARS.

18^{h}8′16″, Riccioli en observa le commencement 17′44″ avant le lever apparent du bord du Soleil, et 14′10″ avant le coucher de la Lune. *Mut, p.* 26, d'après une lettre de Riccioli.

SECONDE ÉCLIPSE DE LUNE, LE 27 AOUT.

Hévélius à Dantzick.

> 11^{h}16′29″.....   commencement à environ 43^d du nadir.
> 11 52 40 ..... ⎫
> 11 56 50 ..... ⎭   deux doigts $\frac{1}{8}$, plus grande phase.
> 12 40 28 .....   fin, à environ 7^d du nadir vers l'ouest.
> 13 11 12 .....   passage de la Lune au méridien, observé très-exactement.

(Voyez ci-dessous à l'article des planètes.) *Mach. cœl. l.* 2. — *Ep. ad Nucer.*

Streete conclut de l'observation d'Hévélius, qu'à 10^h 57′, t. m. mérid. de Londres, le vrai lieu de la Lune en son orbite étoit 11ˢ4ᵈ32′14″. *Astr. Carol. p.* 100.

— Palmer, à Ecton.

9ʰ47′30″.....	pénombre à l'œil nu.
10 15 30	l'éclipse est de 3′ de degré.
	L'éclipse augmente jusqu'à 5′ de degré.
11 11	l'éclipse ne paroit plus que de 3′ de degré.
11 27	fin au télescope.
11 30	fin à l'œil nu.
11 35	la Lune aussi nette qu'à 9ʰ47′½. *Palm. Cathol. plan. pag.* 111, 112.

— Petit, à Paris.

10ʰ12′56″.....	☽ du Bouvier haut de 20ᵈ25′ à l'ouest, commencement.
11 42 32	α de Persée haut de 45ᵈ28′ à l'est, fin.

Les nuages ne permirent aucune autre observation. *Petit, ubi suprà.*

— Boulliau, aussi à Paris, mais dans un autre quartier sans doute, fut moins favorisé; il ne put observer ni le commencement ni la fin.

9ʰ50′16″.....	Jupiter haut de 21ʰ46′, il y a déjà de la pénombre.
10 14 52	Jupiter haut de 24ᵈ50′, l'éclipse est commencée.
	Boulliau croit qu'elle a commencé vers le 180ᵉ degré.
10 24 48	Jupiter haut de 26ᵈ0′, un doigt.
11 48 40	Jupiter haut de 33ᵈ30′, fin de la pénombre. *Bull. ms.*

— Gassendi fut également contrarié au Ménil-Saint-Denis. D'observations faites après le commencement et avant la fin, il croit qu'on peut conclure :

10ʰ 5′........	commencement.
11 34′ou 35′...	fin. Grandeur, 2 doigts ½. *Gass. tom. IV, p.* 478.

— A Avignon, Payen.

10ʰ20′........	commencement.
11 50	fin. Grandeur, 2 doigts ½. *Ricc. Astr. p.* 104.

— Mut, à Majorque.

10ʰ10′........	commencement, la Lyre haute de 65ᵈ0′ à l'ouest, et l'azimut de la Lune de 34ᵈ15′.
11 42	fin, l'azimut de la Lune étant de 6ᵈ44′.

Grandeur, 6′ de degré. *Mut, p.* 27. Si le demi-diamètre de la Lune étoit de 15′40″. comme Mut le détermine, l'éclipse aura été de 2 doigts 18′.

Autres observations de la Lune.

A Paris, le 20 février, β du Lion étant à 31ᵈ38′ de hauteur, Vénus étoit dans la ligne des cornes de la Lune, sa distance à la corne australe étant égale au diamètre de la Lune, dont le bord inférieur, aussitôt après, étoit haut de 1ᵈ56′. *Bull. ms.*

— Le 1 mars, à Majorque, Mut observa l'occultation de Régulus par la Lune. Rigel haut de 34ᵈ16′ vers l'ouest, donc à 8ʰ6′, (8ʰ5′ suivant Boulliau, 8ʰ6′30″, suivant Riccioli) immersion. — Émersion, α d'Orion haut de 44ᵈ43′, ou à 9ʰ7′. L'étoile est entrée et est sortie un peu au sud du diamètre (apparemment horizontal) de la Lune; je pense que c'est le sens des paroles de Mut, *per partem australem Lunæ proximam diametro.* Mut, cependant, établit qu'à 8ʰ36′, milieu du passage, l'étoile étoit de 10′20″ plus australe que le centre de la Lune. Il détermine, en conséquence ainsi le lieu de la Lune à 8ʰ36′.

Angle de l'écliptique avec la route de la Lune, 12ᵈ. Parallaxe en longitude, 33′4″; en latitude 17′28″.

Longitude de Régulus et long. apparente de la Lune 4ˢ25ᵈ1′ (4ˢ25ᵈ0′51″, Bradley) donc lieu vrai de la Lune 4ˢ24ᵈ28′. (Dans *Ricc. Astr. p.* 159, on lit 4ˢ24ᵈ48′; c'est une faute d'impression.)

Latitude de Régulus, 0ᵈ26′30″ B. (0ᵈ27′27″, Bradley) donc latitude apparente du centre de la Lune, 0ᵈ36′50″; latitude vraie 0ᵈ54′18″ B. *Mut, p.* 57, 58.

— Riccioli observa cette même occultation à Bologne. Sirius haut de 27ᵈ12′, immersion en ligne directe avec *Pitatus* et le bord oriental de *Christmannus.* Émersion en ligne directe avec *Beda* et le milieu de *Terra Vigoris.* 9′40″ après l'émersion, Sirius avoit 19ᵈ39′ de hauteur. *Ricc. Astr. p.* 163.

PLANÈTES.

Le 8 février à 9ʰ, Mut, à Majorque, prit, avec un rayon astronomique, la distance de Saturne à η du Lion, et la trouva de 3ᵈ24′; et le 11, à 9ʰ, Saturne étoit à 2ᵈ26′ de Régulus. *Mut, p.* 57.

De ces deux observations, et peut-être de quelques autres non imprimées, Mut, ou Riccioli, conclut que le 11 à 9ʰ, Saturne étoit en 4ˢ22ᵈ52′, avec une latitude (boréale) de 1ᵈ28′. *Ricc. Astr. p.* 285. Et J. Cassini détermine l'opposition de Saturne au Soleil, le 10 février, à 19ʰ à Majorque, en 4ˢ22ᵈ54′. *Élém. d'Astron. p.* 356.

Riccioli, *ibid.*, ajoute que le 15 février, à Majorque, à 9ʰ, Saturne fut observé en 4ˢ20ᵈ31′. Il y a ici quelque faute d'impression : il faut lire le 15 mars, ou en 4ˢ22ᵈ31′.

— Le 27 août, à Dantzick, Jupiter passa au méridien à 13ʰ0′30″; sa hauteur méridienne étant de 30ᵈ22′45″. *Mach. cœl. et Ep. ad. Nucer.* Il s'est nécessairement ici glissé une erreur; ce passage et celui de la Lune, qu'on marque à 13ʰ11′12″, et qu'on dit avoir suivi de près celui de Jupiter, doivent être rapportés au 28 août : 1° parce qu'il est impossible que la Lune, sortant à peine de l'ombre de la Terre, n'ait passé au méridien que $1^h 11'$ à $12'$ après minuit; 2° parce que la Lune n'a atteint et dépassé Jupiter que le 28.

— Le 6 février, à $7^h 30'$, à Paris, la distance de Vénus à Mars est de $3'$ environ plus grande que celle de ε à ζ d'Orion, donc de $1^d 26'$ à $27'$. Vénus précède Mars, et elle est plus basse que lui d'environ la dixième partie de la distance.

Le 10, à $7^h 3'$, la distance étoit à-peu-près la même, mais en sens contraire; Vénus suivoit Mars du quart de la distance; elle étoit plus haute que Mars de $\frac{4}{5}$ de cette même distance; la conjonction des deux planètes avoit eu lieu le 9.

Le 13, à $7^h 20'$, la distance de Vénus à ε des Poissons est d'environ $45'$; son azimut est de $38'$ plus occidental que celui de l'étoile, et elle étoit de $23'$ à $24'$ plus basse. L'étoile étoit en $0^s 12^d 43'$; latitude $1^d 5' 30'' $B. ($0^s 12^d 42' 25''$; lat. $1^d 5' 37''$ B. — Bradley). Donc Vénus en $0^s 12^d 3'$.

Le 14, à 7^h, la distance de Vénus à l'étoile est de $35'$; Vénus, de $20'$ plus haute, est de $25'$ environ plus occidentale en azimut. Elle avoit dépassé la longitude de l'étoile.

Le 15, à 7^h, la distance étoit de $5'$ à $6'$ plus grande que celle d'Electra à Atlas, donc à-peu-près de $66'$. Vénus étoit presque dans l'azimut de l'étoile et plus haute qu'elle. A $7^h 30'$ la distance de Mars à cette même étoile étoit égale à celle d'Atlas à Electra, ou de $59'$. La différence des azimuts étoit égale à la moitié de cette distance; celui de Mars étoit le plus oriental, et Mars étoit plus bas que l'étoile de $\frac{4}{5}$ de la distance. Donc Mars et l'étoile ne sont pas encore en conjonction. *Bull. ms.*

— Le 13 avril, à Paris, Vénus haute de $7^d 47'$, et Mercure haut de $4^d 37'$, sont à $5^d 21'$ de distance l'un de l'autre; leur longitude diffère peu; Vénus est plus boréale de toute la distance.

Le 16, Vénus haute de $6^d 22'$, et Mercure de $7^d 40'$, sont distans de $5^d 56'$. Ces distances sont prises avec un sextant. *Ibid.*

Le 22 septembre matin, Vénus étoit à $13'$ ou $14'$ de Régulus, dans un azimut plus oriental de $9'$ à $10'$ et de $9'$ à $10'$ plus haute que l'étoile; elle n'avoit donc pas encore atteint la longitude de l'étoile. Sa hauteur étoit de $27^d 52'$; celle de Régulus étoit donc de $27^d 43'$; l'observation a donc été faite le 21 à $17^h 39' 20''$, méridien de Paris. L'angle du vertical et de l'écliptique étoit d'environ 29^d; l'étoile étoit en $4^s 25^d 2' 38''$; latitude $0^d 26' 30''$ B. ($4^s 25^d 1' 20''$; lat. $0^d 27' 27''$ B.) Donc Vénus étoit en $4^s 24^d 58'$; latitude $0^d 38'$ B. *Ibid.*

SATELLITES.

Les observations suivantes ont été faites par Hodierna, à Palme en Sicile.

Le 30 mai, le 4e satellite de Jupiter reste dans l'ombre depuis $14^h 56'$ jusqu'à $16^h 16'$. (L'éclipse a dû durer bien plus long-temps; il y a ici quelque faute d'impression; il y en a beaucoup dans les Éphémérides d'Hodierna.) *Hod. Eph. part. III, p. 15.*

Le 3 juillet, à $12^h 20'$, émersion du 3e. *Ibid. p. 14.*

Le 4 août, à $15^h 55'$, immersion du 1er. *Ibid.*

Le 5 août, à $14^h 20'$, immersion du 4e. *Ibid. p. 15.*

Le 8 août, à $13^h 1'$, émersion du 3e. *Ibid. p. 14.*

Le 22 août, à $8^h 42'$, immersion du 4e; à $11^h 46'$, émersion. *Ibid. p.* 15. Mais *p.* 66, cette éclipse est ainsi détaillée :

Un sixième d'heure après que ε de l'Aigle eut médié avec le $281^d 7'$ de l'équateur, immersion du 4e satellite. Lieu du Soleil $4^s 29^d 34'$; son ascension droite $150^d 42'$ (faute d'impression; il faut $151^d 42'$). Donc distance du Soleil au méridien $129^d 25'$. Il étoit donc $8^h 34'$. Donc immersion du 4e satellite, $10'$ après $8^h 34'$, donc à $8^h 44'$. (Ces calculs d'Hodierna ne sont pas tout-à-fait justes; $129^d 25'$ ne donnent pas $8^h 34'$, mais $8^h 37' 40''$, ou $8^h 38'$. Cependant les erreurs se compensent en partie.) J'ai refait les calculs, et j'ai trouvé :

Ascension droite de ε de l'Aigle...............	$280^d 59' 18''$
Ascension droite du Soleil....................	151 47 51
Donc distance du Soleil au méridien...........	129 11 27

Il étoit donc $8^h 36' 46''$, et l'immersion sera arrivée à $8^h 46' 46''$, ou à $8^h 47'$.

α du Verseau étant au méridien avec le 327e de l'équateur, ou à $11^h 41'$, émersion du satellite. (Ceci est un peu plus exact.)

Le 25 août, à $14^h 3'$, émersion du 2e. *Ibid. p.* 14. (Je pense qu'il faudroit lire, *immersion.*)

Le 28 octobre, à $10^h 18'$, immersion du 4e. *Ibid. p.* 15. Mais *pag.* 11, on lit, β de la Baleine culminant avec $6^d 36'$ de l'équateur, ou à $10^h 13'$, on distingue à peine le 4e satellite; après 190 oscillations du pendule, il disparoit entièrement; donc immersion à $10^h 19'$.

Le 8 décembre, à $5^h 3'$, immersion du 3e; à $8^h 4'$, émersion. *Ibid. p.* 14.

FAITS.

La troisième des quatre lettres d'Hévélius est datée de cette année; elle est adressée à Riccioli; son objet est la libration de la Lune, objet dont s'occupoient Langren depuis 1626, Gassendi depuis 1636, Boulliau depuis 1643, Hévélius depuis 1645, et Grimaldi depuis 1649. Hévélius, dans sa Sélénographie, avoit hasardé sur ce phénomène quelques conjectures qu'il ne donnoit cependant que comme de simples aperçus, que des observations postérieures pouvoient également détruire ou confirmer. Riccioli avoit assez bien prouvé dans son Almageste, qu'Hévélius n'avoit pas atteint le but qu'il s'étoit proposé; mais il lui attribuoit des assertions qui n'étoient pas de lui. Hévélius, dans sa lettre à Riccioli, désavoue d'abord ces assertions; et, plus éclairé par un plus grand nombre d'observations, il attribue la libration de la Lune à deux causes. L'inégalité du mouvement périodique de la Lune autour de la Terre, combinée avec l'égalité parfaite de sa rotation sur son axe, doit occasionner une libration apparente d'occident en orient, et d'orient en occident. D'un autre côté, le mouvement de la Lune en latitude doit produire une autre libration apparente du nord au sud, et du sud au nord. Telles sont les deux causes à la combinaison desquelles Hévélius attribuoit les phénomènes de la libration. Il avoit admis la seconde, dès 1647, dans sa Sélénographie. Quant à la première, Riccioli l'avoit proposée *pag.* 214 de son Almageste; mais il avoit prétendu prouver qu'elle n'étoit pas admissible. Il inséra la lettre d'Hévélius dans son Astronomie réformée, *pag.* 169 *et seq.*, mais ce fut pour la réfuter. Il convient que beaucoup d'observations se prêtent à la théorie d'Hévélius; mais quelques-unes s'y refusent. Cela est vrai; mais que falloit-il en conclure? que les deux causes de la libration, reconnues par Hévélius, étoient illégitimes? non, mais qu'elles étoient insuffisantes. Ces deux causes sont démontrées; elles sont aujourd'hui généralement admises. Mais il en est une troisième, négligée, ou plutôt, ignorée d'Hévélius, l'inclinaison de l'équateur de la Lune sur son écliptique.

1655.

ÉCLIPSE DE SOLEIL, LE 6 FÉVRIER.

Cette éclipse a eu bien peu d'observateurs. Les nuages, à Dantzick, à Paris, et sans doute en d'autres lieux, frustrèrent l'attente des astronomes.

— A Paris, Boulliau ne put rien observer. Gassendi saisit un instant le Soleil entre deux nuages; sa hauteur étoit de $16^d\frac{1}{2}$; il étoit donc plus de $2^h\frac{1}{2}$; et l'éclipse étoit d'environ 2 doigts vers l'orient. *Gass. tom. IV, p.* 479.

— Gautier à Aix observa le commencement de l'éclipse, le Soleil ayant $27^d30'$ de hauteur, donc à $1^h30'12''$.

Le Soleil haut de $22^d35'$, ou à $2^h22'32''$, 4 doigts. *Ibid.* L'éclipse étoit encore croissante; les nuages auront nui sans doute à la suite de l'observation.

Observations de la Lune.

Le 5 août, à Bologne, le centre de la Lune ayant 75^d d'azimut vers l'ouest, étoit $38^d57'40''$ du zénith. $5'20''$ étant écoulées, Arcturus traversa le même azimut, à $45^d36'$ de distance du zénith. Donc, conclut Riccioli, à $8^h11'28''$, t. m., la Lune étoit en $6^s4^d9'$. *Astr. ref. p.* 163, 167. Il y a ici nécessairement une erreur grossière d'impression; la Lune, dans la Balance, ne pouvoit être à $38^d57'40''$ du zénith de Bologne, ayant sur-tout plus de 4^d de latitude australe et 75^d d'azimut. (Je pense qu'il faut lire $83^d57'40''$.)

Voyez dans Riccioli, *p.* 163, plusieurs autres distances de la la Lune au zénith et aux étoiles.

PLANÈTES.

Le 27 mai, 2 heures après le coucher du Soleil, Saturne est à $8^d22'$ de Régulus, à $10^d56'$ de γ du Lion. Donc, conclut Riccioli, à 9^h, à Bologne, Saturne étoit en $5^s3^d20'$. *Astr. ref. p.* 288, 299.

Le 10 juillet, à Bologne, Saturne étoit exactement dans le premier vertical à l'ouest, à $74^d17'$ de distance du zénith. $6'50''$ écoulées, l'Épi de la Vierge étoit précisément à 65^d du zénith vers l'ouest. Donc, supposant l'ascension droite de l'Épi de $196^d47'$, et sa déclinaison de $9^d31'48''$A., Saturne avoit $159^d42'26''$

d'ascension droite, $10^d 55' 28''$ de déclinaison boréale, $5^s 7^d 9' 40''$ de longitude; lat. $2^d 10' 40''$ B. *Ibid. p.* 288, 292.

— Le 21 août, à Bologne, Jupiter médie à $34^d 13' 30''$ de distance du zénith; $3' 40''$ après, la hauteur d'α d'Orion est de $30^d 4'$. *Ibid. p.* 312.

— Le 16 juillet, à Bologne, Mars, haut de $19^d 5' 30''$, passe au méridien; $7' 40''$ après, la hauteur d'α d'Andromède est de $44^d 57'$ vers l'est. *Ibid. p.* 325.

Le 22 juillet, Mars médie $31' 30''$ après α de l'Aigle, à la hauteur de $18^d 37' 50''$. *Ibid.*

Le 23 août, toujours à Bologne, Mars médie $9'$ après α de l'Aigle, à la hauteur de $18^d 16' 30''$. *Ibid.*

Voyez aux lieux cités d'autres observations des planètes supérieures.

— Les observations suivantes ont été faites à Paris par Boulliau.

Le 11 octobre, à 8^h, distance de Mars à η du Capricorne, $15'$; Mars est de $12'$ environ plus bas et de $6'$ en azimut plus occidental que l'étoile; celle-ci étoit en $10^s 8^d 4' 32''$; lat. $3^d 1'$ A. ($10^s 7^d 56' 3''$; lat. $2^d 58' 10''$ A. — Bradley.) Eichstadius, d'après les Tables de Longomontan, place Mars en $10^s 7^d 51'$; lat. $3^d 8'$ A., ce qui s'accorde parfaitement avec le ciel, dit Boulliau.

Le 27 octobre, à 7^h, distance de Mars à γ du Capricorne, $36'$ et plus.

Le 28, à 7^h, la distance étoit de $12'$ au plus; Mars étoit de $10'$ à-peu-près plus haut que l'étoile, et dans un azimut plus occidental de $4'$ au plus; Mars avoit donc, à très-peu-près, la même longitude que l'étoile, qui étoit alors en $10^s 17^d 0' 34''$; latitude $2^d 26'$ A. ($10^s 16^d 58' 19''$; lat. $2^d 32' 6''$ A. — Bradley.)

Le 29, à 10^h, la distance de Mars à l'étoile étoit de $36'$ au plus; son azimut étoit d'environ $6'$ plus oriental que celui de l'étoile.

— (L'appulse du 28 fut aussi observée par Streete à Londres; suivant lui la conjonction eut lieu vers 9^h, Mars étant de $6'$ moins austral que l'étoile. *Astr. Carol. p.* 115.)

— Revenons aux observations de Boulliau.

Le 30 octobre, à $7^h 15'$, la distance de Mars à δ du Capricorne, excédoit de $1'$ aü plus celle d'Electra à Alcyone, ou elle étoit au plus de $36'$; la hauteur des deux astres étoit la même. L'étoile étoit en $10^s 18^d 46' 34''$; lat. $2^d 29'$ A. ($10^s 18^d 43' 32''$; lat. $2^d 33' 40''$ A. — Bradley.)

Le 31, Mars, au méridien, étoit à $19'$ au plus de distance de la même étoile, vers le nord; son azimut étoit de $9'$ à $10'$ plus occidental que celui de l'étoile, de manière que la différence de latitude étoit presque égale à la distance, et que la longitude de l'étoile n'excédoit celle de Mars que de $1'$ ou $2'$. La latitude de Mars étoit donc de $2^d 10'$ ou $11'$ (ou mieux de $2^d 15'$ A.). Il étoit $7^h 4'$.

A 10^h, la distance étoit la même, et Mars étoit en ligne droite avec δ du Capricorne et β du Verseau. Il avoit donc atteint oú même un peu dépassé la longitude de δ; β du Verseau étoit alors en $10^s 18^d 37' 34''$ ($10^s 18^d 35' 31''$; lat. $8^d 37' 54''$ B. — Bradley. Donc Mars ne pouvoit pas avoir dépassé la longitude de δ, ou il n'étoit pas dans l'alignement des deux étoiles).

(Mut observa aussi cette appulse à Majorque. A 10^h, dit-il, Mars atteignit à très-peu près, *quàm proximè*, la longitude de l'étoile, dont il étoit distant de $17'$ au nord. Il étoit donc à-peu-près en $10^s 18^d 43'$; latitude $2^d 11'$ A. *Mut, p.* 58.)

Le 1 novembre, à 10^h, Mars étoit dans le même vertical que δ; sa hauteur excédoit d'environ 44' celle de l'étoile.

Le 7, à 6$^h\frac{1}{2}$, distance de Mars à 1 du Verseau, 64' environ; Mars s'approchoit de l'étoile, qui étoit en 10^{s}23^{d}59'36"; latitude 2^{d}0'A. (10^{s}23^{d}54'45"; lat. 2^{d}3'47". Bradley).

Le 8, à 6^{h}45', la distance de Mars à l'étoile n'étoit plus que de 32': Mars n'étoit que de 1' ou 2' plus haut que l'étoile.

Le 20, vers 6^h, Mars au méridien, est à 15' ou 16' de distance de σ du Verseau; il est, de 5' au plus, moins haut, et en azimut de 13' à-peu-près plus oriental que l'étoile, qui étoit en 11^{s}0^{d}39'38"; lat. 1^{d}10'. (11^{s}0^{d}34'57"; lat. 1^{d}12'56"A. — Bradley.) Mars avoit dépassé la longitude de l'étoile.

Enfin, le 8 décembre, Mars, au méridien, est à 10' au plus de distance vers le nord que φ du Verseau, et son azimut est de 2', au plus, plus oriental que celui de l'étoile, qui étoit alors en 11^{s}12^{d}24'40"; lat. 1^{d}0'A. (en 11^{s}12^{d}20'11"; latitude, 1^{d}2'7"A. — Bradley.) *Bull. ms.*

— Les trois observations suivantes sont de Riccioli à Bologne.

Le 6 juillet, Vénus, dans le 100e azimut du sud vers l'ouest, est haute de 13^{d}21'; 5'20" après, α de l'Aigle est haut de 25^{d}27' vers l'est.

Le 10 juillet, Vénus, dans le même azimut, est haute de 11^{d}0'; 10'0" s'écoulent, et l'Épi de la Vierge a 24^{d}0' de hauteur à l'ouest.

Le 6 août, la hauteur de Vénus, dans le 80e azimut à l'ouest, est de 12^{d}7'; 7'45" après, celle d'Arcturus, vers l'ouest, est de 47^{d}6'. *Astron. ref. p.* 339.

ÉTOILES.

L'étoile sur la poitrine du Cygne, découverte en 1600, que Bayer avoit désignée par la lettre P, reparoît cette année, et est observée par Cassini; elle augmenta en grandeur apparente durant cinq années, et parvint à égaler les étoiles de la 3e grandeur; elle diminua ensuite. *J. Cass. Elém. d'Astr. p.* 69.

SATELLITES.

Hodierna, se proposant de construire des Tables du mouvement des satellites de Jupiter, continua d'observer leurs éclipses, à Palme.

Le 30 juin, à 16^{h}9', immersion du 2e.

Le 1 juillet, à 15^{h}26', immersion du 1er.

Le 17 juillet, à 13^{h}42', immersion du 1er.

Le 23 juillet, à 16^{h}14', la lumière du 4e étoit extrêmement affoiblie, mais l'éclipse n'a pas été totale.

Le 25 juillet, immersion du 2e au moment auquel δ du Capricorne médie avec le 322^{d}1' de l'équateur; donc à 13^{h}9'.

Immersion du 3e, après laquelle on compte 590 oscillations du pendule, équivalentes à 17' de temps, et Fomalhaut est au méridien avec 339^{d}33' de l'équateur; donc immersion du 3e 17' avant 14^{h}18', ou à 14^{h}1'.

β de la Baleine médie avec $6^d 36'$; 15' après, ou à $16^h 21'$, émersion du 3e.

Le 9 août, à $13^h 52'$, immersion du 1er.

Après le lever de Jupiter, le 4e paroissoit en conjonction avec le 2e, plus boréal que lui de la quantité d'un demi-diamètre de Jupiter. 1000 oscillations après le passage de Fomalhaut au méridien, ou à $13^h 53'$, immersion du 2e. Le 4e diminua bien d'éclat, mais il ne fut pas éclipsé. (Dans tout cet article, il faut certainement lire le 1er satellite au lieu du 2e.)

Le 16 août, à $15^h 54'$, immersion du 1er.

Le 1 septembre, η de la Baleine, médiant avec le $13^d 13'$ de l'équateur, donnoit $14^h 10'$; 45 oscillations, ou près de 2' après, immersion du 1er. (L'ascension droite de l'étoile n'étoit pas $13^d 13'$, mais $12^d 49' \frac{1}{2}$; donc, si le reste de l'opération d'Hodierna est exact, l'immersion est arrivée à $14^h 10'$.)

Le 17 septembre, à $12^h 40$, immersion du 1er.

Le 20 septembre, γ du Verseau étant précisément au méridien avec le $331^d 0'$, ou à $10^h 13'$, immersion du 2e.

La même nuit, le 4e passe au sud de Jupiter, sans cesser d'être visible.

Le 24 septembre, à $14^h 26'$, immersion du 1er.

Le 27 septembre, à $12^h 32'$, immersion du 2e.

Le 1 octobre, à $16^h 20'$, immersion du 1er.

Le 4 octobre, 400 oscillations, ou au moins 13' écoulées depuis la culmination de γ de l'Eridan, avec $55^d 42'$ ($55^d 27'$), ou à $15^h 12'$, immersion du 2e.

Le 12 octobre, à $10^h 37'$, immersion du 3e.

Le 15 octobre, à $10^h 9'$, conjonction (inférieure) du 4e.

Le 19 octobre, γ de l'Eridan et λ du Taureau étant au méridien, ou à $14^h 5'$, le 3e se voyoit encore; il disparut à $14^h 20'$ (apparemment derrière le disque de Jupiter); Sirius culminant, ou à $16^h 53'$, il reparoit. *Hod. Ephem. Medic. part. III, p.* 8, 9, 10, 14, 15, 16, 63, 64, 65.

FAITS.

Chrétien Huygens découvrit, le 25 mars de cette année, un satellite de Saturne; c'est celui qui est compté maintenant pour le 4e. Galilée, étudiant le ciel avec son nouveau télescope, avoit facilement reconnu la figure singulière de Saturne. Il s'étoit imaginé d'abord que cette planète étoit composée de trois corps distincts; et il se persuada que les anses de l'anneau étoient deux satellites, qui différoient de ceux de Jupiter, en ce que ceux-ci tournoient autour de leur planète principale, au lieu que les deux de Saturne étoient dépourvus de tout mouvement propre. Ces deux prétendus satellites avoient paru ronds à Galilée; des astronomes postérieurs les observèrent en forme d'anses; quelques-uns même, comme Hévélius et Gassendi, virent Saturne absolument rond, sans apparence aucune d'anses ou de satellites. Galilée même avoit observé ce phénomène. Ces variétés excitèrent le zèle d'Hévélius; il rassembla toutes les observations dont il eut connaissance, il les combina, et dans son ouvrage, *De nativa Saturni facie,* qu'il publia en 1656, il entreprit de déterminer les phénomènes du mouvement de ces prétendus satellites. Mais quelle étoit leur nature et leur figure? c'est ce qu'il ne put raisonnablement expliquer. Huygens cependant, s'étant muni d'excellentes lunettes, suivoit les mêmes phénomènes. Dès 1655, il découvrit, comme nous l'avons dit, le 4ᵉ satellite de Saturne. Les anses de cette planète se rétrécissoient alors de plus en plus : elles ne tardèrent pas à disparoître ; mais en disparoissant, elles laissèrent dans leur direction un trait obscur qui traversoit le milieu du disque de la planète. Les anses reparurent ; et à mesure qu'elles s'élargissoient, le trait obscur quittoit le milieu du disque, et s'approchoit de la partie inférieure. De ces phénomènes Huygens conclut que Saturne est, à quelque distance de sa surface, environné d'un anneau, dont l'épaisseur n'est pas sensible, et qui est incliné d'environ 3o^d sur le plan de l'orbite de Saturne ; que cet anneau devient invisible lorsque le Soleil ou la Terre est dans son plan, ce qui a lieu lorsque Saturne est vers les deux tiers de la Vierge ou des Poissons ; que cet anneau, au contraire, paroit le plus évasé, lorsque Saturne est à 9o^d de ces mêmes points. Huygens fit part au public de ses découvertes dans son *Systema Saturnicum*, imprimé à la Haye en 1659. Quant aux autres satellites de Saturne, Huygens ne les chercha même pas, persuadé qu'ils ne pouvoient exister. Il ne croyoit pas, dit M. Caritat de Condorcet, dans son éloge, que le nombre des satellites pût excéder celui des planètes principales : or on ne connoissoit alors que six planètes principales ; il ne pouvoit donc exister que six planètes secondaires, la Lune, les quatre satellites de Jupiter, et un seul et unique satellite de Saturne.

— Ignatius Dantes, de l'ordre de S. Dominique, avoit élevé, en 1576, dans l'église de S. Pétrone, à Bologne, un gnomon à l'aide duquel on pouvoit facilement observer sur une ligne méridienne l'anticipation des véritables équinoxes sur ceux du calendrier Julien, à la réformation duquel le pape Grégoire XIII faisoit travailler. Ce gnomon pouvoit avoir d'autres utilités. Il fut détruit ou dérangé en 1653, lorsque les magistrats de Bologne firent réparer et amplifier l'église S. Pétrone. Jean-Dominique Cassini avoit été nommé en 1650, à l'âge de 25 ans, professeur de mathématiques dans le principal collège de Bologne : il demanda et obtint la permission de rétablir le gnomon. Il lui donna 84 pieds de hauteur, et commença en 1655 à y observer les hauteurs méridiennes du Soleil. Il entreprit de déterminer l'équinoxe d'automne de cette même année. Le 22 septembre, la distance du bord inférieur du Soleil au zénith fut trouvée de 44^d27′36″, et celle du bord supérieur de 43^d56′o″. Le 23, les mêmes distances furent de 44^d51′5″, et 44^d19′29″. Cassini supposant la latitude du lieu de 44^d3o′2o″, et la parallaxe du Soleil nulle, ou du moins insensible à la hauteur de l'équateur, 45^d29′4o″, détermina l'équinoxe au 22 septembre à 18^h55′25″. Voyez *Specimen observationum Bononiensium etc. Bononiæ*, 1656, *in-fol.*

Riccioli, partant des mêmes données, et négligeant la réfraction, trouve que l'équinoxe a dû arriver à 18^h43′ ; mais ajoute-t-il modestement, il n'ose contredire la détermination de Cassini. *Astr. ref. p.* 13. De cette observation de Cassini, comparée avec une d'Hipparque, faite 1812 ans auparavant, Riccioli conclut que l'année tropique solaire est de 365 jours 5^h48′48″.

Admettant les suppositions de Cassini, et négligeant parallaxe et réfraction, nous trouvons l'équinoxe à 18^h56′28″, ce qui ne diffère que d'une minute de la détermination de Cassini. Mais si nous supposons — 1º la latitude de S. Petrone de 44^d29′36″ telle qu'elle a été déterminée depuis, 2º parallaxe 6″, 3º réfraction 56″ l'équinoxe aura eu lieu à 17^h20′24″. Suivant les Tables de Mayer, il devoit arriver à $17^h 47' 17''$ t. app. ou à $17^h 39' 38''$ t. m. Cette différence de $26' 53''$ dans l'heure de l'équinoxe, en suppose une de $26''$ dans les hauteurs méridiennes. De plus, il suivroit des observations, que le diamètre du Soleil n'auroit alors été que de $31' 36''$, et il étoit de $32' 2''$. Voilà encore une erreur de $26''$ qui ne peut être rejetée que sur les observations. C'est que, comme l'a très bien remarqué M. Le Monnier, les bords de l'image du Soleil, transmise par ces gnomons, ne peuvent être bien terminés, que lorsqu'on y adapte un bon verre objectif qui peigne à son foyer cette image, ainsi qu'il l'a pratiqué lui-même en l'église de S. Sulpice.

— L'astronomie et la physique perdirent cette année Pierre Gassendi, chanoine et prévôt de l'église de Digne, et professeur royal à Paris. Né à Champtercier, au diocèse et à une lieue de Digne, le 22 janvier 1592, de parens pauvres mais honnêtes, il fit à Digne, avec le succès le plus grand et le plus rapide, son cours d'humanités. De là il fut envoyé à Aix pour y apprendre la philosophie, son père n'y consentant que sous la condition expresse, qu'au bout de deux ans, il reviendroit dans son village, s'occuper de travaux domestiques et ruraux, bien plus essentiels, suivant lui, que tout ce qu'on pouvoit apprendre dans les universités. La Providence en disposa autrement. Le jeune Gassendi, son cours de philosophie terminé, retourna à Champtercier, mais il y resta peu : il fut bientôt rappelé à Digne, n'ayant encore que seize ans, pour y enseigner la rhétorique. Trois ans après, il fut nommé professeur de philosophie à Aix. Il avoit l'esprit trop juste pour goûter toutes les extravagances dont les disciples d'Aristote avoient surchargé la philosophie ; il démontra la vanité, le ridicule de presque toutes les idées péripatéticiennes. La philosophie d'Épicure lui parut plus conforme à la raison que celle d'Aristote ; il l'embrassa, et vengea Épicure de l'insulte qu'on lui avoit faite, en lui attribuant les égaremens de quelques pseudosophistes, qui s'étoient faussement arrogé le titre de ses disciples. Peiresc et Gautier, prieur de la Vallète, ayant vu ses premiers essais, devinrent ses protecteurs. Gassendi commença à observer le ciel en 1618, et ne discontinua pas d'en suivre les principaux phénomènes jusqu'à sa dernière maladie. Il étoit en correspondance avec tous les astronomes, et presque avec tous les savans de son temps, qui l'estimoient, et le regardoient avec raison comme le premier astronome de son siècle. Son ingénuité, sa modestie, l'amabilité de son caractère, éclatent de toutes parts dans ses ouvrages, et surtout dans son commerce épistolaire. Attaqué souvent personnellement, il ne répondit jamais, il laissa à d'autres le soin de le défendre. En 1645, le cardinal du Plessis, frère du cardinal de Richelieu, le fit nommer, malgré lui, à une place de professeur de mathématique au collège royal. L'air de Paris lui fut moins favorable que celui de Provence. D'ailleurs les instructions qu'il donnoit au collège royal fatiguèrent sa poitrine : des rhumes accompagnés de fièvre, interrompirent souvent ses observations. Une inflammation de poitrine termina sa vie à Paris, le 24 octobre 1655. Samuel de Sorbières recueillit ses ouvrages, et les fit imprimer à Lyon, en 1685, en 6 volumes in-folio. En tête du 1er volume est une vie de Gassendi, de laquelle nous avons extrait les circonstances que nous venons de rapporter. Pierre Borel, *Observ. Physico-medicarum, centur.* 3, *obs.* 11, attribue la mort de Gassendi à 14 saignées, auxquelles il fut condamné, dit-il, par les plus habiles médecins de ce temps-là.

1656.

ÉCLIPSE DE SOLEIL, LE 26 JANVIER.

Hévélius aidé par Eichstadius, à Dantzick.

$1^h51'\ 2''$. . . commencement, beaucoup plus tôt qu'on ne s'y attendoit, vers 114^d du zénith.

$3\quad 6$ . . . Vers ce temps la plus grande obscurité fut de 7 doigts.

$3\ \ 20\ 21$ . . . Dernière phase observée, 6 doigts $\frac{3}{4}$. Le Soleil se cacha ensuite derrière les toits, et ne tarda pas à se coucher.

Le diamètre du Soleil étoit à celui de la Lune comme 1000 à $884\frac{4}{69}$. *Mach. cœl. l.* 2, Voyez-y un bien plus ample détail.

— Petit, à Paris, étoit muni d'une bonne lunette, d'un sextant, d'un quart-de-cercle, d'horloges à roues dentées, et d'un bon cadran solaire de 7 pieds.

$0^h18'26''$, heure conclue de la hauteur du Soleil, $22^d17'$, commencement. Mais, comme l'observe judicieusement Petit, le Soleil étoit trop près du méridien, pour qu'on puisse se fier sur le résultat de sa hauteur observée; il faut s'en rapporter plutôt au résultat suivant.

$0^h20'\ 0''$. . . heure donnée par les horloges et le cadran, commencement à 100^d du zénith.

$3\quad 5\ 20$ . . . le Soleil haut de $9^d53'$, fin, à 10^d du zénith, à l'est.

Les horloges donnoient, à très-peu près, la même heure. (Mais je pense que sur cette même heure il s'est glissé une faute, ou de copiste, ou d'impression, et que l'heure de la fin doit être, suivant Petit, $3^h15'20''$. J'ai calculé la hauteur observée $9^d53'$; elle donne $3^h14'58''$.)

Grandeur de l'éclipse, 7 doigts 55'. *Petit, ad calcem Astron. Phys.*

— Boulliau, aussi à Paris.

$0^h14'12''$. . . le Soleil ayant $22^d20'$ de hauteur, commencement, à 105^d du zénith.

$1\ \ 15\ \ 4$ . . . hauteur du Soleil $20^d25'$, 6 doigts.

$1\ \ 48$ . . . plus grande phase, 7 doigts $\frac{5}{6}$, ou plutôt, près de 8 doigts.

$2\ \ 20\ 20$ . . . le Soleil haut de $15^d39'$, 6 doigts.

$3\ \ 13\ 36$ . . . le Soleil haut de $10^d4'$, fin, vers 7^d à l'est du zénith. *Bull. ms.*

— L'observation suivante fut faite à Blois, en présence de Gaston, duc d'Orléans, par Antoine Marchais, professeur de mathématique; je l'ai trouvée imprimée dans le ms. de Boulliau.

0ʰ 9′20″...   le Soleil haut de 23ᵈ40′, commencement, à 105ᵈ du zénith,
           à droite.
1 8 44...   le Soleil à la hauteur de 21ᵈ56′, 6 doigts.
1 40 56...   plus grande phase, 7 doigts ⅚.
2 16 0...   le Soleil haut de 17ᵈ5′, 6 doigts.
3 8 56...   hauteur du Soleil 11ᵈ30′, fin, à 5ᵈ du zénith, à gauche.

L'heure du commencement, déterminée par Boulliau et par Marchais, sur des hauteurs prises trop près du méridien, ne peut être que fort incertaine. Aussi voyons-nous que l'intervalle entre le commencement et la phase de 6 doigts de l'éclipse croissante excède de beaucoup trop l'intervalle entre la phase de 6 doigts de l'éclipse décroissante et la fin.

— A Langres, le P. de Billy et d'autres observateurs.

0ʰ30′......   commencement.

Grandeur, 8 doigts. *Billy, Opus Astron. p.* 3o3.

— A Gênes, François Vincent, prêtre Français, de la mission.
1ʰ2′33″, hauteur du Soleil, 25ᵈ10′, commencement à 110ᵈ du zénith. Le point de contact étoit, sur le limbe solaire, élevé de 12ᵈ54′33″ au-dessus de l'écliptique. Donc latitude apparente du centre de la Lune, 7′24″ B. longitude apparente 10ˢ5ᵈ57′24″; parallaxe de longitude, 23′23″; de latitude, 46′22″.
1ʰ32′32″, hauteur du Soleil, 23ᵈ20′, 3 doigts; la corne supérieure à 61ᵈ; l'inférieure à 141ᵈ du zénith; donc 80ᵈ éclipsés; donc le demi-diamètre du Soleil est à celui de la Lune, comme 16′30″ est à 15′0″.
2ʰ17′5″, le Soleil haut de 19ᵈ30′, 6 doigts et un peu plus. L'éclipse est parvenue à 6 doigts ⅓, et alors la corne supérieure étoit à 11ᵈ, l'inférieure à 127ᵈ du zénith; donc, arc intercepté, 116ᵈ; donc les demi-diamètres comme 16′32″ à 15′0″.
3ʰ16′53″, le Soleil haut de 12ᵈ36′, 3 doigts; corne supérieure à 22ᵈ, inférieure à 58ᵈ du zénith, l'une vers l'est, l'autre vers l'ouest; donc arc intercepté, 80ᵈ; donc les demi-diamètres comme 16′30″ à 15′0″.
3ʰ41′24″, hauteur du Soleil, 9ᵈ18′, fin, à 10ᵈ du zénith, vers l'ouest. Le point de contact étoit 52ᵈ12′30″ au-dessus de l'écliptique; donc latitude apparente du centre de la Lune, 26′8″ B. Longitude apparente 10ˢ6ᵈ54′43″; parallaxe de longitude, 43′26″; de latitude 35′38″.
Dans ces calculs du lieu de la Lune, au commencement et à la fin de l'éclipse, Vincent suppose qu'à 2ʰ29′35″, t. app. mérid. de Gênes, le vrai lieu du Soleil étoit 10ˢ6ᵈ31′35″. *Lettre de Vincent à Boulliau,* dans *Bull. ms.*
Les observations suivantes sont rapportées par Riccioli, *Astron. p.* 147.

— Payen, Avignon.

0ʰ37′......   commencement.
2 5......   plus grande phase, 5 doigts 5o′.
3 19......   fin.

— A Lyon, sur le rapport de Payen.

    $0^h 45'$......   commencement.
    3 35......   fin.

Grandeur, 6 doigts 3o'.

— A Rome, le P. Urbain Davis, Jésuite.

    $1^h 43'$......   commencement.
    2 42......   plus grande phase, 5 doigts.
    3 58......   fin.

— A Bologne, Riccioli et Grimaldi.

    $1^h 55' 52''$...   commencement.
    3 5o 15...   fin.

Grandeur, 5 doigts 36'.

— A Bologne, Cassini.

    $1^h 53' 8''$...   commencement.
    3 48 4o...   fin.

Grandeur, 5 doigts 2o'.

— A Ferrare, François Zéno. Riccioli ne donne que les hauteurs du Soleil ; nous avons scrupuleusement calculé les temps donnés par ces hauteurs.

    $1^h 43' 16''$...   le Soleil haut de $22^d 18'$, commencement.
    3 48 44...   hauteur du Soleil, $8^d 3'$, fin.

Grandeur, 5 doigts 18'.

Telles sont donc les observations italiennes, au moins telles qu'elles nous ont été transmises par Riccioli. Je n'ai rien à objecter contre celle de Gênes ; ce qu'en dit Riccioli est entièrement conforme à ce que nous en avons rapporté d'après la lettre de Vincent. Mais à Bologne, l'éclipse, qui étoit encore de 5 doigts $\frac{1}{2}$ a-t-elle pu ne commencer que près d'une heure et demie plus tard qu'à Paris ? a-t-elle pu durer moins de deux heures ? Voici une autre édition des observations de Bologne et de Rome, qui me paroît plus exacte que celle de Riccioli.

— Vincent, avec son observation, envoie aussi à Boulliau celle de Riccioli, ainsi qu'il suit.

    $1^h 15' 52''$...   commencement.
    3 5o 14...   fin.

Parties éclipsées du diamètre du Soleil : $\frac{28}{60}$ (donc 5 doigts 36').
Diamètre du Soleil à celui de la Lune, comme 17 à 15. La Lune étoit apogée.
Vincent dit dans sa lettre, que l'observation de Riccioli lui paroît assez conforme

à la sienne. Cela est vrai, si l'éclipse à Bologne a commencé à 1ʰ15′52″; mais très-éloigné de la vérité, si elle a commencé 40′ plus tard.

— Quant à l'observation de Cassini, je la trouve ainsi couchée dans les *mss. de de l'Isle*.

> 1ʰ13′54″...   le Soleil haut de 24ᵈ40′, commencement.
> 3 51 0 ...   hauteur du Soleil 8ᵈ20′, fin.

Grandeur, 5 doigts et demi.

L'observation de Rome est rapportée dans les mêmes *mss. de de l'Isle*, telle qu'elle est dans Riccioli, et l'on ajoute : Mais les hauteurs observées du Soleil déterminent les heures des observations comme il suit.

> 1ʰ28′56″...   le Soleil haut de 25ᵈ53′, commencement.
> 3 50 33 ...   le Soleil haut de 9ᵈ20′, fin.

Grandeur, 5 doigts.

— Mut, à Majorque.

> 1ʰ 3′......   le Soleil ayant 17ᵈ17′ d'azimut, commencement.
> 2 14......   azimut du Soleil 35ᵈ0′, plus grande phase, de 5 doigts 30′,
>   mesurée sur l'image du Soleil reçue au travers d'un
>   télescope.
> 3 16......   azimut du Soleil 48ᵈ0′, fin. *Mut, p. 28.*

ÉCLIPSE DE LUNE, LE 11 JANVIER.

On trouve dans *Bull. ms.* une observation faite à Leyde; les heures n'y sont pas calculées.

> α d'Orion, haut de 34ᵈ11′ à l'est...........   commencement.
> Procyon haut de 20ᵈ52′ à l'ouest...........   fin.

— Palmer, à Ecton.

> 6ʰ51′30″...   Palmer juge que la véritable ombre touche le limbe.
> 8 29 30 ...   environ 10 doigts. (Le milieu est passé). Des nuages
>   avoient couvert la Lune.
> 9 51 30 ...   Palmer juge la fin. Cette observation est un peu diffé-
>   remment rapportée dans *Astron. Brit. p.* 328; nous
>   croyons devoir nous en tenir à ce que Palmer en a
>   publié lui-même dans *Cathol. Planisph. p.* 212.

— Vincent à Gênes.

> 7ʰ29′39″...   commencement, le bord supérieur de la Lune ayant
>   31ᵈ20′ de hauteur apparente, son centre 31ᵈ57′ de
>   hauteur vraie.
> 10 30 37 ...   fin, Procyon étant haut de 48ᵈ0′. *Lettre à Boulliau.*

— Mut, à Majorque.

7^h $7'$......   commencement, Rigel ayant $42^d 33'$ d'azimut à l'est.
10 14......   fin, le même azimut n'étant plus que de $14^d 40'$.

Au milieu de l'éclipse, la partie éclairée du diamètre de la Lune n'étoit plus que de $4'0''$. Mut suppose le demi-diamètre de la Lune, alors presque périgée, de $16'51''$: cela posé, l'éclipse aura été de 10 doigts 35'. *Mut, p.* 27.

PLANÈTES.

Les observations suivantes de Saturne sont faites à Bologne par Riccioli.

Le 8 janvier, à $12^h\frac{1}{2}$ depuis le coucher du Soleil, distance de Saturne à Régulus, $27^d 44' 45''$; à γ du Lion, $28^d 33' 48''$. Donc le 8 janvier, à 17^h, Saturne étoit en $5^s 22^d 27'$.

Le 3 mars, vers 4^h de nuit, distance de Saturne à Régulus, $24^d 49'$; à α de l'Hydre, $36^d 26' 10''$. Donc le 3 mars, à 10^h, Saturne étoit en $5^s 19^d 47'$; latitude $2^d 8'$ B.

Le 11 mars, à 2^h de nuit, distance de Saturne à Régulus, $24^d 12'$; à α de l'Hydre, $35^d 57' 10''$. Donc à 8^h, lieu de Saturne, $5^s 19^d 10'$.

(Admettant ces deux dernières déterminations, nous trouvons que Saturne a été en opposition le 8 mars à $18^h 34'\frac{1}{2}$, en $5^s 19^d 21' 50''$).

Le 13 juillet, une demi-heure après le vrai coucher du Soleil, distance de Saturne à l'Épi de la Vierge, $30^d 48' 50''$; à δ du Lion, $17^d 4' 5''$. Donc Saturne en $5^s 18^d 38'$. *Ricc. Astr. ref. p.* 288, 289, 299.

Voyez au chapitre 8 des livres 5, 6, 7 et 8 du même ouvrage, beaucoup d'autres observations de hauteurs, d'azimuts des planètes et de leurs distances aux fixes.

— Le 19 février, à Paris, à 8^h, Mars n'avoit pas encore atteint Jupiter; Boulliau conclut, de sa situation à l'égard de Jupiter, et de celle du zodiaque, qu'il précédoit Jupiter de 5' au plus; il étoit d'ailleurs beaucoup plus boréal que Jupiter. *Bull. ms.*

ÉTOILES.

Huygens découvre le nuage qui environne θ d'Orion. *Hugen. Oper. p.* 540.

— A Bologne, Cassini, chez le comte Malvasia, et Riccioli avec Grimaldi dans l'église de Sainte-Luce, observent, avec des gnomons très-élevés, la plus grande et la plus petite hauteur méridienne de l'étoile polaire, et par conséquent la distance de cette étoile au pôle; et sans se concerter en aucune manière, ils trouvent l'un et l'autre cette distance, réduction faite au même jour, au commencement de janvier, de $2^d 32' 28''$. *Astron. ref. p.* 205, 245, 246. Mais dans tout son calcul, Riccioli ne tient compte ni des réfractions, ni de la nutation, ni de l'aberration, qui n'étoient pas même connues de son temps.

— Cassini détermina aussi cette année l'obliquité de l'écliptique de $23^d 29' 2''$. *Élém. d'Astron. p.* 112.

FAITS.

Seth Ward publie cette année à Londres, in-8°, son Astronomie géométrique. Il y propose, entre autres, une méthode de trouver l'anomalie vraie d'une planète, son anomalie moyenne étant donnée. Il place le Soleil à un foyer de l'ellipse que la planète parcourt, et il fait de l'autre foyer le centre d'un mouvement angulairement uniforme. On a facilement démontré que cette hypothèse ne donne qu'une approximation, d'autant moins exacte, que l'excentricité de l'ellipse est plus grande. Boulliau avoit un peu perfectionné la méthode de Ward, dans un ouvrage qu'il publia en 1657, sous le titre, *Astronomiæ Philolaïcæ fundamenta clarius explicata et asserta etc. Paris*, in-4°. Halley en proposa une meilleure en 1676. On n'a point encore trouvé de solution directe de ce problème; mais on en a d'indirectes, qui suffisent dans la pratique. Voyez *Institutions astronomiques* de M. Le Monnier, p. 506, 509. — *Gregori Astr. Phys. l. 3, prop. 5*. — *Astronomie* de M. de la Lande, l. VI.

— C'est en cette année que Huygens commença à appliquer le pendule aux horloges; *Hugen. Op. t. I, p. 5*. Il ne publia cependant son secret que l'année suivante; le privilège des états-généraux est daté du 16 juin 1657. Cette découverte est certainement une des plus utiles qu'on pût faire pour le progrès de l'Astronomie. Suivant les principes d'Huygens, la lentille, appliquée au pendule, devoit décrire des arcs de cycloïde; il étoit démontré qu'alors les oscillations du pendule, grandes ou petites, seroient isochrones; mais cela ne pouvoit s'exécuter que par une mécanique un peu compliquée. Des Anglois imaginèrent de substituer une roue verticale à une roue horizontale employée par Huygens, et de faire soutenir la verge du pendule par une lame élastique reçue dans une fourchette. Par ce moyen la lentille ne décrit que de très-petits arcs de cercle; et un petit arc de cercle ne diffère pas sensiblement d'un arc de cycloïde.

Hévélius, *Mach. cœl. t. I, p.* 360, dit que, persuadé qu'aucune horloge, telle qu'on les avoit construites jusqu'alors, ne pouvoit être isochrone, et considérant qu'il étoit très pénible de compter long-temps de suite les oscillations d'un pendule simple, il avoit pensé, dès le commencement de 1650, à la construction d'une machine qui pût indiquer par elle-même le nombre de ces oscillations; qu'il y avoit réussi, de manière cependant qu'il falloit de temps en temps, ranimer avec la main le mouvement du pendule. Il tâcha de remédier à cet inconvénient, et il ne désespéroit pas du succès, lorsque le très-habile horloger qui le servoit vint à mourir. Ce ne fut qu'avec une peine extrême qu'il persuada à un autre horloger de mettre la main à l'œuvre. Déjà deux horloges se construisoient, sans ressort, sans fusée, sans corde ou sans chainette roulée autour de cette fusée : un pendule, un poids, un petit nombre de roues dentées, composoient tout le mécanisme. Ces horloges étoient encore chez l'ouvrier, et n'étoient pas entièrement achevées, dit Hévélius, lorsqu'Huygens imagina très-heureusement de semblables horloges en 1657, et en publia le mécanisme en 1658.

— Jean-Baptiste Hodierna, archi-prêtre de Palme, en Sicile, fait imprimer à Palerme, in-4°, son *Menologiæ Jovis compendium, seu Ephemerides medicæorum*. Il y expose ce qui avoit été fait jusqu'alors pour établir une théorie exacte des mouvemens des satellites de Jupiter. Il remarque que dans la controverse entre Marius et Galilée, touchant l'inclinaison de l'orbite des satellites sur l'écliptique de Jupiter, ces deux savans étoient également dans l'erreur; Marius, en avançant que les satellites avoient toujours une latitude australe dans leur demi-orbite supérieure, boréale dans l'inférieure; Galilée, en rejetant toute inclinaison, et en attribuant à une espèce de parallaxe l'espace que l'on observe souvent entre deux satellites en conjonction. Hodierna regrette la perte du manuscrit de Vincent Reinerius, qui, d'après des observations soutenues durant dix ans, préparoit l'édition d'une théorie complète de ces satellites, lorsqu'une mort prématurée l'enleva aux sciences en 1647. Quant à Hodierna, il n'avoit suivi les satellites que pendant 4 à 5 ans; ce n'était point assez. Sa théorie approche plus de la vérité que celles qu'on avoit publiées jusqu'alors, mais elle n'y atteint pas. Il est le premier qui m'ait fourni des éclipses des satellites de Jupiter; Reinerius en avoit sans doute observé avant lui. A la dernière page des Éphémérides, il donne les titres de 17 ouvrages qu'il avoit composés sur la physique et l'astronomie, mais qu'il n'avoit pas encore publiés. Un de ces ouvrages est intitulé : *Rerum cœlestium peculiares observationes.* Hodierna, né à Raguse en Sicile, le 15 avril 1597, mourut à Palme le 6 avril 1660. Voyez son éloge, et la liste de ses nombreuses productions astronomiques, astrologiques, physiques, anatomiques, etc. dans *Biblioteca sicula auctore Antonino Mongitore, t. I, p.* 330.

— La tour astronomique de Copenhague fut achevée cette année. Frédéric II, roi de Danemark, avoit été le protecteur zélé de Tycho. Des envieux persuadèrent à Christian IV, successeur de Frédéric, que les pensions accordées à Tycho pouvoient être mieux employées; elles furent supprimées; Tycho fut obligé de chercher ailleurs un asile; Uranibourg fut détruit, il n'y resta bientôt plus pierre sur pierre. Christian, dans un âge plus mûr, voulut réparer le tort que ses courtisans l'avoient engagé de faire dans sa jeunesse à l'Astronomie. Il crut cependant que le siège de cette science seroit mieux placé dans la capitale de son empire que dans l'île déserte de Hwen. Il fit donc construire à Copenhague, avec une magnificence vraiment royale, une tour ronde, de 115 pieds 3 pouces du Rhin de hauteur, et de 48 pieds 4 pouces de diamètre. Le diamètre de la plate-forme, qui termine et déborde la tour, est même de 52 pieds. Sous la plate-forme et à son centre, sont des appartemens commodes pour serrer les instrumens et pour en faire usage. Le tout est porté sur des voûtes solides. La première pierre de cet édifice fut posée le 7 juillet 1632, mais il ne fut achevé qu'en 1656, sous Frédéric III. Cet observatoire fut enrichi de toute espèce d'instrumens astronomiques. On y admiroit sur-tout ce fameux globe céleste de cuivre, dont Tycho donne la description dans son *Astronomiæ instauratæ mechanica.* Son diamètre étoit précisément de 4 pieds 7 pouces 1 ligne de Paris, suivant le témoignage de l'abbé Picard. Un incendie funeste, qui consuma la plus grande partie de Copenhague, le 20 octobre 1728, n'épargna pas la tour astronomique; le globe de Tycho et tous les instrumens furent en fusion. On a depuis réparé le dommage; on a acquis de nouveaux instrumens, plus parfaits, peut-être, que ceux que la flamme avoit dévorés, mais on n'a pu recouvrer le globe de Tycho; et une perte plus réelle, et bien plus irréparable, est celle des observations manuscrites de Rœmer et de plusieurs autres astronomes, qu'on avoit trop différé de publier.

1657.

PREMIÈRE ÉCLIPSE DE LUNE, LE 25 JUIN.

Hévélius, à Dantzick, ne vit la Lune hors des nuages, qu'après son émersion.

    10^{h}5o′3o″...   six doigts.
    11 25 3o ...   fin. *Mach. cœl. l.* 2.

— Palmer, à Ecton.

    10^{h}16′......   fin. *Cathol. Planisph. p.* 213.

— A Luffenham, Wing.

    8^h 8′......   immersion.
                       émersion à près de 9^h. *Astr. Brit. p.* 329.

— A Paris, Petit. Nuages jusqu'après l'émersion.

    10^{h}17′3o″...   Arcturus haut de 5o^{d}45′ à l'ouest, 4 doigts.
    10 4o 10 ...   l'Épi de la Vierge haut de 16^{d}4o′ à l'ouest, fin.

Petit n'a pas grande confiance en ces observations, dont l'heure est déterminée par la hauteur de quelque étoile; mais il n'a pu faire mieux. *Petit ad calc. Astr. phys.* Il paroit en effet que son observation ne s'accorde point avec celle des autres observateurs de cette éclipse.

— Agarrat à Paris. Nuages.

    10^{h}25′......   α de la Vierge haut de 15^{d}15′, fin. *De l'Isle, mss.*

— A Lyon, le P. François de la Chaise.

    8^{h}37′......   immersion.
    9 11......   émersion.
    10 4o......   fin. Mais, vu la proximité de l'horizon, et la difficulté de distinguer l'ombre vraie de la pénombre, le P. de la Chaise et les observateurs suivans conviennent que leurs observations (sur-tout celles de l'immersion et de l'émersion), ne sont pas hors de tout soupçon d'incertitude. *Ricc. Astron. p.* 104. — *Geogr. l.* 8, *c.* 17.

— A Turin, Jules Turrinus.

    8^{h}41′22″...   immersion. *Ibid.*

— A Rome, Cassini.

$9^h 36' 3o''$...   émersion.
11   1   ...   fin. *Ibid.*

— A Rome, le P. Paul Casati.

9^h 2'   ...   immersion.
9 3o 12''...   émersion.
11 6   ...   fin. *Ibid.*

— A Rome, Platus.

11^h 8'......   fin. *Ibid.*

De ces trois observations faites à Rome, la première seule s'accorde assez bien avec la suivante.

— A Bologne, Riccioli et Grimaldi.

9^h 1'34''...   immersion.
9 3o 12 ...   émersion.
10 54 52 ...   fin. *Ibid.*

— A Modène, le P. Bressan.

$10^h 5o' 48''$...   fin. *Ibid.*

— Mut, à Majorque, fut traversé par les nuages.

9^h 6'......   Rigel ayant $10^d 27'$ d'azimut, onze doigts $\frac{1}{2}$, puis nuages.
                     Mut, p. 28.

Cette phase de 11 doigts $\frac{1}{2}$, dit Mut, dura presque une demi-heure, et toutes les Tables annonçoient une éclipse totale avec demeure dans l'ombre. *Ibid. p.* 29. A $9^h 6'$, à Majorque, la Lune devoit être sortie depuis peu de temps de l'ombre, et l'éclipse devoit être d'environ 11 doigts $\frac{1}{2}$. La Lune pouvoit avoir été couverte de nuages pendant sa demeure dans l'ombre, et cette demeure devoit être assez courte, l'éclipse excédant peu 12 doigts. Mut peut aussi avoir jugé que l'éclipse n'étoit pas totale, quoiqu'elle le fût réellement. Voyez ce que nous avons dit sur celle du 26 août 1616.

SECONDE ÉCLIPSE DE LUNE, LE 20 DÉCEMBRE.

Hévélius, à Dantzick.

$7^h 18'$......   commencement, conclu de phases suivantes.
8 18 ......   plus grande phase, 3 doigts $\frac{1}{2}$.
9 18 ......   fin, conclue de phases précédentes.

Les heures du commencement et de la fin, quoique non directement observées, sont assez précises. Voyez *Mach. cœl.*...

— Palmer, à Ecton. Un brouillard épais ne permettoit de voir que Jupiter et la Lune. *Cathol. Planisph. p.* 213.

Fin, la Lune ayant 34^d de hauteur apparente.
Grandeur, 4 doigts au plus.

— Turrinus, à Turin.

6^{h}32'...   commencement. *Ricc. Geogr. ref. l.* 8, *c.* 17.

— A Boulogne, Riccioli et Grimaldi.

6^{h}48'...   commencement.
8 40...   fin.

Grandeur, 3 doigts à l'œil nu, 3 $\frac{1}{2}$ au télescope. *Ricc. Astr. p.* 104.

Autres observations de la Lune

Le 18 mars, à Bologne, la Lune traverse un azimut, à 55^{d}11'30" de distance du zénit. 25' après, Aldébaran est à 41^{d}3'30" du zénith vers l'ouest, et, parvenu à l'azimut où la Lune avoit été observée, il étoit à 58^{d}17' du zénith. Riccioli conclut qu'à 6^{h}16'40", t. m. le vrai lieu de la Lune étoit 1^{s}9^{d}8'. *Astr. ref. p.* 163, 169.

Le 12 novembre, à Bologne, la Lune médie 6'50" avant ε de Pégase, avec 33^{d}49'20" de hauteur méridienne. *Ibid. p.* 163.

PLANÈTES.

Le 18 janvier, à 18^h, Saturne avoit dépassé d'environ 27' la longitude de γ de la Vierge. L'étoile étoit en 6^{s}5^{d}22'18"; donc Saturne en 6^{s}5^{d}49' ou 50'. Observation de Wing, sans doute à Luffenham. *Astron. Brit. p.* 285. Suivant Bradley, l'étoile étoit en 6^{s}5^{d}23'7".

Le 22 mars, à Bologne, distance de Saturne à Régulus, 37^{d}4'45"; à Arcturus, 32^{d}43'. Riccioli a souvent observé la distance de ces deux étoiles et l'a trouvée de 59^{d}49'. La latitude boréale de Régulus est de 26'20" B. (27'27", Bradley); celle d'Arcturus est 31^{d}0'40" B. (30^{d}54'10" Br.) La longitude d'Arcturus est 6^{s}19^{d}27'30", (6^{s}19^{d}26'59") et la distance moyenne des deux étoiles est de 59^{d}46'30", Bradley. De toutes ces suppositions, Riccioli conclut que Saturne étoit en 6^{s}2^{d}4'45", avec une latitude boréale de 2^{d}41' B. *Astron. ref. p.* 293. Cette longitude, 6^{s}2^{d}4'45", est deux fois uniformément répétée dans cette même page, et elle est en effet le vrai résultat des calculs de Riccioli. Cependant, six pages après, ou *pag.* 299, Riccioli écrit et suppose réellement que le 22 mars, à 11^{h}30', Saturne étoit en 6^{s}2^{d}15'.

Que Riccioli et Bradley diffèrent sur la latitude d'Arcturus, cela doit être, puisque cette latitude n'est pas constante. Mais il semble que la différence ne devroit pas aller à 6′30″, la latitude d'Arcturus ne diminuant que de 4′10″ par siècle. *Institut. Astr. p.* 398.

J. Cassini, *Élém. p.* 356, marque l'opposition de Saturne le 21 mars, à 23^h en 6^{s}2^{d}18′, d'après l'observation de Mut à Majorque. Je n'ai pas vu cette observation ; mais cette détermination de Cassini s'accorde avec celle de la page 299 de Riccioli.

Le 22 octobre matin, à Bologne, hauteur de Saturne, 9^{d}50′. 10′50″ après, hauteur d'α de l'Hydre, 34^{d}13′. Le soir, β de Pégase, parvenu à l'azimut où Saturne étoit le matin, avoit 50^{d}58′ de hauteur. Riccioli conclut que le 21 octobre à 18^{h}1′30″, t. m. Saturne étoit en 6^{s}10^{d}2′26″ ; lat. 1^{d}51′32″B. Riccioli, cependant, considérant que pendant le long espace de temps, écoulé entre les passages de Saturne et de β de Pégase par le même vertical, le fil triangulaire, déterminatif de ce vertical, auroit pu subir quelque altération, ne donne pas ce résultat pour exempt de toute incertitude. *Astron. p.* 291, 292.

Le 14 décembre, à Bologne, Saturne médie, à 48^{d}57′8″ de distance du zénith, 50″ avant α de la Vierge. Il étoit donc en 6^{s}17^{d}0′8″ ; latitude 2^{d}25′42″B. *Ibid. p.* 290.

— Le 10 février, à Bologne, Jupiter médie, à 25^{d}32′50″ de distance du zénith, 35′10″ avant Aldébaran. *Ricc. Astr. p.* 312.

Le 26 décembre, Jupiter médie à Bologne 6′40″ avant Sirius ; sa hauteur méridienne est de 68^{d}48′27″ ; et le 27, il médie précisément 7′ avant Sirius, à la hauteur de 68^{d}49′17″. Donc, dit Riccioli, la déclinaison de Jupiter étoit, le 26, de 23^{d}18′37″, et le 27, de 23^{d}19′27″. *Ibid.*

Les mêmes jours, Hévélius prit des distances de Jupiter à plusieurs étoiles, avertissant cependant que les distances prises le 26 sont moins certaines, le ciel étant nébuleux.

Des observations d'Hévélius, J. Cassini conclut l'opposition de Jupiter, le 26, à 13^{h}40′, en 3^{s}5^{d}54′37″ ; lat. 0^{d}9′30″A.

C'est peut-être d'après les mêmes observations qu'Halley détermine l'opposition le 26, à 11^{h}2′, t. m. mérid. de Londres, en 3^{s}5^{d}47′3″. Il est suivi par l'auteur des tables de Berlin, *tom. II, p.* 261.

J'ai calculé cette opposition d'après les observations de Riccioli.

	26 décembre.	27 décembre.
	^{d} ′ ″	^{d} ′ ″
Hauteur méridienne de Jupiter	68 48 27	68 49 17
J'ôte pour la réfraction	22	22
Hauteur vraie	68 48 5	68 48 55
Hauteur de l'équateur	45 30 34	45 30 34
Déclinaison de Jupiter	23 17 31	23 18 21
Obliquité supposée de l'écliptique	23 29 1	
Longitude de Sirius	99 20 59	
Sa latitude	39 32 55 A.	
Donc son ascension droite	97 30 5	97 30 5
Distance de Jupiter en ascension droite	1 40 15	1 45 17
Ascension droite de Jupiter	95 49 50	95 44 48
Longitude de Jupiter	95 21 14	95 16 35
Sa latitude	0 5 0 A.	0 4 21 A.

Le lieu de Sirius est conclu du catalogue de Bradley ; ceux de Mayer et de l'abbé de la Caille n'en diffèrent que d'un très petit nombre de secondes.

J'ai supposé la latitude de la maison de Sainte-Luce, où Riccioli observoit, de $44^d29'26''$, vu qu'il est certain, d'après les mesures de Riccioli, qu'elle est de $10''$ plus méridionale que Saint-Pétrone.

Ce qui regarde le Soleil est calculé sur les tables de Mayer, temps apparent, méridien de Bologne.

	26 décembre.	27 décembre.
	$^h \quad ' \quad ''$	$^h \quad ' \quad ''$
Distance du Soleil à l'équinoxe, à 0^h....	5 36 59	5 32 32 ½
Ascension droite de Sirius.............	6 30 0	6 30 0
Sirius au méridien, à.................	12 4 45	12 0 20
Jupiter médie avant Sirius............	6 40	7 0
Jupiter au méridien.................	11 58 5	11 53 20
Lieu du Soleil......................	9^s 5^d 47 23	9^s 6 48 22
Lieu de Jupiter....................	3 5 21 14	3 5 16 35
Distance de Jupiter à l'opposition.....	26 9	1 31 47

Nous concluons que Jupiter a été en opposition au Soleil le 26 décembre à $2^h24'6''$, en $3^s5^d23'5''$; latitude $0^d5'15''$ A.

Cette détermination diffère un peu trop de celles de Cassini et de Halley.

L'erreur seroit-elle dans mes calculs? cela n'est pas impossible; je les crois cependant exacts. Est-elle dans les observations de Riccioli? cela pourroit être; il n'est cependant guère probable que cet astronome se soit trompé d'environ deux minutes sur le temps écoulé entre les passages au méridien de Jupiter et de Sirius. Il est pourtant vrai qu'il faut reconnoître une erreur dans l'observation de Riccioli : suivant elle, Jupiter, entre ses deux passages, n'a rétrogradé que de $4'39''$, et il devoit rétrograder de près de $8'$. Mais pour corriger cette erreur, il suffit d'anticiper de 10 à 12'' seulement le premier passage de Jupiter. Les fautes d'impression sont en si grand nombre dans les œuvres de Riccioli, qu'il est permis de supposer que le 26 on aura écrit que Jupiter a médié $6'40''$ avant Sirius, au lieu de $6'30''$. Alors, sans répéter fastidieusement la suite de nos calculs, nous dirons que le dernier résultat seroit que l'opposition a eu lieu le 26 à $3^h37'56''$, en $3^s5^d26'8''$. Cela s'éloigne un peu moins des résultats de Halley, Cassini, etc. On s'en approcheroit davantage en retardant encore un peu le premier passage de Jupiter; mais on s'en éloigneroit en accélérant le second.

— Le 7 octobre à $11^h11'$, t. m. mérid. de Londres, opposition de Mars, en $0^s15^d3'36''$. *Hall. Tab.*

Le 12 novembre, Mars médie à $41^d36'13''$ du zénith, $9'30''$ après β de la Baleine.

Le 14, il médie à $41^d26'10''$ du zénith, $9'40''$ après la même étoile.

Le 15, il médie à $41^d21'20''$ du zénith, pareillement $9'40''$ après l'étoile. (Il semble qu'il auroit dû médier quelques secondes plus tard.)

Le 17, il médie à $41^d10'20''$ du zénith, $10'16''$ après l'étoile.

Le 4 décembre, il médie à $39^d5'24''$ du zénith, $22'45''$ après l'étoile.

Ces observations sont faites à Bologne, par Riccioli. *Astron. ref. p.* 325.

— Le 4 décembre, à Bologne, Grimaldi, à près de 20 heures, observa que Mercure, ayant bien exactement $55^d27'52''$ d'azimut, compté depuis le méridien, étoit à $81^d16'$ de distance du zénith; d'où il conclut qu'il étoit en $7^s24^d19'35''$; lat. $1^d48'55''$ B., élongation, $18^d50'$. $8'30''$ avant l'observation, la distance orientale de l'Épi de la Vierge au zénith avoit été trouvée de $58^d20'$. *Ibid. p.* 351.

ÉTOILES.

L'étoile P de la poitrine du Cygne est, cette année et les deux suivantes, de la 3e grandeur. *Hevel. Mercur. in Sole etc. p.* 170. Boulliau l'observa aussi de cette même grandeur, pendant les quatre derniers mois de l'an 1658, et janvier, février, mai, juin et juillet 1659; mais en septembre et octobre, elle paroissoit décroitre. En juin et juillet 1660, elle étoit à peine de la 4e grandeur, et vers la fin de la même année, à peine de la 6e, de manière qu'en 1661 et 1662, elle étoit presque évanouie. *Bull. ms.*

1658.

Observations de la Lune.

Le 7 octobre, à Dantzick, Hévélius. Les temps sont ceux de l'horloge.
A 8ʰ59′48″, hauteur de la Chèvre, 28ᵈ34′.
A 9ʰ11′, x du Verseau est aussi distant du bord oriental de la Lune, que *Insula Rhodos* (*Profatius*) l'est de *Mons Moschus superior* (apparemment *Theophilus.*)
A 9ʰ16′, hauteur de la Chèvre, 30ᵈ24′.
A 9ʰ20′40″, la distance de x au limbe est égale à celle de *Mons Ætna* (*Copernicus*) à *Insula Besbica* (*Manilius*).
A 9ʰ38′10″, la distance est à peine égale à la largeur du *Palus Mœotis*, (*Mare Crisium*).
Immersion, au plus tard à 9ʰ50′; les nuages ont empéché d'observer le moment précis.
A 9ʰ44′50″, hauteur de la Chèvre, 33ᵈ53′. *Mach. cœl. l.* 2.

— Le 14 octobre, à Dantzick, occultation de deux étoiles dans le cou du Taureau. Les nuages ne permirent pas à Hévélius d'observer l'immersion de la première (qui étoit 2 ω du Taureau).
A 11ʰ21′15″, temps corrigé, la seconde étoile disparoit. Elle n'est pas dans les catalogues; elle étoit un peu plus orientale et plus boréale que la première. *Ibid.*

PLANÈTES.

Le 3 avril, à 17ʰ20′, t. m. mérid. de Londres, opposition de Saturne, en 6ˢ14ᵈ35′51″. *Hall. Tab.*
Le 9 mai, à Dantzick, Saturne médie à 9ʰ44′45″; hauteur méridienne 33ᵈ22′25″.
Le 10, à 9ʰ38′, haut. mérid. de Saturne, 33ᵈ22′35″. *Mach. cœl. l.* 2 *et* 3.

— Le 5 mai, à 9ʰ, Mars est moins boréal et un peu plus occidental que ε des Gémeaux; la différence de longitude paroit ètre à celle de latitude comme 1 à 8. *Astron. Carol. p.* 115.

— Le 17 décembre, à Paris, à 5ʰ30′, la distance de Vénus à ι du Capricorne étoit de 33′, la latitude de Vénus, plus australe que celle de l'étoile, Vénus moins

haute de 31′, et son azimut plus occidental de 8′. L'étoile étoit en 10ˢ12ᵈ56; latitude, 1ᵈ16′30″A. Eichstadius met Vénus en 10ˢ12ᵈ25′; lat. 1ᵈ28′A., ce qui s'accorde très-bien avec l'observation. *Bull. ms.* L'étoile étoit alors, suivant Bradley,
en 10ˢ12ᵈ55′2″; latitude 1ᵈ20′53″ A., suivant le même Bradley; de 1ᵈ20′45″ dans
le catalogue de Mayer, de 1ᵈ20′13″ dans celui de Flamsteed; de 1ᵈ14′50″, selon
Hévélius.

— Le 10 novembre, Hévélius fit des observations de Mercure, dont M. de la
Lande rapporte les calculs et les conséquences. *Mém. de* 1786, *p.* 279.

1659.

ÉCLIPSE DE SOLEIL, LE 14 NOVEMBRE.

Hévélius, à Dantzick, fut contrarié par les nuages. Il pense que l'éclipse a dù
commencer vers 46ᵈ du nadir à l'ouest.

    3ʰ26′13″...   un doigt ¼.
    2 45 34 ...   4 doigts ¼ etc. *Mach. cœl. l.* 2. — *Merc. in Sole, p.* 8, 9.

— A Leyde.

    2ʰ22′30″...   le Soleil haut de 12ᵈ58′, 1 doigt ½.
    2 35 32 ...   »   11 48, environ 4 doigts.
    3 18 40 ...   »   7 22, environ 8 doigts, plus grande
                  phase. *Bull. ms.*

— A Highgate, près de Londres, Laurent Book.

    4ʰ0′ ......   fin. Grandeur, 8 doigts. *Astron. Carol. p.* 88.

— A Luffenham, Wing.

    4ʰ7′ ......   fin. Grandeur, 8 doigts. *Astr. Brit. p.* 365.

— A Paris, Boulliau. Voici ses principales observations.

    1ʰ58′ .....   le Soleil haut de 17ᵈ54′, commencement vers 124ᵈ du zé-
                  nith*.
    2 14 .....   hauteur du Soleil 16ᵈ30′, 2 doigts ½.
                  La plus grande phase n'a pas beaucoup excédé 8 doigts.
    4 0 .....   le Soleil haut de 4 doigts 30′, 2 doigts ½*.
    4 16 .....   le Soleil haut de 2ᵈ17′, fin, vers 77ᵈ du zénith*. L'astérisque
                  signifie, comme de coutume, que l'observation est don-
                  née comme parfaite. *Bull. ms.*

A Paris, Petit avoit de bons intrumens, d'excellentes pendules, réglées sur une méridienne verticale, construite avec le plus grand soin par lui-même.

On manqua le commencement. Petit conjecture qu'il peut être arrivé vers $2^h 2'$.

$2^h 13' 40''$...	II doigts.
2 26 30 ...	IV doigts.
3 1 50 ...	VIII doigts.
3 56 0 ...	IV doigts.
4 20 ...	à l'œil nu, l'éclipse paroissoit finie.

Petit suppose que la fin n'a eu lieu qu'à $4^h 20' 40''$. Le diamètre du Soleil étoit à celui de la Lune comme 992 à 1000. La grandeur de l'éclipse a été de 8 doigts $\frac{1}{2}$. *Pet. ad calc. Astr. Phys.*

— Les jésuites, au collège de Clermont.

$1^h 55'$......	commencement.
2 20	III doigts.
3 2	VIII doigts.
3 54	III doigts.
4 18	fin. Diamètres presque égaux. *De l'Isle mss.*

— A Dijon, les Jésuites.

$2^h 20'$......	commencement. *Billy, Opus Astron. p.* 303.

— A Bordeaux.

$1^h 40'$......	commencement.
2 35	(faute d'impression, peut-être pour $2^h 55'$) plus grande phase, 9 doigts $\frac{1}{2}$.
4 20	fin. *Ricc. Astron. p.* 147. — *Mut, p.* 30.

— A Bologne, Riccioli vit le commencement lorsque le cadran solaire marquoit $21^h 45'$ (c'est-à-dire $2^h 15'$ avant le coucher du Soleil). *Ibid.*

— Mut, à Majorque.

$2^h 15'$......	le Soleil haut de $24^d 7'$, commencement, à 94^d du zénith.
2 55	» 19 31 , 6 doigts.
3 23	» 15 7 , plus grande phase de 10 doigts précis.
3 59	le Soleil haut de $11^d 29'$, 6 doigts.

Fin sous les nuages. *Mut, p.* 29, 30.

PREMIÈRE ÉCLIPSE DE LUNE, LE 6 MAI.

Palmer, à Ecton.

$9^h 21'$......	fin. *Astr. Brit. p.* 329.

— Boulliau, à Paris, nuages.

$9^h 29'$......	le bord inférieur de la Lune haut de $14^d 30'$, fin. *Bull. ms.*

— A Bologne, le P. Grimaldi ; nuages.

$10^h 14' 49''$...   fin, avec un doute cependant, mais qui ne peut excéder trois minutes. *Ricc. Astr. ref. p.* 104.

— Mut, à Majorque.

$7^h 56'$......   l'épi de la Vierge haut de $31^d 48'$, plus grande phase, la partie éclairée de la Lune n'étant plus que de $9' 10''$ environ.

$9\ 33$......   Régulus haut de $46^d 42'$ vers l'ouest, fin. *Mut, p.* 29.

SECONDE ÉCLIPSE DE LUNE, LE 29 OCTOBRE.

Hévélius, à Dantzick.

$15^h\ 3' 15''$...   commencement à environ 81^d du nadir.

$16\ 21\quad$...   plus grande phase, 5 doigts $\frac{3}{4}$.

Fin, sous les nuages, mais on peut la conclure, ainsi que le milieu, des deux phases suivantes.

$15^h 10' 10''$...   I doigt, l'éclipse croissante.

$17\ 32\ 20$...   I doigt, l'éclipse décroissante.

Donc, conclut Hévélius, fin à $17^h 39'$, à 5^d du nadir, vers l'est. Voyez *Mach. cœl. l.* 2. — *Merc. in Sole, p.* 5, 6.

— Palmer, à Ecton.

$13^h 33' 30''$...   commencement. *Astr. Brit. p.* 329.

— A Londres.

$15^h\ 5'$......   milieu de l'éclipse, conclu de l'observation, peu exacte peut-être, dit Streete, du commencement et de la fin. *Astr. Carol. p.* 84.

— A Paris, Boulliau, au commencement ne voyoit aucune étoile.

$13^h 57' 40''$...   le bord inférieur haut de $46^d 24'$, commencement.

$14\ 43\quad$...   le même bord haut de $41^d 28'$, 5 doigts.

$15\ 17\ 26$...   plus grande phase, 7 doigts au plus, conclue des autres phases.

$15\ 45\quad$...   Procyon haut de $44^d 0'$, 5 doigts.

$16\ 37\quad$...   Régulus haut de $39^d 7'$, fin. *Bull. ms.*

— Agarrat, à Paris. Son observation se trouve détaillée dans *mss. de de l'Isle* ; mais, par inadvertance, on la rapporte au 29 septembre, et en conséquence les heures, conclues des hauteurs d'étoiles, sont fausses.

Commencement, Procyon haut de $33^d 20'$.
Le bord supérieur de la Lune haut de $42^d 10'$, 5 doigts.
Plus grande phase, 7 doigts.
Procyon haut de $44^d 10'$, 5 doigts.
Fin, Aldébaran haut de $44^d 3'$ à l'ouest, et Régulus, de $39^d 20'$ à l'est.

De cette dernière hauteur, Boulliau conclut la fin à $16^h 38'$.

— A Blois, on ne put voir aucune étoile. Les heures suivantes sont celles d'une horloge à secondes.

$13^h 58' 43''$...   commencement. Le bord supérieur de la Lune avoit $48^d 15'$
 de hauteur, d'où Boulliau conclut qu'il étoit $13^h 51' 24''$.
$14 \ 32 \ 3$ ...   le même bord haut de $44^d 25' 6''$.

On jugea la grandeur de l'éclipse de 7 doigts $45'$, et le rapport du diamètre de l'ombre à celui de la Lune, comme de 23 à 10. *Bull. ms.*

— Aux Bermudes, D. Norwood.

$9^d 34'$......   commencement.
$12 \ 13$......   fin. *Astr. Carol. p.* 84.

PLANÈTES.

Opposition de Saturne, le 16 avril, à $10^h 11'$, méridien de Paris, en $6^s 26^d 47' 52''$, latitude $2^d 46' 53'' $ B. — J. Cassini, d'après les observations d'Hévélius, faites le même jour et presque à la même heure. *Élém. d'Astr. p.* 357.
Halley marque cette opposition à $10^h 23'$, t. m. mérid. de Londres, en $6^s 26^d 47' 37''$. *Hall. Tab.*

— Opposition de Jupiter, le 27 janvier, à $11^h 18'$, mérid. de Paris, en $4^s 8^d 8' 56''$; lat. $0^d 48' 43'' $ B. — J. Cassini, d'après les observations d'Hévélius, du 29. *Élém. d'Astr. p.* 417.
Opposition en $4^s 8^d 8' 32''$, à $11^h 38'$ t. m. mérid. de Londres. *Hall. Tab.*
Le 11 mars, à $8^h 56'$, à Luffenham, Wing observa que Jupiter précédoit δ de l'Écrevisse de $14'$ en ascension droite, et étoit à peine d'un degré plus boréal. L'étoile étoit en $4^s 3^d 56' 37''$; lat. $0^d 4'$ B. Donc son ascension droite étoit de $126^d 17'$, et celle de Jupiter de $126^d 3'$. *Astr. Brit. p.* 290. (L'étoile étoit en $4^s 3^d 57' 24''$; lat. $0^d 4' 13'' $ B. — Bradley.)

— Le 11 octobre à $11^h 30'$, à Paris, Mars étoit de $10'$ à l'occident d'une ligne tirée par les deux cornes du Taureau, dont l'une (ζ) étoit en $2^s 20^d 1' 56''$; lat. $2^d 14'$ A. ($2^s 20^d 2' 2''$; lat. $2^d 13' 29''$) l'autre (β) en $2^s 17^d 49' 26''$; lat. $5^d 20'$ B. ($2^s 17^d 49' 23''$; lat. $5^d 21' 59''$ Bradl.). Mars étant alors presque dans l'écliptique, sa longitude étoit de $2^s 19^d 12' 48''$.
Le 22, à la même heure, Mars étoit presque dans ladite ligne; le 25, il l'avoit passée; le 27, il y étoit presque revenu.
Le 28, à 11^h, il étoit bien précédemment dans cette ligne; donc, supposant

d'après les Tables philolaïques, que la latitude de Mars étoit de $0^d 19'$, sa longitude étoit de $2^s 19^d 17'$.

Le 22 novembre, à $7^h 20'$, Mars étoit en droite ligne entre β et α du Taureau. β étoit en $2^s 17^d 49' 30''$ ($2^s 17^d 49' 28''$); lat. $5^d 20'$ B. ($5^d 21' 59''$). et α en $2^s 5^d 2' 30''$ ($2^s 5^d 2' 1''$); lat. $5^d 31'$ A. ($5^d 29' 2''$ Bradl.). Donc, prenant des Tables philolaïques la latitude de Mars, $1^d 35' 30''$ B., on aura sa longitude en $2^s 13^d 23' 16''$. (La latitude de Mars n'étoit, suivant Eichstadius, que de $1^d 19'$.)

Le 4 décembre, à 11^h, Mars est presque en droite ligne entre Aldébaran et ι du Cocher. Aldébaran étoit $2''$ plus avancé que le 22 novembre; et ι du Cocher étoit en $2^s 11^d 54' 30''$; lat. $10^d 22'$ B. (ou en $2^s 11^d 54' 19''$; lat. $10^d 24' 53''$, suivant Flamsteed.)

Le 5, à 8^h, Mars étoit précisément en droite ligne avec Aldébaran, ι du Cocher et la Chèvre, qui étoit alors en $2^s 17^d 6' 1''$, latitude $22^d 50' 30''$ B. ($2^s 17^d 6' 22''$; latitude $22^d 51' 46''$, Bradley.) Donc, empruntant des Tables philolaïques la latitude de Mars, $2^d 5'$ B., on auroit pour lieu de Mars, $2^s 8^d 29' 50''$. Les Tables philolaïques ne le mettent qu'en $2^s 8^d 19' 25''$. Mais, dit Boulliau, duquel sont toutes ces observations, un fil étendu vers une si grande partie du ciel, peut facilement dévier de $10'$. *Bull. ms.*

— Le 1 décembre, opposition de Mars en $2^s 9^d 51' 2''$, à $11^h 33'$, t. moyen, mérid. de Londres. *Hall. Tab.*

ÉTOILES.

Le 14 décembre, Hévélius et Kretzmer jugent la variable de la Baleine au môins de la 3ᵉ grandeur. *Mach. cœl. l. 2.* Elle étoit plus grande que δ, moindre que γ; elle décrut ensuite jusqu'à son coucher héliaqne. *Mercur. in Sole*, p. 150, 152.

— P du Cygne est encore cette année de 3ᵉ grandeur. Le 31 octobre 1660, et en juillet 1661, Hévélius la juge à peine de la 5ᵉ grandeur, et le reste de l'année à peine de la 6ᵉ. *Ibid.*, p. 170. Voyez, à l'année 1657, ce que Boulliau dit de cette étoile. On peut accorder Hévélius et Boulliau, en disant que l'étoile, avant que de disparoître entièrement, varioit en grandeur, comme on l'a quelquefois remarqué par rapport à la variable de la Baleine.

FAIT.

Huygens publie cette année son *Systema Saturnium*. Voyez 1655.

1660.

Observations de la Lune.

D'observations faites le 25 avril, Hévélius conclut les positions apparentes suivantes de la Lune.

Temps apparent à Dantzick.	Lieu de la Lune.	Latitude boréale.
$11^h 16' 45''$	$7^s 13^d 18' 13''$	$0^d 34' 41''$
$11\ 19\ 45$	$7\ 13\ 18\ 42$	$0\ 35\ 50$
$11\ 23$	$7\ 13\ 19\ 46$	$0\ 34\ 40$

Merc. in Sole, p. 26.

— Le 26 avril, occultation de β du Scorpion, observée à Dantzick, par Hévélius.

A l'immersion, nuages; mais des distances de l'étoile au disque, prises après l'émersion, Hévélius conjecture que l'immersion a dù arriver à 13ʰ25′.

Émersion, bien précisément observée, à 14ʰ39′, vers *Mons Nerosus inferior* (Petavius). *Mach. cœl. l.* 2. Dans *Mercur. in Sole, p.* 15, l'émersion est marquée mal-à-propos à 14ʰ29′, ainsi que l'immersion à 13ʰ15′.

— Le 17 juin, occultation de l'Épi de la Vierge.

— A Dantzick, immersion à 10ʰ56′0″. A 11ʰ41′30″, l'étoile n'étoit pas encore sortie. Des nuages survinrent. *Mach. cœl. l.* 2. — *Mercur. p.* 16.

— A Paris, Boulliau observa l'émersion, η d'Ophiuchus étant au méridien, donc, dit-il, à 11ʰ1′56″. *Bull. ms.* Boulliau, dans son calcul, suppose l'étoile en 8ˢ13ᵈ14′; lat. 7ᵈ18′B. Elle étoit, suivant Mayer, en 8ˢ13ᵈ13′35″; lat. 7ᵈ13′29″B.

— Agarrat, aussi à Paris, n'avoit, pour prendre les hauteurs, qu'un petit astrolabe.

> Immersion, α du Cygne haut de 41ᵈ30′, ou à 9ʰ51′.
>
> Émersion, Arcturus haut de 47ᵈ à l'ouest, ou à 10ʰ58′. Les heures sont calculées par Boulliau. *Bull. ms.*

— Le 16 juillet, à 10ʰ0′, à Majorque, α de la Balance étoit de 9′ plus boréal què le bord de la Lune; le centre de la Lune et l'étoile étoient dans le même azimut. *Mut, p.* 59.

PLANÈTES.

Le 25 avril, Hévélius prit des distances des 5 planètes principales à étoiles fixes, et il en conclut leur lieu apparent ainsi qu'il suit :

Planètes.	Temps apparent.	Longitude.	Latitude.
	ʰ ′	ˢ ᵈ ′ ″	ᵈ ′ ″
Saturne.....	10 41	8 8 53 43	2 42 21 B.
Jupiter......	10 12	5 3 57 26	1 26 28 B.
Mars	9 50	3 13 54 21	1 37 28 B.
Vénus	9 31	2 11 44 13	1 30 51 B.
Mercure.....	8 30	1 26 27 49	2 27 33 B.
Mercure.....	8 44	1 26 26 33	2 32 52 B.

Mercurius in Sole, p. 25, 26.

— Le 27 avril, opposition de Saturne, à 21ʰ50′, t. m. mérid. de Londres, en 7ˢ8ᵈ40′56″, suivant Halley, *Tabul.* Mais à 22ʰ48′, mérid. de Paris, en 7ˢ8ᵈ41′32″; latitude, 2ᵈ42′42″B. suivant Cassini. *Élém. d'Astron. p.* 357.

— Le 10 janvier, à 11ʰ30′, à Paris, Jupiter étoit à environ 33′ de σ du Lion, 3′ à 4′ plus haut que l'étoile; donc la différence en longitude étoit d'environ 22′. *Bull. ms.*

Le 27 février, opposition de Jupiter, suivant Halley, à 6ʰ48′ t. m. mérid. de Londres, en 5ˢ8ᵈ58′2″. *Hall. Tab.*

Le 15 mars, Jupiter médie, à Dantzick, à 10ʰ52′40″, et à 46ᵈ1′5″ de hauteur. *Mach. cœl. libro* 3, *p.* 117.

Le 13 novembre, à 19ʰ30′, à Luffenham, Jupiter, à l'œil nu, paroissoit éclipsé par Vénus; au télescope, sa distance au centre de Vénus étoit d'environ 4′; Jupiter étoit plus boréal et plus oriental; le bord boréal de Vénus atteignit le bord austral de Jupiter. *Astr. Brit. p.* 306. Le P. de Billy, à Dijon, crut Jupiter éclipsé depuis 17ʰ$\frac{3}{4}$, jusqu'à ce que l'aurore fît disparoître les deux planètes. *Op. Astron. p.* 443. Ce père n'emprunta sans doute le secours d'aucune lunette.

— Le 23 juin, à Paris, à 9ʰ30′, Mars et Vénus étoient distants de 26′; Vénus n'avoit pas encore atteint la longitude de Mars; son azimut étoit de 19′ plus occidental, et sa hauteur excédoit de 16′ ou un peu plus, celle de Mars.

Le 24, à la même heure, la distance étoit d'environ 24′; Vénus étoit de 24′ plus haute que Mars; son azimut plus occidental de 2′ au plus. *Bull. ms.*

— Le 15 mai, à 8ʰ, à Majorque, Vénus étoit plus boréale et plus occidentale que ε des Gémeaux; la distance étoit de 15′; Vénus étoit plus haute de 3 minutes verticales, *et ejus transitus déclinabat à stella scrupulis* 6. Quel que soit le sens de ce latin, que je n'entends pas, Mut conclut que Vénus étoit en 3ˢ5ᵈ2′; lat. 2ᵈ17′B. *Mut, p.* 59.

Le 28, à 9ʰ, à Majorque, Vénus atteignoit l'étoile la plus claire de la Crèche de l'Écrevisse. *Ibid.*

ÉTOILES.

Le 5 août, la variable, ou o de la Baleine, paroissoit, au télescope, d'une lumière extrêmement mate. *Mach. cœl. l.* 2, *p.* 241. On la chercha inutilement à la vue simple jusqu'au 10 septembre; sauf que le 1 et le 2 septembre, on vit une très-petite étoile, de 6ᵉ ou 7ᵉ grandeur, au lieu où o avoit coutume de paroître. Le 10 septembre o fut vu de 4ᵉ grandeur, à peine moindre que δ de la même constellation. Le 18 et le 20, cette étoile étoit égale à γ. Le 27 et jours suivants, plus belle que γ; elle n'égaloit pas encore α. Le 4 octobre, elle égaloit presque α. Du 10 au 13, elle égaloit α, et paroissoit même plus claire. Du 18 au 24, elle surpassoit α de la Baleine, et même α du Bélier, mais elle étoit moindre que β de la Baleine. Le 31, elle étoit plus brillante que le 24, et l'emportoit de beaucoup sur α de la Baleine. Le 2 novembre, elle croissoit encore et égaloit presque β. Le 8, elle étoit encore plus grande et plus brillante que α. Le 20, elle égale à peine α; de blanche qu'elle étoit, elle est devenue comme brune ou roussâtre. Le 9 décembre, elle est moindre que γ et égale au nœud des Poissons. Le 16, elle excède à peine δ de la Baleine et γ du Bélier. Le 20, elle est moindre, et le 25 beaucoup moindre que δ. Le 31, elle est à peine de la 5ᵉ grandeur; et le 17 janvier 1661 à peine de la 6ᵉ. Le 2 mars, elle n'est visible qu'à la lunette. *Ibid. p.* 270 *et seq.* — *Mercur. in Sole, p.* 151 *et seq.*

Le 24 octobre, P du Cygne est moindre que δ de la Baleine, presque égale à ν du Cygne. *Mach. cœl. l.* 1. 2.

FAIT.

Weidler, *Histor. Astron., p.* 513, d'après Thomas Sprat, *History of the royal Society,* rapporte à cette année 1660 l'établissement de la Société royale de Londres par Charles II. Cependant, suivant M. Bailly, *Astron. Moderne, tom. II, p.* 251, cet établissement fut commencé dès 1659; mais il ne prit une forme régulière qu'en 1662.

Les Mémoires de cette savante société, sous le nom de *Transactions philosophiques,* commencent en 1665. Birch, *History of the royal Society,* fait remonter les assemblées jusqu'en 1645; dans le même sens, sans doute, que celles de notre Académie des Sciences remontent à l'an 1638. Voyez cette année.

1661.

ÉCLIPSE DE SOLEIL, LES 29 ET 30 MARS.

Hévélius, à Dantzick.

$22^h 13' 15''$...	commencement, le 29, vers 117^d du zénith à l'ouest.
22 24 27 ...	un doigt $\frac{3}{4}$.
23 20 ...	plus grande obscurité, 7 doigts $\frac{3}{4}$.
0 16 41 ...	le 30, un doigt $\frac{3}{4}$.
0 27 3 ...	fin, vers 81^d du zénith.

Le diamètre du Soleil étoit à celui de la Lune, comme 1000 à 1105; si donc le demi-diamètre du Soleil étoit de $15'54''$, celui de la Lune étoit de $16'24''$. (Il semble qu'il faudroit $17'34''$.)

Boulliau étoit présent à cette observation; ce fut même lui qui s'aperçut le premier que l'éclipse commençoit. *Mach. cœl., l.* 2. — *Mercur., p.* 9, 10. Voyez-y un bien plus ample détail.

— A Francfort-sur-Oder, Jean Placentinus.

$22^h 13' 52''$...	le centre du Soleil haut de $36^d 38'$, 1 doigt $\frac{1}{2}$.
22 34 40 ...	le même centre haut de $38^d 38'$, 4 doigts.
22 53 28 ...	le même, haut de $39^d 50'$, 6 doigts; c'est la plus grande phase observée. (J'omets les observations suivantes, les temps étant réglés sur des hauteurs prises trop près du méridien.) *Feuille imprimée,* jointe au manuscrit de Boulliau.

— A Luffenham, l'éclipse fut de 7 doigts. *Astr. Brit. p.* 365.

— A Turin, elle fut de 8 doigts 25', et dura $2^h 32'$. *Ricc. Astr. p.* 147.

— A Bologne, Grimaldi et Riccioli.

$21^h 21' 25''$...	le Soleil haut de....		$36^d 36'$	commencement.
21 45 49 ...	»	....	39 51	4 doigts.
21 59 12 ...	»	....	41 31	6 doigts.
22 31 0 ...	»	....	44 58	9 doigts, plus grande phase.
23 7 42 ...	»	....	47 51	6 doigts.
23 23 14 ...	»	....	48 39	4 doigts.
23 55 59 ...	»	....	49 26	fin, *Bill. Oper. Astr. pag. ultima.*

Cette dernière hauteur est prise beaucoup trop près du méridien. Riccioli, *Astr.*

p. 147, rapporte en détail cette observation, mais sans aucune mention des hauteurs ; et de plus, il marque la fin à $23^h 53' 13''$.

— Cassini, à Ferrare, observa l'éclipse de 9 doigts. *Ricc. ibid.*

— Mut, à Majorque.

$20^h 32' \ldots$ le Soleil haut de $31^d 22'$, commencement. Plus grande phase, 9 doigts 10'.

$22\ 57 \ldots$ le Soleil ayant $29^d 15'$ d'azimut, fin.

A la plus grande phase, la corne boréale étoit à 55^d à gauche du zénith ; l'australe, à 106^d à droite. *Mut, p.* 31.

— A Barcelone, le P. Zaragoça.

$20^h 36' \ldots$ commencement.

$22\ 50 \ldots$ fin. Grandeur, 8 doigts 30', *Mut, p.* 85.

ÉCLIPSE DE LUNE, LE 7 OCTOBRE.

A Francfort-sur-Oder, Placentinus.

$14^h 33' \ldots$ commencement, β des Gémeaux étant à $41^d 18'$ de hauteur.

$15\ 39 \ldots$ plus grande phase, 7 doigts, la même étoile haute de $51^d 0'$.

$17\ \ 2 \ldots$ fin, l'étoile haute de $61^d 36'$. *Feuille imprimée.*

— A Aix, le P. Henri-Ignace Regis fit une mauvaise observation, qu'on peut voir dans *Ricc. Astr. p.* 104.

— A Bologne, le P. Grimaldi.

$14^h 23' 16'' \ldots$ commencement vers le milieu de *Littus eclipticum.*

$16\ 53\ 42 \ldots$ fin ; près *Messahala,* vers *Geminus.* Grandeur, 7 doigts $\frac{1}{2}$. *Ibid.*

— A Majorque, Mut.

$16^h 20' \ldots$ fin, δ d'Orion étant au méridien. *Mut, p.* 32, 33.

— A Valence, le P. Joseph Zaragoça.

$13^h 29' \ldots$ commencement.

$16\ \ 7 \ldots$ fin. Grandeur, environ 7 doigts. *Mut, p.* 33.

Autres observations de la Lune.

Le 13 mai, Hévélius à Dantzick, observa la conjonction de la Lune et de Saturne.

$10^h 56' \ \ldots$ distance de Saturne au bord de la Lune, 24'.

$11\ 10\ \ 5'' \ldots$ même distance, 18' 30''.

$11\ 30\ \ 0 \ldots$ distance, 12' 30''.

$11\ 53\ 30 \ldots$ distance, 7' 30''.

$12\ 16\ \ 0 \ldots$ conjonction, et moindre distance au bord supérieur, 6'. *Merc. in Sole, p.* 17. — *Mach. cœl. l.* 2, *p.* 315, 316.

C'est ici le lieu d'insérer une remarque que j'ai faite sur la machine céleste d'Hévélius. Son second livre contient toutes ses observations, rapportées aux temps marqués par son horloge. A ces temps de l'horloge, il ajoute, dans le troisième livre, les temps corrigés sur des hauteurs d'étoiles. Il n'ajoute, dans le second livre, ces hauteurs corrigées qu'aux principales observations, comme à celles des éclipses, des occultations d'étoiles, etc. Or les temps corrigés dans le second livre ne s'accordent pas toujours avec ceux du troisième. Par exemple, les temps corrigés du 13 mai de cette année, au 3ᵉ livre, diffèrent de plus d'une minute et demie des temps corrigés du second livre, quoique les uns et les autres soient calculés sur les mêmes hauteurs de la Lyre. D'où vient cette différence? Nous avons calculé scrupuleusement ces hauteurs de la Lyre, et une de l'Aigle qui est omise au 3ᵉ livre, et nous avons trouvé, à quelques secondes près, les mêmes heures qu'au 2ᵉ livre.

Étoiles.	Hauteurs apparentes des ★.	Heures du livre II.	Heures du livre III.	Heures selon nous.
	d '	h ' "	h ' "	h ' "
La Lyre..........	33 28	9 24 3	9 25 34	9 24 24
La Lyre..........	39 29	10 7 17	10 8 54	10 7 46
La Lyre..........	44 0	10 38 52	10 40 29	10 39 18
L'Aigle..........	25 16	12 21 46	»	12 21 41

En conséquence, je m'en tiendrai toujours au second livre, lorsque les heures de l'horloge y seront accompagnées des heures corrigées.

— Le même jour, 13 mai, Wing, à Luffenham, à 11ʰ, immersion de Saturne sous le bord boréal et supérieur de la Lune, de manière que durant un petit intervalle de temps, on ne voyoit plus, à l'œil nu, cette planète. *Astr. Brit. p.* 280. Avec une bonne lunette, on ne l'auroit peut-être pas perdue de vue.

— A Bologne, la Lune passa au sud de Saturne, à une distance égale à la largeur de *Mare Caspium* (ou *Crisium*). L'Épi de la Vierge avoit alors 29ᵈ37′ de hauteur vers l'ouest. *Ricc. Astr. p.* 163.

— Le 3 août, à Dantzick, occultation de Saturne par la Lune.

7ʰ58′ 0″...	l'anse occidentale de Saturne touche le bord.
7 58 20 ...	Saturne est entré à moitié, autant qu'on a pu le conjecturer.
7 59 50 ...	on voyoit encore un tiers de la planète.
8 0 25 ...	immersion totale sous la partie obscure de la Lune, plus bas que le *Palus Marœotis* (*Grimaldus*).
9 3 35 ...	commencement de l'émersion.
9 4 10 ...	Saturne est à moitié sorti.
9 4 45 ...	émersion totale, même des anses sous *Mons Nerosus* (*Petavius*), vis-à-vis *Mons Paropamisus* (*Snellius* et *Furnerius*).

La corde parcourue par Saturne est au diamètre de la Lune comme 183 à 200. Conjonction vraie, à 8ʰ31′15″; moindre distance des centres, 2 doigts et demi;

Saturne plus austral que le centre. Ces conclusions sont tirées d'un grand nombre de distances de Saturne au limbe de la Lune, prises tant avant qu'après l'occultation. *Merc. in Sole*, p. 18 *et seq.* — *Mach. cœl. l.* 2.

— Mut à Majorque observa la même occultation.

7^h 3′ . . . . .   immersion.

7 38 . . . . .   émersion.

Le crépuscule étoit fort, sur-tout à l'immersion; ce qui peut autoriser un doute de quelques minutes sur l'observation. *Mut, p.* 59.

— Le 7 novembre, Hévélius observa une appulse d'Aldébaran.

10^h 14′ . . . . .   distance d'Aldébaran au limbe, environ 27′.

10 34 . . . . .   distance, 19′.

10 50 . . . . .   même distance, 15′.

11 11 . . . . .   distance, 9′.

11 29 . . . . .   conjonction apparente, distance 7′.

Aldébaran plus austral que la Lune. *Mach. cœl. l.* 2.

Passage de Mercure sur le disque du Soleil, le 3 mai.

Hévélius observa ce passage à Dantzick; les nuages le contrarièrent; il ne put observer l'entrée, mais il profita de tous les éclaircis, pour marquer sur une image du Soleil, transmise au travers d'une bonne lunette, tous les points qu'il put observer de la corde apparente parcourue par Mercure.

3^h 4′, distance de Mercure à la naissance de la corde, ou au point d'entrée, 55 parties, telles que la corde en comprend 500.

Voici, sous le titre de *Distances*, les distances de Mercure à la naissance de la corde ou au point d'entrée, cette corde comprenant 500 parties.

Heures.	*Distances.*
3^h 4′	55 parties
4 26 ″	138 »
5 0 35	179 »
5 6 20	183 »
5 15 15	195 »
5 29 40	208 »
7 21 53	331 »

Mercure a passé au nord du centre du Soleil; le diamètre du Soleil supposé de 31′28″ (il étoit de 31′48″), la corde parcourue par Mercure étoit de 30′15″. Le diamètre de Mercure fut trouvé de 11″48‴, au plus.

Hévélius conclut que Mercure est entré à 2^h 20′; qu'il étoit au milieu de son passage à 6^h 8′, qu'il est sorti à 9^h 56′; que le point d'entrée étoit à 15ᵈ du zénith du Soleil; que Mercure a été dans son nœud descendant le même jour à 15^h 23′; que sa latitude étoit de 6′20″ à l'entrée, en la conjonction de 4′27″, à la sortie de 2′38″; que Mercure, en conjonction, étoit à 37′12″, ou, suivant une autre combinaison, à 37′4″ de son nœud; que le Soleil, au milieu du passage, étoit en 1ˢ13ᵈ39′30″, et par conséquent le nœud ascendant de Mercure en 1ˢ14ᵈ16′42″; que l'inclinaison de l'orbite de Mercure à l'écliptique étoit de 6ᵈ49′18″; qu'enfin le mouvement horaire de la planète étoit de 3′58″48‴56⁗ etc., etc. Hévélius pousse ici la précision jusqu'aux douzièmes. *Mercur. in Sole, p.* 60 *et seq.* — *Mach. cœl. l.* 2.

J. Cassini, *Élém. d'Astr. p.* 584 *et suiv.*, relève avec raison plusieurs fausses suppositions d'Hévélius. Celui-ci avoit confondu le milieu du passage avec la conjonction, et la plus courte distance des centres avec la latitude de Mercure au moment de la conjonction. Une source d'erreurs plus fécondes étoit que, pour déterminer ce qui concernoit le nœud et l'inclinaison de l'orbite de Mercure, Hévélius s'étoit réglé sur la distance géocentrique du Soleil au nœud, au lieu qu'il auroit dû se régler sur la distance héliocentrique du nœud à la Terre. Cassini substitue donc les déterminations suivantes à celles d'Hévélius.

Conjonction vraie, à 5ʰ57′10″, méridien de Dantzick, Mercure étant en 7ˢ13ᵈ33′27″.

Latitude géocentrique apparente de Mercure, au moment de la conjonction, 4′30″; latitude héliocentrique vraie, 5′30″.

Mercure atteint son nœud descendant, à 11ʰ51′. Lieu du nœud descendant, 7ˢ14ᵈ24′5″.

Inclinaison vraie de l'orbite, 6ᵈ11′48″.

— A Londres, Huygens, Reeves, Streete, etc., observèrent ce passage à Long-Acre, avec une excellente lunette.

Entrée de Mercure, peu avant une heure.

A deux heures, ou très-près de deux heures, le demi-diamètre du Soleil supposé de 15′45″, Huygens trouva que le centre de Mercure étoit à 4′20″ de distance du vertical du centre du Soleil, et à 3′24″ du bord le plus voisin, la première distance étant bien certainement un peu plus grande, et la seconde un peu plus petite qu'un quart du demi-diamètre du Soleil. Le diamètre de Mercure étoit à peine à celui du Soleil comme 1 à 100. *Astr. Carol. p.* 118. — *Astr. Brit. p.* 212.

Autres observations des Planètes.

Des distances prises de Saturne aux étoiles fixes, Hévélius conclut que le 18 mars, à 16ʰ13′, cette planète étoit en 7ˢ23ᵈ22′41″; lat. 2ᵈ25′19″B. *Merc. p.* 37, 38.

— Le 28 mars matin, Saturne fut observé à Dantzick, en 7ˢ23ᵈ7′9″; lat. 2ᵈ26′0″B. *Bull. ms.* Si l'observation est d'Hévélius, comme je n'en doute pas, elle est faite vers 2ʰ du matin, ou vers 14ʰ du 27.

— Le 7 avril, à 12ʰ6′, Hévélius prit la distance de Saturne à 6 étoiles.

Combinant ces deux distances deux à deux, Saturne est,

	Longitude.	Latitude.
	ˢ ᵈ ′ ″	ᵈ ′ ″
Suivant une combinaison, en........	7 22 34′ 13″	2 27′ 43″ B.
Suivant la seconde, en..............	7 22 34 44	2 26 59
Selon la troisième, en..............	7 22 35 15	2 26 20.

Hévélius remarque que cette dernière combinaison est moins certaine que les deux autres, le triangle formé par Saturne et les deux étoiles ayant des angles trop aigus. *Mercur. p.* 37, 38.

Le 10 mai, d'après des distances prises par Hévélius, J. Cassini détermine l'opposition de Saturne à 6^{h}2′, mérid. de Paris, en 7^{s}20^{d}22′24″; latitude, 2^{d}26′30″ B. *Elém. d'Astr. p.* 357.

L'opposition a eu lieu, suivant Halley, à 5^{h}52′, t. m. mérid. de Londres, en 7^{s}20^{d}21′46″. *Hall. Tab.*

— Le 18 mars, à 15^{h}33′, à Dantzick, Jupiter étoit en 6^{s}10^{d}16′6″; lat. 1^{d}41′47″ B. *Mercur. p.* 37.

Le 28 mars, à 16^{h}52′, mérid. de Paris, opposition de Jupiter, suivant J. Cassini, d'après les observations d'Hévélius, en 6^{s}8^{d}57′55″; lat. 1^{d}38′25″ B. *Élém. d'Astr. p.* 417, 444, ou, suivant Halley à 17^{h}49′ t. m. mérid. de Londres, en 6^{s}8^{d}59′14″. *Halley Tab.*

— Le 22 avril, à 10^{h}20′, à Luffenham, Jupiter passa au méridien presque avec γ de la Vierge; on jugea que l'étoile ne précédoit Jupiter que de 1′$\frac{1}{2}$ de degré; Jupiter étoit de 1$^d\frac{1}{3}$ moins haut que l'étoile, qui étoit alors en 6^{s}5^{d}25′55″; lat. 2^{d}50′B. (en 6^{s}5^{d}26′41″; lat. 2^{d}48′57″ B. — Bradley.) L'ascension droite de l'étoile étoit donc de 186^{d}6′ (186^{d}8′7″, suivant Flamsteed; mais comme la longitude de Flamsteed est de 1′23″ plus avancée que celle de Bradley, son ascension droite doit être trop avancée de 1′4″. L'ascension droite de l'étoile auroit donc été de 186^{d}7′3″). Celle de Jupiter auroit donc été de 186^{d}7′$\frac{1}{2}$ (ou mieux, de 186^{d}8′$\frac{1}{2}$). Avec cette ascension droite et la latitude 1^{d}38′ B. prise des Tables, on trouvera la longitude de Jupiter 6^{s}5^{d}58′$\frac{1}{2}$ (ou mieux, 6^{s}5^{d}59′11″). *Astron. Brit. p.* 290.

— Le 11 avril, à 8^h, à Dantzick, Hévélius détermine le lieu de Mercure en 1^{s}12^{d}0′29″; lat. 2^{d}40′39″ B. *Mercur. in Sole, p.* 63.

ÉTOILES.

Le nuage de la ceinture d'Andromède est découvert par Boulliau; Hévélius l'appelle mal-à-propos, étoile nébuleuse; ce n'est pas une étoile, mais un nuage. *Transact. abridg'd, t. IV, p.* 224. Ce nuage, ou cette étoile nébuleuse (car ce n'est ici qu'une dispute de mots) avoit déjà été découvert par Simon Marius en 1612; voyez ce que nous en avons dit sur cette année. Ce nuage étoit devenu invisible en 1657, 1658, 1659, suivant Hévélius; Boulliau le revit le premier en 1660 ou 1661; et c'est probablement tout ce qu'on a voulu dire dans les Transactions.

— Le 22 juillet, on ne voyait pas encore o de la Baleine. On la vit le 27 à la lunette; elle étoit à peine de la 6e grandeur. Le 21 août, elle étoit de la 4e. Le 23, elle égaloit presque δ de la Baleine; elle étoit cependant un peu plus terne. Le 28, elle est presque égale au lien des Poissons. Le 29, elle paroit plus grande que cette étoile; mais elle a moins d'éclat; on juge qu'elle égale γ de la Baleine. Le 3 septembre elle est égale à γ. Du 13 au 26, elle est un peu plus grande que γ. Le 14 octobre, elle est moindre que δ. Le 22, elle n'est plus que de 5e grandeur. Le 1er novembre, elle n'est que de la 6e. Les 7, 12, 22 et 23 novembre, on la cherche en vain dans le ciel. *Bulliald. Monit. ad Astron.* Hévélius ne croit pas que cette étoile soit soumise dans ses phases à une période constante et régulière. *Mercur. p.* 157.

COMÈTE.

Hévélius observa cette comète depuis le 3 février jusqu'au 10 mars. Halley a calculé son orbite. Voyez *Cometogr. t. II, p.* 10, 100. Halley a soupçonné que cette comète étoit la même que celle qui avoit été observée par Apien en 1532, et qu'elle reparoîtroit en conséquence vers 1789 ou 1790. Elle n'a pas encore paru lorsque nous écrivons ceci (en mai 1790). Mais il est à remarquer que si cette comète est périhélie en été, sa moindre distance à la Terre est beaucoup plus grande que celle de la Terre au Soleil, et qu'en conséquence, elle pourroit revenir sans être aperçue; d'ailleurs la comète de 1532 a été observée fort grossièrement par Apien; les éléments de son orbite, calculés par Halley, approchent fort, il est vrai, de ceux de la comète de 1661; mais ils ne sont pas les mêmes. M. Méchain a essayé de les rapprocher, en joignant aux observations d'Apien celles de Frascator; le résultat a été d'augmenter plutôt que de diminuer le doute sur la ressemblance des deux orbites.

FAITS.

La *Geographia et Hydrographia reformata* de Riccioli paroit cette année à Bologne, *in-fol.* Elle fut réimprimée dans le même format à Bologne en 1667, et à Venise, en 1672. C'est cette troisième édition que nous avons toujours citée. Au chapitre 17 du huitième livre de cet ouvrage, on trouve un grand nombre d'observations d'éclipses de Lune. Au chapitre suivant, Riccioli détermine, d'après ces observations, les différences des méridiens des villes où avoient été faites les observations. On conçoit facilement qu'il doit se rencontrer beaucoup d'erreurs dans ces déterminations. Cependant Riccioli, au chapitre 3e du même livre, s'étoit efforcé de relever l'observation des éclipses de Lune au-dessus de tous les autres moyens de déterminer les longitudes terrestres. Au reste, Riccioli n'étoit en cela que l'écho de presque tous les astronomes qui l'avoient précédé; Képler seul avoit osé lutter contre le préjugé général. Riccioli avait déjà essayé de réfuter Képler, *Almag. part. II, p.* 609; et la méthode proposée par Képler n'étoit peut-être, en effet, ni assez claire, ni assez précise.

— Mais Cassini imagina, cette même année 1661, une projection universelle de la marche de l'ombre et de la pénombre de la Lune sur la surface du globe terrestre dans une éclipse de Soleil. A l'aide de cette projection, les éclipses du Soleil donnent les différences des méridiens avec bien plus de certitude que toutes les éclipses de Lune. Cassini publia sa méthode, à Bologne 1663, in-4°, dans un ouvrage italien sous le titre de *Nova eclipsium methodus. Weidler Hist. Astron. p.* 522. Mais M. de la Lande assure que cet ouvrage n'a jamais été imprimé. Les calculs qu'on a substitués depuis à la projection de Cassini ont ajouté un nouveau degré de précision à l'usage des éclipses solaires pour la détermination des longitudes. Ces deux méthodes, des projections et du calcul, s'appliquent, avec un succès au moins égal, aux occultations d'étoiles par la Lune.

— Thomas Streete publia aussi cette année son *Astronomia Carolina*, à Londres, in-4°. Il y expose géométriquement la théorie du mouvement des Planètes, il en donne des Tables, il compare le résultat de ces Tables avec un grand nombre d'observations. Cet ouvrage, écrit en anglais, a eu de la vogue. Doppelmayer l'a traduit en latin, et l'a fait imprimer en cette langue, en 1705, in-4°. Halley en a donné en 1710, à Londres, in-4°, une seconde édition anglaise, avec une appendice que nous citerons souvent.

1662.

Observations de la Lune.

Le 1ᵉʳ octobre, à Paris, β de Persée, ou Algol, haut de 35ᵈ48′ à l'est, donc à 9ʰ2′20″, la Lune, commençant à paroitre après son lever, fut jugée plus orientale en longitude qu'Aldébaran de trois fois son demi-diamètre. *Bull. ms.* Boulliau ne donne pas cette observation comme bien précise, et il a raison.

— Le 28 octobre, à Paris, le bord de la Lune étoit haut de 24ᵈ30′ à l'ouest, et Aldébaran, de 7′ au plus moins haut que ce bord. La hauteur de cette étoile étoit donc de 24ᵈ23′, et il étoit par conséquent 18ʰ45′39″, et 19′4″ avant le lever du Soleil. Or Aldébaran, que la lumière du crépuscule faisoit déjà presque évanouir, n'étoit alors distant que d'une minute, au plus, du bord oriental de la Lune, vers le 110ᵉ degré du limbe, vis-à-vis *Mons Germanicianus*. (*Marius, etc.*) *Bull. ms.*

— Le 25 novembre, à Modène, le marquis Corneille Malvasia observa, avec un micromètre de son invention (nous en parlerons plus bas) que la distance d'Aldébaran au bord occidental de la Lune étoit de 31′48″; 5′ de temps écoulées, la distance étoit de 34′22″; 7′26″ après, la hauteur d'α de l'Aigle étoit de 38ᵈ34′ à l'ouest. La partie du limbe lunaire la plus voisine de l'étoile, étoit vers la tache Caspienne (*Mare Crisium*). Une ligne tirée de l'étoile au centre de la Lune, auroit coupé cette tache au tiers de sa longueur en partant du bas. L'étoile paroissoit suivre cette même ligne en s'écartant de la Lune, d'où Malvasia conclut que la Lune vers son lever avoit certainement éclipsé l'étoile; mais les nuages n'avoient pas permis d'observer l'occultation. *Malvas. Ephemer. p.* 218.

PLANÈTES.

Le 22 mai, opposition de Saturne à 11ʰ0′, mérid. de Paris, en 8ˢ1ᵈ52′20″ : lat. 2ᵈ7′39″B. suivant J. Cassini, d'après les observations d'Hévélius; *Élém. d'Astr. p.* 357; mais à 10ʰ55′, t. m. mérid. de Londres, en 8ˢ1ᵈ51′53″, suivant *Hall. Tab.*

A la fin des Ephémérides de Malvasia, on trouve un très-grand nombre d'observations des planètes, faites à Modène, depuis le 30 mai jusque vers la fin de l'année. Malvasia les a toutes calculées, et en a conclu la longitude et la latitude des planètes observées. On trouve un assez grand nombre de ces observations et de leurs résultats dans *Ricc. Astr. reform. l.* 5. *c.* 7, et *l.* 6, 7, 8, *c.* 8. Malvasia étoit aidé, dans ses observations, par Geminien Montanari. Voici quelle étoit sa marche.

Le 30 mai, une heure et demie environ après le coucher du Soleil, avec un grand sextant de bois, sur lequel toutes les minutes étoient distinguées, la distance de Saturne à l'Épi de la Vierge fut observée de $42^d 17'$, et celle au cœur du Scorpion de $7^d 46'$. Saturne et Antarès étoient presque dans le même vertical; Antarès étoit haut d'environ 10^d, et Saturne d'environ 18^d. La réfraction pour Antarès étoit donc de $5'42''$, et pour Saturne de $3'7''$. Leur distance vraie étoit donc de $7^d 43' 25''$, ou en nombres ronds de $7^d 43'$.

La hauteur de l'Épi est de 35^d environ, et la réfraction convenable $1'25''$. Saturne avoit augmenté en hauteur; sa réfraction n'était plus que de $2'25''$. Or, vu la grande inclinaison du vertical sur le cercle qui joignoit les deux astres, la différence des réfractions ne pouvoit pas occasionner un quart de minute de diminution sur la distance observée. Malvasia laisse donc cette distance, $52^d 17'$, telle qu'elle a été donnée par l'observation.

Suivant Tycho, la latitude d'Antarès étoit de $4^d 27'$A. ($4^d 32' 17''$), et celle de l'Épi, $1^d 59'$A. ($2^d 2' 11''$); la différence des longitudes des deux étoiles étoit $45^d 57'$ ($45^d 55' 8''$); enfin la longitude de l'Épi, $6^s 19^d 8' 12''$ ($6^s 19^d 7' 48''$, Bradley).

De ces données, Malvasia conclut, par les règles connues de la trigonométrie, que Saturne étoit alors en $8^s 1^d 13' 8''$; lat. $2^d 14' 6''$ B. *Ephem. Malvas.*, *p.* 188 *et seq.*

Cette marche est sans doute exacte. Mais outre que cette méthode, de déterminer le lieu des planètes par leurs distances aux étoiles, n'est pas dans la pratique la plus précise de toutes, sur-tout lorsque l'on n'emploie que des instrumens de bois et garnis de simples pinnules, les positions des étoiles, déterminées par Tycho et admises par Malvasia, sont d'autant moins exactes, qu'on ignorait encore alors la véritable quantité de la précession des équinoxes.

— Des observations suivantes, celles de Paris sont faites par Boulliau, et extraites de son *ms.*; celles de Modène par Malvasia, et extraites de ses *Ephem.* *p.* 202; celles de Majorque par Mut, et extraites de ses *Observ. p.* 59, 60.

Le 11 septembre, à 8^h, à Majorque, distance de Saturne à ν du Scorpion, $7'$; Saturne étoit plus occidental que l'étoile.

Le 12, à 8^h, à Paris, la distance étoit de $3'\frac{1}{2}$ au plus; Saturne étoit d'environ $1'$ plus haut que l'étoile, et dans un azimut de $3'$ plus occidental. Il s'en falloit de $3'$, à très-peu près, que Saturne n'eût atteint la longitude de l'étoile. L'étoile étoit en $7^s 29^d 55' 51''$; lat. $1^d 42'$B. ($7^s 29^d 56' 2''$; lat. $1^d 39' 53''$, Bradley.) Donc Saturne étoit en $7^s 29^d 52' 21''$; latitude $1^d 45'$B.

A Majorque, la distance de Saturne à l'étoile fut estimée d'environ $5'$.

Le 13, à 8^h, à Paris, la distance étoit au plus de $2'\frac{1}{2}$; Saturne un peu plus oriental en azimut, plus haut que l'étoile de presque toute la distance, la différence des azimuts étant tout au plus de $30''$. Saturne avoit dépassé, peut-être d'une minute au plus, la longitude de l'étoile.

Le 14, à 8^h, à Paris, la distance étoit de $5'$.

A Modène, $1^h 30'$ après le coucher du Soleil, différence de longitude entre Saturne et l'étoile $4' 18''$; différence de latitude $2' 17''$. Saturne étoit plus oriental et plus boréal; il étoit donc en $8^s0^d0'9''$; lat. $1^d44'$B. Malvasia s'accorde avec Boulliau sur le lieu de ν du Scorpion.

A Majorque, à 8^h, Saturne étoit de 6′ plus oriental et de 3′ environ plus boréal que l'étoile; il étoit donc $8^s0^d0'$; lat. $1^d45'$B. (y auroit-il ici une faute d'impression? auroit-on imprimé, 6′ plus oriental, au lieu de 4′? car Mut prenoit aussi de Tycho le lieu des étoiles).

Le 15, à Paris, la distance fut observée d'environ 9′.

A Modène, $1^h20'$ après le coucher du Soleil, la distance étoit de 9′9″; d'où Malvasia conclut le lieu de Saturne en $8^s0^d4'$. Latitude, à peu près comme la veille.

A Paris, le 16, à $7^h\frac{3}{4}$, distance 13′ et un peu plus; le 17, près de 18′; le 18, à $7^h\frac{1}{2}$, 22′ et un peu plus; le 19, à pareille heure, 27′ environ.

— Le 28 avril, opposition de Jupiter à $19^h22'$, t. m. mérid. de Londres, en $7^s9^d4'57''$. *Hall. Tab.*

— Le 5 septembre, à Paris, à 8^h, distance de Jupiter à α de la Balance, 36′. Jupiter étoit plus haut et plus occidental que l'étoile, et les différences de hauteur et d'azimut étoient égales. Donc Jupiter n'avoit pas encore atteint la longitude de l'étoile. *Bull. ms.*

— A Modène, $0^h47'$ après le coucher du Soleil, Jupiter en longitude précédoit l'étoile de 18′3″; en lat., il étoit de 28′4″ plus boréal. L'étoile étoit en $7^s10^d23'25''$; latitude, $0^d26'$B. ($7^s10^d22'42''$; lat. $0^d21'48''$B. Bradl.). Donc Jupiter étoit en $7^s10^d5'22''$; latitude $0^d54'$B. *Malv. Ephem. p.* 214.

— Le 6, à Modène, à $0^h32'$ après le coucher du Soleil, Jupiter précédoit l'étoile de 8′2″; il étoit donc en $7^s10^d15'23''$; latitude, la même que la veille. *Ibid.*

— Le 9 janvier, opposition de Mars, à $6^h0'$, t. m. mérid. de Londres, en $3^s19^d52'14''$. *Hall. Tab.*

Le 19 septembre, 40′ avant le lever du Soleil (vers $17^h\frac{1}{4}$), Malvasia observa Vénus en $4^s21^d54'$; lat. $0^d32'$B.

— Le 21, à Paris, à 17^h, distance de Vénus à Régulus, environ 23′; Vénus est plus haute de 10′ au plus, et d'environ 20′ plus orientale en azimut. L'étoile étoit en $4^s25^d9'24''$ ($4^s25^d8'2''$; lat. $0^d27'27''$B.) Vénus étoit donc, à très-peu près, en $4^s25^d28'$; lat. $0^d39'$B. *Bull. ms.*

— Le 22, à Modène, $2^h5'$ avant le lever du Soleil (6 ou 7′ avant 16^h), Vénus étoit en $4^s26^d42'$; lat. $0^d44'$B.

Le 25, 34′ avant le lever du Soleil (vers $17^h\frac{1}{2}$), Vénus en $5^s0^d20'$; latitude, $1^d0'$B. *Malvas. Ephem. p.* 218.

ÉTOILES.

La variable de la Baleine est, le 9 juillet, le 7 et le 9 août, plus grande qu'α des Poissons; le 13 août, elle est égale à α de la Baleine. Vers le commencement de septembre, elle commence à diminuer. Le 14 septembre elle n'est plus que de 4e grandeur, et de 5e au plus vers la fin du même mois. Les premiers jours d'octobre, elle est de la 6e; le 20 octobre, on ne la voit plus qu'à la lunette; et le 2 novembre, elle a totalement disparu. *Bull. ms.*

— Le 8 décembre, on voit P du Cygne de 6e grandeur. *Philos. trans. n.* 134, *p.* 855.

SATELLITES.

Toutes les heures de cet article sont italiques, c'est-à-dire, comptées depuis le coucher du Soleil, à la mode des Italiens. Les observations sont faites à Modène.

Le 30 mai, à 1h16′, émersion du 4e satellite. A 3h36′ un autre satellite entre sur le disque de Jupiter; il sort à 6h33′. *Malv. Ephem. p.* 203.

Le 6 juin, à 1h, un satellite paroit toucher Jupiter du côté de l'occident : il disparoit bien précisément à 1h8′30″. *Ibid. p.* 204.

Le 7 juin, à 1h15′, un satellite sort à l'ouest de dessus le disque. *Ibid.*

Le 4 juillet, à 1h0′, émersion d'un satellite à l'ouest. *Ibid. p.* 208.

Le 31 juillet, à 0h36′, un satellite manquoit, il commence à paroitre à l'ouest, à 0h45′. *Ibid. p.* 212.

L'ancienneté relative à ces observations est la seule cause qui m'a engagé à les insérer ici.

FAITS.

Le marquis Malvasia publie cette année à Modène, *in-fol.*, ses *Ephemerides novissimæ*, pour cinq ans. Les lieux du Soleil y sont calculés sur de nouvelles Tables, construites par Cassini. La Table des réfractions, par Cassini, beaucoup plus exacte que celles qu'on avoit publiées jusqu'alors, paroît aussi, pour la première fois, à la suite de ces Éphémérides. Tycho et ceux qui l'avoient suivi, croyoient que la réfraction ne s'étendoit que jusqu'à la hauteur de 45d, qu'elle étoit différente pour le Soleil, la Lune et les étoiles, que celle des étoiles même ne s'étendoit qu'à 20d de l'horizon. Cassini rendit sa Table commune à tous les astres, l'étendit jusqu'au zénith, et prouva qu'elle devoit s'étendre jusqu'à ce terme. Voyez trois lettres de Cassini à Montanari, imprimées à Bologne en 1666, *in-fol.*, sous le titre *de Solaribus hypothesibus et refractionibus.*

— Revenons à Malvasia. A la fin de ses Éphémérides, il traite de la construction et de l'utilité du réticule qu'il avait imaginé. La Hire le fils ne fait, en conséquence aucune difficulté, dans son *Traité de l'invention et de l'usage de quelques instruments de mathématique*, d'attribuer à Malvasia l'invention du micromètre. Voici la description que Malvasia donne lui-même de son instrument, *p.* 196. C'étoit un treillis de fils d'argent très-fins, se coupant à angles droits, formant par leurs intersections des quarrés parfaits, divisant le champ de la lunette en 12 parties égales, tant de bas en haut que de droite à gauche. Quelques quarrés, les plus éloignés du centre, étoient subdivisés en plusieurs quarrés plus petits, par des fils plus déliés. Ce treillis ou réticule étoit mobile. On le faisoit tourner circulairement, jusqu'à ce qu'une étoile voisine de l'équateur suivit exactement un des fils, et le temps qu'elle employoit à passer d'un fil perpendiculaire à un des fils suivans, faisoit connoitre l'intervalle des fils en minutes et secondes de degré. Rendant ensuite un des fils parallèles à l'horizon, ou à l'équateur, ou à l'écliptique, il étoit facile de juger combien la différence de deux astres, en hauteur, en longitude, en latitude, etc. comprenoit de divisions et de fractions de division, et conséquemment de minutes et de secondes de degré.

En cette même page, Malvasia fait honneur à la ville de Florence de l'application du pendule aux horloges. Partant de celle dont il se servoit, *cujus motus,* dit-il, *per vibrationes penduli, modo jam Florentiæ ante aliquot annos invento, regulatur.* Malvasia n'étoit apparemment pas fort instruit de ce qui se passoit hors de l'Italie.

— Jean Hecker fit aussi imprimer cette année à Dantzick, in-4°, des Éphémérides qui s'étendent depuis 1666 jusqu'à 1680. Elles furent estimées dans le temps, d'autant plus qu'elles étoient calculées, dans leur totalité, sur les Tables Rudolphines. Elles furent réimprimées à Paris en 1666, *in-4°.*

— Le *Mercurius in Sole visus* d'Hévélius fut aussi imprimé cette année, à Dantzick, *in-fol.* A l'observation du passage de Mercure, Hévélius ajoute plusieurs autres observations célestes; toutes sont réimprimées dans le 2ᵉ livre de *Machina cœlestis.* Mais ce qui rend le *Mercurius in Sole* plus précieux, c'est qu'Hévélius nous y a conservé le détail de l'observation du passage de Vénus, faite par Horroxe en décembre 1639. Voyez cette année.

1663.

ÉCLIPSE DE SOLEIL, LE 1ᵉʳ SEPTEMBRE.

A Québec, observation, dit-on, très exacte.

$1^h 24' 42''$...   commencement.
3 52 44 ...   fin; grandeur, 11 doigts entiers, *mss. de de l'Isle,* d'après les *relations des missions, ann.* 1662, 1663, *p.* 5.

PREMIÈRE ÉCLIPSE DE LUNE, LE 21 FÉVRIER.

A Londres, au collège de Gresham.

$13^h 33'$......   commencement. *Append. ad Astr. Carol. p.* 30.

SECONDE ÉCLIPSE DE LUNE, LE 18 AOUT.

A Dantzick, Hévélius.

$7^h 52' 40''$...   commencement.
9 13 0 ...   immersion d'une petite étoile.
9 32 40 ...   plus grande phase, 11 doigts ⅔ dans la partie australe de la Lune.
10 2 30 ...   émersion de l'étoile.
11 13 0 ...   fin. *Mach. cœl. l.* 2.

A Londres, Henri Sutton, et Robert Anderson; dans la rue *Threedneedle* (*de l'aiguille enfilée*, je pense).

    9ʰ58′ . . . . .   fin exacte. *Astron. Brit. p.* 33o.

— A Paris, Boulliau.
Commencement sous l'horizon.

    7ʰ25′36″ . . .   hauteur du bord supérieur de la Lune 3ᵈ45′, 6 doigts ⅓.
    8 21 16 . . .   plus grande phase, 11 doigts ½ et un peu plus.
    9 10 53 . . .   8 doigts, α d'Andromède étant haut de 31ᵈ35′.
    9 42 48 . . .   le bord supérieur haut de 20ᵈ58′, 3 doigts.
    10 2 20 . . .   le bord supérieur haut de 23ᵈo′, fin.

Boulliau, combinant ses observations, croit que le commencement est arrivé à 6ʰ4o′12″, et l'opposition vraie à 8ʰ16′48″. *Bull. ms.*

— Mut, à Majorque.

    10ʰ 6′ . . . . .   l'azimut du Vautour volant (α de l'Aigle) étant de 11ᵈ17′
                  (apparemment vers l'est), fin de l'éclipse.
                  Grandeur, 11 doigts 3o′ précis. *Mut, p.* 33.

— A Valence, le P. Zaragoça.

    9ʰ56′ . . . . .   fin. *Ibid.*

Autres observations de la Lune.

Le 15 février, à Luffenham, à 5ʰ54′, conjonction du centre de la Lune et d'Aldébaran; l'étoile étoit 3′ au nord de la corne boréale. Wing, *Astr. Brit. p.* 281.

— Hévélius observa le 14 mars, à Dantzick, l'ocultation de trois petites étoiles, *trium stellularum*, dans la tête du Taureau. *Mach. cœl. l.* 2. La figure est à la page 376.

— A 8ʰ53′3o″ de l'horloge, immersion, vers *Mons Troicus* (*Schikardus*) d'une petite étoile de 4ᵉ grandeur (*Stellulæ quartæ magnitudinis*, en toutes lettres), dont la longitude est de 21ˢ1ᵈ33′A., la latitude de 5ᵈ33′A., et qui est située un peu au-dessous des deux Hyades australes, extrêmement voisines l'une de l'autre.

— A 9ʰ4o′, émersion de cette étoile; et même à cet instant, sa distance au limbe étoit égale à l'interstice du *Mons Moschus*. Je ne sais ce que c'est que cet interstice : le *Mons Moschus* d'Hévélius répond aux taches *Theophilus, Cyrillus, Catharina, Tatius* de Riccioli).

— A 9ʰ44′, immersion de la petite étoile australe, la plus basse des suivantes, (*Austral. sequentium inferior*), sous *Mons Alabastrinus*. Les vapeurs épaisses de l'horizon ne permirent d'observer ni l'émersion de cette étoile, ni celle de la suivante.

— A $9^h 47'$, immersion de la troisième petite étoile supérieure, c'est-à-dire de l'inférieure des Hyades australes suivantes, au *Sinus Hyperboreus* (*Pythagoras*).

Pour corriger les heures marquées par l'horloge, Hévélius a pris les hauteurs suivantes d'Arcturus.

Heures.	*Hauteurs.*
A $8^h 55^d 0'$	$27^d 3'$
$9\ 42\ 0$	$34\ 12$
$9\ 52\ 30$	$35\ 42$

Il y a, dans l'exposé d'Hévélius, des obscurités que nous tâcherons d'éclaircir. Le lieu où était alors la Lune, sa latitude, et les expressions même d'Hévélius, ne nous permettent pas de douter que les deux Hyades dont il parle ne soient 2θ et 1θ du Taureau. Hévélius les appelle, il est vrai, des petites étoiles; mais on peut donner ce nom à des étoiles de la 5e grandeur; et en effet, Hévélius ne dit-il pas lui-même que la première étoile éclipsée étoit une petite étoile de 4e grandeur? Quant à cette première étoile, il ne nous est pas facile de deviner quelle elle pouvoit être. Hévélius dit qu'elle est située un peu au-dessous des deux Hyades australes et contigües; et la route qu'Hévélius fait tenir à ces trois étoiles derrière le disque de la Lune, ainsi que la figure qu'il donne de leur passage, prouve que la première doit être de $12'$ à $15'$ plus australe que la plus australe des deux autres. Cependant Hévélius place cette étoile en $2^s 1^d 54'$, avec une latitude de $5^d 33'$ A. Mais, premièrement, la Lune avoit alors une latitude australe d'environ $5^d 15'$; elle étoit voisine de l'horizon; la hauteur du pôle de Dantzick est de $54^d\frac{1}{3}$. Or je demande si, dans ces circonstances, la Lune pouvoit éclipser une étoile, dont la latitude n'auroit été que de $5^d 33'$, et l'éclipser même de manière que son centre passât à 9 ou 10 degrés au nord de l'étoile? De plus, suivant Bradley, 1θ étoit alors en $2^s 3^d 14' 29''$; latitude $5^d 46' 17''$ A. et 2θ en $2^s 3^d 14' 51''$; lat. $5^d 51' 55''$; donc la latitude de la première étoile, de $12'$ au moins plus australe que 2θ, selon la figure d'Hévélius, devroit être de $6^d 4'$ au moins; et, vu que son immersion n'a précédé celle de 2θ que de $50'\frac{1}{2}$ (ou plutôt de $46'$ à $47'$, comme nous allons le voir), sa longitude devoit être à-peu-près en $2^s 2^d 50'$. La position de cette étoile, donnée, ou plutôt conjecturée par Hévélius, n'est donc pas exacte.

Mais quelle est donc cette étoile de 4e grandeur? Nous n'en trouvons aucune dans les catalogues, pas même dans celui d'Hévélius, qui ait eu alors, soit la position que lui donne Hévélius, soit celle que nous croyons qu'elle devoit avoir. L'étoile qui en approcheroit davantage seroit la 71e du catalogue Britannique, qui étoit alors, suivant Flamsteed, en $2^s 2^d 39' 8''$; lat. $6^d 1' 35''$ A. Mais cette étoile n'est que de la 7e grandeur.

Pour corriger les temps marqués par l'horloge, nous avons calculé les trois hauteurs d'Arcturus, ce qui nous a donné les résultats suivants :

Heures de l'horloge.	Hauteurs d'Arcturus.	Heures vraies.	Retard de l'horloge.
$8^h 55' 0''$	$27^d 3'$	$9^h 35' 4''$	$40' 4''$
$9\ 42\ 0$	$34\ 12$	$10\ 18\ 44$	$36\ 44$
$9\ 52\ 30$	$35\ 42$	$10\ 27\ 52$	$35\ 22$

On aura en conséquence, à quelques secondes près,

Immersion de la première étoile à...............	$9^h 33' 45''$
Émersion id. à...............	10 17
Immersion de 20 à.........................,...	10 20 30
Immersion de 10 à.........................	10 25

PLANÈTES.

Opposition de Saturne, le 3 juin, à $13^h 28'$ t. m. mérid. de Londres, en $8^s 13^d 13' 20''$. *Hall. Tab.*

— Opposition de Jupiter, le 31 mai, à $7^h 6'$ t. m. même mérid. en $8^s 10^d 5' 55''$. *Ibid.*

Le 16 octobre, de plusieurs observations faites à Pansano, ce même jour et les jours précédens et suivans, Malvasia conclut que la conjonction de Saturne et de Jupiter est arrivée le 16 à $7^h 34'$, en $8^s 13^d 2' 46''$; latitude de Saturne, $1^d 16' B$.; de Jupiter, $0^d 16' B$. *Astr. ref. p.* 287. Riccioli ajoute qu'il a aussi observé cette conjonction à Bologne, vers 8^h, en $8^s 13^d 3'$, mêmes latitudes. Je trouve dans un Ouvrage intitulé *Specula Astronomica, pag.* 121, que cette même conjonction a été observée à Paris, par l'auteur, à $7^h 14'$ t. m. méridien d'Uranibourg.

— Le 18 juillet, à 11^h, à Paris, distance de Jupiter à ω d'Ophiuchus, 25′; il étoit de 12′ au plus haut que l'étoile, et dans un azimut plus oriental de 22′.

Le 22, à 10^h, la distance étoit presque de 18′, Jupiter plus haut de 8′, son azimut plus oriental de 15′.

Le 26, à $10^h 30'$, distance, 14′; Jupiter 8′ plus haut; son azimut plus oriental de 11′.

Le 30, à $9^h \frac{1}{2}$, distance, 10′ au plus; Jupiter, 5′ environ plus haut que l'étoile; la différence d'azimut un peu moindre que la distance.

Le 2 août, à 10^h, Jupiter est à-peu-près dans la même position.

Le 12, à 9^h, la distance est au plus de 19′. *Bull. ms.*

Le 6 octobre, à 13^h, Mars paroissoit distant d'environ 20′ à 21′ des étoiles les plus occidentales de la Crèche de l'Écrevisse.

Le 7, à 13^h, il avoit dépassé d'environ 10′ la longitude des étoiles qui occupent le milieu de cet amas, et paroissoit, en latitude, de 4′ plus austral. Mais la Crèche étoit alors, suivant Tycho, en $4^s 2^d 39' 48''$; latitude $1^d 14' B$. (Suivant Mayer, ε étoit alors en $4^s 2^d 42' 2''$; lat. $1^d 8' 20'' B$.) Donc, dit Boulliau, Mars étoit en $4^s 2^d 49' 48''$; lat. $1^d 10' B$. *Bull. ms.* L'étoile ε est assez au milieu de la Crèche en longitude; mais en latitude, elle est à la partie méridionale du groupe. Si Mars eût eu $1^d 10'$ de latitude, il eût été dans le groupe même, ce que Boulliau n'auroit pas omis de remarquer.

ÉTOILES.

Le 30 juillet, à 14^h, la variable de la Baleine surpassoit, mais de peu, les étoiles du 3ᵉ ordre. Après le 3 août, elle décroit. Le 1 septembre, à 11^h, on la voit avec peine; le 4, elle a presque disparu. *Bull. ms.*

Le 18 août, Hévélius la juge encore égale à γ de la Baleine ; et depuis elle n'avoit pas encore reparu, lorsque cet astronome publioit son *Prodromus Cometicus* (en mai 1665). *Prod. Com. p.* 12. Nous verrons cependant qu'elle fut observée par Boulliau en 1664.

1664.

ÉCLIPSE DE SOLEIL, LE 27 JANVIER.

Cette éclipse n'étoit annoncée dans aucune éphéméride ; Eichstadius avoit même expressément déclaré qu'elle n'auroit pas lieu, qu'il l'avoit calculée, et que le résultat de son calcul étoit que le Soleil ne seroit éclipsé, pas même d'un doigt, dans aucun lieu de la Terre. C'est peut-être ce qui a engagé l'abbé de la Caille à omettre dans son catalogue des éclipses, celles de cette année. Cette éclipse a eu lieu, et Hévélius est le seul, que je sache, qui l'ait observée.

Commencement sous l'horizon.

7^h 53′ . . . . .   l'éclipse est de 2 doigts $\frac{3}{4}$.
8   22 . . . . .   plus grande phase, 4 doigts $\frac{1}{2}$.
9   19 . . . . .   un doigt, dernière phase observée ; des nuages survinrent
        et ne permirent pas d'observer la fin. *Mach. cœl. l.* 2.
        Voyez-y plus de détails.

ÉCLIPSE DE LUNE, LE 6 AOUT.

Hévélius, à Dantzick.

10^h53′   . . .   commencement, conclu d'autres phases, les nuages ayant
        empêché de l'observer directement.
12   7 21″. . .   immersion certaine.
13.53   . . .   émersion douteuse ; Hévélius pense qu'elle pourroit être
        arrivée 2′ plus tôt.
        Ensuite nuages. *Mach. cœl. l.* 2.

— A Rostock, Caspar Marchius.

11^h40′ . . . . .   immersion.
13 10 . . . . .   la Lune a recouvré un peu de lumière. *Bull. ms.*

— A Londres, Joseph Moxon et Robert Anderson.

13^h22′ . . . . .   fin. *Astron. Brit. p.* 330.

— A Valence, le P. Zaragoça.

9^h38′31″. . .   commencement.
10 50 40 . . .   immersion.
12 18 22 . . .   émersion.
13 22 50 . . .   fin. *Mut, p.* 33.

Autres observations de la Lune.

Le 31 mars, à Dantzick, à $9^h 20' 11''$, immersion d'Aldébaran sous *Mons-Alabastrinus*. A $10^h 11' 20''$, émersion au-dessus de *Palus Mœotis* (*Mare Crisium*), vers *Mons-Alaunus* (*Plutarchus, Seneca*). — *Mach. cœl. l. 2 et l. 3, p.* 5o.

— Le 7 juillet, à Paris, l'Aigle ayant $37^d 46'$ de hauteur à l'Est, donc à $9^h 48' 44''$, π du Sagittaire, qui étoit alors en $9^s 11^d 36' 55$, lat. $1^d 31'$ B. (en $9^s 11^d 34' 5''$; lat. $1^d 28' 7''$ B. — Bradl.), étoit distant de $10'$, du bord voisin de la Lune; le bord inférieur de la Lune étoit de $3'$ plus haut que l'étoile. Boulliau conclut que le centre de la Lune étoit, en longitude, de $6'$ à $7'$ plus oriental que l'étoile, et que sa latitude étoit de $22'$ au plus, plus boréale que celle de l'étoile. La Lune étoit voisine de son apogée. *Bull. ms.*

— Le 27 septembre, à Paris, η de la grande Ourse ayant $31^d 26'$ de hauteur à l'Ouest, donc à $7^h 50' 30''$, la Lune étoit plus orientale que π du Sagittaire : et $4'$ après, ou à $7^h 55'$, la distance de l'étoile au bord voisin de la Lune étoit d'environ $17'$. De cette distance, et de la position de l'étoile à l'égard de certaines taches de la Lune, Boulliau conclut que la différence apparente entre le centre de la Lune et l'étoile, étoit, à très-peu près, de $7'$ en latitude, et de $16'$ et très-peu plus en longitude, entre l'étoile et le bord occidental. L'étoile étoit en $9^s 11^d 37'$ ($9^s 11^d 34' 16''$, Bradl.), latitude comme au 7 juillet. Donc, longitude apparente du bord occidental de la Lune, $9^s 11^d 53'$ ($9^s 11^d 5o' \frac{1}{2}$). Latitude apparente du centre, $1^d 38'$ et très-peu plus ($1^d 35'$ B. et plus.) Le demi-diamètre de la Lune étoit de $15' 6''$; la parallaxe horizontale, $53' 49''$; celle de latitude, $48' 38''$, et celle de longitude, $16' 51''$. *Bull. ms.*

PLANÈTES.

Opposition de Saturne, le 14 juin, à $13^h 4'$ mérid. de Paris, en $8^s 24^d 27' 27''$, suivant J. Cassini, fondé sur les observations d'Hévélius; *Elém. d'Astron. p.* 357; ou à $15^h 16'$, t. m. mérid. de Londres, en $8^s 24^d 31' 10''$. *Hall. Tab.*

— Opposition de Jupiter, le 3 juillet, à $19^h 3'$, t. m. mérid. de Londres, en $9^s 12^d 46' 49''$. *Hall. Tabulæ.*

— A Paris, le 15 août, à 10^h, distance de Jupiter à 2ν du Sagittaire, $27'$; distance à 1ν, $29'$; l'azimut de Jupiter étoit de $22'$ au plus, plus oriental que celui de 2ν.

Le 18, à 10^h, la distance à 2ν étoit presque triple de celle de 2ν à 1ν; or celle-ci est de $8'$ (de $13'$ suivant Mayer et Flamsteed.) La distance de Jupiter à 2ν est donc de $23'$, et son azimut est de $15'$ plus oriental que celui de l'étoile, dont il n'a pas encore atteint la longitude.

Le 19, à 11^h, même distance, et presque même longitude.

Le 22, à 9^h, Jupiter s'étoit éloigné, vers l'Ouest, de la longitude de 2ν; il étoit presque en même longitude que 1ν, dont il étoit distant de $25'$.

Le 26, la distance étoit de $26'$; la longitude de Jupiter étoit un peu plus occidentale que celle de l'étoile.

Le 27, à 10^h, Jupiter étoit notablement plus occidental que 1ν, en étoit un peu plus distant que la veille, et étoit à une distance bien plus considérable de 2ν.

Le 5 septembre, à 9ʰ, sa distance à 2ν étoit de 27′; son azimut étoit de 4′ plus oriental que celui de l'étoile; en longitude, il précédoit les deux ν.

Le 15 septembre, à 7ʰ40′, sa distance à 2ν est, au plus, de 28′; sa longitude étoit à-peu-près la même que celle du milieu de l'intervalle qui sépare les deux ν. Jupiter a toujours été plus austral que les deux étoiles. *Bull. ms.*

— Opposition de Mars, le 12 février, à 18ʰ33′, t. m. mérid. de Londres, en 4ˢ24ᵈ24′31″. *Hall. Tab.*

— A Paris, le 11 juin, à 9ʰ35′, distance de Mars à χ du Lion, 23′; Mars, de 22′ environ plus bas, et dans un azimut de 3′, au plus, plus occidental que l'étoile. Il n'avoit donc pas encore atteint la longitude de l'étoile, qui étoit alors en 5ˢ9ᵈ52′44″; lat. 1ᵈ20′ B. (en 5ˢ9ᵈ50′35″; latitude, 1ᵈ20′53″ B.) *Bull. ms.*

Le 4 juillet, à 9ʰ45′, la distance de Mars à β de la Vierge est égale aux trois quarts du diamètre de la Lune, ou à 24′ et un peu plus; Mars est plus bas de 16′, et son azimut 18′ au plus, plus occidental que l'étoile. β de la Vierge étoit alors en 5ˢ22ᵈ25′55″; lat. 0ᵈ43′ B. (en 5ˢ22ᵈ25′30″; lat. 0ᵈ41′35″, Bradl.) Eichstadius place Mars en 5ˢ22ᵈ21′45″; lat. 0ᵈ36′ B. La longitude est d'environ 19′ trop orientale.

Le 5 juillet, à 9ʰ45′, distance de Mars à l'étoile, 12′½ à-très-peu près, Mars plus bas de 4′; son azimut de 10′ plus oriental que l'étoile. *Ibid.*

ÉTOILES.

Le docteur Hook observe que la première étoile du Bélier (γ) est double. *Phil. Trans. n. 4, p.* 108.

— β et γ du Navire, suivant la nomenclature de Bayer, étoient encore visibles en 1664; en 1668, ces étoiles ne paroissoient plus. *Montanari, ibid. n.* 73, *p.* 2202.

— Le 25 juillet, à 14ʰ, la variable de la Baleine étoit moindre que les étoiles du 4ᵉ ordre, un peu plus grande que celles du 5ᵉ; le 19 août, elle avoit disparu; on la chercha vainement en 1665. *Bull. ms.*

Boulliau découvrit (cette année) que la période des phases de cette étoile étoit de 333 jours. *Journal des Savans*, 1667, *p.* 10 de l'édition in-4°. En effet, Boulliau, combinant les observations qu'il avoit faites de cette étoile jusqu'en la présente année 1664, en conclut que la plus grande phase de l'étoile anticipe tous les ans de 32 ou 33 jours; qu'elle a dû être invisible en 1665 et 1666, à cause du voisinage du Soleil; qu'on la reverra en 1667, vers le commencement de Mars, égale ou même supérieure aux étoiles du 3ᵉ ordre; que la période de ses phases est d'environ 333 jours; qu'on la voit de la 6ᵉ grandeur, et au-dessus, pendant environ 120 jours; que son plus grand éclat dure environ quinze jours; qu'au reste, il faut attendre des observations ultérieures, pour prononcer définitivement sur tout ce qui concerne cette étoile singulière. *Bull. Monita duo ad Astron.* Des observations subséquentes ont confirmé ces déterminations de Boulliau.

Cet Astronome pense qu'on peut expliquer les phases de cette étoile, en supposant qu'elle est sphérique; qu'elle tourne sur son axe en 333 jours; qu'une partie de sa surface, moindre que l'hémisphère, est lucide, et que l'autre partie est

couverte d'une croûte opaque. *Ibid.* Il n'y a rien d'impossible dans cette explication. On admet cependant plus communément celle de Maupertuis, qui pense
que cette étoile tourne sur son axe avec la plus grande précipitation; qu'en conséquence elle est extrêmement aplatie par ses pôles; qu'elle a, de plus, un autre
mouvement en 333 jours, dont l'effet est qu'elle dirige vers nous, tantôt son axe,
tantôt le plan de son équateur; que dans le premier cas, nous la voyons dans son
plus grand éclat, et que dans le second, elle devient invisible, vu le peu d'épaisseur
de son globe, dont elle ne nous présente que la tranche.

FAIT.

Ce fut en 1664, que Cassini découvrit pour la première fois l'ombre des Satellites sur le disque de Jupiter, et peu après, l'ombre de l'anneau de Saturne sur le
disque de cette planète. On attribue aussi ces découvertes à Joseph Campani, et il
paroît que ce n'est pas sans fondement. Il est au moins certain que cet illustre
artiste avoit donné aux verres des lunettes une perfection sans laquelle on n'auroit
pas fait alors ces découvertes. Voyez *Ephemerides Bonon.* — Petit, *Sur la nature des
Comètes,* p. 197. — Auzout, *Lettre à l'abbé Charles,* datée du 13 octobre 1664, *Anciens
Mémoires de l'Acad. t. VI.* — Campani, *Raguaglio di due nuove osservazioni,* etc.

— Cette année fut la dernière de Marie Cunitz; nous avons parlé de cette savante
sur l'an 1650.

1665.

ÉCLIPSE DE SOLEIL, LE 15 JANVIER.

A Bologne, vers 20^h, le Soleil paroissant entre les nuages haut de $3^d 31'$, Montanari l'observa éclipsé d'un demi-doigt. Le Soleil parvenu à la hauteur de 4^d n'étoit
plus éclipsé. *Specchio celeste di Leonello Faberi,* p. 25.

ÉCLIPSE DE LUNE, LE 30 JANVIER.

A Paris, Boulliau ne put voir le commencement, à cause des nuages. Il observa
ensuite le passage de l'ombre par quelques taches, prenant à chaque observation
la hauteur du bord supérieur de la Lune. *Bull. ms.* Les nuages, apparemment, ne
permirent pas à Boulliau de mieux faire.

— A Florence, à $18^h 30'$, Leonello Faberi jugea la grandeur de l'éclipse de
5 doigts. *Specchio celeste,* p. 25.

Pénombre, le 26 juillet.

Eichstadius avoit annoncé, pour le 26 juillet, une éclipse de 1 doigt $7'57''$; il n'y
eut qu'une forte pénombre. A Dantzick, elle commença $7'$ après qu'α de l'Aigle eut
été observé haut de $37^d 16'$ à l'ouest. Elle dura $50'$. *Mach. cœl. l. 2.*

— Boulliau observa aussi cette pénombre à Paris; elle commença, Jupiter étant haut de 22ᵈ39′ à l'Est; elle finit, le bord supérieur de la Lune étant à la hauteur de 20ᵈ8′ à l'Ouest, donc après 12ʰ. Ce fut sur le bord boréal de la Lune que cette pénombre se répandit.

— Cassini fait aussi mention de cette pénombre dans sa lettre du 12 octobre 1665, à l'abbé Falconieri.

PLANÈTES.

A Paris, le 20 mai, à 12ʰ, distance de Saturne à 2ν du Sagittaire, 30′ à 31′, son azimut plus oriental de 13′ au plus. A 14ʰ20′, la distance est la même; l'azimut de Saturne est de 10′, au plus, plus oriental que celui de l'étoile. La distance de la planète à une ligne tirée par ξ et 2ν du Sagittaire, égaloit deux diamètres de la planète, qui étoit à l'Est de cette ligne. *Bull. ms.*

Opposition de Saturne, le 26 juin, à 15ʰ23′, mérid. de Paris, en 9ˢ5ᵈ43′51″, lat. 0ᵈ47′27″B. suivant J. Cassini, d'après les observations d'Hévélius, *Elém. d'Astr. p.* 357, ou à 16ʰ59′, t. m. mérid. de Londres, en 9ˢ5ᵈ47′48″. *Hall. Tab.*

— Opposition de Jupiter, le 9 août, à 7ʰ4′, t. m. mérid. de Londres, en 10ˢ17ᵈ26′46″. *Ibid.*

— Depuis le 13 septembre jusqu'au 31 octobre, Boulliau a fait à Paris un grand nombre d'observations des distances de Jupiter à ι du Capricorne, et de leurs différences en hauteur et en azimut. Voici les principales.

Le 21 septembre, à 10ʰ30′, distance 14′ ou 15′ au plus; Jupiter de 13′ plus haut, et, en azimut, de 6′ au plus plus occidental que l'étoile; les deux astres ont presque la même longitude.

Le 22, à 7ʰ, la distance étoit la même, Jupiter de 14′ plus haut que l'étoile; son azimut de 3′ plus occidental. La longitude de Jupiter étoit devenue plus occidentale que celle de l'étoile.

Jupiter étoit rétrograde en septembre; vers le commencement d'octobre, il reprit son mouvement direct, et se rapprocha de ι du Capricorne.

Le 23 octobre, à 6ʰ15′, la distance de Jupiter à l'étoile étoit de 17′; Jupiter étoit de 16′ plus haut, et de 5′ en azimut plus occidental que l'étoile; il n'avoit pas encore atteint la conjonction.

Le 24, à 7ʰ, distance : 17′ presque; Jupiter, en azimut, 3′ plus occidental que l'étoile. La conjonction avoit eu lieu quelques heures auparavant, en 10ˢ13ᵈ3′ environ, la latitude de Jupiter étant de 0ᵈ59′A. (Mais, suivant Bradley, l'étoile étoit en 10ˢ12ᵈ59′6″; telle étoit donc aussi, suivant l'observation de Boulliau, la longitude de Jupiter; et la latitude de l'étoile étant de 1ᵈ20′53″A., celle de Jupiter devoit être de 1ᵈ4′A.).

Le 25, à 6ʰ50′, la distance de Jupiter à l'étoile étoit de 18′, et l'azimut de Jupiter n'étoit que de 1′ plus occidental que l'étoile. Jupiter avoit dépassé de 3′ la conjonction. (Si cela est, il étoit en 10ˢ13ᵈ2′; lat. 1ᵈ3′.). *Bull. ms.*

— Le 18 septembre, Mut, à Majorque, avoit observé que Jupiter étant dans le méridien, après 9ʰ, étoit de 16′ distant de ι du Capricorne; qu'il étoit plus oriental de 5′, et de 14′ plus boréal que l'étoile; qu'en conséquence il étoit en 10ˢ13ᵈ7′, avec une latitude de 1ᵈ2′B. *Mut, p.* 60.

Le mouvement diurne de Jupiter étoit alors d'environ 4′, peut-être un peu moindre ; il suivroit donc de l'observation de Mut, que Jupiter et l'étoile auroient eu la même longitude, le 19 septembre, vers 16ʰ ; latitude de Jupiter, 1ᵈ7′.

Le 12 septembre, à 15ʰ30′, distance de Mars au milieu de la Crèche de l'Écrevisse, environ 14′ ; Mars plus bas que ce milieu, et presque dans le même azimut. *Bull. ms.*

— Le 23 novembre, Régulus étant au méridien de Majorque, donc à 17ʰ50′, Mars étoit de 2′ plus occidental et de 15′ plus boréal que le genou postérieur *de la Vierge* (lisez *du Lion*.) Il étoit donc en 5ˢ14ᵈ2′ ; lat. 1ᵈ55′ B. *Mut, p.* 60. L'étoile σ du Lion étoit, suivant Bradley, en 5ˢ14ᵈ2′40″ ; latitude 1ᵈ41′50″ B. Donc Mars en 5ˢ14ᵈ0′⅔ ; lat. 1ᵈ57′ B.

— Le 1ᵉʳ novembre, à 17ʰ, Vénus étoit à 14′ ou 15′ de distance de la précédente des quatre étoiles de l'aile gauche de la Vierge (apparemment β) ; la plus grande partie de cette distance étoit en hauteur. *Mut, p.* 60.

ÉTOILES.

L'étoile de la poitrine du Cygne, qui n'avoit pas paru depuis 1662, fut vue le 28 novembre, par un ciel très-serein. *Hevel., Ann. Climact., p.* 90.

— Germain-Abraham Ihle découvre un nuage entre la tête et l'arc du Sagittaire. *Trans. abridg. t. IV, p.* 225. Kirch est cependant convenu que ce nuage avoit été antérieurement observé par Hévélius. *J. Cass. Élém. d'Astr., p.* 78.

— La nébuleuse de la ceinture d'Andromède, fort claire en juin et juillet, devint moins claire vers la fin d'août. *Bull. ms.*

COMÈTES.

Deux comètes observées dans les quatre premiers mois de cette année, occasionnèrent un grand nombre d'écrits, tant astronomiques qu'astrologiques, sur la nature et les mouvemens de ces astres.

— La première de ces deux comètes avoit été observée dès le mois de décembre de l'année précédente ; et comme c'étoit dans cette même année qu'elle avoit été périhélie, c'est à cette année 1664 qu'on a coutume de la rapporter. On continua de l'observer jusque vers la fin de mars 1665. Voyez ce que nous en avons dit ailleurs, *Cométogr., t. II, p.* 10 *et suiv.* Elle avoit à peine cessé de paroître, qu'on en vit une seconde ; celle-ci ne fut observée que jusqu'au 20 avril. Voyez *ibid. p.* 22.

Après un petit nombre d'observations de la première comète, Adrien Auzout dressa une éphéméride de la route qui lui restoit à parcourir, et la fit imprimer à Paris, in-4°. Il l'envoya à Christine, reine de Suède, qui la communiqua à Cassini. Cassini reconnut qu'Auzout étoit parti de la même hypothèse d'après laquelle il avoit lui-même annoncé les mouvemens futurs de cette comète. L'un et l'autre supposoient que le mouvement de la comète s'exécutoit dans un cercle très-excentrique au Soleil et à la Terre. Cette hypothèse pouvoit satisfaire, à peu-près, à plusieurs observations, mais non pas à toutes ; il n'eût pas été possible d'y faire cadrer les dernières observations de la comète de 1664. Cassini, dans sa *Theoria motus cometæ anni* 1664, imprimée à Rome en 1665, *in-fol.*, attribua l'irrégularité apparente, observée alors dans le mouvement de la comète, à un mouvement de ses nœuds, analogue au mouvement des nœuds de la Lune ; mais cette supposition ne satisfait pas à tout.

Entre les dissertations sans nombre que l'apparition de ces deux comètes produisit, on doit distinguer le *Prodromus cometicus* (le Précurseur cométique) d'Hévélius, imprimé à Dantzick *in-fol.* Outre l'histoire de tous les mouvemens, de toutes les apparences de la première comète, Hévélius y jette les premiers fondemens de son système sur la nature et le mouvement des comètes. Nous avons parlé ailleurs de ce système, *Cométogr. t. I, ch.* 8. Cet Ouvrage fut suivi, en 1666, d'une description de la seconde comète, suivie de *Mantissa Prodromi cometici*, c'est-à-dire, Appendice au Précurseur cométique, à Dantzick, *in-fol.*

FAITS.

Cassini, après plusieurs observations d'une tache sur le disque de Jupiter, détermina que cette planète tourne sur son axe en $9^h 56'$. *Cassini, quattro Lettere al Abbate Falconieri*, imprimées cette année même à Rome, *in-fol.* On nous dit que Robert Hook avoit, dès l'année précédente, remarqué le mouvement d'une tache de Jupiter ; *Oldemb. Hist. Regiæ Societ., p. 2 et 7.* — *Phil. Trans. n.* 1 *et* 4. Cela peut être ; mais Hook en avoit-il conclu la durée de la rotation de Jupiter ? Le P. Gottignies revendique le tout dans une lettre imprimée à Rome in-8° ; il y prétend être le premier qui ait établi la rotation de Jupiter sur son axe, sentiment que Cassini, dit-il, avoit d'abord combattu. *Journ. des Sav.* 1666, *page* 466. On a cependant continué d'attribuer à Cassini cette découverte, et ni le P. Gottignies, ni aucun autre que je sache, n'a réclamé.

— Le 15 juin, à Rome, dans le crépuscule, Vénus étant en croissant, et tendant à sa conjonction inférieure, on observa vers son bord une tache obscure, qui la faisoit paroitre comme échancrée ; les soirs suivans, on ne vit plus cette tache. *Giornale de' Letterati,* 1668, *p.* 36.

— Riccioli publia cette année à Bologne, *in-fol.*, son *Astronomia reformata.* Il y combine un nombre presque infini d'observations anciennes et modernes, et s'efforce d'extraire de ces combinaisons les lois des mouvemens des planètes ; efforts louables, mais qu'un trop scrupuleux attachement à de vieux préjugés ne pouvoit que rendre inutiles. Il donne, dans le 2ᵉ tome, ou plutôt dans la 2ᵉ partie, de nouvelles tables construites d'après ses principes ; elles ont eu le sort de toutes celles qui les avoient précédées. Il termine le tout par un nouveau catalogue des étoiles fixes, réduit à l'an 1700, et meilleur, au moins en partie, que ceux qui avoient été publiés jusqu'alors, parce que Riccioli y avoit corrigé, sur ses propres observations, le lieu des principales étoiles.

— Campani publie aussi cette année, à Rome, *in-4°*, son *Raguaglio di due nuove osservazioni.* Nous avons parlé de ces deux observations sur l'année précédente. Ce n'est pas de ces deux observations seulement que l'Astronomie est redevable à

Campani; on pourroit, en quelque sorte, lui rapporter toutes celles qui ont été faites par les plus célèbres Astronomes de ce temps, avec les excellens verres travaillés par cet habile artiste. Il en avoit fait, pour Louis XIV, de 130, 150 et 205 palmes de foyer. Il avoit aussi imaginé des moyens de manier avec facilité les télescopes armés de ces verres; voyez-en la description à la fin de *Hesperi et Phosphori nova Phœnomena* de François Bianchini. Les verres de Campani ont été long-temps recherchés; ils le sont beaucoup moins depuis l'invention des télescopes catadioptriques et achromatiques.

— Nous ne devons pas oublier ici la *Dissertation* de Pierre Petit *sur la nature des Comètes, avec un discours sur les pronostiques des Éclipses.* Nous avons parlé, *Cométogr. t. I, ch.* 7, de cette dissertation, dirigée d'après les principes d'une saine physique, au moins quant à ce qui regarde la nature des comètes.

1666.

ÉCLIPSE DE SOLEIL, LE 1er JUILLET.

Hévélius, à Dantzick.

$18^h 57' 30''$. . .   commencement à 79^d environ du zénith vers l'ouest.
20   2   . . .   plus grande phase, 8 doigts 25'.
21   8 53 . . .   fin, à 143^d du zénith vers l'est.

Jusqu'à $19^h\frac{1}{2}$, les deux diamètres ont paru égaux; à $20^h\frac{1}{4}$ et depuis, celui de la Lune excédoit de 8 à 9″ celui du Soleil.

Voyez un plus ample détail dans *Mach. cœl. l. 2. — Oldemb. Hist. reg. Soc. p.* 370. — *Philos. Trans. n.* 19, *p.* 347.

M. de Lalande ayant corrigé les hauteurs du Soleil prises par Hévélius, plus exactement que cet Astronome ne l'avoit fait, a trouvé que son horloge retardoit, non pas de 2′0″, comme Hévélius l'avoit supposé, mais de 2′46″, ce qui donne les corrections suivantes :

$18^h 58' 16''$. . .   commencement.
21   9 39 . . .   fin. *Mém. de l'Acad.* 1787, *p.* 224.

— A Londres, Willougby, Pope, Hook, Philips.

$17^h 43'$ . . .   commencement.
18   39 30″. . .   l'éclipse a excédé 7 doigts.
19   37   . . .   fin.

Vers le milieu de l'éclipse, avec un télescope de 60 pieds (anglais), on aperçut, hors du disque du Soleil, une partie du disque de la Lune. *Philos. Trans. n.* 15, *p.* 495. *Oldemb. p.* 231.

— A Paris, Boulliau.

$17^h44'38''\dots$ le Soleil haut de $14^d55'$, commencément à 75^d du zénith, à l'ouest.

$18\ \ 18\ 38\dots$ le Soleil haut de $20^d15'$, 6 doigts.

$18\ \ 42\ 45\dots$ hauteur du Soleil, $23^d58'$, 7 doigts $56'$, plus grande phase.

$19\ \ \ 6\ 32\dots$ le Soleil haut de $28^d0'$, 6 doigts.

$19\ \ 43\ 21\dots$ hauteur du Soleil, $34^d0'$, fin à 148^d du zénith.

Boulliau donne toutes ces observations comme certaines; cependant il fixe le commencement à $17^h44'0''$, parce que, dit-il, il s'étoit écoulé quelque temps entre le commencement et la hauteur $14^d55'$. *Bull. ms.* Mais il faut remarquer d'un autre côté, que pour le calcul des heures, Boulliau employoit des réfractions qui n'étoient pas exactes. Il réduit la première hauteur, $14^d55'$, à la hauteur vraie, $14^d47'30''$; la réfraction employée est trop forte de $4'$, et l'heure conclue est trop foible de $25''$ à $26''$; l'heure de la première phase de 6 doigts est pareillement trop foible de $11''$; mais celle de la fin est, au contraire, trop forte de $4''$.

— A Paris, Payen, aidé d'Agarrat et de Barbier, professeurs de mathématiques.

$17^h44'52''\dots$ commencement.

$19\ \ 43\ \ 6\dots$ fin.

Grandeur, 7 doigts $50'$, dans la partie boréale (je pense qu'il faut lire australe) du Soleil.

Les diamètres étoient égaux.

L'observation est faite dans le faubourg Saint-Jacques. *Payen, Lettre à Montmor. Paris, in-4°.*

Dans *Philos. Trans. n.* 15. *p.* 296, la fin de l'éclipse est marquée comme dans la lettre de Payen. Je ne sais pourquoi, dans l'extrait de cette lettre, imprimé dans *Journ. des Sav.* 1666, *p.* 332, et dans les *mss.* de Cassini, on anticipe cette fin de $9''$.

— A Paris, Huygens, Carcavy, Roberval, Auzout, Frénicle et Buot, à l'hôtel Colbert, étoient munis d'une pendule d'Huygens, réglée sur des hauteurs d'étoiles et du Soleil, prises avec un sextant de six pieds de rayon.

$17^h43'20''$ commencement très-exactement observé, avec une lunette de 13 pieds, et deux autres de 7 pieds, à 80^d du zénith.

Plus grande phase, 7 doigts $\frac{7}{8}$ dans la chambre noire, 7 doigts $56'$ avec le micromètre (ou, comme on lit dans *Reg. de l'Acad.*, avec le *treillis*.)

$19^h42'20''$, fin, à 32^d du vertical vers l'orient, ajoute-t-on, *ibid.* La hauteur du Soleil fut alors observée de $33^d47'$; et le soir, on observa l'heure à laquelle le Soleil revint à la même hauteur, pour s'assurer de l'état de l'horloge. (C'est pour la première fois que je trouve qu'on ait pris, dans ce dessein, des hauteurs correspondantes.)

Le diamètre de la Lune étoit un peu plus petit que celui du Soleil, ou il lui étoit tout au plus égal. *Hist. céleste de M. le Monnier, p.* 3, — *Anc. Mém. t. I, p.* 8.

Dans les *Registres de l'Acad.*, on trouve de plus les observations suivantes.

$18^h\ 6'$ ... les cornes de l'éclipse sont verticales.

$18\ 17\ 50''$... six doigts, inclinaison de la ligne des cornes, environ 30^d.

$18\ 29\ 2$ ... sept doigts $\frac{1}{4}$; une corne est au nadir; 131^d ou 132^d du limbe sont dans l'ombre.

$18\ 58\ 12$ ... six doigts $\frac{5}{8}$; les cornes sont horizontales, et à 64^d du vertical.

$19\ 3\ 30$ ... six doigts, inclinaison de la ligne des cornes, 80^d environ.

$19\ 33$ ... un doigt $\frac{3}{4}$; l'autre corne est au vertical (ou au nadir), 62^d du limbe sont éclipsés.

— A Ham, Laurent Legrand.

$17^h 55' 15''$... commencement, le Soleil étant à la hauteur de $16^d 8'$.

$19\ 56\ 3$ ... fin, la hauteur du Soleil étant de $35^d 20'$.

(Pour corriger ces hauteurs apparentes, Legrand retranche $4'$ de la première; il n'en falloit retrancher que 3. Il ajoute $2'$ à la seconde; il falloit, au contraire, en retrancher $1'\frac{1}{4}$. Si l'on veut, en conséquence, corriger les heures calculées par Legrand, il faut ajouter $6''$ à la première, et retrancher $22''$ à $23''$ de la dernière.)

Hauteur du pôle, suivant Legrand, $49^d 44'$ (elle est de $49^d 45'$).

Grandeur de l'éclipse, 8 doigts $30'$. (C'est peut-être un peu trop.) *Manuscrit contemporain et peut-être autographe*, dont j'ai fait l'acquisition à Ham.

— A Lyon, les PP. Innocent, capuein, Rigaud et de la Chaise, jésuites, Mouton et Regnaud.

$19^h 51'$.... fin, tant chez les capucins que chez les jésuites; mais les premiers estimèrent la grandeur de 8 doigts $28'$; les autres la jugèrent de 10 doigts. *Payen, Selenelion*, § 15.

— A Bologne, Cassini et Montanari observèrent la plus grande phase de $9^d 45'$. *Ibid.*

— A Rome, le P. Gottignies la détermina de 10 doigts $25'$, et le P. Fabri de 10 doigts $40'$. *Ibid.*

— A Madrid, le comte de Sandwich.
Commencement vers 17^h.

$17^h 15'$..... hauteur du Soleil $6^d 55'$.

$18\ 2$..... milieu, le Soleil haut de $15^d 5'$.

$19\ 5$..... fin exacte, le Soleil haut de $25^d 24'$.

Durée, $2^h 4'$. Partie éclairée au milieu de l'éclipse : 0,37; partie éclipsée : 0,63; donc grandeur de l'éclipse, 7 doigts $30'$. *Philos. Trans. n.* 15, *p.* 296.

— A Majorque, Mut.

$17^d 29'$...... commencement; hauteur du Soleil, $8^d 56'$; corrigée, $8^d 50'$.

$18\ 25$...... le Soleil haut de $18^d 56'$, plus grande phase $\frac{3250}{4000}$ du diamètre éclipsés, ou 9 doigts $45'$.

$19\ 30$...... fin, le Soleil haut de $31^d 26'$. Le diamètre du Soleil très-peu plus grand que celui de la Lune. *Mut, p.* 84.

— A Valence, le P. Zaragoça.

17ʰ 20′. . . . . .   commencement.
                            Plus grande phase 9 doigts 40′.
19 18 . . . . . .   fin. *Mut, p.* 85.

ÉCLIPSE DE LUNE, LE 16 JUIN.

Cette éclipse devant commencer sous l'horizon à Dantzick (et dans toute l'Europe), Hévélius, pour observer plus de phases, quitta Dantzick, et fit l'observation près de son jardin d'Oliva, sur une colline, à peu de distance de Dantzick. Le brouillard nuisit cependant aux premières observations qu'il s'étoit proposé de faire.

8ʰ 53′. . . . . .   la Lune, haute d'environ 2ᵈ 30′, sort du brouillard, éclip-
                            sée de 1 doigt$\frac{3}{4}$.
9 27 . . . . . .   fin, vers le 128ᵉ degré du zénith, du côté de l'ouest. *Mach.*
                            cœl. l. 2.
9 51 . . . . . .   fin de la pénombre.

— A Paris, ciel couvert.

— A Nimes, le P. Bertet.
7ʰ 50′, environ, l'éclipse est de 3 doigts et quelques minutes. *Payen, Selenel.,* § 10. Payen prétend, et je pense avec raison, que l'éclipse n'a été que de 2 doigts (peut-être avec quelques minutes), et de 3 doigts y compris la pénombre. *Journ. des Sav.* 1666, *p.* 427.

— A Aix, le P. Régis, dans le collège.

8ʰ 15′. . . . . .   fin. *Payen, Selen.,* 10.

— A Bologne, Montanari.

                            Plus grande phase, 2 doigts 29′. *Ibid.*
7ʰ 40′. . . . . .   deux doigts.
8 29 40″. . .   fin. De l'Isle a trouvé, à la tête d'une éphéméride de Mon-
                            tanari, ces deux phases, écrites, à ce qu'il croit, de la
                            main même de cet Astronome. *mss. de de l'Isle.*

PLANÈTES.

Opposition de Saturne, le 8 juillet, à 19ʰ 44′, t. m. mérid. de Londres, en 9ˢ 17ᵈ 6′ 45″. *Hall. Tab.*

— Opposition de Jupiter, le 15 septembre, à 23ʰ 21′, t. m. mérid. de Londres, en 11ˢ 23ᵈ 43′ 18″. *Hall. Tab.* Mais J. Cassini, d'après les observations d'Hévélius, marque cette opposition à 23ʰ 50′ mérid. de Paris, en 11ˢ 23ᵈ 43′ 28″; lat. de Jupiter 1ᵈ 37′ 25″ A. *Élém. d'Astr. p.* 417.

— Le 20 janvier, à 11ʰ 30′, Boulliau, à Paris, observa Mars à 14′ de γ de la

Vierge, vers l'est et le pôle boréal de l'écliptique; il étoit de 6' plus bas, et, en azimut, de 12' et même presque de 13' plus oriental que l'étoile. *Bull. ms.*

Opposition de Mars, le 18 mars, à $12^h6'$, t. m. mérid. de Londres, en $5^s28^d39'49''$. *Hall. Tab.*

En effet, ce même jour, 18 mars, à Majorque, à $8^h3o'$, Mut observa Mars à $6^d5o'$ de γ de la Vierge, et pareillement à $6^d5o'$ de β de la même constellation, d'où il conclut que Mars étoit en $5^s28^d43'$ (ce qui s'accorde très-bien avec la détermination de Halley). *Mut, p.* 6o, 61.

— Le 23 mai, à Paris, à 9^h, Mars étoit à environ 24' de distance de β de la Vierge, et plus occidental que l'étoile; les différences de hauteur et d'azimut furent jugées égales (et par conséquent de 17').

Le 24, à $8^h5o'$, la distance étoit de 18' au plus; Mars étoit plus haut d'environ 15', et plus occidental, en azimut, de 9'.

Le 25, à $9^h8'$, distance 14'; Mars, en azimut, plus oriental de 6'; il avoit dépassé de quelques minutes la longitude de l'étoile.

Le 26, à $10^h3o'$, distance 23'; Mars, en azimut, plus oriental de 19', et de 14' plus haut que l'étoile. *Bull. ms.*

— Mut observa cette appulse à Majorque. Le 24 mai, ε de la Vierge ayant dépassé de très-peu le méridien, ou à $8^h4o'$, Mars étoit au nonagésime avec β de la Vierge; il étoit cependant en longitude, de 8'3o'' plus occidental, et de 14' plus boréal que l'étoile.

Le 25, à la même heure, Mars étoit plus oriental de 7'3o'', plus boréal de 12' que l'étoile. Donc il étoit, le 25, en $5^s22^d19'$; latitude $0^d57'$ B. *Mut, p.* 86. β de la Vierge étoit alors en $5^s22^d27'6''$; lat. $0^d41'35''$ A. suivant Bradley; donc Mars en $5^s22^d18'\frac{1}{2}$; latitude $0^d55'\frac{1}{2}$ B.

Le 26 juillet, à Majorque, à $9^h1o'$, Mut observa Mars près de l'étoile la plus australe des deux suivantes dans la main gauche de la Vierge. Mars étoit plus austral de 6', plus occidental de 4' que l'étoile. Il étoit donc en $6^s2o^d36'$; lat. $0^d27'$ A. *Mut, ibid.* De ce lieu de Mars, il est facile de conclure que l'étoile étoit *h* de la Vierge, laquelle étoit alors, suivant Mayer, en $6^s2o^d35'49''$; latitude $0^d24''13''$ A.

ÉTOILES.

La nébuleuse d'Andromède, en janvier, est plus obscure que l'année précédente. Vers le commencement de mars, et vers la fin de l'année, elle devient encore plus obscure. *Bull. ms.*

— Le 24 septembre, Hévélius voit encore l'étoile P de la *poitrine* du Cygne; mais elle est à peine de la 6ᵉ grandeur. *Mach. cœl. l.* 2. — *Ann. Climact. p.* 9o.

— Au 21 du même mois, Hévélius, après avoir dit que la *nouvelle* étoile (o) de la Baleine, étoit toujours invisible, ajoute : « Celle du *cou* du Cygne paroit même à l'œil nu, nonobstant la clarté de la Lune; je l'avois déjà observée quelques mois auparavant. » Est-ce qu'Hévélius auroit remarqué avant Kirch les variations de l'étoile χ du Cygne.

FAIT.

Ce fut en 1666, ou peut-être même, dès 1665, qu'Auzout imagina le micromètre ; voyez-en la description, *Anc. Mém. t. VII, p.* 118 *et suiv.* On lui associe Picard dans cette belle et utile invention, *ibid. t.* I, *p.* 10. Il est au moins certain que ces deux Astronomes se réunirent en 1666 pour faire les premiers essais de cet instrument sur les diamètres du Soleil, de la Lune, et des autres planètes. Voyez *Hist. cél.* (¹), *p.* 3, *et suiv.* — *Phil. Trans. n.* 21, *p.* 373. — Auzout. *Lettre à Oldembourg, du* 28 *décembre* 1666, *p.* 3.

En Angleterre, on ne laissa pas long-temps Auzout jouir de la gloire d'être le premier inventeur du micromètre. En mai 1667, Richard Townley crut manquer à ce qu'il devoit à sa patrie, s'il ne revendiquoit pas cet honneur pour Guillaume Gascoigne son compatriote. Il avoit en son pouvoir des lettres et autres papiers volans de Gascoigne, qui constatoient que cet Astronome avoit non-seulement inventé un instrument d'un aussi grand effet que celui d'Auzout, mais qu'il en avoit même fait usage pendant quelques années. Townley possédoit aussi le premier instrument exécuté par Gascoigne, et deux autres plus parfaits, postérieurement exécutés. Il convient cependant, que cet instrument étoit loin d'atteindre à la perfection : mais il le trouvoit si supérieur à tous les autres, qu'il avoit employé tous ses soins à le rendre exact et facile à manier, et qu'il y avoit réussi, dit-il, il y avoit un an. *Philos. Trans. mai* 1667, *n.* 25, *p.* 457. — *Trans. abridg. tom. I, p.* 217 ; *ibid. p.* 218. Dans *Phil. Trans. nov.* 1667, *n.* 29, *p.* 542 *et suiv.* on trouve une description détaillée de cet instrument, donnée par Robert Hook ; on n'y a pas sans doute oublié les perfectionnemens ajoutés par Townley et par Hook lui-même.

Quand le micromètre de Gascoigne auroit toute la perfection dont un tel instrument est susceptible, il est resté inconnu jusqu'à la publication de celui d'Auzout ; c'est donc à celui-ci, et non pas à Gascoigne, que les Astronomes seroient redevables de ce précieux instrument. Mais il s'en faut de beaucoup que le micromètre de Gascoigne fût d'un aussi grand effet que celui d'Auzout, *of as great a power as M. Auzout's,* dit Townley. Auzout et Picard, dès les premiers usages de leur micromètre, trouvèrent que le diamètre du Soleil apogée n'est pas beaucoup moindre que 31'37" à 40", et qu'il n'est certainement pas au-dessous de 31'35" ; et que celui du Soleil périgée n'excède pas 32'45", et qu'il est peut-être moindre de 1" ou 2". Auzout ajoute qu'il n'avoit jamais trouvé le diamètre de la Lune moindre que 29'44" ou 45", ni plus grand que 33' et quelques secondes ; il avertit cependant qu'il n'a pas observé cet astre dans toutes les combinaisons possibles. *Lettre à Oldemb. p.* 3, 4. Ces résultats des premières observations de Picard et d'Auzout ont été confirmés à 3" ou 4" près, par toutes les observations subséquentes. Gascoigne, au contraire, avec son micromètre, se trompe assez souvent de 30" et plus sur le demi-diamètre, et par conséquent d'une minute et plus sur le diamètre de la Lune, pour ne pas parler de l'erreur monstrueuse qui lui est échappée le 20 mars 1641 : la Lune n'avoit que 40 à 45 degrés d'anomalie moyenne, et Gascoigne trouva son

---

(¹) L'abrégé simple *Hist. cél.* désignera toujours l'Histoire céleste de M. le Monnier, imprimée à Paris, *in-4°,* en 1741, et l'abrégé *Hist. cœl. Br.* dénotera l'Histoire céleste Britannique de Flamsteed, imprimée à Londres en 1725 en 3 vol. in-fol.

demi-diamètre de 18′3″, ou au moins de 17′29″. Voyez *Hist. cœl. Br. p.* 4, 5. On a perfectionné le micromètre de Gascoigne ; mais ceux qui l'ont perfectionné avoient connoissance de celui d'Auzout ; mais, malgré ce perfectionnement, le micromètre d'Auzout était fort supérieur à celui de Gascoigne ; aussi celui de Gascoigne est généralement oublié ; celui d'Auzout est entre les mains de tous les Astronomes.

— Auzout se proposoit aussi de déterminer la parallaxe de la Lune par l'augmentation graduelle de son diamètre à diverses hauteurs sur l'horizon : il est étonné que personne n'ait tenu compte de cette augmentation dans le calcul des éclipses, ni donné des règles pour l'apprécier. *Lettre à Old. p.* 4. Cette augmentation avoit cependant été connue de Képler, Horroxe, et de quelques autres. Hévélius avoue ingénûment qu'il ne s'en doutoit pas précédemment ; il attribue à l'éclipse du 1er juillet de cette année l'honneur d'en avoir rendu la connoissance générale. Quant à l'idée de faire servir cette augmentation à la détermination de la parallaxe de la Lune, Townley la revendique encore pour son Gascoigne ; mais c'étoit une idée dont on ne pouvoit espérer un bien grand succès.

— Cassini publia cette année à Bologne, *in-fol.*, ses observations sur la planète de Mars ; il en avoit observé et suivi les taches depuis le 6 février, et en avoit conclu sa rotation sur son axe en 24ʰ40′. Hook avoit pareillement observé en Mars le mouvement de ces taches, avec une lunette dont l'objectif avoit 36 pieds (anglais) de foyer : mais je ne crois pas qu'il en ait conclu la rotation de Mars.

— Le 14 octobre, à 5ʰ45′, Cassini voit une tache lumineuse et deux obscures sur le disque de Vénus ; il les suit les jours suivans, et conclut enfin que Vénus tourne sur son axe du sud au nord dans la partie inférieure de son disque. Cassini soupçonne que sa rotation s'exécute en moins de 24 heures. La lettre qu'il écrivit à ce sujet à Petit, est imprimée dans *Journal des Sav.* 1667, *p.* 263 ; et dans *Giornale de Letter.* 1668, *p.* 40.
On observe plusieurs fois à Rome, sur la partie obscure du disque de Vénus, cette lumière secondaire qu'on remarque sur la partie non éclairée de la Lune, peu avant ou peu après sa conjonction avec le Soleil. *Giorn. de Lett.* 1668, *p.* 38.

— Le 9 mars, on remarque pour la première fois la lumière zodiacale à Rome ; Cassini la voit le 10 à Bologne ; Jean-François Laurentii, Cavina et d'autres l'observent le 11 à Faenza, à Milan, à Naples, etc. et l'on en continue l'observation les jours suivans. *Ibid. p.* 37.

— Newton conçoit la première idée de son système en 1666, *Pemberton Præfat. ad Principia Newtoni.*

— C'est aussi en cette année qu'il construit son premier télescope catadioptrique : il n'avait que 6 pouces de longueur, et il faisoit l'effet d'une lunette ordinaire de 3 pieds. Mais cette invention fut négligée jusqu'en 1719.

— Louis XIV établit cette année à Paris l'académie des sciences. Il ne la composa d'abord que de Mathématiciens, Auzout, Picard, Carcavi, Huygens, Roberval, Buot, Frénicle. Ils tinrent leur première assemblée au mois de juin 1666. Peu après, Louis XIV leur associa des Médecins, des Chimistes, des Botanistes ; de la Chambre, Perrault, Duclos, Bourdelin, Pecquet, Gayen, Marchant et Duhamel pour secrétaire de la société, etc. L'académie, ainsi complétée, sous le titre d'Académie des Sciences et des Arts, s'assembla pour la première fois le 22 décembre de la même année.

— C'est aussi à cette année que l'on rapporte la fondation de l'observatoire royal de Greenwich, devenu depuis si célèbre par la multiplicité des observations de Jean Flamsteed, Edmond Halley, Jacques Bradley et Nevil Maskelyne.

— Dans *Opera Astronomica Jo. Dom. Cassini*, qui furent imprimés cette année à Rome, *in-fol.*, on remarqua sur-tout les tables des mouvements des satellites de Jupiter. C'étoient les premières que l'on publioit sur cette matière : l'applaudissement avec lequel elles furent reçues égala l'impatience avec laquelle on les avoit attendues.

— Albert Curtius, sous le nom emprunté de *Lucius Barrettus*, anagramme d'*Albertus Curtius*, publie à Ausbourg le recueil des observations de Tycho, sous le titre, *Historia cœlestis Tychonica*, 2 *vol. in-fol.* Ce recueil seroit précieux s'il n'étoit pas déparé par une quantité innombrable d'erreurs typographiques; nous avons tâché de corriger les principales (¹).

— En cette même année, Vincent Mut fait imprimer à Majorque, in-4°, ses *Observationes motuum cœlestium*, contenant principalement ses observations astronomiques depuis 1642 jusqu'en 1666. Au chap. 2, p. 38, § 1, Mut dit que pour observer les appulses des planètes aux étoiles et leurs conjonctions, il se sert d'un télescope qui lui donne les distances et les positions respectives par quatre méthodes différentes. 1° Il compare les distances aux taches de la Lune. 2° Il prend la différence de la durée des passages par le champ du télescope, au voisinage du méridien, mesurée par le nombre des oscillations d'un pendule. 3° Il observe la distance de Jupiter ou de Saturne à une fixe, et conclut la conjonction de la planète et de la fixe d'après le mouvement diurne de la planète, suffisamment connu par les tables, pourvu que la planète ne soit pas trop voisine de sa station. Enfin il ajoute, (§ 2) : 4° vers le foyer intérieur d'un télescope à deux verres convexes, on adapte un anneau, dont le plan est entrecoupé par des fils très-déliés, qui les divisent en des quarrés égaux et extrêmement petits; on détermine la valeur des côtés de ces quarrés par une des trois premières méthodes, et l'on s'en sert comme d'une mesure pour déterminer les espaces (ou les distances) célestes.

1667.

PLANÈTES.

Le 16 juillet, Picard, à la porte Montmartre, observa que 54′ après le passage de Saturne au méridien, l'axe de son anneau étoit dans une situation horizontale, d'où il s'ensuivoit que son inclinaison au méridien étoit de 80ᵈ 45′, le bord boréal de Saturne dépassoit l'anneau; l'austral paroissoit comme coupé. *Hist. cél. p.* 25.

(¹) Pingré fait ici allusion aux corrections qu'il se proposait de donner dans la Préface des *Annales célestes*. (G. B.)

Voyez, *ibid.* les observations des diamètres des planètes, faites par Picard, tant cette année que les années suivantes.

— Opposition de Saturne, le 21 juillet, à $0^h 24'$, t. m. mérid. de Londres, en $9^s 28^d 31' 10''$. *Hall. Tab.*

— Opposition de Jupiter, le 23 octobre, à $10^h 4'$, t. m. mérid. de Londres, en $1^s 0^d 30' 49''$; *ibid.* ou, suivant J. Cassini, d'après les observations d'Hévélius, à $8^h 25'$, mérid. de Paris, en $1^s 0^d 33' 21''$; latitude, $1^d 33' 41''$A. *Élém. d'Astr.* p. 417.

ÉTOILES.

La nébuleuse d'Andromède devient de plus en plus obscure; au mois d'août, elle ressemble à un nuage léger qui s'évanouit. Sur la fin de septembre, le nuage a disparu, et l'on a beaucoup de peine à discerner l'étoile. Le 13 et le 14 octobre, il n'y avoit aucun vestige de nébulosité, et l'étoile étoit encore devenue plus petite; en novembre, elle diminuoit encore. *Bull. ms.*

— La variable de la Baleine, paroit le 30 janvier de 6ᵉ grandeur, le 12 février de 4ᵉ, le 24 février de 3ᵉ, et d'une lumière vive et éclatante. Le 26 et le 27, elle croissoit encore. *Ibid.* Hévélius ne la voyoit pas encore le 23 janvier; le 2 février, il la jugea égale à γ de la Baleine, ou à α des Poissons. Le 10, elle étoit très-claire; le 27 février et le 13 mars, elle étoit plus grande que γ. *Mach. cœl. l.* 2. — *Ann. Clim.* p. 90, 91.

— La *nouvelle*, dans le *cou* du Cygne, n'atteint pas au mois de mai la 6ᵉ grandeur. *Bull. ms.* Montanari revoit cette année ψ du Lion, qui avoit été invisible les années précédentes. On l'a revue depuis en 1691, mais très petite. *Élém. d'Astron.* p. 74.

FAITS.

Vers la fin de cette année, Picard et Auzout substituèrent des lunettes garnies de micromètres aux pinnules des quarts-de-cercle. *Hist. cél., Disc. prélim., p. vj,* etc. Les Anglais ont encore voulu revendiquer cette invention pour leur Gascoigne, qui, disent-ils, en avoit eu l'idée. *Phil. Trans.* 1717. *n.* 352. Quand cela seroit, en est-il moins vrai qu'Auzout et Picard sont les premiers qui, sans avoir aucune connaissance des idées, réelles ou prétendues, de Gascoigne, aient appliqué des lunettes aux quarts-de-cercle, et que c'est à eux seuls que l'univers savant est redevable de cette utile invention? Probablement avant Gascoigne, Morin en avoit eu l'idée, et l'avoit même exécutée et publiée. Mais Morin en avoit parlé à des sourds; Picard et Auzout se sont fait entendre.

— Stanislas Lubinietzki publia cette année son *Theatrum cometicum,* 2 *vol. in-fol.* à Amsterdam, réimprimé à Leyde en 1681. Le premier volume est un recueil de lettres des plus célèbres Astronomes de ce temps-là, adressées à l'auteur, sur les deux comètes qui avoient paru en 1664 et 1665. On y rencontre aussi quelques autres observations. Le second volume contient un catalogue de 415 comètes, vues, suivant Lubinietzki, depuis le commencement du monde jusqu'en 1665. L'auteur ne marche pas toujours à la lumière d'une saine critique

— Le 21 juin de cette année, les Mathématiciens de l'Académie des Sciences se transportèrent au lieu où l'on se proposait de construire l'Observatoire, et y tracèrent avec tout le soin possible, une ligne méridienne. *Hist. Acad.* (¹), *p.* 38.

Ce fut aussi cette année qu'on y posa les premiers fondemens de l'Observatoire. Il fut, à cette occasion, frappé une médaille portant d'un côté l'effigie du roi, avec ces mots : *Ludovico XIV regnante et ædificante*; de l'autre, un plan de l'Observatoire projeté; et pour exergue, *Sic itur ad astra*, avec la souscription *Turris siderum speculatoria. Anno* M. DC. LXVII. *Ibid.*

1668.

ÉCLIPSE DE SOLEIL, LE 4 NOVEMBRE.

Les meilleures tables de ce temps, les Rudolphines, annonçoient beaucoup trop tard le commencement de cette éclipse; plusieurs Astronomes y furent trompés et le manquèrent.

Hévélius, à Dantzick, fut de ce nombre.

1^h $1'30''$ ...	première phase observée, un doigt entier.
1 56 20 ...	plus grande phase, 5 doigts $37'$.
2 22 50 ...	le demi-diamètre du Soleil est à celui de la Lune comme $15'15''$ à $15'22''$.
2 58 20 ...	fin. *Mach. cœl. l.* 2.

— Flamsteed, à Derby.
Commencement sous un nuage.

23^h $1'$......	le 3, première phase observée, $\frac{1}{6}$ de doigt.
0 2......	le 4, ou peu auparavant, bord suivant du Soleil au méridien; et c'est sur ce passage que Flamsteed a réglé les autres temps, à l'aide d'un pendule simple, qui battoit 1485 fois en une heure.
	Plus grande phase, 6 doigts $\frac{4}{5}$; au moins n'a-t-elle pas excédé 7 doigts.
$1^h 24'30''$ ...	fin très-clairement observée. *Hist. cœl. Br. t. I, p.* 7.

— A Wingfield, à neuf milles de Derby, vers le nord, Emmanuel Halton.

23^h $1'$......	commencement.
1 15......	fin, à-peu-près. *Ibid.*

— A Codnor, 2 milles au sud de Wingfield, Willson.

23^h $7'$......	commencement.
1 26......	fin. *Ibid.*

(¹) Regiæ Scientiarum Academiæ Historia, auctore J. B. Duhamel, 2ª editio, Parisiis, 1701, in-4°.

— A Paris, Boulliau. La distance des cornes au zénith est toujours comptée sur le limbe du Soleil, en allant du zénith à la corne par l'ouest.

$23^h 24'$ . . . . . .　commencement, à 80^d du zénith; mais comme après le commencement, on a tardé quelque temps à regarder l'horloge, Boulliau pense qu'on peut fixer le commencement à $23^h 23'$.

Heures.		Doigts éclipsés.	Dist. des cornes au zénith.
$23\ 30$	. . . .	I	
$23\ 39$	. . . .	II	
$23\ 46$	. . . .	III	$46^d\ 128^d$
$23\ 55$	. . . .	IV	$47\ 142$
$0\ 6$	. . . .	V	$50\ 157$
$0\ 16\ 45''$	. . . .	VI	$55\ 177$
$0\ 33$	. . . .	VII	$75\ 210$
$0\ 37$	. . . .	VII $\frac{1}{4}$ presque, plus grande phase.	
$0\ 41\ 30$	. . . .	VII	
$1\ 0$	. . . .	VI	$125\ 243$
$1\ 38$	. . . .	II	
$1\ 50$	. . . .	» fin, au travers des nuages, avec une petite lunette; les quatre phases précédentes sont douteuses à cause des nuages.	

A $0^h 55'$, les cornes avoient été placées horizontalement.

Des deux phases de 6 doigts, Boulliau conclut que les diamètres étoient égaux. Pour l'heure, Boulliau avoit mis son horloge en mouvement sur 22^h, le Soleil étant haut de $20^d 10'$. Le Soleil étant haut de $22^d 25'$, et de $24^d 4'$, l'horloge marquoit $22^h 30'$ et 23^h. *Bull. ms.* Or les hauteurs observées donnent réellement, à quelques secondes près, les heures marquées par l'horloge, non-seulement selon les calculs de Boulliau, mais même suivant les nôtres. Pour plus de précision, si cependant les observations de Boulliau en sont susceptibles, on pourroit retrancher une demi-minute des heures déterminées par Boulliau. A midi, on mesura le diamètre de la Lune; on le trouva de $32' 32''$, précisément égal à celui du Soleil. *Hist. cél. p.* 7.

— A Bologne, Cassini, trompé par de fausses annonces, manqua le commencement.

Heures.		Doigts éclipsés.	
$0\ 56\ 55$	. . . .	V	
$1\ 8\ 51$	. . . .	VI	
$1\ 30\ 50$	. . . .	VI $\frac{4}{7}$, plus grande phase.	
$1\ 44\ 35$	. . . .	VI	
$1\ 56\ 10$	. . . .	V	
$2\ 7\ 2$	. . . .	IV	
$2\ 24\ 32$	. . . .	II	
$2\ 39\ 10$	. . . .	fin.	Voyez plus de détail dans *Giorn. de Lett.* 1668, p. 154.

PREMIÈRE ÉCLIPSE DE LUNE, LE 25 MAI.

Les nuages ne permirent pas à Hévélius de l'observer.

— Bartholin, à Copenhague.

14ʰ54′. . . . . .   commencement, dans la partie de l'Afrique, limitrophe
                     à *Mons Pentadactylus* (*Seleucus*).

15ʰ 1′35″. . .   l'ombre passe par *Mons Porphyrites* (*Aristarchus*), par
                     la commune limite de *Mons Hyperboreus*, de *Paludes
                     orientales* et de *Mare Eoum* (*sinus roris, littus eclipti-
                     cum, Oceanus procellarum*), et de plus, autant au-dessus
                     de *Miris* (*Ricciolus*), que *Miris* est au-dessus de *Ma-
                     rœotis* (*Grimaldus*).

L'aurore ne permit pas de continuer l'observation. *Lettre d'Hévélius* à Boulliau,
dans *Bull. ms.*

— A Montmartre, près Paris, l'Académie (c'est-à-dire Picard, Auzout, et cinq
autres Académiciens).

14ʰ12′47″. . .   commencement, près d'*Aristarchus*.

L'éclipse augmenta jusqu'à 10 doigts, et atteignit *Tycho*. On la jugea même
de 10 doigts et demi ; mais la Lune étoit si voisine de l'horizon, que sa partie
inférieure et éclairée étoit nécessairement plus rétrécie à proportion, par l'effet de
la réfraction, que la partie supérieure et obscure.

Le diamètre de la Lune, exactement mesuré avant l'éclipse, fut trouvé de 33′28″.
Bull. ms. C'est sans doute par une erreur typographique dans *Hist. Acad.*, p. 42,
que ce diamètre est restreint à 33′8″. L'abbé Picard confirme, par cette éclipse, ce
qu'il avoit déjà avancé, contre le sentiment général des autres Astronomes, qu'à
hauteurs égales, le diamètre apparent de la Lune n'est jamais si grand, que quand
cet astre est périgée dans une de ses syzygies. *Hist. Acad. p.* 42.

On trouve l'observation de cette éclipse très détaillée dans *Anc. Mém. t. X*,
p. 481. — *Journ. des Sav.* 1668, *p.* 169. — *Giorn. de Letter. p.* 130.

— Boulliau, à Issy, chez Thévenot.

14ʰ12′42″. . .   Arcturus haut de 30ᵈ58′, commencement vis-à-vis *Mons
                     Germanicianus* (*Marius*).

14 15 57 . . .   un demi-doigt.

14 26 24 . . .   hauteur d'Arcturus, 28ᵈ50′, 2 doigts.

14 41 48 . . .   hauteur d'Arcturus, 26ᵈ14′, 4 doigts. L'ombre passe par
                     Ætna (*Copernicus*).

14 48 39 . . .   Arcturus haut de 25ᵈ7′, 5 doigts. L'ombre n'a pas atteint
                     Mons Sinaï (*Tycho*), donc l'éclipse n'a pas été de
                     10 doigts. La Lune étant haute, au plus, de 3ᵈ, il restoit
                     encore plus de 2 doigts hors de l'ombre. *Bull. ms.*

— Cassini, à Rome.

14ʰ53′ . . . . .   la Lune entrant dans un nuage, Cassini ne juge pas l'éclipse commencée.

14ʰ57′ . . . . .   la Lune sortant du nuage, l'éclipse est commencée. Le point d'attouchement de l'ombre et du disque est en ligne droite avec *Aristarchus* et le centre de la Lune. Voyez un peu plus de détails dans *Giorn. de Lett.* 1668, *p.* 71.

SECONDE ÉCLIPSE DE LUNE, LE 18 NOVEMBRE.

A Dantzick, Hévélius.
Commencement sous l'horizon.

4ʰ16′15″. . .   l'éclipse étoit d'environ 6 doigts.

5 38 50 . . .   fin. Les heures sont celles de l'horloge réglée sur des hauteurs du Soleil, prises avant, et des hauteurs d'étoiles prises après l'éclipse. *Mach. cœl. l.* 2. Pour plus de précision, on pourroit ajouter 6″ ou tout au plus 8″ aux heures marquées.

PLANÈTES.

Opposition de Saturne, le 1 août, à 7ʰ53′, t. m. mérid. de Londres, en 10ˢ10ᵈ3′56″. *Hall. Tab.*

— Le 17 août, à Paris, à 11ʰ45′, 52′ après le passage de Saturne au méridien, l'axe de son anneau étoit parallèle à l'horizon; donc il étoit incliné de 81ᵈ21′ au méridien. Le globe de la planète excédoit manifestement l'anneau, tant au nord qu'au midi. *Hist. cél. p.* 26. De cette observation, et de quelques autres analogues, Huygens conclut que l'anneau est incliné à l'écliptique, non de 23ᵈ30′, mais d'environ 31ᵈ. *Phil. Trans.* 1668, *n.* 45, *p.* 900.

— Opposition de Jupiter, le 27 novembre, 6ʰ56′, t. m. mérid. de Londres, en 2ˢ6ᵈ24′48″. *Hall. Tab.*

— Opposition de Mars, le 26 avril, à 19ʰ, t. m. mérid. de Londres, en 7ˢ7ᵈ39′52″. *Ibid.*

— Vénus étant voisine de sa plus grande élongation occidentale, Picard l'observa, ainsi qu'il suit, dans le Jardin de la Bibliothèque du Roi. La hauteur apparente du pôle y avoit été déterminée de 48ᵈ53′. Les déclinaisons du Soleil sont conclues directement des observations.

Jours.	Passage de ♀ au mérid.	Hauteur mérid. de ♀.	Déclinaison de ♀.	Déclinaison de ☉.	Différence d'asc. droite.	Distance.
	h ′ ″	d ′ ″	d ′ ″	d ′ ″	d ′ ″	d ′ ″
Nov. 19...	21 0 37	37 53 0	3 14 0 A.	19 54 40 A.	44 51 30	
22...	20 59 0	36 54 0	4 13 0	20 36 5	45 14 15	46 54 10
23...	20 58 43	36 34 0	4 33 0	20 46 20	45 16 45	46 50 45
27...	20 57 45	35 11 30	5 55 30	21 30 40	45 33 45	46 40 30
29...	20 57 6	34 29 0	6 38 0	21 50 10	45 43 30	46 38 10
Déc. 2...	20 56 15	33 25 0	7 42 0	22 16 55	45 56 15	46 29 30

On avertit que la pendule retardant par jour de 24′ sur le Soleil, on avoit soin de retrancher 3′ de l'intervalle trouvé par les pendules, pour avoir le véritable angle horaire entre le Soleil et Vénus. *Hist. cél. p.* 31, 32.

ÉTOILES.

Les 2, 8 et 9 janvier, à peine pouvoit-on distinguer, à la vue simple, la nébuleuse d'Andromède ; au télescope, sa lumière étoit foible, son corps petit, elle n'étoit environnée d'aucun nuage. Le 14, elle étoit extrêmement petite. Le 11 février, elle étoit évanouie ; on la voyait, au télescope, comme une étoile au-dessous de la 8e grandeur. Le 2 mars, on n'en voit plus qu'un très-léger vestige. Le 9 et le 10 août, on la voit clairement ; elle est égale à μ de la même constellation, et, avec la lueur qui l'environne, elle est plus grande que β. Le 26 décembre, elle paroît très-clairement, elle est assez grande ; mais sa lumière est plus foible. *Bull. ms.*

— Le 2 janvier, la variable de la Baleine étoit de la 4e grandeur ; le 8 et les jours suivans, de la 3e ; le 24, moindre que α du Bélier et α de la Baleine, excédant cependant la 3e grandeur ; le 27 et jours suivans jusqu'au 8 février, elle égaloit presque α de la Baleine ; le 11 février, elle étoit très-claire, mais un peu moindre que α. *Ibid.*

Cassini l'observa aussi à Bologne depuis le 5 janvier jusqu'au 10 mars, qu'elle étoit devenue presque invisible. *Cassini, Spina celeste.*

Le 26 octobre, Hévélius revit cette étoile extrêmement petite, visible cependant, nonobstant le clair de Lune ; le 7 et le 16 de novembre, elle égaloit presque γ de la Baleine. *Mach. cœl. l.* 2. — *Ann. Climact. p.* 91.

Boulliau, le 28 octobre, revit aussi l'étoile ; il la jugea de la 6e grandeur ; le 10 novembre et jours suivans, elle étoit presque de la 5e ; le 27, elle approchoit de la 4e ; le 23 et le 24 décembre, elle approchoit de la 3e ; le 26, elle étoit encore plus claire : mais en toute cette apparition, elle n'atteignit point α de la Baleine. *Bull. ms.*

Cependant, le 25 novembre, Picard avoit jugé que cette étoile étoit à-peu-près de la 3e grandeur ; mais, ajoute-t-il, elle devint ensuite si petite, qu'elle disparut enfin totalement. *Hist. cél. p.* 35. Le sens pourroit être, que Picard découvrit l'étoile le 25 novembre, et que (plusieurs jours après) on la jugea à-peu-près de la 3e grandeur, etc.

— Cassini découvre une étoile de 4e grandeur entre l'Éridan et le Lièvre, deux près du Lièvre de 5e grandeur, deux dans la petite Ourse, et plusieurs autres, ou toutes nouvelles, ou du moins qui n'avoient encore été insérées dans aucun catalogue. Il remarque qu'au contraire quelques-unes de celles qui étoient mentionnées dans les anciens catalogues avoient disparu. *Giorn. de Letterati,* 1668, *p.* 122 *e seg.*

SATELLITES.

Le 11 janvier, le 2e satellite sort de derrière le disque de Jupiter, sous lequel il avoit été caché 2ʰ40′ : 4′ après, ou à 8ʰ8′, il entre dans l'ombre de Jupiter ; émersion à 10ʰ46′. Cassini, à Bologne. *Tabulæ mot. I Satellites, etc., p.* 103.

— Le 20 janvier, à Paris, à 13ʰ19′, immersion du 2e satellite de Jupiter. *Mém. de l'Acad.* 1729, *p.* 393.

— Les observations suivantes sont toutes faites par Picard, à Paris, dans le jardin de la Bibliothèque du Roi.

Le 7 octobre, à 10ʰ32′, le 1ᵉʳ satellite entre sur le disque de Jupiter.

Le 8, à 10ʰ18′, il sort de derrière le disque.

Le 9, à 10ʰ54′, le 2ᵉ sort de dessus le disque.

Le 16, à 10ʰ4′, il entre sur le disque.

Le 22, à 10ʰ41′33″, immersion du 1ᵉʳ dans l'ombre.

Le 23, à 8ʰ32′, le 1ᵉʳ entre sur le disque.

Le 12 novembre, à 10ʰ40′, immersion du 3ᵉ dans l'ombre.

Le 19, à 14ʰ38′30″, immersion du 3ᵉ.

Ces observations ont été faites avec une lunette de 14 pieds. Nous les avons fidèlement transcrites d'après *Hist. cél. p.* 27; mais nous trouvons ailleurs quelques variantes.

1° Ces observations se retrouvent dans *Anc. Mém. t. X, p.* 487; tout y est conforme à la leçon de l'Histoire céleste, sauf une seule variante. Il y est dit que le 8 octobre, ce fut le 2ᵉ satellite qui sortit à 8ʰ18′ de derrière le disque. Il y a ici au moins une erreur; il n'est pas possible que le 2ᵉ satellite soit sorti, le 8, à 8ʰ18′, de dessous le disque, et qu'il soit sorti de dessus le disque le lendemain, à 10ʰ54′.

2° Dans *Phil. Trans. n.* 44, *p.* 892, ou dans *Trans. abridg. t. I, p.* 407, 408, on trouve trois différences. Le 8 octobre, c'est pareillement le 2ᵉ satellite qui sort à 8ʰ11′; le 9, on fait sortir le 2ᵉ de dessus le disque, à 8ʰ54′. Enfin, au 12 novembre, c'est le 2ᵉ et non le 3ᵉ satellite qu'on fait entrer dans l'ombre; ce qui est certainement une erreur.

3° Enfin, une difficulté qui paroit plus sérieuse au premier coup d'œil, c'est que Duhamel, *Hist. Acad. p.* 43, dit que les observations du 1ᵉʳ satellite ont été faites les 7 et 8 septembre et les 22 et 23 octobre; celles du 2ᵉ, etc.; ce dont il avertit, dit-il, pour réparer deux erreurs qui s'étoient glissées dans cette édition, *in eâ editione*, apparemment dans la première édition de son Histoire; car il n'en a nommé aucune. Quelles étoient ces deux erreurs? Je n'en sais rien; mais ce dont je ne doute pas, c'est qu'il s'en est glissé deux autres dans la deuxième édition, et que les dates des deux premières observations sont exactes dans l'*Histoire céleste :* je m'en suis assuré par le calcul.

L'observation du 22 octobre est la première de toutes celles qui ont été faites des éclipses du 1ᵉʳ satellite de Jupiter, dit Cassini, *Tabulæ motuûm I Sat. p.* 100. Il paroit que les observations d'Hodierna n'étoient point parvenues à sa connoissance, ou qu'il ne parloit que de celles de Paris.

COMÈTE.

Une comète parut cette année au mois de mars; on n'en vit que la queue dans les parties méridionales de l'Europe. La tête fut vue, mais non suffisamment observée, au Brésil, dans l'Inde; etc. Voyez *Cométogr. t. II, p.* 22.

FAITS.

La Cométographie d'Hévélius est publiée cette année à Dantzick, *in-fol.* Nous nous sommes assez étendus ailleurs (*Comèt. part. I,* ch. 8.) sur le mérite de cet ouvrage, que nous ne croyons pas être le meilleur de ceux qui sont sortis de la plume d'Hévélius.

— Les Éphémérides Bolonoises des Astres de Médicis (des satellites de Jupiter), calculées d'après les Tables et les hypothèses de Cassini, paroissent aussi cette année à Bologne, *in*-4°. Aux Tables des mouvements de ces petites planètes, succède l'annonce de leur entrée devant ou derrière le disque de Jupiter, de leur sortie du même disque, de l'entrée et de la sortie de leur ombre, de leurs immersions dans l'ombre de Jupiter, de leurs émersions, et de leurs plus grandes élongations, pour toute l'année 1668. Picard ayant reçu ces Éphémérides, et observé plusieurs éclipses et autres phases qui y sont annoncées, fut étonné de l'accord des calculs avec les observations, accord qui surpassoit même les espérances et les promesses de Cassini. *Hist. Acad. p.* 43.

Cassini vouloit donner aux quatre satellites les noms de Pallas, Junon, Thémis et Cérès.

1669.

Observations de la Lune.

Le 18 février, à Paris, Aldébaran étant haut de 10ᵈ 19′ à l'ouest, immersion de γ de la Vierge sous le disque de la Lune, vers le 101ᵉ degré du limbe, presque en droite ligne avec *M. Germanicianus* (*Marius*) et *Cosyra* (*Cusanus*, je pense). — α d'Orion ayant 11ᵈ 34′ de hauteur à l'occident, l'étoile étoit sortie; sa distance au limbe étoit d'une minute : elle étoit presque en ligne droite avec *Mons Sarmaticus* (*Euctemon*), *Carpathes* (*Archytas*, à ce que je crois), et *Bysantium* (*Menelaüs*), ligne qui passe presque par le 20ᵉ degré du limbe; de manière que l'émersion doit s'être faite vers le 23ᵉ ou 24ᵉ degré. *Bull. ms.*

PLANÈTES.

Opposition de Saturne, le 13 août, à 19ʰ 13′, t. m. mérid. de Londres, en 10ˢ 21ᵈ 48′ 36″. *Hall. Tab.*

— Le 28 février, à Paris, Jupiter médie 1ʰ 11′ 59″ ½ avant β du Taureau, avec 61ᵈ 31′ 0″ de hauteur méridienne. *Hist. cél. p.* 27. Observation de Picard près la porte Montmartre.

Le 27 novembre, à 11ʰ, à Paris, distance de Jupiter à δ des Gémeaux, 23′ au plus; Jupiter plus oriental que l'étoile, et plus bas de 10′ au plus.

Le 28, à 10ʰ, distance : 19′ au plus; Jupiter plus bas que l'étoile d'environ 7′.

Le 29, à 8ʰ 36′, distance : 15′; Jupiter plus bas que l'étoile.

Le 30, à 10ʰ 30′, distance : 12′ ou 13′ environ; Jupiter plus bas de 2 à 3 fois son diamètre.

Le 3 décembre, à 9ʰ 30′, distance : 11′ ou 12′ au plus; Jupiter plus occidental que l'étoile en longitude de 3′, en azimut, de 6′, et plus haut qu'elle de 10′. L'étoile étoit en 3ˢ 13ᵈ 54′ 30″; lat. 13′ 30″ A. (en 3ˢ 13ᵈ 54′ 45″; lat. 12′ 19″ A. Bradley). Donc Jupiter étoit en 3ˢ 13ᵈ 51′ 30″; lat. 1′ 30″ A. environ.

Le 5, à 10^h, distance : 17′½ ou 18′; Jupiter et l'étoile en même azimut. *Bull. ms.*
Le 30 décembre, opposition de Jupiter, à 23^{h}15′, t. m. mérid. de Londres, en 3^{s}10^{d}28′5″. *Hall. Tab.*

— Le 1er octobre, à Paris, hauteur méridienne de Vénus, 28^{d}46′; différence d'ascension droite entre elle et le Soleil, 1^{h}31′12″ de temps moyen. *Hist. cél. p.* 32.

— Le 30 décembre, à 5^{h}30′, à Paris, distance de Vénus à Saturne, 24′ au plus; Saturne plus haut de 5′ à 6′; l'azimut de Vénus de 23′ plus oriental que Saturne. *Bull. ms.*

ÉTOILES.

Le 1er et le 3 février, la nébuleuse de la ceinture d'Andromède rendoit une foible lumière, une plus foible encore le 18 du même mois, ainsi que le 30 août; le 10 décembre, elle étoit encore diminuée. *Bull. ms.*

— La variable de la Baleine étoit, du 2 au 16 janvier, de la 3e grandeur; le 24, elle excédoit la 4e; le premier février, elle étoit de la 5e; le 18, au-dessous de la 6e. *Ibid.* Le 28 janvier, elle étoit moindre que γ de la Baleine, dit Hévélius, *Mach. cœl. l.* 2. Cette expression paroit désigner que cet Astronome jugeoit l'étoile encore supérieure à la 4e grandeur.

Hévélius revit l'étoile le 26 septembre; elle n'étoit que de 6e grandeur : le 16 octobre, il la jugea plus grande que γ, et le 24 du même mois, presque égale à α de la Baleine. Pour Boulliau, qui ne la revit que le 20 octobre, il fut surpris de la voir reparoître tout-d'un-coup dans son plus grand éclat. Elle étoit, dit-il, égale à α, ou bien peu moindre; elle ne diminua pas durant tout le reste du mois. Du 12 au 20 novembre, elle étoit très-brillante et de 3e grandeur; du 21 au 27, elle égaloit presque α; le 28, elle étoit un peu moindre. Sur ce mois de novembre, Hévélius ne dit autre chose, sinon que le 19, l'étoile étoit plus grande que γ, mais moindre que α. Le 10 décembre, suivant Boulliau, elle étoit au-dessous de la 3e grandeur; elle n'étoit, le 15, que de la 4e; vers le 23, de la 5e; enfin, le 20 janvier 1670, elle étoit de deux degrés au-dessous de la 6e. *Bull. ms.* — *Mach. cœl. l.* 2. — *Ann. Clim. p.* 91.

SATELLITES.

Immersion du 1er satellite de Jupiter, le 26 novembre, à 10^{h}26′40″, observée à Paris, près la porte Montmartre, par Picard. *Hist. cél. p.* 27.

FAITS.

Picard, dans le jardin de la Bibliothèque du Roi, observoit fréquemment les hauteurs méridiennes du Soleil et des fixes, pour parvenir à faire des Tables du Soleil plus exactes que celles qu'on avoit publiées jusqu'alors. Le 3 mai, à 7^{h}5′, 13′ environ avant le coucher du Soleil, il vit Régulus au méridien; et le 23 juillet, il y observa pareillement Arcturus, quoique le Soleil eût encore 16^{d}59′35″ de hauteur; observations inouïes, dit-on, jusqu'alors; on ne s'étoit pas encore imaginé qu'on pût observer les étoiles en plein jour. *Anc. Mém. t. I, p.* 109. Voyez aussi *Hist. cœl. p.* 35, 38, 4o. — *Hist. Acad. p.* 54. C'est que Picard, Duhamel, etc. n'avoient pas lu la *Science des longitudes* de Morin. Voyez ci-dessus l'an 1634.

— Picard commença cette année et termina l'année suivante, la mesure d'un degré du méridien entre Paris et Amiens, et le détermina de 57 060 toises.

— La réputation de Jean-Dominique Cassini, et sur-tout l'exactitude de ses nouvelles Tables et de ses Éphémérides des satellites de Jupiter, avoit fait naître dans l'esprit de Louis XIV le désir de l'attirer en France, et de l'associer à sa nouvelle Académie des Sciences. Assuré du consentement de Cassini, Louis s'adressa au pape Clément IX et au sénat de Bologne, pour obtenir leur agrément. Les permissions nécessaires furent expédiées, mais pour six années seulement. Cassini arriva à Paris vers le commencement de cette année.

1670.

ÉCLIPSE DE SOLEIL, LE 19 AVRIL.

Le commencement de cette éclipse devoit être visible à Paris, suivant les calculs de Boulliau; mais les nuages ne permirent pas de l'observer. *Bull. ms.*

L'éclipse fut observée à Kebec; elle commença à $1^h45'$, et finit à $3^h23'$; elle n'auroit donc duré que $1^h38'$. On ajoute cependant qu'à un pendule, exactement rectifié sur le mouvement du Soleil, on avoit trouvé sa durée de $1^h4o'$. On jugea la grandeur d'environ 5 doigts. *Mss. de de l'Isle,* d'après *Relation des Missions, ann.* 1669, 1670, *p.* 101.

ÉCLIPSE DE LUNE, LE 28 SEPTEMBRE.

Hévélius, à Dantzick. Voici ses principales observations.

$14^h1o'$ ...	commencement de la pénombre.
14 22 ...	commencement de l'éclipse dans la partie supérieure de la Lune, vers *Sinus hyperboreus* (*Sinus roris*). On distingue difficilement l'ombre de la pénombre.
15 4o 0″...	immersion d'une petite étoile, vers *Lacus niger major* (*Plato*).
15 47 ...	plus grande phase, de 9 doigts, l'ombre s'étendant à *Insula Letoa* (*Campanus*) et *Mons Abarim* (*Sasserides*), et couvrant en entier *Mons Libanus* (*Regiomontanus, Purbachius*).
	La plus grande phase a à peine excédé 9 doigts.
17 7 43...	un doigt $\frac{1}{4}$.
17 21 25...	fin, vers *Montes Riphœi* (*Messahala, Geminus, Cleomedes*).
17 24 0 ...	fin de la pénombre. *Mach. cœl. l.* 2.

Près de 14' écoulées, entre la phase d'un doigt et un quart et la fin de l'éclipse, et 2′35″ seulement, entre la fin de l'éclipse et celle de la pénombre, pourroient faire soupçonner que la fin a été marquée plusieurs minutes trop tard.

— A Rome, Auzout régla sur des hauteurs d'étoiles une montre à minutes; un pendule simple donnoit les secondes : il étoit secondé par quelques amateurs. Il ne répond pas d'une extrême précision de ses observations, faute d'un instrument plus parfait.

$13^h 51'$	commencement.
15 19	plus grande phase, 9 doigts $\frac{1}{4}$.
15 26	de même.
16 49	fin, entre *Cleomedes* et *Geminus*. Le diamètre de la Lune étoit presque de 34′. Voyez un plus ample détail dans *Giorn. de Letter.* 1670, *p.* 123, 124.

— A Padoue, Montanari et Rinaldini furent traversés par les nuages.

$14^h 35'$ $6''$ . . .	première phase observée, 9 doigts.
15 8 55 . . .	plus grande phase, 9 doigts $\frac{1}{4}$.
15 48 28 . . .	dernière phase observée, 8 doigts 12′. *Ibid. p.* 125.

— A Venise, ou plutôt à Murano près Venise, Jérôme Savorgnano et Jean-Baptiste de Corio mesurèrent le temps par un pendule simple qui battoit 62 fois en une minute. Ils commencèrent à compter à la phase suivante.

14^h $0'53''$ . . .	heure conclue de la haut. de Sirius, $6^d 45'$ à l'est, commencem^t.
15 17 20 . . .	plus grande phase, 9 doigts $\frac{1}{4}$.
16 20 59 . . .	heure conclue d'une seconde hauteur de Sirius, $23^d 30'$.
16 41 32 . . .	heure donnée par une troisième hauteur, $25^d 0'$.
16 48 57	
16 48 22 . . .	fin, oscillations comptées depuis la { 1re / 2e / 3e } hauteur de Sirius.
16 48 35	

L'auteur du *Giornale de Letterati*, duquel nous extrayons ceci (*ann.* 1670, *p.* 126), fait sur ces observations des réflexions qui nous ont engagé à calculer les heures résultantes des hauteurs de Sirius. Nous avons supposé, d'après Flamsteed, *Hist. cœl. t.* III, la déclinaison de Sirius de $16^d 18' 25''$, et son ascension droite de $97^d 39' 32''$; l'ascension droite du Soleil, telle qu'elle se conclut des Tables de Mayer; enfin la hauteur du pôle à Murano, de $45^d 32'$, d'après le Petit Dictionnaire géographique de Vosgien, et nous avons trouvé les résultats suivans :

La hauteur...	$6^d 45'$	donne...	14^h $0'16''$	au lieu de...	14^h $0'53''$.
La hauteur...	23 30	donne...	16 19 31	au lieu de...	16 20 59.
La hauteur...	25 0	donne...	16 39 1	au lieu de...	16 41 32.

Les observateurs de Murano auront peut-être supposé leur hauteur de pôle de $45^d 41'$; mais je ne pense pas que cette hauteur puisse excéder celle que nous avons admise d'après le petit Dictionnaire. Quelque parti qu'on prenne, la durée de l'éclipse est plus courte à Murano qu'à Rome et à Dantzick. D'un autre côté, l'observation de Murano s'accorde à-peu-près, avec celle de Dantzick pour le commencement, et avec celle de Rome pour la fin de l'éclipse ('). Auzout se plaint de l'imperfection de ses instrumens; nous avons vu qu'il s'étoit nécessairement glissé quelque erreur dans l'observation de la fin à Dantzick. En conséquence je ne vois pas qu'on puisse conclure rien de certain de toutes les observations de cette éclipse.

— Jean Wood, au port de Saint-Julien, dans la terre Magellanique, observa le commencement à 8ʰ bien précises, *at just 8 at night. Phil. Trans.* 1714, *n.* 341, *p.* 168.

Autres observations de la Lune.

Le 22 mai, à Paris, à la porte Montmartre, Picard observa l'occultation de *c* des Gémeaux par la Lune.

> A 9ʰ41′43″...   immersion sous le limbe obscur et inférieur.
>
> 9ʰ47′16″...   hauteur au bord inférieur, 15ᵈ55′. Émersion à la partie supérieure du disque, au-dessous de la mer Caspienne (*Mare Crisium*), la route apparente ayant été, à peu près, par le centre de la Lune.
>
> 10ʰ39′58″...   la distance de l'étoile au limbe égaloit à peu près la largeur de la mer Caspienne. Le diamètre apparent de la Lune étoit d'environ 30′30″. *Hist. cél. p.* 7.

— Le 10 octobre, Hévélius, à Dantzick, observa une appulse de Vénus à la Lune. La distance de Vénus au bord inférieur de la Lune étoit :

$$\text{de 6′, à 18ʰ31′; — de 5′, à 19ʰ7′; — de 4′, à 19ʰ12′.}$$

Des nuages mirent fin à l'observation. *Mach. cœl. l.* 2. Il y a nécessairement ici quelqu'erreur, d'impression sans doute, quoique non corrigée dans l'errata. Il n'est pas possible qu'il se soit écoulé 36′ pour que la distance de Vénus au bord de la Lune de 6′ ait été réduite à 5′; et qu'en 5′ de temps, cette distance de 5′ ait été réduite à 4′. Je pense qu'à la première distance, il faut lire 16′ au lieu de 6′. Ce n'est pas aux heures des observations que peut être la faute d'impression.

PLANÈTES.

Le 26 août, à Dantzick, Saturne étant en opposition, Hévélius fit les observations suivantes.

A 12ʰ45′, distance de Saturne à γ de Pégase, 33ᵈ48′, prise deux fois.

A 12ʰ56′, sa distance à ε de Pégase, 24ᵈ51′40″, prise aussi deux fois. *Mach. cœl. l.* 3, *p.* 92.

Ces observations sont rapportées dans *Phil. Trans. n.* 63, *p.* 2089; et l'on ajoute que Saturne étoit en 11ˢ4ᵈ11′, avec une latitude de 1ᵈ53′ A. Cependant

---

(¹) On pourroit aussi supposer que l'instrument avec lequel on prenoit des hauteurs, baissoit de 8 à 10 minutes les objets. Quant à la latitude de Murano, loin de l'augmenter, il faudroit, au contraire, la diminuer. Murano est, tout au plus, à trois quarts de lieue au nord de Venise. Venise, suivant la *Connaissance des Temps* de 1795, est par 45ᵈ27′2″, donc Murano par 45ᵈ28′⅔ au plus.

Halley marque l'opposition le même jour 26, à $11^h16'$, t. m. méridien de Londres, en $11^s3^d48'12''$. *Hall. Tab.* Et J. Cassini la retarde jusqu'au 27 août, à $7^h20'$, méridien de Paris, en $11^s3^d44'11''$; lat. $1^d55'52''$ A.; et cela, dit-il, d'après les observations d'Hévélius. *Élém. d'Astron. p.* 357. Mais il y a certainement ici au moins une faute d'impression; c'est le 26, et non le 27, que le Soleil a été en $5^s3^d44'11''$.

— Le 5 septembre, à 16^h, à Paris, la distance de Jupiter à Vénus étoit égale au diamètre de la Lune; elle étoit donc d'environ 32'. Jupiter étoit de 6' ou de 7' au plus, plus haut que Vénus. A $16^h50'$, l'excès de la hauteur de Jupiter sur celle de Vénus égaloit ou surpassoit de peu le quart de la distance. Boulliau conclut qu'à 16^h, Vénus n'avoit pas encore atteint la longitude de Jupiter, mais qu'elle étoit d'environ 11' plus occidentale que lui. *Bull. ms.*

— Opposition de Mars, le 21 juin, à $15^h38'$, t. m. mérid. de Londres, en $9^s0^d46'42''$. *Hall. Tab.*

Le 7 septembre, à Paris, Mars culmina après le coucher du Soleil, étant à environ 25' de distance à l'ouest de φ du Sagittaire; il étoit de 8' plus haut que l'étoile. Celle-ci étoit en $9^s5^d39'9''$; latitude $3^d50'$ A. (en $9^s5^d34'42''$; lat. $3^d55'22''$, Bradl.) Donc Mars étoit en $9^s5^d14'$; sa latitude moindre que celle de l'étoile.

Le 8, Mars au méridien est, en azimut, de 2' ou $2'\frac{1}{2}$ plus oriental que l'étoile, et plus haut qu'elle de 5'. Il étoit donc environ en $9^s5^d41'$; lat. $3^d45'$ A. (ou mieux, en $9^s5^d37'$; lat. $3^d50'$ A.).

Le 9, à 7^h, distance : un diamètre de la Lune; Mars plus haut d'environ 6'; donc Mars en $9^s6^d9'$.

Le 12, une demi-heure après la médiation de Mars, sa distance à σ du Sagittaire est de 21' vers l'ouest; la distance en azimut est de 14' et plus; Mars est de 16' plus bas que l'étoile. Celle-ci étoit en $9^s7^d50'10''$ (en $9^s7^d47'12''$, Bradl.) Donc à $7^h40'$, Mars étoit en $9^s7^d33'$ à peu près.

Le 13, Mars avoit dépassé la longitude de l'étoile; il en étoit distant de 18' au plus, plus oriental de 15' en azimut, plus austral de 15' en hauteur. Boulliau conclut que Mars a été en conjonction avec l'étoile le 12 septembre à $19^h40'$. La latitude de l'étoile étoit, suivant Tycho, de $3^d31'$ A. ($3^d24'55''$ Bradley.) Celle de Mars auroit donc été de $3^d45'$ (mieux, $3^d39'$ A.). Mais, observe Boulliau, Mars avoit cette même latitude le 8, et sa latitude devoit diminuer tous les jours. Il faut donc conclure que la latitude de l'étoile, déterminée par Tycho, n'est pas exacte. *Bull. ms.* On s'aperçoit facilement qu'en admettant les latitudes de Bradley, celle de Mars aura diminué de 11' du 8 au 13.

— Le 30 avril, à Paris, Vénus a médié 56'30'', de temps apparent, avant le Soleil, avec $55^d24'0''$ de hauteur méridienne. *Hist. cél. p.* 32. On trouve, *ibid.* plusieurs autres hauteurs méridiennes de Vénus observées par Picard, près la porte Montmartre.

ÉTOILES.

Le 4 mars, la variable de la Baleine cessa d'être visible.

Le 27 août, elle est de 2e grandeur, et presque égale à α de la même constellation. Le 3 septembre, elle est très brillante; le 14, elle surpasse presque α; le 29, elle est encore égale à α. Le 19 novembre, elle n'est plus égale qu'à δ. Le 5 décembre, elle n'est plus que de 6ᵉ grandeur. Telles sont les observations d'Hévélius. *Mach. cœl. l.* 2. — *Annus Climact. p.* 91.

— Voici celles de Boulliau : Le 25 août, elle excédoit un peu la 3ᵉ grandeur; le 2 septembre, elle étoit plus claire; le 5, elle égaloit α, ou il ne s'en falloit que de bien peu; le 6, elle lui étoit au moins égale. Du 7 au 15, elle égaloit α; du 17 septembre au 13 octobre, elle étoit presque égale à α. Le 14 octobre, elle étoit un peu moindre. Le 5 novembre, elle avoit diminué; elle excédoit cependant encore la 4ᵉ grandeur. Continuant de décroître, elle n'étoit plus, le 17, que de 5ᵉ grandeur. Le 2 décembre, elle étoit au-dessous de la 6ᵉ; et le 7, elle étoit beaucoup plus petite. *Bull. ms.*

— L'étoile P de la poitrine du Cygne paroit croitre le 3 et le 29 septembre; le 13 octobre, elle est assez claire. Hévélius, *Mach. cœl. l.* 12. — *Ann. Clim. p.* 91..

— Le 20 juin, le P. Anthelme, chartreux à Dijon, découvrit, près de la tête du Cygne, une nouvelle étoile de 3ᵉ grandeur. Il en donna avis à l'Académie, et les Astronomes l'observèrent en effet de 3ᵉ grandeur, à la fin de juin et au commencement de juillet. Picard détermina son lieu en 10ˢ 1ᵈ 55′; lat. 47ᵈ 28′ B. Le 3 juillet, elle étoit encore de 3ᵉ grandeur, mais d'un éclat plus terne; le 11, elle étoit à peine de la 4ᵉ grandeur; le 10 août, elle n'étoit plus que de la 5ᵉ, et le 5 septembre de la 6ᵉ. Elle fut ensuite invisible durant six mois.

Le 17 mars 1671, le P. Anthelme la retrouva de la 4ᵉ grandeur. Le 3 avril au matin, Cassini l'observa plus grande que β et γ de la Lyre, mais moindre que β du Cygne. Le 4, elle étoit presque aussi grande et beaucoup plus brillante que β du Cygne. Le 9, elle étoit diminuée et presque égale à β de la Lyre; le 12, elle étoit égale à γ de la Lyre; le 15, elle égaloit de nouveau β de la Lyre. Les jours suivans, elle varia de grandeur, égale tantôt à β, tantôt à γ, tenant d'autres fois le milieu entre ces deux étoiles de la Lyre. Du 27 avril au 6 mai, elle surpassa β du Cygne. Le 15 mai, elle étoit moindre que β du Cygne; le 16, elle étoit d'une grandeur intermédiaire entre β et γ de la Lyre. Elle diminua ensuite de jour en jour. Le 26 juin, elle étoit encore plus grande que η du Cygne; le 3 juillet, elle étoit moindre que η; le 18 juillet, elle étoit à peine de 5ᵉ grandeur; et le 2 août, à peine de la 6ᵉ. Le 25 août, elle avoit disparu.

On la revit en mars 1672, mais de 6ᵉ grandeur seulement, et elle n'a pas reparu depuis. *Anc. Mém. tom. X, p.* 496 *et suiv.* — *Giorn. de Lett.* 1671, *p.* 188. — *Journ. des Sav.* 1672, *p.* 32 *et suiv.* — *Hev. Mach. cœl. l.* 2, et *Ann. Clim. p.* 91. — *Cass. Élém. d'Astr. p.* 69 *et suiv.*

— L'étoile γ du grand Chien, de 3ᵉ grandeur, avoit disparu en 1670, suivant Montanari. Elle reparut en 1692 et 1698, mais de 4ᵉ grandeur seulement. *Cass. Élém. d'Astr. p.* 75.

FAITS.

L'Observatoire royal de Paris fut achevé cette année, c'est-à-dire qu'il devint habitable et propre aux observations célestes. En effet, Cassini commença à l'habiter le 14 septembre de l'année suivante. Ainsi, quand il est dit dans *Anc. Mém. t. I, p.* 160, que l'Observatoire fut achevé en 1672, ou c'est une faute d'impression, ou cela doit s'entendre de l'Observatoire et de tous ses accessoires. L'abbé Picard s'y établit aussi en 1673, et depuis ce temps on n'a pas discontinué de déterminer le lieu des astres par leurs hauteurs méridiennes, et l'heure de leurs passages au méridien. Les Anglais continuèrent cependant de tendre au même but, en prenant les distances respectives des astres; mais ils ont enfin adopté, en 1690, la méthode françoise. Cette méthode avoit déjà été proposée, dès le siècle précédent, par Thaddée Hagecius de Haick, Bohémien; mais elle avoit été pour lors négligée, et peut-être avec fondement : quelque bonne qu'elle fût dans la théorie, sa pratique exigeoit des secours que les découvertes du xviiᵉ siècle pouvoient seules procurer. On a pu remarquer que Riccioli déterminoit quelquefois le lieu des planètes par une méthode assez analogue à celle-ci.

— David Gregori construisit, cette année, ou quelques années auparavant, un télescope catadioptrique de 6 pieds, conformément aux principes de son optique; mais il n'eut alors aucun succès. *Trans. abridg. t. I, p.* 206.

1671.

ÉCLIPSE DE LUNE, LE 18 SEPTEMBRE.

Streete, à Londres.

$7^h 21'$. . . . . . émersion, le bord supérieur de la Lune étant haut de $10^d 30'$.
8 16 20″ . . . fin, Arcturus haut de $16^d 20'$. *Phil. Trans. n°* 76, *p.* 2272.

— Hook, à Londres.

$8^h 17'$. . . . . . fin, au 29ᵉ degré intérieur de la division d'Hévélius. *Ibid. n°* 77, *p.* 2296. Voyez-y des émersions de taches.

— Palmer, à Ecton.

$7^h 18'$. . . . . . émersion, le centre de la Lune ayant $9^d 35'$ de hauteur.
8 16 20″ . . . fin, Arcturus haut de $16^d 30'$.
6 28 16 . . . milieu, conclu des deux phases précédentes. *Ibid. n°* 76, *p.* 2272.

— Flamsteed, à Derby, n'avoit qu'une horloge à minutes, et, pour la régler, un quart-de-cercle de 9 pouces de rayon.

$7^h 20'$. . . . . . $\frac{1}{6}$ de la circonférence hors de l'ombre.
7 26 . . . . . . un tiers.
7 43 . . . . . . la moitié.
8 11 . . . . . . fin. *Hist. cœl. Br. t. I, p.* 8.

— Halton, à Wingfield.

$7^h 12'$. . . . . . émersion.
7 41 . . . . . . la moitié de la circonférence hors de l'ombre.
7 54 . . . . . . les deux tiers.
8 2 . . . . . . les trois quarts.
8 11 . . . . . . toute la circonférence; fin de l'éclipse. *Ibid.*

— Boulliau, à Paris.

8ʰ24′16″...   Arcturus haut de 14ᵈ26′, tout *Palus Mæotis* (*Mare crisium*) hors de l'ombre.

8 29 16 ...   Arcturus haut de 13ᵈ41′, fin de l'éclipse, vers *Petra Sogdiana* (*Wendelinus*). *Bull. ms. — Phil. Trans. n.* 76, *p.* 2273.

— A Paris, un anonyme (peut-être Cassini).

8ʰ10′   ...   environ 5 doigts.

8 28 10″...   fin, entre *Langrenus* et la *Caspienne* (*Mare crisium*). *Cassin. ms.*

— Agarrat, à Paris.

Fin, le bord supérieur de la Lune haut de 22ᵈ0′. *Bull. ms.*

Les nuages ne permirent pas, à Paris, de faire d'autres observations.

— A Rome, Auzout avoit une horloge à pendule; mais il ne put la régler que sur le coucher du Soleil.

Les brouillards de l'horizon ne permettent pas de déterminer le moment de l'immersion.

6ʰ29′   ...   on soupçonne l'éclipse totale; on en doute quelques minutes après.

7 22 30″...   immersion d'une petite étoile près *Eichstadius*.

8 7 40 ...   émersion de cette étoile vers la tache *Schomberg*, et au même instant, on soupçonna l'émersion de la Lune, qui n'eut cependant lieu que 2 ou 3 minutes plus tard.

9 9......   fin de l'éclipse. *Giorn. de Lett.* 1671, *p.* 155 *et suiv.*

— A Rome, le P. Gottignies, avec une pendule bien réglée.

6ʰ39′54″...   immersion.

8 11 30 ...   émersion.

9 9 25 ...   fin. *Ibid.*

— A Bologne, Montanari avoit réglé plusieurs jours de suite son horloge sur la méridienne de Saint-Pétrone. Voici ses principales observations :

7ʰ16′......   suivant l'horloge.

7 18......   suivant la hauteur d'Arcturus, 24ᵈ40′, immersion.

   Cette observation est insoutenable, comme le remarque fort bien l'auteur de *Giornale de' Letterati*, qui conclut même à rejeter toute l'observation de Montanari.

7ʰ22′   ...   de l'horloge, ou

7 21 12″...   suivant la hauteur d'Arcturus, 24ᵈ15′, occultation d'une petite étoile en ligne droite avec le centre de la Lune et *Mare crisium*.

8 3 30 ...   suivant l'horloge.

8 4 5 ...   suivant la hauteur d'Arcturus, 16ᵈ42′52″, émersion de la Lune.

Au même instant, ou 42″ plus tôt, émersion de la petite étoile, un peu plus haut que *Mare crisium*.

9ʰ3′10″........   suivant l'horloge.
9 3 0 ....   heure conclue de la hauteur 24ᵈ18′51″ de je ne sais
                     quelle étoile, fin de l'éclipse.

De ces observations, et de celles des hauteurs méridiennes du Soleil et de la Lune, observées à la méridienne de S. Pétrone, Montanari conclut que la vraie opposition de la Lune au Soleil a eu lieu en 11ˢ25ᵈ46′, et que la latitude de la Lune au méridien étoit de 32′32″. *Ibid. p.* 168 *et suiv.*

— Vincent Viviani, à Florence, sur un bastion de la vieille forteresse de S. Miniat-au-Mont.

8ʰ8′10″........   émersion.
9 8 20 ....   fin. Extrait d'une lettre de Viviani à Cassini. *Cassin., ms.*

— A Alep.

7ʰ15′ environ...   commencement.
8   9 ....   immersion.
9 50 ....   émersion.
10 45 ....   fin. Extrait d'une lettre d'Oldenburg à Cassini. *De*
                     l'Isle, ms.

Autres observations de la Lune.

Le 14 mars, à Dantzick, à 8ʰ53′, immersion d'une étoile inconnue, qui est au-dessus de ζ du Bélier (probablement la 98ᵉ du catalogue de Mayer).
A 8ʰ56′, immersion de ζ du Bélier, émersion à 9ʰ46′. *Hevel. Mach. cœl. l.* 2 *et* 3.

— Le 22 avril, à Dantzick, à 10ʰ47′56″, immersion de l'Épi de la Vierge vers *Mons Audus (Galilæus)* à 117ᵈ du zénith de la Lune.
A 11ʰ57′10″, émersion vers *Montes Amadoci (Mercurius et Berosus)* à 23ᵈ environ du zénith vers l'ouest. Donc conjonction à 11ʰ23′ à-peu-près; et si l'on suppose le demi-diamètre de la Lune de 15′, la distance de l'étoile au centre de la Lune vers le milieu du passage étoit de 5′15″ (au nord du centre suivant la figure). Hévélius joint à cette observation plusieurs distances de la Lune, tant à l'Épi de la Vierge qu'à d'autres étoiles. *Mach. cœl. l.* 2.

— Le 16 mai, à Derby, Jupiter ayant 32ᵈ52′ de hauteur à l'ouest, donc à 9ʰ16′30″, immersion de χ du Lion, sous le limbe obscur de la Lune. L'étoile, avant d'entrer, étoit plus haute que le bord inférieur de la *Propontide (Mare vaporum)*. L'émersion ne fut pas observée; mais la distance de l'étoile au limbe n'égaloit pas encore la largeur de la tache *Caspienne (Mare crisium,* je pense), lorsque Flamsteed trouva que le bord supérieur de la Lune avoit 31ᵈ54′ de hauteur, et que l'étoile étoit de 7′ ou 8′ plus basse que ce bord. Il étoit donc 10ʰ24′½. La hauteur de Jupiter, 22ᵈ36′, prise aussitôt après, donna 10ʰ25′. *Hist. cœl. Br. t. I, p.* 8.

— Le 31 mai, à Dantzick, Saturne touche le disque à 15ʰ38′15″; à 15ʰ38′39″, il est entièrement entré. Plus bas, Hévélius marque le commencement de l'immersion à 15ʰ38′27″, et cela est peut-être plus précis; mais il faut alors marquer l'entrée totale à 15ʰ38′51″. Le point de l'entrée étoit vers *Mons Germanicianus* (*Marius* etc.) *Mach. cœl. l. 2, p.* 564; *l.* 3, p. 58.

— Le 14 septembre, à Paris, à 7ʰ½, demi-diamètre de la Lune, 15′26″; à 8ʰ46′29″, premier bord de la Lune au méridien; hauteur méridienne du bord supérieur, prise entre les nuages, 16ᵈ30′. *Cassini, mss.*

— Le 29 septembre, à Dantzick, conjonction de Jupiter et de la Lune. A 19ʰ13′, distance de Jupiter au bord le plus voisin, 3′; et sa distance à la ligne des cornes est de 6′.

A 19ʰ38′40″, la distance à la ligne des cornes est encore de 6′, mais en sens contraire; Jupiter avoit dépassé cette ligne. Jupiter étoit au sud de la Lune; les nuages mirent obstacle à ce qu'il fût observé dans la ligne des cornes. Avant 19ʰ13′, Hévélius avoit pris beaucoup d'autres distances de Jupiter au bord le plus voisin. *Mach. cœl. l.* 2.

— On fut plus heureux à Paris; Jupiter y fut observé dans la ligne des cornes, à 18ʰ3′30″; distance de son bord supérieur au bord inférieur de la Lune, 6′50″. *Cass. mss.*

— Le 19 octobre, la claire des Pléiades a dû être éclipsée par la Lune; Hévélius l'a suivie presque jusqu'au limbe. A 18ʰ38′30″, elle en étoit à peine distante de 2′, et de 1′ seulement à 18ʰ40′45″. Ces deux observations ne sont pas cependant hors de tout soupçon d'incertitude, vu la force du crépuscule. Hévélius ne doute pas que la route de l'étoile n'ait été par *Mons Audus* (*Galilæus*), *Loca paludosa* (*Keplerus*), *Mons Ætna* (*Copernicus*), *Bysantium* (*Menelaus*), *Insula Apollonia*, et par la partie supérieure de *Palus Mœotis* (*Mare crisium*). — *Mach. cœl. l.* 2.

Le 26 novembre, à Dantzick, à 19ʰ12′, Vénus, dans la ligne des cornes, est de 45′ à 50′ distante de la corne supérieure. *Ibid.*

PLANÈTES.

Les Astronomes furent cette année très-attentifs aux phases de l'anneau de Saturne. Huygens avoit annoncé qu'il disparoîtroit vers le mois de juillet, et qu'il ne reparoîtroit que l'année suivante. En effet, depuis la fin de mai jusqu'au 11 août, Cassini observa Saturne absolument rond, sans le plus léger vestige d'anses. Mais le 14 août, les anses reparurent, quoique extrêmement déliées. Huygens dit que ce n'étoit-là qu'une interruption légère et momentanée de ce qu'il avoit annoncé, et que les anses disparoîtroient une seconde fois. Cassini, Picard, Flamsteed, Hévélius, etc. continuèrent de les voir en septembre et octobre, mais toujours très-minces. Hévélius nia même que Saturne pût jamais paroître sans anses. Si les Parisiens, disoit-il, ne les ont pas vues en juin et juillet, c'est que leurs lunettes étoient trop foibles. Hévélius, en effet, avoit vu ces anses le 11 et le 12 septembre; mais on les avoit revues bien plus tôt à Paris; mais, suivant Hévélius, 24″ de temps avoient suffi, le 31 mai, pour l'immersion totale de Saturne derrière le disque de la Lune; il en auroit fallu bien davantage, si Saturne eût été alors accompagné de ses anses. Le 27 octobre, quoique le ciel fût plus serein que les jours précédens, Flamsteed trouva les anses fort amincies ; le 31 octobre et le 1ᵉʳ novembre, elles étoient si obscures, qu'il les auroit facilement prises pour de faux rayons, occasionnés par la saleté des verres. Le 8 décembre, Cassini trouva Saturne presque rond ; le 16 du même mois, il étoit absolument rond. *Hist. cœl. Br. p. 8 et seq.* — *Hist. cél. p.* 26. — *Hist. Acad. p.* 105.

— Opposition de Saturne, le 8 septembre à 8ʰ58′, t. m. mérid. de Londres, en 11ˢ16ᵈ5′49″. *Tab. Hall.* ou, suivant J. Cassini, d'après les observations d'Hévélius, à 8ʰ56′, mérid. de Paris, en 11ˢ16ᵈ5′0″ ; latitude 2ᵈ18′13″A. *Élém. d'Astr. p.* 357.

Le 31 octobre, Saturne médie, à Paris, 11′32″ après β de Pégase, sa hauteur méridienne étant de 32ᵈ25′30″ (— 25″ dont je crois que l'instrument donnoit les hauteurs trop fortes).

Le 4 novembre, il médie 12′51″ après α de Pégase, avec 32ᵈ24′ de hauteur méridienne.

Le 12 novembre, il médie 5″ après l'étoile *in altero flexu aquœ*, ayant 32ᵈ23′ de hauteur méridienne, celle de l'étoile étant de 31ᵈ41′. (Cette hauteur méridienne de l'étoile, jointe à d'autres circonstances du passage, me persuade que l'étoile n'est autre que χ du Verseau.)

Le 20 novembre, Saturne médie à 7ʰ16′30″ ; sa hauteur méridienne 32ᵈ24′50″ ; celle de l'étoile *in altero flexu*, etc. 31ᵈ40′50″. *Cass. mss.*

— Opposition de Jupiter, le 31 janvier, à 19ʰ9′, t. m. méridien de Londres, en 4ˢ12ᵈ36′11″. *Hall. Tab.* ; mais, suivant J. Cassini, à 18ʰ4′, mérid. de Paris, en 4ˢ12ᵈ35′0″ ; latitude 0ᵈ59′0″B. *Élém. d'Astron. p.* 417.

— Le 21 mai, à Paris, à 8ʰ45′, la distance de Mars à Vénus étoit de 26′ au plus ; Mars étoit plus haut de 8′ à 9′ ; Vénus approchoit de Mars, et le précédoit.

Le 22, à 9ʰ, la distance étoit de 13′ à 14′ ; Vénus étoit presque de 13′ plus haute que Mars ; son azimut étoit de 5′ à 6′ plus occidental. *Bull. ms.*

Le 16 décembre, Vénus étant haute de 13ᵈ34′, ou un peu avant qu'elle eût atteint cette hauteur, Flamsteed, à Derby, trouva la distance de Mars à α de la Balance, de 22′37″ ; Mars étoit plus bas que l'étoile d'environ la moitié de la distance. La hauteur (je ne sais si c'est de Mars ou de l'étoile) fut ensuite trouvée de 19ᵈ12′. De la latitude de l'étoile, comparée avec celle que Hecker donne à Mars dans ses Éphémérides, Flamsteed conclut que Mars suivoit l'étoile. *Hist. cœl. Br. p.* 9.

— Le 4 novembre, à Paris, Vénus médie à 2ʰ0′36″, hauteur mérid. 14ᵈ0′0″.

Le 11 novembre, elle médie à 1ʰ20′13″ ; hauteur mérid. 14ᵈ54′0″. *Cassini, mss.*

ÉTOILES.

La nébuleuse d'Andromède paroit, en janvier, encore plus foible qu'elle n'avoit été le mois précédent. Vers le commencement de septembre, elle paroit un peu plus claire ; mais en octobre, elle redevient telle qu'elle étoit en janvier. *Bull. ms.*

— Hévélius revoit le 15 août, au matin, la variable de la Baleine, égalant, surpassant même δ de la même constellation ; le 12 septembre, il la trouve égale à γ. Les 6, 7 et 11 du même mois, elle parut à Boulliau de la 3ᵉ grandeur ; mais dès le 15 matin, Cassini la jugea moindre qu'α des Poissons, excédant de bien peu ε de la Baleine. Le 28 septembre, elle n'étoit plus que de la 5ᵉ grandeur. Boulliau jugea que le 9 octobre, elle étoit au-dessous de la 4ᵉ grandeur ; que le 24 du même mois, elle n'étoit plus que de la 6ᵉ, et les 25 et 26, au-dessous de la 6ᵉ. Le 30 octobre, elle étoit à peine de la 6ᵉ, suivant Hévélius, et le 3 novembre, on ne la voyoit plus. *Hevel. Mach. cœl.* et *Ann. Clim. p.* 91, 92. — *Bull. ms.* — *Cassin., mss.*

— L'étoile P de la poitrine du Cygne n'est en août que de la 6ᵉ grandeur ; elle croit en septembre ; le 13 octobre, elle est assez claire. *Hevel., ibid.*

— L'étoile χ du Sagittaire, que Bayer marque de la 3ᵉ grandeur, n'étoit en 1671, que de la 6ᵉ ; Halley la revit en 1676, de la 3ᵉ ; il put à peine la distinguer en 1692 ; mais en 1693 et 1694, il la retrouva de la 4ᵉ grandeur. *Cass., Élém. d'Astr. p.* 74.

— Montanari découvrit cette même année, une nouvelle étoile de 4ᵉ grandeur dans la queue de l'Hydre ; elle étoit aussi éloignée de π vers l'est, que ψ l'est de γ vers l'ouest. Cette étoile est variable. Elle ne paroit pas différer de celle qui est la première de la Balance dans le catalogue Britannique ; elle auroit donc été observée par Flamsteed, mais de la 5ᵉ grandeur au plus. On ne la trouve, ni dans le catalogue d'Hévélius, ni dans ceux de Bradley et de Mayer. Maraldi la revit de la 4ᵉ grandeur au commencement de mars 1704 ; mais bientôt elle diminua, et disparut à la fin de mai. On la revit en novembre 1705 ; on la perdit vers la fin de février 1706. Elle a depuis reparu plusieurs fois, et elle s'est enfin totalement perdue. *Ibid. p.* 75. Peut-être l'auroit-on plusieurs fois retrouvée si on l'avoit assiduement cherchée.

— On étoit vers ce temps fort attentif à la découverte de nouvelles étoiles. Cassini découvrit une nébuleuse, ou plutôt un amas d'étoiles très-serrées, entre le grand Chien et le Navire, ayant même ascension droite que le petit Chien ; — cinq nouvelles étoiles dans Cassiopée, dont une de 4ᵉ et une de 5ᵉ grandeur ; — deux vers le commencement de l'Éridan, qui n'y étoient certainement pas en 1664 ; — quatre vers le pôle Arctique, etc. *Ibid.* — *Phil. Trans. n.* 73, *p.* 2201. Plusieurs de ces étoiles pouvoient être réellement nouvelles, telles que celles de l'Éridan ; d'autres ne l'étoient probablement pas, mais elles n'avoient pas encore été observées, ni insérées dans aucun catalogue.

— Si l'on gagnoit d'un côté des étoiles nouvelles, de l'autre on en perdoit d'anciennes. Montanari assure qu'il avoit bien certainement vu en 1664, les deux étoiles de 2ᵉ grandeur, marquées β et γ par Bayer, dans la poupe et les bancs du Navire, et que, depuis 1668 jusqu'en 1671, il n'en avoit pas reconnu le plus léger vestige. Il ajoute qu'il avoit observé dans le ciel plus de cent changemens de cette espèce, mais moins importans que celui-ci. *Phil. Trans. n.* 73, *p.* 2202.

SATELLITES.

Le 2 février, à 5ʰ 32′ …	le 2ᵉ satellite sort de dessus le disque de Jupiter.
Le 19 mars, à 9 1 44″…	émersion du 1ᵉʳ.
Le 27 avril, à 7 42 30 …	émersion du même.
» à 8 28 30 …	émersion du 3ᵉ.

Le 4 mai,   à 8ʰ 54′ 0″...   immersion du 3ᵉ.

»   à 9 41 30 ...   émersion du 1ᵉʳ.

Les observations précédentes ont été faites par Picard, à Paris, près la porte Montmartre. *Hist. cél. p.* 27. — *Anc. Mém. t. VII, p.* 228.

Le 17 octobre, à Paris, à 16ʰ 17′ 50″, immersion du 1ᵉʳ. *Tables de Jupiter, par M. Jeaurat, p.* 36.

Le 24 oct., à 18ʰ 57′ 20″...   immersion du 1ᵉʳ; Picard à Uranibourg.

»   à 18 15 0 ...   Cassini à Paris, *Hist. cél. p.* 27. — *Anc. Mém. t. VII, p.* 228.

Mais dans *Cass. mss.* on trouve l'immersion à Paris, à 18ʰ 15′ 8″, avec quelque doute à cause du crépuscule; et l'on ajoute qu'à 18ʰ 15′ 45″, le satellite avoit certainement disparu.

Le 25 octobre, à Paris, à 17ʰ 2′ 51″ (de l'horloge), conjonction du 3ᵉ et du 4ᵉ satellite; le 4ᵉ est le plus boréal. *Cass. mss.*

Le 6 novembre, à Paris, à 14ʰ 20′ 45″, émersion du 3ᵉ. *Ibid.*

Le 16 novembre, à Paris, à 18ʰ 19′ 54″, immersion du 1ᵉʳ. *Ibid.*

FAITS.

Le P. Jean-Baptiste Riccioli mourut cette année à Bologne. Il étoit né à Ferrare, le 17 avril 1598. Il a rendu de bien grands services à l'astronomie, dit Weidler, par ses excellens ouvrages. Cependant le P. Niceron n'a pas jugé à propos de lui donner place dans ses *Mémoires pour servir à l'Histoire des Hommes de Lettres.* Ses ouvrages sont utiles, quand ce ne seroit que parce qu'il y a rassemblé une grande quantité d'observations, dont une grande partie ne nous seroit pas autrement parvenue. On pourroit lui objecter cependant que ses ouvrages sont déparés par une trop grande quantité de fautes d'impression; d'ailleurs il se contredit quelquefois lui-même, mais assez rarement. Aux observations d'autrui, il joint les siennes propres; elles sont faites avec zèle, avec soin, avec quelque intelligence; mais il n'employoit pas toujours les meilleures méthodes, et ses instrumens étoient imparfaits. Ce n'étoit sans doute pas sa faute; il n'étoit pas en état de se procurer un observatoire aussi bien fourni que ceux d'Hévélius et de Tycho. Quant à la théorie de son Astronomie, elle est telle qu'on pouvoit l'attendre d'un jésuite italien. Persuadé, par état, de l'immobilité de la Terre, il a été comme nécessité à adopter et à défendre plusieurs absurdités, avancées par les Astronomes qui l'avoient précédé. Il en a cependant réfuté quelques-unes; mais ce qu'il leur substitue ne vaut guère mieux que ce qu'il combat. Son Astronomie réformée est terminée par des Tables des mouvemens célestes, dont il ne paroît pas qu'on ait fait grand usage.

— Cette année est remarquable par deux célèbres voyages, celui d'Uranibourg par Picard, celui de Caïenne par Richer.

Plusieurs Astronomes avoient rapporté leurs Tables, leurs calculs, leurs observations au méridien d'Uranibourg. On crut qu'il étoit intéressant de connoître la vraie position géographique de cet observatoire de Tycho; ce fut le principal objet du voyage de Picard. On se proposait principalement de rapporter au méridien de Paris les observations de Tycho, qu'on regardoit avec raison comme plus exactes que toutes les observations anciennes. Picard partit de Paris au mois de juillet. Il trouva entre autres, que la méridienne, tracée par Tycho, étoit inclinée sur la vraie méridienne de 18′, *Anc. Mém. t. I, p.* 147, ou même de 20′ et plus, *Hist. Acad. p.* 105 ([1]).

Le but du voyage de Richer à Caïenne étoit de déterminer les réfractions des astres, la parallaxe du Soleil, etc. Mais une vérité à laquelle personne ne s'attendoit, et dont la découverte est primitivement due aux observations de Richer, c'est la nécessité d'accourcir le pendule à mesure qu'on s'approche de l'équateur, si l'on veut qu'il batte exactement les secondes. Richer partit de Paris en octobre 1671; mais il ne partit de la Rochelle que le 8 février de l'année suivante.

La relation des opérations de Picard et de Richer, dans ces deux voyages, a été imprimée au Louvre en 1693, *in-fol.* On l'a depuis insérée au IVᵉ tome des Anciens Mémoires de l'Académie.

— Le 25 octobre, Cassini découvre le 5ᵉ satellite de Saturne. *Anc. Mém. t. I, p.* 150. — *Hist. Acad. p.* 112. — *Cassini, mss.*

1672.

ÉCLIPSE DE SOLEIL, LE 22 AOUT.

Hévélius, à Dantzick.

$6^h 39′$......   commencement, à 30^d du nadir, vers l'ouest. *Mach. cœl. l.* 2.

— A Paris, Boulliau.

$5^h 39′ 20″$...   le Soleil ayant $12^d 0′$ de hauteur, commencement, auquel des nuages succédèrent. *Bull. ms.* J'ai calculé l'heure, et j'ai trouvé $5^h 39′ 30″$.

— A Paris, Cassini.

$5^h 38′ 37″$...   commencement. (Dans *Cass. ms.* il est marqué à $5^h 38′ 27″$.)
6   8 34 ...   les cornes étoient horizontales.
                    Grandeur, 8 doigts. *Anc. Mém. t. VII, p.* 244.

— Richer, à Caïenne.

$2^h 32′ 30″$...   commencement.
4 37 ......   fin. *Ibid.*

([1]) M. Augustin, dans le 12ᵉ volume des Mémoires de l'Académie de Copenhague, justifie l'opération de Tycho. La cause de l'erreur de Picard vient, dit-il, de ce que Tycho avoit orienté sa méridienne sur la plus haute tour d'Helseneur. Or, M. Augustin prouve que la tour d'Helseneur, qui étoit la plus haute du vivant de Tycho, ne l'étoit plus du temps de Picard.

ÉCLIPSE DE LUNE, LE 6 SEPTEMBRE.

A Paris, Cassini.

$17^h 15' 40''$... commencement. *Elém. d'Astron. vérifiés, p.* 13, ou *Anc. Mém. t. VIII, p.* 69.

— A Caïenne, Richer. Les temps sont ceux de l'horloge, laquelle, suivant les médiations de plusieurs étoiles, retardoit par jour de $4' 12''$ sur les étoiles. Or le temps apparent ne retardoit sur les étoiles que de $3' 36'',4$ par jour. Donc la pendule, en 24^h, retardoit de $35'',6$ sur le temps apparent.

$10^h 36' 22''$... premier bord du Soleil au méridien.

10 38 31 ... second bord. Donc

10 37 $26\frac{1}{2}$.. centre du Soleil au méridien.

10 37 28 ... midi vrai, correction faite de la déviation de l'octant. Donc, à midi, la pendule retardoit de $1^h 22' 32''$ sur le temps vrai.

10 32 13 ... temps de l'horloge ; donc

11 55 $2\frac{1}{2}$.. temps apparent ; bord précédent de *Mare crisium* au méridien.

10 34 8 ... temps de l'horloge ; donc

11 56 $57\frac{1}{2}$.. temps appar. ; bord précédent de *Grimaldus* au méridien. Pour corriger l'erreur provenant de la déviation de l'octant, il faut ajouter $12''\frac{1}{2}$ à l'heure des deux passages précédens. Hauteur méridienne corrigée du bord supérieur et boréal de la Lune, $79^d 22' 0''$.

$12^h 24' 30''$... temps de la pendule, ou

13 47 $22\frac{1}{2}$.. temps apparent, commencement de l'éclipse. Cassini marque ce commencement à $13^h 47' 12''$. *Cass. ms.* et *Elém. d'Astr. vér. p.* 13, et *Anc. Mém. t. VIII, p.* 69.

12 24 21 ... faute manifeste d'impression. Il faut peut-être lire

12 42 21 ... temps de l'horloge, ou

14 5 14 ... temps apparent, immersion d'un bord de Tycho.

13 48 26 ... temps de la pendule, et

15 11 $20\frac{1}{2}$.. temps apparent, émersion de l'autre bord de Tycho.

14 10 30 ... temps de la pendule ; donc

15 33 25 ... temps apparent, fin de l'éclipse. Cassini la marque à $15^h 33' 0''$. *Cass. ms.*

14 19 0 ,.. temps de l'horloge, ou

15 41 55 ... temps apparent, fin de la pénombre. *Anc. Mém. t. VII,* p. 256. — *Voyage de Richer,* etc. imprimé au Louvre en 1693, *in-fol. page* 18.

Autres observations de la Lune.

Le 12 janvier, le bord précédent de la Lune passe au méridien de l'île d'Hwen ou d'Uranibourg, $57' 31''$ de temps vrai après β du Taureau ; hauteur méridienne de son bord supérieur, $62^d 33' 50''$. *Picard, mss.*

38

Le 17 janvier, le bord suivant de la Lune passe au même méridien, à $14^h 58' 42''$ de la pendule; le premier bord de Jupiter, à $15^h 12' 38''$; et son second bord à $15^h 12' 40''$. Hauteur méridienne du bord inférieur de la Lune, $39^d 43' 50''$; du centre de Jupiter, $40^d 23' 30''$. *Ibid.*

— Le 4 mars, passage de la Lune dans les Pléiades, observé par Flamsteed, à Derby.

A $11^h 19' \frac{1}{2}$, Electra, haute de $9^d 50'$, est à $11' 58''$ de la pointe australe. Flamsteed, après avoir pris cette distance avec le micromètre, porte la vue sur le limbe du quart-de-cercle joint à la lunette, pour y reconnoître la hauteur de l'étoile; il retourne aussi-tôt à la lunette, et l'étoile avoit disparu. Durant l'intervalle, la Lune, et par conséquent l'étoile, avoit baissé de 10'. De cette circonstance et d'une combinaison avec l'observation suivante, Flamsteed conclut l'immersion d'Electra à $11^h 20' \frac{1}{2}$.

Maia étant haute de $8^d 43'$, ou à $11^h 30'$, immersion de Taygeta, à $16' 35''$ de la corne boréale.

A $11^h 37' \frac{1}{2}$, immersion de Maia, à la hauteur de $7^d 46'$, et à $22' 36''$ de la corne boréale. Le demi-diamètre de la Lune étoit alors de $16' 21''$; le point de l'immersion étoit donc, sur le limbe de la Lune, à $87^d 25'$ de la corne supérieure. La ligne des cornes étoit inclinée de $1^d 37'$ au cercle de latitude. Donc l'étoile est entrée $4^d 12'$ au-dessus du parallèle à l'écliptique passant par le centre de la Lune. Donc le centre de la Lune précédoit l'étoile de $16' 18''$, et sa latitude étoit de $1' 12''$ moindre que celle de l'étoile. L'étoile étoit, suivant Képler et Horroxe, en $1^s 25^d 1' 24''$; latitude $4^d 20' 39''$ B. Donc le lieu apparent de la Lune étoit en $1^s 24^d 45' 6''$, latitude app. $4^d 19' 27''$; ou, admettant une précession des équinoxes plus exacte que celle qu'on a tirée des Tables Carolines, le lieu de la Lune sera en $1^s 24^d 49' 35''$. L'étoile étoit alors, suivant le Catalogue Britannique, en $1^s 25^d 6' 33''$; lat. $4^d 21' 23''$; et suivant celui de Mayer, en $1^s 25^d 6' 8''$; lat. $4^d 21' 57''$ B. Donc, d'après cette dernière détermination, lieu apparent de la Lune, $1^s 24^d 49' 50''$; lat. app. $4^d 20' 45$ B. Parallaxe horizontale de la Lune, $60' 43''$; celle de longitude, $45' 34''$; celle de latitude, $39' 10''$. *Hist. cœl. Br. t. I, p.* 11. — *Flamstedii Epilog. ad Opera Horrox. p.* 493. — *Phil. Trans. n.* 86, *p.* 5034.

— Le 7 mars, à l'île d'Hwen, β du Taureau médie à $5^h 42' 7''$; le bord précédent de la Lune à $6^h 57' 19''$, et, par estime, le centre à $6^h 58' 40''$. Hauteur méridienne du bord inférieur, $61^d 58' 45''$; du bord supérieur, $62^d 31' 25''$: celui-ci n'étoit pas tout-à-fait rempli, mais il s'en falloit de bien peu. *Picard, mss.*

— Le 2 avril, à $6^h 50'$, Cassini, à Paris, observe β du Taureau dans la ligne des cornes; sa distance à la corne boréale excédoit d'une minute le demi-diamètre de la Lune. *Phil. Trans. n.* 82, *p.* 4047.

— Le 7 avril, Régulus passe à $8^h 29' 39''$ au méridien d'Uranibourg; le bord précédent de la Lune y passe à $8^h 37' 50''$. Hauteur méridienne de Régulus, $47^d 53' 20''$; celle du bord supérieur de la Lune, $47^d 53' 50''$.

Le 8, le premier bord du Soleil passe à $11^h 45' 16'' \frac{1}{2}$, le second à $11^h 47' 26'' \frac{1}{4}$, le bord précédent de la Lune à $9^h 21' 30''$. Hauteur méridienne du bord supérieur, $41^d 49' 55''$.

Le 9, premier bord du Soleil au mural, à $11^h 44' 58''$. *Picard, mss.*

— Le 4 mai, à Dantzick. A 11ʰ37′, conjonction apparente de Jupiter et de la Lune; Jupiter distant de 45″ au plus de la corne inférieure. *Mach. cœl. l.* 2, *p.* 603; *l.* 3, *p.* 60.

— Le 18 mai, Richer, à Caïenne. A 14ʰ41′0″, immersion de Mars sous le disque de la Lune, à la hauteur de 42ᵈ24′50″; le fil horizontal passant par Mars, coupoit *Mare crisium* par le milieu. Avec une lunette de cinq pieds et demi, on ne voyoit absolument aucun intervalle entre Mars et le bord de la Lune. Un nuage survenu n'a pas permis de déterminer l'instant précis auquel Mars a disparu, ce qui auroit pu arriver 15″ ou 20″ plus tard.

14ʰ49′40″...	hauteur du bord inférieur de la Lune, 44ᵈ7′10″.
15 19 4...	hauteur d'α du Cygne, 48ᵈ13′20″.
15 21 45...	haut. de la même étoile, 48ᵈ24′40″. Les haut. sont corrigées.
16 20 0...	émersion de Mars. *Anc. Mém. tom. VII, p.* 252. — *Voyage de Richer, p.* 16.

— Le 25 septembre, à Caïenne. Premier bord du Soleil à 11ʰ50′44″; second bord à 11ʰ52′52″. Immersion de π du Scorpion sous le disque de la Lune, à 6ʰ38′54″; émersion à 7ʰ33′0″. *Ibid. p.* 253, *et pag.* 16, 50, 51.

Pour la marche de l'horloge, θ de Pégase avoit médié le 24 à 9ʰ36′17″, et η du Verseau à 10ʰ0′52″. Le 25, θ de Pégase média à 9ʰ32′1″, et η du Verseau à 9ʰ56′36″. *Ibid.* Donc l'horloge retardoit de 4′16″ par jour sur les étoiles, et elle ne devoit retarder que de 3′36″; elle retardoit donc de 40″ par jour sur le temps apparent. Combinant tout, on trouvera que l'immersion a eu lieu à 6ʰ47′17″¼, et l'émersion à 7ʰ41′25″.

= Le 5 novembre, passage de la Lune dans les Pléiades, observé à Dantzick par Hévélius.

12ʰ53′30″...	immersion de *Celœno*.
13 5 15...	immersion de *Taygeta*, vis-à-vis *Stagnum Miris* (*Ricciolus*) au-dessus du *Palus Marœotis* (*Grimaldus*).
	Electra n'est pas éclipsée; elle passe à 3′ au sud du bord inférieur.
13 24 ...	immersion de *Maia*, vis-à-vis *Mons Acabe* (*Eichstadius*) et *Paludes Arabiœ*.
13 58 30...	conjonction de *Mérope*, à 15′ environ de distance du bord inférieur.
14 18 30...	conjonction d'Alcyone, à 11′ environ de distance du même bord.
14 30 ...	*Taygeta* est sortie; sa dist. au bord occidental est de 5′½.
14 33 30...	*Maia* est sortie vis-à-vis Mons *Paropamisus* (*Snellius* et *Furnerius*) sous *Mons Nerosus* (*Petavius, etc.*); sa distance au bord est de près de 4′.
14 47 30...	*Taygeta* est presque à 11′ du bord, et Maia presque à 9′.

Ces observations sont extraites de *Mach. cœl. l.* 2, *p.* 615. Les immersions de *Taygeta* et de *Maia* sont répétées au livre III, page 61; mais la première est marquée à $13^h 4' 45''$, et la seconde à $13^h 23' 35''$. Les heures de l'horloge sont les mêmes, $13^h 2' 45''$ et $13^h 21' 35''$. Pour les corriger, Hévélius avoit pris deux hauteurs de Procyon. A $14^h 22'$ de la pendule, la hauteur étoit de $34^d 59'$. Il en conclut, au second livre, que l'heure vraie étoit $14^h 24' 15''$; et au troisième livre, il trouve $14^h 23' 41''$. La deuxième hauteur, $35^d 14'$, prise à $14^h 24' 26''$ de l'horloge, lui donne, au deuxième livre, $14^h 27' 3''$, et au troisième, $14^h 26' 20''$. Il ajoute en conséquence aux temps marqués par son horloge, $2' 30''$ dans le deuxième livre, et $2'$ seulement dans le troisième. J'ai calculé les deux hauteurs de Procyon; elles m'ont donné $14^h 23' 42''$, et $14^h 26' 17''$, ce qui diffère peu des déterminations du troisième livre. Je pense donc que pour plus de précision, il faut retrancher $42''$ à $45''$ de l'heure de toutes ces observations d'Hévélius.

— Le 4 décembre, vers minuit, à Paris, près la porte Montmartre, hauteur méridienne du bord supérieur de la Lune, $68^d 47' 30''$; du bord inférieur, $68^d 13' 30''$. Peu après 12^h, β du Taureau précédoit le bord occidental de $2' 1''$ de temps. *Hist. cél. p.* 7.

— Le 30 décembre, autre passage de la Lune dans les Pléiades, observé par Hévélius, à Dantzick.

$11^h 22'$. . .   immersion de *Taygeta* vers *Mons Eous* et *Mons Kasius* (*Vieta*).
$12\ 52$ . . .   conjonction d'*Alcyone*. — *Mach. cœl. l.* 2 *et l.* 3, *p.* 60, 61.

— Boulliau observa aussi ce passage à Paris.

Procyon ayant $39^d 12'$ de hauteur à l'orient, immersion de la plus boréale des pléiades (*Taygeta*, je pense), presque vis-à-vis *Mons Troïcus* (*Schikardus*). L'air étoit plein de vapeurs. La Lune passa au-dessus d'Alcyone, qui, dans sa conjonction, étoit au moins à $17'$ de distance du limbe. *Bull. ms.*

On trouve dans *Hist. cél.* — *Hist. cœl. Brit.* — *Mach. cœl.* — *Anc. Mém. t. VII*, beaucoup d'autres observations de distances de la Lune aux étoiles, de ses hauteurs méridiennes, de ses diamètres, de ceux du Soleil, etc.

PLANÈTES.

Saturne continua de paroitre rond au commencement de cette année; Flamsteed l'observa tel le 11 janvier, *Hist. cœl. Br. p.* 9, et sans doute en d'autres jours postérieurs. Au mois de juin, il avoit repris ses anses; Cassini les observa les 5, 10, 20 du dit mois. *Cass. ms.*

Opposition de Saturne, le 20 septembre, à $12^h 6'$, t. m. mérid. de Londres, en $11^s 28^h 41' 47''$. *Hall. Tab.*; ou suivant J. Cassini, d'après les observations d'Hévélius, à $12^h 39'$, mérid. de Paris, en $11^s 28^d 42' 22''$, lat. $2^d 35' 13'' A$. *Elém. d'Astr. p.* 357.

Le 22 novembre, Saturne passe au méridien de la porte Montmartre $10' 34''$ après Mars; la hauteur méridienne de Mars est de $37^d 36' 0''$, et celle de Saturne, de $37^d 2' 35''$. *Hist. cél. p.* 26, 30.

— Le 22 février, à Copenhague, Picard. A $7^h 57' 35''$, la Lyre médie (apparemment sous le pôle). A $12^h 37' 55''$, hauteur méridienne du centre de Jupiter,

41^{d}49′25″. Suivant des hauteurs correspondantes, Jupiter avoit été au méridien à 12^{h}36′10.

Le 24, la Lyre est au méridien à........	7^{h}49′22″
le bord précédent de Jupiter à....	12 26 42
le bord suivant à.............	12 26 45

Hauteur méridienne du bord supérieur de Jupiter, 41^{d}59′10″; distance de Jupiter à σ du Lion, 13′45″, prise avec une lunette de 14 pieds.

A 12^{h}36, Jupiter et σ du Lion sont dans un même vertical.

Le 26, vers 6^h, distance de Jupiter à l'étoile, 15′50″.

Le 27, même distance vers 10 heures : 21′20″. *Picard, mss.*

— A Derby, Flamsteed, avec une lunette de 164 $\frac{2}{10}$ pouces anglais, prit, le 26 février et jours suivans, des distances et des différences de hauteur entre Jupiter et σ du Lion. Supposant l'étoile en 5^{s}14^{d}7′16″, et sa latitude 1^{d}40′, il calcula les différences de longitude et de latitude, et dressa la table suivante. Jupiter précédoit l'étoile, et il étoit moins boréal qu'elle.

Jours.	Heures.	Angle de l'écliptique et du vertical.	Différence de longitude.	Différence de latitude.	Longitude de Jupiter.	Latitude de Jupiter.
Fév. 26.....	7^h 44′	59^d 18′	9′ 16″	13′ 30″	5^s 13^d 58′ 0″	1^d 26′ 30″ B.
27.....	7 25	59 45	17 25	13 14	13 49 54	1 26 46 B.
28.....	7 0	60 5	25 12	12 45	13 42 4	1 27 15 B.

(Au 27 février, la différence de longitude devroit être 17′22″, ou la longitude de Jupiter, 5^{s}13^{d}49′51″). *Hist. cœl. Br. p.* 11.

L'étoile σ du Lion étoit, suivant Bradley, en 5^{s}14^{d}7′56″; latitude 1^{d}41′50″B. Ce seroit donc 40″ à ajouter aux longitudes, et 1′50″ à ajouter aux latitudes de Jupiter, déterminées par Flamsteed. Ces additions seroient même de 49″ pour la longitude, et de 1′54″ pour la latitude, en admettant les déterminations de Mayer.

— Opposition de Jupiter, le 2 mars, à 12^{h}31′ t. m. mérid. de Londres, en 5^{s}13^{d}17′54″. *Hall. Tab.* — ou, suivant J. Cassini, d'après les observations faites à l'observatoire de Paris, à 9^{h}0′, mérid. de Paris, en 5^{s}13^{d}18′0″; — ou enfin, suivant le même, d'après les observations d'Hévélius, à 12^{h}10′ mérid. de Paris, en 5^{s}13^{d}18′13″; lat. 1^{d}28′27″B. *Elém. d'Astr. p.* 417, 418. Je crois qu'à la première détermination de Cassini, il s'est glissé une erreur typographique, et qu'au lieu de 9^{h}0′, il faut lire 12^{h}0′.

— Le 25 mars et jours suivans, Flamsteed compara Jupiter à χ du Lion, et des observations du 30, les meilleures de toutes, il conclut que le 30 mars, à 6^{h}51′, Jupiter étoit de 2′3″ plus oriental, et de 6′42″ plus boréal que l'étoile. Celle-ci étoit, suivant Tycho, en 5^{s}9^{d}57′20″; lat. 1^{d}20′30″B. Donc Jupiter en 5^{s}9^{d}59′23″; lat. 1^{d}27′12″B. *Hist. cœl. Br. p.* 12. L'étoile étoit, suivant Bradley, en 5^{s}9^{d}57′4″; lat. 1^{d}20′53″; et, suivant Mayer, en 5^{s}9^{d}57′6″; lat. 1^{h}20′51″B.

Le 4 avril, à Copenhague, Jupiter passe au méridien 1^{h}30″ avant χ du Lion; la hauteur méridienne de son bord supérieur étant de 43^{d}42′25″.

Le 7, le centre de Jupiter au méridien, à $9^d 24' 10'' \frac{1}{2}$; hauteur de son bord supérieur, $43^d 47' 40''$. L'étoile passe à $9^h 26' 33''$.

Le 8, hauteur méridienne du bord supérieur, $43^d 49' 10''$.

Le 9, passage du centre à $9^h 14' 32'' \frac{1}{2}$; hauteur mérid. du bord supérieur $43^d 50' 45''$; passage de l'étoile à $9^h 17' 28'' \frac{1}{2}$; passage de σ du Lion, à $9^h 33' 34'' \frac{1}{2}$. *Picard, mss.*

— Le 29 avril, à Paris, à $8^h 4'$, Cassini trouva la distance de Jupiter à Régulus de $13^d 2' 30''$, et sa hauteur méridienne, presque en même temps, de $50^d 57' 30''$. *Cass. ms.*

— Jupiter s'éloignoit cependant de χ du Lion, mais ayant repris son cours direct, il se rapprocha de cette étoile, et cette seconde appulse eut des observateurs.

— A Paris, le 1er juin, à $9^h 36' 52''$, le centre de Jupiter passe par un cercle horaire; l'étoile traverse le même fil à $9^h 38' 14''$; Jupiter est de $2'$ plus boréal que l'étoile : donc

Ascension droite de Jupiter....................		$161^d 41'$
Sa déclinaison		9 8 B.
Sa longitude.................................	5^s	9 27
Sa latitude		1 17 B.

Le 5 juin, à $9^h 0'$, Jupiter précède l'étoile de $10' 4'' \frac{3}{4}$ ([1]); il est moins boréal de $1' 0''$.

Ascension droite de Jupiter	$161^d 51'$
Déclinaison	9 4

Le 6, à $8^h 45'$, Jupiter précède l'étoile de $0' 20''$; sa déclinaison est de $3' 30''$ environ moindre que celle de l'étoile.

Le 7, à $9^h 45'$, Jupiter a la même ascension droite que l'étoile, et sa déclinaison est de $5' 40''$ moindre. *Cassini, mss.*

— Le 5 juin, Flamsteed avoit observé, à Derby, qu'à $9^h 0'$ Jupiter précédoit l'étoile (en longitude) de $8' 38''$, et que sa latitude étoit de $5' 11''$ moins boréale que celle de l'étoile. Donc

Longitude de Jupiter.......................	$5^s 9^d 48' 52''$
Latitude...............................	1 15 19 B.

Le 6, à $9^h 7'$, Jupiter précède l'étoile de $2' 50''$, et sa latitude est de $5' 18''$ moindre que celle de l'étoile. Donc

Longitude de Jupiter.......................	$5^s 9^d 54' 40''$
Latitude...............................	1 15 11 B.

Le 7, à $9^h 19'$, χ du Lion précède Jupiter de $2' 27''$ et est de $5' 32''$ plus boréal que lui. Donc

Longitude de Jupiter.......................	$5^s 9^d 59' 57''$
Latitude..................................	1 14 58 B.

([1]) Il faut nécessairement lire $0' 42''$, au lieu de $10' 4'' \frac{3}{4}$ (Pingré). — Cassini paraît avoir exprimé en arc ce que Pingré a cru être exprimé en temps : $10' 4'' \frac{3}{4} = 0^m 41^s,05$ (G. B.).

Voyez plus de détail dans *Hist. cœl. Br. p.* 14, et sur-tout *Phil. Trans. n.* 86, *p.* 5037.

Flamsteed supposoit l'étoile en $5^s 9^d 57' 30''$; latitude $1^d 20' 30''$. Nous avons donné plus haut son lieu pour le 25 mars, suivant Bradley et Mayer; elle étoit le 6 juin de $9'' \frac{1}{2}$ plus avancée que le 29 mars.

— Ces appulses n'ont pas échappé à Boulliau. Voici ses observations faites à Paris.

Le 1er mars, Jupiter, voisin de son opposition, étoit à 40', à-peu-près, de distance de σ du Lion, plus haut que l'étoile de 20', plus occidental de 35' en azimut, Boulliau, d'après Tycho, place l'étoile $5^s 14^d 8' 55''$, et conclut que Jupiter étoit en $5^s 13^d 30'$ à-peu-près. L'heure de l'observation n'est pas marquée.

Le 31 mars, Jupiter dans le méridien, est de 8' au plus, plus haut que χ du Lion, et de 1' plus occidental en azimut; sa distance à l'étoile est de 8'.

Le 2 avril, distance de Jupiter culminant à l'étoile : 16'; Jupiter plus haut de 12'; son azimut de 10' plus occidental que l'étoile.

Le 3 juin, à 10^h, distance à l'étoile, 16'; Jupiter plus bas de 7'; son azimut plus occidental de 14'.

Le 4 juin, à $10^d 45'$, distance, 11' ou un peu plus; Jupiter plus bas de 5' ou un peu plus, son azimut, de 10', à-peu-près, plus occidental que l'étoile.

Le 5 juin, à 10^h, distance 6' au plus; Jupiter plus bas de 5' presque; son azimut de 4' plus occidental.

Le 6 à 10^h, distance 4'; Jupiter plus bas de 4', et plus occidental d'un de ses diamètres. Donc Jupiter en $5^s 9^d 57'$, lat. $1^d 16'$B.

Le 7 à $9^h 30'$, distance 5'; azimut de Jupiter de 3' au plus à l'orient de l'étoile; l'étoile plus haute que Jupiter. Donc Jupiter a dépassé l'étoile d'environ 4'. L'étoile étoit en $5^s 9^d 58' 40''$; latitude, $1^d 40'$B.; donc Jupiter en $5^s 10^d 3'$ environ; latitude environ $1^d 16'$.

Le 8, distance 9', ou très-peu plus; l'azimut de Jupiter plus oriental que l'étoile de 8' au plus; l'étoile 3' plus haute que Jupiter.

Le 9, à $10^h 20'$, distance 16'; l'étoile plus haute d'un diamètre de Jupiter.

Le 10 à $10^h 15'$, distance 21' et un peu plus; Jupiter plus haut que l'étoile de plus d'un de ses diamètres, ou d'une minute; son azimut de 21' à-peu-près, plus oriental que l'étoile. *Bull. ms.*

— Le 23 mai, à $14^h 29'$, ι du Verseau précédoit Mars de $3' 11''$ et en latitude, Mars étoit de $24' 4''$ plus austral que l'étoile; il étoit donc en $10^s 24^d 15' 40''$; latitude $2^d 24' 4''$A. *Hist. cœl. Br. p.* 13. — *Philos. Trans. n.* 86, *p.* 5039. L'observation est faite à Derby. L'étoile étoit, suivant Bradley, en $10^s 24^d 8' 38''$; lat. $2^d 3' 47''$; et, suivant Mayer, en $10^s 24^d 8' 40''$; latitude, $2^d 3' 40''$A. Mars étoit donc en $10^s 24^d 11' 50''$; lat. $2^d 27' 44''$, au moins.

Le 10 août, près la porte Montmartre, Mars médie $44' 44'' \frac{1}{2}$ avant χ du Verseau. Hauteur méridienne de Mars, $32^d 45' 25''$; celle de l'étoile, $33^d 21' 20''$. *Hist. cél. p.* 28.

Opposition de Mars le 8 septembre à $11^h 24'$, t. m. mérid. de Londres, en $11^s 16^d 56' 4''$. *Hall. Tab.*

— Le principal motif du voyage de Richer à Caïenne étoit de déterminer la parallaxe du Soleil par celle de Mars acronique. En effet, si la parallaxe du Soleil est

sensible, celle de Mars acronique doit l'être bien davantage, la distance de Mars à
la terre n'étant pas alors, à beaucoup près, la moitié de celle de la terre au Soleil.
Richer, en conséquence, multiplia extrêmement les observations de Mars; on en
peut voir le détail au tome VII des Anciens Mémoires de l'Académie. Mars se
trouva, vers la fin de septembre et le commencement d'octobre, très-voisin des
trois ψ du Verseau. Richer observa cette appulse; et en Europe, elle n'échappa pas
aux Flamsteed, aux Picard, aux Cassini, aux Rœmer. Flamsteed étoit alors à
Townley; on peut voir ses observations dans l'Histoire céleste Britannique et dans
les Transactions. Je ne les rapporte pas, vu qu'elles ne sont pas assez précises
pour produire l'effet qu'on se proposoit alors, sans doute parce que Flamsteed
n'avoit pas à Townley d'aussi bons instruments qu'à Derby. Il trouva la distance
de 2ψ à 3ψ, le 28 septembre, de $30'41''$; le 6 octobre de $30'20''$; le 8 du même
mois, de $30'13''$. Si les distances de Mars aux étoiles ne sont pas plus précises,
que peut-on en conclure pour la parallaxe de Mars?

— Le 24 septembre, Cassini, aidé de Rœmer et de Sédileau, observa à Paris, 1ψ
au méridien, à $10^h50'29''$; le 5, sa hauteur méridienne avoit été $30^d19'45''$.

2ψ médie à $10^h52'38''$; hauteur méridienne, $30^d13'55''$; elle étoit le 5, $30^d14'0''$.

3ψ médie à $10^h53'42''\frac{1}{2}$; hauteur mérid. $29^d47'20''$.

Mars médie à $10^h56'54''\frac{1}{2}$; hauteur mérid., $30^d4'0''$.

Le 5, on avoit trouvé la différence de passage entre 1ψ et 2ψ de $1''$ moindre et la
différence de hauteur de $5''$ moindre que le 24. Des observations postérieures ont
confirmé l'exactitude de celles du 5 septembre.

Entre le passage de 2ψ et de Mars par un même fil horaire, il s'est écoulé, à
$10^h58'$, $4'16''\frac{1}{2}$ de temps; — à $11^h28'$, $4'15''$; — à $12^h41'$, $4'14''$; — à $13^h2'$, $4'13''\frac{1}{2}$
bien précisément; — à $13^h22'$, $4'13''\frac{1}{2}$ bien précisément.

— A Caïenne, 1ψ médie à $10^h48'42''$, ayant eu le 7, $74^d12'40''$ de hauteur
méridienne.

2ψ fut au méridien à $10^h50'51''$.

Le bord occidental de Mars média à $10^h54'59''$, à $73^d57'10$ de hauteur.

— Le 25 septembre, à Paris, entre les nuages, du passage de 2ψ à celui de Mars,
par un fil horaire, il s'écoula, à $6^h47'$, $3'43''\frac{1}{4}$; — à $7^h45'$, $3'40''\frac{3}{4}$.

Le 28, à 11^h, à Paris, 2ψ passa $1'34''$ avant le centre de Mars; et à Caïenne, à
$10^h3'$, l'étoile passa au méridien $1'27''$ avant le bord occidental de Mars, et par
conséquent $1'28''$ avant son centre.

— Le 29, Picard se trouvoit à Brion, près Beaufort, en Anjou, $11'$ de temps
environ à l'ouest de Paris, et par $47^d26'25''$ de latitude. A 9^h, le bord occidental de
Mars média (ou passa par un fil horaire) avec 3ψ, $1'1''$ après 2ψ, et $2'8''$ après 1ψ.
2ψ étoit plus boréal que le centre de Mars de $4'25''$. Une droite tirée par 1ψ et 2ψ
rasoit le bord supérieur de Mars. La hauteur méridienne de ce même bord fut de
$31^d31'15''$.

— Le 1er octobre, Rœmer, à Paris, ne peut découvrir 2ψ; après deux minutes
d'une grande attention, il la revoit enfin à $11^h15'$, éloignée du bord oriental de
Mars des deux tiers du diamètre de cette planète, qui étoit alors de $25''$. A $11^h27'$,
la distance étoit d'un diamètre entier; donc conjonction de Mars et de l'étoile à

$10^h 33'$. A $11^h 15'$, le parallèle de l'étoile divisoit le disque de Mars dans la raison de 2 à 3, et à $11^h 27'$ dans celle de 3 à 4, d'où Cassini conclut que le centre de Mars a dû être dans le parallèle de l'étoile à $11^h 57'$. (Ne faudroit-il pas plutôt à $10^h 51'$?)

— Cassini, à la Charité-sur-Loire, observa la hauteur méridienne de Mars au moment où l'étoile étoit cachée par son disque. Le même jour, à $2^h 45'$ du matin, (ou le 30 septembre à $14^h 45'$), la distance de Mars à l'étoile étoit de $7'$.

— A Brion, vers 7^h, Mars s'étoit approché de 2ψ, paroissant tendre vers ψ, et devoir éclipser ou au moins toucher 2ψ, qui n'en étoit distant que de $1'$. Le premier bord de Mars avoit passé par un fil horaire $4''$ environ avant 2ψ. Des nuages survenant interrompirent l'observation.

A 14^h, Mars avoit dépassé 2ψ; son centre étoit en droite ligne entre 1ψ et 2ψ. A $14^h\frac{1}{2}$, son bord oriental précédoit 2ψ de $6''$ de temps; son centre étoit de $20''$ plus haut que l'étoile.

— A Caïenne, toujours le même jour, 1er octobre, à $10^h 25'$, 2ψ passe au méridien $7''$ après le bord occidental de Mars.

De ces observations, Picard conclut que Mars, 30 (ou plutôt 22) jours après son opposition, n'a point de parallaxe sensible; sa parallaxe, dit Cassini, ne peut excéder son diamètre, et elle est même un peu moindre; elle n'est que de $25''\frac{1}{2}$ au plus, et celle du Soleil de $9''\frac{1}{2}$.

Des observations faites à Paris, Rœmer conclut les ascensions droites et les déclinaisons de Mars, sans doute à son passage par le méridien, ainsi qu'il suit.

	Ascension droite.	Déclinaison.
	$^d\quad '\quad ''$	$^d\quad '\quad ''$
24 septembre	346 22 52	11 7 34 A.
25 »	346 11 20	11 6 35
30 »	345 22 35	11 3 10
1er octobre..................	345 14 59	11 0 52

Anc. Mém. t. VII, p. 358 et suiv. — Hist. cél. p. 28, 29. — Hist. Acad. p. 107. — Picard ms. — Voyage de Picard, p. 34, 35. — Observ. de Cassini, p. 4 et suiv. — Élém. d'Astron. vérif. p. 46. Ces trois derniers ouvrages sont imprimés au Louvre en 1693, en un seul volume *in fol.*

— Le 29 septembre, Boulliau, à Paris, observa Mars au méridien en même temps que 3ψ; Mars étoit $24'$ environ plus élevé que l'étoile, dont le lieu étoit alors en $11^s 12^d 15' 25''$; latitude $4^d 44'$ A. Au même moment, distance de Mars à 2ψ, $14'$ au plus; Mars plus bas d'environ $5'$. L'étoile étoit en $11^s 12^d 11' 55''$; latitude $4^d 10' 30''$ A. Mars étoit donc en $11^s 12^d 24'$; latitude $4^d 22'$ A. *Bull. ms.* Suivant Mayer, l'étoile 3ψ étoit alors en $11^s 12^d 13' 44''$, lat. $4^d 46' 19''$ A.; et 2ψ en $11^s 12^d 9' 32''$; latitude $4^d 16' 35''$ A.

— Le 6 octobre, Hévélius, avec un grand instrument garni de simples pinnules, prit des distances de Mars, à γ et à ε de Pégase, et conclut qu'à $10^h 38'$, méridien de Dantzick, Mars étoit en $11^s 11^d 53' 33''$; latitude $3^d 47' 54''$ A. *Annus Climact. p. 73.*

— La même nuit, Flamsteed, avec une lunette de 14 pieds, garnie d'un micro-

mètre, avoit pris plusieurs distances de Mars à 1ψ et à 2ψ du Verseau : la conclusion étoit qu'à $7^h3'$, méridien de Derby, Mars étoit en $11^s11^d53'23''$; lat. $3^d52'48''$,
et à $9^h17'$, même méridien, ou à $10^h38'$, méridien de Dantzick, en $11^s11^d53'16''$;
lat. $3^d52'36''$, en admettant les longitudes et latitudes Tychoniennes, et supposant
la précession des équinoxes de $50''$. La latitude déterminée par Hévélius est donc
de $4'42''$ en défaut. Si à la latitude Tychonienne de l'étoile, $3^d58'30''$, on substituoit
celle qu'Hévélius avoit déterminée, $3^d55'36''$, la latitude de Mars étoit réduite à
$3^d49'42''$. Mais — 1° cette latitude est encore de près de $2'$ en erreur; — 2° celle
qu'Hévélius assigne à l'étoile, est certainement trop faible. (En effet, 1ψ étoit
alors, suivant Mayer, en $11^s11^d42'0''$, avec une latitude de $3^d59'6''$A. Ainsi l'erreur
d'Hévélius sur la latitude de Mars, étoit de $5'18''$.) Flamsteed concluoit, avec
raison, qu'Hévélius avoit tort de ne pas substituer des lunettes aux pinnules de ses
instrumens. *Lettre de Flamst. à Hével. ibid. p.* 76, 77.

Voyez dans le Voyage de Richer, imprimé au Louvre en 1693, *in-fol.* et au
tom. VII des *Anc. Mémoires*, beaucoup de hauteurs méridiennes de Mars et autres
planètes, observées par Richer sur l'île de Caïenne.

— D'une observation de Mercure, faite par Hévélius, le 21 mai, à $9^h18'$ t. app.
mérid. de Dantzick, ou à $8^h9'18''$, t. m. méridien de Paris, et de l'examen de cette
observation faite par M. de la Lande, *Mém. de l'Acad.* 1766. *p.* 502, il résulteroit
que cette planète étoit alors en $2^s24^d9'\frac{3}{4}$. Mais peut-on répondre à une minute près
de la précision des distances qu'Hévélius prenoit avec ses pinnules?

Le 11 septembre, le centre du Soleil passe au méridien de Caïenne, ou plutôt par
un vertical, déclinant de $39''$ (ou mieux de $37''\frac{1}{2}$) de temps du vrai méridien vers
l'est, à $11^h59'32''$ de l'horloge.

Le 12, à $6^h23'15''$, Mercure, haut de $15^d56'30''$, passe par un vertical que l'Épi de
la Vierge traverse ensuite à la hauteur de $7^d20'0''$.

Le même soir, ε du Verseau passe au méridien, ou plutôt au vertical déclinant etc,
à $9^h2'40''$.

Le 13, ε du Verseau au même vertical, à $8^h58'37''$.

Le 14, le centre du Soleil passe au même vertical, à $11^h58'22''$.

A $6^h46'33''$, l'Épi de la Vierge, haut de $10^d32'0''$, est dans un vertical par lequel
Mercure passe à $6^h47'35''$, à la hauteur de $9^d37'10''$. (Le quart-de-cercle haussoit
les objets de $40''$, qu'il faut retrancher de toutes les hauteurs.) *Voyage de Richer,
page* 13. — *Anc. Mém. tom. VII, p.* 247, 248.

— Le 21 octobre, à Derby, Mercure haut de $5^d10'$, à $18^h9'$, étoit à $21'32''$ de θ de
la Vierge; la ligne qui joignoit Mercure et l'étoile étoit inclinée de 5^d sur l'almicantarat de l'étoile. Mercure est plus haut et plus oriental que l'étoile, dans la
figure, où je pense que les objets sont renversés. *Hist. cœl. Brit. p.* 17.

ÉTOILES.

L'étoile P de la poitrine du Cygne croissoit encore le 29 mars. *Phil. Trans. n.* 134,
p. 854.

— La variable de la Baleine est, le 9 et le 11 août, plus belle que γ, mais moindre
que α de la même constellation. Le 17 septembre, elle est moindre que δ, à peine

de la 4ᵉ, ou même seulement de la 5ᵉ grandeur, et le 25 du même mois, elle est à peine de la 6ᵉ. *Mach. cœl. l.* 2. — *Ann. Climact. p.* 92.

— Cassini découvre une nouvelle étoile dans le Taureau. *Phil. Trans. nᵒ* 82, *p.* 4046.

— Le 4 mars, à la vue simple, la nébuleuse d'Andromède parut à Cassini plus éclatante que de coutume. *Cass. mss.*

SATELLITES.

Le 3 janvier, l'immersion du 1ᵉʳ satellite de Jupiter fut observée par Picard à Uranibourg, à 13ʰ24′45″; et à Paris, par Cassini, à 12ʰ42′36″. *Anc. Mém. t. VII, p.* 228. — *Voyage de Picard, p.* 27. — *Hist. cœl. p.* 27. — *Cass. mss.* Cependant, dans un autre manuscrit de Cassini, l'immersion est marquée à 12ʰ44′16″.

Le 10 janvier, Picard, à Copenhague, immersion du 1ᵉʳ à 15ʰ13′54″, *Picard mss.* et à Paris, à 14ʰ32′14″. *Tables des Sat. de Jup. par M. Bailly, p.* 36.

Le 12 janvier, immersion du 1ᵉʳ, à Copenhague, par Picard, à 9ʰ41′2″; à Paris, à 8ʰ59′22″. *Ibid. et ibid.*

Le 19 janvier, à Paris, immersion du 1ᵉʳ à 10ʰ51′56″. *Cassini, mss.*

Le 24, à Paris, à 18ʰ15′14″, immersion du 1ᵉʳ. *Ibid.*

Le 26, à Paris, immersion du 1ᵉʳ, à 12ʰ43′38″. *Ibid.*

Le 2 février, à Paris, à 14ʰ35′49″, immersion du même. *Ibid.*

Le 11 février, à Copenhague, immersion du 1ᵉʳ, à 11ʰ38′46″; et au même moment, ou très-peu après, le 3ᵉ entre sur le disque de Jupiter. Picard remarque qu'après l'observation, on trouva la lunette teinte d'un léger brouillard. *Picard, mss.*

La même immersion du premier fut observée par Flamsteed, à Derby, Jupiter étant haut de 32ᵈ20′, ou à 10ʰ36′; — Jupiter haut de 32ᵈ50′, ou à 10ʰ38′, le satellite ne paroissoit certainement plus. A 10ʰ52′, le 3ᵉ satellite n'étoit plus distant de Jupiter que de ⅓ du diamètre de cette planète. *Hist. cœl. Br. p.* 10.

A Paris, l'immersion du 1ᵉʳ fut observée à 10ʰ57′6″. *Tab. des Sat. de M. Bailly, p.* 36.

Le 20 février, immersion du 1ᵉʳ, à Paris, à 7ʰ20′26″, *Ibid.* — et à Copenhague, à 8ʰ2′6″. *Picard, mss.* Dans un manuscrit de Cassini, l'immersion, à Paris, est marquée à 7ʰ22′12″; suivant un autre manuscrit, elle seroit arrivée à 7ʰ21′35″, ce qui paroit mieux.

Le 22 février, à Copenhague, immersion du 2ᵉ, à 16ʰ24′18″. *Pic. mss.*

Le 27 février, à Paris, immersion du 1ᵉʳ, à 9ʰ16′43″, ou suivant l'autre manuscrit, à 9ʰ16′29″, *Cas. mss.*; — et à Derby, Jupiter ayant 29ᵈ22′ de hauteur, ou à 8ʰ59′, ou peut-être une minute plus tôt. *Hist. cœl. Br. p.* 10.

Le 4 mars, à Paris, à 11ʰ59′, le premier touche Jupiter; à 12ʰ8′, il est entièrement plongé. *Cass. mss.*

Le 7 mars, émersion du 1ᵉʳ, à Copenhague, à 8ʰ40′5″, *Picard mss.*; — à Paris, à 7ʰ58′25″. *Tables des Sat. par M. B.*

Le 11, à Paris, à 14ʰ0′11″, émersion du 2ᵉ. *Cass. mss.*

Le 12, à Paris, à 15ʰ23′52″, ou suivant l'autre manuscrit, à 15ʰ22′43″, émersion du 1ᵉʳ, *ibid.*

Le 14 mars, émersion du 1ᵉʳ à Copenhague, à 10ʰ34′10″ (ou 10ʰ34′39″, réduction faite au méridien d'Uranibourg); et à Paris, par Cassini, à $9^h52'22''$. *Hist. cél.* p. 27. — *Anc. Mém. t. VII, p.* 228. Cependant dans *Cass. ms.*, on trouve l'émersion à Paris, à $9^h52'40''$, ou suivant l'autre mss. à $9^h51'42''$.

Le 18 mars, à Paris, émersion du 2e, à $16^h37'30''$. *Cass. mss.*

Le 23 mars, à Copenhague, émersion du 1er, à $6^h59'54''$. *Picard mss.* — et à Paris, à $6^h18'14''$. *Tab. des Sat. par M. B.* (¹).

Le 28, émersion du 1er, à Copenhague, à $14^h27'12''$ (ou à $14^h27'41''$, réduction faite à Uranibourg) — et à Paris, par Cassini, à $13^h45'39''$. *Hist. cél.* — *Anc. Mém. Ibid.*

Le 29 mars, à Copenhague, émersion du 2e, à $9^h12'12''$. *Picard mss.*

Le 30, à Copenhague, émersion du 1er, à $8^h56'25''$. *Ibid.* — et à Paris, à $8^h14'46''$. *Tables de M. Bailly.*

Le 1er avril, à Caïenne, le 1er satellite touche le bord oriental de Jupiter à $7^h56'44''$; il se détache du bord occidental à $10^h36'16''$. *Élém. d'Astr. vérifiés. p.* 13.

Le 5 avril, à Copenhague, émersion du 2e, à $11^h47'12''$. *Picard mss.*, — et à **Paris**, à $11^h6'17''$. *Cass. mss.*

Le 6 avril, émersion du 1er, observée à Copenhague, à $10^h53'2''$, ou réduction faite à Uranibourg, à $10^h53'31''$; — et à Paris, par Cassini, à $10^h11'23''$. *Picard mss.* — *Hist. cél. p.* 27. — *Anc. Mém. t. VII, p.* 228. Cependant, dans *Cass. mss.*, l'émersion à Paris est marquée à $10^h12'20''$.

Le 22 avril, émersion du 1er, à $9^h16'16''$ à Copenhague, ou à $9^h16'45''$, réduction faite au méridien d'Uranibourg; *Picard mss.* — et à Paris, à $8^h35'57''$. *Cass. mss.*; ou suivant l'autre mss. à $8^h35'53''$.

Le 29 avril, à Uranibourg, émersion du 1er, à $11^h12'16''$. *Picard mss.*

Le 30 avril, à Copenhague, émersion du 2e à $8^h52'24''$. *Picard mss.*

Le 22 mai, à Paris, émersion du 1er, à $10^h46'4''$. *Cass. mss.*

Le 25 mai, à Paris, à $10^h37'38''$, émersion du 3e. *Ibid.*

Le 7 juin, à Paris, à $9^h5'45''$, émersion du 1er, marquée un peu tard, ajoute-t-on; cependant l'autre manuscrit marque l'émersion à $9^h6'44''$.

Le 8 juin, à Paris, à $10^h12'50''$, immersion totale du 3e derrière le disque de Jupiter. A $10^h20'0''$, le 2e sort de l'ombre. *Cass. mss.*

Le 17 novembre, à $17^h37'5''$, immersion du 1er, observée à Paris par Picard. *Picard mss.* — *Hist. cél. p.* 27.

De ses observations à Uranibourg et à Copenhague, combinées avec celles de Cassini à Paris, Picard conclut qu'Uranibourg est plus oriental que Paris, de $42'10''$ de temps. La différence de ces méridiens avoit été déterminée de $40'0''$ par Képler, de $49'20''$ par Longomontan, de $48'0''$ par Boulliau, de $45'36''$ par Riccioli; la Connaissance des temps l'a restreinte à $41'31''$.

Cassini observoit à Paris les éclipses des satellites avec une lunette de 18 pieds. Picard en avoit une semblable; mais il employoit plus volontiers une lunette de 14 pieds, qui étoit excellente, et qui faisoit bien autant d'effet que celle de 18 pieds de Cassini.

(¹) Je soupçonne que ces immersions et émersions, qu'on ne trouve qu'à la suite des *Tables des Satellites par M. Bailly,* n'ont pas été observées à Paris, mais à Copenhague et ailleurs; que quelqu'un aura réduit ces observations au méridien de Paris, sans avertir de son opération; et qu'en conséquence, M. Bailly aura eu un légitime sujet de croire que les observations avoient été réellement faites à Paris.

COMÈTE.

Hévélius découvrit une comète le 2 mars; mais il ne commença à l'observer que le 6; il continua ses observations jusqu'au 20 avril. Cassini l'observa aussi à Paris, mais dans un moindre intervalle de temps. Halley a calculé l'orbite de cette comète sur les observations d'Hévélius. Voyez *Cométogr. t. II, p.* 23, 100.

FAITS.

Richer, à Caïenne, détermine l'obliquité de l'écliptique, de 23^{d}28′54″. *J. Cass. Élém. d'Astr. p.* 112.

— On rapporte à cette année l'invention du télescope catadioptrique, par Isaac Newton. *Phil. Trans. n.* 81, *p.* 4004. Voyez à ce sujet une lettre d'Huygens, *Anc. Mém. t. X, p.* 505. D'autres datent cette invention de l'an 1666. — Cassegrain imagina aussi une espèce de télescope catadioptrique, assez semblable à celui de Newton; mais Newton avoit une priorité de deux mois. *Ibid. n.* 83, *p.* 4056.

— De deux observations, faites la même nuit, Flamsteed conclut que la parallaxe horizontale de Mars acronique n'atteint pas à 30″, et qu'en conséquence celle du Soleil n'excède pas 10″. *Phil. Trans. n.* 89, *p.* 5119, *et nov.* 1672, *n.* 96, *p.* 6100. Cassini avoit borné cette parallaxe à 9″$\frac{1}{2}$.

— Cassini découvre, le 23 décembre, le 3e satellite de Saturne; il fit part à l'Académie de cette découverte, le 18 janvier de l'année suivante. Il assigna 4 jours et $\frac{2}{3}$ à la révolution de ce satellite, et 80 jours à celle du 5e. *Cass. mss. — Hist. Acad. p.* 112.

1673.

Observations de la Lune.

Passage de la Lune par les Pléiades, observé à Dantzick par Hévélius, le 22 mars.

7^{h}58′...... immersion, vers le *Palus Marœotis* (*Grimaldus*), de la précédente à la pointe occidentale des Pléiades (de *Taygeta*, je pense).

8 1...... immersion d'une Pléiade, qui n'est point sur les globes, vis-à-vis *Sinus Hyperboreus* (*Sinus roris*).

8 12′...... immersion de la précédente de deux étoiles très-voisines, sises au-dessus de celle qui précède la claire des Pléiades, vers le *Palus Marœotis*.

8 17...... immersion de la suivante, au même endroit. (Ces deux étoiles me paroissent être les deux *Asterope*.)

8 27...... celle qui précède la claire (*Maia*, je pense) ne fut point éclipsée, mais elle étoit dans la ligne des cornes, donc en conjonction; et sa distance à la corne australe étoit de 2′ ou un peu plus.

A $8^h 46' 3o''$, la première éclipsée étoit sortie; elle étoit distante d'environ $2'$ du bord occidental de la Lune. *Mach. cœl. l.* 2.

— Boulliau, à Paris, observa aussi la Lune près des Pléiades, et à leur nord. Aldébaran ayant $3g^d o'$ de hauteur, la ligne des cornes de la Lune avoit dépassé de $1'$ l'étoile *Maia*, et cette étoile étoit distante de $5'$ de la corne inférieure. Donc, dit Boulliau, la latitude apparente de cette corne étoit de $4^d 26'$. L'étoile étoit en 1601, suivant Képler, en $1^s 24^d 5'$; latitude $4^d 21'$ B. *Bull. ms.* Suivant Flamsteed, l'étoile étoit le 22 mars 1673, en $1^s 25^d 7' 26''$; lat. $4^d 21' 25''$; et suivant Mayer, en $1^s 25^d 7' 1''$, lat. $4^d 21' 57''$.

— Le 24 mars, le bord précédent de la Lune passe au méridien $2^h o' 24''$ de temps moyen avant β des Gémeaux; hauteur méridienne du bord inférieur, $68^d 25' 4o''$. Observé par Picard, à Paris, près la porte Montmartre. *Hist. cél. p.* 8.

Le 20 avril, à $1^h 45'$, distance entre le bord occidental de la Lune et le bord oriental du Soleil, $45^d 49' 15''$; hauteur méridienne du bord inférieur de la Lune, $68^d 3' o''$. Vénus avoit passé $5'$ avant le centre de la Lune, ayant $67^d 18' 4o''$ de hauteur méridienne. *Ibid.*

Le 18 mai, à $23^h 38' 3o''$, le centre de Vénus et le bord occidental de la Lune sont dans un même cercle horaire; le bord supérieur de la Lune étoit de $11' \frac{1}{2}$ moins boréal que le centre de Vénus. L'observateur est toujours Picard. *Ibid.*

Voyez *ibid. p.* 8, 49 *et suiv.* un grand nombre de hauteurs méridiennes de la Lune, observées par Picard, près la porte Montmartre, les six premiers mois de l'année, à l'Observatoire les six autres.

— Le 22 novembre, Flamsteed, à Derby, mesura un grand nombre de distances de ε du Bélier aux confins de l'ombre et de la lumière sur le disque de la Lune, alors presque pleine. *Voyez Hist. cœl. Br., tom. I, p.* 22.

— Le 23 décembre, appulse de la Lune à ε des Gémeaux, observée par Flamsteed à Derby.

Hauteurs de ε des Gémeaux.	Heures conclues.	Distances au bord voisin.	
$34^d 54'$	$7^h 5o'$	$43' 4o''$	assez exacte.
$42\ 45$	$8\ 44$	$19\ 3o$	assez exacte.
$48\ 20$	$9\ 23$	$8\ 5$	vent. L'étoile est en droite ligne avec *Mons Sinaï* (*Tycho*) et *Besbicus* (*Manilius*).
$48\ 4o$	$9\ 25$	$7\ 3o$	vent. L'étoile est un peu à l'est du vertical passant par le bord précédent.
$49\ 3o$	$9\ 29$	$6\ 37$	nuages; l'étoile un peu à l'ouest du même vertical. *Ibid.*

PLANÈTES.

Opposition de Saturne, le 3 octobre, à $2o^h 46'$, t. m. mérid. de Londres, en $o^s 11^d 37' 11''$. *Tab. Hall.* ou, suivant J. Cassini, d'après des observations d'Hévélius, à $21^h 4'$, mérid. de Paris, en $o^s 11^d 37' 8''$; lat. $2^d 45' 18''$ A. *Élém. d'Astr. p.* 357.

Appulse de Jupiter acronique à θ de la Vierge.

— Le 23 mars, au soir, à Derby, distance du bord oriental de Jupiter à l'étoile, 52′34″; Jupiter est plus bas et plus oriental que l'étoile.

Le 27,　　　vers　$7^h30′$, distance du bord le plus éloigné de Jupiter à l'étoile, 23′54″.

Le 30,　　　à　$7^h14′$, distance 9′52″.

$8^h16′$, différence de hauteur entre le bord inférieur de Jupiter et l'étoile, 4′41″; Jupiter plus bas que l'étoile.

$8^h23′$, différence de hauteur, 4′41″.

$8^h29′$, distance, 9′57″.

$8^h50′$, différence de hauteur, 5′0″.

Diamètre de Jupiter, 48″.

Le 5 avril,　　à　$7^h57′$, distance de Jupiter à l'étoile, 48′30″; observation exacte.

Le 9 avril,　　　diamètre de Jupiter, 48″; il n'est certainement pas au-dessous de 47″. *Hist. cœl. Br. p.* 18, 19. — *Phil. Trans. n.* 94, *p.* 6033.

— Cassini observa cette appulse à l'Observatoire royal.

Le 30 mars,　à　$7^h37′$, la distance de θ au bord boréal de Jupiter étoit égale à celle du satellite le plus oriental de Jupiter au satellite le plus occidental. Une ligne, tirée perpendiculairement de l'étoile sur la ligne des satellites, rasoit le bord oriental de Jupiter, ou tomboit entre ce bord et le centre de Jupiter.

à　$11^h15′$, la différence des passages du bord précédent de Jupiter et de l'étoile, par un même fil horaire, a été trouvée plusieurs fois de $23″\frac{2}{3}$ de temps. Lorsque Jupiter eut atteint le méridien, la différence des passages fut observée plusieurs fois de $24″\frac{1}{2}$ et de $24″\frac{3}{4}$. Hauteur méridienne du bord supérieur de Jupiter, $37^d17′5″$; celle de l'étoile, $37^d24′35″$.

Le 31 mars, hauteur méridienne de l'étoile, $37^d24′35″$.

Hauteur méridienne de Jupiter, $37^d20′0″$.

Différence des passages au méridien, $53″\frac{1}{2}$, égale à 13′23″ de degré.

Le 1er avril, différence des passages entre le bord occidental de Jupiter et l'étoile, $1′21″\frac{1}{2}$, équivalant à 20′22″ de degré.

Hauteur méridienne de Jupiter, $37^d22′55″$.

Celle de l'étoile, $37^d24′35″$.

Le 2 avril,   différence des passages, 1′49″⅔.

> Hauteur méridienne de Jupiter, 37ᵈ36′0″. (Il y a erreur de copiste; il faut apparemment lire, 37ᵈ26′0″.) *Cassini ms.*

— Enfin Picard, près la porte Montmartre, fit les observations suivantes.

Le 3o mars, peu après 12ʰ, le centre de Jupiter précéda θ de la Vierge, au méridien, de 23″½ de temps.

> Hauteur méridienne du centre de Jupiter, 37ᵈ14′35″.
>
> Celle de l'étoile, 37ᵈ22′3o″.

Le 31 mars, Jupiter média 52″ avant l'étoile.

> Sa hauteur méridienne, 37ᵈ17′20″.
>
> Celle de l'étoile, 37ᵈ22′3o″.
>
> Diamètre de Jupiter, 44″. Il fut trouvé le même le 13 avril. *Hist. cél. p.* 28.

— Opposition de Jupiter, calculée sans doute d'après les observations précédentes de Flamsteed, le 2 avril à 0ʰ49′, t. m. méridien de Londres, en 6ˢ13ᵈ18′1″. *Tab. Halley;* ou, suivant J. Cassini, d'après les observations de son père à l'Observatoire, à 1ʰ0′, en 6ˢ13ᵈ19′0″; latitude 1ᵈ37′15″B. *Élém. d'Astr. p.* 418, 445.

— Le 24 et le 25 avril, Flamsteed prend des distances de Jupiter à *k* de la Vierge; il en conclut que le 25 (probablement vers 8ʰ½), le lieu corrigé de Jupiter étoit en 6ˢ10ᵈ27′, et que sa latitude boréale n'excédoit pas 1ᵈ34′. Mais, il suppose, d'après Tycho, l'étoile en 6ˢ10ᵈ3o′; lat. 2ᵈ23′½B. *Hist. cœl. Br. p.* 21. Or cette étoile est double dans le Catalogue Britannique; l'une étoit alors en 6ˢ10ᵈ38′55″; lat. 2ᵈ21′5o″; l'autre en 6ˢ10ᵈ4o′1″; lat. 2ᵈ23′4″. Mayer ne marque qu'une de ces étoiles, et c'est probablement celle à laquelle Flamsteed avoit comparé Jupiter. Cette étoile étoit, suivant le catalogue de Mayer, en 6ˢ10ᵈ38′54″; lat. 2ᵈ22′2o″B. — Jupiter auroit donc été en 6ˢ10ᵈ36′; lat. 1ᵈ33′B.

— Le 14 novembre, Picard, à l'Observatoire royal, observa qu'à 19ʰ0′0″, Mars précéda Jupiter, à un cercle horaire, d'environ 1′23″½ de temps; la déclinaison de Jupiter excédoit de 26′8″ celle de Mars; distance des centres, 46′10″. *Hist. cél. p.* 67.

— Le 20 et le 21 mai, Flamsteed observa une appulse de Mars, à 1 ω des Gémeaux.

Le 20, à 9ʰ 4′   , distance de Mars à l'étoile, 17′36″.

> 9   9   , distance, 17′43.
>
> 9 16 4o″, différence des azimuts, 2′26″; Mars plus occid. que l'étoile.
>
> 9 26 20 , même différence des azimuts.
>
> 9 53   , cette différence n'est plus que de 1′55″.
>
> 10   5   , distance de mars à l'étoile, 16′45″.
>
> 10 12   , distance, 16′37″. Mars a toujours été plus bas que l'étoile.

Le 21, à 9   0   , distance, 27′41″.

> 9 12   , une ligne passant par les centres de Mars et de l'étoile, forme un angle (corrigé) de 7ᵈ¾ avec l'almicantarat de Mars, qui est plus haut et plus oriental que l'étoile.
>
> 9 17   , distance, 27′53″; l'angle est encore le même. *Hist. cœl. Br. p.* 21.

— Le 18 janvier, appulse de Vénus, à σ du Verseau, observée à Derby, par Flamsteed.

L'étoile, haute de 14^d0′, ou à 4^h38′, distance du bord le plus éloigné de Vénus à l'étoile, 29′18″; une ligne tirée par les centres de Vénus et de l'étoile étoit inclinée de 3^d au-dessus de l'almicantarat de Vénus.

L'étoile haute de 10^d55′, ou à 5^h11′, la distance de l'étoile au bord voisin de Vénus étoit de 30′23″, et l'inclinaison de la ligne des centres étoit de 9^d. Vénus étoit plus haute et plus orientale que l'étoile. Flamsteed a plus de confiance dans la première observation que dans la seconde. *Hist. cœl. Brit. p.* 18.

— Le 10 février, près la porte Montmartre, Vénus haute de 40^d9′0″, médie 5^h20′43″ de temps moyen avant ε d'Orion. *Picard ms. — Hist. cél. p.* 33.

Le 11, elle médie 5^h12′15″ avant δ, — 5^h18′34″ avant ε d'Orion, avec 40^d40′25″ de hauteur méridienne. *Ibid.*

Le 1er mars, à 0^h26′, distance de Vénus au bord occidental du Soleil, 40^d49′30″; hauteur méridienne de son bord supérieur, 51^d31′10″. *Cass. mss.*

— Le 22 mars, Aldébaran ayant à Paris 32^d0′ de hauteur vers l'ouest, la distance de Vénus à δ du Bélier étoit d'environ 12′; son azimut de 5′ environ plus occidental que l'étoile; celle-ci, 9′ à 10′ plus basse que Vénus. Boulliau conclut qu'il s'en falloit environ de 7′, que Vénus eût atteint la longitude de l'étoile. L'étoile étoit en 1^s16^d16′19″ (lat. 1^d46′½). Donc Vénus étoit en 1^s16^d12′; lat. 1^d43′ B. au plus. *Bull. ms.*

Si Vénus, dans la partie de l'ouest, étoit plus occidentale et plus haute que l'étoile, elle devoit être plus boréale qu'elle. D'autre part, si la distance étoit de 12′, et la différence de longitude de 7′, celle de la latitude devoit être de 9′ à 10′. L'étoile étoit, suivant Mayer, en 1^s16^d16′45″; latitude 1^d48′8″ B. Donc Vénus auroit été en 1^s16^d10′, avec une latitude de 1^d57′ à 58′ B.

Le 15 avril, à 2^h0′15″, distance du centre de Vénus au bord oriental du Soleil, 45^d14′25″; et à 3^h1′, sa hauteur méridienne fut de 66^d31′. *Hist. cél. p.* 33. — *Pic. ms.*

Le 20 avril, à 1^h45′, distance de son centre au bord oriental du Soleil, 45^d20′50″; hauteur méridienne du centre 67^d18′40″. *Ibid.* Ces deux observations sont de Picard, près la porte Montmartre.

— Le 5 mai, à Caïenne, le centre du Soleil médie à 11^h47′30″½; hauteur méridienne du bord inférieur et boréal, 75^d35′20″. Le bord précédent de Vénus médie à 2^h51′9″, hauteur méridienne de son bord inférieur et boréal, 68^d13′50″ ou 55″. Hauteur méridienne de ζ du Bouvier, 67^d0′45″ ou 50″. L'horloge s'est ensuite arrêtée.

Le 16, le premier bord de Vénus médie à 2^h41′45″; hauteur méridienne du bord inférieur, 68^d18′40″. Hauteur méridienne de ζ du Bouvier, 67^d0′50″.

Le 17, le centre du Soleil médie à 11^h38′46″½; hauteur méridienne du bord inférieur, 75^d8′15″. Le premier bord de Vénus médie à 2^h40′21″; hauteur méridienne du bord inférieur, 68^d23′50″.

Le 19, le centre du Soleil médie à 11^h37′56″½; hauteur de son bord inférieur, 74^d42′50″ ou 55″. Le bord précédent de Vénus médie à 2^h37′8″; hauteur méridienne de son bord boréal et inférieur, 68^d35′45″. *Voyage de Richer, p.* 14, 15. Il faut ajouter 10″ à toutes les hauteurs méridiennes.

40

— Le 25 mai, à Derby, A des Gémeaux étant à 19^d16' de hauteur, donc à 8^h58', distance de cette étoile au bord le plus éloigné de Vénus, 29'17"; Vénus étoit plus basse et plus occidentale que l'étoile. Inclinaison de la verticale de Vénus sur la ligne qui joint les centres des deux astres, 40^d½.

L'étoile haute de 18^d10', ou à 9^h5', distance : 29'6"; inclinaison, 40^d¼.

L'étoile haute de 16^d40', ou à 9^h16", distance : 28'59"; inclinaison, 38^d½. Ces inclinaisons sont corrigées; les apparentes étoient 37½, 37¼, 36½; diamètre de Vénus, 1'. *Hist. cœl. Br. p.* 21. Ce diamètre est un peu trop grand.

— Le 9 juin, près la porte Montmartre, hauteur méridienne du bord inférieur de Vénus, 64^d27'20"; son bord occidental médie 2^h4'45" de temps moyen après le bord occidental du Soleil. A 3^h11', leur distance est de 28^d34'0"; le diamètre de Vénus est de 51"½.

Le 10, hauteur méridienne du centre de Vénus, 64^d17'25"; il médie 1^h59'16" de temps moyen après le centre du Soleil. *Picard mss. — Hist. cél. p.* 34.

Le 21 juin, près la même porte, hauteur méridienne du bord supérieur de Vénus, 62^d19'5"; son centre médie 0^h59'56" de temps moyen après celui du Soleil. Son diamètre étoit, le 19, de 1'1"; le 23, de 1'6", ou un peu plus : l'éclat du Soleil émoussoit un peu les cornes. *Ibid.*

— Le 31 juillet, Picard, à l'Observatoire. Le centre de Vénus passe au mural à 21^h23'0"½; les deux bords du Soleil passent ensuite à 23^h58'11"½ et 24^h0'23"½.

Le 1er août, Vénus passe à 21^h20'36"¼; hauteur méridienne du bord supérieur, 58^d55'0" ::. Le premier bord du Soleil passe à 23^h58'9"½; hauteur méridienne de son bord supérieur, 59^d4'50" ou 45".

Le 2, Vénus passe à 21^h18'21"½; hauteur méridienne de son bord supérieur, 58^d57'50". Premier bord du Soleil, à 23^h58'10"; sa hauteur méridienne (celle de son bord supérieur, sans doute), 58^d49'0".

Le 3, Vénus passe à 21^h16'14"; hauteur méridienne de son bord supérieur, 59^d0'25". *Hist. cél. p.* 52, 53. — *Pic. ms.*

— Appulse de Vénus à ν et à α du Lion, observée à Derby, par Flamsteed.

Le 29 septembre, Vénus, ayant 6^d de hauteur, est à 31'36" de ν du Lion. Ensuite Vénus, haute de 12^d50', est à 31'18" de l'étoile. La ligne qui passe par l'étoile et Vénus, forme un angle de 102^d⅓ avec le vertical de l'étoile. Vénus est plus basse et plus occidentale que l'étoile.

Le 1er octobre, Régulus, haut de 32^d40', donc à 17^h45', est à 50'20" de distance de Vénus. Flamsteed croit cette distance un peu trop grande.

Régulus haut de 34^d50', ou à 17^h59', la distance est de 50'1"; et l'inclinaison de la ligne des centres sur la verticale de Régulus, est de 7^d ou de 97^d.

L'étoile haute de 36^d20', ou à 18^h11', distance 49'56"; inclinaison plus exactement prise et corrigée, 9^d⅓, ou 99^d⅓. Vénus est moins haute et plus occidentale que l'étoile.

Le 2 octobre, à 15^h32', Régulus étant haut de 12^d50', distance de l'étoile au bord le plus éloigné de Vénus, 53'14" : Vénus étoit plus basse que l'étoile. Il est dit, dans le texte, que dans la lunette (qui renversoit les objets), Vénus paroissoit à droite du vertical de Régulus, et je pense que cela est exact. Cependant le contraire est représenté dans la figure. *Hist. cœl. Br. p.* 21, 22.

— Le 4 mai, à 7ʰ53′25″, t. m. méridien de Paris, Mercure étoit, à très-peu près, en 2ˢ5ᵈ53′, suivant une observation d'Hévélius, rigoureusement calculée par M. de la Lande. *Mém. de l'Acad.* 1766, *p.* 503.

ÉTOILES.

La variable de la Baleine ne paroissoit pas encore, ni le 14, ni le 19 septembre, ni le 9, ni le 15 octobre. *Hevel. Mach. cœl. l.* 2. — *Ann. Clim. p.* 92; et je ne trouve nulle part qu'elle ait paru cette année.

SATELLITES.

Le 4 février, à Paris, à l'Observatoire, immersion du 1ᵉʳ satellite de Jupiter, à 17ʰ31′44″. *Cassini mss.*; — à 17ʰ31′10″, Picard près la porte Montmartre. *Hist. cél. p.* 27.

Le 6 à Paris, immersion du 1ᵉʳ, à 12ʰ 0′ 0″. Picard, porte Montmartre. *Pic. mss.* et *ibid.*

»   à 11ʰ59′27″. Cassini, Observatoire. *Cass. mss.*

Le 13, à Paris, immersion du 1ᵉʳ, à 13ʰ53′20″. Picard, porte Montmartre. *Pic. mss.* — *Hist. cél. p.* 27.

Le 15, immersion du 2ᵉ, à 15ʰ21′55″. Picard, porte Montmartre. *Pic. mss. Hist. cél. p.* 28.

Le 27, immersion du 1ᵉʳ,   à 17ʰ40′10″. Picard, porte Montmartre. *Ibid.*

Le 1ᵉʳ mars, immersion du 1ᵉʳ, à 12ʰ 9′ 1″. Picard, p. M. *Ibid.*

»   à 12ʰ 9′32″. Rœmer, Obs. *Cass. mss.*

»   à 12ʰ 9′42″. Cassini, Observ. *Ibid.*

Le 5, immersion du 2ᵉ, à 9ʰ53′18″. Pic. p. M. *Pic. mss.* — *Hist. cél. p.* 28.

»   à 9ʰ53′ 6″. Cassini, Observatoire. *Cass. mss.*

Le 15, immersion du 1ᵉʳ, à 16ʰ 0′48″. Pic. p. M. *Pic. mss.* — *Hist. cél. p.* 28.

»   à 16ʰ 0′24″. Cassini, Observatoire. *Cass. mss.*

Le 17, immersion du 1ᵉʳ, à 10ʰ28′16″. Picard, p. M. *Pic. mss.* — *H. C.*

»   à 10ʰ31′33″. Lunette de 20 pieds.

»   à 10ʰ31′53″. Lunette de 45 pieds. *Cass. mss.*

Il s'est ici glissé quelque erreur. S'il y en a une dans l'observation de Picard, elle ne peut être que de quelques secondes, ou peut-être d'une minute. Mais il y a certainement environ 2 minutes d'erreur dans les nombres déterminés à l'Observatoire, quoique les deux mss. de Cassini soient ici parfaitement d'accord.

Le 20 mars, à 17ʰ0′, conj. supérieure du 4ᵉ. *Hist. cél.* — *Pic. mss.* — *Cass. mss.*

Le 24, immersion du 1ᵉʳ, à 12ʰ24′30″. Picard, porte Montmartre. *Pic. mss.* — *Hist. cél. p.* 28.

»   à 12ʰ24′56″. Cassini, Observ. *Cass. mss.*

Le 18 avril, émers. du 1ᵉʳ, à 9ʰ22′ 0″. Picard, porte Montmartre, etc.

Le 25, le 1ᵉʳ touche le disque à 8ʰ31′13″.

Il est totalement entré à 8ʰ34′48″.

Il sort de l'ombre à 11ʰ18′16″. Cassini, à l'Observ. *Cass. mss.*

»   à 11ʰ18′ 5″. Picard, à la porte Montmartre, etc.

Le 26 avril, à 8ʰ 1′37″, le 1ᵉʳ sort de devant le disque.
     à 8ʰ 10′52″, il est entièrement sorti. *Cass. mss.*
Le 2 mai, émers. du 1ᵉʳ, à 13ʰ 12′40″. Picard, à la porte Montmartre, etc.
Le 4, émers. du 3ᵉ, à 8ʰ 34′30″. Le 1ᵉʳ étoit sorti peu auparavant. *Ibid.*
  »   à 8ʰ 34′17″. Cass. à l'Observ. Le 3ᵉ, à sa sortie de
           l'ombre, étoit en conjonction avec
           le 1ᵉʳ. *Cass. mss.*
Le 8, émers. du 2ᵉ, à 11ʰ 58′55″. Picard, porte Montmartre, etc.
  »   à 11ʰ 58′38″. Cassini, à l'Observ. *Cass. mss.*
Le 10, à l'Observatoire, à 9ʰ 22′ . Le premier touche Jupiter.
  »   à 9ʰ 31′½ . Entrée totale.
  »   à 11ʰ 39′½ . Il commence à sortir.
  »   à 11ʰ 49′ . Sortie totale. *Cass. mss.*
Le 11, à 9ʰ 21′32″, le 3ᵉ sort de derrière Jupiter. Picard.
  Émersion du 1ᵉʳ, à 9ʰ 37′39″. Picard, porte Montmartre. *Pic. mss.*
  »   à. 9ʰ 37′35″. Cassini, à l'Observatoire. *Cass. mss.*
  Immersion du 3ᵉ, à 10ʰ 16′37″. Picard. p. M. *Pic. mss.* — *Hist. cél. p.* 28.
  »   à 10ʰ 17′50″. Cassini, à l'Observatoire. *Cass. mss.*
  Son émersion, à 12ʰ 33′11″, ou suivant un autre *ms.*
  »   à 12ʰ 25′11″. Cassini, *ibid.* Je pense qu'il faut s'en
         tenir à la première leçon.
Le 18, émersion du 1ᵉʳ, à 11ʰ 32′44″. Picard, porte Montmartre, etc.
  »   à 11ʰ 32′ 7″. Cassini, à l'Observ. *Cass. mss.*
  Immersion du 3ᵉ, à 10ʰ 17′37″. *Cass. ibid.*

Cette observation n'est pas exactement rapportée : le 3ᵉ satellite a dû réellement
entrer cette nuit dans l'ombre, mais vers 14ʰ ¼, peut-être à 14ʰ 17′37″.
Le 9 juin, émersion du 2ᵉ, à 11ʰ 30′53″. Picard, porte Montmartre, etc.
Le 3 juillet, émersion du 2ᵉ, à 8ʰ 27′ 2″. Cass. à l'Observ. *Cass. mss.*
Le 4 août, émersion du premier, à 8ʰ 30′41″. Picard, dorénavant à l'Observa-
toire, si l'on n'avertit du contraire. *Hist. cél. p.* 53. — *Pic. mss.*
Le 16 décembre, immersion du 1ᵉʳ, à 18ʰ 39′14″. Picard, à l'Observatoire. *Ibid.*
p. 70.

— Picard fut aussi attentif, ainsi que Cassini, à suivre les satellites de Saturne.
Voyez *Hist. cél. p.* 50, 60, 65, etc. — *Trans. abridg. t. I, p.* 367 *et suiv.*
Le 3 février, le 5ᵉ satellite de Saturne étoit en sa conjonction inférieure. *Cass.*
mss.
Le 16 février, vers 6ʰ 36′, le 5ᵉ satellite passoit 22″ avant le 3ᵉ; 25″ et très-peu
plus avant le centre de Saturne, et 32″ avant le 4ᵉ sat. *Ibid.*

FAITS.

— Hévélius publie cette année la première partie de sa *Machina cœlestis*. Dantzick, *in-fol.* C'est une description de tous les instrumens qu'il employoit. Robert
Hooke fit imprimer l'année suivante un opuscule *in-4°*, intitulé *Animadver-*
sions etc., c'est-à-dire, Remarques sur la première partie de la machine céleste du

très-honorable, très-savant et très-justement célèbre Jean Hévélius, etc. La critique de Hooke déplut à Hévélius ; il y répondit avec un peu d'humeur. Voyez *Ann. Clim. p.* 51 *et seq.*

— Cassini, naturalisé François cette année, fait imprimer à Paris, *in-fol.* sa *découverte de deux nouvelles planètes autour de Saturne.* Ce sont les 3e et 5e satellites.

— Le 13 avril, Picard découvre, pour la première fois, que le disque de Jupiter est elliptique. *Hist. cél. p.* 28.

— Le 30 août, premières observations pour déterminer la position du pilier qu'on se propose d'élever à Montmartre, dans le plan du méridien de l'Observatoire. *Ibid. p.* 57. Voyez *page* 64 *et suiv.*, d'autres observations analogues et relatives au village de l'Hay, à la tour de Montlhéry, etc.

1674.

ÉCLIPSE DE LUNE, LE 17 JUILLET.

A Dantzick, Hévélius.

8^{h}34′20″$\frac{1}{2}$..   l'éclipse est de 8 doigts et demi.

9 0 0...   11 doigts $\frac{1}{4}$. *Mach. cœl. l.* 2. C'est tout ce que les nuages permirent d'observer.

— Picard ne fut guères plus favorisé à Paris.

7^{h}39′ ...   la Lune a recouvré la moitié de sa lumière ; la partie éclipsée est absolument invisible.

10 12 ...   l'ombre passe par *Proclus.*

10 16 ...   tout *Mare crisium* est hors de l'ombre.

10 18 ...   fin, près *Mare crisium.* — *Hist. cél. p.* 79.

— Boulliau, aussi à Paris.

10^h 3′38″...   l'Aigle haute de 43^{d}53′, l'ombre passe par *Paludes Hyperborei, Lacus Corocondametes* (*Palus Somnii*) et *Mare Caspium* (*Mare fecunditatis.*)

10 9 35 ...   l'étoile haute de 44^{d}27′, tout *Palus Mœotis* (*Mare crisium*) hors de l'ombre.

10 17 21 ...   l'étoile haute de 45^{d}9′, fin, presque vis-à-vis le milieu de *Palus Mœotis.* L'ombre étoit très noire ; on ne voyoit absolument rien de la partie éclipsée. *Bull. ms.*

— Boulliau ajoute, qu'à Varsovie la fin fut observée à 11^{h}41′, et la fin de la pénombre, à 11^{h}57′ de l'horloge, α d'Ophiuchus ayant 43^{d}41′ de hauteur à l'ouest.

— A Rome, des observateurs anonymes.

$7^h 21' 30''$, ou environ...	coucher du Soleil; peu de minutes après, la Lune paroit au-dessus des montagnes, éclipsée de 3 doigts, d'où ils concluent que l'éclipse a commencé avant le coucher, ou tout au plus tard, au coucher même du Soleil.
8 46 ou environ...	immersion.
9 36 ou environ...	émersion. Une pénombre, dont ils décrivent au long les couleurs, les a troublés : ils n'ont pu déterminer avec précision ces deux phases, et c'est, comme nous l'avons remarqué ailleurs, ce qui doit assez naturellement arriver, lorsque la Lune s'enfonce peu dans l'ombre de la Terre.
11 6	on juge l'éclipse finie. *Giornal. de Letter.* 1674, *p.* 85 *e seg.* Voyez-y un assez long détail de l'émersion des taches.

— A Florence, des observateurs, traversés d'ailleurs par les nuages, ne furent guère attentifs qu'aux phénomènes de la pénombre. *Ibid. p.* 104 *e seg.*

— A Bologne, le comte Hercule Zani, et Pierre Mongoli.

$7^h 55'$ ...	cinq doigts, entre les nuages.
8 36 15''...	11 doigts. Les nuages nuisoient moins; ils s'accumulent ensuite.
9 18 5o...	la Lune paroit recouvrer quelque lumière. *Giorn. de Letter. p.* 120.

— A Pesaro, Jean-François Laurentii étoit, nous dit-on, pourvu d'instrumens suffisans. Son horloge marquoit les heures italiques. A $0^h 39' 6''$ de son horloge, la Lyre étoit haute de $58^d 5o' 3o''$. J'ai calculé scrupuleusement cette hauteur, ne négligeant pas même l'effet de la nutation et de l'aberration. Le résultat est qu'il étoit alors $7^h 52' 2'' \frac{1}{2}$. J'ai donc ajouté $7^h 12' 56''$ aux heures italiques de du Laurens, pour avoir les heures astronomiques qui suivent.

La Lune se lève éclipsée d'environ un quart de sa circonférence.

$8^h 22' 13''$...	*Mare crisium* entre dans l'ombre.
8 56 43 ...	immersion totale dans la pénombre vers *Claramontius*.
9 0 33 ...	immersion dans l'ombre; puis nuages.
11 4 4 ...	l'éclipse est presque finie. Il ne doit s'être écoulé que peu de secondes jusqu'à la fin, que les nuages ont empêché d'observer. *Ibid. p.* 121 *e seg.* On y trouve l'immersion et l'émersion d'un grand nombre de taches.

Autres observations de la Lune.

Le 16 février, à Derby, Flamsteed observe ε des Gémeaux dans la ligne des cornes de la Lune, alors un peu obtuses. La distance de l'étoile au bord de la Lune (austral, je pense) étoit de 8′33″. On trouva aussitôt la hauteur de Régulus de 25ᵈ48′, ce qui donne 7ʰ27′. *Hist. cœl. Brit. page* 23.

— Le 23 août, passage de la Lune dans les Pléiades. Hévélius se félicite beaucoup de l'observation qu'il en fit à Dantzick.

13ʰ40′ ...	immersion d'*Electra*, vers *Mons Audus* (*Galilœus*); elle a dû passer 3′ ou 4′ (au nord) du centre.
14 7 30″...	immersion de *Celœno* sous la partie boréale du limbe, vers *Montes Hyperborei* (*Anaxagoras, Epigenes*); elle a passé à 14′ du centre, ou environ.
14 24 30 ...	immersion de *Mérope* sous le bord austral, près *Lacus meridionalis* (*Schillerus*).
14 31 ...	émersion de *Celœno*.
14 34 ...	conjonction de *Taygeta*, à 5′ de la corne boréale.
14 39 30 ...	immersion de *Maia* au même lieu que celle de *Celœno*; elle a passé à environ 14′ du centre.
14 50 ...	émersion d'*Electra*, vers *Lacus major occidentalis*, près le *Palus Mœotis* (*Mare crisium*).
15 0 0 ...	immersion d'*Alcyone* vers le bord austral, près *Mons Eous* (vers *Mersennus*, je pense); elle a passé à 9′ du centre.
15 3 ...	émersion de *Maia*.
15 15 20 ...	émersion de *Mérope*.
16 4 30 ...	une petite étoile, voisine d'*Alcyone*, étoit sortie.
16 6 55 ...	émersion d'*Alcyone*, près le golfe inférieur de *Mare Caspium* (*Mare fecunditatis*).
16 27 ...	conjonction d'*Atlas;* cette étoile n'étoit qu'à 1′½ de la corne inférieure. *Pléione* a été éclipsée; mais Hévélius n'a pas observé le moment précis de son immersion.

Pour déterminer les distances des étoiles au centre de la Lune, Hévélius a supposé le diamètre de 30′. *Mach. cœl. l.* 2.

PLANÈTES.

Le 21 février, Saturne haut de 21ᵈ, étoit à 1ᵈ6′8″ de *e* des Poissons; une ligne tirée par l'étoile et le centre de Saturne, étoit inclinée de 22ᵈ¼ avec le vertical de Saturne.

Le 26, Saturne étant haut de 9ᵈ, sa distance à l'étoile est de 49′18″; et l'angle de la ligne des centres avec le vertical est de 46ᵈ. Saturne est plus haut et plus à droite que l'étoile, dans la figure, qui représente les objets renversés. Ces deux observations sont de Flamsteed à Derby. *Hist. cœl. Brit. p.* 23.

Opposition de Saturne, le 17 octobre, à 11ʰ27′,. t. m. mérid. de Londres, en 0ˢ24ᵈ53′10″. *Hall. Tab.;* ou, suivant J. Cassini, d'après les observations d'Hévélius, à 12ʰ0′, mérid. de Paris, en 0ˢ24ᵈ52′40″; lat. 2ᵈ47′51 A. *Élém. d'Astr. p.* 357.

— Opposition de Jupiter, le 3 mai, à 6^{h}20′ t. m. mérid. de Londres, en 7^{s}13^{d}29′13″. *Tab. Hall.* J. Cassini, d'après les observations d'Hévélius, la marque à 6^{h}0′, mérid. de Paris, en 7^{s}13^{d}28′43″; latitude, 1^{d}21′17″ B. *Élém d'Astr. p.* 417.

— Opposition de Mars, le 12 novembre, à 16^{h}52′, t. m. mérid. de Londres, en 1^{s}21^{d}11′32″. *Hall. Tab.*

ÉTOILES.

La variable de la Baleine ne paroît pas cette année. Hévélius la cherche en vain le 9 et le 13 août, le 20 octobre, le 20 décembre. *Mach. cœl. l.* 2. — *Annus. Climact. p.* 92. Il falloit la chercher en mai et juin.

SATELLITES.

Le 7 avril, à Paris, immersion du premier satellite de Jupiter, à 10^{h}45′32″. *Cass. mss.*

Le 23 mai, à Paris, émers. du premier, à	8^{h}47′48″	*Ibid.*
Le 30 » à Paris, émers. du premier, à	10 41 20	*Ibid.*
Le 2 juin, à Cette, émers. du troisième, à	10 51 43	Picard.
Le 3 » à Cette, émers. du deuxième, à	10 13 38	Picard.
Le 6 » à Cette, émersion du premier à	12 40 22	Picard.
Le 10 » à Montpellier, émers. du deuxième, à	12 48 52	Picard.
Le 15 » à Montpellier, émers. du premier, à.	9 2 25	Picard.
» » à Paris, » » à. .	8 56 15	Cassini.

Voyage de Picard, p. 42, 43, 44.

Le 21 juillet, à Derby, émersion du premier, à 10^{h}11′, ou peut-être un peu plus tôt. *Hist. cœl. Br. p.* 29.

Le 31 juillet, émers. du premier, à 9^{h}19′2″. Picard à l'Observ. *Hist. cél.*

FAITS.

Les observations de Picard, à l'Observatoire, furent interrompues deux fois cette année. Il fut envoyé d'abord au mois de mars en Languedoc; l'objet du voyage étoit de déterminer la position géographique des côtes de cette province.

Picard, de retour à Paris vers le commencement de juillet, eut en septembre, conjointement avec Niquet, la commission de niveler les eaux de la Seine et du Loing. Le célèbre Riquet s'étoit persuadé que le lit de la Loire étoit beaucoup plus élevé que celui de la Seine; qu'il seroit par conséquent facile de faire fluer, à peu de frais, jusqu'à Versailles, les eaux de la première de ces deux rivières. Le Roi consulta l'Académie; elle chargea Picard et Niquet de faire les nivellemens nécessaires. Le résultat fut que le projet ne pourroit s'exécuter sans des dépenses énormes. Le point du canal de Briare, d'où devoit partir l'aqueduc, étoit de 14 toises plus bas que le réservoir où l'on se proposoit de conduire les eaux. *Hist. Acad. p.* 149.

— On voit, le 31 juillet de cette année, *Hist. cél. p.* 76, le premier usage de l'équation des hauteurs correspondantes. Plusieurs tenoient encore à l'ancienne méthode de déterminer l'heure par de simples hauteurs du Soleil ou des étoiles; Hévélius, entre autres, a persévéré jusqu'à la mort dans l'emploi de cette méthode. D'autres prenoient des hauteurs du Soleil le matin, par exemple, vers 9 heures. On trouvoit dans des Éphémérides, combien la déclinaison du Soleil devoit augmenter ou diminuer en 6 heures; et l'on prenoit le soir, vers 3 heures, des hauteurs plus fortes ou plus foibles que celles du matin, d'environ la moitié de ce mouvement en déclinaison. La moitié de l'intervalle entre les mêmes hauteurs, prises le matin et le soir, corrigée par une équation fort simple, donne le véritable instant de midi avec beaucoup plus de précision.

1675.

ÉCLIPSE DE SOLEIL, LE 22 JUIN.

Hévélius, à Dantzick.

16ʰ44′ 0″	commencement, très-distinctement observé.
17 38 50 à-peu-près.	plus grande phase, 6 doigts 42′.
18 33 30	fin. Les temps sont corrigés sur les hauteurs suivantes du Soleil.
18 41 22	hauteur du centre du Soleil . . 25ᵈ20′
18 50 4	» . . 26 36
18 57 22	» . . 27 40
19 0 14	» . . 28 5

Voyez un plus ample détail, *Mach. cœl. l.* 2. — *Phil. Trans. n.* 127, *p.* 660.

— Gallet, à Avignon.

17ʰ20′40″ . . . . fin. *Hist. Acad. p.* 147. On trouve cette fin marquée à 17ʰ20′20″ dans *Cass. mss.*

— Dans *Hist. Acad. p.* 147, il est dit que l'éclipse a été de 5 doigts à Paris, et de 7 à Montpellier, et qu'elle a été observée à Londres par Smith. Je ne trouve ces observations nulle part. La grandeur de l'éclipse a dû bien certainement être à Montpellier moindre qu'à Paris.

PREMIÈRE ÉCLIPSE DE LUNE, LE 11 JANVIER.

Hévélius, à Dantzick.

6ʰ41′50″ . . .	commencement, vers 50ᵈ du nadir, à l'est.
7 42 44 . . .	immersion, vers 50ᵈ du zénith, à l'ouest.
7 55 30 . . .	conjonction d'une petite étoile *a*, des Gémeaux, avec la Lune; sa distance au bord austral est d'environ 4′.
8 0 50 . . .	immersion d'une petite étoile *b*, vis-à-vis *Mons Eous*.

8^h 35″ 20′ . . .   immersion d'une petite étoile *c*, vers *Lacus meridionalis*
       (*Zucchius, Schillerus.*) Elle n'a dû s'enfoncer que de 3′ 20″
       sous le disque de la Lune.

8 51 25 . . .   immersion d'une petite étoile *d* vers le bord inférieur.
       Celle-ci n'a dû être en sa conjonction qu'à environ 1′ de
       distance du bord austral.

9 9 10 . . .   émersion de l'étoile *c*, sous *Mons Nerosus* (*Petavius etc*).

9 12 30 . . .   émersion de la Lune, vers 30^d du nadir à l'est.

10 19 35 . . .   l'éclipse n'est pas encore finie.

10 20 0 . . .   fin, à 30^d du zénith, vers l'ouest.

Cette observation est plus détaillée dans *Mach. cœl. l.* 2, et dans *Phil. Trans.*
n. 113, *p.* 289.

L'étoile *c* d'Hévélius est probablement *l* des Gémeaux du Catalogue britannique;
les autres me sont inconnues.

— Parmi les manuscrits de Boulliau, on trouve l'observation suivante, faite à
Varsovie; les heures sont celles de l'horloge à pendule.

6^h 47′ . . . . .   β d'Orion haut de 20^d 20′ ou 23′, commencement.

7 51 . . . . .   β d'Orion haut de 25^d 30′, immersion.

9 12 . . . . .   Sirius haut de 17^d 40′, la Lune commence à sortir de
       l'ombre.

9 18 . . . . .   Sirius haut de 18^d 0′, *il sembloit que la Lune ne fût couverte*
       que du pénombre.

9 20 . . . . .   Sirius haut de 18^d 24′, *elle sortit tout-à-fait de l'ombre.*

10 29 . . . . .   *fin totale de l'éclipse hors du pénombre.*

Les deux avant-dernières observations ne peuvent se soutenir. Je soupçonnerois
que l'erreur consiste principalement dans l'expression, et que le sens est qu'à
9^h 18′, il sembloit que le bord oriental n'étoit plus dans l'ombre, mais qu'il étoit
seulement couvert de pénombre, et qu'à 9^h 20′, il étoit bien décidément hors de
l'ombre; ou plutôt, peut-être, au lieu de 9^h 18′, 9^h 20′, il faut lire 10^h 18′, 10^h 20′.

— Bernard Fullerius, à Franeker.

5^h 43′ . . . . . .   commencement. *Hevel. Ann. Clim. p.* 50.

Hooke, et Jonas Mores, à la tour de Londres.

5^h 22′   . . .   commencement.

6 19   . . .   immersion.

6 47 30″ . . .   immersion d'une petite étoile très-lumineuse, presque au
       nadir de la Lune. Cette étoile pourroit être *l* des Gémeaux.

7 30   . . .   émersion de cette étoile.

La Lune, au milieu de l'éclipse, est presque invisible.

7^h 58′ . . . . . .   émersion de la Lune, vers *Grimaldus.*

8 58 . . . . . .   fin. *Hook, a descript. of heliosc.* dans l'appendice *Phil.*
       Trans. n. 111, *p.* 237.

— A Derby, Flamsteed.

$5^h 19'$......   commencement. *Phil. Trans. ibid.*

— Boulliau, à Paris. Les heures sont calculées sur les hauteurs.

$5^h 32' 29''$...   la Chèvre haute de $52^d 26'$, commencement, vis-à-vis *Palus Marœotis (Grimaldus)*, vers le 124e degré.

6 33 3 ...   la Chèvre haute de $62^d 8'$, immersion près le haut de *Montes Hyppoci*, vers le 300e degré.

8 9 30 ...   β des Gémeaux haut de $43^d 46'$, émersion vis-à-vis *Mons Climax* et *Fontes amari (Sirsalis, Crugerus)* vers ╪ 140 degrés.

9 10 0 ...   Sirius haut de $20^d 47'$, fin. *Ibid. p.* 238; — *Bull. mss.*

— L'observation de Cassini, Picard et Rœmer, à Paris, est très détaillée dans *Journ. des Sav.* 1675, *p.* 44 *et suiv.* — *Phil. Trans. n.* 111, *p.* 238, *et n.* 112, *p.* 257. — *Giorn. de Lett.* 1675, *p.* 102. — *Anc. Mém. t. I, p.* 205, *et t. X, p.* 547, 548. Voici les principales phases :

$5^h 32' 50''$...   commencement, vers *Hévélius.*

6 35 46 ...   immersion, entre *Langrenus* et *Mare crisium.*

8 8 0 ...   émersion vers *Grimaldus.*

9 9 40 ...   fin, entre *Mare crisium* et *Langrenus.*

Diamètre de la Lune avant l'éclipse, $32' 15''$.

Dans les ouvrages cités, on attribue cette observation aux trois Astronomes que nous avons nommés. Il paroit cependant que Picard observoit séparément; au moins y a-t-il quelques légères différences entre l'observation que nous venons de rapporter, et celle de Picard, telle que nous la trouvons dans ses manuscrits, et dans *Hist. cél. p.* 83 *et suiv.* Voici comme les principales phases y sont déterminées :

$5^h 32' 45''$...   commencement.

6 35 5 ...   immersion.

8 8 0 ...   émersion.

9 9 35 ...   fin.

— A Honfleur, un capucin.

$5^h 30' 56'' \frac{3}{5}$..   la Chèvre haute de $52^d 21'$, commencement.

6 36 8 $\frac{2}{3}$..   la Chèvre haute de $62^d 42' 30''$, immers. *De l'Isle, mss.*

— A Rome, Jean-Alphonse Borelli et François Gerra.

$6^h 16' 3''$...   α d'Orion haut de $26^d 0'$, commencement.

7 18 0 ...   la même étoile haute de $39^d 24'$, immersion.

8 47 52 ...   la même haute de $24^d 32' 15''$, émersion. (Il y a une erreur d'impression dans cette hauteur.)

8 2 56 ...   milieu de l'éclipse.

L'ombre fut toujours bien terminée. Après l'immersion, le bord oriental de la Lune étoit absolument invisible; il en fut de même du bord occidental avant l'émersion. *Giorn. de Lett.* 1675, *p.* 34.

— A Séville, un professeur de Mathématiques, qui garantit la bonté de son observation.

$4^h 56'$ . . . . .   commencement.
6 1 . . . . .   immersion.
7 33 . . . . .   émersion.
8 39 . . . . .   ou très-peu après, fin. *Phil. Trans. n.* 118, *p.* 428.

SECONDE ÉCLIPSE DE LUNE, LE 6 JUILLET.

Hévélius, à Dantzick.

$14^h 59'$ . . . . .   commencement, vers *Mons Audus* (*Galilæus*). *Mach. cœl. l.* 2.

— A la tour de Londres, Flamsteed, aidé d'Edmond Halley.

$13^h 46' 46''$. . .   commencement entre les nuages.
14 56 55 . . .   immersion.

Les temps sont ceux d'une horloge à pendule vérifiée au jour et trouvée juste; mais comme le quart-de-cercle employé à cette vérification n'avoit que 19 pouces (anglais) de rayon, Flamsteed ne répond des temps qu'à une minute près. *Hist. cœl. Br. p.* 28. La Lune éclipsée totalement devint invisible (sans doute, à cause de la force du crépuscule).

A Paris, Cassini, Rœmer, Picard.

$13^h 56' 45''$. . .   commencement au-dessus de *Grimaldus*.
15   7 45 . . .   immersion au-dessus de *Mare Caspium* (*crisium*).
                    Diamètre de la Lune avant l'éclipse, 31' 50''.

Voyez *Phil. Trans. n.* 117, *p.* 388. — *Journ. des Sav.* 1675, *p.* 215. — *Giorn. de Lett.* 1675, *p.* 102. — *Anc. Mém. t. I, p.* 205, *et t. X, p.* 547; et pour l'observation de Picard, *Pic. mss.* et *Hist. cél. p.* 128. Celle-ci ne diffère point de celle de Cassini, quant au commencement et à l'immersion.

— Boulliau, à Paris.

$13^h 56' 12''$. . .   la Chèvre haute de $18^d 45'$ à l'est, commencement.
15   8   0 . . .   la Lyre haute de $48^d 50'$ à l'ouest, immersion au-dessus
                    de *Palus Mœotis* (*Mare crisium*). *Bull. mss.*

— De Glos, à Lillebonne, au pays de Caux.

$13^h 46' 13''$. . .   commencement, puis nuages. *De l'Isle mss.*

TROISIÈME ÉCLIPSE DE LUNE, LE 31 DÉCEMBRE.

Hévélius, à Dantzick.

$14^h 36' 40''$...   commencement; nuages à la fin.

L'ombre ne couvrit point *Mons Porphyrites* (*Aristarchus*); l'éclipse ne fut que de 3 doigts $\frac{1}{2}$. Voyez *Mach. cœl. l. 2.* — *Phil. Trans. n.* 124, *p.* 589. — *Hist. cœl. Br.* *p.* 38.

— Flamsteed, à Greenwich, manqua le commencement.

$14^h 29' 30''$...   les cornes de l'éclipse étoient distantes de $17' 16''$.
16   7 15 ...   fin, vers *Lacus Hyperboreus superior* (*Endymion*).

Dans le plus fort de l'éclipse, l'ombre parvenoit presque à *Insula Corsica* (*Timocharis*); elle n'entama point *Mons Porphyrites* (*Aristarchus*), et ne parvint point à *Insula Macra* (*Possidonius*); ces deux taches furent cependant profondément enfoncées dans la pénombre. *Hist. cœl. Br. p.* 37. *Phil.* — *Trans. n.* 121, *p.* 435.

— A Londres, rue de Winchester, Halley.

$14^h 16'$......   le bord supérieur de la Lune haut de $50^d 9'$, commencement.
14 25......   le même bord haut de $48^d 59'$, cornes de l'éclipse parallèles à l'horizon.
15 58......   le même haut de $35^d 48'$, cornes une seconde fois horizontales.
                     Fin sous un nuage. *Hist. cœl. Br. p.* 38. — *Phil. Trans. ibid., p.* 498.

— Colson, à Londres, rue Wapping, près l'Hermitage.

$14^h 17' 45''$...   le limbe est légèrement entamé.
16   9 25 ...   la Lune sortant d'un nuage, on n'aperçoit sur son disque qu'une pénombre épaisse. *Ibid.*

— A Paris, Picard, Cassini.

Diamètre de la Lune au méridien, $31' 14''$, suivant Picard; et $31' 1''$ à la hauteur de 22^d. Selon Cassini, demi-diamètre avant l'éclipse, $15' 28''$.

$14^h 24' 35''$...   commencement, vis-à-vis d'*Aristarchus*.
16 15 25 ...   fin.
14 38   5 ...   un sixième de la circonférence est éclipsé.
16   2 25 ...   un sixième est derechef éclipsé; donc
15 20 15 ...   milieu de l'éclipse; le commencement et la fin le donnent à $15^h 20' 0''$.
                     Grandeur de l'éclipse, 3 doigts $12'$. *Hist. cél. p.* 173. — *Phil. Trans. n.* 123, *p.* 361. — *Hist. cœl. Br. p.* 38.

— Boulliau, à Paris.

14ʰ23′32″...   commencement sensible, vis-à-vis *Sinus hyperboreus* (*Si-nus roris*), vers 70ᵈ.

16 13 36 ...   fin, vers *Montes Macrocemnii* (*Atlas, Hercules*), vers 355ᵈ.

L'ombre n'a point atteint *Insula Corsica* ni *Lacus Trasimenus;* ainsi l'éclipse a été au plus de 3 doigts ½, et même moindre.

Durée, 1ʰ50′; ou plutôt 1ʰ51′, en mettant le commencement à 14ʰ22′32″.

Les temps sont déterminés par des hauteurs de la Chèvre. *Bull. mss.*

On trouve l'observation de Boulliau très détaillée dans *Phil. Trans. n.* 125, *p.* 610 et dans *Hist. cœl. Br. p.* 39; mais la fin y est marquée à 16ʰ13′56″, quoique d'ailleurs on y dise, conformément au manuscrit, que la Chèvre étoit alors à 58ᵈ30′ de distance du zénith. On ajoute, en conséquence, que l'éclipse, à compter depuis 14ʰ23′32″, a duré 1ʰ51′24″.

— A Strasbourg, Jules Richelt.

14ʰ48′48″...   Arcturus haut de 30ᵈ30′, commencement.

16 41 44 ...   la même étoile haute de 48ᵈ30′, fin. *Ibid.*

— A Florence, François-Marie Naldini.

15ʰ 2′25″...   Arcturus haut de 33ᵈ34′ à l'est, commencement.

16 54 52 ...   La Lyre haute de 18ᵈ34′ à l'est, fin.
                  Grandeur, 3 doigts ⅙ environ. *Bull. mss.*

Autres observations de la Lune.

Le 3 juin, à 11ʰ25′½, Flamsteed observa, à la tour de Londres, l'immersion de la 69ᵉ étoile de la Vierge. L'étoile entrant sous le disque, étoit plus haute que *Mons Sinaï* (*Tycho*), et plus basse que *Sinus Sirbonis* (*Mare humorum*); les nuages ne permirent pas d'observer l'émersion *Hist. cœl. Br. p.* 27.

Le 14 juin, à 12ʰ51′, distance de λ des Poissons au bord éloigné de la Lune, 55′5″; l'étoile étoit à 3′ ou 4′ de la ligne des cornes.

A 13ʰ2′, l'étoile est dans la ligne des cornes, distante de 55′36″ du bord le plus éloigné.

A 13ʰ6′, la distance est de 56′2″; l'étoile a dépassé de 2′ à 3′ la ligne des cornes.

A 13ʰ14′20″, la distance étoit de 57′2″. L'étoile a toujours été plus basse que la Lune.

Ces observations sont encore de Flamsteed, à Londres. *Ibid.*

Flamsteed suppose l'étoile, d'après Tycho, en 11ˢ22ᵈ7′; lat. 3ᵈ25′: elle étoit suivant Mayer, en 11ˢ22ᵈ4′24″; lat. 3ᵈ25′23″ B.

— Le 6 octobre, Flamsteed observa, à Greenwich, une appulse de la Lune à ζ du Bélier, et l'occultation de cette étoile. Les hauteurs du Soleil, qu'on prit le lende-main pour corriger les temps de la pendule, ne furent prises qu'avec un quart-de-cercle de 20 pouces de rayon.

Heures corrigées.	Distances de ζ au bord voisin.	
h ′ ″	′ ″	
9 1 30	26 13	
9 14 10	20 34	
9 36 30	11 26	
9 41 30	9 30	
10 12 0		On cesse de voir l'étoile ; on croit que c'est l'instant de l'immersion, à 10^d environ du nadir.
10 41 0		L'étoile reparoît; c'est probablement le moment de l'émersion.

	Distances au bord éloigné.	
11 32 0	45 9	
11 41 0	48 24	

Diamètre de la Lune à la hauteur de $26^d\frac{1}{2}$, 29′49″.

Flamsteed conclut qu'à 10^{h}12′ le centre de la Lune précédoit l'étoile de 10′36″, avec une latitude plus boréale d'environ 11′, et qu'à 10^{h}41′, elle suivoit l'étoile de 3′30″. *Ibid. p.* 29. L'étoile étoit, suivant Mayer, en 1^{s}17^{d}25′2″; lat. 2^{d}52′17″ B.

— Le 10 octobre, Flamsteed (maintenant fixé à Greenwich), observe une appulse de *d* des Gémeaux. A 13^{h}56′, ou peut-être une minute plus tôt, l'étoile est dans la ligne des cornes, alors un peu obtuses, distante de 16′23″ de la corne australe. A 13^{h}58′10″, elle avoit dépassé de 2′ la ligne des cornes. Voyez un plus ample détail, *ibid. p.* 30. L'étoile étoit, suivant Mayer, en 3^{s}7^{d}25′45″; lat. 1^{d}10′21″ A. — A 12^{h}18′45″, Flamsteed avoit trouvé le diamètre de la Lune de 30′34″.

Le 29 novembre, à 16^{h}44′45″, à Greenwich, immersion d'une étoile télescopique, distante de 43′20″ de ε du Bélier. Le point de l'immersion étoit au-dessus de *Mons Alabastrinus* d'environ la longueur de la *Marœotis* (*Grimaldus*). Voyez *ibid. p.* 32.

— Le 9 décembre, Halley, à Oxford, muni d'un quart-de-cercle de quatre pieds de rayon, et d'une lunette de 14 pieds, observa une occultation de *e* du Lion par la Lune.

| 13^{h}55′30″... | δ du Lion étant à 36^{d}55′30″ de hauteur, immersion. |
| 15^h 1′13″... | la même étoile haute de 46^{d}34′, émersion. Les nuages ne permirent pas à Flamsteed d'observer cette occultation. *Ibid. p.* 34. |

PLANÈTES.

Le 19 août, Saturne passe au méridien de l'Observatoire, à 16^{h}58′8″, avec 54^{d}14′55″ de hauteur méridienne, et le bord précédent du Soleil passe le 20, à 0^{h}12′44″, et le bord suivant à 0^{h}14′56″. (Le quart-de-cercle avoit été remué entre les passages des deux bords.) L'horloge retardoit de $4''\frac{1}{2}$ par jour sur le temps moyen. *Picard mss.* Ainsi Saturne passa $7^h 14'37''\frac{1}{4}$ avant le bord précédent du Soleil, et de plus $7^h 45'41''\frac{1}{4}$ de temps moyen après ζ de l'Aigle. *Hist. cél. p.* 148.

— Opposition de Saturne, le 31 octobre, à 7^{h}21′, t. m. de Londres, en 1^{s}8^{d}28′17″. *Tab. Hall.* — J. Cassini, d'après les observations d'Hévélius, rapporte cette opposition au 30 octobre (il faut lire 31 octobre), à 7^{h}10′ mérid. de Paris, en 1^{s}8^{d}28′0″; lat. 2^{d}39′14″ A. *Élém. d'Astr. p.* 357.

— Le 6 novembre, vers 11^h, Hévélius avoit pris les distances de Saturne à γ de Pégase, $36^d 27' 5o''$; — à β de Persée, $28^d 22' 5o''$, — et à α du Taureau, $27^d 19' 5o''$. Des deux premières distances, il conclut Saturne en $1^s 8^d o' 32''$; lat. $2^d 39' 55''$; et des deux dernières, Saturne, en $1^s 8^d o' 34''$, lat. $2^d 4o' 9''$ A. *Ann. Climact. p.* 73. Mais Hévélius donnoit à γ de Pégase $2' 1''$ de longitude, et $1' 44''$ de latitude, plus que Bradley; il faisoit pareillement β de Persée de $3o''$ trop oriental, et de $47''$ trop austral : quant à Aldébaran, l'excès n'est que de $11''$ à l'orient, et de $12''$ au nord.

— Voyez dans *Hist. cœl. Brit.* une longue suite de distances de Saturne à plusieurs étoiles du Bélier, observées, par Flamsteed, depuis le 29 octobre, jusqu'au 15 décembre. Flamsteed désigne la principale de ces étoiles par la lettre f; il dit qu'elle est placée entre μ de la Baleine et o du Bélier, et lui donne, le 7 novembre 1675, $1^s 8^d 9' 38''$ de longitude, et $3^d 22' 42''$ de latitude A. Ce même jour 7 novembre, à $8^h 5o'$ la distance de Saturne à cette étoile étoit de $42' 3o''$; et à $9^h o'$, Saturne étoit de $4' 5''$ distant de l'azimut de l'étoile. Flamsteed conclut que Saturne précédoit l'étoile de $12' 26''$, et que sa latitude étoit de $41' 2o''$ moindre que celle de l'étoile; qu'en conséquence Saturne étoit en $1^s 7^d 57' 3''$ (il faudroit, ce me semble, $1^s 7^d 57' 12''$); latitude $2^d 41' 22''$ A. *Hist. cœl. Br. p.* 31. Nous ne doutons pas que l'étoile ne soit la 38e du Bélier dans le Catalogue Britannique. Hévélius en avoit le premier déterminé la position sous le nom de *In fronte (Ceti) oriental. superior. Mercur. in Sole etc. p.* 166. C'est d'après la détermination d'Hévélius, que Flamsteed établit ici la position de cette étoile. Dans son Catalogue, cette même étoile est employée deux fois, et en deux positions différentes; 38e du Bélier, elle n'est que de 7e grandeur, et le 7 novembre 1675, elle étoit en $1^s 8^d 5' 43''$; lat. $3^d 21' 5o''$ A. Mais, 88e de la Baleine, elle est de 6e grandeur, et son lieu étoit en $1^s 8^d 8' 4o''$; latitude $3^d 22' 22''$ A. Cette dernière détermination approche plus de celle d'Hévélius.

— Opposition de Jupiter, le 5 juin à $o^h 1o'$, t. m. mérid. de Londres, en $8^s 14^d 41' 55''$. *Hall. Tab.*

— Le 28 avril, Flamsteed n'étant pas encore à Greenwich, mais à Londres, chez Jonas Moore, observa Mars avec une lunette de 23 pieds et demi, garnie, dit-il, d'un micromètre de son invention. Mars et $1 ω$ des Gémeaux étoient à même hauteur; leur distance, à $9^h 24'$, étoit de $1o' 13''$; Mars étoit à la droite de l'étoile. Flamsteed conclut que Mars précédoit l'étoile de $8' o''$, et que sa latitude étoit de $6' 24''$ plus boréale que celle de l'étoile. *Hist. cœl. Br. p.* 26. L'étoile étoit alors, suivant le Catalogue Britannique, en $3^s 9^d 4o' 1''$; lat. $1^d 3o' 14''$ B., ou plutôt, selon Mayer, en $3^s 9^d 4o' 16''$; lat. $1^d 3o' 48''$ B. Mars auroit donc été en $3^s 9^d 32' 16''$; latitude $1^d 37' 12''$ B.

— Le 25 septembre, Vénus passa au méridien de l'Observatoire royal à $23^h 1o' 24''$, t. app. à $46^d 46' 1o''$ de hauteur méridienne. *Picard mss. — Hist. cél.*
Le 8 novembre, elle média à $23^h 49' 13'' \frac{1}{2}$. Hauteur méridienne, $25^d 47' o''$. *Ibid.*

ÉTOILES.

Le 7 novembre, lorsque Flamsteed observoit l'appulse de Saturne, dont nous avons rendu compte, cette planète étoit environnée de 5 ou 6 petites étoiles, que Flamsteed désigne par les premières lettres de l'alphabet. Il prit leurs distances et leurs gisements respectifs; et supposant, d'après Hévélius, que la plus australe f étoit en $1^s8^d9'38''$; latitude, $3^d22'42''$ A., il détermina ainsi le lieu des 5 autres :

	Longitude.	Latitude.
	s d ′ ″	d ′ ″
a	1 7 44 30	2 56 10 A.
b	1 7 41 10	2 47 40
c	1 8 9 10	2 30 12
d	1 8 26 30	2 43 22
e	1 7 25 50	2 1 0

Hist. cœl. Br. p. 31.

Si l'on donne à l'étoile f une position différente de celle que Flamsteed lui a assignée, il faudra appliquer la même correction aux 5 autres étoiles.

— Hévélius chercha inutilement la variable de la Baleine, depuis le 20 août jusqu'au 10 décembre. *Mach. cœl. l.* 2. — *Ann. Clim. p.* 92. Il l'aurait peut-être cherchée moins inutilement en mars ou en mai.

— L'étoile de la poitrine du Cygne, P, continue de paroître de 3ᵉ grandeur. *Ibid.*

SATELLITES.

Le 19 mai, immersion du 3ᵉ à $11^h26'44''$. A Paris, Picard. *Hist. cél.*
Le 18 juin, émersion du 1ᵉʳ à $11^h43'$. A Londres, Flamsteed. *Hist. cœl. Br.*
Le 6 juillet, émersion du 2ᵉ à $11^h0'16''$. A Paris, Picard, *Hist. cél.*
Le 20 juillet, émersion du 1ᵉʳ à $8^h22'42''\frac{1}{2}$. A Paris, Picard. *Ibid.*
Le samedi 21 (lisez 27) juillet, émersion du 1ᵉʳ à $10^h11'$, ou peut-être un peu plus tôt. A Londres, Flamsteed. *Hist. cœl. Br.*
Les observations suivantes, toutes de Picard, à l'Observatoire de Paris, sont extraites de *Pic. mss.* et de *Hist. cél.*
Le 26 juillet, à $8^h55'0''$, le 3ᵉ, et à $9^h55'0''$, le 1ᵉʳ satellite entrent sur le disque de Jupiter.
Le 27 juillet, émersion du 1ᵉʳ à $10^h31'17$.
Le 6 août, émersion du 3ᵉ, vers $9^h41'30''$.
Le 10, entrée du 2ᵉ sur le disque, à $8^h2'$.
Le 13, sortie du 3ᵉ de derrière le disque, à $8^h51'$ environ.
Immersion du même à $10^h33'$. Jupiter étoit bien bas, ce qui rend l'observation un peu douteuse. Le satellite s'affoiblissoit 10′ avant l'immersion.
Le 27, vers $8^h37'20''$, le 1ᵉʳ sort de devant le disque de Jupiter.
Le 1ᵉʳ septembre, émersion du 2ᵉ à $7^h58'39''$.
Le 29 octobre, émersion du 1ᵉʳ à $6^h7'22''$.

FAITS.

Jean Flamsteed est appelé cette année à Greenwich, pour y occuper la place d'Astronome royal, place qu'il a remplie durant plus de 40 ans, avec un zèle infatigable. Son ami Halley rassembla ses observations, et les fit imprimer à Londres en 1712, *in-fol.*, sous le titre de *Historia cœlestis Britannica.* Cette édition déplut à Flamsteed; il se plaignit qu'on y avoit changé et altéré, sans sa participation, plusieurs de ses observations. Il en prépara une plus ample et plus exacte, joignant à ses observations de Greenwich celles qu'il avoit précédemment faites à Derby. Cette nouvelle édition, en 3 vol. *in-fol.*, ne parut qu'en 1725, après la mort de l'auteur. Flamsteed, né à Derby, le 19 août 1646, mourut le 31 décembre 1719, V. St.

— Le 14 août, on plante à Montmartre un gros pilier de bois, dans l'endroit où l'on avoit jugé que devoit passer la méridienne de l'Observatoire. *Pic. mss.* — *Hist. cél.*

— Cassini explique la libration de la Lune. *Élém. d'Astron. p.* 256. — *Hist. Acad. p.* 147. L'explication étoit bonne; sans doute, mais non complète. Ce n'est que par degrés que l'esprit humain parvient à la connoissance des phases physiques.

— Cassini découvrit aussi cette année l'ombre de l'anneau sur le corps de Saturne, et la duplication de cet anneau. *Astron. moderne de M. Bailly, t. II, p.* 402. Il observa aussi sur le disque de cette planète des bandes que J. Cassini, qui les revit en 1715, crut détachées du globe de Saturne. *Ibid. p.* 403. — *J. Cass. Élém. d'Ast. p.* 337.

— Le 22 novembre, Rœmer lut à l'Académie un Mémoire sur sa belle découverte de la propagation successive de la lumière. Cassini avoit eu précédemment la même idée; mais il y avoit renoncé. *Élém. d'Astr. p.* 635. L'inégalité des révolutions écliptiques des satellites de Jupiter, plus longues lorsque Jupiter s'éloignoit de la Terre, plus courtes lorsqu'il s'en approchoit, avoit convaincu Rœmer de la nécessité d'admettre cette propagation successive. Il détermina que la lumière de ces satellites employoit environ 8 minutes de temps à parcourir le demi-diamètre du grand orbe de la Terre. On remarque dans toutes les étoiles un léger mouvement annuel, circulaire ou elliptique. Jacques Bradley a démontré que ce mouvement, cette aberration, étoit une suite nécessaire de la propagation successive de la lumière, découverte par Rœmer.

Olaüs Rœmer étoit né à Copenhague, ou, selon d'autres, à Arhus dans le Jutland, le 25 septembre 1644. Picard, en son voyage de Danemarck, le connut et l'apprécia. Il crut faire une excellente acquisition pour l'Académie, s'il pouvoit engager Rœmer à se fixer en France. Il réussit à le lui persuader. Rœmer accompagna Picard dans son retour à Paris; et peu de mois après, il fut agrégé à l'Académie. Il s'y fit sur-tout estimer par des machines ingénieuses qu'il imagina et fit exécuter. Le 19 juin 1677, il en présenta une qui représentoit les mouvemens inégaux des planètes, leur apogée, leurs nœuds. Les années suivantes, il en inventa d'autres qui imitoient avec précision les mouvemens et les configurations des satellites de Jupiter, ceux des satellites et de l'anneau de Saturne, etc. Après la révocation de l'édit de Nantes, en 1685, il retourna en Danemarck, nonobstant les instances qu'on lui fit pour le retenir à Paris, et les assurances qu'on lui donna qu'il ne seroit point inquiété pour ses sentimens religieux. Après avoir encore éclairé durant quinze ans sa patrie, il mourut à Copenhague, le 19 septembre 1710.

Rœmer étoit aussi fort bon observateur des phénomènes célestes : ses observations nous auroient été très-utiles ; on tarda trop à les publier ; leur recueil a péri dans l'incendie de Copenhague.

1676.

ÉCLIPSE DE SOLEIL, LE 10 JUIN.

Hévélius, à Dantzick, régla le temps des phases de cette éclipse sur une horloge à pendule et à vibrations réglées : c'est le premier usage, je pense, qu'il a fait d'une telle horloge. Hévélius la régla sur des hauteurs du Soleil prises les unes vers 8 heures du matin, les autres après 4 heures du soir, et il trouva, dit-il, que l'horloge n'avoit pas besoin de correction.

$21^h 22' 0''$ . . . . commencement, suivant Hévélius, quoique la pendule marquât $21^h 22' 30''$; apparemment que le disque du Soleil étoit déjà entamé lorsqu'on consulta l'horloge.

22 31   0 ou environ. plus grande phase de 4 doigts 22′.

23 39 40 . . . . fin. Voyez beaucoup d'autres phases dans *Mach. cœl. l.* 2, et dans *Philos. Trans. n.* 127, *p.* 666.

22   0   . . . . le demi-diamètre du Soleil est à celui de la Lune, comme 15′ à 13′53″.

22 24   . . . . la proportion est comme 15′ à 14′.

23   0   . . . . elle est comme 15′ à 14′50″.

Ensuite le demi-diamètre de la Lune devient non seulement égal à celui du Soleil ; il l'excède même un peu. *Ibid.* Que le diamètre apparent de la Lune augmente à raison de la plus grande hauteur de cet astre, sur l'horizon, cela est indubitable ; mais l'accroissement passe ici de beaucoup trop les bornes légitimes.

— A Londres, dans la rue de la cour de Basingent (*in vico aulæ Basingentis*), Haines régla son horloge sur des hauteurs du Soleil prises avec un quart-de-cercle de deux pieds de rayon.

$19^h 50'$ . . . . . commencement.

21 56 . . . . . fin. *Hist. cœl. Brit. t. I, p.* 200.

— François Smetwick, à Westminster.

$19^h 50'$ . . . commencement.

21 54 45″. . . fin. *Philos. Trans. n.* 126, *p.* 637.

— A Wapping, près Londres, Colson.

$19^h 51' 51''$. . . un quart de doigt.

20 28 21 . . . 3 doigts $\frac{1}{10}$, plus grande phase observée.

21 57 6 . . . fin. Voyez plus de détail, *ibid.* et *Hist. cœl. Brit. p.* 200.

— A Greenwich, Flamsteed et Halley, traversés par les nuages.

$19^h 49' 0''$...	point d'éclipse.
19 53 50 ...	le bord occidental du Soleil est entamé.
19 57 24 ...	distance des cornes 10′10″.
20 34 12 ...	parties du diamètre éclairées, 22′18″. Quelques minutes auparavant, le diamètre du Soleil avoit été trouvé de 31′43″ (donc l'éclipse était alors de 3 doigts 34′).
20 39 26 ...	distance des cornes, 22′0″.
22 1 0 ...	le Soleil sort des nuages, et son limbe est entier. *Hist. cœl. Br. p.* 200. — *Phil. Trans. n.* 127, *p.* 662. On y trouve un plus ample détail.

— Richard Townley, à Townley, par 53^d44′ de latitude, 2^d ½ environ à l'ouest de Londres, suivant Townley.

$20^h 12' 42''$...	parties éclairées du diamètre, 26′15″.
20 35 42 ...	parties éclairées 23′13″; le diamètre fut trouvé de 31′40″ (donc la plus grande éclipse observée fut de 3 doigts 12′).
20 43 57 ...	distance des cornes, 21′3″, ce qui donneroit environ 3 doigts 2′ pour la grandeur actuelle de l'éclipse.
21 42 57 ...	fin. *Ibid.* On y trouve plusieurs autres phases.

— Emmanuel Halton, à Wingfield, dix milles environ au nord de Derby, par 53^d8′ de latitude.

$19^h 50' 30''$...	commencement.
21 0 ...	3 doigts et demi presque.
21 47 30 ...	fin. *Hist. cœl. Br. p.* 201. Mais dans *Phil. Trans. n.* 127, *p.* 664, il est dit que l'éclipse n'étoit pas encore finie, mais qu'elle approchoit fort de sa fin.

— Le ciel, à Paris, ne fut pas favorable; on ne put observer ni le commencement ni la fin. Cependant, d'après des hauteurs des bords supérieurs du Soleil et de la Lune, et des cornes de l'éclipse, observées dans les interstices des nuages, Cassini conjectura les phases suivantes :

$19^h 55'$.....	commencement.
21 55	conjonction vraie.
22 12	fin. *Anc. Mém. t. X, p.* 571. — *Journ. des Sav.* 1676, *p.* 209. — *Giorn. de' Lett.*, 1677, *p.* 47, etc.

Dans ces mêmes ouvrages, on dit que Picard et Rœmer, à travers les nuages, observèrent l'éclipse de 5 doigts et demi. Cependant, dans *Pic. mss.* et dans *Hist. cél.*, l'éclipse n'est portée qu'à 5 doigts 0′.

Le diamètre du Soleil fut de 31′40″; celui de la Lune de 31′15″. *Pic. mss.*

— Boulliau, à Paris, saisit à la volée les phases suivantes entre les nuages.

Le Soleil, haut de...	47ᵈ 3o′	3 doigts.
Le Soleil, haut de...	5ı 22	2 doigts; les cornes paroissent horizontales.
Le Soleil, haut de...	54 25	un doigt. *Bull. ms.*

— A Montpellier, Saporte et Rheile.

19ʰ 52′......	commencement.
22 32	fin.

Grandeur, 7 doigts. *Journ. des Sav.* 1676; *p.* 209.

— A Avignon, Gallet. Son observation est détaillée dans *Phil. Trans. n.* 141, *p.* 1020, et sur une feuille volante imprimée à Avignon. Il étoit secondé par de Beauchamps, de Saint-Florent, Moutonnier et l'abbé Marin.

A chaque phase, Gallet faisoit prendre la hauteur du Soleil à un gnomon divisé seulement en 400 parties, et sur ces hauteurs, il corrigeoit les heures marquées par la pendule. Les corrections sont peu considérables, tantôt en plus, tantôt en moins. Je marque tout simplement les temps de la pendule; il ne faudroit en retrancher que 2″, en prenant un milieu entre toutes les corrections. L'observation est faite au couvent des Carmes Déchaussés.

19ʰ 5o′ 3ı″...	o doigt 27′.
20 44 54 ...	cornes verticales, 6 doigts.
21 3 44 ...	plus grande phase, 7 doigts 2o′.
21 42 3 ...	cornes horizontales, 4 doigts 35′.
22 25 o ...	un tiers de doigt, la corne occidentale est au nadir de la Lune.
22 28 41 ...	fin.

Gallet, prenant dans les Tables le lieu du Soleil et la latitude de la Lune, tire de son observation les conclusions suivantes :

Heures.	Longitude de la Lune au Soleil.	Lieu apparent de la Lune.	Lieu vrai de la Lune.	Latitude vraie supposée.	Latitude appar. observée.
20ʰ 44′ 54″	—1o′ 2o″ 54‴	2ˢ 2oᵈ 52′ 54″ 6‴	2ˢ 2oᵈ 29′ 5o″ 18‴	11′ 3″ ı‴ B.	1o′ 52″ 54‴ A.
21 3 44	— ı 9 44	2 21 2 5o 16	2 20 39 57 28	11 ı 19	11 36 5ı
21 42 3	+12 17 48	2 21 17 49 48	2 20 56 8 52	1o 36 35	13 54 o

Les calculs de Gallet sont exacts, ainsi que sa marche; mais je doute que les latitudes vraies supposées soient conformes au résultat des Tables Rudolphines. Les latitudes apparentes sont mieux proportionnées.

— A Rome, le P. Gottignies.

2oʰ 15′ o″...	commencement, 3ʰ 45′ avant midi.
23 14 3o ...	fin, 45′ 3o″ avant midi.

Durée, $3^h 1' \frac{1}{2}$ (ou plutôt, sauf les fautes d'impression, $2^h 59' \frac{1}{2}$).
Grandeur, 7 doigts $\frac{1}{2}$. *Giorn. de Lett.* 1676, *p.* 82.

D'autres observateurs, à Rome.

$20^h 20' 40''$...   commencement, $3^h 39' 20''$ avant midi.
21 42 12 ...   plus grande phase, environ 8 doigts, $2^h 17' 48''$ avant midi.
23 49 44 ...   fin, $10' 16''$ avant midi. *Ibid.* L'observation du P. Got-
                  tignies nous paroit plus raisonnable que celle-ci.

— A Gênes, le marquis Salvago n'observa (ou n'estima) la grandeur de l'éclipse
que de 6 doigts. *Ibid.* 1677, *p.* 47. — *Anc. Mém. t. X, p.* 571.

— A Pésaro, l'abbé Jean-François du Laurens (*Laurentii*).

$12^h 41' 3''$...   commencement, à 99^d du zénith.
12 48 35 ...   un doigt.
13 5 0 ...   trois doigts.
13 14 10 ...   cinq doigts.
13 29 46 ...   cinq doigts et demi. Puis nuages et pluie. *Ibid.* 1676,
                  p. 98.

Il paroit que les heures sont comptées à la manière italique, depuis le coucher
du Soleil, fort mauvaise méthode pour des observations astronomiques. Le centre
du Soleil s'étoit couché ce jour-là à Pésaro, à $7^h 40' \frac{1}{2}$; l'éclipse auroit donc commencé à $20^h 21' \frac{1}{2}$. Mais comment a-t-on observé, ou comment a-t-on estimé le
coucher du centre du Soleil? Il est cependant vrai que si l'éclipse a commencé à
Rome à $20^h 15'$, comme l'a déterminé le P. Gottignies, elle a dû commencer à
Pésaro, à peu de secondes près, à $20^h 22' \frac{1}{2}$.

— « L'XI du mois passé, dit Chardin, dans une lettre datée d'Ispahan, le 26 juillet
« 1676, j'observai l'éclipse du Soleil, qui étoit en $2^s 21^d 15'$, déclinaison boréale,
« $23^d 13'$, avec un quart-de-cercle dont les degrés sont divisés de 10 en 10 minutes.
« L'éclipse commença le Soleil étant à la hauteur de $80^d 10'$, ou $14'$ après midi;
« lorsqu'elle finit, le Soleil étoit haut de $42^d 20'$: ainsi la durée de l'éclipse fut
« de $3^h 10'$; 10 doigts furent éclipsés; le ciel étoit serein; les étoiles parurent ».
L'on peut douter de cette dernière circonstance, dit Boulliau, *Bull. ms.* Soit, qu'on
en puisse douter. Mais ne pourroit-on pas former un doute, peut-être plus légitime, sur la grandeur de l'éclipse, que je conjecture avoir été à Ispahan plus forte
que Chardin ne l'a estimée.

J'ai calculé les deux hauteurs du Soleil, observées par ce célèbre voyageur. La
première, un peu trop voisine du méridien, donne le commencement de l'éclipse,
le 11 juin, à midi $12' 30''$. Suivant la seconde, fin à $3^h 29'$.

Chardin nous apprend de plus qu'il veilla toute la nuit du 25 juin, pour observer
une éclipse de Lune, annoncée par Argoli, mais qui n'eut pas lieu. *Bull. ms.*

— On observa cette année de belles taches sur le Soleil. Cassini en remarqua
une le 28 juin. Flamsteed et Halley en observèrent une autre en juillet et août.
En novembre, on en découvrit une si grande et si noire, que Cassini prédit qu'elle

ne se dissiperoit pas si tôt; sa durée fut en effet de 3 mois. Des mouvemens de celle qui avoit paru en juillet et août, Flamsteed conclut que l'axe de rotation du Soleil est incliné, mais peu, sur celui de l'écliptique; que les nœuds de son équateur sont voisins des points solstitiaux; que de l'Écrevisse au Capricorne la terre est au nord de cet équateur, et à son sud depuis le Capricorne jusqu'à l'Écrevisse; que la rotation du Soleil, par rapport aux étoiles fixes, est de 25 jours 9 heures et demie. Cassini avoit aussi suivi cette tache. *Messag. céleste, part. II, ch.* 7. — *Phil. Trans. n°* 127, *p.* 665; *n°* 128, *p.* 687, 688.

Observations de la Lune.

Le 29 février, occultation de *e* du Lion, observée à Paris par Cassini et Rœmer.

A 10^{h}19′54″...	immersion vers l'extrémité de *Schikardus*, du côté de *Phocylides*.
11 16 40 ...	émersion à-peu-près à égale distance de *Wendelinus* et de *Petavius*.

Une ligne, tirée par les points de l'immersion et de l'émersion, coupoit le diamètre de la Lune, qui lui étoit perpendiculaire, dans la raison de 6′45″ à 26′5″, (ou, ce qui revient au même, la plus courte distance de l'étoile au centre de la Lune a été de 9′40″).

Le diamètre de la Lune qui approchoit du méridien étoit de 32′50″.

A 12^{h}29′, l'étoile précédoit (le bord occidental de) la Lune de 1′50″ de temps, et le bord supérieur de la Lune avoit la même déclinaison que l'étoile.

A 12^{h}40′18″, l'étoile précédoit le même bord de 2′11″; le diamètre de la Lune passoit en 2′14″.

A 12^{h}52′35″, l'étoile précédoit de 2′25″.

Hauteur méridienne du bord inférieur, 39^{d}25′25″. *Hist. cœl. Brit. p.* 195. — *Phil. Trans. n.* 123, *p.* 564.

— Le 18 mars, occultation de ζ du Bélier, à Greenwich, par Flamsteed. A 7^{h}8′45″, immersion à 17′5″ de distance de la corne boréale. Diamètre de la Lune 29′51″. *Hist. cœl. Br. p.* 195.

— Le 23 mars, à 11^{h}32′, diamètre de la Lune, 30′47″.

A 13^{h}11′20″, immersion de *g* des Gémeaux, à 13′14′ de distance de la corne inférieure (en apparence, réellement supérieure et boréale).

A 13^{h}50′22″, l'étoile étoit sortie, et sa distance au bord éclairé étoit égale à la longueur de *Lacus niger major* (*Plato*). *Ibid. p.* 197.

Le 29 juin, à 10^{h}27′20″, x du Verseau ne paroissoit plus; des nuages n'ont pas permis à Flamsteed de marquer le temps précis de l'immersion.

A 11^{h}27′11″...	émersion décidée.
11 28 30 ...	distance de l'étoile au bord le plus éloigné, 32′37″.
11 33 5 ...	l'étoile est de 20′54″ plus haute que le bord austral.
11 55 6 ...	diamètre de la Lune, 31′28″. *Ibid. p.* 204.

— Le 2 août, Halley à Oxford.

A 13ʰ 11′ 35″... distance de A du Taureau à la corne australe, 20′ 32″.
 13 17 15 ... immersion de l'étoile, à 23′ 20″ de la corne boréale.
 13 14 40 ... diamètre de la Lune, haute de 34ᵈ : 29′ 48″. *Ibid. p.* 206.

— Le 19 août, Flamsteed, à Greenwich, occultation de o du Sagittaire.

A 8ʰ 13′ 47″... immersion de l'étoile; le lieu de l'immersion est de 7′ 56″
       moins haut que le bord supérieur de la Lune.
 8 24 37 ... diamètre de la Lune, 32′ 42″, à la hauteur de 15ᵈ.
 6 23 12 ... l'étoile étoit sortie; sa distance au bord éclairé étoit d'en-
       viron 25″; sa hauteur étoit précisément égale à celle
       du bord inférieur de *Palus Marœotis* (*Grimaldus*). *Ibid.*
       Dans l'*errata*, on dit que l'étoile n'étoit pas o, mais
       σ du Sagittaire, c'est certainement une erreur; la Lune
       a dû passer à 4ᵈ, au moins, au nord de σ.

— Le 31 août, occultation de Mars; Flamsteed à Greenwich.

A 12ʰ 9′ 55″... on cesse de voir Mars à la vue simple.
 12 14 58 ... immersion totale, à 17′ 20″ de la pointe boréale.
 12 23 33 ... o du Taureau est dans la ligne des cornes.
 12 25 31 ... distance de cette étoile à la corne australe, 32′ 10″.
 12 50 55 ... diamètre de la Lune, 29′ 47″.
 13 15 51 ... émersion de Mars, ou peut-être 4″ à 5″ plus tôt.
 13 18 24 ... distance de Mars à la corne boréale, 18′ 20″.
 13 26 55 ... diamètre de la Lune, haute de 23ᵈ, 29′ 55″. *Ibid. p.* 208.

Halley observa la même occultation à Oxford.

A 12ʰ 10′ 28″... premier attouchement des bords.
 12 10 40 ... immersion totale, à 17′ 14″ de la corne boréale.
 13 10 41 ... émersion.
 13 12 45 ... distance de Mars à la corne boréale 17′ 55″. *Ibid.*

Enfin Hévélius observa ce même phénomène à Dantzick.

A 13ʰ 35′ 42″... immersion vers *Mons Audus* (*Galilœus*).
 14 46 29 ... émersion, presque vers le milieu de *Palus Mœotis* (*Mare*
       crisium).
 14 53 35 ... émersion d'une petite étoile vers *Paludes amarœ* (*Fir-*
       micus). *Ibid. Mach. cœl. l.* 2.

— Le 9 novembre, occultation de π du Sagittaire, à Greenwich.

A 5ʰ 56′ 46″... immersion à 27′ 7″ de la corne boréale.
 6 12 10 ... diamètre de la Lune, haute de 10ᵈ¼, 32ᵈ 42′.
 6 51 10 ... l'étoile étoit sortie, et très-voisine du bord éclairé.
 6 52 34 ... sa distance à la corne australe, 12′ 51″.
 6 56 22 ... même distance, 14′ 49″. *Hist. cœl. Br. p.* 210.

On trouve dans le même ouvrage, tant sur cette année que sur les années suivantes, beaucoup d'appulses de la Lune aux planètes et aux étoiles fixes; et dans *Hist. cél.* beaucoup de hauteurs méridiennes de la Lune et des planètes, etc., observées par Picard.

PLANÈTES.

Le 26 mars, à $8^h5'28''$, Flamsteed, à Greenwich, observa Saturne à $47'23''$ de distance de σ du Bélier; la différence des azimuts de l'étoile et de la planète étoient de $28'0''$. Flamsteed conclut que Saturne précédoit l'étoile de $3'22''$, et qu'il étoit plus austral qu'elle de $47'15''$. Or l'étoile étoit, suivant Tycho, en $1^s10^d25'40''$; latitude $1^d30'$ A. Donc Saturne étoit en $1^s10^d22'20''$; lat. $2^d17'15''$ A. Extrait d'une lettre de Flamsteed à Hévélius, *Ann. Climact. p.* 66. Mais, suivant Mayer, l'étoile étoit alors en $1^s10^d25'12''$, ou, retranchant $9''$ pour l'aberration, et ajoutant $18''$ pour la nutation, son lieu apparent étoit en $1^s10^d25'21''$, et sa latitude, tant moyenne qu'apparente, étoit de $1^d18'54''$ A. Le lieu apparent de Saturne auroit donc été en $1^s10^d21'59$; lat. apparente, $2^d6'9''$ A.

— Opposition de Saturne, le 13 novembre à $7^h46'$, t. m. mérid. de Londres, en $1^s22^d20'20''$. *Tab. Hall.* — J. Cassini, d'après les observations d'Hévélius, marque cette opposition à $7^h36'$, mérid. de Paris, en $1^s22^d19'40''$; latitude, $2^d22'15''$ A. Mais, d'après les observations de Flamsteed, il pense qu'elle a eu lieu à $7^h15'$, mérid. de Paris, en $1^s22^d18'48''$; $2^d25'10''$ A. *Elém. d'Astr. p.* 357, 358.

— Opposition de Jupiter, le 8 juillet, à $18^h57'$, t. m. mérid. de Londres, en $9^s17^d38'15''$. *Tab. Hall.* — ou, suivant Cassini, d'après les observations d'Hévélius, à $18^h15'$, mérid. de Paris, en $9^s17^d36'18''$; lat. $0^d12'21''$ A. *Elém. d'Astr. p.* 357.

— Opposition de Mars, le 25 décembre, à $19^h5'$, t. m. méridien de Londres, en $3^s5^d29'55''$. *Tab. Hall.*

— Le 5 septembre, à notre Observatoire national, le centre de Vénus a passé au méridien à $0^h6'53''\frac{1}{2}$, temps apparent, la hauteur méridienne de son bord supérieur étant de $37^d29'30''$. C'est la première conjonction inférieure de Vénus qui ait été observée, excepté le passage sur le Soleil de 1639.

Le 6, hauteur méridienne du même bord, $37^d41'15''$; son centre passe $10^h40'26''$ de temps moyen avant o du Verseau, et $10^h58'45''$ avant γ de la même constellation. Hauteur méridienne de o, $37^d29'40''$; et celle de γ, $38^d11'40''$. Vénus employa environ $5''$ de temps à traverser le méridien; avec une lunette de 20 pieds, son diamètre fut trouvé de $1'1''$. *Pic. mss. — Hist. cél.*

ÉTOILES.

Au mois de février, la nébuleuse d'Andromède avoit totalement disparu. *Bull. ms.*

— Le 7 et le 8 février, Boulliau juge que la variable de la Baleine est de la 3e grandeur; les jours suivans, son éclat augmente; le 19, elle égale presque α de la même constellation. *Ibid.* — En mars, Cassini et Flamsteed la trouvent supérieure aux étoiles du 3e ordre. *Phil. Trans., n°* 123, *p.* 565, 567. Elle se couche ensuite héliaquement.

Le 10 décembre, elle n'avoit pas encore reparu. Le 23 décembre, elle étoit égale à α de la Baleine, ou même elle la surpassoit. Le 31, elle étoit presque plus belle que α. Le 1ᵉʳ janvier 1677, de même; elle étoit pareillement plus grande que α et γ de Pégase. L'observation est d'Hévélius. *Ibid., n° 134, p. 858. — Ann. Clim. p. 92.*

SATELLITES.

Le 12 mai, immersion du 1ᵉʳ à 14ʰ29′42″, à Paris. *Picard mss.*
Le 13 juin, immersion du 1ᵉʳ à 10ʰ56′13″. *Ibid. — Hist. cél.*
    le 2ᵉ sort de dessus le disque à 11ʰ42′. *Ibid. — Hist. cél.*
Le 29 juillet, le 1ᵉʳ entre sur le disque à 10ʰ39′$\frac{1}{2}$.
    le 2ᵉ y entre   à 11 8 $\frac{1}{2}$.
    le 3ᵉ y entre   à 12 8 $\frac{1}{2}$. *Ibid. — Pic. mss.*
Le 7 août, émersion du 1ᵉʳ à 9ʰ49′40″. *Ibid.*
    émersion du 2ᵉ à 12 17 53 . *Ibid. — Pic. mss.*
Le 14 août, émersion du 1ᵉʳ à 11 45 49 . *Ibid. — Pic. mss.*
Le 16 août, le 3ᵉ entre sur le disque à 8ʰ59′$\frac{2}{3}$. *Ibid.*
Le 23 août, émersion du 1ᵉʳ à 8ʰ11′13″, à Paris.
         à 8 18 47 , à Avignon. *Pic. mss.*
Le 10 septembre, au soir, conjonction du 2ᵉ et du 3ᵉ; leur distance est égale aux $\frac{2}{7}$ du diamètre de Jupiter; d'où Picard conclut que l'inclinaison de leurs orbites est de 1ᵈ33′30″. *Pic. mss. — Hist. cél.* .
Le 30 septembre, le 1ᵉʳ sort de dessus le disque à 8ʰ29′44″, à Paris. *Ibid.*
Le 2 octobre, émersion du 3ᵉ à 6ʰ10′37″. Cassini, à Paris. *Phil. Trans. n°* 21, *p.* 254, *nov.* 1694.
Le 9 novembre, émersion du 1ᵉʳ à 5ʰ37′49″, à Paris. *Pic. mss. — Hist. cél.*
Le 14 novembre, émersion du 3ᵉ à 6ʰ20′55″; Cassini. *Phil. Trans., loco citato.* Picard, qui observa aussi cette émersion, remarque que Jupiter étoit bien bas, et enfoncé dans les vapeurs de l'horizon. *Hist. cél. — Pic. mss.*

COMÈTE.

Il est dit que le P. Fontanay découvrit, le 14 février, une comète dans l'Éridan, et que cette comète disparut le 9 mars dans le Lièvre. Voyez ce que nous en avons dit, *Cométogr.,* t. II, p. 23.

FAITS.

Edmond Halley fut envoyé, cette année, à l'île de Sainte-Hélène, pour déterminer la position des étoiles qui environnent le pôle austral. Pierre Théodore avoit déjà construit un catalogue de ces étoiles, d'après les observations d'Améric Vespuce, d'André Corsalius, de Pierre de Médine, et probablement d'après les siennes propres. C'est d'après ce catalogue de Théodore, que Bayer dressa, en 1603, sa 49ᵉ planche, contenant douze nouvelles constellations : celles du Paon, du Toucan, de la Grue, du Phénix, de la Dorade, du Poisson volant, de l'Hydre mâle, du Caméléon, de la Mouche, de l'Oiseau de Paradis, du Triangle austral, et de l'Indien. **Képler** ayant reçu de Bartschius des extraits des manuscrits de Bayer, et des calculs faits par Bartschius d'après les notices puisées dans ces manuscrits, inséra ces constellations dans le catalogue des étoiles qui termine ses Tables Rudolphines ; il y joignit les longitudes et latitudes des étoiles qui composent ces constellations, ce que Bayer n'avoit point fait. Métius, *de usu utriusque globi, p.* 3, semble revendiquer l'honneur d'être le premier qui ait fait connoître aux Européens cette partie du ciel, pour Frédéric Houtmann, son disciple, qui, dit-il, a soigneusement observé ces étoiles dans l'île de Sumatra, et les a classées dans douze constellations. Huit de ces constellations sont les mêmes que celles de Théodore ; mais, au lieu de la Grue, du Toucan, de la Dorade et de l'Hydre mâle, Métius nomme le Héron, la Pie indienne, la queue du Scorpion et la Colombe de Noé. Ces premiers catalogues ne contenoient que 120 ou 130 étoiles, et celui que Halley dressa dans l'île de Sainte-Hélène, en contient, dit-on, 350. Cela est vrai. Mais le catalogue de Halley ne contient que 103 étoiles des 12 constellations de Théodore ; les autres appartiennent au Navire, au Centaure, au Loup, à d'autres constellations australes, qui ne se lèvent pas, ou qui s'élèvent peu sur l'horizon d'Uranibourg, dont Tycho, par conséquent, n'avoit pu déterminer les vrais lieux. Ces étoiles se trouvoient néanmoins classées dans des catalogues, mais sur la seule foi de Ptolomée. Les navigateurs regardoient ces étoiles comme données de position ; ils négligèrent de les observer. Les observations de Margraff, sur l'île d'Antoine Vaaz, auroient pu être d'un grand secours ; mais elles n'étoient pas publiées, au moins n'étoient-elles pas calculées. Cependant les navigateurs intelligens ne pouvoient se dissimuler les erreurs monstrueuses où ils étoient quelquefois entrainés par les fausses déterminations du lieu de ces étoiles.

C'étoit donc un grand service que Halley rendoit à la navigation, en déterminant leur véritable position, par des observations plus précises que toutes celles qu'on avoit pu faire jusqu'alors. Les résultats de son travail ne diffèrent souvent des déterminations de Ptolomée, que de 10′, 20′ ou 30′, mais il n'est pas rare que l'erreur de celles-ci s'étende jusqu'à plusieurs degrés, soit en longitude, soit en latitude ; et la position des étoiles du catalogue de Bartschius n'est pas plus exacte.

Quant aux autres obligations que l'Astronomie a au célèbre Halley, elles sont assez connues. Il a calculé les orbites d'un grand nombre de comètes. Il n'est pas le premier qui ait annoncé le retour d'une comète ; mais il est le premier dont l'annonce ait été couronnée d'un plein succès. Il donna, en 1683, sa théorie de la variation de l'aiguille aimantée. La première édition des principes de Newton fut publiée en 1686 à sa sollicitation. Il donna, vers le même temps, sa théorie des vents alisés et des moussons. En 1710, il donna une édition des Tables carolines, auxquelles il ajouta, en forme d'appendice, le détail d'un grand nombre d'observations astronomiques, qu'il avoit faites à Islington, près de Londres, en 1682, 1683 et 1684. Ses tables, imprimées dès 1719, ne parurent qu'après sa mort, en 1749. Il étoit né à Londres, le 8 novembre 1656. Il fut nommé, en 1703, professeur de géométrie à Oxford ; en 1713, secrétaire de la Société royale ; en 1720, astronome royal, à Greenwich. Comme les principales causes qui modifient les mouvemens de la Lune, redeviennent à-peu-près les mêmes après 18 ans et 10 ou 11 jours, il se persuada que les erreurs des Tables de la Lune devoient revenir à très-peu près les mêmes après l'écoulement de cette période. Il résolut donc d'observer, le plus souvent qu'il lui seroit possible, la Lune au méridien, durant le cours de dix-huit années, et de comparer le résultat de ses observations avec le calcul fait d'après ses Tables, afin qu'on pût appliquer aux périodes suivantes la correction des erreurs qui auroient été découvertes dans cette première période. Il commença cette longue suite d'observations en janvier 1722, étant déjà dans la 65ᵉ année de son âge, et il eut le bonheur de la terminer heureusement en décembre 1739, n'étant mort que le 25 janvier 1742, dans sa 86ᵉ année. Il étoit de notre Académie des Sciences. Voyez son éloge par Mairan, *Hist. de l'Académie*, 1742.

1677.

ÉCLIPSE DE LUNE, LE 16 MAI.

Hévélius, à Dantzick.

15ʰ31′40″...   l'éclipse commence à la partie supérieure de la Lune, vers *Mons Atlas* et *Sinus Apollinis* (*Harpalus*, je pense, et *Sinus iridum*).

14 54......   le Soleil se lève. *Mach. cœl. l.* 2.

— Picard, à Paris, à l'Observatoire.

Hauteur méridienne du bord supérieur de la Lune, 20ᵈ45′45″; elle descendoit sensiblement avant que d'être au méridien.

14ʰ28′ 0″...   commencement de l'éclipse. Puis nuages. *Pic. mss.* — *Hist. cél.*

— A Avignon, Gallet, de Beauchamps, Moutonnier et de Saint-Florent. L'observation fut imprimée à Avignon sur une feuille volante; je ne la trouve nulle part ailleurs. Voici quelques-unes des phases observées.

14ʰ38′43″...   commencement de l'éclipse.
15 6 43 ...   4 doigts.
15 19 43 ...   5 doigts 30′. Cornes horizontales; l'ombre par *Cavalerius*, entre *Cleomedes* et *Mare crisium*, et par *Seneca*.
15 24 43 ...   6 doigts.
15 37 28 ...   7 doigts.
16 9 57 ...   plus grande phase, 8 doigts 30′.
16 33 44 ...   la Lune disparoît dans le brouillard.
                 Demi-diamètre de la Lune, 16′46″; de l'ombre, 48′38″.

Gallet conclut l'opposition à 16ʰ9′57″, en 7ˢ26ᵈ43′48″. Réduction à l'écliptique add. 2′9″; donc vrai lieu de la Lune, 7ˢ26ᵈ45′57″. Moindre distance des centres 41′41″. Latitude de la Lune au moment de l'opposition 41′37″.

Autres observations de la Lune.

Le 20 juin, à Greenwich, à 15ʰ27′28″, immersion de 1× des Poissons près *Mons Alabastrinus*, à 14′52″ de la pointe boréale. Le point de l'immersion étoit en ligne droite avec *Creta* (*Bullialdius*) et *Porphyrites* (*Aristarchus*). Le diamètre de la Lune étoit de 32′8″ à la hauteur de 33$^{\mathrm{d}}\frac{1}{2}$. *Hist. cœl. Brit. p.* 218.

Le 4 novembre, à Greenwich, à 13^{h}0′26″, immersion de 1x des Poissons.

> A 13^{h} 2′ 9″...   immersion de 2x.
> A 12 27 30 ...   le diamètre de la Lune, haute de 16^{d}, étoit de 32′3″.
>   *Ibid. p.* 226.

— Le 10 novembre, à Dantzick, conjonction apparente de Saturne et de la Lune, à 15^{h}17′; distance de Saturne au bord austral de la Lune, 3′30″. Voyez dans *Mach. cœl. l.* 2, *p.* 803, et *l.* 3, *p.* 107, beaucoup de distances de la planète au limbe de la Lune, et de γ du Bélier à l'une et à l'autre, prises tant avant qu'après la conjonction.

Passage de Mercure sur le disque du Soleil, les 6 et 7 novembre.

Ce passage, visible dans toute l'Europe, eut peu d'observateurs; le ciel fut presque partout couvert.

A Townley, dans le Lancastershire, Townley ne put observer que la fin, le 7 novembre.

> 2^{h}54′ 0″...   sortie totale de Mercure. *Hist. cœl. Br. t. I, p.* 187.

— Halley, sur l'île de Sainte-Hélène, le 6 novembre.

> 21^{h}26′17″...   le limbe du Soleil est entamé, à 10^{d} environ du nadir, vers la droite.
> 21 27 30 ...   entrée totale de Mercure.
>   les nuages couvrent le Soleil.

Le 7 novembre, à 2^{h}38′39″, la distance des bords les plus voisins du Soleil et de Mercure n'excède pas le diamètre de Mercure.

> 2^{h}40′ 8″...   attouchement intérieur des bords à la sortie.
> 2 41 0 ...   sortie du centre, à 30^{d} environ du nadir, vers la droite.
> 2 41 54 ...   sortie totale.

Donc de l'entrée du centre à sa sortie, il s'est écoulé 5^{h}14′20″; Halley regarde cette durée comme n'étant susceptible d'aucun doute. *Ibid.*

— Gallet, à Avignon, ne put observer l'entrée à cause des nuages. Dans les observations suivantes, il recevoit sur une surface blanche l'image du Soleil, transmise au travers d'une lunette de 3 pieds. Les deux bords du Soleil étaient toujours contenus entre deux fils immobiles, qui, par conséquent, étoient parallèles à l'équateur. L'intervalle de temps écoulé entre les passages du bord occidental du Soleil et le centre de Mercure, donnoit la différence des ascensions droites; on la réduisoit en fractions de degré, et la distance de Mercure à un des fils parallèles, soustraite du demi-diamètre du Soleil, donnoit la déclinaison de Mercure au centre du Soleil.

Numéro des observations.	Heures.	Déclinaison au Soleil.	Différence d'ascension droite entre Mercure et le bord occid. du Soleil.	Distance de Mercure au centre du Soleil.
	h ′ ″	′ ″	′ ″ ‴	′ ″ ‴
1..........	22 53 58	0 0	1 55 0	11 20 37
2..........	0 0 0	2 3B	1 32 0	6 0 55
3..........	0 9 55	2 45	1 26 0	5 9 20
4..........	0 35 50	3 40	1 14 40	4 7 30
5..........	1 44 10	5 30	0 54 40	7 13 7
6..........	1 55 22	6 30	0 49 20	8 15 0
7..........	2 11 58	6 53	0 44 0	9 16 45
8..........	2 39 14	8 14	0 33 20	12 1 45
9..........	2 57 28	8 55	0 26 40	14 5 30
10..........	3 26 56	9 38	0 13 0	16 30 0 émersion.

De ces observations, Gallet tire les conclusions suivantes, en empruntant des éphémérides d'Hecker le lieu du Soleil :

Numéro des observations.	Lieu du Soleil.	Ascension droite de ☿.	Déclinaison austral) de ☿.	Longitude de ☿.	Latitude boréale de ☿.
	s d ′ ″	d ′ ″	d ′ ″	s d ′ ″	′ ″
1.....	7 15 33 55	223 16 40	16 32 33	7 15 44 48	3 20
2.....	7 15 36 41	223 13 43	16 31 18	7 15 40 40	3 14
3.....	7 15 37 6	223 12 37	16 30 43	7 15 40 30	3 53
4.....	7 15 38 11	223 10 51	16 30 7	7 15 38 27	3 55
5.....	7 15 41 3	223 8 54	16 29 7	7 15 36 3	4 15
6.....	7 15 41 31	223 7 59	16 28 12	7 15 35 6	4 55
7.....	7 15 42 13	223 7 36	16 28 4	7 15 34 40	4 56
8.....	7 15 43 22	223 7 4	16 27 4	7 15 34 5	5 48
9.....	7 15 44 8	223 6 10	16 26 36	7 15 33 0	5 57
10.....	7 15 45 23	223 5 50	16 26 15	7 15 32 37	6 12

A la longitude et à la latitude de la seconde observation, il s'est certainement glissé une erreur, ou d'impression, ou peut-être même de calcul. Je les ai calculées d'après les données de Gallet, et j'ai trouvé $7^s 15^d 41' 23''$ pour longitude, et pour latitude $3' 35''$.

Gallet conclut de ses observations et calculs, que la conjonction apparente du Soleil et de Mercure est arrivée à $0^h 39' 14''$, et cette conclusion est adoptée dans *Anc. Mém., t. I*, p. 239.

Gallet avoit envoyé son observation à Cassini. Celui-ci, dans sa réponse, remarque que l'image du Soleil, transmise par une lunette, doit paroître un peu plus grande qu'elle n'est réellement, et qu'en certaines circonstances, une ligne droite devient convexe du côté du centre ; que par les 2ᵉ, 4ᵉ et 8ᵉ observations, le milieu tombe à $0^h 39' 46''$; mais que selon les 1ʳᵉ, 7ᵉ et 8ᵉ, qui paroissent plus exactes, il est arrivé à $0^h 43' 12''$. L'inclinaison apparente de l'orbite de Mercure à l'écliptique, concluë de la 1ʳᵉ et de la 10ᵉ observations, n'est que de $5^d 30'$; mais elle est de $7^d 0'$, si on la conclut de la 1ʳᵉ et de la 8ᵉ. La latitude apparente, au moment de la conjonction, était de $4'$; le lieu du nœud ascendant en $1^s 14^d 12' 30''$.

Jacques Cassini fait les mêmes observations. Il remarque de plus qu'une ligne tirée par la 2ᵉ et la 9ᵉ observation, s'écarte de part et d'autre de la 1ʳᵉ et de la 10ᵉ, mais qu'elle représente mieux qu'aucune autre ligne 6 des 10 observations. Elle donne l'inclinaison de 7ᵈ40′. L'arc du limbe du Soleil, entre l'écliptique et le centre de Mercure, étoit de 6ᵈ40′ à l'entrée, et de 22ᵈ à la sortie de Mercure. Il s'ensuit que la demi-route de Mercure sur le Soleil a été de 15′44″; la demi-durée du passage, 2ʰ43′44″; la moindre distance des centres, 4′1″; la latitude apparente 4′3″; la conjonction à 0ʰ49′, méridien d'Avignon, en 1ˢ15ᵈ44′20″; Mercure en son nœud ascendant, le 6 novembre à 19ʰ34′½ même méridien; latitude héliocentrique au moment de la conjonction 8′45″; nœud ascendant en 1ˢ14ᵈ26′38″; inclinaison héliocentrique 6ᵈ25′30″. *Élém. d'Ast.*, p. 589 *et suiv.*

— Halley, combinant son observation avec les tables, et supposant, d'après l'observation de Gallet, que la latitude de Mercure en conjonction étoit d'environ 4′, conclut que la parallaxe horizontale du Soleil étoit de 45″, et celle de Mercure de 66″. La véritable parallaxe du Soleil n'est pas la cinquième partie de celle que Halley détermine. Mais que seroit-ce si l'on comparoit la durée incontestablement observée par Halley, 5ʰ14′20″, avec celle que J. Cassini a conclue de l'observation de Gallet, 5ʰ27′28″? J'ai calculé plusieurs des observations de Gallet, en supposant, avec lui, l'obliquité de l'écliptique de 23ᵈ30′. J'ai trouvé, pour la 4ᵉ observation, 7ˢ15ᵈ38′25″ de longitude, et 3′55″ de latitude; la longitude ne diffère que de 2″ de celle que Gallet a établie; la latitude est absolument la même. Mais l'obliquité supposée de l'écliptique est manifestement trop forte; l'obliquité moyenne étoit alors de 23ᵈ28′52″,3 et l'obliquité apparente de 23ᵈ28′43″. Or cette obliquité posée, la latitude de Mercure, à la 4ᵉ observation, n'est plus que de 2′59″; et à la dernière observation, de 5′18″; l'arc du limbe du Soleil entre l'écliptique et le centre de Mercure n'est plus, à la sortie, que de 19ᵈ3′, etc.

On peut aussi remarquer que Gallet, déterminant les diamètres par le temps qu'ils employaient à traverser un fil horaire, a trouvé celui du Soleil de 33′0″, tandis qu'il n'étoit que de 32′26″, et celui de Mercure de 17″½, ce qui est beaucoup trop. Ne s'ensuit-il pas de là, qu'il y a tout lieu de craindre que Gallet n'ait pareillement trouvé les différences d'ascensions droites plus grandes qu'elles n'étoient réellement?

Autres observations des Planètes.

Opposition de Saturne, le 27 novembre, à 11ʰ27′ t. m. mérid. de Londres, en 2ˢ6ᵈ25′25″. *Hall. Tab.;* — ou à 11ʰ18′, mérid. de Paris, en 2ˢ6ᵈ24′51″; lat. 1ᵈ56′30″A., suivant J. Cassini, d'après les observations de Flamsteed. *Élém. d'Astr.* p. 358.

Le 24 décembre, à 7ʰ, à Paris, Saturne étoit en droite ligne entre α et κ du Taureau; sa distance à ε de la même constellation étoit à-peu-près de 46′½, et la plus grande partie de cette distance étoit en latitude. *Bull. ms.*

Le 29 décembre, à 8ʰ58′, Boulliau observa Saturne et ε du Taureau au même moment dans le nonagésime; donc la planète avoit la même longitude que l'étoile, 2ˢ3ᵈ58′53″, suivant Tycho (2ˢ3ᵈ57′37″ suivant Mayer; 2″ de plus suivant Bradley). Saturne étoit plus haut que l'étoile. *Ibid. — Phil. Trans. n.* 139, *p.* 973,

— **Opposition de Jupiter**, le 14 août, à 11ʰ58′, t. m. mérid. de Londres, en

$10^s 22^d 32' 40''$. *Hall. Tab.* — J. Cassini, d'après les observations de Flamsteed, met cette opposition à $11^h 32'$, mérid. de Paris, en $10^s 22^d 31' 4''$; lat. $1^d 10' 4''$ A. *Élém. d'Astr.*, p. 417.

— Picard fit, à Paris, dans la rue des Postes, les observations suivantes de Mercure :

Hauteurs de ☿.

19 février, à	$5^h 45' 42''$	Mercure dans le vertical A........	$10^d 8' 30''$
	6 2 22	Mercure dans le vertical H.......	7 32 20
	6 15 15	Mercure dans le vertical K.......	5 30 40
	12 14 33	ζ d'Orion dans le vertical K.......	7 16 30
26 février,	4 57 35	2e bord du Soleil au vertical A.	
27 février,	4 53 29	bord inférieur du Soleil..........	5 3 25
	4 53 32	le Soleil dans le vertical A.	
	5 12 51	le Soleil dans le vertical H.	
	5 12 48	hauteur du Soleil...............	5 12 51
9 mars,	5 10 39 ½	hauteur du bord inférieur........	4 52 55
	5 13 59 ½	hauteur du bord supérieur.......	4 52 55
	5 11 17 ½	1er bord dans le vertical K.	
	5 14 7	2e bord dans le vertical K.	
10 mars,	5 9 55	hauteur du bord inférieur........	5 17 10
	5 13 14	hauteur du bord supérieur........	5 17 10
	5 9 57	1er bord au vertical K.	
	5 12 46 ½	2e bord au vertical K.	

ÉTOILES.

La variable de la Baleine, au commencement de l'année, surpassait α de la Baleine, α et γ de Pégase. Vers la fin de janvier, et au commencement de février, elle étoit encore égale à α de la Baleine; elle décrut ensuite. A la fin de février, et au commencement de mars, elle égaloit à-peu-près δ de la même constellation.

Le 19 novembre, Boulliau la revoit, à l'aide d'une petite lunette; elle étoit extrêmement petite, *minutissima.* Le 22, elle étoit à peine de la 6e grandeur. Le 23, Hévélius la juge de la 5e. Le 28, elle étoit de la 4e. Le 3 décembre, elle égaloit presque δ de la Baleine; elle lui devint ensuite égale, et le reste du mois, elle parut tantôt plus grande, et tantôt plus petite que δ, sans qu'il paroisse cependant que, dans le cours de cette apparition, elle soit parvenue à égaler γ. *Bull. ms.* — *Hevel. Mach. cœl. l.* 2. — *Ann. Clim. p.* 92 *et seq.*

— L'étoile de la poitrine du Cygne P n'atteignoit, le 22 août, que la 6e grandeur; le 26, elle n'excédoit pas la 7e. Elle décrut ensuite de jour en jour jusqu'au 16 novembre, qu'elle disparut. *Hevel. ibid.*

SATELLITES.

Le 9 juin,	immersion du 1er à $12^h 23' 24''$...	Picard, à Paris. *Hist. cél.*
Le 16 juin,	immersion du 1er à 14 16 14 ...	*Id. ibid.* Lunette de 14 pieds.
	à 14 5 46 ...	Greenwich; lunette de 16 pieds. *Hist. cœl. Br.*

Le 2 juillet,   immersion du 1er à $12^h 18' 56''$. Greenwich. *Ibid.*

Le 22 août,   conjonction du 1er et du 2e à $8^h 24'$, ou peu après. *Ibid.*

Le 11 septembre,   émersion du 1er à $9^h 55'$. Paris, Rœmer. *Reg. de l'Acad.*

Le 17 septembre,   le 4e est sorti à $10^h 24' 30''$. Greenwich. *Hist. cœl. Br.*

Le 18 septembre,   à $8^h 32' 30''$. . .   le 1er est caché derrière le disque de Jupiter.

                    à 9 46   . . .   on croit voir le 2e sortant de devant le disque.

                    à 9 52 30 . . .   il est certainement dehors.

                    à 10 19 20 . . .   émersion du 3e.

                    à 11 42 56 . . .   émersion du 1er. Greenwich. *Hist. cœl. Br.*

Le 27 septembre,   à 8 9 40 . . .   émersion du 1er. *Ibid.*

Le 3 novembre,   à 8 42 2 . . .   le 1er touche le disque; lunette de 57 pieds.

                    à 8 43 20 . . .   il est totalement entré. *Ibid.*

Le 23 novembre,   à 6 58 32 . . .   immersion du 4e.

                    à 6 59 32 . . .   il est bien certainement dans l'ombre. *Ibid.*

Cassini et Rœmer découvrent cette année sur Jupiter une tache, qui ne pouvoit exister que sur le 4e satellite, qui traversoit alors le disque de Jupiter. *Anc. Mém. t. I, p.* 217.

COMÈTE.

Hévélius découvrit cette comète, le 27 avril, et l'observa avec soin jusqu'au 8 mai. Voyez ses observations dans *Mach. cœl. l.* 2. Halley a calculé l'orbite de cette comète. Voyez *Cométogr., t. II, p.* 43 *et* 100.

1678.

ÉCLIPSE DE LUNE, LE 29 OCTOBRE.

A Dantzick, les nuages-contrecarrent le zèle d'Hévélius.

    $11^h 36'$ ou environ.   fin de l'éclipse. *Mach. cœl. l.* 2.

— Flamsteed, à Greenwich.

    $6^h 34' 36''$. . . . . . .   l'éclipse est sensiblement commencée.

    6 33 36 . . . .   vrai commencement, conclu des autres phases.

    7 31 34 . . . .   immersion.

    8 51 54 . . . .   immersion d'une étoile, près *Mons Alabastrinus.*

    9 10 8 . . . .   émersion de la Lune, douteuse.

    9 12 46 . . . .   émersion très certaine.

    10 10 10 . . . .   fin, douteuse.

    10 11 6 . . . .   l'éclipse est certainement finie.

44

Flamsteed conclut la fin véritable à $10^h 10' 38''$, au-dessous de *Palus Mœotis* (*Mare crisium*), au 300° degré extérieur de la Carte d'Hévélius.

$6^h\ 9'\ 6''$...	diamètre de la Lune, $32'33''$, à 11^d de hauteur.
10 18 12...	à la hauteur de $45^d 30'$, diamètre $32'48''$. *Hist. cœl. Brit.* p. 234.

— Halley, pareillement à Greenwich.

$6^h 33' 39''$...	commencement très certain.
7 31 44...	immersion un peu au-dessous de *Palus Mœotis* (*Mare crisium*).
8 51 48...	immersion d'une étoile assez claire, près *Mons Alabastrinus*.
9 11 45...	émersion de la Lune, douteuse.
9 12 21...	émersion très certaine, vis-à-vis *Palus Marœotis* (*Grimaldus*).
10 10 30...	fin. *Ibid., p.* 235.

— Haynes, à Londres, dans la rue dite *Aulæ Basingensis*.

$6^h 33' 12''$...	commencement.
7 31 9...	immersion.
9 10 17...	émersion.
10 10 17...	fin. *Ibid. p.* 237.

— Colson, à Wapping, près Londres, à l'Hermitage.

$6^h 34'\ 5''$...	commencement.
7 31 45...	immersion.
9 12 33...	émersion.
10 10 40...	fin. *Ibid.*

— A Paris, à l'Observatoire, Cassini et Gallet.

$6^h 43' 30''$...	commencement.
7 40 41...	immersion.
9 21 30...	émersion.
10 20 0...	fin. *Journ. des Sav.*, 1678, p. 390 *et suiv.* — *Anc. Mém. t. X, p.* 613 *et suiv.*

— Au même observatoire, Rœmer et de la Hire.

$6^h 43' 40''$...	commencement.
7 41 0...	immersion.
9 21 30...	émersion.
10 20 10...	fin. *Ibid.*

— Au collège de Clermont, à Paris, le P. Fontanay.

6ʰ43′54″...	commencement.
7 41 41 ...	immersion.
9 21 5 ...	émersion.
10 20 22 ...	fin. *Ibid.*

Voyez dans les ouvrages cités un plus ample détail de toutes les observations précédentes.

— Boulliau, également à Paris, ne déterminoit le temps que sur des hauteurs des astres, ne pouvant apparemment faire mieux.

6ʰ42′12″...	Jupiter étant haut de 26ᵈ42′, et son lieu corrigé sur des observations faites la veille par Halley, commencement entre *Mons Climax* et *Palus Mareotis*, vers 140ᵈ de la Carte d'Hévélius.
7 39 54 ...	Jupiter haut de 32ᵈ44′, on soupçonna l'immersion. Aussitôt après, α du Bélier avoit 37ᵈ25′ de hauteur, ce qui donne 7ʰ41′35″; l'éclipse étoit totale, et même un peu au-delà. Boulliau conclut :
7 41 10 ...	immersion.
9 17 23 ...	Aldébaran haut de 24ᵈ30′, émersion.
10 19 23 ...	Aldébaran haut de 34ᵈ33′, fin, vis-à-vis *Sarmatia Asiatica*, vers le 300ᵉ degré d'Hévélius. Boulliau croit cependant que la fin avoit précédé cette hauteur, et qu'il faut la fixer à 10ʰ18′42″. *Bull. ms.*

— A Avignon, de Beauchamps et le P. Bonfa.

6ʰ55′32″...	commencement.
7 53 37″...	immersion.
9 35 32 ...	émersion.
10 33 37 ...	fin. Cette observation, beaucoup plus détaillée dans les *Registres de l'Académie*, a, dit Cassini, toutes les marques d'une grande exactitude. (Soit, mais en a-t-elle la réalité? Toutes les phases sont certainement marquées 3′½ trop tard).

Autres observations de la Lune.

Occultation de Saturne par la Lune, observée à Paris par Cassini, Picard, Rœmer, de la Hire, le 27 février.

7ʰ20′50″...	immersion de l'anse occidentale de l'anneau.
7 22 39 ...	immersion totale entre *Aristarchus* et *Cardanus*.
8 28 50 ...	émersion de l'anse occidentale, entre *Messala* et *Berosus*.
8 30 0 ...	émersion totale. *Anc. Mém. t. X, p.* 602.

— Boulliau observa la même occultation.

$7^h 20' \ 0''$...　entrée de Saturne, α d'Andromède ayant $18^d 11'$ de hauteur vers l'ouest.

8 3o 22 ...　sa sortie, β d'Andromède étant haut de $21^d 17'$ vers l'ouest. *Phil. Trans. n° 139, p. 969.*

— Le 28 mars, à Dantzick.

$7^h 33'$.....　immersion de 1 χ d'Orion vers *Sinus hyperboreus (Sinus roris)*, ou *Sinus Apollinis (Sinus iridum).*

8 3o .....　l'étoile étoit sortie; elle étoit déjà même à 9' ou 10' de distance du bord éclairé de la Lune.

9 18 .....　immersion d'une autre étoile (que je ne trouve point dans les catalogues), pareillement vers *Sinus Apollinis.*

10 31 .....　l'étoile étoit déjà à 9' ou 10' de distance du bord éclairé.

Les deux émersions avoient eu lieu au-dessus de *Palus Mæotis (Mare crisium).* *Mach. cœl. l. 2 et 3.*

— Le 3o mars, à Dantzick.

$8^h 15'$.....　conjonction de la Lune avec une petite étoile *ad podicem Pollucis.* L'étoile étoit d'environ 3' plus basse que la Lune. *Ibid.* (Je ne doute pas que cette étoile ne soit *k* des Gémeaux, qui étoit alors, suivant Mayer, en $3^s 18^d 5' 45''$; latitude, $5^d 49' 24'' A.$)

Le 3 juin, à Dantzick, Hévélius a pris les distances suivantes des 2 ω au bord voisin de la Lune; il ne les donne toutes que pour des à-peu-près.

$10^h 56' 3o''$...	haut. d'Arcturus pour corriger l'horloge.	$5o^d 47'$
10 59 20 ...	même hauteur　　　id.　　.	5o 29
12 4o　...	distance de 1 ω à la Lune............	17　$0''$
12 54　...	....	13　o
12 56　...	....	11 3o
13　1 3o...	....	9 3o
13 10　...	....	6 3o
13 24　...	....	2 3o
13 28 3o...	....	o 3o à 4o''

Hévélius pense que l'immersion est arrivée à $13^h 29'$ et quelques secondes; une tour n'a pas permis de déterminer l'instant précis.

$13^h 34'$.....	distance de 2 ω à la Lune.	7' $0''$
13 43	....	4 3o
13 54	....	2　o

Une tour met encore obstacle à l'observation de l'immersion, qu'Hévélius conjecture avoir eu lieu à 13ʰ59′.

14ʰ21′40″...	hauteur d'Arcturus, 23ᵈ50′.
14 23 30 ...	même hauteur, 23ᵈ33′. *Ibid*.

— Le 24 septembre, Halley, à Greenwich.

7 14′34″...	immersion de 2 ρ du Sagittaire; l'étoile étoit plus australe que le centre de la Lune.
7 26 ...	diamètre de la Lune, 32′17″.
7 53 0 ...	1 ρ est dans la ligne des cornes, à 3′56″ de distance de la corne boréale. *Hist. cœl. Br., p.* 232.

— Godefroi Kirch, à Leipsick, le 25 septembre.

9ʰ30′ 0″...	β du Capricorne est presque attenant à la corne supérieure de la Lune.
9 57 ...	l'étoile vient de sortir de la partie claire. *Kirch mss.*

PLANÈTES.

Opposition de Saturne, le 11 décembre à 16ʰ47′, t. m. méridien de Londres, en 2ˢ20ᵈ38′15″. *Hall. Tab.*, — ou, d'après les observations de Flamsteed, à 16ʰ23′, mérid. de Paris, en 2ˢ20ᵈ38′12″; lat. 1ᵈ24′33″A. *J. Cass. Élém. d'Astr. p.* 358.

— Opposition de Jupiter, le 21 septembre, à 5ʰ50′, t. m. mérid. de Londres, en 11ˢ28ᵈ58′35″. *Hall. Tab.*, — ou, calcul fait sur les observations de Flamsteed, à 5ʰ51′, méridien de Paris, en 11ˢ28ᵈ58′0″; latitude 1ᵈ37′25″A; — ou enfin, d'après les observations d'Hévélius, à 6ʰ3′, même méridien, en 11ˢ28ᵈ58′41″; lat. 1ᵈ37′10″A.. *J. Cass. Élém. d'Astr. p.* 417.

— De quelques alignemens, Boulliau conclut que le 17 décembre à 10ʰ, Saturne étoit en conjonction avec ζ du Taureau, et que conséquemment il étoit, suivant Tycho (Bradley et Mayer), en 2ˢ20ᵈ18′. *Bull. ms.*

ÉTOILES.

La changeante de la Baleine, au commencement de janvier, égaloit α des Poissons; elle diminua ensuite graduellement, et disparut dans les premiers jours de Mars.

Elle reparut le 5 octobre, de 5ᵉ, ou même, suivant Boulliau, de 4ᵉ grandeur; le 23 du même mois, elle égaloit α de la Baleine. A la fin du mois, durant tout celui de novembre, et partie de celui de décembre, elle surpassa α; elle atteignit même presque la première grandeur. Le 13 décembre, elle étoit redevenue égale à α; à la fin du mois, elle surpassoit à peine γ. *Mach. cœl. l.* 2. — *Ann. Clim. p.* 103. — *Bull. ms.* — *Kirch mss.*

— L'étoile P du Cygne décroissoit et n'étoit plus, le 13 janvier, que de 7ᵉ grandeur. Hévélius la revoit, le 11 août, mais extrêmement petite. *Mach. cœl. l.* 2.

SATELLITES.

Le 22 novembre, immers. du 3ᵉ, à 8ʰ46′40″; émersion à 11ʰ26′40″. *Cass. mss.*

COMÈTE.

La Hire découvrit cette comète le 11 septembre, et la vit pour la dernière fois le 7 octobre; voyez ses observations dans *Hist. cél. p.* 238, 239; elles ne sont rien moins que précises; elles ont cependant suffi à Cornélis Douwes, pour en conclure une théorie approchée des élémens de l'orbite de cette comète. Voyez *Cométogr. tom. II, p.* 43 et 100.

FAITS.

On construisit cette année un observatoire à Nuremberg; le soin en fut confié à Georges-Christophe Eimmart. Il y avoit dans cette ville un autre célèbre astronome, Jean-Philippe de Wurzelbau, auquel on auroit peut-être mieux fait de confier la direction de cet ouvrage, s'il eût eu pour lors l'expérience qu'il acquit depuis dans la pratique de l'Astronomie.

1679.

ÉCLIPSE DE SOLEIL, LE 10 AVRIL.

Cette éclipse étoit invisible dans presque toute l'Europe.

— A Kébec, le Sʳ de Saint-Martin.

    0ʰ43′......   commencement.
    3 16......   fin.
                  Grandeur, 10 doigts $\frac{1}{6}$. *Hist. Acad. p.* 189.

ÉCLIPSE DE LUNE, LE 25 AVRIL.

A Dantzick, à Greenwich, à Paris, nuages.

— A Nuremberg, Eimmart.

    13ʰ0′.......   fin de l'éclipse. *De l'Isle, mss.*

— A Avignon, le P. Bonfa.

    10ʰ 4′10″...   commencement.
    10 10 34...   un doigt; cornes horizontales.
    10 44 38...   3 doigts $\frac{1}{2}$. Les nuages n'ont pas permis de déterminer de combien l'éclipse a excédé 4 doigts.
    11 34 9...   une seconde fois, 3 doigts $\frac{1}{2}$.
    12 9 4...   un doigt.
    12 14 12...   fin. *Journ. des Sav.* 1679, *p.* 165.

Autres observations de la Lune.

Le 29 mars, Hévélius, à Dantzick.

$14^h 45' 0''$...	immersion de 1α de la Balance, vers *Mons Porphyrites* (*Aristarchus*).
14 52 40 ...	immersion de 2α, vers *Mons Germanicianus* (*Marius*, etc.)
16 0 40 ...	émersion de 1α vers le milieu de *Palus Mœotis* (*Mare crisium*).
16 9 15 ...	émersion de 2α, vers le bas de cette même tache, ou vis-à-vis *Mons sanctus*. Cette étoile a dû passer environ $3'30''$ au nord du centre. *Ann. Clim. p.* 7, 8.

— Le 4 juin, occultation de Jupiter par la Lune.

Hévélius et Halley, à Dantzick.

$16^h 18' 5''$...	Jupiter touche le bord.
16 18 34 ...	il est à moitié entré.
16 19 0 ...	immersion totale près de *Mons Audus* (*Galilæus*).
17 16 25 ...	commencement de l'émersion.
17 16 45 ...	Jupiter est à moitié sorti.
17 17 10 ...	émersion totale.

Hévélius conjecture que Jupiter est sorti vers la partie supérieure de *Palus Mœotis*, et qu'il a passé au nord du centre de la Lune. Son diamètre, conclu de la durée de son entrée, étoit de $30''53'''$ (suivant Hévélius). *Ibid. p.* 18 *et seq.*

— Kirch, à Leipsick.

$15^h 42' 18''$...	entrée de Jupiter.
16 46 18 ...	sa sortie. *Kirch mss.*

— Cassini, à Paris.

$15^h 0' 11''$...	occultation du 1er satellite par la Lune.
15 2 $0\frac{1}{2}$..	Jupiter touche le limbe.
15 2 51 ...	hauteur de Jupiter, $8^d 1'$.
15 2 57 ...	Jupiter est totalement caché, à distance égale d'*Aristarchus* et de *Grimaldus*.
15 5 1 ...	immersion du 2e satellite.
15 5 48 ...	immersion du 3e.
15 56	la Lune sort de dessous un nuage, et l'on voit à l'œil nu Jupiter. *Anc. Mém. tom. X.* — *Reg. de l'Acad.* — *Hist. cél.*

— Le 19 juin, à Leipsick; les heures sont celles de l'horloge.

$11^h 41' 45''$...	hauteur de l'Aigle, $40^d 20'$.
12 34 10 ...	immersion de α de la Balance.
12 39 30 ...	hauteur de l'Aigle, $44^d 57'$. *Kirch mss.*

Le 24 juin, occultation de ρ du Sagittaire.

—. Hévélius, à Dantzick.

  11^h 4′28″... immersion de 1 ρ.
  11 45 15 ... émersion. L'étoile a passé fort au nord du centre.

L'étoile 2 ρ a aussi été éclipsée par la partie australe de la Lune; son immersion a suivi celle de 1 ρ, et son émersion a précédé celle de la première étoile. *Ibid.*

— Flamsteed, à Greenwich.

  9^{h}10′20″... distance de 1 ρ au bord le plus voisin de la Lune, 3′10″.
  9 19 0 ... l'étoile est extrêmement voisine du limbe, au sud d'une ligne tirée par *Mons Porphyrites* (*Aristarchus*) et *Insula Circinna* (*Insula ventorum*, au milieu de laquelle est *Keplerus*); on a cessé alors de la voir, et Flamsteed ne doute pas que ce ne soit le moment de l'immersion. Nuages à l'émersion.
  10 19 0 ... distance de l'étoile au bord le plus voisin, 3′58″. *Hist. cœl. Br. t. I, p.* 244.

— Le 25 juin, à Dantzick.

  12^{h}50′30″... conjonction de la Lune et de β du Capricorne; la distance de l'étoile au bord boréal de la Lune est un peu moindre que celle de *Mons Ætna* à *Mons Sinaï* (de *Copernicus* à *Tycho*). *Ann. Clim. pag.* 28.

PLANÈTES.

De quelques alignemens pris le 13 janvier, Boulliau conclut qu'à 9^{h}9′32″, Saturne étoit au nonagésime presque avec β du Taureau, son azimut n'étant que de 3′ plus oriental que l'étoile. Or celle-ci étoit en 2^{s}18^{d}5′44″ (2^{s}18^{d}5′30″ suivant Mayer et Bradley); donc Saturne étoit, à très-peu près, en 2^{s}18^{d}9′. *Bull. ms.*

— Le 16 janvier, Kirch observa, à Leipsick, une conjonction très-étroite de Saturne de ο du Taureau. (Cette étoile étoit alors, suivant Bradley, en 2^{s}18^{d}0′52″; lat. 1^{d}19′19″A.; et, suivant Mayer, en 2^{s}18^{d}0′47″; lat. 1^{d}19′20″.) Voici comme Kirch rapporte son observation. *Append. ad Ephem. anni* 1683. — *Miscell. Berol. t. I, p.* 205 *et seq.*

A 10^h, la distance de l'étoile à l'anse occidentale de l'anneau étoit égale au grand axe de l'anneau.

A 14^h, les nuages qui étoient survenus étant dissipés, la distance à la même anse n'étoit plus égale qu'au quart du même axe.

A 14$^h\frac{3}{4}$, l'étoile étoit presque invisible, et touchoit presque Saturne, dont elle ne paroissoit distante que d'un de ses propres diamètres.

De 15$^h\frac{1}{4}$ à 15$^h\frac{1}{2}$, on ne put rien déterminer. L'étoile paroissoit d'abord adhé-

rente à Saturne, sans cependant qu'on fût bien assuré de la voir ; ensuite elle devenoit absolument invisible. Kirch n'avoit que deux lunettes, une de six pieds, une
autre de dix ; il en auroit désiré de plus fortes. Ce qu'il y a de certain, dit-il, c'est
que Saturne étoit alors très-près de l'étoile, et qu'il la couvroit déjà, ou du moins
qu'il ne devoit pas tarder à la couvrir.

Suivant une figure qui accompagne cette exposition, l'immersion a dû avoir
lieu sous l'anse occidentale, un peu au sud de l'axe de l'anneau.

A 15^{h}45′, pour corriger l'horloge, hauteur de la Chèvre : 31^{d}16′, ce qui donne
15^{h}16′20″.

Le 17 janvier, vers 8$^h\frac{1}{2}$, l'étoile étoit à l'orient de Saturne, à la distance d'environ un grand axe de Saturne ; cette distance étoit cependant, au jugement de
Kirch, un peu plus grande que celle du 16 à 10^h.

Kirch conjecture que l'immersion est arrivée le 16 à 15^h ; le milieu du passage,
ou la conjonction, à 19^h ; l'émersion à 23^h.

— Le 16 mars et les jours suivans, Hévélius observa une nouvelle conjonction
de Saturne avec cette même étoile.

Le 16 (vers 11^h, je pense), distance de l'étoile à Saturne, environ 23′.

Le 17 au soir, la distance n'étoit plus que de 20′.

Le 18 (peu avant 10^h, à ce qu'il me semble), les deux astres étoient presque en
conjonction, l'étoile 15′ plus australe que Saturne.

Le 19 (après 10^h), la distance étoit un peu moindre. *Ann. Clim. p. 3 et seq.*

— Opposition de Saturne, le 25 décembre, à 22^{h}29′, t. m. mérid. de Londres, en
3^{s}4^{d}54′0″, *Tab. Hall.* ; — ou d'après les observations de Flamsteed, à 22^{h}34′ mérid.
de Paris, en 3^{s}4^{d}54′4″ ; lat. 0^{d}46′9″A. *J. Cass. Élém. d'Astr. p.* 358.

— Le 22 mars, à 6^{h}40′, à Dantzick. Distance de Jupiter à Vénus, 18′ ; Vénus
étoit haute de 5^d. La distance étoit presque toute en longitude ; Vénus étoit à
droite, ou plus occidentale et plus basse que Jupiter. Ces deux planètes ont dû être
bien voisines dans leur conjonction, qui n'a guère pu avoir lieu avant 12^h. *Ann.
Clim.*

— Le 28 octobre, opposition de Jupiter à 13^{h}7′, t. m. mérid. de Londres, en
1^{s}5^{d}44′0″. *Tab. Hall.* ; — ou à 13^{h}9′, mérid. de Paris, en 1^{s}5^{d}43′34″ ; lat. 1^{d}26′40″A.
J. Cass. Élém. d'Astr. p. 417.

— Le 30 janvier, opposition de Mars à 14^{h}50′, t. m. méridien de Londres,
en 4^{s}11^{d}27′59″. *Hall. Tab.*

— Le 25 mars, à Dantzick. A 7^h, distance de Mars à γ de l'Écrevisse, environ 20′.
Le 26 (après 9$^h\frac{1}{2}$), la distance n'étoit plus que d'environ 8′.

Le 27, à 9^h, Mars avoit dépassé la conjonction ; sa distance à l'étoile étoit
de 9′ à 10′. La conjonction étoit donc arrivée le 27 matin ; Mars étoit alors de 6′
plus austral que l'étoile.

— Le P. Briga, *Scient. Eclips. part. IV, pag.* 190, dit que Cassini observa,
le 1er octobre 1679, l'occultation de 2ψ du Verseau par Mars. Aucun autre ne parle
de cette occultation, qui doit être rapportée à l'année 1672. Le 1er octobre 1679,
Mars étoit très-éloigné de ψ du Verseau.

ÉTOILES.

La variable de la Baleine continue de diminuer en janvier. — Le 6 février, elle est au-dessous de la 6ᵉ grandeur; — elle se perd ensuite dans les rayons de là Lune.

Boulliau la soupçonne le 4 septembre; — Hévélius la voit à peine le 5; — le 9, Boulliau la juge de la 5ᵉ grandeur; — le 12, elle égale δ; — le 19, γ et le 26, α de la Baleine. Elle fut de cette grandeur jusqu'à la mi-octobre; elle commença alors à diminuer. Au commencement de novembre, elle est encore de la 3ᵉ grandeur; à la fin du mois, elle n'est plus que de la 5ᵉ. *Ann. Clim. p. 1 et seq. — Bull. ms. — Kirch. mss.*

— Hévélius peut à peine découvrir l'étoile variable de la poitrine du Cygne, le 8 janvier et le 15 septembre. *Ann. Clim. ibid.*

SATELLITES.

Le 10 juillet, immersion du 1ᵉʳ, à 14ʰ1′33″, à Paris. *Picard mss. — Hist. cél.*

Le 2 août, immersion du 1ᵉʳ, à 14ʰ12′23″. *Ibid.*

Le 3 août, immersion du 2ᵉ, à 13ʰ5o′24″. *Ibid.*

Le 9 août, immersion du 1ᵉʳ, à 16ʰ7′5o″. *Ibid.*

Le 3 septembre, immersion du 1ᵉʳ, à 10ʰ53′23″, à Paris. *Anc. Mém. t. VII, p.* 387.

Le 10 septembre, immersion du 1ᵉʳ, à 12ʰ5o′8″, à Paris. *Ibid. p.* 385. — *Hist. cél.*

Même immersion, à 12ʰ22′3o″½, à Brest, au Jardin du Roi (apparemment au Jardin de l'Intendance, lieu le plus commode de Brest pour les observations astronomiques), Picard et la Hire, *Voy. de Pic. p.* 54. Dans *Anc. Mém. t. VII, p.* 38o, cette immersion est marquée à 12ʰ22′32″.

Le 12 septembre, immersion du 2ᵉ, à 15ʰ42′7″, à Brest. Les mêmes. *La Hire mss.*

Le 19 septembre, immersion du 1ᵉʳ, à 9ʰ16′3″, à Paris. *Voy. de Pic. p.* 54. — *Anc. Mém. t. VII, p.* 387. — *Hist. cél.*

Le 24 septembre, immersion du 1ᵉʳ, à 16ʰ15′56″, à Brest. *Ibid.*

Le 26 septembre, immersion du 1ᵉʳ, à 11ʰ12′39″, à Paris. *Ibid.*

Même immersion à 10 44 35, à Brest; mais on avertit que le verre objectif étoit terni d'humidité. *La Hire mss.*

Le 29 sept. imm. du 2ᵉ à 10ʰ44′35″, à Paris.

Même immersion à 10 16 46 ½, à Brest, La Hire. *Pic. mss.*

Le 13 décembre, émersion du 1ᵉʳ, à 10ʰ3′3o″, Picard et La Hire à Nantes, entre le Château et les Minimes. *Pic. mss.*

On trouve, *Voy. de Picard, p.* 56 et *Anc. Mém. t. VII, p.* 39o, une émersion du 1ᵉʳ satellite, observée, dit-on, le 14 décembre, à Paris, à 4ʰ46′4o″, et à Nantes, à 4ʰ31′10″. Mais — 1° la date est fausse : il faut lire le 15, et non le 14 décembre. — 2°. Cette émersion a été observée à Paris, mais non pas à Nantes; pour cette dernière ville, on a rapporté au 15 décembre l'observation faite le 13, en ajoutant à celle-ci une révolution synodique calculée du satellite.

FAITS.

La première *Connoissance des temps* fut calculée pour cette année par Picard. Cet ouvrage utile n'a pas discontinué depuis. Il a reçu diverses augmentations, divers degrés de perfection, qui l'ont rendu de plus en plus précieux pour l'usage des Astronomes et des Navigateurs. Il paroît tous les ans sous les auspices de l'Académie des Sciences, et toujours calculé par un de ses membres.

— Presque tous les Astronomes, à l'exemple d'Auzout et de Picard, avoient substitué des lunettes aux alidades chargées de pinnules, dont on faisoit précédemment usage sur les quarts-de-cercle et les sextans. Quelques-uns cependant restoient attachés à l'ancienne routine, et l'on voyait avec peine qu'Hévélius étoit de ce nombre. M. le Monnier m'a communiqué une lettre très-bien écrite, dans laquelle Picard établit démonstrativement la supériorité des lunettes sur les pinnules. Cette lettre étoit adressée à Hévélius; elle fut aussi infructueuse que les remontrances de Hook, de Flamsteed, de Halley, etc. Au reste Hévélius ne proscrivoit pas absolument l'usage des lunettes appliquées aux instrumens; elles pouvoient être utiles, nécessaires même à plusieurs Astronomes. Mais, ayant une vue excellente, il croyoit pouvoir assurer qu'avec de simples pinnules il faisoit des observations aussi précises, peut-être même plus justes, qu'il n'auroit pu les faire avec de simples lunettes. Halley voulut en faire l'expérience; il se rendit à Dantzick, où il arriva le 26 mai de cette année. Il admira la beauté et la précision des instrumens d'Hévélius; et le résultat des observations qu'Hévélius fit en sa présence, ne différa, dit-on, du résultat de celles qui furent faites avec des lunettes, que d'une partie qui ne méritoit aucune considération, *non nisi temnenda minuti parte*. Mais si cela est, pourquoi le catalogue d'Hévélius nous présente-t-il un si grand nombre d'erreurs dans la détermination du lieu des étoiles? Pourquoi, par exemple, ζ d'Andromède est-il dans le catalogue d'Hévélius $10'\frac{1}{2}$ plus occidental, et $5'$ à $6'$ plus boréal que dans ceux de Flamsteed et de Bradley? Je pourrois citer encore de plus fortes erreurs; Halley paroît avoir quitté Dantzick le 18 juillet.

— Picard et la Hire partent de Paris en septembre, pour parcourir les côtes septentrionales et occidentales de la France, et pour déterminer la position géographique des principaux points de ces côtes. L'objet étoit de parvenir à construire une carte exacte de la France. Les latitudes se déterminoient facilement et exactement par des hauteurs méridiennes. Pour les longitudes, on observoit, tant à Paris que sur les côtes, le plus qu'il étoit possible d'éclipses du premier satellite de Jupiter. Cela ne donnoit, il est vrai, que des approximations; mais on avoit du moins par ce moyen des positions moins erronées que celles qu'on avoit précédemment déterminées. Ce travail fut continué les années suivantes, sur toutes les côtes de France.

— Le catalogue des étoiles australes, observées par Halley, paroît cette année à Londres, *in-4°*. Augustin Royer, dès la même année, en donne à Paris une édition *in-12*.

— Hévélius imprime cette même année, *in-fol.*, la 2ᵉ partie de *Machina cœlestis*. La première partie, imprimée en 1673, contenoit, comme nous l'avons dit, la description des instrumens d'Hévélius; la seconde est un recueil complet de toutes les observations de ce laborieux Astronome, depuis le 19 juin 1630 jusqu'au 6 janvier 1679. Elle n'étoit pas encore exposée en vente; Hévélius en avoit seulement envoyé quelques exemplaires en présent à ses protecteurs et à ses amis, lorsque le 26 septembre de cette même année, par la négligence, ou plutôt, pour me servir des termes d'Hévélius, par la méchanceté du plus scélérat de tous les bipèdes, le feu consuma presque tout ce qu'il possédoit, sept maisons, son observatoire, ses instrumens, son imprimerie, ses meubles, ce qui lui restoit d'exemplaires de ses ouvrages, et toute l'édition de la seconde partie de sa Machine céleste, dont les exemplaires sont devenus, en conséquence, extrêmement rares. Hévélius adora la volonté de Dieu, lui rendit grâces (*Voyez Ann. Clim. p.* 3; *Præfat. p.* 38, *etc.*); et aidé de son courage, de libéralités de quelques amis et des bienfaits de Louis XIV, il se remonta en instrumens, et continua d'observer.

1680.

Observations de la Lune.

Le 16 janvier, occultation de η de l'Écrevisse.
A Greenwich, Faber, en l'absence de Flamsteed.

$8^h 50' 39''$...   immersion vers *Mons Climax* (vers *Crugerus*).
9 56 19 ...   émersion entre *Insula major* (*Langrenus*) *et Mons Tancon* (*Santbeck*).

L'étoile a passé au sud du centre. *Hist. cœl. Br. p.* 252.

— Le 6 mars, appulse d'Aldébaran.
Kirch, à Leipsick. Les temps ne sont pas corrigés.

$6^h 25'$......   distance de l'étoile au bord oriental de la Lune, 45'.
7 30......   distance, 22'.
7 48......   distance, 18'.
7 59......   distance, 16'. Ce moment est à-peu-près celui de la conjonction.
8 29......   hauteur de Régulus, $45^d 43'$.
8 37......   même hauteur, $46^d 30'$.
8 43......   distance au bord, 22'.
8 48......   hauteur de Régulus, $47^d 30'$. *Kirch. mss.*

— Le 5 avril, à Greenwich.

$9^h 42' 39''$...   λ des Gémeaux est dans la ligne des cornes de la Lune, suivant Flamsteed : — suivant Faber, elle y auroit été 6' plus tôt.
9 36 49 ...   l'étoile avoit été de 2'35'' distante de la corne boréale.
9 44 5 ...   sa distance au limbe étoit de 0' 18''. *Hist. cœl. Br. p.* 256. Voyez-y beaucoup d'autres distances.

— Le 7 avril, à Greenwich, Flamsteed.

$11^h 39' 30''$...   distance de x de l'Écrevisse à la pointe australe, $6' 42''$.
$11\ 41\ 28$ ...   Halley conjecture que l'étoile est dans la ligne des cornes,
                qui étoient alors fort obtuses.
$11\ 42\ 38$ ...   distance de l'étoile au bord éclairé, $6' 22''$.
$11\ 45\ 38$ même distance, $6' 19''$.
$11\ 48\ 8$ ...   même distance, $6' 22''$. *Ibid.* p. 257, 258.

— Le 13 septembre, Flamsteed, à Greenwich.

$15^h\ 5' 42''$...   immersion d'Aldébaran.
$16\ 13\ 45$ ...   il n'étoit pas encore sorti.
$16\ 14\ 2$ ...   il est sorti; il a passé au sud du centre. *Ibid.* p. 265.

— Le 7 novembre, autre occultation d'Aldébaran.
A Greenwich, Flamsteed.

$8^h\ 6' 30''$...   immersion, à une distance de l'extrémité boréale de *Palus*
                Miris (*Ricciolus*), égale à la longueur de cette tache.
$9\ \ 2\ 58$ ...   émersion, à une distance de l'extrémité boréale de *Insula*
                major (*Langrenus*), égale à la longueur de la tache.

La différence de déclinaison entre le point de l'entrée et le bord boréal de la
Lune étoit de $13' 49''$.
L'étoile a passé au sud du centre. *Ibid.* p. 271. — *Trans. abridg.*, t. I, p. 355.

— A Londres, Halley et Haines.

$8^h\ 6'\ 0''$...   immersion.
$9\ \ 2\ 52$ ...   émersion. *Trans. abridg.*, t. I, p. 356.

PLANÈTES.

Le 23 février, à $10^h 40'$, à Paris, distance de Saturne à μ des Gémeaux, $34'$;
Saturne est de $32'$ plus haut que l'étoile, et de $11'$ à $12'$ plus oriental que son
azimut. L'étoile étoit, suivant Tycho, en $3^s 0^d 51' 9''$; lat. $0^d 53' A$ (suivant Bradley,
en $3^s 0^d 49' 52''$; latitude $0^d 50' 34''$). Boulliau conclut que Saturne étoit vers $3^s 1^d 23'$;
lat. $0^d 41'$ ou $42' A$. *Bull. ms.*

— Opposition de Jupiter, le 2 décembre, à $2^h 49'$, t. m. mérid. de Londres, en
$2^s 11^d 24' 45''$. *Hall. Tab.*; — ou à $2^h 56'$, mérid. de Paris, en $2^s 11^d 24' 47''$; lat. $0^d 42' 22'' A$.
d'après les observations de Flamsteed. *J. Cass. Élém. d'Astr.* p. 417.

— Le 20 septembre, à 15^h, Mars étoit dans la nébuleuse du Cancer, près de
deux étoiles assez brillantes, et voisines entre elles. *Bull. mss.*

ÉTOILES.

La variable de la Baleine reparoit le 19 août de 5e grandeur ; — le 27, elle égale presque δ de la Baleine. Elle ne croit pas les jours suivans, et après la mi-septembre elle commence à décroître. — Le 23 septembre, elle n'est plus que de 5e grandeur. Elle disparoit dès le commencement de novembre. *Bull. mss.*

— Le 20 septembre, la nébuleuse d'Andromède se voyoit clairement ; la nébulosité qui l'environne avoit commencé à croître depuis un mois. *Ibid.*

SATELLITES.

Le 7 janvier, émersion du 1er satellite de Jupiter, à $4^h42'0''$, un peu douteuse, vu les nuages et le crépuscule. Picard et la Hire, à Yvandeau près la Flèche, par $47^d42'30''$ de latitude, celle de la Flèche étant de $47^d41'50''$. *Pic. mss.*

Le 14 janvier, émersion du 1er, à $6^h33'30''$, à Yvandeau. *Ibid.*
Le 26 janvier, immersion du 3e, à 10   3 25 , à Paris, Cassini. *Cass. mss.*
Le 6 février, émersion du 1er, à   6 44 15 , à Yvandeau.
    »   6 44 12 , réduite à la Flèche.
    »   6 54 4 , à Paris. *Pic. mss.*

Dans *Voy. de Picard, etc.*, p. 36 et dans *Anc. Mém. t. VII*, p. 335, cette émersion est rapportée au 6 janvier ; c'est une faute.

Le 29 août, immersion du 1er, à $12^h25'42''$, Cassini, à Paris. *Reg. de l'Acad.*
Le 14 septembre, immersion du 1er, à 10 47 15 , Cass. à Paris. *Anc. Mém.*
                                                t. VII, p. 392.
    »   10 31 55 , à Bayonne, Picard et la Hire.
                                                Ibid.
Le 21 septembre, immersion du 1er, à 12 43 35 , à Paris.
    »   12 28 20 , à Bayonne. *Ibid.*
Le 28 septembre, immersion du 1er, à 14 40 21 , à Paris. *Reg. de l'Acad.*
    »   14 25 0 , à Bayonne. *Anc. Mém. etc.*
                                                p. 393.
Le 5 octobre, immersion du 1er, à 16 36 20 , à Paris.
    »   16 21 8 , à Bayonne. *Ibid.*
                         Dans *Reg. de l'Acad.* l'immers. à
                       Paris est marquée à $16^h36'23''$.

Le 14 octobre, immersion du 1er, à $13^h1'15''$, à Paris.
    »   12 47 20 , à Royan. Picard et la Hire. *Ibid.*
                                          p. 397.
Le 21 octobre, immersion du 1er, à 14 47 13 , à Greenwich. *Hist. cœl. Br.*
                                          p. 353.
Le 23 octobre, immersion du 1er, à 9 15 41 , à Greenwich. *Ibid.*
    »   10 7 53 , à Rome. *Ibid.*
Le 4 novembre, immersion du 1er, à 18 35 42 , à Greenwich. *Ibid.*

COMÈTE.

Il paroit que ce fut Kirch qui découvrit le premier cette célèbre comète, le 14 novembre ; elle eut peu d'observateurs avant son passage au périhélie ; après son passage, elle en eut autant qu'il y avoit alors d'Astronomes. Voyez *Cométogr. t. II, p.* 25, 100 et 136.

FAITS.

« Le 7 décembre, sur ce que M. Perraut, contrôleur des bâtimens, a dit à la
» compagnie (l'Académie des Sciences), de la part de Monseigneur Colbert, qu'on
» délibérât si les manuscrits de Tycho Brahé, que MM. Picard et Rœmer ont appor-
» tés de Dannemarck, méritoient d'être imprimés, et en cas qu'on jugeât à propos
» de les faire imprimer, qu'on y travaillât incessamment ; la compagnie a été
» d'avis que l'ouvrage méritoit d'être imprimé, comme contenant les observations
» de Tycho, et cela d'autant plus que cet ouvrage a été imprimé en Allemagne sur
» une fausse copie et est plein de fautes : on a arrêté que l'ouvrage seroit imprimé
» en un ou deux volumes *in-fol.* M. Picard s'est chargé de l'impression ». *Reg. de l'Acad.*

Le 14 décembre, Picard fit à l'Académie le rapport de ce qui avoit été décidé le 13 par Colbert : les manuscrits de Tycho devoient être imprimés *in-fol.* en caractères de Saint-Augustin, sur une seule colonne. *Ibid.*

Quelques opérations dont Picard fut chargé retardèrent cette impression, et elle fut totalement abandonnée après la mort de Colbert et de Picard, arrivée en 1683. Les Danois, voyant qu'on n'imprimoit pas ces manuscrits, les redemandèrent ; on les leur renvoya. Ils auront probablement été consumés dans le funeste incendie de Copenhague en 1728 ; mais il nous en est resté des copies.

— On imprima cette année au Louvre, *in-fol.*, le Voyage de Picard à Uranibourg, avec les observations faites sur les côtes de France par Picard et la Hire. On y avoit imprimé, l'année précédente, en même format, le voyage et les observations de Richer, à l'isle de Caïenne.

Le tout a été réimprimé dans le 7ᵉ volume des Anciens Mémoires, mais avec toutes les fautes d'impression qui avoient échappé à la vigilance des premiers éditeurs.

1681.

ÉCLIPSE DE LUNE, LE 28 AOUT.

Hévélius, à Dantzick.

15ᵈ 3′......	commencement.
15 21......	l'ombre atteint *Mons Sinaï* (*Tycho*).
15 23......	tout *Sinaï* dans l'ombre. *Ann. clim. p.* 115. *Acta erudit.* 1682, *p.* 28, 29. Voyez-y plus de détail.

— A Leipsick, Kirch fut contrecarré par les nuages.

$14^h 35'$ . . . . . .   pénombre épaisse.
14 54 . . . . . .   trois doigts. *Append. ad Ephem. anni* 1682.

— Flamsteed, à Greenwich.

$13^h 50' 40''$ . . .   commencement.
15 9 0 . . .   tout *Palus Mœotis* (*Mare crisium*) dans l'ombre.
15 14 12 . . .   il ne restoit plus que $5' 27''$ du diamètre de la Lune hors de
                    l'ombre. Les nuages ont mis fin à l'observation. *Hist. cœl.
                    Br.* p. 281. — *Acta erud.* 1682, p. 263.

— A Dublin, Molineux.

$13^h 21' 45''$ . . .   commencement.
14 40 0 . . .   tout *Palus Mœotis* dans l'ombre. *Hist. cœl. Br.* p. 282.

— A Paris, Cassini ou Picard.

$13^h 58' 30''$ . . .   commencement.
14 37 30 . . .   six doigts.
15 35 45 . . .   plus grande phase, 10 doigts $1'$.
16 29 0 . . .   six doigts.
17 13 0 . . .   fin.

Cette observation est attribuée à Cassini, dans *Trans. abridg. t. I, p.* 325,
d'après *Philos. collect. n° 3, p.* 66. On la trouve dans *Acta erud.* 1682, p. 263,
mais sans nom d'observateur. Elle est dans *Picard mss.* et dans *Hist. cél. p.* 255,
comme faite par Picard, ce qui, je pense, ne laisse lieu à aucun doute. On peut
ajouter, d'après Picard, que la hauteur méridienne du bord supérieur de la Lune
fut $31^d 21' 40''$, et qu'à $13^h 50'$ son diamètre étoit de $30' 50''$. Dans *Hist. cœl. Br.*
p. 282, on rend ainsi l'observation de Cassini.

$13^h 58' 30''$ . . .   commencement.
14 38 10 . . .   six doigts.
15 35 45 . . .   plus grande phase, 10 doigts $1'$.
16 25 40 . . .   six doigts.
17 12 0 . . .   fin. On ajoute qu'entre le commencement et la fin de
                    l'éclipse, l'horloge avoit avancé de $50''$, dont il falloit
                    répartir proportionnellement la correction sur l'heure
                    des phases de l'éclipse.

— Gallet et Halley, à Avignon.

$14^h 10' 0''$ . . .   commencement.
14 48 10 . . .   six doigts. *Hist. cœl. Br.* p. 282.

— A Terra de la Gada (ou plutôt, Delgada), isle Madagascar, Thomas Heathcot,
chirurgien d'un navire anglais, observa, à terre, le commencement de l'éclipse,
avec une lunette de 9 pieds. Un pendule simple battoit les secondes. Lorsqu'on

eut compté 140 oscillations depuis le commencement de l'éclipse, la hauteur de Procyon, vers l'est, fut trouvée de 25ᵈ39′. Le lendemain, la latitude du lieu fut trouvée de 19ᵈ29′ A. d'après la hauteur méridienne observée. Donc la hauteur de Procyon, suivant le calcul de Flamsteed, donne 16ʰ51′2″; le commencement de l'éclipse a précédé de 2′20″; donc commencement à 16ʰ48′40″. *Ibid.*

Autres observations de la Lune.

Le 1ᵉʳ janvier, occultation d'Aldébaran.
Hévélius, à Dantzick.

> 7ʰ37′33″...　　immersion vis-à-vis *Mare Syrticum*, sous *Insula Cercinna*
> 　　　　　　　　　(*Insula ventorum*).
> 8 44 0...　　émersion vis-à-vis *Insula major maris Caspii* (*Langrenus*).
> 　　　　　　　　　*Ann. Clim. p.* 110.

— A Cobourg en Saxe, à la citadelle d'Ehremburg, Kirch.

> 7ʰ 3′　...　l'étoile paroit encore.
> 7 5　...　elle est éclipsée.
> 8 6　...　elle ne reparoit pas encore.
> 8 9 30″...　elle est sortie. *Acta Erudit.* 1682, *p.* 192.

— A Avignon, Gallet.

> 6ʰ18′22″...　immersion.
> 7 19 46...　émersion. *Trans. abridg. t. I, p.* 325.

= *Le 22 décembre, occultation de δ du Taureau.*
Kirch, à Leipzick.

> 10ʰ53′......　immersion, près *Sinus Sirbonis* (*Mare humorum*), à l'endroit
> 　　　　　　　　où sont *Fontes amari* (*Crugerus*, ou plutôt, je pense,
> 　　　　　　　　*Eichstadius*).
> 11 57......　émersion, conclue d'une distance prise postérieurement,
> 　　　　　　　　vers le 280ᵉ degré du disque. Kirch ne pense pas qu'il
> 　　　　　　　　puisse y avoir plus d'une, ou tout au plus deux minutes
> 　　　　　　　　d'erreur dans cette détermination; les nuages ne lui
> 　　　　　　　　ont pas permis d'être plus précis.

— Flamsteed, à Greenwich.

> 9ʰ27′38″...　la déclinaison de l'étoile est la même que celle de *Mons*
> 　　　　　　　　*Horminius* (*Ariadæus*).
> 9 41 48...　immersion en ligne droite avec *Mons Climax* (*Crugerus*) et
> 　　　　　　　　*Horminius.*
> 10 53　...　l'étoile étoit sortie; sa distance au bord austral est égale à
> 　　　　　　　　la longueur de la *Mæotis* (*Mare crisium*). *Hist. cœl. Brit.*
> 　　　　　　　　*p.* 286.

PLANÈTES.

Opposition de Saturne, le 8 janvier, à $2^h 51'$, t. m. mérid. de Londres, en $3^s 19^d 6' 40''$. *Tab. Hall.*; ou, d'après les observations de Flamsteed, à $2^h 17'$, mérid. de Paris, en $3^s 19^d 6' 20''$; lat. $0^d 5' 13''$ A. *J. Cassini, Elém. d'Astr. p.* 358.

— Opposition de Mars, le 4 mars, à $16^h 18'$, t. m. mérid. de Londres, en $5^s 15^d 16' 16''$. *Tab. Hall.*

Le 15 juin, à Paris, à $10^h 30'$, Mars précédoit β de la Vierge, dont il étoit distant de $18'$. — Le 17, il suivoit l'étoile à une distance qui excédoit le diamètre de · la Lune, mais qui étoit moindre que $41'$. Il paroissoit avoir passé au sud de l'étoile. *Bull. ms.*

— On trouve, dans l'Histoire céleste de M. le Monnier, plusieurs passages du Soleil et de Vénus par les mêmes cercles horaires, plusieurs distances de ces deux astres, leurs hauteurs méridiennes. Un but qu'on s'étoit d'abord proposé, avoit été de déterminer, s'il étoit possible, les parallaxes horizontales du Soleil et de Vénus par la combinaison des observations faites le matin avec celles du soir. Ces observations furent faites principalement en juin et juillet. Vénus, pendant l'intervalle, passoit par sa conjonction inférieure.

ÉTOILES.

La variable de la Baleine, le 29 août et le 17 septembre, moindre que α de la Baleine, surpassoit γ de la même constellation et α des Poissons. Elle décrut ensuite jusqu'au 9 novembre, qu'elle disparut. *Hev. Ann. Clim. p.* 104.

— P du Cygne, visible seulement au télescope le 29 août, paroit, le 6 et le 8 de septembre, à peine de la 6ᵉ grandeur; elle décrut ensuite : le 9 novembre elle étoit presque invisible. *Ibid.*

— Kirch découvre un nuage au-devant du pied droit d'Antinoüs : dans ce nuage est une étoile qui n'est visible qu'au télescope. *Kirch. Append. ad Ephem. anni* 1682. *Cass. Elém. d'Astr. p.* 78 etc. M. le Gentil a découvert que cette nébulosité est un amas de très petites étoiles, vers le nord duquel est un petit nuage, dans lequel est une petite étoile.

— La Hire commença cette année à observer des étoiles en plein jour, ce que personne n'avoit fait jusqu'alors. *Anc. Mém. t. X, p.* 24. Cette pratique est sans doute utile. D'autres avoient peut-être vu des étoiles en plein jour; mais autre chose est voir, autre chose obesrver. Il est cependant vrai que dès 1679 (voyez cette année), Picard avoit observé des étoiles au méridien.

SATELLITES.

Le 23 novembre, à 13^h, Halley observa le 4ᵉ satellite de Saturne au nord de cette planète; une ligne perpendiculaire, tirée du satellite sur le grand axe de l'anneau, coupoit en deux parties égales l'espace compris entre Saturne et l'anse suivante de l'anneau. A 19^h, le satellite avoit dépassé sa conjonction; la perpendiculaire rasoit bien exactement le bord précédent de Saturne.

Le 1er décembre, le satellite étoit au sud de la planète. A 16^{h}15′, la perpendiculaire, tirée de même, tomboit au milieu de l'espace vide qui est entre le globe de Saturne et l'anse occidentale. A 19^{h}0′, cette perpendiculaire joignoit le centre même de Saturne; et la distance du satellite au centre étoit un peu moindre que le grand axe de l'anneau. *Phil. Trans.* 1683. *Mar. n.* 145, *p.* 82.

Le 9 août, immersion du 1er satellite de Jupiter à 15^{h}26′45″. Picard, à Paris. *Pic. mss. — La Hire mss. — Hist. cél.*

Le 14 août, immersion du 3e, à 14^{h}14′54″, à Paris. *Cass. mss.*

Le 24 septembre, immersion du 1er, à 16^{h}0′32″, à Paris. *La Hire mss.*

Le 1er octobre, immersion du 1er, à 17^{h}46′34″, à Greenwich. *Hist. cœl. Br.* p. 353.

Le 17 octobre, immersion du 1er, à 16^{h}16′0″, à Dunkerque, à la grande église; un peu douteuse à cause du mauvais temps.

La même, à 16^{h}15′52″, Cassini, à Paris. *Voy. de Picard, p.* 72. — *Anc. Mém. t. VII, p.* 406.

Le 24 octobre,   immersion du 1er, à 18^{h}11′ 6″, à Dunkerque, *La H. mss.*

à 18 11 3 , à Paris, *Voy. de Pic. p.* 74.

à 18 11 2 , Cassini, à Paris. *Hist. cél.*

Le 25 octobre,   immersion du 2e, à 12 23 38 , à Rouen, Varin, Deshayes.

à 12 30 0 , à Paris, lunette de 31 pieds.

à 12 29 50 , à Paris. Lunette de dix-huit pieds. *Anc. Mém. t. VII, p.* 444.

Le 26 octobre,   immersion du 1er, à 12 21 40 , Picard, à Saint-Malo, près la grande église.

à 12 39 50 , Cassini, à Paris. *Voy. de Picard, p.* 68.

à 12 39 24 , La Hire, à Dunkerque. *La Hire mss.*

à 12 29 36 , Greenwich. *Hist. cœl. Br.*

Le 8 novembre, immersion du 3e, à 14 17 18 , à Paris. *Cass. mss.*

Le 9 novembre, immersion du 1er, à 16 25 14 , à Paris.

à 16 20 5 , à Dieppe, Varin et Deshayes voient le satellite *presque défailli de lumière;* un nuage survient, qui les empêche de marquer le véritable instant de l'immersion. *Anc. Mém. t. VII, p.* 446.

Le 15 novembre, immersion du 3e, à 18 13 49 , à Paris, *Cass. mss.*

Le 18 novembre, immersion du 1er, à 12 47 18 , Cassini, à Paris. *Hist. cél.*

à 12 37 30 , Greenwich, *Hist. cœl. Br.*

à 12 45 30 , Dunkerque, la Hire; un vent violent tourmentoit la lunette. *La Hire mss.*

Le 21 décembre, immersion du 2e, à 8 33 15 , Greenwich. *Hist. cœl. Br.*

FAITS.

Le 15 février, Picard présente à Colbert un projet pour construire une Carte exacte du Royaume, en liant ses parties par des triangles, etc. Ce projet a été exécuté depuis, et son exécution tire à sa fin.

— Le 5 décembre, Louis XIV, accompagné du Dauphin, de Monsieur, du prince de Condé, etc., honora de sa présence la séance de l'Académie. *Hist. Acad. p.* 202.

— Varin et Deshayes, instruits et stylés par Cassini, partent vers la fin de l'année pour nos isles d'Amérique; de Glos les joint à Gorée. La perfection de la Géographié étoit le but de leur voyage. Il paroît, par l'immersion du 25 octobre, que, malgré les soins que Cassini avoit pris pour les former aux observations astronomiques, ils étoient encore capables de se tromper de plus d'une minute dans la détermination des immersions, et, à plus forte raison, dans celles des émersions des satellites de Jupiter.

— La belle comète qui avoit paru à la fin de l'année précédente et au commencement de celle-ci occasionna la publication d'une multitude d'écrits, parmi lesquels on peut distinguer celui de Georges-Samuël Doerfell, ministre à Plaven. Doerfell assigne à la comète une orbite parabolique, dont le Soleil occupe le foyer.

1682.

PREMIÈRE ÉCLIPSE DE LUNE, LE 21 FÉVRIER.

Hévélius, à Dantzick.

$10^h 25' 5''\ldots$	commencement, vers le 125e degré du limbe. On distinguoit à peine les limites de la pénombre et de l'ombre.
11 27 30 …	immersion vers le 297e degré.
13 0 8 ..	émersion vers le 118e degré.
13 59 17 …	fin, vers 294d du limbe.

Les temps sont réglés sur des hauteurs d'étoiles. Voyez un très ample détail des doigts de l'éclipse et des taches par lesquelles l'ombre a successivement passé. *Ann. Clim. p.* 116. — *Acta Erud.* 1682, *p.* 109.

— A Copenhague, Rœmer.

$10^h 3' 30''\ldots$	commencement.
11 1 30 …	immersion.
12 37 0 …	émersion.
13 36 0 …	fin. *Philos. Trans. n.* 146, *p.* 145. L'observation y est amplement détaillée.

— Kirch, à Leipsick.

$10^h 1' 30''\ldots$	commencement, près *Mons Audus* (*Galilæus*).
10 57 30 …	immersion.
12 38 0 …	émersion.
13 34 0 …	fin, près *Insula major maris Caspii* (*Langrenus*) — *Kirch. mss.* et *Append. ad Ephem. anni* 1683.

— A Plaven en Saxe, Doerfell.

$10^h\ 5'$ . . . . .   Aldébaran ayant $29^d 3o'$ de hauteur, commencement.
11   3 . . . . .   Aldébaran haut de $2o^d 2o'$, et α d'Orion de $26^d 2o'$, im-
                         mersion.
12 41 . . . . .   émersion, non observée, mais concluc des autres phases.
13 39 . . . . .   Procyon, haut de $17^d 25'$, fin. *Kirch. Ibid.*

— Wurzelbau, à Nuremberg.

$9^h 57' 47''$. . .   commencement. *Uranies Noricæ basis, p.* 59.

— A Greenwich, Flamsteed.

$9^h 12' 32''$. . .   commencement.
10 10 14 . . .   immersion.
11 47 38 . . .   émersion.
12 45 10 . . .   fin douteuse.
12 45 38 . . .   fin certaine. *Hist. cœl. Br. p.* 288.

— A Greenwich, Halley.

$9^h 13'\ 4''$. . .   commencement peut-être.
10 10 11 . . .   immersion.
11 47 9 . . .   émersion.
12 44 35 . . .   fin. *Ibid. p.* 289.

— A Greenwich encore, un ami de Flamsteed, peu accoutumé aux observations astronomiques.

$9^h 13' 3o''$. . .   commencement à l'œil nu.
10 10 20 . . .   immersion.
11 47 3o . . .   émersion.
11 45 8 . . .   fin. *Ibid. p.* 290.

— Édouard Haynes, à Londres, *in vico Basingensi.*

$9^h 12' 18''$. . .   ou peut-être un peu plus tôt, commencement.
10 9 48 . . .   immersion.
11 46 48 . . .   émersion douteuse.
11 47 48 . . .   émersion certaine.
12 44 48 . . .   fin douteuse.
12 45 18 . . .   fin certaine. *Ibid.* p. 291.

— Cassini, à Paris.

$9^h 20' 55''$. . .   commencement.
10 19 53 . . .   immersion.
11 56 31 . . .   émersion.
12 54 27 . . .   fin. *Cass. mss.* On trouve aussi le détail de cette observa-
                         tion de Cassini dans *Philos. Trans. n.* 146, *p.* 145. Mais
                         on y marque l'émersion à $11^h 57' 51''$.

— A Paris, Picard et la Hire.

$9^h 22' \, 0''$...   commencement, suivant Picard.
$9 \; 22 \; 30$...   commencement, suivant la Hire, entre *Aristarchus* et
                            Grimaldus.
$10 \; 19 \; 30$...   immersion.
$11 \; 56 \; 0$...   émersion, entre *Aristarchus* et *Grimaldus*.
$12 \; 54 \; 30$...   fin.
$12 \; 25 \; 50$...   diamètre de la Lune, $33'20''$. — Hauteur méridienne du
                            centre de la Lune, $50^d 37' 20''$.

De ces observations la Hire conclut que la moindre distance des centres de la Lune et de l'ombre a été de $8'$.

Que le diamètre de la Lune étoit au diamètre de l'ombre comme 33 à 90.

Que la parallaxe de la Lune au méridien étoit de $39'30''$, et par conséquent sa parallaxe horizontale, $62'\frac{1}{2}$.

Que la distance du centre de l'ombre au nœud ascendant étoit de $1^d 31' 17''$.

Que le diamètre de la Lune étoit à celui de la Terre comme 1 à $3\frac{3}{4}$. *La H. mss. — Pic. mss. — Hist. cél. p.* 258, 259.

— A Paris, au collège de Clermont, le P. Fontanay.

$9^h 21' 25''$...   commencement.
$10 \; 18 \; 55$...   immersion.
$11 \; 58 \; 0$...   émersion.
$12 \; 54 \; 17$...   fin. *Philos. Trans. ubi suprà.*

— A Lisbonne, Jacobs.

$8^h 31' \, 0''$...   commencement. *Ibid. p.* 151.

— A Juthia, capitale du royaume de Siam, le P. Thomas s'assura, par plusieurs hauteurs et plusieurs passages d'étoiles au méridien, qu'un pendule, qui devoit lui tenir lieu d'horloge, faisoit 3345 oscillations en une heure. Ce pendule fut mis en mouvement au passage de l'Épi de la Vierge par le méridien, ou à $14^h 45' 36''$; et depuis cet instant, on compta 3800 oscillations, jusqu'au commencement de l'éclipse, et 7080 jusqu'à l'immersion. Donc, suivant le P. Thomas,

$15^h 53' 49''$...   commencement.
$16 \; 52 \; 40$...   immersion.

Le P. Gouye, qui soumettoit à son tribunal toutes les observations que ses confrères envoyoient des pays orientaux, corrige le calcul du P. Thomas, et donne les déterminations suivantes :

$15^h 53' 45''$...   commencement.
$16 \; 52 \; 25$...   immersion. *Observations envoyées de Siam, etc. p.* 183 *et suiv. — Anc. Mém. t.* VII, *p.* 691.

Le P. Gouye, voulant corriger le P. Thomas, auroit dû être plus exact. Les vrais nombres sont les suivans :

$15^h 53' 46''$...   commencement.
$16\ 52\ 36$ ...   immersion.

SECONDE ÉCLIPSE DE LUNE, LE 17 AOUT.

Le seul commencement de cette éclipse a pu être observé dans la partie occidentale de l'Europe.

— A Paris, Cassini.

$16^h 26' 23''$...   commencement, entre *Grimaldus* et *Galilæus*. *Hist. cœl.*
                            Br. p. 298.

— Picard et la Hire, à Paris.

$16^h 26' 3o''$...   commencement, suivant Picard.
$16\ 27\ \ o$ ...   commencement, selon la Hire, plus près de *Grimaldus* que
                            d'*Aristarchus*.
$16\ 29\ 4o$ ...   *Grimaldus* se perd.
$16\ 34\ 3o$ ...   l'ombre à *Aristarchus. La Hire mss. — Pic. mss. — Hist. cél.*
                            La hauteur méridienne du bord supérieur de la Lune
                            avoit été de $26^d 37' 45''$.

— A Marseille, le P. Bonfa.

$16^h 39' 56''$...   commencement.
$16\ 44\ 5o$ ...   un doigt.
$16\ 5o\ \ o$ ...   deux doigts.
$16\ 55\ \ 6$ ...   trois doigts.
$17\ \ o\ \ 6$ ...   quatre doigts.
$17\ \ 2\ 26$ ...   quatre doigts et demi. *Journ. des Sav.* 1682, *p.* 312.

— Varin, Deshayes et de Glos étoient sur mer entre la Martinique et Sainte-Lucie. Leurs observations, telles quelles, peuvent se voir dans *Voyages de l'Acad. in-fol. — Anc. Mém. t. VII, p.* 454, etc.

Autres observations de la Lune.

Le 15 février, conjonction de la Lune et d'Aldébaran.
Kirch (à Leipsick sans doute).

A $11^h 39'$ ...	Arcturus étoit haut de	$29^d 3o'$
$11\ 54\ 3o''$...	»	$31\ 45$
$12\ \ 1\ \ $ ...	»	$32\ 4o$
$12\ 15\ 3o$ ...	»	$35\ \ 5$
$13\ 20\ 3o$ ...	»	$44\ 55$

A 11ʰ47′3o″...   le diam. de la Lune étoit de...   32′

  11 51   ...   dist. de l'⋆ à la corne bor...   16′   ou 17′

  12   7   ...   »   ...   10′:   la conj. n'a pas encore lieu.

  12 17 3o ...   »   ...   7′ à 8′ la conj. ne peut tarder.

  12 24   ...   »   ...   conjonction.

  13   1   ...   »   ...   22′

  12 4o   ...   hautʳ du bord inf. de la Lune... 9ᵈ45   *Kirch. ms.*

— La Hire, à Paris.

   6ʰ59′ 2″...   immersion de l'étoile *a*.

   7   1 27 ...   immersion de l'étoile *b*.

   11   ¼   ...   Aldébaran dans la ligne des cornes. *La H. ms.*

Il paroit, par une figure qui accompagne cette observation, que les deux étoiles éclipsées sont les 2θ; la boréale a été éclipsée la première.

— Flamsteed a aussi observé cette appulse d'Aldébaran.

A 11ʰ11′ 4″...   dist. de l'⋆ à la corne bor...   6′43″

  11 13 48 ...   »   ...   6 13

  11 16 4o ...   »   ...   6 16   Faber estimoit l'⋆ dans la ligne des cornes.

  16 18 56 ...   distance au limbe voisin....   6 37

Voyez d'autres distances. *Hist. cœl. Br.*

A   7ʰ18′4o″...   diam. de la Lune..........   32′37″

   7 34 20 ...   » 32 26

20 et 21 février : Voyez à la première éclipse.

— Le 14 mars à   9ʰ36′18″...   Imm. de γ♉ à.......   19′32″ de la corne bor.;

   10 31 58 ...   Ém.   »   ....   du côté de *Mœotis.*

   10 33 6 ...   Dist. à la corne bor...   18′39″

   9   6   ...   Diam. de la Lune 31 58

   9 15 4o ...   32 4

— Avril 14...   le centre de ☽ média à Paris à.....   6ʰ 2′10″   *Pic. ms.*

   »   16...   » 7 54 5o

   »   17...   »   .....   8 48 4o   *La H. ms.*

   Mai 15...   » 7 41 13

   »   29...   » 18 46 26

   »   3o...   »   .....   19 31 7   *Pic. ms.*

= Le 27 sept., Hévélius observa, à 16ʰ5′3o″, la conjonction de la Lune et de Régulus. Le diamètre de la Lune étoit de 42 révolutions du micromètre, ou de

31′56″ bien exactement, et la distance de Régulus à la corne supérieure de 42 révol. ou 31′56″. *Ann. Clim.* p. 132.

— Le 17 nov., Halley, à Islington, dans un fauxbourg de Londres, de plusieurs distances à différentes étoiles et surtout à α du Taureau, conclut qu'à 10ʰ19′36″ le lieu apparent de la Lune étoit en ♋ 2ᵈ31′20″, lat. 4ᵈ14′25″A. *Append. ad Astron. Carol.* p. 9.

— Le 6 déc. d'une distance à δ du Capric. il conclut, à 6ʰ24′30″ mérid. de Londres, le lieu de la Lune en ♓ 9ᵈ52′. *Ibid. p.* 10.

— Le 20 déc., à 15ʰ11′, une distance à Régulus lui donne le même lieu en ♍ 27ᵈ2′ *Ibid.*

— Le 23 déc., à 19ʰ47′55″, de la dist. de la Lune à α ♍, il conclut son lieu en ♏ 10ᵈ14′30″. *Ibid. p.* 11.

PLANÈTES.

Opposition de Saturne, le 22 janvier, à 4ʰ1′, t. m. mérid. de Londres, en ♌ 3ᵈ9′45″ *Hall. Tab.*, — ou, d'après les observations de Flamsteed, à 3ʰ20′, mérid. de Paris, en ♌ 3ᵈ9′15″; lat. 0ᵈ35′36″B. *Cass. Élém. d'Astr.* p. 358.

— Opposition de Jupiter, le 4 janvier, à 12ʰ41′, t. m. mérid. de Londres, en ♋ 15ᵈ14′20″ *Tab. Hall.*, — ou, d'après les observations de Flamsteed, à 13ʰ15′ mérid. de Paris, en ♋ 15ᵈ14′37″; lat. 0ᵈ12′20″B. *Cass. Élém. p.* 417. A 12ʰ50′ t. m. mérid. de Paris, en ♋ 15ᵈ12′28. *Cass. ms.* (?).

= Les Astronomes, et surtout les Astrologues, étoient alors fort attentifs aux conjonctions de Saturne et de Jupiter : ceux-ci attribuoient à ces conjonctions des effets pernicieux, surtout lorsque Mars se joignoit aux deux autres planètes, ce qui arriva vers le mois d'octobre de cette année. C'est ce que les Astrologues nommoient la *grande conjonction*. La conjonction de Saturne et de Jupiter fut triple, ce qui la rendoit plus remarquable. Jupiter direct rencontra Saturne au mois d'octobre; devenu rétrograde, il dépassa une seconde fois Saturne en février 1683; enfin, redevenu direct, il rejoignit Saturne au mois de mai de la même année. Nous ne séparerons pas ces trois conjonctions.

— Hévélius, à Dantzick, observa plusieurs fois les distances des trois planètes, tant entre elles qu'à des étoiles fixes, depuis le 16 septembre jusqu'au 4 novembre 1682 : mais il ne fixa pas le temps de la conjonction de Saturne et de Jupiter.

Le 15 septembre, à 15ʰ26′, il détermina la latitude de Jupiter de 32′44″B; et, à 16ʰ28′, celle de Mars de 1ᵈ9′34″.

Le 16, vers 16ʰ20′, il conclut la distance de Mars à Jupiter de 1ᵈ16′30″, celle de Mars à Saturne de 1ᵈ13′15″, et à 16ʰ10′ la latitude de Jupiter moindre que celle de Mars de 35′35″, et celle de Mars excédant celle de Saturne de 29′20″; enfin, il établit la latitude de Jupiter de 23′8″ B. (lisez 32′8″), celle de Mars 1°7′43 B., celle de Saturne 38′13″ B. (ou 38′23″). La méthode de calcul qu'il suit n'est pas de la plus exacte précision. Voyez plus de détails dans *Ann. Clim. p.* 128.

47

En octobre, le 25 et le 29, il observa des distances de Jupiter à Saturne, et de l'un et de l'autre à ψ du Lion ; mais la conjonction étoit passée. Le 25, à 13ʰ 40′, la distance des planètes étoit de 16′44″, celle de Jupiter à ψ 27′55″, celle de Saturne à ψ 38′1″. Le 29, la distance des planètes, à 17ʰ, étoit 25′5″ ; le 31, à 14ʰ, dist. 31′36″. Etc. Voyez *Ibid.*

— Kirch, à Leipsick, le 22 octobre à 14ʰ, avec une lunette de 3 pieds, trouva 19′ entre Jupiter et ψ du Lion, 34′ entre Saturne et ψ, 15′ entre Jupiter et Saturne. Une ligne tirée de ψ à Saturne laissoit Jupiter 3′ à l'Ouest. A 15ʰ, une perpendiculaire élevée du centre de Jupiter sur la ligne de satellites laissoit, au contraire, Saturne à l'Est. Donc les planètes n'étoient pas encore en conjonction.

Le 23, à 14ʰ, avec une lunette de 10 pieds, l'étoile ψ, le bord inférieur de Jupiter et le centre de Saturne étoient en ligne droite. — A 14ʰ 15′, avec la lunette de 3 pieds, distances de Saturne à Jupiter : 14′ ; de Jupiter à ψ : 19′ ; de Saturne à ψ : 34′. — A 15ʰ, une perpendiculaire menée du centre de Jupiter sur la ligne des satellites touche le bord supérieur de Saturne. — Il est clair que la *grande conjonction* est arrivée cette nuit avant 15 heures, et peut-être même vers 12ʰ.

Le 24, avec une lunette de 13 pieds, la conjonction est manifestement passée. *Kirch ms.* et *Append. ad Ephem. anni* 1683.

— Flamsteed, à Greenwich, suivit les deux planètes depuis le 15 octobre jusqu'au 1 novembre ; il les observa le 15, le 27, le 29 octobre et le 1 novembre ; de plus, Faber les observa le 22 octobre. Ce dernier jour, à 13ʰ 49′, la distance des centres fut trouvée de 16′2″, et à 13ʰ 54′ de 16′4″. Voyez le détail dans *Trans. abr. t. I. p.* 390 *et suiv.* — *Astron. cœl. Brit. p.* 121. Flamsteed conclut que la conjonction a eu lieu le 23 à 21ʰ dans ♌ 19ᵈ 7′12″, la latitude de Saturne étant de 15′⅓ plus boréale que celle de Jupiter. Voyez *Trans. abr. t. I. p.* 391, 392 ou *Phil. Trans. n.* 149. *p.* 244.

— Les 6, 8, 14 et 17 octobre, la Hire, à Paris, prit aussi plusieurs distances des trois planètes, tant entre elles qu'à diverses étoiles du Lion. Voyez-les dans l'*Hist. cél.* de M. Le Monnier. Mais il n'en conclut rien de relatif à la conjonction de Jupiter et de Saturne ; les observations ne vont pas jusque-là.

— Bouillau, d'une observation qu'il fit le 29 octobre à 15ʰ, conclut que la conjonction a dû arriver le 26 ; mais il avertit que son observation est très-douteuse, vu que de violentes douleurs de reins (*ischiatici*) le tourmentaient alors ; que, suivant une observation d'Hévélius, faite le même jour 29, il paroit que la conjonction a dû avoir lieu avant le 26. *Bull. ms.*

= Jupiter s'écarta ensuite de Saturne, mais il ne tarde pas à s'en rapprocher par un mouvement rétrograde. Il l'atteignit de nouveau en février 1683.

— Hévélius, à Dantzick, trouva les distances suivantes entre les deux planètes :

1 février à	6ʰ 40′	.... 25′ 5″	7 février à	8ʰ 17′ 19″	......	12′ 55″
2 »	9 30	.... 22 3	8 »	6 10	......	12 10
3 »	9	 19	11 »	9	......	15 12
4 »	10	.... 17 29	12 »	9 0	......	17 6
5 »	8 30	.... 15 58	13 »	7 15	......	19 30
6 »	7 51	.... 14 4				

Le 9 février, les nuages ne permirent à Hévélius d'observer autre chose, si non que à $9^h0'8''$ la distance étoit augmentée. *Ann. Clim. p.* 140 *et sequ.* Hévélius conclut de là que la conjonction a dû arriver entre le 8 et le 9. Mais comme les révolutions du micromètre d'Hévélius n'excédoient guères une minute, et que toutes les distances qu'il a prises sont marquées par des nombres entiers de révolutions, sans aucune fraction que quelques demies, on peut conclure que les distances qu'il a déterminées sont exactes quant aux minutes, mais non pas dans la précision des secondes. Nous avons corrigé la distance observée le 6 sur les révolutions du micromètre.

— Rœmer, à Copenhague, détermina la conjonction de Jupiter et de Saturne en longitude le 28 janvier V. st (7 février) à 13^h, ce qui est hors de toute espèce de doute, d'après les observations que j'ai faites, dit-il, tant avant qu'après la conjonction. La latitude de Jupiter étoit de $53'3o''$, celle de Saturne $66'$ (bor.); la différence, $12'3o''$, a été directement observée; mais les latitudes absolues dépendent de la supposition que la déclinaison de la queue du Lion étoit alors de $16^d10'12''$.

Le 26 (5 février), à $13^h18'$, la déclinaison de Jupiter étoit de $23'2o''$ plus boréale que celle de l'étoile. On a de plus confirmé ce résultat en comparant la déclinaison de Jupiter avec celle de quatre autres étoiles. La longitude de Jupiter et de Saturne en conjonction étoit en ♌ $16^d49'4o''$, conclue d'un grand nombre de hauteurs correspondantes prises le 25 et le 27 janvier (4 et 6 février) desquelles il s'est ensuivi que Jupiter avoit eu même ascension droite que l'ombre de la Terre le 26 janvier (5 février) à $13^h18'$, sans que dans cette détermination il puisse y avoir une erreur de $10''$, en supposant alors le Soleil en ♒ $17^d29'17''$. Si la déclinaison supposée de la queue du Lion est en erreur d'une minute entière, cette erreur n'influe pas d'un tiers de minute sur la longitude de Jupiter. *Tout ceci est extrait d'une lettre de Rœmer à Picard, dont copie est dans les mss. de De l'Isle.*

— La conjonction est aussi marquée au 7 février à 13^h, dans *Duham. Hist. Acad. p.* 225, et dans *Hist. cél.* de M. Le Monnier. Dans les *Anc. Mém.* t. I on la rapporte à 23^h du 8 février : c'est une faute. Duhamel, à la conjonction de Saturne et de Jupiter ajoute celle de Mars.

— D'observations faites les 2, 5, 7 et 10 février, Kirch conclut la conjonction le 8 février au soir. Différence des latitudes : $10'\frac{1}{3}$. *Append. ad Ephem.* 1684.

— Flamsteed multiplia les observations les 29 et 30 janvier, le 3 février, le 5 février (jour auquel il détermina l'opposition de Jupiter), les 9, 10, 11, 12, 13 et 17 février. Il observoit les distances de Jupiter et de Saturne avec une lunette de 16 pieds, garnie d'un bon micromètre, et la distance des deux planètes à différentes étoiles avec un sextant. Ses observations sont dans *Hist. cœl. Brit. p.* 99, 122 *et suiv.* Il en conclut que le 5 février, à $9^h4o'$, Saturne étoit en ♌ $16^d57'10''$, lat. $1^d13'10''$ (bor.); et Jupiter, en ♌ $17^d7'10''$, lat. $1°1'3o''$ (bor.); et que la conjonction des deux planètes a eu lieu le 8, à 16^h, en ♌ $16^d51'12''$; différence des latitudes : $11'\frac{1}{2}$. *Trans. abr. t.* 1. *p.* 394.

— Bouillau, à Paris, observa que le 3 février, à 8^h, les deux planètes n'étoient pas encore dans le même azimut. Saturne étoit plus haut et sa longitude étoit plus occidentale que celle de Jupiter : la distance des centres étoit 16′ ½ au plus.

Le 4, à 8ʰ, les planètes n'étoient pas encore dans le même azimut; elles n'y furent que peu avant 10 heures; jusque-là Saturne avoit été plus occidental que Jupiter, tant en azimut qu'en longitude. A 8ʰ, la distance étoit 13′30″ ou 14′.

Le 5, à 9ʰ : distance 12′ au plus. Saturne dans un azimut plus occidental. Bouillau estime que la conjonction aura lieu le 7 vers 9ʰ ou 10ʰ.

Le 6, à 11ʰ45′, la conjonction n'est pas encore arrivée; l'azimut de Saturne est à peine de 2′ plus occidental que celui de Jupiter.

Le 7, nuages continus. La conjonction a eu lieu vers 11 heures.

Le 10, la distance, à 8ʰ, est de 14′; Saturne est plus haut de 13′ et plus oriental en azimut d'environ 3′.

Le 17, Jupiter étoit déjà éloigné de 34′ à 35′ à l'occident de Saturne.

Le 18, à 9ʰ, la distance étoit de 38′ à 39′. *Bull. mss.*

= Enfin la 3ᵉ conjonction de Saturne et Jupiter eut lieu au mois de mai 1683.

Hévélius, à Dantzick, détermine cette conjonction au 17 mai à 22ʰ. A 10ʰ du même jour il avoit observé la distance des deux planètes de 15′58″ : mais cette distance avoit sans doute diminué de quelques secondes depuis 10ʰ jusqu'à 22ʰ. Voyez *Ann. Clim.*

Kirch, d'observations faites les 16, 17, 18 et 19 mai, conclut la conjonction le 17; différence des latitudes : 15′44″. *Append. ad Ephem. anni* 1684.

— Suivant Flamsteed, la conjonction à Greenwich a eu lieu le 17 mai à 17ʰ, en ♌ 14ᵈ28′45″, Saturne étant de 15′40″ plus boréal que Jupiter. A 9ʰ5′ Saturne étoit en ♌ 14ᵈ27′42″, lat. 1ᵈ12′46″B.; et Jupiter, en ♌ 14ᵈ26′37″; lat. 0ᵈ6′43″ B. *Trans. abr. t.* I. *p.* 395.

— Des passages de Saturne et de Jupiter au méridien, et de leurs hauteurs méridiennes, observés à Paris les 17 et 19 mai, la Hire conclut la conjonction le 17 à 20ʰ ½.

<pre>
Le 17 à 5ʰ31′, la distance des centres étoit de...   15′52″
Le 18 à 5 28   »   ...   15 49
Le 19 à 5 24   »   ...   16 33   La Hire ms.
</pre>

La moindre distance auroit donc été d'environ 15′47″.

— Bouillau observa le 14 mai, à 10ʰ, la distance des deux planètes de 22′ à 23′; la plus haute des deux étoit Saturne; il étoit aussi le plus oriental, et la différence des azimuts excédoit à peine 3″.

Le 15, à la même heure, la distance étoit un peu moindre; l'azimut de Jupiter étoit d'une minute plus oriental que celui de Saturne.

Le 16, à 8ʰ30′, les deux planètes sont à très-peu-près dans le même azimut. A 10ʰ30′, l'azimut de Jupiter est plus oriental d'environ 1′.

Le 17, à 10ʰ30′, la conjonction paroit ne devoir pas tarder.

Le 18, à 8ʰ, l'azimut de Jupiter étoit le plus oriental de 3′ au moins; et, autant qu'il a été possible de l'estimer, la différence des azimuts étoit la même, lorsque Saturne passa par le nonagésime. La longitude de Jupiter surpassoit donc celle de

Saturne de 3′ à très-peu près, de manière que la conjonction a dû arriver le 17 à 14ʰ. La précision, dans ces sortes d'observations, ne peut aller qu'à 2′ ou 3′ près : d'où il faut conclure que la conjonction a eu lieu entre midi du 17 mai et le lever du Soleil suivant, et non le 26 à 6ʰ comme Argoli l'avoit déterminé.

Le 23, à 10ʰ, la distance fut estimée égale à celle des deux étoiles de l'aile gauche du Corbeau (δ et η).

Le 29, à 8ʰ40′, Jupiter et Saturne étoient à la même hauteur, et leur distance étoit de 54′ ou de 55′, au plus. *Bull. ms.*

= Revenons à l'an 1682.

Le 18 novembre Halley observa, à 19ʰ34′, le lieu de Jupiter à ♌ 21ᵈ35′10″, lat. 46′30″ B. *App. ad Astron. Carol. p. 9.*

Le 8 octobre, à 6ʰ30′, à Paris, la distance de Vénus à β du Scorpion étoit de 2′50″. Vénus étoit haute de 3ᵈ45′ et plus boréale que l'étoile. L'angle formé par la ligne tirée de l'étoile à Vénus et par le cercle de déclinaison de l'étoile, étoit d'environ 15ᵈ. *La H. ms. — Hist. cél.* de M. Le M. *p.* 270.

ÉTOILES.

La variable de la Baleine est observée cette année par Hévélius pour la première fois le 26 août ; elle n'atteignit pas la 3ᵉ grandeur. Le 28 septembre elle étoit inférieure à la 6ᵉ grandeur ; le 6 octobre on la voyoit à peine ; le 9 elle étoit invisible à l'œil nu.

— Celle de la poitrine du Cygne étoit, le 28 septembre, à peine de la 6ᵉ grandeur ; le 9 octobre, à peine de la 7ᵉ. *Ann. Clim.* p. 104.

SATELLITES.

Le 28 janvier, à Paris, émersion du 1ᵉʳ sat. de Jupiter à 9ʰ39′27″. *La H. ms.;* — à 9ʰ39′28″. *Pic. ms. — Hist. cél.*

Le 6 février, ém. du même à 6ʰ2′7″. *La H. ms.;* — à 6ʰ2′6″. *Pic. ms.* et *Hist. cél.*

Le même jour, à 6ʰ50′, le 3ᵉ satellite s'écartant de Jupiter, et sa distance au bord étant égale à $\frac{6}{7}$ du diamètre de Jupiter, son ombre paroissoit sur le bord du disque. *La H. ms.*

Le 13 février, à 7ʰ47′26″ et le 1 mars, à 6ʰ9′52″, ém. du 1ᵉʳ à Greenwich. *Hist. cœl. Brit. p.* 354.

Le 20 fév., ém. du 1ᵉʳ à 9ʰ52′59″. *La H. ms.* — ou à 9ʰ53′0″. *Pic. ms. — Hist. cél.*

Le 1ᵉʳ mars, à 6ʰ9′52″ ém. du 1ᵉʳ. Greenwich. *Hist. cœl. Br. t. I, p.* 354.

Le 15 mars, ém. du même à 10ʰ12′41″. *La H. ms.* — ou à 10ʰ12′45″. *Pic. ms.;* et à Greenwich, par Flamsteed, à 10ʰ3′53″. *De l'Isle ms. — H. Cœl. Br. ibid.*

Le 7 avril, ém. du même à Paris : 10ʰ35′59″. *Anc. Mém. t.* VII *p.* 448 ; — à 10ʰ35′, mais douteuse à cause des nuages. *La H. ms.* — et à Gorée, par Varin et Des Hayes, à 9ʰ18′25″. *Anc. Mém. ibid.*

Le 30 avril, à Greenwich, à 10ʰ45′0″ ém. du 1ᵉʳ. *Hist. cœl. Brit. ibid.*

Le 7 mai, ém. du même, à Paris à 9ʰ13′8″; — à Gorée à 7ʰ55′28″. *Anc. Mém. ibid.*

Le 16 mai, ém. du même à Paris à 9ʰ13′8″. *La H. ms. — Pic. ms. — Hist. cél.* L'observation qu'on dit faite à Gorée, le 7 mai, doit apparemment être rapportée au 16.

Le 28 mai, à Greenwich, à 9ʰ14′16″ ém. du 3ᵉ. *Hist. cœl. ibid.*

Le 8 juin, ém. du 1ᵉʳ à Paris à 9ʰ23′30″. *La H. ms. — Pic. ms. — Hist. cél.*

Le 13 sept., imm. du 1ᵉʳ à Paris à 5ʰ16′37″. *La H. ms. — Hist. cél.*

Le 20 sept., imm. du même à Paris à 17ʰ12′50″. *Ibid.*

Le 1 oct., à Greenwich, à 16ʰ52′28″ ou peu avant, imm. du 2ᵉ. *Hist. cœl. Brit.*

Le 4 oct. à 17ʰ44′26″ ém. du 4ᵉ, à Greenwich. *Hist. cœl. Brit. ibid.*

Il conjecture cependant qu'il avoit commencé à sortir dès 17ʰ43′, vu que l'observation n'est faite que demi-heure avant le lever du Soleil. *Trans. abr. t.* I *p.* 423.

Le 6 oct., à Paris, imm. du 1ᵉʳ à 15ʰ32′57″. *La H. ms. — Hist. cél.* ou par Cassini à 15ʰ33′1″. *Reg. Acad.*

Le 13 oct., à Paris, imm. du même à 17ʰ28′17″. *La H. ms. — Hist. cél.* ou par Cassini à 17ʰ28′23″. *Reg. Acad.*

Le 20 oct., à la Guadeloupe, Varin, etc. imm. du 1ᵉʳ à 15ʰ4′52″. *Reg. Acad.* Dans *Anc. Mém.* t. VII *p.* 455, cette observation est rapportée au 20 septembre, sans faute d'impression, mais mal.

Le 29 oct., à Greenwich, à 15ʰ35′18″, imm. du 1ᵉʳ. *Hist. cœl. Brit.*

Le 29 oct., à Paris, Cassini, imm. du 1ᵉʳ à 15ʰ45′21″. *Reg. Acad.; — Hist. cél.* Dans *Anc. Mém. t. VII, p.* 218 on le rapporte au 30 (31 au matin).

Le 14 nov. la Hire à Antibes, près la Tour du Château, imm. du 1ᵉʳ à 14ʰ18′16″. *Reg. Acad.*

Le 19 nov., à la Martinique, des Hayes et de Glos, imm. du 1ᵉʳ à 17ʰ8′21″. *Ibid.*

Le 20 nov., à Paris, à 19ʰ39′, le Soleil déjà levé depuis 4′, le 1ᵉʳ satellite n'est éloigné de Jupiter que d'un de ses diamètres. A 19ʰ46′ il touche le limbe. La lumière du jour le fait ensuite disparoître. *Cassini Ibid.*

Le 21 nov., à Paris, Cassini, imm. du 1ᵉʳ à 15ʰ51′1″. *Ibid. — Hist. cél.*

Le 30 nov., à Antibes, imm. du même à 12ʰ29′10″. *Ibid..;* ou à 10ʰ29′11″ ¼. *Voy. Acad.* p. 83. — *Anc. Mém. t. VII, p.* 418.

Le 5 déc., Greenwich, à 19ʰ22′20″ ou très-peu plus tôt, imm. du 1ᵉʳ. *H. cœl. Brit. t. I, p.* 355.

Le 7 déc., à Paris, Cassini, imm. du 1ᵉʳ à 14ʰ0′25″. *Hist. cél.* — A Toulon, la Hire, près le pavillon du parc; à 14ʰ14′47″. *Ibid.* et *Reg. Acad.* — A Greenwich, à 13ʰ50′12″. *De l'Isle ms. — H. cœl. Brit. p.* 355.

Le 14 déc., Greenwich, à 15ʰ41′3″ ou 15ʰ41′0″, imm. du 1ᵉʳ. *H. cœl. Brit. t. I, p.* 355.

Le 23 déc., *ibid.*, à 11ʰ59′14″, imm. du 1ᵉʳ. Lunette de 27 pieds. *Ibid.*

Le 27 déc., *ibid.*, à 11ʰ13′50″ le 4ᵉ commence à paroître, sortant de l'ombre; lunette de 27 pieds. *Ibid.* — A Greenwich, à 11ʰ16′, émersion du 4ᵉ. *Trans. abr. t. I, p.* 423.

FAITS.

Le 1 mai, le Roi visite l'Observatoire.

— Le 24 juillet, la Hire fait à l'Observatoire, avec toute l'exactitude possible, l'expérience de la chute des corps, avec trois balles de plomb, l'une pesant 4 onces, la 2ᵉ une once et demie, la 3ᵉ une demi-once. Elles tombent en même espace de temps; en $2''\frac{1}{3}$ de 83 pieds; en $2''$ de 52 pieds; en $3''\frac{1}{2}$ de 170 pieds. *La Hire ms.*

— Le 2 août : le son parcourt 1260 pieds en $7''$ (?). *Ibid.*

— La Hire part au mois d'octobre pour déterminer la position géographique des principaux points de la côte méridionale de France. *Duham. Hist. Acad. p.* 213.

1683.

PREMIÈRE ÉCLIPSE DE SOLEIL, LE 27 JANVIER.

Rœmer à Copenhague observa le commencement à $3^h 54' 20''$. Les bords du Soleil, voisin de l'horizon, étoient extrêmement raboteux. L'éclipse commença un peu plus bas que le parallèle à l'équateur passant par le centre du Soleil.

A $3^h 58' 30''$, la corde de l'arc du limbe éclipsé égaloit $\frac{1}{3}$ du diam. du Soleil.

A $4^h 3'$, la corne supérieure de l'éclipse est encore un peu plus basse que le susdit parallèle. *Duham. Hist. Acad. p.* 225. — *Anc. Mém. t. I, p.* 381.

— A Paris, et sans doute à Greenwich, le ciel fut couvert.

— A Avignon, Gallet; et au collège, le P. Bonfa, observèrent séparément cette éclipse, et firent imprimer leurs observations à Avignon sur une feuille volante in-4°.

Doigts éclipsés.	Gallet.	Bonfa.	Remarques de Gallet.
	h m s	h m s	
Commencᵗ.	3 29 30	3 30 17	Commencement à 43° du nadir.
0ᵈ 30′	3 32 20	3 32 39	
1 0.....	3 35 40	3 35 8	
1 30.....	3 39 5	3 37 49	Dist. du nadir à la corne supérieure : $68^d\frac{1}{2}$; à la corne inférieure : $16^d\frac{1}{2}$, le tout à l'orient.
2 0.....	3 42 40	3 41 42	
2 30.....	3 46 20	3 45 44	
3 0.....	3 50 10	3 49 36	
3 30.....	3 54 0	3 54 13	
4 0.....	3 57 53	3 57 22	La corne sup. à 85^d du nadir à l'est; l'inférieure à $3^d\frac{1}{2}$ à l'ouest.
4 30.....	4 1 46	4 1 1	
5 0.....	4 5 40	4 4 40	
5 30.....	4 9 45	4 8 34	
6 0.....	4 14 10	4 12 20	La corne sup. à 93^d du nadir à l'est; l'inférieure à 16^d à l'ouest.
6 30.....	4 18 35	4 16 6	Une pénombre large d'un quart de doigt précéda toujours la véritable ombre.
7 0.....	4 22 35	4 19 44	
7 30.....	4 26 25	4 23 3	Le bord de l'ombre fut toujours raboteux.

Doigts éclipsés.	Gallet.	Bonfa.	Remarques de Gallet.
$8^d\ 0'$......	$4^h\ 30^m\ 35^s$	$4\ 26\ 59$	L'ombre fut toujours elliptique, et son grand axe parallèle à la ligne des cornes.
8 30......	4 33 40	4 30 58	
9 0.....	4 37 5	4 34 56	
9 30.....	4 40 25	4 38 34	
10 0.....	4 42 45	4 41 40	
10 15.....	»	4 43 30	
10 $\frac{1}{2}$	4 45 30		

De là Gallet tire les conclusions suivantes :

Phase.	Lieu supposé du ☉		Coordonnées correspond. de ☾		Long. et lat. vraies selon les Tables Rudolphines.		Lieux corrigés sur les observ.
	Asc. dr.	Déclin.	Long. éclipt. app.	Lat. app.			
1 doigt $\frac{1}{2}$....	♒$8^d\ 1'\ 36''$	$18^d\ 18'\ 43''$	♒$7^d\ 37'\ 38''$	$1'\ 43''$ B	♒$8^o\ 20'\ 42''$	$35'\ 41''$	♒$8^d\ 18'\ 22''$
4 doigts.....	8 1 36	18 18 24	7 43 27	1 29 B	8 29 4	34 55	8 28 40
6 doigts.....	8 3 4	18 18 4	7 49 8	0 57 B	8 37 22	34 15	8 37 22

Conjonction vraie à $3^h 8' 7''$; conjonction apparente à $4^h 50' 12''$.

Le Soleil a employé $137''$ à traverser le fil d'un réticule; donc son diamètre étoit de $34' 9''$ dans son parallèle, ou de $32' 24''$ d'un grand cercle.

SECONDE ÉCLIPSE DE SOLEIL, LE 23 JUILLET.

Le P. Thomas, dans la forteresse de Macao.

Commencement à $19^h 45' 28''$, le Soleil étant haut de $31^d 2'$.
Fin à $20^h 56'$, le Soleil ayant $47^d 18'$ de hauteur. Grandeur $1^d 40'$. *Anc.*
Mém. t. VII, p. 696.

Observations de la Lune.

Le 1 janvier, Hévélius observa l'appulse de la Lune à une étoile du Capricorne. Les distances du bord occidental à l'étoile furent ainsi trouvées :

A $6^h 58' 30''$...	distance...	$30' 25''$
7 4 ...	»	28 8
7 15 30 ...	»	25 51
7 20 30 ...	»	24 20
7 27	Coucher de la Lune avant la conjonction. *Ann. Clim. p.* 138.	

— Le 9 janvier, à Dantzick, Hévélius.

Immersion d'Aldébaran sous la partie claire de la Lune, à... $9^h 48' 15''$
Émersion de la partie obscure à........................ 11 1 30

L'étoile paroît avoir passé 4′ environ au sud de la Lune. *Ibid. p.* 139.

— Le même jour, à Breslau, Gottlieb Schultz observa, à 5ʰ31′9″, l'immersion de la plus boréale des deux petites étoiles qui sont sous θ du Taureau. Le point de l'immersion, *Insula Creta* (*Bullialdus*) et *Ostium interius freti Sirbonici* (*Morini*) formoient une ligne droite.

A 5ʰ44′12″, immersion de la plus australe des deux étoiles : une minute avant l'immersion elle étoit en ligne droite avec *Insula Creta* et *Bysantium* (*Menelaus*).

A 9ʰ42′0″, immersion d'Aldébaran un peu au-dessous de *Palus Marœotis* (*Grimaldus*), l'étoile, *Mons Ætna* (*Copernicus*) et *Sinus Syrticus* étant en ligne droite.

A 10ʰ55′54″, émersion, à *Mons Hippocus inferior*, un peu au-dessous de *Langren* ou entre *Langren* et *Vendelin*. *Acta Erudit.* 1683, *p.* 171 *et sequ.* — *App. ad Astr. Carol. p.* 12. Halley, dans ce dernier ouvrage, appelle les 2 premières étoiles *duas contiguas in quarta Hyadum*, ce qui pourroit signifier les deux θ.

— Le 30 janvier, Halley, à Islington, fauxbourg de Londres, trouva, à 5ʰ33′10″, la distance du bord de la Lune à α du Bélier de 50ᵈ57′0″, d'où il conclut le lieu de la Lune en ♓ 14ᵈ3′50″. *App. ad Astr. Carol. p.* 14.

— Le 3 février, Halley. A 6ʰ8′45″, immersion de la 5ᵉ étoile de la Baleine entre 50ᵈ et 55ᵈ du limbe obscur, à compter depuis la corne australe : donc, lieu observé de la Lune, en ♉ 2ᵈ30′9″ (l'étoile est 2ξ). — Halley met l'émersion à 7ʰ13′0″, parce que à 7ʰ13′20″ l'étoile étoit sortie et qu'elle étoit si étroitement adhérente au limbe, qu'elle en étoit à peine distante de 10″. Autant qu'il put juger, le point de l'émersion étoit précisément au nadir de la Lune. *Ibid.*

— Le 5 février, à 5ʰ41′30″, Halley trouva la distance de β des Gémeaux au bord (éclairé) de la Lune de 51ᵈ58′0″, et conclut que le lieu apparent de la Lune étoit en ♉ 28ᵈ32′40″.

A 9ʰ45′50″, immersion d'une étoile télescopique qui précède la première des Hyades (48 Cat. Brit.).

A 11ʰ42′45″, immersion de la première des Hyades (γ♉) à 12′ ou 13′ de la corne australe. — 50′ après, ou à 12ʰ32′45″, Édouard Haines observa l'émersion à sa maison de campagne de Totteridg. *Ibid. p.* 15.

— Flamsteed observa aussi à Greenwich l'occultation de γ du Taureau.

A 11ʰ42′54″... immersion, à 12′37″ de la pointe australe.
12 32 56 ... émersion.
12 34 12 ... distance de l'étoile à la même pointe : 16′58″. Mais le point que Flamsteed appelle pointe australe n'est pas la véritable pointe, dit-il : il en est distant d'environ 1′.
11 33 42 ... diam. de la Lune : 31′23″. *Hist. cœl. Brit. p.* 306.

— Le 12 février, à 11ʰ33′10″, à Islington, le bord boréal de la Lune étoit bien exactement dans le même parallèle à l'équateur que σ du Lion. *App. ad Astr. Carol. p.* 16.

Le 17 février, à 18ʰ58′7″, distance de l'Épi de la Vierge au bord : 40ᵈ41′40″. Donc lieu de la Lune observé en ♏ 29ᵈ24′0″. *Ibid. p.* 17.

48

Le 21 février, à 20ʰ47′35″, distance du bord éclairé de la Lune au bord le plus éloigné du Soleil : 43ᵈ59′0″. Donc, lieu de la Lune observé en ♑ 1ᵈ48′⅖. *Ibid.*

Le 7 mars, à 7ʰ18′37″, distance du bord de la Lune à Aldébaran : 29ᵈ52′40″. Lieu de la Lune observé en ♋ 5ᵈ33′½. *Ibid. p.* 18.

Le 1 avril, à 7ʰ47′50″, Aldébaran précédoit (ne faut-il pas *suivoit?*) de 1′3″ de temps ou de 0ᵈ15′45″ en ascension droite la corne boréale de la Lune. L'étoile étoit plus boréale que la pointe d'environ 0′40″. Survinrent des nuages. — A 8ʰ20′8″, l'étoile étoit dans la ligne des cornes, distante de la corne australe d'un peu plus que le diamètre de Jupiter, ou d'environ une minute. *Ibid. p.* 21, 22.

— Flamsteed a pareillement observé cette appulse. A 8ʰ20′55″ l'étoile est dans la ligne des cornes ; très-peu après, distance à la corne australe : 1′49″. A 8ʰ21′15″ elle avoit dépassé la ligne. *Hist. cœl. Brit. p.* 308.

— Le 2 avril, Hévélius, à Dantzick. A 9ʰ54′30″ immersion de l'étoile suivante sous la corne australe du Taureau (119 du Cat. Brit.) près *Mons Audus* (*Galilæus*).

A 10ʰ 9′30″... conjonction d'une autre petite étoile distante de 4′ de la corne australe.

10 30 36 ... imm. d'une 3ᵉ étoile (120 du Cat.) près *Palus Marœotis* (*Grimaldus*).

10 53 50 ... émersion de la 1ʳᵉ étoile entre *Palus Mæotis* et *Insula major maris Caspii* (*Mare Crisium et Langrenus*). Sa conjonction a été presque centrale (suivant une figure qui accompagne le texte l'étoile auroit passé un peu au sud du centre).

L'émersion de la 3ᵉ étoile n'a pas été observée ; elle s'est faite au-dessous d'*Insula major maris Caspii.* — *Ann. Clim. p.* 145. Les heures sont données pour corrigées ; cependant Halley, *App. ad Astr. Carol. p.* 22, ajoute partout 1′20″ et donne pareillement les temps pour corrigés.

— Ces occultations ont été aussi observées par Flamsteed.

A 8ʰ43′14″... immersion de la 1ʳᵉ étoile.

9 24 28 ... immersion de la 3ᵉ.

9 43 8 ... la 1ʳᵉ étoit sortie ; on peut fixer son émersion à 9ʰ43′2″.

9 54 20 ... diam. de la Lune : 31′24″. *Hist. cœl. Brit. p.* 308.

— Le 2 mai, à 9ʰ41′10″, à Islington, la 10ᵉ étoile de l'Écrevisse suivant le Cat. de Tycho (ζ) n'étoit pas encore dans la ligne des cornes.

A 9ʰ45′40″ elle paroissoit l'avoir dépassée, mais insensiblement ; un nuage n'a pas permis une plus grande précision. L'étoile étoit distante de la corne australe d'environ 13′. *App. ad Astr. Carol. p.* 26.

— A Dantzick, à 11ʰ0′0″ conjonction de la Lune avec la même étoile, qui étoit 12′ au-dessous de la corne australe. L'étoile en ♋ 27ᵈ53′37″ ; lat. 2ᵈ18′42″ (Mayer 3ˢ26ᵈ54′53″ ; lat. 2ᵈ17′9″ A).

A 12ʰ0′0″ immersion d'une très petite étoile qui étoit, autant qu'on a pu le conjecturer, en ♋ 28ᵈ 3o′, lat. 1ᵈ 54′ A. *Ann. Clim. p.* 149. — *Acta Erud.* 1683 *p.* 353. Les temps ne sont pas corrigés; Hévélius étoit malade.

— Le 4 mai, à Dantzick, immersion de Régulus, à 11ʰ 14′ 0″ *Ibid. p.* 15o (à 11ʰ 13′ 20″ suivant Halley p. 27; à 11ʰ 12′ 5o″, encore mieux).

— A Islington, immersion d'une petite étoile qui précède Régulus et qui est presque en même latitude, à 9ʰ 51′ 0″. Cette étoile n'est pas dans les catalogues.

A 9ʰ 58′ 39″ . . .	immersion de Régulus à 12′ environ de la corne australe.
10 44 14 . . .	émersion à 5oᵈ environ de la corne australe. *App. ad Astr. Carol. p.* 26.

— A Greenwich, à 9ʰ 59′ 2″ immersion de Régulus, à 11′ 4″ de la pointe vraiment australe.

A 10ʰ 18′ 28″ . . .	diam. de la Lune : 32′ 39″ au moins.
10 44 34 . . .	émersion.
10 45 56 . . .	dist. de l'étoile à ladite pointe : 13′ 37″. *Hist. cœl. Brit. p.* 311.

— Le 29 mai, à 10ʰ 9′ 0″, à Islington, immersion d'une étoile télescopique très-voisine de la corne boréale. *App. ad Astr. Carol. p.* 27.

Le 1 juin à 9ʰ 34′ 25″ . . .	immersion d'une étoile télescopique.
à 9 38 22 . . .	immersion d'une autre; l'une et l'autre sont plus boréales que le centre de la Lune. *Ibid. p.* 29.

Le 10 juin, π du Sagittaire et *Lacus niger major* (*Plato*) ont été observés par Halley dans un même parallèle; il paroissoit que l'étoile devoit friser la Lune; mais les nuages gênèrent l'observation. Halley se contenta de prendre plusieurs passages de la tache et de l'étoile par un même cercle horaire :

La tache passe à. . .	11ʰ 12′ 51″	L'étoile passe à. . .	11ʰ 14′ 34″
» . . .	11 18 46	» . . .	11 20 17
» . . .	11 25 49	» . . .	11 27 7

L'étoile étoit plus boréale que la tache d'un tiers de l'intervalle entre la tache et le bord boréal de la Lune. *Ibid. p.* 3o.

Le 4 juillet, à 9ʰ 6′ 43″, immersion d'une étoile un peu au-dessus du milieu du bord obscur. *Ibid. p.* 32.

Le 19 juillet, précisément à 13ʰ 44′ 3o″, émersion d'Aldébaran, un peu au-dessous ou peut-être 3′ au-dessous du milieu du limbe obscur de la Lune. *Ibid. p.* 33.

Le 3o juillet, à 8ʰ 45′ 0″, distance du bord (occid.) de la Lune à β du Scorpion ; 19ᵈ 45′ 0″; donc, lieu observé de la Lune en ♏ 9ᵈ 34′. *Ibid.*

Le 3 septembre à 7ʰ 39′ 16″, le noyau de la tache *Mons Sinaï* (*Tycho*) et δ du Capricorne sont exactement dans le même parallèle; la tache passe par un fil horaire 4′ 13″ avant l'étoile; et à 7ʰ 47′ 31″ la différence des passages est de 4′ 1″. *Ibid. p.* 39.

Le 9 septembre à 15^h 17′33″, immersion de la 5e étoile de la Baleine, près *Mons Acabe* (*Eichstadius*), ou plutôt au 145e degré du limbe intérieur de la carte d'Hévélius. Ensuite, nuages. *Ibid. p.* 41.

Le 9 octobre, le noyau de *Sinaï* (*Tycho*) passe à 9^h 7′30″ et Aldébaran à 9^h 12′35″; l'étoile est un peu plus australe que la tache.

La tache passe à 9^h 15′44″, et l'étoile à 9^h 20′35″; l'étoile est plus australe d'env. 1′.

A 9^h 44′0″ Aldébaran est estimé de 2′ $\frac{1}{2}$ plus austral que la corne australe.

A 18^h 46′5″ distance de l'étoile au bord oriental : 3^d 14′50″. *Ibid. p.* 46.

— Le 5 novembre, à Dantzick, à 19^h 39′, distance d'Aldébaran au bord oriental : 44′6″. *Ann. Clim. p.* 174.

— Le 8 novembre, à Islington, à 10^h 21′0″, immersion de ζ des Gémeaux à environ 60^d de la corne boréale.

A 11^h 12′7″ émersion au nord du milieu du bord obscur. *App. ad. Astr. Car. p.* 50.

— Le 9 novembre, à 10^h 37′0″, une petite étoile que Halley croit être la dernière des Gémeaux (*g*) est dans la ligne des cornes, qui sont un peu obtuses; elle est distante de 4′30″ de la corne boréale. *Ibid.* (Je croirois que cette étoile est la 85e du Cat. Brit.)

Toutes ces observations, extraites de l'*Appendix ad Astronom. Carol.* ont été faites par Halley à Islington, fauxbourg de Londres, sous le même méridien que la *porte neuve* de Londres. Le milieu de l'Observatoire de Greenwich est à 46^d 52′ $\frac{1}{2}$ à l'est de celui de Halley. Hauteur du pôle : 51^d 32′45″, à très-peu près. *Ibid.*

— Le 12 novembre, à Dantzick, distances de *l* du Lion à la ligne des cornes :

A 12^h 51′ 0″...	distance........................	25′ 6″
12 59 20 ...	»	29 39
13 5 20 ...	»	33 27
13 11 0 ...	»	36 30
13 14 13 ...	»	38 46
13 21 0 ...	»	42 35

Hévélius conclut que la conjonction est arrivée à 12^h 9′, l'étoile étant à 6′5″ au nord de la corne boréale. *Ann. Clim. p.* 175.

= Cette année commence une suite d'observations de La Hire à l'Observatoire. La plupart se trouvent dans l'*Histoire céleste* de M. le Monnier, p. 275 : mais cet ouvrage si utile ne s'étend pas au-delà de l'an 1685. Les observations suivantes sont extraites des mss. de M. de la Hire. Dans l'Histoire céleste elles sont rapportées fidèlement, telles qu'elles ont été faites : on y trouve le passage d'un des bords au quart de cercle mural, la hauteur méridienne d'un des bords et le diamètre observé; mais le quart de cercle mural n'étoit ni parfaitement plan, ni parfaitement vertical : il donnoit les passages trop tôt vers le tropique d'été, trop tard vers celui d'hiver. D'après un grand nombre d'observations la Hire avoit déterminé l'équation qu'il falloit employer à chaque hauteur.

Nous donnons ici, d'après la Hire lui-même, les passages du centre de la Lune réduits au temps vrai et au vrai méridien, — le diamètre, corrigé de l'effet de la réfraction dans les petites hauteurs — et la hauteur du centre, corrigée de l'effet de la réfraction et de la parallaxe. J'omets, au reste, les observations qui ne peuvent servir à déterminer le lieu de la Lune ou des planètes. Le passage du centre de la Lune au méridien est déterminé d'après le passage observé d'un des bords, ou même, s'il est marqué d'une ⋆, d'après le passage des deux bords.

Dates.	Passage du centre de ☾.	Diamètre de ☾. au méridien.	Hauteur observée du bord de ☾.	Hauteur vraie du centre de ☾.
Mai 4......	6ʰ 57′ 59″¼	32′ 48″	sup. 55ᵈ 45′ 50″	56ᵈ 2′ 9″
5......	7 52 28¼	33 6	51 34 50	51 55 1
6......	8 45 41	33 6	46 40 30	47 4 1
16......	17 28 5	30 20	23 19 30	23 52 42
17......	18 13 52½	29 35	26 11 50	26 43 28
18......	18 58 7¾	29 30	29 40 20	30 10 49
Juillet 3......	7 54 22¾	32 15	{ sup. 30 3 30 } { inf. 29 31 15 }	30 36 26
4......	8 45 10½	31 50	sup. 26 0 30	26 34 26
5......	9 36 52¼	31 28	22 51 0	23 25 32
Août 4......	10 7 38	30 20	{ sup. 19 48 17 } { inf. 19 18 0 }	20 22 22
Sept. 28......	7 6 15	30 37	{ sup. 19 47 50 } { inf. 19 17 15 }	20 21 55
Nov. 25......	6 9 9¾	30 7	inf. 26 19 35	27 21 34
26......	6 52 30¾	29 50	30 9 0	31 8 50
27......	7 34 21	29 52	34 22 0	35 19 55

— Conjonction de Saturne avec la Lune le 6 avril.

Passage du 1ᵉʳ bord de la Lune à 7ʰ 58′ 50″ de l'horloge; hauteur 56ᵈ ½ environ; passage de Saturne à 8ʰ 0′ 27″.

A 7ʰ 15′ temps vrai (ne faudroit-il pas 8ʰ 15′?), Saturne dans la ligne des cornes; conjonction apparente. *Hist. cél. p. 275* et *La Hire ms.*

Pour avoir le temps vrai des passages il faudroit ajouter aux temps de l'horloge : 1° — 1′ 46″ ⅔ dont elle retardoit alors; 2° — 5″ ⅓ pour l'équation du mural, suivant les observations postérieures de la Hire. Mais on remua si souvent le mural, durant ce mois d'avril, qu'il n'est guère possible de deviner l'état où il étoit chaque jour.

PLANÈTES (*Voyez* à l'année suivante).

Opposition de Saturne, le 5 février, à 1ʰ 28′, en ♌ 17ᵈ 0′ 30″ t. m. mérid. de Londres. *Halley Tab.* — ou à 0ʰ 32′ mérid. de Paris, en ♌ 16ᵈ 59′ 30″, lat. 1ᵈ 11′ 51″ B. d'après les observations de Flamsteed. *Cass. Elém. d'Astr. p.* 358; — ou enfin, suivant les observations d'Hévélius, le 4 février, à 23ʰ 32′, mérid. de Paris, en ♌ 16ᵈ 57′ 15″, lat. 1ᵈ 15′ 58″ B. *Ibid.* p. 357.

— Nous omettons toutes les observations des planètes faites par la Hire et fidèlement rapportées dans l'*Hist. céleste.*

— Le 5 mai, passage de Saturne à $6^h 15' 27''$ ou, temps vrai, à $6^h 15' 59'' \frac{1}{2}$. *La H. ms.*

— Opposition de Jupiter, le 5 février, à $5^h 13'$ t. m. mérid. de Londres, en ♌ $17^d 10' 0''$. *Halley Tab.*; — ou, d'après les observations de Flamsteed, à $4^h 30'$ mérid. de Paris, en ♌ $17^d 9' 23''$, lat. $1^d 0' 50''$ B. *Cass. Elém*, p. 417; — ou enfin, d'après les observations faites à l'Observatoire de Paris, à $5^h 0''$ en ♌ $17^d 10' 0''$. *Ibid.* p. 418; — à $5^h 22'$ t. m., mérid. de Paris, en ♌ $17^d 10' 3''$. *Jeaurat.*

— Le 4 juin, à Paris, passage de Jupiter à $4^h 27' 37''$ temps vrai. *Hist. cél.*; — à $4^h 27' 43'' \frac{1}{2}$ t. vrai. *La H. ms.* La cause de la différence est que dans l'*Hist. cél.* il s'agit du passage par le mural, et dans le *ms.* du passage par le méridien vrai.

Le 21 juin, hauteur méridienne de Jupiter : $57^d 2' 30''$. *La H. ms.*

— Opposition de Mars, le 10 avril, à $23^h 31'$, t. m. mérid. de Londres, en ♎ $21^d 39' 18''$. *Tab. Hall.*; — ou le 11 avril, à $0^h 10'$ mérid. de Paris, en ♎ $21^d 41' 30''$. *Cass. Elém. p.* 465.

— Le 3 mai, Hévélius, à Dantzick. A $9^h 12'$, conjonction de Mars et de θ de la Vierge. Mars étoit 40' plus austral que l'étoile. *Ann. Clim. p.* 149.

— Le 6 juillet, Mars au mural de l'Observatoire de Paris, à $6^h 30' 37''$; au vrai méridien, à $6^h 19' 50''$ t. vrai. *La H. ms.* — Haut. app. : $31^d 29' 0''$.

— Le 1 janvier, à $6^h 3' 30''$, Hévélius observa Vénus à $20' 9''$ d'une étoile du Capricorne. *Ann. Clim. p.* 138.

— Le 5 février, Halley, à Islington, prit à $1^h 1' 0''$ la distance de Vénus au bord occidental du Soleil, et la trouva de $8^d 25' 30''$. A $1^h 56' 0''$ elle étoit de $8^d 26' 15''$. Une telle observation est extrêmement rare, dit Halley, et c'est la première fois qu'on a observé Vénus presque dans sa conjonction inférieure. Il ajoute que, par un calcul assez exact, il en a conclu l'inclinaison de Vénus de $3° 23'$. *Append. ad Astron. Carol. p.* 14.

S'il y a quelque mérite dans cette observation, Halley doit au moins le partager avec La Hire, qui, le 3 et le 5 du même mois, a fait plusieurs observations de Vénus dans l'intention arrêtée de déterminer le temps précis de la conjonction inférieure de cette planète. Voyez *Hist. cél.* de M. Le M. *p.* 273.

— Mars 13, à $6^h 37'$	dist. de ☿ à Aldébaran ...	$59^d 25'$	*La H. ms.*
— Déc. 13, à 19 26 10''	» à α ♍.........	44 25 30''	
» à 19 34 10	» »	44 26 10	*Ibid.*
— Déc. 22, à 19 26 20	» »	57 15 0	
» à 19 32 10	» »	57 16 40	
» à 19 48 0	» »	57 18 40	*Ibid.*

ÉTOILES.

Hévélius vit pour la première fois, le 1 août, la variable de la Baleine; elle n'étoit pas encore égale à δ. Dès le 18 du même mois elle ne paroissoit plus. *Ann. Clim. p.* 109.

SATELLITES.

Le 5 janvier, immersion du 3ᵉ sat. de Jupiter à 8ʰ4o′3o″. Halley à Islington. *App. ad Car. p.* 12.

— Le 18 mars, à 9ʰ52′ $\frac{1}{2}$, le 1ᵉʳ satellite est à moitié caché par le disque de Jupiter. A 13ʰ13′ émersion de l'ombre, un peu douteuse. Ciel nébuleux. La Hirc à Paris. *La H. ms.*

— Mars 20, à   7ʰ4o′31″, à Paris, ém. du même ; excellente observation. *Ibid.*
    »   25, à 15   8 39 , émersion du même. *Ibid.*
    »   27, à   9 37 20 , émersion du même. *Ibid.*
    Avril 19, à   9 58 28 , émersion du même. *Ibid.*
    »   22, à   8 59 54 , ém. du 2ᵉ. *Ibid.*; ou à 8ʰ59′45″. *Tables de Jeaurat.*
    Mai   5, à   8 19 42 , émersion du 1ᵉʳ. *La H. ms.*

— Le 7 mai, à Greenwich, à 8ʰ19′54″, le 3ᵉ sat. étoit sorti. *Hist. cœl. Brit. t. I, p.* 356.

— Le 14 mai, à 8ʰ44′23″, immersion du 3ᵉ; émersion 3ʰ$\frac{1}{2}$ après. *La H. ms.* — A Greenwich immersion à 8ʰ45′26″; émersion à 12ʰ15′10″. *T. de Jeaurat.*
Le 19 mai, à 8ʰ3o′ le 1ᵉʳ sat. entre sur le disque. *La H. ms.*
Le 4 juin, à 10ʰ27′5″, ém. du 1ᵉʳ; Jupiter est bas et dans de la brume. *Ibid.*

— Novembre   1, à 18ʰ35′5o″, Flamsteed croit le 1ᵉʳ sat. disparu ; il l'étoit certainement à 18ʰ36′o″? *Hist. cœl. Brit.*
    »   26, à 16   6 3o , immersion du 3ᵉ. *Ibid.*
    »   28, à 14 49 20 , immersion du 2ᵉ. Il avoit certainement disparu à 14ʰ49′4o″. *Ibid.*
    Décembre 10, à 16 47 55 , imm. du 1ᵉʳ. *Ibid.* Il faisoit grand vent.
    »   à 16 48 4o ,   »   Halley, à Islington. *App. ad Astr. Carol. p.* 54.
    »   29, à 18 52   o , le 3ᵉ sat. étoit sorti de l'ombre. *Ibid.*
    »   3o, à 14   9 5o , à Greenwich, imm. du 2ᵉ sat. *T. de Jeaurat.*

FAITS.

Le 18 mars, Cassini découvre pour la première fois la lumière zodiacale. Il avertit cependant que Childrey, Anglois, l'avoit découverte avant 1659, puisqu'il en fait mention à la fin de son Histoire naturelle d'Angleterre. *Anc. Mém. t. I, p.* 379; *t. VIII, p.* 276. Mais ce phénomène avoit alors été négligé.

En 1684, le P. Noël, naviguant dans la mer des Indes, voit cette même lumière et lui donne le nom de second crépuscule: et les années suivantes, à Goa et dans d'autres lieux, il lui trouve une étendue de 70 degrés. (A l'île Rodrigue, au mois d'août 1761, nous l'avons vu s'étendre presque jusqu'au zénith.)

En 1685, Kirch l'observe le soir à Leipsick, du 27 février au 6 mai. Elle reparoit au matin le 7 septembre et le 28 novembre. Il ne sait d'abord ce que peut être ce phénomène. Il le revoit le 13 février 1686 et reconnoît la lumière zodiacale, *découverte*, dit-il, par *Cassini. Kirch ms.*

Dans un ouvrage intitulé *Uranies Noricæ Strena sacræ*, in-fol., daté du 1 janvier 1694, George-Christophe Eimmart s'exprime ainsi : « La seizième année s'écoule, depuis que ceux qui célèbrent les sacrés mystères de l'Uranie de Nuremberg observent un phénomène céleste digne d'admiration etc. » Ce phénomène n'est autre que l'aurore boréale (¹), qui paroit tous les ans depuis le 1 janvier v. st. durant 3 mois, et quelquefois plus longtemps. Si cela est, Eimmart aura découvert l'aurore boréale dès le mois de janvier 1679 : mais il ne falloit pas attendre jusqu'en 1694 pour faire part de cette découverte au public, qui peut se défier de la mémoire d'Eimmart.

— Louis XIV ordonna cette année de prolonger jusqu'aux extrémités du Royaume la méridienne de l'Observatoire, ouvrage que Picard avoit déjà commencé en 1669 et 1670. Cet ordre avoit été donné en conséquence d'un Mémoire présenté par Cassini à Colbert. Cassini, Sedileau, Chazelles, Varin, Deshayes et Pernim, furent chargés de la partie du Midi, et poussèrent leurs opérations depuis Paris jusqu'à St Sauvier près de Montluçon en Bourbonnois, dans une étendue de 140000 toises. Celles de La Hire, Pothenot et Le Fèvre, envoyés au Nord, s'étendirent depuis Sourdon en Picardie et Montdidier jusqu'à Cassel en Flandres. *Duham. Hist. Acad. p.* 228 *et suiv.* Mais Colbert étant mort le 6 septembre de cette année, l'ouvrage fut interrompu. Il a été repris depuis et heureusement terminé par les Cassini.

— La mort de Colbert ne fut pas la seule perte que l'Académie des Sciences fit cette année. Le 12 octobre, elle perdit en la personne de l'abbé Picard un astronome et un physicien savant, zélé et laborieux. Il étoit né à La Flèche. Il mourut, ainsi que Tycho, d'une rétention d'urine. Nous avons parlé de ses principales opérations. La plupart de ses ouvrages se trouvent rassemblés dans le recueil des Anciens Mémoires de l'Académie.

— Picard et Rœmer avoient souvent proposé de déterminer les ascensions droites des astres par leurs passages à un grand quart de cercle mural placé dans le plan du méridien. Ce projet, autant de fois abandonné que proposé, fut enfin effectué au mois d'avril 1683 par les soins de La Hire. Quelques années après Flamsteed fit exécuter un arc de cercle à peu près semblable, dont il commença de se servir en 1689.

1684.

ÉCLIPSE DE SOLEIL, LE 12 JUILLET.

Hévélius, à Dantzick, observa le commencement à 3^h47′5″, à 23^d environ du zénith vers l'ouest. — Fin à 5^h35′55″, à 83^d30′ du zénith, vers l'est. — Grandeur : 4^d55′ à 4^h41′30″. *Ann. Clim. p.* 182 *et suiv.*

(¹) C'est évidemment *lumière zodiacale* qu'il faut lire (G. B.).

— Breslau en Silésie : commencement à $3^h 41' 0'' \frac{1}{2}$; — fin à $5^h 36' 56'' \frac{1}{2}$. *Kirch ms.*

— A Leipsick, Kirch fit les observations suivantes extraites de ses mss :

Temps suivant l'horloge.	Hauteurs du Soleil.	Heures corrigées.	Phases de l'éclipse.
^{h} $'$	^{d} $'$	^{h} $'$ $''$	
2 51 ½.....	45 50	2 50 32	
3 2......	44 15	3 1 40	
3 11 ½.....	42 50	3 11 28	
3 17 ½.....		3 17 40	Commencement.
4 6......		4 7 53	Pas encore 6 doigts.
4 10......		4 12 1	Environ 6 doigts.
4 11......		4 13 3	6 doigts.
4 15......	32 52	4 17 12	
4 25......		4 27 31	6 ½ doigts; plus grande phase.
4 30......		4 32 40	6 doigts.
5 14 ½.....		5 18 32	fin de l'éclipse.
5 29......	21 2	5 33 28	
5 34......	20 20	5 38 0	
5 42 ⅔.....	18 50	5 47 52	
5 48 ⅔.....	17 44	5 55 4	

Le commencement et la fin de l'éclipse ont été observés avec une lunette de 13 pieds. Un ami de Kirch, qui observoit dans une maison voisine avec une lunette de 5 pieds, borna la grandeur de l'éclipse à 6 doigts un quart, d'accord d'ailleurs avec Kirch sur la durée du phénomène. *App. ad Ephem. anni* 1685.

Christfried ou Christian Kirch, fils de Godefroy, remarque que, pour conclure les temps vrais des hauteurs du Soleil, son père a supposé la latitude de Leipsick de $51^d 24'$ et qu'elle n'est que de $51^d 20'$. Elle n'est même marquée que de $51^d 19' 14''$ dans la Connoissance des Temps. En supposant cette dernière latitude, il faudroit retrancher $15''$ de la première heure $2^h 50' 32''$, et $3''$ seulement de $4^h 17' 12''$. Il faudroit, au contraire, ajouter $7''$ à la dernière heure $5^h 55' 4''$.

— Honold, aussi à Leipsick, je pense, ne détermina le commencement qu'à $3^h 21' 52''$; — plus grande phase : 6 doigts $40'$ à $4^h 16'$; — fin à $5^h 18' 40''$. *Kirch ms.*

— A Nuremberg, Georges-Christophe Eimmart. Nuages. — 1 doigt à $3^h 17' 30''$. — Plus grande phase, 7 doigts, depuis $4^h 9'$ jusqu'à $4^h 17'$. — Fin à $5^h 16' 58''$. — Le diam. du Soleil étoit à celui de la Lune comme 100 à $95 \frac{1}{3}$. La première phase d'un doigt s'étendoit depuis 285^d jusqu'à $330^d \frac{1}{2}$; à $4^h 16' 58''$, depuis $176^d \frac{1}{2}$ jusqu'à 297^d. Fin à 171^d. Ces degrés du limbe solaire sont comptés depuis l'extrémité occidentale du diamètre horizontal du Soleil; le 90e degré concourt avec le zénith et le 270e avec le nadir solaire. Eimmart observoit dans l'observatoire de la citadelle de Nuremberg dont la direction lui étoit confiée. *Ephem. nat. curios. Decas II, ann.* 3, p. 223. — *Typ. hujus Ecl. Noribergæ impressus, fol.*

— Jean-Philippe de Wurzelbau, ou Wurzelbaur, observoit aussi à Nuremberg, dans sa maison. Disciple d'Eimmart, il étoit, je pense, à son égard ce que Gassendi avoit été à l'égard de Wendelin. Les nuages lui cachèrent le commencement de l'éclipse; il jugea cependant qu'elle avoit commencé au 307e degré du limbe.

— Phase de 2 doigts à $3^h 23' 0''$, depuis 266^d jusqu'à près de 332^d. — Plus grande phase de 7 doigts à $4^h 18' 48''$, s'étendant de 169^d à 290^d. — Fin à $5^h 17' 14''$ au 171e degré. — Le diamètre du Soleil étoit à celui de la Lune comme 252 à 240. *Typ. hujus Ecl. etc.*

— A Londres, Halley : commencement à $2^h 10'$; — fin à $4^h 27'$. *App. ad Astr. Carol. p.* 64.

— Flamsteed, à Greenwich : nuages d'abord. A $2^h 12' 17''$, l'éclipse est très-petite. — A $2^h 12' 40''$, elle est de $11'$ de doigt ou un peu plus forte. — A $3^h 21' 6''$ et $3^h 25' 9''$ plus grande phase de 7 doigts $19'$. — A $4^h 27' 37''$ fin exacte. *Phil. Trans.* n° 162, p. 691. — *Hist. cœl. Brit.*

— À Oxford, Edouard Bernard, Wallis, Casuelius, Rook : commencement à $2^h 3' 0''$; — fin à $4^h 21' 14''$; — grandeur : 7 doigts $\frac{4}{10}$. *Phil. Trans.* n° 164, p. 747. *Hist. cœl. Brit.*

— A Townley, Townley : commencement (conclu des phases suivantes) à $1^h 59' 0''$; — fin à $4^h 13' 5''$. *Hist. cœl. Brit.*

— Ash et Molineux, à Dublin, observèrent la fin seule, à $3^h 56'$. *Phil. Trans. ibid.* — *Hist. cœl. Brit.*

— Osborn à Drogheda, par $53^d 40'$ de latitude et sous le méridien de Dublin ; commencement à $1^h 37' 30''$; — fin à $3^h 56' 20''$. *Ibid.*

— A Paris, Boulliau : nuages au commencement. Le Soleil sortant des nuages et étant à la hauteur de 50^d : un doigt, par estime. — A la hauteur de 45^d, l'éclipse paroissoit de 6 doigts. — A la hauteur de $41^d 15'$ elle excédoit 7 doigts. — Elle atteignit 8 doigts. — La fin fut assez précisément observée à la hauteur de $29^d 30'$. *Bull. ms. — Phil. Trans. n° 162, p. 693,* etc. Des hauteurs observées Halley conclut la phase d'un doigt à $2^h 29' 30''$ et la fin à $4^h 42'$.

— A l'Observatoire, en bas, Cassini et Sedileau jugent le diamètre de la Lune moindre que celui du Soleil, ce qu'ils attribuent à la dilatation de la lumière. (Le diamètre du Soleil devoit excéder, mais de fort peu, celui de la Lune.) — Commencement sous les nuages, mais conclu des phases suivantes, à $2^h 25' 30''$ ou $55''$. — Plus grande phase de 7 doigts $\frac{7}{8}$ à $3^h 55' 0''$. — Fin à $4^h 43' 23''$. *Phil. Trans.* n° 162, p. 693 *et* n° 163, p. 715. — *Anc. Mém. t. X, p.* 667 *et suiv.* — *Journ. des Sav. etc.* Dans *Hist. cœl. Brit.* et *Ephem. nat. cur. dec. 2, ann.* 3, p. 224 on fait monter la quantité de l'éclipse jusqu'à 8 doigts ; près de 8 doigts *Cass. ms.*

— En bas, La Hire et Pothenot : commencement conclu des phases suivantes à $2^h 25' 24''$. — A $3^h 36' 27''$ plus grande phase de 7 doigts $50'$. — Fin très-précise à $4^h 43' 27''$. *Ibid.* et *Reg. de l'Acad.* — Commencement $2^h 25' 23\frac{1}{2}$; — fin à $4^h 43' 26'' \frac{1}{2}$. *La H. ms.*

— Au collège de Louis le Grand, le P. Fontanay manqua et le commencement et la fin à cause des nuages. A $2^h 29' 30''$, un demi doigt. — A $3^h 38'$, 7 doigts $\frac{3}{4}$. — A $4^h 41' 0''$, environ $\frac{1}{3}$ de doigt. *Ibid.*

— De Glos, à Honfleur (au Hàvre *Duham.* p. 240) : commencement à $2^h 15' 2''$;
— fin à $4^h 34' 35''$; — grandeur : plus de 8 doigts, moins de 9. *Phil. Trans. n°* 163,
p. 719. — *Anc. Mém. t. X, p.* 671.

— A Aix, Gautier : commencement à $2^h 54' 30''$; — fin à $5^h 9' 9''$; — grandeur :
8 doigts $\frac{1}{2}$. *Ibid. p.* 718 et 671.

— A Avignon, le P. Bonfa : commencement à $2^h 43' 27''$; — fin à $5^h 4' 37$. *Ibid.*
p. 719 *et* 672.

— A Pau, le P. Richaud. A $3^h \frac{1}{4}$: dix doigts ; — à $4^h \frac{3}{4}$, fin. *Ibid. p.* 719 *et* 671.
Toutes ces observations faites en France se trouvent aussi dans *Journ. des Sav.*
1684 *p.* 309 *et suiv.*

— Jules Reichelt, à Strasbourg, ne vit ni le commencement ni la fin ; il n'observa autre chose sinon que la grandeur de l'éclipse fut de 7 doigts $\frac{1}{2}$.

— Les nuages ne permirent pas à Dominique Guillelmini d'observer, à Bologne,
en Italie, le commencement. A $3^h 34'$ le Soleil se montra entre les nuages ; l'éclipse
étoit commencée et d'environ 2 doigts $\frac{1}{2}$. — Plus grande phase (de 7 doigts 20'),
de $4^h 19'$ à $4^h 29'$. — Fin très-exacte à $5^h 28' 7''$. *Acta Erud.* 1684, p. 483, 484. —
Kirch ms. d'après l'imprimé de Bologne.

— *N. B.* Les observations de Dantzick, de Nuremberg, de Greenwich, d'Oxford,
de l'Observatoire et du Collège de Louis le Grand à Paris, d'Avignon et de Bologne,
sont beaucoup plus détaillées dans les ouvrages respectivement cités.

— A 3 milles en mer, devant Roses, Chazelles à l'ancre : commencement à
$2^h 40'$. — A $3^h 25'$: 6 doigts. — A $3^h 40'$, cornes horizontales. — A $4^h 15'$, cornes
verticales. — A $5^h 1' 30''$: fin. — Grandeur d'environ 9 doigts. *Phil. Trans.* —
Anc. Mém. — *Journ. des Sav.* aux lieux cités.

— A Lisbonne, Jacobs : commencement à $1^h 30'$ exactement ; — fin à $4^h 12'$; —
grandeur 11 doigts. *Phil. Trans. n°* 164 *p.* 749. — *Hist. cœl. Brit.*

— A l'isle Barbade, par $13^d 5'$ de lat. : commencement le 11 juillet à $20^h 44' 51''$,
— fin à $21^h 59' 45''$. Petite éclipse dans la partie boréale du Soleil. *App. ad Astr.*
Carol. p. 66.

PREMIÈRE ÉCLIPSE DE LUNE, LE 26 JUIN.

Cette éclipse étoit fort petite ; il étoit, en conséquence, très-difficile d'en estimer
les phases avec quelque précision.

— Suivant Flamsteed, à Greenwich, à $14^h 2' 28''$, la pénombre étoit fort dense ;
c'étoit peut-être le temps du commencement. — $14^h 6' 28''$ l'éclipse étoit commencée. — A $14^h 8' 28''$, elle étoit bien certainement commencée. — A $14^h 40' 28''$ fin,
douteuse. — A $14^h 44' 28''$ fin, certaine. *Hist. cœl. Brit.*

— Halley, à Islington, n'osa déterminer ni le commencement ni la fin de
l'éclipse. A $14^h 30'$, dit-il, la Lune fut très-légèrement éclipsée dans sa partie aus-

trale. — Au milieu de l'éclipse, la corde de l'arc éclipsé ne fut que de 11′ environ; donc l'élipse a dû ne durer que 47′. *App. ad Astr. Carol. p.* 64.

— A Paris, Cassini et Sedileau, au bas de l'Observatoire. Hauteur méridienne du bord supérieur de la Lune : 18ᵈ 16′ 10″; et avec un autre quart de cercle : 18ᵈ 16′ 15″.

A 13ʰ 33′, pénombre entre *Schikardus et Tycho.*

A 14ʰ 5′ 30″, on douta du commencement. On n'en fut bien certain que 4′ à 5′ après.

A 14ʰ 30′ 6″ la partie éclipsée du limbe passe en 42″ *Cass. ms.*

A 14ʰ 32′ 30″ la ligne des cornes étoit parallèle à l'équateur, et l'éclipse étoit de 0ᵈ 1′ ou 0 doigt 22′ ½; ce fut la plus grande phase. (Grandeur : 1′ 20″ *Cass. ms.*)

Fin à 14ʰ 55′, avec une lunette de 3 pieds; — à 14ʰ 58′ 44″ avec une lunette de un pied et demi. *Anc. Mém. t. X p.* 665 *et suiv.* — *Journ. des Sav.* 1684 *p.* 274 *et suiv.*

— En haut, La Hire et Pothenot ne purent déterminer le commencement.

A 14ʰ 30′ 32″ plus grande phase de 0ᵈ 1′ 20″, donc 0 doigt 30′, le diamètre ayant été trouvé alors de 32′ 9″. *Ibid.*

— A Avignon, le P. Bonfa : commencement à 14ʰ 27′ 19″; fin à 15ʰ 13′ 34″. *Ibid.*

SECONDE ÉCLIPSE DE LUNE, LE 21 DÉCEMBRE.

Cette observation, faite à l'Observatoire de Paris, en haut par La Hire, en bas par Cassini et Sedileau (conjointement avec les PP. Fontanay, Visdelou, Bouvet et Tachard, qui devoient incessamment partir pour la Chine), est amplement détaillée dans *Anc. Mém. t. X p* 674 *et suiv.* et dans *Journ. des Sav.* 1685 *p.* 98.

Commencement, selon Cassini à 9ʰ 28′ 40″ (ita *Cass. ms.* ou 9ʰ 28′ 46″. *Elém. d'Astr.* p. 368), et suivant La Hire à 9ʰ 29′ 20″. (La Hire, dans ses *ms.*, donne ce commencement comme douteux).

Immersion de μ des Gémeaux sous le disque à 9ʰ 34′ 48″, Cassini; à 9ʰ 34′ 46″, La Hire. (L'horloge de La Hire avançoit à minuit de 37″ et en réduisant les temps de son horloge aux temps vrais, il a supposé cette accélération constante pendant toute la durée de l'éclipse; mais cette supposition n'étoit pas juste; l'horloge n'avançoit que de 33″ à 9ʰ et de 37″ ½ à 13ʰ. Il seroit donc plus exact de rapporter à 9ʰ 34′ 49″ l'immersion de μ ♄ observée par La Hire).

Emersion de l'étoile à 10ʰ 8′ 25″ (ou plus précisément 10ʰ 8′ 28″) La Hire.

A 10ʰ 8′ 30″, l'étoile étoit sortie. Cassini.

Fin de l'éclipse à 12ʰ 24′ 12″. Cassini; à 12ʰ 26′ 20″ (ou même, d'après le *ms* à 12ʰ 26′ 43″). La Hire.

Diamètre de la Lune au méridien : 30′ 36″. Largeur de la partie éclairée au milieu de l'éclipse : 8 doigts 8′ 38″ *La H. ms.*

Passage du premier bord de la Lune au méridien à 12ʰ 1′ 44″ ½; passage du 2ᵉ bord à 12ʰ 4′ 0″ ½. (Il faut apparemment retrancher 37″ de ces heures, vu l'accélération de l'horloge, et d'autre part ajouter 15″ pour la réduction au vrai méridien). Hauteur méridienne du bord supérieur : 63ᵈ 58′ 10″. *La H. ms.*

— Il y a dans les ms de de l'Isle au Dépôt une observation faite à Lyon par le P. Hoste : mais elle ne vaut absolument rien.

— A Goa, commencement à 14ʰ13′; fin à 17ʰ14′ *Duham. p.* 248. — Milieu à 15ʰ43′30″ *Anc. Mém. t. I p.* 437 *et t. VII p.* 647.

— Au Collége des Jésuites de Rachol, par 15ᵈ18′ de latitude, sur le même méridien que Goa, ou peut-être sous un méridien de 7′ ou 8′ de degré plus oriental, le P. Noel manqua le commencement, qu'il n'attendoit pas si tôt; il l'estima à environ 14ʰ12′; fin observée à 17ʰ13′. *Observationes P. Francisci Noël, etc. Pragæ* 1710 *in* 4°. — 8 doigts *Cass. ms.*

Autres observations de la Lune.

Le 3 janvier à Islington, Halley.

A 19ʰ10′5″ immersion sous (la partie claire de) la Lune de ♂ de l'Écrevisse, en ligne droite avec *Porphyrites (Aristarchus) et Besbicus (Manilius)* ou au 101ᵉ degré du limbe d'Hévélius.

A 19ʰ58′40″ émersion au 321ᵉ degré intérieur du limbe, vis à vis la partie boréale de *Mæotis (mare Crisium)*. Le crépuscule étoit fort; cependant Halley croit l'émersion exacte à très-peu de secondes près. *App. ad Astr. Car. p* 57.

— Le 24 février à 10ʰ46′, à Leipsick, Kirch trouva la distance de ζ du Taureau à la corne la plus voisine et australe de la Lune de 59′30″. La conjonction étoit passée depuis peut-être environ un quart d'heure ou plus. *Kirch. ms.*

— Le 25 février à 6ʰ16′30″, la Lune est presque en conjonction avec ν des Gémeaux; l'étoile est à 20′ au sud de la corne australe. Halley, *App. etc.* p. 59.

— Le 29 févr., Saturne, 17′ au-dessous du bord austral, étoit à peu près en conjonction avec la Lune à 7ʰ53′30″. *Ibid.*

— Le 21 mai Kirch observa à Leipsick la conjonction de Saturne et de la Lune :

8ʰ58′...	distance de Saturne à la corne la plus éloignée : 1ᵈ8′45″;
9 6...	pas encore de conjonction; il s'en faut de l'épaisseur de la vis;
9 14...	on jugeroit la conjonction; cependant le micromètre ne fait pas voir encore la planète dans la ligne des cornes;
9 18...	Saturne au micromètre paroit dans la ligne des cornes; mais avec la lunette de 4 pieds il semble l'avoir dépassée. Peu après, distance de Saturne à la corne prochaine : 34′21″.
9 29...	diamètre de la Lune : 32′58″.

Kirch croit que la conjonction a eu lieu à 9ʰ16′. Les divisions du micromètre de sa lunette de 4 pieds, qu'il a ici employée, ne procuroient pas une extrême précision, chacune d'elles répondant à 21 secondes.

Dans une figure, où probablement les objets sont renversés, Saturne est supérieur à la Lune. *Kirch ms.*

Pour corriger l'horloge ; à   9ʰ8′3o″, hauteur de la Lyre...   36ᵈ54′

   »   10 0 3o ,   »   ... 44 48

   »   10 7 0 ,   »   ... 46 0

— La Hire a aussi observé cette conjonction à Paris. A 8ʰ4o′ Saturne étoit dans la ligne des cornes, à 39′12″ de la corne inférieure. La Lune étoit haute de 42ᵈ et son diamètre étoit de 32′18″ *La H. ms.* (N. B. l'horloge retardoit de o′44″ ⅓ sur le temps vrai.)

= *Le* 16 *juin, conjonction de Vénus et de la Lune.*

— Flamsteed à Greenwich.

8ʰ57′47″...   distance de Vénus à la pointe boréale : 24′42″; Vénus n'est pas encore dans la ligne des cornes.

9 42 51 ...   distance de Vénus au limbe éclairé : 18′48″; elle a dépassé la ligne des cornes.

9 45 27 ...   même distance : 19′12″.

9 5o 47 ...   id.   : 19 56. *Hist. cœl. Brit.* p. 321.

— Kirch, à Leipsick.

Pour corriger l'horloge : à   4ʰ41′   , hauteur du Soleil ...   28ᵈ28′;

   »   à 5 39 3o″,   id.   ...   19 28 ;

   »   à 11 31   , hauteur de α de l'Aigle.   39 3o à l'orient.

4ʰ15′...   dist. de Vénus au bord le plus éloigné de la Lune :   3ᵈ 6′26″

7 43 ...   id.   id.   1 4o 43

            Ces deux distances ont été prises avec une lunette de 1 ½ pied; chaque révolution ou division de son micromètre équivaloit à 1′ et plus; il ne faut donc pas compter sur la précision des secondes.

9 45 ...   dist. du bord le plus éloigné de Vénus au bord le plus voisin de la Lune : 210 parties du micromètre d'une lunette de 13 pieds. (Kirch ne donne pas la réduction; elle doit être de 22′24″. Chaque division = 6″,4).

9 55 ...   conjonction de Vénus et de la Lune, à peu près.

10 0 ...   avec la lunette de 4 pieds, dist. de Vénus au bord éloigné :
                     49′42″;
            dist. de Vénus au bord voisin :
                     19′36″;
            dist. des cornes de la ☾ : 31′3o″.

10 ¾ ...   à la vue simple, Vénus est directement au-dessus de la Lune. *Kirch. ms.*

— A Paris, à 9ʰ55′, conjonction de Vénus et du centre de la Lune; distance de Vénus à la corne supérieure : 18′36″; diamètre de la Lune (haute de 8ᵈ), 31′15″. *La H. ms.*

— Le 29 août, à Leipsick, conjonction de la Lune et de 2ξ de la Baleine :

12ʰ51′ …	dist. de l'étoile au bord voisin.	1′42″ lunette de 13 pieds.
12 58 …	id.	. 1 55 Kirch estime que c'est l'instant de la conjonction.
13 1 …	la Lune paroit avoir dépassé la conjonction.	
13 5 30″…	hauteur de la Chèvre…	39ᵈ56′;
13 10 40 …	id.	… 40 40.

L'étoile, dans la lunette, étoit supérieure, donc réellement inférieure à la Lune. Les nuages ont beaucoup traversé cette observation. *Kirch ms.*

— Le 1 octobre, à 17ʰ20′ à Leipsick, immersion de δ des Gémeaux dans la partie claire de la Lune près *Mons Alabastrinus.* — A 17ʰ25′17″, hauteur de Régulus à l'est : 30ᵈ30′. *Kirch ms.* et *Append. ad Eph. anni* 1686. Les temps sont corrigés par Kirch. L'étoile est entrée à 18′12″ de la corne inférieure. L'étoile en s'approchant de la Lune diminuoit peu à peu de clarté, ce qui fait craindre à Kirch une erreur sur le temps de l'immersion, mais l'erreur, suivant lui, ne peut excéder une minute.

— Le 2 décembre, encore à Leipsick, appulse de Vénus.

17ʰ28′…	hauteur d'Arcturus à l'est………		36ᵈ26′	
18 5…	dist. de Vénus à la corne supérieure..		2 33 13″	Lunette de 1½ pied.
18 14…	id.	inf. ou austr.	1 57 51	id.
18 58…	id.	id. .	1 44 18	Lunette de 4 pieds.
19 17…	hauteur de Vénus……………		27 8	
19 12…	dist. de Vénus à la corne australe…		1 41 51	Lunette de 4 pieds.
19 32…	Nuages. Il s'en faut encore que Vénus soit parvenue à la conjonction.			
	Kirch ms.			

= Voici maintenant les observations de La Hire, qui se trouvent, pour la plupart, dans l'*Histoire céleste* de M. Le Monnier. Mais ici elles sont réduites au temps vrai du passage du centre de la Lune par le vrai méridien. Ces réductions sont de la Hire lui-même, et sont extraites de ses manuscrits.

Dates.	Passages du centre de ☾.	Diamètre de ☾ au méridien.	Hauteurs observées du bord de ☾.	Hauteurs vraies du centre de ☾.
	ʰ ′ ″	′ ″	ᵈ ′ ″	ᵈ ′ ″
Janvier 24….	5 46 0¼	29 45	inf. 48 18 50	49 8 27
30….	10 49 9¾	32 37	62 9 20	62 52 11
Mars 26….	8 18 59½	29 55	sup. 60 27 50	60 40 14
Avril 23….	7 11 36½	32 55	{ sup. 58 56 55 } { inf. 58 24 0 }	59 10 36
24….	8 5 48¼	33 5	sup. 55 2 45	55 19 51
26….	9 53 20¾	33 34	44 32 20	44 56 4
Mai 25….	9 28 33	33 25	35 30 35	36 1 47
26….	10 22 37	33 30	29 55 50	30 29 57
Juin 4….	18 27 19½	30 18	31 45 30	32 15 31
16….	3 0 59¾	32 3	61 7 0	61 18 28
19….	5 36 33	32 37	48 55 40	49 17 13

Dates.	Passages du centre de ☾.	Diamètre de ☾ au méridien.	Hauteurs observées du bord de ☾.	Hauteurs vraies du centre de ☾.
	h m s	′ ″	d ′ ″	d ′ ″
Juin 20....	6 26 34¾	32 35	sup. 43 27 12	43 52 46
21....	7 16 47	32 56	37 45 8	38 14 37
22....	8 8 7¾	32 48	32 12 0	32 44 24
25....	10 54 56½	32 44	19 50 35	20 27 32
Juillet 5....	19 2 50¼	29 55	48 19 30	48 39 38
10....	21 16 40½	30 15	59 44 30	59 56 28
18....	5 9 50¾	32 40	39 29 40	39 57 50
20....	6 51 49¾	32 35	28 44 6	29 17 47
21....	7 45 29½	32 28	24 16 0	24 51 22
23....	9 38 23¾	32 5	18 44 0	19 21 28
25....	11 32 51½ ★	31 50	{ sup. 18 51 25 } { inf. 18 19 35 }	19 27 26
26....	12 27 4½ ★	31 0	{ sup. 20 56 42 } { inf. 20 25 48 }	21 31 16
31....	16 15 14½	30 0	sup. 41 51 30	42 15 55
Août 2....	17 38 28¼	30 6	50 58 0	51 16 27
3....	18 21 52	30 17	55 1 30	55 17 5
20....	8 32 13	31 40	{ sup. 18 3 55 } { inf. 17 32 20 }	18 42 6
31....	17 6 38	30 12	sup. 57 20 40	55 34 26
Sept. 1....	17 53 29	30 17	60 22 20	60 33 46
2....	18 42 57¾	30 53	62 31 40	62 41 34
17....	7 32 52¾	32 15	inf. 17 26 0	18 34 45
Nov. 17....	9 7 32	30 4	39 24 20	40 19 58
18....	9 48 7	29 51	44 15 50	45 8 10
28....	17 43 24	32 15	56 13 45	57 1 16
Déc. 1....	20 11 55½	33 8	40 25 30	41 26 17
13....	6 13 32	31 55	32 39 0	33 35 42
16....	8 16 14½	29 56	47 14 12	48 4 41
18....	9 40 19½	30 0	55 48 40	56 33 10
19....	10 25 19¾	30 10	59 15 35	59 57 42
30....	19 32 58	33 45	31 5 40	32 13 0

PLANÈTES (1683).

OBSERVATIONS DE LA HIRE.

Dans les Tables suivantes, les passages sont réduits au vrai méridien de l'Observatoire royal et au temps vrai. L'★ dénote que les réductions sont faites par la Hire lui-même; nous avons fait les autres d'après les données de la Hire. Nous ne commençons que vers la fin d'avril : le mural avoit été si souvent remué jusqu'au 24 du dit mois, qu'il ne nous a pas été possible de déterminer les équations qu'il falloit employer à chaque position du mural, pour obtenir l'heure du passage au vrai méridien. Le mural est resté depuis dans une même position, et la Hire, comparant de temps en temps l'heure du passage du Soleil par le mural avec celle du midi vrai, donnée par les hauteurs correspondantes, en concluoit la quantité de la déviation du mural à diverses hauteurs du Soleil. Mais la progression des déviations n'étoit pas toujours bien proportionnelle à celle des hauteurs, et, de plus, les mêmes hauteurs ne donnoient pas toujours les mêmes déviations. Je crois pouvoir en conclure que les passages au méridien ne sont quelquefois que dans la précision de 2 ou 3 secondes de temps, quoique je pense qu'ils sont souvent plus précis.

D'après 34 comparaisons des passages du Soleil par le mural avec les instans de midi, donnés par des hauteurs correspondantes, l'abbé de la Caille avoit dressé une Table de réduction des passages par le mural aux passages par le méridien. Nous avions dressé une Table semblable; mais ayant eu depuis communication de celle de la Caille, et l'ayant trouvée assez généralement conforme à la nôtre, nous avons pris le parti de la suivre.

Saturne.

Dates.	Passages au méridien.	Hauteurs méridiennes.
	^{h} $'$ $''$	^{d} $'$ $''$
Mai 3	6 23 23	
4	6 19 40	
5	6 15 59 $\frac{1}{2}$ ★	59 1 55
9	6 1 14 $\frac{1}{2}$	58 58 50
17	5 31 31 $\frac{1}{4}$	58 51 40
18	5 27 48	
19	5 24 4	
23	5 9 0 $\frac{3}{4}$	
Nov. 28	17 59 12	52 44 40
Déc. 1	17 50 35 $\frac{3}{4}$	52 43 30

Jupiter.

Dates.	Passages au méridien.	Hauteurs méridiennes.	Heures.	Distances de ♃ à ♄.
	^{h} $'$ $''$	^{d} $'$ $''$	^{h}	$'$
Mai 2			8	47 50
3	6 20 14	59 0 0	7 $\frac{1}{2}$	45 26
4	6 16 42	58 59 55	7 $\frac{1}{2}$	43 0
5	6 13 10 $\frac{1}{2}$	58 58 35		
7			8	35 15
8			8	32 38
9	5 59 11	58 52 12	7	30 21
13	5 45 9 $\frac{1}{2}$	58 45 0	8	20 59
14	5 41 38 $\frac{1}{2}$	58 43 12	8	18 59
15			8	17 30
16			8	16 21
17	5 31 4	58 37 25		15 52
18	5 27 33	58 35 17		15 49
19	5 24 2 $\frac{1}{2}$	58 33 25	8	16 33
20				17 58
23	5 9 55 $\frac{1}{2}$	58 24 22	8	24 48
27			10	37 28
29			8	44 16
30	4 45 19	58 7 22	8 $\frac{1}{2}$	47 50
31			8 $\frac{1}{2}$	51 29
Juin 4	4 27 43 $\frac{1}{2}$ ★	57 54 18		
6	4 20 50 $\frac{1}{4}$ ::	57 48 40		
10	4 6 39 $\frac{3}{4}$	57 37 8		
25	3 14 29 $\frac{1}{4}$	56 49 0		
28	3 4 11	56 38 30		

Jupiter (suite).

Dates.	Passages au méridien.	Hauteurs méridiennes.
	h ′ ″	d ′ ″
Juill. 6.	2 37 6	56 9 0
20	1 51 13 $\frac{1}{2}$	55 14 0
Sept. 28	22 24 33 $\frac{1}{2}$	49 56 22
Oct. 3	22 10 35 $\frac{3}{4}$	49 28 48
6	22 1 56	49 15 30
Nov. 24	19 19 48 $\frac{1}{4}$	46 14 45
27	19 8 18 $\frac{3}{4}$	46 6 40
28	19 4 27 $\frac{3}{4}$	46 4 30
Déc. 1	18 52 45 $\frac{3}{4}$	45 57 0
29	16 56 27 $\frac{3}{4}$	45 20 5

Mars.

Dates.	Passages au méridien.	Hauteurs méridiennes.	Dates.	Passages au méridien.	Hauteurs méridiennes.
	h ′ ″	d ′ ″		h ′ ″	d ′ ″
Avril 28	10 34 10 $\frac{1}{2}$ ★	36 24 30	Mai 23	8 41 52 $\frac{1}{2}$	36 48 36
29	10 29 15 $\frac{1}{2}$		29	8 18 36 $\frac{1}{2}$	36 28 20
30	10 24 20 $\frac{1}{2}$	36 32 55	30	8 14 50 $\frac{1}{2}$	36 24 15
Mai 1	10 19 28	36 36 30	Juin 1	8 7 23	36 14 15
5	10 0 7	36 49 0	4	7 56 39 $\frac{1}{4}$	35 58 55
7	9 50 57 $\frac{1}{2}$	36 53 25	6	7 49 37 $\frac{3}{4}$	35 47 30
8	9 46 20 $\frac{1}{2}$	36 55 15	8	7 42 44	35 34 50
9	9 41 48	36 56 53	11	7 32 39	35 14 30
13	9 23 56	37 0 15	12	7 29 23 $\frac{1}{2}$	35 7 30
14	9 19 32	37 0 30	15	7 19 42 $\frac{1}{2}$	34 44 45
15	9 15 10 $\frac{1}{2}$	37 0 18	21	7 1 11 $\frac{1}{4}$	33 55 0
16	9 10 52 (¹)	36 59 35	24	6 52 21	33 28 17
17	9 6 37 $\frac{1}{2}$	36 59 6	26	6 46 36 $\frac{1}{4}$	33 9 15
18	9 2 24	36 58 0	28	6 40 59 ★	32 50 22
20	8 54 3	36 55 15	Juillet 6	6 19 50 ★	31 29 0

Vénus.

Dates.	Passages au méridien.	Hauteurs méridiennes.	Dates.	Passages au méridien.	Hauteurs méridiennes.
	h ′ ″	d ′ ″		h ′ ″	d ′ ″
Avril 28	21 10 29 $\frac{1}{4}$	37 44 0	Mai 18	21 13 53 $\frac{1}{2}$	45 18 58
30	21 10 49 $\frac{1}{2}$	38 26 22	19	21 14 3 $\frac{3}{4}$	45 42 48
Mai 4	21 11 31 $\frac{3}{4}$	39 53 50	22	21 14 35 ★	
9	21 12 23	41 46 55	27		48 54 25
12	21 12 55	42 56 50	28	21 15 45 $\frac{3}{4}$	49 18 6
15	21 13 24 $\frac{1}{2}$	44 7 36	29		49 41 55
16	21 13 33 $\frac{3}{4}$	44 31 17	Juin 2	21 16 50 $\frac{3}{4}$	51 15 38
17	21 13 43 $\frac{1}{2}$	44 55 18	3	21 17 5 $\frac{1}{4}$	51 38 25

(¹) Mars, suivant notre manuscrit, a passé au mural à 9ʰ 10′ 12″ de l'horloge; nous croyons que c'est une faute de copiste, et que la planète a dû passer à 9ʰ 10′ 52″. Or ce qu'il falloit retrancher pour la réduction au vrai méridien étoit égal à ce qu'il falloit ajouter pour la réduction au temps vrai.

Vénus (suite).

Dates.	Passages au méridien.	Hauteurs méridiennes.	Dates.	Passages au méridien.	Hauteurs méridiennes.
	^{h} , ,,	^{d} , ,,		^{h} , ,,	^{d} , ,,
Juin 4...	21 17 21	52 1 50	Juillet 28...	21 58 31	63 53 0
10...	21 19 9	54 16 12	29...	21 59 50	63 51 50
11...	21 19 $29\frac{1}{2}$	54 37 50	30...	22 1 10	63 49 55
12...	21 19 52	54 59 8	Août 4...	22 7 $53\frac{1}{2}$	63 28 35
17...	21 21 $57\frac{1}{2}$	56 42 18	7...	22 11 $58\frac{3}{4}$	63 8 20
19...	21 22 $53\frac{1}{2}$	57 22 20	8...	22 13 $22\frac{1}{2}$	63 0 15
21 ..	21 23 $52\frac{1}{2}$	57 59 0	Sept. 27...	23 14 34	45 32 30
22...	21 24 $24\frac{3}{4}$	58 17 22	28...		45 3 5
23...	21 24 $58\frac{3}{4}$	58 35 36	29...	23 16 31	44 33 36
24...	21 25 $33\frac{1}{2}$	58 53 5	30...	23 17 $28\frac{1}{4}$	44 4 2
25...	21 26 $9\frac{1}{2}$	59 10 20	Oct. 2...	23 19 22	43 4 30
26...	21 26 $45\frac{1}{2}$	59 27 15	3...	23 20 17	42 34 35
Juillet 2...	21 31 1	60 59 5	9...	23 25 $46\frac{1}{2}$	39 34 40
4...	21 32 36	61 26 4	16...	23 31 55 ★	36 4 50
6...	21 34 $17\frac{1}{2}$	61 50 50			

SATELLITES.

25 juin, à $9^h 24' 45''$ environ, émersion du 2ᵉ. *Cass. ms.*

21 déc., à 16 11 15 , à Paris, immersion du 1ᵉʳ, *la H. ms.*

   16 11   » immersion du 1ᵉʳ. Cassini et le P. Fontanay, *Tab. mot. p.* 101.

FAITS.

Cassini découvrit, au mois de mars de cette année, le 1ᵉʳ et le 2ᵉ satellites de Saturne, avec des lunettes de 100 et de 130 pieds de foyer. Il assigna au premier une révolution de 1ʲᵒᵘʳ 21^h 18′, et au second une de 2ʲᵒᵘʳˢ 17^h 41′. Il vouloit donner aux satellites de Saturne le nom d'astres Ludovicées comme Galilée avoit donné celui d'astres Médicées à ceux de Jupiter. *Anc. Mém. t. I, p.* 415, 416. — *Hist. Acad. p.* 238. Mais cette dénomination n'a point été adoptée, et celle de Galilée, qui l'avoit été, est maintenant tombée en désuétude.

— Cette même année Cassini, d'après un grand nombre d'observations réitérées, et des calculs poussés à la plus extrême précision, détermina la parallaxe horizontale de Mars acronique de 25″, et celle du Soleil de 9″, la distance du Soleil à la Terre de 21600 demi-diamètres de la Terre, et celle de Mars périgée, de 8100. *Hist. Acad. p.* 238, 239,

— On lit dans *Phil. Trans.* nº 157, p. 535 (¹).

(¹) Le texte de Pingré s'arrête ici; après un blanc il continue par l'année 1685 (G. B.).

1685.

PREMIÈRE ÉCLIPSE DE LUNE, LE 16 JUIN.

Le P. Noël l'observa à l'ancre, près de la côte de Sumatra qui regarde le détroit de Malacca. Commencement à 10ʰ37′; — 6 doigts à 11ʰ6′; — émersion à 13ʰ8′40″; — 6 doigts à 13ʰ36′; — fin à 14ʰ6′.

Dans les *Anc. Mém.*, p. 757, que nous suivons préférablement aux *Observations du P. Noël*, ici trop fautives, la fin est marquée à 14ʰ36′ : mais il est manifeste que c'est une faute d'impression, d'autant plus qu'on ajoute que la durée a été de 3ʰ29′.

— A Macao, le P. Antoine Thomas, réglant les temps sur des hauteurs d'étoiles et sur les oscillations d'un pendule simple, détermina, conjointement avec deux autres observateurs, le commencement à 11ʰ35′14″; — immersion à 12ʰ33′56″ (12ʰ33′36″. *Cass. ms.*); — nuages à l'émersion; — fin à 15ʰ5′12″.

La maison des Jésuites, où le P. Thomas observoit, étoit située dans une petite ile plus septentrionale que la forteresse, par 22ᵈ15′ de latitude. *Anc. Mém. t. VII*, p. 698, 757.

— On trouve *ibid.* p. 614 et 699, une observation faite en mer par des Jésuites allant à Siam; ils avoient réglé leur pendule à spirale et à secondes sur le coucher du Soleil. Tout ce qu'on peut conclure d'une telle observation, c'est que la durée a été de 3ʰ27′48″, et la demeure dans l'ombre de 1ʰ30′45″.

SECONDE ÉCLIPSE DE LUNE, LE 10 DÉCEMBRE.

Hévélius, à Dantzik, observa le commencement à 9ʰ50′10″, autant qu'il le put juger, un peu au-dessus du *Palus Marœotis* (*Grimaldus*). — Immersion à 10ʰ58′25″ près *Mons Sanctus*, au-dessous de *Palus Mœotis* (*Mare crisium*). — Émers. à 12ʰ43′0″, presque au même lieu que le commencement. Cette observation est dans les ms. de de l'Isle, de la main même d'Hévélius. On la trouve aussi très-détaillée dans *Phil. Trans. n° 178, p.* 1256. Il y est dit que cette éclipse fut très-difficile à observer, à cause de la violence du vent et des nuages légers qui couvroient souvent la Lune.

— Kirch, à Leipsick, prit plusieurs hauteurs d'étoiles pour régler sa pendule. Les heures suivantes sont corrigées.

A 9ʰ22′	pénombre épaisse;
9 27 42″	commencement;
10 32	immersion.

Les nuages ne permirent aucune autre observation, et même répandirent quelque doute sur le commencement et l'immersion.

— A Breslau, le P. Christophe Lux, professeur de mathématiqués, marqua le commencement, Procyon étant haut de 20ᵈ15′, ou à 9ʰ46′46″. Du commencement à l'immersion il s'écoula 1ʰ5′; — de l'immersion à l'émersion : 1ʰ42′59″;

— et de l'émersion à la fin : $1^h 5' 1''$. — Durée totale : $3^h 53'$. *Prœdictio astronomica deliquii lunaris 29 nov. 1686 per Joann. Carol. Tatetium.*

— Schultz, dans la même ville, observa le commencement à $9^h 45'$, d'après une hauteur d'Aldébaran ; et la durée, de $3^h 54'$. *Ibid.*

— L'éclipse eut à Nuremberg deux observateurs, Georges-Christophe Eimmart et Jean-Jacques Wurzelbaur. Le premier observoit dans l'observatoire de la Ville, bâti en 1678, et fourni d'instrumens bons et nombreux. Il avoit été le maître de Wurzelbaur : mais Wendelin l'avoit été de Gassendi. Eimmart fit imprimer à Nuremberg fol. un très-long détail de son observation : je m'y suis souvent perdu ; c'est peut-être ma faute, mais de peur d'y perdre aussi les lecteurs avec moi, je me contente de rapporter les principales phases, telles que je crois les avoir passablement conçues :

$48' 7''$ après la médiation d'α du Bélier, ou à $9^h 23' 30''$: commencement. Cependant après le long détail on trouve une Table des phases de l'éclipse. L'heure du commencement n'y est pas marquée ; et, à la susdite heure, il est dit que l'éclipse étoit d'un demi-doigt ou environ.

$58' 47''\ldots$ après cette première observation, ou à $10^h 22' 17''$, l'éclipse est de $11\frac{5}{6}$ doigts.

$11' 03''\ldots$ avant la médiation de α d'Orion, ou à $12^h 13' 0''$, émersion.

$2\ 20\ldots$ avant la médiation de Sirius,   ou à $13\ 13\ 48$, fin.

Mais suivant la Table, l'éclipse étoit encore de $\frac{1}{6}$ de doigt. Contre l'autorité de cette Table, Eimmart détermine la durée de l'éclipse de $3^h 50' 18''$.

On trouve dans *Ephem. Natur. curios. Decas II, ann. 4, pag.* 256, 257, un autre détail de l'observation d'Eimmart, contenant des azimuts et des hauteurs des bords de la Lune, outre les différentes grandeurs de l'éclipse. Mais on n'y dit rien des temps de chaque observation, sinon que — la première, d'un demi-doigt, a eu lieu $48' 7''$ après la médiation de α du Bélier, — que la hauteur méridienne du bord supérieur de la Lune étoit de $63^d 23' 50''$, — et que, d'après les culminations des fixes, il étoit alors $12^h 1' 8''$; — qu'enfin le bord oriental de la Lune a médié avec la plus occidentale du baudrier d'Orion. Eimmart a aussi pris des distances de la Lune à des étoiles voisines. Le diamètre de la Lune éclipsée fut trouvé de $30' 7''$.

— Wurzelbaur a pareillement fait imprimer in-fol. le détail de son observation ; il observoit chez lui ; mais il avoit su s'y établir un observatoire commode et s'y procurer de bons instrumens ; son horloge à pendule ne marquoit cependant les secondes que de 10 en 10. Voici ses principales observations. Les temps sont ceux de l'horloge.

A $9^h 23' 50''\ldots$ commencement, vers le 119e degré du limbe, suivant la Sélénographie d'Hévélius.

$10\ 26\ 20\ldots$ immersion vers 299 degrés.

$12\ 2\ 30\ldots$ le bord occidental est au méridien.

$12\ 4\ 25\ldots$ le bord oriental médie avec δ d'Orion.

$12\ 13\ 30\ldots$ émersion vers 112 degrés.

$13\ 17\ 20\ldots$ fin vers 295 degrés du limbe.

Dans *Uranies Noricæ Basis Astronomo-Geographica*, Norimbergæ 1697 fol. p. 55, 63, 73, 78, Wurzelbaur avoit réduit au temps vrai la pluspart des phases de cette éclipse, en retranchant constamment 3′20″ des heures marquées par l'horloge. Mais dans *Stabilimentum Uranies Noricæ*, imprimé dans la même ville en 1713, *fol.*, il dit, p. 4 et 5, que, pour corriger les temps de son horloge, il a eu tort de s'en rapporter à des hauteurs d'étoiles observées après minuit, que des curieux avoient déplacé l'appui de son quart-de-cercle et en avoient altéré la position, et qu'il étoit constaté d'ailleurs que l'horloge, au temps de l'éclipse, n'avançoit que de 50″. Si l'observation du passage de la Lune au méridien est exacte, le second bord a passé à 12ʰ4′25″ de l'horloge. Or par un calcul précis, dans lequel nous avons supposé l'ascension droite du Soleil de 258ᵈ45′42″, telle qu'elle se conclut des Tables de Mayer, de l'édition de Berlin, et l'ascension droite de δ d'Orion de 78°59′27″, position qu'elle devoit avoir suivant celle que lui donne Bradley; compte tenu des effets de l'aberration et de la nutation, nous avons trouvé que δ d'Orion, et par conséquent le bord oriental de la Lune, a dû passer au méridien de Nuremberg, à 12ʰ0′56″; l'horloge marquoit 12ʰ4′25″; elle avançoit donc de 3′29″, ce qui s'écarte peu du résultat conclu des hauteurs d'étoiles.

— A Paris, Cassini.

> Pénombre à 8ʰ32′, puis nuages.
> Immersion avant 9ʰ50′.
> Émersion, un peu douteuse, à 11ʰ36′18″; très-certaine à 11ʰ36′40″, entre *Aristarchus* et *Grimaldus*.
> Fin à 12ʰ41′20″; il reste une obscurité près de Langrenus.
> Diamètre de la Lune, dans le méridien : 29′46″. (Dans *Cass. ms.* il n'est question ni d'émersion, ni de fin.)

— Suivant la Hire,

Immersion à.................................	9ʰ49′36″
Émersion à.................................	11 37 4
Fin à......................................	12 43 23

Bord précédent, au mural, à 12ʰ1′11″½; — bord suivant, à 12ʰ3′24″½; — donc centre au mural à 12ʰ2′18″, et au vrai méridien à 12ʰ2′32″½.

Diamètre de la Lune au méridien : 29′46″. Hauteur méridienne de son bord supérieur : 64ᵈ15′45″.

On trouve un plus ample détail de ces deux observations dans *Anc. Mém. t. X*, p. 712 et suiv. et dans *Journ. des Sav.* 1686, *p.* 317 *et suiv.* Sur l'observation de la Hire nous avons suivi les mss. de cet astronome, comme avoit fait M. Le Monnier, *Hist. cél. p.* 364. 365, où l'observation entière est exactement détaillée. Dans *Anc. Mém.* et *Journ. des Sav.* la fin de l'éclipse, suivant la Hire, est marquée à 12ʰ42′0″; mais cette observation est donnée comme douteuse.

— A Lyon, M. de Regnaud et des Jésuites n'observèrent que les émersions de plusieurs taches, et la fin de l'éclipse à 12ʰ51′50″. *Anc. Mém. p.* 718. — *Journ. des Sav. p.* 322.

		Commencement.	Immersion.	Émersion.	Fin.	
Avignon	Gallet et Beauchamp.	8 55 30	9 59 30	11 48 0	12 50 30	*Ibid.* p. 719 et 323.
	Bonfa	8 55 43	10 0 53	11 47 1	12 52 18	
Gênes, les Salvago		9 11	10 19 40	12 5	13 11	*Ibid.* p. 720 et 323.
Lisbonne, Jacob		8 2	9 6	10 50	11 57	*Phil. Trans.* n° 184, p. 206.
Rome, Fr. Blanchini		9 24 30	10 32	12 20 15	13 25 16	*Act. Erud.* 1686, p. 53.
Marseille, Chazelles		8 58 48	10 3 31	11 48 50¾	12 54 5	*Anc. Mém.* p. 717, 718 et

Journ. des Sav. p. 321, 322.

Pour l'observation de Chazelles, voyez un plus long détail dans les ouvrages cités. L'émersion y est marquée à $11^h 48' 50'' 45'''$; mais dans les mss. de de l'Isle on la trouve déterminée à $11^h 48' 50''$ ou $45''$.

On trouve *ibid.* des observations faites à Aix, qui ne méritent pas d'être rapportées. On peut aussi voir *ibid.* celles du P. Hoste à Toulon.

— A Madrid, le P. Petrei. Immersion à $9^h 27' 2''$. — Émersion à $11^h 13' 45''$; — fin douteuse à $12^h 18' 42''$; — fin totale à $12^h 19' 43''$. *Ibid.* p. 721 et 324.

— A Kébec, Deshayes n'observa que l'émersion, à $6^h 47' 36''$. *De l'Isle, mss.*

— A Tlée-Poussonne, une petite lieue à l'est de Louvo, Royaume de Siam, les missionnaires observèrent la pénombre douteuse à $14^h 53'$. — Commencement douteux à $15^h 15' 21''$; certain à $15^h 19' 15''$; — immersion à $16^h 23' 45''$; — émersion à $18^h 10' 6''$. *Anc. Mém. t. VII, p.* 615, 616. Cependant Cassini, ayant duement pesé leurs observations, détermine l'immersion à $16^h 23' 45''$, et l'émersion à $18^h 10' 25''$. *Ibid.* t. X, p. 722. (Commencement $15^h 17' 25''$; immersion à $16^h 23' 1''$; émersion à $18^h 9' 30''$. Cassini dans ses calculs d'éclipses. *Cass. mss.*)

— A Manille, le P. Paul Clayn observa le commencement à $16^h 49' 35''$; — immersion à $17^h 52' 0''$. *Anc. Mém. t. VII, p.* 698.

Observations de la Lune au méridien par la Hire.

Dates.	Passages du centre de ☾.	Diamètres de ☾ au méridien.	Hauteurs app. du bord de ☾.		Hauteurs vraies du centre de ☾.
Janv. 12...	5 59 45½	30 10	Inf.	45 22 30	46 14 36
13...	6 40 55½	30 50		50 1 50	50 52 4
14...	7 23 11	31 5		54 17 45	55 4 59½
16...	8 53 54½	32 5		60 57 20	61 40 26½
17...	9 42 58	32 30		62 57 50	63 39 56
Févr. 13...	7 29 57¾	30 35	Sup.	62 52 0	63 1 32½
			Inf.	62 21 25	
14...	8 20 22¾	30 40	Sup.	64 13 40	64 22 2 [1]
			Inf.	63 43 0	
15...	9 12 45½	31 12	Sup.	64 22 40	64 30 4
			Inf.	63 51 28	
16...	10 6 17	31 40	Sup.	63 12 20	63 21 53

[1] En supposant, avec la Hire, la réfraction $35''$ et la parallaxe $23' 52''$, la hauteur méridienne du centre doit être $64^d 21' 37''$.

Observations de la Lune au méridien par la Hire (suite).

Dates.	Passages du centre de ☾.	Diamètres de ☾ au méridien.	Hauteurs app. du bord de ☾.	Hauteurs vraies du centre de ☾.
Mars 15...	$7^h\ 59'\ 27\frac{3}{4}''$	$31'\ 7''$	Sup. $64^d\ 6'\ 22''$ Inf. 63 35 15	$64^d\ 5'\ 8\frac{1}{2}''$
18...	10 38 8	31 55	Sup. 54 39 0	54 55 $46\frac{1}{2}$
Juin 13...	9 15 $57\frac{1}{2}$	33 0	Sup. 28 27 20	29 1 36
14...	10 12 $25\frac{1}{2}$	33 0	23 17 0	23 53 15
Juillet 11...	7 54 3	32 54	25 24 50	26 1 10
12...	8 50 $58\frac{3}{4}$	33 6	20 58 5	21 36 31
13...	9 51 39	33 8	17 50 40	18 28 59
21...	17 4 $25\frac{3}{4}$	30 38	43 8 20	43 32 31
22...	17 46 36	30 32	48 16 0	48 36 38
Sept. 7...	7 40 48	32 30	Inf. 15 35 22	16 43 59
8...	8 41 $10\frac{1}{2}$	32 10	16 25 0	17 33 46
12...	12 14 17	31 26	Sup. 33 3 45	33 34 18
20...	18 21 4	30 14	Inf. 64 53 40	65 31 9
22...	20 3 $12\frac{1}{4}$	30 30	- 63 50 0	64 28 40
23...	20 54 $19\frac{3}{4}$	30 51	61 25 0	62 6 $16\frac{1}{2}$
Oct. 4...	5 42 27	32 25	15 25 10 (¹)	16 30 $35\frac{1}{2}$
7...	8 38 $8\frac{1}{2}$	31 50	21 1 20	22 8 41
9...	10 17 45::	30 55	30 27 30 (²)	31 19 $30\frac{1}{2}$
11...	11 47 43	30 45	41 26 35	42 22 $18\frac{1}{2}$
12...	12 30 $58\frac{1}{4}$	30 45	Sup. 47 22 0	47 43 1
19...	18 1 $21\frac{1}{4}$	30 25	Inf. 64 43 30	65 21 19 (³)
20...	18 51 34	30 34	62 51 35	63 31 10
Nov. 2...	5 42 $15\frac{1}{2}$	32 15	16 43 30	17 52 $36\frac{1}{2}$
20...	19 53 $5\frac{1}{4}$	31 43	47 50 45	48 43 51
Déc. 3...	6 56 34	31 10	32 13 25	33 14 58
6...	9 4 $9\frac{1}{2}$	30 6	48 28 45	49 18 39
9...	11 15 $20\frac{1}{2}$	30 25	61 11 0	61 51 $51\frac{1}{2}$
31...	5 23 $51\frac{1}{4}$	31 18	35 44 0	36 44 6

Autres observations de la Lune.

Le 13 février, à Leipsick, à $5^h 42'\frac{3}{4}$, la Lune n'avoit pas encore atteint la longitude de ζ du Taureau.

A $5^h 55'$...   conjonction; distance de l'étoile au bord le plus voisin. $2'48''$ B.

diamètre de la Lune............................   30 48

5 58 $\frac{3}{4}$..   distance..   3 10 B.

Pour vérifier l'heure, à... $6^h 25\frac{1}{2}$ hauteur de Procyon... $31^d 10'$

»   à... 6 20   »   31 30 . *Kirch ms.*

(¹) D'après les calculs de la Hire il faudroit ici $15^d 21' 10''$.
(²) Les calculs supposent $30^d 17' 30''$.
(³) La Hire marque la réfraction $33''$ et la parallaxe $23' 13''$, ce qui donneroit la hauteur $65^d 21' 22''$.

— Le 13 mars, à Leipsick.

A 8^h 10′ ... dist. de η ♉ à la corne australe de la Lune.......... 20′39″B.
diam. de la Lune, pris plusieurs fois à 10^h1′, à 11^h20′. 30 6
8 16 ... immersion de l'étoile, à 19′57″ de la corne australe.
9 34 30″... émersion, mais douteuse, à cause de l'inattention d'un aide, *propter incuriam socii*, dit Kirch.
9 36 30 ... l'étoile étoit certainement sortie.
10 5 ... distance de l'étoile à la corne australe............. 30 6
10 11 ...   »   »   boréale............. 36 24
10 15 ...   »   »   australe............. 35 42
10 21 30 ...   »   »   boréale............. 39 12
11 59 ... dist. de μ ♉ à la ligne de séparation de la lumière et de l'ombre................................. 29 24
12 5 ... dist. de μ ♉ à la corne boréale................... 29 24
12 10 ...   »   »   australe................... 30 48
12 22 30 ...   »   »   boréale................... 21 0
12 25 ...   »   »   australe................... 24 30
12 32 ... immersion (ou quelques secondes auparavant suivant le ms.)
13 28 ... émersion au-dessous de *Palus Mœotis* (*Mare crisium*).
13 39 ... dist. de μ ♉ au bord le plus voisin................ 4 40
14 0 ...   »   à la pointe boréale.................. 32 12
14 1 ...   »   à la pointe australe................. 37 48
Kirch Append. ad Ephem. anni 1686 *et ms.*

Tous les temps sont corrigés par des hauteurs d'étoiles.

— Le 17 octobre, à Paris, à 9^h44′ 7″... distance de Propus au bord le plus voisin : 4′49″.
à 9 53 36 ... immersion de l'étoile. *La Hire ms.*

— Le 21 décembre, Jupiter et la corne inférieure de la Lune sont, à $19^h\frac{1}{4}$, presque dans le même vertical, à 1^d30′0″ de distance l'un de l'autre. *Ibid.*

PLANÈTES.

Observations de La Hire.

Saturne.

Dates.	Centre au méridien.	Hauteurs méridiennes.
	h ′ ″	d ′ ″
Mars 3............	12 12 18 H	49 37 38
27............	10 28 $9\frac{2}{4}$	50 19 20
Nov. 30............	19 26 21	43 37 0
Déc. 4............	19 9 56	
5............	19 5 $48\frac{1}{2}$	43 31 25
11............	18 40 $40\frac{1}{2}$	43 25 30
26............	17 36 $27\frac{3}{4}$	43 16 30

Jupiter.

Dates.	Centre au méridien.	Hauteurs méridiennes.
	^{h} , ,,	^{d} , ,,
Mai 29...............	8 20 32,,	37 28 30
Juin 16...............	7 6 21 H	37 25 15
17...............	7 2 12 $\frac{1}{4}$	37 24 28
18...............	6 58 8 $\frac{3}{4}$	37 23 30
22...............	6 42 5	
23...............	6 38 4 $\frac{1}{2}$	37 17 55
25...............	6 30 7	37 15 20
Juillet 12...............	5 24 46 H	36 42 35
23...............	4 45 3 $\frac{1}{2}$	36 12 45
Déc. 19...............	20 52 46	25 57 8
25...............	20 30 26 H	25 38 40
26...............	20 26 40	25 35 50

Le 27 mars, vers 11 heures, Jupiter étoit en ligne droite avec α et ζ de la Vierge, et sa distance à α étoit de $3^d 38' 30''$.

Le 16 novembre, à $18^h 26' 9''$, azimut de Jupiter, $64^d 4' 10''$ du sud vers l'est, à $5^d 15' 20''$ de hauteur app.

Mars.

Dates.	Centre au méridien.	Hauteurs méridiennes.		Dates.	Centre au méridien.	Hauteurs méridiennes.
	^{h} , ,,	^{d} , ,,			^{h} , ,,	^{d} , ,,
Janv. 20...	18 20 33 (¹)	27 13 30,,		Sept. 16...	6 8 4 $\frac{1}{4}$	14 57 15,,
Fév. 28...	17 3 9 $\frac{3}{4}$	22 1 0		17...	6 7 13	14 57 45
Juin 13...	10 28 7	17 46 45		21...	6 3 54 $\frac{1}{2}$	15 0 48
14...	10 22 49	17 47 35		29...	5 57 49 $\frac{1}{2}$	15 15 48
16...	10 12 24 $\frac{3}{4}$	17 49 15		Oct. 1...	5 56 23	15 22 0
17...	10 7 15 $\frac{1}{2}$	17 50 15		7...	5 52 6 $\frac{1}{2}$	15 44 40
20...	9 52 4	17 52 30		10...	5 49 58 $\frac{1}{2}$	15 58 48
Juillet 1...	9 0 53	17 54 45		13...	5 47 50	16 15 20
12...	8 17 26	17 42 50		21...	5 41 51 $\frac{1}{4}$	17 8 36
13...	8 13 54 $\frac{1}{4}$	17 41 0		28...	5 35 59	18 6 40
17...	8 0 18	17 32 35		Nov. 5...	5 28 39 $\frac{1}{2}$	19 25 55
23...	7 41 42 $\frac{1}{2}$	17 17 10		27...	5 2 45 $\frac{1}{2}$	24 6 15
24...	7 38 48	17 14 20		29...	4 59 55 $\frac{1}{2}$	24 36 20
26...	7 33 12 $\frac{1}{2}$	17 8 10		Déc. 3...	4 46 25::(²)	23 40 40
29...	7 25 9 $\frac{1}{2}$			14...	4 37 8 $\frac{1}{2}$	28 34 55
Sept. 8...	6 15 36	15 1 5		26...	4 17 20 $\frac{1}{4}$	32 2 10
12...	6 11 40 $\frac{3}{4}$	14 58 0				

Le 27 septembre, à $7^h 9'$, distance de Mars à σ du Sagittaire, $3^d 55' 30''$; la planète précédoit l'étoile, et, de plus, elle formoit avec σ, φ et λ de la même constellation deux triangles presque égaux et semblables.

(¹) $4' 10''$ après α ♎.

(²) Ce passage est donné par La Hire comme un *environ*. Il s'en faut, en effet, qu'il ne soit **exact**. Mars a dû passer à $4^h 54'$ ou peu après. La hauteur méridienne n'est pas plus exacte.

Vénus.

Dates.	Centre au méridien.	Hauteurs méridiennes.	Dates.	Centre au méridien.	Hauteurs méridiennes.
	h ′ ″	d ′ ″		h ′ ″	d ′ ″
Janv. 4...	21 2 21 ½	22 23 30	Mars 4...	22 7 51 ½	24 34 6
12...	21 7 33 ¾	20 39 40	7...	22 11 31	25 30 28 (¹)
13...	21 8 18 ½	20 29 5	10...	22 15 3	26 39 5
14...	21 9 6 ¾	20 18 55	Août 6...	0 44 22	55 40 10
15...	21 9 56 ½	20 8 50	Sept. 8...	1 13 46	39 42 52
16...	21 10 45 ½	20 0 0	10...	1 15 32 ¼	38 40 25
18...	21 12 32 ½	19 43 40	17...	1 21 51 ½	35 5 50
20...	21 14 27	19 29 35	21...	1 25 35 ½	33 5 15
Fév. 2...	21 28 57	18 59 25	23...	1 27 31 ¼	32 6 0
4...	21 31 27 ½	19 4 25	29...	1 33 33	29 13 15
12...	21 41 47	19 50 45	Oct. 26...	2 5 32 ½	18 58 15
13...	21 43 8	19 59 12	27...	2 6 52 ¼	18 42 40
15...	21 45 48 ¼		28...	2 8 8 ½ (²)	18 27 30
20...	21 52 24 ½	21 16 53	Nov. 3...	2 16 7	17 11 38
23...	21 56 20 ¼	21 58 55	27...	2 45 32 ¾	16 24 30
24...	21 57 39	22 14 0	Déc. 3...	2 51 9	17 19 0
25...	21 58 58 ¾		14...	2 58 40	20 0 50
27...	22 1 32 ¾	23 2 35	18...	3 0 28 ½	21 17 50
28...	22 2 49 ½	23 19 45	26...	3 2 42 ¼	24 15 30
Mars 2...	22 5 22 ½	23 55 55	27...	3 2 50	24 39 40
3...	22 6 37 ½	24 14 40	31...	3 3 12	26 20 22 (³)

Mercure.

Dates.	Heures.	Azimuts.		Hauteurs apparentes.
	h ′ ″	d ′ ″		
Oct. 26...	18 15 0	73 15 40	du Sud vers l'Est	»
	18 16 43	72 58 30	»	»
	18 19 19	72 10 34	»	»

Les temps sont de l'horloge, qui avançoit de 6′8″.

(¹) Il paroît manquer environ 5′ à cette hauteur.

(²) Ce passage seroit peut-être plus exact s'il étoit marqué 3 sec. plus tard.

(³) Dans des notes peu claires et sans explication, Pingré *semble* dire qu'il a trouvé dans les ms. de Cassini les observations suivantes (G. B.) :—

Dates.	Centre de ♀ au méridien, t. de l'horloge.	Hauteurs méridiennes de ♀.	Haut. mérid. du bord sup. du ☉.
	h ′ ″	d ′ ″	d ′ ″
Janv. 13.............	21 8 20 (ᵃ)	20 28 50	20 19 15
16.............	21 10 14	19 59 5	26 54 48?
18.............	21 12 35	19 43 0	21 19 50
19.............	21 22 20	19 33 20	21 33 35
Fév. 8.............	21 36 42 ½	19 21 35	27 5 55
Déc. 1.............	2 49 25 ½	16 58 5	»
3.............	2 51 5 ½	17 18 50	»
25.............	3 2 21	23 51 30	»
26.............	3 2 39	24 15 30	»
27.............	3 2 53	24 40 0	»
31.............	3 3 11	26 20 10	»

(ᵃ) Mieux 21ʰ 8′ 31″.

Mercure (suite).

Dates.	Heures.	Azimuts.		Hauteurs apparentes.
	^{h} $^\prime$ $^{\prime\prime}$	^{d} $^\prime$ $^{\prime\prime}$		^{d} $^\prime$ $^{\prime\prime}$
Nov. 1....	18 39 45	65 22 0	du Sud vers l'Est	12 14 30
	18 45 54	63 59 20	»	13 8 45

Les temps sont vrais.

Le 2 novembre, à $18^h\frac{1}{2}$, distance de Mercure à α de la Vierge : 5ᵈ38′5o″; Mer-cure étoit un peu plus bas que l'étoile. Les nuages ne permirent aucune autre observation.

— Le 16 novembre à 19ʰ9′8″, Mercure, haut de 6ᵈ37′o″, étoit dans un vertical auquel arriva le centre du Soleil à 19ʰ42′38″ temps vrai (son premier bord y ayant passé à 19ʰ41′10″ et son second bord à 19ʰ44′6″). Donc, dit la Hire, ce vertical déclinoit du méridien de 58ᵈ18′36″ vers l'Est. (J'ai calculé cet azimut : à 19ʰ42′38″ t. vrai ou à 19ʰ28′12″ t. moyen, le Soleil étoit, suivant les Tables de Mayer, en 7ˢ25ᵈ4o′5″, sa déclinaison 19ᵈ12′3o″ Sud, et l'inclinaison de l'écliptique de 23ᵈ28′45″. Donc le vertical déclinoit de 59ᵈ15′53″ du Sud vers l'Est.)

Autres observations des planètes.

Du 3 février au 14 mars Kirch, à Leipsick, a suivi la marche de Saturne, le comparant avec σ du Lion et quelques autres petites étoiles que je ne trouve pas dans les Catalogues.

Dates.	Heures.	Dist. de ♄ à σ du Lion.	Lieux de Saturne.
	^{h}	^{d} $^\prime$ $^{\prime\prime}$	^{s} ^{d} $^\prime$ $^{\prime\prime}$
Fév. 22.....	10	0 32 54	5 14 30 40
23.....	11 $\frac{1}{2}$	0 30 48 ou peut-être 31′3o″	5 14 26 0
27.....	11 $\frac{1}{2}$	0 32 54	5 14 8 22
28.....	7	0 35 0	5 14 3 10
Mars 2.....	9	0 39 54	5 13 53 52
14.....	9	1 26 48	5 12 57 40

Toutes ces distances sont prises avec le tube de 4 pieds. Kirch suppose l'étoile en 5ˢ14ᵈ18′41″, latitude 1ᵈ44′13″ nord, et conclut que la conjonction de Saturne et de l'étoile a eu lieu le 25 février à 2ʰ, la latitude de Saturne étant alors de 2ᵈ14′13″ au nord. Mais l'étoile étoit alors, suivant Bradley, en 5ˢ14ᵈ18′49″$\frac{1}{2}$, avec une latitude boréale de 1ᵈ41′5o″, ou, selon Mayer, en 5ˢ14ᵈ18′48″,7, latitude 1ᵈ41′54″.

De ces mêmes observations Kirch conclut que l'opposition de Saturne au Soleil est arrivée le 3 mars, à 2ʰ, en 5ˢ13ᵈ48′. *Kirch ms.*

— Halley marque cette opposition le même jour à 5ʰ15′, t. m. mérid. de Londres, en 5ˢ13ᵈ5o′3o″. *Tab. Hall.*

— Cassini la détermine, d'après les observations de Flamsteed, au 3 mars, à

$3^h25'$ mérid. de Paris, en $5^s13^d46'9''$; — ou, d'après les observations de Paris,
à $4^h0'$ en $5^s13^d48'40''$, latitude $2^d13'45''$ nord. *Elém. d'Astr. p.* 358, 359.

— Le 4 juillet et jours suivants, Kirch fut attentif à la 3ᵉ conjonction de Saturne et de σ du Lion. A 10^h, leur distance étoit de $1^d35'12''$. Qu'on suppose
l'étoile en $5^s14^d20'20''$ et sa latitude $1^d40'0''$ (cette position de l'étoile et celle
qu'on a donnée au mois de février sont extraites de deux manuscrits différents);
supposez, de plus, la latitude de Saturne $1^d58'30''$, telle qu'elle est donnée dans
les Tables Rudolphines : la différence de longitude se conclura de $1^d33'23''$ et
Saturne aura été en $5^s12^d46'57''$.

Le 9 juillet à 10^h ...	distance de Saturne à l'étoile...	$1^d10'$	$0''$
11	9 52...	»	1 0 12
14	9 28...	»	0 44 27

En suivant le même procédé que ci-dessus, Kirch trouve la différence de longitude, entre la planète et l'étoile, $40'38''$ et conclut Saturne en $5^s13^d39'42''$.

Le 17 juillet à 9^h · et quelques minutes..	distance.....	$0^d30'$	$6''$
18	9 7'...................	»	0 24 51
23	9 ¼ env. (tube de 8 pieds).	»	0 19 36

L'étoile, haute de 4^d, avoit une réfraction de $20''$ plus forte que celle de Saturne.
Donc, distance vraie : $19'56''$ ou $20'$; et cette observation, comparée à celle du 18,
donne la conjonction de Saturne et de σ du Lion le 21 juillet à $13^h45'$, Saturne
étant de $16'50''$ plus boréal que l'étoile. *Kirch ms.*

— Le 6 avril à $9^h4'$, t. m. mérid. de Londres, opposition de Jupiter en
$6^s17^d39'15''$. *Tab. Hall.;* — ou, suivant Cassini, et d'après les observations de
Flamsteed, à $8^h45'$ mérid. de Paris, en $6^s17^d39'23''$. *Elém. d'Astr.* p. 417; — ou à
$9^h13'$ t. m. mérid de Paris en $6^s17^d38'36''$. *Jeaurat.*

Le 6 mai,	à 9^h dist. de ♃ à θ de la Vierge......		$23'$	$6''$
8 »	8 ¾	»	......	16 6
11 »	9	»	......	15 24

Jupiter avoit dépassé de une ou deux minutes la longitude de l'étoile.

Le 12 mai, vers 9^h dist. de ♃ à θ de la Vierge......			$17'$	$30''$
13 »	à 9	»	......	20 18
15 »	9 ½	»	......	26 36
16 »	9	»	......	30 6, etc. *Kirch ms.*

Ensuite Jupiter retourne à la même étoile.

Le 6 juillet vers 10^h, distance........			$28'$	$42''$
7 et 8 »	Les nuages empêchent d'observer la conjonction.			
9 »	après 10^h distance......		$31'30''$; ♃ est plus bas que l'étoile.	
11 »	à 9 45' »		36 24	
14 »	9 11 »		49 0, etc. *Ibid.*	

Dist. ♄ à μ Balance.   Dist. ♄ à α Balance.

Le 27 nov. à 18ʰ 46′..... 1ᵈ 7′ 12″   à 18ʰ 20′..... 0ᵈ 48′ 18″
  28   »   18¾ ..... 1 12 6   18¾ 0 42 0
  29   »   18 40..... 1 18 24   18 40..... 0 37 48
  1 déc.   18 40..... 1 35 54   18 45..... 0 41 18
  7   »   »   »   18 50..... 1 36 36 ; etc. *Ibid.*

Le 27 nov., une ligne tirée de μ à α laisse (sur la figure) Saturne un peu au nord. Toutes les observations de Kirch sont faites à Leipsick, avec le tube de 4 pieds.

Dist. ♂ à β Scorpion.   Dist. ♂ à ω Scorpion.

Le 23 fév.   à 17ʰ¾........ 0ᵈ 29′ 24″ ♂ plus occid.
  23   »   18 .... 0 29 24   id.   1ᵈ 18′ 24″ ♂ plus occid.
  24   »   18 .... 0 7 0 : ♂ plus haut et plus occid.   »
  27   » entre 15 et 15ʰ½.. 1 12 6   1 10 0

Cette étoile ω est la plus éloignée de β ou 2ω.

— Le 27 fév., entre 15ʰ et 15ʰ½, dist. à ν Scorpion : 34′18″. *Ibid.*

— Le 28 mai, opposition de Mars au Soleil, à 1ʰ0′, t. m. mérid. de Londres, en 8ˢ7ᵈ38′15″. *Tab. Hall.*

— Le 21 nov., à 5ʰ30′, distance de Mars à ι du Capricorne : 39′54″; b, Mars et ι étoient en ligne droite; la distance de la planète à b étoit de 28′42″, et sa distance à a 53′33″ (les étoiles que Kirch appelle a et b sont les 30ᵉ et 31ᵉ du Capricorne). Kirch ajoute que la distance de Mars à c étoit de 1ᵈ9′18″ (cette étoile c précède ι et suit θ à une distance à peu près égale de l'une et de l'autre; je ne la trouve pas dans mes Catalogues).

Dist. ♂ à δ Capric.   Dist. ♂ à γ Capric.   Dist. ♂ à ƒ.

Le 29 nov. 5ʰ à peu près... 1ᵈ 17′ 42″ 5ʰ à peu près... 1ᵈ 36′ 36″ 5ʰ 30′.. 30′ 6″
  30   » 5 15′............. 1 10 42   »   »   5 45.. 28 42

Le 29, ♂ est plus boréal que δ et γ. *Kirch ms.* L'étoile ƒ est probablement la 45ᵉ du Capricorne.

ÉTOILES.

Kirch voit encore, le 5 janvier, la variable de la Baleine avec des lunettes de 2 et de 4 pieds; — les 10, 22, 31 janvier et 4 février elle semble croître; il paroit que c'est vers la fin de novembre qu'elle est parvenue à sa moindre grandeur. — Le 5 février on la voit à l'œil nu. — Le 22 février elle égale presque γ ou δ; mais les nuages rendent cette observation douteuse. — Le 24 elle est moindre que γ, mais presque égale à δ. — Le 27 elle égale δ. — Le 2 mars elle surpasse δ; mais elle est encore moindre que γ. Elle se couche ensuite héliaquement.

Elle reparoit assez claire le 18 et le 20 août. — Durant tous les mois d'octobre, de novembre et de décembre on ne la découvre qu'avec la lunette. — Le 27 décembre on voit bien qu'elle croît; mais elle n'est pas encore visible à l'œil nu. *Kirch ms.*

— Boulliau avoit aussi observé cette étoile avant son coucher héliaque : il ne la découvrit qu'avec peine le 25 et le 27 février ; — elle étoit un peu plus claire le 2 mars. *Bull. ms.* (Le ciel étoit apparemment plus pur à Leipsick qu'à Paris).

Le 4 septembre, elle paroit de 5ᵉ gr::. *Cass. ms.*

SATELLITES.

Le 14 janvier, à 17ʰ4′, le 1ᵉʳ sat. touche Jupiter. — 17ʰ10′30″ : il est entré, — 19ʰ25′ il reparoit.

Le 20 janvier, à Paris, immersion du 1ᵉʳ sat. : 19ʰ58′0″ Cassini *Cass. ms.*; — 19ʰ59′5″ La Hire. *Hist. cél. de le M.* p. 344.

Le 7 fév. immersion du 1ᵉʳ : à Londres à 10ʰ27′30″; — à Rome, par Blanchini, à 11ʰ19′45. *La H. ms.*

Le 14 fév., à Paris, la Hire. Immersion du 1ᵉʳ à 12ʰ31′12″. *La H. ms.* — *Le Monn.* *ibid.* p. 345.

Le 25 fév., immersion du 2ᵉ. A Paris, à 12ʰ3ᵐ22ˢ; — à 12ʰ3′14″ avec une lunette de 18 pieds; — à 12ʰ3ᵐ38ˢ avec une lunette de 35 pieds. *Cass. ms.* — A Greenwich, à 11ʰ52′22″. — A 11ʰ52′42″ il a certainement disparu. *Hist. cœl. Brit. t. I, p.* 357.

Le 28 fév., à Paris, immersion du 1ᵉʳ, à 16ʰ20′11″ suivant Cassini, — à 16ʰ20′1″ suivant La Hire. *La H. ms.*

Le 2 mars, à Paris, à 10ʰ47′49″ (lunette de 21 pieds), ou à 10ʰ48′13″ (lunette de 40 pieds). *Cass. ms.*

Le 10 mars, à Greenwich : Flamsteed, à 17ʰ40′27″, doute si le 4ᵉ paroit encore : — immersion certaine à 17ʰ47′7″. *Hist. cœl. Brit. t. I p.* 357.

Le 22 mars *ibid.* immersion du 2ᵉ à 9ʰ1′30″. *Ibid.*

Le 23 avril *ibid.* émersion du 2ᵉ à 11ʰ11′30″. *Ibid.*

Le 18 mai *ibid.* émersion du 2ᵉ à 8ʰ14′30″. *Ibid.*

Le 4 juin, au Cap de Bonne-Espérance, le P. Fontanay et autres missionnaires : émersion du 1ᵉʳ à 9ʰ36′38″. Lunette de 12 pieds. *Anc. Mém. t. VII p.* 613.

Le 6 juin, conjonction du 1ᵉʳ et du 2ᵉ à 9ʰ 3′23″ *Cass. ms.*

Le 13 juin   id.   11 19   *Ibid.*

Le 18 juin, à Greenwich, à 8ʰ49′, le 1ᵉʳ touche Jupiter et le traverse en 2ʰ25′. *Hist. cœl. Brit. t I p* 357.

Le 22 juin à 10ʰ36′ le 3ᵉ touche ♃. — A 10ʰ54′ il est entré. *Cass. ms.*

Le 25 juin à 10ʰ22′ le 1ᵉʳ touche ♃. — A 10ʰ40′15″, il est entré. *Ibid.*

Le 26 juin à 8ʰ15′ conj. du 3ᵉ et du 4ᵉ. — 10ʰ15′ le 1ᵉʳ sort de Jupiter. — 10ʰ16, il est sorti. *Ibid.*

Le 20 juillet, La Hire et Cassini à Paris : à 8ʰ47′55″ émersion du 1ᵉʳ, un peu douteuse à cause des nuages qui se succédoient sur Jupiter. *La H. ms.* — *H. cél.* p. 351.

Le 20 août à 9ʰ13′54″ émersion du 1ᵉʳ.

Le 22 août à 9ʰ42′ le 2ᵉ touche Jupiter à droite (ou à l'orient je pense).

Le 23 août à 8ʰ38′½ le 3ᵉ sort. — A 8ʰ50′45″ il est entièrement sorti. Les vapeurs de l'horizon empêchent de voir son immersion.

Le 25 août à 7ʰ40′, conjonction du 3ᵉ et du 4ᵉ. *Cass. ms.*

FAITS.

Hévélius publie cette année son *Annus climactericus* fol. Il lui donne ce titre parce que la 49ᵉ année est vulgairement regardée comme une grande année climactérique. Or, suivant Hévélius, l'année 1679, dont cet ouvrage contient principalement les observations, étoit la 49ᵉ depuis 1630, date de la première observation d'Hévélius. Mais cette observation, du 10 juin 1630, que nous avons rapportée en son lieu, est extrêmement imparfaite, et ce n'est qu'en 1639 qu'Hévélius, pourvu de bons instruments, commença à donner un véritable essor à son zèle astronomique. Outre les observations de 1679, l'*Annus climactericus* contient celles des quatre années suivantes, et quelques autres objets relatifs à l'Astronomie.

1686.

ÉCLIPSE DE LUNE, LE 29 NOVEMBRE.

Eimmart l'observa à Nuremberg; son observation est détaillée dans *Acta Eruditorum*, 1687, *pag.* 158 *et suiv.;* mais il seroit difficile d'en conclure quelque chose de clair et de précis. Eimmart n'avoit d'autre horloge que celle de la ville, et il mesuroit les intervalles des temps sur les vibrations d'un pendule simple : mais ce pendule n'étoit que de deux pieds, et cependant il paroit qu'il n'oscilloit que 34 à 35 fois par minute. Il y a d'ailleurs des lacunes dans ces oscillations. Il est vrai que l'on trouve de plus des hauteurs et des azimuts de la Lune et des étoiles, des médiations d'étoiles, etc. Toutes ces déterminations pourroient être utiles si elles étoient exactes. Mais le sont-elles? Sirius, suivant Eimmart, a passé au méridien 1 heure environ après l'œil boréal du Taureau (ε) et l'intervalle des passages auroit dû être de plus de $2^h\frac{1}{4}$. Mais ce qu'il y a de plus singulier, c'est qu'Eimmart fait médier Sirius avant Bellatrix (γ d'Orion), et Bellatrix précède Sirius de plus de $1^h\frac{1}{3}$. Et il seroit facile de prouver qu'il n'y a point ici de faute d'impression.

— Wurzelbaur a mieux observé cette éclipse dans la même ville. Dans son *Uraniæ Noricæ basis* etc. p. 56, il ne nous donne que les observations suivantes. Nous savons, d'ailleurs, par Eimmart, que les nuages ne permirent pas d'observer le commencement à Nuremberg.

A 10ʰ51′ 0″...	l'ombre est à *Palus Marœotis* (*Grimaldus*).
11 1 0 ...	*Mons Sinaï* (*Tycho*) est entièrement dans l'ombre.
12 7 30 ...	l'ombre en décroissant a atteint *Palus Marœotis*.
12 51 30 ...	*Mons Sinaï* sort de l'ombre.
12 57 0 ...	il est entièrement sorti.
13 19 0 ...	fin de l'éclipse.

L'éclipse a été de 6 doigts 25′, suivant Eimmart.

— Guillaume Molineux, à Dublin, suppose le commencement à $9^h25'$ ou $27'$: les nuages n'ont pas permis une détermination plus précise. Grandeur : environ 6 doigts. — Fin à $11^h4'0''$. La pendule à grandes vibrations, réglée sur les étoiles. Voyez un plus long détail. *Phil. Trans.* n° 185, p. 236.

— Paris. Dans *de l'Isle ms.* on trouve l'observation suivante faite à l'Observatoire, dans l'appartement d'en haut, par la Hire, Pothenot et le Fèvre (la Hire ne nomme ni Pothenot, ni le Fèvre). La Hire, dans son ms., dit avoir apporté tout le soin possible pour observer cette éclipse avec précision, nonobstant les obstacles occasionnés par la brume et par la difficulté de distinguer les bords de l'ombre, très-mal terminés.

	h	′	″	doigts	′	
A	10	1	0	»	»	commencement.
	10	11	0	1	28	
	10	13	0	»	»	commencement de *Grimaldus*.
	10	15	30	»	»	fin de *Grimaldus*.
	10	17	0	»	»	milieu de *Tycho*.
	10	21	30	3	12	
	10	31	20	4	8	
	10	38	0	4	40	
	10	52	0	5	30	
	11	3	0	5	52	
	11	29	0	5	54	
	12	14	30	3	27	
	12	19	0	»	»	*Fracastorius* à moitié hors de l'ombre.
	12	24	30	2	12	
	12	34	0	1	25	
	12	41	30	»	»	fin. — Milieu à $11^h21'15''$.

On pouvoit à peine distinguer l'ombre de la pénombre; une brume nuisoit aussi.

La Hire ajoute que Cassini avoit déterminé le commencement à $10^h0'15''$, — la fin à $12^h40'15''$. Donc milieu à $11^h20'15''$.

Passage du 1er bord de la Lune à $12^h0'19''$; — du 2e bord à $12^h2'35''$; — donc passage du centre à $12^h1'27''$. *La H. ms.*

Si, comme je n'en doute pas, ces heures sont celles de l'horloge, et qu'il s'agisse du passage par le mural, en faisant les réductions convenables on aura le passage au vrai méridien à $12^h0'42''$. — Diamètre au méridien : $30'40''$. Hauteur du bord supérieur : $63^d28'20''$.

— Cassini. Nuages pendant l'éclipse. — $12^h40'$ fin. — $12^h41'$ fin encore. — $12^h42'$ on voit nettement tout le bord. *Cass. ms.*

— Il y a, dans les mêmes mss. de de l'Isle, une observation faite à Aix par un E. Brochier. La progression des intervalles de temps n'y suit point du tout celle des doigts de l'éclipse. Je me contenterai donc de dire que, suivant Brochier, le commencement a eu lieu à $10^h7'16''$, Rigel étant élevé de $28^d40'$ vers l'est, — et la fin à $12^h44'55''$, Sirius ayant $27^d26'$ de hauteur, pareillement à l'est. — La plus forte éclipse fut de 6 doigts.

— A Marseille, Chazelles. Commencement à $10^h9'55''$ vis à vis *Mare rotundum*. — Fin à $12^h50'45''$. *Chazelles ms.* — Milieu à $11^h30'25''$. — Grandeur : 6 doigts.

Cass. Elém. d'Astr. p. 3o9. J'omets les immersions et émersions d'un assez grand nombre de taches.

— A Avignon, le P. Bonfa. Commencement à 1o^{h}9′38″; — milieu à 11^{h}29′45″; — fin à 12^{h}49′52″; grandeur 6 doigts 4o′. *De l'Isle ms.*

— A Madrid, le P. Petrey. Fin à 9^{h}34′51″. *Anc. Mém. t. VII, p.* 7o6.

— A Macao, le P. Noël. Commencement à 17^{h}24′3o″. *Observ. P. Noël.* Mais suivant les *Observations faites à la Chine, etc., in* 4°, *Paris, Imprimerie Royale,* 1692 le commencement doit plutôt être fixé à 17^{h}25′5o″. Dans les *Anc. Mém. t. VII, p.* 7o5 il est marqué à 17^{h}26′.

— A Siam, le P. Gerbillon. Commencement à 16^{h}33′. *Obs. P. Noël.*

PREMIÈRE OCCULTATION DE JUPITER PAR LA LUNE LE 10 AVRIL.

Hévélius à Dantzick.

	Entrée.	Sortie.
	h ′ ″	h ′ ″
1er contact....................	11 7 9	11 49 15
Centre.......................	11 7 54	11 5o o
2e contact	11 8 39	11 5o 45
Dernier satellite...............	11 19 31	»

Diamètre de la Lune : 31′o″. La route de Jupiter a laissé 1o4 degrés environ du limbe de la Lune au nord. Cette observation, qui est la dernière d'Hévélius, est beaucoup plus détaillée dans *Phil. Trans. n°* 183, *p.* 178 ou dans l'abrégé de Lowthorp, *t.* I, *p.* 361 et suiv. On en trouve les principales phases dans *Mém. de l'Acad.* 1711 *p.* 2o, 21, et de la main même d'Hévélius dans les *mss. de de l'Isle.* Les heures marquées par l'horloge sont corrigées sur des hauteurs du Soleil, d'Arcturus et de la Lyre. Nous n'osons prononcer sur la précision de ces corrections. Peut-être faudroit-il retrancher une minute du temps de l'immersion et ajouter environ 15″ à celui de l'émersion.

— A Leipsick, Kirch fit l'observation suivante :

Temps corrigés.	Étoiles.	Hauteurs des ★.	Dist. de ♃ au bord.	Phases.
h ′ ″		d ′		
1o 3 18....	Arcturus	46 4o	» »	»
1o 18 26....		»	5′3o″ bord voisin	»
1o 3o 33....		»		Premier attouchement
1o 31 4....		»		Entrée du centre
1o 31 35....		»		Immersion totale
1o 38 38....		»		Diam. de ☾ : 32′ 1″
1o 44 24....		»		Id. 32 12 B.
11 6 25....	Arcturus	54 28		
11 11 4....	la Lyre	29 44		
11 16 29....	id.	3o 3o		
11 25 o....				♃ est sorti; donc
11 24 29....				Sortie du centre
11 37 11....			5 1o	
11 5o 11....			42 o B. bord éloigné	

Le diamètre et les distances qui ne sont pas marqués d'un B. ont été pris avec une lunette de 8 pieds garnie d'un micromètre dont chaque partie excédoit peu la valeur de 10″. *Kirch. ms* et *Ephem. de* 1687.

— Jacques et Matthieu Honold observèrent cette même occultation dans la même ville de Nuremberg. Pour le tems on comptoit les oscillations d'un pendule qui battoit 2100 fois par heure ou 35 fois par minute. Il avoit déjà oscillé 710 fois quand on commença les observations suivantes. Les temps sont vrais et conclus du nombre des oscillations.

A 10ʰ 3′ 16″...	hauteur d'Arcturus....................	46ᵈ 40′
10 24 59 ...	distance de Jupiter au bord de la Lune....	5′ 16″
10 29 16 ...	id. id.	1 10
10 31 20 ...	Jupiter touche le limbe.	
10 32 55 ...	immersion totale.	
10 55 5 ...	diamètre de la Lune..................	32′ 12″
11 8 3 ...	hauteur d'Arcturus..................	54ᵈ 28′
11 11 2 ...	hauteur de la Lyre...................	29 44
11 16 30 ...	id.	30 30

Ces trois dernières heures n'ont point été déterminées sur les oscillations du pendule, mais sur les hauteurs mêmes des étoiles. La hauteur d'Arcturus a donné à Kirch 11ʰ 8′ 2″, aux Honold 11ʰ 8′ 3″. Il leur est échappé une erreur de calcul. Kirch détermine l'ascension droite du Soleil, au moment de cette observation, de 19ᵈ 51′ 46″, celle d'Arcturus de 210ᵈ 23′ 32″, sa déclinaison 20ᵈ 53′ 20″, latitude du lieu 51ᵈ 20′. Tout cela posé, la hauteur d'Arcturus 54ᵈ 28′ donne 11ʰ 6′ 25″, comme nous l'avons marqué à l'observation de Kirch.

A 11ʰ 20′ 10″...	diamètre de la Lune...........................	32′ 12″
11 26 10 ...	Jupiter sort au-dessous de *Palus Mæotis* (*Mare crisium*)..	
	Donc durée de l'occultation....................	53 15
11 30 20 ...	distance de Jupiter au limbe.....................	2 20
11 39 18 ...	id.	5 16
11 45 40 ...	diamètre de la Lune...........................	32 12
11 47 22 ...	distance........................	9 57
11 55 45 ...	id.	14 38

Les distances sont prises avec un micromètre dont chaque partie valoit 17″ ½. *Kirch. ms.*

— A Königsberg, Colb.

A 11ʰ 6′ 30″...	Jupiter touche le limbe.
11 10 25 ...	il est entièrement caché.
11 47 30 ...	il est sorti. (Comment a-t-on réglé les temps, je l'ignore).

— A Breslau, G. S. D. (Godefroy Schultz, je pense).

A 8ʰ51′15″...	hauteur d'Arcturus....	37ᵈ 29′
9 4 25 ...	id.	39 32
9 18 40 ...	id.	41 33

A 10 42 0 ... commencement de l'immersion, en ligne droite avec *Mons Ætna* (*Copernicus*) et *Mons Horminius* (*Dionysius et Theon senior*).

10 43 30 ... immersion totale.

11 36 35 ... émersion totale, en ligne droite avec *Insula macra* (*Possidonius*) et *Ins. Besbicus* (*Manilius*).

12 15 10 ...	hauteur de α de la Lyre....	40ᵈ 10′	
12 18 15 ...	id.	40 40	
12 21 0 ...	id.	41 3	*Kirch mss.*

— A Nuremberg, Jean Jacques Zimmerman.

A 10ʰ 19′56″... premier contact.

10 20 47 ... immersion totale.

11 22 51 ... émersion totale.

11 25 43 ... émersion du 1ᵉʳ Satellite.

11 31 6 ... émersion du 3ᵉ Satellite. — Jupiter est entré vers le 117ᵉ et est sorti vers le 321ᵉ degré de la Sélénographie d'Hévélius. Les temps marqués sont vrais, réglés sur des culminations d'étoiles et sur les vibrations d'un pendule simple.

— Wurtzelbaur, dans la même ville.

10ʰ 20′50″ ... premier contact.

10 22 0 env.... immersion du centre.

10 22 30 ... immersion totale.

11 19 40 ... commencement de l'émersion.

11 21 20 ... fin. — Le point de l'immersion étoit vis à vis *loca paludosa insulæ Cercinnæ* (*Keplerus*) et celui de l'émersion un peu au nord de *Palus Mæotis* (*Mare crisium*). A 11ʰ 40′0″ hauteur de Procyon : 8ᵈ37′. Les heures sont celles d'une horloge à pendule, réglée la veille au soir sur des hauteurs du Soleil, et dont la hauteur de Procyon peut faire connoitre la marche. Zimmerman pense qu'il faut retrancher 35″ des temps marqués par Wurtzelbaur. (D'après les observations de midi des 10 et 11 avril, nous croyons qu'au temps de l'occultation de Jupiter la pendule de Wurtzelbaur avançoit de 30″). Ces observations de Nuremberg sont détaillées dans une brochure de Zimmerman intitulée : *Jovis per umbrosa Dianæ nemora venantis deliciæ Wurtembergicæ, Norimbergæ* 1686 in 4°. On les trouve aussi dans *Mém. de* 1711, p. 20 et dans *Phil. Trans.* n° 183, p. 177.

— A Londres, Hook et Halley.

A 9ʰ 26′ ...   le bord inférieur de la Lune venoit de se lever. Aussitôt
                 après Jupiter parut tout auprès du bord oriental de la
                 Lune.

9 33 ...   autant qu'on put en juger, le limbe de la Lune étant on-
                 dulant et inégalement terminé, immersion du centre
                 de Jupiter, au nord de *Palus Marœotis* (*Grimaldus*) ou
                 vers le 124ᵉ degré de la Sélénographie d'Hévélius,
                 presque en même latitude que le centre de la Lune.

10 30 ...   le bord occidental de Jupiter commence à sortir du limbe
                 obscur de la Lune.

10 31 20″...   émersion totale, en droite ligne avec le centre de la Lune
                 et la partie boréale de *Palus Mœotis* (*Mare crisium*) ou
                 vers le 324ᵉ degré d'Hévélius. *Phil. Trans. n*° 181,
                 p. 85.

— A Greenwich, Flamsteed.

A 9ʰ 32′ 30″... le bord de Jupiter touche la Lune : sa distance à l'extré-
                 mité boréale de *Palus Marœotis* (*Grimaldus*) est égale
                 au diamètre de ce *Palus*.

9 33 42 ...   immersion totale, autant que les vapeurs de l'horizon et
                 l'ondulation des bords ont permis de le conjecturer.
                 Différence de déclinaison entre le bord austral de la
                 Lune et le point d'entrée : 12′ 42″, prise à 10ʰ 11′ 12″.

10 30 30 ...   une petite partie de Jupiter étoit sortie, vis à vis le bord
                 boréal de *Marœotis* (lisez *Mœotis, Mare crisium*, comme
                 dans *Phil. Trans. n*° 184, *p.* 206).

10 31 36 ...   émersion totale.
10 35 50 ...   diff. de déclin. entre ♃ et le bord austral de ☾ : 28′ 15″
10 41 40 ...   »   »   29 28
10 44 0 ...   diam. de la Lune : 32′ 7″
10 45 44 ...   »   32 11 . *Fl. Hist. cœl. t. I, p.* 335, 336.

— A Paris, Cassini.

A 9ʰ 40′ 21″... Jupiter touche le bord ondulant de la Lune.
9 41 20 ...   Jupiter se plonge dans les ondes de la Lune, vis à vis le
                 bord de *Grimaldus* le plus voisin de *Ricciolus*. Les ondu-
                 lations de la Lune ont pu anticiper l'immersion de
                 quelques secondes.
9 40 51 ...   immersion (conclue) du centre.
10 30 2 ...   émersion d'un satellite (le 4ᵉ) vis à vis le milieu de *Mare
                 crisium*.
10 40 24 ...   émersion du bord précédent de Jupiter, vis à vis le bord
                 boréal de *Mare crisium*, du côté de *Cléomèdes*.

A $10^h 40' 56''$... émersion du centre, Jupiter ayant $11^d 31'$ de hauteur.

10 41 36 ... émersion totale. Jupiter est certainement entier.

10 42 49 ... émersion d'un satellite (le 2e).

10 45 1 ... émersion d'un autre satellite (le 1er).

10 50 40 ... émersion du dernier satellite (le 3e), vis-à-vis la pointe nord de *Mare crisium*.

11 45 ... diamètre de la Lune : $32' 27''$. *Anc. Mém. t. X, p.* 705, 706. *Phil. Trans. n°* 183, *p.* 175.

— Chazelles, à Marseille.

A $9^h 49' 52''$... premier attouchement. Lunette de 18 pieds.

9 50 42 ... immersion totale en ligne droite avec *Grimaldus* et *Galilœus*, à une distance de *Grimaldus* égale à celle de *Grimaldus* à *Galilœus*.

11 2 15 ... Jupiter étoit sorti, vis à vis le bord austral de *Mare crisium*; sa distance au limbe étoit d'environ 5 de ses diamètres.

11 4 21 ... le 3e satellite paroit. *Chaz. ms.*

— A Avignon, le P. Bonfa.

A $9^h 42' 13''$... immersion du centre.

10 45 26 ... émersion du centre. *Phil. Trans. n°* 183, *p.* 176. — *Mém.* 1711, *p.* 21.

L'horloge du P. Bonfa étoit probablement mal réglée, dit Jacques Cassini. *Ibid. p.* 22.

SECONDE OCCULTATION DE JUPITER PAR LA LUNE, LE 7 MAI.

Hévélius, à Dantzick, a vu Jupiter et la Lune s'approcher; mais ils se sont couchés avant l'immersion.

— Totteridg est un lieu à environ 9 milles de Londres, par $51^d 39'$ de latitude et à peu près $25''$ de temps à l'ouest de Londres, suivant Halley. Dans un éclairci entre les nuages, Haines y observa le contact des limbes de Jupiter et de la Lune à $15^h 3' \frac{1}{2}$, d'où l'on peut conclure que l'immersion du centre a dû avoir lieu à Londres à $15^h 4' \frac{1}{2}$.

— L'émersion du centre fut observée à Londres par Halley à $15^h 49'$; car à $15^h 50'$ Jupiter étoit entièrement sorti, et les bords des deux planètes étoient *si peu séparés* que Halley jugea qu'une minute auparavant le centre de Jupiter devoit coïncider avec le limbe de la Lune. Le point de l'émersion fut vis à vis la partie australe d'*Insula macra* (*Possidonius*), ou au 342e degré du limbe intérieur de la Lune, suivant Hévélius. *Phil. Trans. n°* 181, *p.* 87. — *Mém.* 1711, *p.* 24.

— A Avignon, le P. Bonfa.

A 15ʰ37′23″...   immersion du centre à l'est de *Xénophanes*.

16 28 24 ...   émersion du centre entre *Seneca* et *Berosus*, un peu au
nord de *Mare crisium*. *Phil. Trans. n°* 183, *p.* 177. —
Anc. Mém. t. X, p. 706.

— Chazelles, à Marseille.

A 15ʰ35′57″...   premier attouchement.

15 37 47 ...   immersion totale en ligne droite avec *Pythéas* et *Aristarchus*.

16 29 3 ...   le bord suivant de Jupiter touche la Lune.

16 30 49 ...   sa distance de Jupiter au bord de la Lune est égale à son
diamètre. *Chaz. ms.*

Observations de la Lune de M. de la Hire.

Ces observations paroissent, je pense, pour la première fois, l'*Histoire céleste*
de M. le Monnier ne s'étendant malheureusement pas au-delà de 1685.

Je donne les passages réduits tels qu'ils ont été déterminés par la Hire : mais
quelquefois les réductions ne m'ont point paru exactes; et alors je donne en note
des réductions que je crois plus précises. Par exemple, le 2 février, le bord précédent de la Lune a passé au vrai méridien, dit la Hire, à 7ʰ37′33″¾; la durée du
passage du disque étoit, ajoute-t-il, de 2′8″½ et la demi-durée de 1′4″¼. Donc le
centre a dû passer à 7ʰ38′38″. Ces temps sont ceux de l'horloge qui, suivant la Hire,
avançoit de 4′47″ au temps du passage. Donc le centre a dû passer au vrai méridien
à 7ʰ33′51″, et la Hire marque 7ʰ33′54″.

Dates.	Passages du centre de ☾ au méridien.	Passages suivant nous.	Diamètres de ☾ au méridien.	Hauteurs méridiennes apparentes du bord de ☾.	Hauteurs vraies du centre de ☾.
	ʰ ′ ″	ʰ ′ ″	′ ″	d ′ ″	d ′ ″
Janv. 1...	6 7 20	6 7 17	30 46	Inf. 41 22 15	42 18 1
2...	6 49 41¼	6 49 36	30 30	46 47 40	47 39 33
3...	7 31 51¼	7 31 48	30 18	51 51 20	52 39 11
4...	8 14 54½	8 14 51	30 2	56 21 20	57 5 39
5...	8 59 29½	8 59 29¼	29 58	60 8 0	60 49 4
8...	11 23 22	11 23 33	29 55	Sup. 66 2 0	66 10 0½
Févr. 1...	6 47 37½ (1)		30 0	Inf. 59 0 55	59 42 47
2...	7 33 54 (2)		29 52	62 15 0	62 54 16
7...	11 40 50¾	11 40 50⅝	30 10	Sup. 61 48 10	61 58 34
16...	18 56 51 (3)		32 36	Inf. 17 11 0	18 20 35
Mars 6...	9 37 18¼ (4)		30 18	Sup. 63 7 0	63 16 8
7...	10 26 7 (5)		30 30	59 44 30	59 56 32
8...	11 13 32¼	11 13 32¼	30 47	55 25 0	55 40 36

(1) Mieux à 6ʰ47′35″. — (2) Mieux, 7ʰ33′51″. — (3) Mieux, 18ʰ56′53″½. — (4) Cette réduction est
de nous, d'après les données de la Hire. — (5) Mieux, 10ʰ26′4″.

Dates.	Passages du centre de ☽ au méridien.	Passages suivant nous.	Diamètres de ☽ au méridien.	Hauteurs méridiennes apparentes du bord de ☽.	Hauteurs vraies du centre de ☽
	h ' "	h ' "	' "	d ' "	d ' "
Mars 9...	11 59 55¾	11 59 55¾	31 6	50 18 20	50 38 9
28...	3 28 30 (¹)		30 20	Inf. 60 6 40	60 48 2
31...	5 56 31	5 56 29¼	29 55	{ Sup. 66 32 40 / Inf. 66 2 45 }	
Avril 2...	7 37 1	7 36 58⅜	29 58	Sup. 64 22 12	64 30 18
4...	9 13 41¾	9 13 38¾	30 35	57 32 30	57 46 44
5...	10 0 19¾	10 0 19¼	30 55	52 42 40	53 0 15
8...	12 20 13½	12 20 13½	33 10	{ Sup. 35 5 10 / Inf. 34 32 0 }	35 36 21
14...	18 2 17¼	18 2 21½	32 5	Sup. 15 31 40	16 8 28
28...	5 35 41½	5 35 37½	29 57	65 24 15	65 31 29
30...	6 24 23	6 24 20⅞	29 57	63 0 12	65 27 43
Mai 1...	7 11 48¼	7 11 45½	30 20	59 30 30	59 42 37
2...	7 57 49¼	7 57 46¾	30 45	55 7 5	55 22 37
5...	10 14 50¾	10 14 50	31 50	38 3 0	38 31 13
25...	4 18 43½	4 18 40⅞	30 4	64 7 0	64 15 18
28...	5 5 55	5 5 52½	29 58	61 4 25	61 15 6
30...	6 35 38¼	6 35 36¼	30 28	52 17 0	52 34 59
31...	7 19 32¾	7 19 30⅜	30 50	46 52 5	47 13 53
Juin 1...	8 3 58¼	8 3 55⅝	31 26	41 0 40	41 26 46
2...	8 50 6¼	8 50 2½	32 0	34 55 40	35 25 47
3...	9 39 14	9 39 10⅚	32 23	28 56 20	29 29 40
5...	11 30 43¾	11 33 10¾	33 0	18 53 15	19 30 36
6...	12 33 35¾	12 33 35½	33 6	15 52 35	16 30 32
7...	13 39 0	13 39 3⅝	33 13	14 47 30	14 30 54 (²)
8...	14 44 1½	14 44 4	33 0	15 46 45	16 25 28
9...	15 45 38¾	15 45 43	32 44	18 37 45	19 14 51
10...	16 42 29	16 42 32	32 22	22 55 50	23 31 24
11...	17 34 26½	17 34 28		28 10 30	28 45 0
13...	19 7 28½	19 7 30⅞	31 10	39 51 0	40 17 17
14...	19 51 13¾	19 51 16⅜	31 0	45 40 0	45 2 41
15...	20 34 42	20 34 44⅞	30 26	51 9 0	51 27 40
16...	21 18 53	21 18 55½	30 24	56 5 45	56 20 15
17...	22 4 26	22 4 28⅝	30 25	60 20 0 :	60 31 33
23...	2 9 41¾	2 9 38⅝	30 0	64 53 30	65 1 8
25...	3 42 48	3 42 45⅛	30 4	58 31 15	58 44 4
27...	5 9 46½	5 9 44	30 30	48 55 42	49 15 55
28...	5 52 38	5 52 35⅜	30 39	43 21 12	43 45 12
30...	7 22 33¾	7 22 30⅝	31 42	31 36 55	32 8 30
Juillet 2...	9 6 43	9 6 39⅝	32 35	21 1 15	21 38 33
3...	10 6 31¼	10 6 27¼	33 9	17 13 20	17 50 56
4...	11 10 50	11 10 46¼	33 29	15 6 30	15 44 36
5...	12 17 23¾	12 17 23¾	33 32	15 2 40	15 41 4
6...	13 24 55 (³)	13 22 33	33 25	17 5 0	17 42 58
10...	17 0 40¼	16 58 35¼	31 47	37 49 40	38 18 4

(¹) Mieux, $3^{\mathrm{h}}28'27''\frac{1}{4}$. — (²) Si la hauteur apparente du bord supérieur étoit $14^{\mathrm{d}}47'30''$, la réfraction $3'58''$ et la parallaxe de $58'38''$, comme la Hire le détermine, la hauteur vraie du centre devoit être de $15^{\mathrm{d}}25'33''\frac{1}{4}$. — (³) La cause de la grande différence entre le calcul de la Hire et le nôtre, les 6 et 10 juillet, est une distraction de la Hire, qui a ajouté le demi-diamètre de la Lune en temps à l'heure du passage du bord *suivant*, au lieu de l'en retrancher.

Dates	Passages du centre de ☾ au méridien.	Passages suivant nous.	Diamètre de ☾ au méridien.	Hauteurs méridiennes apparentes du bord de ☾.	Hauteurs vraies du centre de ☾.
	h ′ ″	h ′ ″	′ ″	d ′ ″	d ′ ″
Juillet 11...	17 43 48	17 43 51	31 28	Sup. 43 50 45	44 15 3
12...	18 28 2	18 28 4¾	30 50¼	49 32 50	49 52 45
14...	19 57 41¾	19 57 44¼	29 56	59 10 0	59 22 14
15...	20 44 25¼	20 44 28¼	29 54	62 44 0	62 53 15
16...	21 32 52½	21 32 55½	29 57	65 15 10	65 22 33
22...	1 37 6	1 37 3¼	30 2	59 40 ::	59 51 44
23...	2 21 43½	2 21 40	30 14	55 25 45	55 40 50
24...	3 4 56½	3 4 53½	30 29	50 29 30	50 48 34
27...	5 14 27¾	5 14 19¼	31 15	33 36 50	34 6 55
29...	6 52 1	6 52 4½	32 1	22 54 45	23 30 4
31...	8 48 30	8 48 26½	33 0	15 48 50	16 26 38
Août 1...	9 58 16¼	9 53 11¾	33 24	14 12 10	15 23 56 (¹)
3...	12 3 1¼	12 3 1¼	33 18	Inf. 18 11 50	19 22 53
6...	14 48 39½	14 48 42¼	32 24	Sup. 35 13 0	35 43 21
7...	15 36 34¾	15 36 37½	31 54	41 30 35	41 57 14
8...	16 22 46	16 22 49	32 0	47 33 30	47 55 41
10...	17 54 33¾	17 54 36¼	30 33	57 54 30	58 8 3
27...	6 40 58¼	6 40 58¼	32 15	16 32 30	17 9 18½
28...	7 42 2½	7 42 20½	32 42	Inf. 14 14 45	15 24 56
29...	8 46 3¼	8 46 3¾	32 45	14 21 0	15 31 16½
30...	9 49 36¾	9 49 36¾	33 6	16 25 22	17 36 19
31...	10 50 34	10 50 34	33 0	20 16 50	21 26 53
Sept. 1...	11 47 45	11 47 45	32 55	25 29 30	26 37 4½
2...	12 41 4¼	12 41 4¼	32 52	31 33 48	32 38 32
5...	15 6 37½	15 6 37½	31 32	Sup. 50 53 25	51 12 8
7...	16 41 51½	16 41 54½	30 53	60 38 0	60 49 22½
11...	20 2 38½	20 2 38½	29 45	Inf. 66 12 45	66 48 41½
14...	22 27 13¾	22 27 14¼	30 10	57 56 0	58 39 10
24...	5 43 30¼	5 43 30¼	32 15	Sup. 14 55 45 / Inf. 14 23 30	15 32 32
25...	6 45 5¼	6 45 5¼	32 15	Inf. 13 52 35	15 1 34½
27...	8 47 7¾	8 47 7⅜	32 40	18 20 45	19 30 25
Oct. 6...	16 20 1½	16 20 1½	30 18	Sup. 65 39 15	65 46 12
23...	5 47 55¾	5 47 55¾	32 22	Inf. 10 26 45	11 35 41 (²)
27...	9 26 46¼	9 26 46¼	32 3	32 16 50	33 20 1½
31...	12 35 9¾	12 35 9¾	31 10	Sup. 56 51 0	57 5 25
Nov. 27...		10 24 20 ::	31 0	Inf. 54 19	
Déc. 28...		11 23 27½	30 2	Sup. 67 3 0	*La Hire ms.*

Autres observations de la Lune.

Le 26 février, Kirch observa, à Leipsick, la conjonction de 1ξ de la Baleine avec la Lune.

Temps de l'horloge.	Temps corrigés.	Dist. de l'★ à la corne.	Hauteurs des étoiles.
h ′	h ′ ″	′ ″	
6 12.....	6 14 30	australe 10 30	»
6 15.....	6 17 30	» 8 24	»
6 23.....	6 25 30	» 5 36	»

(¹) Cette hauteur vraie du centre suppose que la hauteur observée est celle du bord inférieur.
(²) La moindre hauteur méridienne de la Lune est au moins de 12ᵈ24′.

Temps de l'horloge.	Temps corrigés.	Dist. de l'★ à la corne.	Hauteurs des étoiles.
6^h 26′.....	6^h 28′ 30″	australe 4′ 12″	
6 34.....	6 36 30	» 0 0	
6 52.....	6 54 30	» 8 24	
6 57.....	6 59 31		α du Lion 27^d 28′
7 0.....	7 1 43		» 27 48
7 3.....	7 5 26		» 28 22
7 30.....	7 32 30	» 24 30	
7 37.....	7 39 30	boréale 44 6	
7 53.....	7 56 0	australe 36 24	
7 57.....	8 0 0	boréale 50 24	
9 46.....	9 50 54		Arcturus 21 0
9 48½....	9 52 50		» 21 18
9 50.....	9 54 7		» 21 30

Les distances sont prises avec la lunette de 4 pieds garnie de son micromètre.

A 6^{h}36′30″ l'étoile et la pointe australe de la Lune ne formoient qu'un seul point, un peu allongé cependant. *Kirch. ms.* et *Ephem.* 1687.

— Godefroy Schultz, à Breslau, observa la même étoile dans la ligne des cornes à 6^{h}58′53″, heure corrigée par des hauteurs d'α du Lion qui ne s'accordent que bien imparfaitement. La distance de l'étoile à la corne australe, au moment de la conjonction, étoit égale à la largeur de *Insula major maris Caspii. Ibid.*

— A Leipsick, le 27 avril, conjonction de la Lune avec ε des Gémeaux.

9^{h}10′ et 9^{h}20′.   diamètre de la Lune .... 36′ 6″

9^{h}13′ ...   distance de l'étoile au bord éloigné . 39 12

9 22 ...   id.   38 30 . La conjonction n'est pas éloignée. Ensuite, nuages.

9 35 ...   distance de l'étoile au bord éloigné . 38 30 encore.

10 7 ...   distance au bord le plus éloigné.... 41 39 . Au moment de la conjonct. l'étoile a dû être distante de la corne voisine de 8′ 24″.

10 40 ...   distance de l'étoile à la corne supérieure (supérieure, je pense, dans la lunette, donc véritablement australe).   50′ 24″

10 44 ...   distance à la corne inférieure (boréale)....... 35′ 0

10 49 56″...   distance au bord le plus éloigné : 1^d 3′ 42″.   Tout mesuré avec le micromètre de la lunette de 4 pieds.

10 49½ ...   hauteur de Régulus : 36^d 2′.

11 16 ...   id.   32^d 0′. *Kirch. ms.*

— Chazelles fit la même observation à Marseille. L'étoile, dans son manuscrit, est nommée γ des Gémeaux : c'est une erreur manifeste du copiste. La Lune ne peut jamais passer au sud de γ des Gémeaux, dont la latitude australe est de 6^{d}46′ ; et, de plus, la latitude de la Lune étoit alors boréale.

8^{h}31′15″...   une ligne passant par l'étoile, et tangente au limbe précédent de la Lune, étoit parallèle à la ligne des cornes.

9 4 31 ...   l'étoile étoit dans la ligne des cornes, distante de la corne boréale d'environ 7 de ses diamètres.

9 39 ...   l'étoile étoit dans une tangente au limbe parallèle à la ligne des cornes. *Chaz. ms.*

- Le 11 novembre, à Leipsick.

18ʰ 29′ ...	diamètre de la Lune.	30′ 48″
18 53 ...	hauteur d'Arcturus.	34ᵈ 26′
18 55 ...	id.	34 56
19 0 30″...	distance de γ de la Vierge à la corne la plus voisine ou australe....	46′54″.
19 12 0 ...	même distance.	45 9 . Tube de 4 pieds. L'étoile n'étoit pas encore en conjonction. *Kirch. ms.* La clarté du jour a sans doute empêché de continuer l'observation.

— Le 13 novembre, conjonction de la Lune et de Vénus.
Kirch à Leipsick.

18ʰ ...	dist. de ♀ à la corne la plus éloignée.	1ᵈ 18′ 24″
18 33′ ...	id.	1 12 6
18 37 ...	hauteur d'Arcturus...............	34 0
18 39 40″...	id.	34 30
18 41 20 ...	id.	34 42
18 44 30 ...	id.	35 5
19 0 ...	id.	37 20
19 31 ...	dist. de ♀ au bord le plus voisin : 23′6″. La conjonction n'a pas encore eu lieu. *Kirch. ms.*	

— L'observation de Flamsteed, à Greenwich, est plus précise.

18ʰ 29′ 22″...	diamètre de la Lune......	31′48″ (31′42″)
18 40 32 ...	dist. de ♀ au bord voisin..	22′33″
18 40 32 ...	diff. d'asc. droite entre le bord éclairé et Vénus.	10′53″.
18 46 22 ...	dist. de ♀ au bord éclairé.	21′47 (sa dist. à la ligne des cornes. 17′1″).
18 53 4 ...	dist. de ♀ au bord le plus voisin..	19′39″
19 4 49...	id.	17 3
(19 7 52 ...	dist. de ♀ au bord le plus éloigné..	51 40)

Hist. cœl., t. I, p. 338.

Ce qui est enfermé en parenthèse a été observé avec une lunette plus courte.

PLANÈTES.

Observations de La Hire (¹).

Saturne.

Dates.	Centre au méridien.	Hauteurs méridiennes.	Remarques.
Janvier 5......	16ʰ 52′ 53″ (²)	43ᵈ 16′ 0″	(²) 31′2″¾ après βΩ.
21......	15 43 53 (³)	43 23 40	(³) 11″¼ avant η♍.
Mars 9......	12 31 20¾ (⁴) H	44 35 25	(⁴) 5′32″?½ avant δ du Corbeau.

(¹) Il est à remarquer que, le 17 juin, on a détourné de 25″ de degré ou de 1″¾ de temps la pinnule du

Saturne (suite).

Dates.	Centre au méridien.	Hauteurs méridiennes.	Remarques.
	^{h} $^'$ $^{''}$	^{d} $^'$ $^{''}$	
Avril 13.....	10 14 43$\frac{1}{4}$ (^{1})	45 36 40	(^{1}) 11′37″$\frac{1}{2}$ après $\beta\,\Omega$.
19.....	9 51 18$\frac{1}{2}$ (^{2})	45 44 22	(^{2}) 10′19″$\frac{1}{4}$ après $\beta\,\Omega$.
21.....	9 43 26$\frac{3}{4}$ (^{3})		(^{3}) 9′53″$\frac{3}{4}$ après $\beta\,\Omega$.
27.....	9 19 49 (^{4})	45 53 10	(^{4}) 8′48″$\frac{1}{4}$ après $\beta\,\Omega$.
Mai 5.....	8 48 10$\frac{1}{4}$	45 59 0	
30.....	7 7 53	46 2 0	
Déc. 11.....	19 25 29$\frac{1}{2}$	38 50 40	

Le 21 octobre, à 18^{h}6′56″, azimut de ♄ : 72^{d}36′5″ du Sud vers l'Est ; sa hauteur 13^{d}59′30″.

Jupiter.

Dates.	Centre au méridien.	Hauteurs méridiennes.	Remarques.
	^{h} $^'$ $^{''}$	^{d} $^'$ $^{''}$	
Janvier 28.....	18 24 17$\frac{1}{2}$	24 20 0	
Février 1.....	18 9 39	24 13 45	
Mars 9.....	15 59 7	23 52 20	
12.....	15 48 5$\frac{1}{4}$ (^{5})	23 52 30	(^{5}) 6′27″ avant α du Serpent.
Mai 5.....	12 11 5 **H**	25 7 22	
24.....	10 46 56$\frac{3}{4}$	25 45 0	
Juin 5.....	9 53 4$\frac{3}{4}$ (^{6})	26 4 48	(^{6}) 16′1″$\frac{3}{4}$ après $\alpha\,\libra$.
14.....	9 12 59$\frac{1}{4}$ (^{7})	26 16 25	(^{7}) 13′3″$\frac{1}{4}$ après $\alpha\,\libra$.
28.....	8 11 56$\frac{1}{4}$	26 25 45	
29.....	8 7 42$\frac{1}{4}$	26 26 55	
30.....	8 3 27$\frac{3}{4}$	26 26 50	
Juillet 3.....	7 50 47$\frac{1}{4}$	26 27 30	
5.....	7 42 28$\frac{1}{2}$	26 27 30	
6.....	7 38 20	26 27 30	
11.....	7 17 54	26 26 15	
14.....	7 5 49$\frac{1}{2}$	26 25 10	
24.....	6 27 0	26 17 20	
Sept. 3.....	4 8 28$\frac{1}{2}$		

Mars.

Mars ayant passé de jour au méridien durant presque toute l'année, la Hire n'a observé aucun de ses passages.

Le 13 février à 5^{h}55′25″, sa hauteur étoit de 33°36′ ;

5 59 51   id   33 0 ; presque la même que celle de Vénus, dont, vers la même heure, il étoit éloigné de 3^{d}25′25″.

---

quart de cercle mural, de sorte que, dit La Hire, la correction additive sera dorénavant plus grande dans les grandes hauteurs et la soustractive moindre dans les petites hauteurs. On peut donc, suivant La Caille, employer sa Table depuis le 17 juin 1686 et les 2 ou 3 années suivantes en augmentant de 1″,6 les corrections additives, et diminuant d'autant les soustractives, ce qui est suffisamment conforme aux résultats de 10 comparaisons des passages du Soleil au mural *dans le reste de* 1686 avec les vrais midis déterminés par des hauteurs correspondantes.

Nous convenons, avec l'abbé de La Caille, que sa Table ainsi corrigée peut servir, et nous l'avons réellement employée, mais seulement pour le reste de 1686 et pour les 6 premiers mois de 1687. Elle s'écarte trop ensuite et du résultat du petit nombre de hauteurs correspondantes prises depuis par La Hire, et de celui d'un grand nombre de réductions du mural au méridien faites par cet astronome, qui connoissoit sans doute son instrument, et ne le corrigeoit pas au hasard. J'ai dressé une nouvelle Table d'après les réductions de La Hire, et je commencerai à l'employer en juillet 1687.

Le 14 février à $5^h 29' 4''$...   hauteur de Mars... $37^d 5' 0''$
         5 31 50 ...   id   ...   36 44 25
                           Distance à Vénus...   3 19 24

Le 15, distance des deux planètes : $3^d 14' 48''$.

	Hauteurs de ♂.	Distances de ♂ à ♀.
Le 17 à $7^h 17' 18''$.......	$21^d 38' 35''$	$3^d 8' 40''$
18 5 31 34.......	37 9 45	
5 35 30.......	36 39 20	
5 38 53.......	36 13 0	3 10 30
19 5 42 24.......	35 50 20	
5 45 28.......	35 25 25	3 10 30 ♂ à la même hauteur que ♀
20 6 1 8......	33 19 40	
6 6 4.......	32 37 50	3 10 15
22 7 env.........		3 18 20
24		3 28 0

Si l'on diminuoit la distance assignée au 18 d'environ $2' 50''$, et celle du 19 de $2' 20''$, la progression des différences paroitroit moins irrégulière.

Le 21 octobre, à $17^h 55' 29''$, Mars étoit dans un vertical déclinant de $70^d 56' 25''$ du sud vers l'est, sa hauteur étant de $17^d 1' 20''$.

Vénus.

Dates.	Passages.	Hauteurs méridiennes.
Janv. 15.	centre $3^h 1' 36\frac{1}{4}''$	centre $33^d 20' 0''$
17.	3 1 $3\frac{3}{4}$	34 19 15
24.	2 58 $58\frac{1}{4}$	37 50 22
25.	2 58 $37\frac{1}{4}$	38 20 38
Févr. 2.	2 55 $21\frac{3}{4}$	42 23 6
13.	2 49 $36\frac{1}{4}$	47 46 55
17.	2 46 $54\frac{1}{2}$ $(^1)$	49 39 0
18.	2 46 15	50 6 10
19.	2 45 25	50 33 15
20.	2 44 $40\frac{1}{2}$	50 59 40
26. b. préc.	2 39 16	53 33 40
Mars 7.	2 28 2 $(^2)$	56 56 35
8.	2 26 $28\frac{1}{2}$	57 16 40
11.	2 21 18 $(^3)$	58 12 45
27.	1 37 $31\frac{1}{4}$	b. inf. 61 15 30
28.	1 33 $38\frac{1}{4}$ $(^4)$	61 17 40
29.	1 29 $26\frac{1}{2}$ $(^5)$	61 19 50
31.	1 21 $7\frac{1}{2}$	61 18 25
Avril 9.	0 35 $52\frac{1}{4}$ $(^6)$	60 6 10

Dates.	Passages.	Hauteurs méridiennes.
Avril 10.	b. préc. $0^h 30' 15''$	b. inf. $59^d 51' 10''$
11.		59 34 40 $(^7)$
12.	0 18 $51\frac{1}{4}$	59 16 45
13.	0 13 $1\frac{3}{4}$	58 57 35
14.	b. préc. 0 7 13 H	58 37 20
	b. suiv. 0 7 $17\frac{1}{4}$	
15.	b. préc. 0 1 $17\frac{1}{4}$ H $(^8)$	58 15 50
27.	b. suiv. 22 49 12 $(^9)$	centre 53 7 50
30.	22 35 $13\frac{1}{2}$ $(^{10})$	52 5 10 $(^{10})$
Mai 12.	21 50 41	49 27 12
22.	21 26 $6\frac{3}{4}$	49 13 0
28.	centre 21 15 $17\frac{1}{2}$	49 45 40
Juin 7.	centre 21 2 0	51 26 0
9.	20 59 56	51 51 30
14.	20 55 33	52 59 20
15.	20 54 49	53 13 40
16.	20 54 4	53 28 5
19.	20 52 11	54 12 15
24.	20 49 41 H	55 27 0

$(^1)$ Diam : $40''$. — $(^2)$ Diam : $53''$. — $(^3)$ Diam : $40''$. — $(^4)$ Diam : $50''$. — $(^5)$ Il faudroit, je pense, $1^h 29' 36'' \frac{1}{2}$. — $(^6)$ Diam : $65''$. — $(^7)$ Diam : $68''$. — $(^8)$ Le centre $0^h 1' 20''$ H. — $(^9)$ Douteux à cause des nuages. — $(^{10})$ Le 30 avril : $22^h 35' 14'' \frac{1}{2}$; bord supérieur $52^d 5' 40''$. *Cass. mss.* [Dans le *ms.* de Pingré, nous n'avons pu déchiffrer quelques observations extraites des manuscrits de Cassini et peut-être aussi de ceux de La Hire (G. B.)].

Vénus (suite).

Dates.	Passages.	Hauteurs méridiennes.	Dates.	Passages.	Hauteurs méridiennes.
	^{h} ' "	^{d} ' "		^{h} ' "	^{d} ' "
Juin 27.	centre 20 48 42¾	centre 56 12 22	Juill. 30.	centre 20 58 46	centre 62 25 48
Juill. 4.	20 47 37	57 54 50	Août 7.	21 6 24¼	62 51 20
10.	20 48 7¼	59 16 30	28.	21 31 41¾ (¹)	61 8 0
11.	20 48 18¼	59 29 10	Sept. 7.	21 44 30¼	58 51 0
12.	20 48 34½	59 41 40	14.	21 53 6½	56 45 10
13.	20 48 51¾	59 54 0	Oct. 21.	22 29 6	40 54 45
15.	20 49 32	60 17 40	Nov. 13.	22 44 43¾ (²)	30 0 40
23.	20 53 33	61 37 40	28.	22 55 3¾	23 57 35
26.	20 55 37¼	62 0 45			

Mercure.

	Heures.	Hauteurs.	Azimuts.		Heures.	Hauteurs.	Azimuts.
	^{h} ' "	^{d} ' "	^{d} ' "		^{h} ' "	^{d} ' "	^{d} ' "
Avril 28.	7 57 26	10 0 30		Mai 2.	8 9 50	10 19 30	
	7 59 28	9 41 50	67 31 14(³)		8 16 47	9 18 10	
	8 2 24	9 16 0			8 20 16	8 47 40	64 7 8(³)
	8 6 42	8 38 30		Oct. 20.	18 7 33	8 40 30	75 46 25(⁴)
	8 17 21	7 3 0	64 7 8(³)		18 19 38	10 34 0	73 22 0
29.	7 53 17	11 17 20			18 31 3	12 20 20	71 5 15
	7 59 24	10 21 40			18 42 46	14 8 20	68 43 35
	8 0 11	10 14 35	67 31 14(³)	21.	18 16 56	9 25 30	73 48 55
	8 3 9	9 48 0		30.	18 7 1	6 0 0	68 16 40

Autres observations des Planètes.

Le 16 mars, opposition de Saturne à $10^h42'$ t. m. mérid. de Londres, en $26^d46'20''$ de la Vierge. *Tab. Hall.*

Même opposition, suivant Cassini :

$10^h28'$ mérid. de Paris, en $26^d47'16''$ ♍; lat. bor. $2^d33'12''$ d'apr. les obs. de Flamsteed
10 28   »   26 47 6   »   2 34 3   »   de Paris

Cass. Élém., p. 358, 359.

Kirch observa aussi cette opposition à Leipsick. Il observa les 13, 14, 18 et 28 mars des distances de Saturne à b, β, c et η de la Vierge. Nous ne rapportons pas ces distances; elles sont toutes prises avec le micromètre de la lunette d'un pied et demi, donc incertaines. Le résultat des observations de Kirch est, suivant lui, que l'opposition est arrivée le 16 mars à $9^h40'$ en $26^d48'10''$ ou en $26^d49'$ de la Vierge, ce qui ne s'écarte pas beaucoup des déterminations précédentes. La latitude de Saturne n'est pas si exacte; elle n'auroit été que de $2^d18'15''$. *Kirch ms.* C'est que de la position de Saturne à l'égard des étoiles fixes il s'ensuivoit que l'erreur des distances agissoit beaucoup plus sur les latitudes que sur les longitudes.

(¹) $21^h31'31''\tfrac{1}{2}$, $61^d8'10''$. *Cass. mss.* — (²) Je pense qu'il faudroit $22^h46'43''\tfrac{3}{4}$.
(³) Du Nord à l'Ouest. — (⁴) Du Sud à l'Est, jusqu'à la fin.

Kirch à Leipzick.

	Étoiles.	Distances de ♄ aux ★.	
		d ' "	
Nov. 14. 18 30	s	0 20 39	
18 37	k	1 45 0	
15. 17 50	s	0 15 45	
18 15	k	1 39 24	
18 20	u	1 47 48	
16. 18 43	s	0 15 24	
	k	1 32 45	
	k	1 33 6	
	u	1 42 12	
17. 18 15 env.	s	0 16 48	
	k	1 27 30	
	u	1 36 57	
19. 18 30	s	0 23 27	
	s	0 23 48	
	k	1 15 36	
	u	1 27 30 :	
20. 17 10	w	0 10 30	
	s	0 26 36	
17 15	s	0 26 57	
	x	1 1 36	
	x	1 1 57	
17 28	k	1 10 0	
17 30	u	1 21 12	
17 48	y	1 2 18 ♄ pl. bor.	
	s	0 27 18	
	s	0 27 39	
	t	0 50 24	

	Étoiles.	Distances de ♄ aux ★.	
		d ' "	
Nov. 20.	k	1 10 0	
	k	1 10 21	
21. 17 12	w	0 5 32	lun. de 8 p.
17 24	s	0 31 51	id.
17 38	s	0 31 51	
17 45	k	1 4 45	
30. 18	k	0 18 33	
	k	0 18 54	
	u	0 39 54	
	u	0 40 15	
	s	1 17 0	
Déc. 10. 18 15	k	0 25 54	
18 30	u	0 39 12	
11. 18	k	0 30 6 ::	nuages.
12. 17 40	k	0 33 36	
17 45	u	0 44 6	
	u	0 44 27	
	z	0 39 33	
19.	k	0 58 27	
17 32	u	1 3 21	
17 36	z	0 32 54	
23. 13 45	θ m♍	1 52 21	
16 20	z	0 35 42	
24. 18 58	k	1 14 33	
19 5	u	1 17 0	
19 12	θ m♍	1 51 18	
28. 18 45	θ m♍	1 41 30	
	k	1 24 0	

Ces deux dernières observations sont assez exactes. La distance de ♄ à *u* le 19 nov. est un peu douteuse à cause du crépuscule; celle du 11 déc. (dist. à *k*) est douteuse à cause des nuages.

Toutes ces distances sont prises avec le micromètre du tube de 4 pieds, sauf les deux premières distances du 21 novembre, mesurées avec une lunette de 8 pieds, garnie d'un micromètre dont chaque partie répondoit à 10" environ.

Le 21 novembre, à 17ʰ, γ de la Vierge, θ et Saturne étoient, à l'œil nu, en ligne droite. L'étoile *k* est celle de Bayer (Vierge). Celle désignée par *u* m♍ paroît être la 46ᵉ de la Vierge; les étoiles *s*, *x*, *w* et *y* ne sont pas dans nos catalogues; on pourra les distinguer par les distances suivantes et en déterminer le lieu par des observations plus précises que celles de Kirch.

	Étoiles.	Distances des ★.	Remarques.
		d ' "	
Nov. 20......	x, u	0 39 54	
	x, k	0 56 0	x est plus boréal que *u* et *k*.
	k, w	1 0 12	
17 45	k, u	0 30 6	*u* presque au nord de *k*, donc la 46ᵉ de la Vierge.

Étoiles.	Distances des ★.	Remarques.
Nov. 20...... 17h 45' s, t	0d 40' 15"	t est la 38e de la Vierge; s au nord de t.
18 0 t, y	0 31 20	y suit t sur la figure.
s, t	0 40 15	comme devant.
y, k	1 14 54	
t, k	1 32 3	t précède k.
18 15 s, k	1 35 33	s plus boréal que k.
21...... s, k	1 35 54	
s, y	1 5 6	
Déc. 12...... 18 0 k, x	0 56 42	
s, x	1 28 12	
s, u	1 49 12	
19...... 18 0 u, w	1 12 48	*Kirch ms.*

Le 5 mai, Jupiter média, à Paris, à 12h11'5". *Anc. Mém.*, t. X, p. 210.

Le 7 mai, opposition de Jupiter à 17h9' t. m. mérid. de Londres, en 17d52'40" du Scorpion. *Hall. Tab.*; — ou, au mérid. de Paris, mais d'après les observations de Flamsteed, le même jour à 17h17' en 17d53'27" du Scorpion, latitude 1d14'14" nord. *Cass. Élém.*, p. 417; — ou à 17h18' t. m. mérid. de Paris en ♏ 17d51'40" *Jeaurat.*

Le 15 juin, à Leipsick. A 9h45', distance de Jupiter à ν de la Balance : 41'18". De Jupiter à *a* (c'est 2ν de la Balance) : 47'46".

Le 13 juillet, à 10h50', de Jupiter à ν de la Balance : 1d30'8".

A 10h15' et à 10h40' Kirch avoit trouvé la distance de ♃ à α de la Balance 2°17'9"; mais c'étoit avec le micromètre de la lunette d'un pied et demi. *Kirch ms.*

Décembre 10..... 19h15'	distance de Vénus à Jupiter.	0d22' 3"
19 34	id.	0 21 42
19 36	id.	0 22 3
19 50	id.	0 21 42
11..... 19 23	id.	1 38 21

Ibid. et *Éphem.*, ann. 1688.

Dates.	Heures.	Astres.	Distances des astres.
Oct. 7.	17h 38'	♂, β♍	1d 17' 42"
8.	17 30	♂(1), β♍	0 45 30
14.	16 (après)	♀, ♂	0 38 30
	17½ (vers)	♄(2), γ♍	0 40 15
		♀(3), ♂	0 37 48
		♄(4), ☿	1 32 24
17.		♄(5), γ♍	0 39 12
		♄(6), ☿	1 38 42

Dates.	Heures.	Astres.	Distances des astres.
Oct. 17.		☿(7), γ♍	1d 55' 30"
		♂, ♀	1 20 30
18.	17h 30'	♀(8), η♍	0 13 18
		♀(8), η♍	0 13 39
		♀, a(9)	0 25 33
		♀, η	0 12 57
	17 57	♀, a	0 25 12
	18	♄(10), γ♍	0 40 57

(1) ♂ plus boréal que l'★. — (2) ♄ plus occidental. — (3) ♀ plus boréal. — (4) La ☾ étoit à 3d50' environ de ♀, de sorte que l'on voyoit en un assez petit espace un groupe de 5 planètes; ♃ y manquoit seul. — (5) ♄ précède (les observations du 17 oct. ont été faites peu après 18h). — (6) ☿ plus austral (observations faites peu après 18h). — (7) ☿ plus austral (observations faites peu après 18h). — (8) ♀ au-dessus de η. — (9) *a* = n de la Vierge. ♀ suit l'★. — (10) (Obs. à ce qu'il paraît peu exacte).

Dates.	Heures.	Astres.	Distances des astres.
Oct. 22.	17ʰ 30′	♄(1), γ♍	0ᵈ 56′ 0″
		♀(2), γ♍	1 18 45
		♀(3), ♄	1 21 54
		♀(4), a	1 35 54
	17 45	♄, a	0 43 45
		♄(5), b	0 32 12
	18	♀, b	1 34 51
		♀(6), a(7)	1 35 12
		♀, γ♍	1 18 24
		♀, ♄	1 21 12
23.	17½ (p. av.)	♀(8), ♂	0 36 3
	17 30	♄, γ♍	1 1 36
	17 46	♀(9), γ♍	1 22 36
24.	18 30 (vers)	♄(10), γ♍	1 8 36
		♄(10), ♀	1 10 42
25.	18 27	♂(11), γ♍	1 14 54
26.	17 30	♄, b	0 25 53
		♄, a	0 59 30
		♄, γ♍	1 18 24
	18	♂, k(12)♍	0 6 18
27.	17 15	♄, γ♍	1 24 0
		♄, b	0 28 21
		♄, a	1 4 24
		♂, m(13)	0 57 24
28.	17 45	♄, γ♍	1 31 0
		♄, a	1 10 0
	18	♂, m	0 30 6
		♀, p	1 5 6
29.	17 30 (avant)	♄, γ♍	1 37 18
	17 30	♀, p	0 11 33
		♄, a	1 15 36
	17 45	♂, γ♍	1 43 36
30.	17 45	♀, θ♍(14)	1 20 30
		♀, θ♍(15)	1 19 48
		♂, γ♍	1 43 15
		♂, γ♍	1 43 36
		♂, ♄	1 43 36
	18 0	♂, ♄	1 43 15

Dates.	Heures.	Astres.	Distances des astres.
Oct. 30.	18ʰ 0′	♄, γ♍	1ᵈ 43′ 36″
30.	18 10	♀, θ♍	1 22 15
Nov. 2.	18 15	♂, ♄(16)	1 8 15
		♂, ♄(17)	1 · 8 36
3.	18 30 (après)	♂, ♄	1 20 30
	18 45 (après)	♂, ♄	1 21 12
4.	17 45	♂, ♄	1 39 45
	19	♂, ♄(18)	1 42 32
9.	18 12	♂, θ♍	1 31 0
	18 50	id.	1 30 18
11.	18 20	id.	0 41 39
	18 30	id.	0 42 0
12.	17 15	id.	0 51 27(19)
	18 21?	id.	0 52 51(19)
	18 30	id.	0 53 12(19)
14.	18 34	id.	1 56 12
	18 41	id.	1 56 12
Déc. 10.	18 30 (avant)	♂, λ♍	0 31 30
11.	18 (20)	id.	0 30 27
12.	18 30 (après)	id.	1 1 15
		id.	1 1 36
22.	18 35	♂, c(21)	0 35 0
	19 0	♂, f(21)	1 12 6
	19 10	♂, α♎(21)	0 55 18
		id. (21)	0 55 18
	19 15	♂, f(21)	1 11 24
23.	17½ (avant)	♂, a	0 8 45
		♂, b	0 28 0
		♂, α	0 31 9
		id.	0 31 30
	17½	♂, c	1 6 30
		id.	1 6 51
		♂, μ	1 22 36
		id.	1 22 57
	18	♂, α	0 31 9
		♂, c	1 7 33
		id.	1 7 54
	18¼	♂, μ	0 47 57(22)

(1) ♄ plus austral. — (2) ♀ plus australe et précède. — (3) ♀ plus australe. — (4) ♀ plus australe. — (5) ♄ suit b et précède a. — (6) ♀ plus australe que les ★. — (7) Les étoiles a et b ne sont point sur nos catalogues : a, suivant les observations de Kirch, est à 26′36″ ou 27′18″ (bis) de γ♍ et sur la figure paroît presque à son sud; b précède beaucoup a et est moins boréale. b est à 1ᵈ15′15″ de a et à 1ᵈ28′33″ de γ♍. — (8) (Probᵗ il faut lire ♀, ♄). — (9) ♀ plus basse; γ plus haute. — (10) Dist. prise 2 fois. — (11) Lire ♄ au lieu de ♂. — (12) k plus haut que ♂. — (13) J'ignore le lieu de m. — (14) Douteuse à cause des nuages. — (15) Encore traversée par les nuages. — (16) Meilleure que la suivante. — (17) Nuages. — (18) La variation est un peu trop forte. — (19) Kirch détermine la conjonction de l'étoile et de Mars le 11 nov. à 16ʰ, Mars étant en latitude de 41′ plus austral que l'étoile. — (20) Surprise entre les nuages. — (21) Kirch pense que f est μ♎, et nous pensons de même : cela posé, c sera la 5ᵉ du Cat. britannique dans la même constellation. — (22) Il est manifestement échappé une erreur au copiste à l'égard de cette dernière observation : au lieu de 237 et 238 divisions du micromètre, il aura écrit 137 et 138, ce qui lui a donné 47′57″ et 48′18″ pour distances, ce qui ne peut pas être. 237 et 238 donnent 1ᵈ22′57″ et 1ᵈ23′18″ pour véritables distances de Mars à μ♎ à 18ʰ¼. a et b sont deux petites étoiles qui ne sont pas dans les catalogues; a précédoit Mars et b le suivoit, suivant la figure de Kirch.

Dates.	Heures.	Astres.	Distances des astres.		Dates.	Heures.	Astres.	Distances des astres.
Déc. 23.	18^h $\frac{1}{4}$	♂, μ ♎	0^d 48′ 18″		Déc. 24.	18^h 50′	♂, μ ♎	1^d 49′ 12″ (²)
24.	18 38	♂, α ♎	0 38 51		Sept. 18.	15 45	♀, Rég. (¹)	1 50 36
	19 20	id.	0 39 54		19.	15 0	id. (³)	0 42 21
	19 25	id.	0 39 54		21.	16 30	id.	1 47 48 (⁴)

ÉTOILES.

Le 26 janvier, on voyoit à peine la changeante de la Baleine. Le 9 février, elle étoit de la 6ᵉ grandeur, — le 13 de la 5ᵉ, — le 15 presque de la 4ᵉ. — Le 19 et le 20 elle étoit moindre que δ de la même constellation ; — le 23 et le 24 elle égaloit à peine δ. *Bull. ms.*

Kirch fut le premier qui s'aperçut que l'étoile χ dans le cou du Cygne paroissoit et disparoissoit périodiquement. Le 11 juillet de cette année il la chercha vainement dans le ciel ; le 19 octobre, à l'œil nu, elle paroissoit de 5ᵉ ou 6ᵉ grandeur. *Kirch ms.*

SATELLITES.

Le 1ᵉʳ fév. à Paris. Immersion du 2ᵉ Sat. à 16^h 3′ 44″ $\frac{1}{2}$.
        Immersion du 1ᵉʳ   à 17 14 19 *La H. ms.*
            id   17 14 31 lun. de 21 pieds *Cass. ms.*

Le 19 fév. à Louveau, au royaume de Siam, immersion du 1ᵉʳ à 16^h 28′ 7″, observée par les Missionnaires, du nombre desquels étoit le P. Fontanay. Lunette de 12 pieds, mais excellente. *Anc. Mém. t. VII, p.* 623.

Le 12 mars à Paris, immersion du 1ᵉʳ satellite :

15^h 38′ 32″...   suivant Cassini (⁵), lunette de 34 pieds.
15 38 26 ...   suivant La Hire, lunette de 21 pieds.
15 38 24 ...   lunette de 18 pieds. *La H. ms.* et *Ibid. p.* 634.

Le 14 mars, à Louveau. Immersion du 1ᵉʳ sat. à 16^h 41′ 56″ ; bonne observation, dit-on ; mais on ajoute que Jupiter étoit bien près de la Lune. *Ibid. p.* 624.

Le 28 mars, à Paris. Immersion du 1ᵉʳ à 13^h 59′ 3″. *La H. ms.*

Le 30 mars, à Louveau. Immersion du 1ᵉʳ à 15^h 1′ 12″ $\frac{1}{2}$; lunettes de 12, de 14, de 17 pieds ; les observateurs se sont accordés à 2″ près. *Anc. Mém., t. VII, p.* 625.

Le 6 avril, à Louveau. Immersion du 1ᵉʳ à 16^h 56′ 7″. Lunettes de 12 et de 17 pieds, d'accord à 1″ près. *Ibid. p.* 626.

Le 8 avril, à Louveau ; mêmes lunettes. Immersion du 1ᵉʳ à 11^h 25′ 30″. La Lune, pleine, n'étoit distante de Jupiter que de 18 à 20 degrés. *Ibid. p.* 627.

Le 13 avril, à Paris. Immersion du 1ᵉʳ à 12^h 20′ 17″. La Hire.
         »   12 20 20 Cassini. *La H. ms.*

Le 15 avril, à Louveau, immersion du 1ᵉʳ à 13^h 20′ 14″ $\frac{1}{2}$. Lun. de 12 pieds. *Anc. Mém. t. VII, p.* 627.

(¹) *Kirch. ms.* — (²) A 16^h 1′ 30″ hauteur de Régulus : 13^d 30′. — (³) ♀ haute de 7^d 30′ environ. — (⁴) *Ibid.* et *Éphem. ann.* 1688. — (⁵) Il paroîtroit par le gr. (?) ms. de Cassini qu'avec (la lunette de) 34 pieds il auroit vu l'imm. à 15^h 40′ 15″.

Le 29 avril, à Paris, immersion du 1er à $11^h 37' 0''$. Lun. de 20 pieds.
       »   11 37 54. Lun. de 34 pieds. *Cass. ms.*
Le 1 mai, à Paris, immersion du 2e sat. (très voisin de ♃) à $12^h 46' 3''$ ou environ.
Le vent agitait un peu la lunette. *Cass. ms.*
Le 7 mai, à Marseille.

$12^h\ 1'15''\ldots$	la dist. du 2e sat. à ♃ est d'un diamètre de ♃.
12 15 45...	le satellite touche le disque.
12 23 15...	le 1er sat. est sorti de devant le disque et touche le disque.
12 30 ...	ce sat. est distant de ♃ d'un diamètre de la planète.
$12\ 34\frac{1}{2}$ ...	le 2e sat. a disparu (devant le disque de ♃).
15 6 ...	Il est entièrement sorti.
15 17 30...	Sa dist. à Jupiter est d'un diam. de la planète. *Chaz. ms.*

Le 21 mai, à Marseille. A $10^h 17' 30''$, conjonction du 2e et du 3e sat. *Ibid.*
Le 22 mai, à Marseille. A 13 9 52 , émersion du 1er. *Ibid.*
        à Paris. A 12 56 10 ,   id   *La H. ms.* Le temps marqué
                        est, à ce qu'il paroît, celui de l'horloge, qui
                        retardoit alors sur le temps vrai de $17''\frac{1}{2}$.
Le 23 mai, à Marseille.

$10^h 17' 30''\ldots$	le 1er sat. est entièrement sorti de devant le disque de ♃; il paroit le toucher encore.
10 25 30 ...	il en est distant d'un diamètre de Jupiter. *Chaz. ms.*

Le 31 mai, à Marseille. Émersion du 1er à $9^h 30' 50''$. *Ibid.*
       à Paris.   id   9 18 16 . *La H. ms.*, tems de l'horloge,
                        qui avançoit alors de $5''$.
Le 12 juin, à Greenwich, Flamsteed. A $10^h 26' 10''$ le 3e sat. étoit sorti de l'ombre;
                        mais il étoit encore bien
                        petit. *Hist. cœl. t. I, p.* 358.
Le 18 juin, à Paris, à $9^h 50' 13''$ le 1er sat. touche Jupiter.
             9 57 12 il est totalement entré sur le disque. Lun. de
                    70 pieds. *Cass. ms.*
Le 20 juin, à Greenwich. A $8^h 57' 12''$ le 2e sat. commence à sortir de l'ombre;
                    l'émers. avoit pu commencer $10''$ plus tôt.
             8 58 10 le sat. étoit clair, cependant encore dans
                   la pénombre. *Ibid.*
Le 23 juin, émersion du 1er satellite.
A Paris, à $9^h 27'\ 5''$, Cassini.
           9 27 25 , La Hire. *Cass. ms.*
           9 29 2 , La Hire. (ou t. vrai $9^h 26' 39''\frac{1}{2}$) *La H. ms.*
A Greenwich, à 9 17 56 , commencement; lunette de 16 pieds (anglais).
           9 18 16 , le sat. est clair; il se voit avec une lun. de 8 pieds.
           Hist. cœl. t. I, p. 358.
A Marseille, à 9 33 47 , Chazelles, t. de son horloge. A $9^h 53' 45''$ λ du Scorpion
           avoit 6 degrés d'azimut du Sud vers l'Est. *Chaz. ms.*

Le 29 juin, à Paris, à 10ʰ 57′ 2″ un sat. touche. Lunette de 70 pieds.

           11   2 31   il est total' entré. *Cass. ms.* (c'est le 1ᵉʳ, je pense).

Le 30 juin à Paris, émersion du 1ᵉʳ sat.

     11ʰ23′ 5″ (11ʰ20′11″ t. vrai).   *La H. ms.*

     11 20 6 . . . .   Cassini.

     11 20 31 . . . .   La Hire. *Cass. ms.*

Le 14 juillet, à Paris à 9ʰ 16′ $\frac{2}{3}$ le 3ᵉ sat. touche Jupiter.

           9 34 $\frac{2}{3}$ il est entré. *Cass. ms.*

Le 16 juillet, émersion du 1ᵉʳ.

A Paris, à   9ʰ40′15″ (9ʰ36′41″ t. vrai suivant de l'Isle, à 9ʰ36′42″$\frac{1}{2}$ suivant

           nous). *La H. ms.*

A Marseille, à 9 51 50 t. de l'horloge. Chazelles. A 8ʰ24′10″ l'azimut de ν Scor-

           pion avoit été de 6 degrés du sud à l'est.

Le 8 août, à Paris; à 9ʰ52′8″ émersion du 1ᵉʳ; ♃ près de l'horizon. *Cass. ms.*

FAITS.

Les *Entretiens sur la pluralité des Mondes,* par Fontenelle, paroissent cette année ; l'esprit et les grâces brillent dans cet ouvrage ; le génie a dicté le suivant :

— *Philosophiæ naturalis principia mathematica,* première édition, à Londres, in-4°, par Isaac Newton (¹). Képler avoit établi, d'après les observations de Tycho et les siennes, les deux célèbres lois qui portent son nom ; la 1ᵉʳ que si une Planète se meut dans une ellipse autour d'un autre corps, placé à un des foyers de l'ellipse, les temps sont proportionnels aux secteurs parcourus par le rayon vecteur ; la seconde que si plusieurs planètes font leur révolution autour d'un foyer commun, ou d'un corps placé à ce foyer, la durée de leurs révolutions périodiques est toujours comme la racine quarrée du cube de leur distance moyenne au foyer commun. Ces deux règles sont généralement admises. Pourquoi donc y a-t-il encore des Philosophes, même d'un certain mérite, qui s'obstinent à rejeter la loi que Newton établit dans ses *Principes.* Cette loi n'est autre chose que les deux règles de Képler réduites à un principe simple et unique, qui est que les corps célestes pèsent, gravitent les uns sur les autres ou tendent à s'unir en raison directe de leur masse et en raison inverse du quarré de leur distance. De ce seul principe on déduit, par des démonstrations géométriques et rigoureuses tous les phénomènes des mouvemens célestes, en supposant seulement, ce qui n'est pas révoqué en doute, que le Créateur, en formant les planètes, comètes, satellites, etc., leur a en même temps imprimé un mouvement de projectile rectiligne qui tend à chaque instant à les écarter du foyer de leur orbite, dans la direction d'une tangente à cette orbite. Voilà tout ce qu'on appelle le *système* de Newton. Ce système a fait tomber celui de Descartes, dit-on ; pourquoi ne feroit-il pas place à un autre système qui expliqueroit les phénomènes célestes d'une manière plus satisfaisante ? Cela est impossible ; tout système, qui n'admettra pas que les corps célestes tendent à s'unir

---

(¹) Weidler date cet ouvrage de 1686, et cela *bis.* Mais il est de 1687.

suivant la loi proposée par Newton, contredira par cela seul toutes les observations des Astronomes. Mais comment se fait cette tendance? par impulsion ou par attraction? Le mouvement des comètes en tout sens prouve que l'espace d'ici à la planète Herschel et au delà est ou absolument vide ou rempli d'un fluide incapable d'aucune résistance et, par une conséquence nécessaire, d'aucune impulsion sensible. Il faudroit donc regarder l'attraction comme cause de la gravitation des corps; et qui oseroit nier que Dieu, en créant les corps célestes, n'a pas pu les astreindre à s'attirer réciproquement en raison directe de leur masse et inverse du quarré de leur distance? Newton penche donc à admettre l'attraction, comme principe de la gravitation universelle; mais il ajoute que si quelqu'un pouvoit réussir à expliquer cette gravitation par l'impulsion, il rendroit à la Physique un service signalé. Concluons que l'on pourra peut-être ajouter au système de Newton, qu'on pourra le perfectionner, mais que ceux qui pensent qu'on pourra le détruire ne sont pas même au fait de la question qu'ils décident si impérieusement.

De ses principes, Newton conclut la diminution de la pesanteur sous l'équateur, la figure de la terre elliptique et aplatie sous les pôles, la cause de la précession des équinoxes, celle du flux et reflux de la mer, la nature des comètes, la loi de leur mouvement, etc. Il imagina le télescope catadioptrique. Il inventa le Calcul différentiel. Je ne parle pas de son *Optique*, de sa *Chronologie*, et de plusieurs autres ouvrages excellens en eux-mêmes, mais étrangers à l'Astronomie.

Newton étoit né d'une famille noble à Volstrop dans le Lincolnshire le $\frac{\text{25 décembre 1642}}{\text{4 janvier 1643}}$. Il fut nommé Président de la Société royale en 1703, et occupa cette place jusqu'à sa mort. L'Académie des Sciences se l'étoit associé dès 1699, c'est-à-dire, aussitôt qu'il lui fut permis d'avoir des Associés étrangers. Les sciences perdirent ce grand homme le $\frac{20}{31}$ mars 1727.

1687.

ÉCLIPSE DE SOLEIL, LE 11 MAI.

A Breslau, Godefroy Schultz se rendit trop tard à la chambre obscure.

3^h 4′ 0″...   l'éclipse étoit de 1 doigt $\frac{3}{8}$.

3 12 30 ...   le plus fort de l'éclipse étoit passé; elle avoit à peine excédé 1 doigt $\frac{1}{2}$.

3 37 0 ...   fin., à 85^d du nadir vers l'est. Voyez un plus long détail de cette observation dans *Ephem. naturæ curios. Decas II anno* 6, *p.* 319 et dans *Kirch ms.* et *Ephem. anni* 1688.

— A Leipsick, Kirch ne put observer le commencement à cause des nuages.

2^h 20′ 10″...   elle était sensiblement commencée.

2 47 30 ...   elle étoit d'environ 1 doigt $\frac{1}{3}$.

3 15 0 ...   Fin. *Kirch ms.* et *Ephem.*

— A Ulm, Jacques Honold et ses fils.

Hauteurs du ⊙.	Heures conclues.	Phases.
52 30	1 48 4	Commencement.
51 13	1 58 41	1 doigt.
49 8	2 14 49	2 doigts.
47 40	2 25 36	2 doigts 40'.
46 0	2 37 25	2 doigts.
42 12	3 3 4	1 doigt.
40 12	3 15 57	Fin. Voyez plus de détails *Ibid.*

— A Nuremberg, Eimmart.

1ʰ55′41″... commencement.

2 32 35... plus grande phase, de 2 doigts à très-peu près.

3 50 15... fin. (Il y a sans doute ici une faute de copiste.)
Le demi-diamètre du Soleil étoit à celui de la Lune comme 100 à 94. *Lettre de Muller à de l'Isle.*

— A Nuremberg, Wurzelbaur.

1ʰ58′30″... commencement, bien exactement.

2 36 30... milieu env., 2 doigts précisément.

3 18 33... fin. *Phil. Trans., n° 189, p. 370.*

— A Greenwich.

1ʰ17′ 4″... l'éclipse étoit commencée depuis 1 min. $\frac{1}{2}$, comme Flamsteed le conclut de l'observation suivante.

1 19 42... Dist. des cornes : 5′29″.

de 1ʰ39′28″ à 1ʰ42′44″. la même distance fut de 9′52″, et la largeur de la partie non éclipsée de 30′41″, prise avec la plus petite lunette; elle est peut-être un peu trop grande.

1ʰ59′44″... dist. des cornes : 5′29″.

2 4 14... éclipse certainement finie. Flamsteed doute si elle n'avoit pas fini 10″ plus tôt. Au contraire, un observateur qui recevoit sur un papier l'image du Soleil, marqua la fin 4″ plus tard. *Hist. cœl. t. I, p. 342.*

3 59 34... diam. du Soleil : 31′47″.

4 5 42... id   31 40 avec la plus petite lunette. *Ibid.*

— A Londres, Hook et Halley, observant séparément, ne purent déterminer le commencement.

1ʰ16′ ... l'éclipse étoit sensiblement commencée.

1 40 env... ou vers le milieu de l'éclipse, la distance des cornes fut de 9′30″. ce qui donne 36ᵈ pour l'arc éclipsé, et seulement 1′30″ pour la partie du diamètre cachée par la Lune.

2 3 0″... fin, de l'aveu des deux observateurs, bien exactement.
Phil. Trans. n° 189, p. 370.

— A Totteridge, au nord-ouest, près de Londres, Haines observa la fin à $2^h 2'$ et détermina la grandeur d'un demi-doigt dans la partie méridionale du Soleil. *Ibid.*

— A Paris, Cassini.

$1^h 12' 6''$...　　commencement.
2 32 27 ...　　fin. Grandeur 1 doigt $\frac{3}{5}$. *Cass. ms.* La réduction est de Cassini même et me paroit juste. Cependant, tirant le midi du 11, il faudroit ôter $16''$ des heures.

La Hire.

Temps de l'horloge.	Distances des cornes.	Partie éclairée.	Temps de l'horloge.	Distances des cornes.	Partie éclairée.
$1^h 11' 5''$	Commenc^t		$1^h 55' 30''$		$26' 54''$
1 14 0	$2' 19''$		2 1 30	$15' 2''$	
1 20 30		$29' 54''$	2 11 0	13 40	
1 26 50	12 30		2 16 0	12 30	
1 30 0		28 19	2 22 40	10 2	
1 40 30	15 0		2 26 40	7 30	
1 45 0		26 54	2 28 31	5 0	
1 51 30	15 2		2 31 25	Fin.	

L'horloge retardoit alors de $1' 1''$. Donc, commencem^t à $1^h 12' 6''$; — fin à $2^h 32' 26''$.

— A Agen, commencement à $0^h 52'$; fin à $2^h 10'$; grandeur 3 doigts $\frac{1}{4}$. *De l'Isle ms.*

— A Avignon, le P. Bonfa. Commencement à $1^h 9' 23''$. Cornes verticales à $2^h 22' 58''$. — Fin exactement à $3^h 4' 23''$. *Ibid.* (Je doute de cette exactitude.)

— A Carpentras, Gallet. Commencement à $1^h 12' 30''$. — Plus grande obscurité : 3 doigts $45'$, et alors l'arc du limbe entre les cornes étoit de 90 degrés (ce qui, je pense, ne donneroit guères plus de 3 doigts et demi. — Fin à $3^h 7' 39''$. *Ibid.*

— A Marseille, Chazelles avoit fait adapter au foyer d'une lunette de 4 pieds un quarré. Il faisoit suivre au bord supérieur du Soleil un côté de ce quarré, et l'on marquoit les temps auxquels le bord précédent du Soleil, la corne précédente, la corne suivante et le bord suivant atteignoient le bord occidental.
Commencement à $1^h 8' 4''$.

Bord précédent.	Corne précédente.	Corne suivante.	Bord suivant.
$1^h 19' 20''$	$1^h 19' 57''$	$1^h 20' 57''$	$1^h 21' 37''$ ::
1 24 50	1 25 9	1 26 17	1 27 $2\frac{1}{2}$ ✶
1 30 11	1 30 34	1 31 48	1 32 26 ★
1 35 57	1 36 19	1 37 $42\frac{1}{2}$	1 38 $11\frac{1}{2}$ ★
1 42 12	1 42 34	1 44 4	1 44 $24\frac{1}{2}$ ★
1 48 34	1 48 54	1 50 $28\frac{1}{2}$	1 50 46
1 52 35	1 53 3	1 54 38	1 54 $49\frac{1}{2}$
1 59 33	2 0 5	2 1 42	2 1 48
2 7 12	2 7 55	2 9 24	2 9 26
2 21 20	2 22 12	2 23 $36\frac{1}{2}$	2 23 $36\frac{1}{2}$

Bord précédent.	Corne précédente.	Corne suivante.	Bord suivant.
h ′ ″	h ′ ″	h ′ ″	h ′ ″
2 27 29	2 28 36	2 29 43	2 29 43
2 32 38 ½	2 33 54 ½	2 34 53	2 34 53
2 42 19	2 43 49	2 44 33	2 44 33
2 46 43	2 48 20	2 48 59	2 48 59
2 55 26	2 57 18	2 57 40 ½	2 57 40 ½
3 1 2	3 3 3	3 3 16	3 3 16

La première observation est marquée incertaine parce que le bord du Soleil ne suivoit pas assez précisément le fil. La seconde est donnée pour bonne; les trois suivantes pour très exactes.

Fin à $3^h 7' 31''$. *Chaz. ms.*

— A Bridge-Town, dans l'ile de la Barbade, Frank observa la fin, le 10, à $19^h 56' 45''$ ou $1' 30''$ avant que le Soleil eut atteint $31^d 47'$ à l'Est. Il estima la grandeur de l'éclipse de 2 doigts, dans la partie méridionale du Soleil. *Phil. Trans. n^o* 189, *p.* 370.

Enfin des Missionnaires (le P. Richaud), étant en mer par 23^d de latitude sud, et s'estimant par 357^d de longitude prise de l'ile de Fer, virent cette éclipse de 5 doigts dans lapartie boréale du Soleil. *Second voyage de Tachard, p.* 34.

Observations de la Lune.

Passages au méridien observés par La Hire.

Les années précédentes, La Hire réduisoit les passages des bords, observés au mural, en passages au vrai méridien; il réduisoit pareillement en temps vrais ou apparens les temps marqués par ses horloges; enfin il calculoit la durée du passage de la Lune par le méridien et il en concluoit l'heure du passage du centre. En 1687 et années suivantes, il s'est dispensé de cette triple réduction. Nous laissons la troisième aux soins de ceux qui auront besoin de comparer les observations de La Hire avec les Tables de la Lune. Les deux premières réductions nous ont paru plus essentielles; nous les avons faites avec le plus de soin qu'il nous a été possible.

Dans la Table suivante, *occ.* signifie le bord occidental ou précédent; *or.* le bord suivant ou oriental. Les passages sont en temps vrais et au vrai méridien.

Dates.	Passages du bord.	Diamètres au méridien.	Haut. app. du bord.	Dates.	Passages du bord.	Diamètres au méridien.	Haut. app. du bord.
	h ′ ″	′ ″	d ′ ″		h ′ ″	′ ″	d ′ ″
Janv. 19.	5 9 45 ¼ occ.	31 44	inf. 45 10 40	Mars 28.	{ 12 4 13 occ. } { 12 6 18 or. }	30 10	sup. 40 43 0
25.	10 2 (¹) 58	30 0	sup. 67 30 0	Avril 21.	8 0 56 ¾ occ.	29 54	58 45 30
Fév. 17.	4 33 36	31 50	inf. 54 43 50	23.	9 26 27 ½	29 57	48 44 30
Mars 22.	7 37 9	29 55	66 49 25				

(¹) Le bord précédent a passé au vrai méridien à $10^h 7' 42''$ de l'horloge : mais il n'a point été observé de midi depuis le 19 janvier jusqu'au 7 février, et dans cet intervalle même on avoit certainement touché à l'horloge. Vers le 25, elle pouvoit avancer de $19''$ à $20''$ par jour. On a trouvé, par des hauteurs correspondantes, que la Chèvre avoit passé au méridien le 25 janvier, à $8^h 24' 9''$ de l'horloge; elle devoit passer à $8^h 19' 23'' \frac{1}{2}$ (sauf l'ab?); donc l'horloge avance de $4' 45'' \frac{1}{2}$.

Dates.	Passages du bord.	Diamètres au méridien.	Haut. app. du bord.	Dates.	Passages du bord.	Diamètres au méridien.	Haut. app. du bord.
Mai 15.	$3^h\,30'\,16''$ occ.	$31'\,0''$ (1)	sup. $68^d\,0'\,45''$	Août 20.	$10^h\,0'\,53''$ occ.	$32'\,40''$	inf. $14^d\,36'\,30''$
20.	7 23 4¼	29 50	51 2 0	22.	12 5 34½ or.	33 19	sup. 24 11 20
21.	8 3 57½	30 0	45 31 15	29.	18 9 26½	30 44	65 41 10
23.	9 27 14½	30 40	33 49 45	30.	19 3 5½	30 21	67 46 10
Juin 20.	7 58 29½	30 30	30 35 50	Oct. 9.	2 11 (2) 13¼ occ.	31 0	21 52 45
23.	10 30 19	31 55	16 24 10	13.	5 51 6	31 20	inf. 12 46 25
28.	15 39 6¼ or.	32 28	23 46 20	14.	6 50 48¼	32 0	14 44 0
Juill. 1.	18 8 19	32 0	42 55 20	29.	19 20 0¾ or.	29 37	60 32 15
19.	7 18 16¼ occ.	30 52	22 15 10	Nov. 15.	9 10 8¾ occ.	32 20	40 55 0
21.	9 7 56	32 0	14 22 30	Déc. 10.	5 19 57½	32 11	25 44 15
28.	16 1 6 or.	32 30	40 46 30	11.	6 9 26¾	32 47	32 2 20
Août 16.	6 1 37¼ occ.	30 53	19 25 30	14.	8 31 57 (3)	32 5	51 58 0
17.	6 55 26¼	31 25	15 54 30	15.	9 21 42½		57 47 0

Autres observations de la Lune.

Le 3 mars, Flamsteed, à Greenwich, suivit Saturne, approchant de la Lune, depuis $9^h9'$ jusqu'à $10^h1'$.

	Distances de ♄ au bord de ☾ le plus voisin.	Différences de déclinaison de ♄ et du bord austral de ☾.	Diamètres de ☾.	
$9^h\,19'\,26''$	»	»	$30'\,26''$	
9 27 0	11' 11''	10' 45''		
9 30 8	»	»	30 39	
9 48 30	5 32	5 31	»	
10 1 0	2 41	»	»	nuages.

Voyez plus de détails dans *Hist. cœl. t. 1, p.* 339.

— Le 28 mars, occultation de Saturne par la Lune.

$12^h56'\,0''$...	diam. de la Lune...	$30'37''$
12 58 48 ...	id. ...	30 37
13 25 44 ...	le bord de Saturne touchoit celui de la Lune.	
13 26 4 ...	immersion du centre.	
13 26 22 ...	immersion totale, un peu douteuse; la lumière de la Lune offusquoit l'anse de Saturne; je ne pouvois la voir, dit Flamsteed. *Ibid.*	

— Le 18 juin, Kirch, à Leipsick, observa la conjonction de la Lune avec Saturne

---

(1) Ce diamètre est un peu douteux. A la hauteur de 38^d, il étoit certainement de 30'14''. — (2) Le 9 octobre, le centre du Soleil a passé au mural à $0^h2'8''\frac{1}{2}$; donc au méridien à $0^h1'57''$ et du 9 au 10 l'horloge a retardé du $21''\frac{1}{2}$. La Hire fait ici les réductions qu'il avoit jusque-là négligées; mais prenant $0^h2'8''\frac{1}{2}$ pour l'heure du passage du Soleil au vrai méridien, il dit qu'à l'heure du passage de la Lune l'horloge avançoit de $2'6''\frac{1}{4}$ et que le centre de la Lune a passé au vrai méridien à $2^h12'9''\frac{3}{4}$. Nous croyons qu'il a passé à $2^h12'21''\frac{1}{4}$. — (3) Le 14 décembre, La Hire a encore pris le passage du Soleil au mural pour son passage au mériden. En conséquence, il marque le passage du centre au vrai méridien à $8^h32'50''\frac{3}{4}$. Nous croyons qu'il a passé à $8^h33'5''$.

et γ de la Vierge. Cette dernière étoile fut éclipsée; mais l'immersion ne put être observée, vu la clarté du jour ou du crépuscule. Saturne passa au sud de la Lune. Les temps sont ceux de l'horloge.

$6^h\ 0'$.	hauteur du Soleil..............		$11^d\ 10'$	
8 10 40″.	dist. de ♄ à la corne voisine......		19 15″	
8 15 45 .	id.	éloignée.....	42 42	
8 35 30 .	id.	voisine......	11 12	
8 42 10 .	id.	boréale......	38 30	
8 51 30 .	id.	voisine......	7 21	
8 54 .				Conj.; ou peut-être un peu plus tôt.
8 57 30 .	id.	voisine......	6 50	
9 0 30 .	id.	éloignée.....	36 35	
9 4 .				Haut. de ♀ .. $10^d\ 8'$
9 7 .				id. .. 9 44
9 8 30 .				γ♍ est découvert.
9 29 30 .	dist. de γ♍ à la corne australe....		31 9	
9 32 45 .	id.	au bord le plus voisin..	12 57	
9 35 30 .	id.	à la corne boréale.....	35 0	
9 38 .	id.	à Saturne..........	23 6	
9 42 .	dist. de ♄ à la corne australe.....		18 33	
9 44 30 .	id.	boréale.....	38 30	
9 45 15 .	hauteur de l'Aigle..............		$25^d\ 45$	
9 57 15 .	id.	....	27 2	★
10 2 .	diamètre de la ☾..............		30 48	
10 15 15 .	hauteur de l'Aigle..............		29 30	★

Le 17 août, à $8^h\ 55'$, Jupiter est dans la ligne des cornes. *Cass. ms.*

PLANÈTES.

OBSERVATIONS DE LEURS PASSAGES AU MÉRIDIEN PAR **La Hire**.

Saturne.

Dates.	Passages du centre.	Haut. app. du centre.	Dates.	Passages du centre.	Haut. app. du centre.
	^{h} $'$ $''$	^{d} $'$ $''$		^{h} $'$ $''$	^{d} $'$ $''$
Mars 28.	12 8 7	39 56 20	Mai 12.	9 9 $25\frac{3}{4}$ (³)	41 2 10
Avril 13.	11 5 27	40 24 40	16.	8 53 $6\frac{3}{4}$ (⁴)	41 5 0
21.	10 33 $50\frac{1}{2}$ (¹)	40 37 15	31.	7 51 29 (⁵)	41 10 30
Mai 1.	9 53 $53\frac{1}{2}$		Juin 1.	7 47 $21\frac{3}{4}$	41 10 30
4.	9 41 51 (²)	40 54 15	7.	7 22 36	41 10 0

(¹) $6'44''\frac{1}{2}$ après γ♍ — (²) $3'48''\frac{3}{4}$ après γ♍. — (³) $2'22''\frac{3}{4}$ après γ♍. — (⁴) $1'47''\frac{1}{4}$ après γ♍. — (⁵) $0'21''\frac{3}{4}$ après γ♍.

Jupiter.

Dates.	Passages du centre. (h ' ")	Haut. app. du centre. (d ' ")
Fév. 15.	19 16 22½	18 40 45
21.	18 57 0	18 37 10
23.	18 50 31½	18 36 20
24.	18 47 18¼	18 35 45
25.	18 44 4¼ (1)	18 35 0
26.	18 40 51 (2)	18 34 40
Mars 1.	18 31 10	18 33 30
2.	18 27 55 H	18 33 0
Juin 10.	11 56 4	18 41 0
23.	10 55 14½	18 47 30
27.	10 36 41 (3)	18 49 35

Dates.	Passages du centre. (h ' ")	Haut. app. du centre. (d ' ")
Juin 28.	10 32 5 (4)	18 50 10
Juill. 3.	10 9 7 (5)	18 52 30
8.	9 46 29¾	18 54 40
13.	9 24 15	18 56 30
19.	8 58 14	18 58 15
27.	8 24 41	19 0 0
Août 7.	7 40 54	19 0 0
22.	6 45 33¼	18 55 50
23.		18 55 20
Sept. 4.	6 1 16¾	18 48 55

Mars.

Dates.	Passages du centre. (h ' ")	Haut. app. du centre. (d ' ")
Fév. 21.	18 46 33	18 27 30
23.	18 44 18	18 19 50
25.	18 42 7¼	18 12 40
26.	18 41 2½ H	18 9 0 (6)
Mars 1.	18 37 51¾	18 0 0
2.	18 36 49½ H	17 56 55
Juin 20.	15 31 7 (7)	21 56 5
28.	15 5 12	21 51 0
Juill. 19.	13 41 19½	20 30 40
24.	13 18 37	20 0 45
Août 7.	12 11 31½ H	18 37 30

Dates.	Passages du centre. (h ' ")	Haut. app. du centre. (d ' ")
Août 10.	11 56 50½ H	18 22 55
22.	11 0 8 H	17 49 40
Sept. 3.	10 5 13 H	18 1 40
Oct. 9.	8 21 59	22 14 50
10.	8 19 42	22 25 0
13.	8 12 58¾	22 57 15 (8)
Nov. 8.	7 18 58½	28 24 30
16.	7 0 43¼	30 34 45
30.	6 33 18¼	33 54 20
Déc. 11.	6 9 35½ (9)	36 51 0

Vénus.

Dates.	Passages du centre. (h ' ")	Haut. app. du centre. (d ' ")
Mars 2.	0 26 23½	35 24 15
Avril 1.	0 53 20	50 33 25
13.	1 5 48	56 1 0
14.	1 6 55¼	56 26 50
17.	1 10 18¾	57 40 5
21.	1 15 0¾	59 12 10
24.		60 16 15
25.	1 19 50½	60 36 40
27.	1 22 21	61 16 5
Mai 4.	1 31 21½	63 16 10
12.	1 42 0½	64 56 10
13.	1 43 20	65 5 45

Dates.	Passages du centre. (h ' ")	Haut. app. du centre. (d ' ")
Mai 15.	1 46 0½	65 22 30
18.	1 50 2	65 43 0
19.	1 51 22¼	65 48 30
27.	2 1 46¾	66 5 48
Juin 10.	2 17 53½	64 46 0
15.	2 22 40½	63 45 30
29.	2 33 6¼	59 38 0
Juill. 6.	2 36 40	56 58 15
8.	2 37 31¼	56 8 48
10.	2 38 18¼	55 18 20
25.	2 42 26½	48 22 20
28.	2 42 59	46 53 50

(1) A 18h 12' distance de ♂ à ♃ : 35'38". — (2) A 18h½ distance de ♂ à ♃ : 25'25" (les hauteurs méridiennes diffèrent cependant de 25'40"). — (3) 11'4"½ après η d'Ophiuchus. — (4) 10'38"½ après η d'Ophiuchus. — (5) 8'17"¼ après η d'Ophiuchus. — (6) On pourroit ajouter 15" à cette hauteur; la progression des hauteurs seroit plus régulière et la distance de ♂ à ♃ seroit de 25'25". — (7) Ce passage, dit La Hire, a peut-être été marqué 3 minutes trop tôt. Nous croyons qu'il n'y a pas lieu à la correction. — (8) Ces cinq dernières observations n'ont une marche régulière, ni par rapport aux passages, ni par rapport aux hauteurs méridiennes. On sauveroit la plus grande partie de ces irrégularités, mais non pas toutes, en anticipant d'un jour les observations des 8 et 30 novembre. Nous pensons que le meilleur parti est de regarder ces deux observations comme non avenues. — (9) 26'19" après α d'Andromède.

Vénus (suite).

Dates.	Passages du centre.	Haut. app. du centre.		Dates.	Passages du centre.	Haut. app. du centre.
	h ′ ″	d ″ ″			h ′ ″	d ′ ″
Août 10.	2 44 56 H	40 19 55		Oct. 14.	2 31 27 $\frac{1}{2}$	15 17 0
11.	2 45 5 $\frac{1}{2}$	39 49 0		15.	2 29 51	15 8 0
Sept. 3.	2 47 48	28 34 15		29.	1 53 0 $\frac{3}{4}$	14 19 45
6.	2 48 4 $\frac{1}{4}$	27 14 45		Déc. 16.	21 36 24 (1)	26 16 40
9.	2 48 16	25 56 25		19.	21 27 13 $\frac{1}{2}$	26 20 0

Mercure.

Dates.	Heures.	Astres.	Azimuts des astres du Nord à l'Ouest.	Distances de ☿ à ♀.
	h ′ ″		d ′ ″	d ′ ″
Avril 14.....	7 46 9	☿	71 46 30	
	8	»	»	3 17 45
	8 3 55	☿	68 39 0	
	8 10 49	☿	67 18 0	
21.....	8 2 58	☿	67 18 0	
	8 14 8	♀	67 18 0	
	8 15	»	»	2 44 30
	8 17 28	☿	64 43 0	
	8 21 0	☿	64 6 0	
23.....	7 59 17	☿	67 19 0	
	8	»	»	2 42 0
	8 13 38	♀	67 19 0	
	8 13 30	☿	64 43	
24.....	8 11 25	☿	64 43 0	2 57 20 les deux planètes étant à la même hauteur.

Les temps sont probablement ceux de l'horloge, laquelle, à 8ʰ, avançoit sur le temps vrai, le 14 de 1′53″$\frac{3}{4}$,

le 21 de 0 33 $\frac{1}{2}$,
le 23 de 0 13 ,
le 24 de 0 4 $\frac{1}{2}$,

OBSERVATIONS DE KIRCH A LEIPSICK.

Dates.	Heures.	Astres.	Distances des astres.		Dates.	Heures.	Astres.	Distances des astres.
	h ′		d ′ ″			h ′		d ′ ″
Janv. 7.	17 45	♄, θ ♍	1 26 6		Janv. 29.	14 40	♄, θ	1 25 24
14.	18 $\frac{1}{2}$	id.	1 20 30 (2)		29.	14 45	♄, k (4)	1 49 12
14.		♄, z (3)	1 1 36		29.	15	♄, θ	1 25 24

(1) Diamètre au micromètre : 45″.
(2) (prise 3 fois). — (3) z est 48 ♍. — (4) C'est le k de Bayer ou 45 ♍.

Observations de Kirch a Leipsick (suite).

Dates.	Heures.	Astres.	Distances des astres.
	h ′		d ′ ″
Janv. 29.	15 12	♄, k	1 49 12
29.	15 15	♄, u (1)	1 47 6
29.	15 30	♄, z	0 58 27
Fév. 6.	18	♄, θ	1 35 54
7.	18 15	♄, z	0 45 51
19.	10	id.	0 20 50
19.		♄, k♍	1 8 36 (2)
19.		♄, u	1 5 27 (2)
19.		♄, v (3)	0 47 36
25.	15 58	♃, ♂	0 36 7 (4)
26.	17	id.	0 25 12
	17 (après)	♄, u	0 43 24
26.	17 22	♄, k♍	0 48 18
26.	17 26	♃, ♂	0 25 33
26.	17 50	id.	0 25 12
Mars 2.	9 (env.)	♄, z	0 27 18
2.		♄, u	0 30 6
2.		♄, k	0 35 42
2.	9¼	♄, v	0 40 36
5.	8 10	♄, u	0 19 47
5.		♄, k	0 27 39
5.		♄, z	0 37 6
8.	8 15	♄, k	0 21 0
8.	8 18	♄, u	0 10 51
8.	8 25	♄, z	0 48 18
8.	9 0	♄, x (5)	0 48 39
9.	9 55	♄, u	0 10 20
10.	8 30	id.	0 9 48
10.	8 42	♄, x	0 42 0
10.	8 50	♄, z	0 56 0
12.	17 5 (6)	♄, k	0 23 6
12.	17 10 (7)	♄, u	0 16 48
15.	8 45	id (8)	0 25 33
15.	9 30	♄, k	0 30 6
15.		♄, x	0 28 0
18.	9 15	id.	0 23 48
18.	9 30	♄, u	0 39 12
19.	9 5	♄, x	0 23 27
19.	9 7	♄, w (9)	0 36 24
19.	9 12	♄, u	0 42 42
19.	9 15	♄, k	0 44 48

Dates.	Heures.	Astres.	Distances des astres.
	h ′		d ′ ″
Mars 19.	9 24	♄, s (10)	1 8 57
19.	9 27	♄, z	1 35 12
19.	9 44	♄, s	1 8 36
24.	16 30	id.	0 53 12
24.	16 45	♄, x	0 37 27
24.	16 50	♄, w	0 30 48
24.	16 56	♄, u	1 7 12
24.	16 58	♄, k	1 7 33
27.	15 45	♄, s	0 47 36
27.	15 56	♄, k	1 20 40
27.	15 58	♄ (11), u	1 21 12
Avril 1.	9 5	♄, k	1 42 12
1.	9 10	♄, u	1 42 12
1.	9 25	♄, s	0 44 27
1.	9 35	♄, x	1 7 54
7.	7 23	☿, ♀	1 54 6
7.	7 31	id.	1 54 6
15.	7 45	☿, a (12)	1 8 36
22.	9 (p. après)	♄, γ♍	1 47 48
22.		♄, s	1 46 24
Mai 12.	10	♄, γ♍	0 42 42
23.	10 45	id.	0 23 48
27.	10 30	id.	0 19 36
28.	9 30	♀, ε ♋	0 34 39
28.	9 50	id.	0 35 0
28.	10 0	♄, γ♍	0 18 54
28.	10 10	♄, ε ♋	0 35 21
29.	9 30	♀, ε ♋	1 35 54
29.	9 45	id.	1 35 54
29.	10 0	♄, γ♍	0 17 30
30.	9 45	id.	0 17 30
31.	10 0	id.	0 17 9
Juin 3.	9 30	id.	0 17 9
5.	10 30	id. (13)	0 16 27
11.	10 57	id.	0 19 57
11.	11 45	♂, γ♑	1 22 36
17.	9 0	♄, γ♍	0 22 24
17.	9 30	id.	0 21 42
22.	11 15	id.	0 26 57
25.	9 30	id.	0 31 32
28.	10 15	id.	0 36 24

---

(1) u est 40 ♍. — (2) prise 2 fois. — (3) v n'est pas dans les catalogues; il est, suivant Kirch, à 27° 18′ (?) de z qu'il précède. — (4) donc, dit Kirch, ils seront le lendemain en conjonction; et en effet, le 26 à 16ʰ½ il juge à l'œil nu que la conjonction est passée. — (5) x, que le ms. nomme χ, n'est point le χ de Bayer : elle n'est point dans les catalogues; Kirch la trouve à 39′ 33″ de u vers le nord-ouest. — (6) De même à 17ʰ 15′. — (7) De même à 17ʰ 20′. — (8) ♄ avoit dépassé la ligne qui va de k♍ à x. — (9) w n'est pas dans les catalogues; elle est au nord de la route de ♄. — (10) s est la 38ᵉ de la ♍. — (11) Le 29, ♂ de ♄. — (12) Kirch croit que a est δ Υ? Dans la lunette, qui renversoit les objets, l'étoile paroissoit à droite, et un peu plus basse que Mercure. — (13) Le 9 juin, ♂ de ♃.

OBSERVATIONS DE KIRCH A LEIPSICK (suite).

Dates.	Heures.	Astres.	Distances des astres.
Juin 30.	10 30	♄, γ ♍	0 38 51″
Juill. 2.		id.	0 43 45 (1)
2.	11 15	♂, B (2)	0 9 48
2.		♂, A (3)	1 15 15
2.		♂, G (4)	1 16 18
2.		♂, D (5)	1 51 39
3.	12 15	♂, B (6)	0 10 30
3.		♂, A	1 19 48
8.	9 9	♀, α ♍	1 26 27
8.	9 50	♄, γ ♍	0 59 9
8.	10 45	♂, B	0 30 48
8.		♂, A	1 32 24
9.	7 4	» (7)	»
9.	7 9	» (8)	»
9.	8 41	♀, α ♌	1 6 9
9.	8 48	id.	1 6 30
9.	8 56	» (9)	»
9.	9 0	» (10)	»
9.	9 3	♀, α ♌	1 6 9
9.	9 23	♄, γ ♍	1 2 8
9.	10 12	id.	1 2 39
9.	10 45	♂, B	0 34 49
9.		♂, G	1 4 3
9.		♂, A	1 32 24
9.	11 15	♂, H (11)	1 43 57
10.	7 4	» (12)	»
10.	7 7½	» (13)	»
10.	8 32	♀, α ♌	1 43 15
10.	9 4	id.	1 43 36
10.	12 0	♂, B	0 38 51
10.	12 7	♂, G	1 5 27
10.	12 14	♂, A	1 32 3
10.	12 20	♂, G (14)	1 5 27
Août 22.	9 15	♂, ζ ♑	0 23 6
22.		♂, b (15)	0 42 0
22.		♂, n (16)	1 17 0
29.	9 45	♂, ζ ♑	1 21 12
29.		♂, n	1 25 3
29.		♂, b	1 47 48
Sept. 1.	9 35	♂, n	1 33 6
1.	9 40	♂, D (17)	1 35 54
1.	9 45	♂, ζ ♑	1 41 30
Sept. 4.	9 45	♂, D	1 22 36
4.		♂, n	1 38 0
4.		♂, ζ ♑	1 56 12
8.	9 15	♂, D	1 5 48
8.	9 30	♂, n	1 35 54
9.	9 35	♂, D	1 1 57
9.	9 40	♂, n	1 33 48
12.	8 0	♂, D	0 53 54
12.	8 10	♂, n	1 24 42
17.	10 30	♂, D	1 1 57
17.	10 33	♂, n	0 57 45
23.	10 0	♂, n	0 46 12
23.		♂, D (18)	1 59 0 ::
Oct. 6.	9 55 / 10 7	♂, ε ♑	1 21 33
6.	10 0 / 10 12	♂, ϰ ♑	1 33 48
6.	10 4 / 10 15	♂, γ ♑	1 36 15
10.	9 30 / 10 5	♂, γ ♑	0 52 9
10.	9 45	♂, δ ♑	1 42 54
10.	10 0	id.	1 42 12
10.		♂, ϰ ♑	1 28 12
11.	9 50 / 10 4	♂, γ ♑	0 59 30
11.	9 58	♂, γ ♑	0 59 51
11.	9 55 / 10 7	♂, δ ♑	1 21 12
12.	9 0	♂, δ ♑	1 1 36
12.	9 5	♂, γ ♑	1 12 48
12.	9 10	♂, ϰ ♑	1 54 48
14.	7 35	♂, δ ♑	0 35 21
14.	7 45	♂, γ ♑	1 51 39
15.	9 20 / 9 30	♂, δ ♑	0 40 36
Nov. 19.	6 25 / 6 34 / 6 56	♂, λ ♒	0 58 48
19.	6 37	♂, a (19)	1 17 0
19.	6 48	♂, c (19)	1 27 9
20.	6 15	♂, λ ♒	1 7 54

(1) (apparemment vers 10ʰ). — (2) B = 907 Mayer. — (3) A = 904 Mayer. — (4) G = 911 Mayer. — (5) D = 903 Mayer. — (6) Pour désigner ces étoiles du Capricorne, Kirch emploie les lettres hébraïques ; je leur ai substitué des majuscules latines analogues. — (7) haut. de ☉ : 6ᵈ 18′. — (8) haut. du ☉ : 5ᵈ 39′. — (9) haut. de ♀ : 6ᵈ 45′. — (10) l'arc passant par ♀ et α♌ formoit un angle de 5ᵈ avec le vertical de Vénus. — (11) H est 29 ♒. — (12) Haut. du ☉ : 6ᵈ 45′. — (13) Haut. du ☉ : 6ᵈ 20′. — (14) Le 8 août, ☌ de ♂. — (15) C'est b de Bayer. — (16) n est la 33ᵉ du ♑. — (17) Je crois que D est la 876ᵉ de Mayer. — (18) :: nuages. — (19) Je pense que a est la 78ᵉ et c la 72ᵉ du Verseau.

OBSERVATIONS DE KIRCH A LEIPSICK (suite).

Dates.	Heures.	Astres.	Distances des astres.	Dates.	Heures.	Astres.	Distances des astres.
	^{h} $^\prime$		^{d} $^\prime$ $^{\prime\prime}$		^{h} $^\prime$		^{d} $^\prime$ $^{\prime\prime}$
Nov. 21.	6 52	♂, λ♒	1 29 36	Nov. 23.		♄, l(⁴)♏	2 0 24
21.	6 56	♂, f (¹)	1 42 12	Déc. 1.	6 45	♂, a	0 14 42
21.	7 0	♂, g (¹)	1 40 6	1.	6 50	♂, b	0 36 24
21.	7 4	♂, h (²)	1 36 36	1.	6 55	a, c	0 40 36
21.	7 8	♂, a (³)	1 13 30	1.	7 0	♂, c	0 45 9
23.	18 (après)	♄, m♏	1 24 21	1.	7 5	♂, φ♒	1 32 45

φ précède a; — a précède c; — Mars, plus austral que ces trois étoiles, mais plus boréal que b, est, sur la figure, presque sur la ligne de a à b; c'est tout ce que je puis conclure de cette figure.

Autres observations des Planètes.

L'appulse de Saturne à γ de la Vierge, observée au mois de mai par de La Hire et Kirch, n'a pas échappé à Boulliau. Dès le 11 mai, il jugea Saturne de 30′ plus oriental que l'étoile.

Mai 17...	il étoit plus oriental que l'étoile d'environ 15′.
20...	la différence de longitude n'étoit plus que de 11′ à 12′.
23...	cette différence excédoit 8′; la latitude de Saturne étoit moindre que celle de l'étoile.
24...	à $9^{h}\frac{1}{4}$, Saturne semble s'être un peu approché de l'étoile en longitude.
25...	à $9^{h}30^\prime$, Saturne paroît s'être encore un peu approché de l'étoile.
31...	vers $9^{h}\frac{1}{2}$, Saturne étant presque au nonagésime, son azimut étoit de 4′ à 5′ plus oriental que celui de l'étoile. Si donc on suppose l'étoile en ♎ $5^d48^\prime52^{\prime\prime}$ ($5^d48^\prime37^{\prime\prime}$ suivant Bradley), Saturne étoit en ♎ $5^d54^\prime$ ou 55′.
Juin 3...	à 11^h, la distance de Saturne à l'étoile étoit de 15′ ou 16′; son azimut étoit de 7′ à 8′ plus oriental que celui de l'étoile; et comme Saturne avoit passé le nonagésime, et qu'il en étoit alors distant d'environ 30^d, sa longitude étoit de 5′ à 6′ plus orientale que celle de l'étoile. Il étoit donc en ♎ $5^d55^\prime$.
5...	la distance étoit la même. *Bull. ms.* Cette observation est la dernière de Boulliau, âgé pour lors de 82 ans.

— L'opposition de Saturne au Soleil eut lieu le 29 mars à $11^h12^\prime$, t. m. méridien de Londres, en ♎ $9^d24^\prime20^{\prime\prime}$. *Tab. Hall.;* — ou, suivant Cassini, d'après les observations de Flamsteed, à $10^h52^\prime$, mérid. de Paris en ♎ $9^d24^\prime21^{\prime\prime}$, latitude $2^d43^\prime32^{\prime\prime}$B. *Élém. d'Astr. p.* 358. — Mais d'après les observations faites à Paris, l'opposition ne seroit arrivée qu'à $11^h11^\prime$, en ♎ $9^d25^\prime26^{\prime\prime}$; latitude $2^d44^\prime35^{\prime\prime}$. *Ibid.*

(¹) Je serois porté à croire que f est la 82ᵉ et g la 81ᵉ du Verseau. — (²) 1 h ♒. — (³) 78ᵉ ♒. — (⁴) apparemment ♃. Selon la figure, Saturne suivoit les étoiles.

p. 359. Cette dernière détermination tient le milieu entre la précédente et celle de Kirch qui met le lieu de l'opposition en ♎ 9ᵈ26′30″. *Kirch. ms.*

— Le 9 juin, opposition de Jupiter à 15ʰ11′ t. m. mérid. de Londres, en ♐ 19ᵈ12′40″. *Hall. Tab.*, — ou, suivant Cassini, et d'après les observations de Flamsteed, à 15ʰ10′ en ♐ 19ᵈ12′46″, latitude boréale, 0ᵈ33′0″. *Élém. d'Astr. p.* 417. — à 15ʰ20′ t. m. mérid. de Paris en ♐ 19ᵈ12′4″. *Jeaurat.*

— Le 8 août, à 1ʰ0′, t. m. mérid. de Londres, opposition de Mars en ♒ 15ᵈ56′5″. *Hall. Tab.*, — ou, suivant Cassini, d'après les observations de Paris, à 0ʰ0′ en ♒ 15ᵈ54′, latitude boréale, 6ᵈ56′40″. *Élém. d'Astr. p.* 494.

ÉTOILES.

Le 5 janvier, la variable de la Baleine égale presque α. — Le 7 janvier elle surpasse α, au jugement de Kirch, de de l'Isle et de Kenkel. — Le 8 pareillement; Arnold, paysan au voisinage de Leipsick, d'un goût décidé pour l'Astronomie qu'il cultivoit avec succès, témoignoit n'avoir jamais vu cette étoile aussi brillante. — Le 10 janvier, elle n'avoit rien perdu de son éclat. — Le 11, elle égaloit ou même surpassoit encore α. — Les 13, 14, 18 et 26, elle égaloit α. — Le 4 février, elle étoit moindre que α; *Kirch. ms.* — *Ephem. anni* 1689. — Les 4 et 5 février elle égaloit au moins α. *Cass. ms.* — Les 14, 16, 22, 27 elle étoit moindre que α, plus grande que γ. — Enfin le 2 mars, elle étoit plus petite que γ, plus grande que δ.

Le 16 août, on la revit; mais ce ne put être qu'avec une lunette de 8 pieds. — Le 12 septembre, une lunette de 2 pieds suffisoit pour la découvrir. — Le 7 octobre, elle croissoit un peu. — Le 27 du même mois, on ne la voyoit pas encore à l'œil nu, non plus que le 4 novembre. — Le 15 et le 21 novembre, la clarté de la Lune l'offusquoit. — 28 décembre, elle étoit plus grande que x, mais beaucoup plus petite que γ et δ. Dans cette dernière apparition, elle n'a pas excédé la quatrième grandeur, et n'a pas été visible aussi longtemps qu'à l'ordinaire. *Kirch. ms.* et *Ephem. anni* 1689.

Cette étoile, au commencement de l'année, n'avoit point paru à Boulliau aussi éclatante que Kirch l'avoit jugée. Suivant Boulliau, le 11 janvier elle étoit égale à δ. — Le 6 février, elle étoit plus grande que γ; elle égaloit presque α. — Le 1 mars, elle décroissoit, et approchoit de la grandeur de γ. *Bull. ms.*

— L'étoile χ du Cygne, au mois de février, est invisible, même avec le secours des lunettes *Élém. d'Astr. p.* 71. — Le 16 août, on la voit à peine avec une lunette de 8 pieds. — Le 6 octobre, on la découvre avec une lunette de 2 pieds, — le 27 octobre avec une lunette d'un pied et demi, — le 2 novembre à l'œil nu. — Le 12 novembre, on la voit très-clairement, jusqu'au 6 décembre où elle commence à décroître. — Le 28 décembre, on ne la voit plus qu'à la lunette; et elle continue de décroître jusqu'à devenir absolument invisible. *Kirch. ibid* et *Miscell. Berol. t. I, p.* 110.

— Le 12 septembre 1687 et le 18 août 1689, Kirch juge λ du Taureau beaucoup plus grande que toutes les Hyades, excepté Aldébaran. *Kirch. ms.*

SATELLITES.

Janv. 27 à 17ʰ52′56″... le 3ᵉ sat. commence à sortir de l'ombre. ⎫ Greenwich. *Hist. cœl. Br. t. I, p. 358.*

　　　　17　6　... il a repris tout son éclat. ⎭

　　28　18　9　38... le 1ᵉʳ commence à disparoître; on ne le voit plus avec une lunette de 16 pieds (anglois).

　　　18　10　24... on doute si l'on n'a pas eu quelque sensation.

　　　18　10　50... on n'en voit plus aucun vestige; lun. de 27 pieds. ⎫ Greenwich. *Ibid.*

Fév.　6　18　5½　... le 1ᵉʳ sat. sort de derrière Jupiter.

　　　18　7½　... il est entièrement sorti. *Cass. ms.*

　　20　18　18　10... le 1ᵉʳ sat. commence à diminuer. ⎫ Greenwich. *Hist. cœl. Br. t. I, p. 358.*

　　　18　19　2　... on le voit à peine.

　　　18　19　10... il a certainement disparu. Lun. de 27 pieds. ⎭

　　　17　54　21... le 3ᵉ sortoit de l'ombre et il étoit encore faible. Paris. *Cass. ms.*

Mars 11　15　9　10... le 3ᵉ, qu'on voyoit peu auparavant, a disparu.

　　　17　42　10... il commence à sortir. ⎫ Greenwich. *Hist. cœl. Br. t. I, p. 358.*

　　　17　42　24... il est plus clair.

　　　17　43　10... il est encore dans la pénombre.

　　　17　44　10... il brille autant que le premier. ⎭

Mars 31　17　1　9... Imm. du 1ᵉʳ; lun. de 22 pieds. *Cass. ms.*

Avril 23　15　12　16... Immersion du 3ᵉ *Ibid.*

Mai　9　15　30　30... Immersion du 1ᵉʳ. ⎫ Ces deux obs. sont un peu douteuses à cause des nuages. *La Hire ms.* La Hire à Paris.

　　　15　50　0　... Immersion du 2ᵉ. ⎭

　　　　(Si, comme je le pense, les temps sont ceux de l'horloge, il faut leur ajouter 1′3″ pour avoir les temps vrais.)

　　　15　31　20... immersion du 1ᵉʳ. Lunette ordinaire.

　　　15　31　50... Lunette de 34 pieds. Ciel non clair. *Cass. ms.*

　　25　13　46　20... (probablement de l'horloge, ou à 13ʰ45ᵐ50ˢ½ t. vr.) Immersion du 1ᵉʳ. La Hire.

　　　13　45　55... Cassini. *Cass. ms.*

　　27　10　45　0... le 1ᵉʳ commence à sortir.

　　　10　49　50... il paroit avec évidence.

　　　10　54　6... il est entièrement sorti.

　　　10　55　50... Immersion du 2ᵉ. (*Errata*, je pense : pour 1ᵉʳ lisez 2ᵉ, pour 2ᵉ lisez 1ᵉʳ).

Juin　3　10　5　48... Immersion du 1ᵉʳ tout près de ♃. Lunette de 22 pieds.

　　　10　6　38... Lunette de 70 pieds. *Cass. ms.*

　　11　9　12　3... le 1ᵉʳ touche ♃, lunette de 34 pieds.

Juin 11 à	9ʰ 17′ 2″...	1ᵉʳ sat. total⁺ entré, lun. de 34 pieds, bord de ♃ ondulant.		
19	11 55 ...	émersion du 1ᵉʳ.	Ces 2 émersions ont été observées au Cap. de Bonne-Espérance par le P. Richaud avec une lunette de 14 pieds, mal arrêtée, 2ᵉ *voy. de Tachard*, p. 61.	
21	6 23 ...	émersion du 1ᵉʳ.		
28	12 57 2...	le 2ᵉ commence à sortir de l'ombre, il paroit distinctement.	Greenwich. *Hist. cœl. Br.* *t. I, p.* 358.	
	12 57 40...	il est aussi brillant que le 4ᵉ.		
	13 5 21...	Émersion du 2ᵉ.	Paris. *Cass. ms.*	
	13 5 47...	Confirmation.		
Juill. 5	11 51 0...	le 2ᵉ touche ♃.		
	11 58 0...	il est entré. *Cass. ms.*		
12	13 6 32...	émersion du 4ᵉ *Ibid.*		
19	9 22 59...	le 1ᵉʳ touche ♃.		
	9 29 21...	il est entré.		
	10 30 ...	☌ du 3ᵉ et du 4ᵉ.		
	12 34 59...	émersion du 1ᵉʳ. Lunette de 34 pieds. *Ibid.*		
21	10 39 24...	le 2ᵉ touche ♃.		
	10 51 ...	il est entré; on le voit sur le disque. *Ibid.*		
27	8 36 0...	(ou 8ʰ 35′ 46″ t. vr.) le 1ᵉʳ entre sur le disque de ♃. Paris. *Hir. ms.*		
	10 52 ...	le 1ᵉʳ se détache de ♃. *Cass. ms.*		
28	8 55 3...	(8ʰ 55′ 27″, t. vr.) émersion du 1ᵉʳ. Paris, *Hir. ms.*		
	8 55 40...	émersion du 1ᵉʳ. *Cass. ms.*		
Août 4	10 42 18...	commencement de l'émersion du 1ᵉʳ.	Greenwich. *Hist. cœl. Br.* *ibid.*	
	10 43 0...	il est encore dans la pénombre.		
	10 44 30...	il a repris tout son éclat.		
15	9 43 12...	émersion du 1ᵉʳ, lunette de 12 pieds, à Ning-Po ou Liang-Po, province de Che-Kiang en Chine. On remarque que le cap de Ning-Po est de 5 lieues plus oriental que la ville. *Registres mss. de l'Acad.*		
	9 46 ...	le 2ᵉ commence à sortir.		
	9 52 ...	il est entièrement dehors. *Cass. ms.*		
20	9 13 54...	émersion du 1ᵉʳ. *Ibid.*		
Sept. 16	6 53 4...	le 2ᵉ touche ♃.		
	7 2 30...	il est entré. *Ibid.*		
Oct. 13	5 55 ¼ ...	le 1ᵉʳ entre.		
	5 59 ¾ ...	il est entré entièrement. *Ibid.*		

FAITS.

Le célèbre Jean Hevelk, plus connu sous le nom d'Hévélius, paya le tribut à la nature le 28 janvier de cette année, jour anniversaire de sa naissance; il étoit né le 28 janvier 1611. D'abord Échevin, puis Consul ou Bourgmestre de Dantzick, sa patrie, il exerça ces charges avec la plus grande intégrité jusqu'à sa mort. Mais il sut allier les fonctions de ces magistratures à une application singulière à l'étude du ciel, pour laquelle il avoit reçu de la nature un penchant irrésistible. Pour être plus assuré de la précision de ses observations, et de l'exactitude avec laquelle il les communiquoit au public, il travailloit lui-même ses instrumens et les divisoit avec la plus grande dextérité; il avoit établi chez lui une imprimerie, et y faisoit imprimer ses ouvrages sous ses yeux; il en gravoit lui-même les planches, etc. Il n'y eut jamais sans doute un Astronome plus zélé que lui pour le progrès de l'Astronomie. Il n'y en eût eu même de plus parfait, s'il eût su, ou plutôt s'il eût voulu profiter, plus qu'il ne l'a fait, des nouvelles découvertes faites de son temps. Il ne paroît pas qu'il ait jamais employé des hauteurs correspondantes pour régler ses horloges. Les temps de ses observations sont presque toujours marqués en degrés, minutes et sixièmes de minutes, ou de 10 en 10 secondes. La parallaxe du Soleil excédoit selon lui 30″; il faisoit les réfractions, jusqu'à 12^d de hauteur, de quelques minutes plus fortes qu'elles ne le sont réellement; il faisoit la plus grande équation du centre du Soleil de 2^{d}2′8″, et l'obliquité de l'écliptique de 28^{d}30′20″. Enfin, malgré les représentations des Picard, des Halley, des Flamsteed, des Hook, il s'est toujours aheurté à ne pas vouloir substituer des lunettes aux pinnules de ses quarts-de-cercle et de ses sextans. Faut-il s'étonner, d'après cela, si son catalogue de 1888 étoiles, fruit de tant de veilles et de calculs si immenses, fourmille d'une infinité de fautes, même monstrueuses. Beaucoup d'étoiles sont déplacées de 5, 6, 7, 10, 12 minutes et quelquefois au-delà.

Les étoiles du 1er ordre ne sont pas même toutes à l'abri de ce déplacement : l'erreur sur le lieu du Cœur du Scorpion est de 5′46″ : Sirius est déplacé de 3′34″, Arcturus de 6′53″, sur quoi il faut cependant défalquer le mouvement particulier que cette dernière étoile a pu avoir depuis les observations d'Hévélius jusqu'à celles de Bradley. Malgré ces nuages, l'Astronomie a de grandes obligations à Hévélius. Les causes qui rendent son catalogue d'étoiles si imparfait, n'influoient point, ou du moins influoient peu sur ses observations des éclipses du Soleil, des occultations d'étoiles par la Lune, de leurs appulses, etc. Ses observations des comètes ont été pareillement fort utiles. Quant à son système sur la nature et sur les mouvemens de ces corps célestes, nous en avons amplement parlé dans un autre ouvrage. Hévélius entretenoit une correspondance suivie avec tous les astronomes de son temps. Il existe au Dépôt des plans, cartes et journaux de la Marine, en 17 volumes fol., le recueil manuscrit des lettres qui lui ont été adressées et de ses réponses. Parmi ces lettres, plusieurs ont été écrites par des têtes couronnées, tant étoit grande et générale l'estime qu'on avoit légitimement conçue de sa science et de ses talens.

Voyez sur l'année 1679 ce que nous avons dit du fatal incendie qui consuma, le 26 septembre de ladite année, presque tout ce qu'Hévélius possédoit.

1688.

ÉCLIPSE DE SOLEIL, LE 29 AVRIL.

Cette éclipse ne put être observée qu'à la Chine et dans l'Inde.

A Louveau, au royaume de Siam, commencement à 18^{h}15′; — fin à 20^{h}0′ bien précisément. Quant au commencement, il peut y avoir 1′ ou 2′ d'erreur. A 18^{h}13′

on fut obligé de déplacer les instrumens; à $18^h16'$ l'éclipse étoit commencée. La grandeur fut de 8 doigts. *Registr. de l'Acad.*

— A Chang-Hay, province de Nan-King, par $31^d15'$ de latitude boréale.

$20^h25'$ env.	commencement.
20 47	3 doigts.
21 42	7 doigts et demi, plus grande obscurité.
22 39	fin.

Le P. Noël recevoit l'image du Soleil, transmise sur le papier par l'entremise d'une lunette. *Obs. P. Noël.*

— A Kiang-Cheou, province de Chan-Si, l'éclipse fut de 11 doigts $\frac{1}{3}$. *Nouveaux Mémoires du P. Le Comte, t.* 2, *p.* 458, 461.

Équinoxes.

Wurzelbaur observa à Nuremberg, avec un quart de cercle de cuivre de 5 pieds de rayon, les hauteurs méridiennes suivantes, rapportées au centre du Soleil :

Mars	19...	$40^d29'15''$
	20...	40 52 45
Septembre	21...	40 52 0

Donc, conclut-il, équinoxe de printemps le 19 mars à $\quad4^h28'13''$
équinoxe d'automne le 21 septembre à 18 48 50. *Basis Astronomica, pages* 8 et 10.

PREMIÈRE ÉCLIPSE DE LUNE, LE 15 AVRIL.

Kirch à Leipsick corrigea son horloge oscillatoire sur des hauteurs du Soleil et des étoiles.

Temps corrigés.

$6^h34'18''$...	hauteur du Soleil, $2^d20'$; nuages au commencement, qui d'ailleurs a eu lieu sous l'horizon.	
7 27 ...	parties éclairées......	12'36''
7 43 ...	diamètre de la Lune...	30 6
7 46 ...	parties éclairées......	13 18
8 0$\frac{3}{4}$ ...	parties éclairées......	15 24
8 24$\frac{1}{3}$ ...	hauteur d'Arcturus....	$35^d 0'$
8 54 ...	fin.	
9 8 5 ...	hauteur d'Arcturus....	41 40
9 17 27 ...	hauteur de la Lyre....	17 34

Voyez un plus long détail dans *Kirch. Eph. anni* 1689.

— Flamsteed, alors à Derby, marqua la fin à $7^h 57'$; — à $7^h 58'$, ajoute-t-il, elle étoit bien certainement finie. *Hist. cœl. Br.*, *t.* 1, *p.* 345.

— A Greenwich, Thomas Faber et d'autres observèrent la fin à $8^h 1' 42''$. Mais Stafford, un des observateurs, crut qu'elle n'avoit eu lieu que 3 minutes plus tard. *Ibid.*

— A Paris, La Hire trouva le diamètre de la Lune de $29' 48''$ à la hauteur de 12^d.

$7^h 5' 35''$ temps vrai. . .	partie éclairée : $12'$; donc éclipse de 7 doigts $10'$.	
7 49 35 » . . .	3 doigts $25'$	
7 53 15 » . . .	2	52
7 56 5 » . . .	2	22
8 1 35 » . . .	1	44
8 6 20 » . . .	1	14
8 14 5 » . . .	fin de l'éclipse déterminée de même par Cassini.	
	Hir. ms.	

On lit cependant dans *Anc. Mém. t. VII, p.* 754, que la fin a été observée à Paris à $8^h 13' 45''$, et sic in *Cass. ms.*

— Chazelles, à Marseille, fut contrarié par les nuages.

$7^h 52'$	toute la *Caspienne* (*Mare crisium*) hors de l'ombre.
7 53 12''	*Promontorium acutum* sort.
7 58	*Tycho* est sorti.
8 0 18	La tête du *Serpent* (je ne sais ce que c'est) sort.
8 25	Entre les nuages on ne voit aucune obscurité sur la Lune. *Chaz. ms.*

— A Louveau, le P. Richaud : commencement à $11^h 45'$; grandeur 8 doigts. *Anc. Mém.*, *t. VII, p.* 753. On y rapporte cette éclipse à l'an 1690, c'est une faute.

— A Mergui, port de Siam, le P. Espagnac : commencement à $11^h 35'$; fin à $14^h 37'$. *Ibid.*

— J'omets une observation très-grossière et très-imparfaite, faite à Moscou par Zimmerman. Voyez *Phil. Trans.*, n° 192, *p.* 453.

SECONDE ÉCLIPSE DE LUNE, LE 8 OCTOBRE.

À Tsing-Ming, île entre la Chine et le Japon, adjacente à la Chine et à l'embouchure du fleuve Kiang, le P. Noël. Commencement sous l'horizon. Fin à $8^h 18' 45''$, *Obs. Noel.* (Dans *Anc. Mém.*, *t. VII, p.* 791, la fin est marquée à $8^h 18' 30''$). Latitude de l'île, $31^d 52'$.

A Nankin, le P. de Fontanay. Fin à $8^h 7' 18''$, *Obs. Noël*, ou à $8^h 7' 10''$, *Cass. ms.*

Passages de la Lune au Méridien, observés à Paris par de La Hire.

Dates.	Passages du bord.	Hauteurs du bord.	Diamètre au méridien.	Remarques.
Janvier 13..	occ. 8 49 8 [1]	inf. 65 4 30	31 11	
14..	9 44 9	63 24 0	31 0	
Février 9..	6 40 4 [2]	64 19 5	31 20	
13..	10 17 34	sup. 66 21 0	30 2	
14..	11 7 4¼	63 8 50	30 0	
21..	or. 15 59 12	inf. 25 55 25	29 34	
Mars 5..	occ. 2 49 53½ ::			
Avril 24..	or. 20 2 47	sup. 24 44 15	32 20	
Mai 12..	occ. 10 10 40¾	31 41 15	30 40	
Juin 2..	3 50 58½	64 56 45	30 50	
8..	8 4 26	33 47 30	29 38	
9..	8 45 4¼ [3]	28 16 30	29 46	
10..	9 28 20½	23 10 0	30 10	
Juillet 6..	6 34 22¾	30 18 45	29 40	
13..	occ. 12 40 4¼ } or. 12 42 31¼ }	15 41 15	31 44	
19..	17 49 45	52 14 30	32 25	
20..	18 40 26	58 16 30	32 35	
21..	19 33 54	63 16 20	32 28	
Août 2..	occ. 4 28 50	32 17 20		
17..	or. 17 32 31¼	62 8 0	32 5	
19..	19 26 20¾	68 35 40	31 35	
Sept. 4..	occ. 7 16 21¾	inf. 11 48 30	30 40	
5..	8 14 50¼	12 34 15	31 13	
7..	10 11 13	19 24 30	32 10	
16..	or. 8 27 46¼	68 52 0	31 20	
Octobre 3..	occ. 7 8 35¼	13 39 45	31 0	
6..	9 52 41¾	28 13 45	32 45	
18..	or. 20 48 12½	54 35 20	29 50	
30..	occ. 5 5 41¼	12 52 30	30 25	
31..	6 0 24	15 36 0	30 52	
Nov. 7..	occ. 12 4 3 } or. 12 6 30 }	sup. 60 23 40	33 30	
Déc. 3..	occ. 8 46 56 [4]	inf. 50 12 45	33 19	
4..	9 39 10⅙ [5]	56 47 30	33 15	
17..	or. 20 31 2½	sup. 25 16 0	29 15	

[1] 13'26"¼ après α ♉.

[2] 4'11"¾ avant α ♉.

[3] Durée du passage au méridien suivant La Hire, 2'7"; donc, pass. du cent. 8h46'8". La Hire, en supposant que l'horloge retardoit alors de 2'29", et marquant en conséquence le pass. du centre à 8h46'22"½, a manifestement pris le passage du Soleil par le mural pour le passage par le vrai méridien. L'horloge ne retardoit certainement que de 2'14"½ au plus.

[4] Centre au mérid. à 8h48'6" suiv. La Hire et suiv. nous.

[5] Centre au mérid. à 9h40'20" suiv. La Hire, à 9h40'20"¾ selon nous. La différence n'est pas grande.

PLANÈTES.

LEURS PASSAGES AU MÉRIDIEN, OBSERVÉS PAR DE LA HIRE.

Saturne.

Outre les passages de cette planète par le méridien, La Hire a observé, durant deux mois consécutifs, ceux de l'Épi de la Vierge, qui médioit peu de minutes avant Saturne : ces médiations de l'Épi sont marquées dans la dernière colonne.

Dates.	Passages du centre.	Hauteurs méridiennes apparentes.	Passage de α m.
	h ′ ″	d ′ ″	h ′ ″
Avril 5........	12 22 51 H	35 9 40	
25........	11 3 31	35 43 0	
Mai 7........	10 14 41 ¼	35 59 15	10 6 22 ¾ ([1])
24........	9 4 11	36 17 0	8 59 15 ¾
26........	8 55 47	36 18 30	8 49 9 ¾
31........	8 34 47 ¼	36 21 40	8 30 50 ½
Juin 2........	8 26 22 ½	36 22 35	8 22 41 ¼
5........	8 13 46	36 23 45	8 10 21 ¾
8........	8 1 10 ½	36 24 35	7 58 0 ¾
9........	7 56 58 ½	36 24 45	7 53 53 ¾
10........	7 52 47 ½	36 24 40	7 49 46 ¼
11........	7 48 34 ½	36 24 48	7 45 37 ¼
18........	7 19 18 ¾		7 16 36 ½
22........	7 2 44		7 0 3 ¾
Juillet 1........	6 25 49 ¾		6 22 50 ½
Déc. 30........	19 29 8 ½	30 5 20	

Jupiter.

Le 11 février, Jupiter, haut de $9^d 21' 50''$, étoit, à $18^h 38' 19''$, dans un vertical où le centre du Soleil arrive à $21^h 30' 15''$: les temps sont sans doute ceux de l'horloge, qui avançoit de $1' 18''$ au passage de Jupiter et de $1' 17'' \frac{1}{2}$ à celui du Soleil.

Le 20 fév. à $18^h 31' 35''$...	Vénus dans un vertical.
18 32 28...	Jupiter dans le même vertical, haut de $11^d 42' 45''$.
21 54 5 ½..	le centre du Soleil au même vertical.

Aux deux premières observations, l'horloge avançoit de $18''$ et à la troisième de $16'' \frac{1}{4}$.

Dates.	Centre au méridien.	Hauteurs méridiennes.	Dates.	Centre au méridien.	Hauteurs méridiennes.
	h ′ ″	d ′ ″		h ′ ″	d ′
Février 27..	20 38 14 ¼		Août 17..	9 28 24	18 30 40
Mars 4..	20 20 34	19 11 45	19..	9 20 22	18 29 35
5..	20 17 39		20..	9 16 20 ¼	
29..	19 6 1 ¾	19 46 0	22..	9 8 24	18 27 45
Avril 19..	17 55 12	20 6 20	26..	8 52 42 ¼	18 25 45
20..	17 54 47 ½	20 7 0	Sept. 1..	8 29 49 ¼	18 23 0
28..	17 26 44	20 11 40	4..	8 18 37 ¼	18 22 20
Juin 28..	13 8 19	19 31 0	5..	8 14 55	18 22 10
Juillet 13..	12 0 43 ½	19 9 45	7..	8 7 35 ¾	18 21 50
29..	10 48 42 ½	18 48 45	Oct. 3..	6 36 55 ¼	18 26 40
30..	10 44 18 ¾	18 47 45	21..	5 37 22 ¼	18 40 25
Août 11..	9 53 2 ½	18 35 25	30..	5 7 34 ¾	18 50 30

Mars.

Janvier 13..	5 0 16 ¼	45 53 45		Janvier 15..	4 56 24 ½	46 26 15

([1]) Ici on trouve, dans le ms. de Pingré, et pour d'autres dates, quelques nombres qui paraissent être des différences de passages entre Saturne et l'Épi.

Vénus.

Dates.	Centre au méridien.	Hauteurs méridiennes.	Dates.	Centre au méridien.	Hauteurs méridiennes.
	h ′ ″	d ′ ″		h ′ ″	d ′ ″
Janvier 6..	20 51 48	24 41 20	Juin 11..	22 25 2¾	60 9 30
8..	20 49 32	24 23 30	30..	22 43 46	64 2 12
12..	20 45 53¾	23 46 30	Juillet 2..	22 46 4½	64 14 0
22..	20 41 16	22 17 0	6..	22 50 51¾	64 29 20
23..	20 41 9¾	22 8 48	8..	22 53 19¾	64 33 0 ::
Février 3..	20 42 52	20 59 20	13..	22 59 41¼	64 30 0
4..	20 43 18	20 55 20	18..	23 6 7¼	64 10 0
10..	20 46 39½	20 39 35	20..	23 8 44	63 56 55
12..	20 48 2½	20 37 50	21..	23 10 3	63 49 45
27..	21 1 41¾	21 32 15	24..	23 14 2	63 23 0
Mars 4..	21 8 1¼	22 27 45	30..	23 21 51	62 13 0
5..	21 9 6½	22 38 55	Août 1..	23 24 26¼	61 45 0
26..	21 31 17	28 24 48	11..	23 37 0¾	58 48 45
29..	21 34 8¾	29 29 10	13..	23 39 25	58 7 15
Avril 17..	21 49 53¾	37 17 50	14..	23 40 35½	57 45 40
18..	21 50 37¾	37 44 22	15..	23 41 48¼	57 24 0
19..	21 51 20¼	38 11 20(¹)	16..	23 42 58¼	57 1 25
20..	21 52 1½	38 38 10	17..	23 44 9¼	56 38 30
22..	21 53 23	39 32 45	18..	23 45 18¼	56 15 40(²)
24..	21 54 40½	40 27 20	19..	23 46 27¼	55 51 30
28..	21 57 13	42 17 20	21..	23 48 43½	55 3 20
Mai 5..	22 1 18¾	45 30 0	Sept. 7..	0 5 42½	47 47 10
25..	22 12 58¼	54 12 12	13..	0 11 36	44 49 10
26..	22 13 35	54 36 10	27..	0 24 55½	37 41 45
Juin 2..	22 18 11¾	57 14 15	Oct. 9..	0 36 28	31 43 25
10..	22 24 13¼	59 52 0	Nov. 11..	1 12 41¼	19 6 12

Mercure.

Dates.	Heures de l'horloge.	Hauteurs app. de ☿.	Corrections de l'horloge (³).	Remarques.
	h ′ ″	h ′ ″	′ ″	
Sept. 5..	16 31 13	5 12 30	+5 2½ •	
5..	16 34 59	5 48 0		
5..	16 39 3	6 20 50		
5..	16 45 26	7 28 0		
5..	16 49 44	8 9 40		
5..	16 53 24	8 45 30	+5 3 •	☿ est dans un vertical auquel le centre
6..	16 30		+5 29 •	de ☉ est parvenu à 17ʰ36′56″ ou à
6..	16 37 14	6 37 45	+5 29¼	17ʰ42′0″ t. vrai.
6..	16 41 29	7 18 45	+5 29½	
6..	16 49 29	8 36 10	+5 29½	☿ est dans un vertical que Régulus avoit
6..	16 59 48	10 16 30	+5 29¾	traversé à 16ʰ46′25″, ayant 11ᵈ9′15″

☿ est dans un vertical que Régulus avoit traversé à 16ʰ46′25″, ayant 11ᵈ9′15″ de hauteur. Le ☉ atteignit ce même vertical vers 17ʰ33′30″ (+5′30″¼).

(¹) Il faut, ce me semble, 38ᵈ11′10. — (²) 56ᵈ15′10″ vaudroit mieux.

(³) Le *ms* de Pingré n'indique clairement comme corrections de l'horloge que celles que nous avons marquées d'un (•). (G. B.)

Mercure (suite).

Dates.	Heures de l'horloge.	Hauteurs app. de ☿.	Corrections de l'horloge.	Remarques.
Sept. 6...	$17^h\ 8'\ 4''$	$11^h\ 37'\ 30''$	$+5'\ 30''$	☿ est dans le vertical auquel Régulus
6...	17 15		$+5\ 30^*$	a passé à $17^h 4' 51''$ $(+5' 30'')$, ayant
7...	16 30		$+5\ 55^*$	$14^d 11' 45''$ de haut. app. — Selon La
7...	16 32 41	6 15 25	$+5\ 55$	Hire, ce vertical est à $85^d 34' 40''$ N. E.
7...	16 37 23	7 0 20	$+5\ 55$	
7...	16 48 31	8 48 0	$+5\ 56\frac{1}{2}$	☿ est dans le vertical auquel Régulus
				a passé à $16^h 42' 39''$ $(+ 5' 55''\frac{1}{2})$, ayant
				$11^d 14' 0''$ de hauteur.
7...	17 6 33	11 43 50	$+5\ 56$	☿ est dans le vertical auquel Régulus
7...	17 15		$+5\ 56^*$	a passé à $17^h 0' 42''$ $(+ 5' 55'')$, ayant
				$14^d 10' 30''$ de hauteur.
8...	17 2 47		$+6\ 22\frac{1}{2}$	Régulus haut de $15^d 10' 30'$. Sa décl. :
				$13^d 28' 12''$; donc son vertical A est de
				$86^d 41' 24''$ du Nord à l'Est.
8...	17 11 35	12 46 0	$+6\ 22\frac{1}{2}$	☿ est dans le vertical A.
12...	16 30		$-6\ 54^*$	L'horloge a été avancée de $15'$.
12...	16 35 5		$-6\ 54$	Régulus haut de $10^d 50' 25''$ dans le vert. B.
12...	16 58 1	7 43 30	$-6\ 53\frac{1}{2}$	☿ dans le vertical B.
12...	17 30		$-6\ 53^*$	
12...	17 35 59$\frac{1}{2}$	13 53 20	$-6\ 53$	☿ dans le vertical C.
12...	18 12 51		$-6\ 52\frac{1}{2}$	☉ au vertical C et haut de $3^d 47'$ env.
13...	16 55 36		$-6\ 27\frac{1}{2}$	Régulus, haut de $14^d 50' 50''$, au vertical D.
13...	17		$-6\ 27\frac{1}{2}^*$	Ce vertical, dit La Hire, décline de
				$86^d 19' 10''$ du Nord à l'Est.
13...	17 22 23	11 17 15	$-6\ 27$	☿ au vertical D.
13...	17 37 23	13 43 45	$-6\ 26\frac{1}{2}$	☿ au vertical E.
13...	18 12 25$\frac{1}{2}$		$-6\ 26$	Centre du ☉, haut de $3^d 32'$ environ, au
13...	18 15		$-6\ 26^*$	vertical E.
16...	17 47 49	13 44 55	$-5\ 7\frac{3}{4}$	☿ au vertical F.
16...	18		$-5\ 7\frac{1}{2}^*$	Retard de l'horloge par heure : $1''\frac{1}{6}^*$.
16...	18 17 22		$-5\ 7\frac{1}{4}$	Centre du ☉, haut de $3^o 40'$ env., au verti-</br>cal F qui, suiv. La Hire, étoit à $88^d 58' 20''$</br>N. E. Décl. du ☉ : $1^d 58' 19''$ B.
Déc. 30...	19 23 56	8 52 0	$-9\ 23\frac{1}{4}$	☿ au vertical G.
30...	20 58 22		$-9\ 25$	Centre du ☉ au vertical G. Décl. du ☉ :</br>$23^d 3' 23''$. Donc ce vert. est à $43^d 16' 22''$</br>du Sud à l'Est.

Au midi suivant, l'horloge avançoit de $9' 28''^*$, et elle avançoit de $24''\frac{1}{2}^*$ en 24 heures.

Observations de Kirch à Leipsick.

Dates.	Heures.	Astres.	Distances des astres.	Remarques.
Janv. 13 ..	7^h (vers)	♂, ε ♓	$1^d\ 52'\ 21''$	Mars plus austral que les étoiles.
13 ..	»	♂, b	0 25 54	Je pense que a est la 30e et b la 29^e
13 ..	»	♂, a	0 24 30	du Catalogue de Mayer.

Dates.	Heures.	Astres.	Distances des astres.	Remarques.
Janv. 14 ..	6ʰ 52′	♂, ε)(	0ᵈ 56′ 0″	
19 ..	5 45	♂, ζ)(	0 31 30	
Mars 25 ..	9 16	♂, A ♉	0 30 27	
25 ..	9 22	♂, b (près de A)	0 35 0	Ce *b* près de A est probablement 2 A.
Avril 27 ..	9 ½ (vers)	♂, a	0 27 18	Mars précédoit les étoiles.
27 ..		♂, d	0 21 0	
27 ..		♂, e	0 12 36	
27 ..		♂, b	1 25 24 (¹)	
Mai 15 ..	10 ¼ (après)	♄, l	0 24 51	*l* est 2 *l* ♍.
15 ..		♄, i	0 20 18	*i* est 1 *l* ♍ Saturne au sud des étoiles.
23 ..	soir	♄, i	0 5 57	
23 ..		♄, l	0 31 30	
24 ..	9 30	♄, l	0 33 57	Deux fois.
24 ..		♄, i	0 7 42	
25 ..	9 30	♄, i	0 10 30	
25 ..		♄, l	0 36 24	
26 ..	10 (après)	♄, i	0 13 39	
26 ..		♄, l	0 39 2	
Juin 22 ..	10 ¾	♄, i	0 39 54	
22 ..	11	♄, l	1 3 42	
22 ..		♄, B	1 28 33	Peut-être B est la 66ᵉ de la Vierge.
28 ..	11 20	♄, i	0 36 45	
28 ..		♄, l	1 1 36	
28 ..		♄, B	1 32 45	
Juill. 27 ..	9 ¾ (vers)	♄, l	0 43 24 }	Saturne, qui avoit précédé les
27 ..		♄, i	0 36 3 }	étoiles, les suivoit maintenant.

Le 10 septembre, vers 17ʰ, distance de Mercure à ρ ♌, 280 parties du micromètre d'une lunette de 8 pieds, évaluées 49′ 0″. Le micromètre de 4 pieds donna le même résultat, à 16ʰ 57′.

Autres observations de Planètes.

Observations de Saturne faites à Paris :

Dates.	Heures.	Longitudes de ♄.	Latitudes boréales de ♄.
Mars 27.............	12ʰ 56′	♎ 22ᵈ 45′ 30″	2ᵈ 47′ 15″
Avril 14.............	11 45	21 24 30	2 47 55
20.............	11 23	20 57 30	2 47 50

Cassini, Élém. d'Astr., p. 393, 394.

(¹) Mars étoit alors dans un groupe d'étoiles figuré, sur le planisphère du P. Chrysologue de Gy, entre les cornes du Taureau β et ζ. La plupart de ces étoiles ont été observées par M. Messier. Il me semble que *a* est la 118ᵉ et *b* la 121ᵉ du Taureau. Kirch trouve leur distance de 1ᵈ 46′ 24″, ce qui s'écarte peu de la vérité. — *b* précède *a* et est plus boréal. — *e* est à 16′ 48″ de *a* et presque à son nord, et à 1ᵈ 33′ 27″ de *b* et presque à son orient. — *d* est à 29′ 45″ de *a*, plus boréal que lui, et à 1ᵈ 5′ 6″ de *b* et à son orient. Ces distances peuvent servir à déterminer ces deux étoiles qui sont certainement du nombre de celles que M. Messier a observées. Mars étoit au nord de *a* et de *e*, et à l'est de *b* et de *d*.

— Opposition de Saturne, le 10 avril, à $6^h 14'$, t. m. mérid. de Londres, en ♎ $21^d 43' 20''$. *Hall. Tab.*

Cassini, d'après les observations de Flamsteed, rapporte cette opposition au même jour à $5^h 0'$ mérid. de Paris, en ♎ $21^d 43' 19''$, lat. bor. $2^d 47' 20''$, — et, d'après les observations de Paris, à $6^h 26'$ en ♎ $21^d 44' 40''$, latitude $2^d 48' 15''$. *Élém. d'Astr., p.* 358, 359.

Enfin dans *Mém. de l'Acad.*, 1704, *p.* 318, l'opposition est marquée en ♎ $21^d 46'$, lat. $2^d 48' 0''$.

— Le 13 juillet, Jupiter à Paris médie à $12^h 0' 44''$. *Anc. Mém., t. X, p.* 210 (c'est l'observation de La Hire, rapportée en son lieu).

Ce même jour, 13 juillet, opposition de Jupiter à $14^h 44'$ t. m. mérid. de Londres en ♑ $22^d 20'$. *Hall. Tab.* Cassini la conclut des observations de Flamsteed à $18^h 53'$ en ♑ $22^d 24' 3''$; lat. austr. $30' 10''$; — et de celles de Paris, à $12^h 45'$ en ♑ $22^d 15' 50''$; mais il donne ces déterminations comme douteuses. *Élém. d'Astr.*, p. 417, 418.

ÉTOILES.

Le 20 janvier, le 18 et le 22 février, la variable de la Baleine étoit invisible. *Bull. ms.*

Le 19 et le 22 janvier, Kirch la voyoit à peine. — Le 24, elle égaloit ϰ de la Baleine ou l'excédoit de bien peu. — Le 26, elle étoit invisible, le ciel n'étant pas clair. — Le 30, elle égaloit ϰ. — Le 19 février, elle étoit invisible à l'œil nu. — Le 21 août, on la revoit avec une lunette de 4 pieds, et, le 24 septembre, avec une de deux pieds. — Le 21 octobre, elle égale presque δ. — Le 25, elle surpasse δ, mais elle est inférieure à γ. — Le 30 octobre, elle a plus d'éclat que γ. *Kirch. ms.*

— Le 3 juillet, Kirch trouve à la nébuleuse d'Andromède une grandeur tout à fait insolite. *Ibid.*

— Kirch détermine, au mois de février, la période des phases de χ du Cygne, de un an, un mois et une semaine. En janvier de cette année, on ne la découvre qu'avec une lunette de deux pieds. — Le 13, le 19 et le 23 février, nonobstant le clair de Lune, on la voit, mais à la lunette seulement. — Le 4 mars, on doute si elle paroit. — Le 5, on la voit clairement, mais avec une lunette de 8 pieds. — Le 21 avril, le 5 mai, les 22 et 27 juillet, le 4 août, elle est absolument invisible. — Le 21 août, on la voit avec la lunette de 8 pieds, et avec la même lunette; on doute si on la voit le 23 septembre, et l'on est assuré de ne la pas voir le 20 octobre. — Le 30 du même mois, on la voit certainement avec la même lunette. Cette année, elle n'a pas été visible à l'œil nu. *Kirch. Ephem. anni* 1690 et *ms.*

SATELLITES.

Juin 5 à $13^h 15' 14''$...	immersion du 1er; Cassini, lun. de 22 pieds.	
13 15 22 ...	Maraldi, lunette de 34 pieds. *Cass. ms.*	
14 12 35 ⅓ ...	le 1er sort entièrement de ♃, lunette de 34 pieds.	

Juin	22 à	11ʰ31′45″...	le 1ᵉʳ est sorti de ♃. *Ibid.*
	28	11 50 24 ...	le 2ᵉ entre dans l'ombre.
		11 50 42 ...	vu de nouveau, il disparoit.
		13 18 24 ...	immersion du 1ᵉʳ; air brouillé et blanchâtre.
		11 40 ½ ...	conjonction du 3ᵉ sat. et du 4ᵉ.
Août	1	8 6 ...	le 2ᵉ se détache, le 3ᵉ touche.
		8 13 45 ...	le 3ᵉ est entré.
		13 34 55 ...	émersion du 3ᵉ, lunette de 36 pieds.
		13 35 25 ...	lunette de 22 pieds.
		14 20 57 ...	émersion du 1ᵉʳ sat., à Nankin, Fontanay et Léonissa, lunette de 12 pieds. *Reg. de l'Acad.*
	8	8 29 5 ...	émersion du 1ᵉʳ. Paris. *Hir. ms.*
		8 29 35 ...	id. *Cass. ms.*
	15	9 48 0 ...	le 2ᵉ entre sous le disque. Paris. *Hir. ms.*
		10 25 0 ...	émersion du 1ᵉʳ. *Ibid.*
		10 25 19 ...	id. *Cass. ms.*
		10 15 10 ...	le 1ᵉʳ paroît hors de l'ombre, très petit.
		10 16 10 ...	il a repris tout son éclat. Lunette de 15 pieds (anglois), Observation très exacte, dit Flamsteed. Greenwich. *Hist. cœl. Brit. t. I p.* 359.
	17	12 40 13 ...	émersion du 1ᵉʳ; à Nankin, Fontanay et Léonissa, lunette de 19 pieds. *Reg. de l'Acad.*
		12 10 21 ...	émersion du même, à Kiang-Cheu, PP. le Comte et Visdelou, lunette de 18 pieds. *Ibid.*
		9 4 48 ...	lunette de 34 pieds.
		9 5 11 ...	lunette de 22 pieds. Cassini.
		9 5 26 ...	émersion du 2ᵉ, un peu douteuse. Paris, *Hir. ms.*
		8 54 22 ...	le 2ᵉ Satellite commence à paroitre hors de l'ombre.
		8 56 40 ...	il est très clair.
		11 25 20 ...	le 4ᵉ a perdu de son éclat.
		11 27 20 ...	on doute si on le voit; soit alors le moment de son immersion, dit Flamsteed.
		11 27 40 ...	on ne le voyoit certainement plus. Ces deux observations faites avec une lunette de 27 pieds anglois, sont données pour très exactes. Grenwich. *Hist. cœl. Brit. t. I p.* 359.
		11 35 10 ...	immersion du 4ᵉ; Cassini.
	19	7 9 21 ...	émersion du 1ᵉʳ, à Nankin, lunette de 19 pieds. *Reg. de l'Acad.*
	22	9 10 53 ...	le 1ᵉʳ satellite est à moitié caché par le corps de Jupiter. Paris, *Hir. ms.*
Sept.	3	10 16 48 ...	le 4ᵉ étoit déjà sorti de l'ombre, mais non pas de la pénombre, son émersion pouvoit avoir eu lieu une minute plus tôt. Greenwich. Lunette de 27 pieds. *Hist. cœl. Brit. t. I p.* 359.
	4	8 40 57 ...	conj. du 1ᵉʳ et du 2ᵉ. *Cass. ms.*

Sept.	6	à	9ʰ36′40″...	le 3ᵉ commence à paroitre.	Greenwich.
			9 37 0 ...	on le voit mieux.	même lunette.
			9 38 0 ...	il égale à peine le 2ᵉ.	*Hist. cœl. ibid.*
			9 39 0 ...	il est très clair.	
			9 46 6 ...	Cassini.	*Cass. ms.*
			9 46 10 ...	Sédileau.	
			10 9½ ...	le 1ᵉʳ touche.	*Ibid.*
			10 15 46 ...	entièrement entré.	
	7		10 45 4 ...	émersion du 1ᵉʳ. Paris, *Hir. ms.*	
	11		7 30 2 ...	émersion du 1ᵉʳ; Nankin, lunette de 12 pieds, toujours mêmes observateurs. *Reg. de l'Acad.*	
	15		6 35 8 ...	le 1ᵉʳ entre dans ♃. *Cass. ms.*	
	23		9 10 44 ...	émersion du 1ᵉʳ. Cassini.	air un peu obscur.
			9 10 41 ...	id. Sédileau.	*Cass. ms.*
Oct.	4		7 52 11 ...	émersion du 1ᵉʳ. Nankin, lunette de 19 pieds. *Reg. de l'Acad.*	
	7		10 32 ...	le 1ᵉʳ entre sur le disque de ♃. Paris. *Phil. Trans. n.* 44, *p.* 892, lunette de 14 pieds.	
	8		8 11 ...	le 2ᵉ sort de derrière le disque. Paris, même lunette. *Ibid* (fausse observation).	
	9		8 54 ...	le 2ᵉ sort de devant le disque; Paris, même lunette. *Ibid.*	
			7 34 33 ...	émersion du 1ᵉʳ. Paris. *Hir. ms.*	
			7 25 15 ...	le 1ᵉʳ commence à paroître.	
			7 25 35 ...	il est clair, mais bien petit.	
			7 26 15 ...	il n'avoit pas encore repris toute sa clarté. Greenwich, *Phil. Trans. ubi suprà.*	
	12		5 55 25 ...	Flamsteed croit voir le 3ᵉ avec la lunette de 16 pieds.	
			5 55 45 ...	il le voit certainement, mais très petit.	
			5 56 25 ...	il est encore petit.	
			5 57 25 ...	il égale le 1ᵉʳ et le 2ᵉ. Greenwich. *Ibid.*	
	13		6 14 56 ...	commencement de l'émersion du 2ᵉ. Le 3ᵉ et le 4ᵉ approchoient de leur conjonction, le 4ᵉ étoit sensiblement plus austral.	
			6 51 ...	la conjonction n'avoit pas encore lieu.	
			6 57 ...	elle étoit passée, mais depuis bien peu de temps. Greenwich, lunette de 27 pieds. *Ibid.*	
	16		10 4 ...	le 2ᵉ entre sur le disque. Paris, *Phil. Trans. ubi suprà.*	
	19		6 25 0 ...	immersion du 3ᵉ, avec la lunette de 16 pieds.	
			6 25 10 ...	avec celle de 27 pieds. Greenwich, *Hist. cœl. ibid.*	
			6 33 18 ...	lunette de 36 pieds.	
			6 34 18 ...	lunette de 34 pieds. Paris, *Cass. ms.*	
	20		6 16 10 ...	émersion du 1ᵉʳ, lunette de 19 pieds; le crépuscule duroit encore. Nankin, *Reg. de l'Acad.*	
	22		10 41 33 ...	immersion du 1ᵉʳ. Paris, *Phil. Trans. ibid.* (c'est plutôt une émersion.)	

Oct.	23	à	8ʰ32′	...	le premier sat. entre sur le disque. Paris. *Ibid.*
	27		8 11 17″	...	émersion du 1ᵉʳ, lunette de 19 pieds. Nankin.
			7 41 25	...	lunette de 18 pieds. Kiang-Cheu, Le Comte et Vis-
					delou. *Reg. de l'Acad.*
Nov.	9		6 36 5	...	le 4ᵉ est à peine visible. | Greenwich, lunette de
			6 36 55	...	il a certainement disparu. | 27 pieds. *Hist. cœl. ibid.*
	12		10 40	...	immersion (ou plutôt émersion) du 2ᵉ. Paris, *Phil.*
					Trans. Ibid.
			6 1 23	...	émersion du 1ᵉʳ. Kiang-Cheu, *Reg. de l'Acad.*
	14		6 1 27	...	commencement de l'émersion du 2ᵉ. Greenwich,
					Hist. cœl. Br. ibid.
			6 13 5	...	émersion du 2ᵉ :: nuages. Paris, *Cass. ms.*
	17		6 32 32	...	émersion du 1ᵉʳ. *Cass. ms.*
	19		14 38 30	...	immersion du 3ᵉ. Paris, *Phil. Trans. ibid.*

Ces observations Parisiennes rapportées dans les Transactions ont été faites avec une lunette de 14 pieds ; les observateurs ne sont pas nommés ; je me défie fort de l'exactitude de ces observations.

1689.

ÉCLIPSE DE SOLEIL, LE 13 SEPTEMBRE.

A Breslau, Schultz.

4ʰ30′20″	....	commᵗ à 50ᵈ env. du zénith du Soleil vers l'occident.
5 15 40	....	plus grande phase, deux doigts et un peu plus.
4 42 30 et 5ʰ39′ 5″.		phase d'un doigt.
5 40 20	....	corne occidentale au zénith du Soleil.
5 46 50	....	fin, à 25ᵈ environ du zénith vers l'est. *Acta erudit.* 1689,

        p. 648. — *Kirch. ms.* — *Ephem. nat. curios. Decur. II,*
        Anno 8, *p.* 340. Voyez-y plus de détail. Les temps
        sont corrigés sur des hauteurs du Soleil.

— A Vienne en Autriche, le baron d'Ochsenstein observa à 5ʰ7′ la plus grande phase de 1ᵈ44′. — Fin à 5ʰ45′. *Acta erud. Ibid.*

— A Leipsick, Kirch observa cette éclipse, et dans ses *mss.* on trouve plusieurs éditions de son observation. Christian Kirch, son fils, a calculé scrupuleusement les 15 hauteurs du Soleil, prises par son père, et, tout mûrement considéré, il établit le commencement de l'éclipse à 4ʰ17′1″ : peut-être, ajoute-t-il, le contact des bords aura pu avoir lieu dès 4ʰ16′½ ou 14ʰ16′¾.

4ʰ35′33″	...	parties non éclipsées.	28′20″	donc, éclipse	..	1 doigt 22′
4 35 30	...	»	27 10	»	» ..	1 doigt 49
4 59 30	...	»	26 30	»	» ..	2 doigts 4
5 13 13	...	»	27 50	»	» ..	1 doigt 34

$5^h28'13''$...   parties non éclipsées. $30'40''$ donc, éclipse...   o doigt 30
5 31 26 ...   fin.
5 31 41 ...   fin bien décidée.
5 50   ...   diam. horiz. du Soleil.   32   0
5 27 43 ...   de même.

Kirch. ms. Dans *Ephem. anni* 1689, il y a plus de détail ; mais les temps, corrigés par Kirch le père, ne sont pas si précis.

— A Nuremberg, Wurtzelbau. Fin à $5^h28'15$.
Plus grande phase, $1^d57'$. *Act. erud. ubi suprà.*

— Eimmart observa l'éclipse dans la même ville. Pour corriger l'horloge, il observoit à chaque phase l'azimut et la hauteur du Soleil. Son observation est détaillée dans *Kirch. ms.* Mais la progression des azimuts et des hauteurs est si prodigieusement différente de celle des heures de la pendule, qu'il est rigoureusement impossible de conclure rien de précis de l'observation d'Eimmart. Dans *ms. de de l'Isle*, on trouve une lettre de Muller qui marque $4^h17'$ pour l'heure du commencement de l'éclipse : deux doigts et très peu plus pour la plus grande phase, à $4^h51'33''$. L'horloge, comparée aux étoiles, avançoit de $5'50''$, et la nuit suivante de $2'$ seulement. (Mais à quelle heure avançoit-elle de $5'50''$ et de $2'$? C'est ce que je ne puis deviner.)

— A Ulm, Honold.

$4^h15'20''$...   commencement.
5 24 48 ...   fin. — Grandeur : 2 doigts et un peu plus. *Acta erud. Ibid.*

— A Greenwich, Flamsteed.

$3^h29'17''$...   commencement.
4 33 18 ...   fin douteuse.
4 33 24 ...   fin certaine. Plus grande phase $2'30''$. *Hist. cœl. Brit. t. I.*

— A Paris, La Hire.

$3^h44'24''\frac{1}{4}$..   commencement.
4 49 18 $\frac{1}{2}$..   fin. Grandeur 1 doigt $15'$ ou $20'$. *Hir. ms.*

— A Avignon, le P. Bonfa.

$4^h10'29''$...   commencement.
5 6 35 ...   fin. Grandeur 1 doigt $20'$. *De l'Isle ms.*

— A Bourdeaux, Chazelles n'avoit pas d'horloge; Fortin, professeur d'hydrographie, construisit un pendule simple qui battoit les secondes, et trouva, à l'aide de ce pendule, que l'éclipse avoit duré $48'3''$.
Chazelles, avec le quart de cercle, prenoit des hauteurs du bord inférieur, et depuis chaque hauteur, on comptoit combien il s'écouloit de secondes jusqu'au

passage des bords et des cornes du Soleil par les fils d'un réticule. J'ai calculé les hauteurs observées par Chazelles.

	1re observation.	2e observation.	3e observation.	4e observation.
Bord inf. à l'horiz.; haut.	24d 29′ (3h 51′ 39″)	22d 58′ 30″ (4h 0′ 42″)	19d 43′ 30″ (4h 19′ 58″)	17d 47′ 30″ (4h 31′ 15″)
Bord précéd. au vertic..	+0 47″ (3 52 26)	+1 11 (4 1 53)	+0 43 (4 20 41)	+0 7 (4 31 22)
Bord inf. à l'horiz......	+1 6 (3 52 45)	» »	+2 56 (4 22 54)	» »
Corne précéd. au vertic.	+1 22 (3 53 1)	+1 47 (4 2 29)	+1 40 (4 21 38)	+1 26 (4 32 41)
Corne suiv. au vertic...	+1 57 (3 53 36)	+2 43 (4 3 25)	+2 40 (4 22 38)	+2 6 (4 33 21)
Bord suivant au vertic..	+3 45 (3 55 24)	+4 11 (4 4 53)	» »	+3 10 (4 34 25)
Corne inf. à l'horiz.....	+4 5 (3 55 44)	+2 57 (4 3 39)	+3 0 (4 22 58)	» »
Corne sup. à l'horiz....	+4 21 (3 56 0)	+3 15 (4 3 57)	+3 0 (4 22 58)	» »
Bord sup. à l'horiz.....	+4 21 (3 56 0)	+3 15 (4 3 57)	+3 3 (4 23 1) env.	+3 10 (4 34 25)

5e observation : Bord inf. à l'horizontal, haut de 16d 58′ 30 (4h 35′ 58″)

+1′7″ (4h 37′ 5″)... Fin de l'éclipse.
+3 4 (4 39 2)... Bord sup. à l'horizontal. *Chaz. ms.*

Si donc l'éclipse a duré 48′ 3″, elle a dû commencer à 3h 49′ 2″.

— A Greenwich, hauteurs méridiennes du Soleil.

Sept. 22... 38d 30′ 50″.
24... 37 43 50 .
Déc. 20... 15 6 25 . *Hist. cœl. Br. t. 1.*

Équinoxes.

Wurzelbau, à Nuremberg.

Mars 20... Hauteur méridienne du Soleil... 40d 47′ 40″
21... » 41 11 0
Sept. 22... » 40 33 30
23... » 40 9 40

Il conclut : équinoxe du printemps le 19 mars...... 9h 34′ 9″
équinoxe d'automne le 21 septembre..... 23 51 57
Bas. Astron. p. 8, 10.

PREMIÈRE ÉCLIPSE DE LUNE, LE 4 AVRIL.

A Leipsick, la Lune fut couverte de nuages jusques après l'émersion.

A 9h 8′........ distance des cornes. 20′ 18″
9 15........ même distance..... 16 6
9 21........ fin de l'éclipse.
10 35 et 10h 45′. diamètre de la Lune. 30 6 lunettes de 4 et de 8 pieds.
Kirch. ms.

— A Greenwich, commencement et immersion sous l'horizon.

A 7ʰ 27′ 20″...   émersion.
   8 3o 40 ...   fin. *Hist. cœl. Brit.*

— A Nuremberg, Wurzelbau.

A 8ʰ 12′ o″...   émersion.
   8 23 3o ...   l'ombre au milieu de *Porphyrites* (*Aristarchus*).
   8 32 10 ...   au milieu de *Sinaï* (*Tycho*).
   9 13 3o ...   elle couvre tout *Mœotis* (*Mare crisium*).
   9 15 8 ...   fin. — *Uran. Nor. basis, p.* 5g.

— A Paris.

A 7ʰ 35′ ½ ....   émersion.
   7 36 .....   émersion de *Grimaldus*.
   7 45 .....   *Aristarchus*.
   7 49 .....   9 doigts 26′.
   7 54 .....   *Tycho* sort de l'ombre.
   7 57 .....   *Copernicus* sort.
   8 5 .....   6 doigts 52′.
   8 9 .....   6 doigts environ.
   8 16 ½ ....   *Menelaus* sort.
   8 35 .....   premier bord de *Mare crisium*.
   8 43 .....   fin de l'éclipse.
               Diamètre, vers le milieu de l'éclipse : 29′ 40″. *Htr. ms.*

Encore à Paris. Émersion : 7ʰ 36′ 20ᵈ ; — fin : 8ʰ 38′ 25″. *J. Cass. in Ecl. Cass. ms.*

— A Marseille, Chazelles, contrarié par les nuages, ne put observer autre chose, sinon qu'à 7ʰ ½, l'éclipse étoit totale et qu'à 7ʰ 55′ elle ne l'étoit plus.

— A Pondichéry, le P. Richaud. Commencement à 9ʰ 56′.

A 10ʰ 59′ 20″...   immersion.
  13 53 53 ...   fin. *Anc. Mém. t. VII, p.* 750.

— A Kiang-Cheu, en Chine.

A 11ʰ 59′   ...   commencement.
  12 28   ...   *Tycho* commence à entrer dans l'ombre.
  12 56 20″...   commencement de *Mare crisium*.
  12 59   ...   milieu de *Mare crisium*.
  13 2   ...   tout *Mare crisium* dans l'ombre.
  13 5 3o ...   immersion. — *Reg. de l'Acad.*

SECONDE ÉCLIPSE DE LUNE, LE 28 SEPTEMBRE.

Kirch à Leipsick. On trouve le détail de cette observation, rédigé par Kirch, tant dans ses *mss.* que dans son *Ephem. anni* 1690 et ailleurs. Mais Christian

Kirch, son fils, a de nouveau calculé les hauteurs d'étoiles que son père avoit prises pour corriger les heures marquées par la pendule, et il l'a fait, à ce qu'il nous semble, avec toute l'intelligence possible.

La largeur de la partie non éclipsée de la Lune a été mesurée avec un micromètre dont chaque division ou partie répondoit à $9''$,9 ou à près de $10''$. Les réductions ont été faites par Kirch le fils. La lunette à laquelle étoit adapté le micromètre étoit de 8 pieds. On pourroit donc regarder ces mesures comme exactes à $5''$ près, si la difficulté de discerner les limites de l'ombre n'occasionnoit pas d'ailleurs quelque incertitude.

A $13^h32'36''$...   commencement vrai.
    13 33 36 ...   commencement sensible.

L'ombre étoit fort mal terminée, surtout au commencement et encore plus à la fin; ce qu'on peut assurer, c'est que l'éclipse a commencé entre $13^h32'36''$ et $13^h33'36''$.

Vers $13^h15'$, diamètre de la Lune : $33'15''$; — à $17^h23'$, près de l'horizon : $32'58''$.

Heures vraies.	Parties non éclipsées.	Distances des cornes.		Heures vraies.	Parties non éclipsées.	Remarques.
$13^h40'33''$...		$19'47''$		$14^h20'23''$...	$5'37'$·	
13 46 6...	$25'16''$			14 22 40...	4 57::	
13 50 25...		28 22		14 25 59...	2 39::	
14 2 50...	14 44			14 28 9...	1 20::	
14 4 53...	14 12·			14 30 1...		Immersion.
14 8 57...	11 53·			16 11 24...		Émersion, conjec-
14 11 16...	9 54			16 22 26...	6 17::	turée, je pense,
14 14 36...	8 55			16 56 57...	25 44	et non observée.
14 16 25...	7 56·			17 3 30...	29 22	
14 17 58...	6 56·			17 5 21...	30 21	
				17 7 55...		Fin. *Kirch. ms.*

— Joseph-Abraham Isle observa pareillement à Leipsick.

A $14^h24'30''$...   l'ombre touche *Palus mœotis* (*Mare crisium*).
    14 30 30 ...   immersion.
    17 8 30 ...   fin. Les nuages ne permirent aucune autre observation. *Kirch. ms.*

— A Nuremberg, Eimmart.

A $13^h28'0''$...   commencement.
    14 26 27 ...   immersion.
    16 6 0 ...   émersion.
    17 7 5 ...   fin. *Kirch. ms.* et *Ephem. anni* 1690 où l'on trouve un beaucoup plus ample détail.

Dans une lettre écrite par Muller, gendre de Kirch, à de l'Isle, le commencement est marqué à $13^h12'24''$, ce qui provient sans doute de quelque inattention échappée à Muller. D'ailleurs, il n'est fait aucune mention de l'émersion. On ajoute que le demi-diamètre de l'ombre étoit à celui de la Lune :: 2550 : 1000.

— Dans la même ville, Wurzelbau observe cette éclipse, et en rend le compte suivant dans son *Uran. nor. basis*, p. 59-60.

A 13ʰ 29′ 0″ ::   (ou 13ʰ 29′ 30″, p. 72)... commencement.
13 30 0 ...   l'ombre au premier bord de *Marœotis* (*Grimaldus*).
13 35 30 ...   au commencement de *Porphyrites* (*Aristarchus*).
13 52 0 ...   *Corsica* (*Timocharis*).
13 55 30 ...   milieu de *Lacus niger major* (*Plato*).
14 5 45 ...   commencement de *Insula Cyanea*.
14 16 0 ...   commencement de *Corocondametes* (*Palus somnii*).
14 19 0 ...   commencement de *Mœotis* (*Mare crisium*).
14 21 30 ...   premier bord de *Insula major* (*Langrenus*).
14 25 30 ...   immersion observée.
16 7 0 ...   émersion observée.
16 17 0 ...   *Porphyrites* découvert (*Aristarchus*).
17 7 0 ...   fin :: (ou à 17ʰ 6′ 30″, p. 72).

— Flamsteed, à Greenwich.

A 12ʰ 42′ 20″...   commencement douteux.
13 40 21 ...   immersion certaine.
15 21 9 ...   émers., autant qu'on a pu la déterminer, malgré les nuages.
16 18 49 ...   fin. A 16ʰ 19′ 9″, il n'y avoit certainement plus d'éclipse.

Soit le milieu, dit Flamsteed, à 14ʰ 30′ 20″.
Voyez plus de détail. *Hist. cœl. Brit. t. II.*

— La Hire, à Paris.

A 12ʰ 51′ 25″...   commencement entre *Grimaldus* et *Galilæus*.
15 29 57 ...   émersion entre *Aristarchus* et *Galilæus*, plus près de Galilæus.

Taches.	Immersions.	Émersions.		Taches.	Immersions.	Émersions.
	h ′ ″	h ′ ″			h ′ ″	h ′ ″
Grimaldus..........	12 54 55	15 34 2		Milieu de *Tycho*.....	13 21 20	15 57 37
Galilæus...........	12 56 25	15 35 37		Fin...............	13 22 5	15 58 32
Aristarchus.........	13 1 5	15 38 22		*Insula Sinus œstuum.*	13 21 20	16 2 17
Commᵗ de *Képler*....	13 3 5	15 42 17		*Aratus*.............	13 24 20	16 0 37
Milieu..............	13 4 5	15 43 2		*Manilius*...........	13 26 20	
Fin..................	13 5 0	15 43 47		*Menelaus*..........	13 29 20	16 6 42
Héraclides..........	13 9 25	15 42 27		*Dionysius*..........	13 30 36	16 10 12
Commᵗ de *Copernicus.*	13 10 55			*Plinius*............	13 33 11	16 10 22
Milieu..............	13 11 40	15 49 27		*Promont. acutum* ...	13 37 31	16 16 42
Fin.................	13 12 15			Commᵗ de *Mare cris.*..	13 43 11	16 18 12
Capuanus	13 12 20			Fin...............	13 47 1	16 23 22
Helicon............	13 14 10	15 45 27		Immersion..........	13 50 16	
Plato..............	13 20 20	15 49 37		Fin de l'éclipse......		16 28 7
Commᵗ de *Tycho*....	13 20 45	15 56 47				

Les heures sont corrigées.

Le diamètre de la Lune, qui étoit au méridien de 32′45″, n'étoit plus, vers le milieu de l'éclipse, que de 32′40″. *Hir. ms.* (¹).

— A Madrid, le P. Pétrée. Hauteur méridienne du bord inférieur de la Lune, 50ᵈ40′; — du bord supérieur, 51ᵈ11′.

A 12ʰ31′13″...	commencement douteux, vu les nuages.
12 47 15 ...	4 doigts.
12 58 22 ...	6 doigts.
13 9 52 ...	8 doigts.
13 13 57 ...	l'ombre à *Dionysius*.
13 14 55 ...	à *Isidorus*.
13 15 28 ...	elle traverse *Palus somnii*.
13 16 28 ...	*Goclenius*.
13 17 8 ...	*Proclus*.
13 18 6 ...	commencement de la *Caspienne* (*Mare crisium*).
13 19 48 ...	iles de la *Caspienne*.
13 21 20 ...	fin de la *Caspienne*.
13 25 28 ...	immersion.
15 6 36 ...	émersion.
15 11 22 ...	tout *Grimaldus* hors de l'ombre. Puis nuages. *De l'Isle mss.*

Autres observations de la Lune.

Le 21 décembre, Kirch observa à Leipsick la conjonction de la Lune et de Mars.

A 9ʰ52′ ...	de l'horloge, hauteur de Procyon 28ᵈ32′ ou 34′ à l'est.
10 13 ...	diamètre de la Lune, 33′36″.
10 20 ...	distance de Mars à la pointe voisine et australe, 34′28″. Diamètre de la Lune, 32′54″.
10 24 ou 25′.	conjonction.
10 28 ...	la conjonction est certainement passée. — Distance de Mars à la pointe voisine, 35′0″; — diamètre de la Lune, 32′54″.
11 2 20″...	hauteur de Procyon, 37ᵈ10′. *Kirch. ms.*

Passages de la Lune au méridien, observés par La Hire, à Paris.

Dates.	Passages du bord.	Haut. mérid. du bord.	Diamètre au méridien.	
	ʰ ′ ″	ᵈ ′ ″	′ ″	
Janv. 2. occ.	9 7 26¼	64 57 0 inf.	32 35	
29. occ.	6 51 30	63 49 0 inf.	32 17	
Avril 29.	8 53 54¾	46 55 40(²)sup.	30 0	(²) Cette hauteur est prise 7′
30.	9 33 56½	41 0 10	29 50	après le passage.

(¹) Avec les heures des observations de la Hire, Pingré en donne d'autres qui paraissent tirées de *Cass. ms.* Ce sont des éléments qu'il comptait sans doute ajouter à ce qui précède; mais nous ne savons à quelles taches ils se rapportent. (G. B.).

Dates.	Passages du bord.	Haut. mérid. du bord.	Diamètre au méridien.	
	^{h} $'$ $''$	^{d} $'$ $''$	$'$ $''$	
Mai 10. centre	17 26 32 H	17 15 25	30 30	
12. or.	19 6 15	27 18 0	31 30	
13.	19 53 48	33 44 0	32 10	
14. centre	20 40 27 $\frac{1}{4}$ (^{1})	40 45 0	32 30	(^{1}) La Hire donne 20^{h}40′38″, mais c'est l'heure du passage au mural et non au vrai méridien.
30. centre	9 33 51 $\frac{3}{4}$	25 49 35	29 20	
Juin 21. occ.	3 57 15 $\frac{1}{2}$	56 49 0	31 55	
28.	8 51 34 $\frac{3}{4}$	18 16 20	29 24	
Juill. 26.	7 29 32 $\frac{1}{2}$	15 56 0	29 22	
28.	9 11 53 $\frac{1}{2}$	11 40 0 inf.	29 32	
Août 18. centre	2 34 47 H	37 31 50 sup.	30 0	
26. centre	8 54 57 $\frac{1}{2}$ (^{2})	12 41 20 inf.	30 0	(^{2}) 8^{h}55′10″ suivant La Hire : mais c'est encore ici le passage par le mural.
28. occ. or.	{ 11 53 16 { 11 55 32	42 35 15 sup.	32 45	

Le 21 mai, à 9^{h}5o′ à très peu près, conjonction de la Lune et de Vénus; — distance de Vénus à la corne voisine, 53′0″, prise avec le micromètre. — Diamètre de la Lune, 32′35″ environ. (Si l'heure marquée est celle de l'horloge, comme il y a apparence, l'heure vraie sera 9^{h}53′$\frac{3}{4}$.) *Hir. mss.*

A 9^{h}43′19″ immersion d'une ★ des Gémeaux près *Grimaldi.* — *Cass. ms.*

PLANÈTES.

LEURS PASSAGES AU MÉRIDIEN DE PARIS, ET AUTRES OBSERVATIONS, PAR LA HIRE.

Saturne.

Le 20 avril, passage à 12^{h}13′11″H.; hauteur.... 30^{d}53′45″
Le 23 avril, » à 12 1 9 H.; » 30 58 15

Jupiter.

Dates.	Passages au méridien.	Haut. mérid. apparentes.	Dates.	Passages au méridien.	Haut. mérid. apparentes.
	^{h} $'$ $''$	^{d} $'$ $''$		^{h} $'$ $''$	^{d} $'$ $''$
Avril 23...	19 50 38 $\frac{3}{4}$	28 7 15	Sept. 24...	9 36 4 $\frac{1}{4}$	26 16 40
Mai 3...	19 18 24 $\frac{3}{4}$	28 35 40	Oct. 12...	8 27 13 $\frac{1}{2}$	26 2 0
4...	19 15 5 $\frac{1}{2}$	28 37 45	15...	8 15 53 $\frac{1}{2}$	
5...	19 11 45 $\frac{1}{2}$	28 40 30	16...	8 12 10 $\frac{1}{2}$	26 2 20
6...	19 8 24	28 43 0	17...	8 8 29 $\frac{1}{2}$	26 1 50
12...	18 47 50	28 57 10	Nov. 12...	6 30 55 $\frac{1}{2}$	26 27 40
Août 19...	12 1 44 H	27 38 10	22...	5 53 10 $\frac{1}{2}$	26 48 18

Mars.

Mai 4, à 16^{h}13′33″.......... Mars haut de 16^d 9′25″ est dans un vertical.
16 18 58 .... Jupiter haut de 17 33 25 est dans le même vertical.
16 .... dist. de ♃ à ♂ 1 24 45 prise avec un rayon de 2016 lignes.
Les temps sont de l'horloge qui retardoit alors de 1′49″.

Mai 5 (sans doute vers 16^h). distance de Mars à Jupiter, 1^{d}2′20″, prise au micromètre.

Mai 6, à 16^{h}20′49″. T. vr. . . . Jupiter et Mars sont dans le même vertical;
Jupiter haut de 18^{d}24′15″, Mars 58′ plus bas; la
distance est prise avec le rayon de 2016 lignes.

Dates.	Passages au méridien.	Haut. mérid. apparentes.		Dates.	Passages au méridien.	Haut. mérid. apparentes.
	h ′ ″	d ′ ″			h ′ ″	d ′ ″
Août 9...	16 28 43½	48 55 50		Nov. 12...	10 13 41 H	49 59 40
Sept. 28...	13 55 40 H	51 59 30		21...	9 32 57½ H	50 11 0
Oct. 22...	11 58 46	50 45 18		22...	9 28 39 H	50 12 0

Vénus.

Dates.	Passages au méridien.	Haut. mérid. du centre.		Dates.	Passages au méridien.	Haut. mérid. du centre.
	h ′ ″	d ′ ″			h ′ ″	d ′ ″
Janv. 10...	2 9 46¾	25 33 10		Avril 28...	3 6 30½	68 16 40
11...	2 10 17	25 58 15		Mai 3...	3 6 7	68 27 15
Fév. 6...	2 20 11			4...	3 5 49¼	68 28 0
7...	2 20 32¾	39 7 30		7...	3 4 35	68 26 0
20...	2 25 44	45 56 45		Juin 21...	0 30 20	62 25 30
23...	2 27 17½	47 29 30		22...	0 23 47	
Mars 25...	2 46 40	61 2 0		27...	23 43 1¼	61 2 45
28...	2 48 56¾			Août 7...	21 2 41½	59 37 20
Avril 11...	2 59 19½	65 58 30		Sept. 1...	20 55 59¼ H	59 42 25
14...	3 1 15¼	66 34 45		2...	20 56 20½	59 38 0
19...	3 3 28(¹)	67 24 0		11...	21 1 14½	58 36 20
20...	3 4 20¼	67 31 55		12...	21 1 53	58 26 45
23...	3 5 28	67 53 0		Oct. 9...	21 22 4	51 22 10
24...	3 5 46¼	67 58 50		Déc. 9...	21 51 49 H	25 33 0

Mercure.

Dates.	Passages de ☿ à un vertical.	Hauteurs de ☿.	Passages du centre du ☉ au même vertical.	Déclinaison adoptée pour le ☉.	Azimut conclu du vertical, du Sud vers l'Est.
	h ′ ″	d ′ ″	h ′ ″	d ′ ″	d ′ ″
Janv. 2.	19 17 9 t. vr.	8 32 15	20 53 49½	—22 46 25	42 25 46
Déc. 17.	19 10 42	8 32 55	20 30 50½		
17.	19 27 57	10 46 40	20 50 58½	—23 27 36	42 40 25
18.	19 27 35	10 7 40	20 48 44	—23 28 39	43 6 56
19.	19 10 1¼	7 45	20 30 36		
20.	19 10 5	7 22 30	20 30 35¾		Même vertical
21.	19 15 5¼	7 37 15	20 35 30		que la veille.
23.	19 15 46	6 51 15	20 35 32½		
25.	19 16 46	6 10 0	20 35 23½		45 19 18 *Hir. mss.*

(¹) Ce passage ne paroît pas exact; d'après les observations précédentes et suivantes, il semble qu'il
faudroit ici 3^{h}3′53″.

(Il me semble que dans la réduction du temps de l'horloge au temps vrai,
La Hire a fait, le 23 et le 25, l'intervalle entre le passage de Mercure et celui du
Soleil de 2 ou même de 3 secondes au moins trop long.)

Observations de Kirch à Leipsick.

Dates.	Heures.	Astres.	Distances des astres.	Remarques.
	h ′		d ′ ″	
Janv. 27.	6	♀, φ ≈≈	0 38 30	Lunette de 8 pieds.
27.	6 30	♀, χ ≈≈	1 45 0	Lunette de 4 pieds.
27.		♀, φ	0 39 54	
Fév. 16.	6 45	♀, a	1 21 12	Je ne doute pas que c ne soit la 60ᵉ des Poissons. Je ne trouve pas
16.		♀, b	1 17 42	les autres sur les Catalogues ; a
17.	6 55	♀, a	0 24 9	pourroit cependant être la 20ᵉ du
17.	7 0	♀, c	1 45 42	Catalogue de Mayer. Vénus au sud de c.
20.	6 52	♀, ε)(	1 24 42	Vénus étoit au-dessous et à l'occident de la ligne qui joint les deux étoiles.
20.	7 0	id.		
20.	6 56	♀, i	1 13 30	Cette étoile i est la 73ᵉ des Poissons.
21.	6 15	♀, ε)(	1 4 3	
21.	6 40	♀, 3	0 32 33	L'étoile que Kirch désigne par 3 n'est pas dans le Catalogue de la 2ᵉ édition de l'*Histoire céleste Britannique* ; elle est cependant sur l'Atlas céleste de Flamsteed. Dans la première édition de l'*Histoire céleste* en un seul volume,
21.		♀, ε)(	1 4 3	
21.		♀, i	1 23 18	
21.		♀, e)(	1 31 42	on lui donne 1ᵈ15′52″ de longitude de moins qu'à ε, et 0ᵈ48′29″ de latitude australe.
22.	6 30	♀, ζ)(	0 56 0	
22.	6 32	♀, ε)(	1 45 42	
23.	6 25	♀, ζ	0 29 3	A est la 88ᵉ des Poissons. Vénus, sur la figure, est plus orientale et plus boréale que les deux étoiles.
23.		♀, A	1 3 0	
Mars 2.	7 48	♀, a	1 33 48	L'étoile voisine de π est la 57ᵉ du Catalogue de Mayer, et l'étoile a en est probablement la 63ᵉ.
2.		♀, { étoile voisine de π)(	1 48 30	
2.		♀, π)(	1 57 33	
17.	7 15	♀, a	0 27 39	a précède Vénus.
17.		♀, ρ ϒ	0 40 57	Vénus plus au nord que l'étoile. Ces deux distances sont prises avec la lunette de 8 pieds. Kirch le fils remarque que la seconde étoile n'est pas ρ, mais π du Bélier et je crois qu'il a raison. Pour lors, a sera la 40ᵉ du Bélier.
18.	6 50	♀, ρ(π) ϒ	1 41 30	
18.	7 0	♀, a	1 31 21 ∷	

Dates.	Heures.	Astres.	Distances des astres.	Remarques.
Mars 18.	7^h 58$'$	♀, a	1^d 31$'$ 42$''$	
18.	8 0	♀, $\rho(\pi)$	1 42 12	
21.	7	♀, δ ♈	0 51 6	Vénus étoit à droite de l'étoile et plus basse qu'elle.
31.	8 45	♀, η du Taureau	1 43 15	
Avril 1.	8 55	♀, m	0 43 3	Les 4 dernières distances ont été prises avec la lunette de 8 pieds. Je soupçonne que m est la 32e et c la 33e du Taureau. Vénus suivoit c. — b n'est point dans les catalogues; elle est à 14$'$0$''$ de m vers le nord.
1.	9 0	♀, c	0 5 15	
1.	9 5	♀, c	0 5 15	
1.	9 22	♀, b	0 33 15	
1.	9 25	♀, m	0 42 42	
18.	13 30	♄, 2	0 45 30	(2 est la 571e de Mayer).
18.	13 35	♄, 1	1 3 0	(1 est la 570e de Mayer).
21.	10 0	♀, β du Taureau	1 47 6	
21.	10 18	♄, 2	0 31 9	
21.	10 25	♄, 1	0 50 3	
21.	12 12	♄, b	0 31 9	Cette dernière distance est prise avec la lunette de 8 pieds. L'étoile b est certainement la même que celle précédemment désignée par 2, ou la 571e du Catalogue de Mayer.
23.	11 (avant)	♄, 1	0 23 6	La première de ces distances est manifestement fautive : Saturne n'a pas pu, en deux jours, s'approcher de 27$'$ d'une étoile; l'écrivain de Kirch aura mal rendu ce que Kirch observoit. La seconde distance est prise avec la lunette de 8 pieds ainsi que les 6 suivantes.
23.	11 (après)	♄, b	0 22 45	
24.	9 15	♄, b	0 19 15	deux fois.
24.	11 15 (après)	♄, a	0 37 27	Je ne doute pas que l'étoile a ne soit la même que l'étoile 1 ci-dessus ou la 570e de Mayer, ou la 2e de la Balance dans le Catalogue Britannique.
26.	9 6	♄, a	0 30 6	
26.	9 10	♄, b	0 11 54	Saturne a toujours été plus oriental que les étoiles.
27.	9 15	♄, b	0 9 6	
27.	9 25	♄, a	0 25 54	
Mai 6.	15 20	♃, ♂	0 57 35	Lunette de 8 pieds.
6.	15 35	♃, ♂	0 57 24	Lunette de 4 pieds.
6.	15 54	♃, ♂	0 57 45	Même lunette.
6.	16 10	♃, ♂	0 58 27	Lunette de 8 pieds.
7.	15 51	♃, ♂	1 10 42	Lunette de 4 pieds.
7.	16 0	♃, ♂	1 10 42	
7.	16 2	♃, ♂	1 11 3	Cette dernière observation paroît à Kirch la meilleure de toutes. Jupiter étoit plus haut que Mars et dans un azimut un peu plus occidental.

Dates.	Heures.	Astres.	Distances des astres.	Remarques.
Mai 10.	$15^h\ 6'$	♃, σ ≈	$1^d\ 10'\ 42''$	Jupiter étoit plus haut et à l'occident. L'étoile étoit au nord-est de la ligne tirée de Mars à Jupiter.
10.	15 11	♂, σ ≈	1 25 3	
20.	14 50	♃, σ ≈	0 18 54	
23.	14 30	♃, σ ≈	0 21 0	
23.	14 41	♃, σ ≈	0 21 0	Lunette de 8 pieds.
23.	14 54	♃, σ ≈	0 21 0	De mème.
23.	15 5	♃, σ ≈	0 21 21	Lunette de 4 pieds.
24.	9 55	♄, x ♍	1 21 12	
25.	14 38	♃, σ ≈	0 27 18	
25.	15 6	♃, f (58ᵉ du ≈)	0 37 6	Lunette de 8 pieds.
25.		♃, σ ≈	0 27 18	
25.	14 41	♂, φ ≈	1 9 18	
25.	14 45	♂, χ ≈	0 38 30	
Juill. 5.	9 45	♄, x ♍	0 28 21	
5.	10 40	♄, a (96ᵉ de ♍)	1 5 6	
5.	11 15	♄, x ♍	0 28 31	Lunette de 8 pieds.
5.	11 40	♃, σ ≈	1 0 54	
15.	11 30	♃, σ ≈	0 22 45	Lunette de 8 pieds. Jupiter un peu plus bas que l'étoile et à sa gauche.
17.	14 55	♃, σ ≈	0 11 36	Lunette de 16 pieds.
19.	9 40	♄, x ♍	0 39 12	
19.	10 10	♄, a (96ᵉ)	1 18 24	
19.	10 55	(cent. de ♃), σ ≈	0 4 29	Lunette de 20 pieds.
19.	11 20	(cent. de ♃), σ ≈	0 4 23	
19.	11 50	♃, f (58ᵉ du ≈)	0 21 21	
19.	12 0	♃, σ ≈	0 3 0	
19.		♃, f	0 21 21	
19.	13 8	♃, σ ≈	0 2 48	Lunette de 8 pieds. ♃ plus haut que σ et à sa gauche.
19.	14 30	♃, σ ≈ (moindre certainement que)	0 2 48	
20.	10 35	♃, σ ≈	0 3 30	Lunette de 8 pieds.
21.	10 15	♃, σ ≈	0 8 24	Même lunette.
27.	10 10	♃, σ ≈	0 44 48	
27.	9 30	♄, x ♍	0 52 30	
Août 20.	11 0	♂, ψ de la Baleine	0 28 42	
24.	9 30	♃, i (42ᵉ du ≈)	0 46 12	Toutes avec la lunette de 8 pieds. L'étoile *a* n'est pas dans les catalogues; elle est à peu près à 51′6″ de *e* ≈, à 31′30″ de *h*, à 42′42″ de *i*. (Mais tout ceci me paroît à revoir. Dans la figure, *i* paroît précéder *e* et *e* au contraire précède la 42ᵉ du ≈. Peut-être *e* n'est-elle pas l'*e* ≈ de Bayer. Il faut regarder ces étoiles comme inconnues et supprimer les obesrvations du 24 août.)
24.	11 0	♃, a	0 10 30*	
24.	11 5	♃, i	0 45 30*	
24.		♃, e ≈	0 48 18*	
24.	11 30	♃, h (917 de **Mayer**)	0 31 30	
24.		♃, a	0 10 30	
Sept. 8.	10 45	♃, i du Verseau	0 57 24	

Dates.	Heures.	Astres.	Distances des astres.	Remarques.
	h ′		d ′	
Sept. 8.	11 0	♃, e ♒	1 33 6	
10.		♃, i	0 50 56	
10.		♃, e	1 43 57	
12.	8 45	♃, i	0 47 15	
12.	8 50	♃, e	1 53 3	
14.	10 20	♃, i	0 45 51	
15.	10 20	♃, i	0 46 33	
21.	9 50	♃, i	1 1 57	
23.	9 30 ⎫ 10 5 ⎭	♃, i	1 8 57	
Oct. 1.	17 55	♀, Régulus	0 35 0	
1.		id	0 35 21*	
1.	18 10	♀, Régulus	0 35 37	Nouvelle lunette de 8 pieds.
8.	16 30	♀, a (49° du ♌)	0 51 6	
8.		♀, ρ ♌	1 21 12	
11.	10 0	♃, μ ♑	1 16 39	⎫ Jupiter étoit en ligne droite entre
11.	10 30	♃, i ♒	1 54 48	⎭ les deux étoiles.
Nov. 5.	17 37	♀, γ ♍	1 11 14	
5.	17 40	♀, a	1 10 0	⎧ a est une petite étoile, 27′ à 28′ à ⎩ l'est de γ ♍.
12.	6 50	♃, i ♒	1 10 21	Jupiter à la droite et plus élevé.
12.	7 0	♂, 0 ♓	1 13 9	Mars plus haut et à gauche.
20.	6 40	♃, i ♒	0 55 25	⎧ Jupiter à gauche et plus haut; nou- ⎩ velle lunette de 8 pieds.
22.	7 (peu av.)	♃, i ♒	0 58 23	Même lunette.
23.	6 30 (vers)	♃, i ♒	1 0 12	
23.		♃, e ♒	1 37 18	
24.	7 6	♂, 0 ♓	1 48 30	
24.	7 10	♂, π ♓	1 50 36	
24.	6 50	♃, e ♒	1 31 0	
24.	6 58	♃, i ♒	1 3 21	
25.	7 0	♃, i ♒	⎰ 1 6 30 ⎱ 1 6 51	
25.	7 6	♃, e ♒	1 25 24	
26.	7 10	♃, i ♒	1 12 6	
Déc. 7.	6 18	♃, e ♒	0 56 42	
7.	6 35	♃, e ♒	0 57 24	
22.	6 30	♃, σ ♒	1 55 51	
26.	5 45	♃, b	0 19 36	
26.	6 0	♃, σ ♒	1 12 6	⎫ Lunette de 8 pieds. b est à 1ᵈ 15′¾ de
26.	6 20	id	id	a et à 1ᵈ 7′½ de σ au sud. Jupiter
26.	6 45	id	id	étoit pareillement au sud de σ et
26.	7 0	♃, a (58° du ♒)	1 24 42	de a et précédoit b.
26.	6 35 (vers)	♃, b	0 19 38	⎭
27.	5 50	♃, b	0 20 7	
27.	6 0	♃, σ	1 0 33	
27.	6 15	♃, a	1 15 15	
27.	6 20	♃, b	0 20 15	Lunette de 8 pieds.
28.	6 5	♃, b	0 25 44	⎱ Même lunette.
28.	6 15	♃, σ	0 49 28	
28.	6 50	♃, a	1 3 42	
28.	6 55	♃, σ ♒	0 49 21	

Dates.	Heures.	Astres.	Distances des astres.	Remarques.
	ʰ ′		ᵈ ′ ″	
Déc. 28.	7 0	♃, b	0 25 54	
30.	5 30	♃, σ	0 28 2	} Lunette de 8 pieds.
30.	5 35	♃, a	0 44 51	

Kirch. mss.

— Le 22 avril à $20^h48'$, t. m. méridien de Londres, opposition de Saturne en ♏ $3^d46'20''$. *Hall. Tab*. Mais Cassini, d'après les observations de Flamsteed, fixe cette opposition au même jour à $21^h16'$, méridien de Paris, en ♏ $3^d48'3''$, latitude boréale $2^d43'32''$, ou d'après les observations de Paris, à $21^h34'$ en ♏ $3^d48'53''$, latitude $2^d45'4''$. *Élém. d'Astr. p.* 358, 359.

— Le 23 juin, à Paris, à $13^h46'$, conjonction inférieure de Vénus en ♋ $4^d53'40''$, latitude boréale, $3^d1'40''$. *Ibid. p.* 561.

— Le 19 août à Paris, Jupiter médie à $12^h1'44''$. *Anc. Mém. t. X, p.* 210.

— Le même jour, à $12^h17'$, t. m. mérid. de Londres, opposition de Jupiter en ♒ $27^d28'10''$, *Tab. Hall.* — ou suivant J. Cassini, d'après les observations de Flamsteed, à $13^h7'$, méridien de Paris en ♒ $27^d29'36''$, latitude australe $1^d14'8''$; mais, d'après les observations de Paris, à $19^h20'$ en ♒ $27^d28'10''$. *Élém. d'Astr. p.* 418, — à $12^h26'$, t. m. etc. en ♒ $27^d29'40''$. *Jeaurat.*

Au sujet de cette opposition, Halley remarque que la révolution de Jupiter depuis l'opposition de 1677 jusqu'à l'opposition de cette année a été de 12′ plus lente que la révolution précédente et que la suivante, ce qu'il attribue, avec raison, à ce que dans la révolution de 1677 à 1689, il y a eu en 1683 une conjonction de Saturne et de Jupiter, dans laquelle ces deux planètes se sont trouvées dans leur plus grande proximité possible.

— Le 21 octobre, à $17^h20'$ t. m. mérid. de Londres, opposition de Mars en ♈ $29^d28'52''$. *Hall. Tab.*

ÉTOILES.

Le 14 janvier, la variable de la Baleine est beaucoup plus petite que x; — le 17, on la voit à peine à l'œil nu; — le 22, on la voit mieux; — le 14 février, elle a disparu.

Le 18 août, on la revoit avec une lunette de 2 pieds; — le 24, elle a beaucoup augmenté; — le 29, on ne la voit pas encore à l'œil nu; — le 10 septembre, on la voit sans lunette; — le 21, elle est presque plus grande que μ et λ; — le 23, un peu plus grande que δ; — les 8, 11, 17 et 22 octobre, elle est plus belle que γ, et moindre que α. — Les 3, 7 et 13 novembre plus petite que γ, plus grande que δ; — le 3 décembre, égale à δ; — le 7 moindre que δ; — le 9, très petite; — le 28 et le 30, on la voit encore à l'œil nu, mais extrêmement petite. *Kirch. mss.* — Le 22 octobre, elle paroissoit égale à γ. *Hist. cœl. Brit. t. II, p.* 4.

— Le 22 janvier, χ du Cygne est invisible à l'œil nu ; — le 22 février, on la voit avec la lunette de deux pieds ; elle paroit croître. — Le 18 mars, elle est parvenue à son plus grand éclat, ainsi que cela avoit eu lieu le 13 février 1688 et le 6 janvier 1687. — Le 18 avril, on a de la peine à la découvrir avec une lunette de 4 pieds ; — le 10 mai, elle est invisible, même à une lunette de 8 pieds. — Le 17 novembre, on la revoit avec la lunette de 8 pieds et même avec celle de 4 pieds ; elle croît jusqu'à la fin de l'année, mais sans qu'on puisse la découvrir à la vue simple. *Ibid.*

— Le 12 janvier, l'étoile ψ de la grande Ourse est certainement plus brillante que δ de la même constellation ; le 22 janvier, elle tient le milieu entre γ et δ ; le 16 février, elle est égale à δ ; le 21 avril, elle égale encore δ, si même elle ne la surpasse ; le 9 octobre, elle surpasse δ.

SATELLITES.

Avril 25 à 16^h 2′ ...	immersion du 1er. Pondichéry, *Reg. de l'Acad.*	
Mai 22　16　6 18″...	le 3e sort de $\mathcal{Z}$. *Cass. ms.*	
29　14　6 15 ...	émersion du 3e. Greenwich, Abraham Sharp. *Hist. cœl. Br. t.* II, 360.	
Juin 3　16 18　...	immersion du 1er. Si-ngan-fu, lunette de 10 pieds et demi. *Ibid.* P. Fontanay. Le crépuscule a pu nuire à la précision.	
14 24　...	la même immersion. Pondichéry. P. Richaud. *ibid.*	
19　14 31 22 ...	immers. du 1er, lunette de 18 pieds, ciel pur, Singan-fu, Fontanay. *Ibid.*	
Juill. 3　11　7 48 ...		
12　14 37　2 ...	immersion du 1er, tout comme au 19 juin. *Ibid.* Cependant, dans *Anc. Mém. t.* VII, p. 861, cette immersion est marquée à $14^h 36′ 55″\frac{1}{4}$, et *pag.* 862 à $14^h 36′ 55″\frac{3}{4}$.	
17　14 56　5 ...	immers. du 1er. Paris, la Hire. *Hir. ms.*, — *de l'Isle ms.*	
14 55 58 ...	lunette de 22 pieds.	
14 56　4 ...	lunette de 34 pieds. *Cass. ms.*	
14 46 21 ...	même immersion. Greenwich. *Hist. cœl. Brit. t.* II, p. 360.	
26　11 17 41 ...	immersion du 1er, la Hire	
11 17 43 ...	Cassini.	Paris. *Hir. mss.*
11 17 38 ...	Sédileau.	
11 18 33 ...	Cassini.	*Cass. mss.*
11 18 24 ...	Sédileau.	
11　8 10 ...	lunette de 27 pieds. Greenwich, *de l'Isle mss.*	
11　7 58 ...	on doutoit s'il paroissoit. *Hist. cœl. Brit. t.* II, p. 360.	
27　11 20　...	le 1er sort.	
11 23　5 ...	il est sorti. *Cass. mss.*	

Juill. 28 à 13ʰ42′49″...   immersion du 1ᵉʳ, lunette de 12 pieds. Chang-Hay,
   P. Fontanay, *Reg. de l'Acad.*

Août 3   10 41 50 ...   le 1ᵉʳ touche ♃.
     10 49 34 ...   il est entré. *Cass. ms.*
   4   14 46 56 ...   immersion du 1ᵉʳ, lunette de 18 pieds, ciel clair. Si-
   nang-fu, Fontanay. *Reg. de l'Acad.*
   6   10 6 24 ...   émersion du 1ᵉʳ (ou plutôt immersion) ciel clair,
   lunette de 12 pieds. Chang-Hay, Fontanay. *Ibid.*
   7   16 4 39 ...   immersion du 2ᵉ *Cass. ms.*
   31   7 7 12 ...   émersion du 1ᵉʳ, ciel clair; un peu de crépuscule.
   P. Fontanay à Chang-Hay; lunette de 12 pieds.

Sept. 3   12 8 40 ...   émers. du 1ᵉʳ. Paris, la Hire. *Hir. mss.* — *de l'Isle mss.*
     11 59 56 ...   Greenwich. *Hist. cœl. Brit. t. II, p.* 260.
   7   9 4 7 ...   émersion du 1ᵉʳ, ciel clair. Chang-Hay. *Reg. de l'Acad.*
   12   8 35 10 ...   émersion du 1ᵉʳ. Paris, la Hire. *Hir. mss.*
     8 4 12 ...   on commence d'apercevoir le 2ᵉ très-petit. Greenwich,
   Hist. cœl. Brit. t. II, p. 360.
   14   10 7 18 ...   émersion d'un satellite que le P. Noël croit être le 1ᵉʳ :
   il fut surpris, dit-on, il ne l'attendoit pas sitôt; ce
   pourroit ne pas être le 1ᵉʳ. Hoai-Ngan, le P. Noël.
   Anc. Mém. t. VII, p. 481. Je pense cependant que
   c'étoit le 1ᵉʳ.
   17   9 51   ...   un satellite (le 2ᵉ, je pense) touche.
     10 1   ...   il est entré. *Cass. ms.*
   19   10 32 25 ...   émersion du 1ᵉʳ.
     10 54 36 ...   émersion du 2ᵉ. Cette émersion du 2ᵉ est moins cer-
   taine, à cause du voisinage du 1ᵉʳ. Paris, la Hire.
   La Hir. ms.
     10 32 29 ...   émersion du 1ᵉʳ, Cassini.
     10 54 23 ...   émersion du 2ᵉ, Cassini.
     11 20   ...   conjonction du 1ᵉʳ et du 2ᵉ. *Cass. ms.*
   20   7 6 55 ...   le 1ᵉʳ se détache. *Cass. ms.*
   21   11 39   ...   émersion du 1ᵉʳ. Malaca. les P. Comille et de Bèze.
   Anc. Mém. t. VII, p. 756.
   23   8 21   ...   le 4ᵉ touche ♃.
     8 30 ½ ...   il est entré, *Cass. ms.*
   28   13 37   ...   émersion du 1ᵉʳ :: Malaca, les mêmes que le 21. *ibid.*
   Les observateurs étoient en prison; il ne leur étoit
   guères possible de s'assurer de l'heure avec quelque
   précision.

Oct. 7   11 14 0 ...   émersion du 1ᵉʳ. Hoai-Ngan, P. Noël. *Noël Observ.*
     11 13 58 ...   suivant la correction du P. Gouye. *Anc. Mém. t. VII,*
   p. 782.
   12   10 53 40 ...   émersion du 1ᵉʳ. Paris, la Hire. *Hir. ms.*
     8 21 ½ ...   le 2ᵉ touche ♃.
     8 29   ...   il disparoit.

Oct. 12 à 10^h 53' 20"...   émersion du 1er, lunette de 34 pieds. *Cass. ms.*

  14   8 7 46 ...   Sharp entre les hiatus des nuages, découvre le 2e extrêmement petit après son émersion. Greenwich, *Hist. cœl. Brit. t. III, p. 2.*

  16   7 37 27 ...   émersion du 1er, lunette de 12 pieds. Nankin, P. Fontanay. *Reg. de l'Acad.*

  23   8 3o   ...   émersion du 1er. Malaca, en prison. *Reg. de l'Acad.*

       8 55 5 ...   émersion du 1er, lunette de 18 pieds, beau ciel, Si-ngan-fu. *Ibid.*

       8 54 36 ...   *Anc. Mém. t. VII, p.* 863.

       9 33 5o ...   émersion, lunette de 12 pieds. Nankin, Fontanay. *Reg. de l'Acad.*

  27   9 22 45 ...   on voit entre les nuages le 4e récemment sorti de l'ombre.

       9 24 40 ...   Flamsteed le voit pareillement entre les nuages et petit. Greenwich. *Hist. cœl. Br. t. III, p.* 4, 5.

       9 33 45 ...   émersion du 4e. *Cass. mss.*

Nov. 1   5 59 12 ...   émersion du 1er, il y avoit du crépuscule. Nankin, etc. *Reg. de l'Acad.*

       6 1 0 ...   émersion, air pur et froid. Hoai-Ngan, Noël. *Noël obs.*

       6 1 20 ...   suivant la correction du P. Gouye. *Anc. Mém. t. VII, p.* 783. Le P. Noël remarque que ses observations ont été faites dans la partie orientale de Hoai-Ngan, grande ville, et celles du P. de Fontanay dans la partie occidentale de Nankin, ville plus grande encore. La lunette du P. Noël portoit un objectif de $13\frac{1}{2}$ pieds, et un oculaire de $2\frac{1}{2}$ pouces : elle étoit, dit-il, excellente.

   4 11 11 15 ...   émersion du 1er :: ♃ bas et grand vent. Cassini.

   8   7 56 19 ...   émersion du 1er, air très-pur. Hoai-Ngan, P. Noël. *Noël obs.*

      (7 56 14 ...   Selon le P. Gouye) *Anc. Mém. t. VII, p.* 784.

       6 5o   ...   émersion ; à Malaca, en prison. *Anc. Mém. etc. p.* 756.

       7 15 20 ...   émersion ; lunette de 18 pieds, beau ciel. Si-ngan-fu, *Reg. de l'Acad.*

       7 54 0 ...   émersion, brume : Nankin, etc. *ibid.*

       7 53 56 ...   *Noël obs.*

  12   6 55   ...   le 1er touche.

       7 2   ...   il est entré.

       9 16   ...   il se détache.

       9 25 $\frac{1}{2}$ ...   conj. du 1er et du 4e.

       9 37 $\frac{1}{2}$ ...   elle est passée. *Cass. ms.* Les temps de Cassini ne sont sûrs qu'à $\frac{1'}{2}$.

  13   7 23 45 ...   émersion du 1er. Greenwich, *Hist. cœl. Br. t. III, p.* 5.

       7 33 21 ...   lunette de 34 pieds.

       7 33 37 ...   lunette de 20 pieds. *Cass. ms.*

| Nov. 13 à | 7ʰ36′ | ... | le 2ᵉ touche. |

Nov. 13 à 7ʰ36′ ... le 2ᵉ touche.

　　　　7 44 ... il est entré. Cassini.

　15　9 5o 31″... (9ʰ5o′3o″, P. Gouye) émersion du 1ᵉʳ, air médiocre-
　　　　　　　　ment pur. Hoai-Ngan. *Locis suprà citatis.*

　　　9 48 13 ... émersion, Jupiter peu élevé. Nankin, etc. *Reg. de
　　　　　　　　l'Acad. — Noël obs.*

　26　7 52 45 ... émersion du 1ᵉʳ (calcul exact selon le P. Gouye) Hoai-
　　　　　　　　Ngan, Noël.

Déc. 1　8　5 10 ... émersion du 1ᵉʳ, air très pur. Hoai-Ngan. *Obs. Noël.*

　　　8　5　0 ... suivant le P. Gouye. *Anc. Mém. t. VII, p.* 787.

　　　8　5 33 ... *Obs. de la Ch.* Le P. Noël observe que le satellite est
　　　　　　　　sorti bien près d'un autre satellite : mais il ne croit
　　　　　　　　pas que cette circonstance ait nui à la précision de
　　　　　　　　l'observation

　　　8　3　6 ... émersion. Nankin, etc. *Reg. de l'Acad.*

　　　8　3　4 ... *Obs. Noël.*

　15　　　　... émersion du 1ᵉʳ, lunette de 10 pieds 8 pouces. Si-Ngan-
　　　　　　　　fu, *Reg. de l'Acad.*

　17　7 49 22 ... émersion du 2ᵉ. Paris, *Cass. ms.*

　19　4　8　... conjonction du 1ᵉʳ et du 3ᵉ.

　22　5 53 10 ... émersion du 1ᵉʳ. Paris, la Hire. *Hir. ms.*

　　　5 53 38 ... émersion, lunette de 34 pieds.

　　　5 53 55 ... lunette de 20 pieds. *Cass. ms.*

FAIT.

Rœmer invente cette année l'instrument des passages, perfectionné depuis par Graham. *Hist. cél. de M. le M., p.* lxxvi.

1690.

ÉCLIPSE DE SOLEIL, LE 2 SEPTEMBRE.

Elle fut observée à Pékin par les P. P. Bouvet et Gerbillon.

　18ʰ47′4o″ à 5o″.............. commencement.
　2oʰ 1o′ et environ 3o″.......... fi n.

Grandeur, environ 3 doigts. *Voyage de l'Abbé Prévost, t. 7, in-4°, page* 527.

— Hauteurs méridiennes du Soleil à Greenwich.

　Septembre 20...... .... 39ᵈ 23′ 2o″
　　　»　　21.......,......... 39　0 10
　　　»　　24, bord inférieur..... 37 33 35 *Hist. cœl. Br. t. 1.*

PREMIÈRE ÉCLIPSE DE LUNE, LE 24 MARS.

Kirch l'observa à Leipsick. Il avoit pris nombre de hauteurs soit correspondantes du Soleil, soit absolues d'étoiles, pour corriger les temps marqués par sa pendule. Son fils, Chrétien Kirch, ayant calculé très précisément toutes ces hauteurs, en a conclu le temps vrai de toutes les observations de son père. Celui-ci, pour connoître les progrès de l'éclipse, mesuroit tantôt la distance des cornes de l'éclipse, tantôt la partie éclipsée du diamètre de la Lune, tantôt, et plus souvent encore, la partie qui restoit hors de l'ombre; se servant, pour cela, d'un micromètre adapté à une lunette de 8 pieds, et dont chaque révolution ou division répondoit à près de 10″. Les phases qui précèdent le milieu de l'éclipse ne s'accordent pas avec celles qui le suivent, sans doute à cause de la difficulté de bien reconnoître la ligne de démarcation de la lumière et de l'ombre.

> A 9ʰ32′51″...   à peu près, commencement.
> 11 53 0 ...   fin soupçonnée.
> 11 54 0 ...   fin bien décidée. *Kirch. ms.* Grandeur 5 doigts 11′.

J'omets les autres phases; on peut conclure de ce que j'ai dit que le détail en seroit inutile.

— A Nuremberg, Wurzelbau.

> A 9ʰ32′30″...   commencement.
> 9 41 0 ...   l'ombre à *M. Porphirites* (*Aristarchus*).
> 10 21 30 ...   au bord de *Insula Besbicus* (*Manilius*).
> 10 58 30 ...   *Porphyrites* est dans l'ombre.
> 11 54 0 ...   fin. *Uran. Nor. basis, page* 60.

— Eimmart.

> A 9ʰ32′38″...   commencement.
> 10 36 25 ...   plus grande obscurité.
> 11 52 36 ...   fin. *Lettre de Muller à de l'Isle.*

— A Greenwich, Flamsteed.

> A 8ʰ46′ 3″...   l'éclipse commence ou est commencée.
> 11 7 6 ...   fin. Voyez un bien plus long détail *Hist. cœl. Br. t. III,*
>   *p.* 31. L'ombre, dit Flamsteed, étoit très-mal terminée. La grandeur a été de 5 doigts 8 min. dans la partie boréale de la Lune.

— La Hire à Paris. Diamètre de la Lune vers le commencement de l'éclipse, 30′50″.

> A 8ʰ50′37″...   commencement douteux.
> 8 51 37 ...   commencement certain.

Taches.	Immersions.	Émersions.		Taches.	Immersions.	Émersions.
	h ′ ″	h ′ ″			h ′ ″	h ′ ″
Heraclides..........	9 2 37	10 46 27		Manilius	9 46 37	10 30 7
Aristarchus.........	9 6 7	10 25 57		Menelaus..........	9 50 52	10 33 7
Plato..............	9 11 17	10 58 47		Plinius	9 56 32	10 35 17
Archimedes........	9 19 17	10 40 17		Proclus............	10 12 27	10 41 17
Milieu de *Keplerus*..	9 24 7	10 3 27		Possidonius.........	»	10 57 47
Aratus	9 29 27	10 46 47		1ᵉʳ bord		
Helicon............	»	10 52 27		de *Mare crisium* } ...	10 3 57	10 56 27
1ᵉʳ bord ⎫ de	9 33 57	10 8 27		Milieu.............	10 25 17	»
milieu ⎬ *Copernicus.*	9 35 37	10 10 47		Fin de l'éclipse.....	»	11 19 47
2ᵉ bord ⎭	9 38 37	10 15 7				

L'ombre n'a pas outrepassé le milieu de *Mare crisium*. Vers le milieu de l'éclipse, la partie éclairée du diamètre de la Lune étoit de 16′50″; donc la plus grande obscurité a été de 5 doigts 36′.

Passage du centre de la Lune au méridien à 12ʰ1′52″½; hauteur apparente du bord supérieur : 37ᵈ41′25″. Diamètre : 30′55″. *Hir. mss.*

— Chazelles étoit alors à Clouhal en Bretagne, sans horloge. Les intervalles des phases furent comptés avec soin, dit-il, depuis le commencement de l'éclipse, sur un pendule long de 3 pieds 8 lignes et demie, et fort juste.

Pour la latitude du lieu, hauteur méridienne du bord inférieur du Soleil, 44ᵈ9′20″.

0ʰ 0′ ...	pénombre sensible vers *Aristarchus* et *Heraclides*.
0 7 0″...	commencement.
0 13 0 ...	*Aristarchus* sur le bord de l'ombre.
0 17 0 ...	l'ombre vers *Plato*. Nuages.
0 26 18 ...	hauteur d'Arcturus, 25ᵈ21′,30″.
0 35 42 ...	*Keplerus* dans l'ombre.
0 38 58 ...	hauteur du bord supérieur de la Lune, 25ᵈ56ᵈ15′; cornes verticales, et *Copernicus* sur le bord de l'ombre.
0 51 ...	*Manilius* sur le bord. Nuages.
1 16 ...	*Mare crisium* commence. Nuages, *Chaz. ms.*

— A Avignon, le P. Bonfa.

A 9ʰ 4′54″...	commencemᵗ		A 10ʰ40′ 2″...	IV doigts
9 11 39 ...	I doigt		10 50 35 ...	III.30′
9 18 43 ...	II		10 57 40 ...	III
9 48 57 ...	IV		11 12 17 ...	II
9 59 21 ...	V		11 18 31 ...	I
10 13 20 ...	V.30′		11 26 40 ...	fin

plus grande phase : 5 doigts 35′. Diamètre 30′51″. *De l'Isle mss.*

— A Pondichéry, le P. Richaud.

Commencement à 14ʰ8′; milieu à 15ʰ20′. *Anc. Mém. t. VII, p. 751.*

SECONDE ÉCLIPSE DE LUNE, LE 18 SEPTEMBRE.

A Hoay-ngan, le P. Noël.

8ʰ 28′ 10″...	commencement de l'éclipse.
8 43 30 ...	1ᵉʳ bord de *Capuanus* entre dans l'ombre.
8 46 40 ...	*Tycho* commence à entrer.
9 15 14 ...	*Tycho* est totalement entré.
10 35 0 ...	fin de l'éclipse, *Noël Observ.*

— A Canton, les P. P. de Fontanay et le Comte observèrent la fin, à 10ʰ9′45″. *Anc. Mém. t. VII, p.* 751.

— A Pondichéry, le P. Richaud. Fin à 8ʰ0′0″. Grandeur 3 doigts. *Ibid.*

— A Pékin, le P. Bouvet. Fin à 10ʰ24′26″. *Lettre du P. Gaubil, dans de l'Isle ms.* Dans *Reg. Acad.* la fin est marquée à 10ʰ24′22″.

Autres observations de la Lune.

Le 23 mars, le centre de la Lune passe au méridien de Paris à 11ʰ18′8″. Ascension droite du Soleil, 3ᵈ26′45″; donc celle de la Lune, 172ᵈ58′45″. Hauteur du bord supérieur de la Lune : 44ᵈ15′25″, ou, corrigeant l'erreur de l'instrument, 44ᵈ15′5″; réfraction : —1′0″, demi-diamètre : —15′20″, parallaxe : +40′38″. Donc déclinaison de la Lune, 3ᵈ29′10″ (boréale). Sa longitude : 5ˢ22ᵈ8′30″, sa latitude : 0ᵈ24′20″, boréale.

Le 24, passage du centre à 12ʰ2′28″, ascension droite du Soleil, 4ᵈ22′51″; donc, celle de la Lune, 184ᵈ59′51″. C. de Thury avertit que cette ascension droite de la Lune seroit moindre de 9 minutes, si l'on comparoit le passage de la Lune avec celui de Sirius : mais il croit, dit-il, devoir s'arrêter au résultat de la détermination faite par le Soleil. (Nous remarquerons cependant que, si l'on admet l'heure du passage de la Lune telle que nous l'avons déterminée d'après la Hire, on trouvera la même ascension droite que par le passage de Sirius.) Hauteur du bord supérieur, l'erreur de l'instrument corrigée : 37ᵈ41′20″; réfraction : —1′15″; demi-diamètre : —15′40″; parallaxe : +45′2″; donc, déclinaison (australe) : 3ᵈ0′7″, longitude : 6ˢ5ᵈ46′5″, latitude australe : 0ᵈ46′0″. De ces deux observations, Thury conclut le nœud ascendant en 11ˢ26ᵈ51′30″. *C. de Thury, Addit. aux Tables de Cassini, p.* 31, 32.

Le 20 juin, passage du premier bord au méridien, à 11ʰ19′34″; donc passage du centre à 11ʰ20′44″. Ascension droite du Soleil, 89ᵈ47′43″; donc celle de la Lune, 259ᵈ58′43″. Mais comme il a fallu baisser l'instrument de 52ᵈ après le passage du Soleil, pour observer celui de la Lune, il est à craindre que ce mouvement n'ait dérangé l'instrument. Thury, en conséquence, a observé que le cœur du Scorpion a précédé la Lune au méridien de 1ʰ8′42″. Ascension droite de l'étoile 242ᵈ37′0″, donc celle de la Lune, 259ᵈ50′20″.

Hauteur du bord supérieur : 12ᵈ26′20″; réfraction : —4′22″, demi-diamètre : —15′0″, parallaxe : +53′20″. Donc déclinaison de la Lune : 28ᵈ9′32″, longitude : 8ˢ21ᵈ1′15″, latitude australe : 5ᵈ0′5″, à 3 signes de distance du nœud. *Ibid., p.* 21.

Le 7 décembre à Paris. Premier bord au méridien : $5^h 54' 34'' \frac{1}{2}$, donc passage du centre à $5^h 55' 38''$. Hauteur du bord inférieur : $30^d 35'$, diamètre au méridien : $30' 35''$. *Hir. mss.*

PLANÈTES.

Mercure sur le disque du Soleil, les 9 et 10 novembre.

Kirch étoit alors à Erfort en Thuringe ; il observa l'attouchement intérieur des bords à la sortie de Mercure, à $20^h 27'$. Les nuages ne lui permirent pas d'observer la sortie totale. L'attouchement se fit à 15^d du zénith du disque solaire, du côté du nord. *Kirch. Ephem.* 1692. *Acta Erudit. Supplem. t. II, p.* 278 *et sequ.* etc. Kirch jugea que le diamètre de Mercure n'excédoit pas $15''$. *Ibid.* — Sébastien Braun observa pareillement à Erfort la sortie de ♀ à $20^h 27' 40''$. *Acta Erud. ibid. p.* 281.

— A Sommerfeld, village distant de un mille d'Allemagne de Leipsick, vers l'est-quart-nord-est, Michel Arnold, paysan intelligent dans la théorie et exercé dans la pratique de l'Astronomie, prit la hauteur du Soleil de $0^d 50'$ et, partant de cet instant, il fit compter sur les vibrations d'un pendule simple dont 11 oscillations répondoient à $10''$ (ou, plus précisément, suivant les réductions d'Arnold, à $10'', 01$), les intervalles de temps qui s'écouloient entre cette première hauteur du Soleil et ses autres observations. J'ai calculé cette première hauteur du Soleil ; elle répond à $19^h 34' 40''$.

Arnold, $22' 45''$ après cette première hauteur du Soleil, en prit une seconde de $3^d 45'$. Vu l'intervalle de temps écoulé, cette hauteur auroit été prise à $19^h 57' 25''$, le calcul donne $19^h 58' 14''$.

$10' 37''$ après cette seconde hauteur, Arnold en prit une troisième de $5^d 7'$. L'intervalle écoulé depuis la 2e hauteur donneroit $20^h 8' 51''$; le calcul donne $20^h 9' 15''$. On sait que les réfractions au voisinage de l'horizon sont fort incertaines. La troisième hauteur d'Arnold est sans doute celle en laquelle on doit avoir le plus de confiance. On peut même hardiment supposer cette hauteur prise à $20^h 9' 20''$: c'est ce que j'ai fait, en partant de cette troisième hauteur pour réduire au temps vrai les observations d'Arnold, conformément aux intervalles de temps déterminés par cet Astronome.

Arnold recevoit, au travers d'une lunette de 11 pieds, l'image du Soleil sur une tablette blanche : six cercles concentriques divisoient cette image en 12 doigts ; et, de plus, les deux doigts extérieurs étoient divisés en 5 parties égales, ou de $12'$ en $12'$, par d'autres cercles concentriques. Arnold marquoit, sur l'image, après un certain nombre rond de révolutions, un point de la grosseur à peu près de l'image de Mercure ; et c'est d'après un plan figuré de ses observations que nous avons déterminé les distances suivantes de Mercure au bord le plus voisin du Soleil.

Heures.	Distances au bord.	
$19^d\ 45'\ 4''$............	$1^d\ 20'$	
$19\ 51\ 8$............	$1\ 12$	
$20\ 7\ 49$............	$0\ 48$	
$20\ 15\ 24$............	$0\ 36$	
$20\ 27\ 32$............	$0\ 14$	
$20\ 18\ 26$............	Diamètre vertical du Soleil	$32' 20''$
	Diamètre horizontal	$32\ 36$

Le diamètre de Mercure n'a pas paru excéder 15″. *Acta Erud. Suppl. t. II, p.* 281, 282.

Après ces observations le ciel s'est couvert; Arnold n'a pu observer la sortie.

— A Nuremberg Wurzelbau régla ou plutôt corrigea les heures de sa pendule sur des culminations d'étoiles et des hauteurs du Soleil, qui ne s'accordent pas parfaitement. Wurzelbau en conclut la sortie totale de Mercure à $20^h27'31''$, — Cassini à $20^h27'33''$, — et Kirch, je ne sais pourquoi, à $20^h32'$. A la sortie, dit Wurzelbau, le Soleil étoit en ♏ $18^h23'6''\frac{1}{2}$, son demi-diamètre 16′17″, — Mercure en ♏ $18^h12'55''$, sa latitude boréale 13′26″. — *Uran. Nor. p.* 69, 81, 82, etc. Mercure est sorti à 14^d du zénith du disque solaire.

Kirch conclut de l'observation de Nuremberg, l'entrée de Mercure à $16^h54'34''$, latitude 10′22″; — le milieu du passage à $18^h43'17''$, latitude 12′4″, — sortie à $20^h32'0''$, lat. 13′31″. *Kirch. ms.* Peut-être a-t-il voulu réduire les temps au méridien de Uranibourg, auquel il avoit réduit la sienne propre; mais comme il n'avoit compté que 4′0″ entre les méridiens d'Uranibourg et d'Erfort au lieu de 5′46″, il n'aura compté que $4'\frac{1}{2}$ entre ceux de Nuremberg et d'Uranibourg au lieu de 6′35″. En rétablissant les temps, ses déterminations ne sont pas à négliger.

— Nous omettons une observation faite à Varsovie par le P. Kochanski, qui a vu sortir Mercure vers 21 heures. *Acta Erud. Suppl. t. II, p.* 276.

— A Tchao-tchéou en Chine, sortie totale de Mercure le 10, à $3^h48'52''$. *Cass. Élém. d'Astr. p.* 593.

— A Canton, le P. de Fontanay n'observa pas le commencement, contrarié apparemment par les nuages. Le 10 à $1^h35'43''\frac{1}{2}$, le bord précédent du Soleil passa par un fil horaire, $1'25''\frac{1}{2}$ avant le centre de Mercure, et la différence de déclinaison entre ce centre et le bord supérieur du Soleil fut de $19''\frac{1}{2}$ de temps, telles que le demi-diamètre du Soleil contenoit 1′8″.

A $2^h57'34''$...   la différence en ascension droite fut de $53''\frac{1}{2}$, en déclinaison de 5″.

3 17 5 ...   sortie du centre.

3 18 3 ...   sortie totale.

Dans *Anc. Mém. t.* X, *p.* 308 *et suiv.*, Cassini essaie de déterminer les élémens de l'orbite de Mercure d'après les observations de Nuremberg et de Canton. Mais l'observation de Nuremberg lui avoit été envoyée par Eimmart, qui n'avoit rien observé lui-même, et qui avoit fait à l'observation de Wurzelbau des additions qui lui étoient tout à fait étrangères, ainsi que s'en plaint Wurzelbau, *Uran. Nor. p.* 69. Quant à l'observation de Canton, elle étoit imparfaite, telle que le P. Gouye la publia; Cassini la reçut depuis, revue, corrigée et adressée à lui-même par le P. de Fontanay. Il faut donc regarder comme non avenu, non seulement le Mémoire de Cassini imprimé dans *Anc. Mém. t.* X, *p.* 308; mais encore ce qu'on trouve sur ce même sujet dans *Duh. Hist. Acad. p.* 508, et s'en tenir à ce qui suit.

D'après les deux premières observations de Canton, rapportées ci-dessus, J. D. Cassini détermine l'inclinaison apparente de l'orbite de Mercure de $7^d31'11''$. Mercure a été au milieu de son passage à $1^h28'38''$, ou, suivant deux autres observations qui ne sont point rapportées, à $1^h29'47''$, et par un milieu à $1^h29'0''$. Mercure a été dans son nœud ascendant le 9 novembre à $10^h 22' 18''$. Lieu de ce nœud, ♉ $14^d 20' 50''$. Conjonction écliptique, le 10 à $1^h 44' 47''$, Mercure étant en ♉ $18^d 20' 46''$, ayant $12' 20''$ de latitude géocentrique et $26' 36''$ de latitude héliocentrique. — Moindre distance des centres, $12' 13'' \frac{3}{4}$. — Inclinaison vraie de l'orbe de Mercure $6^d 18' 50''$. — Demi-durée du passage du centre, $1^h 48' 5''$. *J. Cass. Élém. d'Astron. p.* 593 *et suiv.*

Observations des Planètes à Paris. *La Hire mss.*

Les observations des Planètes par La Hire ne sont désormais plus si nombreuses qu'elles l'ont été les années précédentes.

Dates.	Planètes.	Passages au méridien.	Hauteurs méridiennes apparentes.	
		^{h} $^\prime$ $^{\prime\prime}$	^{d} $^\prime$ $^{\prime\prime}$	
Mai 4..	Saturne	12 6 17 (¹)	27 4 40	(¹) $4' 51''$ avant $\beta ♎$
5..		12 2 $8\frac{1}{2}$ (²)	27 6 35	(²) $5\ 7$ avant $\beta ♎$
Oct. 2..	Jupiter	11 37 22 H	40 59 0	
Déc. 8..		6 56 9	39 43 0	
Mai 15..	Vénus	0 30 $32\frac{3}{4}$	61 45 10	
Nov. 5..		3 15 $35\frac{1}{2}$	14 40 20	
11..		3 20 $17\frac{1}{4}$	14 45 50	
15..		3 22 $43\frac{3}{4}$	15 3 0	
24..		3 25 $35\frac{1}{2}$	16 17 45	
Déc. 1..		3 22 $44\frac{1}{2}$	17 45 20	

Mercure.

Dates.	Passages de ☿ à un vertical. — Temps vrai.	Hauteurs apparentes de ☿.	Passages du ☉ au même vertical. — Temps vrai.	Hauteurs apparentes du ☉.	Déclinaison adoptée pour le ☉.	Azimut conclu du vertical.
	^{h} $^\prime$ $^{\prime\prime}$	^{d} $^\prime$ $^{\prime\prime}$	^{h} $^\prime$ $^{\prime\prime}$	^{d} $^\prime$	^{h} $^\prime$ $^{\prime\prime}$	^{d} $^\prime$ $^{\prime\prime}$
Août 5.	15 51 40	6 20	16 59 $39\frac{1}{2}$	3 11	+16 41 27	67 50 10 du S vers l'E.
6.	15 51 28	6 31 15	16 58 42	2 51	+16 24 52	même vert. ou t. voisin.
8.	15 52 28	6 46 40	17 0 8			67 50 10
11.	16 2 11	7 50	17 0 2	1 58	+14 57 14	69 1 0 du N vers l'E.
11.	16 22 29	10 57	17 19 $39\frac{1}{2}$	4 55	+14 56 59	72 39 0
12.	16 24 8	10 50 55				
Nov. 26.	19 1 3	10 44 0	20 1 17			53 37 55 du S vers l'E.

Autres observations des Planètes.

Dates.	Heures.	Astres.	Distance des astres.	Remarques.
	^{h} $^\prime$		^{d} $^\prime$	
Janvier 1...	4 45	♃, σ ♒	0 10 34	
1...	5 0 5 15		de même	
1...	5 22	♃, σ ♒	0 10 14	Lunette de 8 pieds.
1...	5 35	♃, σ ♒	0 10 24	
1...	6 27	♃, a (58ᵉ du ♒)	0 30 21	
1...	6 48		de même	
3...	7 0	♃, σ	0 23 35	

Dates.	Heures.	Astres.	Distances des astres.	Remarques.
Janvier 3...		♃, a	0 31 59	
5...	7ʰ 0′	♃, σ	0 46 10	} Lunette de 8 pieds.
5...		♃, a	0 46 30	
10...	5 40	♃, σ	1 43 15	
10...		♃, a	1 47 27	
15...	17 40	♄, 1 ζ ♎	0 50 3	
15...	17 54	♄, 1 ζ ♎	0 49 9	Lunette de 8 pieds.
15...	17 46	♄, 10 ♎	1 15 57	
15...	17 50	♄, f	0 29 22	} Lunette de 8 pieds.
15...	17 58	♄, d	0 59 22	

Les étoiles d et f ne sont pas dans les catalogues; elles forment avec 1 ζ et 10 un trapèze; f précède 1 ζ et d suit 10, le côté f 1 ζ est sensiblement parallèle au côté 10 d, et est le plus court, au moins dans la figure que donne Kirch.

Le 16 février à 5ʰ30′...   de Jupiter à Mercure...   1ᵈ40′27″

5 40 ...   même distance   ...   1 40 6

La première distance est la plus certaine.

Jupiter étoit plus bas que Mercure et un peu vers la droite. *Kirch. mss.*

Ces observations sont faites à Leipsick.

— Opposition de Saturne le 5 mai à 6ʰ36′ t. m. mérid. de Londres, en ♏ 15ᵈ33′15″. *Hall. Tab.* — ou selon Cassini, d'après les observations de Flamsteed, à 6ʰ24′ mérid. de Paris, en ♏ 15ᵈ33′20″, lat. 2ᵈ32′35″ bor., — ou enfin, d'après les observations de Paris, à 7ʰ13′ en ♏ 15ᵈ35′19″, lat. 2ᵈ32′19″. *Elém. d'Astron.* p. 358, 359.

— Opposition de Jupiter, le 26 septembre à 8ʰ19′ t. m. mérid. de Londres, en ♈ 4ᵈ5′0″, *Hall. Tab.* — ou, suivant Cassini, d'après les observations de Flamsteed, à 8ʰ38′ mérid. de Paris, en ♈ 4ᵈ5′6″, lat. 1ᵈ39′5″ A. — ou enfin, d'après les observations de Paris, à 7ʰ18′, en ♈ 4ᵈ5′40″, lat. 1ᵈ39′40″. *Élém. d'Astron.* p. 417, 418 — ou à 8ʰ28′ t. m. etc. en ♈ 4ᵈ6′3″. *Jeaurat.*

ÉTOILES.

Le 9 janvier, la variable de la Baleine paroissoit à peine à la vue simple. *Kirch. ms.*

— Le 10 janvier, Kirch doutoit si χ du Cygne paroissoit à la simple vue. — Le 14, on a moins de peine à le découvrir. — Le 9 février, on le voit très-bien. — On le découvre le 27 mars avec une lunette de 4 pieds, et le 30 avec une de 2 pieds. — Il décroit le 4 mai, et le 25 mai il ne paroit que par intervalles avec une lunette de 8 pieds. *Kirch. mss.* Cette étoile a été plus claire cette année que les précédentes. Kirch détermina sa période de 404 jours et demi. *Phil. Trans.*

SATELLITES.

Janv. 13 à 5ʰ37′½.....   le premier satellite de Jupiter touche.

5 40 ½.....   conjonction du 2ᵉ et du 3ᵉ.

Janv. 13 à 5ʰ44′46″...   le 1ᵉʳ entre sur le disque de Jupiter. *Cass. ms.*

Avril 23   16 17   ...   immersion du 1ᵉʳ. Paris. *Anc. Mém. t. VII, p.* 749.
    25   15 58   ...   immersion du même. Pondichéry. P. Richaud. *Ibid.*

Mai 29   14 6 15...   émersion du 3ᵉ. Greenwich. Flamsteed. *Hist. cœl. Br. t. I, p.* 360.

Juin 3   14 24   ...·   immersion du 1ᵉʳ. Pondichéry. P. Richaud. *Anc. Mém. t. VII, p.* 749.

    13   14 35 10...   immersion du 1ᵉʳ. Cette observation, dit la Hire, s'accorde parfaitement avec celles de Cassini. Paris. la Hire. *Hir. mss.*

      14 35 26 ...   id. lunette de 22 pieds   ou   14ʰ34′57″ ⎫
      14 36 6 ...   id. lunette de 34 pieds   ou   14 35 37 ⎪ Paris.
      14 35 38 ...   id. lunette de 23 ou 24 pieds ou 14 35 9 ⎬ *Cass. ms.*
                                         La Hire. ⎭

    23   13 45 56 ...   immersion d'un satellite, au moment précis de sa conjonction avec un autre.

Juill. 6   14 42 12 ...   immersion du 1ᵉʳ. Excellente observation, dit la Hire, Paris, *Hir. mss.*

      14 42 32 ...   id. Cassini, lunette de 34 pieds. ⎫
      14 42 8 ...   id. lunette de 20 pieds.   ⎪ *Cass. mss.*
      14 41 46 ...   Sédileau, lunette de 17 pieds. ⎬
      14 42 12 ...   La Hire, lunette de 23 pieds.   ⎭

    17   14 46 15 ...   immersion du 1ᵉʳ. Greenwich, *Hist. cœl. Br. t. I, p.* 360.

    22   12 57 15 ...   immersion du 1ᵉʳ. Paris. *Hir. mss.*
      13 2   ...   Kirch observe la sortie du 4ᵉ. Leipsick. *Ephem. anni* 1691.

    26   11 7 58 ...   Flamsteed, armé d'une lunette de 27 pieds doute si le 1ᵉʳ paroit encore.
      11 8 10 ...   le satellite a certainement disparu. Greenwich, *Hist. cœl. Br. t. I, p.* 360 (¹).

    29   14 51 40 ...   le 1ᵉʳ paroit encore à Cassini, lunette de 34 pieds. Sédileau, lunette de 17 pieds, a cessé de le voir : nuage.
      14 52 9 ...   le satellite ne paroit plus. *Cass. ms.*

Août 7   11 14 47 ...   immersion du 1ᵉʳ. Paris. *Hir. ms.*
      11 14 27 ...   lunette de 20 pieds. Sédileau.
      11 14 53 ...   lunette de 34 pieds. *Cass. ms.*

    16   14 0   ...   conjonction du 1ᵉʳ et du 4ᵉ.

(¹) Cette observation de Flamsteed est barrée dans le *ms.* de Pingré. (G. B.)

Août 19 à 9^{h}45′   ...   le 2e sort du disque de Jupiter. Paris, à l'observatoire, *Reg. de l'Acad.*

10 26 29″...   immersion du 2e, lunette de 9 pieds.

10 27 4 ...   lunette de 22 pieds.

10 27 29 ...   lunette de 34 pieds.

10 26 45 ...   Sédileau, lunette de 17 pieds.

14 55   ...   il se détache de ♃. Les temps sont de la pendule qui, à 2″ ou 3″ près, retardoit de 1′4″. *Cass. ms.*

20   13 28 45 ...   le 3e touche Jupiter.

13 40 0 ...   il est entré sur Jupiter.

16 2 30 ...   contact intérieur.   } Paris. *Cass. ms.*

16 14 5 ...   il est sorti, contact extérieur.

22   9 45   ...   émersion (ou plutôt, immersion) du 2e satellite. *Anc. Mém. t. II, p.* 95. (Cette observation ne seroit-elle pas la même que celle du 19 août à 9^{h}45′.)

15 6 16 ...   immersion du 1er; lunette de 22 pieds.

15 6 34 ...   id. lunette de 34 pieds [ce ne peut être ni le 1er, ni le 2e, ni le 3e (il est dit immersion dans l'ombre), ni le 4e].

23   9 34 10 ...   immersion du 1er, horloge...   9^{h}33′52″   } l'horloge retardoit

9 34 32 ...   lunette de 34 pieds (bon) id...   9 34 14   } d'à peu près 18″.

26   13 5 2 ...   immersion (de ?).

17 3 12 ...   on commence de l'apercevoir.

17 12 20 ...   il est entièrement sorti de derrière Jupiter. Retard de l'horloge : 1′19″ env.

31   9 10   ...   le 1er sat. touche à l'est.

9 17 15 ...   il est entièrement entré. L'horloge retarde de 1′18″.

Sept. 1   8 49   ...   le 1er sort à l'est.

8 54 17 ...   il est sorti. L'horloge retarde de 1′53″.

2   10 50 7 ...   Conj. du 1er et du 2e; l'horloge retarde de 2′33″.

15 42 33 ...   immersion du 2e, lunette de 22 pieds.

15 43 18 ...   lunette de 34 pieds; l'horloge retarde de 2′40″. Paris. *Cass. ms.*

3   11 59 56 ...   le premier paroit extrèmement petit, commençant à sortir. Greenwich.

8   7 58 56 ...   immersion du 1er; l'horloge avance de 1′46″.

10 37   ...   on aperçoit le 1er qui commence de sortir.

10 42 ½   ...   il est entièrement sorti. L'horloge avance de 1′42″. Paris. *Cass. ms.*

Sept. 10 à 10ʰ19′54″... de l'horloge, ou ⎱ immersion du 1ᵉʳ, air très pur,
  10.12 20 ... environ, temps vrai ⎰ télescope un peu agité par le vent.

  10 42 46 ... de la montre, hauteur de la Lyre : 48ᵈ49′.

  11 0 18 ... haut. de l'Aigle : 46ᵈ16′. Hoay-ngan, P. Noël. *Observ. Noël.*

L'horloge du P. Noël étoit une montre à secondes, qui durant les 18 premières heures après avoir été remontée avançoit de 1′30″ et retardoit ensuite. Toutes les observations sont faites 12 heures au plus après la montre remontée.

Le télescope du P. Noël étoit une excellente lunette de 13 pieds et demi d'objectif et de 2 pouces et demi d'oculaire.

Son quart-de-cercle avoit un peu plus de deux pieds de rayon ; il donnoit les hauteurs trop fortes de $4'\frac{1}{2}$: cette erreur est corrigée dans toutes les hauteurs observées par le P. Noël. Ce Père retranche de plus 30″ pour corriger l'effet de la réfraction, lorsque la hauteur n'excède pas 45ᵈ : au-dessus de 45ᵈ, il ne retranche rien.

10 9 49 $0\frac{1}{2}$... immersion du 1ᵉʳ, ciel clair ; ou à

  9 49 0 ... ou à

  9 49 3 ... Canton, P. Fontanay. *Anc. Mém. t. VII, p.* 749. Ou enfin à

  9 48 58 ... *Reg. de l'Acad.*

Cette même immersion fut enfin observée à Pékin par les P. P. Bouvet et Gerbillon, armés d'une lunette de 18 pieds, à 10ʰ3′29″. Lettre du P. Gaubil dans *De l'Isle mss.*

15 12 21 50 ... on commence de voir le 1ᵉʳ. ⎱ retard de l'horloge : 50″.
  12 27 30 ... il est détaché. ⎰ Paris. *Cass. ms.*

16 9 26 ... le 1ᵉʳ commence de sortir. ⎱ retard de l'horloge :
  9 32 ... il est détaché. ⎰ 1′22″. Paris. *Ibid.*

17 12 18 55 ... ou, temps vrai à
  12 12 23 env. immersion du 1ᵉʳ très près de Jupiter, et peut-être, par conséquent, plus tard de 30″ au plus. Air très pur, mais clair de Lune.

  12 41 30 ... hauteur de la Chèvre, 36ᵈ30′.

  12 54 50 ... hauteur d'Aldébaran 35ᵈ24′. Hoai-ngan. P. Noël. *Observ. Noël.*

Cette immersion fut observée à Canton par le P. de Fontanay à

  11 46 14 ... La lunette du P. de Fontanay étoit de 12 pieds. *Reg. de l'Acad.*

20 10 20 28 ... immersion du 2ᵉ ; lunette de 20 pieds.

Sept. 20 à $10^h 20' 53''$...   lunette de 34 pieds; retard de l'horloge : $3' 59''$. Paris.
                                          Cass. ms.

     21   16 41 54 ...   Le 1er commence à poindre.
           16 48 38 ...   il est entièrement sorti. Retard de l'horloge : $4' 50''$. *Ibid.*

     22   8 0 45 ...   le 2e paroit sur $\mathcal{U}$, presque sorti.
           8 11 30 ...   il se détache; retard de l'horloge : $13''$. *Ibid.*

     24   8 33   ...   le 1er sort de $\mathcal{U}$.
           8 36 26 ...   il se détache; retard de l'horloge : $1' 27''$.

     25   9 1 20 ...   Sortie totale du 3e de dessus le disque; retard de
                               l'horloge : $2' 4''$.

     29   10 15   ...   le 2e au bord de $\mathcal{U}$.
           10 24 30 ...   il se détache; retard de l'horloge : $2' 27''$.

     30   12 57   ...   le 1er au bord de $\mathcal{U}$.
           13 4   ...   il est détaché; retard de l'horloge : $3' 7''$.

Oct. 4   15 8 8 ...   le 2e sat. touche.
           15 16 15 ...   il disparoît; retard de l'horloge : $39''$. Paris. *Ibid.*

     5   7 26 35 ...   émersion du 1er, ou à
         7 16 8 env.   temps vrai; air assez pur.
         7 46 24 ...   hauteur de la Lyre, $66^d 20'$ à l'ouest.
         8 0 7 ...   hauteur de l'Aigle, $60^d 57'$. Hoai-ngan, Noël *Obs. Noël.*

     6   7 19 22 ...   conj. du 1er et du 4e; retard de l'horloge : $1' 38''$.
         10 2 13 ...   le 2e sat. touche $\mathcal{U}$.
         10 15   ...   il est entré.
         12 33   ...   il paroît au bord.
         12 40   ...   il est sorti. Retard de l'horloge : $1' 42''$ et $1' 46''$.
         12 44   . .   il est détaché; lunette de 34 pieds; verre humide.
                               Paris. *Cass. ms.*

     8   9 47 41 ...   le 1er touche.
         9 53 11 ...   il est entré totalement. Retard de l'horloge : $2' 51''$.
         12 22 0 ...   émersion du 1er, lunette de 34 pieds. } retard de l'hor-
         12 22 44 ...   lunette de 22 pieds.   }   loge : $2' 55''$.

     10   6 49 52 ...   émersion du 1er; retard de l'horloge : $3' 55''$.

     12   9 19 52 ...   temps de l'horloge ou
         9 13 0 env.   t. vrai, émersion du 1er. Air et lune très-clairs.
         8 52 22 ...   hauteur de la Lyre, $47^d 40'$.
         9 27 2 ...   hauteur de l'Aigle $46^h 57'$. Hoai-ngan. *Obs. Noël.*
         8 46 25 ...   le P. de Fontanay observe cette émersion à Canton.
                               Reg. de l'Acad. ou

Oct. 12 à 8ʰ46′34″ ... *Anc. Mém. t. VII, p.* 871.
        9 0 0 ... Pékin, P. P. Bouvet et Gerbillon. *Lettre du P. Gaubil.*

14 10 54 25 ... Conj. du 1ᵉʳ et du 4ᵉ; retard de l'horloge : 2′52″. Paris.
                    Cass. ms.

15 14 20 27 ... émersion du 1ᵉʳ; retard de l'horloge : 0′27″. Paris. *Ibid.*

16 8.40 45 ... le 1ᵉʳ touche ♃.
        8 49 50 ... il est entré entièrement. Retard de l'horloge 0′51″.
                    Paris. *Ibid.*

19 11 15 16 ... t. de l'horloge, ou à
        11 8 50 ... environ t. vrai, émersion du 1ᵉʳ. Air et lune très-purs.
        9 42 36 ... hauteur de la Lyre, 32ᵈ56′, ouest.
        10 2 21 ... hauteur de l'Aigle, 29ᵈ46′, ouest.
        10 43 40 ... hauteur de la Chèvre, 36ᵈ34′, est.
                    Partout ici, le P. Noël a retranché 1′30″ pour cor-
                    riger l'effet de la réfraction. Hoai-ngan. *Obs. Noël.*
        10 42 49 ... le P. de Fontanay a observé cette émersion à Canton;
                    ciel clair. *Reg. de l'Acad.*
        10 56 15 ... Pékin, P. P. Bouvet et Gerbillon. *Ibid.*

22 8 53   ... le 2ᵉ touche, lunette de 22 pieds.
        8 54   ... lunette de 34 pieds.
        9 1 30 ... il disparoît, grande lunette.
        12 18 52 ... Conj. du 1ᵉʳ et du 4ᵉ.
        12 50 7 ... émersion du 2ᵉ; lunette de 22 pieds.
        12 50 17 ... lunette de 34 pieds.
        13 17   ... le 1ᵉʳ touche.
        13 24 ¼ ... il disparoît; l'horloge retarde de 2′20″ à 2′25″. Paris.
                    Cass. ms.

24 10 45 57 ... émersion du 1ᵉʳ. Paris. *La Hir. mss.*
        7 43 16 ... le 1ᵉʳ touche.
        7 49 50 ... il est entré.
        10 42 32 ... émersion du 1ᵉʳ.
        10 45 58 ... lunette de 34 pieds; avance de l'horloge : 49″ à 46″.
                    Paris. *Cass. ms.*

26 9 37 8 ... t. de l'horloge, ou à
        10 2 48 env. t. vrai, émersion du 2ᵉ, et, presque en même temps,
                    entrée du 1ᵉʳ sur le disque; air très-pur.
        10 13 ½ ... hauteur de α Taureau, 38ᵈ14′ Est.
        10 29 12 ... hauteur de la Chèvre, 43ᵈ54′ Est. Hoai-ngan, *Obs. Noël.*
        12 51 14 ... émersion du 1ᵉʳ. Pékin, *Reg. de l'Acad.*

28 7 6 46 ... émersion du 1ᵉʳ, beau ciel. Canton, *Reg. de l'Acad.*

Nov. 1 à 6^h43′40″...   le 1er touche.

        6 51 56 ...   il est entré. Retard de l'horloge : 2′3″.

        8 56   ...   il commmence de sortir.

        9 4   ...   il se détache. Retard de l'horloge : 2′5″. Paris.
                           Cass. mss.

    2 7 8 37 ...   le 1er étoit sorti de l'ombre. Lun. de 20 pieds.

        7 7 54 ...   émersion. Sédileau. Retard de l'horloge : 2′20″.

    4 9 2 38 ...   émersion du 1er. Canton. ⎰ Toujours mêmes obser-

        9 16 42 ...   Pékin.   ⎱ vateurs.

    9 9 5 8 ...   t. vrai, émersion du 1er. *Hir. mss.*

        7 29 13 ...   émersion du 2e; retard de l'horloge : 56″ ::.

        9 3 5 ...   émersion du 1er.

        9 4 34 ...   lunette de 22 pieds; retard de l'horloge : 57″ ::.
                           Cassini dit avoir vu l'émersion trop tard, à cause du
                              mouvement de la lunette. Paris. *Cass. ms.*

  14 5 54 41 ...   le 3e touche Jupiter.

        6 7 42 ...   il est entré. Retard de l'horloge : 1′53″ ::.

        8 46 28 ...   il sort.

        8 59 26 ...   il se détache; retard de l'horloge : 1′54″ ::.

        10 45 45 ...   le 2e touche; retard de l'horloge : 1′56″ ::.

        11 30 35 ...   conj. du 1er et du 3e; retard de l'horloge : 1′56″ ::.

        13 3 25 ...   le 3e touche; retard de l'horloge : 1′57″ ::. Paris.
                           Cass. ms.

  18 9 45 30 ...   le 1er entre sur le disque de Jupiter.

        8 54   ...   le 3e sort inopinément de derrière le disque.

        11 12 34 ...   émersion très distincte du 3e. Air et Lune très-clairs.

        11 26 18 ...   pour corriger les heures, hauteur de Bellatrix, 45^d 56′ E.

        11 44 13 ...   hauteur de Rigel, 42^d 2′ E. Hoai-ngan. *Obs. Noël.*

  21 9 24   ...   le 3e touche; horloge : — 2′47″ ::. Paris. *Cass. ms.*

  23 7 32 30 ...   le 2e touche Jupiter.

        7 38 30 ...   il est entré; retard de l'horloge : 1′14″.

        8 53 20 ...   le 1er commence à poindre.

        9 0 10 ...   il est détaché; retard de l'horloge : 1′14″. Paris. *Ibid.*

  27 9 49 56 ...   émersion du 1er.

        10 2 58 ...   émersion du 2e; émersions distinctes quoique l'air fût
                           vaporeux. La montre avançoit d'environ 8′20″.

        10 28 35 ...   hauteur d'α Taureau, 60^d 13′ Ouest.

        10 53 0 ...   hauteur de Bellatrix, 44^d 15′ Ouest. Hoai-Ngan. *Obs.*
                           Noël.

  30 10 8   ...   le 2e touche ♃; vent. Retard de l'horloge : 1′5″. Paris.
                           Cass. mss.

Déc. 4 à 11ʰ21′58″ ...   ou à

      11 30 40 env.   temps vrai, émersion du 1ᵉʳ, assez distincte, air
                          humide.

      11 40 3 ...   hauteur de la Canicule, 42ᵈ1′30″ E.

      11 56 27 ...   hauteur de Sirius, 34ᵈ38′ E. A cette dernière hauteur,
                          le P. Noël a compté 1′30″ de réfraction. Hoai-ngan.
                          Obs. Noël.

   13 7 39 24 ...   émersion du 1ᵉʳ. Pékin, *Reg. de l'Acad.*

   16 9 30   ...   le 1ᵉʳ est déjà entré sur Jupiter.

       9 50 20 ...   le 2ᵉ touche.

      10 1   ...   il est tout dedans, à l'est.

      10 54   ...   le 3ᵉ touche.

      11 8   ...   il est entièrement dedans, à l'ouest. L'horloge avance
                          de 1′33″ à 1′34″. Paris. *Cass. ms.*

   22 7 6 27 ...   t. de l'horloge, ou à

       65 7 16 ...   heure vraie, émersion du 2ᵉ. Air humide.

       72 0 36 ...   hauteur d'Aldébaran, 45ᵈ19 Est.

       72 9 54 ...   hauteur de la Chèvre, 48ᵈ44′ Est. Hoai-ngan, *Obs.
                          Noël.*

FAITS.

On publia cette année à Dantzick, in-folio, le principal fruit des immenses travaux d'Hévélius. Cet ouvrage posthume est divisé en deux parties. La première, sous le titre de *Firmamentum Sobiescianum*, offre un catalogue de 1888 étoiles, et leurs positions dans le ciel, déterminées par Hévélius d'après ses propres observations. Il faut en excepter cependant 373 étoiles australes, dont le plus grand nombre ne se lève point sur l'horizon de Dantzick, et dont Halley avoit déterminé les lieux en 1677 à l'île de Sᵗᵉ-Hélène. Nous avons parlé du catalogue d'Hévélius sur l'an 1687. La seconde partie, sous le titre de *Prodromus Astronomiæ*, contient des Tables des mouvemens du Soleil et des Planètes, qui ne paroissent pas avoir fait une grande sensation.

— Cette même année, on construisit à Leyde un observatoire, dont le principal usage a été jusqu'ici de donner les premiers principes de la pratique de l'Astronomie à quelques élèves de la célèbre université de cette ville.

1691.

ÉCLIPSE DE SOLEIL, LE 28 FÉVRIER.

A Uho, petite ville de la province de Nankin, le P. Noël observa le commencement le 27 à 23ʰ50′58″⅔, — la fin, le 28, à 2ʰ42′30″, — grandeur : 6 doigts et peu de minutes. Les temps sont déterminés sur une clepsidre, réglée, dit le P. Noël, sur le Soleil. *Obs. Noël.* Latitude 33ᵈ14′.

— A Pékin, l'éclipse excéda 4 doigts. Le P. Gerbillon ne put l'observer exactement, voulant donner à l'Empereur la satisfaction de l'observer lui-même. *Voyages de l'Abbé Prévost, t. VII, p.* 538 (¹).

Distances méridiennes du Soleil au zénith.

Mars 19, bord inférieur. . .   52^d 5′40″.
    20, bord inférieur. . .   51 41 55 .
Sept. 23, centre   . . .   51 41 30 . *Hist. cœl. Br., t. I.*

— Wurzelbau a fait, à Nuremberg, les observations suivantes :

Mars 19. . .   hauteur méridienne du Soleil. . .   40^d 10′50″
  » 20. . .   »   40 34 40
Sept. 22. . .   »   40 44 10
  » 24. . .   »   39 56 50

Donc, équinoxe du printemps le 19 mars. . .   22^{h}57′37″.
    Équinoxe d'automne le 22 sept. . . .   10 41 0 . *Basis Astr. p.* 8.

Observations de la Lune.

La Hire, à Paris, a fait peu d'observations de la Lune, cette année.

Dates.	Passages du bord au méridien.	Hauteur méridienne apparente du bord.	Diamètre au méridien.
Mai 23...	or. 21^h 3′ 2$\frac{3}{4}$″	sup. 51^d 51′ 20″	31′ 40″ env.
Août 3...	occ. 7 49 28	13 2 50	30 5
4...	8 42 51$\frac{1}{2}$	inf. 11 58 40	30 24
5...	9 35 5$\frac{1}{2}$	12 52 15	29 35
16...	or. 17 47 19$\frac{1}{4}$	sup. 65 40 20	31 50

— Le 12 février, Flamsteed à Greenwich observa l'occultation de Régulus par la Lune.

Temps vrais.	Distances de l'✳ au bord le plus voisin.	
9^h 58′ 36″	14′ 9″	
10 0 10	13 20	
10 9 43	9 26	
10 22 8	4 16	
10 33 7	0 0	L'étoile paroît attachée au limbe.
10 33 19		Elle a certainement disparu.
11 22 44	0 20	Elle reparoît à $\frac{1}{3}$ de minute du limbe.
11 27 32	2 6	*Hist. cœl. Br. t. II, p.* 90.

Nous renvoyons aux Planètes les observations de Sédileau.

(¹) Édition de Paris, 4°.

PLANÈTES.

OBSERVATIONS DES PLANÈTES AU MÉRIDIEN PAR LA HIRE.

Dates.	Centre au méridien.	Hauteurs méridiennes.		Dates.	Centre au méridien.	Hauteurs méridiennes.

Saturne.

Mai. 18...	11^h 58' 5"$\frac{3}{4}$	23^d 51' 20"

Jupiter.

Juill. 13...	19 4 31 H	55 29 20	Sept. 23...	15^h 48' 40"$\frac{3}{4}$	56^d 20' 10"
14...	19 1 5$\frac{1}{2}$	55 31 50	Oct. 31...	12 11 4 H	55 3 50
15...	18 57 38	55 34 20	Nov. 5...	11 48 38 H	54 52 20
16...	18 54 9	55 36 50	Déc. 22...	8 10 49$\frac{1}{2}$	53 37 10

Mars.

Oct. 25...	15 54 3 H	65 11 45	Déc. 12...	11 50 56 H	66 59 0 (1)

Vénus.

Fév. 10...	22 53 30$\frac{1}{4}$	30 58 45 (2)	Nov. 1...	23 48 4$\frac{1}{2}$	28 15 30
Avril 16...	21 8 45 H	33 52 45 (3)	3...	23 49 52	27 23 40
19...	21 9 22$\frac{1}{2}$	34 46 50	5...	23 51 39$\frac{1}{2}$	26 33 0
Juin 13...	21 21 56 H	55 31 25	7...	23 53 29	25 43 30
Août 7...	22 14 30 H	63 5 30	22...	0 6 52$\frac{1}{2}$	20 50 20˙
8...	22 15 55 H	62 57 15	23...	0 7 39$\frac{1}{2}$::(4)	20 33 20
9...	22 17 16 H	62 48 20	25...	0 9 50 H	20 5 0
Oct. 31...	23 47 12$\frac{1}{2}$	28 40 env.			

Mercure.

Dates.	Passage de ☿ à un vertical.	Hauteurs de ☿ dans ce vertical.	Astre de compar.	Passage de cet astre au même vertical.	Hauteurs de cet astre dans le même vertical.	Décl. de cet astre	Azimut conclu du vertical.
Juill. 22.	16^h 4' 4"	10^d 55' 50"	⊙	17^h 25' 34"$\frac{1}{2}$	9^d 42'	»	70^h 16' 45" du N à l'E.
Nov. 10.	18 45 5	11 23 0	⊙	19 31 46	1 23	»	»

(1) 6' 1" après β ♉.
(2) 5' 51" après le passage.
(3) Près du nœud descendant.
(4) *Quam proximè,* dit la Hire, à très peu près. Il paroît, par les passages précédens et par le suivant, que celui-ci a dû arriver *à très peu près* à 0^h 7' 50"$\frac{1}{2}$.

La Hire a, de plus, observé que le 17 juillet, avant le lever du Soleil, c'est-à-dire le 18 matin, Jupiter et Mars ont été en conjonction près du premier vertical. Mars étoit de bien peu plus bas que Jupiter; la distance des deux planètes étoit de 38' 20" : les nuages ne permirent pas d'autre observation.

Le 18 juillet, à 14^h 44' 9", Mars, haut de 29^d 34' 50", étoit dans un vertical que Jupiter atteignit à 14^h 45' 5" à la hauteur de 30^d 4' 20".

A 14^h 55' 6", Mars, haut de 31^d 20' 30", fut dans un autre vertical que Jupiter traversa à 14^h 56' 2", à la hauteur de 31^d 49' 5".

Mercure (suite).

Dates.	Passage de ☿ à un vertical.	Hauteurs de ☿ dans ce vertical.	Astre de compar.	Passage de cet astre au même vertical.	Hauteurs de cet astre dans le même vertical.	Décl. de cet astre.	Azimut conclu du vertical.
	h ′ ″	d ′ ″		h ′ ″	d ′ ″		h ″ ″
Nov. 11.	18 43 57	10 52 0	☉	19 30 41	1 6	»	61 27 0 du S à l'E.
16.	18 40 10	7 55 0 env.				»	Même vertical.
21.	18 38 38	4 33 10				»	»
22.	»	»	Rigel	9 4 2½	12 13 30	»	61 25 10 du S à l'E.
22.	18 38 29	3 53 45	ϰ Orion	9 33 44½	10 44 0	»	Même vertical.
							Hir. mss.

Observations de Sédileau.

Sédileau commença cette année, au mois de novembre, à l'observatoire royal, une suite d'observations, qui malheureusement n'a pas duré deux ans, la mort en ayant interrompu la suite.

Sédileau observoit les passages au méridien à un autre mural que la Hire; les erreurs des deux muraux sont constatées par un grand nombre de passages du Soleil, comparés avec les midis conclus de hauteurs correspondantes; et ces erreurs, différant souvent de 20 à 25 secondes de temps, ne permettent pas de penser que les passages aient pu être observés à un seul et même mural. Il paroit d'ailleurs que l'instrument mural de Sédileau étoit un sextant.

Ce sextant, vérifié plusieurs fois par Sédileau, haussoit les objets, non pas de 35″, dit-il, mais de 25″ ou 30″ au plus. Il paroit cependant, par les observations de cet Astronome, [que cette erreur] n'étoit pas constante.

Nous donnons toutes ou presque toutes les observations de Sédileau, extraites de ses manuscrits. Les hauteurs méridiennes des planètes sont souvent très-différentes de celle du Soleil, et par conséquent, les équations du mural sont différentes; et comme elles n'ont pas été constatées par une assez longue suite d'observations, on pourroit former quelque doute sur leur exactitude : pour le lever, on pourra comparer le passage de la planète avec celui de quelque étoile qui aura précédé ou suivi la planète avec moins de différence en hauteur. D'ailleurs il s'écoule souvent un assez grand nombre de jours entre deux observations consécutives du passage du Soleil au méridien. Nous avons mis tous nos soins pour distribuer sur ces intervalles la variation de l'erreur de l'horloge. Mais la variation de la température de l'air, qui nous est inconnue, n'a-t-elle pas pu éluder nos soins. Les passages des étoiles, voisins de celui de la planète, détermineront l'heure du passage de celle-ci, ou leur différence d'ascension droite avec ces étoiles. Il faudra, à plus forte raison, recourir à ce moyen le 15 décembre, aucun passage du Soleil ne déterminant ce jour-là l'état de l'horloge.

Nous avons rapporté les hauteurs méridiennes du Soleil et des étoiles, lorsque nous les avons trouvées dans nos recueils : elles serviront à constater l'état du sextant de Sédileau. Voyez les six dernières observations de 1693.

Dates.	Temps de l'horloge.	Temps vrai.	Astres au méridien.	Hauteurs méridiennes.
	h ′ ″	h ′ ″		d ′ ″
Nov. 2.	0 2 45	0 1 7	2e bord du *Soleil*.	
2.	9 26 1	9 24 26	γ de Pégase.	
2.	9 36 21	9 34 44	1er bord de la *Lune*	b. inf. 44 35 50
2.	11 55 37	11 54 0¾	γ de la Baleine.	
2.	12 2 43	12 1 8	Une petite ★, que je suppose être à peu près à la hautteur de ♃.	
2.	12 3 42	12 2 7	*Jupiter*......................	55 0 {20; 25}
2.	12 14 25	12 12 48½	α de la Baleine.	
4.	0 0 33	23 58 53	1er bord du *Soleil*.	
4.	11 3 11	11 1 34	1er bord de la *Lune*..............	b. sup. 56 31 {40; 45}
4.	11 5 23	11 3 46	2e bord; mais la Lune n'étoit pas encore pleine.	
4.	9 18 7½	9 16 30½	γ de Pégase.	
4.	11 54 51	11 53 14	La petite étoile.	
4.	11 54 45	11 53 8	*Jupiter*......................	54 55 30
6.	0 1 46¾	0 0 0	Centre du *Soleil*.	
6.	9 10 20	9 8 36	γ de Pégase.	
6.	11 47 3	11 45 18	La petite étoile.	
6.	11 45 54	11 44 9	*Jupiter*......................	54 50 30
10.	8 54 7	8 52 0	γ de Pégase.	
10.	11 27 35	11 25 27	*Jupiter*......................	54 40 {35; 40}
21.	10 3 21	9 59 13	α du Bélier.	
21.	10 39 19	10 35 5	*Jupiter*......................	54 16 {20; 25}
21.	10 59 40	10 55 24	α de la Baleine.	
22.	0 4 27	0 0 0	Centre du *Soleil*.................	b. sup. 21 12 5
24.	0 5 7::	0 0 0	Centre du *Soleil*.	
25.	0 5 28½	0 0 0	Le *Soleil*.	
Déc. 1.	8 54 50	8 46 43½	1er bord de la *Lune*	b. inf. 53 41 {25; 20}
1.	9 56 21	9 48 13¼	*Jupiter*......................	53 57 50
2.			Bord supérieur du *Soleil*	19 24 {25; 20}
12.	8 41 57	8 28 29¾	α du Bélier.	
12.	9 10 23	8 56 49¾	*Jupiter*......................	53 43 50
12.	9 38 17	9 24 41½	α de la Baleine.	
12.			Rigel......................	32 36 {25; 30}
12.	12 0 17	11 46 37½	γ d'Orion.	
12.	12 4 19	11 50 47	*Mars*.... La Hire a observé........	66 59 0
12.	12 10 46	11 57 15	ζ du Taureau.	
13.	0 13 54	0 0 0	Le *Soleil*. Mais suivant des haut. corresp., midi vrai à 0h 13′ 38″ de la pendule.	
14.	11 53 11	11 38 36	*Mars*, l'alidade non assujettie.....	67 0 5
14.	12 0 13	11 45 32½	δ d'Orion.	
14.			ε d'Orion	39 46 {20; 15}
14.	12 3 1	11 48 27	ζ du Taureau.	

La pendule s'est arrêtée.

Dates.	Temps de l'horloge.	Temps vrai.	Astres au méridien.	Hauteurs méridiennes.
Déc. 15.	8ʰ 15′ 10″	Correc-tion du mural { −9	α du Bélier.	
15.	8 42 56	−15	*Jupiter*	53ᵈ 41′ {20″ / 25}
15.	8 49 4	−16	δ de la Baleine.	
15.	8 52 42	−16	γ de la Baleine.	
			La pendule s'est encore arrêtée; elle avançoit de 34″ à 35″ par jour sur le temps vrai.	
18.	8 30 25	8 29 4	*Jupiter*	53 39 30
18.	8 37 7	8 35 45	δ de la Baleine.	
18.	8 40 46	8 39 24	γ de la Baleine	43 6 25
18.	11 12 45	11 11 18 ¼	Rigel.	
18.	11 15 39	11 14 19 ½	*Mars*, l'alidade non assujettie.	
18.	11 19 30	11 18 10 ¼	β du Taureau, l'alid. non assujettie.	
19.	0 1 43 ½	0 0 0	Le *Soleil*	b. sup. 18 1 40
19.	8 26 23 ½	8 24 29	*Jupiter*	53 38 {40 / 45}
19.	8 33 15	8 31 19 ½	δ de la Baleine.	
21.		0 0 0	bord sup. du ☉, avec le sextant . . .	18 0 45
21.	8 18 22	8 15 19 ½	*Jupiter*	53 38 {15 / 20}
21.	8 25 30	8 22 26 ½	δ de la Baleine	40 10 {20 / 25}
21.	8 29 9	8 26 5 ½	γ de la Baleine.	
22.	0 4 36	0 0 0	☉ bord sup., avec le sextant	18 1 0
22.	7 47 44	7 44 14 ¼	α du Bélier	63 10 30
22.	8 14 22	8 10 45 ¼	*Jupiter*	53 38 {10 / 5}
22.	8 21 38	8 18 0 ¼	δ de la Baleine.	
23.	0 3 58 ½	0 0 0	Le *Soleil*. Des haut. corresp. ont donné midi à 0ʰ 3′ 44″ ¾ ou 45″.	
24.	0 4 32 ½	0 0 0		
24.	3 52 51		1ᵉʳ bord de la *Lune*. } Il faisoit encore	
24.	3 53 27		corne précédente. } bien clair,	
24.	3 54 10		corne suivante. } dit Sédileau.	
24.	3 53 48 ½	3 49 8	centre	b. inf. 28 57 35
24.	7 40 0	7 35 22 ¼	α ♈.	
27.	0 6 16 ½	0 0 0	Le *Soleil*.	
27.	5 52 0		1ᵉʳ bord de la *Lune*.	
27.	5 52 29		corne précédente.	
27.	5 53 19		corne suivante.	
27.	5 52 54	5 46 26 ½	centre	b. inf. 45 47 0
27.	6 7 1	6 0 32 ¼	β de la Baleine	21 31 {35 / 40}
27.	7 54 40	7 48 13	*Jupiter*	53 37 30
27.	8 2 19 ½	7 55 51 ½	δ de la Baleine.	
27.	8 5 59	7 59 31	γ de la Baleine.	
31.	0 8 36	0 0 0	Le *Soleil*.	
31.	8 38 48	8 50 5	1ᵉʳ bord de la *Lune*	b. sup. 65 45 {55 / 60} b. inf. 65 14 {15 / 20}
31.	10 55 54 ½	10 47 1	x d'Orion.	31 23 20

Autres observations des Planètes.

Opposition de Saturne, le 17 mai, à 13ʰ15′ t. m. mérid. de Londres, en
♏ 27ᵈ8′45″. *Hall. Tab.* — ou, suivant J. Cassini, d'après les observations de Flamsteed, à 13ʰ6′ mérid. de Paris, en ♏ 27ᵈ8′46″, lat. boréale 2ᵈ15′25″. *Élém. d'Astr.*
p. 358; — ou enfin, d'après les observations de Paris à 13ʰ45 en ♏ 27ᵈ10′30″,
lat. 2ᵈ15′35″. *Ibid. p.* 359.

— Le 2 novembre, Jupiter média, à Paris, à 12ʰ1′34″. *Anc. Mém. t. X, p.* 210.

— Opposition de Jupiter, le 2 novembre à 13ʰ17′ t. m. mérid. de Londres en
♉ 10ᵈ50′45″. *Hall. Tab.;* — ou, d'après les observations de Flamsteed, à 13ʰ40′,
mérid. de Paris, en ♉ 10ᵈ51′0″, lat. australe 1ᵈ21′47″; — ou enfin, d'après les
observations parisiennes, à 13ʰ30′ en ♉ 10ᵈ52′0″. *Élém d'Astr. p.* 417, 418; — à
13ʰ26′ en ♉ 10ᵈ51′27″.

— Opposition de Mars, le 11 décembre à 3ʰ6′ t. m. mérid. de Londres, en
♊ 19ᵈ53′50″, *Hall. Tab.;* — ou, d'après les observations de Flamsteed, à 3ʰ14′
mérid. de Paris, Mars étant dans son orbite en ♊ 19ᵈ55′16″, et, réduction faite à
l'écliptique, en ♊ 19ᵈ54′28″. *Élém. d'Astr. p.* 472.

— Le 15 novembre à 11ʰ4′ mérid. de Paris, conjonction supérieure de Vénus au
Soleil. *Anc. Mém. t. II, p.* 129. La Hire avoit observé, du 1 au 8 novembre et du
22 au 25, le passage de Vénus au méridien, et les hauteurs méridiennes tant du
Soleil que de Vénus. De ces élémens observés, il conclut quels ils devoient être les
jours intermédiaires. Il se trouve un rapport si satisfaisant entre toutes les observations réelles, que celles qui ne sont que conclues peuvent passer pour aussi
certaines que celles qui ont été effectivement faites. Or, on conclut de ces observations que la conjonction supérieure de Vénus est arrivée le 15 novembre à 11ʰ4′
du soir, et que le nœud descendant étoit en ♐ 13ᵈ19′4″, au moins si l'on suppose,
avec Képler, l'inclinaison de l'orbite de 3ᵈ22′. *Ibid. t. X, p.* 20.

ÉTOILES.

Le 19 août la variable de la Baleine égaloit presque α; — le 27 octobre, elle excédoit à peine la 6ᵉ grandeur. *Hist. cœl. Br. t. II, p.* 122.

— Le 11 décembre, χ du Cygne étoit invisible, même à la lunette de 8 pieds.
Le 24, il ne paroissoit pas encore. *Kirch. ms.* — Il avoit été le 23 mars dans son
plus grand éclat.

SATELLITES.

Le 19 juin, à Paris, Cassini observa avec une lunette de 34 pieds qu'à 12ʰ45′,
le 4ᵉ satellite de Saturne touchoit une petite étoile. — A 12ʰ57′, les deux astres
étoient confondus en un seul. — A 13ʰ10′, le satellite se détacha de l'étoile. *Anc.*
Mém. t. X, p. 79. Mais *t. II, p.* 158, cette observation est rapportée au 19 mars
1692. Dans *Cass. mss.*, aucune mention ni au 19 juin 1691, ni au 19 mars 1692.

Mais on dit qu'à $11^h 2'\frac{1}{2}$ ce 4e satellite étoit perpendiculaire à l'extrémité de l'anse occidentale.

Satellites de Jupiter.

Janv. 9 à 9^h 3′ …	le 1er sat. commence à sortir de dessus Jupiter.
9 8 46″…	il est sorti. Paris *Cass. ms.*
10 6 53 12 …	le 2e touche.
7 4 40 …	il est tout dedans. Paris *Ibid.*
12 6 46 28 …	émersion du 2e sat. de Jupiter. Greenwich.
17 9 14 34 …	émersion du 1er. Greenwich. *Hist. cœl. Br., t. II, p.* 87 *et suiv.*
5 52 20 …	le 1er touche.
5 57 50 …	il ne se voit plus.
9 24 57 …	émersion du 1er dans les vapeurs de l'horizon. Paris. Lunette de 34 pieds. *Cass. ms.*
21 7 20 …	le 3e touche Jupiter.
7 33 …	il est entré par l'ouest.
25 7 $23\frac{1}{2}$ …	le 1er paroît au bord.
7 32 …	il se détache du bord occidental. Paris. *Ibid.*
Fév. 11 6 52 50 …	le 1er touche à l'est; $\mathcal{U}$ tremble fort.
13 6 41 14 …	émersion du 2e, lunette de 34 pieds.
6 42 8 …	lunette de 20 pieds, un peu tard. Paris. *Ibid.*
6 42 14 …	id. Paris, *Tables de Jeaurat.*
6 33 26 …	émersion du 2e. Greenwich. *Hist. cœl. Br., ibid.*
18 5 58 49 …	émersion du 1er, lunette de 34 pieds.
5 59 16 …	lunette de 22 pieds. Paris. *Cass. ms.*
5 50 11 …	émersion du 1er. Greenwich. *Hist. cœl. Br., ibid.*
19 7 20 48 …	le 3e est sorti, peut-être quelques secondes auparavant. Paris. *Cass. ms.*
7 10 4 …	Flamsteed croit voir le 3e;
7 10 20 …	il le voit certainement. Greenwich. *Hist. cœl. Br., ibid.*
24 7 43 30 …	le 1er touche à l'est. Paris. *Cass. ms.*
Juin 17 15 24 …	le 3e touche à l'est. Paris. *Ibid.*
26 15 7 …	*le (?) satellite* se détache à l'ouest.
15 52 …	le 2e commence à sortir de Jupiter.
16 0 …	il commence à se détacher à l'ouest.

Paris. *Cass. ms.*

Juill. 11 { entre 0ʰ 44′ 8″ et 0 44 17 } ..   immersion du 1ᵉʳ. Lunette de 34 pieds; ciel un peu brouillé

Août 10 à 14 51 28 ...   grande lunette; le 1ᵉʳ a cessé de paroître, puis nuages.

13   15 40   ...   le 2ᵉ sort de Jupiter à l'est.
     15 45   ...   il se détache. Paris. *Cass. ms.*

19   11 5 12 ...   immersion du 1ᵉʳ. Greenwich. *Hist. cœl. Br., ibid.*

29   13 21   ...   le 2ᵉ touche.
     13 32   ...   entrée totale.
     15 31   ...   le 2ᵉ prêt à sortir.
     15 34 ½   ...   il commence à sortir.
     15 45   ...   il se détache.

Sept. 1   14 46   ...   conjonction du 2ᵉ et du 3ᵉ.

2   14 58 6 ...   immersion du 1ᵉʳ. Greenwich. *Hist. cœl. Br., ibid.*

3   15 37   ...   le 1ᵉʳ va sortir.
     15 38   ...   il sort.
     15 44   ...   il est sorti. *Cass. ms.*

4   9 24 10 ...   le 1ᵉʳ paroît encore, mais on a bien de la peine à le voir. Greenwich, *Hist. cœl. Br. t. II, p. 87 et suiv.*
     9 36 9 ...   environ, immersion à Paris.
     12 22   ...   le 3ᵉ touche.
     12 41   ...   il est entré (à l'est.) *Cass. ms.*

9   17 3 23 ...   immersion du 1ᵉʳ. Paris. *Ibid.*

21   11 14 ½ ...   conjonction du 1ᵉʳ et du 2ᵉ.
     13 1 55 ...   immersion du 2ᵉ.

22   8 48   ...   le 3ᵉ émerge déjà.
     9 49 30 ...   il touche.
     10 4 50 ...   il disparoit. Paris. *Cass. ms.*

23   9 58   ...   le 2ᵉ touche.
     10 8   ...   il est entré (2 feuillets (¹) manquent).

25   15 26 3 ...   immersion du 1ᵉʳ. Paris, la Hire. *Hir. mss.*

27   9 54 40 ...   immersion du 1ᵉʳ, lunette de 8 pieds.
     9 55 50 ...   lunette de 16 pieds.
     9 56 8 ...   lunette de 34 pieds.

(¹) Pingré parle évidemment des feuillets du registre de Cassini (G. B.).

Sept. 29 à 12ʰ 17′ 53″ . . .   immersion du 1ᵉʳ. Su-cheu-fu, province de Nankin,
                          P. de Fontanay. *Reg. de l'Acad.*

Oct.   9   7 23 40 . . .   immersion du 2ᵉ. Greenwich, *Hist. cœl. Br. t. II,*
                          p. 128.
          7 33 42 . . .   lunette de 15 pieds.
          7 33 48 . . .   lunette de 34 pieds. *Cass. ms.*

      16   15 44 39 . . .   immersion du 1ᵉʳ. Paris, la Hire. *Hir. mss.*
          10 10 31 . . .   immersion du 2ᵉ, lunette de 17 pieds.
          10 12 54 . . .   lunette de 34 pieds. Paris. *Cass. ms.*

      17   9 29 50 . . .   le 3ᵉ touche.
           9 48 20 . . .   il est entré.
         11 35 20 . . .   il se détache. Paris. *Ibid.*

      21   9 52   . . .   le 1ᵉʳ sort.
           9 58   . . .   il est sorti, à l'ouest.

      31   17 56 1 . . .   le 3ᵉ commence de sortir.
         18 11 10 . . .   il se détache; Jupiter est trouble. Paris. *Cass. ms.*

Nov.   1   10 34   . . .   le 2ᵉ touche.
          10 43   . . .   il est entré sur Jupiter.
          12 58   . . .   il est détaché. Paris. *Cass. mss.*

      3   18 16 6 . . .   conjonction du 4ᵉ et de ♃. Le sat. est au sud.

      4   5 48 30 . . .   conjonction du 1ᵉʳ et du 4ᵉ.
           5 51 30 . . .   le 3ᵉ touche Jupiter au N. O.
           6 9½ . . .   il est entré. Paris. *Cass. ms.*
           8 16 15 . . .   émersion du 3ᵉ. Paris. *Ibid.*
           8 11 43 . . .   on voit le 3ᵉ t. près du limbe de ♃ et t. petit.
           8 13 19 . . .   on le voit clairement et séparé du limbe. Greenwich,
                          Hist. cœl. Br. t. II, p. 136.

      5   5 34 10 . . .   conjonction du 1ᵉʳ et du 2ᵉ.
           8 24½ . . .   il touche Jupiter.
           8 29   . . .   il est entré.
          10 39 36 . . .   il commence à paroître ou émersion (vent). Paris.
                          Cass. ms.

      6   5 28   . . .   le 1ᵉʳ touche.
           5 37 50 . . .   il entre sur Jupiter.
           7 39½ . . .   il commence à poindre.
           7 45½ . . .   il est détaché. Paris. *Ibid.*

      11   12 15 53 . . .   émersion du 3ᵉ.
         12 47⅓ . . .   le 1ᵉʳ touche Jupiter.
         12 53 50 . . .   il est entré. Paris. *Ibid.*

Nov. 12 à 10ʰ 7′15″...   le 1ᵉʳ touche Jupiter.
         10 14 15 ...   il est entré.
         12 34 2 ...   émersion du 1ᵉʳ. Paris. *Ibid.*

     13   7 14   ...   le 1ᵉʳ touche Jupiter.
          7 19 ½ ...   il est entré.
          9 24   ...   il commence à sortir.

     14   7 11 37 ...   émersion du 1ᵉʳ. Marseille, Chazelles. *Chaz. mss.*

     19 14 28 17 ...   émersion du 1ᵉʳ; verre un peu terni par la rosée.
                               Paris. *Cass. ms.*

     21   9 7 50 ...   émersion du 1ᵉʳ satellite de Jupiter, lunette de 18 pieds.
                               Marseille, Chazelles. *Chaz. mss.*
          8 55 34 ...   lunette de 34 pieds. Paris, Cassini. *Anc. Mém. t. X,*
                               p. 62.
          8 55 47 ...   Paris, la Hire. *Ibid.* et *Hir. mss.*
          8 57 1 ...   lunette de 6 pieds. Paris. *Cass. mss.*
          9 6 5 ...   lunette de 18 pieds ½. Lyon, Cusset. *Ibid.*

Déc. 5   6 47 48 ...   le 2ᵉ étoit sorti de l'ombre. Greenwich, *Hist. cœl. Br.*
                               t. II, p. 142.

      7   7 5 44 ...   émersion du 1ᵉʳ. Greenwich, *ibid. p.* 143.
          7 10 42 ...   id. Paris. *Cass. ms.*

     12   5 0   ...   le 2ᵉ touche Jupiter.
          5 7   ...   il est entré.
          9 21 53 ...   environ, émersion. Paris. *Cass. ms.*

     15   5 12 40 ...   le 1ᵉʳ commence à paroitre.
          5 17 40 ...   il est détaché. Paris. *Ibid.*

     17   6 5 1 ...   immersion du 3ᵉ. Paris. *Cass. ms.*
          8 11 40 ...   émersion. Paris. *Cass. ms.*
          8 11 41 ...   id. Paris. *Tables de Jeaurat.*

     19   7 19   ...   le 2ᵉ touche.
          7 27   ...   il ne paroit plus. Paris. *Cass. ms.*
         11 55 7 ...   émersion du 1ᵉʳ. *Cass. ms.*
         11 55 15 ...   id. *Tables de Jeaurat.*

     21   7 36   ...   le 1ᵉʳ entre sur Jupiter.
          7 40   ...   il est entré.
         10 52 29 ...   émersion du 1ᵉʳ, lunette de 34 pieds.
         10 52 42 ...   lunette de 16 pieds. Paris. *Cass. ms.*

     22   6 55 ½ ...   le 1ᵉʳ commence à paroitre.
          6 1 10 ...   il se détache. Paris. *Cass. ms.*

Déc. 23 à 5ʰ 19′ 18″...   émersion du 1ᵉʳ suivant la Hire.
     5 19 35 ...   à peu près, selon Cassini. Paris. *Hir. mss.*

  24   5 11 5o ...   le 3ᵉ touche.
     5 18 3o ...   entré.
     7 37 45 ...   il paroit.
     7 47 45 ...   il est détaché. Paris. *Cass. ms.*

     10   1   1 ...   immersion du 3ᵉ;
     10   1   6 ...   immersion; lunette de 17 pieds.
     10   1 27 ...   Sédileau, lunette de 19 pieds. Paris. Obs. un peu dou-
                  teuse, l'air étant brumeux. *Sédileau ms.*
     10   2 12 ...   lunette de 34 pieds.
     12   8 44 ...   émersion.
     12   8 49 ...   émersion. Paris. *Cass. ms.*

  28 12 44   2 ...   émersion du 1ᵉʳ. Cassini. *Cass. ms.?*

  3o   7 23 55 ...   émersion du 1ᵉʳ. Marseille, Chazelles. *Chaz. mss.*

FAITS.

L'Astronomie perdit cette année Adrien Auzout. Dès le premier établissement de l'Académie des sciences, il fut choisi pour un des membres de cette Société, et il méritoit bien cette distinction. Nous avons vu qu'on lui étoit redevable de l'invention du micromètre, de l'application des télescopes aux quarts de cercle, etc. Il avoit fait à Paris plusieurs bonnes observations astronomiques; il y avoit expliqué, le premier, plusieurs phénomènes relatifs à cette science, tel que l'augmentation apparente du diamètre de la Lune proportionnée à sa hauteur sur l'horizon, etc. Il quitta cette ville vers l'an 167o, mécontent peut-être de ce qu'on ne l'employoit pas dans les grandes opérations de l'Académie, et de ce qu'on sembloit lui préférer d'autres astronomes, auxquels il ne se croyoit pas inférieur. Il s'étoit retiré à Rome, où, faute d'instrumens et de secours, il vécut plus obscurément qu'il n'avoit fait à Paris. Il y mourut en cette année 1691.

1692.

ÉCLIPSE DE SOLEIL, LE 17 FÉVRIER.

Le P. Noël, à Nankin. Commencement le 16 à 23ʰ 26′ 54″.
Fin le 17 à 2ʰ 8′ 24″. Les temps sont corrigés sur des hauteurs du Soleil. *Noël Obs.*

Distances méridiennes du Soleil au zénith, à Greenwich.

Mars 19...   51ᵈ 31′ 10″
Sept. 22...   51 35 20 *Hist. cœl. Br. t. 1.*

— A Nuremberg, Wurzelbau trouva, le 21 septembre, la hauteur méridienne du Soleil de $40^d 51' 50''$; il en conclut l'équinoxe le même jour à $18^h 36' 28''$. *Bas. Astron. p.* 8, 10.

PREMIÈRE ÉCLIPSE DE LUNE LE 2 FÉVRIER.

Le P. Noël, à Chin-Kiang, province de Nankin, par $32^d 14'$ de latitude, observa la fin à $14^h 54' 28''$, heure déterminée par une hauteur de Procyon prise avec un gnomon de 11 pieds 3 pouces 2 lignes. *Noël. Obs.* Le P. Noël ne disconvient pas du peu de certitude d'une telle méthode.

SECONDE ÉCLIPSE DE LUNE, LE 27 JUILLET.

A Greenwich, commencement, entre les nuages, à $13^h 25' 58$, vis-à-vis *Porphyrites* (*Aristarchus*). A $13^h 53'\frac{1}{2}$, la moitié de la Lune est éclipsée; et c'est tout ce que les nuages ont permis d'observer. *Hist. cœl. Br., t. II, p.* 171.

— On ne fut pas plus favorisé à Paris. Cassini trouva le diamètre de la Lune au méridien de $30' 23''$.

A $14^h 48'$...... l'éclipse étoit de 10 doigts.

14 55...... la partie éclairée étoit d'un doigt 20', non compris la pénombre, qui pouvoit s'étendre à un quart de doigt.

15 33...... partie éclairée, y compris la pénombre : 1 doigt 22'. *Anc. Mém. t. X, p.* 151.

— La Hire, avant l'éclipse, trouva le diamètre de la Lune de $30' 10''$, à la hauteur de 8^d.

A $14^h 47'$...... l'éclipse est de 9 doigts 58'.

14 55...... et à $15^h 35'$ elle est de $10^d 28'$. *Hir. mss.* Voyez une autre version. *Anc. Mém. t. X, p.* 144.

— A Lyon, Cusset observa le commencement à $13^h 45'$ environ; les nuages lui dérobèrent la fin. Il observa aussi l'immersion d'un bon nombre de taches : voyez-en le détail, *Ibid. p.* 153.

— Chazelles ne fut pas plus heureux. Il observa dans l'île Ratonneau, 4500 toises à l'ouest-quart-sud-ouest de Marseille.

A $14^h 22' 7''$... la Lune est à moitié éclipsée.

14 30 15 ... *Cleomedes* touche l'ombre, et est encore dehors : *Mare nubium* à demi éclipsée.

14 37 45 ... *Mare nubium* en entier; *Mare crisium* à moitié dans l'ombre.

14 58 47 ... *Tycho* sur le bord de l'ombre.

A 15^h 18′ 48″...   la partie éclairée est d'un peu plus d'un doigt.

  15 28 48 ...   l'arc du limbe non éclipsé est un peu moindre qu'un quart
de cercle, et la partie éclairée paroit excéder un doigt.
Chaz. ms. Voyez quelques variantes dans *Anc. Mém.*,
t. X.

Autres observations de la Lune.

Observations de la Hire.

Le 19 avril, à 7^h 18′ ½, à très peu près. .   Vénus étoit dans la ligne des cornes.
Le 2 septembre, à 17^h 11′ 49″ ½......   bord suivant de la Lune au méridien.

    Hauteur du bord supérieur.............   66^d 39′ 0″
    Diamètre de la Lune au méridien........   30 34

Le 18 novembre, à 8^h 15′ 42″ ½.......   bord précédent de la Lune au méridien.

    Hauteur du bord inférieur.............   44^d 39′ 0″
    Diamètre au méridien................   29 50 *Hir. mss.*

Observations de Sédileau.

Dates.	Passages au méridien du bord de ☾.	Hauteurs méridiennes du bord de ☾.	Remarques.
	h ′ ″	d ′ ″	
Janv. 2...	occ. 10 49 46 ½ ::	sup. 68 43 30	6′ 12″ après α d'Orion.
Mars 28...	8 53 47 ¾	55 45 10	24′ 40″ ¼ avant α ♌ ★.
29...	9 46 54 ¾	49 9 30	Pas de midi du 28 mars au 4 avril.
Avril 26...	8 35 9 ½	45 1 30	2′ 22″ ½ après δ ♌.
Mai 26...	8 59 7 ¾	27 12 10	8′ 2″ ¼ après α ♍ ★.
27...	9 52 8 ½	21 37 30	1^h 4′ 56″ ½ après α ♍.
Juin 23...	7 41 0 ¼	23 17 0	7′ 29″ avant Arcturus.
24...	8 6 ¾	18 35 45	
25...	9 30 30	15 17 {35 / 30}	18′ 18″ avant α ♏ ★.
Juill. 24...	9 15 14 ¾	13 23 33	6′ 43″ ½ après β d'Ophiuchus.
26...	11 3 56	inf. 16 31 30	
Août 22...	9 3 40	{ inf. 15 34 35 / sup. 16 5 25 }	21′ 42″ ½ avant α de l'Aigle.
Sept. 15...	4 16 33 ½	15 18 50	
21...	9 31 54 ¼	inf. 26 31 25	
22...	10 13 43 ½	31 43 30	
Oct. 20...	9 0 15	35 29 {10 / 15}	
Nov. 20...	9 37 8	55 1 {15 / 20}	
Déc. 20...	9 38 37 ¼	{ sup. 65 26 {10 / 15} / inf. 64 55 30 }	39′ 8″ ½ avant α ♉.

Le signe ::, dans la Table précédente, annonce un doute fondé sur l'incertitude de la marche de l'horloge, vu le trop grand intervalle entre les midis observés.

L'équation du mural de Sédileau est, comme nous l'avons dit (p. 488), fort différente de celle du mural de Lahire. Celui-ci déclinoit à l'ouest depuis l'horizon jusque vers 51^d de hauteur et, plus haut, il déclinoit à l'est : celui de Sédileau déclinoit constamment à l'ouest, au moins depuis 17^{d}43′ jusqu'à 64^{d}38′. — Depuis le 13 décembre 1691, jusqu'au 2 avril 1693, Sédileau a comparé 29 fois le midi donné par son mural avec le midi conclu des hauteurs correspondantes. Sur ces comparaisons, j'ai dressé une table des erreurs du mural. De ces 29 comparaisons, 22 s'accordent avec la table mieux qu'à une demi-seconde près, et 4 à la demi-seconde précise. La table s'écarte à peu près d'une seconde des trois autres comparaisons. Quant aux hauteurs au-dessous de 17^{d}43′ ou au-dessus de 64^{d}38′, je n'ai pu que deviner l'équation du mural, et je ne me flatte pas d'avoir toujours rencontré juste. J'ai ajouté aux passages de la Lune (et des Planètes) par le méridien celui des fixes qui ont précédé ou suivi. La différence des passages peut confirmer ou même corriger le résultat du passage par le méridien, pourvu, cependant, que la différence des hauteurs ne soit pas trop considérable, condition surtout nécessaire lorsque les hauteurs ne sont pas renfermées entre 17$^{d\frac{1}{2}}$ et 64$^{d\frac{1}{2}}$. Lorsqu'il nous a paru qu'on pouvoit donner à ces différences de passage un degré suffisant de confiance, nous les avons marquées d'une étoile ★. Il est cependant à remarquer que les équations du mural de Sédileau diffèrent beaucoup moins entre elles que celles du mural de la Hire.

Autres observations de la Lune.

Le 22 avril, occultation de Mars par la Lune, avant le coucher du Soleil. Cassini observa qu'à 7^{h}59′59″ le centre de la Lune, ayant même déclinaison que Mars, passoit à un fil horaire 3′36″ après Mars ; la hauteur apparente de ce centre étoit de 48^{d}40′. Comparant tout ceci avec d'autres observations, Cassini conclut qu'à 8^{h}0′ la déclinaison boréale apparente de Mars étoit de 24^{d}30′, l'ascension droite de Mars de 107^{d}36′ ; celle apparente de la Lune, 108^{d}30′. *Anc. Mém. t. X, p.* 98 *et suiv.*

— Le 19 mai, il y eut à Paris une occultation de Vénus par la Lune. A 3^{h}20′6″, Jacques-Philippe Maraldi vit Vénus adhérente encore au bord occidental et éclairé de la Lune, commençant cependant à se détacher. Cassini averti, voit, à 3^{h}21′27″, Vénus éloignée du bord d'un de ses diamètres et également distante des deux cornes de la Lune. La Lune étoit au milieu entre sa conjonction et sa première quadrature, et Vénus étoit un peu plus que dichotome, plus claire que la Lune et fort bien terminée. *Ibid. p.* 139; — *Cass. mss.*

PLANÈTES.

Observations de La Hire.

Cette année, la Hire n'a observé Saturne qu'une seule fois, et n'a fait aucune observation de Mars.

Le 30 mai, Saturne, peu après son opposition au Soleil, a passé au méridien à 11^{h}53′24″ H, ayant 21^{d}18′40″ de hauteur.

Jupiter.

Dates.	Centre au méridien.	Hauteur mérid. apparente.	Dates.	Centre au méridien.	Hauteur mérid. apparente.
Janv. 22...	5 58 50¾ (1)	54 1 15	Sept. 16...	17 37 36¾	63 41 10
Août 21...	18 59 56	63 29 20	Déc. 7...	11 57 39 H	63 23 0
26...	18 44 28½	63 32 30			

Vénus.

Dates.	Centre au méridien.	Hauteur mérid. apparente.	Dates.	Centre au méridien.	Hauteur mérid. apparente.
Mars 18...	1 48 20½	51 56 50	Sept. 16...	22 36 4¼	43 30 35
19...	1 49 15½	52 22 5	21...	22 15 9 (4)	44 44 40
20...	1 50 11 H	52 49 55	27...	21 54 57¼	45 52 0
22...	1 52 6	53 46 10	Oct. 9...	21 28 31¼	46 40 50
Avril 3...	2 4 49	58 55 20	19...	21 16 13	45 57 10
Mai 15...	2 56 39¼	66 50 50	23...	21 12 53¾	45 21 0
17...	2 58 44	66 45 0	24...	21 12 9¼	45 11 0
20...	3 1 40	66 30 20	27...	21 10 14	44 36 0
Août 22...	0 59 15		29...	21 9 4 H	44 9 30
29...	0 20 46¾ (2)	38 59 0	30...	21 8 30 H	43 55 30
Sept. 2...	23 51 29 H	39 49 20	31...	21 8 1 H	43 41 10
3...	23 45 37 H	40 2 30	Nov. 3...	21 6 37½	42 55 20
4...	23 39 45¾	40 16 30	6...	21 5 22¼	42 5 10
5...	23 33 58	40 30 15	10...	21 4 1	40 53 40
14...	22 45 30½	42 58 00 (3)	11...	21 3 41½	40 34 30
15...	22 40 43¼	43 14 30	12...	21 3 19¾	40 16 0

Mercure.

Dates.	Passage de ☿ à un vertical.	Hauteur de ☿ dans ce vertical.	Astre de comp.	Passage de cet astre au même vertical.	Hauteur de cet astre dans le même vertical.	Azimut du même vertical.
Janv. 25.	5 17 32 t. vrai	8 5 40	♀	5 22 18	5 10 0	
28.	4 20 52	1 30				
Mai 14.	8 52 24	7 52	♀	10 13 28	7 33 30	58 57 25 du N. à l'O.
14.			ε ♊	10 13 36	21 50 {plus bas que ♀}	Même vertical.
14.			α ♊	10 36 5	16 25	Même vertical (5).
15.	8 32 30	9 49 30	⊙	7 19 47		62 38 47 du N. à l'O.
16.	8 33 8	9 48 0	♀	9 55 15	10 22 50	
Oct. 24.	18 42 35	14 34 50	⊙	19 21 10½	3 42	66 33 20 du S à l'E.
30.	18 39 35	10 44 50				66 28 10
Nov. 1.	18 39 0	9 13 30	⊙	19 12 56½		66 29 20 (6).
3.	18 38 31	7 39 0				66 23 20 (7).
10.	18 37 51	2 15 45				Même vertical.
12.	18 37 58	0 52 30				Id.

(1) Passage douteux, midi n'ayant pas été observé du 17 au 24. — (2) Cette hauteur et les 4 suivantes sont du bord supérieur. — (3) Centre. — (4) Environ.

(5) Pour tirer parti de cette obs. du 14 mai, dit la Hire, il faut se régler sur ε ♊ plutôt que sur α ♊, les hauteurs étant alors moins différentes.

(6) Même vertical que le 24 octobre ; la Hire conclut cet azimut de ses Tables ; cette détermination, ajoute-t-il, est plus exacte que celle du 24 octobre.

(7) Il y a, sans doute, ici une faute de copiste.

Vénus.

Des observations de Vénus, faites vers la fin d'octobre, la Hire conclut que cette planète a été dans son nœud ascendant le 31 octobre à 0ʰ28′36″, et que le lieu géocentrique de ce nœud étoit ♍ 23ᵈ 18′49″. *Hir. mss.* Lat. 1ᵈ 33′20″ nord. *Anc. Mém. t. X, p.* 212, 213.

Observations de Sédileau.

Nous suivrons encore ici la même marche que l'année dernière, si ce n'est pour ce qui regarde les observations de la Lune, que nous avons séparées des autres, et que nous avons rapportées plus haut.

Dates.	Temps de l'horloge.	Temps vrais.	Astres au méridien.	Hauteurs méridiennes.
Janv. 1.	0 9 9½	0 0 0	Le *Soleil*, son centre..	b. sup. 18ᵈ 29′ { 0″ / 5
1.	7 35 24	7 26 4½	*Jupiter*...................	53 38 { 40 / 45
1.	7 43 9	7 33 48½	∂ de la Baleine.	
1.	7 46 48	7 37 27½	γ de la Baleine.	
2.	0 9 44	0 0 0	Le *Soleil*, centre.	
2.	10 53 34	10 43 34½	α d'Orion.	
9.	9 29 51		*Mars*, avec le sextant	66 30 { 45 / 50
10.			bord sup. du ☉, avec le sextant.	19 32 40
Fév. 5.	7 53 23		*Mars*....................	66 29 50
5.	7 55 4		*Mars* sort du champ.	
5.	8 4 58		β d'Orion.	
7.			*Soleil*..................	b. sup. 26 15 { 10 / 15

L'horloge s'arrête le 11 mars.

Dates.	Temps de l'horloge.	Temps vrais.	Astres au méridien.	Hauteurs méridiennes.
Mars 28.	11 56 30½	0 0 0	*Soleil*..................	b. sup. 44 55 5
28.	5 55 6	5 58 36¾	*Sirius.*	
28.	9 14 51½	9 18 28	α du Lion................	54 38 30
Avril 4.	11 54 46¼	0 0 0	*Soleil.*	
24.	11 50 47	0 0 0	*Soleil.*	
26.	8 27 51	8 37 32	∂ du Lion.	
27.	11 50 23	0 0 0	*Soleil*..................	b. sup. 55 39 50

On a touché à l'horloge.

Dates.	Temps de l'horloge.	Temps vrais.	Astres au méridien.	Hauteurs méridiennes.
Mai 26.	11 59 31	0 1 8	*Soleil.* 2ᵉ bord.............	b. sup. 62 47 15
26.	8 49 42	8 51 15½	α de la Vierge.	
27.	11 58 12	0 0 0	*Soleil*	b. sup. 62 57 { 10 / 12
27.	11 58 3½		Midi par les hauteurs corresp.	
27.	3 5 34	3 7 24½	*Vénus*................	65 34 { 40 / 45
27.	8 45 49	8 47 12	α de la Vierge.	
27.	9 37 48	9 39 40	*Arcturus.*	
Juin 2.	11 13 13	11 15 52½	σ du Scorpion.	
2.	11 21 13	11 23 52½	α ♏.	

Dates.	Temps de l'horloge.	Temps vrais.	Astres au méridien.	Hauteurs méridiennes.
	h ′ ″	h ′ ″		d ′ ″
Juin 2.	11 27 21	11 30 0½	τ♏.	
2.	11 30 54	11 33 29½	ζ du Serpentaire.	
2.	11 37 40	11 40 14½	Saturne..................	21 20 40
3.	11 57 12½	0 0 0	*Soleil*..................	b. sup. 63 55 30
3.	11 57 4¼		Midi par les hauteurs corresp.	
3.	3 8 40	3 11 28	*Vénus*..................	63 9 40
3.	11 23 9	11 25 54½	τ♏.	
3.	11 26 42	11 29 23½	ζ du Serpentaire.	
3.	11 33 9	11 35 49½	*Saturne*..................	21 23 45
5.	11 57 2	0 0 0	*Soleil*..................	64 8 {35; 40}
5.	3 9 17	3 12 15	*Vénus*..................	63 40 35
7.	11 9 52	11 12 50	ζ du Serpentaire.	
7.	11 15 7	11 18 4	*Saturne*..................	21 23 45
10.			*Soleil*..................	b. sup. 64 34 {20; 25}
12.			*Soleil*..................	b. sup. 64 42 15
13.	10 35 7	10 38 26¼	α♏.	
13.	10 44 47	10 48 2¼	ζ du Serpentaire.	
13.	10 48 15	10 51 29¼	*Saturne*..................	21 27 {20; 25}
14.			*Soleil*..................	b. sup. 64 47 35
20.	11 56 20	0 0 0	*Soleil*.	
20.	11 56 11		Midi par les hauteurs correspondantes; nuages le soir.	
22.	3 8 59	3 12 41½	*Vénus*..................	58 22 {30; 35}
22.	7 48 52	7 52 38	*Arcturus*.	
22.	22 7 0	22 10 42½	α ♉.	
22.	22 48 27	22 52 7	β d'Orion.	
23.	11 55 4½		1ᵉʳ bord ⎱ du *Soleil*.	
23.	11 57 23		2ᵉ bord ⎰	
23.	11 56 13	0 0 0	Centre (il faudroit, je pense, 11ʰ 56′ 13″ ¾).	
23.	11 56 4		Midi par des hauteurs corresp..	b. sup. 64 54 {5; 10}
23.	0 20 21	0 23 58	*Sirius*.	
23.	3 8 36	3 12 20¼	*Vénus*..................	58 0 {30; 35}
			Avec le grand q. de c. de Cassini.	58 1 30
23.	3 35 44	3 39 25¼	α ♌.	
23.	7 44 41	7 48 29¼	*Arcturus*.	
23.	10 3 45	10 7 24	*Saturne*	21 32 {25; 30}
24.	11 56 11 ou 10¾ ⎰	0 0 0	*Soleil*	b. sup. 64 52 20
24.	9 26 16	9 30 15	*Vénus* passe à un fil horaire.	
24.	9 35 21	9 39 20	*Mars* au même fil.	
25.	9 45 0	9 48 48	α♏ (voyez la Lune).	
25.	9 54 51	9 58 34	*Saturne*	21 33 20
25.	10 3 6½	10 7 8	*Vénus* à un fil horaire.	
25.	10 10 51	10 14 52½	*Mars* au même.	

Dates.	Temps de l'horloge.	Temps vrais.	Astres au méridien.	Hauteurs méridiennes.
Juin 26.			Le *Soleil*......................	b.sup. $64^d\ 48'\begin{cases}35''\\30\end{cases}$
26.	9 21 23 $\frac{1}{2}$	9 25 26 $\frac{1}{2}$	*Vénus* à un fil horaire.	
26.	9 27 44	9 31 47	*Mars* au même.	
Juill. 2.	9 8 48	9 13 2	*Vénus* à un fil horaire.	
2.	9 9 24 $\frac{1}{2}$	9 13 38 $\frac{1}{2}$	*Mars* au même.	
2.	9 35 11	9 39 25	*Vénus* à un horaire.	
2.	9 35 54 $\frac{1}{2}$	9 40 8 $\frac{1}{2}$	*Mars* au même (¹).	
2.	9 15 42	9 19 43	$\alpha^{\Pi}\hbar$.	
2.	9 23 53	9 27 49	*Saturne*	21 35 50
4.	9 12 48 $\frac{1}{2}$	9 17 6 $\frac{1}{2}$	*Mars* à un horaire.	
4.	9 15 27 $\frac{1}{2}$	9 19 45 $\frac{1}{2}$	*Vénus* au même.	
4.	9 6 10 $\frac{1}{4}$	9 10 28 $\frac{1}{4}$	*Mars* à un horaire.	
4.	9 8 48	9 13 6	*Vénus* au même (²).	
24.	11 58 43 $\frac{1}{2}$	0 0 0	Le *Soleil*	b.sup. 61 7 40
24.	11 58 34 $\frac{1}{2}$		Midi par les hauteurs corresp.	
24.	2 38 17	2 39 25	*Vénus* sort de la lunette........	$45\ 46\begin{cases}0\\5\end{cases}$
24.	8 59 44	9 0 54 $\frac{3}{4}$	α du Serpentaire.	
24.	9 7 23	9 8 31 $\frac{1}{4}$	β du Serpentaire.	
25.	11 58 43 $\frac{1}{2}$	0 0 0	Le *Soleil*.	
25.	22 4 32 $\frac{1}{3}$	22 5 40 $\frac{5}{6}$	*Sirius*	24 52 45
26.	11 58 42	0 0 0	Le *Soleil*.	
27.	11 58 40	0 0 0	Le *Soleil*. Nuages.	
29.	11 58 33	0 0 0	Le *Soleil*.	
29.	2 27 35	2 28 56 $\frac{1}{2}$	*Vénus* sort de la lunette........	43 56 0
29.	5 21 21	5 22 50	*Arcturus*.	
29.	5 22 57	5 24 26	Il sort de la lunette.	
31.	2 22 30	2 24 1	*Vénus* sort	$43\ 14\begin{cases}35\\40\end{cases}$
31.	8 33 35	8 35 9	α du Serpentaire sort.	
Août 1.			Le *Soleil*......................	b.sup. $59\ 13\begin{cases}45\\50\end{cases}$
11.			α de l'Aigle..................	49 16 50
11.			En corrigeant l'erreur de l'instrument......................	49 16 25
12.	11 56 52 $\frac{3}{4}$	0 0 0	Le *Soleil*	b.sup. $56\ 7\begin{cases}30\\35\end{cases}$
12.	11 56 37 $\frac{1}{2}$		Midi par les hauteurs corresp.	
			On touche à la pendule.	
21.	11 57 14 $\frac{1}{2}$	11 58 55	*Soleil* 1ᵉʳ bord; donc	
21.	11 58 19 $\frac{1}{2}$	0 0 0	Centre......................	b.sup. 53 13 25
21.	11 58 4		Midi par les hauteurs corresp.	
21.	0 0 57	0 2 37 $\frac{1}{2}$	Le 2ᵉ bord sort.	
21.	1 2 40	1 4 19 $\frac{1}{2}$	*Vénus*	38 40 45
21.	1 4 12	1 5 51 $\frac{1}{2}$	Elle sort.	
22.	11 58 5 $\frac{3}{4}$	0 0 0	Le *Soleil*......................	52 53 5
22.	0 57 21	0 59 14 $\frac{1}{2}$	*Vénus*	38 38 35

(¹) Ces réductions au temps vrai sont un peu douteuses.
(²) Les réductions au temps vrai sont encore plus douteuses.

Dates.	Temps de l'horloge.	Temps vrais.	Astres au méridien.	Hauteurs méridiennes.
	h ′ ″	h ′ ″		d ′ ″
Août 22.	0 58 51	1 0 44 ½	*Vénus* sort.	
22.	9 19 15	9 21 14 ½	γ de l'Aigle.	
22.	9 23 24	9 25 22 ½	α de l'Aigle.	
23.	11 57 50	0 0 0	Le *Soleil*.....................	b. sup. 52 32 { 0 / 5
23.	0 52 0	0 54 9	*Vénus*.....................	38 36 25
25.	11 57 15	0 0 0	Le *Soleil*.....................	b. sup. 51 51 0
25.	11 57 0 ½		Midi par les hauteurs corresp.	
25.	0 41 24	0 44 7	*Vénus* (¹).....................	38 32 5
26.	11 56 59*	0 0 0	Le *Soleil*.....................	b. sup. 51 30 15*
26.	11 56 43 ½		Midi par les haut. corresp. (²).	
28.	11 56 25	0 0 0	Le *Soleil*.....................	b. sup. 50 47 25
28.	0 22 57	0 26 30 ¾	*Vénus*.....................	38 52 { 10 / 15
28.	0 24 26	0 27 59 ¾	Elle sort de la lunette.	
29.	11 56 6	0 0 0	Le *Soleil*.	
29.	0 16 53	0 20 46 ¾	*Vénus*.....................	38 58 { 55 / 60
30.			Le *Soleil*.....................	b. sup. 50 4 { 35 / 40
31.	11 54 23 ⅔ ::	11 58 55 ⅔	*Soleil*, 1ᵉʳ bord.	
31.	0 4 45	0 9 15	*Vénus* (³).	
31.	19 41 57 ⅔	19 46 42 ½	*Sirius*.	
Sept. 1.	11 54 4 ⅓	11 58 55 ⅔	*Soleil*, 1ᵉʳ bord...............	b. sup. 49 20 35
			Correction du sextant..........	20
1.	11 58 23	0 3 15	*Vénus*.....................	39 25 30
1.	23 52 11	23 57 22	*Vénus*.....................	39 37 25
2.	11 54 49 ½	0 0 0	Le *Soleil*.....................	b. sup. 48 58 30
			Correction du sextant.	13
2.	11 54 32 ½		Midi par les hauteurs corresp.	
2.	23 45 59 ½	23 51 30 ½	*Vénus*.....................	39 49 25
3.	11 54 29 ½	0 0 0	Le *Soleil*.....................	b. sup. 48 36 30
3.			Correction du sextant..........	18
3.	23 39 47	23 45 38 ¾	*Vénus*.....................	40 2 0
4.	11 54 10 ⅛	0 0 0	Le *Soleil*.....................	b. sup. 48 14 35
			Correction du sextant..........	25
4.	23 33 36	23 39 46 ¾	*Vénus*.	
5.	11 53 50	0 0 0	Le *Soleil*.....................	b. sup. 47 52 5
5.			Correction du sextant..........	27
5.	23 27 28	23 33 58 ¼	*Vénus*.....................	40 30 30
6.	11 53 30	0 0 0	Le *Soleil*.....................	b. sup. 47 29 20
6.			Correction du sextant..........	10
11.	11 51 54 ¼	0 0 0	Le *Soleil*.....................	b. sup. 45 35 20
11.	11 51 36 ½		Midi par les hauteurs corresp.	
12.	22 46 44 ½	22 55 10 ½	*Vénus*.....................	42 24 40
				un peu douteux.

(¹) L'heure de ce passage est trop forte d'env. 30″; la hauteur paroît au contraire trop faible de 1′ à 2′.

(²) Le 28 et le 29, on a vérifié que le sextant donnoit les hauteurs trop fortes de 25″ ou 30″ au plus.

(³) En supposant que le passage du Soleil, marqué douteux, soit arrivé 2″ plus tard, et qu'à celui de Vénus on auroit écrit 4′45″ pour 4′35″, Vénus aura passé à 0ʰ9′7″, ce qui s'accordera très-bien avec les passages précédens et suivans

Dates.	Temps de l'horloge.	Temps vrais.	Astres au méridien.	Hauteurs méridiennes.
	h ′ ″	h ′ ″		d ′ ″
Sept. 13.	11 51 14½	0 0 0	Le *Soleil*	b.sup.44 49 {20 / 23}
14.	22 36 7	22 45 29½	*Vénus*	42 58 15
15.	11 50 36	0 0 0	Le *Soleil*	b.sup.44 2 50
15.	11 50 19½		Midi par les hauteurs corresp.	
15.	2 15 42	2 25 16	*Arcturus.*	
15.	22 31 1	22 40 43¼	*Vénus*	43 15 0
16.	11 50 16¾	0 0 0	Le *Soleil*	b.sup.43 39 {35 / 40}
16.	22 26 4	22 36 3½	*Vénus*	43 30 {45 / 50}
17.	11 49 59½	0 0 0	Le *Soleil*	b.sup.43 16 {40 / 35}
21.	11 48 43½	0 0 0	Le *Soleil.*	
21.	22 3 33	22 15 6¼	*Vénus*	44 44 55
22.	11 48 23½	0 0 0	Le *Soleil*	b.sup.41 19 55
22.	11 48 8		Midi par des hauteurs corresp.	
22.	1 48 23½	2 0 8¾	*Arcturus.*	
Oct. 3.	11 59 32¾	0 0 0	Le *Soleil*	b.sup.37 2 {30 / 25}
3.	11 59 14½		Midi par des hauteurs corresp.	
9.	21 26 44	21 28 30	*Vénus*	46 47 35
10.	11 58 13¼	0 0 0	Le *Soleil*	b.sup.34 21 35
10.	11 57 56		Midi par des hauteurs corresp.	
19.	21 13 33½	21 16 12	*Vénus*	45 58 {15 / 20}
20.	11 57 20	0 0 0	Le *Soleil*	b.sup.30 40 {10 / 15}
20.	11 57 3		Midi par des hauteurs corresp.	
20.	0 14 40	0 17 28½	*Arcturus.*	
23.	21 10 9	21 12 53¾	*Vénus*	45 21 30
24.	11 57 5¾	0 0 0	Le *Soleil*	b.sup.29 16 20
24.	11 56 58		Midi par des hauteurs corresp.	
24.	11 59 22	0 2 15½	*Arcturus.*	
24.	21 9 25	21 12 9¾	*Vénus*	45 11 15
25.	11 57 15¾	0 0 0	Le *Soleil*	b.sup.28 35 5
28.	11 57 22½	0 0 0	Le *Soleil*	b.sup.27 54 45
28.	11 57 5		Midi par des hauteurs corresp.	
29.	21 6 31	21 9 3¼	*Vénus*	44 9 35
30.	11 57 29¾	0 0 0	Le *Soleil*	b.sup.27 15 30
30.	21 6 3	21 8 30½	*Vénus*	43 55 40
30.	23 32 34	23 35 9	*Arcturus.*	
Nov. 1.			Le *Soleil*	b.sup.26 36 50
2.	11 57 46½	0 0 0	Le *Soleil*	b.sup.26 18 {5 / 10}
2.	11 57 28½		Midi par des hauteurs corresp.	
3.	21 4 36	21 6 38	*Vénus*	42 55 25
4.	11 58 1½	0 0 0	Le *Soleil.*	b.sup.25 41 15
4.	11 57 42½		Midi par des hauteurs corresp.	
5.	21 4 4	21 5 48½	*Vénus*	42 22 25
5.	23 9 35	23 11 26½	*Arcturus.*	
6.	21 3 51	21 5 24½	*Vénus*	42 5 {20 / 25}

Dates.	Temps de l'horloge.	Temps vrais.	Astres au méridien.	Hauteurs méridiennes.
	h ′ ″	h ′ ″		d ′ ″
Nov. 7.	11 58 30½	0 0 0	Le *Soleil*....................	24 47 40
10.	21 3 16	21 3 58¾	*Vénus*...	40 53 30
11.	11 59 23½	0 0 0	Le *Soleil*....................	b. sup. 23 40 15
11.	11 59 3½ ou 4″		Midi par des hauteurs corresp.	
11.	21 3 14	21 3 39	*Vénus*....................	40 34 45
12.	0 0 49	0 1 8¼	2ᵉ bord du *Soleil*	b. sup. 23 24 {25 / 30}
15.	21 3 19	21 2 24¼	*Vénus*	39 16 35
16.	0 0 59	0 0 0	Le *Soleil*....................	b. sup. 22 23 15
16.	0 0 40¼		Midi par des hauteurs corresp.	
20.	0 2 28½	0 0 0	Le *Soleil*....................	b. sup. 21 27 35
20.	9 49 40½	9 47 8¾	γ du Bélier.	
20.	9 50 39½	9 48 9¾	β du Bélier.	
20.	21 3 55	21 1 5¼	*Vénus*	37 33 10
20.	22 12 32	23 9 50	*Arcturus.*	
21.	0 4 3	0 1 9¼	Second bord du *Soleil*.........	b. sup. 21 25 15
			Il faut sans doute lire....	21 15 15
23.	21 4 34	21 0 24½	*Vénus*	36 28 35
23.	22 1 12	21 57 11	*Arcturus.*	
24.	0 4 13	0 0 0	Le *Soleil*....................	b. sup. 20 38 {15 / 20}
Déc. 6.	0 3 53½	0 0 0	Le *Soleil;* conclu des jours suivans.	
6.	8 42 29	8 38 27½	γ ♈.	
6.	8 43 28	8 39 28½	β ♈.	
6.	11 23 42	11 19 33¾	α ♉.	
6.	12 5 7	12 0 54¾	*Rigel.*	
6.	12 6 39	12 2 35½	*Jupiter*....................	63 23 {45 / 50}
			Et avec l'instrument de Cassini.	63 24 20::
6.	11 23 41½	11 19 33¼	α ♉ (¹).	
6.	12 5 7½	12 0 55¼	*Rigel.*	
6.	12 11 54	12 7 48½	β ♉.	
6.	12 13 58	12 9 45¼	γ d'Orion.	
6.	12 21 36	12 17 24	δ d'Orion.	
6.	12 24 26	12 20 21¼	ζ ♉.	
6.	21 4 26	20 59 59¾	*Vénus* sort de la lunette.......	31 40 {15 / 20}
7.	0 4 31	0 0 0	Le *Soleil*....................	b. sup. 18 41 50
7.	8 38 44	8 34 4¾	γ ♈.	
7.	8 39 42	8 35 4¾	β ♈.	
7.	11 19 56	11 15 10	α ♉	57 2 30
7.	12 1 21	11 56 30¾	*Rigel.*	
7.	12 2 18	11 57 36½	*Jupiter*....................	63 23 0
			Avec le grᵈ q. de c. de Cassini.	63 23 25
7.	12 8 6	12 3 22¾	β ♉.	
7.	12 10 12	12 5 21½	γ d'Orion.	
7.	12 17 50	12 13 0	δ d'Orion.	
7.	12 20 40	12 15 57¾	ζ ♉.	
7.	21 1 36½	20 56 40	*Arcturus.*	

(¹) Je ne sais pourquoi cette répétition d'α ♉ et de β d'Orion avec une demi-seconde de différence en sens contraire.

Dates.	Temps de l'horloge.	Temps vrais.	Astres au méridien.	Hauteurs méridiennes.
	^{h} $^\prime$ $^{\prime\prime}$	^{h} $^\prime$ $^{\prime\prime}$		^{d} $^\prime$ $^{\prime\prime}$
Déc. 7.	21 3 27	20 58 22	*Vénus*........................	31 17 50
8.	0 5 8¾	0 0 0	Le *Soleil*.....................	b. sup. 18 35 {45 / 50}
8.	0 4 53		**Midi par des hauteurs corresp.**	
8.	8 34 59	8 29 40½	γ ♈.	
8.	8 35 57	8 30 40½	β ♈.	
8.	8 48 6	8 42 50¾	α ♈.	
8.	11 16 11	11 10 45½	α ♉.	
8.	11 57 36	11 52 7	*Rigel.*	
8.	11 57 58	11 52 37½	*Jupiter*......................	63 22 {25 / 30}
			Avec le gr^d instrum. de Cassini.	63 22 55
8.	12 6 26	12 0 56½	γ d'Orion.	
20.	0 13 7¼	0 0 0	Le *Soleil*.....................	b. sup. 18 0 25
20.	10 31 8½	10 17 46	α ♉............................	57 2 30
20.	11 6 7	10 52 49	*Jupiter*......................	63 14 5
20.	11 12 33	10 59 6¼	*Rigel.*......................	*Sédileau ms.*

Nous avons réduit avec tout le soin possible toutes ces observations aux temps vrais ou apparens, d'après les erreurs des muraux constatées par la Hire et Sédileau eux-mêmes; et nous nous croyons plus assurés des erreurs du mural de Sédileau que de celles du mural de la Hire. En conséquence nous n'avons pas été peu surpris de trouver dans *Anc. Mém. t. X, p.* 262 *et suiv.* les observations de Jupiter, faites, avec beaucoup de soin, dit-on, par Sédileau les 6, 7 et 8 décembre, couchées comme il suit :

Dates.	Jupiter au méridien.	Haut. mérid. de ♃.	Haut. du ☉ à midi préc.	Lieu du ☉ à midi préc.	Lieu de ♃ à 12^h.	Lat. boréale de ♃.
	^{h} $^\prime$ $^{\prime\prime}$	^{d} $^\prime$ $^{\prime\prime}$	^{d} $^\prime$ $^{\prime\prime}$	^{s} ^{d} $^\prime$ $^{\prime\prime}$	^{s} ^{d} $^\prime$ $^{\prime\prime}$	^{d} $^\prime$ $^{\prime\prime}$
Déc. 6...	12 2 47	63 22 50	18 28 27	8 15 24 30	2 16 27 30	0 34 50
7...	11 57 49	63 22 11	18 22 27	8 16 25 30	2 16 19 20	0 34 35
8...	11 52	63 21 41	18 16 27	8 17 26 30	2 16 11 10	0 34 20

Au 8 déc., pour le passage de Jupiter, les secondes manquent; il en faut supposer sans doute 51.

On conclut que l'opposition en ascension droite a eu lieu le 7 à 0^{h}22′, et en longitude le 6 à 20^{h}26′ en ♊ 16^{d}16′26″.

Je n'épiloguerai pas sur ce que la différence des hauteurs méridiennes du Soleil ne devoit pas être la même du 6 au 7 et du 7 au 8, mais qu'elle devoit décroitre d'environ 28″, etc. Mais je dirai :

1° Qu'il m'est impossible de regarder mes déterminations comme fautives.

2° Dans le même volume, page 210, il est dit, sans doute d'après la Hire, que Jupiter média le 7 à 11^{h}57′39″; c'est, il est vrai, 2″½ plus tard que suivant Sédileau; mais c'est 10″ plus tôt qu'il n'est marqué dans la Table précédente.

3° Suivant cette Table, il nous paroit que l'opposition a dû réellement arriver le 6, non pas à 20^{h}26′ en ♊ 16^{d}16′26″, mais à 23^{h}16′37″ en ♊ 16^{d}23′40″.

4° Cette opposition de Jupiter est marquée par Halley au 6 décembre à 22^{h}45′ t. m. méridien de Londres, en ♊ 16^{d}24′45″, *Tab. Hall.* — J. Cassini, *Élém. d'Astr.*

p. 417, la marque à 22ʰ42′ mérid. de Paris, en ♊ 16ᵈ25′0″, avec une latitude de 34′53″ au sud, d'après les observations de Flamsteed, — ou, p. 418, à 21ʰ36′ en 16ᵈ24′3o″ du même signe, d'après les observations de Paris (celles de Sédileau, sans doute).

Aux pages 201, 202 des *Anc. Mém. t. X*, on rapporte les observations de Vénus faites par Sédileau les 6 premiers jours de septembre, et l'on en conclut ainsi la longitude et la latitude de Vénus pour chaque jour.

Dates.	Centre de ♀ au méridien.	Hauteur mérid. de ♀.	Haut. mérid. du ☉.	Lieu du ☉ en ♍.	Lieu de ♀ en ♍.	Lat. aust. de ♀.
	ʰ ′ ″	ᵈ ′ ″	ᵈ ′ ″	ᵈ ′ ″	ᵈ ′ ″	ᵈ ′ ″
Sept. 1..	12 3 15	39 24 8	49 3 30	9 50 20	14 16 22	8 37 27
2..	11 57 22 ¼	39 36 2	48 41 33	10 48 15	13 40 0	8 39 30
3..	11 51 30 ⅔	39 48 2	48 19 25	11 46 5	13 3 28	8 41 28
4..	11 45 38 ¾	40 0 38	47 57 15	12 44 20	12 26 55	8 42 43
5..	11 39 47	40 14 59	47 34 51	13 42 40	11 49 20	8 42 20
6..	11 33 57	40 29 9	47 12 23	14 41 0		

On s'aperçoit facilement que, dans cette Table, on a suivi la manière civile de compter les jours et les heures. Ainsi les observations faites après 11 heures du matin, doivent, suivant la manière astronomique de compter, être rapportées au jour précédent, après 23 heures.

L'heure des cinq premiers passages de Vénus au méridien, s'accorde à très-peu près avec celle que nous avons déterminée : elle est absolument la même le 1 et le 4; le 3, la différence est de ⅙; le 2 et le 5 de ¼ de seconde; le 6 elle va à 1″¼; peut-être s'est-il glissé ici quelque faute de copiste ou d'impression. Au reste, cette observation du 6 au matin n'influe point sur la conjonction de Vénus.

Les hauteurs méridiennes de Vénus sont ici corrigées par la soustraction de 1′21″, 1′22″, ou 1′23″ des hauteurs déterminées par Sédileau; si l'instrument donnoit les hauteurs trop fortes de 25″, on a supposé les réfractions trop faibles; si l'on a admis les corrections déterminées par Sédileau pour chaque jour, ainsi qu'il paroit qu'on l'a fait pour le Soleil, alors les réfractions ont été faites trop inégales. La hauteur méridienne de Vénus le 4 (ou le 5 matin) n'est pas marquée dans notre manuscrit. Dans *Anc. Mém.* on la fait de 40ᵈ14′59″; nous croyons que c'est une faute d'impression et qu'il faut lire 40ᵈ14′19″.

On conclut de ces observations que la conjonction inférieure de Vénus en ascension droite est arrivée le 1 sept. à 13ʰ14′; — et, en longitude, le 3 sept. à 19ʰ35′ en ♍ 12ᵈ33′35″.

— Dans le même volume, p. 199, il est dit que Vénus traversoit le méridien en 4″, — que la conjonction a eu lieu en ascension droite le 1 sept. à 13ʰ½, — qu'en longitude, le 3 sept., Vénus étoit de 1ᵈ15′43″ plus avancée que le Soleil; — et que le 4, le Soleil étoit de 19′17″ plus avancé que Vénus, — que la conjonction est donc arrivée le 3 à 19ʰ7′. Cassini a jugé la plus grande latitude de Vénus de 8ᵈ48′, quoique la hauteur méridienne du 4 la donnât un peu plus petite. *Ibid.*

— On rapporte enfin, p. 211 et 212, les observations de Vénus par la Hire les 27, 29, 30, 31 octobre, telles que nous les avons données ci-dessus, les hauteurs vraies seulement substituées aux hauteurs apparentes. On conclut, d'après la Hire,

que Vénus a passé par son nœud ascendant le 31 novembre (il faut lire octobre) à
0ʰ 28′36″ en ♍ 23ᵈ 11′49″, le Soleil supposé en ♏ 9ᵈ 2′41″.

Autres observations des Planètes.

Opposition de Saturne, le 28 mai à 17ʰ 16′, t. m. méridien de Londres, en
⟶ 8ᵈ 34′50″. *Tab. Hall.;* — ou, suivant J. Cassini, d'après les observations de
Flamsteed, à 17ʰ 4′, mérid. de Paris en ⟶ 8ᵈ 34′41″. Lat. boréale 1ᵈ 53′7″, *Élém.
d'Astr*, p. 358; — ou enfin, d'après les observations de Paris, à 17ʰ 15′ en
⟶ 8ᵈ 35′0″, lat. 1ᵈ 54′27″. *Ibid. p.* 359.

— Le 22 mai à 9ʰ 2′, Mars étoit dans un cercle horaire qu'une étoile (la plus
boréale des claires de la néb.) atteignit 1′31″ après; une seconde étoile, plus australe que la première, passa 1′36″ après Mars. Ces deux étoiles furent choisies par
Cassini entre les plus claires de la crèche de l'Écrevisse: elles sont distantes
l'une de l'autre de 1′ ½. Mars étoit de 4′ plus boréal que la première.
Le 23, à 9ʰ 8′ Mars passa 50″ avant (lisez certainement: après) la première de
ces deux étoiles, et 45″ avant (lisez encore: après) la seconde; il étoit plus méridional que la première. Cassini jugea qu'il avoit presque touché la seconde et qu'il
lui avoit été joint le 23 à 1ʰ 25′. Cette étoile, dit Maraldi, *Mém. de* 1710, *page* 354,
suivant nos observations (et par conséquent Mars), étoit alors en ♌ 2ᵈ 55′30″ avec
une latitude 1ᵈ 33′0″ nord. Cette position convient assez à la 40ᵉ étoile de
l'Écrevisse.
Le 24, à 9ʰ 11′, Mars passa 3′10″ après la première, étant de 13′ plus méridional.
La différence de passage du 23 au 24 fut donc de 2′20″, égale (à 1″ près) à celle
du 22 au 23. *Anc. Mém. t. X, pag.* 116.

ÉTOILES.

Le 6 septembre, la variable de la Baleine décroit; elle est plus petite que δ de la
même constellation. — Le 8, elle est égale à ξ des Poissons (ou plutôt peut-être
du Taureau). — Le 25 décembre, on ne la voit plus à l'œil nu. *Kirch. ms.*

— Dans toute cette année, Maraldi ne s'est aperçu d'aucun changement de χ
du Cygne. *Cass. Elém. d'Astr. p.* 71.

SATELLITES.

Janv. 4 à 7ʰ 0′   ...   le 2ᵉ touche Jupiter.
       7 11   ...   il est entré. Au même instant, ou 2′ auparavant con-
                         jonction du 1ᵉʳ et du 3ᵉ. Cassini.
       9 30½ ...   il sort.
       9 37   ...   il se détache.
   6   8 43 25″...   Clusius, en l'absence de Flamsteed, observe à Green-
                         wich l'émersion du 1ᵉʳ satellite de Jupiter. *Hist.
                         cœl. Br. t. II p.* 151.

Janv. 13 à 16ʰ56′21″... émersion du 1ᵉʳ. Paris, *Reg. de l'Acad.*

7 25 ½ ... le 1ᵉʳ touche.

7 30 ... il est entré, etc. Cassini.

15 8 15 ... émersion du 1ᵉʳ, lunette de 12 pieds médiocrement bonne. Trébizonde, P. de Bèze, *Reg. de l'Acad.*

25 9 56 ... la 3ᵉ touche.

10 12 ... il est entré. Cassini

Fév. 5 6 27 ½ ... le 2ᵉ entre.

6 33 ½ ... il est entré sur le disque.

7 33 ½ ... le 1ᵉʳ entre.

7 41 ... il est entré.

9 56 0 ... immersion du 3ᵉ, $\mathcal{U}$ trouble. Cassini ?

Mars 8 8 2 13 ... émersion du 1ᵉʳ. Marseille, Chazelles. *Chaz. mss.*

9 7 17 ... conjonction du 2ᵉ et du 3ᵉ. Cassini.

11 8 15 53 ... émersion du 3ᵉ. Greenwich. *Hist. cœl. Br. t. II p.* 157.

17 7 23 20 ... émersion du 1ᵉʳ. Erzeroum, P. de Bèze. *Reg. de l'Acad.*

Août 14 12 47 16 ... immersion du 1ᵉʳ. Paris, la Hire. *Hir. mss.*

12 47 23 ... $\mathcal{U}$ fort trouble. Cassini.

21 14 42 51 ... immersion du même. Paris, la Hire. *Hir. mss.*

14 42 31 ... lunette de 34 pieds. Cassini.

Sept. 6 13 50 0 ... Kirch voit encore, mais difficilement, le 1ᵉʳ sat.

13 51 0 ... il ne le voit plus. Les temps sont ceux de l'horloge, qui marquoit 12ʰ26′14″, la Chèvre étant haute de 38ᵈ0′ à l'orient, — et 14ʰ24′50″, α d'Orion étant haut de 21ᵈ54′ aussi à l'orient. Leipsick. *Kirch. mss.*

7 10 59 36 ... immersion du 2ᵉ sat. Leipsick. Marie-Marguerite Winckelmann, femme de Kirch, versée dans les calculs et les observations astronomiques.

11 11 0 ... immersion du 3ᵉ.

13 41 12 ... émersion ; demeure dans l'ombre : 2ʰ30′12″. *Ibid.*

13 15 49 30 ... le 1ᵉʳ paroît encore.

15 50 ... il ne paroît plus.

16 11 25 ... hauteur de Procyon : 25ᵈ8′ à l'est. Leipsick. Kirch. *Ibid.*

29 13 24 0 ... immersion du 1ᵉʳ. (Je la mettrois à 13ʰ23′34″ avec des ::::) Paris, Cassini. *Tab. mot. p.* 101.

Oct. 9 9 47 8 ... immersion du 2ᵉ. Greenwich, *Hist. cœl. Br. t. II p.* 176.

Oct.   22 à 13ʰ37′54″...   immersion du 1ᵉʳ.
          13 39 24 ...   lunette de 34 pieds, forte rosée sur le verre. *Cass. mss.*

       31   10 1 20 ...   (temps de l'horloge, je pense, donc à 10ʰ2′15″ t. vr.)
                              immersion du 1ᵉʳ. Paris. *Hir. mss.*

Nov.   1   7 54   ...   le 1ᵉʳ touche Jupiter.
           10 9 ½ ...   il est attaché intérieurement.
           10 15   ...   il est détaché. Paris. *Cass. ms.*

       14   13 50   7 .,.   immersion du 1ᵉʳ, lunette de 34 pieds.
           14 23 ⅓ ...   le 3ᵉ touche Jupiter.
           14 38 ⅓ ...   il est entré. Paris, *Cass. ms.*
       16   8 18 14 ...   (8ʰ18′1″ t. vr.) immersion du 1ᵉʳ. Paris, *La Hire ms.*
            8 19 5 ...   lunette de 34 pieds. *Cass. ms.*

Déc.   7   13 48 48 ...   le 1ᵉʳ touche Jupiter.
           13 53 48 ...   il est entré entièrement.
           16 4 51 ...   émersion.

       21   5 50 ½ ...   le 1ᵉʳ touche.
             5 57   ...   il est entré.

1693.

ÉCLIPSE DE SOLEIL, LE 3 JUILLET.

Eimmart l'observa à Nuremberg.

Commencement à 1ʰ6′20″.

Plus grande phase, de 1 doigt 25′, à 1ʰ42′22″; il n'y avoit que 55ᵈ du limbe éclipsés.

Fin à 2ʰ18′56″ (2ʰ18′25″ suivant *Hist. cœl. Br. édit.* 1, *lib. II, p.* 56, mais c'est l'heure de l'horloge).

Le demi-diamètre du Soleil est à celui de la Lune, comme 10000 à 9150. *Lettre de Muller à De l'Isle.* On peut voir un très ample détail de cette observation dans *Acta Erudit.* 1693, *p.* 452, et dans P. Zahn, *Mundi mirabilis œconomia, t. I p.* 86, 87.

— A Guben, en basse Lusace, Kirch observa le commencement à 1ʰ10′, la fin à 2ʰ45′. Durant cet intervalle de temps, le mouvement horaire apparent de la Lune au Soleil fut de 22′25″, et la latitude apparente de la Lune (au milieu de l'éclipse) fut de 25′40″: si l'on ôte cette latitude de 31′12″, somme des demi-diamètres, il reste 5′32″, ou 2 doigts et 6 min. pour la grandeur de l'éclipse. (Ce raisonnement supposeroit les deux diamètres égaux; d'ailleurs) on dit que l'éclipse fut observée de 2 doigts 8′. Kirch a trouvé la hauteur du pôle à Guben de 51ᵈ55′. Les temps sont réglés sur des hauteurs du Soleil prises vers 3 h. ½ et vers 6 h. *Kirch. mss.* Voyez un plus grand détail dans *Acta Erud.* 1694, *p.* 375, 376. L'éclipse a com-

mencé au nord, déclinant un peu à l'ouest; et a fini à l'est, 20^d environ vers le nord.
(Par le *nord*, Kirch entend sans doute ici le zénith du Soleil.

— A Paris, nuages. A o^{h}55′15″ très petite éclipse. — 7′ ou 8′ auparavant, elle n'étoit pas commencée. — 5′ ou 6′ après elle étoit finie. *Hir. mss.* — A o^{h}55′ et quelques secondes, dans un court éclairci, Cassini estima l'éclipse de 6 ou tout au plus de 8 minutes de doigt; et diverses circonstances lui persuadèrent que c'étoit le milieu de l'éclipse. Il jugea le commencement à o^{h}46′, le milieu à o^{h}54′ ou 55′, la fin à 1^{h}2′ ou 3′. *Anc. Mém. t. II, p.* 192.

Équinoxe.

Wurzelbau à Nuremberg observa, le 20 mars, la hauteur méridienne du Soleil de 40^{d}47′35″; il en conclut l'équinoxe le 19 à 9^{h}50′50″. *Bas. Astron. p.* 8.

ÉCLIPSE DE LUNE, LE 21 JANVIER.

Des nuages à Greenwich, du brouillard à Paris, empêchèrent de l'observer. Nous n'avons donc d'observation de cette éclipse que celle de Chazelles, à Marseille.

A   14^{h}17′34″.. :   commencement.
      15 18 50 . . .   immersion vis-à-vis de *Langrenus*.
      16 56 20 . . .   émersion.
      17 56 12 . . .   fin. *Chaz. ms.*

Les immersions et émersions des taches sont amplement détaillées dans *Anc. Mém. t. X, p.* 240 *et suiv.*; il faut cependant y corriger les deux fautes suivantes. Immersion de *Dionysius* 14^{h}56′5″, il faut 14^{h}59′5″. Commencement de l'émersion de *Mare humorum*, 17^{h}2′55″; lisez 17^{h}2′35″.

Observations de la Lune par la Hire.

Le 12 mars, la Lune traversa les Pléiades.

A 6^{h}42′44″. . .   les nuages dissipés, la Lune avoit déjà dépassé Alcyone : une ligne tirée par cette étoile, parallèlement à la ligne des cornes, passoit à 3′10″ du bord éclairé, ou à 18′10″ du centre de la Lune.

6 48 39 . . .   Atlas étoit dans la ligne des cornes, à 6′20″ de la corne australe.

6 52 59 . . .   Pléione étoit dans la même ligne, à o′45″ de la corne australe.

7 27 26 . . .   une parallèle à la ligne des cornes, passant par Atlas, rasoit le bord éclairé de la Lune.

Diamètre de la Lune à 38^d de hauteur, 29′56″. *Hir. ms.*

Le 24 juillet à 17^{h}37′30″, bord suivant de la Lune au méridien; hauteur méridienne du bord supérieur, $58^d 26' 3o''$; diamètre au méridien, $3o' 6''$; hauteur méridienne du Soleil au midi suivant, $6o^d 57' 3o''$. *Ibid.*

Le 12 nov., passage du bord précédent à $11^h 57' 6''$, et du suivant à $11^h 59' 19''$. Hauteur méridienne du bord supérieur, $63^d 12' 5o''$. Diamètre au méridien, $29' 4o''$. *Ibid.*

Observations de la Lune par Sédileau.

Dates.	Passages au méridien.		Hauteurs méridiennes des bords.	
Janv. 18....			sup. $67^d 41' 10$	
			inf. $67\ 10\ 5$	
Fév. 13....	$5^h 52' 46''\frac{3}{4}$	1er bord.		
13....	$5\ 53\ 42\frac{3}{4}$	corne précédente.	inf. $65\ 12\ 35$	
			sup. $65\ 43\ 0$	
13....	$5\ 54\ 12\frac{3}{4}$	corne suivante.		
16....	$8\ 35\ 22\frac{3}{4}$	1er bord.	sup. $66\ 10\ 5o$	
16....			inf. $65\ 39\ 35$	
18....	$10\ 26\ 25\frac{3}{4}$	1er bord.	sup. $58\ 44\ 4o$	
Mars 12....	$3\ 52\ 32\frac{1}{2}$	centre.	sup. $64\ 35\ 4o$	☽ dans
12....			inf. $64\ 6\ 0$	Pléiades.

(A une autre page on trouve, pour la hauteur du bord inférieur, $64^d 5' 4o''$.) Donc hauteur app. du centre, $64^d 21' 7''$.

Passage de la Lune dans les Pléiades, le 12 mars.

La Lune traverse un cercle horaire en $2' 29''$, ce que Sédileau évalue à environ $3o' 5o''$. Cette opération a été faite deux fois.

A $6^h 52' 2o''$ ou $3o''$, Pléione est dans la ligne des cornes, rasant la Lune, sans en être couverte : elle étoit distante de la corne australe d'un peu plus que son diamètre. Sirius médie à $6^h 57' 28''\frac{1}{2}$.

Voilà ce qu'on trouve dans le manuscrit de Sédileau.

Cette même observation est rapportée dans *Anc. Mém. t. X, p.* 279, 280, avec quelques variantes.

Il est d'abord certain, par le *ms.* de Sédileau, que le bord précédent de la Lune a médié à $3^h 51' 22''\frac{1}{2}$.

Le diamètre de la Lune, est-il dit dans *Anc. Mém.*, conclu de la hauteur apparente des bords, est $29' 4o''$; mais ce diamètre est trop petit, car le bord supérieur n'étoit pas encore plein : c'est pourquoi sur les 7 heures M. Sédileau prit le temps du passage du disque entier par un cercle horaire, et il le trouva de $2' 17''$, ce qui donne pour le diamètre : $3o' 2o''$.

Heure véritable du passage du centre de la Lune au méridien...............................	$3^h 52' 31''\frac{1}{2}$
Hauteur méridienne apparente du centre..........	$64^d 2o' 45''$
Sirius médie à................................	$6^h 57' 28''$

(Suivant nos réductions, nous trouvons le passage du centre de la Lune à $3^h 52' 31''$, ce qui ne diffère que d'une demi-seconde de la détermination précédente : mais nous trouvons le passage de Sirius à $6^h 57' 32''\frac{3}{4}$.)

Le 16 mars, premier bord au méridien à $7^h 22' 57'' \frac{1}{2}$.

Hauteur du bord supérieur. . . . . $64^d 38' \begin{cases} 35'' \\ 40 \end{cases}$.

Autres observations de la Lune.

Le 13 juillet à Marseille, Chazelles observa l'occultation d'α ♏ par la Lune. A Paris, l'étoile ne fut pas éclipsée ; elle parut durant une demi-heure comme attachée au bord de la Lune. *Duham. Hist. Acad. p.* 332.

A Marseille, à $9^h 49' 48''$, immersion près de *Philolaus*, en ligne droite avec *Philolaus* et *Plato*.

A $10^h 19'$ elle étoit sortie près d'*Hermes*, dans une ligne droite tirée d'*Hermes* à *Copernicus*, distante du limbe de la longueur de son diamètre apparent.

A $10^h 39' 36''$, l'étoile étoit à la rencontre de deux tangentes du limbe de la Lune, l'une horizontale, l'autre verticale. *Chaz. ms.*

PLANÈTES.

Observations de la Hire.

Jupiter.

Dates.	Centre au méridien.	Haut. mérid. app. du centre.	Dates.	Centre au méridien.	Haut. mérid. app. du centre.
Juill. 31....	$22^h\ 3'\ 14''$ H	$64^d\ 6'\ 32''$	Août 14....	$21^h\ 22'\ 36''$ H	$63^d\ 51'\ 15''$
Août 1....	22 0 19 H	64 5 50	17....	$21\ 13\ 51\frac{1}{2}$	
2....	21 57 24 H	64 4 45	Oct. 14....	18 19 47 H	62 39 10
6....	21 45 45 H	64 0 30	15....	18 16 22 H	62 38 30
7....	21 42 50 H	63 59 25	16....	18 12 53 H	62 37 30
13....	21 25 29 H	63 52 25			

Mars.

Dates.	Centre au méridien.	Haut. mérid. app. du centre.	Dates.	Centre au méridien.	Haut. mérid. app. du centre.
Oct. 14....	18 18 19 H	63 39 10	Oct. 16....	18 14 28 H	63 32 5
15....	18 16 31 H	63 35 30			

Des observations de Jupiter faites au mois d'août, la Hire conclut que cette planète étoit en son nœud ascendant le 6 août vers 10 heures ; que selon les Tables Rudolphines, corrigées par lui, Jupiter étoit en ♋ $6^d 59' 20''$; que tel étoit donc aussi le lieu de son nœud ascendant.

Quant aux observations presque simultanées de Jupiter et de Mars, faites en octobre, elles peuvent servir à déterminer l'heure de la conjonction de ces deux planètes.

Le 15 octobre, Rigel avoit médié à $17^h 59' 10''$.

Vénus.

Dates.	Centre de ♀ au méridien.	Hauteur méridienne apparente de ♀.
Avril 25.	$23^h\ 0'\ 8''\frac{1}{2}$	$47^d\ 51'\ 5''$
Mai 18.	$23\ 19\ 3\frac{3}{4}$	57 50 0
27.	23 27 33	60 43 40

Vénus (suite).

Dates.	Centre de ♀ au méridien.	Hauteur méridienne apparente de ♀.	Hauteur méridienne du centre du ☉.
	^{h} ' "	^{d} ' "	^{d} ' "
Mai 29.........	23 29 31 ½	61 18 0	
Juin 4.........	23 35 5o	62 48 35	63 44 12
5.........	23 36 52 ½	63 2 15	63 5o 42
6.........	23 37 57		
7.........	23 39 6 ¾	63 26 0	
8.........			64 8 7
10.........		63 57 10	
11.........			64 21 18
15.........	23 48 18 ½	64 36 0	
17.........	23 5o 4o H	64 47 45	
18.........	23 51 51 H	64 52 10	64 38 23
19.........	23 53 3 ½ H	64 55 55	64 39 13
20.........	23 54 17 H	64 59 0 ★	64 39 33
21.........			64 39 33
Juillet 12.........	0 19 52 H	63 21 10	63 4 43
13.........	0 21 4 H	63 8 45	62 55 53

La Hire conclut que Vénus a passé par son nœud ascendant le 12 juin, à 16^{h}18', distante du Soleil de 15'4", ou de 3^{d}46" en ascension droite, et de 3^{d}28'35" en longitude.

Le mauvais temps ne permit pas d'observer Vénus au méridien depuis le 21 juin jusqu'au 12 juillet. Le 21 juin, dit la Hire, la distance de Vénus au Soleil sur l'écliptique étoit 1^{d}18'38". En prenant son mouvement dans les Tables Rudolphines, sa conjonction supérieure aura eu lieu le 25 juin à 17^{h}3o'¾. (En interpolant proportionnellement le vide qui se trouve entre le 21 juin et le 12 juillet, la conjonction en ascension droite tomberoit sur le 24 juin à 16^{h}15'½.) J. Cassini marque la conjonction au même jour 25 à 17^{h}38' en ♋ 5^{d}5'35". *Elém. d'Astr. p.* 541.

Mercure.

Dates.	☿ dans un vertical.	Hauteur de ☿.	Centre du ☉ au même vertical.	Hauteur approximative du ☉.
	^{d} ' "	^{d} ' "	^{d} ' "	^{d} ' "
Octobre 8....	18 12 7	13 55 20	18 45 51 ¼	2 46 3o
14....	18 10 38	9 55 0		
16....	18 10 17	8 15 20		

Ce vertical est le même dans les trois jours; — α de la Baleine le traversa le 20 à 8^{h}19'21"; de ce passage, ainsi que de celui du Soleil le 8, la Hire conclut que ce vertical déclinoit de 77^{d}0'5o" du Sud à l'Est. *Hir. mss.*

OBSERVATIONS DE SÉDILEAU.

Dates.	Temps de l'horloge.	Temps vrais.	Astres au méridien.	Hauteurs méridiennes.
	^{h} ' "	^{d} ' "		^{d} ' "
Janv. 3.	21 8 41 ½	21 3 35	*Vénus*......................	22 29 {20" / 25}
4.	0 5 6 ½	0 0 0	Le *Soleil*..	b.sup. 18 5o 55

OBSERVATIONS DE SÉDILEAU (suite).

Dates.	Temps de l'horloge.	Temps vrais.	Astres au méridien.	Hauteurs méridiennes.
Janv. 4.	9 46 10	9 41 7¼	*Jupiter* sort, donc	
4.	9 44 33	9 39 30¼	il médie.	
4.	9 58 11½ ::	9 52 53¾	*Rigel.* Ciel brumeux.	
6.	21 11 38½	21 5 18	*Vénus*	21 45 55
7.	0 7 32		*Soleil*, 2ᵉ bord; (donc	
7.	0 6 21½	4 0 0	centre)....................	b.sup. 19 13 {15 / 20}
8.	0 7 56		*Soleil*, 2ᵉ bord; (donc	
8.	0 6 45½	0 0 0	centre....................	b.sup. 19 21 40
8.	9 27 10	9 20 24	*Jupiter*	63 2 50
8.	9 42 22	9 35 27	*Rigel.*	
9.	21 14 47	21 7 17	*Vénus*	21 6 45
10.	0 8 42		*Soleil*, 2ᵉ bord; (donc	
10.	0 7 31¾	0 0 0	centre)....................	b.sup. 19 39 {45 / 50}
10.	21 15 51	21 7 58	*Vénus*	20 54 55
11.	0 7 54½	0 0 0	*Soleil*, centre	b.sup. 19 49 {35 / 40}
11.	0 7 37½		Midi par les hauteurs corresp.	
13.	21 19 11	21 10 16¼	*Vénus*	20 21 40
14.	0 8 57	0 0 0	*Soleil*....................	b.sup. 20 20 {40 / 45}
14.	21 20 20	21 11 5½	*Vénus*....................	20 {11 55 / 12 0}
16.	0 10 45½		*Soleil*, 2ᵉ bord; (donc	
16.	0 9 35⁴⁄₃	0 0 0	centre)....................	b.sup. 20 43 50
16.	9 31 33	9 21 51¾	ε d'Orion.	
17.	21 23 50½	21 13 44	*Vénus*	19 45 50
18.	0 10 9¼	0 0 0	*Soleil*, centre..............	b.sup. 21 8 30
18.	8 44 38	8 34 33¼	*Jupiter.*	
Fév. 11.	21 43 57	21 42 48¼	*Vénus*	19 45 {5 / 10}
12.	0 0 2		*Soleil*, 1ᵉʳ bord; (donc	
12.	0 1 8¾	0 0 0	centre)....................	b.sup. 28 7 20
12.	21 45 12	21 44 7	*Vénus*	19 53 {15 / 20}
13.	0 1 5	0 0 0	*Soleil*, centre..............	b.sup. 28 27 35
13.	0 0 47¼		Midi par des hauteurs corresp.	
13.	6 28 22	6 27 29¾	*Aldébaran*.................	57 2 30
13.	6 50 21		*Jupiter* sort; donc à	
	6 48 43½ ou 44	6 48 49 ou 49½	il avoit médié.............	63 2 10
13.	7 17 26	7 16 22¾	η d'Orion.	
13.	21 46 28	21 45 26¾	*Vénus*	20 2 {20 / 25}
14.	0 1 1	0 0 0	Le *Soleil*, centre............	b.sup. 28 48 {15 / 20}
18.	0 0 39¼	0 0 0	Le *Soleil*....................	b.sup. 30 12 25
19.	21 53 50	21 53 24	*Vénus*	21 9 {10 / 15}

OBSERVATIONS DE SÉDILEAU (suite).

Dates.	Temps de l'horloge.	Temps vrais.	Astres au méridien.	Hauteurs méridiennes.
Fév. 20.	0 0 24″	0 0 0″	Le *Soleil*....................	b. sup. 30 55 { 5″ / 10
24.	11 59 48	0 0 0	Le *Soleil*....................	b. sup. 32 { 22 55 / 23 0
24.	6 7 44	6 8 7¼	*Jupiter*....................	63 8 { 30 / 35
24.	6 35 15	6 35 29½	γ d'Orion sort de la lunette.	
24.	6 45 4	6 45 19¾	φ d'Orion.	
24.	6 58 14	6 58 29	χ (ou plutôt x) d'Orion.	
24.	7 38 18	7 38 37½ ::	ζ du grand Chien.	
24.	7 56 29	7 56 42¼	*Sirius*.	
26.	22 1 52	22 2 34	*Vénus*....................	22 53 0
27.	6 13 5	6 13 53	*Rigel*.	
27.	6 21 57	6 22 45	γ d'Orion.	
27.	6 46 26	6 47 14½	χ (ou plutôt x) d'Orion.	
27.	7 44 41	7 45 28	*Sirius*....................	24 52 { 45 / 50
27.	22 2 56	22 3 50½	*Vénus*....................	23 10 { 25 / 30
28.	0 0 8		*Soleil*, 2ᵉ bord; (donc	
28.	11 59 2¾	0 0 0	centre)....................	b. sup. 33 52 55
Mars 3.	22 8 43 ★	22 10 29¾	*Vénus* sort................	24 23 40
			Elle a dû médier vers 22ʰ 8′ 58″.	
4.	11 58 10½	0 0 0	*Soleil*.	
11.	22 14 45½	22 18 31¾	*Vénus*....................	27 12 { 40 / 45
11.	22 16 9	22 19 55¼	Elle sort (ceci n'est pas exact).	
12.	11 56 12	0 0 0	*Soleil*....................	b. sup. 38 32 25
12.	11 55 54¾		Midi par des hauteurs corresp.	
12.	5 11 2	5 15 2½	*Jupiter*....................	63 22 0
12.	5 22 6	5 25 57¾	*Rigel*.	
12.	6 53 42	6 57 32¾	*Sirius*.	
16.	11 55 6½	0 0 0	*Soleil*....................	b. sup. 40 6 { 45 / 50
16.	9 7 0	9 12 1	*Régulus*.	
Avril 1.	22 30 30	22 40 12	*Vénus*....................	36 17 50
1.	22 32 1	22 41 43	Elle sort.	
2.	11 50 16½	0 0 0	*Soleil*	b. sup. 46 45 15
2.	11 49 59		Midi par des hauteurs corresp.	
2.	4 1 10½	4 11 5½	*Jupiter*	63 44 25
2.	9 2 19	9 12 19	γ d'Orion.	
3.	8 58 25	9 8 45 ::	γ d'Orion.	
Août 16.	22 24 49	22 26 54¼	*Vénus*	61 28 25 sext.
17.	11 57 59½	0 0 0	*Soleil*....................	b. sup. 54 48 0 sext.
26.	22 34 30	22 40 22½	*Vénus*....................	58 44 { 0 / 5
27.	11 54 9¾	0 0 0	*Soleil*....................	b. sup. 51 25 25 sext.
Sept. 3.	11 51 8½	0 0 0	*Soleil*....................	b. sup. 48 53 35 sext.
3.	9 9 3		le premier bord de la *Lune* sort.	
3.	9 7 33	9 16 35½	il avoit médié....	b. inf. 17 15 10 sext.

Je rapporte ces observations des mois d'août et de septembre dans l'ordre où je les trouve dans le manuscrit; mais il est clair qu'elles n'appartiennent point à cette année. Au mois d'août 1693, Vénus suivoit le Soleil; ici, elle le précède. Le 3 septembre de la même année, la Lune étoit à peine à son premier octant; elle ne pouvoit donc passer au méridien à 9 heures. Je pense que ces observations doivent être plutôt rapportées à l'année 1691.

Autres observations des Planètes.

Opposition de Saturne, le 9 juin, à 19ʰ32′ t. m. méridien de Londres, en ↦ 19ᵈ54′30″. *Hall. Tab.* — ou, d'après les observations de Flamsteed, à 19ʰ33′ mérid. de Paris, en ↦ 19ᵈ54′32″, lat. bor. 1ᵈ26′25″; — ou enfin, d'après les observations de Paris, à 19ʰ32′ en ↦ 19ᵈ54′41″, lat. 1ᵈ27′7″. *Cass. Elém. d'Astron.* *pag.* 358, 359.

— Le 13 mars, suivant une observation (faite à Paris) de Saturne au méridien, cette planète, à 17ʰ50′, étoit en ↦ 22ᵈ56′30″, avec une lat. bor. de 1ᵈ24′50″. *Ibid.* *p.* 388, 396.

— Le 3 août, après 10ʰ, Kirch à Guben, observa Saturne à 50′5″ de *n*, et à 46′24″ de *m*, avec une nouvelle lunette de 4 pieds. (Je pense que *m* est ρ d'Ophiuchus et *n* la 684ᵉ du catalogue de Mayer.)

Le 11 sept. entre 8ʰ et 9ʰ, de Saturne à *m* (deux fois) : 55′37″; — à *n* : 46′46″.

Le 15 sept. à 8ʰ : de Saturne à *m*, 59′40″; — à *n* : 41′59″.

Le 17 sept., de Saturne à *n* : 39′46″; — à *m* : 1ᵈ2′59″.

Le 23 sept. avec une lunette de 10 pieds, de Saturne à *n* : 36′28″; et avec la lunette de 4 pieds de Saturne à *n* pareillement : 36′28″, — et de Saturne à *m* : 1ᵈ15′8″. *Kirch. ms.*

Saturne étoit plus méridional que les étoiles.

ÉTOILES.

Le 2 août, ο Ceti égale α ♓.

Le 27 nov., *l'★ de la Baleine* commence à se voir. *Cassini ms.*

SATELLITES.

Dans *Acta Erud.* 1693 *pag.* 411, on rapporte au 19 juin de cette année la conjonction du 4ᵉ satellite de Saturne avec une étoile fixe : voyez-la sur l'année 1691.

Satellites de Jupiter.

Janv. 24 à 7ʰ34′ ...   le 1ᵉʳ entroit sur Jupiter.

       7 36 ...   on ne le voyoit plus. Paris, *Cass. ms.*

    10 40 5″...   Cassini observe l'émersion du 1ᵉʳ sat. de Jupiter avec une lunette de 34 pieds; on n'auroit observé, dit-il, cette émersion qu'à 10ʰ40′28″ avec une lunette de 17 pieds. Paris, *Tab. mot. 1 satellitis p.* 101. La Hire l'a observée à 10ʰ40′12″. *Hir. ms.*

Janv. 26 à $4^h 59' 27''$...   émersion du 1er, Greenwich, *Hist. cœl. Br. t. II p.* 185.

29   5 46 25 ...   émersion du 4e. Flamsteed croit avoir vu, quelques secondes plus tôt, une petite étincelle de lumière. *scintillulam lucis.* Greenwich, *Ibid. p.* 186.

Fév. 19   5 57 56 ...   ou peut-être $\frac{1}{6}$ de minute plus tôt, immersion du 3e.
8 49 26 ...   émersion. Greenwich. *Ibid. p.* 189.

Mars 11   11 12 40 ...   émersion du 1er. *Cassini ms.*

18   9 53   ...   le 1er ne paroissoit plus entré sous ♃.
10 51 34 ...   émersion du 2e. Cassini à Paris. ♃ dans le brouillard. *Cass. ms.*

10 42 2 ...   Greenwich, *Ibid. p.* 192.

20   7 36 5 ...   émersion du 1er. Paris, *Cassini ms.*

Avril 3   9 16 47 ...   le 3e sort de l'ombre.
11 35 54 ...   émersion du 3e. Paris, *Cassini ms.*

12   8 0 7 ...   émersion du 1er. Paris, *Hir. mss.*
8 0 52 ...   émersion du 1er.
8 14 46 ...   émersion du 2e suivant Cassini. *Cassini ms.*
8 14 1 ...   émersion du 2e suivant moi.

19   9 53 10 } à peu près }   immersion du 1er. *Cassini ms.*

26   8 15 45 ...   conjonction du 1er et du 2e.
8 38 28 ...   le 1er touche.
8 42 2 ...   il est entré.
8 46 14 ...   le 2e touche.
8 55 46 ...   il est entré sous ♃. Paris. *Cass. ms.*

Sept. 24   14 54 22 ...   immersion du 1er, lunette du 18 pieds. Marseille. *Chaz. ms.*

29   13 24 52 ...   émersion du 3e. Greenwich, *Hist. cœl. Br. t. II, p.* 204.

Oct. 10   11 52 29 ...   le 2e a certainement disparu : on peut mettre l'immersion à $11^h 52' 19''$. Greenwich. *Ibid. p.* 206.

11   13 13 59 ...   ou
13 14 3 ...   immersion du 1er. Marseille. *Chaz. ms.*

Nov. 3   13 14 30 ...   ♃ paroit; le sat. est beaucoup diminué.
13 15 15 ...   ciel un peu plus clair; on ne voit plus le satellite.
13 16 25 ...   il est très évident qu'il n'y étoit plus. Il entroit dans l'ombre. *Cassini ms.*

Nov. 4 à 10ʰ 51′ ½ ... le 3ᵉ sat. touche Jupiter; lunette de 17 pieds.
      10 58 ½ ... lunette de 34 pieds, puis nuages. Paris. *Cassini ms.*
      11 48 ... le 1ᵉʳ satellite touche Jupiter, entrant sur son disque. Marseille. *Chaz. ms.*

   5 11 17 ⅔ ... le 1ᵉʳ commence à paroitre.
      11 23 ⅔ ... il est détaché. Paris *Cassini ms.*
      11 31 ... le 1ᵉʳ satellite paroit entièrement sorti de derrière le disque de Jupiter.
      11 35 30″ ... il en est éloigné d'un de ses diamètres. Marseille. *Chaz. ms.*

   9 19 9 ... le 1ᵉʳ touche Jupiter. Paris. *Cassini ms.*

  10 15 20 23 ... immersion du 1ᵉʳ. Marseille. *Chaz. ms.*

  11 18 21 ... le 3ᵉ sort de Jupiter.
      18 27 ... il est détaché. Paris. *Cassini ms.*

  12   9 35 43 ... immersion du 1ᵉʳ, lunette de 17 pieds.
       9 35 40 ... lunette de 34 pieds; ♃ fort brouillé. Paris. *Cass. ms.*

  25 17 4 ... le 1ᵉʳ entre entièrement sur Jupiter. Paris. *Ibid.*

  29 10 49 ½ ... le 2ᵉ se détache.
      11 25 ½ ... le 3ᵉ touche.
      11 35 ½ ... il est entré. Paris. *Cassini ms.*

Déc. 5 12 45 ... le 1ᵉʳ commence à sortir de ♃. Paris. *Ibid.*

  10   9 14 ... le 3ᵉ paroissoit entièrement sorti (de derrière le disque); il touchoit Jupiter.
       9 28 ... il étoit distant de ♃ d'un de ses diamètres. Malte, sous le fort Saint-Elme, à la pointe de la cité de la Valette, Chazelles. *Chaz. ms.*
      17 51 7 ... immersion du 1ᵉʳ. Malte, *Ibid.*

  12 12 18 58 ... immersion du 1ᵉʳ; observation que des nuages légers rendent un peu douteuse. Malte. *Ibid.*
      11 30 23 ... même immersion. Paris, Cassini, *Chaz. ms* et *De l'Isle ms.*
      11 18 22 ... le sat. fut encore vu. Flamsteed crut que son éclat commençoit à diminuer : les nuages ne permirent aucune observation ultérieure. Greenwich. *Hist. cœl. Br. t. II p.* 213.

  14   9 7 ... le 1ᵉʳ se détache; ♃ trouble.

  21   7 38 0 ... ou peut-être ¼ de minute plus tôt, immersion du 1ᵉʳ; ♃ trop près offusquoit le satellite. Greenwich, *Hist. cœl. Br. t. II p.* 214.

Déc. 29 à 6ʰ57′20″...   le 1ᵉʳ touche.
          7 5 50 ...   il est entièrement entré.
          9 18 20 ...   il touche, lunette de 34 pieds.
          9 25 50 ...   il est détaché.
         11 11 45 ...   le 2ᵉ paroit toucher; le verre est terni.
         11 23 45 ...   il est entièrement entré; verre nettoyé. Paris, *Cass. ms.*

FAITS.

L'Académie perdit cette année Sédileau, qu'elle s'étoit associé en 1681. C'étoit un observateur infatigable : outre ses observations astronomiques, qui paroissent bien faites, et que nous avons rapportées, il en avoit fait beaucoup de météorologiques qui ne sont encore que manuscrites.

— Chazelles fut commis cette année par le Roi pour visiter les côtes de la mer Méditerranée et pour déterminer la position géographique de plusieurs points de cette mer. Ce n'étoit pas là le premier essai de Chazelles en ce genre. En 1686, 1687, 1688, il avoit déterminé plusieurs positions des côtes de Provence, et avoit levé des plans de plusieurs ports et rades de cette partie. En 1689 et 1690, envoyé sur les côtes occidentales de la France, il en avoit pareillement dressé des Cartes hydrographiques, qui furent insérées dans le Neptune François, publié en 1692. Il partit de Marseille vers la fin de 1693, et, jusque vers la fin de l'année suivante, il visita l'île de Malte, l'île de Chypre, la Syrie, l'Égypte, Constantinople, etc. Il fit en Égypte une observation singulière : c'est que les quatre côtés de la grande pyramide font bien précisément face aux quatre points cardinaux du monde, ce qui probablement n'est pas l'effet du hasard.

Jean-Matthieu de Chazelles, né à Lyon le 24 juillet 1657 de parens honnêtes, mourut le 16 janvier 1710 d'une fièvre maligne, à Marseille, où il occupoit depuis 1685 une chaire d'hydrographie. Il avoit été disciple de Cassini, et il étoit entré à l'Académie en 1695.

— Cassini donna cette année de nouvelles Tables du mouvement des satellites de Jupiter. Nous ne dirons pas, d'après Fontenelle, que ces Tables étoient portées à leur dernière perfection : mais, au moins, elles étoient plus parfaites que toutes celles qui avoient paru jusqu'alors.

1694.

ÉCLIPSE DE SOLEIL, LE 22 JUIN.

Kirch, à Guben.

A 5ʰ40′43″...   commencement, estimé.
     5 48 43 ...   l'éclipse étoit notablement commencée.
     6 12 43 ...   la grandeur étoit redevenue la même.
     6 20 43 ...   fin observée.
     6 27 28 ...   hauteur du Soleil...   14ᵈ18′
     6 29 14 ...   hauteur   »   ...   13 40

De la durée Kirch conclut qu'au milieu de l'éclipse la latitude apparente de la Lune (ou plutôt la distance des centres) étoit de 29′6″ (au sud) et la grandeur de l'éclipse de 0ᵈ 1′40″ ou de 0 doigt 36′. Il suppose le diamètre du Soleil 31′40″ et celui de la Lune 29′40″. *Kirch ms.* et *Acta Erud.* 1694, *p.* 378.

— A Leipsick, Jean-Abraham Ihle.

A 5ʰ25′......	commencement à 10ᵈ ou 12ᵈ environ du nadir.
5 56	plus grande phase observée : 1 doigt et un peu plus, les nuages n'ayant pas permis de prendre cette phase avec plus de précision.
6 15 30″...	fin.

Pour corriger l'horloge.

7ʰ 0′......	hauteur du Soleil le matin...		27ᵈ30′
9 0	»	» ...	46 0
3 45	»	le soir	38 35

Acta Erud. 1694 *p.* 379, 380.

— A Nuremberg, Wurzelbau.

A 5ʰ20′35″ ...	commencement.
5 48 52 env.	un doigt 10 min.; plus grande phase.
6 19 15 ...	fin. Voyez un plus ample détail, *ibid. p.* 378, 379.

— A Nuremberg encore, Eimmart.

A 5ʰ15′26″...	commencement.
5 47 48 ...	1 doigt 15 min.; plus grande phase.
6 20 10 ...	fin. *Lettre mste de Muller à de l'Isle.* J'aurois plus de confiance en Wurzelbau qu'en Eimmart.

— A Greenwich, Flamsteed.

A 4ʰ19′ 3″...	elle n'est pas commencée; puis, nuages.
4 24 37 ...	elle est commencée.
5 40 3 ...	fin douteuse, à travers des nuages légers.
5 40 23 ...	fin.
5 40 45 ...	elle est bien certainement finie. *Hist. cœl. Br. t. II, p.* 232.

— A Paris, on fut encore moins favorisé :

A 4ʰ24′ ...	l'éclipse n'étoit pas commencée.
4 49 30″...	la Hire jugea l'éclipse de 1 doigt 15′.
4 52 ...	il la vit un peu plus distinctement, de 1 doigt 27′.
	Le matin, à la hauteur de 30ᵈ, le diamètre vertical du Soleil étoit de 31′40″; le diamètre horizontal devoit donc être de 31′42″. *La Hir. ms.*

A 4h 40′ 30″. . .   à travers les nuages, Cassini trouva le disque entamé.

  4 49 23 . . .   les deux cornes étoient au fil horizontal, haut de 28d 40′.

  4 49 34 . . .   la concavité de l'ombre, formée par la Lune, étoit au même
                    fil.

  4 50 29 . . .   le premier bord du Soleil au vertical. Cassini suppose que
                    l'horloge avançoit de 20″, je crois qu'elle n'avançoit que
                    de 16″.

  4 51 22 . . .   première corne au vertical : puis nuages.

Combinant ces observations avec d'autres que Cassini fit les deux jours suivans à la même heure, il conclut que le passage du Soleil par la verticale avoit dû durer 3′ 18″, et par l'horizontale 3′ 14″ $\frac{1}{2}$; que par conséquent, la grandeur de l'éclipse étoit à très-peu près de 1 doigt 21′. *De l'Isle ms.*

— Au Hàvre, de Glos. Commencement à 4h 21′. Grandeur : un quart du diamètre. *Ibid.* (Je doute fort qu'au Hàvre l'éclipse ait atteint cette grandeur.)

— A Lyon, Cusset.

A 4h 48′ 16″. . .   commencement. | *Anc. Mém.*
  6 12 33 . . .   fin. | *t. II p.* 228.

— A Avignon, le P. Bonfa.

A 4h 51′ 21″. . .   commencement. | *Ibid* et *Duham.*
  5 34 23 . . .   plus grande phase, 2 doigts $\frac{1}{2}$. | *Hist. Acad.*
  6 19 24 . . .   fin. | *p.* 335.

— A Carpentras, Gallet.

A 4h 49′ 0″. . .   commencement.
  5 34   . . .   plus grande phase, 3 doigts. } *De l'Isle ms.*
  6 15   . . .   fin.

— A Arles, Davizard et Terrin.

A 4h 49′ 42″. . .   commencement.
                    durée : 1h 28′ 6″. Grandeur, 3 doigts. *Ibid.*

— Á Pau, le P. Tauzin.

Heures vraies.	Phases.		Heures vraies.	Phases.
4h 25′ 52″. . .	0d 0′ commencement.		5h 18′ 50″. . .	3d 30′ plus grande phase.
4 30 . . .	0 30		5 35 39 . . .	3 7 $\frac{1}{2}$
4 35 10 . . .	1 0		5 42 36 . . .	2 30
4 45 30 . . .	2 0		5 45 39 . . .	2 0
4 52 30 . . .	2 30		5 52 51 . . .	1 30
5 14 36 . . .	3 0			

Nuages. *Ibid.*

— A Rieux.

A 4ʰ36′ . . . . .   commencement.
  6 3 . . . . .   fin. Grandeur 3 doigts et gagnant beaucoup sur le 4ᵉ.
                          Journ. des Sav. 1694, *p.* 323.

— Au sud de l'ile de Terre-Neuve, le P. Rafeix vit à midi et un quart plus de
la moitié du Soleil éclipsé. — Fin de l'éclipse à 2ʰ. *De l'Isle mss.*

— A Cambridge, dans la Nouvelle-Angleterre, Thomas Brattle, le 21 juin.

A 21ʰ14′ . . . . . .   commencement.
  10 53 et 56′.   10 ¹⁄₂ doigts et plus ; plus grande phase.
   0 38 . . . . . .   le 22, fin de l'éclipse. Voyez un ample détail dans *Phil.*
                          Trans. n° 292, *p.* 1630.

— A Paris, de la hauteur méridienne du bord supérieur du Soleil, observée le
21 mars de 41ᵈ59′15″, la Hire conclut que le centre du Soleil a été dans l'équinoxial le 19 mars à 15ʰ37′. *Hir. mss.*

PREMIÈRE ÉCLIPSE DE LUNE, LE 11 JANVIER.

Le P. Noël l'observa à Nan-chang, métropole de la province de Kiang-si, latitude 28ᵈ40′.

A 6ʰ10′29″ . . .   commencement.
  8 3 12 . . .   fin. *Noël observ.*
  6 12 0 . . .   commencement.
  8 5 10 . . .   fin. J. Cass. in Ecl. *Cass. ms.*

SECONDE ÉCLIPSE DE LUNE, LE 6 JUILLET.

Wurzelbau à Nuremberg.

A 10ʰ52′ . . .   Saturne médie.
  12 0 0″ . . .   azimut de la Lune : 1ᵈ30′ du sud à l'ouest. Hauteur ap-
                          parente du bord inférieur, 17ᵈ30′0″.
  12 28 10 . . .   α de l'Aigle au méridien ; sa hauteur : 48ᵈ40′10″.
  12 54 . . .   premier vestige de pénombre vis-à-vis *Mons Sinaï (Tycho).*
  13 13 50 . . .   forte pénombre ; peut-être ombre véritable.
  13 17 . . .   l'ombre évidente, entre 190ᵈ et 200ᵈ du disque lunaire,
                          s'étend à environ un quart de doigt.
  13 44 30 . . .   l'ombre paroit décroître.
  13 52 40 . . .   entre 210ᵈ et 230ᵈ du disque s'étend une pénombre large
                          de plus d'un doigt.
  14 16 . . .   dernier vestige de pénombre.

Les nuages n'ont pas permis plus de précision. *Acta Erud.* 1694, *p.* 380, 381.

— A Paris, la Hire et Pothenot..

A 11^{h}56′41″$\frac{1}{4}$..   centre de la Lune au méridien. Diamètre pris avec le micromètre : 33′21″; il avoit employé 2′29″$\frac{1}{2}$ à traverser le
méridien. Haut. mérid. app. du bord sup. : 18^{d}47′0″.
12 40 30 ...   commencement, douteux.
12 42   ...   commencement, certain.

		Grandeur de l'éclipse en parties	
Temps vrai.	Corde éclipsée.	de degré.	de doigt.
12^h 44		0′ 38″	0′ 14″
12 48 30″.....		0 55	0 20
12 48 45	7′ 35″		
12 54 45		1 15	0 27
13 3 30	9 13		
13 9 0		1 20	0 29
13 14 50	6 50		
13 18 30	4 0		
13 22 30	Fin		

Au milieu de l'éclipse, le milieu de la partie éclipsée, le milieu de *Tycho* et le centre de la Lune étoient en ligne droite. *Hir. ms.* ([1]).

— Dans les *mss.* de de l'Isle est une observation que de l'Isle attribue au P. Feuillée, et que je crois être plutôt de Davizard à Arles.
A 12^{h}55′25″, commencement. — A 13^{h}28′, fin,

Autres observations de la Lune.

Le 5 juillet à Paris, à 10^{h}52′46″, centre de la Lune au méridien.

Ascension droite du Soleil......	105^{d}20′25″
Donc celle de la Lune est........	268 31 55
Hauteur apparente du centre.....	16 17 45
Réfraction, — 3′20″; parallaxe...	+ 59 8
Hauteur vraie du centre........	17 13 33
Déclinaison australe............	23 56 17

Donc longitude, 28^{d}39′30″ (du ♐); lat. austr. 0^{d}27′55″.

— Le 6, à 11^{h}56′30″, passage du centre au méridien.

Ascension droite du Soleil......	106^{d}24′45″
Donc celle de la Lune.........	285 32 15
Hauteur du centre.............	18 32 27
Réfraction, — 2′55″; parallaxe...	+ 58 20
Hauteur vraie du centre........	19 27 52
Déclinaison australe..........	21 41 58

([1]) Ici le ms. de Pingré renferme, en outre, quelques autres nombres relatifs à Paris, mais sans explications suffisantes. (G. B.)

Donc longitude, $14^d24'50''$ (du ♑); lat. boréale, $1^d0'55''$.

Donc, nœud ascendant en ♑ $3^d40'$ (Je ne trouve que ♑ $3^d36'35''$) *Thury addition aux Tables de Cass. p.* 33.

Je ne sais qui a fait ces observations. Celle du passage de la Lune, le 6, diffère de $11''\frac{1}{4}$ de temps de celle de la Hire : mais Thury témoigne que l'heure de la pendule étoit incertaine. Les hauteurs méridiennes du centre diffèrent aussi de plus de $2'$.

PLANÈTES.

Opposition de Saturne, le 21 juin à $21^h8'$ t. m. mérid. de Londres, en ♑ $1^d11'10''$. *Hall. Tab.* ; — ou, suivant J. Cassini, à $21^h25'$ mérid. de Paris, en ♑ $1^d12'6''$ avec une lat. bor. de $0^d57'5''$, d'après les observations de Flamsteed, — ou enfin, d'après celles de Paris, à $19^h30'$ en ♑ $1^d6'40''$: mais cette dernière détermination est donnée comme douteuse. *Élém. d'Astr. p.* 358, 359.

= Le 9 janvier, à Paris, centre de Jupiter au méridien à $11^h58'37''$ ou plutôt, dit la Hire, vu de nouvelles observations faites au mural, à $63^d30'$ de hauteur, à $11^h58'43''\frac{1}{2}$. Hauteur méridienne apparente : $63^d30'50''$. Au passage de β des Gémeaux, l'horloge marquoit $13''$ de moins qu'à celui de Jupiter. *Hir. ms.*

Le même jour, opposition de Jupiter à $3^h33'$ t. m. mérid. de Londres, en ♋ $20^d0'0''$, *Hall. Tab.*, — ou d'après les observations de Flamsteed. à $3^h0'$ mérid. de Paris, en ♋ $20^d0'20''$, lat. $21'43''$; — ou d'après celles de Paris, à $3^h0'$ en ♋ $20^d1'3''$. *Cass. Élém. d'Astr. p.* 417, 418; — ou enfin, suivant M. Jeaurat, à $3^h42'$ t. m. mérid. de Paris, en ♋ $20^d0'30''$.

= Le 10 sept. ♃ et ♀ au même parallèle à $16^h30'$. ♃ passe $4'26''$ après ♀, *Cass. ms.*

— Chazelles fit, le 11 septembre, les observations suivantes à Péra, fauxbourg de Constantinople, à l'hôtel de l'ambassadeur de France. Les temps sont ceux de l'horloge, qui avançoit de $17'48''$ à la première observation et de $17'49''\frac{1}{2}$ à la dernière.

♀ au fil vertical.	♃ au fil horizontal.	♀ au fil horizontal.	♃ au fil vertical.	Hauteur au fil horizontal.
$16^h\ 8'\ 8''$......	$16^h\ 8'\ 11''$	$16^h\ 8'\ 11''$	$16^h\ 9'\ 59''$	$10^d\ 40'$
$16\ 18\ 51$......	$16\ 18\ 58$	$16\ 18\ 59$	$16\ 20\ 40\frac{1}{2}$	$12\ 40$
$16\ 24\ 0$......	$16\ 24\ 20$	$16\ 24\ 21\frac{1}{2}$	$16\ 25\ 49$	$13\ 39$
$16\ 28\ 34\frac{1}{2}$.....	$16\ 28\ 46$	$16\ 28\ 49$	$16\ 30\ 23$	$14\ 39$

Chaz. ms.

— Le même jour, Kirch à Guben mesura, avec une lunette de 10 pieds, la distance de ces deux planètes, et, à $15^h20'$, il la trouva de $16'56''$. *Kirch. ms.*

= Opposition de Mars le 17 janvier à $4^h47'$ t. m. mérid. de Londres, en ♋ $28^d11'52''$. *Hall. Tab.* — ou d'après les observations de Flamsteed, à $4^h20'$ mérid. de Paris, en ♋ $28^d12'0''$, et dans son orbite, $28^d12'34''$. *Cass. Élém. p.* 474.

Le 3 mars, Mars à $8^h33'$ mérid. de Paris, en ♋ $19^d0'3''$ lat.; bor. $3^d30'0''$. *Ibid. p.* 492.

Le 27 mars, à $7^h25'$ même mérid., Mars en ♋ $23^d26'12''$, lat. bor. $2^d46'38''$. *Ibid. p.* 479, 493.

— Le 11 juin à $10^h28'\frac{1}{2}$ Mars, précisément dans le parallèle de Régulus, est de $9'12''$ de temps plus oriental que l'étoile. *Cass. mss.*

= Le 13 septembre, à $21^d54'2''\frac{1}{2}$, centre de Vénus au mérid. de Paris; hauteur $56^d54'45''$. *Hir. ms.*

= Le 23 septembre, à $17^h55'0''$ (ou plutôt $17^h54'48''\frac{1}{2}$), Mercure dans un vertical, haut de $15^d1'20''$.

A $18^h27'50''$ (ou plutôt à $18^h27'40''\frac{1}{2}$) centre du Soleil dans ce même vertical, à la hauteur d'environ $4^d15'$. Donc ce vertical décline de $84^d18'20''$ du sud vers l'est.

— Le 25 septembre, à $17^h55'13''$, Mercure dans un vertical est haut de $13^d51'50''$.

A $18^h25'9''\frac{1}{2}$, le Soleil est au même vertical, haut de $3^d17'$ à très peu près.

— Le 30 à $17^h57'5''\frac{1}{2}$, Mercure, haut de $10^d5'30''$ est dans un vertical.

Le centre du Soleil atteint ce même vertical à $18^h18'49''\frac{1}{2}$, haut, à très peu près de $0^d59'$.

— Le 1 octobre à $17^h57'21''$, Mercure, haut de $9^d12'0''$, est dans ce même vertical.

— Le 3 octobre, Mercure, haut de $7^d20'$, parvient au même vertical à $17^h57'42''$, à très peu près. Les nuages nuisoient à la précision de l'observation. *Hir. mss.*

ÉTOILES.

Au mois de juillet, Maraldi ne vit aucun vestige de χ du Cygne, jusqu'au 15 du mois qu'il la découvrit pour la première fois. A la fin du mois d'août, elle étoit invisible.

— Le 23 août à 15^h, ο Ceti est à peine de la 6ᵉ grandeur *Cass. ms.* Le 18 nov. on la voit, mais fort petite.

SATELLITES.

Janv. 2 à 17^h $4'15''$...   immersion du 1ᵉʳ satellite de Jupiter, peut-être un peu
plus tard. Verre gras. Paris. *Cassini ms.*

    4   9 59 10 ...   conjonction du 1ᵉʳ et du 2ᵉ.
        11 31 15 ...   immersion du 1ᵉʳ, lunette de 34 pieds.
        13 58 25 ...   le 1ᵉʳ se détache. Paris. *Ibid.*

    7   7 39 20 ...   immersion du 2ᵉ ∷, grand vent qui agite la lunette.
        12 52 15 ...   le 4ᵉ touche, grand vent. Paris. *Ibid.*

   12   10 24   ...   le 1ᵉʳ entre.
        10 29   ...   il est totalement entré dans ♃. Paris. *Ibid.*

   14   6 50 30 ...   le 1ᵉʳ sat. n'est distant du disque de Jupiter que d'un
de ses propres diamètres.

Janv. 14 à 6^{h}57′30″...	il touche le disque.
7 5 30 ...	il est entièrement entré.
9 21 0 ...	il commence à paroître sur le bord du disque.
7 3 10 ...	même phase à Paris (7^{h}3′5″ suivant nous).
9 27 30 ...	il est entièrement sorti.
7 9 30 ...	même phase à Paris (7^{h}9′25″ suivant nous).
9 35 0 ...	sa distance au disque est d'un de ses diamètres.
7 16 ...	même phase à Paris.
10 38 0 ...	(ou mieux, 10^{h}37′58″) conjonction du 1er et du 2e satellite, leur distance entre eux étant d'un de leurs demi-diamètres.
8 22 0 ...	même conjonction à Paris.
10 44 30 ...	les bords suivans de ces deux satellites, distans alors d'un de leurs diamètres, sont dans une ligne perpendiculaire aux bandes de Jupiter. Alexandrette, *Chaz. ms.*
9 52 32 ...	le 2e touche.
9 57 54 ,..	il est entré. *Cassini ms.*
13 2 53 ...	émersion du 2e.
13 7 ...	conj. du 1er et du 2e (lisez, je crois, du 1er et du 3e).
16 7 40 40 ...	on commence de voir le 2e.
7 48 40 ...	il est entièrement sorti. Jupiter est trouble. Paris *Cass. ms.*
20 11 57 40 ...	émersion du 1er. Un peu de vent. Lunette de 34 pieds.
22 7 14 4 ...	émersion du 3e, à la distance de Jupiter d'un tiers du diamètre de cette planète. Alexandrette. *Chaz. ms.*
8 41 54 ...	émersion du 1er. *Ibid.*
27 16 7 22 ...	émersion du 1er. Alexandrette. *Ibid.*
Fév. 4 9 57 15 ...	le 1er touche Jupiter.
10 2 45 ...	il est entré.
12 17 45 ...	il est entièrement sorti. Paris. *Cassini ms.*
5 6 42 20 ...	le 3e touche.
6 51 20 ...	il est entré entièrement.
7 18 20 ...	le 1er est entré complètement.
10 13 23 ...	émersion du 1er.
12 55 43 ...	émersion du 3e. Paris. *Cass. ms.*
19 13 55 47 ...	émersion du 1er. Greenwich, *Hist. cœl. Br. t. II*, p. 219.
21 8 28 42 ...	émersion du 1er. Paris. *Cassini ms.*
24 8 24 20 ...	le 2e se détache. Paris. *Ibid.*

Fév.	28 à $10^h 29' 42''$...	émersion du 1er. Paris, *Hir. ms.*
	10 29 12...	$(10^h 39' 12''?)$ Cassini, lun. de 34 pieds. Paris. *Cass. ms.*
Mars	2 6 51 50...	le 3e sat. touchoit Jupiter.
	7 0 56...	il étoit entièrement entré sur le disque (le satellite est reconnoissable à une tache qui fut au milieu du disque à $8^h 38'$).
	10 21 30...	il sort;
	10 30 ...	il se détache du disque. (Donc, dit Cassini, le satellite fut au milieu du disque à $8^h 41'$, soit 3' plus tard que la tache. La durée de son passage sur le disque fut de $3^h 20' 34''$; et son passage derrière le disque dura le 21 mars, $3^h 27' 34''$; et le 27 mars, $3^h 24' 30''$; le tout entre l'immersion totale et le commencement de l'émersion.) *Anc. Mém. t. II, p.* 225 *et suiv.* — *Quæ in parenth. absunt a mss.*
	3 7 48 34...	le 2e sat. touche Jupiter.
	7 57 42...	il est entièrement entré.
	10 44 ...	il commence de sortir.
	10 49 $\frac{1}{2}$ ...	il est entièrement sorti. Paris. *Cassini ms.*
	5 7 18 46...	émersion du 2e. Paris. *Ibid.*
	7 à 9 5 20...	émersion du 4e. Greenwich, *Hist. cœl. Br. t. II, p.* 221.
	6 7 $\frac{1}{4}$ ...	il est à moitié entré.
	9 17 $\frac{1}{4}$ ...	il étoit sorti. Paris. *Cassini ms.*
	12 26 18...	émersion du 1er, lunette de 34 pieds; ♃ n'est pas bien clair. *Ibid.*
	8 6 6 10...	le 1er touche Jupiter.
	6 10 10...	conjonction du 3e et du 4e.
	6 12 50...	le 1er est entièrement entré.
	8 22 15...	il sort.
	8 30 45...	il est sorti. Paris. *Cassini ms.*
	9 6 48 14...	émersion du 1er. Greenwich. *Hist. cœl. Br. t. II, p.* 222.
	12 9 40 28...	émersion du 2e. *Ibid. p.* 223.
	15 10 15 $\frac{3}{4}$ ...	le premier sort.
	10 23 $\frac{1}{4}$ ...	Il est détaché.
	16 8 52 32...	émersion du 1er, lunette de 34 pieds.
	20 9 26 47...	immersion du 3e. Greenwich, *Hist. cœl. Br. t. II, p.* 223.
	9 36 39...	*Cassini ms.*
	9 36 35...	même immersion. *Jeaurat.*
	13 4 30...	émersion. *Jeaurat.*
	13 4 16...	émersion Cassini. *Cassini ms.*

Mars 23 à 12ʰ 46′ 33″ . . .   émersion du 1ᵉʳ. Jupiter étoit voisin de l'horizon. Le Caire, maison consulaire. *Chaz. ms.*

24   7 43 20 . . .   conj. du 2ᵉ et du 4ᵉ; leur distance est égale à la somme de leurs diamètres. Même lieu.

8 36   . . .   le 1ᵉʳ paroît sorti (de devant le disque sans doute); il touche Jupiter.

8 43 30 . . .   Sa distance à Jupiter égale son diamètre. *Ibid.*

25   7 15 17 . . .   émersion du 1ᵉʳ, bonne observation, toujours au Caire.

26   9 33¼ . . .   le 2ᵉ touche.

9 41¼ . . .   environ, il est entré. *Cassini ms.*

27   8 20 55 . . .   le 3ᵉ touche Jupiter.

8 39 22 . . .   il est entré.

11 53 50 . . .   commencement de l'émersion.

11 59 50 . . .   le centre sortoit.

12 2 20 . . .   il se détache de Jupiter.

13 37 24 . . .   immersion du 3ᵉ. 𝒵 trouble. Paris. *Cassini ms.*

13 27 44 . . .   même immersion. Greenwich. *Hist. cœl. Br. t. II,* p. 225.

31   8 38 55 . . .   le 1ᵉʳ sort.

8 46 0 . . .   il est sorti. Paris. *Cassini ms.*

Avril 1 à 9 13 9 . . .   émersion du 1ᵉʳ. Le Caire, *Chaz. ms.*

7   9 2½ . . .   le 1ᵉʳ est entré.

10 37½ . . .   il sort.

10 43   . . .   il se détache. Paris. *Cassini ms.*

8   11 10 10 . . .   émersion du 1ᵉʳ. Alexandrie, *Chaz. ms.*

22   6 58   . . .   le 2ᵉ est sorti et touche Jupiter. Alexandrie. *Ibid.*

7 7   . . .   sa distance à Jupiter est de un de ses diamètres.

9 12   . . .   conjonction des bords précédens du 1ᵉʳ et du 2ᵉ.

9 19   . . .   conjonction des centres; les deux sat. se touchent presque.

9 27   . . .   conjonction des bords suivans (De deux petites figures ajoutées, on concluroit que la conjonction à 9ʰ 12′ seroit du bord précédent du 2ᵉ et du bord suivant du 1ᵉʳ et que celle de 9ʰ 27′ seroit du bord précédent du 1ᵉʳ et du bord suivant du 2ᵉ). *Chaz. ms.*

23   8 20 31 . . .   distance du 1ᵉʳ à Jupiter : un de ses diamètres.

8 27 56 . . .   il touche Jupiter.

8 35 16 . . .   il est totalement entré. Alexandrie. *Ibid.*

24   9 26 49 . . .   émersion du 1ᵉʳ. Alexandrie.

Avril 24 à 7ʰ35′43″...   Paris. *Cassini ms.*
       7 36 40 ...   grand jour encore.

  25   7 35 1 ...   immersion du 3ᵉ. Alexandrie, *Chaz. ms.*
       9 6 18 ...   émersion du 3ᵉ. Greenwich, *Hist. cœl. Br. t. II, p.* 227.

  26 10 58 10 ...   immersion du 4ᵉ. Greenwich. *Ibid., p.* 228.
     11 8 10 ...   Cassini. *Cassini ms.*

  27   9 33   ...   le 2ᵉ touche Jupiter.
       9 41   ...   il disparoit. Paris. *Cassini ms.*

  28   9 49 0 ...   émersion du 1ᵉʳ. Modène, P. Fontana, Théatin.
       9 13 29 ...   la même à Paris. *Anc. Mém., t. II, p.* 519.

  29   9 49   ...   conjonction du 1ᵉʳ et du 2ᵉ. Paris. *Cassini ms.*

  30   8 42 ¾ ...   le 1ᵉʳ touche.
       8 48 ¾ ...   entrée totale. Paris. *Cassini ms.*

Mai 1   9 24 8 ...   émers. du 1ᵉʳ. Greenwich. *Hist. cœl. Br., t. II, p.* 230.
       9 31 51 ...   *Cass. ms.*

   2   8 27 15 ...   le 3ᵉ sort.
       8 32 45 ...   il se détache. Paris, *Cassini ms.*
       9 34 30 ...   imm. du 3ᵉ. Greenwich, *Hist. cœl. Br., t. II, p.* 230.

   4   8 16   ...   le 3ᵉ est entré entièrement, à l'est. Paris. *Cassini ms.*

   8   8 50 40 ...   le 2ᵉ étoit sorti de l'ombre. Alexandrie. *Chaz. ms.*
       9 32 12 ...   la distance du 1ᵉʳ à Jupiter est de un de ses diamètres.
       9 40 42 ...   il paroit toucher Jupiter; on a de la peine à le voir.
                  Chaz. ms.

   9   6 58 20 ...   le premier paroit toucher Jupiter.
       7 4 50 ...   il est totalement entré (sur le disque).
       9 27 30 ...   entièrement sorti; il paroit toucher ♃.
       9 35 30 ...   il en est distant d'un de ses diamètres. On voit très-
                  bien les bandes et difficilement les satellites.
                  Alexandrie. *Ibid.*
       8 11 ¾ ...   conjonction du 1ᵉʳ et du 2ᵉ.
       9 0 ¾ ...   le 3ᵉ touche.
       9 11 ¾ ...   il disparoit. *Cass. ms.*

  10   7 47 35* ...   émersion du 1ᵉʳ. *Chaz. ms.*

  17   9 42 52 ...   émersion du 1ᵉʳ. *Ibid.*
       7 52 29 ...   Paris. *Cassini ms.*

  23   9 8   ...   le 1ᵉʳ touche.
       9 15 30 ...   il est entré. *Cassini ms.*

Juin   2 à $7^h 59' 13''$...   émersion du 1er. Alexandrie.

    7   9 13 57 ...   émersion du 3e, lunette de 34 pieds. Paris. *Cass. ms.*

Sept.   7   17 3   ...   le 1er sort de Jupiter, qu'il touche.

        17 10 30 ...   il en est éloigné d'un de ses diamètres. Les temps sont de l'horloge, qui avançoit à peu près de $10' 17''$. Péra, fauxbourg de Constantinople, hôtel de l'Ambassadeur de France. *Chaz. ms.*

        17 11   ...   conj. du 1er et du 2e qui ne font presque qu'un seul; le 2e cependant, un peu plus boréal que le 1er. Paris. *Cassini ms.*

   19   17 22 23 ...   le 1er et le 3e se touchent, le 3e est un peu plus boréal que le 1er.

        17 32 33 ...   ils se séparent.

   21   17 39 15 ...   immersion du 1er, douteuse à cause du crépuscule.

        17 39   ...   on-voyoit encore le satellite.

        17 40   ...   il ne paroissoit certainement plus; Chazelles a cru le voir encore un peu à $17^h 39' 15''$. Les temps sont de l'horloge qui avançoit d'environ $26''$. Péra *Chaz. ms.*

   22   16 31 10 ...   le 1er se détache à l'ouest.

        17 25 41 ...   immersion du 3e. Paris. *Cassini ms.*

   25   17 $0\frac{1}{2}$ ...   le 3e et le 4e ne paroissent qu'un.

        17 $12\frac{1}{2}$ ...   ils se séparent. Paris. *Cassini ms.*

   28   17 48 42 ...   immersion du 1er; grand jour, lunette de 34 pieds. Cassini, *Cass. ms.*

Oct.   9   17 46   ...   conj. du 1er et du 2e; leur distance à $\mathcal{U}$, du côté de l'est, est d'un demi-diamètre de cette planète. Péra. *Chaz. ms.*

   14   17 54   ...   le 1er paroit encore bien distinctement.

        17 54 35 ...   Chazelles croit le voir encore.

        17 55   ...   il est certainement éclipsé. Les temps sont de l'horloge, qui avançoit à peu près de $30''$. Péra. *Ibid.*

        15 59 23 ...   ce satellite disparoit. Greenwich, *Hist. cœl. Br.*, t. II, p. 240.

   18   16 18 14 ...   immersion du 2e. Paris, *Cassini ms.*

   23   14 18 0 ...   t. vr. immersion du 1er. Péra. *Chaz. ms.* Duhamel, *Hist. Acad.*, p. 429, rapporte cette observation au 23 septembre à $14^h 19'$. Ce sont apparemment deux fautes d'impression.

Oct. 25 à 18ʰ53′25″...   on voit le 2ᵉ; on déplace l'instrument.
     18 53 55 ...   on croit encore le voir.
     18 54 25 ...   il est certainement dans l'ombre; grand jour. Paris. *Cass. ms.*

Nov. 22   14 31 6 ...   immersion du 1ᵉʳ; observation un peu douteuse à cause des nuages. Paris, *Hir. ms.*

     14 30 48 ...   immersion du 1ᵉʳ, *Z* pas tout à fait clair, et le 4ᵉ bien voisin. Cassini.

   26   18 22 32 ...   immersion du 2ᵉ. *Cassini ms.*

   29   16 46 51 ...   immersion du 1ᵉʳ. Gênes, près l'Annonciate; Cassini. *Anc. Mém. t. II, p.* 481.

Déc. 15   15 16 14 ...   immersion du 1ᵉʳ. Florence, près la cathédrale; Cassini. *Ibid., p.* 489.

     14 30 16 } à peu près }..   même immersion à Paris. *Ibid.*

   25   11 55 40 ...   conjonction du 2ᵉ et du 4ᵉ. Paris. *Cass. ms.?*

FAITS.

Les Sciences perdirent cette année Ismaël Bouillaud, ou plutôt Boulliau, littérateur, géomètre, astronome, historien, jurisconsulte, théologien; il a écrit dans toutes ces parties, et il l'a fait avec succès. Son premier ouvrage relatif à l'Astronomie fut imprimé en 1639 à Amsterdam, in-4 sous le titre de *Philolaus, sive dissertatio de vero Systemate mundi*. Il y défend le système de Copernic comme le seul admissible. Dans son grand Ouvrage : *Astronomia Philolaïca*, imprimé à Paris in-fol. en 1645, il soutient et démontre le mouvement elliptique des Planètes; et il est peut-être le seul qui, à l'exemple de Képler et avant Cassini, ait soutenu et prouvé que l'inégalité de ce mouvement n'étoit pas seulement optique, mais en partie réelle. La nouvelle hypothèse qu'il établit pour expliquer ce mouvement n'a point eu le succès que l'auteur se promettoit; elle décèle cependant un vrai génie. Il défendit fortement en 1657 son Astronomie Philolaïque contre Seth Ward, qui l'avoit attaquée, etc. Il avoit publié en 1638 un traité de la nature de la lumière, qu'il regardoit comme un être mitoyen entre la matière et l'esprit.

Boulliau étoit né à Loudun, le 28 septembre 1605, de parens protestants. Il crut devoir renoncer aux erreurs dans lesquelles il avoit été élevé. Il embrassa non seulement la religion catholique, mais même l'état ecclésiastique et fut ordonné Prêtre. Nous avons rapporté presque toutes ses observations astronomiques, copiées sur son manuscrit autographe, que M. le Monnier a bien voulu nous communiquer. On a pu s'apercevoir qu'il s'en faut que ces observations aient la précision de celles des Auzout, des Picard, des Cassini, des la Hire, etc., ni même des Gassendi, des Hévélius. La cause en est assez naturelle; il n'avoit pas à sa disposition les mêmes instrumens. Ce qu'il avoit de mieux, étoit une excellente lunette, présent du grand duc de Toscane. Nous soupçonnons que s'il manquoit d'instrumens, c'est qu'il manquoit de moyens d'en acquérir. Sa famille, mécontente apparemment de son changement de religion, ne lui prodiguoit probablement pas d'amples secours. En commerce de lettres avec presque tous les Savans étrangers, il ne paroît pas qu'il eut de grandes liaisons avec ceux de sa nation. Sa vertu peut-être étoit trop austère, et son caractère, peu souple, ne se prêtoit pas aux circonstances; il ne savoit pas ramper devant les grands, ou, ce qui revient à peu près au même, il ignoroit l'art de faire sa cour. Aussi, quoique, par ordre du Gouvernement, il eût publié des écrits contre les prétentions ultramontaines, et sur la réformation des Religieux Mendians, on ne voit point qu'il en ait été récompensé par quelque bénéfice lucratif ou quelque pension honnête. C'est sans doute pour cette même raison que son nom fut oublié parmi ceux de l'Académie naissante.

Boulliau se retira les dernières années de sa vie à Saint-Victor; il y mourut le 25 novembre de cette année, dans la 90e année de son âge.

<h1 style="text-align:center">1695.</h1>

ÉCLIPSE DE SOLEIL, LE 5 DÉCEMBRE.

On trouve dans les manuscrits de Kirch deux observations de cette éclipse faites à Guben, l'une sans doute par lui, l'autre par un anonyme. Voici la première :

A 19^{h}25′ ...   parties non éclipsées, 104 ($= 24′18″$).
19 30 ...   diamètre du Soleil, 135 parties.
19 32 ...   parties éclipsées, 8 ($= 1′52″$).
19 37 ...   fin de l'éclipse.
19 40 ...   hauteur du Soleil, 3^{d}30′.
19 49½ ..   même hauteur, 4^{d}55′.
20 11 ...   diamètre du Soleil, 138 parties.

Le diamètre du Soleil croissant de 3 parties du micromètre entre 19^{h}30′ et 20^{h}11′, étoit sans doute le diamètre vertical. Le diamètre horizontal étoit alors de 32′36″; donc on peut supposer qu'à 20^{h}11′ de l'horloge, le diamètre vertical étoit de 32′15″ $= 138$ parties du micromètre. C'est sur cette supposition que j'ai réduit les autres mesures prises avec le micromètre.

— Voici la 2e observation :

A 19^{h}10′...   le Soleil se lève.
19 23 ...   distance des cornes, 22 parties du micromètre de la petite lunette, avec lequel le diamètre du Soleil a été trouvé de 38 parties : l'éclipse excède donc encore deux doigts.
19 53 ...   (il faut sans doute 19^{h}23′) distance des cornes, au micromètre de la lun. de 8 pieds, 53 parties ($= 19′49″$ environ).
19 30 ...   diamètre du Soleil 86 ($= 32′36″$, si c'étoit le diamètre horizontal; mais comme c'est probablement le vertical, j'ai supposé pour les autres réductions 86 parties $= 36′10″$).

A 19ʰ33′...   distance des cornes, 32 ou 30 parties (31 parties = 11′36″).
19 37 ...   fin de l'éclipse.

Les temps sont ceux de l'horloge, qui retardoit manifestement beaucoup. On dit qu'à 19ʰ10′ le Soleil se lève; et à Guben, il ne devoit se lever qu'à 20ʰ3′½.

D'ailleurs, n'y avoit-il aucune colline, aucun bois, aucun bâtiment qui cachât l'horizon de l'observatoire de Kirch? Les hauteurs du Soleil sont plus propres à manifester l'état de la pendule. J'ai calculé la seconde, et j'ai trouvé qu'à 19ʰ49′½ de la pendule il étoit réellement 20ʰ50′26″. L'horloge retardoit donc d'une heure une minute, et l'éclipse aura fini à 20ʰ38′.

— A Nuremberg, Eimmart observa la fin à 20ʰ17′8″; il jugea le diamètre du Soleil à celui de la Lune à peu près comme 100 à 97. *Lettre de Muller à de l'Isle.*

— Cassini étoit alors à Gênes; il observa l'éclipse près du Castellet.
Le Soleil se leva éclipsé d'environ un tiers de son disque, dans sa partie inférieure vers l'orient; l'éclipse diminuoit très promptement.

A 19ʰ37′27″...   trois doigts et demi.
19 49 10 ...   1 doigt 37′.
19 55 10 ...   0 doigt 8.
19 57 48 ...   fin. *Anc. Mém. t. VII*, p. 521.

— A 19 36   ...   le Soleil se lève, éclipsé de 3 doigts 27′.
19 57 52 ...   fin. *J. Cass. ms.*

ÉCLIPSE DE LUNE, LE 20 NOVEMBRE.

Kirch, à Guben, détermina le commencement à 7ʰ0′, temps corrigé par 6 hauteurs de la queue du Cygne.

A 8ʰ14′...   milieu, grandeur, 5 doigts 32′ (28″?).
9 28 ...   fin, *Kirch. ms.*

— A Nuremberg, Wurzelbau observa la grandeur de l'éclipse de 5 doigts ⅓, 3 minutes après le milieu. *Ibid.*

— A Greenwich.

Vers 6ʰ 4′...   commencement.
Vers 6 6 ...   l'éclipse est certainement commencée.
Vers 8 34 ...   elle n'est pas encore finie. *Hist. cœl. Brit.*, t. *II*, p. 275.

— A Paris, brouillard. A 8ʰ41′, l'éclipse étoit encore d'un demi-doigt. *Anc. Mém. t. II*, p. 264.

— A Marseille, Chazelles.

Heures.	Phases.

$6^h\ 10^m$ ...	foible pénombre vers *Schikardus*.
6 23 ...	commencement.
6 25 ...	l'ombre à *Schikardus*.
6 37 24″...	*Tycho* sur le bord de l'ombre.
6 38 54...	milieu de *Tycho*, *Capuanus* sur le bord.
6 40 24...	tout *Tycho*.
6 44 54...	*Pitatus*.
6 49 54...	*Bullialdus*.
6 59 58...	*Lansbergius* sur le bord de l'ombre.
7 6 38...	*Snellius* et *Furnerius* à moitié.
7 11 53...	*Petavius* et *Rheinoldus* sur le bord.
7 32 53...	*Langrenus* touche.
7 37 22...	milieu de *Langrenus*.
7 40 52...	tout *Langrenus; Gassendus* sur le bord.
8 3 52...	*Schikardus* est sorti.
8 16 52...	*Tycho* commence à sortir.
8 18 22...	Milieu de *Tycho. Catharina, Cyrillus, Theophilus* sur le bord.
8 19 52...	tout *Tycho* sorti.
8 24 52...	*Langrenus* à moitié.
8 28 52...	tout *Langrenus* dehors; *Fracastorius* à moitié.
8 37 51...	*Petavius* à moitié.
8 41 51...	*Snellius*.
8 44 11...	*Furnerius*.
8 49 30 ou	
8 49 50...	fin de l'éclipse.
8 58 ...	il ne paroît plus de pénombre.

Chaz. ms.

Il est certain, par les calculs mêmes de Chazelles, qu'il a supposé l'état de sa pendule, le 20 durant l'éclipse, tel qu'il avoit été le 19 à pareille heure. Pour remédier à cette distraction, il faut retrancher 30″ de toutes les heures marquées.

— A Bologne en Italie, Cassini.

| A $6^h 48' 0''$... | commencement. Grandeur 5 doigts $\frac{1}{2}$. |
| 9 12 30 ... | fin. Voyez un ample détail de cette observation. *Anc. Mém. t. VII, p. 515.* |

— A Rome, Bianchini.

| A $6^h 51' 0''$... | commencement. |
| 9 16 45 ... | fin. Voyez le détail, *ibid, p. 517.* |

— A Macao, le P. Noël.

A $13^h 35' 52''$...	commencement.
16 3 44 ...	fin. Grandeur 5 doigts 20'. *Observ. Noël.*
13 36 40 ...	commencement.
16 3 22 ...	fin. *J. Cass. Ecl. Cass. ms.*

— A Pékin, le P. Antoine Thomas.

> A 13^{h}48′ ... commencement.
> 16 15 3o″... fin. *Ibid.*

Autres observations de la Lune.

Le 20 août, à Paris, à 8^{h}35′53″, passage au méridien du 1er bord de la Lune, 5′34″ ½ avant Saturne ; — hauteur méridienne du bord inférieur, 19^{d}0′3o″ ; — diamètre au méridien, 32′43″.

Le 21, passage du 1er bord à 9^{h}36′24″ ½ ; — hauteur méridienne du bord inférieur, 21^{d}58′0″ ; — diamètre dans le méridien, 33′11″. *Hir. mss.*

PLANÈTES.

Le 3 juillet, à 12^{h}1′55″, à Paris, Saturne médie à la hauteur de 18^{d}44′3o″. *Hir. ms.*

Ce même jour, opposition de Saturne à 23^{h}25′, t. m. mérid. de Londres, en ♄ 12^{d}19′. *Hall. Tab.* ; — ou à 23^{h}35′ mérid. de Paris, en ♄ 12^{d}29′24″, latitude boréale 0^{d}25′17″, suivant les observations de Flamsteed ; — mais, suivant les observations parisiennes, à 23^{h}45′, en ♄ 12^{d}29′52″, lat. 0^{d}25′14″. *Cass. Elém. d'Astr. p.* 417, 418.

Le 20 août à Paris, Saturne médie à 8^{h}41′27″ ½ ; haut. mérid. 18^{d}25′0″.

Le 21, passage au méridien à 8^{h}38′7″ ; hauteur mérid. 18^{d}24′45″.

Le 22, passage à 8^{h}34′49″ ; hauteur, 18^{d}24′3o″. *Hir. ms.*

Le 2 (et non pas le 6) octobre, Flamsteed a observé à Greenwich le passage de Saturne au méridien à 6^{h}5′3″, avec 15^{d}41′5o″ de hauteur. J. Cassini conclut de là le lieu de Saturne.

Ascension droite...	280^{d}19′	Sa déclinaison...	22^{d}52′5o″ A.
Sa longitude......	♄ 9 29 49″	Sa lat. boréale...	0 15 45

Élém. d'Astr. p. 379.

Saturne avoit passé 5′12″ avant ☉ ⊢→, et·10′26″ avant π, d'où Flamsteed conclut :

Ascension droite...	280^{d}19′10″	Déclinaison	22^{d}52′3o″
Longitude........	♄ 9 3o 0	Latitude......	0 16 4

Hist. cœl. Br. t. II. Append. p. 41.

— Le 9 février, opposition de Jupiter à 14^{h}46′ t. m. méridien de Londres, en ♌ 21^{d}42′5″. *Hall. Tab.* — ou suivant J. Cassini, d'après les observations de Flamsteed, à 14^{h}18′ mérid. de Paris, en ♌ 21^{h}42′15″, lat. bor. 1^{d}7′42″ ; — ou d'après les observ. de Paris, à 15^{h}3′ en ♌ 21^{d}43′3o″, lat. 1^{d}7′54. *Elém. d'Astr. p.* 417, 418 ; — ou enfin, suivant M. Jeaurat, à 14^{h}55′ t. m. mérid. de Paris, en ♌ 21^{h}42′22″.

Le 15 avril, à 7^{h}41′29″ ½ Jupiter est au méridien de Paris, haut de 58^{d}5′0″. *Hir. mss.*

Le 23 novembre, à 19^{h}37′18″, Jupiter au même méridien à la hauteur de

68

44ᵈ45′15″ (Cette hauteur est erronée, par la faute, sans doute du copiste. La hauteur méridienne de Jupiter devoit excéder 50 degrés). *Hir. ms.*

— Le 2 novembre, à 19ʰ9′. méridien de Paris, Mars étoit en ♌ 20ᵈ41′21″ avec 1ᵈ42′32″ de latitude boréale. *Cass. Elém. d'Astr. p.* 493.

— Le 10 juillet, à Paris, Vénus média à 2ʰ39′59″; hauteur mérid. 55ᵈ6′40″; elle étoit en conjonction avec Jupiter, qu'il ne fut pas possible de découvrir dans la lunette du mural. A 8ʰ20′, distance des deux planètes, 52′20″. A 8ʰ45′, différence d'ascension droite, 49′30″; différence de déclinaison, 0′17″. Jupiter précédoit et étoit plus austral. *Hir. ms.*

Le 15 juillet, Vénus médie à 2ʰ41′36″; hauteur, 52ᵈ53′0″. *Ibid.*

ÉTOILES.

χ du Cygne fut invisible depuis l'année précédente jusqu'au 30 juillet de cette année que Maraldi la découvrit. Elle diminua tellement ensuite qu'à peine pouvoit-on la voir à la vue simple. Elle augmenta bientôt après. — Le 12 août elle étoit de 6ᵉ grandeur; — le 20, elle égaloit les étoiles voisines de 5ᵉ grandeur; — le 30, elle étoit encore augmentée; — le 19 septembre, elle étoit un peu diminuée. Elle continua de s'affoiblir, jusqu'à ce qu'elle disparut entièrement vers le 16 octobre. *Duham. Hist. Acad. p.* 394, d'après Maraldi. *Cass. Elém. d'Astr. p.* 71, 72.

Kirch, le 12 octobre, ne la voyoit plus qu'avec une lunette de 2 pieds. Il la comparoit depuis plusieurs années à des étoiles télescopiques voisines dont il avoit dressé une carte, et qu'il avoit distinguées par des lettres latines et hébraïques. De ces comparaisons, il conclut que cette étoile avoit été de même grandeur le 11 janvier 1687 et le 25 novembre 1695; et que la révolution périodique de ses phases étoit de 405 jours. *Kirch. mss.*

Maraldi jugea qu'en 1695, son plus grand éclat avoit eu lieu le 31 août, et que, combinant cette observation avec plusieurs observations antérieures de Kirch, la période des phases de l'étoile étoit pareillement d'environ 13 mois et un tiers ou de 405 jours. *Duham.* — *Cass. ubi supra.*

Dès 1688, Kirch avoit borné la révolution de l'étoile à un an, un mois, une semaine. Comparant ensuite deux observations faites le 31 décembre 1686 et le 23 septembre 1694, il avoit étendu la période à 403 jours ³⁄₇. *Kirch. mss.* Il paroît que sa dernière détermination de 405 jours est la plus exacte.

χ Cygne.

Mai 14.....		invisible.
Juill. 30.....		il me semble voir la petite ★ du cou du Cygne, c'est la 1ʳᵉ fois depuis le mois d'août dernier. J'en doute pourtant encore. *Cass. ms.*
Août 1.....		on l'aperçoit plus distinctement.
2.....		de 6ᵉ gr.
3....		elle grossit.
7.....		encore plus belle.

Août	10.....	presque aussi grande que φ.
	11.....	égale φ.
	12.....	idem.
	18.....	un peu plus grande que φ.
	19.....	idem.
	20.....	plus brillante que le 18; augmente jusqu'au 25.
	29.....	égale α et β de la Flèche.
	30.....	plus grande que φ, plus petite que η.
Sept.	2.....	plus grande que φ, paroit diminuée.
	4.....	peu plus grande que φ.
	6, 7..	plus grande que φ.
	9.....	presque pas plus grande que φ.
	10.....	un peu plus grande que φ.
	11.....	tant soit peu plus brillante que φ.
	19, 21.	égale φ.
	25.....	moindre que φ.
	30.....	de 6e gr.

Elle diminue en octobre; le 10 elle est de 7e gr.

Oct.	14...	on la voit très foiblement.
	16...	très difficile à découvrir.
	31...	très petite.
Déc.	5...	on commence à la voir comme une des plus petites ★.
	22...	on ne la distingue pas encore bien.
	24...	on ne la voyoit pas encore distinctement.
	30...	on ne la voit pas encore.

SATELLITES.

Janv.	18 à $12^h51'14''$...	immersion du 1er sat. de Jupiter. Pékin, *Acta Erud.* 1699 *p.* 112.
	21	18 1 10...	immersion du 1er. Greenwich, *Hist. cœl. Br. t. II p.* 246.
		18 11 32...	*Cass. mss.*
	22	12 28 30...	le 3e commence à diminuer.
		12 31 0...	il est près de disparoitre entièrement; petit nuage. *Cassini ms.*
	entre	14 25 12 ⎰..	immersion du 2e; nuage dans l'intervalle. Paris,
	et	14 26 2 ⎱..	*Cass. ms.*
	23	12 39 15...	immersion du 1er.
Fév.	8	10 46 $\frac{1}{3}$ ...	le 1er touche Jupiter.
		10 53 $\frac{1}{3}$ ...	il est entré à l'ouest.

Fév.	8 à 10ʰ 13′ 23″ . . .	il commence à poindre.
	13 20 32 . . .	il est détaché (opposition le 9). Paris. *Cassini ms.*
9	8 35 30 . . .	le 2ᵉ touche à l'ouest.
	8 45 10 . . .	il est entré.
	10 2 0 . . .	le 3ᵉ touche à l'est.
	10 11 50 . . .	il est entré.
	10 24 30 . . .	le 1ᵉʳ commence à poindre.
	10 31 15 . . .	il se détache.
	11 45 5 . . .	le 2ᵉ est à moitié sorti.
	11 49 35 . . .	il est détaché.
	13 53 17 . . .	le 3ᵉ commence à poindre.
	14 5 23 . . .	il se détache. Paris. *Cassini ms.* Une faute de copiste sur l'heure de midi du 9 produit un doute, mais de peu de secondes, sur les temps du 8 et du 9.
15	15 6 33 ::.	émersion du 1ᵉʳ; verre humide; état de l'horloge peu assuré; lunette de 18 pieds. Paris. *Cass. ms.*
17	10 11 26 . . .	émersion du 1ᵉʳ. Bologne, Cassini. *Anc. Mém. t. VII p. 494.*
Mars 3	14 3 50 . . .	émersion du 1ᵉʳ. Bologne, Cassini. *Ibid.*
13	6 28 . . .	le 1ᵉʳ se détache à l'est.
	6 37 . . .	conjonction du 1ᵉʳ et du 2ᵉ.
	6 49 42 . . .	le 2ᵉ touche à l'ouest.
	6 56 . . .	il est entré.
	11 15 39 . . .	émersion du 3ᵉ; lunette de 18 pieds. Paris. *Cassini ms.*
27	14 22 . . .	conjonction du 1ᵉʳ et du 3ᵉ.
	15 18 35 . . .	émersion du 4ᵉ. Il disparoît aussitôt et ne se distingue bien que 5′ après; ♃ est dans les vapeurs. *Ibid.*
28	8 15 58 . . .	émersion du 1ᵉʳ ★★. *Ibid.*
Avril 4	8 1 30 . . .	émersion du 3ᵉ; lunette de 18 pieds. *Ibid.*
5	8 53 22 . . .	le 2ᵉ touche.
	9 7 24 . . .	il est entré.
7	8 25 27 . . .	émersion du 2ᵉ. Paris, *Cass. ms.*
	8 21 50 . . .	le 2ᵉ n'étoit pas encore entièrement affranchi de la pénombre. Greenwich, *Hist. cœl. Br. t. II p. 251.*
11	7 26 . . .	le 3ᵉ commence à poindre, sortant de ♃.
	7 36 34 . . .	il se détache.
	8 26 14 . . .	le 1ᵉʳ touche Jupiter à l'ouest.
	8 32 36 . . .	immersion du 3ᵉ, lunette de 18 pieds; ♃ n'est pas bien terminé.

Avril 11 à 12ʰ 3′ 8″...   émersion.

       12 10 53 ...   émersion du 1ᵉʳ, lunette de 18 pieds. Paris. *Cassini ms.*

       11 54 47 ...   émersion du 3ᵉ.

       12 2 55 ...   émersion du 1ᵉʳ. Greenwich, *Ibid.*

  14 11 2 43 ...   émersion du 2ᵉ. Paris, *Ibid.*

  18 12 21 20 ...   immersion du 3ᵉ. Greenwich, *Hist. cœl. Br. t. II p.* 252.

  20 8 28 41 ...   dans un hiatus des nuages, on voit le 1ᵉʳ qui étoit sorti de l'ombre, peut-être 20″ auparavant. Greenwich. *Ibid.*

  27 10 24 52 ...   émersion du 1ᵉʳ. Greenwich, *Ibid, p.* 253.

       10 32 59 ...   *Cass. mss.* ★.

       10 33 20 ...   même émersion. Paris, la Hire, *Hir. ms.*

       10 32 57 ...   on trouve cette même émersion observée à Paris par un anonyme. *Anc. Mém. t. VII p.* 503.

       11 13 22 ...   même émersion. Rome, place Saint-Marc, Cassini. *Ibid.*

  29 7 36 ¼ ...   conjonction des bords suivans du 3ᵉ et du 4ᵉ.

       10 43 ¼ ...   le 4ᵉ touche.

       10 50 ¼ ...   Cassini ne le voit plus, lunette de 34 pieds. *Cassini ms.*

Mai 9 8 11 0 ...   émersion du 2ᵉ. Paris. Le ciel n'étoit pas bien pur.

       8 50 52 ...   Rome, Cassini. *Anc. Mém. t. VII p.* 503.

       8 10 24 ...   le 2ᵉ n'est pas sorti.

       8 12 16 ...   il est sorti et déjà gros. Paris. *Cass. ms.*

  12 7 52 15 ...   le 1ᵉʳ touche Jupiter.

       8 0 15 ...   il est entré.

       10 15 53 ...   il commence à poindre.

       10 22 45 ...   il se détache. Paris. *Ibid.*

  14 11 8 10 ...   le 2ᵉ est à moitié entré dans Jupiter.

       11 13 ¾ ...   entrée totale. Paris. *Ibid.*

  16 10 47 44 ...   émersion du 2ᵉ; ♃ clair. Paris. *Ibid.*

  29 7 9 47 ...   émersion du 1ᵉʳ. Paris.

       7 50 38 ...   Rome. Lorsque Cassini le vit alors à Rome, il paroissoit déjà éclatant. Cassini avoit douté s'il ne le voyoit pas quelques secondes auparavant. *Anc. Mém. t. VII, p.* 503. A Paris, on n'a pu sans doute observer l'émersion du 1ᵉʳ satellite avant le coucher du Soleil; mais on l'a conclue d'un calcul corrigé. Il n'en est fait aucune mention dans *Cass. mss.*

Juin 4 à 8ʰ 5′5o″...   le 1ᵉʳ est déjà entré dans ♃.
         10 31 20 ...   il commence à poindre.
         10 38 4o ...   il se détache. Paris, *Cassini ms.*

        5   9 5 2 ...   émersion du 1ᵉʳ. Paris.
            9 46 20 ...   Rome, Cassini. *Anc. Mém. t. VII p.* 5o4.
            8 56 33 ...   Greenwich, *Hist. cœl. Br. t. II p.* 256.

       11   9 54 10 ...   le 1ᵉʳ touche.
           10 1 10 ...   il est entré complètement, lunette de 34 pieds. Paris.
                            Cass. ms.

       19   9 23   ).   Jupiter s'étant découvert, *le 4ᵉ sat. étoit sorti de*
          (= 9 21 10)\.   *l'ombre,* lunette de 18 pieds.
           10 23 o ...   ou un peu plus tard, immersion du 4ᵉ. Immersion
                            bien circonstanciée. Greenwich, *Hist. cœl. Br. t. II*
                            p. 257.

       28   9 4 12 ...   émersion du 1ᵉʳ, lunette de 27 pieds. Greenwich,
                            Ibid, p. 259.
            9 14 16 ...   ♃ trouble. Lunette de 18 pieds. Paris. *Cass. ms.*

Oct. 10 17 14 15 ...   immersion du 1ᵉʳ. *Cassini ms.*

      19 17 24 6 ...   immersion, lunette de 27 pieds. Greenwich, *Hist. cœl.*
                            Br. t. II p. 269.
          17 33 24 ...   Paris. *Tabl. de Jeaurat.*
          17 32 54 ...   lunette de 16 pieds; un nuage rend l'observation
                            douteuse. Paris. *Cassini ms.*

Nov.   2 17 25 52 ...   immersion du 1ᵉʳ, lunette de 27 pieds. Greenwich,
          à peu près...   *Hist. etc. p.* 271. Je n'ai pu deviner qu'à peu près
                            l'état de l'horloge.

Déc.   3 17 35 ½ ...   le 1ᵉʳ touche Jupiter.
          17 43 ½ ...   il est entré. Paris. *Cassini ms.*

FAITS.

Le célèbre Christian Huyghens, né à la Haye le 14 avril 1629, mourut le 8 juin
de cette année. Il fut un excellent géomètre. Il seroit difficile de le ranger dans la
classe des Astronomes : mais il a rendu à l'Astronomie un service des plus importans, en lui apprenant à mesurer le temps d'une manière bien supérieure à tout ce
que l'on avoit imaginé jusqu'alors, je veux dire, par l'invention des horloges à
pendule. Il fut le premier qui, d'après des observations multipliées, expliqua d'une
manière satisfaisante les phases de Saturne, au moyen d'un anneau, large, mais
très mince, qui environne cette planète. Ce fut aussi lui qui le premier découvrit le
quatrième satellite de Saturne.

— On fit frapper cette année une médaille en l'honneur de Jean-Dominique Cassini ; elle est figurée dans la description de la méridienne de Bologne.

— Charles XI, Roi de Suède, étant à Torno en 1694, vit le $\frac{14}{24}$ juin à $12^h 6'$ le Soleil, sortant d'un nuage, briller du plus grand éclat vers le nord. Cela le frappa, vu que, la latitude de Torno étant de $65^d 50' 50''$ (¹), il paroit que le Soleil devoit être alors presque en entier sous l'horizon. L'année suivante, 1695, ce prince envoya à Torno, Jean Bilberg et André Spol, qui le $\frac{10}{20}$ juin à minuit observèrent les $\frac{3}{4}$ du Soleil au-dessus de l'horizon. Remontant ensuite le fleuve, ils virent, le troisième jour à minuit, le Soleil élevé de plus de deux de ses diamètres au-dessus de l'horizon. Enfin, le $\frac{14}{24}$ juin à Kengis, par $66^d 15'$ de latitude, le Soleil leur parut élevé de trois de ses diamètres. Bilberg, dans un Ouvrage intitulé *Refractio Solis inoccidui, etc.* Holmiæ 1695 in $4°$ — *Ephem. Nat. curios., Dec. III, anno* 4. — *Acta Erudit.* 1697 p. 91. On suppose ici sans doute la latitude de Kengis plus foible qu'elle n'est réellement, mais il faut remarquer que les Suédois n'observoient pas à terre, mais sur l'eau, et qu'il est très probable que ce qu'ils prenoient pour l'horizon étoit de plusieurs minutes plus élevé que l'horizon véritable ; ce qui compense, au moins en partie, l'erreur sur la latitude. D'ailleurs, l'observation faite à Torno ne laisse aucun prétexte de douter que la réfraction horizontale vers le cercle polaire ne soit plus forte que dans nos climats.

1696.

Hauteur méridienne du Soleil à Nuremberg le 23 septembre : $40^d 3' 0''$; d'où Wurzelbau conclut que l'équinoxe est arrivé le 21 à $16^h 41' 52''$. *Bas. Astr. p.* 8, 10.

On a remarqué que la Lune a été en conjonction le 23 décembre avec Mercure, — le 24 avec le Soleil, — le 26 avec Saturne, Mars et Vénus, de sorte qu'un espace, moindre que l'étendue d'un signe, renfermoit alors le Soleil et toutes les planètes, excepté Jupiter qui étoit dans la Balance. *Duham. Hist. Acad. p.* 426.

PREMIÈRE ÉCLIPSE DE LUNE, LE 16 MAI.

Kirch en observa le commencement et l'immersion à Guben, mais il ne put s'assurer de l'état de sa pendule par des hauteurs d'étoiles ; les nuages y mirent obstacle ; et aussitôt après l'immersion, la pendule s'arrêta.

— A Nuremberg, Eimmart.

A $10^h 53' 47''$ (un peu avant)...	commencement.
11 56 30	immersion.

(¹) On supposoit même alors que Torno n'avoit que $65^d 43'$ de hauteur de pôle, et cela d'après quelques hauteurs du Soleil, auxquelles on avoit appliqué sans doute une réfraction trop foible.

A 13ʰ34′57″...   émersion.
14 48 40...   fin. Le demi diamètre de l'ombre étoit à celui de la Lune
                     comme 2000 à 985. *Lettre de Muller à de l'Isle.*

— A Greenwich.

A 10ʰ10′ 0″...   commencement.
11 10 30...   immersion.
12 53 20...   émersion.
13 54 20...   fin. *Hist. cœl. Brit. t. II p.* 303, 304; vers minuit, la Lune
                     fut absolument invisible.

— Cassini et la Hire à Paris furent très contrariés par les nuages. Voici les principales observations de Cassini.

10ʰ28′19″...   Deux doigts.
10 33 0...   Trois doigts.
10 46 38...   l'ombre au bord de *Plato.*
10 52 20...   au bord de *Tycho.*
10 53 20...   tout *Tycho* dans l'ombre.
10 57 45...   l'ombre au bord de *Menelaus.*
10 59 13...   tout *Menelaus.*
11 0 36...   l'ombre à *Plinius.*
11 12 0...   l'ombre au bord de *Mare crisium.*
11 18 42...   l'éclipse n'est pas encore totale.
11 19 20...   elle l'est maintenant.
11 51 32...   immersion d'une petite étoile.
12 25 8...   immersion d'une autre. Suivant le *mss.* il faudroit lire
                     12ʰ23′8″.
12 31 6...   émersion de la première.
12 31 34...   immersion d'une 3ᵉ.
13 8 0...   entre les nuages on voit que la Lune a recouvré quelque
                     lumière.

De ces observations, Cassini conclut les phases suivantes :

A 10ʰ19′20″...   commencement.
10 49 20...   immersion du centre.
11 19 20...   immersion totale.
13 3 20...   émersion.
13 33 20...   émersion du centre.
14 3 20...   fin. *De l'Isle mss.*

Voici maintenant l'observation de la Hire.

Temps corrigés.	Parties éclairées.	Phases de l'éclipse.
ʰ ′ ″	″ ′	d ′
10 29 45.....	25 30	2 12
10 34 15.....	22 19	3 25
10 38 45.....	19 47	4 23

Temps corrigés.	Parties éclairées.	Phases de l'éclipse.
h ′ ″	′ ″	d ′
10 43 15.....	17 53	5 7
10 50 5.....	14 20	6 29
10 52 35.....		commenc^t de l'immers. de *Tycho*
10 53 40.....		fin de *Tycho*.
10 57 55.....		*Menelaus*.
11 0 15.....	10 12	8 5
11 0 0.....		*Plinius*.
11 2 25.....	7 59	8 56
11 9 15.....	5 12	10 0
11 12 0.....		commenc^t de *Mare crisium*.
11 14 50.....	2 13	11 9
11 19 0.....		immersion.
13 9 0.....		11 15 par estime.
13 27 5.....	10 32	7 57
13 35 20.....	16 14	5 45
13 39 35.....	17 49	5 8
13 46 10	21 1	3 55
13 48 10.....	22 20	3 24½
13 44 10.....		Diamètre de la Lune : 31′12″.

De ces observations, la Hire conclut qu'on auroit dû observer :

A 10^{h}18′19″...   commencement.
  10 19 15 ...   immersion ; elle a été observée 15″ plus tôt.
  13 5 6...   émersion.
  14 5 51 ...   fin.

La Lune au milieu de l'éclipse étoit presque invisible. *Hir. mss.*

— A Tours, Nonnet.

A 10^{h}11′56″...   commencement.
  11 13 15 ...   immersion.
  12 53 25 ...   émersion.
  13 55 0 ...   fin. *De l'Isle mss.*

— A la Rochelle, le P. Maria.

A 10^h 3′ 0″...   commencement.
  11 5 0 ...   immersion.
  12 45 0 ...   émersion.
  13 46 30 ...   fin. *Ibid.*

— A Avignon, le P. Bonfa.

A 10^{h}28′27″...   commencement.
  11 31 49 ...   immersion.
  13 10 53 ...   émersion.
  14 24 20 ...   fin conjecturée. *Ibid.*

— A Arles, Davizard.

A 10ʰ 26′ 38″ . . .   commencement.
  11 28 8 . . .   immersion.
  13 9 30 . . .   émersion.
  14 11 46 ::.   fin. *Ibid.*

— A Marseille, Chazelles. Voici ses principales observations :

A 10ʰ 31′ 34″ . . .   commencement vis-à-vis *Galilæus*.
  10 35 29 . . .   l'ombre au milieu de *Grimaldus*.
  10 40 4 . . .   *Aristarchus* entre dans l'ombre.
  10 41 19 . . .   il est totalement entré.
  10 44 54 . . .   l'ombre à *Keplerus*.
  10 51 48 . . .   au milieu de *Copernicus*.
  10 58 30 . . .   *Plato*.
  11 5 22 . . .   milieu de *Tycho*.
  11 7 0 . . .   *Manilius*.
  11 10 10 . . .   *Menelaus*.
  11 13 20 . . .   *Plinius*.
  11 34 5 . . .   immersion à l'œil nu.
  11 34 30 . . .   immersion à une lunette de 4 pieds.
  13 14 22 . . .   émersion.
  13 18 57 . . .   *Grimaldus* sort.
  13 22 47 . . .   *Galilæus*.
  13 25 46 . . .   *Aristarchus*.
  13 29 27 . . .   *Keplerus*.
  13 39 57 . . .   *Plato*.
  13 42 11 . . .   milieu de *Tycho*.
  13 52 27 . . ·   *Manilius*.
  13 55 37 . . .   *Menelaus*.
  14 16 38 . . .   fin, douteuse à cause des nuages.

La Lune dans l'ombre fut presque invisible. *Chaz. ms.*

— A Rome, l'abbé Pighini, disciple de Montanari.

A 11ʰ 0′ . . . . .   commencement.
  12 1 . . . . .   immersion.
  13 45 . . . . .   émersion. *De l'Isle ms.*

— A Modène, le P. Fontana Théatin.

A 10ʰ 53′ 30″ . . .   commencement.
  10 57 10 . . .   l'ombre touche *Grimaldus*.
  11 2 3 . . .   elle couvre *Aristarchus*.
  11 13 16 . . .   elle touche *Copernicus*.
  11 20 27 . . .   elle touche *Plato*.
  11 26 0 . . .   elle touche *Tycho*.

11ʰ56′3o″... immersion.

13 35 o ... émersion, un peu douteuse. *De l'Isle mss.*

— A Madrid, le P. Kresa.

A 9ʰ55′2o″... commencement.

10 0 1 ... l'ombre au 1ᵉʳ bord de *Grimaldus*.

10 5 39 ... au 1ᵉʳ bord d'*Aristarchus*.

10 16 35 ... au milieu de *Copernicus*.

10 22 40 ... au bord de *Plato*.

10 29 21 ... au bord de *Tycho*.

10 31 38 ... au bord de *Manilius*.

10 35 9 ... à *Menelaus*.

10 38 24 ... à *Plinius*.

10 54 10 ... immersion.

12 37 12 ... émersion.

12 44 40 ... *Grimaldus* sort.

13 52 24 ... *Aristarchus*.

13 4 40 ... milieu de *Copernicus*.

13 8 2 ... *Tycho*.

13 18 55 ... *Manilius*.

13 25 13 ... *Plinius*.

13 40 6 ... fin. *De l'Isle ms.*

SECONDE ÉCLIPSE DE LUNE, LE 8 NOVEMBRE.

— A Guben, Kirch.

A 15ʰ54′58″... commencement, Régulus étant haut de 37ᵈ55′.

16 1 10 ... distance des cornes; 14′31″.

16 7 3o ... l'ombre au milieu de *Mons Porphyrites* (*Aristarchus*).

16 17 0 ... au milieu de *Mons Sinaï* (*Tycho*).

16 32 0 ... largeur de la partie non éclipsée 11′37″ = 4 doigts 14′.

16 54 0 ... il reste encore une petite partie non éclipsée.

15 54 3o ... immersion.

18 32 14 ... émersion.

18 41 36 ... partie non éclipsée 4′4″ = 1 doigt 29′.

18 52 50 ... la même 10′10″ = 3 doigts 42′½.

18 56 15 ... la même 11′37″ = 4 doigts 14′.

19 7 0 ... la même 17′26″ = 6 doigts 21′½.

Vers 13ʰ28′, le diamètre de la Lune avoit été trouvé de 33′7″. *Kirch. ms.*

— A Nuremberg, Eimmart.

A 16ʰ44′10″... immersion.

18 25 12 ... émersion; l'horloge, dit-il, est d'environ 1½ min. en défaut
sur la révolution du 1ᵉʳ mobile, *à revolutione primi
mobilis deficit. Lettre de Muller à de l'Isle.*

— A Nuremberg, Wurzelbau et à Strasbourg, apparemment Reichelt.

A Strasbourg.   A Nuremberg.

^{h} $'$ $''$	^{h} $'$ $''$	
15 47 4	15 58 57	tout *Ætna* (*Copernicus*) dans l'ombre.
16 1 30	16 13 50	*Lacus niger major* (*Plato*).
16 5 38	16 17 48	*Bysantium* (*Menelaus*).
16 8 38	16 20 35	*Insula cyanea*.
16 12 17	16 24 35	*Mons Herculis* (*Dionysius*).
16 19 53	16 32 25	commencement de *Palus Mæotis* (*Mare crisium*).
16 23 41	16 35 49	*Palus mæotis* totalement dans l'ombre. *Uran. Noric. p.* 68.

— A Greenwich, fin à $18^{h}34'57''$. *Hist. cœl. Brit. t. II, p.* 311.

— A une demi-lieue à l'est de Honfleur, De Glos détermina, avec de mauvais instrumens, le commencement à $14^{h}54'29''$, l'immersion à $15^{h}55'28''$. *De l'Isle. mss.*

— A Tours, Nonnet.

A 15^{h} 0′ 18″...	commencement.
15 10 25 ...	*Aristarchus*.
15 31 30 ...	*Manilius*, etc.
15 59 27 ...	immersion.
17 37 35 ...	émersion.
17 47 20 ...	*Aristarchus* sort.
18 0 15 ...	*Copernicus*.
18 0 50 ...	*Tycho*.
18 20 20 ...	*Plinius*, etc.
18 36 28 ...	fin de l'éclipse. *De l'Isle. mss.*

— A La Rochelle, le P. Tauzin.

A $14^{h}53'$ 0″...	commencement.
14 54 45 ...	*Grimaldus* est couvert.
15 4 30 ...	l'ombre touche *Aristarchus*.
15 9 12 ...	elle touche *Copernicus*.
15 10 45 ...	elle couvre *Copernicus*.
15 14 0 ...	elle touche *Tycho*.
15 26 0 ...	elle couvre *Manilius*, etc.
15 42 45 ...	commencement ⎱
15 47 15 ...	fin ⎰ de *Mare crisium*.
15 52 15 ...	immersion.
17 29 30 ...	émersion.
17 33 15 ...	*Grimaldus* tout hors de l'ombre.
17 42 30 ...	*Aristarchus* découvert.
17 47 0 ...	*Copernicus* découvert.
17 52 0 ...	*Tycho* de même.
18 4 0 ...	*Manilius* pareillement, etc.

A 18ʰ23′ 0″...   commencement ⎰ de *Mare crisium*.
18 27 30 ...   fin   ⎱
18 28 45 ...   fin de l'éclipse. *Ibid.*

— A Avignon, le P. Bonfa, commencement manqué.

A 15ʰ17′ 1″...   l'ombre à *Grimaldus*.
15 26 59 ...   à *Aristarchus*.
15 32 46 ...   à *Copernicus*.
15 47 40 ...   à *Manilius* et à *Plato*, etc.
16 7 0 ...   premier bord de *Mare crisium*.
16 15 56 ...   immersion.
17 51 26 ...   émersion.
17 57 44 ...   *Grimaldus* sorti.
18 4 58 ...   *Aristarchus*.
18 14 55 ...   *Copernicus*. Puis nuages, *Ibid.*

— A Marseille, Chazelles.

A 15ʰ17′30″...   commencement.
15 28 15 ...   l'ombre au milieu d'*Aristarchus*.
15 35 0 ...   au milieu de *Copernicus*.
15 39 25 ...   au milieu de *Tycho*.
15 50 0 ...   *Plato* entier et milieu de *Manilius*.
15 53 12 ...   *Menelaus*.
15 56 30 ...   *Plinius*.
16 7 48 ...   commencement de *Mare crisium*.
16 11 45 ...   *Mare crisium* entièrement dans l'ombre, etc.
16 17 40 ...   immersion.
17 53 40 ...   émersion.
17 57 25 ...   *Grimaldus*.
18 4 25 ...   *Aristarchus*.
18 14 30 ...   *Copernicus*.
18 16 38 ...   *Tycho*.
18 21 30 ...   *Plato*.
18 29 0 ...   *Manilius*.
18 32 0 ...   *Menelaus*.
18 37 0 ...   *Plinius*.

Nuages, crépuscule; et la Lune, haute de 2 degrés, se cache derrière les montagnes. *Chaz. ms.*

— A Bologne en Italie, Guillelmini.

A 15ʰ41′38″...   commencement.
16 42 50 ...   immersion.

L'émersion et la fin n'ont point été observées. On trouve dans *De l'Isle mss.* un très-ample détail de l'observation de cette éclipse : mais l'horloge s'est trouvée dérangée, de sorte qu'on ne peut tirer aucun parti de cette observation.

— A Madrid, les P.P. Jacques Kresa et Barthelemi Alcasar, professeurs royaux de mathématiques.

A $14^h42'56''$...   commencement.
14 49 47...   l'ombre à *Aristarchus.*
14 57 10...   à *Copernicus.*
15 1 9...   à *Tycho.*
15 11 13...   *Plato.*
15 13 15...   à *Manilius.*
15 15 58...   à *Menelaus,* etc.
15 41 40...   immersion.
17 17 36...   émersion.
17 21 52...   *Grimaldus.*
17 28 8...   *Copernicus.*
17 41 17...   *Tycho.*
17 45 9...   bord occidental de *Plato.*
18 18 7...   fin de l'éclipse. *De l'Isle mss.*

— A la Jamaïque, dans la ville de Saint-James, *in oppido S. Jacobi.*

A $9^h50'$......   commencement.
10 54......   immersion.
12 30......   émersion.
13 34......   fin. *Hist. cœl. Brit. t. II, p.* 311.

Autres observations de la Lune.

Le 12 août, à Paris, passage du centre de la Lune au méridien à $11^h50'31''$. Ascension droite du Soleil $143^d24'20''$; donc celle de la Lune, $321^d2'5''$.

Hauteur du bord supérieur de la Lune, observée $30^d33'0''$; — $1'15''$, pour corriger l'erreur de l'instrument; — $16'50''$ demi-diamètre, — $1'40''$ pour la réfraction; + $52'50''$ pour la parallaxe, hauteur vraie du centre $31^d6'5''$; donc déclinaison de la Lune, $10^d3'10''$, longitude $20^d13'0''$ du Verseau, latitude $4^d57'55''$. L'argument de la latitude étoit $2^s27^d\frac{1}{2}$; ajoutez donc $18''$, pour avoir la moindre inclinaison de l'orbite lunaire $4^d58'13''$. *Addit. aux Tables de Cass. pag.* 22.

— Le 6 novembre à Paris, le 1er bord de la Lune média à $9^h55'33''\frac{1}{2}$; son diamètre dans le méridien fut trouvé de $32'44''$.

Le 7, le même bord média à $10^h50'38''$; — hauteur méridienne du bord inférieur $55^d19'45''$; — diamètre au méridien $33'2''$. *Hir. mss.*

PLANÈTES.

Le 25 mai, à Paris, Saturne média à $15^h39'20''$; hauteur méridienne, $20^d20'$. Ascension droite du Soleil, $63^d45'18$; donc celle de Saturne est $298^d35'18''$;

réfraction, 2′37″; donc hauteur vraie 20^{d}17′23″; déclinaison 20^{d}52′27″; obliquité de l'écliptique, 23^{d}28′40″. Donc longitude de Saturne ♄ 26^{d}33′30″. Latitude 0^{d}0′8″. *Cass. Elém. d'Astr. p.* 386.

Opposition de Saturne le 15 juillet, à 3^{h}17′ t. m. mérid. de Londres, en ♄ 23^{d}51′. *Hall. Tab.* — ou, suivant J. Cassini, d'après les observations de Flamsteed, à 3^{h}16′, mérid. de Paris en ♄ 23^{d}50′50″; lat. austr. 0^{d}7′58″; — ou, d'après des observations parisiennes, en ♄ 23^{d}51′26″, lat. 0^{d}7′16″. *Elém. d'Astr. p.* 358, 359.

— Le 10 mars, Jupiter au méridien de Paris à 12^{h}5′14″ H; hauteur méridienne 45^{d}42′50″. *Hir. mss.*

Opposition de Jupiter le 11 mars, à 3^{h}47′ t. m. mérid. de Londres, en ♍ 22^{d}5′25″. *Hall. Tab.*, — en ♍ 22^{d}5′36″ selon M. Jeaurat, ou suivant J. Cassini, d'après les observ. de Flamsteed, — en ♍ 22^{d}5′48″, lat. bor. 1^{d}33′25″, à 3^{h}26′ mérid. de Paris; — et d'après les observations parisiennes à 4^{h}28′ en ♍ 22^{d}8′23″, lat. bor. 1^{d}34′10″. *Elém. d'Astr. p.* 417, 418.

Opposition de Mars le 20 février à 9^{h}0′ t. m. mérid. de Londres, en ♍ 2^{d}18′4″. *Tab. Hall.* — ou suivant J. Cassini, d'après les observations de Flamsteed à 9^{h}1′, mérid. de Paris en ♍ 2^{d}18′8″, et sur l'orbite même de Mars en ♍ 2^{d}17′40″. *Elém. d'Astr. p.* 472.

Le 22 juin à 9^{h}27′, Jupiter et Mars sont dans le même azimut, Jupiter plus boréal que Mars de 37′37″. *Hir. ms.*

— Le 3 août à Paris, Vénus au méridien à 23^{h}29′36″$\frac{1}{2}$; hauteur méridienne, 61^{d}5′50″.

Le 4, passage à 23^{h}31′53″, hauteur mérid. 60^{d}46′20″, conclue de ce que 8′32″$\frac{1}{2}$ plus tard, la hauteur a été observée de 60^{d}45′30″. *Hir. mss.*

Le 1 septembre, à 0^{h}58′, conjonction supérieure de Vénus en ♍ 9^{d}52′55″, lat. bor. 1^{d}21′20″. *Cass. Elém. d'Astr. pag.* 561.

Le 25 novembre, à 4^{h}56′, à Paris, Vénus précède Mars à un fil horaire de 30′20″ de temps ou de 7^{d}35′; Mars est plus méridional de 2′.

Le 30 nov. à 4^{h}37′27″, Vénus passe 19′57″$\frac{1}{2}$ avant Mars; différence de déclinaison, 1′18″ de temps, ou de 19′30″ de degré, dont Vénus étoit plus méridionale; ainsi la variation de la déclinaison a été de 20′ en 5 jours.

Le 3 décembre, Vénus passe à 4^{h}42′39″, 13′44″ avant Mars; différence de déclinaison, 1′47″ de temps.

Le 4 décembre, à 8^{h}39′46″$\frac{1}{2}$, Vénus passe 11′37″ avant Mars; différence de déclinaison, 1′47″$\frac{1}{2}$ de temps. Cette différence de déclinaison, d'après le *ms*, me paroit bien incertaine, peut-être faute de copiste. Elle paroîtroit de 2′7″.

Le 7 décembre à 4^{h}56′18″, Vénus sort du quarré 5′17″ avant Mars; différence de déclinaison 1′53″ de temps (1′54″ suivant le *ms*.).

Le 12 décembre à 5^{h}26′14″, Mars sort 5′7″ avant Vénus; différence de déclinaison 1′18″; Vénus toujours plus australe. Donc conjonction de Mars et de Vénus en ascension droite le 9 à 18 heures et un quart.

Ces observations sont de Cassini. Les deux premières sont dans *Anc. Mém. t. II,* p. 291; toutes sont dans *Reg. de l'Acad.* Le 25 novembre, il faut lire que Mars étoit plus méridional que Vénus de 2″ (de temps, ou 30″ de degré) si l'on veut trouver que la déclinaison de Mars à Vénus a varié de 20′ (de degré) du 25 au 30 et par conséquent de 4′ par jour, comme cela est dit expressément dans les deux ouvrages cités. Il pourroit s'être aussi glissé quelque erreur de copiste dans l'une au moins des deux dernières différences de déclinaison.

Ces différences de déclinaison sont mesurées par l'intervalle de temps écoulé entre les passages d'une des deux planètes par le fil horaire et par un fil oblique formant avec le fil horaire un angle de 45^d, l'autre planète suivant le fil parallèle à l'équateur. Ainsi, lorsque ces différences sont réduites en fractions de degré, il faut les multiplier par le cosinus de la déclinaison de la planète, pour les convertir en parties de grand cercle.

— Le 20 décembre, vers 19 heures ou peu après, Cassini observa le passage de Mercure par un fil horaire $1^h 13' 52''$ avant le passage du Soleil par le même fil. *Reg. de l'Acad.* et *Anc. Mém. t. II, p.* 292.

Vers $19^h 20'$ . . .	$1^h 12' 52'' \frac{1}{2}$ avant le coucher du Soleil et il n'y a pas de faute de copiste.
7 21 $1'' \frac{1}{2}$ . .	☿ sans faute de copiste.
8 32 43 . . .	bord précédent du Soleil.
8 35 5 . . .	bord suivant.
8 34 54 . . .	centre.
1 13 52 $\frac{1}{2}$ . .	diff. d'ascension droite.

ÉTOILES.

Observations de Mira Ceti.

Fév. 4	elle est de 5e gr.
7	égale μ Ceti.
11	plus brillante que α ♓, presque égale à γ.
13	un peu plus brillante que γ.
16	plus brillante que γ.
19	elle croît; elle est plus brillante que γ, plus faible que α.
24	presque égale à α.
Mars 1, 4.	A peu près égale à α.
10	égale α. Paris. *Cassini ms.*

Observations de χ Cygne.

Sept. 20, 21.	presque égale à l'informe sa voisine.
27	toujours plus petite que l'informe.
30	très petite.
Oct. 3	toujours de même.
19	on ne peut s'assurer si elle paroît. Paris. *Cassini ms.*

SATELLITES.

Janv.   1 à 14ʰ39′20″...   émersion du 3ᵉ Sat. de Jupiter. Greenwich, *Hist. cœl.*
                            Br. t. II, p. 279.

    8   15 15 10 ...   immersion du 3ᵉ. Lunette de 16 pieds.
        18 32 30 ...   émersion. Greenwich, *Hist. cœl. Br. t. II, p.* 280.

    10 17 21 38 ...   on voit le 1ᵉʳ encore gros; nuages.
        17 23 8 ...   il ne paroissoit plus; entre les nuages. Paris *Cass. ms.*

    15 10 39 ⅔ ...   conjonction du 2ᵉ et du 3ᵉ. *Ibid.*

    16 13 23 50 ...   immersion du 2ᵉ. Lunette de 18 pieds. *Ibid.*

    17 19 13 14 ...   le 1ᵉʳ s'affaiblit.
        19 14 43 ...   immersion; fort crépuscule. Lunette de 18 pieds. *Ibid.*

    23 15 44 12 ...   immersion du 2ᵉ. Greenwich, *Hist. cœl. Br. t. II,*
                            p. 282.

    26 15 23 43 ...   immersion du 1ᵉʳ, lunette de 16 pieds. *Ibid p.* 284.

    28   9 51 46 ...   immersion du 1ᵉʳ, lunette de 27 pieds, *Ibid p.* 285.

    30 18 28 10 ...   immersion du 2ᵉ, lunette de 18 pieds.
        18 55 ½ ...   conj. du 1ᵉʳ et du 3ᵉ; le 3ᵉ est plus austral; distance :
                            2 diamètres du 3ᵉ sat. *Ibid.*

Fév.   4 11 54 8 ...   immersion du 1ᵉʳ, lunette de 18 pieds. *Ibid.*

    12 11 27 ⅔ ...   le 1ᵉʳ touche.
        11 37 10 ...   il est entré.
        11 33 ¼ ...   le 1ᵉʳ touche.
        11 42 ¾ ...   il est entré. *Cass. ms.*

    13   8 9 57 ...   immersion. Cassini croit l'avoir vu jusque-là. ♃ étoit
                            encore dans les vapeurs; lunette de 34 pieds. *Ibid.*

        11 7 34 ...   immersion du 3ᵉ.

        11 7 44 ...   Cassini croit le voir encore, mais n'en est pas sûr.
         8 14 52 ...   le 1ᵉʳ est encore dans l'ombre. Paris, *Cass. ms.*

    17 12 37 ½ ...   conj. du 2ᵉ et du 4ᵉ; le 4ᵉ est plus boréal; distance :
                            ½ diamètre de Jupiter.
        12 51 44 ...   le 2ᵉ diminué beaucoup.
        12 53 30 ...   entre dans l'ombre.
        12 53 42 ...   il disparoit; lun. de 18 pieds. *Cass. ms.*

    18 10 14 ½ ...   le 2ᵉ touche.
        10 24   ...   entré, lunette de 18 pieds *Cass. ms.*

                                                        70

Fév. 19 à 10^{h}55′ $\frac{1}{2}$ ... le 1er se détache. *Cass. ms.*

   20 9 0 0″... immersion, *Hist. cœl. Br. t. II p.* 291.

   25 10 32 ... le 4e étoit éclipsé.
      13 23 31 ... émersion.
      13 33 ... il touche Jupiter.
      13 47 ... il est à moitié entré.
      14 1 ... il est entièrement entré. Brouillard. Lun. 34 pieds.
           Paris, *Cass. ms.*

   27 12 5 38... immersion du 1er.
      12 5 43... Cassini croit le voir encore. Paris, *Cass. ms.*

Mars 2 9 48 $\frac{2}{3}$ ... le 3e touche Jupiter.
     10 8 $\frac{2}{3}$ ... il est entré, à l'est.
     13 2 10... il commence à paroitre.
     13 17 $\frac{2}{3}$ ... il est détaché, Paris, *Cass. ms.*

    7 8 29 40... immersion du 1er.
     10 48 56... on commence de le voir.
     10 54 42... il est détaché. Paris, *Cassini ms.*

   13 7 11 24... Cassini croit voir le 4e sortant de l'ombre, mais n'en
           est pas sûr; il croit le voir de même jusqu'à
           7^{h}18′41″, heure où l'émersion est certaine. Paris,
           Cass. ms.
      9 35 $\frac{1}{2}$ ... le 2e touche.
      9 47 $\frac{1}{4}$ ... il est entré entièrement.
     12 36 20... émersion.
     12 40 $\frac{1}{2}$ ... il se détache.
     13 3 $\frac{1}{2}$ ... le 1er touche.
     13 11 $\frac{1}{2}$ ... il est entré.
     15 27 15... il touche.
     15 33 $\frac{1}{2}$ ... il se détache. Paris, *Cass. ms.*

   14 10 9 ... le 1er touche.
     10 19 ... il est entré.
     12 40 36... émersion.
     12 43 40... il se détache. Paris, *Ibid.*

   16 7 9 49... émersion du 2e; ♃ n'est pas trop bien terminé. Paris,
           Ibid.

   21 14 37 59... peu avant, émersion du 1er. Paris, *Hir. mss.*

   23 9 5 51... émersion du 1er. Paris, *ibid.*
      9 5 31... Cassini, lunette de 18 pieds. *Cass. ms.*

Avril   6 à 12^{h}59′13″...   émersion du 1er. Paris, *Cass. ms.*

14   8   2 $\frac{3}{4}$ ...   le 2e touche Jupiter.
       8 14 $\frac{3}{4}$ ...   entré.
     12 24   9 ...   émersion, lunette de 18 pieds. Paris, *Cass. ms.*

15   9 33 52 ...   émersion du 1er.
     8 27 $\frac{1}{6}$ ...   le 4e touche.
   12 16 $\frac{1}{4}$ ...   commence à sortir.
   12 25 $\frac{1}{4}$ ...   détaché, lunette de 18 pieds. Paris, *Cass. ms.*

22   11 12   8 ...   émersion du 1er, lunette de 16 pieds. Greenwich,
                      Hist. cœl. Br. t. II p. 301.

      8   3   ...   le 1er touche.
      8 12   ...   il est entré.
   11 21 45 ...   émersion? ♃ pas bien clair, lunette de 18 pieds.
                      Cass. ms.

23   7 52 $\frac{3}{4}$ ...   le 1er se détache.
     7 53 $\frac{3}{4}$ env.   conj. du 1er et du 2e comme un point long : le 2e au
                      nord. Paris, *Ibid.*

29   13 17 31 ...   émersion du 1er. ♃ un peu trouble. Paris, *Ibid.*

Mai   1   7 46 55 ...   immersion du 1er; lunette de 18 pieds; grand jour.

5   10 22 $\frac{2}{3}$ ...   conj. du 1er et du 3e.

7   9   2 25 ...   le 1er touche.

9   9 51 40 ...   le 3e est à moitié sorti.
     9 59 10 ...   il est sorti.
   11 10 57 ...   immersion; lunette de 18 pieds. Ciel pas tout à fait
                      clair. Paris, *Cass. ms.*

10   9   4 30 ...   le 4e touche Jupiter.
   12 46 30 ...   il se détache. Paris, *Ibid.*

24   8   1 27 ...   émersion du 1er, lunette de 18 pieds; 4″ ou 5″ plus tôt,
                      dans la lunette de 34 pieds. Paris, *Cass. ms.*

31   9 55 28 ...   émersion du 1er. Paris, *Hir. mss.*
     9 55 24 ...   lunette de 34 pieds.
     9 55 35 ...   lunette de 18 pieds. Paris, *Cass. ms.*

Juin 22   9 13 $\frac{1}{4}$ ...   le 1er touche.
     9 21 $\frac{1}{4}$ ...   il est entré. Paris, *Ibid.*

Juin 23 à	9ʰ 56′ 40″................			émersion du 1ᵉʳ. Greenwich. *Hist. cœl. Br. t. II p.* 304.
	10 5 16................			la même à Paris. *Hir. mss.*
	10 4 56................			lunette de 18 pieds.
	10 4 59......			lunette de 36 pieds; l'œil fatigué. Paris, *Cass. ms.*
24	8 45 0................			le 2ᵉ à moitié entré sur Jupiter.
	8 50 ½................			il est entré dans ♃. Paris, *Cass. ms.*
28	9 42			le 3ᵉ touche.
	9 54 env.............			il est entré; ♃ est trouble. Paris, *Cass. ms.*
Juill. 9	8 17 37 ou mieux 8ʰ20′59″.			émersion du 1ᵉʳ; encore grand jour.
10	9 5 ½	»	9 9 ½..	le 2ᵉ touche.
	9 16 ½	»	9 26 ...	il est entré.
12	8 21 15	»	8 23 29 .	le 2ᵉ est encore dans l'ombre.
	8 22 15	»	8 23 29 .	le 2ᵉ étoit sorti. Paris, *Cass. ms.*
	8 24 0................			temps de l'horloge et peut-être temps vrai, émers. du 2ᵉ. Paris, *Jeaur. Tab.*
Déc. 13	18 21 56................			le 1ᵉʳ est certainement entré dans l'ombre. Greenwich. *Hist. cœl. Br. t. II p.* 314. Lunette de 27 pieds.

Satellites de Saturne.

Août 31	9 4		conj. du 4ᵉ sat. de ♄. Il est au sud de la planète.

FAITS.

Cette année fut la dernière du célèbre Richer : nous avons parlé, sur l'an 1671, de son voyage à Cayenne, et de la découverte qu'il y fit de l'accourcissement du pendule sous l'équateur, découverte qui a immortalisé son nom, découverte qui a fourni à Newton et à Huyghens une preuve de l'aplatissement de la terre aux pôles; découverte qu'on peut regarder comme la base de tout ce qui a été fait depuis pour déterminer la figure de la terre.

1697.

ÉCLIPSE DE SOLEIL, LE 20 AVRIL.

Elle fut observée par le P. Gerbillon à Ning-ya, près la grande muraille de la Chine.

Commencement, le Soleil haut de 19ᵈ 58′, donc à 19ʰ 4′.

Fin, le Soleil haut de $43^d 53'$, donc à $21^h 10'$. Grandeur 11 doigts $\frac{1}{2}$. On ne vit aucune étoile. *Voy. de Prév. t. VIII, p.* 16.

— Wurzelbau, à Nuremberg, détermina ainsi les équinoxes, *Bas. Astron. p.* 8, 10.

Mars 19,	haut. mérid. du Soleil........		$40^d 24' 45''$
» 20	»	....	40 48 25
Sept. 21	»	....	40 55 50
» 23	»	....	40 8 30

Donc : équinoxe de printemps le 19 mars à........ $9^h 0' 8''$
équinoxe d'automne le 21 septembre à.....   22 30 54

PREMIÈRE ÉCLIPSE DE LUNE, LE 5 MAI.

Le commencement seul en étoit visible dans les parties occidentales de l'Europe, et je ne vois pas qu'on l'ait observé ailleurs qu'à Paris : on s'y étoit cependant préparé; mais le mauvais temps rendit les préparatifs inutiles.

A Paris, à $16^h 27'$, la Lune n'étoit pas encore éclipsée. *Hir. ms.* — A $16^h 26'$, Cassini doutoit si elle n'étoit pas commencée. — A $16^h 27'$, la Lune disparoit totalement dans les nuages. *Cass. ms.*

A $17^h 27' 25''$, la Lune parut manquer à l'endroit où l'on attendoit le commencement de l'éclipse, ou commencement réel de l'éclipse; presque aussitôt la Lune entra dans un nuage et se coucha peu après. *Anc. Mém. t. II, pag.* 322. — *Duham. Hist. Acad. p.* 461.

SECONDE ÉCLIPSE DE LUNE, LE 29 OCTOBRE.

Kirch, à Guben, fit peu d'observations; il fut traversé par les nuages.

A $8^h 10'$	...	l'éclipse fut de 8 doigts $19'$.
8 20 $\frac{1}{2}$	...	de 8 doigts $5'$.
9 4 $45''$	...	hauteur de la Lyre, $33^d 49'$.
9 27 30	...	l'éclipse est presque finie.
9 28 0	...	fin bien certaine. *Kirch. ms.*

— A Nuremberg, Eimmart.

A $7^h 6' 12''$	...	commencement.
8 28 55	...	9 doigts $50'$, plus grande phase.
9 51 39	...	fin. *Lettre de Muller à de l'Isle.*

— A Rotterdam, Jacques Cassini ne put observer le commencement à cause des nuages. Le même obstacle ne lui permit d'observer que l'émersion d'un petit nombre de taches : il suppléa à cet inconvénient en observant le passage des bords de la Lune et des cornes de l'éclipse par le fil horaire et les fils obliques du réticule d'une lunette parallactiquement montée. Voyez le détail de ces observations dans *Anc. Mém. t. VII, p.* 544 *et suiv.* Il observa la fin de l'éclipse à $9^h 21' 34''$.

— A Greenwich.

A $6^h 19' 40''$...	on distingue à peine le bord de la Lune.
6 22 40 ...	l'éclipse paroit commencée.
7 49 ...	grandeur 8 doigts 48' de (?) la partie australe.
9 2 20 ...	fin. Voyez un ample détail. *Hist. cœl. Brit. t. II, p.* 334.

— A Chester, Halley.

A $6^h 8' 3o''$...	commencement.
8 49 3o ...	fin. Grandeur 8 doigts $\frac{2}{3}$. *Phil. Trans. n°* 235, *p.* 784.

A Paris, nuages presque continuels. Vers $9^h 9'$, l'éclipse étoit encore de $\frac{3}{4}$ de doigt, autant qu'on a pu le juger à travers les nuages, qui se succédoient sans cesse ; et vers $9^h 14'$, il ne restoit plus qu'une pénombre assez épaisse. *Hir. mss.*

— A Tours, Nonnet.

A $6^h 19' 52''$...	commencement.
6 38 32 ...	immersion de *Schikardus*.
8 51 12 ...	émersion de *Menelaus*.
9 5 32 ...	fin de l'éclipse. *De l'Isle mss.*

Horloge corrigée sur de bonnes hauteurs correspondantes, prises le lendemain.

— A Saintes, le P. Tauzin compta sur les oscillations d'un pendule simple l'intervalle entre les phases de l'éclipse.

A $6^h 10' 49''$...	commencement.
6 18 15 ...	l'ombre couvre *Aristarchus*.
6 19 13 ...	elle couvre *Galilœus*.
6 27 11 ...	» *Grimaldus*.
6 28 49 ...	» *Plato*.
6 36 27 ...	» *Copernicus*.
6 5o 52 ...	» *Manilius*.
7 5 37 ...	commencement de *Mare crisium*.
7 15 57 ...	fin de *Mare crisium*.
7 31 21 ...	commencement de *Mare nectaris*.
7 4o 57 ...	*Gassendus*.
7 51 9 ...	*Grimaldus*.
8 7 41 ...	*Keplerus*.
8 16 45 ...	*Aristarchus*.
8 43 55 ...	*Plato*.
8 54 35 ...	*Mare crisium*.
8 58 1 ...	fin de l'éclipse.

Les lignes *Gassendus* à *Mare crisium* sont accolées : } sont sortis de l'ombre.

De ce moment, on a compté les oscillations jusqu'au passage de γ de la **Grande** Ourse par le méridien, et depuis ce passage jusqu'à celui de δ de la même constellation ; et de ce compte on a conclu : 1° la valeur précise des oscillations du pendule, 2° l'heure vraie de la fin de l'éclipse, et en remontant, celle de toutes les autres phases. *De l'Isle mss.*

— A Avignon, le P. Bonfa.

A 6ʰ 38′ 46″...   commencement.
  9 21 34...   fin. Grandeur 7 doigts 54′. *Ibid.*

— A Marseille, de Chazelles.

Phases.	Immersions.	Émersions.	Phases.	Immersions.	Emersions.
	h ′ ″			h ′ ″	h ′ ″
Commencement.....	6 41 38		*Copernicus*, 2ᵉ bord..	7 6 25	8 36 50
Aristarchus, 1ᵉʳ bord.	6 48 40	8 41′ 23″	*Gassendus*..........	7 15 48::	8 11 15
» 2ᵉ bord.	6 49 30	8 42 27	*Manilius*...........	7 17 49	8 59 19
Keplerus..........	6 54 57		*Menelaus*..........	7 21 20	9 0 31
Grimaldus, 1ᵉʳ bord..	6 56 27	8 14 56	*Plinius*............	7 24 51	9 4 24
» 2ᵉ bord..	6 59 28	8 18 23	*M. crisium*, 1ᵉʳ bord..	7 33 24	9 9 35
Plato.............	6 59 28	9 7 17(¹)	» 2ᵉ bord.. Nuages.		9 19 35
Copernicus, 1ᵉʳ bord..	7 3 45	8 35 12	Fin.................		9 23 57

L'éclipse a commencé vers *Aristarchus* et a fini entre *Messala* et *Hermes*. *Chaz. mss.*

— A Albano, Bianchini.

A 9ʰ 46′......   *Mare crisium* entièrement sorti.
  9 52......   fin. — *Anc. Mém.*, t. VII, p. 554.

— A Madrid.

A 6ʰ 4′ 25″...   commencement.
  8 40 22 ...   fin de l'émersion de *Mare crisium*.
  8 46 34 ...   fin de l'éclipse. *Ibid. pag.* 553, 554, ou
  8 46 52 ...   id.   *Duham. Hist. Acad.* p. 465.

— A Nan-chang, métropole de la province de Kiang-si, en Chine, latitude 28ᵈ 40′. Le P. Noël.

A 14ʰ 0′ 51″...   commencement, temps vrai, l'horloge corrigée sur 7 hauteurs d'étoiles prises entre 12ʰ 56′ et 16ʰ 12′. On avoit de la peine à distinguer la véritable ombre de la pénombre.
  14 57 39 ...   *Mare crisium* commence à entrer dans l'ombre.
  15 5 37 ...   immersion totale de *Mare crisium*.
  16 46 34 ...   fin de l'éclipse clairement observée. Grandeur : 8 doigts 50′.
            Observ. P. Noël.

(¹) Entièrement sorti.

Autres observations de la Lune.

OBSERVATIONS DE LA HIRE.

Dates.	Bord de ☾ au méridien.	Centre de ☾ au mérid.	Hauteur app. du bord de ☾.	Diamètre de ☾ au mérid.
Mars 30........	7ʰ 7′ 55″½ occ.		sup. 56ᵈ 52′ 30″	30′ 5″
Juin. 10........	17 22 12½ or.	17ʰ 21′ 6″ H	37 2 50	31 50
Juill. 9........	16 56 28		45 14 0	31 53
» 27........	6 53 49 occ.	6 54 38½ H	23 35 45	29 34
Sept. 27........	9 41 39		inf. 32 55 0	32 44
Oct. 27........	10 14 26½		46 16 0	33 32
» 28........	11 10 55	11 12 5 H	50 4 30	33 46
Nov. 25........	9 46 20		52 11 0	33 19

Hir. mss.

Autres observations de la Lune.

Le 1 août, à Paris, passage du 1ᵉʳ bord au méridien à 11ʰ 16′ 4″½; donc passage du centre à 11ʰ 17′ 13″.

Ascension droite du Soleil, 132ᵈ 33′ 30″; donc celle de la Lune, 301ᵈ 57′ 45″.

Hauteur méridienne du bord supérieur, corrigée de l'erreur de l'instrument, 23ᵈ 26′ 10″; — demi-diamètre 16′ 7″; — réfraction 2′ 3″; — parallaxe 52′ 20″; — donc déclinaison 15ᵈ 9′ 30″.

Donc longitude 0ᵈ 45′ 30″ (des Poissons); latitude 4ᵈ 58′ 25″. — Comme l'argument de la latitude est de 2ˢ 26ᵈ 40′, si l'on ajoute 32″ à la latitude trouvée, on aura 4ᵈ 58′ 57″ pour la plus petite inclinaison de l'orbite; résultat auquel on peut se tenir, quoiqu'il s'en faille de 6ᵈ que le Soleil ne soit à 3 signes de distance du nœud. *Addit. aux Tabl. de Cass.* p. 22.

Le 28 octobre, passage du centre de la Lune au méridien, à 11ʰ 12′ 7″ (c'est aussi ce que nous avions conclu de l'observation de la Hire; mais cet astronome a cru devoir déterminer 11ʰ 12′ 5″ pour l'heure du passage). — η des Poissons avoit précédé la Lune de 12′ 31″. Hauteur apparente du centre de la Lune : 50ᵈ 21′ 45″; d'où l'on conclut la longitude de la Lune en 23ᵈ 58′ 45″ (du Bélier); latitude (boréale) 0ᵈ 33′ 56″.

Le 29, passage du centre à 12ʰ 10′ 56″½; — hauteur appar. du centre, 54ᵈ 30′ 42″. Donc longitude 9ᵈ 49′ 40″ du Taureau; — latitude (australe) 0ᵈ 53′ 29″. Donc le nœud descendant étoit en 0ᵈ 8′ (0ᵈ 7′ 53″) du Taureau. *Ibid.* p. 34.

PLANÈTES.

Passage de Mercure sur le disque du Soleil, les 2 et 3 novembre.

A Vienne, le comte Marsigli a fait l'observation suivante, le ciel étant serein :

Dans la première colonne, les hauteurs du Soleil sont corrigées de la réfraction, et pour faire cette correction, le comte Marsigli a employé les réfractions de Riccioli. La 2ᵉ colonne contient les temps vrais conclus, pour le 3 au matin, des hauteurs précédentes.

La 3e, la distance de Mercure au bord le plus voisin du Soleil, en parties telles que le demi-diamètre du Soleil en contient 10000.

La 4e enfin contient les mêmes distances que nous avons réduites en minutes et secondes de degré en supposant le demi-diamètre du Soleil de $16'11''\frac{1}{2}$.

Hauteurs du Soleil.	Heures conclues.	Distances de ☿ au bord du Soleil.	Les mêmes en fractions de degré.
$8^d\ 49'$	$8^h\ 12'\ 24''$	3 070	$4'\ 58'',25$
9 58	8 21 0	2 625	4 15,02
11 11	8 30 8	2 300	3 43,45
12 23	8 39 20	1 850	2 59,73
13 11	8 46 0	1 550	2 30,58
13 50	8 51 20	1 350	2 11,15
14 26	8 56 40	1 100	1 46,86
15 22	9 4 20	700	1 18,00
15 39	9 6 40	550	0 53,43
17 0	9 18 56	sortie de Mercure vers 77^d du nadir.	

Danub. Pannon, t. I parte 2 *Astronomica. page* 47, 48. — Dans *Reg. de l'Acad.* cette observation est attribuée à (Jean-Christophe) Muller, différent de Muller, gendre d'Eimmart. Le comte Marsigli dit expressément qu'il l'a faite à Vienne. Il est cependant certain, d'après toutes les autres observations du passage de Mercure, que cette observation n'a pu être faite à Vienne. Muller avoit été envoyé par Marsigli en Hongrie pour déterminer la position géographique des principaux lieux de ce royaume; y auroit-il observé le passage de Mercure, tandis que Marsigli l'observoit à Vienne; et celui-ci auroit-il, par inadvertance, substitué l'observation de Muller à la sienne?

— A Hervelsing, village situé à un mille au nord d'Ulm, Jacques Honold et Michel Scheffelt observèrent le contact intérieur des limbes le 2 à $20^h35'51''$, à 75^d du nadir du Soleil. *Acta Erud.* 1697, *p.* 90.

— A Nuremberg, Wurzelbau trouva, à $19^h34'$, la distance de Mercure au centre du Soleil de 2425 parties telles que le demi diamètre du Soleil en contient 3180, ou de $12'24''\frac{1}{4}$ en supposant le demi diamètre de $16'16''$; une ligne, tirée par les centres du Soleil et de Mercure, faisoit au centre du Soleil un angle d'un degré au-dessous de la ligne horizontale passant par ce centre. De là, Wurzelbau conclut que la latitude australe de Mercure étoit de 2003 parties $= 10'15''$, et la différence de longitude de 1367 parties $= 7'0''$. Donc si le Soleil étoit en ♏ $11^d35'24''$, Mercure étoit en ♏ $11^d28'24''$.

A $20^h43'34''$ ($20^h43'19''$ suivant *Duham. Hist. Acad. p.* 509 cité sans réclamation par Wurzelbau *Stabilim. Uranies Noricœ pag.* 6) le bord occidental de Mercure touche le bord occidental du Soleil; à $20^h45'36$ ($20^h45'21''$ *Duham, ibid.*) Mercure sort et disparoit, $16^d\frac{1}{2}$ au dessous de la ligne horizontale passant par le centre; donc latitude australe 1714 parties ou $8'46''$ ($8'48''$ *Duham, p.* 510) et différence de longitude $13'42''$ ($13'30''$ *Duham*). Donc si le Soleil est en ♏ $11^d38'24''$, Mercure sera en ♏ $11^d24'42''$. Mercure a parcouru sur le Soleil une trop petite partie de son orbite pour que Wurzelbau ose en déduire les élémens de cette orbite. *Acta Erud.* 1697, *pag.* 86 *et sequ.* Diam. de Mercure, $11''$.

71

— A Rotterdam, Cassini le fils, à $20^h 18'$, observa Mercure à une distance du bord du Soleil un peu moindre que son diamètre ; et des nuages survinrent. *Anc. Mém. tome VII pag.* 556.

— Cassini et Maraldi, à Paris, à $19^h 25' 58''$, trouvèrent la différence d'ascension droite entre les centres du Soleil et de Mercure de $11' 52''$, et celle de déclinaison de $6' 20''$, Mercure plus occidental et plus austral. Donc, longitude de Mercure, ♏ $11^d 28' 35''$, latitude $0^d 9' 35''$ australe. ($0^d 9' 33''$ *mss*). Donc Mercure en ♏ $11^d 26' 15''$, lat. $0^d 9' 3''$.

A 20^h $2' 45''$ ($44''$ *mss.*) ou $20^h 3'$.   différence d'ascension droite : $15' 30''$; de déclin : $4' 42''$. Lunette de 18 pieds.

20   8 38 . . . .   contact intérieur.

20 10 24 . . . .   contact extérieur. Donc

20   9 31 . . . .   sortie du centre.

Alors latitude $8' 58''$; différence de longitude entre les centres : $13' 26''$. Lieu du Soleil, conclu directement des observations, ♏ $11^d 39' 19''$; donc lieu de Mercure ♏ $11^d 25' 53''$. — A $19^h 24' 58''$, il étoit en ♏ $11^d 28' 35''$. Donc en $44' 33''$ il a rétrogradé de $2' 42''$, et dans ce même intervalle de temps le Soleil a avancé de $1' 51''$. Donc en $44' 33''$ de temps, le mouvement de Mercure au Soleil a été de $4' 33''$. Or $4' 33'' : 13' 26'' :: 44' 33'' : 2^h 11' 26''$ ($2^h 11' 32''$ seroit plus exact.) Donc conjonction à $17^h 58' 5''$, ☿ en ♊ $11^d 33' 50''$, lat. austr. $10' 42''$ appar.

Cassini conclut aussi la demi durée du passage de $1^h 58' 13''$, l'entrée du centre de Mercure à $16^h 13' 5''$, de la conjonction au passage par le nœud, $13^h 37' 10''$, etc. Inclinaison apparente, $7^d 18' 20''$; milieu du passage, $18^d 11' 18''$; lieu héliocentrique du ☊, $14^d 42' 11''$ du ♉. Inclinaison vraie héliocentrique, $6^d 23'$.

Diamètre de Mercure, $8''$. — *Phil. Trans. n.* 245 *p.* 372. — *Duham p.* 468, 469. — *Reg. de l'Acad. J. Cass.* — *Elém. d'Astr. p.* 597 *et suiv.*

— Observation de la Hire, à Paris.

A $19^h 36' 20''$ . . .   plus courte distance du centre de Mercure au bord occidental, $2' 21''$; assez bonne observation.

19 41 20 . . .   différence des passages de Mercure et du bord occidental par un fil horaire : $17''$.

19 44 20 . . .   même différence : $10''$ (cette observation n'est pas exacte).

19 46 20 . . .   plus courte distance au bord occidental, $1' 43''$, bonne observation.

19 48 50 . . .   différence des passages, etc. : $10''$.

Numéros des obs.	Heures.	Haut. du bord sup. du ⊙.	Heures.	Haut. du centre de ☿.	Longitude de ☿.	Lat. austr. de ☿.
I....	$19^h 53' 10''$	$6^d 14' 15''$	$19^h 54' 33$	$6^d 13' 20''$	♏ $\begin{cases} 11^d 22' 14'' \\ 11\ 27\ \ 7 \end{cases}$	$9' 9''$
II...	$19\ 55\ 59$	$6\ 36\ 30$	$19\ 57\ 19\frac{1}{2}$	$6\ 35\ 40$	$\begin{cases} 11\ 22\ 15 \\ 11\ 27\ \ 6 \end{cases}$	$9\ 22$

Numéros des obs.	Heures.	Haut. du bord sup. du ☉.	Heures.	Haut. du centre de ☿.	Longitude de ☿.	Lat. austr. de ☿.
III...	19ʰ 58′ 40″	6ᵈ 58′ 35″	20ʰ 1′ 37″½	7ᵈ 11′ 20″	{ 11ʰ 21′ 54″ } { 11 26 45 }	9′ 7″
IV...	20 2 26	7 29 20	20 3 43	7 28 15	11 26 51	9 7
V....			20 4 59	7 38 50	11 26 21	8 45
VI...	20 8 53	{ le centre } { de ☿ sort. }		8 10 45	{ 11 26 23 } { 11 21 32 }	9 7
	20 11 12	8 40 0				

Diamètre estimé, 15″ environ.

Il faut, dit la Hire, voir dans mon recueil d'observations et de notes tout ce calcul, c'est-à-dire le procédé par lequel la Hire, des hauteurs du Soleil et de Mercure déduit la longitude et la latitude de cette planète. Nous n'avons pas trouvé ce recueil; mais la méthode de la Hire est exposée fort au long dans les registres de l'Académie; et c'est de là que nous avons extrait les longitudes et les latitudes de la Table précédente. Dans les mss de la Hire, les longitudes I et II sont moindres de 4′53″, et les III et VI de 4′51″; les deux autres sont omises. Ces déterminations sont trop disparates de celles qui ont été établies par les autres astronomes.

— A Tchao-Tcheou, dans la province de Canton en Chine, le P. de Fontaney a observé la sortie totale le 3 à 3ʰ48′44″. *Hist. de l'Acad.* 1699, *pag.* 85.

Passage des Planétes au méridien, par la Hire.

Saturne.

Dates.	Centre au méridien.	Hauteurs méridiennes.	Dates.	Centre au méridien.	Hauteurs méridiennes.
Juill. 27...	12ʰ 0′ 9″ H	21ᵈ 34′ 25″	Sept. 17...	8ʰ 35′ 12″	20ᵈ 48′ 50″
Sept. 8...	9 8 50	20 53 40	23...	8 12 58½	20 45 50
10...	9 1 19½	20 52 33	26...	8 2 0½	20 46 0·
11...	8 57 33¼	20 52 0	27...	7 58 11	20 46 0
12...	8 53 48	20 51 20	Oct. 10...	7 10 54	20 45 30
13...	8 50 3½	20 50 50			

Jupiter.

Dates.	Centre au méridien.	Hauteurs méridiennes.	Dates.	Centre au méridien.	Hauteurs méridiennes.
Avril 7...	12 55 40 H	33 54 45	Mai 14...	9 40 26 H(⁴)	35 25 0
11...	11 59 10 H	34 5 50	15...	9 36 12¼(⁵)	35 26 40
Mai 10...	9 57 27½(¹)	35 17 45	16...	9 31 57¾(⁶)	35 28 15
11...	9 53 11¼(²)	35 19 40	18...	9 23 28¾	
13...	9 44 42(³)	35 23 15			

Le 16 mai, la hauteur de l'Epi ou de α de la Vierge fut trouvée de 31ᵈ27′25″. Le 18 mai, la Hire marque 31ᵈ37′35″ pour hauteur de Jupiter; c'est une erreur manifeste du copiste, qui aura probablement confondu la hauteur méridienne de l'Épi avec celle de Jupiter.

(¹) 1′29″½ après α ♍. — (²) 1′9″ après α ♍. — (³) 28″½ après α ♍. — (⁴) 10″ après α ♍. — (⁵) 9″ avant α ♍. — (⁶) 2″ avant α ♍.

Vénus.

Dates.	Centre au méridien.	Hauteurs méridiennes.	Dates.	Centre au méridien.	Hauteurs méridiennes.
	$2^h\ 37'\ 14''$ H	$55^d\ 3'\ 15$		$1^h\ 30'\ 15\frac{1}{2}''$	$64^d\ 46'\ 45''$
Mars 10...			Juin 9...		
Avril 13...		66 29 30	11...	1 19 0$\frac{1}{2}$	64 24 0
14...	3 1 22 H	66 41 20	Sept 13...	21 3 20	58 19 20
Juin 4...	1 55 20$\frac{1}{2}$ (1)	65 39 0	15...	21 4 48$\frac{1}{2}$	58 1 45
7...	1 40 49$\frac{3}{4}$ (2)	65 8 10	Oct. 2...	21 18 16	53 36 45
8...	1 35 39	64 57 30	Nov. 6...	21 40 15	39 29 0

Vers $18^h\frac{2}{3}$, γ♍ avoit passé par un vertical $1'12''$ avant Vénus; la distance de la planète à l'étoile étant de $2^d26'$.

Au mois de juin, la Hire a observé le premier bord de Vénus au mural, et à l'heure de ce passage il a ajouté le 4 juin $2''$, et $2''\frac{1}{2}$ les autres jours, pour avoir le passage du centre.

— Le 30 septembre, conjonction de Vénus et de α du Lion.

A $17^h58'$ ...   plus courte distance, $56'4''$; Vénus plus australe que l'étoile.

18 15   ...   Vénus passe par un fil horaire $3'35''$ avant l'étoile; donc elle a $53'45''$ d'ascension droite moins que l'étoile.

Si donc Régulus étoit alors en ♌ $25^d37'35''$ et $27'6''$ de latitude boréale, Vénus étoit en ♌ $24^d55'8''$, latitude australe $9'32''$.

— Le 10 nov. à 18 6 11$\frac{1}{2}$..   Vénus haute d'env. 19^d passe par un vertical.

18 8 9$\frac{1}{2}$..   α de la Vierge passe par le même vertical.

18 18 15$\frac{1}{2}$..   le centre de la Lune y passe, 3^d environ plus bas que l'étoile.

18 3 5   ...   la distance de l'étoile au bord précédent de la Lune étoit de $3^d3'$.

(Il paroît que ce vertical étoit une tour, *per verticalem turris*, dit la Hire : or cette tour étoit-elle bien verticale dans toutes ses parties ?)

Mercure.

Dates.	Heures.	Astres.	Azimut.	Hauteur.
Fév. 23.	$6^h\ 37'\ 50''$	♂	$86^d\ 5'\ 10''$ du S à l'O	$2^d\ 37'\ 30''$
Nov. 15.	18 43 35$\frac{1}{2}$	☿	60 15 du S à l'E	9 50 30
17.	18 49 37	☿	58 10 55 id	10 37 20
18.	18 47 39	☿	même vertical	10 13 40
	18 53 3	♃ (centre)	id	7 8 20 plus courte dist. de ☿ à ♃ : $4^d7'$.
	19 40 30	☉ (centre)	id	
24.	17 58 11	♀	id	12 55 30 *Hir. mss.*

Les hauteurs sont toujours apparentes, si l'on n'avertit du contraire.

---

(1) Diamètre au mérid. $0'55''$. — (2) Diamètre au mérid. $1'0''$.

— Opposition de Saturne, le 27 juillet à $9^h 21'$ t. m. mérid. de Londres, en ♒ $5^d 19' 30''$. *Hall. Tab.* — ou à $9^h 36'$ mérid. de Paris en ♒ $5^d 19' 45''$, latitude aust. $0^d 40' 15''$, d'après les observations de Flamsteed; — mais d'après celles de Paris à $9^h 43'$ en ♒ $5^d 20' 15''$, lat. $0^d 40' 56''$. *Cass. Elém. d'Astr. p.* 358, 359.

— Opposition de Jupiter, le 10 avril, à $17^h 18'$, t. m. mérid. de Londres en ♎ $21^d 59' 52''$. *Hall. Tab.* — ou en $21^d 59' 24''$ suivant M. Jeaurat. — J. Cassini, d'après les observations de Flamsteed, détermine cette opposition à $17^h 36'$ mérid. de Paris en ♎ $22^d 1' 27''$, latitude boréale $1^d 34' 58''$, — ou, d'après les observations de Paris, à $17^h 32'$ en ♎ $22^d 1' 15''$, lat. $1^d 35' 22''$. *Elém. d'Astr. p.* 417, 418.

ÉTOILES.

La variable de la Baleine parut avoir atteint son plus grand éclat le 24 janvier et le 30 décembre 1697, et le 27 novembre 1698. On avoit commencé à voir cette étoile à l'œil nu le 31 décembre 1696; — le 24 et le 26 janvier suivants, elle égaloit presque α de la même constellation. *Kirch. ms.* Cassini ne put la découvrir que le 13 janvier, et elle étoit alors de la 3e grandeur, ce qui le surprit, cette étoile ne parvenant ordinairement que par degrés à cette grandeur.

o Ceti.

Janv.	14....	un peu plus brillant que α ϗ.
	15....	égale γ.
	19....	plus brillante que γ.
	21....	presque égale à β ϒ.
	26....	à peu près égale à β ϒ.
	30....	item, beaucoup moindre que α Ceti.
	31....	de même.
Fév.	19....	un peu moindre que β ϒ.
Mars	7....	beaucoup plus foible que γ, plus foible que ξ ::.
	13....	plus brillante que δ et plus brillante que α ϗ.
Déc.	10....	on commence à la voir à la lunette, mais très difficilement.
	12....	on ne peut pas la voir.
	13....	item.
	15....	Cassini croit la voir.
	22....	invisible, clair de Lune.
	23....	un peu plus foible que ξ ϗ.
	31....	plus brillante que ξ ϗ, plus foible que δ Ceti, égale à ν ϗ.

Paris. *Cassini ms.*

χ du Cygne.

Oct.	21....	ne paroit pas encore
	27....	on la voit quoique foiblement, malgré le clair de Lune.
	30....	un peu plus brillante que l'informe voisine.

Nov.	3.......	un peu plus brillante que φ.
	4......	plus brillante que φ.
	6......	plus brillante que φ, plus foible que η, un peu plus brillante qu'une de la Flèche;
	8, 10....	égale η à peu près.
	15......	paroît augmentée depuis le 9, environ égale à η.
	17......	encore un peu augmentée, égale η.
	18......	égale η.
	23......	un peu plus foible que η.
Déc.	4......	très peu plus brillante que φ.
	8......	au plus égale à φ.
	12......	égale au plus l'informe.
	15, 18, 23.	moindre que l'informe.
	31......	on ne la voyoit plus. Paris. *Cass. ms.*

SATELLITES.

Janv.	14 à $14^h 45' 5''$...	immersion du 1er sat. de Jupiter.
	18 20 $\frac{1}{2}$ ...	il se détache. Paris. *Cass. ms.*
	30 12 55 39...	immersion du 1er, lunette de 16 pieds. Paris, la Hire. *Hir. mss.*
Fév.	6 14 48 0...	immersion du 1er. *id. Ibid.* même lunette.
	14 48 5...	id. *Cass. ms.*
	22 13 3 19...	immersion du 1er. Paris. La Hire. *Hir. mss.* même lunette.
	13 3 0...	ciel pas bien clair. *Cass. ms.*
Mars	1 14 47 9...	immersion du 1er, lunette de 16 pieds. Greenwich, *Hist. cœl. Brit. t. II p.* 316.
	6 12 9 44...	émersion du 3e, lunette de 34 pieds.
	12 39 45...	il touche; nuages ensuite, *Cass. ms.*
	8 16 52 43...	immersion du 1er. Paris, la Hire. *Hir. mss.*
	16 52 57...	lunette de 17 pieds.
	15 31 ...	conj. du 4e, 3 de ses diamètres au nord. *Cass. ms.*
	10 11 22 6...	immersion du 1er. *Hir. mss.* (¹).
	13 10 1 $\frac{1}{2}$ ...	conj. du 1er et du 3e, le 1er au nord.
	13 44 47...	immersion du 3e. *Cass. ms.*
	14 11 1 23...	immersion du 2e, lunette de 16 pieds. Greenwich. *Hist. cœl. etc., p.* 318.
	11 12 50...	même immersion observée à Paris suivant *M. Jeaurat.*

(¹) Suivent, sur le ms. de Pingré, quelques nombres relatifs à la même immersion et qui paraissent tirés des ms de Cassini (G. B.).

Mars 14 à 11ʰ12′18″...   lunette de 18 pieds.
      11 12 48 ...   lunette de 16 pieds. *Cass. ms.*

   20   17 33 45 ...   immersion du 3ᵉ, lunette de 27 pieds. *Hist. cœl. etc.*
                             p. 318.

   21   13 49 41 ...   immersion du 2ᵉ, lunette de 18 pieds.
        13 50 21 ...   lunette de 34 pieds. *Cass. ms.*

   27   10 49 40 ...   conj. du 2ᵉ et du 3ᵉ. *Ibid.*

Avril 2   11 26 38 ...   le 1ᵉʳ a certainement disparu. Greenwich, *Hist. cœl.*
                             etc., p. 319.

      18   12 8 48 ...   ♃ sortant d'un nuage, le 1ᵉʳ et le 3ᵉ sortis de l'ombre
                             sont encore foibles et en conjonction. *Cass. ms.*

      25   14 4 21 ...   émersion du 1ᵉʳ, ♃ clair, lunette de 34 pieds.
           14 5 36 ...   ♃ trouble, lunette de 18 pieds. *Cass. ms.*

      27   8 25 25 ...   émersion du 1ᵉʳ, Greenwich, *Hist. cœl. etc.*, p. 322.
            8 36 5 ...   le 4ᵉ n'est pas encore en conjonction, mais il n'en est
                             pas éloigné. *Ibid.*
            8 33 48 ...   émersion du 1ᵉʳ, observée aussi à Paris par la Hire.
                             La Hire. ms.
            8 33 11 ...   id. lunette de 34 pieds.
            8 33 44 ...   id. lunette de 18 pieds. *Cass. ms.*

Mai 10   10 30 55 ...   émersion du 2ᵉ, lunette de 34 pieds.
          10 31 21 ...   lunette de 18 pieds.
          11 2   ...   conj. du 1ᵉʳ et du 2ᵉ. *Cass. ms.*

     11   11 58½ ...   le 1ᵉʳ est à moitié entré.
           8 22⅚ ...   il est entré. *Cass. ms.*
          12 24 40 ...   émersion du 1ᵉʳ. *La Hire ms.*
          12 17 40 ...   même émersion à Tours (apparemment par Nonnet).
                             Ibid et *Cass. ms.*
          12 23 42 ...   lunette de 34 pieds.
          12 23 40 ...   (apparemment 12ʰ24′40″) lunette de 18 pieds, Paris.
                             Cassini ms.

     13   8 46   ...   le 3ᵉ touche.
          11 24   ...   il sortoit.
          11 33   ...   il se détache. *Cass. ms.*

     14   12 56 56 ...   émersion du 2ᵉ, lunette de 16 pieds. Greenwich,
                             Hist. etc., p. 323.

     17   13 5 30 ...   émersion du 2ᵉ, lunette de 34 pieds.
          13 5 38 ...   lunette de 18 pieds. *Cass. ms.*

Mai 20 à 8ʰ51'25″... le 1ᵉʳ étoit sorti de l'ombre; des nuages légers, couvrant ♃ par intervalles, empêchèrent de saisir le moment précis de l'émersion; la Hire croit qu'on peut le fixer à 8ʰ51'0″ de l'horloge ou à 8ʰ49'15″ temps vrai. Paris, *Hir. ms.*

24 8 2 2... émersion du 3ᵉ, lunette de 34 pieds.
   11 11   ... le 2ᵉ touche.
   11 19 ½ ... conjonction du 1ᵉʳ et du 3ᵉ. Le 1ᵉʳ est boréal.
   11 21   ... le 2ᵉ totalement entré à l'ouest. *Cass. ms.*

26 8 13   ... le 2ᵉ sortoit de Jupiter.
   8 20   ... il se détache.
  10 19   ... le 1ᵉʳ touche, lunette de 34 pieds.
  10 28   ... il est entré. *Cass. ms.*

27 10 35 45... émersion du 1ᵉʳ. Tours, *Hir. ms.*

31 8 15   ... le 3ᵉ se détache. Paris. *Cass. ms.*
  9 29 58... immersion du 3ᵉ.
 11 51 17... émersion, lunette de 16 pieds. Greenwich, *Hist. etc.*, p. 324.
  9 42 43... immersion, lunette de 34 pieds.
 11 59 36... émersion, même lunette. *Cass. ms.*

Juin 2 10 43   ... le 2ᵉ se détache à l'ouest.
  12 7   ... le 1ᵉʳ touche ♃ *qui est l'ombre? Cass. ms.*

3 9 14 ⅓ ... le 1ᵉʳ touche Jupiter.
  9 21 ⅓ ... il est entré.
 12 35 55... émersion, lunette de 34 pieds.
 12 36 32... lunette de 15 pieds.
 12 35 56... lunette de 18 pieds. *Cassini ms.*
 12 27 33... émersion du 1ᵉʳ, lunette de 16 pieds. Greenwich, *Hist. etc.*, p. 325.

4 8 49   ... le 1ᵉʳ commence à sortir.
  8 55 ⅚ ... il se détache. *Cassini ms.*

7 8 51   ... le 3ᵉ touche.
  9 6   ... entré entièrement.
 11 43   ... il se détache. *Ibid.*

9 10 21   ... le 2ᵉ touche.
 10 34   ... entrée totale. *Ibid.*

19 10 42 45... émersion du 1ᵉʳ, même lunette. Greenwich, *Hist. etc.*, p. 325. Chazelles observa cette même émersion au camp devant Barcelone que nos troupes assiégeoient.

Juin 19 à 10^{h}50′ ... de l'horloge, le satellite n'étoit pas sorti de l'ombre.

11 57 48″... Jupiter sort d'un nuage, et le satellite paroit, mais très-petit. Chazelles croit que ce pouvoit être le moment de l'émersion. *Chaz. ms.* L'horloge avançoit à peu près de 4′48″.

25 9 33 ¼ ... Chazelles au même camp; le 3e satellite est sorti du disque de Jupiter, et semble encore le toucher.

9 41 42 ... le 1er satellite est distant du disque d'un de ses diamètres.

9 49 40 ... le 1er touche le disque, le 3e en est distant d'un de ses diamètres. *Chaz. ms.*

Juill. 4 8 23 ⅔ ... le 2e touche Jupiter.

8 30 2 ... il est entré.

9 53 ⅙ ... le 1er sort de Jupiter.

10 0 ⅔ ... il se détache. *Cass. ms.*

5 9 6 39 ... émersion du 1er. Camp de Barcelone, *Chaz. ms.*

9 1 15 ... même émersion à Tours. *Hir. ms.*

13 9 31 49 ... immersion du 3e.

9 32 44 ... émersion du 2e. *Cass. ms.*

20 9 1 ½ ... le 1er sort entièrement de ♃ qui est l'ombre. (?)

28 9 22 52 ... émersion du 1er, douteuse à cause des nuages et du voisinage de l'horizon. Paris, *Hir. ms.*

9 21 2 ... lunette de 34 pieds.

9 21 46 ... lunette de 18 pieds, heure plus incertaine que de coutume; ♃ mal terminé, on peut omettre cette observation. *Cass. ms.*

Août 13 7 42 11 ... émersion du 1er, grand jour et ciel brouillé. *Cass. ms.*

1698.

ÉCLIPSE DE SOLEIL LE 10 AVRIL.

L'abbé Bruneau, prêtre du diocèse de Chartres, étant à la Martinique, et probablement à St Pierre, écrivit à Bégon, Intendant à Rochefort, que n'ayant pas prévu cette éclipse, il n'avoit fait aucun préparatif pour l'observer, qu'à 3 heures et quelques minutes elle avoit été centrale et annulaire; que la largeur de l'anneau étoit, à la vue, d'un demi-doigt; qu'il a duré 4 minutes, ou environ; qu'à sa lueur, on eut toutes les peines du monde à lire de suite quelques lignes du Journal des Savans années 1665, 1666, quoique imprimé en fort gros caractères. On vit un très grand nombre d'étoiles de la 1re, 2e et 3e grandeur; Orion surtout et le grand Chien parurent fort distinctement. Un missionnaire Jacobin, alors en mer, assura à l'abbé Bruneau qu'à 200 lieues à l'est de la Martinique, il avoit vu l'éclipse annulaire et les étoiles. *Journ. des Sav.* 1701 *p.* 181, 182.

Le P. Labat, *Voyage aux îles de l'Amérique, t.* IV *p.* 89 *et suiv.* dit que l'éclipse fut *totale* à St Pierre sur les 3 heures après midi.., que le Soleil fut entièrement caché, à la réserve d'un cercle qui paroissoit autour, de 3 à 4 pouces de large : le peu de lumière qui restoit avoit quelque chose de triste et d'effrayant. On voyoit à 25 ou 30^d autour du Soleil les étoiles comme en pleine nuit. A mesure que les deux astres se dépassoient, la lumière revenoit, et le corps du Soleil sembloit sautiller ou trembler et se mouvoir très violemment à mesure que la Lune s'en éloignoit.

Ce sautillement n'existoit bien certainement que dans les yeux éblouis des spectateurs. Cette éclipse fut sans doute presque totale à St Pierre, et non pas annulaire, la Lune étant alors presque périgée : mais le petit filet de lumière, qui bordoit environ la moitié du disque solaire, put, par un effet du même éblouissement, paroitre environner le disque entier.

<h3 align="center">Passages de la Lune au méridien par la Hire.</h3>

Dates.	Passages du bord.	Haut. mérid. du bord.	Diamètre au méridien.	Passages du centre.
Fév. 17...	occ. 5^h 46$'$ 12$''\frac{3}{4}$	inf. 57^d 29$'$ 35$''$	32$'$ 34$''$	
21...	9 29 31$\frac{1}{2}$	56 55 30	31 37	
Mars 4...	or. 18 3 31$\frac{1}{2}$	21 32 20	29 54	18^h 2$'$ 26$''$
Avril 28...	14 56 5	sup. 22 1 0	29 34	14 55 0
Oct. 12...	occ. 6 30 46$\frac{1}{2}$	inf. 24 3 40	30 15	6 31 52
13...	7 19 10$\frac{1}{2}$	26 26 45	30 40	
Nov. 11...	6 48 26$\frac{1}{2}$	31 32 0	31 10	

<h2 align="center">PLANÈTES.</h2>

<h3 align="center">Leurs passages par le méridien observés par La Hire.</h3>

<h4 align="center">*Saturne.*</h4>

Dates.	Passage du centre.	Sa hauteur méridienne.		Dates.	Passage du centre.	Sa hauteur méridienne.
Août 8...	12^h 2$'$ 43$''\frac{1}{4}$ (1)	24^d 16$'$ 40$''$	‖	Nov. 11...	5^d 58$'$ 21$''\frac{1}{2}$ (2)	23^d 27$'$ 45$''$
Nov. 4...	6 25 28	23 22 15	‖			

<h4 align="center">*Jupiter.*</h4>

Dates.	Passage du centre.	Sa hauteur méridienne.		Dates.	Passage du centre.	Sa hauteur méridienne.
Fév. 9...	17 56 49$\frac{1}{2}$	22 29 35	‖	Juin 8...	9 58 26$\frac{1}{2}$	24 42 30
Mai 12...	12 0 4 H	23 57 0	‖	15...	9 27 0	24 51 45

<h4 align="center">*Mars.*</h4>

Dates.	Passage du centre.	Sa hauteur méridienne.
Avril 22...	9 54 3 H	43 40 30

---

(1) 3$'$59$''$ avant γ♄. — (2) 2$'$40$''$ après ι♄.

Vénus.

Dates.	Passage du centre.	Sa hauteur méridienne.	Dates.	Passage du centre.	Sa hauteur méridienne.
	h ' "	d ' "		h ' "	d ' "
Août 1...	1 52 49 $\frac{1}{4}$	51 2 20	Nov. 3...	3 14 35	14 40 0
2...	1 53 27 $\frac{1}{4}$	50 33 25	4...	3 15 28 $\frac{1}{2}$	14 38 0
Oct. 11...	2 49 46 $\frac{1}{2}$	18 24 20	10...	3 20 12 $\frac{1}{2}$	14 41 30
12...	2 50 54 $\frac{1}{2}$	18 7 30	11...	3 20 54	14 44 20
24...	3 4 26 $\frac{1}{2}$	15 35 30	21...	3 25 7 $\frac{3}{4}$	15 46 10
25...	3 5 32	15 27 0	24...	3 25 21 **H**	16 16 15
29...	3 9 45	14 59 30	27...	3 24 51 $\frac{1}{2}$	
Nov. 2...	3 13 40 $\frac{1}{2}$	14 42 45	Déc. 2...	3 23 17	17 57 50

Mercure.

Dates.	Heures.	Azimut.	Hauteur.	Remarques.
	h ' "	d ' "	d ' "	
Mai 19...	8 57 44	57 18 10 du N à l'O	5 59 30	
24...	8 35 9	62 53 35 id.	10 21 0	
26...	9 2 44 $\frac{1}{2}$	58 14 45 id.	6 34 30	
29...	8 58 5	59 23 40 id.	6 56 0	
30...	8 44 8	61 49 20 id.	8 42 30	
Nov. 2...	18 17 50	69 5 10 du S à l'E	8 59 40	
3...	18 16 27	même azimut	8 28 30	Dist. de ☿ à α Vierge : 5ᵈ52'. ☿ et l'★ sont presque dans le même cercle (apparemment le même almicantarat), ☿ cependant un peu plus bas.
4...	18 15 17	id.	7 56 0	
5...	18 14 12	id.	7 19 30	Dist. de ☿ à l'Epi : 7ᵈ32' ; ☿ plus bas que l'★ d'env. 2ᵈ.
9...	18 8 5	id.	4 38 30	Dist. de ☿ à l'Epi : 12ᵈ28', l'★ étant haute de 12ᵈ.
9...	18 32 5	64 33 50 du S à l'E	8 11 30	La Hire avertit ici qu'en cette observation et en celles des jours suivans, l'azimut étoit de q. q. minutes plus oriental qu'il n'est marqué, *ce qu'on peut corriger, dit La Hire, par les différences.*
10...	18 34 40	64 33 50	7 30	
11...	18 34 31	même azimut	6 55 50	
12...	18 33 46	id.	6 0 30	Obs. un peu douteuse.
13...	18 32 23	id.	5 15 0	id.
17...	18 53 31	60 33 30 du S à l'E	5 21 30	
18...	18 53 32	même azimut	4 39 10	*Hir. mss.*

Observations de Kirch à Guben.

Kirch, pour mesurer la distance des étoiles aux fixes, employoit souvent une lunette de deux pieds; un tour de vis de son micromètre répondoit à 55″ d'un grand cercle. La précision de ces observations, supposées faites avec tout le soin possible, ne peut donc aller qu'à un peu moins d'une demi-minute. Mais on peut quelquefois se contenter de cette précision, quand on ne peut atteindre à une plus parfaite. Pour évaluer les parties de son micromètre, Kirch s'est réglé sur la distance des étoiles δ et ζ d'Orion, qu'il a trouvée de 180 parties, et qui, suivant Hévélius, est de $2^d 45' 10''$. Mais, suivant Bradley, la distance de ces deux étoiles n'est que de $2^d 44' 21''$. D'un autre côté, la distance entre β et δ du Scorpion est de 200 parties, ce qui, d'après le module adopté par Kirch, donneroit $3^d 3' 31''$; et la distance, suivant Bradley, est de $3^d 3' 7''$. Kirch a trouvé que la distance de γ et δ du Capricorne étoit de 114 ou 115 parties, et, suivant son module, de $1^d 44' 36''$ ou de $1^d 45' 31''$, et elle est de $1^d 45' 14''$, selon Bradley.

Les distances suivantes sont prises avec la lunette de deux pieds, si l'on n'avertit du contraire.

Dates.	Heures.	Astres au méridien.	Distances des astres.	Remarques.
Mars 3.	$17^h 45'$	♃, β♏	$1^d 57' 27''$	
5.	entre $15^h \frac{1}{2}$ et 16^h	♃, β♏ (3 fois)	1 51 58	♃ précédoit β de toute sa distance, dit Kirch : or
5.	16 (après)	♃, δ♏	3 20 2	β étoit selon lui en ♏ 28ᵈ 59′. Donc ♃ étoit en ♏ 27ᵈ 7′.
26.	12 45	♂, γ♍	1 13 24	
26.	16	♃, β♏	2 6 38	β du Scorpion est en ♏ 28ᵈ 59′, donc Jupiter en ♏ 26ᵈ 52′ 22″.
27.	8	♂, γ♍	0 55 3	
27.	11	♂, γ♍	0 52 18	
29.	9 15	♂, γ♍	0 12 40	A étoit vers le sud-est de γ. — Toutes ces distances du 29 mars ont été prises avec une lunette de 10 pieds, dont le micromètre ne donnoit que 8″ pour chaque partie. Mars suivoit γ et étoit plus haut que A à 9^h.
29.	10 5	♂, A	0 23 18	
29.		A, γ	0 27 22	
29.	10 40	♂, γ	0 11 39	
29.	10 53	♂, A	0 27 22	
29.	12 2	♂, γ	0 11 12	
Avril 6.		♂, η♍	2 47 27	
6.	$9\frac{1}{4}$	♂, γ♍	2 55 15	
9.	9	♂, η♍	1 50 7	
9.	9 (peu après)	♂, c♍	3 47 33	
9		♂, γ	3 57 39	Une ligne tirée de γ à η laissoi Mars au Nord.
11.		♃, β♏	3 7 11	
11.	9	♂, η♍	1 22 35	
13.	9 15	♂, η♍	1 4 14	
16.	9	♂. η♍	1 13 24	
17.	9	♂, η♍	1 22 35	Mars a passé au-dessus de l'étoile.
Oct. 6.	au soir	♃, ♀	2 34 9	Conjonction de ♃ et ♀.
7.	6 (vers)	♃, ♀	2 50 40	
12	7	♄, i♑	0 14 9	Lunette de 8 pieds. Saturne étoit plus bas et à gauche.

Dates.	Heures.	Astres.	Distances des astres.	Remarques
Oct. 18.	5^h	♄, γ ♃	1 37 16	
18.		♂, C	2 43 20	
18.		♂, ♀	3 38 23	
18.		♀, C	1 9 44	
18.		♀, B	2 52 30	
18.		♄, B	3 16 22	
18.		♄, δ ♃	2 58 0	
18.		A, δ ♃	2 32 19	
18.	6	A, γ ♃	2 41 30	
Déc. 20.	4 45′	♂, ♀	3 26 27	Ces deux derniers jours, on s'est réglé sur l'horloge de la ville qui retarde ordinairement d'un quart d'heure, ou même souvent d'une demi-heure, sur le temps vrai.
20.	5 0	♂, ♀	3 25 32	
23.	4 8	♂, ♀	2 59 22	
23.	4 15	♀, ♄	3 32 53	
23.	4 50	♄, γ ♃	2 56 11	
23.	5 5	♄, δ ♃	2 30 29	
29.	4 55	♀, ♄	2 2 2	♄ étoit à l'Occident, ♀ au Nord, ♂ au Sud.
29.		♀, ♂	2 2 2	
29.		♄, ♂	2 12 8	

Kirch mss.

Autres observations.

Opposition de Saturne, le 8 août, à 18^{h}48′ t. m. méridien de Londres, en ♒ 16^{d}58′20″. *Hall. Tab.*; — ou, suivant J. Cassini, d'après les observations de Flamsteed, à 18^{h}52′, mérid. de Paris en ♒ 16^{d}58′26″, latitude aust. 1^{d}12′40″, — et d'après les observ. de Paris, à 19^{h}8′ en ♒ 16^{d}59′0″, lat. 1^{d}13′36″. *Elém. d'Astr.* p. 358, 359.

— Opposition de Jupiter, le 12 mai, à 5^{h}26′ t. m. mérid. de Londres, en ♏ 22^{d}19′8″. *Hall. Tab.*, — en ♏ 22^{d}18′33″, suivant M. Jeaurat. — J. Cassini met cette opposition à 5^{h}35′ mérid. de Paris, en ♏ 22^{d}20′15″, lat. bor. 1^{d}10′20″, d'après les observations de Flamsteed, — et d'après celles de Paris, à 5^{h}46′, en ♏ 22^{d}20′32″, lat. 1^{d}9′32″. *Elém. d'Astr.* p. 417, 418.

— Opposition de Mars le 26 mars, à 18^{h}20′ t. m. mérid. de Londres, en ♎ 7^{d}4′17″. *Hall. Tab.* — J. Cassini la rapporte, d'après les observations de Flamsteed, à 17^{h}55′ mérid. de Paris, en ♎ 7^{d}4′18″, et sur l'orbite de Mars en ♎ 7^{d}3′26″. *Elém. d'Astr.* p. 474.

— Conjonction supérieure de Vénus (si tant est qu'on puisse bien la déterminer) le 15 avril à 22^{h}2′ mérid. de Paris, en ♈ 26^{d}50′40″, *ibid. p.* 561.

Observations de Vénus faites à Paris en septembre.

Jours.	Heures.	Lieu de ♀.	Latitude de ♀.
	h ′	s d ′ ″	
Sept. 2............	2 15	6 16 30 50	5 41 B
6............	2 18	6 21 18 20	7 13 A
7............	2 19	6 22 27 30	11 31 A

De la 1re et de la 2e observation, J. Cassini conclut le lieu du nœud descendant en ⟶$14^d 7'$; — de la 1re et de la 3e, en ⟶$13^d 56'\frac{1}{2}$, — et par un milieu, en ⟶$14^d 1'45''$. *Ibid*. p. 571.

ÉTOILES.

La changeante de la Baleine égala, le 10 janvier, δ de la même constellation; elle se soutint dans cet état jusque vers le 10 février qu'elle commença à diminuer.

— Le 2 novembre, on la revit, mais avec une lunette de 4 pieds. — Le 25, elle étoit plus grande que $\varkappa$, mais moindre que δ. — Le 6 décembre, elle avoit crû; mais elle étoit encore moindre que δ. *Kirch. ms.*

— Le 5 novembre, on voyoit bien χ du Cygne; — le 25, il croissoit; — le 6 décembre, on ne le voyoit pas à l'œil nu. *Ibid.* ([1]).

SATELLITES.

Févr.	9 à $17^h 35' 2''$...	immersion du 1er sat. de ♃. — J. Cassini, à Londres, rue Pail-Mail, quartier de White-Hall. *Anc. Mém. t. VII, p.* 570.
	17 44 28 ...	même immersion, ♃ étoit trouble. Paris, *ibid*.
	17 44 19 ...	la même encore, douteuse à cause des nuages. Paris, La Hire. *Hir. mss.*
	17 34 24 ...	la même, lunette de 16 pieds. Greenwich, *Hist. cœl. Br. t. II, p.* 341.
	20 14 26 53 ...	le 3e étoit sorti de l'ombre tout près de Jupiter; une minute auparavant, il n'étoit pas encore sorti. Lunette de 27 pieds. Greenwich, *ibid. p.* 343.
	25 15 59 44 ...	immersion du 1er. Paris, *Hir. mss.*
Mars	4 17 54 3 ...	immersion du 1er. Paris, *ibid*.
	17 54 25 ...	la même, lunette de 16 pieds. Encore à Paris, *Anc. Mém. t. VII, p.* 570.
	17 44 44 ...	la même, lunette de 16 pieds. Londres, J. Cassini. *Ibid*.
	17 45 20 ...	la même, lunette de 27 pieds. Greenwich. *Hist. cœl. Br. t. II, p.* 344.
Avril	4 14 21 1) à très peu près)	émersion du 3e, même lunette, Greenwich, *ibid. p.* 347.
	8 16 19 52 ...	immersion du 1er, même lunette. Greenwich, *ibid*
	12 16 27 45 ...	immersion du 1er. Paris. *Hir. ms.*

([1]) Ici le ms. de Pingré contient quelques indications, tirées sans doute de *Cass. ms.*, et qui semblent dire : Janv. 4 : o Baleine un peu plus faible que δ Baleine; — le 7, elle égale $\alpha \varkappa$, est plus brillante que δ Baleine et plus faible que γ; — le 9, elle égale $\alpha \varkappa$. (G. B.)

Avril 28 à 14 42 30 . . .　　immersion du 1er, douteuse à cause des nuages. Paris. *Hir. ms.*

Mai　7　11^h 9′21″. . .　　immersion du 1er. Paris, *Mém. de* 1700 *p.* 173.
　　　　10 17 30 . . .　　même immersion. Lisbonne, Couplet fils. *Ibid.*

　　18　14 19 50 . . .　　émersion du 1er, lunette de 27 pieds. Greenwich, *Hist. cœl. Br. t. II, p.* 349.

　　23　11 34 56 . . .　　émersion du 1er. Paris, *Hir. mss.*

Juin　8　9 50　2 . . .　　émersion du 1er. Paris, La Hire. *Ibid.*
　　　　9 50　7 . . .　　émersion observée par un autre. *Anc. Mém. t. VII, p.* 519.
　　　　10 25 40 . . .　　le P. Fontana l'observe à Modène. *Ibid.*

　　15　11 42 45 . . .　　émersion du 1er. Paris, La Hire. *Hir. ms.*
　　　　11 43 12 . . .　　émersion, suivant un autre observateur. *Anc. Mém. t. VII, p.* 495.
　　　　12 20 53 . . .　　Guillelmini l'observe à Bologne. *Ibid.*

Juill.　1　.9 58 33 . . .　　émersion du 1er. Paris, La Hire. *Hir. mss.* Cette émersion est dite observée à Paris à
　　　　9 58 30 . . .　　dans *Anc. Mém. t. VII, pag.* 495, 520.
　　　　10 35 38 . . .　　elle est observée à Bologne par Guillelmini. *Ibid. p.* 495.
　　　　10 34　0 . . .　　à Modène par le P. Fontana. *Ibid. p.* 520.

1699.

ÉCLIPSE DE SOLEIL, LE 22 SEPTEMBRE.

A Dantzick, Constantin-Gabriel Hecker.

　　A 21^{h}37′ 9″. . .　　commencement à 43^d du zénith du Soleil.
　　　22 52　3 . . .　　plus grande phase : 11 doigts 27′.
　　　0　5 58 . . .　　le 23, fin à 66$^{d\frac{1}{3}}$ du nadir.

Les heures sont corrigées sur des hauteurs du Soleil. Hecker trouve la proportion du diamètre du Soleil à celui de la Lune comme de 30 à 29 : il nous semble que cette raison devoit au moins plus approcher de l'égalité. Voyez un grand détail de cette observation dans *Nova litter. maris Baltici* 1699, *pag.* 331 *et sequ.*

— Reiher envoya à l'Académie une autre observation pareillement faite à Dantzick, et s'accordant peu avec la précédente.

　　A 21^{h}27′20″. . .　　commencement.
　　　0　0 48 . . .　　le 23, fin. *Mém. de* 1701 *pag.* 83.

— A Breslau, commencement à 21ʰ25′; fin le 23 à 0ʰ2′. Grandeur 11 doigts. *Kirch. mss.* J'omets la progression successive des doigts; elle n'est pas assez régulière pour être de quelque utilité.

— En Croatie, sur les limites des possessions Ottomanes et Autrichiennes, près le vieux fort de Dresnik à 4 heures de chemin de Bihachz, vers le couchant d'été, sur la rive de Corana, en présence des deux armées, le comte Marsigli et le plénipotentiaire turc (on traitoit alors de la paix) paroissent avoir eu alternativement l'œil à la lunette. Le commencement ne fut pas observé.

A 21ʰ40′48″...   3 doigts.
  22 26 16 ...   9 doigts, plus grande phase observée.
   0 3 22 ...   le 23, fin. Voyez plus de détail dans *Acta Erud.* 1730 sur
                    la Planche qui fait face à la page 509.

— Kirch, à Guben en Lusace, prit les hauteurs suivantes pour corriger son horloge.

Le 22 à 16ʰ38′30″...	hauteur de Régulus..............	17ᵈ47′
16 57 20 ...	hauteur de Procyon..............	34 50
18 31 0 ...	hauteur du Soleil...............	5. 4
19 26 24 ...	hauteur du Soleil...............	13 20*
21 14 0 ...	commᵗ de l'éclipse, ou tout au plus 1′ ou une demi-minute plus tôt.	
21 30 30 ...	distance des cornes de l'éclipse...	20′38″
22 9 0 ...	partie du diamètre non éclipsée....	8 43
22 19 0 ...	id.	4 50
22 31 0 ...	id.	1 45
» ...	le diamètre du Soleil............	32 11
23 50 0 ...	fin de l'éclipse.	
Le 23 à 2 28 30 ...	hauteur du Soleil...............	28ᵈ48′
2 53 0 ...	la même.....................	26 8 *Kirch.*
	mss.	

— A Nevencella à 4 lieues nord-est de Guben.

A 21ʰ16′   ou plutôt à 21ʰ15′30″...   commencement.
  22 34   ....   plus grande phase, grandeur
                           11 doigts 21′5″.
  23 52 30″..................   fin. *Kirch. ms.*

— A Dresde, Tzirnaus et Job Beuttes.

A 21ʰ15′...   commencement.
  21 34 ...   un quart du diamètre éclipsé.
  21 45 ...   un tiers.
  21 56 ...   la moitié.
  22 12 ...   les deux tiers.

A 22^{h}20′. . .   les trois quarts.
  22 40 . . .   plus grande obscurité; on voyoit Vénus à l'œil nu.
  23 6 . . .   la moitié du diamètre.
  23 22 . . .   les trois quarts.
  23 52 . . .   fin. *Ibid*.

— A Gripswald en Poméranie, Théodore Pylc ne put observer le commencement à cause des nuages; il conjecture qu'il a eu lieu à 21^{h}23′. Vers 22^{h}22′, l'éclipse fut presque totale, n'y ayant plus que 4 minutes du limbe du Soleil (ou plutôt 4′ de doigt, suivant *Mém. de* 1700 *p.* 106) qui ne fussent pas éclipsés.

On vit des étoiles et sur-tout Vénus; il étoit impossible de lire. Fin à 23^{h}40′30″ à 61^{d}30′ du nadir vers l'orient. *Nova mar. Balt.* 1699 *p.* 329 *et sequ.* L'observation y est plus détaillée.

— A Stralsund en Poméranie, les étoiles parurent comme en pleine nuit. *Hist. de* 1700, *p.* 106.

— A Berlin.

21^{h}11′12″. . .   commencement.
23 45 57 . . .   fin, grandeur 11 doigts 36′. *Kirch. mss.*

— A Leipsick.

21^{h}11′   . . .   commencement.
23 38 30″. . .   fin; grandeur 11 doigts 20′. On ne vit que Vénus. *Phil.
              Trans. n.* 265 *p.* 623. — *Acta Erudit.* 1699 *p.* 548.

Lorsque l'éclipse eut atteint 10 doigts, tous les coqs se turent et ne reprirent leur chant et leur gaieté que quand le Soleil eut recouvré une plus grande partie de sa lumière.

— A Zeitz en Saxe, l'archidiacre Godefroi Teuber.

A 21^h 0′. . .   commencement   23^{h}35′ fin
  21 7 . . .   I doigt. . . . .   23 27 $\frac{1}{2}$
  21 14 . . .   II. 23 19
  21 21 . . .   III. 23 12
  21 27$\frac{1}{2}$ . .   IV. 23 4
  21 34 . . .   V. 22 57
  21 40 . . .   VI. 22 51
  21 46$\frac{1}{2}$ . .   VII. 22 44
  21 53 . . .   VIII 22 38
  21 59 . . .   IX . . . .   22 31$\frac{1}{2}$
  22 4$\frac{1}{2}$ . .   X. 22 25
  22 10 . . .   XI 22 19

Kirch. ms.

73

— A Nuremberg, Eimmart.

A 20^{h}57′33″...   commencement.
  22 19 55 ...   plus grande obscurité : 10 doigts et demi.
  23 33 4 ...   fin. *Lettre de Muller à de l'Isle.*

— En la même ville, Wurzelbau.

A 20^{h}57′14″............   commencement.
  22 17 34 et 22^{h}22′29″...   10 doigts 45′, plus grande phase.
  23 33 56 ....   fin.

Au commencement de l'éclipse, le demi-diamètre de la Lune étoit 15′30″, et à la fin de 16′5″, en supposant celui du Soleil de 16′4″; et même, dès 22^{h}53′22″, les diamètres étoient égaux, puisque l'éclipse étant alors de 6 doigts 6′, la Lune couvroit plus des deux tiers du limbe solaire. Voyez un plus long détail dans une feuille que Wurzelbau fit alors imprimer à Nuremberg, et dans *Phil. Trans. n.* 265 *p.* 619, et dans *Acta Erud.* 1699, *p.* 544 *et sequ.*

— A Kiel, dans le Holstein, Reiher n'observa que la fin à 23^{h}33′. *Mém. de* 1701 *p.* 84.

— A Hervelsing, près Ulm en Souabe, Jacques Honold.

A 20^{h}55′...   commencement. ⎫   *Phil. Trans.*
  23 31 ...   fin.   ⎬   et *Acta Erud. ubi suprà.*

— A Lindau, en Souabe, Gauppius.

A 20^{h}48′58″...   commencement.
  23 24 40 ...   fin, les heures sont celles de la pendule, qui marquoit
               11^{h}58′42″, lorsque le centre du Soleil a été dans le
               méridien. *Kirch. mss.*

— A Giessen, dans la Haute Hesse, August. Vagetius n'observa que la fin à 23^{h}27′41″. *Ibid.*

— A Earlsbads.

A 21^{h}19′...   commencement.
  23 59 ...   fin. *Ibid.*

Je ne sais où est Earlsbads; ce mot est anglois, au moins en partie, et pourroit signifier, *les Bains du Comte :* mais des heures du commencement et de la fin, il suivroit que ce lieu est bien plus oriental que toute l'Angleterre (¹).

(¹) Au lieu de Earlsbad, il faut, sans doute, lire Carlsbad, d'après une note ajoutée au ms. de Pingré, et qui paraît être de la main de Burckhardt. (G. B.)

, — A Greenwich, nuages.

A 22^{h}32′27″... l'éclipse n'étoit pas finie.
22 32 37 ... elle l'étoit. Lunette de 8 pieds environ. *Hist. cœl. Brit.*
     t. II p. 380.

— A Oxford, Gregory; vers 9^{h}7′, grandeur 10 doigts $\frac{1}{4}$; fin 22^{h}24′9″, exactement.
Phil. Trans. n. 256, *p.* 336.

— A Strasbourg, Eisenschmid.

A 20^{h}41′27″... commencement.
23 15 21 ... fin; grandeur, 10 doigts à très peu près. L'éclipse a
     commencé à 23^d environ du zénith. *Kirch. mss.* —
     Mém. de 1701, *page* 80.

— A Paris, Cassini, Maraldi, etc.
, A 20^{h}15′0″ commencement, avec 4 lunettes de différentes longueurs.
La fin a été déterminée de 4 manières; la plus simple et la plus directe détermine cette fin à 22^{h}44′58″. Grandeur : 9 doigts et demi à peu près, *digiti* 9.29′.
Voyez *Mém. de* 1699 *p.* 163. — *Hist. cœl. ubi suprà, etc.*

— A Paris, la Hire.

A 20^{h}14′59″... commencement.
20 17 24 ... un demi-doigt. *Hir. ms.* Plus grande phase : 9 doigts 39′.
21 47 18 ... 8 doigts. *Hir. mss.*
22 44 59 ... fin. Voyez *Mém. de* 1699.

Cette observation y est détaillée conformément au manuscrit de la Hire, excepté les deux phases d'un demi-doigt de l'éclipse croissante et de 8 doigts de l'éclipse décroissante, qui, dans le manuscrit, sont telles que nous les avons rapportées.

La Hire, pour réduire aux temps vrais ceux que marquoit sa pendule, a constamment ajouté à ceux-ci 1′41″; et en effet, sa pendule retardoit d'autant vers le milieu de l'éclipse : mais de plus elle retardoit de 24″ en 24 heures. Si l'on veut tenir compte de ce retard, le commencement sera arrivé à 20^{h}14′58″ et la fin à 22^{h}45′0″.

— A Paris, Cassini, Maraldi, etc.

A 20^{h}15′ 0″... commencement
20 20 ... I doigt............ 22^{h}37′
20 26 ... II............... 22 31 16″
20 34 30 ... III............. 22 24 35
20 40 ... IV............. 22 17 39
20 46 ... V.............. 22 11 5
20 53 ... VI............. 22 4 19
20 59 52 ... VII 21 55 44
21 6 26 ... VIII............ 21 48 24

A 21^{h}15′52″…	IX ……………	21^{h}39′33″
22 44 ½		
22 44 54 } ..	fin …………	*Cass. ms.* (¹)
22 45 3		

— A 11″ de temps à l'est de Honfleur, de Glos vit le commencement à 20^{h}1′15″ et la fin à 22^{h}10′52″; grandeur : 9 doigts. Mais de Glos n'avoit point de lunette; et il régla les heures sur des hauteurs du Soleil prises avec un petit astrolabe. *De l'Isle mss.*

— A Tours, Nonnet.

A 20^h 9′16″…	commencement ….	22^{h}33′51″ fin
20 12 16 …	0 doigt ½ …………	22 30 23
20 15 14 …	I ……………	22 26 55
20 18 9 …	I ½ ……………	22 23 26
20 21 1 …	II ……………	22 19 57
20 23 51 …	II ½ ……………	22 16 27
20 26 39 …	III ……………	22 12 56
20 29 25 …	III ½ ……………	22 9 25
20 32 10 …	IV ……………	22 5 53
20 34 55 …	IV ½ ……………	22 2 20
20 37 42 …	V ……………	21 58 46
20 40 32 …	V ½ ……………	21 55 11
20 43 28 …	VI ……………	21 51 35
20 46 33 …	VI ½ ……………	21 47 57
20 49 53 …	VII ……………	21 44 16
20 53 31 …	VII ½ ……………	21 40 30
20 57 29 …	VIII ……………	21 36 35
21 1 49 …	VIII ½ ……………	21 32 25
21 6 33 …	IX ……………	21 27 30
21 16 0 …	IX doigts 33′ plus grande phase. *De l'Isle mss.*	

— A la Rochelle, Deshayes.

A 19^{h}58′17″…	commencement.
22 23 7 …	fin. *Mém. de* 1701, *p* 78.

— A Châtenay, Malezieu.

A 20^{h}15′……	commencement.
22 47 ……	fin. *Ibid.* et *Cass. ms.* Chatenay, près Sceaux, 0^{d}5′20″ plus S que l'Observatoire.

(¹) Ici le ms de Pingré contient encore d'autres nombres qui se rapportent évidemment à la même éclipse. (G. B.)

— A Lyon, le P. de S. Bonnet.

A 20ʰ26′25″...   commencement.
 22 57 20 ...   fin. *Mém. de* 1701, *p.* 80.

— A Avignon, le P. Bonfa.

A 20ʰ25′ 0″...   commencement.
 22 57 17 ...   fin. Grandeur 8 doigts $\frac{1}{10}$. *Ibid. p.* 78. (Dans *de l'Isle ms.* la
                   grandeur est marquée de 9 doigts 10′.)

— A Marseille, chez les Minimes, Chazelles, le P. Feuillée, le P. Laval.

A 20ʰ30′ 3″...	commencement.	23ʰ 1′13″ fin.
20 36 0 ...	I doigt........	22 53 18
20 42 2 ...	II............	22 45 34
20 49 14 ...	III..........	22 38 0
20 56 44 ...	IV............	22 30 31
21 4 45 ...	V............	22 22 50
21 12 13 ...	VI............	22 14 10
21 20 50 ...	VII..........	22 5 19
21 26 41 ...	corne à la hauteur du centre du Soleil.	
21 32 3 ...	VIII doigts.	
21 51 58 ...	corne inférieure dans le vertical du centre.	
22 3 32 ...	cornes verticales. Grand. 8 doigts $\frac{1}{4}$. *Mss. de Laval.*	

— A Toulon, le P. Hoste.

A 20ʰ30′45″...   commencement.
 23 3 17 ...   fin. Grandeur 8 doigts. *Ibid.* et *de l'Isle mss.*

A Bologne, Manfredi et Stancari.

20ʰ56′30″...   commencement.
23 36 49 ...   fin. Grandeur 9 doigts. *Mém. de* 1701, *p.* 80.

— A Modène, le P. Fontana.

A 20ʰ55′...	commencement....	23ʰ33′20″ fin.	
21 2 ...	I doigt..........	23 26	
21 9 ...	II..............	23 19	
21 16 ...	III.............	23 0	
21 23 ...	IV.............	23 9	Il y a ici q. q. erreur
			de copiste.
21 30 $\frac{1}{2}$ ..	V..............	22 55	
21 38 ...	VI.............	22 47	
21 46 ...	VII............	22 38	
21 54 ...	VIII...........	22 30	

Plus grande phase, près de 9 doigts. *De l'Isle mss.*

— Douze milles à l'ouest de Parme, le P. Beccatelli.

A $20^h 55' 38''$.................... commencement.
23 39 54 (ou peut-être $11^h 36' 54''$). fin. Grandeur 9 doigts $\frac{9}{933}$.

Le diamètre du Soleil étoit à celui de la Lune comme 1328 à 1340. *Lettre de Guillelmini à Cassini dans de l'Isle ms.*

— On trouve dans cette même lettre l'observation faite par Guillelmini à Plaisance, mais tout y est incertain. Guillelmini n'avoit sous la main qu'une horloge et une lunette très-médiocres. Il compte d'ailleurs les heures à la manière Italique, depuis le coucher du Soleil : à $14^h 55'$ l'éclipse étoit commencée. Vers $16^h 23'$, plus grande phase, 9 doigts $\frac{1}{3}$. Fin à $17^h 49'$, etc.

— A Gênes, le marquis Salvago et le marquis Alexandre Grimaldi.

A $20^h 45' 7''$... l'éclipse est déjà commencée.
23 19 42 ... fin. Grandeur 8 doigts 45'. *Mém. de* 1701, *page* 80.

— A Rome, Bianchini, dans l'hôtel de la Chancellerie Apostolique, manqua pareillement le commencement.

A $21^h 37'$ ... le limbe est éclipsé depuis le 60e degré jusqu'au 315e en commençant à compter du zénith et tournant par l'ouest; l'éclipse étoit de 4 doigts $\frac{1}{2}$.
22 23 ... éclipse de 8 doigts $\frac{1}{2}$, plus grande phase, le limbe éclipsé depuis 20^d jusqu'à 235^d.
23 42 45''... éclipse d'un doigt, qui s'étend de 240^d à 280^d.
23 49 ... fin de l'éclipse vers 112^d du zénith du côté de l'est. *Bianchini observat. p.* 15 et *Lettre de Manfredi* dans *de l'Isle mss.* Voyez plus de détail dans le 1er ouvrage.

— A Madrid, le duc d'Uzeda, l'abbé Scotti et le P. Kreza.

A $19^h 59' 45''$... l'éclipse est d'un doigt $\frac{1}{2}$; jusque-là, nuages.
22 7 0 ... fin. Grandeur : moins de 7 doigts. *Mém. de* 1701, *p.* 80.

— A la Cabesterre de la Martinique, sur un lieu élevé d'environ 30 pieds au-dessus du niveau de la mer, l'abbé Bruneau observa la fin de l'éclipse 2' 15'' après le lever total apparent du Soleil, intervalle de temps déterminé par les oscillations d'un pendule long de 3 pieds 8 lignes et demie. *Journ. des Sav.* 1701, *p.* 188, 189.

	Hauteurs méridiennes du Soleil.			Hauteurs réduites.		
	d	′	″	d	′	″
— A Nuremberg, le 20 mars........	40	37	0	40	35	15
21 mars........	41	0	40	40	58	57
22 septembre...	40	43	45	40	42	1
23 septembre...	40	20	20	40	18	35

Donc équinoxe du printemps le 19 mars à..... $20^h 35' 27''$
     équinoxe d'automne le 22 septembre à...   10 22 42
       Wurz. Basis Astron. p. 8, 9, 10.

ÉCLIPSE DE LUNE, LE 15 MARS.

— A Guben, Kirch. Les nuages dérobent le commencement.

A $7^h 11'$......   4 doigts 5'. Depuis $7^h 57'$ jusqu'à $8^h 24'$: 7 doigts 55', plus
                 grande phase.
  9 36......   fin. *Kirch. mss.*

· — A Greenwich, la Lune se lève sous des nuages, vers le commencement de
l'éclipse.

Vers le milieu, ou à $7^h 9' 14''$, parties du diamètre non éclipsées : $10' 40''$ (donc
l'éclipse étoit alors à très-peu près de 7 doigts 55'; mais elle a pu augmenter
encore). Des nuages sont survenus.

A $8^h 37' 50''$...   fin suivant Flamsteed, ou à $8^h 38' 0''$ selon un autre obser-
                 vateur.
·12 8 23...   centre de la Lune au méridien; hauteur de son bord infé-
                 rieur, $37^d 53' 30''$. *Hist. cœl. Brit. t. II p.* 366.

— A Paris, le commencement fut pareillement invisible, à cause des nuages.

Cassini douta de la fin à $8^h 47' 46''$; il en fut assuré à $8^h 48' 56''$; mais il croit
devoir conclure des phases précédentes que l'éclipse a véritablement fini à
$8^h 47' 54''$, près de *Messala.* La grandeur de l'éclipse fut de 8 doigts et demi, ou peu
moins. Voyez le détail de l'observation de Cassini dans *Mém. de* 1699, *pag.* 15 *et
suiv.*

— Dans le même volume *pag.* 19 *et suiv.*, on trouve pareillement le détail de
l'observation de la Hire; il est conforme à celui du manuscrit, excepté ce qui suit :

A $7^h 56' 30''$...   le milieu de *Copernicus.*
  7 57 35...   fin de *Copernicus* et commencement de *Mare nectaris.*
  8 48 45...   fin de l'éclipse, douteuse, l'ombre n'étant pas bien ter-
               minée.

La grandeur de l'éclipse a été, suivant la Hire, de 8 doigts 17'.

— Le P. Gouye, aussi à Paris, a observé la fin à $8^h 48' 9''$. *Reg. de l'Acad.*

— A Tours, Nonnet. Voici ses principales observations :

A $6^h 26' 30''$...   immersion de *Menelaus.*
  6 31 15...   »   de *Plinius.*
  6 40 50...   »   de *Proclus.*
  7 2 10...   »   du 1er bord de *Langrenus.*
  7 29 20...   émersion de *Galilæus.*
  7 46 5...   »   d'*Aristarchus.*
  7 49 20...   »   du milieu de *Copernicus.*

A 8ʰ 11′ 3o″... émersion de *Menelaus*.
 8 19 25 ...   » de *Plinius*.
 8 29 o ...   » de *Proclus*.
 8 37 5o ...   » fin de *Mare crisium*.
 8 41 3o ... fin de l'éclipse. *De l'Isle ms.*

 – A Avignon, le P. Bonfa. Voici pareillement ses principales observations :

A 6ʰ 23′ 12″... 2 doigts.
 6 34 56 ... 4 doigts.
 6 42 o ... immersion de *Menelaus*.
 6 46 17 ...   » de *Plinius*.
 6 52 6 ... 6 doigts.
 7 7 33 ... immersion de *Langrenus*.
 7 21 7 ...   » de *Fracastorius*. Plus grande phase, 8 doigts 2o′.
 7 48 1 ... 8 doigts.
 8 3 55 ... émersion d'*Aristarchus*.
 8 18 9 ... 6 doigts.
 8 35 28 ... émersion de *Plinius*.
 8 48 11 ... 2 doigts.
 8 58 28 ... fin de l'éclipse. *De l'Isle mss.*

 -- A Marseille, chez les Minimes, Chazelles, Feuillée, Laval.

A 6ʰ 36′ 3o″... immersion du milieu de *Copernicus*.
 6 42 o ...   » milieu de *Grimaldus*.
 6 44 3o ...   » *Manilius*.
 6 46 4o ... *Menelaus* au bord de l'ombre.
 6 5o o ... *Plinius* de même.
 6 56 o ... commencement de *Mare crisium*.
 7 7 45 ... fin de *Mare crisium*.
 7 20 3o ... 1ᵉʳ bord de *Langrenus*.
 7 25 o ... tout *Langrenus*.
 7 27 o ... *Grimaldus* commence à sortir.
 7 31 o ... *Fracastorius* sur le bord de l'ombre.
 7 35 o ... *Grimaldus* entièrement sorti.
 8 5 4o ... *Aristarchus* sort.
 8 9 o ... milieu de *Copernicus*.
 8 29 1o ... *Manilius*.
 8 33 5o ... *Menelaus*, commencement de *Plato*.
 8 36 2o ... tout *Plato* dehors.
 8 38 3o ... *Plinius* dehors.
 8 4o o ... milieu de *Langrenus*.
 8 52 o ... commencement de *Mare crisium*.
 8 53 3o ... *Proclus*.
 8 57 45 ... fin de *Mare crisium*.

A 9ʰ o′3o″... 　　fin de l'éclipse, à la lunette.

9　2　o ... 　　fin, à l'œil nu. Les temps sont ceux de l'horloge ; pour les
réduire en temps vrais il suffit de retrancher partout
8″ à 10″. *Chaz. ms.*

Autres observations de la Lune.

Le 7 mars, *voir* plus bas.

— A Paris, Cassini.

Août 17 à 17ʰ37′38″... 　　le centre de la Lune est au méridien, et sa hauteur
apparente, conclue de celles des deux cornes, est
34ᵈ51′4o″.

18 28　o ... 　　Aldébaran médie, sa hauteur étant 57ᵈ25′. Aldébaran
retourna au méridien en 23ʰ56′2o″ ; il fut au cercle
de 6 heures le 18 à 12ʰ25′15″.

18　12 48 25 ... 　　le centre de la Lune fut dans un cercle horaire.

12 5o 52 ... 　　Aldébaran fut dans le même cercle : le centre de la
Lune précédoit donc l'étoile de 2′27″, et le bord
suivant la précédoit de 1′19″ de temps en ascension
droite.

13 1o 　... 　　*error,* ce même bord précédoit l'étoile de 51″

13 11 5o ... 　　　　　　　　　　　 »　　　　　　　　　27

13 23 2o ... 　　　　　　　　　　　 »　　　　　　　　　2

　　　　　 l'étoile étant plus boréale que la Lune.

13 24 2o ... 　　le bord suivant et l'étoile sont dans un même cercle
horaire.

13 4o 53 ... 　　l'étoile touche la Lune.

13 41 31 ... 　　l'étoile disparoît.

14 19 21 ... 　　émersion.

18 24 2o ... 　　Aldébaran médie.

18 33　4 ... 　　le centre de la Lune médie.

18 34 13 ... 　　le bord suivant médie.

Cassini conclut de cette observation que la parallaxe horizontale de la Lune étoit
de 56′½. *Mém. de* 1701, *page* 59 *et suiv.*

— La Hire a observé ce même passage comme il suit. Diamètre de la Lune peu
après l'immersion : 32′3o″, à 26ᵈ de hauteur.

A 13ʰ28′ 　... 　　Aldébaran est dans une ligne tangente au disque de la
Lune et parallèle à la ligne des cornes.

13 41 31″... 　　immersion, à 2′59″ d'une ligne passant par la corne septentrionale, et perpendiculaire à la ligne des cornes ;
cette distance est mesurée avec le micromètre.

A 14ʰ 19′ 32″...   émersion de la partie obscure.

14 29 30 ...   l'étoile est dans une ligne tangente au disque et parallèle
            à la ligne des cornes. *Hir. ms.* et *Mém. de* 1699, *pag.* 152,
            153.

— Manfredi et Stancari à Bologne observèrent cette même immersion à 14ʰ6′39″,
et l'émersion à 15ʰ5′25″. *Mém. de* 1705, *p.* 205.

— Le 8 novembre, Kirch, à Guben.

A 10ʰ 9′ 30″...   immersion d'Aldébaran entre *Palus Marœotis* (*Grimaldus*)
            et *Mons Porphyrites* (*Aristarchus*) mais un peu plus près
            de *Palus Marœotis.*

11 13 30 ...   émersion vis à vis le milieu de *Palus Mœotis* (*Mare crisium*)
            Kirch. ms.

— L'immersion fut observée à Marseille par les P. P. Feuillée et Laval, à
9ʰ11′9″ vers *Galileus*, et l'émersion à 10ʰ15′41″ vers *Firmicus*, entre *Mare crisium*
et *Taruntius.* Lunette de 5 pieds. Le diamètre de la Lune fut observé de 33′9″. *Laval
ms.* — *Mém. de* 1701, *p.* 62.

— Le 13 novembre, à Paris.

A 18ʰ 17′ 25″...   centre de la Lune au méridien; hauteur apparente du centre:
            52ᵈ 15′ 12″. Diamètre : 32′ 25″.
18 18 33 ½..   bord suivant au méridien.
18 22 2 ...   Régulus médie avec une hauteur de 54ᵈ 35′ 50″. *Hir. ms.*

— Le 7 mars, le P. Feuillée, à Marseille.

A 9ʰ 39′ 51″...   θ du Taureau touche le bord de la Lune, paroit entrer
            dessus.
9 40 36 ...   Cette étoile est enfin éclipsée. *Reg. de l'Acad.*

PLANÈTES.

Dès le premier janvier, il y eut une conjonction de Mars et de Saturne que plusieurs astronomes observèrent.

— Kirch à Guben, observa, à 4ʰ30′ et à 4ʰ45′, que la distance des deux planètes
étoit de 7′25″. A 5ʰ45′, la distance n'étoit plus que de 5′54″. Ces distances furent
prises au micromètre de la lunette de 8 pieds, dont chaque partie répondoit à très
peu près à 10″⅑.
A 4ʰ55′, la distance tant de Saturne que de Mars à γ du Capricorne étoit de
1ᵈ28′6″, et à 5ʰ0′, celle de Saturne à δ du Capricorne, de 2ᵈ19′29″. Mais ces distances n'ont été mesurées qu'avec le micromètre de la lunette de 2 pieds.

Janv. 2 à 4ʰ45′...	distance de Mars à Saturne.....	32′40″	Lunette de 8 pieds.
4 15 ...	de Saturne à Vénus...........	2ᵈ34 9	
4 16 ...	de Mars à Vénus..............	2 35 4	
4 50 ...	de Mars à δ du Capricorne......	1 32 41	
4 55 ...	de Saturne à δ..............	1 47 22	Lunette
5 0 ...	de Saturne à γ du Capricorne...	1 30 51	de 2 pieds.
5 5 ...	de Mars à γ.................	1 50 7	
5 10 ...	de γ à δ..................	1 44 36 ou 1 45 31	

La distance réelle de γ à δ est 1ᵈ45′14″. Les Planètes étoient plus hautes que les étoiles, et Vénus étoit la plus haute de toutes.

Toutes les heures sont celles de l'horloge de la ville, qui retardoit ordinairement de près d'une demi-heure sur le temps vrai.

Kirch conclut que le mouvement diurne de Mars à Saturne étoit de 40′5″, et que ces deux planètes ont été en conjonction le 1 janvier à 9ʰ12′ de l'horloge, ou dans la réalité vers 9ʰ30′. *Kirch. mss.*

— A Paris, la Hire.

Janv. 1 à 5ʰ45′......	distance de Mars à Saturne...........	6′20″
6 14......	la distance étoit de.................	5 45
6 34......	elle étoit de.......................	4 45

    Le mouvement horaire de Mars à Saturne étant de 1′42″, la conjonction aura eu lieu à 9ʰ24′ suivant la dernière observation, ou à 9ʰ24′36″ suivant la précédente. Mars étoit plus boréal.

6 ,......	distance de Mars à Vénus.............	2ᵈ 9′
3 6	distance de Mars à Vénus........ ...	2 59 10″
	» Vénus à Saturne...........	2 40 30
	» Mars à δ du Capricorne......	1 31 40
	» Saturne à δ du Capricorne...	1 48 20
6 22	» Mars à Saturne...........	1 19 10

    Donc, mouvement diurne de Mars à Saturne, 42′, et supposant, le 1 janvier, à 6ʰ22′, la distance des deux planètes 5′20″, la conjonction ou la moindre distance des centres, 4′20″, aura eu lieu le 1 janvier à 8ʰ11′, le mouvement diurne supposé d'ailleurs de 41′5″.

4 5	distance de Mars à Saturne, 1ᵈ55′30″ très bonne observation.

    Donc le mouvement diurne étoit certainement de 41′5″. *Hir. mss.*

— Cassini à Paris.

Janv. 1 à 6ʰ21′......   la différence d'ascension droite entre Saturne et Mars
                         étoit de 4′45″, et la différence de déclinaison 1′40″,
                         Mars étant plus occidental et plus boréal.

  2   5 31.......   Mars plus oriental que Saturne en ascension droite de
                         33′52″½ et plus boréal en déclinaison de 14′15″.
                             Donc inclinaison de la route de Mars sur celle de
                         Saturne, 18ᵈ47′. Moindre distance des deux Planètes :
                         3′10″, le 1 à 8ʰ40′. Mouvement diurne de Mars à Sa-
                         turne, 40′ en ascension droite, mouvement qui, dans
                         ce lieu du ciel est égal au mouvement en longitude.
                         Mouvement diurne en déclinaison 13′15″.

  3   6 15......   de comparaisons faites avec ω du Verseau, Cassini con-
                         clut que Saturne étoit en ♒ 18ᵈ22′10″, lat. australe
                         1ᵈ10′15″, et Mars en ♒ 19ᵈ39′50″, lat. austr. 1ᵈ7′0″.
                         Reg. de l'Acad.

  — Le P. Feuillée, à Marseille.

Janv. 1 à 6ʰ11′53″...   Mars précédoit Saturne de 22″ de temps, d'où l'on con-
                         clut la distance des deux planètes de 5′29″. Mars fut
                         jugé de 1′25″ environ plus boréal que Saturne.

  7 23 9...   Mars précédoit Saturne de 12′½ de temps ; donc, distance
                         des centres 3′4″, Mars plus boréal que Saturne de
                         2′15″.
                             De ces observations et de quelques autres, le P.
                         Feuillée conclut la conjonction à 8ʰ51′58″, moindre
                         distance, 3′4″. Mars plus boréal. *Ibid.*

Observations de la Hire.

Saturne.

Dates.	Centre au méridien.	Hauteur méridienne.		Dates.	Centre au méridien.	Hauteur méridienne.
Août 18....	12ʰ 13′ 40″ H	27ᵈ 47′ 0″	‖	Août 21....	12ʰ 1′ 48″	27ᵈ 41′ 55″

Jupiter.

Dates.	Centre au méridien.	Hauteur méridienne.		Dates.	Centre au méridien.	Hauteur méridienne.
Juin 10....	12 17 59 H	18 15 30	‖	Juin 17....	11 45 27½	18 17 0
13....	12 4 16 H	18 16 0	‖	Oct. 23....	3 47 14¼	17 52 30

Mars.

Dates.	Centre au méridien.	Hauteur méridienne.		Dates.	Centre au méridien.	Hauteur méridienne.
Nov. 25....	20 6 16 H	41 9 0	‖	Déc. 17....	19 16 27(¹)	36 22 35 ::
Déc. 6....	19 41 55	38 41 55	‖	20....	19 9 10(²)	35 43 45
7....	19 39 38½	38 29 0	‖	27....	18 52 6	34 18 30
10....	19 32 46½	37 50 0	‖	28....	18 49 31	34 6 50

(¹) 7′29″½ avant α de la Vierge. — (²) 1′19″½ avant la même étoile.

Les heures des passages des 6, 17 et 28 décembre ne sont pas des plus certaines,
vu que les observations de l'heure de midi, assez rares dans ce mois, sont un peu
distantes de ces observations de Mars. On peut y suppléer le 17 par la différence
entre les passages de Mars et de l'Épi de la Vierge.

Avant que Mars pût être observé au méridien, la Hire l'avoit observé plusieurs
fois hors du méridien.

Sept. 22 vers $16^h 7'$ . . . . Mars étoit en ligne droite entre α et ε du Lion;
sa distance à α étoit de $1^d 6' 17''$; la hauteur
d'α étoit de 18^d à l'orient.

23 à $16^h 2'$ . . . . sa distance à α du Lion étoit de $48' 30''$; il étoit
en ligne droite entre α et γ, et dans sa véri-
table conjonction avec α.

Oct. 23   17 48 . . . . distance de Mars à σ du Lion, $37' 30''$, Mars plus
occidental et presque dans le même paral-
lèle.

27   18   . . . . distance de Mars à σ du Lion, $1^d 59'$, Mars plus
oriental.

29   18   . . . . même distance, $3^d 16'$; Mars presque en ligne
droite entre σ du Lion et β de la Vierge, déclinant très peu de cette ligne vers le nord.

Nov. 4   2' ou 3' avant 18^h . distance de Mars à β de la Vierge, $1^d 57'$; Mars
en droite ligne entre β de la Vierge et ι du
Lion.

5   $18^{h}\frac{1}{2}$ . . . . même distance, $1^d 27' 30''$; une ligne droite, tirée
de β de la Vierge à Mars et prolongée, coupoit
le quart de la distance de θ du Lion à δ du
Lion.

11   5' ou 6' avant 17^h . même distance, $2^d 34'$; Mars en ligne droite entre β
et le tiers de la distance de γ à δ de Vierge.

12   5' ou 6' avant 18^h . même distance, $3^d 11' 40''$.

13   $18^h 9'$ à 10' . . . . . . même distance, $3^d 53' 20''$*.

14   18 4 à 5 . . . . . . même distance, $4^d 27'$. Ciel nébuleux.

19   18   . . . . . distance de Mars à η de la Vierge, $31' 20''$; Mars
étoit plus haut que l'étoile, et en ligne droite
entre η de la Vierge et θ du Lion.

20   18^h précises . . . . . même distance, $10' 44''$; Mars en ligne droite
entre η et ε.

Ces deux dernières distances ont été mesurées avec le grand micromètre et doivent
être par conséquent plus précises : les précédentes du mois de novembre et la suivante
ont été prises avec un petit micromètre.

25   18 ½ . . . . distance de Mars à γ de la Vierge, $2^d 57'$; une
ligne tirée de Mars à β passoit un peu au-
dessus de η.

Vénus.

Dates.	Centre au méridien.	Hauteur méridienne.	Dates.	Centre au méridien.	Hauteur méridienne.
Janv. 28...	23^h 59$'$ 57$''$ H	31^d 5$'$ 58$''$ ([1])	Oct. 21...	23^h 40$'$ 49$''\frac{1}{2}$	33^d 4$'$ 55$'$
29...	23 53 20 H	31 4 34	22...	23 41 42 $\frac{1}{2}$	32 36 10
30...	23 46 44	31 2 19	23...	23 42 34 $\frac{1}{4}$	32 7 55
31...	23 40 8	30 58 49	25...	23 44 19	31 11 0
Fév. 13...	22 25 0	29 39 30 ([2])	26...	23 45 9 $\frac{1}{2}$	30 42 30
15...	22 15 56	29 25 5	27...	23 46 1 $\frac{1}{2}$	30 15 25
17...	22 7 33 $\frac{1}{4}$	29 11 0	29...	23 47 47	29 20 30
19...		28 57 36	30...	23 48 39 $\frac{3}{4}$	28 53 35
Avril 5...		30 55 30	31...	23 49 33	28 26 55
7...	21 7 24 $\frac{1}{2}$	31 24 20	Nov. 1...	23 50 27 $\frac{1}{2}$	28 0 10
19...	21 4 50 $\frac{1}{2}$	34 46 40	4...	23 53 9 $\frac{1}{2}$	26 43 50
Oct. 19...	23 39 5 $\frac{1}{2}$	34 3 25			

Mercure.

Dates.	Centre au méridien.	Hauteur méridienne.	Dates.	Centre au méridien.	Hauteur méridienne.
Oct. 21...	22 58 56 H	38 20 0	Oct. 26...	23 7 9 $\frac{3}{4}$ H	35 19 10
22...	23 0 20 $\frac{1}{2}$ H	37 46 25	29...		33 21 30 ([3])
23...	22 1 53 $\frac{3}{4}$ H	37 11 45			

Outre ces passages de Mercure au méridien, les premiers que la Hire ait observés, cet astronome a fait beaucoup d'autres observations de cette planète.

Le 17 mai à 8^{h}40$'$14$''$, Mercure, haut de 6^{d}2$'$30$''$, est dans un vertical déclinant de 59^{d}22$'$0$''$ du nord à l'ouest.

Dates.	Heures.	Azimut de ☿ du sud à l'est.	Hauteur de ☿.
Oct. 10...	18^h 8$'$ 3$''\frac{3}{4}$	81^d 24$'$ 3$''$	4^d 20$'$ 0$''$
16...	18 5 55	76 4 29	11 6 30
18...	18 4 5 $\frac{1}{2}$	76 4 29	10 13 15
19...	18 3 24	76 4 29	9 43 40
20...	18 2 46	76 4 29	9 2 50
21...	18 20 50 $\frac{1}{2}$	72 29 27	11 17 10
22...	18 20 25	72 29 27	10 36 25
25...	18 19 24 $\frac{1}{4}$	72 29 27	8 17 30
26...	18 39 25 $\frac{3}{4}$	68 28 30	10 35 0
29...	18 38 58 $\frac{1}{2}$	68 28 30	8 6 30
30...	18 38 48 $\frac{1}{2}$	68 28 30	7 16 0
31...	18 38 47 $\frac{1}{2}$	68 28 30	6 25 30
Nov. 1...	18 38 43 $\frac{1}{4}$	68 28 30	5 36 40
2...	18 38 36 $\frac{3}{4}$	68 28 30	4 46 15
3...	18 38 34 $\frac{1}{2}$	68 28 30	3 56 30

Autres observations des Planètes.

Le 21 août, à 8^{h}28$'$ t. m. mérid. de Londres, opposition de Saturne en ♒ 28^{d}50$'$30$''$, *Hall. Tab.* — ou suivant J. Cassini, d'après les observations de Flamsteed, à 8^{h}48$'$ méridien de Paris, en ♒ 28^{d}50$'$20$''$, lat. australe 1^{d}41$'$28$''$;— ou,

---

([1]) Diam. 1$'$7$''$. — ([2]) Diam. 1$'$. — ([3]) Mercure extrêmement petit.

d'après les observations de Paris, à 8ʰ54′ en ≈≈ 28ᵈ5o′5o″, latitude 1ᵈ39′44″. *Elém. d'Astr. p.* 358, 359.

Le 3 mai, Saturne avoit passé au méridien de Paris à 15ʰ5o′; il étoit en ⯂ 1ᵈo′5o″, lat. australe, 1ᵈ22′2o″. *Ibid. p.* 388.

Le 3o août, Kirch, avec son micromètre de 2 pieds, trouve la distance de Saturne à ι du Verseau de 3ᵈ38′23″, après 8ʰ3o′, et celle de Saturne à σ du Verseau de 3ᵈ5′21″. Saturne étoit un peu au-dessous d'une ligne droite tirée de σ à ι. Donc, dit Kirch, Saturne étoit ce soir-là en ≈≈ 28ᵈ13′½, le lieu de ι étant en ≈≈ 24ᵈ37′ et celui de σ en ⯂ 1ᵈ17′. *Kirch. ms.*

— Opposition de Jupiter, le 14 juin, à 9ʰ33′ t. m. mérid. de Londres, en ⟼ 23ᵈ51′1o″. *Hall. Tab.* — en ⟼ 23ᵈ51′18″ suivant M. Jeaurat; — ou selon J. Cassini, d'après les observations de Flamsteed, à 9ʰ21′, méridien de Paris en ⟼ 23ᵈ5o′53″, latitude bor. oᵈ24′o″; — ou enfin, d'après les observations de Paris, à 10ʰ8 en ⟼ 23ᵈ52′42″, lat. oᵈ23′7″. *Élém. d'Astr. p.* 417, 418, 420, 440.

— Le 3o janvier à 7ʰ6′, à Paris, conjonction inférieure de Vénus en ≈≈ 11ᵈ14′47″, lat. bor. 7ᵈ36′ *Ibid. p.* 56.

Le 13 novembre, à 12ʰo′, à Paris, conjonction supérieure de Vénus en ♏ 21ᵈ24′o″; lat. bor. oᵈ32′2o″. *Ibid.*

— Le 14 janvier à 5ʰ26′44″ à Paris, hauteur de Mercure, 3ᵈ57′2o″.

A 5ʰ52′3o″, Mercure fut dans un cercle horaire que δ du Capricorne atteignit à 6ʰ18′25″.

Donc, différence d'ascension droite 6ᵈ29′48″; donc ascension droite de Mercure, 316ᵈ7′5″.

La différence de déclinaison fut de 7″½ en temps, ou de 1′45″ de degré, donc déclinaison de Mercure, 17ᵈ26′45″ au sud.

Donc longitude de Mercure, ≈≈ 13ᵈ26′5o″, lat. australe, oᵈ39′27″. *Reg. de l'Acad.*

— On trouve dans *Nova maris Baltici* 1699 *p.* 133, que le 9 mars, Frédéric Buthner observa à Dantzick la conjonction de Saturne et de Mercure dans le 25ᵉ degré du Verseau.

ÉTOILES.

La variable de la Baleine étoit le 2o janvier plus petite que δ, mais plus grande que ϰ de la même constellation; elle fut à peu près de la même grandeur jusqu'au 2 févr. *Kirch. ms.*

Kirch la revit le 26 octobre. *Ibid.* Le 27, elle étoit d'une grandeur moyenne entre la 4ᵉ et 5ᵉ. *Hist. cœl. Brit. t. II, p.* 382. — Le 1o novembre elle étoit plus grande que δ et presque égale à γ de la Baleine. — Le 23, elle étoit moindre que α, mais plus grande que γ, et de même le 26 et le 28. — Le 11 décembre, elle égaloit γ. *Kirch. mss.*

Le 19 oct. elle est plus brillante que les petites prochaines. — Le 31 oct., le 2 nov. et le 9 déc. elle égale α des Poissons. — Le 25 déc. elle égale γ. *Cass. ms.?*

— χ du Cygne se voyoit le 2o janvier, mais avec une lunette de 2 pieds. *Ibid.* Cette étoile en général fut presque invisible en 1699, 1700 et 1701; mais elle a reparu depuis. *Cass. Elém. d'Astr. p.* 72.

SATELLITES.

Mars 16 à 17ʰ20′37″... immersion du 1ᵉʳ sat. de Jupiter, lunette de 21 pieds; mais avec une lunette de 16 pieds, on a jugé l'immersion à

17 20 30 ... Paris. *Hir. mss.*

17 13 50 ... même immersion. Tours, Nonnet. *De l'Isle mss.*

Avril 17 13 52 24 ... toujours lunette de 20 pieds. Marseille, P. P. Feuillée et Laval. *Laval mss.*

24 13 48 5 ... le bord oriental du 1ᵉʳ touche le bord occidental du 2ᵉ.

15 51 50 ... immersion du 1ᵉʳ.

15 54 35 ... immersion du 2ᵉ. Marseille, les mêmes. *Ibid.*

Mai 3 12 15 0 ... immersion du 1ᵉʳ. Paris, Cassini. *Reg. de l'Acad.*

12 27 54 ... même immersion. Marseille, *Ibid* et *Laval mss.*

15 40 7 ... le 1ᵉʳ, sorti de derrière Jupiter, touche encore son bord.

15 40 12 ... il est entièrement dehors.

14 55 30 ... le 2ᵉ touche le bord occidental.

15 11 24 ... immersion du 3ᵉ. *Laval. mss.*

10 14 21 22 ... immersion du 1ᵉʳ. Marseille, *Ibid.*

19 12 54 36 ... immersion du 2ᵉ, lunette de 16 pieds, un ami de Flamsteed; mais avec une lunette de 27 pieds, l'aide (*minister*) de Flamsteed n'observe l'immersion qu'à

12 55 16 ... Greenvich, *Hist. cœl. Br. t. II*, p. 369.

26 12 35 48 ... immersion du 1ᵉʳ. Marseille.

15 15 3 ... le satellite paroit sur le bord occidental de Jupiter.

15 45 15 ... immersion du 2ᵉ. *Laval. mss.*

Juin 8 11 0 22 ... immersion du 3ᵉ. Marseille, *Ibid* (¹).

11 14 13 36 ... conjonction du 1ᵉʳ et du 2ᵉ. Marseille.

10 36 48 ... immersion du 1ᵉʳ, douteuse, le satellite touchant presque Jupiter. Paris, *Hir. ms.*

10 24 50 ... on cesse de voir le satellite. Lunette de 27 pieds. Greenwich, *Hist. cœl. etc.* p. 371.

13 10 0 0 ... le 2ᵉ tout entré.

12 48 20 ... il commence à sortir.

12 57 0 ... il se détache. *Cass. ms.*

(¹) D'autres nombres, ajoutés par Pingré à son ms., se rapportent peut-être à la même date. Ils paraissent tirés des mss. de Cassini. (G. B.)

Juin 15 à 8ʰ37′⅔ ... le 4ᵉ étoit entré dans ♃.

9 27 ⅔ ... il ne paroissoit pas.

9 42 ⅔ ... j'ai cru voir le 4ᵉ qui sortoit de l'ombre; aussitôt, nuages.

10 40 22″... ♃ un peu découvert, on voit foiblement le 4ᵉ qui sortoit de ♃ et se détachoit.

10 46 ⅔ ... il paroit détaché; ♃ mal terminé. *Cass. ms.*

18 14 56 32 ... émersion du 1ᵉʳ. (On ajoute 58′30″, sans motiver cette addition. Ce ne fut peut-être qu'à

14 58 30 ... qu'on fut assuré de l'émersion.) Marseille, *Laval ms.*

20 9 24 46 ... émersion du 1ᵉʳ (encore bien près de Jupiter). Marseille, *Ibid.*

9 10 0 ... même émersion à Paris. *Hir. ms.*

9 10 15 ... Cassini.

9 10 17 ... un autre observateur. *Cass. ms.*

25 10 49 ⅔ ... le 3ᵉ sort de dessus.

10 55 ⅔ ... il se détache. *Cass. ms.*

27 10 53 56 ... émersion du 1ᵉʳ. Lunette de 27 pieds. Greenwich. Hods. *Hist. cœl. etc. p.* 373.

8 36 37 ... le satellite touche le bord oriental de Jupiter.

8 43 19 ... il est entièrement caché.

11 14 45 ... émersion de l'ombre. Marseille, *Laval ms.*

11 48 ... le satellite n'est pas encore sorti; un nuage couvre Jupiter.

11 49 ... le nuage dissipé, Chazelles voit le satellite, qu'il juge à moitié sorti. L'horloge retardoit de 51″ à peu près. Palerme. *Chaz. mss.*

Juill. 3 10 57 ... le 3ᵉ touche.

4 13 8 11 ... émersion du 1ᵉʳ. Marseille. *Laval ms.*

12 9 8 ⅓ ... le 1ᵉʳ touche.

9 17 ⅓ ... il est entré totalement.

11 23 ½ ... il commmence à sortir.

11 33 ½ ... il est détaché, ♃ fort trouble. *Cass. ms.*

13 9 18 26 ... émersion du 1ᵉʳ. Paris, Cassini. ♃ n'est pas bien clair. *Cass. ms.*

9 52 50 ... même émersion. Nuremberg, Wurzelbau. *Stabilim. Uran. Noricæ, p.* 6.

14 9 18 57 ... à peu près, émersion du 3ᵉ, lunette de 27 pieds. Greenwich, *Hist. cœl. etc. p.* 375.

Juill. 20 à 11^h11'44"...   émersion du 1er. Paris, *Hir. ms.* (¹).

    21   7 50 ½ ...   le 1er se détache à l'ouest; grand jour.
          10 6 30 ...   le 3e sort.
          10 14 20 ...   il se détache.
          10 35 8 ...   immersion; lunette de 17 pieds.
          10 35 30 ...   id.; lunette de 45 pieds. Paris, *Cass. ms.*

    22   10 22 37 ...   le 2e touche.
          10 33 12 ...   il est totalement entré. Paris, *Ibid.*

Août 5   9 30 7 ...   émersion du 1er.
          9 30 17 ...   en haut (?).

    13   7 39 30 ...   le 1er à moitié sorti de ♃.
          7 44   ...   entièrement sorti. Paris, *Ibid.*

    21   7 53 0 ...   émersion du 1er. Paris, *Hir. ms.*
    ou 7 52 38 ...   id. suivant Cassini.
          8 27 15 ...   id. Nuremberg.
          8 14 56 ...   id. Strasbourg; Jean-Caspar Eisenschmid. *Wurzelb.*
               ubi suprà.

          8 35 43 ...   même émersion observée à Rome par Blanchini. *Blanch.*
               Obs. p. 15.

          8 31 57 ...   immersion du 4e.

    26   9 33 46 ...   émersion du 3e, soupçonnée.
          9 34 24 ...   id. certaine, lunette de 18 pieds. Paris, *Cass. ms.*

    28   9 50 45 ...   émersion du 1er. Paris, *Hir. mss.*
          9 50 20 ...   Cassini, lunette de 45 pieds.
          9 50 38 ...   lunette de 18 pieds, ♃ trouble et dans les vapeurs.
               Paris, *Cass. ms.*

Sept. 2   8 25 40 ...   le 3e commence à sortir de ♃.
          8 35 40 ...   il est près de se détacher; le ciel se couvre. Paris, *Ibid.*

     6   7 31 ⅓ ...   conjonction du 2e et du 3e. Paris, *Ibid.*

    17   6 33   ...   le 2e touche Jupiter.
          6 42 ½ ...   il étoit entré. Paris, *Ibid.*

    20   6 36 30 ...   le 1er touche.
          6 44   ...   il est entré.
          6 48 ½ ...   le 3e commence à sortir de ♃.
          6 58   ...   il se détache. Paris, *Ibid.*

Oct. 4   7 28 45 ...   immersion du 3e. Rome, *Blanchini, observat. pag.* 15.

(¹) Ici encore, quelques nombres ajoutés par Pingré à son ms., paraissent se rapporter à la même date et être tirés des mss. de Cassini. (G. B.)

Oct. 22 à 7ʰ 7′3o″...   émersion du 1ᵉʳ, douteuse à cause du voisinage de l'ho-
                          rizon et des nuages. Paris, *Hir. mss.*

22   7 1 47...   émersion. Sorel par la grande lunette.
       7 2 11...   Cassini, lunette de 18 pieds, réduction de l'heure par
                          Cassini ou Maraldi. Paris, *Cass. ms.*

1700.

PREMIÈRE ÉCLIPSE DE LUNE, LE 4 MARS.

Il y eut cette année deux éclipses totales de Lune, sur lesquelles nous n'avons
que bien peu de renseignements.

— La première, le 4 mars, fut observée à Marseille par le P. Laval.

A 18ʰ 7′   ...   la lune sort des nuages déjà éclipsée en partie.
  18 10 14″...   *Heraclides* est sur le bord de l'ombre.
  18 10 59 ...   *Copernicus* sur le bord de l'ombre. Des nuages surviennent
                   et la Lune se couche. *Laval ms.*

— La Hire à Paris, vit à 18ʰ la Lune éclipsée d'environ 4 doigts, et d'environ
4 ½ doigts vers 18ʰ7′. *Hir. mss. — Reg. de l'Acad.*

— Cassini, entre 18ʰ6′ et 18ʰ7′, jugea à la hâte entre les nuages que l'éclipse
étoit de 3 doigts ¾ ou de 4 doigts. *Reg. de l'Acad.*

— On trouve dans l'*Hist. de l'Acad.* 1700 *p.* 109 que Deshayes observa à la Martinique la fin de cette éclipse à 17ʰ2′40″. Mais il paroit par les *Registres de l'Acad.*
que cette heure est celle de l'horloge, que cette horloge avançoit beaucoup, et qu'il
n'est pas possible de déterminer de combien elle avançoit. Les midis conclus des
hauteurs correspondantes prises par Deshayes ne diffèrent pas seulement le même
jour de quelques secondes; la différence va quelquefois jusqu'à près de 6 minutes.

SECONDE ÉCLIPSE DE LUNE, LE 29 AOUT.

Le P. Noël, à Nan-Chang en Chine, ne put faire, à cause des nuages, que les
observations suivantes :

Heures de l'horloge.	Heures corrigées.	
7ʰ 53′ 35″	7ʰ 42′ 45″	*Mare crisium* entre dans la pénombre.
8 0 17	7 49 7	immersion totale de *Mare crisium.*
10 42 20	10 42 20	fin de l'éclipse. *Observ. Noël.*

L'heure de l'horloge et l'heure vraie n'ont pu être la même à la fin de l'éclipse;
il s'est glissé nécessairement ici une faute d'impression que je n'entreprends pas
de corriger. D'ailleurs le P. Noël dit que la fin fut très-difficile à saisir à cause de
la pénombre.

Autres observations de la Lune.

Le 2 janvier, à Marseille, les P. P. Feuillée et Laval observèrent une occultation d'Aldébaran par la Lune.

A $6^h 31' 33''$...   ($6^h 31' 32''$ dans *Laval ms.*) immersion vers *Galileus*.

7 42 32 ...   émersion vers le bord austral de *Firmicus. Mém. de* 1701, *p.* 62. — *Laval ms.*

— Manfredi et Stancari à Bologne.

A $7^h 3' 42''$...   immersion dans une ligne droite passant par *Copernicus* et *Dionysius*.

8 16 32 ...   émersion, en ligne droite avec *Taruntius* et *Copernicus*; et pareillement en ligne droite avec *Firmicus* et la partie occidentale de *Mare crisium. Mém. de* 1701, *p.* 62 et 1705 *p.* 205, 206.

— Le 13 mars, bord suivant de la Lune au méridien de Paris à $19^h 20' 24'' \frac{1}{2}$; hauteur apparente du bord supérieur, $22^d 24' 10''$; diamètre au méridien, $29' 35''$. *Hir. ms.*

— Le 25 mars à Marseille, occultation d'Aldébaran, observée par le P. Laval. A $7^h 24' 2''$, cette étoile est sur le bord occidental de la Lune vers l'extrémité australe de *Mare crisium. Laval ms.*

— Le 7 avril, à Paris, le bord suivant de la Lune est au méridien à $15^h 42' 13''$; donc le centre y avoit été à $15^h 41' 6''$; hauteur du bord inférieur, $22^d 52' 30''$; diamètre $30' 31''$. *Hir. mss.*

— Le 29 avril, à Paris, bord précédent au méridien à $9^h 21' 18''$; donc le centre y passe à $9^h 22' 23''$; hauteur mérid. du bord supérieur, $43^d 11' 45''$; diamètre $32' 24''$. *Hir. mss.*

— Le 2 octobre, occultation d'Aldébaran observée à Smyrne, par le P. Feuillée,

A $13^h 24' 19''$...   immersion.

14 46 44 ...   émersion. *Mém. de* 1702, *p.* 8.

— Le 6 novembre, conjonction de Vénus et de la Lune. Kirch à Berlin prit plusieurs distances de Vénus aux cornes de la Lune, mais avec le micromètre de sa lunette de 2 pieds, duquel chaque partie répondoit à $55''$. A $17^h 32'$, il trouva le diamètre de la Lune de $33' 2''$, et à $18^h 9'$, de $33' 57''$.

Heures de la pendule.	Distances de ♀ à la corne voisine de ☾.	Distances de ♀ à la corne éloignée de ☾.	Heures de la pendule.	Distances de ♀ à la corne voisine de ☾.	Distances de ♀ à la corne éloignée de ☾.
h	d ′ ″		h ′	d ′ ″	
17 21	1 57 27		20 29	0 42 12	
17 35	1 51 57		21 3	0 36 42	
17 49	1 44 36		21 16	0 30 17	1 1 28
17 52		1 57 27	21 37		
18 46		1 37 16	21 39	0 29 22	
18 53	1 18 54		22 29	0 36 42	

A $20^h 30'$, la pendule retardoit de $5'$ sur le Soleil. *Kirch. mss.*

— A Carcassonne, Cassini observa le 23 décembre l'occultation d'Aldébaran.

	Diff. d'ascension droite.	Diff. de déclinaison.
$11\ 19\ 33.$	1er bord $3'\ 32''$ de temps	bord sup. $0'\ 52''$
$11\ 27\ 28.$	$3\ 18$	$0\ 55$
$11\ 35\ 51.$	$3\ 4$	$0\ 56$
$11\ 42\ 32.$	$2\ 54$	$0\ 58$
$11\ 57\ 56.$	$2\ 28$	$1\ 5$

{ Diff. d'asc. dr. entre le bord précédent et le bord suivant (qui, je pense, n'étoit pas trop visible), $2'\,13''\tfrac{1}{2}$.

$12\ 5\ 47.$ immersion dans la partie obscure.
$13\ 20\ 27.$ émersion. *Suite des Mém. de 1718 p. 173 et suiv.*

— Kirch se préparoit à observer cette conjonction. Dès $6^h 15'$, il avoit trouvé la distance de l'étoile au bord oriental de $2^d 28' 39''$. Mais les nuages ne lui permirent aucune observation ultérieure. *Kirch. ms.*

PLANÈTES.

Passages au méridien observés par La Hire.

Jupiter.

Dates.	Centre au méridien.	Hauteur méridienne.	Dates.	Centre au méridien.	Hauteur méridienne.
	$h\ '\ ''$	$d\ '\ ''$		$h\ '\ ''$	$d\ '\ ''$
Mai 4...	$17\ 28\ 6\tfrac{1}{2}$	$21\ 6\ 20$	Mai 17...	$16\ 38\ 54$	$21\ 8\ 40$
10...	$17\ 5\ 52\tfrac{1}{2}$	$21\ 8\ 15$	Juill. 19...	$12\ 1\ 15\tfrac{1}{2}$	$19\ 55\ 40$
16...	$16\ 42\ 48$	$21\ 8\ 45\ (^1)$			

Mars.

Dates.	Centre au méridien.	Hauteur méridienne.	Dates.	Centre au méridien.	Hauteur méridienne.
Janv. 11...	$18\ 15\ 54::$	$31\ 30\ 20$	Juin 12...	$9\ 1\ 4$	$25\ 8\ 25$

Vénus.

Dates.	Centre au méridien.	Hauteur méridienne.	Dates.	Centre au méridien.	Hauteur méridienne.
Mai 2...	$2\ 41\ 41\tfrac{1}{2}$	$66\ 23\ 0$	Sept. 30...	$21\ 43\ 4\tfrac{1}{2}$	$47\ 3\ 10$
4...	$2\ 44\ 33$	$66\ 35\ 15$	Oct. 6...	$21\ 30\ 53$	$47\ 21\ 0\ (^5)$
7...	$2\ 48\ 16\tfrac{3}{4}$	$66\ 48\ 40$	10...	$21\ 24\ 44$	$47\ 18\ 0$
9...	$2\ 50\ 38\tfrac{1}{2}$	$66\ 54\ 15$	12...	$21\ 22\ 6$	$47\ 12\ 30\ (^6)$
Juin 13...	$3\ 14\ 29\tfrac{1}{2}$	$61\ 38\ 50$	17...	$21\ 16\ 45\tfrac{3}{4}$	$46\ 44\ 30$
Août 24...	$0\ 41\ 45$ H $(^2)$	$39\ 38\ 15$	19...	$21\ 14\ 53$	$46\ 29\ 5$
27...	$0\ 24\ 47\ (^3)$	$39\ 50\ 15$	20...	$21\ 14\ 12$	$46\ 20\ 0$
31...	$23\ 55\ 21$ H	$40\ 34\ 10$	Nov. 10...	$21\ 4\ 15$	$41\ 15\ 0$
Sept. 2...	$23\ 43\ 32$ H	$40\ 58\ 30\ (^4)$	16...	$21\ 2\ 39\tfrac{1}{2}$	$39\ 16\ 0$
3...	$23\ 37\ 41$ H	$41\ 12\ 20$	18...	$21\ 2\ 15\tfrac{1}{4}$	$38\ 34\ 0$
5...	$23\ 26\ 7\tfrac{1}{2}$	$41\ 40\ 55$	24...	$21\ 1\ 4$	$36\ 24\ 30$
28...	$21\ 48\ 4$	$46\ 51\ 30$	26...	$21\ 0\ 44$	$35\ 39\ 45$

(^{1}) Diam. $47''$. — (^{2}) Ou plutôt, peut-être, $0^h 41' 42''$. — (^{3}) Il y a dans le *ms.* $0^h 24' 56''$, par inadvertance sans doute, pour $0^h 24' 46''$. Dans *Mém. de 1700 p.* 290, on lit $0^h 24' 47''$. — (^{4}) Diam. du 24 août au 5 sept. $4''$ de temps. — (^{5}) 8 octobre, diam. $41''$. — (^{6}) 12 octobre, diam. $1'' \tfrac{1}{3}$ de temps.

Mercure.

Le 28 septembre à 17^h, Mercure haut de 5^d étoit à 17^{d}13′ de distance de Vénus.

Le 30 septembre, à 17^{h}39′10″, azimut de Mercure du sud à l'est, 85^{d}22′45″; sa hauteur, 11^{d}0′30″.

Le 3 octobre à 17^{h}53′31″$\frac{1}{2}$, azimut, 82^{d}20′0″; hauteur 12^{d}13′0″.

Le 8 à 17^{h}48′51″, azimut, 83^{d}7′24″; hauteur, 8^{d}0′45″.

Le 10 à 18^{h}7′$\frac{1}{2}$, conjonction de la Lune et de Mercure.

A 17^{h}43′25″$\frac{1}{2}$, distance de Mercure au bord méridional de la Lune, 1^{d}6′; différence de déclinaison 20′10″; différence d'ascension droite entre Mercure et le bord suivant, dans le parallèle de Mercure 0^{h}4′49″.

A 18^{h}26′12″$\frac{1}{2}$, différence de déclinaison : 18′0″; diff. d'ascension droite : 0^{h}4′4″, *Hir. mss.*

Autres observations des planètes.

Le 31 janvier, à 6^{h}38′48″, à Marseille, Vénus précédoit Saturne de 4′12″ de temps ou de 1^{d}3′ en ascension droite; elle étoit de 22′25″ plus australe que Saturne.

Le 1er février à 6^{h}17′14″, Vénus précéda Saturne de 4″ de temps, ou de 0^{d}1′, étant de 2′30″ plus boréale que Saturne. Les nuages ne permirent pas d'attendre le passage de quelque fixe. *Laval ms.*

— Opposition de Saturne le 3 septembre à 2^{h}52′ t. m. méridien de Londres, en ♓ 10^{d}58′. *Hall. Tab.;* — mais suivant J. Cassini, d'après les observations de Flamsteed, à 2^{h}56′ mérid. de Paris, en ♓ 10^{d}57′53″, lat. austr. 2^{d}7′20″; — et, suivant les observations de Paris, à 3^{h}14′ en ♓ 10^{d}57′40″, lat. 2^{d}7′30″. *Élém. d'Astron. p.* 358, 359.

— A Berlin,

Nov. 26 à 8^{h}45′.	dist. de Saturne à *h* du Verseau.	2^{d}26′49″	Lunette
9 45 .	〃 Saturne à λ du Verseau.	1 42 46	de 2 pieds.
Déc. 4 6 5 .	〃 〃 〃	1 46 26	*Kirch mss.*

— Opposition de Jupiter le 19 juillet à 16^h t. m. mérid. de Londres en ♑ 27^{d}15′0″. *Tab. Hall.* — ou suivant M. Jeaurat en ♑ 27^{d}16′12″; — mais suivant J. Cassini, d'après les observations de Flamsteed, à 16^{h}19′, méridien de Paris en ♑ 27^{d}15′30″; latitude australe 0^{d}33′10″, — et, d'après celles de Paris, à 16^{h}40′, en ♑ 27^{d}16′22″; lat. 0^{d}33′36″. *Élém. d'Astr. p.* 417, 418.

— A Berlin.

Déc. 4 vers 5^{h}30′.	dist. de Jupiter à ο du Capricorne.	1^{d}4′13″	Lunette
5 35 .	dist. de Jupiter à σ du Capricorne.	2 41 30	de
5 40 .	dist. de Jupiter à υ du Capricorne.	2 48 50	2 pieds.

De la distance de Jupiter à ο du Capricorne, et de sa situation relativement à

cette étoile, Kirch conclut que Jupiter étoit d'une minute plus occidental et de
$1^d 4'$ plus austral que l'étoile. Or, suivant Hévélius, l'étoile étoit en ♒ $1^d 3'$,
latitude boréale, $0^d 31'$: donc Jupiter étoit en ♒ $1^d 2'$, latitude austr. $0^d 33'$.
Kirch. ms. (Suivant Mayer, le lieu moyen de ☿ étoit alors en effet en ♒ $1^d 2' 37''$;
mais et suivant Mayer et suivant Flamsteed, sa latitude boréale n'étoit que de
$0^d 25' 23''$.)

— Le 12 novembre, à $6^h 10'$, à Marseille, conjonction de Jupiter et de Mars,
Mars étant plus méridional que Jupiter. *Laval mss.*

— On peut connoitre à peu près de combien Mars étoit plus méridional que
Jupiter, par les observations suivantes de Kirch faites à Berlin avec sa lunette
favorite de 2 pieds.

Avril   4 à $12^h 23'$...   Mars à un horizontal $4' 20''\frac{1}{2}$ avant β ♏ et $3' 54''\frac{1}{2}$ de temps
                                    plus boréal.
       6   10 45 ...   Mars à un horizontal $14' 32''$ avant β ♏ et $3' 50''\frac{1}{2}$ de temps
                                    plus austral.
Nov. 11   5   distance de Jupiter à Mars... 1^d $4' 13''$
        13   5 25 ...   id.   ...   1   22 34
        15   5 45 ...   id.   ...   2   22 14
        16   5 10 ...   id.   ...   2   54 20   *Kirch. ms.*

= Opposition de Mars le 8 mai à $7^h 40'$, t. m. mérid. de Londres en ♏ $18^d 5' 16''$.
Hall. Tab. — et suivant J. Cassini, d'après les observations de Flamsteed, à $7^h 42'$
mérid. de Paris en ♏ $18^d 5' 0''$, lat. aust. $0^d 3' 53''$, — ou d'après les observations de
Cassini à $7^h 42'$ en ♏ $18^d 6' 0''$. *Élém. d'Astr. p.* 472, 483, 484.
   Le 4 décembre à 6^h, distance de Mars à ι du Capricorne $26' 36''$.
   Le 16 décembre à 5^h, même distance $1^d 46' 26''$; à Berlin, lunette de 2 pieds.
Kirch. ms.

= Les observations de Vénus par la Hire, faites les 24, 27, 31 août, 2 et 3 septembre, sont rapportées dans les *Mém.* de 1700 p. 290, 291; et l'on en conclut
que la conjonction de Vénus au Soleil en ascension droite est arrivée, le 31 août,
à $5^h 8' 18''$, Vénus ayant $45' 14''$ de déclinaison australe. Jacques Cassini établit que
la conjonction en longitude a eu lieu le 2 septembre à $11^h 20'$ en ♍ $10^d 20' 20''$,
latitude $8^d 40' 15''$ au Sud. *Élém. d'Astr. p.* 501.

— Cassini étoit alors à Bourges; il y observa les hauteurs méridiennes de
Vénus comme il suit :

Août 31................ 42^d $8' 50''$
Sept.   1................   42 19 10
           2................   42 31 20
           3. ....   42 44 0
          10 ....   44 28 35

— A Berlin.

Nov.   9 à 16^{h}45′   ...   distance de Vénus à η de la Vierge, 38′32″, lunette de 2 pieds.

          17 29   ...   même distance, 39′16, lunette de 3 pieds; 300 parties de son micromètre répondent à 2^{d}35′0″ dans le ciel; donc chaque partie répond à 31″.

            17 35″...   de η à *n* de la Vierge, 19′38″; même lunette.

            17 40 ...   de Vénus à *n*, 48′34″, même lunette.

            17 50 ...   de Vénus à η, 39′27″, lunette de 2 pieds.

            17 54 ...   de Vénus à *n*, 49′33″, même lunette.

            17 57 ...   de η à *n*, 20′11″ (et c'est la vraie distance, suivant Mayer). *Kirch. mss.*

Déc. 24   19 25 ...   de Vénus, à ζ de la Balance, 12′47″. Vénus étoit à gauche de l'étoile et plus haute qu'elle; Kirch conclut la conjonction déjà passée. La distance a été prise avec une lunette de 10 pieds. *Kirch. mss.*

= Avril 12 à 8^h 4′43″...   ☿ à l'hor. 1^{h}47′55″ avant Aldébaran, 2′58″ de temps plus boréal.

     23   7 17 14 ...   ☿ à l'hor. 1^{h}13′29″ avant υ ♉, 2′51″ de temps plus austral que l'★, ou mieux,

          7 16 24 ...   ☿ à l'hor. 1^{h}12′39″ avant ι υ ♉, 46″ de t. plus austr. que l'★.

          7 17 14 ...   ☿ à l'hor. 1^{h}13′27″ avant 2 υ ♉, etc.

     25   7 59 57 ...   ☿ à l'hor. 2^{h}28′41″ avant η ♊, 2′50″ au sud de l'★.

ÉTOILES.

Variable de la Baleine.

Sept.   22...   elle égale à peu près δ Baleine.

          24...   elle surpasse γ, elle est moindre que α.

Oct.   5...   elle égale α ou peu s'en faut.

          13...   elle égale au moins α et la surpasse ensuite.

Nov. 11 et 12...   elle est plus belle que α. En 1687, elle étoit à peine parvenue à la 4e grandeur; cette année, elle excède la 2e.

          26...   elle est moindre que α, elle excède γ, δ, etc.

Déc.   2...   elle est à peu près égale à γ, un peu plus claire cependant;

           3...   de même.

         12...   moindre que γ, elle l'emporte encore sur δ.

         12...   elle égale δ. *Kirch. mss.*

         31...   elle n'est plus que de 6e grandeur, après avoir, pendant trois mois et plus, surpassé ou au moins égalé α. *Hist. cœl. Br. t. II, p. 407.*

SATELLITES.

Mars 28 à 16ʰ44′46″...   on voit encore le 1ᵉʳ satellite de Jupiter, mais bien
petit;

16 45 41 ...   il ne paroit plus, lunette de 27 pieds. Greenwich,
Hist. cœl. Br. t. II, p. 395.

17 7 6 ...   immersion observée à Marseille par le P. Feuillée.

16 59 0 ...   par le P. Laval. *Laval mss.* (Le P. Laval s'est certainement trompé dans quelque compte.)

Mai 20   14 21 24 ...   immersion du 2ᵉ sat. Paris. *Cass. mss.*

14 34 44 ...   Marseille, P. Feuillée. *Laval mss.*

14 33 46 ...   Marseille. *Cass. mss.*

22   13 41 52 env.   immersion du 1ᵉʳ. Paris. *Cass. mss.*

13 54 40 ...   id.   Marseille.

14 47 0 ...   le 2ᵉ est à moitié sorti du bord oriental (je pense
qu'il faut : occidental) de Jupiter.

14 51 44 ...   il est entièrement détaché. Marseille. *Laval mss.*

23   14 30 28 ...   le 1ᵉʳ satellite sort du bord oriental (il faut encore
occidental).

14 34 5 ...   il est détaché. Toujours le P. Feuillée, à Marseille.
Ibid.

Juin. 7   12 7 55 ...   immersion du 1ᵉʳ.

15 19 40 ...   il paroit sur le bord (oriental maintenant).

15 25 20 ...   il est entièrement détaché.

13 58 18 ...   le 2ᵉ est détaché du bord de Jupiter. Encore à Marseille. *Ibid.*

14   11 38 58 ...   immersion du 2ᵉ sat. de Jupiter. Marseille, P. Feuillée.
Cass. ms.

13 47 54 ...   immersion du 1ᵉʳ. Paris. Lunette de 18 pieds; ♃ clair.
Cass. ms.

13 59 40 ...   immersion du 1ᵉʳ. Marseille. P. Feuillée.

14 0 7 ...   id.   id.   P. Laval. *Laval mss.*

14 22 15 ...   id.   Nuremberg. Wurzelbau. *Mém.*
Acad. 1701, *p.* 74.

21   15 26 53 ...   le 1ᵉʳ paroit encore.

15 28 3 ...   il est certainement dans l'ombre. *Hist. cœl. Br., t. II,*
p. 397.

30   10 7 42 ...   immersion du 3ᵉ sat. Paris. *Cass. ms.*

10 20 19 ...   id.   Marseille. *Ibid.*

11 59 29 ...   immersion du 1ᵉʳ. Paris. *La Hir. ms.*

Juin 3o à 12^h 11′ 53″...   immersion du 1er. Marseille. P. Laval. *Laval ms*. et
                        Hir. mss.

      12 12 3 ...   immersion du 1er. Marseille. *Cass. ms.*

      12 8 ½ ...   le milieu d'un satellite entre sur le disque de Jupiter,
                        et le P. Laval ne sait si c'est le 2e ou le 4e. *Laval
                        ms.* et *Hir. ms.*

      12 5   ...   le 2e touche ♃. Paris.

      12 16 2 ...   id.   Marseille.

      12 16   ...   le 2e est entré. Paris.

      12 25 10 ...   id.   Marseille. *Cass. ms.*

Juill. 3   10 3o   ...   conj. du 2e et du 3e. *Cass. ms.*

      6   15 38 14 ...   immersion du 4e; grand jour, mais on voit très bien
                        les satellites. *Cass. ms.*

      7   13 52 45 ...   immersion du 1er. Paris, *Hir. ms.*

         13 52 4o ...   id. Cassini a cru le voir quelques secondes après, mais
                        n'en est pas sûr. *Cass. ms.*

         14 4 5ı ...   id. à Marseille. *Hir. ms.* et *Laval ms.*

         14 34 23 ...   id. à Bologne.

         14 4 4ı ...   on a encore vu le 3e qui diminuoit. Nuages. *Cass. ms.*

      16   10 29 43 ...   immersion du 1er. Marseille, *Laval ms.*

      25   9 5 27 ...   émersion du 1er. Marseille, *Ibid.*

Août 1   10 45 32 ...   émersion du 1er. Paris, *Suite des Mém. de* 17ı8, *p.* ı6ı.
                        — *Cass. mss.*

         10 55 0 ...   id. à Lyon P. de Saint-Bonnet. *Ibid.*

         10 59 37 ...   id. à Marseille. *Laval ms.* — *Cass. ms.*

         11 23 2 ...   id. Bologne, *ibid.*

      8   10 1 22 ...   le 1er sat. est sur le bord oriental (occidental plutôt)
                        de ♃.

         10 6 42 ...   il est entièrement caché. Marseille. *Laval ms.*

         12 4ı 2o ...   émersion du 1er. Paris. *Cass. ms.*

         12 4ı 23 ...   id. Paris. *Hir. ms.*

         12 5ı 5 ...   id. Lyon. P. de Saint-Bonnet. *Suite des Mém. de* 17ı8,
                        p. ı6ı. — *Cass. ms.*

         12 55 28 ...   id. Marseille. *Laval ms.*

      10   7 5o   ...   le 1er étoit déjà hors de l'ombre. Nuremberg, Wurzel-
                        bau. *Mém.* ı7oı, *p.* 74.

         11 ı3 48 ...   émersion du 2e. *Cass. ms.*

      17   9 2o 24 ...   émersion du 1er. Marseille. *Laval ms.*

Août 17 à 9ʰ 29′ 10″... émersion du 1ᵉʳ. Strasbourg, Esenschmid. *Mss. de De l'Isle*.

9 41 42... id. Nuremberg, Wurzelbau. *Ibid*.

24 10 53 10... émersion du 1ᵉʳ. Lunette de 16 pieds, Greenwich, *Hist. cœl. Br. t. II, p.* 401 et 1ʳᵉ *édit. l.* 2, *p.* 119.

10 57 10... id. Lunette de 6 pieds. Upminster, *Trans. abridg. Vol. VI, pag.* 225. Cette éclipse et quelques autres sont dites communiquées par Derham, chanoine de Windsor, et le lieu où elles ont été observées n'est pas désigné. Dans les *mss. de De l'Isle*, ces observations sont dites faites à Upminster, et il est d'ailleurs certain que Derham a observé à Upminster.

11 1 39... Vouzon, dans l'Orléanois. *Suite de* 1718, *p.* 161.

11 12 32... id. Lyon, collège des Jésuites, P. de Saint-Bonnet. *Ibid*.

11 15 38... id. Marseille. *Laval. ms*.

Sept. 2 7 28 23... émersion du 1ᵉʳ. Paris. *Hir. ms*.

7 30 42... id. Tremblement en l'air. *Cass. mss*.

7 29 50... Cassini voit seulement le satellite, mais le ciel n'étoit pas pur. *Hir. ms*.

8 7 ... émersion, douteuse à cause du voisinage d'un autre satellite. Nuremberg, Wurzelbau. *Mém. de* 1701, *p.* 74.

4 8 31 52... émersion du 2ᵉ. Cassini. Bourges. *Hir. mss*.

9 15 ... id. Berlin. *Kirch. mss*.

9 9 26 4... émersion du 1ᵉʳ. Paris, *Hir. mss.* et *Suite des Mém. de* 1718, *p.* 164.

9 25 56... id. *Cass. mss*.

9 26 32... id. Bourges, Cassini. *Hir. mss.* et *Suite des Mém. de* 1718, *p.* 164.

9 39 28... id. Marseille, Laval. *Laval ms. Hir. mss*.

9 42 35... conj. du 1ᵉʳ et du 2ᵉ.

11 11 19... le 2ᵉ touche le bord de Jupiter.

11 13 45... il est entièrement caché. *Laval ms*.

11 11 2 52... émersion du 2ᵉ, lunette de 17 pieds. Greenwich. *Hist. cœl. Br., p.* 402.

16 11 14 53... émersion du 1ᵉʳ. Lunette de 16 pieds. Greenwich. Le temps vrai de cette observation, extrait de la 1ʳᵉ édition, n'est pas exempt de tout doute.

25 7 50 49... émersion du 1ᵉʳ. Croc en Auvergne, Cassini. *Suite des Mém. de* 1718, *p.* 167.

8 4 42... id. Marseille, *Laval ms*.

Oct. 6 9 22 ... émersion du 2ᵉ. Berlin. Kirch. *Kirch. ms*.

Oct.   11 à 6ʰ 15′ 24″...   émersion du 1ᵉʳ. Paris, La Hire. *Hir. mss.*

       7 54 38 ...   émersion. Smyrne, P. Feuillée. *Mém de* 1702, *p.* 8.

  18 8 12 39 ...   émersion du 1ᵉʳ, douteuse à cause du vent. **Paris,** *Hir. mss.*

      8 12 52 ...   id. *Cass. mss.*

  30 6 23 15 ...   immersion du 3ᵉ. Upminster, *Trans. abr. t. VI, p.* 231.

Nov.   7 8 24 0 ...   émersion du 2ᵉ, douteuse à cause des vapeurs. Lunette de 16 pieds. *Ibid. p.* 228.

  26 6 45 27 ...   émersion du 1ᵉʳ. Paris. *Hir. mss.*

Déc.   12 4 49 57 ...   émersion du 1ᵉʳ. Lunette de 27 pieds Greenwich, *Hist. cœl. etc. p.* 407.

     5 1 8 ...   id., lunette de 16 pieds. Upminster, *Trans. abr. t. VI, p.* 225.

     5 37 10 ...   id. Nuremberg, Wurzelbau, air nébuleux. *Mém. de* 1701, *p.* 75.

FAITS.

La méridienne de l'Observatoire de Paris, à laquelle on se proposoit de faire traverser tout le Royaume, avoit été commencée en 1669 et 1670 par Picard, continuée en 1683, et interrompue la même année par la mort de Colbert; elle fut reprise en 1700 par Cassini, aidé de J. Cassini son fils, Maraldi, Couplet et Chazelles, et continuée cette année et la suivante jusqu'à l'extrémité méridionale de la France. Cet ouvrage fut terminé en 1713 par Jacques Cassini, qui prolongea cette méridienne vers le nord jusqu'à Dunkerque. Son illustre père étoit mort le 14 septembre de l'année précédente dans la 88ᵉ année de son âge, étant né à Périnaldo dans le comté de Nice le 8 juin 1625.

— Le 11 juillet de cette année, Frédéric I roi de Prusse, fonda à Berlin une Société royale des Sciences. Son inauguration solennelle n'a cependant eu lieu que le 19 janvier 1711, peu après la construction de l'Observatoire de Berlin. En attendant que l'observatoire fût bâti, on voulut avoir un observateur; et Frédéric jeta les yeux sur Godefroi Kirch; il le fit venir à Berlin, décoré du titre d'Astronome Royal. Kirch observa à Berlin dans une maison particulière. Il y mourut le 25 juillet 1710, l'année même de l'achèvement de l'observatoire. Il étoit né à Guben le 18 décembre 1639. La multitude de ses observations garantit son zèle; il seroit à souhaiter qu'il eût pu employer des instrumens plus parfaits.

FIN.

TABLE ALPHABÉTIQUE

DES NOMS D'AUTEURS, D'OBSERVATEURS, ETC.

Les chiffres **gras** indiquent les pages où l'on donne quelques détails soit sur l'auteur, soit sur l'Ouvrage mentionné. — Les deux chiffres entre ( ) sont les deux derniers de l'année; ainsi (42) indique l'année 1642, comme (00) indique l'année 1700; on sait que l'Ouvrage tout entier est relatif aux années 1601-1700.

ABRAHAMSEN (Jacob), 158 (**42**).

AGARRAT, 113, 114 (36) — 132 (39) — 164 (43) — 172, 175, 177 (45) — 183 (46) — 185 (47) — 202 (52) — 207 (53) — 212 (54) — 232 (57) — 268 (66).

AGATHANGE (le P.), capucin, 107 (35) — 132 (39).

ALBATEGNIUS, 10 (01) — 39 (13).

ALBERT (Richard d'), 203 (52).

ALCASAR (le P. Barthelemi), 550 (96).

ALENIS (le P. Jules DE), 38 (12).

ALFARGAN, 10 (01).

ALTABELLUS (François), 13 (02).

ANDERSON (Robert), 257 (63) — 260 (64).

ANGLETERRE (le roi D'), 202 (52).

ANONYMES.

  Observatio eclipsis Lun. anni 1616, 26 aug., 29 (10).

  Specula astronomica, 259 (63).

ANTHELME (Don), 92 (33).

ANTHELME (le P.), 288 (70).

ANTONINI DI UDINA (Alphonse), 121 (37).

APIEN, 251 (61).

APPELLES, 35, 36 (11).

ARGOLI, 121 (37).

  Tabulæ primi mobilis..., 1610, in-4°, 72 (**28**).

  Tabulæ secundorum mobilium..., 1634, in-4°, 84 (31).

  Pandosium sphericum..., 1644, in-4°, 8 (01).

ARISTARQUE, 34 (11).

ARNAUD (Scipion), 22 (07) — 25 (09).

ARNÉRIUS, 18 (04).

ARNOLD, 475 (90).

ARZET (le P. André), 77, 78 (30) — 81 (31) — 87 (32) — 91 (33) — 154 (42).

ASH, 386 (84).

AUGUSTIN, 296 (72).

AUXON (le P.), 81 (30).

AUZOUT, 128 (38) — 201, 205 (52) — 263 (64) — 265 (65) — 268, 272, 273 (66) — 275 (67) — 278 (68) — 285, 286 (70) — 355 (79) — **496** (91) — 533 (94).

AZOBI (le rabbin Salomon), 96 (34).

BACON (Roger).

  De secretis... et de nullitate magiæ, 28 (09).

  De perspectivis, 28 (09).

BADOUERE (Jacques), 29 (09).

BAILLY (Sylvain), 163 (42).

  Histoire de l'Astr. moderne, 1778-1783, in-4°, 244 (60) — 330 (75).

  Tables des satellites de Jupiter, 307, **308** (72).

BAINBRIDGE (Jean), 71 (28) — 83 (31) — 88 (32) — 91 (33).

BARBIER, 267 (66).

BARRETTUS (Lucius).

  Historia cœlestis Tychonica, **274** (67).

BARTHOLIN (Pierre).

  Apologia pro observationibus... Tychonis Brahe..., 1632, in-4°, 3 (01) — **90** (32).

BARTSCHIUS, 339 (76).

BASSOBRUTI (Messo), 43, 48 (15).

BAYER, 13 (02) — 221 (55) — 338, 339 (76).

  Uranometria, **15** (04).

BEAUCHAMP (DE), 333 (76) — 340 (77) — 347 (78) — 399 (85).

BEAUGRAND, 92 (33) — 131 (39).

BEAUNE (DE), 131 (39).

BECCATELLI (le P.), 582 (99).

BÉCHET (Jean), 202 (52).

BÉGON, intendant, 569 (98).

BELLUS, 176 (45).

BENEDICTIS (J.-B. DE), 107 (35).

BERNARD (Édouard), 386 (84).

BERTET (le P.), 270 (66).

BERTI (Gaspard), 107 (35) — 132 (39).

BEUTTES (Job.), 576 (99).

BEZE (le P. DE), 469 (89) — 510 (92).

BIANCHINI (François), 399, 407 (85) — 559 (97).

  Hesperi et Phosphori nova phenomena..., 1728, in-f°, 267 (65) — 582, 594 (99).

BILLINGSLEI, 189 (49) — 195 (50).

BILLY (le P. Jacques DE), 172 (45) — 188 (48) — 213 (54).

  Opus astronomicum..., 1660-61, in-4°, 226 (56) — 244 (60) — 245 (61).

BIRCH (Th.).

  History of the royal Society 1756, in-4°, 245 (60).

BISUELA (don André), 160 (42).

BLAEU (Guillaume Jansson), 8 (01) — 33 (10) — **73**, 74 (28).

BLAEU (Jean), 73 (28).

BLANCANUS, 18 (04).

  Sphera mundi, 1620, in-4°, 18 (04).

BLANCHUS, 41 (14).

BLONDEL, 128 (38).

BOCHART DE SARON (Jean et François), 192 (49).

BOGHILLE (le P.), 214 (54).

BOLLON, chanoine de Digne, 105 (35).

BONFA (le P.), 347 (78) — 350 (79) — 367 (82) — 375 (83) — 387, 388 (84) — 399 (85) — 410, 415 (86) — 431 (87) — 455 (89) — 473 (90) — 523 (94) — 545, 548 (96) — 559 (97) — 581, 583 (99).

BOOK (Laurent), 238 (59).

BOREL ou BORELLI (Pierre), 27 (09).
De vero telescopii inventore, 1655, in-4°, 27 (09).
Observ. Physico-medicarum..., 224 (55).

BORELLI (Jean-Alphonse), 323 (75).

BOUILLAU (Ismaël), père, 23 (08) — 39 (13) — 56 (21).

BOUILLAU (Ismaël), 7 (01) — 24 (08) — 25 (09) — 38 (12) — 58 (23) — 63, 64 (25) — 68, 68 (27) — 72 (28) — 75 (29) — 79 (30) — 86 (31) — 93, 94 (33) — 101 (34) — 104 (35) — 121 (37) — 124, 126, 128 (38) — 149 (41) — 201 (52) — 218 (54) — 219 (55) — 308 (72) — 348 (77) — **533** (94).
Philolaus, sive dissertatio de vero systemate mundi, 1639, in-4°, **533** (94).
Astronomia Philolaïca; opus novum, in quo..., 1645, in-f°, 7 (01) — 23, 24 (08) — 25 (09) — 40 (13) — 52 (20) — 56 (21) — 58 (23) — 63 (25) — 65 (26) — 66 (27) — 71 (28) — 79, 80 (30) — 85 (31) — 91 (32) — 95, 97, 101 (34) — 104-107, 110, 111 (35) — 114-116 (36) — 119, 121 (37) — 125, 126 (38) — 129, 133 (39) — 144 (40) — 150-152 (41) — 153-157 (42) — 165 (43) — 168, 169 (44) — **179** (46) — 295 (71) — **532** (94).
Astronomiæ philolaïcæ fundamenta clarius explicata..., 1657, in-4°, **230** (56).
Ad astronomos monita duo..., 1667, in-4°, 142 (39) — 251 (62) — 262 (54).
Manuscrits de Bouillau. 58, 60 (23) — 61 (24) — 63, 64 (25) — 65 (26) — 69 (27) — 72 (28) — 75 (29) — 79 (30) — 86 (31) — 94 (33) — 98-100 (34) — 104-107 (35) — 119-121 (37) — 125 (38) — 129, 133, 137, 138 (39) — 144, 145 (40) — 149-151 (41) — 155, 158 (42) — 164, 166 (43) — 167-169 (44) — 172, 174-176, 178 (45) — 181-183 (46) — 186 (47) — 193-195 (49) — 195-197 (50) — 199, 203, 205, 206 (52) — 207, 209, 210 (53) — 211, 212, 216, 217 (54) — 221 (55) — 225, 226, 229 (56) — 237, 238 (58) — 238-242 (59) — 243, 244 (60) — 249 (61) — 252-254 (62) — 257, 259 (63) — 260-263 (64) — 264, 265 (65) — 268 (66) — 275 (67) — 277, 280 (68) — 282, 283 (69) — 284 (70) — 287, 288 (70) — 290, 293, 294 (71) — 296, 300, 303, 305 (72) — 310, 313, 317 (73) — 322-324, 326 (75) — 323, 334, 337 (77) — 347 (78) — 352, 354 (79) — 357, 358 (80) — 362 (81) — 370, 372, 373 (82) — 386 (84) — 407 (85) — 426 (86) — 439 (87) — 451 (88).

BOURDELIN, 273 (66).

BOURDIN (le P.), 175 (45) — 180 (46) — 202 (52).

BOUVET (le P.), 388 (84) — 471 (89) — 474, 481, 483 (90).

BRADLEY, 274 (66) — 330 (75) — 443 (87).

BRATTLE (Thomas), 524 (94).

BRAUN (Sébastien), 475 (90).

BRENGGERUS (Jean-George).
Epist. ad Keplerum, 17 (04).

BRESSAN (le P. Joseph), 157 (42) — 175 (45) — 180 (46) — 191, 192 (49) — 233 (57).

BRIGA (le P. Melchior).
Scientia eclipsium..., 1747, in-4°, 167 (44) — 177 (45).

BRIGGS (Henri), 42, 43 (14).
Arithmetica logarithmica, 1620, in-f°, **43** (14).

BROCHIER (E.), 409 (86).

BRUSLART (abbé), 202 (52).

BRUNEAU (abbé), 569 (98) — 582 (99).

BUOT (Jacques), 201 (52) — 268, 273 (66).

BUSÉE (le P. Théodore), 35 (11).

BUTHNER (Frédéric), 591 (99).

BYRGE (Juste), 42 (14).

CAMPANELLA (Thomas), 142 (39) — 188 (48).

CAMPANI (Joseph), 263 (64).
Ragguaglio di due nuove osservazioni..., 263 (64) — **266** (65).

CARAMUEL DE LOBKOWITZ (Jean), 162 (42) — **171**, 174 (45).

CARCAVI, 268, 273 (66).

CASATI (le P. Paul), 233 (57).

CASSINI I (J.-D.), 8 (01) — 58 (23) — 86 (31) — 143 (40) — 206 (52) — 223 (55) — 226, 229 (56) — 233 (57) — 246 (61) — 269, 273 (66) — 277 (68) — **282, 284** (69) — 288 (70) — 292 (71) — 296, 298, 304 (72) — 325 (75) — 335, 336 (76) — 345-347 (78) — 350, 364 (81) — 374 (82) — 383, 384 (83) — 388, 389 (84) — 403, 404, 407 (85) — 409, 428 (86) — 521 (93) — 533 (94) — 543 (95) médaille — 588 (99).
Opera astronomica..., 1666, in-f°, 274 (66).
Spina celesta, meteore..., 1668, 280 (68).
Tabulæ motuum I satellites, 280, 281 (68) — 395 (84) — 510 (92) — 518 (93).
Éléments d'Astronomie verifiez, 1693, in-f°, 305, 308 (72).
Specimen observationum Bononiensium..., 1656, 223 (55).
Nova eclipsium methodus, 1663, **251** (61).
De solaribus hypothesibus..., 1665, 255 (62).
Theoria motus cometæ anni 1664..., 1665, 266 (65).
Découverte de deux nouvelles planètes autour de Saturne, 1673, 317 (73).
Quatro lettere al Abbate Falconieri, 1665, in-f°, 266 (65).
Messager céleste, 335 (76).
Manuscrits de Cassini, 50 (19) — 53 (20) — 60 (24) — 66 (27) — 78, 79 (30) — 291-293, 295, 296 (71) — 296, 297, 302, 307-309 (72) — 312, 313, 315, 316 (73) — 320, 321 (74) — 350 (78) — 358 (80) — 365, 369 (82) — 386 (84) — 398, 399 (85) — 426, 427 (86) — 430, 434, 440-442 (87) — 445, 451-454 (88) — 457, 460, 461, 468-471 (89) — 479-485 (90) — 492-496 (91) — 518-521 (93) — 523, 526-533 (94) — 538-542 (95) — 552-556 (96) — 562, 565-568 (97) — 580, 592-595 (99).

CASSINI II (Jacques), 50 (19) — 557 (97) — 574 (97).

Éléments d'Astronomie, 40 (13) — 86 (31) — 136 (39) — 167 (44) — 186 (47) — 216 (54) — 221 (55) — 229 (56) — 235 (57) — 241 (59) — 249, 250 (61) — 252 (62) — 261 (64) — 264, 265 (65) — 270 (66) — 275 (67) — 287, 288 (70) — 294 (71) — 297, 301, 309 (72) — 310, 312 (73) — 319, 320 (74) — 327, 330 (75) — 337 (76) — 343, 344 (77) — 349 (78) — 353 (79) — 357 (80) — 362 (81) — 369 (82) — 381, 382 (83) — 388 (84) — 405 (85) — 410, 422, 424 (86) — 439, 440 (87) — 450, 451 (88) — 467 (89) — 477, 478 (90) — 491 (91) — 507, 509 (92) — 515, 518 (93) — 526 (94) — 537, 538 (95) — 551 (96) — 562, 565 (97) — 573, 574 (98) — 591 (99) — 598 (00).

CASSINI III (C. de Thury), 60 (24).
Additions aux Tables astronomiques de J. Cassini, 1756, 474 (90) — 526 (94) — 550 (96) — 560 (97).

CASUELIUS, 386 (84).

CAVINA, 273 (66).

CÉSAR (Jules), 28 (09).

CHAISE (le P. François DE LA), 232 (57) — 269 (66).

CHAMBRE (DE LA), 273 (66).

CHAPPE (l'abbé), 46 (16).

CHARDIN, 334 (76).

CHARLES II, 244 (60).

CHASTELAIN (le P.), 117 (37) — 133 (39).

CHAZELLES, 384 (83) — 387 (84) — 399 (85) — 430 (87) — 455 (89) — 497 (92) — 521 (93) — 583 (99).
Manuscrits de Chazelles, 409, 414, 415, 418, 427 (86) — 445 (88) — 456 (89) — 473 (90) — 495, 496 (91) — 498, 510 (92) — 512, 514, 519, 520 (93) — 526, 528, 530-532 (94) — 536 (95) — 546, 547, 549 (96) — 559, 568, 569 (97) — 581, 585, 593 (99).

CHÉRUBIN (le P.), 179 (45).
Dioptrique oculaire, 179 (46).

CHIARAMONTE ou CLARAMONTIUS (Scipion).
Antitycho..., 1621, **64** (29).
De tribus novis stellis..., 1628, 4 (18).

CHILDREY, 383 (83).

CHRISTIAN IV de Danemark, 9 (01) — 91 (32) — 231 (56).

CHRISTINE de Suède, 265 (65).

CLAVIUS (Christophe), **39** (12).
Traité de l'astrolabe, 42 (14).

CLAYN (le P. Paul), 399 (85).

COLB, 411 (86).

COLBERT, 267 (66) — 359 (80) — 364 (81) — 384 (83).

COLSON, 325 (75) — 331 (76) — 346 (78).

COMILLE (le P.), 469 (89).

CONDÉ (le prince DE), 364 (82).

CONDORCET, 223 (55).

CONRAD (le P.), 154 (42).

CORSALIUS (André), 338 (76).

CORIO (J.-B. DE), 285 (70).

COSME II de Médicis, 31, 32 (10).

COUPLET le fils, 575 (98).

CRABTRÉE, 110 (35) — 113 (36) — 118 (37) — 133, 134 (39) — 155 (42).

CRUGER (Pierre), 54 (21) — 103 (35).
Epist. ad Keplerum, 54 (21).

CUNITZ (Marie), femme de Elias a Leonibus; 67, 68 (21) — **198** (50) — 263 (64).
Urania propitia, 1650, in-f°, 47 (17) — 67, 68 (27) — 75 (29) — 193, 194 (49) — **198** (50).

CURTIUS (Albertus). *Voir* BARRETUS.

CUSSET, 495 (91) — 497 (92) — 523 (94).

CYSAT (le P. J.-B.), 34 (11) — 48 (18) — 50 (19) — 70 (28) — 76 (30).
Epist. ad Keplerum, 53 (10).

DARIENNES (le P.), 131 (39).

DANTES (Ignatius), **223** (55).

DAUPHIN (le), 364 (81).

DAVIS (le P. Urbain), 226 (56).

DAVIZARD, 523, 525 (94) — 546 (96).

DELAMBRE, 117 (37).

DEGLOS, **364** (81) — 367, 374 (82) — 387 (84) — 523 (94) — 548 (96).

DELISLE (J.-N.), 440 (87).
Manuscrits de Delisle, 174 (45) — 185 (47) — 203 (52) — 214 (54) — 229 (56) — 240 (59) — 256 (63) — 270 (66) — 291 (71) — 322, 324 (75) — 350 (79) — 371, 374 (82) — 409, 410 (86) — 430 (87) — 455, 460, 468, 469 (89) — 473, 481 (90) — 520 (93) — 523-525 (94) — 544-550 (96) — 558, 559 (97) — 580-584 (99).

DEOVIVEA (le P.), 175 (45).

DESARGUES, 128 (38).

DESCARTES, 27 (01) — 128 (38) — 428 (87).
Dioptrique. 27 (09).

DESHAYES, 363, **364** (81) — 367, 374 (82) — 384 (83) — 399 (85) — 580, 595 (99).

DESNOYERS, 199, 205 (52) — 211 (54).

DESSELLIUS (Valère-André), 170 (44).

DŒRFELL, 364 (81) — 365 (82).

DOPPELMAYER (J.-G.), 15 (04) — 252 (61).

DOUWES (Cornélis), 350 (78).

DUCLOS, 273 (66).

DUHAMEL (J.-B.), 273 (66) — 276 (67) — 281 (68) — 371 (82).
Epistola ad P. Petit, 38 (12).
Regiæ scientiarium Academiæ historia, 371, 375 (82) — 375 (83) — 389, 395 (84) — 476 (90) — 514 (93) — 523 (94) — 538 (95) — 543 (96) — 557, 559, 561, 562 (97).

DULIRIS (le P. Leonard), 173 (45).

EICHSTADIUS, 103 (35) — 121 (37) — 129, 137 (39) — 160 (42) — 170 (45) — 199 (52) — 225 (56) — 238 (59) — 263 (65).

EIMMART (Georges-Christophe), 350 (78) — 350 (79) — 430 (87) — 458 (89) — 472 (90) — 522 (94) — 535 (95) — 543, 547 (96) — 557 (97).
Uranies Noricæ Strena sacræ, 1694, in-f°, **384** (83).
Typus eclipseos solaris..., 1684, die 2 Julii (st. vet.), 1684, in-f°, 385, 386 (84).

EISENSCHMIDT, 594 (99).

ESPAGNAC (le P.), 445 (88).

FABER ou LE FÈVRE (Jean), 181, 183, 184 (46) — 191, 195 (49).

FABER (Thomas), 445 (88).

FABERI (Leonello).
Specchio celeste, 263 (65).

FABRI (le P.), 269 (66).

FABRICIUS (David), 11, 13 (02) — 17 (04) — 19, 20 (05) — 22 (07).

FABRICIUS (Jean), 35, 36 (11).
De maculis in sole, 1611, 36 (11).

FALCONIERI (abbé), 264, 266 (65).

FERMAT, 128 (38).

FÉRONCE (Eléazar ou Ozias), 65 (26) — 88 (32) — 105 (35).

FEUILLÉE (le P.), 525 (94) — 581, 583, 586, 588 (99).

FINÉE (Oronce), 102 (34).

FLAMSTEED, 274 (66) — 289, 292 (71) — 301, 304, **329** (72) — 335, 336 (76) — 355 (79) — 443 (87).

Historia cœlestis britannica, 124 (38) — 144 (40) — 150 (41) — 153, 155 (42) — **272**, 273 (66) — 276 (68) — 285 (70) — 289, 291, 293 (71) — 298, 300, 301, 303, 306, 307 (72) — 310-314 (73) — 319, 320 (74) — 324-329, **330** (75) — 331, 332, 335, 336 (76) — 341, 344, 345 (77) — 346, 349 (78) — 352 (79) — 356-358 (80) — 360, 361, 363 (81) — 364, 365, 367, 368, 370, 371, 373, 374 (82) — 377-379 (83) — 383 (83) — 386, 387, 390 (83) — 407 (85) — 413, 419 (86) — 430, 441, 442 (87) — 445, 452-454 (88) — 455-457, 459, 463, 467-470 (89) — 471, 472, 479 (90) — 486, 491-495 (91) — 496, 497, 509, 510 (92) — 511, 519, 520 (93) — 522, 528-532 (94) — 537-542 (95) — 544, 548, 550, 553-556 (96) — 558, 566-568 (97) — 574, 575 (98) — 579, 583, 591-593 (99) — 596, 597, 600 (00).

Epilog. ad Opera Horrox, 298 (72).

FLAMSTEED (Un ami de), 365 (82).

FLEURIEU (le Chevalier DE), 46 (16).

FLUDD (Robert), 57 (21).

FONTANA (François), 80 (30) — 127 (39) — 162 (42).

Novæ cœlestium terrestriumque rerum observationes..., 1639, in-4°, 128 (38) — **142** (39).

FONTANA (le P.), Théatin, 546 (96) — 575 (98).

FONTANEY (le P. DE), 338 (76) — 347 (78) — 366 (82) — 386, 388, 395 (84) — 407 (85) — 426 (86) — 445, 452 (88) — 468-470 (89) — 474, 476, 481, 482 (90) — 494 (91) — 563 (97).

FONTENELLE.

Entretiens, 428 (86).

FORTIN, 455 (89).

FOSTER (Samuel), **123** (38) — **129** (39) — 158 (42) — 164 (43) — 171 (45).

Miscellanea,, 1659, in-f°, 123 (38) — 149 (41) — 158 (42) — 164 (43) — 174 (45) — 183 (46) — 189, 191 (49) — 200, 204 (52).

FOURNIER (le P.), 27 (09) — 50 (19) — 126 (38) — 131, 132 (39).

Hydrographie, 1643, in-f°, 27 (09) — 37 (12) — 72 (28) — 88 (32) — 96 (34) — 104, **108** (35) — 117 (37) — 131 (39) — 188 (48).

FRACASTOR, 251 (61).

FRÉDÉRIC II, de Danemark, 9 (01) — 231 (56).

FRÉDÉRIC III, de Danemark, 231 (56).

FRÉNICLE, 128 (28) — 268, 273 (66).

FRISI (le P.), 94 (33).

FROMONDUS.

Meteorologicorum libri VI, 1627, in-4°, 38 (12).

FULLENIUS (Bernard), 169 (44).

FUSTÉR (Michel), 214 (54).

GALILÉE, 27, 29 (09) — 30-33 (10) — 35 (11) — 38 (12) — 62 (25) — 64 (26) — 80 (30) — **94** (33) — 121 (37) — **122** (38) — **163** (42) — 195 (50) — 222 (55) — 230 (56).

Il saggiatore, 1613, in-4°, 27, 29 (09) — 35 (11) — 38 (12) — 43 (14).

Nuncius sidereus, 1610, in-8°, 29 (09) — **31** (10).

Delle macchie solari, 34 (11).

Epist. 3 ad Vels., 38 (12).

GALILÉE (Vincent), 196 (49).

GALL (le P. Chrysostome), 50 (19).

GALLET, 321 (75) — 333 (76) — 340, 341 (77) — 346 (78) — 360, 361 (81) — 375, 376 (82) — 399 (85) — 430 (87) — 523 (94).

GASCOIGNE (Guillaume), 124 (38) — 130 (39) — 144 (40) — 150 (41) — 272, 273 (66) — 275 (67).

GASSENDI, 4 (01) — 34 (11) — 39 (13) — 43 (15) — 48 (18) — 50, 51 (19) — 52 (20) — 55, 56 (21) — 57 (22) — 58, 59 (23) — 61 (24) — 62, 63 (25) — 66, 67 (27) — 76-81 (30) — 83-85 (31) — 87-89 (32) — 91-94 (33) — 96-98, **102** (34) — 104 (35) — 113 (36) — 121 (37) — 128 (38) — 149 (41) — 155, 162 (42) — 170, 171 (45) — 218 (54) — 222, **224** (55) — **295** (71) — 533 (94).

Opera omnia, 4 (01) — 34 (11) — 37 (12) — 48 (18) — 50, 51 (19) — 52-54 (20) — 55, 56 (21) — 57 (22) — 58 (23) — 62, 63 (25) — 66, 67 (27) — 70-72 (28) — 79, 81 (30) — 84, 85 (31) — 87-90 (32) — 91-94 (33) — 94-102 (34) — 103-111 (35) — 112-116 (36) — 120 (37) — 123, 125, 127 (38) — 129, 130, 132, 133, 142 (39) — 148, 149 (41) — 153, 155, 162, 163 (42) — 164, 166 (43) — 170-172, 174, 176-178 (45) — 179-182 (46) — 183-185 (47) — 188 (48) — 190, 191, 192 (49) — 192 (52) — 203-207 (52) — 211, 213, 215 (54) — 219 (55).

GASSENDI (des amis de), 172 (45).

GASTON D'ORLÉANS, 225 (56).

GAUBIL (le P.), **11** (02) — 13, 14 (03) — 29 (10) — 55 (21) — 474, 483 (90).

GAULTIER (Joseph), prieur de la Vallète, 52 (20) — 88 (32) — 92 (33) — 224 (55).

GAUPPIUS, 578 (99).

GAUTIER (Honoré), 188 (48) — 190, 192 (49) — 203 (52) — 213 (54) — 219 (55) — 387 (84).

GAYEN, 273 (66).

GAYNOT (François), 202 (52).

GELLIBRAND (Henri), 83, 84 (31) — 89 (32) — 104 (35).

GÉRARD, 114 (36).

GERBILLON (le P.). 410 (86) — 471, 481 (90) — 556 (97).

GERRA (François), 323 (74).

GEVART, 163 (43).

GHIRADELLO (Corneille), 4 (01) — 21 (07) — 23 (08) — 37 (12).

Considérations sur l'éclipse qui devoit arriver le 31 *mai* 1621, 4 (01).

GLORIOSUS (Jean Camille), 8 (01) — 107 (35).

GLOS (DE), *voir* DEGLOS.

GOLIUS (Jacques), 76 (30) — 104, 106 (35) — 123 (38) — 154 (42).

GOLIUS (Pierre). *Voir* SAINTE LIDWINE.

GOTTIGNIES (le P.), 266 (65) — 269 (66) — 290 (71) — 333, 334 (76).

GOUYE (le P.), 367 (82) — 469 (88) — 470, 471 (89) — 583 (99).

Observations... envoyées de Siam..., 1688, 366 (82).

GREGORY, 289 (70) — 579 (99).
   Astr. phys., 230 (56).

GRIMALDI (le P.), 156, 157 (42) — 163, 165, 166 (43) — 197 (50) — 203, 206 (52) — 214, 218 (54) — 226, 229 (56) — 233, 234 (57) — 240 (59) — 245, 246 (61).

GRIMALDI (marquis Alexandre), 582 (99).

GRINGALLET, 49 (19).

GRUEMBERGER (le P.), 45 (16).

GUEVARE (le P.), 213 (54).

GUILLAUME DE HESSE. *Voir* HESSE (landgrave).

GUILLELMINI (Dominique), 387 (84) — 549 (96) — 575 (98) — 582 (99).

GULDINI (le P. Paul), 35 (11).

GUTISCOVIUS (Gérard), 155 (42) — 183 (43) — 171 174 (45).

HAGÉCIUS DE HAICK (Thaddée), 289 (70).

HAINZEL (Paul), 9 (01).

HALLEY, 23 (07) — 113 (36) — 230 (56) — 251, 252 (61) — 274 (66) — 324, 325, 327, **329** (75) — 335, 336, **338** (76) — 343 (77) — 347 (78) — 350, 355 (79) — 357 (80) — 360 (81) — 365, 373 (82) — 387 (84) — 399 (83) — 413 (86) — 430, 443 (87) — 485 (90).
   Tabulæ astronomicæ, 1749, in-4°, 236, 237 (59) — 241, 242 (59) — 243 (60) — 250 (61) — 252, 254 (62) — 259 (63) — 261 (64) — 264 (65) — 267, 268 (66) — 275 (67) — 279 (68) — 282, 283 (69) — 287 (70) — 293 (71) — 300, 301 (72) — 310, 312 (73) — 319, 320 (74) — 327, 328 (75) — 337 (76) — 343, 344 (77) — 349 (78) — 353, 357 (79) — 362 (81) — 369 (82) — 381, 382 (83) — 404-406 (85) — 422, 424 (86) — 439, 440 (87) — 451 (88) — 467 (89) — 478 (90) — 491 (91) — 507 (92) — 526 (94) — 537 (95) — 551 (96) — 565 (97) — 573 (98) — 590, 591 (99) — 598, 599 (00).
   Appendix ad Astronomia Carolina, **252** (61) — 256 (63) — 369, 373 (82) — 377-380, 382, 383 (83) — 386, 388, 389 (84).

HALTON (Emmanuel), 289 (71) — 332 (76).

HARDI, 131 (39).

HAYNES, 331 (76) — 346 (78) — 357 (80) — 365 (82) — 377 (83) — 414 (86) — 430 (87).

HAYES (DES). *Voir* DESHAYES.

HECKER (Jean), 196 (52).
   Ephemerides..., 1662, in-4°, **256** (62) — 342 (77).

HECKER, 575 (99).

HESSE (landgrave DE), 42 (14) — 65 (27) — 70, 73 (28) — 76 (30) — 91 (33) 95 (34).

HÉVÉLIUS, 10 (01) — 15 (04) — 76, 79 (30) — 128, 134, 135 (39) — 162 (42) — 163 (43) — 218, 219 (54) — 233 (57) — 267 (66) — 292, 293, 295 (71) — 355 (79) — 396 (85) — **442** (87) — 533 (94).
   Selenographia..., 1647, f°, 153 (42) — 166, 167 (44) — 170, 177, 179 (45) — 184-186, **187** (47).
   Epistola ad J.-B. Ricciolum..., 1654, f°, 166 (43) — **218** (54).
   Diss. de nativa Saturni facie..., 1656, f°, **222** (55).
   Epist. ad Gassend., 199 (52).
   Mercurius in sole visus, 1662, in-f°, 128 (38) — 134, 135 (39) — 152, 162 (41) — 169 (44) — 187 (47) — 189 (48) — 237 (58) — 240, 242 (59) — 243, 244 (60) — 245, 246, 248-250 (61) — **256** (62).
   Prodromus cometicus..., 1665, in-f°, 260 (63) — **266** (65).
   Mantissa Prodromi cometici, 1666, in-f°, **266** (65).
   Descriptio cometæ anni 1665..., 1666, in-f°, 38 (12).
   Cometographia..., 1668, in-f°, **281** (68).
   Machinæ cœlestis... pars prior, 1673, in-f°, — *pars posterior*, 1679, in-f°, **76**, 79 (30) — 128 (39) — 148 (41) — 153, 161 (42) — 163 (43) — 167 (44) — 170, 177 (45) — 179, 181 (46) — 182, 185, 186 (47) — 199, 205 (52) — 210 (53) — 211, 215, 216 (54) — 225, **230** (56) — 232, 234 (57) — 240, 252 (59) — 243, 244 (60) — 245, 246, **247**, 248, 249 (61) — 256, 257 (63) — 260, 261 (64) — 267, 270, 271 (66) — 275, 276 (67) — 279, 280 (68) — 283 (69) — 284, 286, 288 (70) — 291, 292, 294 (71) — 296, 299, 300, 306 (72) — 315, **316**, 317 (73) — 319-321 (74) — 322, 324, 325, 329 (75) — 331, 336 (76) — 340, 341, 344, 345 (77) — 345, 348, 349 (78) — **355** (79).
   Annus climacterius..., 1685, in-f°, 8 (01) — 179 (46) — 265 (65) — 271 (66) — 275 (67) — 280 (68) — 283 (69) 288 (70) — 294 (71) — 305, 306 (72) — 315 (73) — 320 (74) — 322, 328, 329 (75) — 337, 338 (76) — 344 (77) — 349 (78) — 350, 351, 353, 354, 356 (79) — 359, 361, 362 (81) — 364, 369-371, 373 (82) — 376-380, 382 (83) — 384 (84) — **408** (85).
   Firmamentum sobiescianum..., 1690, in-f°, **485** (90).
   Prodromus astronomiæ..., 1690, in-f°, **485** (90).

HIPPARQUE, 39 (13).

HIRE (LA). *Voir* LA HIRE.

HIZLER, 54 (21).

HOBLES, 128 (38).

HODIERNA (J.-B.), 221 (55).
   Ephemerides Mediceorum..., 1656, in-4°, 173, 183 (43) — 206 (52) — 210 (53) — 217, 218 (54) — 222 (55) — **230** (56) — 281 (68).
   Rerum cœlestium..., 231 (56).

HOLWARDA. Voir *Phocylides Holwarda*.

HONOLD, 385 (84) — 411 (86) — 430 (87) — 455 (89) — 561 (97) — 578 (99).

HOOKE, 267, 272 (66) — 289 (71) — 355 (79) — 413 (86) — 430 (87) — 443 (87).
   Animadversions to the first part of the Machina cœlestis..., 1674, in-4°, **316** (73).
   A description of helioscopes and..., 1675, in-4°, 322 (75).

HORKY DE LECHOVIE (Martin), 32, (10).

HORROX, 3 (01) — 14 (03) — 39 (13) — 113, 115 (36) — 118 (37) — 122 (38) — 130, 133, 136 (39) — 144 (40) — **152**, **153** (41) — 273 (60).
   Opera posthuma, 3 (01) — 14 (03) — 23 (08) — 39 (13) — 44 (16) — 84 (31) — 89, 91 (32) — 106, 109, 110, 113 (35) — 118 (37) — 122, 124, 127 (38) — 130 (39) — 143, 144 (40).

HORTENSIUS (Martin), 3 (01) — 10 (02) — 33 (10) — 55 (21) — 58 (23) — 62 (25) — 64, 65 (26) — 66, 68 (27) — 72 (28) — 74, 75 (29) — 77 (30) — 83, 85, 86 (31) — 87-90 (32) — 103-105 (35) — 114 (36) — 123 (38).

Responsio ad Kepleri..., 1631, in-4°, 3 (01) — 10 (02) — 77, 78 (30) — 83 (31).

De Mercurio sub sole viso et Venere invisa, 1633, in-4°, 62 (25) — 83, 86 (31) — 87-90 (32).

Præfat. in comment. Lambergii, 3 (01) — 73 (28) — 74 (29).

HOSTE (le P.), 399 (85).

HOTTERUS (Christian), 169 (44).

HOUTMANN (Frédéric), 339 (76).

HUYGHENS, 195 (50) — 249 (61) — 268, 273 (66) — 292 (71) — **542** (95).

Systema Saturnium, 1659, in-4°, **223** (55) — 242 (59).

IHLE, ISLE (Abraham), 265 (65) 458 (89) — 522 (99).

INNOCENT (le P.), capucin, 269 (66).

ISLE (DE L'). *Voir* DELISLE (J.-N.).

INCHOFER (le P. Melchior), 107 (35).

JACOBS, 366 (82) — 387 (84) — 399 (85).

JAMES (Thomas), 84 (31) — 89 (32).

JEAURAT.

Tables de Jupiter, 1766, in-4°, 40 (13) — 54 (20) — 295 (71) — 382, 383 (83) — 405 (85) — 440 (87) — 467 (89) — 478 (90) — 492, 495 (91) — 526, 529 (94) — 53., 542 (95) 551, 556 (96) — 566 (97) — 573 (98) — 598 (00).

JOESTEL (Melchior), 23, 24 (08).

JOHNSEN ou JONSIUS (Zacharie), 27 (09).

JUSTINIANI, 157 (42) — 164 (43).

KECHEL, 129 (39).

KENKEL, 440 (87).

KÉPLER, 1-5, 8 (01) — 10-12 (02) — 14 (03) — 15-19 (04) — 20 (05) — 22 (07) — 26-28 (09) — 31, 32 (10) — 36 (12) — 39 (13) — 42 (14) — 44 (16) — 46 (17) — 51 (19) — 52, 54 (20) — 57 (22) — 64 (25) — 64 (26) — 69 (27) — 70, 73 (28) — 76 (29) — 80 (30) — **81** (30) — 84 (31) — 152 (41) — 251 (61) —

293 (66) — 308 (72) — 428 (86) — 533 (94).

Nova dissertatiuncula de fundamentis astrologiæ..., 1602, in-4°, 13 (02).

Paralipomena ad Vitellionem..., 1604, in-4°, 3, 5 (01) — 13 (02) — 14 (03) — 15, **18** (04) — 23 (08).

Epistola... de solis deliquio mense oct. an 1605, 1605, in-4°, 19 (04).

De nova stella in pede serpentarii..., 1606, in-4°, 16, 18 (04) — 49 (18).

Astronomia nova... commentariis de motibus stellæ Martis, 1609, in-f°, 11, 13 (02) — 16, 17 (04) — **26** (09).

Phænomenon singulare seu Mercurius in sole visus, 1609, in-4°, **22** (07).

Dioptricæ seu demonstratio..., 1611, in-8°, **34** (11).

Dissert. cum Nuncio sider, 1611, 20 (05) — 28 (09) — 33 (10).

Ephemerides novæ..., 1616, in-4°, 22 (07) — 41 (14) — 44, 45 (16).

Epitome astr. copernicanæ, 1618, in-8°, 41 (14) — **49** (18) — **54** (20) — 56 (21).

Harmonices mundi libri V, 1619, in-f°, 49 (18) — **51** (19).

Mysterium cosmographicum..., 1621, in-f°, **56** (21).

Tabulæ Rodolphinæ..., 1627, in-f°, 44 (16) — 63 (25) — **69** (27).

De raris mirisque anni 1631 *phæn. Veneris...*, 1629, in-4°, 76 (29).

De cometis libri tres..., 1619, in-4°, 23 (07) — 51 (19).

Epistolæ, 1718, in-f°, 8 (01) — 19, 20 (05) — 32 (10) — 35 (11) — 36, 37 (12) — 41 (14) — 49, 50 (19) — 52 (20) — 54, 55 (21).

KIRCH (Gottfried), 265 (65) — 353 (79) — 359 (80) — 361 (81) — 367 (82) — 383 (83).

Ephemerides et *App. ad Ephemerides*, 352 (79) — **360**, 362 80 — 364, 370-372 (82) — 385, 391 (84) — 401 (85) — 411, 418, 419, 424 (86) — 429, 440 (87) — 444, 451 (88) — 455, 457, 458 (89) — 475 (90).

Manuscrits de Kirch, 349 (78) — 350 (79) — 356 (80) — 364, 365, 368-370 (82) — 383 (83) — 385, 389-391 (84) — 400, 401, 405, 406 (85) — 411, 418, 422, 424 (86) — 429, 436-440 (87) — 449, 450, 454 (88) — 455, 456, 458, 460, 463-467 (89) — 472, 476, 478 (90) — 491 (91) — 510 (92) — 510, 511, 518 (93) — 521, 526 (94) — 534, 535, 538 (95) — 547 (96) — 557, 565 (97) — 572-574 (98) — 576-578, 583, 587, 591 (99) — 598-600 (00).

KIRCH (Christfried), 385 (84) — 454, 458 (89). *Voir* WINKELMANN.

KIRCH (un ami de), 385 (84).

KIRCHER (le P. Athanase), 107 (35) — 132 (39) — 162 (42).

KOCHANSKI (le P.), 476 (90).

KOSTELETZ, 189 (49).

KRESA (le P.), 547, 550 (96) — 582 (99).

KRETZMER, 242 (59).

LABAT (le P.).

Voyage aux îles de l'Amérique..., 1720, in-12, 570 (98).

LACAILLE, **393** (84) — **420** (86).

LADRON DE GUEVARRA (Jean), 107 (35).

LAET.

Descriptio Indiæ occident., 138 (39).

LA HIRE (Philippe DE), 136 (39) — 346, 347, 350 (78) — 355 (79) — 359 (80) — 388 (84) — 399, 400, 402 (85) — 415, 416, 419-422 (86) — 430 (87) — 472 (90) — 486-488 (91) — 499, 500, 507 (92) — 544 (96) — 562, 563 (97) — 570, 571 (98) — 583, 585 (99) — 599 (00).

Manuscrits de Lahire, 354 (79) — 362, 363 (81) — 366-368, 372-375 (82) — **380**-384, 386 (83) — 388, 390, **391**, **392**, 395 (84) — 407 (85) — 409, 412, 417, 426-428 (86) — 432-436, 441 (87) — 445-449, 452, 453 (88) — 455, 457, 459-462, 468, 469 (89) — 473, 475, 477, 479, 484 (91) — 493-496 (91) — 498, 501, 510, 511 (92) — 512-515, 519 (93) — 522, 523, 525-527, 529 (94) — 537, 538, 541 (95) — 545, 550, 551, 554, 555 (96) — 557, 560, 564, 566-569 (97) — 571, 574, 575 (98) — 579,

586-590, 592-594 (99) — 595-598 (00).

LA HIRE (Gabriel-Philippe DE).

Traité de l'invention et de l'usage de quelques instruments de mathématique, 255 (62).

LALANDE, 117 (37) — 238 (59) — 267 (66).

Astronomie, 111 (35) — 230 (56).

LANGIUS (Guillaume), 207 (53).

LANGREN (A.-Fl.) père, 104 (35).

LANGREN (M.-Fl.), 61 (24) — 64 (26) — 66 (27) — 78, 79 (30) — 84 (31) — 89 (32) — 96 (34) — 104, 108 (35) — 114, 115 (36) — 117, 118 (37) — 123 (38) — 149 (41) — 160 (42) — 200, 205 (52) — 218 (54).

Selenographia Langreniana, seu..., 1645, **187** (47).

LANGREN (la fille de M.-Fl.), 200 (52).

LANSBERG (Philippe), 3-5 (01) — 11 (02) — 14 (03) — 20, 21 (05) — 23, 24 (08) — 25 (09) — 39 (13) — 55 (21) — 69 (27) — 75 (29) — 77 (30) — 84, 85 (31) — 89, **91** (32) — 113 (36) — 122 (38) — 152 (41).

Uranometriæ libri III..., 1631, in-4°, 3, 5 (01) — 19 (05) — 23 (08) — 36 (12) — 77 (30) — **91** (32).

Observationum Thesaurus, 3, 5 (01) — 11 (02) — 14 (03) — 19, 20 (05) — 23, 24 (08) — 25 (09) — 55 (21) — 63 (25) — 64, 65 (26) — 66, 68 (27) — 72 (28) — 76 (29) — 77 (30) — 88, **90** (32).

Lambergii opera omnia, 1663, in-f°, 3 (01).

LANSITCH (le P.), 154 (42).

LAURENTIUS ou DU LAURENS (abbé Jean-François), 273 (66) — 318 (74) — 334 (76).

LAUTARET, 105 (35).

LAVAL (le P.), 583 (99).

Manuscrits de Laval, 581, 586, 592, 593 (99) — 595, 596, 598, 599 (00).

LE COMTE (le P.), 452, 454 (89) — 474 (90).

LE FÈVRE, 384 (83).

Nouveaux Mémoires..., 444 (88).

LEGRAND (Laurent), 267 (66).

LE MONNIER, 113 (36) — 355 (79) — 533 (94).

Institutions astronomiques, 230 (56) — 235 (57).

Histoire céleste, 268, **272** (66) — 274, 275 (67) — 277, 279-281 (68) — 284 (69) — 286, 287 (70) — 293, 295 (71) — 300, 303, 305, 307, 308 (72) — 312-317 (73) — 320, 321 (74) — 322, 324, 325, 327-330 (75) — 337, 338 (76) — 340, 344 (77) — 350 (78) — 354 (79) — 360, 362, 363 (81) — 366, 367, 370, 371, 373, 374, **380**-382 (82) — 391 (84) — 398, 407 (85) — **415**, 427 (86) — 471 (89).

LEONISSA, 452 (82).

LÉOTAUD (le P.), 214 (54).

LEWEN ou LEONIBUS (Elie DE), 67, 68 (27) — 75 (29) — 193 (49) — 198 (50).

LEYBOURN (Guill.), 200 (52) — 211 (54).

LINNEMANN (Albert), 103, 105 (35) — 113, 114 (36) — 129 (39) — 148 (41) — 171 (45) — 181 (46) — 199 (52).

Memoria secularis..., 103 (35).

LINUS, 114 (45).

LIPPERHEY ou LIPPERSEIN, 27 (09).

LIRIS (DU). *Voir* DULIRIS.

LONGOMONTANUS, 3, 42 (14) — 308 (72).

Astronomia Danica, 1622, in-4°, 3 (01) — 12 (02) — 17 (04) — 22, 23 (07) — 23, 24, 25 (08) — 26 (09) — 30, 31 (10) — 34 (11) — 36, 37 (12) — 39, 40, 41 (13) — 46 (16) — **57** (22) — **187** (47).

LOUIS XIV, 364 (81).

LUBERT (le P.), 154 (42).

LUBINIETZKI (Stanislas).

Theatrum cometicum, **275** (67).

LUILLIER (Claude), 180 (46).

LUX (le P. Christophe), 396 (85).

MAGIN, 34 (11) — **48** (17).

Ephemerides..., 48 (17).

Tabulæ..., 48 (17).

MAGISTRIS (Bernard DE), 107 (35).

MAIRAN.

Traité... de l'aurore boréale, 38 (12).

MALEZIEU, 580 (99).

MALLEBRANCHE.

Recherche de la Vérité, 163 (42).

MALVASIA (marquis Corneille), 252 (62).

Ephemerides novissimæ..., 1662, in-f°, 252, 253, 254, **255** (62).

MANFREDI, 582, 586 (99).

MARALDI (Jacques-Ph.), 294 (71) — 451 (88) — 499, 509 (92) — 527 (94) — 538 (95) — 562 (97) — 579 (99).

MARC (Dr), 153 (42).

MARCEL (le P. Henri), 154 (42).

MARCHAIS (Antoine), 225, 226 (56).

MARCHIUS (Caspar), 260 (64).

MARDESAV (le P.), 154 (42).

MARGRAFF, 125 (38) — 143, 145-148 (40) — 161 (42) — 163 (43).

Manuscrits de Margraff, **126** (38) — **138-141** (39) — **143** (40) — 151 (41) — 158, 160, 161 (42).

MARIA (le P.), 545 (96).

MARIN (l'abbé), 333 (76).

MARIUS ou MAYER (Simon), 28, 29 (09) — 30, 32, 33 (10) — 38 (12) — **43** (14) — 230 (56).

Mundus Jovialis, 1614, in-4°, 29 (09) — 38 (12) — 43 (14) — 163 (42).

MASCARDUS (le P. Nicolas), 195 (50) — 208 (53).

MARSIGLI (comte), 575 (99).

Danubius Pannonico-Mysicus..., 1726, in-f°, 561 (97).

MAUPERTUIS, 263 (64).

MASKELINE, 274 (66).

MASSÉ, 50 (19) — 53 (20) — 78 (30) — 84 (31).

MAURICE (le comte), 29 (09).

MAURIER ou MAURERIUS, 164 (43).

MÉCHAIN, 251 (61).

MÉDINE (Pierre DE), 338 (76).

MELLAN (Claude), 102 (34).

MERSENNE, 128 (38).

MESTLIN (Michel), 19, 20, 21 (05) — 22 (07) — 27 (09) — 31 (10) — 36 (12) — 49 (19) — 52 (29) — 70 (28) — 78, 80, **81** (30).

Epist. ad Keplerum, 8 (01) — 19 (05) — 42 (14) — 44 (16) — 49 (19).

MÉTIUS (Adrien), 5 (01) — 25, 27 (09) — 39, 40 (13) — 104, **112** (35).

Primum mobile astronom., 1631, 5 (01) — 25 (09).

De usu globi terrestris, 5 (01) — 25, 27 (09) — 39 (13).

De usu utriusque globi, 1624, in-4°, **61** (24) — 339 (76).

MÉTIUS (Jacques), 27 (09).

MICHEL-ANGE (le P.), capucin, 107 (35).

MIDDENDORP (le P.), 154 (42).

MILON (Claude), 202 (52).

MINUTIUS (le P. Théophile), 106 (35).

MOLÉRIUS (Elie).
De sidero novo, 18 (04).

MOLINEUX, 360 (81) — 386 (84).

MOLINI (Jean), drogman, 107 (35).

MONGITORE.
Bibliotheca sicula, 231 (56).

MONGOLI (Pierre), 318 (74),

MONNIER (LE), *Voir* LE MONNIER.

MONSIEUR, 364 (81).

MONTANARI, 253 (82) — 262, 263 (64) — 269, 270 (66) — 275 (67) — 285, 290 (70) — 294 (71) — 546 (96).

MOORE ou MORES (Jonas), 322, 328 (75).

MORET (le P. Théodore), 153, 158 (42) — 189 (49).

MORIN (J.-B.), **102**, 103 (34) — **202** (52) — 275 (67).
Longitudinum... scientia, 1634, in-4°, 102 (34).
Astronomia a fundamentis... restituta, 1640, in-4°, 102 (34).
Astrologia gallica, 1661, in-f°, 102 (34).

MOUTON, 267 (66).

MOUTONNIER, 333 (76) — 340 (77).

MOXON (Joseph), 260 (64).

MULLER (J.-H.), 430 (87) — 455, 458 (89) — 472 (90) — 511 (93) — 522 (94) — 535 (95) — 544, 547 (96) — 577 (97) — 578 (99).

MULLER (Jean-Christ.), 561 (97).

MUT (Vincent), 157 (42) — 165, 177 (43).
Observationes motuum cœlestium, 1666, in-4°, 155, 157, 159, 160 (42) — 164-166 (43) — 168, 169 (44) — 173, 174, 176-178 (45) — 181, 182 (46) — 183-186 (47) — 190-195 (49) — 196-198 (50) — 206, 209 (52) — 210 (53) — 214-216 (54) — 220 (55) — 228, 229 (56) — 233 (57) — 239, 240 (59) — 244 (60) — 246, 248 (61) — 253 (62) — 257 (63) — 260, 264 (64) — 269-271, **274** (66).

MYDORGE (Claude), 62 (25) — 71 (28) — 131 (39).

NALDINI (François-Marie), 326 (75).

NAPIER ou NÉPER (Jean), 42, 43 (14).
Mirifici logarithmorum..., 1614, in-4°, 42 (14).

NEURÉ (Mathurin DE), 176 (45) — 192 (49).

NEWTON, 273 (66).
Philosophiæ naturalis principia..., 1686, in-4°, 111 (35) — **428** (86).
Optics..., 1704, in-4°, 429 (86).
Chronologie, 429 (86).

NICÉRON (le P.), minime, 149 (41) — 158 (42).

NICÉRON (le P.), 295 (71).

NIQUET, 320 (74).

NOEL (le P.), 383 (83) — 389 (84) — **396** (85) — 410 (86).
Observationes math. et phys. in India et China factæ ab anno 1684 ad annum 1708..., 1710, in-4°, 389 (84) — 444, 445 (88) — 469-471 (89) — 474, 481-485 (90) — 485 (91) — 496, 497 (92) — 524 (94) — 536 (95) — 559 (97) — 595 (00).

NONIUS ou NUNEZ (Pierre), 86 (31).

NONNET, 545, 548 (96) — 558, 561 (97) — 580, 584, 592 (99).

NORWOOD, 111 (35) — 241 (59).

OCHSENSTEIN (baron D'), 454 (89).

ODONTIUS, 30 (10).

OLDEMBOURG, 266 (65) — 267 (66).

OLÉARIUS.
Voyage d'Adam Oléarius, 122 (38).

ORIGAN.
Ephemerides novæ..., 37 (12).

ORONCE FINÉE. *Voir* FINÉE.

OTGÉRUS, 87 (32).

PALMER (Jean), 123 (38) — 239, 240 (59) — 289 (71).
Catholique Planispher, 123, 124 (38) — 142 (39) — 149 (41) — 171 (45) — 189, 191 (49) — 200, 204, 205 (52) — 212, 215 (54) — 228 (56) — 232, 234 (57).

PASCAL (le président), 128 (38) — 131 (39).

PANTALÉON (Vincent), 48 (18).

PANTALONIO, 44 (05).

PAYEN (Antoine-François), 156 (42) — 203 (52) — 213, 215 (54) — 226, 227 (56) — 268 (66).
Lettre à Montmor, 268 (66).
Selenion, 269, 270 (66).

PECQUET, 128 (38) — 273 (66).

PEMBERTON.
Præfat. ad Principia Newtoni, 273 (66).

PERNIM, 384 (83).

PERRAULT (Cl.), 273 (66) — 359 (80).

PETAU (le P.), 131 (39).

PETIT (Pierre), 114 (36) — 128 (38) — 130 (39) — 149 (41) — 185 (47) — 201, 202, 205 (52) — 212, 215 (54) — 225 (56) — 232 (57) — 239 (59) — 273 (66).
Dissertation sur la nature des Comètes, 1665, in-4°, 38 (12) — 263 (64) — **267** (65).
Observationes aliquot eclipsium, 201 (52).

PETRÉE ou PETREI ou PETREY (le P.), 399 (85) — 410 (86) — 460 (89).

PEYRESC, 34 (11) — 92 (33) — 95 (34) — 106 (35) — 114 (36) — **121, 122** (37) — 224 (55).

PHOCYLIDES HOLWARDA, 5 (01) — 91 (32) — 122 (38) — 142 (39) — 148 (41).
Epitome astron. reformatæ, 1642, 149 (41).
Πανσελενος..., *Manuductio*, 1640, in-12, 5 (01) — 20 (05) — 83 (31) — 104 (35) — **122**, 128 (38) — 142 (39).

PHILIPS, 267 (66).

PICARD (l'abbé), 73 (28) — 171 (45) — 180, 183 (46) — 202 (52) — 231 (56) — 272-275 (66) — 278-280 (68) — 282-284 (69) — 286, 288 (70) — 292, 296 (71) — 323, 325, 330 (75) — 334 (77) — 347 (78) — 355 (79) — 359 (80) — 360, 363, 364 (81) — 371 (82) — **384** (83) — 443 (87).
Voyage en Danemark, 305, 307 (72) — 320 (74) — 340 (77) — 354 (79) — 363 (81) — 533 (94).
Manuscrits de Picard, 297, 298, 301, 302, 307, 308 (72) — 313-316 (73) — 324, 327-330 (75) — 332, 337, 338 (76) — 354 (79) — 358 (80) — 360, 363 (81) — 367, 368, 373, 374 (82).

PIERONI (Jean), 35 (11).

PIGHINI (l'abbé), 546 (95).

PINGRÉ, **395** (84).
Cométographie, 48 (18) — 51 (19) — 251 (61) — 265, 266

(65) — 281 (68) — 309 (72)
— 338 (76) — 345 (77) —
350 (78) — 359 (80).

PLACENTINUS (Jean), 211 (54) —
245, 246 (61).

PLATUS, 233 (57).

PLESSIS (le Card. DU), 224 (55).

PLUMÉRÉTUS (Philippe), 13 (02).

POLITIEN (Ant.-Laurentin), 18 (04).

POPE, 267 (66).

PORTA (J.-B.), 28 (09).
Magia naturalis..., 1558, in-f°,
27 (09).

POTHENOT, 384 (83) — 386, 388
(84) — 525 (94).

PRÉVOST.
Voyages de l'abbé Prévost, 19
(05) — 138 (39) — 471 (90)
— **486** (91) — 557 (97).

PRING (Martin), 43 (15).

PTOLÉMÉE, 10 (01) — 31 (10) —
34 (11) — 39 (13) — 80 (30)
— 339 (76).

PURCHAS, 40 (13).
Purchas's Travels, 21 (06) —
43 (15).

PUY (Eric DU), 149 (41).

PYLE (Théodore), 577 (99).

PYRARD, 49 (05).

PYTHÉAS, 113 (36).

QUIETANUS. *Voir* REMUS QUIETANUS.

RAFÉIX (le P.), 524 (94).

REEVES, 249 (61).

REGNAUD, 267 (66) — 398 (85).

RAYMER URSUS DITHMARSUS (Nicolas).
Fundamentum astronomiæ,
1588, 42 (14).

REGIS (le P. Henri-Ignace), 246
(61) — 270 (66).

REIHER, 575 (98) — 578 (99).

REIMS (l'archevêque de), 202 (52).

REINIERI (Vincent), 157 (42) —
164 (43) — 173, 176 (45).
Remus Quietanus, 29 (10) — 37
(12) — 45 (16) — 48 (17) —
52 (20) — 84 (31) — 88
(32).
Observ. eclipsis Lunæ, anni
1616, 26 *Aug.*, 37 (12).
De planetarum. diam., 84 (31).

RESTA.
Tract., I, Meteor., 48 (18).

RETZ (le Card. DE), 201 (52).

RHEILE, 333 (76).

RHEITA (Ant. M. Schyrley DE), 27
(09) — 142 (39) — 162 (42).
Oculus Enoch et Eliæ, 1645,
in-f°, 27 (09) — 162 (42).

RHODES (le P.), 74 (29).

RICCIOLI, 5 (01) — 17 (04) — 30,
31 (10) — 66, 69 (27) — **78**
(30) — 126 (38) — 158 (42)
— 170 (45) — 289 (70) — 308
(72). 295
Almagestum novum..., 1651,
in-f°, 5, 7, 8 (01) — 13 (02) —
14 (03) — 17, 18 (04) — 19-
21 (05) — 23 (07) — 25 (09)
— 29, 30 (10) — 37, 38 (12)
— 42 (14) — 44, 45 (16) —
47 (17) — 48 (18) — 49, 50
(19) — 52, 53 (20) — 55 (21)
— 58 (23) — 60, 61 (24) —
62, 64 (25) — 64 (26) — 66
(27) — 70 (28) — 74 (29) —
77, 78, 80 (30) — 81, 83, 84
(31) — 87, 89 (32) — 92 (33)
— 96 (34) — 103-106 (35) —
114-116 (36) — 123 (38) —
129, 142 (39) — 148 (41) —
153-156, 158, 159, 163 (42) —
164-166 (43) — 169 (44) —
172-174, 176 (45) — 179-
182 (46) — **187** (47) — 189
(48) — 189, 192-195 (49) —
198 (50) — **218** (54) — 251
(61).
*Astronomiæ reformatæ tomi
duo..*, 1665, in-f°, 21 (07) —
26 (09) — 29 (10) — 37 (12)
— 42 (14) — 44 (16) — 47,
48 (17) — 49, 51 (19) — 54
(20) — 55 (21) — 57 (22) —
58 (23) — 60, 61 (24) — 62
(25) — 64 (26) — 66, 68 (27)
— 70, 72 (28) — 74 (29) —
77, 78 (30) — 81, 83, 84 (31)
— 87, 89 (32) — 91, 94, 98,
100 (33) — 108, 109, 111 (35)
— 114, 115 (36) — 117, 118
(37) — 123 (38) — 149, 151,
152 (41) — 153-156, 159-161
(42) — 163, 165, 166 (43) —
167, 168 (44) — 177, 178, 181
(45) — 184-186 (47) — 188,
189 (48) — 190, 191, 193, 194
(49) — 197 (50) — 198 (51)
— 200, 202, 203, 206 (52) —
208, 209 (53) — 212-216 (54)
— 219-221, 223 (55) — 226,
229 (56) — 232, 234-236 (57)
— 239, 240 (59) — 245-247
(61) — 252 (62) — 259 (63)
— **266** (65).
*Geographia et hydrographia
reformata*, 1661 (in-f°), 5 (01)
— 11 (02) — 19-21 (06) —
71 (28) — 96 (34) — 104, 106
(35) — 148 (41) — 153-159
(42) — 165 (43) — 175, 176
(45) — 180 (46) — 206 (52)
— 208 (53) — 232, 234 (57)
— **251** (61).

RICHAUD (le P.), 387 (84) — 457,
468 (89) — 473, 474, 479 (90).

RICHELIEU, 226 (55).

RICHELT (Jules), 326 (75) — 387
(84).

RICHER, 295 (71) — 304 (72) —
359 (80) — **556** (96).
Voyage de Richer, 297, 299,
303, 306 (72) — 313 (73).

RIGAUD (le P.), 269 (66).

RINALDINI, 285 (70).

RIQUET, 320 (74).

RITÉLIUS (Frédéric), 60 (24).

ROBERVAL, 128 (38) — 131 (39)
— 202 (52) — 268, 273 (66).

RODIUS (Ambrosius), 5 (01).

RODOLPHE II, empereur, 9 (01).

ROEMER, 231 (56) — 304 (72) —
324, **330** (75) — 336 (76) —
345-347 (78) — 364, 371 (82).

ROOK, 386 (84).

ROTARIUS (Jean), 19 (05).

ROVÉRIUS (Gabriel), 188 (48) —
190, 192 (49).

ROYER (Augustin), 355 (79).

RUGGI (le P. François), 192 (49).

SAINT-BONNET (le P.), 581 (99).

SAINT-FLORENT, 333 (76) — 340
(77).

SAINT-LÉGER (Tondut DE), 92 (33)
— 95 (34) — 158 (42) — 172
(45) — 203-206 (52).

SAINT-MARTIN (DE), 350 (79).

SAINTE-LIDWINE (Célestin DE) =
GOLIUS (Pierre), 107 (35).

SAPORTE, 333 (76).

SAVILL (Henri), 51 (19).

SAVORGNAN (Jérôme), 28 (70).

SALVAGO, 334 (76) — 339 (85) —
582 (99).

SCHEFFELT (Michel), 561 (97).

SCHEINER (le P.), 4 (01) — **34, 36**,
(11) — 36-38 (12) — 50 (19)
— 62 (85).
*Tres epistolæ de maculis so'a-
ribus scriptæ ad Marcum
Velserum*, 1612, in-4°, 33 (10)
— 34 (11) — 36, 37, 39 (12).
Sol ellipticus, 1615, in-4°, 36
(11).
Rosa Ursina, 1630, 4 (01) — 35
(11) — 62 (25).

SCHICKARD (Guill.), 65 (27) — 70
(28) — 76, 78 (30) — 85, 86
(31) — 87, 91 (32) — 92 (33)
— 94 (34) — 103, 109, **111**
(35).
Astroscopium..., 1623, 69 (27).
In parte Responsi ad Gassendum

de Mercurio..., 1632, in-4°, 80 (30) — 82, 85 (31).

SCHILLER (Christian-Jules). *Cœlum stellatum christianum...*, 1627, in-f°, **69** (27).

SCOTTI (l'abbé), 582 (99).

SCHULTZ (Gottlieb), 377 (83) — 397 (85) — 412 (86) — 429 (87) — 454 (89).

SEDILEAU, 304 (72) — 384 (83) — 386, 388 (84) — 453 (88) — 468 (89) — 479, 480 (90) — **521** (94). *Manuscrits de Sedileau*, **488**, 489, 490 496 (91) — 498, **499**, 501-506, **507**, **508** (92) — 513, 515-**518** (93).

SETH WARD. *Voir* WARD.

SEVERINI. *Voir* LONGOMENTAN.

SHAKELEY (Jérémie), 198 (51).

SHARP (Abraham), 468 (89).

SITIO ou SITIUS (François), 32 (10).

Διάνοια, *Astronomica...*, 32 (10).

SMETWICK (François), 331 (76).

SMITH, 321 (74).

SNELLIUS (Willebrod), 55 (21) — 73 (28). *Erathostenes Batavus...*, 1617, in-4°, 48 (17).

SORBIÈRES (Samuel DE), 170 (44) — 224 (55).

SOREL, 595 (99).

SOUCIET (le P.). *Obs. math., astr...*, tirées des anciens livres chinois ou faites nouvellement..., 3 vol., 1729 et 1732, in-4°, 4, 5 (01) — 11 (02) — 13 (03) — 21 (06) — 29 (10) — 46 (17) — 55 (21) — 58 (23) — 61 (24) — 72 (28) — 82 (31).

SPATE (George), 18 (04).

SPEIDELL (Jean), 42 (14).

SPINOLA (le P. Charles), 38 (12).

SPOLE (André), 543 (96).

SPRAT (Thomas). *The history of the R. Society*, 1687, in-4°, 224 (60).

STANCARI, 586 (99).

STAUDACHER, 156 (42).

STREETE, 86 (31) — 126 (38) — 249 (61) — 289 (71). *Astronomia Carolina*, 1661, in-4°, 7, 8 (01) — 24 (08) — 40 (13) — 52 (20) — 61 (24) — 63 (25) — 66, 68 (27) — 72 (28) — 78 (30) — 83, 86 (31) — 95, 97-100 (34) — 105, 106, 111 (35) — 116, 117 (36) — 123, 126 (38) — 137

(39) — 144 (40) — 150-152 (41) — 156, 159 (42) — 165 (43) — 168 (44) — 171, 175, 177 (45) — 182 (46) — 193 (49) — 215 (51) — 237 (58) — 238, 240, 251 (59) — 249, **252** (61).

STURM (le P. Henri), 154 (42).

SUTTON (Henri), 257 (63).

TACHARD (le P.), 388 (84). *Second voyage de Tachard*, 432, 442 (87).

TATETIUS (Charles). *Predictio astronomica deliquii lunaris 29 nov.* 1686, 397 (85).

TAUZIN (le P.), 523 (94) — 548 (96) — 558 (97).

TENNEUR (Jacques Alex. LE), 201 (52).

TERRIN, 523 (94).

TEUBNER (Archidiacre Godefroi), 577 (99).

THÉODORE (Pierre), 338, 339 (76).

THÉVENOT, 278 (68).

THOMAS (le P.), 366, 367 (82) — 376 (83) — 396 (85).

THOU (DE), 201 (52).

TOSCANE (grand-duc de), 533 (94).

TOST (David). *Voir* ORIGAN.

TOWNLEY (Richard), 272, 273 (66) — 332 (76) — 341 (77) — 386 (84).

TURRINUS (Jules), 232, 234 (57).

TWISDEN ou TWYSDEN (Jean), 123 (38) — 171 (45) — 204 (52).

TYCHO-BRAHÉ, 1, 3, 4, 6, 7, **8-10** (01) — 12 (02) — 18 (04) — 27 (09) — 39 (13) — 57 (22) — 58, 59 (23) — 64 (26) — 69 (27) — 73 (28) — 81 (30) — 91 (32) — 92 (33) — **231** (56) — 296 (72) — **359** (80) — 384 (83). *Historia cœlestis...*, 4, 6, 7, 9 (01) — **274** (66). *Paralipomena Hist. Cœl...*, 19, 20 (05) — 22 (07) — 29 (10) — 36 (12) — 41 (14) — 44, 45 (16) — 46, 47 (17) — 49-51 (19) — 51-54 (20) — 55 (21) — 65 (27) — 70-71 (28) — 76-79 (30) — 82, 84 86, 87 (31) — 87, 88, 90 (32) — 91 (33) — 94, 95 (34) — 103, 109 (35). *Astronomiæ instauratæ Mechanica*, 231 (56).

TZIRNAUS, 576 (99).

UREMANNI (le P.), 37 (12).

UZEDA (le duc D'), 582 (99).

VAGETIUS (August.), 578 (99).

VALOIS (le prince Louis DE), 65 (26) — 88 (32) — 105 (35) — 172 (45).

VARIN, 363, **364** (81) — 367, 374 (82) — 384 (83).

VATIER (le P.), 131 (39).

VERNIER, 80 (31).

VESPUCE (Améric), 338 (76).

VINCENT (François), 226, 228 (56).

VISDELOU ou VISDELOUP (le P.), 388 (84) — 452, 454 (89).

VIVA (le P. Jacques), 154 (42).

VOSSIUS (Gérard-Jean), 29 (09). *De natura scientiarum*, 27 (09). *De Mathesi*, 73, 74 (08).

WALLIS (Jean), 212 (54). *Opera Mathematica*, 212 (54).

WARD (Seth), 533 (94). *Astronomia geometrica*, **230** (56).

WEIDLER, 54 (20) — 61 (24) — 163 (42). *Historia astronomiæ*, 74 (28) — 128 (38) — 244 (60) — 251 (61) — 295 (71).

WEILHAMER (le P.), 157 (42).

WELSER (Marc), 35 (11).

WENDELIN (Godefroy), 5 (01) — 11 (02) — 14 (03) — 19-21 (05) — 22 (07) — 25, 26 (09) — 29, 30 (10) — 37, 38 (12) — 44 (16) — 47 (17) 49, 50 (19) — 53 (20) — 55, 56 (21) — 62 (25) — 70, 71 (28) — 83 (31) — 96 (34) — 104, 106 (35) — 112, 113 (36) — 123 (38) — 142 (39) — 149 (41) — 155 (42) — 163 (43) — **170** (44) — 171, 174, 181 (45) — 200, 205 (52). *Eclipses lunares ab anno* **1573** *ad annum* 1640 *observatæ*, 1644, in-4°, 5 (01) — 14 (03) 19-20 (05) — 26 (09) — 37 (12) — 42 (14) — 45 (16) — 47 (17) — 50 (19) — 53 (20) — 60 (24) — 151 (42) — 170 (44). *Arcanorum cœlestium lampas paradoxa*, 1643, in-12, **169** (44). *Tabulæ atlanticæ*, **169** (49). *Epistolæ ad Gassendum*, 154, 155 (42).

WIBERT, 189 (49) — 200, 201 (52).

WILLOUGBY, 267 (66).

WING (Vincent) père, 55 (21) — 68 (27).

WING, 69 (27) — 126 (38). *Astronomia britannica...*, 1669,

in-f°, 7 (01) — 3o (10) — 64 (25) — 72 (28) — 77 (30) — 83 (31) — 99, 101 (34) — 111 (35) — 116 (36) — 13o, 137, 138 (39) — 15o (41) — 168, 169 (44) — 171, 176 (45) — 183 (46) — 189 (47) — 191 (49) — 195 (5o) — 2oo, 2o4, 2o5 (52) — 2o9 (53) — 211 (54) — 229 (56) — 232, 234 (57) — 238-241 (59) — 244 (6o) — 245, 247, 249, 25o (61) — 257 (63) — 26o (64).

WINKELMANN (Marie-Marg.), femme de Kirch, 51o (92).

WOLFANG (le P.), 153 (52).

WOOD.
Historia Universitatis Oxon., 28 (09).

WURZELBAU ou WURZELBAUR, 35o, 385 (78) — 397 (85) — 412 (86) — 43o (89) — 455, 456 (89) — 522, 524 (94) — 535 (95) — 578 (99).
Uranies Noricæ basis..., 1697, in-f°, 365 (82) — 4o8 (86) — 457, 459 (89) — 472, 476 (90) — 486 (91) — 548 (96).
Stabilimentum baseos Uran. Nor., 1713, in-f°, 561 (97) — 593, 594 (99).
Basis astronomica, 444 (88) — 497 (92) — 512 (93) — 543 (96) — 557 (97) — 583 (99).

YORK (le duc D'), 2o2 (52).

ZAHN (P.).
Mundi mirabilis, 511 (93).

ZANI (le comte Hercule), 318 (74).

ZARAGOÇA (le P.), 246 (61) — 257 (63) — 26o (64) — 27o (66).

ZÉNO (François), 226 (56).

ZIMMERMANN (J.-J.).
Jovis per umbrosa Dianæ nemora.:., 1686, 412 (86).

ZUCCHI (le P. Nicolas), 8o (30).

ZUPPI ou ZUPUS (le P.), 162 (42) — 165 (43) — 176 (45).

Collections académiques, Journaux, etc.

Philosophical Transactions, 111 (35) — 113 (36) — **245** (6o) — 262 (64) — 266, 267, 269, 272 (66) — 275 (67) — 279, 281 (68) — 286 (70) — 289, 29o, 294 (71) — 298, 3o3, 3o6, 3o9 (72) — 31o (73) — 321 (74) — 322-326 (75) — 331-333, 335, 337, 338 (76) — 343 (77) — 348 (78) — 363 (81) — 364-366, 37o (82) — 386, 387, 395 (84) — 396, 399 (85) 4o9, 41o, 413-415 (86) — 43o, 432 (87) — 445, 453, 454 (88) — 478 (90) — 524 (94) — 558, 562 (97) — 575, 577-583, 585, 586 (99).

Transactions abridg., 25o (61) — 265 (65) — 272 (66) — 281 (68) — 289 (70) — 316 (73) — 357 (80) — 36o, 361 (81) — 37o-372, 374 (82).

Philosophical collect., 36o (81).

Anciens Mémoires de l'Académie des Sciences, 192 (49) — 195 (5o) — 263 (64) — 268, 272 (66) — 278, 281 (68) — 283 (69) — 288 (70) — 295, 296 (71) — 3o6, 3o8 (72) — 323, 324 (75) — 332, 334 (76) — 342, 345, 346 (77) — 35o, 354 (79) — 358 (80) — 362, 363 (81) — 366, 367, 371, 373, 374 (82) — 375, 376, 383 (83) — 386, 387 (84) — 388, 389, 395 (84) — 396, 398, 399, 4o7 (85) — 414, 415, 424, 426 (86) — 445 (87) — 457, 468-471 (89) — 473, 474, 476, 479-481 (90) — 491, 495 (91) — 497-499, 5o7-5o9 (92) — 512, 513 (93) — 523, 529, 531-533 (94) — 535, 536, 54o-542 (95) — 551, 552 (96) — 557, 559, 562 (97) — 574, 575 (96) — 579 (99).

Hist. et Mém. à partir de 1699, 238 (59) — 267 (66) — 280 (68) — 293, 296 (71) — 297, 299, 3oo, 3o5, 3o6, 3o9 (72) — 315 (73) — 32o, 321 (74) — 33o (75) — 34o (76) — 35o (79) — 451 (88) — 5o9 (92) — 563 (97) — 595-597, 599 (00).

Registres (Manuscrits) de l'Académie des Sciences, 268, 269 (66) — 345 (77) — 347 (78) — 35o (79) — 358 (80) — 374 (82) — 386 (84) — 442 (87) — 444, 452-454 (88) — 468-471 (89) — 48o-483 (90) — 494 (91) — 51o (92) — 551, 552 (96) — 561, 562 (97) — 583, 586, 588, 592 (99) — 596 (00).

Miscellanea Berolinensia, 352 (79) — 44o (87).

Journal des Savants, 266 (65) — 27o, 273 (66) — 288 (70) — 323, 325 (75) — 332, 333 (76) — 346 (77) — 35o (79) — 367 (82) — 386-388 (84) — 398, 399 (85) — 524 (94) — 57o (98) — 582 (99).

Acta Eruditorum, 359-361 (81) — 364 (82) — 377, 379 (83) — 387 (84) — 399 (85) — 4o8 (86) — 454 (89) — 475, 476 (90) — 511, 518 (93) — 522 (94) — 539 (95) — 543 (96) — 561 (97) — 576 (98) — 577, 578 (99).

Giornale de Litterati, 266 (65) — 273 (66) — 277-280 (68) — 285-288 (70) — 29o (71) — 318 (74) — 323, 324 (75) — 332, 334 (76).

Nova litter. maris Baltici, 575, 577, 579 (99).

Connaissance des Temps, 75 (21) — 117 (37) — **354** (79).

Ephemerides Bononienses, 263 (64).

Tables de Berlin, 235 (87).

TABLE ALPHABÉTIQUE DES NOMS DE LIEUX.

On n'a pas relevé dans cette Table les noms des villes mentionnées uniquement pour leur méridien.

Abydos (sur l'Hellespont), 186 (47).

Agen, 431 (87).

Aichstat, 154 (42).

Aix, 11 (02) — 37 (12) — 48 (18) — 50, 51 (19) — 52, 53 (20) — 55, 56 (21) — 57 (22) — 67 (27) — 71 (28) — 88 (32) — 92-94 (33) — 95, 97-100 (34) — 105, 106, 108, 110, 111 (35) — 113, 114, 115 (36) — 119, 121 (37) — 125, 126 (38) — 132 (39) — 176 (45) — 188 (48) — 190, 192 (49) — 203 (52) — 213 (54) — 219, 224 (55) — 246 (61) — 270 (66) — 387 (84) — 409 (86).

Albano, 559 (97).

Alderspach, 171 (45).

Alep, 107 (35) — 291 (71).

Alexandrette, 528 (94).

Alexandrie, 530-532 (94).

Amiens, 284 (69).

Amsterdam, 73, 74 (28) — 103, 105 (35) — 114 (36) — 123 (38) — 275 (67) — 533 (94).

Andrinople, 55 (21).

Antibes, 374 (82).

Anspach, 30 (10) — 43 (14).

Anvers, 163 (43) — 169 (44) — 171, 174 (45).

Aquedniek ou Aquednuick, 122 (38).

Arcetri, 121 (37) — 163 (42).

Arhus, 330 (75).

Arles, 523, 525 (94) — 546 (96).

Aspan, 214 (54).

Aubrey, 158 (42).

Augsbourg ou Ausbourg, 9 (01) — 35, 36 (11) — 51 (19) — 69 (27) — 274 (66).

Avignon, 92 (33) — 95, 96 (34) — 155, 156, 158 (42) — 172 (45) — 203, 206 (52) — 213, 215 (54) — 226 (56) — 321 (75) — 333, 338 (76) — 340, 341 (77) — 347 (78) — 350 (79) — 360, 361 (81) — 375 (83) — 387, 388 (84) — 399 (85) — 410, 414, 415 (86) — 430 (87) — 455 (89) — 473 (90) — 523 (94) — 545, 549 (96) — 559 (97) — 581, 584 (99).

Bâle, 9 (01).

Bamberg, 39 (12).

Barbade, 387 (84).

Barcelone, 70 (28) — 246 (61) — 568, 569 (97).

Bayonne, 358 (80).

Beets, 53 (20) — 56 (21) — 60 (24) — 62 (25) — 83 (31).

Benatky (château près de Prague), 4 (01).

Berlin, 577 (99) — 596, 598, 599, 600 (00).

Bermudes, 241 (59).

Bidge-Town, 430 (87).

Bihachz (Croatie), 576 (99).

Blois, 131 (39) — 213 (54) — 225 (56) — 241 (59).

Bologne, 21 (07) — 23 (08) — 27 (09) — 37 (12) — 92 (33) — 152 (41) — 156, 159-161 (42) — 163-166 (43) — 167-169 (44) — 172, 176, 177 (45) — 179, 181 (46) — 185, 186 (47) — 188, 189 (48) — 192-194 (49) — 198 (51) — 203, 206 (52) — 208, 209 (53) — 216 (54) — 219-221, 223 (55) — 227, 229 (56) — 233-236 (57) — 239, 240 (59) — 245-247, 251 (61) — 263 (63) — 266, 269, 270, 273 (66) — 277, 280, 282 (68) — 284 (69) — 290, 295 (71) — 318 (74) — 387 (84) — 536, 540 (95) — 549 (96) — 575 (98) — 581, 586 (99) — 596 (00).

Bordeaux, 239 (59) — 455 (89).

Bourges, 599 (00).

Bresnitz (en Bohême), 158 (42) — 163 (43).

Breslau, 377 (83) — 385 (84) — 396, 397 (85) — 412, 418 (86) — 429 (87) — 454 (89) — 576 (99).

Brest, 354 (79).

Briare, 320 (74).

Brion (en Anjou), 303, 305 (72).

Broughtown, près Manchester, 110 (35) — 113, 115 (36) — 124 (38).

Bruxelles, 53 (20) — 61 (24) — 66 (27) — 70 (28) — 78 (30) — 104, 108 (35) — 114, 115 (36) — 117 (37) — 123 (38) — 149, 151 (41) — 160 (42) — 200, 205 (52).

Butzbach, 65 (27) — 70, 73 (28) — 76, 78 (30) — 91 (33) — 95 (34).

Cabesterre (Martinique), 582 (99).

Caen, 50 (19) — 53 (20) — 78 (30) — 84 (31).

Caire (le), 530 (94).

Caire (le Grand), 107 (35) — 132 (39).

Cambridge (Angleterre), 189 (49).

Cambridge (États-Unis), 524 (94).

Canada, 117 (37).

Canton, 46 (17) — 474, 476, 481-484 (90).

Cap de Bonne-Espérance, 407 (85) — 442 (87).

Carcassonne, 597 (00).

Carlsbad, 578 (99).

Carlstad, 159 (42).

Carpentras, 95 (34) — 430 (87) — 523 (94).

Cassel, 9 (01) — 384 (83).

Cayenne, 295, 296 (71) — 297,

298, 303-309 (72) — 313 (73) — 556 (96).

Cette, 320 (74).

Ceulen (fort), au Brésil, 158 (42).

Châlons-sur-Marne, 188 (48).

Charité-sur-Loire, 305 (72).

Champtercier, 224 (55).

Chang-Haï, 444 (88) — 469 (89).

Châtenay, 580 (99).

Charlton, 84 (31) — 89 (32).

Chester, 558 (97).

Ching-Kiang, 497 (92).

Ciara, 158 (42).

Clouhal (en Bretagne), 473 (90).

Cobourg (en Saxe), 361 (81).

Cochin, 43 (15).

Codnor, 276 (68).

Coïmbre, 86 (31).

Cologne, 36 (12) — 154 (42).

Conception (Canada), 133 (39).

Constantinople, 41 (14) — 521 (93), 526, 532 (94).

Copenhague, 9 (01) — 12 (02) — 17 (04) — 22 (07) — 23-25 (08) — 26 (09) — 30, 31 (10) — 34 (11) — 40 (13) — 46 (16) — 57 (22) — 91 (32) (tour astronomique) — 179 (46) — 207 (53) — 231 (56) (tour astronomique) — 278 (68) — 296, 301, 307, 308 (72) — 330 (75) — 364, 371 (82) — 375 (83).

Dantzig, 54 (21) — 76 (30) — 103 (34) — 129 (38) — 148 (41) — 153, 160, 162 (42) — 163, 166 (43) — 167, 170 (44) — 170, 177 (45) — 179, 181 (46) — 182, 185 (47) — 189 (48) — 199, 205, 207 (52) — 211, 214, 216 (54) — 219 (55) — 225 (56) — 232, 233 (57) — 237 (58) — 238, 240 (59) — 242, 243 (60) — 245-248 (61) — 249, 250 (61) — 256 (62) — 257 (63) — 260, 261 (64) — 263 (65) — 267, 269 (66) — 276, 279, 281 (68) — 284-286 (70) — 291, 292 (71) — 296, 298, 300 (72) — 309, 316 (73) — 317, 319 (74) — 321, 324, 325 (75) — 331, 336 (76) — 340, 341 (77) — 345, 347 (78) — 350-353 (79) — 359, 361 (81) — 364, 369, 370 (82) — 376, 378-380, 382 (83) — 384, 387 (84) — 396 (85) — 410, 414 (86) — 442 (87) — 485 (90) — 575, 591 (99).

Derby, 276 (68) — 289, 291 (71)

— 297, 301, 302, 306 (72) — 310, 311, 313, 314 (73) — 318-320 (74) — 323 (75) — 445 (88).

Dieppe, 363 (81).

Digne, 5 (01) — 14 (03) — 57 (22) — 57, 58 (23) — 66, 67 (27) — 87 (32) — 91, 93 (33) — 95, 97-100 (34) — 105, 106, 108-111 (35) — 114-116 (36) — 125, 126 (38) — 133 (39) — 172 (45) — 192 (49) — 203, 204, 206, 207 (52) — 224 (55).

Dijon, 239 (59) — 244 (60).

Dormans, 86 (31).

Dordrecht, 55 (21) — 77 (30).

Dresde, 576 (99).

Drogheda, 386 (84).

Dronthein, 3 (01).

Dublin, 360 (81) — 386 (84) — 409 (86).

Dunkerque, 363 (81).

Earlsbad, 159 (42).

Easton, 149 (41).

Ebersperg, 77 (30) — 129 (39).

Ecton, 176 (45) — 189, 191 (49) — 200, 205 (52) — 212, 215 (54) — 228 (56) — 232, 234 (57) — 239, 240 (59) — 28 (71).

Embden, 20 (05).

Embrun, 214 (54).

Erbach, 63 (25).

Erbeys, 213 (54).

Erfort en Thuringe, 475 (90).

Erzeroum, 510 (92).

Eston, 200, 204 (52).

Faenza, 273 (66).

Ferrare, 227 (56) — 246 (61).

Firando (Japon), 40 (13).

Flèche (La), 131 (39) — 175 (45) — 358 (80) — 384 (83).

Florence, 31 (10) — 256 (62) — 263 (65) — 291 (71) — 318 (74) — 326 (75) — 533 (94).

Forcalquier, 19-21 (05) — 25, 26 (09) — 29, 30 (10) — 170 (44).

Francfort, 28 (09) — 56 (21) — 174 (45) — 211 (54) — 245, 246 (61).

Franeker, 5 (01) — 25 (09) — 61 (24) — 104, 112 (35) — 122 (38) — 148 (41) — 322 (75).

Fréjus, 92 (33).

Gand, 72 (28) — 91 (32).

Gaspé (Cap), près de l'embouchure du Saint-Laurent, 173 (45).

Gênes, 226, 228 (56) — 334 (76) — 399 (83) — 533 (94).

Glatz, 154 (42).

Giessen, 578 (99).

Goa, 37 (12) — 44 (16) — 195 (50) — 383 (83) — 389 (84).

Goës, 3 (01) — 11 (02) — 14 (03) — 20, 21 (05) — 23 (08) — 25 (09) — 91 (32).

Gorée, 364 (81) — 373, 374 (82) — 535 (95) — 582 (99).

Greenwich, 274 (66) — 325-330 (75) — 331, 335-337, 339 (76) — 340, 344-346 (77) — 349 (78) — 352 (79) — 356-358 (80) — 360, 361, 363 (81) 365, 370, 372-374 (82) — 375, 377, 379, 383 (83) — 386, 387, 390 (84) — 407 (85) — 413, 419, 427 (86) — 430, 433, 441, 442 (87) — 452-454 (88) — 455-457, 459, 468-470 (89) — 471, 472, 479, 480 (90) — 485, 492-495 (91) — 497, 509, 510, 512 (92) — 519, 520 (93) — 522, 528-532 (94) — 535, 537, 539-542 (95) — 544, 548, 553, 555, 556 (96) — 566, 567, 568 (97) — 574, 575 (98) — 579, 583, 592, 593 (99).

Grenoble, 61 (24) — 62 (25) — 88 (32) — 105 (33) — 213 (54).

Gripswald, 577 (99).

Guadeloupe (la), 374 (82).

Guben (en Lusace), 511, 518 (93) — 521, 526 (94) — 534, 535 (95) — 543, 547 (96) — 557 (97) — 572, 573 (98) — 576, 583, 586 (99).

Ham, 269 (66).

Havre de Grâce (le), 130 (39) — 149 (41) — 387 (84) — 523 (94).

Hay (l'), 317 (73).

Haye (La), 27 (09) — 542 (95).

Helmesetk, 47 (17).

Helseneur, 296 (72).

Horck, 47 (17) — 49, 50 (19) — 52 (20) — 104, 106 (35) — 123 (38) — 149 (41) — 155 (42) — 170 (44) — 171, 174 (45).

Herritzwadt, 9 (01).

Hoai-Ngan ou Hoay-Ngan, 469-471 (89) — 474, 481-485 (90).

Honfleur, 323 (75) — 386 (84) — 548 (96) — 580 (99).

Hool, 134 (39).

Hwen, 9 (01) — 79 (30).

Ingolstadt, 34 (11) — 37, 38 (12) — 44 (16) — 47 (17) — 5o, 51 (19) — 52-54 (20) — 56 (21) — 77, 78 (30) — 81, 84 (31) — 154 (42).

Inspruck, 5o (19) — 87 (32) — 109 (35) — 115 (36).

Islington (Londres), 369 (82) — 377-38o, 382, 383 (83) — 387, 389 (84).

Ispahan, 334 (76).

Issy, près Paris, 278 (68).

Juthia (Siam), 366 (82).

Kauffbeuren, 17 (04).

Kébec. Voir Québec.

Kengis (Suède), 543 (96).

Kiang-Cheou ou Kiang-Cheu, 444, 454 (88) — 457 (89).

Kiel, 578 (99).

Knockfergus, 200, 201 (52).

Knudstorp, 8, 9 (01).

Königsberg, 1o3, 1o5, 1o8 (35) — 113 (36) — 129 (39) — 148 (41) — 171 (44) — 181 (46) — 199 (52).

Kom (Perse), 122 (38).

Kosteletz (Bohême), 189 (49).

La Haye. Voir Haye (La).

Lanciano, 43 (15).

Langres, 226 (56).

Leipzig, 8 (01) — 76 (29) — 349 (78) — 351, 352 (79) — 356 (80) — 36o, 361 (81) — 364, 367, 370 (82) — 383 (83) — 385, 389-391 (84) — 396, 401, 404, 406 (85) — 410, 417-419, 422-424 (86) — 429, 430 (87) — 444, 449, 450 (88) — 454, 456-458, 460, 463-466 (89) — 472, 479 (90) — 510 (92) — 522 (94) — 577 (99).

Lérida, 159 (42).

Leyde, 48 (17) — 58 (23) — 63 (25) — 64, 65 (26) — 66, 68 (27) — 74 (29) — 78 (30) — 86 (31) — 87-90 (32) — 104, 106, 108 (35) — 123 (38) — 129 (39) — 154, 155 (42) — 182 (46) — 190, 191 (49) — 195 (50) — 199, 205 (52) — 228 (56) — 238 (59) — 485 (90).

Liang-Po. Voir Ning-Po.

Liége, 37 (12) — 44 (16) — 87 (32) — 170 (44).

Lillebonne (Pays de Caux), 324 (75).

Lindau, 578 (99).

Lintz, 36 (12) — 41 (14) — 44 (16) — 46, 47 (17) — 49 (18)

— 51 (19) — 54 (20) — 55 (21) — 57 (23) — 60 (24).

Lisbonne, 47 (17) — 5o (19) — 366 (82) — 387 (84) — 399 (85) — 575 (98).

Londres, 19 (05) — 83 (31) — 104, 111 (35) — 129 (39) — 149 (41) — 164 (43) — 171, 174 (45) — 230 (56) — 240 (59) — 249 (61) — 256 (62) — 257 (63) — 260 (64) — 267 (66) — 289 (71) — 321, 322, 324-326, 328 329, 331 (75) — 346 (77) — 355, 357 (79) — 365 (82) — 386 (84) — 407 (85) — 413, 414, 428 (86) — 430 (87) — 574 (98).

Loudun, 23 (08) — 56 (21) — 58 (23) — 61 (24) — 63, 64 (25) — 65 (26) — 66, 68, 69 (27) — 72 (28) — 75 (29) — 79 (30) — 86 (31) — 98-100 (34) — 533 (94).

Louvain, 42 (14) — 149 (41) — 155 (42) — 164 (43).

Lucques, 173 (45).

Luffenham, 55 (21) — 68 (27) — 130 (39) — 168 (44) — 176 (45) — 195 (50) — 205 (52) — 209 (53) — 232, 234 (57) — 238, 241 (59) — 244 (60) — 245, 247, 250, 252 (61) — 257 (63).

Lyon, 81 (31) — 88 (32) — 176 (45) — 213 (54) — 224 (55) — 227 (56) — 232 (57) — 269 (66) — 389 (84) — 398 (85) — 495 (91) — 497 (92) — 521 (93) — 523 (94) — 581 (99).

Macao, 38 (12) — 160 (42).

Madrid, 65 (27) — 72 (28) — 84 (31) — 89 (32) — 95 (34) — 204, 206 (52) — 269 (66) — 399 (85) — 410 (86) — 460 (89) — 547, 550 (96) — 559 (97) — 582 (99).

Majorque, 157, 159 (42) — 173, 176-178 (45) — 182 (46) — 183-186 (47) — 190-195 (49) — 195-197 (50) — 198 (51) — 204 (52) — 209, 210 (53) — 214, 215 (54) — 228, 229 (56) — 233, 235 (57) — 239, 240 (59) — 243, 244 (60) — 246, 248 (61) — 253, 254 (62) — 257 (63) — 264, 265 (65) — 269, 271, 274 (66).

Malacca, 469, 470 (89).

Malé, 19 (05).

Malines, 41 (14) — 5o (19).

Malte, 186 (47) — 520, 521 (93).

Manchester, 118 (37).

Manille, 399 (85).

Mans (le), 164 (43).

Mantoue, 157 (42).

Marchiston, 42 (14).

Marseille, 19 (05) — 112, 113 (36) — 367 (82) — 399 (85) — 409, 414, 415, 418, 427, 428 (86) — 430 (87) — 445 (88) — 457 (89) — 495, 496 (91) — 510 (92) — 514, 519, 520, 521 (93) — 536 (95) — 546, 549 (96) — 559 (97) — 584, 586, 588, 592, 593 (99) — 595, 596, 598, 599 (00).

Martinique (la), 367, 374 (82) — 595 (99).

Maurice (dans l'île d'Antoine Waaz), 125 (38) — 138 (39).

Mayence, 19 (05).

Mergui (Siam), 445 (88).

Meslay le Vidame, en Beauce, 190 (49).

Mesnil-Saint-Denis, 213, 215 (54).

Middelbourg, 19 (05) — 27 (09) — 55 (21) — 73 (28) — 74, 75 (29) — 77 (30).

Midleton (près Leeds), 124 (38) — 130 (39) — 144 (40).

Milan, 159 (42) — 273 (66).

Modène, 233 (57) — 252-255 (62) — 531 (94) — 546 (96) — 575 (98) — 581 (99).

Moscou, 445 (88).

Montdidier, 384 (83).

Montlhéry, 317 (73).

Montpellier, 320 (74) — 321 (75) — 333 (76).

Morcott (près Luffenham), 195 (50).

Munich, 36 (12) — 41 (14) — 47 (17).

Murano, 285, 286 (70).

Nan-Chang, 524 (94) — 559 (97) — 595 (99).

Nangasachi, 38 (12).

Nankin, 445, 452, 453 (88) — 470, 472 (89) — 485 (91) — 496 (92).

Nantes, 330 (75) — 354 (79).

Naples, 20 (05) — 27 (09) — 107 (35) — 164 (43) — 176 (45).

Nevencella (près Guben), 576 (99).

Newhouse (près Coventry), 123 (38).

Nîmes, 270 (66).

Ning-Po, 442 (87).

Ning-Ya, 556 (97).

Nuremberg, 9 (01) — 43 (14) — 350 (79) — 365 (82) — 384 (83) — 385, 387 (84) — 397, 398 (85) — 408, 411, 412 (86)

— 43o (87) — 444 (88) — 455-459 (89) — 472, 476 (90) — 486 (91) — 497 (92) — 511, 512 (93) — 522, 524 (94) 535 (95) — 543, 547, 548 (96) — 557, 561 (97) — 578, 582, 593, 594 (99).

Oels en Silésie, 198 (50).

Ostel, 11 (02) — 19, 20 (05) — 22 (07).

Oxford, 28 (09) — 51 (19) — 71 (28) — 77 (30) — 83 (31) — 88 (32) — 91 (33) — 212 (54) — 327 (75) — 336, 339 (76) — 386, 387 (84) — 579 (99).

Paderborn, 154 (42).

Padoue, 48 (17) — 285 (70).

Palerme, 593 (99).

Palme de Sicile, 173 (45) — 183 (47) — 206 (52) — 210 (53) — 217 (54) — 221 (55).

Panama, 158 (42) — 192 (49) — 195 (50).

Pansano, 206 (52) — 259 (63).

Paris, 58 (23) — 62, 63 (25) — 71 (28) — 77, 79 (30) — 83, 84, 85 (31) — 88 (32) — 92, 93 (33) — 99, 100, 102, 103 (34) — 104, 106, 107 (35) — 114 (36) — 118, 120, 121 (37) — 124, 128 (38) (premières assemblées chez le P. Mersenne) — 130, 131, 133, 136-138 (39) — 144 (40) — 149-152 (41) — 155, 162 (42) — 164, 166 (43) — 167-169 (44) — 171, 175, 178 (45) — 180 (46) — 183-185 (47) — 192, 194 (49) — 196, 197 (50) — 201, 202, 204, 205, 207 (52) — 207, 208, 210 (53) — 212, 215-217 (54) — 219, 224 (55) — 225, 229 (56) — 232 (57) — 237 (58) — 238-241 (59) — 243, 244 (60) — 252-254 (62) — 257, 259 (63) — 261, 262 (64) — 263, 264 (65) — 268, 270-273 (66) — 274, 276 (67) — 277-281 (68) — 282-284 (69) — 284, 286-288 (70) — 290, 292, 293, 295, 296 (71) — 297, 298, 300, 302-305, 307-309 (72) — 310-317 (73) — 317, 320 (74) — 321, 323-330 (75) — 332, 333, 335, 337, 338 (76) — 340, 343-345 (77) — 346, 347 (78) — 351, 354, 355, 357 (79) — 358, 360 (80) — 362, 363 (81) — 365-368, 370, 371, 373, 374 (82) — 375, 380, 382, 383 (83) — 386-388, 390, 391, 395 (84) — 398, 401, 407 (85) — 409, 413, 415, 426-428 (86) — 431, 441, 442 (87) — 445-454 (88) — 455, 457, 459-462, 467-469 (89) — 472, 475, 477-485 (90) — 486-496 (91) — 497-521 (92) — 522-533 (94) — 535, 537-542 (95) — 544, 550, 551, 553-556 (96) — 557, 558, 560, 562-564, 566-569 (97) — 570, 571, 573-575 (98) — 579, 583, 585-590, 592-595 (99) — 595-597, 599 (00).

Parme, 582 (99).

Passau, 171 (45).

Pau, 387 (84) — 523 (94).

Pékin, 4 (01) — 11 (02) — 13 (03) — 21 (06) — 29 (10) — 55 (21) — 61 (24) — 72 (28) — 82 (31) — 471, 474, 481, 483, 485 (90) — 486 (91) — 537, 539 (95).

Pessaro, 318 (74) — 334 (76).

Pise, 157, 163 (42) — 164 (43) — 176 (45) — 180 (46).

Pitschen en Silésie, 75 (29).

Plaisance, 178 (45) — 582 (99).

Plaven, 364 (81) — 365 (82).

Pondichéry, 457, 458 (89) — 473, 474, 479 (90).

Prague, 1, 4, 5, 7 (01) — 10, 13 (02) — 14 (03) — 15, 18, 19 (04) — 19, 20 (05) — 26 (09) — 34 (11) — 70 (28) — 153 (42).

Punta-de-Galia, 43 (15).

Putzbach, 54 (21).

Pyrénées, 20 (05).

Québec, 157 (42) — 192 (49) — 256 (62) — 284 (70) — 350 (79) — 399 (85).

Rachol, 389 (84).

Raray, près Senlis, 164 (43) — 172, 177 (45).

Ratonneau (île), près Marseille, 497 (92).

Règues, 132 (39).

Reims, 172 (45).

Rieux, 524 (94).

Rochelle (la), 545, 548 (96) — 580 (99).

Rodrigue (île), 383 (83).

Rome, 13 (02) — 20 (05) — 29 (10) — 35 (11) — 37, 39 (12) — 45 (16) — 47 (17) — 72 (28) — 107 (35) — 114 (36) — 132 (39) — 149 (41) — 158 (42) — 172 (45) — 203 (52) — 214 (54) — 227, 228 (56) — 233 (57) — 266 (65) — 269, 273, 274 (66) — 279 (68) — 285 (70) — 290 (71) — 318 (74) — 323 (75) — 333, 334 (76) — 358 (80) — 399 (85) — 496 (91) — 536, 541, 542 (95) — 546 (96) — 582, 594 (99).

Rostock, 9 (01) — 260 (64).

Rotterdam, 557, 562 (97).

Rouen, 363 (81) — 407 (85).

Royan, 358 (80).

Ruffac en Alsace, 84 (31).

Run (Tonkin), 74 (29).

Saint-James (Jamaïque), 550 (96).

Saint-Joseph (Californie), 46 (16).

Saint-Julien, dans la terre Magellanique, 286 (70).

Saint-Malo, 363 (81).

Saint-Pierre (Martinique), 569, 570 (98).

Saint-Sauvier, près Montluçon, 384 (83).

Saintes, 558 (97).

Sainte-Hélène, 338 (76) — 341 (77) — 485 (90).

Sainte-Lucie, 367 (82).

Sainte-Marie (pays des Hurons), 158 (42) — 180 (46).

Séville, 324 (75).

Siam, 396 (85) — 410 (86).

Siganfou, 72 (28).

Silésie, 67, 68 (27) — 194 (49).

Si-ngan-fou, 408 (89) — 471 (90).

Smyrne, 181 (46) — 183-186 (47) — 191, 195 (49).

Sommerfeld, 475 (90).

Sourdon, 384 (83).

South-Wales, 168 (44).

Stettin, 103 (35) — 129, 137 (39) — 153, 160 (42) — 170 (45).

Stralsund, 577 (99).

Strasbourg, 53 (20) — 326 (75) — 387 (84) — 579, 594 (99).

Stutgard, 55 (21) — 60 (24).

Su-cheu-fu, 494 (91).

Sultz, 52 (20).

Sumatra, 396 (85).

Surate, 198 (51).

Sussi, 164 (43).

Tanaron, 92 (33).

Tarascon, 188 (48).

Tching-tu-fou, 82 (31).

Tchao-tchéou ou Tcho-tchéou, 476 (90) — 563 (97).

Terra de la Gada ou Delgada (Madagascar), 360 (81).

Terre-Neuve, 524 (94).

Tlée-Poussonne, 399 (85).

Torno, 543 (96).

Toscane, 20 (05).
Totteridge, 414 (86) — 431 (87).
Toulon, 374 (82) — 581 (99).
Tournay, 170 (44) — 200, 205 (52).
Tours, 545, 548 (96) — 558, 567-569 (97) — 580, 583, 592 (99).
Townley, 332 (76) — 341 (77) — 386 (84).
Toxteth, près Liverpool, 106, 108 (35) — 113, 115 (36) — 118 (37) — 124, 127 (38) — 130 (39) — 144 (40) — 153 (41).
Trahone (Valteline), 114 (36).
Trébizonde, 510 (92).
Trente, 156 (42).
Trois-Rivières (Canada), 191 (49).
Tubingen, 19-21 (05) — 36 (12) — 41 (14) — 44 (16) — 49 (19) — 52 (20) — 54, 57 (21) — 63 (25) — 70 (28) — 76 (30).

Turin, 232, 234 (57) — 245 (61).
Turques (iles) (Saint-Domingue), 46 (16).
Uho, 485 (91).
Ulm, 63 (25) — 69 (27) — 70 (28) — 78 (30) — 87 (32) — 430 (87) — 455 (89) — 561 (97).
Upsal, 199 (52).
Uranibourg, 295 (71) — 297, 298, 306, 308 (72) — 359 (80).
Valence-sur-Rhône, 22 (07).
Valence (Espagne), 246 (61) — 257 (63) — 260 (64) — 269 (66).
Vallète, 52 (20) — 224 (55).
Varsovie, 181 (46) — 182 (47) — 199, 205 (52) — 211, 220 (54).
Venise, 29 (09) — 39 (10) — 41 (14) — 157 (42) — 164 (43) — 285 (70).
Vérone, 13 (02).
Versailles, 320 (74).

Vienne (Autriche), 454 (89) — 560, 561 (97).
Villa-real, 4 (01).
Villefranche-en-Beaujolais, 102 (34).
Vizille, 61 (24) — 65 (26) — 101 (34) — 105 (35).
Waaz (ile d'Antoine), 125 (38) — 138 (39) — 143 (40) — 151 (41) — 160 (42) — 163 (43) — 339 (76).
Wandesbourg, 9 (01).
Wapping, 331 (76) — 346 (77).
Westminster, 331 (76).
Wiel, 81 (30).
Wingfield, 276 (68) — 289 (71) — 332 (76).
Wirtemberg, 5, 9 (01) — 23 (08).
Wittemberg, 24 (08) — 36 (11).
Wurtzbourg, 154 (42).
York, 11 (35).
Yvandeau, près La Flèche, 358 (80).
Zeitz en Saxe, 577 (99).
Zwelt, 47 (17).

TABLE ALPHABÉTIQUE DES MATIÈRES.

Académie des Sciences (Paris).
Premières assemblées scientifiques régulières qui en sont l'origine, 128 (38).
Son établissement, 273 (66).

Amas d'étoiles. *Voir* **Nébuleuses.**

Aurore boréale, 56 (21).

Carte de France. *Voir* **Terre** (Mesure de la).

Catalogues stellaires.

Chute des corps.
Leur vitesse, 375 (82).

Degré terrestre. *Voir* **Terre** (Mesure de la).

Conjonctions remarquables, 15 (04) (☾, ♂, ♃, ♄) — 369 (82)(♂, ♃, ♄) — 543 (96) (☾, ☿, ♀, ♂, ♄).

Éclipses de Soleil.
Ancienne manière de les observer, 1-3 (01).

Observations d'éclipses de Soleil.

1601 Déc. 24	1655 Fév. 6
1603 Mai 10	1656 Janv. 26
1605 Avril 18	1659 Nov. 14
1605 Oct. 12	1661 Mars 29-30
1607 Févr. 25	1663 Sept. 1
1608 Août 10	1664 Janv. 27
1610 Déc. 15	1665 Janv. 15
1612 Mai 29	1666 Juill. 1
1614 Oct. 3	1668 Nov. 4
1615 Mars 29	1670 Avril 19
1621 Mai 20	1672 Août 22
1628 Déc. 25	1675 Juin 22
1629 Juin 21	1676 Juin 10
1629 Déc. 14	1679 Avril 10
1630 Juin 10	1683 Janv. 27
1633 Avril 8	1683 Juill. 23
1638 Janv. 15	1684 Juill. 12
1639 Juin 1	1687 Mai 11
1640 Nov. 12-13	1688 Avril 29
1645 Août 20-21	1689 Sept. 13
1649 Juin 9	1690 Sept. 2
1649 Nov. 4	1691 Févr. 28
1652 Avril 7-8	1692 Fév. 17
1654 Août 11	1693 Juill. 3

Observations d'éclipses de Soleil. (Suite.)

1694 Juin 22	1698 Avril 10
1695 Déc. 5	1699 Sept. 22
1697 Avril 20	

Éclipses de Lune.

Observations d'éclipses de Lune.

1601 Juin 15	1634 Mars 14
1601 Déc. 9	1635 Mars 3
1602 Juin 4	1635 Août 27
1602 Nov. 28	1636 Févr. 20
1603 Mai 24	1637 Déc. 30
1603 Nov. 18	1638 Juin 25
1605 Avril 3	1638 Déc. 20
1605 Sept. 26	1641 Oct. 18
1606 Mars 24	1642 Avril 14
1606 Sept. 16	1642 Oct. 7
1607 Sept. 5	1643 Avril 3
1609 Janv. 19	1643 Sept. 27
1609 Juill. 16	1645 Févr. 10
1610 Juill. 5	1646 Janv. 30
1610 Déc. 29	1646 Juill. 27
1612 Mai 14	1647 Janv. 20
1612 Nov. 8	1648 Nov. 29
1613 Oct. 28	1649 Mai 25
1614 Avril 23	1664 Nov. 18
1616 Mars 3	1650 Mai 15
1616 Août 26	1650 Nov. 7
1617 Févr. 20	1652 Mars 24
1617 Août 16	1652 Sept. 17
1619 Juin 25	1653 Mars 13
1619 Déc. 19	1654 Mars 2
1620 Juin 14	1654 Août 27
1620 Déc. 9	1656 Janv. 11
1621 Nov. 28	1657 Juin 25
1623 Avril 14	1657 Déc. 20
1623 Oct. 8	1659 Mai 6
1624 Avril 3	1659 Oct. 29
1624 Sept. 26	1661 Oct. 7
1625 Mars 23	1663 Févr. 21
1627 Juill. 27	1663 Août 18
1628 Janv. 20	1664 Août 6
1630 Nov. 19	1665 Janv. 30
1631 Mai 23	1665 Juill. 26
1631 Nov. 8	1666 Juin 16
1632 Oct. 27	1668 Mai 25

Observations d'éclipses de Lune. (Suite.)

1668 Nov. 18	1686 Nov. 29
1670 Sept. 28	1688 Avril 15
1671 Sept. 18	1688 Oct. 8
1672 Sept. 6	1689 Avril 4
1674 Juill. 17	1690 Mars 24
1675 Janv. 11	1692 Févr. 2
1675 Juill. 6	1692 Juill. 27
1675 Déc. 31	1693 Janv. 21
1677 Mai 16	1694 Janv. 11
1678 Oct. 29	1694 Juill. 6
1679 Avril 25	1695 Nov. 20
1681 Août 28	1696 Mai 16
1682 Févr. 21	1696 Nov. 8
1682 Août 17	1697 Mai 5
1684 Juin 26	1697 Oct. 29
1684 Déc. 21	1699 Mars 15
1685 Juin 16	1700 Mars 4
1685 Déc. 10	1700 Août 29

Écliptique. *Voir* **Obliquité de l'Écliptique.**

Équation des hauteurs correspondantes. *Voir* **Hauteurs correspondantes.**

Équinoxes (**Observations d'**), 486 (91) — 497 (92) — 512 (93) — 543 (96).

Étoiles.
Observations de hauteurs méridiennes, 73 (28). — 210 (53).
Riccioli et Grimaldi s'appliquent à déterminer les lieux des étoiles, 197 (50).
α *Petite Ourse :* Détermination de sa distance au pôle, 229 (56).

Étoiles doubles.
γ Bélier reconnue double, 262 (64).

Étoiles nouvelles. Étoiles variables. (Les nombres entre [ ] sont les numéros du Catalogue de M. Chandler.)
o Baleine [806] : 86 (31) —

128 (38) — 142 (39) —
152 (41) — 162 (42) —
169 (44) — 187 (47) —
189 (48) — 242 (59) —
244 (60) — 250 (61) —
254 (62) — 259, 260 (63)
— 262 (64) — 271 (66) --
275 (67) — 280 (68) —
283 (69) — 287 (70) —
293 (71) — 306 (72) — 315
(73) — 320 (74) — 329
(75) — 337 (76) — 344
(77) — 349 (78) — 354 (79)
— 358 (80) — 362 (81) —
373 (82) — 406 (85) —
426 (86) — 440 (87) —
451 (88) — 467 (89) —
478 (90) — 491 (91) —
509 (92) — 518 (93) —
527 (94) — 552 (96) —
565 (97) — 574 (98) — 591
(99) — 600 (00).

λ Taureau [1411] : 440 (87).

Étoile du pied du Serpentaire
[6268], étoile nouvelle de
1604, 17, 18 (04).

11 Petit Renard [7101] : étoile
nouvelle de 1670, décou-
verte par Don Anthelme,
288 (70).

χ Cygne [7120] : 271 (66)
— 275 (67) — 426 (86) —
440 (87) — 451 (88) — 468
(89) — 478 (90) — 491
(91) — 509 (92) — 527
(94) — 538, 539 (95) —
552 (96) — 565, 566 (97)
— 574 (98) — 591 (99).

P Cygne [7285] : étoile nouvelle de 1600, 8 (01) —
221 (55) — 237 (58) —
242 (59) — 244 (60) —
255 (62) — 265 (65) —
271 (66) — 288 (70) —
294 (71) — 306 (72) —
344 (77) — 350 (78) —
354 (79) — 362 (81) —
373 (82).

γ Grand Chien, 288 (70).

γ Navire, 262 (64) — 294
(71).

β Navire, 262 (64) — 294
(71).

ψ Lion, 275 (67).

x Sagittaire, 294 (71).

Étoile nouvelle, égale à Vénus,
qui aurait été vue en Orient,
48 (18).

Étoiles nouvelles entre le
Lièvre et l'Éridan, 86 (31)
— 280 (68).

Étoile nouvelle dans la queue
de l'Hydre, 294 (71).

Étoile nouvelle dans Antinous,
38 (12).

Étoile nouvelle près de Jupiter, 39 (12).

Étoile nouvelle dans les Poissons, 13 (03).

Étoile nouvelle vue à Véronne,
13 (03).

Étoiles (deux) découvertes
près du Lièvre, 280 (68).

Étoiles (deux) découvertes
dans la Petite Ourse, 280
(68).

Étoiles découvertes dans Cassiopée, dans l'Éridan, vers
le pôle arctique, 294 (71).

Étoile nouvelle dans le Taureau, 307 (72).

Étoiles occultées. Voir *Occultations.*

Géodésie. *Voir* **Terre** (Mesure de
la).

Gnomon à lentille, 113 (36).

**Hauteurs correspondantes (Équa-
tion des),** 321 (74).

Horloges. *Voir* **Pendule.**

Jupiter.

Découverte de ses bandes,
80 (30).

Découverte de sa rotation,
265 (65).

Découverte de son aplatissement, 317 (73).

Occultations de Jupiter par
la Lune, 109 (35) — 181
(46) — 184, 185 (47) —
351 (79) — 410-414, 415
(86).

Observations méridiennes,
393, 394 (84) — 402 (85) —
420 (86) — 434 (87) —
447 (88) — 461 (89) —
477 (90) — 487, 489, 490
(91) — 500-507 (92) —
514-517 (93) — 526 (94)
— 550 (96) — 563 (97) —
570 (98) — 588 (99) —
597 (00).

Distances méridiennes à des
étoiles, 161 (42) — 220
(55) — 235 (57) — 282
(69) — 300, 302 (72) —
311, 312 (73).

Hauteurs méridiennes, 166 (43)
— 216 (54) — 220 (55)
— 235 (57) — 282 (69)
— 300, 302 (72) — 311,
312 (73).

Distances extra-méridiennes

à des planètes ou à des
étoiles, 16 (04) — 46 (17)
— 48 (18) — 58 (23) —
61 (24) — 67, 68 (27) —
72 (28) — 75, 76 (29) —
86 (31) — 98, 99 (34) —
110, 111 (35) — 120, 121 (37)
— 137 (39) — 152 (41)
— 161 (42) — 168 (44)
— 178 (45) — 182 (46)
— 186 (47) — 193, 194 (49)
— 197 (50) — 209,
210 (53) — 241 (59) —
243 (60) — 250 (61) —
254 (62) — 259 (63) —
261, 262 (64) — 264, 265
(65) — 282, 283 (69) —
287 (70) — 293 (71) —
300-303 (72) — 311, 312
(73) — 405, 406 (85) —
424-426 (86) — 437 (87)
— 464, 466 (89) — 477,
478 (90) — 572 (98) —
598-599 (00).

Conjonctions avec la Lune ou
avec des planètes.

Avec ☾ : 299 (72).

Avec ♀ : 34 (11) — 526 (94).

Avec ♂ : 168 (44) — 369 (82)
— 599 (00),

Avec ♄ : 16 (04) — 259 (63)
— 369 (82).

Oppositions, 22 (07) — 34
(11) — 40 (13) — 120 (37)
— 241 (59) — 243 (60) —
259 (63) — 261 (64) —
270 (66) — 275 (67) —
279 (68) — 293 (71) —
300 (72) — 320 (74) —
328 (75) — 337 (76) —
343 (77) — 349 (78) —
353 (79) — 357 (80) —
369 (82) — 382 (83) —
440 (87) — 450 (88) —
467 (89) — 478 (90) —
491 (91) — 526 (94) —
537 (95) — 550 (96) —
565 (97) — 573 (98) — 591
(99) — 598 (00).

Lieux conclus (sans détail des
observations), 7 (01) — 243
(60) — 373 (82).

Satellites de Jupiter.

Sur leur découverte, 31, 32
(10).

Noms que leur donne **Simon
Marius,** 33 (10).

Occultation d'un satellite de
Jupiter par la Lune, 351
(79).

Nouveaux satellites que l'on

a cru entrevoir à diverses époques autour de Jupiter, 39 (12) — 80 (30) — 162 (42).

Essais divers de théorie des satellites de Jupiter, 43 (14) — 121 (37) — 206 (52) — 230, 231 (56) — 274 (66) — 282 (68).

Premières éphémérides, 282 (68).

Découverte de leurs ombres sur Jupiter, 263 (65).

Gassendi mesure les distances des satellites à la planète, 94 (33) — 162 (42).

Éclipses des satellites de Jupiter, 206 (52) — 210 (53) — 217 (54) — 221 (55) — 225 (62) — 280 (68) — 283 (69) — 294, 295 (71) — 307, 308 (72) — 315, 316 (73) — 320 (74) — 329 (75) — 338 (76) — 344, 345 (77) — 350 (78) — 354 (79) — 358 (80) — 363 (81) — 373 (82) — 383 (83) — 395 (84) — 407 (85) — 426-428 (86) — 441, 442 (87) — 451-454 (88) — 468-471 (89) — 478-485 (90) — 491-496 (91) — 509-511 (92) — 518-521 (93) — 527-533 (94) — 539-542 (95) — 553-556 (96) — 566-569 (97) — 574, 575 (98) — 592-595 (99).

Lois de Képler.
Sur leur découverte, 26 (09) — 51 (19).

Longitudes terrestres.
Sur leur détermination par le mouvement de la Lune, 102 (34).

Logarithmes.
Sur leur invention, 42 (14).

Lumière.
Découverte de sa transmission progressive, 330 (75).

Lumière zodiacale.
Sa découverte, 273 (66) — 383, 384 (83).

Lune.
Diamètre, 15 (03) — 292 (71) — 335 (76).
Observation de la variation du diamètre avec la hauteur, 273 (66).
Libration, 64 (26) — 102 (34) — 115 (36) — 121 (37) — 166 (43) — 218 (54).

Explication de la libration par Cassini I, 330 (75).

Sélénographie, 102 (34) — 179 (45) — 187 (47).

Observations méridiennes, 381 (83) — 391, 392 (84) — 399, 400 (85) — 415-417 (86) — 432, 433 (87) — 446 (88) — 460, 461 (89) — 474, 475 (90) — 486, 489, 490 (91) — 498 (92) — 512, 513 (93) — 525, 526 (94) — 537 (95) — 550 (96) — 560 (97) — 570 (98) — 585 (99) — 596 (00).

Distances méridiennes à des planètes ou à des étoiles, 89 (32) — 165 (43) — 297, 298, 300 (72) — 310 (73).

Hauteurs méridiennes, 11 (02) — 160, 161 (42) — 165 (43) — 166 (44) — 176, 177 (45) — 181 (46) — 188 (48) — 292 (71) — 298, 300 (72).

Distances extra-méridiennes au Soleil, à des planètes ou à des étoiles, 15 (03) — 47 (17) — 66 (27) — 97, 98, 100 (34) — 108, 109 (35) — 115 (36) — 133 (39) — 144 (40) — 150, 151 (41) — 161 (42) — 165 (43) — 167 (44) — 176 (45) — 181 (46) — 192 (49) — 206, 208, 209 (52) — 216 (54) — 219 (55) — 234 (57) — 237 (58) — 243 (60) — 246, 248 (61) — 252 (62) — 257 (63) — 261 (64) — 292 (71) — 298 (72) — 310 (73) — 318, 319 (74) — 326, 327 (75) — 336, 337 (76) — 341 (77) — 348 (78) — 352 (79) — 367-369 (82) — 376-380 (83) — 389, 391 (84) — 400, 401 (85) — 417-419 (86) — 433, 434 (87) — 598 (00).

Conjonction avec des planètes :
Avec ☿ : 47 (17),
Avec ♀ : 47, 48 (17) — 63 (25) — 64 (26) — 286 (70) — 390 (84) — 596 (00).
Avec ♂ : 160 (42) — 460 (89).
Avec ♃ : 299 (72).
Avec ♄ : 381 (83) — 389, 390 (84).

Lunettes.
Sur leur invention, 26-29 (09).
Sur leur application aux quarts de cercle, 103 (34) — 275 (67) — 355 (79).
Lunette méridienne. Son invention, 471 (89).

Mars.
Tache observée sur Mars, 115 (36).
Découverte de la rotation de cette planète, 273 (66).
Disparition insolite de Mars, 43 (15).
Occultations de Mars par la Lune, 88, 89 (32) — 160 (42) — 299 (72) — 336 (76) — 499 (92).
Occultation d'une étoile par Mars, 353 (79).
Observations méridiennes, 394 (84) — 402 (85) — 420, 421 (86) — 434 (87) — 447 (88) — 462 (89) — 487, 488, 490 (91) — 501-507 (92) — 514-517 (93) — 570 (98) — 588 (99) — 597 (00).
Distances méridiennes à des planètes ou à des étoiles, 166 (43) — 220 (55) — 236 (57).
Hauteurs méridiennes, 166 (43) — 220 (55) — 236 (57).
Distances extra-méridiennes à des planètes ou à des étoiles, 11-13 (02) — 16, 17 (04) — 40, 41 (13) — 48 (17) — 50 (19) — 53 (20) — 56 (21) — 57 (22) — 58-60 (23) — 61 (24) — 63 (25) — 79 (30) — 86 (31) — 89 (32) — 99, 100 (34) — 127 (38) — 138 (39) — 144 (40) — 161 (42) — 168, 169 (44) — 178 (45) — 186 (47) — 194, 195 (49) — 210 (53) — 217 (54) — 220, 221 (55) — 229 (56) — 237 (58) — 241, 242 (59) — 259 (63) — 262 (64) — 265 (65) — 270, 271 (66) — 287 (70) — 303-306 (72) — 312 (73) — 328 (75) — 353 (79) — 357, 362 (80) — 406 (85) — 424-426 (86) — 437-439 (87) — 449, 450 (88) —

465, 466 (89) — 509 (92) — 572, 573 (98) — 589 (99).

Conjonctions avec la Lune ou avec des planètes :

Avec la ☾ : 160 (42) — 460 (89).

Avec ♀ : 244 (60) — 293 (71) — 421 (86) — 551 (96).

Avec ♃ : 167 (44) — 369 (82) — 598 (00).

Avec ♄ : 369 (82) — 586-588 (99).

Oppositions, 12 (02) — 17 (04) — 25 (09) — 30 (10) — 254 (62) — 279 (68) — 320 (74) — 337 (76) — 362 (81) — 382 (82) — 440 (87) — 467 (89) — 491 (91) — 526 (94) — 550 (96) — 573 (98).

Lieux conclus, sans détail des observations, 243 (60).

Mercure.

Passages sur le Soleil.

Annonce de ces passages, 76 (29).

Observations de ces passages, 22 (07), (faux passage), — 84-86 (31) — 198 (51) — 248 (61) — 341-343 (77) — 475-477 (90) — 560-563 (97).

Observations méridiennes, 403 404 (85) — 422 (86) — 436 (87) — 448, 449 (88) — 462 (89) — 477 (90) — 590 (99).

Distances méridiennes à des planètes ou à des étoiles, 141 (39).

Distances extra-méridiennes à des planètes ou à des étoiles, 22 (07) — 65 (26) — 68, 69 (27) — 79, 80 (30) — 91 (33) — 101 (34) — 115-117 (36) — 138 (39) — 182 (46) — 217 (54) — 236 (57) — 238 (58) — 366 (72) — 382 (83) — 404 (85) — 437 (87) — 590, 591 (99) — 600 (00).

Observations dans un azimut déterminé, 344 (77) — 487, 488 (91) — 500 (92) — 515 (93) — 527 (94) — 564 (97) — 571 (98) — 590 (99).

Conjonctions avec la Lune ou avec des planètes :

Avec ☾ : 47 (17) — 286 (70).

Avec ♀ : 90 (32).

Avec ♄ : 591 (99).

Élongations, 111 (35) — 116 (36) — 169 (44).

Lieux conclus sans détail des observations, 7 (01) — 31 (10) — 63, 64 (25) — 65 (26) — 101 (34) — 111 (35) — 166 (43) — 243 (60) — 250 (61) — 315 (73).

Micromètre.

Sur son invention, 255 (62) — 272 (66).

Mire ou pilier de Montmartre, 317 (73) — 330 (75).

Nébuleuses et amas.

Nébuleuses en général : 31 (10).

Nébuleuse d'Andromède (224 NGC); découverte : 38 (12).

Observation de son éclat, de sa variabilité : 250 (61) — 265 (65) — 271 (66) — 275 (67) — 280 (68) — 283 (69) — 293 (71) — 207 (72) — 337 (76) — 358 (80) — 451 (88).

Nébuleuse d'Orion (1976 NGC). Découverte par Huyghens : 229 (56).

Nébuleuse entre la tête et l'arc du Sagittaire (6656 NGC). Découverte par G.-A. Ihle 265 (65).

Nébuleuse du pied droit d'Antinoüs (6707 NGC). Découverte par Hirch : 362 (81).

Nébuleuse entre le Grand Chien et le Navire. Découverte par J.-D. Cassini : 291 (71).

Obliquité de l'écliptique.

Déterminations, 74, 75 (29) — 229 (56) — 307 (72) — 444 (88).

Observatoires.

Copenhague (Tour de), 91 (32) — 281 (56).

Greenwich. 274 (66).

Leyde, 485 (90).

Nuremberg, 350 (79).

Paris, 276 (67) — 288 (70). Louis XIV le visite, 374 (83).

Occultations de planètes par la Lune. *Voir* à chaque planète.

Occultations d'étoiles par des planètes. *Voir* à chaque planète.

Occultations d'étoiles par la Lune.

Baleine. — 5e ★ de la Baleine : 377, 380 (83).

Bélier : δ Bélier, 93 (33).
φ Bélier, 335 (79).
θ Bélier, 368 (82).
★ anonyme du Bélier, 291 (79).

Taureau : Aldébaran (α Taureau) : 22 (07) — 23-25 (08) — 61 (24) — 66 (27) — 167 (44) — 176, 177 (45) — 261 (64) — 357 (80) — 361 (81) — 376, 377, 379 (83) — 585, 586 (99) — 596, 597 (00).
γ Taureau : 64 (26) — 368 (82) — 377 (83).
δ Taureau : 361 (81).
ε Taureau : 150, 151 (41).
θ Taureau : 586 (99).
τ Taureau : 133 (39).
Étoile anonyme dans le Taureau : 379 (83).
Deux étoiles anonymes dans le cou du Taureau : 237 (58).
Trois étoiles anonymes dans le cou du Taureau : 257, 258, 259 (63).
Pléiades : 96, 98 (34) — 108 (35) — 117-120 (37) — 126, 127 (38) — 206 (52) — 292 (71) — 298-300 (72) — 309, 310 (73) — 319 (74) — 512, 513 (93).

Orion : 1 χ Orion, 348 (78).

Gémeaux : δ Gémeaux, 391 (84).
ε Gémeaux, 115 (36).
φ Gémeaux, 380 (83).
c Gémeaux, 286 (70).
g Gémeaux, 335 (76).

Écrevisse : δ Écrevisse, 389 (84).
η Écrevisse, 356 (80).

Lion : Régulus, 66 (27) — 216 (54) — 379 (83) — 486 (91).
χ Lion, 291 (71).
e Lion, 326 (75) — 335 (76).

Vierge. — L'Épi : 58 (23) — 243 (60) — 291 (71).
γ Vierge, 193 (50) — 282 (69).
69 Vierge, 326 (75).

Balance : 1 α Balance, 351 (79).

Scorpion : α Scorpion, 514 (93).
β Scorpion, 243 (60).
π Scorpion, 97 (34) — 299 (72).

Sagittaire : π Sagittaire, 336 (76).
ρ Sagittaire, 352 (79).
2ρ Sagittaire, 349 (78) — 352 (79)
ξ Sagittaire, 67 (27)

o Sagittaire, 336 (76).

Capricorne : γ Capricorne, 109 (33).

Verseau : x Verseau, 335 (76).

Poissons : 1 x Poissons, 340, 341 (77).

Oculaires.
Sur l'invention de l'oculaire convexe, 34 (11) — 142 (39).

Parallaxe du Soleil, des planètes.
Voir **Soleil** et à chaque planète.

Passages de Mercure sur le Soleil.
Voir **Mercure.**

Passages de Vénus sur le Soleil.
Voir **Vénus.**

Pendule.
Découverte de l'isochronisme de ses oscillations, 195 (50).
Son application aux horloges, 230 (56) — 256 (62).

Pilier de Montmartré. *Voir* **Mire.**

Planètes en général.
Sur leurs diamètres, 90 (32).
Distances extra-méridiennes à d'autres planètes ou à des étoiles, 50, 51 (19) — 54 (20) — 90 (32) — 92, 93 (33) — 100 (34) — 115 (36) — 166 (43) — 167 (44) — 252 (62) — 306 (72).

Réfractions, 87 (32).

Saturne.
Occultations de Saturne par la Lune, 79 (30) — 247, 248 (61) — 291 (71) — 347, 348 (78) — 433 (87).
Occultation d'une étoile par Saturne, 352, 353 (79).
Observations méridiennes, 393 (84) — 401 (85) — 419, 420 (86) — 434 (87) — 447 (88) — 461 (89) — 477 (90) — 487 (91) — 499, 501-507 (92) — 515-517 (93) — 537 (95) — 550 (96) — 563 (97) — 570 (98) — 588 (99).
Distances méridiennes à des étoiles, 144 (40) — 161 (42) — 235 (57) — 300 (72) — 327 (75).
Hauteurs méridiennes, 235 (57) — 237 (58).
Distances extra-méridiennes à des planètes ou à des étoiles, 16 (04) — 61 (24) — 65 (26) — 67 (27) — 72 (28) — 75 (29) — 93 (33) — 100 (34) — 109, 110 (35) — 136, 137 (39) — 144 (40) — 151, 152 (41) — 166 (43) — 167, 168 (44) — 186 (47) — 189 (48) — 193 (49) — 196, 197 (50) — 198 (51) — 209 (53) — 216 (54) — 219 (55) — 229 (56) — 234, 235 (57) — 237 (58) — 249, 250 (61) — 253, 254 (62) — 264 (65) — 286 (70) — 292 (71) — 319 (74) — 328, 329 (75) — 337 (76) — 343 (77) — 352, 353 (79) — 357 (80) — 404, 405 (85) — 423 (86) — 424-426 (86) — 436-439 (87) — 450 (88) — 464, 465 (89) — 478 (90) — 573 (98) — 591 (99) — 598 (00).
Conjonctions avec la Lune ou avec des planètes :
Avec ☾, 381 (83) — 389, 390 (84).
Avec ☿, 591 (99).
Avec ♀, 244 (60) — 283 (69) — 598 (00).
Avec ♂, 369 (82) — 586-588 (99).
Avec ♃, 16 (04) — 259 (63) — 369 (82).
Oppositions, 25 (09) — 30 (10) — 34 (11) — 241 (59) — 243 (60) — 259 (63) — 265 (64) — 270 (66) — 275 (67) — 279 (68) — 282 (69) — 293 (71) — 300 (72) — 310 (73) — 319 (74) — 327 (75) — 337 (76) — 343 (77) — 349 (78) — 353 (79) — 362 (81) — 369 (82) — 381, 382 (83) — 422 (86) — 439 (87) — 450 (88) — 467 (89) — 478 (90) — 491 (91) — 507, 509 (92) — 526 (94) — 537 (95) — 555 (96) — 565 (97) — 573 (98) — 590 (99) — 598 (00).
Lieux conclus, sans détail des observations, 6 (01) — 98 (34) — 243 (60) — 450 (88).
Anneau de Saturne, 33 (10) — 38 (12) — 222 (55) — 292 (71).
Découverte de son ombre sur le globe, 330 (75).

Satellites de Saturne.
Découverte de Titan par Huyghens, 222 (55).
Découverte de divers satellites par Cassini, 309 (72) — 317 (74) — 395 (84).
Observations de satellites de Saturne, 316 (73) — 362, 363 (81) — 556 (96).
Conjonction de satellites de Saturne avec des étoiles, 491 (91) — 518 (93).

Société royale de Londres.
Son établissement, 224 (60).

Son.
Sa vitesse, 375 (82).

Soleil.
Diamètre, 10 (02) — 73 (28).
Parallaxe. 143, 144 (40) — 170 (44) — 300 et suiv., 309 (72) — 395 (84).
Taches, 34, 35, 36 (11) — 62 (25) — 153 (42) — 334, 335 (76).
Observations méridiennes, 489, 490 (91) — 501-507 (92) — 515-517 (93).
Hauteurs méridiennes. 4 (01) — 62 (25) — 65 (27) — 73 (28) — 74, 75 (29) — 87 (32) — 112 (36) — 138 (39) — 163 (43) — 179 (46) — 223 (55) — 313 (73) — 444 (88) — 486 (91).

Télescope à réflexion de Newton, 273 (66) — 309 (72).

Terre.
Mesure et description, 48 (17) — 73, 74 (28) — 111 (35) — 284 (69) — 384 (84).
Projet de Carte de France, 364 (81).

Uranométrie de Bayer, 15 (03).

Vénus.
Passage de Vénus sur le Soleil. 34 (11) (faux passage) — 133-136 (39).
Tache observée sur Vénus, 266 (65) — 273 (66).
Occultations de Vénus par la Lune, 63 (25) — 499 (92).
Tentative pour déterminer la parallaxe horizontale de Vénus (et celle du Soleil) par la combinaison d'observations du matin avec des observations du soir, 362 (81).
Observations méridiennes, 394

(84) — 403 (85) — 421, 422 (86) — 434, 435 (87) — 448 (88) — 462 (89) — 477 (90) — 487 (91) — 500-508 (92) — 514, 515-517 (93) — 538 (95) — 550 (96) — 563 (97) — 571 (98) — 590 (99) — 597 (00).

Distances méridiennes à des étoiles, 283 (69) — 287 (70) — 293 (71) — 300 (72) — 313, 314 (73) — 328 (75) — 337 (76).

Hauteurs méridiennes, 287 (70) — 293 (71) — 313, 314 (73) — 328 (75) — 337 (76) — 599 (00).

Distances extra-méridiennes à des planètes ou à des étoiles, 17 (04) — 22 (07) — 30 (10) — 48 (18) — 54 (20) — 57 (22) — 61 (24) — 68, 69 (27) — 79 (30) — 93, 94 (33) — 100 (34) — 121 (37) — 138 (39) — 151 (41) — 169 (44) — 182 (46) — 186 (47) — 195 (49) — 197 (50) — 198 (51) — 206 (52) — 210 (53) — 217 (54) — 221 (55) — 237 (58) — 244 (60) — 254 (62) — 265 (65) — 279 (68) — 313, 314 (73) — 373, 382 (82) — 424 (86) — 437, 438 (87) — 463, 464, 466 (89) — 527 (94) — 564 (97) — 573 (98) — 600 (00).

Observations dans un azimut déterminé, 564 (97).

Conjonctions inférieures, 467 (89) — 491 (91) — 573 (98) — 591 (99) — 599 (00).

Conjonctions avec la Lune ou avec des planètes, avec ☾ : 47, 48 (17) — 63 (25) — 64 (26) — 390 (84) — 596 (00), — avec ☿ : 90 (32), — avec ♂ : 244 (60) — 293 (71) — 421 (86) — 551 (96), — avec ♃ : 34 (11) — 244 (60) — 526 (94) — avec ♄ : 383 (69) — 598 (00).

Lieux conclus, sans détail des observations, 7 (01) — 22 (07) — 46 (17) — 243 (60) — 279 (68).

Lieu du nœud ascendant, 501 (92).

Vernier, 86 (31).

Visibilité et observation des étoiles en plein jour, 283, 284 (69) — 362 (81).